MYMATHLAB DEUTSCHE VERSION

E-Learning für Analysis 2

Zugangscode für MyMathLab Deutsche Version
Nutzungsdauer 24 Monate
umseitig

D1751532

1

VORBEREITUNG

Für die Registrierung benötigen Sie

- **eine gültige E-Mail-Adresse,**
- **die Kurs-ID Ihres Dozenten (falls Sie MyMathLab Deutsche Version als Teil Ihrer Lehrveranstaltung nutzen).**
- **Zum Selbststudium ohne Kurs-ID des Dozenten genügt der Zugangscode. Diesen finden Sie umseitig.**

Notieren Sie hier Ihre **Kurs-ID**:

2

ONLINE-REGISTRIERUNG

Für die Registrierung müssen Sie

- **www.mymathlab.com/deutsch öffnen und**
- **der Anleitung für Studierende folgen.**
- **Nachdem Sie die Registrierung abgeschlossen haben, können Sie sich jederzeit auf www.mymathlab.com/deutsch einloggen.**

Der Zugangscode kann nur einmalig zur Registrierung verwendet und darf nicht an Dritte weitergegeben werden!

www.mymathlab.com/deutsch

MYMATHLAB DEUTSCHE VERSION

E-Learning für Analysis 2

Zugangscode für MyMathLab Deutsche Version
Nutzungsdauer 24 Monate

ISSDVA-SNAPK-MOUND-MAGNA-TOPAZ-PSHAW

Analysis 2

Lehr- und Übungsbuch

12., aktualisierte Auflage

George B. Thomas
Maurice D. Weir
Joel Hass

Bearbeiter der deutschen Ausgabe
Daniel Rost

ALWAYS LEARNING

PEARSON

Bibliografische Information der Deutschen Nationalbibliothek

Die Deutsche Nationalbibliothek verzeichnet diese Publikation in der Deutschen Nationalbibliografie; detaillierte bibliografische Daten sind im Internet über <http://dnb.dnb.de> abrufbar.

10 9 8 7 6 5 4 3 2 1

16 15 14

ISBN 978-3-86894-172-2 (Buch)

www.pearson.de
A part of Pearson plc worldwide

Programmleitung: Birger Peil, bpeil@pearson.de
Fachlektorat: Prof. Dr. Daniel Rost, LMU München
Korrektorat: Carsten Heinisch, Kaiserslautern
Übersetzung: Micaela Krieger-Hauwede, Leipzig; Ulrike Klein, Berlin
Herstellung: Claudia Bäurle, cbaeurle@pearson.de
Coverdesign: Martin Horngacher, München
Coverbild: Gettyimages, www.gettyimages.de
Satz: le-tex publishing services GmbH, Leipzig
Druck und Verarbeitung: Firmengruppe APPL, aprinta druck, Womding

Printed in Germany

Inhaltsverzeichnis

Vorwort

Mit dem vorliegenden Band *Analysis 2* erscheint nun auch der zweite Teil des im angelsächsischen Sprachraum äußerst populären Klassikers *Thomas' Calculus* in deutscher Übersetzung. Zusammen mit dem bereits erschienenen Band *Analysis 1* liegt nun endlich eine komplette deutschsprachige Version des englischen Bestsellers vor, der bereits unzählige Studierende in ihrer Mathematikausbildung begleitet und bei Prüfungsvorbereitungen unterstützt hat. Eine kompakte Zusammenfassung der ersten 8 Kapitel von *Thomas' Calculus* ist auch als *Basisbuch Analysis* erschienen.

Das Buch *Analysis 2* ist eine hochmoderne Darstellung der Analysis, erfolgreich unter Studenten erprobt, visuell einprägsam gestaltet und didaktisch hervorragend aufgebaut. Es richtet sich in erster Linie an Anwender wie Naturwissenschaftler, Ingenieure und Wirtschaftswissenschaftler und behandelt die klassischen Themen einer Analysis-Vorlesung im zweiten Semester, wie Stetigkeit und Differenzierbarkeit von Funktionen mehrerer Veränderlicher, Mehrfachintegrale und Kurven; daneben finden sich die nicht nur für den Anwender besonders wichtigen Themen wie Umgang mit Differentialen, Kurven- und Oberflächenintegralen, Integration in Vektorfeldern und Differentialgleichungen. Der folgende kurze Inhaltsabriss zeigt die Breite der behandelten Themengebiete:

Parameterdarstellung und Polarkoordinaten

Ausgehend von einer Parameterdarstellung einer ebenen Kurve werden Begriffe wie Kurvenlänge, Steigung, Rotationsflächen und -volumina behandelt. Oftmals ist ein Übergang zu Polarkoordinaten sinnvoll, weshalb diese ausführlich dargestellt werden. Wichtige Kurven sind (ebene) Kegelschnitte, die zusammen mit ihren Eigenschaften besprochen werden.

Vektoren

Eine Einführung in die Theorie der Vektoren (Länge, Winkel, Skalar- und Kreuzprodukt, ...) und Geometrie im Raum (Geraden und Ebenen, Abstände, Flächen zweiter Ordnung, ...) vermittelt die für die folgenden Kapitel benötigten Kenntnisse.

Kurven im Raum

In Erweiterung zum ersten Kapitel werden jetzt Raumkurven mit ihren entsprechenden (Bewegungs-)Größen wie Geschwindigkeit, Krümmung, Beschleunigung, Torsion und begleitendes Dreibein betrachtet, illustriert und in einer Fülle von Anwendungen diskutiert.

Differenzierbarkeit von Funktionen mehrerer Variabler

Dies ist das klassische Kernthema einer Analysis-2-Vorlesung. Wie bei Funktionen einer Veränderlichen werden auch hier die Eigenschaften Stetigkeit und Differenzierbarkeit definiert, wobei bei Letzterer zwischen partieller und totaler Differenzierbarkeit zu unterscheiden ist. Hinsichtlich des Definitionsgebiets werden die Begriffe Randpunkt und innerer Punkt erläutert. Bei Ableitungsregeln wie der Kettenregel wird der korrekte Umgang mit Differentialen eingeübt. Zur Untersuchung von Extremstellen steht die Hesse-Matrix zur Verfügung. Maxima und Minima unter Nebenbedingungen werden (mit Lagrange-Multiplikatoren) behandelt, ebenso die Taylor-Entwicklung und viele Beispiele.

Mehrfachintegrale

In diesem Kapitel wird das Integral für Funktionen mehrerer Variabler (Mehrfachintegral) vorgestellt und gezeigt, wie man es auf einfache Weise mithilfe des Satzes von Fubini berechnen kann. An vielen praktischen Beispielen werden damit z. B. Volumina, Momente oder Massenmittelpunkte berechnet und es wird demonstriert, wie sich das Integral beim Übergang zu einem anderen Koordinatensystem, z. B. Polar-, Kugel- oder Zylinderkoordinaten, verändert.

Integration in Vektorfeldern

In diesem Kapitel werden Funktionen und Vektorfelder über Kurven und Oberflächen integriert. Der Leser wird sicher und mathematisch exakt bis hin zu den Sätzen von Green und Stokes geführt, und zwar so, dass er die Aussagen dieser bedeutenden Sätze verstehen, mathematisch damit umgehen und praktisch anwenden kann.

Differentialgleichungen zweiter Ordnung

Differentialgleichungen zweiter Ordnung werden u. a. zur Beschreibung von Schwingungen gebraucht. Neben der allgemeinen Lösung der homogenen Differentialgleichung (mit konstanten Koeffizienten) stellt dieses Kapitel auch Methoden zur Lösung inhomogener Differentialgleichungen zweiter Ordnung vor. Als Beispiel einer Differentialgleichung zweiter Ordnung mit nicht konstanten Koeffizienten wird die Euler'sche Differentialgleichung untersucht. In vielen praktischen Beispielen kommt die Theorie zum Einsatz.

Trotz des starken Anwendungsbezugs, der auch aus obiger Inhaltsübersicht erkennbar ist, ist das Gerüst des Buches ein mathematisches; an der mathematischen Formulierung und Präzision werden keinerlei Abstriche gemacht.

Wesentlich zum Verständnis der mathematischen Sachverhalte tragen dabei die vielen, durchgehend farbigen 3-D-Abbildungen bei, die fast alle Definitionen, Sätze, Beweise und Beispiele begleiten. Sie sind einzigartig in ihrer Qualität und Aussagestärke, insbesondere bei Objekten wie Vektoren, Kurven und Flächen im Raum.

Ebenfalls einzigartig ist die Fülle an Übungsaufgaben, die das Buch zu jedem Kapitel bereitstellt. Sie decken die ganze Bandbreite von leicht bis anspruchsvoll, von theoretisch bis anwendungsbezogen, von Wiederholungsfragen bis zu Aufgaben für Fortgeschrittene ab. Zu vielen Aufgaben finden sich auf der Webseite zum Buch MyMathLab Deutsche Version die Kurzlösungen. Einige Aufgaben können und sollen mit dem Taschenrechner oder Computer gelöst werden; diese sind mit einem eigenen Symbol gekennzeichnet. Nutzen Sie die einzigartige Möglichkeit und rechnen Sie die Aufgaben mithilfe von MyMathLab Deutsche Version nach. Dort bekommen Sie zu den meisten Übungen ein Schritt-für-Schritt-Feedback, welches Ihnen hilft, die Aufgabe besser zu verstehen und durchzurechnen.

Übungsbuch 2.0

MyMathLab Deutsche Version

Interaktives Lernen mit MyMathLab Deutsche Version. Dieses Buch enthält dafür einen 24-monatigen Zugang zu myMathLab Deutsche Version an, ein am MIT millionenfach erfolgreiches erprobtes und entwickeltes interaktives E-Learning-Tool für Mathematik, das Studierende beim Aufbereiten des Stoffes und beim schrittweisen Lösen der buchbezogenen Übungsaufgaben sowie bei den Prüfungsvorbereitungen ideal unterstützt. Profitieren Sie davon, die Übungen Schritt für Schritt durchzugehen. Lernen Sie mit dem zu den meisten Aufgaben dazugehörigen Feedback und lösen Sie sie so lange, bis das rechnerische Handwerk sitzt.
Weitere Informationen unter www.mymathlab.com/deutsch.

Ein besonderer Dank gilt zum Schluss dem Verlags- und Übersetzerteam, welches mit seiner Arbeit dafür verantwortlich ist, dass sich die herausragende Qualität des Originals ungebrochen in der deutschen Version wiederfindet.

München — Daniel Rost

Lernziele

1 Parametrisierung einer ebenen Kurve

- Parameterdarstellung von Kurven
- Aufstellen von Parametergleichungen
- Aufstellen einer Funktionsgleichung bei gegebener Parameterdarstellung
- Bahnen in Parameterdarstellung
- Zykloiden
- Brachistochronen und Tautochronen

2 Analysis in der Parameterdarstellung

- Tangenten und Flächen
- Differenzierbare Kurven in Parameterdarstellung
- Implizit definierte Parametrisierungen
- Ableitungen in Parameterdarstellung
- Länge einer Kurve in Parameterdarstellung
- Das Differential der Bogenlänge
- Flächeninhalt von Rotationsoberflächen

3 Polarkoordinaten

- Definition der Polarkoordinaten
- Graphen in Polarkoordinaten
- Zusammenhang zwischen Polar- und kartesischen Koordinaten
- Umschreiben von Gleichungen

4 Graphen in Polarkoordinaten

- Symmetrie von Graphen
- Steigung einer Kurve
- Verfahren zum Zeichnen von Kurven
- Zeichnen von Kurven in Polarkoordinaten als Parametergleichungen

5 Flächen und Längen in Polarkoordinaten

- Berechnung von Flächen in der Ebene
- Bogenlänge in Polarkoordinaten

6 Kegelschnitte

- Geometrische Deutung der Kegelschnitte
- Parabeln und ihre Eigenschaften
- Ellipsen und ihre Eigenschaften
- Hyperbeln und ihre Eigenschaften
- Normalform der Kegelschnittgleichungen

7 Kegelschnitte in Polarkoordinaten

- Numerische Exzentrität
- Kegelschnittgleichungen in Polarkoordinaten
- Geraden und Kreise

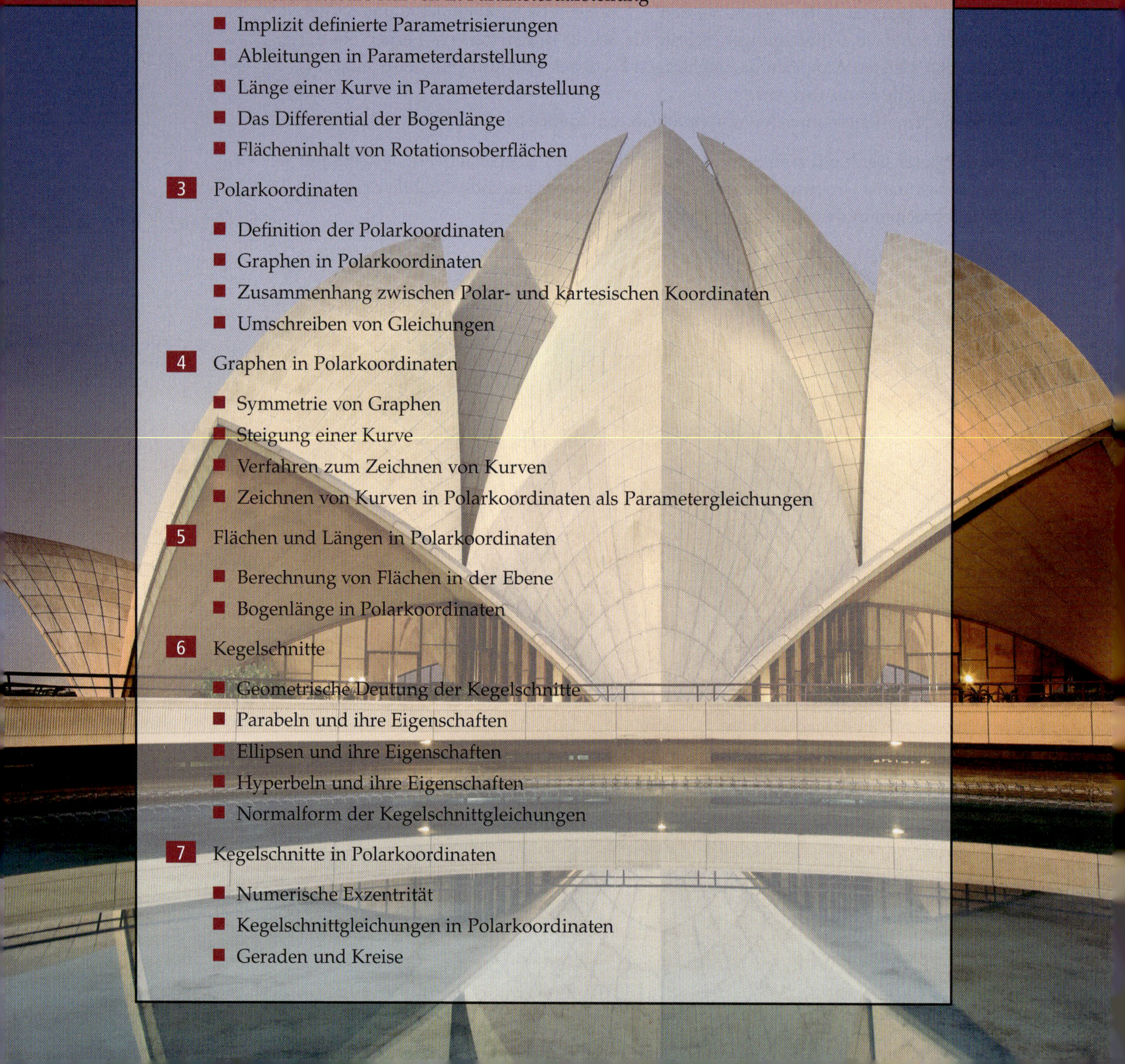

Parameterdarstellung und Polarkoordinaten

11

ÜBERBLICK

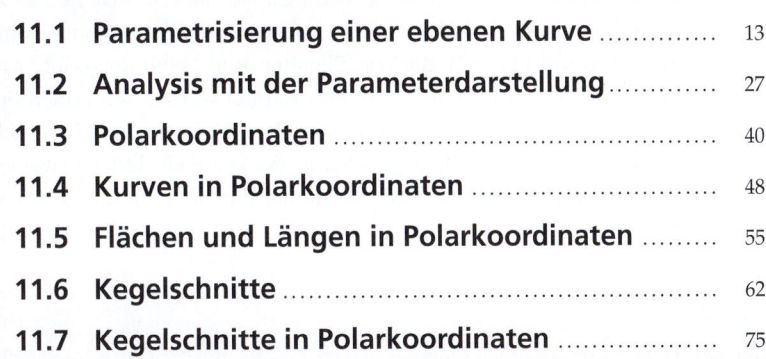

Übersicht

Wie wir in den vergangenen Kapiteln gesehen haben, gibt es verschiedene Möglichkeiten, eine Kurve in einer Ebene zu definieren; in diesem Kapitel wollen wir eine weitere untersuchen. Wir stellen uns dabei eine Kurve nicht mehr als Graphen einer Funktion oder als Menge von Punkten (x, y), die eine bestimmte Gleichung erfüllen (z. B. $x^2 + y^2 = 1$) vor; stattdessen betrachten wir eine Kurve in einem allgemeineren Ansatz als die Bahn eines Teilchens, dessen Position sich mit der Zeit ändert. Damit ist jede der x- und y-Koordinaten des Teilchens eine Funktion einer dritten Variable t. Außerdem betrachten wir in diesem Kapitel eine alternative Darstellungsweise für Punkte in der Ebene, nämlich mithilfe von *Polarkoordinaten* anstelle des kartesischen Koordinatensystems. Diese beiden Techniken werden oft verwendet, wenn man Bewegungen darstellen möchte, z. B. die von Planeten und Satelliten, oder von Wurfgeschossen in der Ebene oder im Raum. In diesem Kapitel werden wir außerdem die geometrischen Definitionen und Gleichungen von Kreisen, Ellipsen und Hyperbeln zusammenstellen. Diese Kurven nennt man *Kegelschnitte*. Wirkt auf ein Teilchen nur eine Gravitationskraft oder elektromagnetische Kraft, so kann seine Bahn mit diesen Kurven beschrieben werden.

11.1 Parametrisierung einer ebenen Kurve

Bisher haben wir Kurven meist als Graphen einer Funktion betrachtet; dabei hängt der Wert y der Funktion von der Variablen x ab. Wir werden jetzt ein weiteres Verfahren zu Darstellung einer Kurve einführen, bei dem die beiden Koordinaten x und y eine Funktion einer dritten Variablen t sind.

Parameterdarstellung

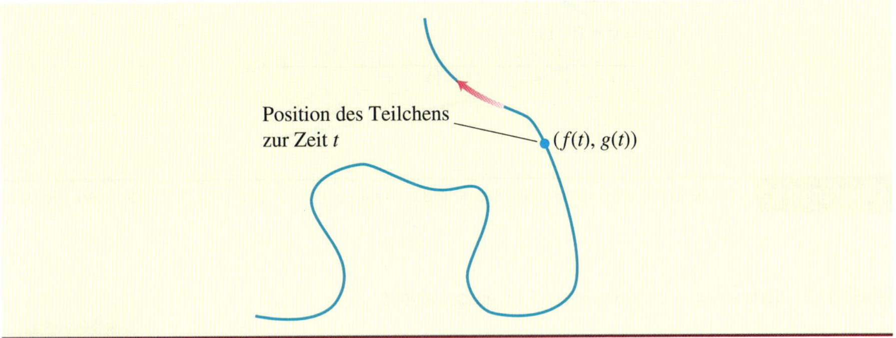

Abbildung 11.1 Die Bahn eines Teilchens in der *xy*-Ebene ist nicht immer der Graph einer einzelnen Funktion.

►Abbildung 11.1 zeigt die Bahn eines Teilchens in der xy-Ebene. Diese Bahn schneidet eine vertikale Gerade mehr als einmal, sie kann also nicht als der Graph einer Funktion in der Variablen x dargestellt werden. Allerdings kann man zumindest manchmal diese Bahn mit dem Gleichungspaar $x = f(t)$ und $y = g(t)$ beschreiben; f und g sind dabei stetige Funktionen. Wenn man die Bewegung eines Teilchens untersucht, steht t in der Regel für die Zeit. Mit solchen Gleichungspaaren kann man auch allgemeinere Kurven beschreiben, die sich nicht als $y = f(x)$ darstellen lassen. Außerdem erhält man so nicht nur die Bahn des Teilchens, sondern auch den Ort $(x, y) = (f(t),\ g(t))$ zur Zeit t.

Definition

Es seien x und y durch die stetigen Funktionen

$$x = f(t) \quad y = g(t)$$

in einem Intervall I von t-Werten gegeben. Dann ist die Menge der Punkte $(x, y) = (f(t), g(t))$, die durch diese Gleichungen definiert wird, eine **Kurve in Parameterdarstellung**. Die Gleichungen sind die **Parametergleichungen** der Kurve.

Die Variable t ist dabei der **Parameter**, von dem die Kurve abhängt; den Definitionsbereich I nennt man auch das **Parameterintervall**. Für ein abgeschlossenes Parameterintervall $I = [a, b]$ ist der Punkt $(f(a), g(a))$ der **Anfangspunkt** der Kurve und $(f(b), g(b)$ ihr, **Endpunkt**. Wenn wir Parametergleichungen und ein Parameterintervall für eine Kurve bestimmen, nennt man dies die **Parametrisierung** der Kurve. Gleichungen und Intervall zusammen sind die **Parameterdarstellung** einer Kurve. Eine Kurve kann durch unterschiedliche Parametergleichungen beschrieben werde (vgl. die Aufgaben 11 und 12).

Zeichnen einer Kurve in Parameterdarstellung

Beispiel 11.1 Skizzieren Sie die Kurve, die durch die Parametergleichungen

$$x = t^2, \quad y = t + 1, \quad -\infty < t < \infty$$

definiert wird.

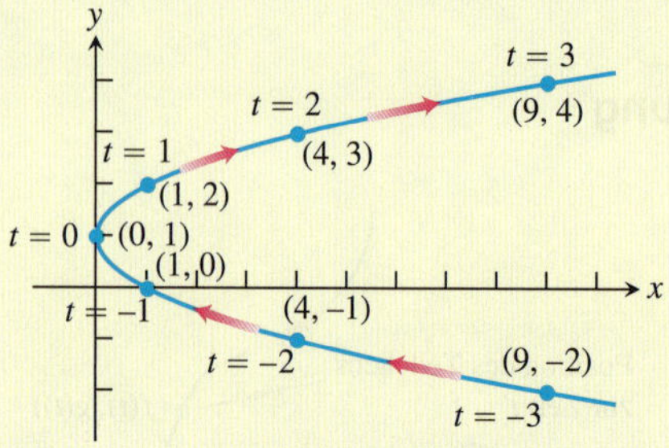

Abbildung 11.2 Diese Kurve wird durch die Parametergleichungen $x = t^2$ und $y = t + 1$ definiert (Beispiel 11.1).

Tabelle 11.1: Werte von $x = t^2$ und $y = t + 1$ für ausgewählte t

t	x	y
−3	9	−2
−2	4	−1
−1	1	0
0	0	1
1	1	2
2	4	3
3	9	4

Lösung Wir stellen eine kurze Wertetabelle auf (vgl. Tabelle 11.1), zeichnen die Punkte (x, y) und legen durch sie eine glatte Kurve (▶Abbildung 11.2). Zu jedem Wert von t gehört ein Punkt (x, y) auf der Kurve; wie man der Tabelle entnehmen kann, gehört beispielsweise zu $t = 1$ der Punkt $(1, 2)$. Wenn wir diese Kurve als die Bahn eines Teilchens interpretieren, dann bewegt sich das Teilchen entlang der Kurve in die Richtung der Pfeile, die in Abbildung 11.2 eingetragen sind. Die Zeitintervalle, nach denen wir den nächsten Punkt bestimmt haben, sind hier jeweils gleich lang. Die Bogenlänge zwischen zwei entsprechenden Punkten auf der Kurve sind dagegen nicht gleich lang. Das Teilchen wird also langsamer, wenn es sich auf der unteren Hälfte der Kurve mit wachsendem t der y-Achse nähert; nachdem es im Punkt $(0, 1)$ die y-Achse passiert hat und sich auf der oberen Hälfte der Kurve bewegt, wird es wieder schneller. Das Parameterintervall für die Werte von t umfasst alle reellen Zahlen, es gibt also keinen Anfangs- und Endpunkt der Kurve. ■

Eliminierung des Parameters

Beispiel 11.2 Untersuchen Sie die Kurve aus Beispiel 11.1 (vgl. Abbildung 11.2). Welche geometrische Form hat sie? Eliminieren Sie dazu den Parameter t und stellen Sie eine algebraische Gleichung mit den Variablen x und y für die Kurve auf.

Lösung Wir lösen die Gleichung $y = t + 1$ nach dem Parameter t auf und setzen das Ergebnis in die Parametergleichung für x ein. Wir erhalten $t = y - 1$ und damit

$$x = t^2 = (y-1)^2 = y^2 - 2y + 1.$$

Die Gleichung $x = y^2 - 2y + 1$ beschreibt eine Parabel, wie in Abbildung 11.2 zu sehen. Es ist allerdings nicht immer so einfach wie hier, den Parameter aus den beiden Parametergleichungen zu eliminieren, manchmal ist es sogar unmöglich. ■

Kurven in Parameterdarstellung

Beispiel 11.3 Zeichnen Sie die folgenden in Parameterdarstellung gegebenen Kurven:

a $x = \cos t, \quad y = \sin t, \quad 0 \le t \le 2\pi.$

b $x = a\cos t, \quad y = a\sin t, \quad 0 \le t \le 2\pi.$

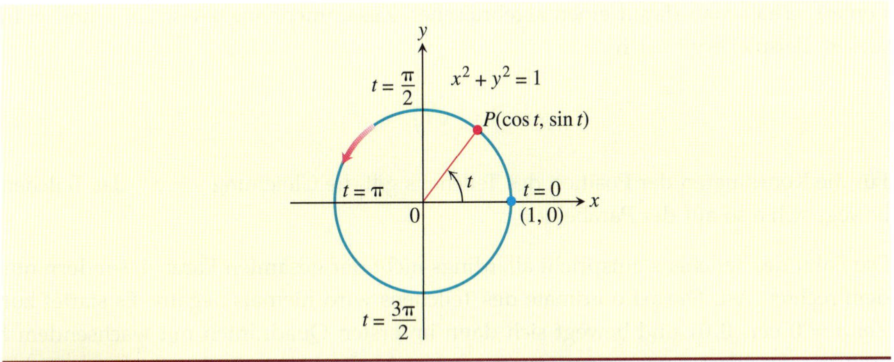

Abbildung 11.3 Die Gleichungen $x = \cos t$ und $y = \sin t$ beschreiben die Bewegung auf dem Kreis $x^2 + y^2 = 1$. Der Pfeil gibt die Richtung zunehmender Zeit t an (Beispiel 11.3).

Lösung

a Es gilt $x^2 + y^2 = \cos^2 t + \sin^2 t = 1$, die gegebene Kurve in Parameterdarstellung liegt also auf dem Einheitskreis $x^2 + y^2 = 1$. Wenn t die Werte zwischen 0 und 2π durchläuft, bewegt sich der Punkt $(x, y) = (\cos t, \sin t)$ von $(1, 0)$ aus auf der gesamten Kreislinie gegen den Uhrzeigersinn (▶Abbildung 11.3).

b Für $x = a\cos t$, $y = a\sin t$, $0 \le t \le 2\pi$ ergibt sich $x^2 + y^2 = a^2\cos^2 t + a^2\sin^2 t = a^2$. Die Parametergleichungen beschreiben eine Bewegung entlang der Kreislinie $x^2 + y^2 = a^2$. Sie beginnt in dem Punkt $(a, 0)$, durchläuft den Kreis entgegen dem Uhrzeigersinn und endet bei $t = 2\pi$ wieder im Punkt $(a, 0)$. Der Graph ist ein Kreis mit dem Mittelpunkt im Ursprung und dem Radius $r = a$; die Koordinatendarstellung der Punkte ist $(a\cos t, a\sin t)$. ■

Bahnbestimmung bei Parameterdarstellung

Beispiel 11.4 Ein Teilchen bewegt sich in der xy-Ebene. Seine Position ist durch die folgenden Parametergleichungen gegeben:

$$x = \sqrt{t}, \quad y = t, \quad t \ge 0.$$

Bestimmen Sie die Bahn des Teilchens und beschreiben Sie seine Bewegung.

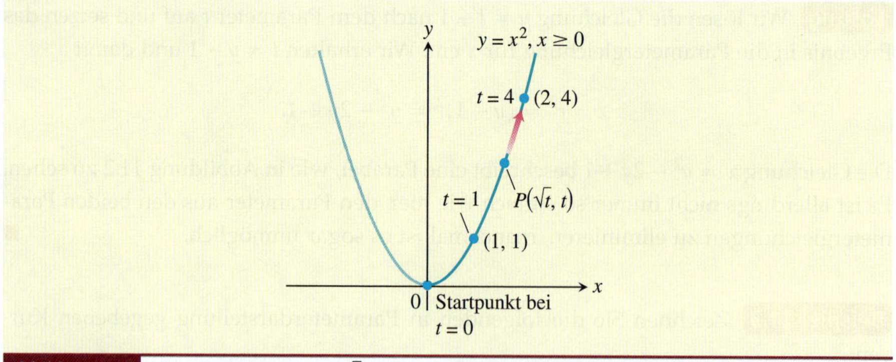

Abbildung 11.4 Die Gleichungen $x = \sqrt{t}$ und $y = t$ beschreiben in dem Intervall $t \geq 0$ die Bahn eines Teilchens, das sich auf dem rechten Ast der Parabel $y = x^2$ bewegt (Beispiel 11.4).

Lösung Wir versuchen, den Parameter t in den beiden Gleichungen $x = \sqrt{t}$ und $y = t$ zu eliminieren und so die Bahn zu bestimmen. Wenn dieses Verfahren funktioniert, erhält man damit einen algebraischen Zusammenhang zwischen x und y. In diesem Beispiel ergibt sich

$$y = t = \left(\sqrt{t}\right)^2 = x^2.$$

Für die Koordinaten der Position des Teilchens gilt die Gleichung $y = x^2$, das Teilchen bewegt sich also auf der Parabel $y = x^2$.

Die Bahn des Teilchens entspricht allerdings nicht der gesamten Parabel, sondern nur dem rechten Ast. Die x-Koordinate des Teilchens wird niemals negativ. Es startet zur Zeit $t = 0$ bei $(0, 0)$ und bewegt sich dann im ersten Quadranten mit wachsendem t aufwärts. Das Parameterintervall ist $[0, \infty)$, es gibt also keinen Endpunkt. ■

Der Graph jeder beliebigen stetigen Funktion $y = f(t)$ kann parametrisiert werden, indem man $x = t$ und $y = f(t)$ setzt. Der Definitionsbereich des Parameters entspricht in diesem Fall dem Definitionsbereich der Funktion f.

Parameterdarstellung einer ganzen Parabel

Beispiel 11.5 Eine Parameterdarstellung des Graphen der Funktion $f(x) = x^2$ ist

$$x = t, \quad y = f(t) = t^2, \quad -\infty < t < \infty.$$

Für $t \geq 0$ erhalten wir mit dieser Parameterdarstellung die gleiche Bahn in der xy-Ebene wie in Beispiel 11.4. Weil der Parameter t hier aber auch negative Werte annehmen kann, umfasst die Bahn auch den linken Ast der Parabel. Insgesamt erhalten wir also die gesamte Parabelkurve. In dieser Parameterdarstellung gibt es keinen Anfangs- und keinen Endpunkt (►Abbildung 11.5).

Die Parameterdarstellung gibt nicht nur die Bahn des Teilchens an, sondern auch, *wann* (bei welchem Wert des Parameters) ein Teilchen sich an einem bestimmten Punkt der Kurve befindet. So erreicht das Teilchen in Beispiel 11.4 den Punkt $(2, 4)$ bei $t = 4$; in Beispiel 11.5 wird dieser Punkt schon „früher" erreicht, bei $t = 2$. Wie wichtig dieser Aspekt der Parameterdarstellung ist, wird deutlich, wenn man mögliche Kollisionen von Teilchen behandelt: Teilchen stoßen zusammen, wenn sie den genau gleichen Punkt $P(x, y)$ bei einem bestimmten Wert des Parameters erreichen. Wir werden dies genauer besprechen, wenn wir in Kapitel 13 Bewegungen behandeln.

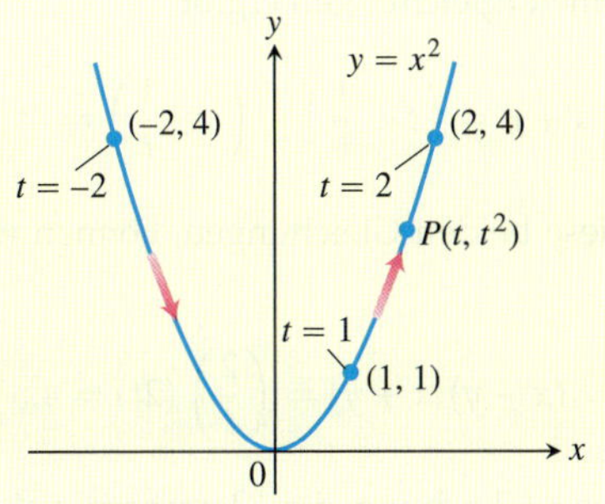

Abbildung 11.5 Die Parameterdarstellung $x = t$, $y = t^2$, $-\infty < t < \infty$ beschreibt als Bahn die gesamte Parabel $y = x^2$ (Beispiel 11.5).

Beispiel 11.6 Bestimmen Sie eine Parameterdarstellung für die Gerade durch den Punkt (a, b) mit der Steigung m.

Aufstellen von Parametergleichungen

Lösung Eine Gleichung dieser Geraden in kartesischen Koordinaten ist $y - b = m(x - a)$. Wir definieren den Parameter $t = x - a$. Damit erhalten wir $x = a + t$ und $y - b = mt$. Eine Parameterdarstellung der Geraden ist also

$$x = a + t, \quad y = b + mt, \quad -\infty < t < \infty.$$

Wenn wir wie in Beispiel 11.5 $x = t$, $y = m + b(x - a)$ setzen, erhalten wir eine andere Parameterdarstellung. Beide beschreiben jedoch diesselbe Gerade. ■

Beispiel 11.7 Skizzieren Sie die Bahn, die der Punkt $P(x, y)$ durchläuft, wenn gilt

Bahn in Parameterdarstellung

$$x = t + \frac{1}{t}; \quad y = t - \frac{1}{t}, \quad t > 0.$$

Um was für eine Bahn handelt es sich?

Tabelle 11.2: Werte von $x = t + (1/t)$ und $y = t - (1/t)$ für einige Werte von t

t	$1/t$	x	y
0,1	10,0	10,1	−9,9
0,2	5,0	5,2	−4,8
0,4	2,5	2,9	−2,1
1,0	1,0	2,0	0,0
2,0	0,5	2,5	1,5
5,0	0,2	5,2	4,8
10,0	0,1	10,1	9,9

Lösung Wir erstellen eine kurze Wertetabelle (Tabelle 11.2), zeichnen die Punkte in ein Koordinatensystem und legen dann wie in Beispiel 11.1 eine glatte Kurve hindurch. Danach eliminieren wir den Parameter t aus den Gleichungen. Das ist hier etwas komplizierter als in Beispiel 11.2. Wenn wir mithilfe der Parametergleichungen die Differenz von x und y bestimmen, erhalten wir

$$x - y = \left(t + \frac{1}{t}\right) - \left(t - \frac{1}{t}\right) = \frac{2}{t}.$$

Addition der beiden Parametergleichungen ergibt

$$x+y=\left(t+\frac{1}{t}\right)+\left(t-\frac{1}{t}\right)=2t.$$

Multiplizieren wir nun diese beiden Gleichungen, können wir so den Parameter t eliminieren:

$$(x-y)(x+y)=\left(\frac{2}{t}\right)(2t)=4.$$

Wir multiplizieren in dieser Gleichung die Klammern auf der linken Seite aus und erhalten so die Standardgleichung einer Hyperbel (wir kommen darauf in Abschnitt 11.6 zurück):

$$x^2-y^2=4. \tag{11.1}$$

Die Koordinaten aller Punkte $P(x,y)$, die von den Parametergleichungen beschrieben werden, erfüllen Gleichung (11.1). Allerdings setzt Gleichung (11.1) nicht voraus, dass die x-Koordinate positiv ist. Es gibt also Punkte (x,y) auf der Hyperbel, die die Parametergleichung $x=t+(1/t)$, $t>0$, nicht erfüllen, denn in dieser Gleichung ist x immer positiv. Die Parametergleichung beschreibt also keine Punkte auf dem linken Ast der Hyperbel aus Gleichung (11.1), denn hier wäre die x-Koordinate negativ. Für kleine positive Werte von t liegt die Bahn im vierten Quadranten und steigt mit wachsendem t an; sie schneidet die x-Achse bei $t=1$ und steigt dann weiter im ersten Quadranten (▶Abbildung 11.6). Der Definitionsbereich des Parameters ist $(0,\infty)$, es gibt keinen Anfangs- oder Endpunkt der Bahn. ■

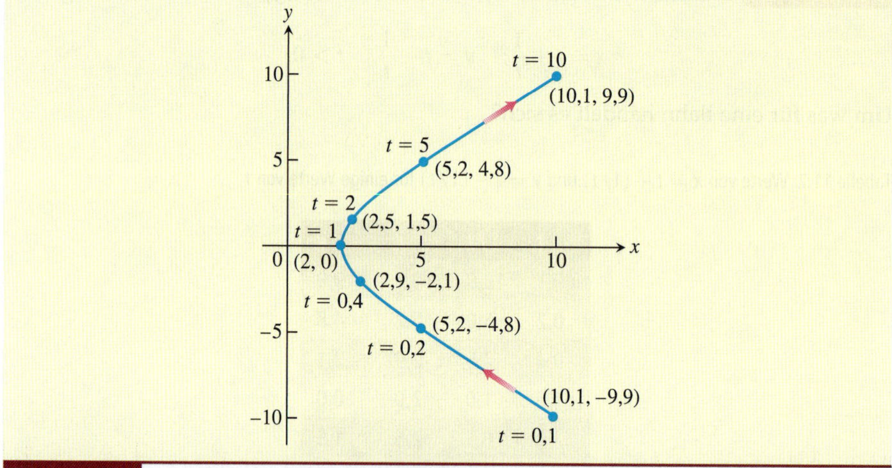

Abbildung 11.6 Die Kurve mit der Parameterdarstellung $x=t+(1/t)$, $y=t-(1/t)$, $t>0$ aus Beispiel 11.7. (Gezeigt wird die Bahn im Bereich $0{,}1\leq t\leq 10$).

In den Beispielen 11.4, 11.5 und 11.6 wird deutlich, dass sich eine gegebene Kurve (oder ein Teil einer Kurve) durch verschiedene Parameterdarstellungen repräsentieren lässt. In Beispiel 11.7 können wir auch den rechten Ast der Hyperbel darstellen, wenn wir die folgende Parameterisierung wählen:

$$x=\sqrt{4+t^2},\quad y=t,\quad -\infty<t<\infty.$$

Dazu löst man Gleichung (11.1) für $x\geq 0$ nach x auf und wählt y als Parameter. Eine andere Parameterdarstellung für den rechten Ast der Hyperbel, die durch Gleichung

(11.1) beschrieben wird, ist

$$x = \frac{2}{\cos t} = 2\sec t, \quad y = 2\tan t, \quad -\frac{\pi}{2} < t < \frac{\pi}{2}.$$

Diese Parametrisierung ergibt sich aus der trigonometrischen Identität $\sec^2 t - \tan^2 t = 1$, die zu

$$x^2 - y^2 = 4\sec^2 t - 4\tan^2 t = 4\left(\sec^2 t - \tan^2 t\right) = 4$$

führt. Wenn t Werte zwischen $-\pi/2$ und $\pi/2$ annimmt, bleibt $x = 2\sec t$ positiv, und $y = 2\tan t$ liegt zwischen $-\infty$ und ∞; P durchläuft dann den rechten Ast der Hyperbel. Der Punkt bewegt sich auf der unteren Hälfte des Astes für $t \to 0^-$, erreicht bei $t = 0$ den Punkt $(2, 0)$ und läuft dann im ersten Quadranten nach oben, wenn t bis $\pi/2$ ansteigt. Es handelt sich dabei um den gleichen Hyperbel-Ast, von dem ein Teil in Abbildung 11.6 gezeigt wird.

Zykloiden

Schwingt das Ende eines Uhrenpendels auf einer Kreisbahn, so hängt die Frequenz der Schwingung von der Amplitude ab. Je größer der Ausschlag des Pendels, desto länger dauert es, bis das Pendel wieder ins Zentrum (die tiefste Position) zurückkehrt. Damit wird die Zeitmessung ungenau.

Dieses Problem kann man umgehen, wenn man das Pendel so konstruiert, dass es auf der Bahn einer *Zykloide* schwingt. Was eine Zykloide ist, definieren wir in Beispiel 11.8. 1683 baute Christiaan Huygens eine Pendeluhr, bei der das Ende des Pendels eine Zykloide beschreibt. Das Pendel besteht hierbei aus einer Masse an einem feinen Draht und wird zwischen zwei Führungsschienen aufgehängt. Wegen der Führungsschienen wird die Masse angehoben, wenn sie sich vom Zentrum entfernt (▶Abbildung 11.7).

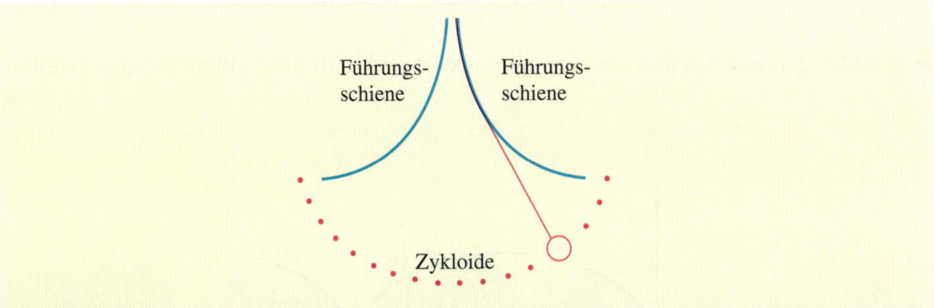

Abbildung 11.7 Bei der Pendeluhr von Huygens schwingt das Ende des Pendels auf einer Zykloidenbahn. Die Frequenz wird damit unabhängig von der Amplitude.

Beispiel 11.8 Ein Rad mit dem Radius a rollt auf einer Geraden. Welche Bahn beschreibt dabei ein Punkt P auf dem Rand des Rades? Bestimmen Sie eine Parameterdarstellung für diese Bahn. Eine solche Kurve nennt man **Zykloide**, in der älteren Literatur findet man auch die Bezeichnung **Rollkurve**. Zykloide

Lösung Die Gerade soll die x-Achse sein. Wir zeichnen den Punkt P auf dem Rad ein, starten die Bewegung mit P im Ursprung und rollen das Rad nach rechts ab. Als Parameter wählen wir den Winkel t, um den sich das Rad gedreht hat, gemessen in Radiant. ▶Abbildung 11.8 zeigt das Rad zu dem Zeitpunkt, an dem sein tiefster Punkt sich um die Strecke at vom Ursprung entfernt hat. Der Mittelpunkt des Rads liegt dann

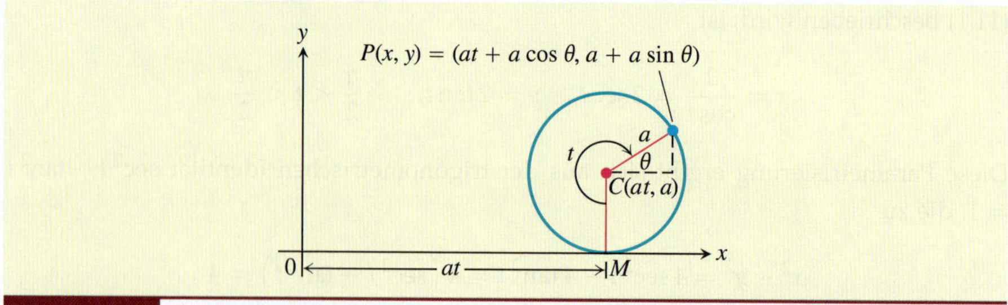

Abbildung 11.8 Die Position des Punkts $P(x, y)$ auf einem rollenden Rad bei dem Winkel t (Beispiel 11.8).

bei (at, a), und die Koordinaten von P sind

$$x = at + a\cos\theta, \quad y = a + a\sin\theta.$$

Wir wollen nun θ als Funktion von t ausdrücken. Der Zeichnung entnehmen wir, dass gilt $t + \theta = 3\pi/2$, also

$$\theta = \frac{3\pi}{2} - t.$$

Daraus folgt

$$\cos\theta = \cos\left(\frac{3\pi}{2} - t\right) = -\sin t, \quad \sin\theta = \sin\left(\frac{3\pi}{2} - t\right) = -\cos t.$$

Die gesuchten Parametergleichungen sind

$$x = at - a\sin t, \quad y = a - a\cos t.$$

Man schreibt sie normalerweise mit a ausgeklammert:

$$x = a(t - \sin t), \quad y = a(1 - \cos t). \tag{11.2}$$

►Abbildung 11.9 zeigt den ersten Bogen dieser Zykloide und einen Teil des zweiten.

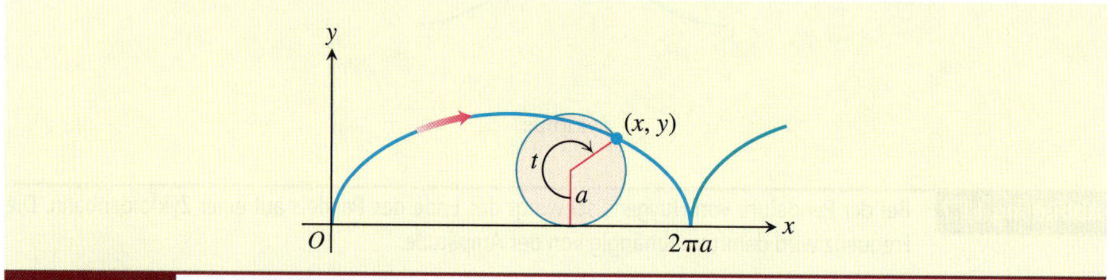

Abbildung 11.9 Die Zykloide $x = a(t - \sin t)$, $y = a(1 - \cos t)$ für $t \geq 0$.

Brachistochronen und Tautochronen

Wenn wir die Abbildung 11.9 auf den Kopf stellen, so gelten die Gleichungen (11.2) immer noch. Die Kurve, die damit entsteht (►Abbildung 11.10), hat zwei interessante physikalische Eigenschaften. Die erste betrifft den Ursprung O und den Punkt B an der tiefsten Stelle des ersten Bogens. Diese beiden Punkte können durch viele unterschiedliche Kurven verbunden werden. Wir betrachten nun eine kleine Kugel, die sich reibungsfrei, nur unter dem Einfluss der Schwerkraft, entlang einer dieser Kurven bewegt; die Zykloide ist dann die Kurve, auf der die Kugel am schnellsten Punkt B

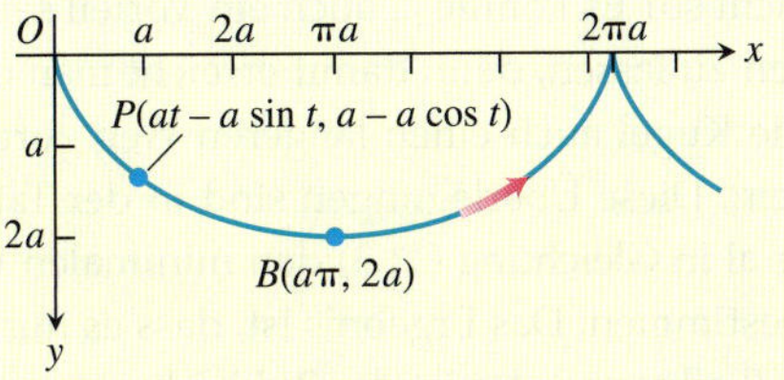

Abbildung 11.10 Wir untersuchen die Bewegung auf einer Zykloide unter dem Einfluss der Schwerkraft und drehen dazu Abbildung 11.9 um. Damit zeigt die y-Achse in Richtung der Gravitationskraft und die nach unten gehenden y-Koordinaten werden positiv. Die Parametergleichungen und das Intervall für die Zykloide sind noch immer $x = a(t - \sin t), y = a(1 - \cos t)$ und $t \geq 0$. Der Pfeil zeigt in Richtung wachsender t.

erreicht. Damit ist die Zykloide auch eine **Brachistochrone** (von griechisch *brachistos* „kürzest" und *chronos* „Zeit"). Eine Brachistochrone beschreibt den schnellsten Weg zwischen zwei Punkten.

Die zweite physikalische Eigenschaft der Kurve betrifft die Gleitzeit selbst. Interessanterweise braucht eine Kugel auch dann die gleiche Zeit zum Erreichen von B, wenn sie nicht am Ursprung O, sondern weiter unten auf die Bahn gesetzt wird. Die Zykloide ist damit auch eine **Tautochrone** (von griechisch *tautós*, „das Gleiche"), d. h. eine Kurve, auf der jede Teilstrecke gleich schnell zurückgelegt wird.

Gibt es noch andere Brachistochronen zwischen O und B, oder ist die Zykloide die einzige? Wir können diese Frage folgendermaßen als mathematische Aufgabe formulieren: Zu Beginn ist die kinetische Energie der Kugel null, da ihre Geschwindigkeit null ist. Die Gravitationskraft verrichtet eine Arbeit, um die Kugel von $(0,0)$ zu einem beliebigen Punkt (x,y) zu bewegen; diese Arbeit ist mgy, sie muss gleich der Änderung in der kinetischen Energie sein. Es gilt also

$$mgy = \frac{1}{2}mv^2 - \frac{1}{2}m(0)^2.$$

Die Geschwindigkeit der Kugel im Punkt (x,y) ist damit

$$v = \sqrt{2gy}.$$

Daraus folgt

$$\frac{\mathrm{d}s}{\mathrm{d}t} = \sqrt{2gy}$$

ds ist das Differential der Bogenlänge entlang der Bahn der Kugel.

oder

$$\mathrm{d}t = \frac{\mathrm{d}s}{\sqrt{2gy}} = \frac{\sqrt{1 + (\mathrm{d}y/\mathrm{d}x)^2}\mathrm{d}x}{\sqrt{2gy}}.$$

Eine Kugel braucht die Zeit T_f, um entlang einer bestimmten, durch $y = f(x)$ gegebenen Bahn von O bis zu $B(a\pi, 2a)$ zu gleiten. Für diese Zeit T_f gilt

$$T_f = \int_{x=0}^{x=a\pi} \sqrt{\frac{1 + (\mathrm{d}y/\mathrm{d}x)^2}{2gy}}\mathrm{d}x. \tag{11.3}$$

Gibt es Kurven $y = f(x)$, für die der Wert dieses Integrals minimal wird? Wenn ja, welche sind das?

Man könnte zuerst annehmen, dass die Kugel auf der geraden Strecke zwischen den Punkten O und B die kürzeste Zeit benötigt, da dies die kürzeste Strecke ist. Aber vielleicht ist das auch nicht so? Es könnte ja auch ein Vorteil sein, die Kugel zuerst fast vertikal nach unten fallen zu lassen, denn damit erreicht man eine größere Geschwindigkeit. Dann könnte die Kugel auch einen längeren Weg zurücklegen und trotzdem schneller am Punkt B sein. Diese Überlegungen sind in der Tat richtig. Man kann die Kurve, für die das Integral in Gleichung (11.3) den minimalen Wert annimmt, mithilfe der *Variationsrechnung* bestimmen. Das Ergebnis ist, dass es nur eine einzige Brachistochrone zwischen O und B gibt, und das ist die Zykloide.

Wir können diese Rechnung mit unseren jetzigen Kenntnissen leider nicht nachvollziehen. Wir können aber zeigen, warum die Zykloide eine Tautochrone ist. Wie wir im nächsten Abschnitt zeigen werden, entspricht die Ableitung dy/dx der Ableitung dy/dt geteilt durch die Ableitung dx/dt. Wir führen diese Rechnungen hier nicht im Detail aus, aber wenn man die Ableitungen berechnet und in Gleichung (11.3) einsetzt, erhält man

$$T_{\text{Zykloide}} = \int_{x=0}^{x=a\pi} \sqrt{\frac{1+(dy/dx)^2}{2gy}}\,dx$$

$$= \int_{t=0}^{t=\pi} \sqrt{\frac{a^2(2-2\cos t)}{2ga(1-\cos t)}}\,dt$$

Aus den Gleichungen (11.2) folgt $dx/dt = a(1-\cos t)$, $dy/dt = a\sin t$ und $y = a(1-\cos t)$.

$$= \int_0^{\pi} \sqrt{\frac{a}{g}}\,dt = \pi\sqrt{\frac{a}{g}}.$$

Wird eine reibungsfreie Kugel also aus dem Ruhezustand bei O losgelassen und gleitet die Zykloide herab, so kommt sie nach der Zeit $\pi\sqrt{a/g}$ bei B an.

Die Kugel wird nun nicht in O losgelassen, sondern an einem Punkt weiter unten auf der Zykloidenbahn, an dem Punkt $P(a_0, y_0)$, zu dem der Parameter $t_0 > 0$ gehört. Die Geschwindigkeit der Kugel an einem beliebigen Punkt (x, y) weiter unten auf der Zykloide beträgt dann

$$v = \sqrt{2g(y-y_0)} = \sqrt{2ga(\cos t_0 - \cos t)}.$$

$y = a(1-\cos t)$

Damit benötigt die Kugel für den Weg von (x_0, y_0) nach B die Zeit:

$$T = \int_{t_0}^{\pi} \sqrt{\frac{a^2(2-2\cos t)}{2ga(\cos t_0 - \cos t)}}\,dt = \sqrt{\frac{a}{g}} \int_{t_0}^{\pi} \sqrt{\frac{1-\cos t}{\cos t_0 - \cos t}}\,dt$$

$$= \sqrt{\frac{a}{g}} \int_{t_0}^{\pi} \sqrt{\frac{2\sin^2(t/2)}{(2\cos^2(t_0/2)-1)-(2\cos^2(t/2)-1)}}\,dt$$

$$= \sqrt{\frac{a}{g}} \int_{t_0}^{\pi} \frac{\sin(t/2)dt}{\sqrt{\cos^2(t_0/2)-\cos^2(t/2)}}$$

$$= \sqrt{\frac{a}{g}} \int_{t=t_0}^{t=\pi} \frac{-2du}{\sqrt{c^2-u^2}}$$

$u = \cos(t/2)$,
$-2du = \sin(t/2)dt$,
$c = \cos(t_0/2)$

$$= 2\sqrt{\frac{a}{g}} \left[-\sin^{-1}\frac{u}{c} \right]_{t=t_0}^{t=\pi}$$

$$= 2\sqrt{\frac{a}{g}}\left[-\sin^{-1}\frac{\cos(t/2)}{\cos(t_0/2)}\right]_{t_0}^{\pi}$$

$$= 2\sqrt{\frac{a}{g}}\left(-\sin^{-1}0 + \sin^{-1}1\right) = \pi\sqrt{\frac{a}{g}}.$$

Dies ist genau die Zeit, die die Kugel braucht, um von O nach B zu gleiten. Allgemeiner: Die Kugel benötigt immer die gleiche Zeit, um B zu erreichen, unabhängig vom Startpunkt. Starten also beispielsweise drei Kugeln an den Punkten O, A und C in ►Abbildung 11.11, so kommen sie alle gleichzeitig bei B an.

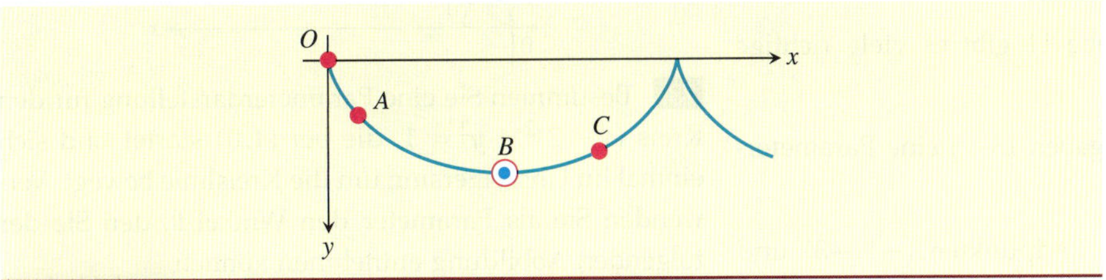

Abbildung 11.11 Drei Kugeln, die auf einer umgedrehten Zykloide gleichzeitig in den Punkten O, A und C losgelassen werden, erreichen B zur gleichen Zeit.

Kehren wir zu dem Problem der Pendeluhr vom Beginn des Kapitels zurück. In der Huygens'schen Uhr bewegt sich der Pendelkörper ebenfalls auf einer Zykloidenbahn – und das ist der Grund dafür, dass die Schwingungsdauer des Pendels nicht von seiner Amplitude abhängt.

Aufgaben zum Abschnitt 11.1

Aufstellen einer Funktionsgleichung in kartesischen Koordinaten bei gegebener Parameterdarstellung

In den Aufgaben 1–10 ist jeweils die Parameterdarstellung für die Bewegung eines Teilchens in der xy-Ebene gegeben. Bestimmen Sie die Bahn des Teilchens und stellen Sie eine Gleichung in kartesischen Koordinaten für sie auf. Zeichnen Sie den Graphen zu dieser Gleichung (die Graphen können von der ausgewählen Gleichung abhängen). Welcher Teil des Graphen wird von dem Teilchen durchlaufen? Zeichnen Sie ein, in welche Richtung sich das Teilchen bewegt.

1. $x = 3t, \quad y = 9t^2, \quad -\infty < t < \infty$

2. $x = 2t - 5, \quad y = 4t - 7, \quad -\infty < t < \infty$

3. $x = \cos 2t, \quad y = \sin 2t, \quad 0 \le t \le \pi$

4. $x = 4\cos t, \quad y = 2\sin t, \quad 0 \le t \le 2\pi$

5. $x = \sin t, \quad y = \cos 2t, \quad -\frac{\pi}{2} \le t \le \frac{\pi}{2}$

6. $x = t^2, \quad y = t^6 - 2t^4, \quad -\infty < t < \infty$

7. $x = t, \quad y = \sqrt{1 - t^2}, \quad -1 \le t \le 0$

8. $x = \sec^2 t - 1, \quad y = \tan t, \quad -\pi/2 < t < \pi/2$

9. $x = -\cosh t, \quad y = \sinh t, \quad -\infty < t < \infty$

10. $x = 2\sinh t, \quad y = 2\cosh t, \quad -\infty < t < \infty$

Aufstellen von Parametergleichungen

11. Ein Teilchen startet in dem Punkt $(a, 0)$ und bewegt sich auf der Kreislinie $x^2 + y^2 = a^2$. Bestimmen Sie zwei Parametergleichungen und ein Parameterintervall, wenn das Teilchen den Kreis

a. einmal im Uhrzeigersinn,

b. einmal gegen den Uhrzeigersinn,

c. zweimal im Uhrzeigersinn,

d. zweimal gegen den Uhrzeigersinn

durchläuft. (Es gibt hier viele richtige Lösungen, Ihre Antwort muss also nicht mit der im Anhang übereinstimmen.)

12. Ein Teilchen startet in dem Punkt $(a, 0)$ und bewegt sich auf der Ellipse $(x^2/a^2) + (y^2/b^2) = 1$. Bestimmen Sie zwei Parametergleichungen und ein Parameterintervall, wenn das Teilchen die Ellipse

a. einmal im Uhrzeigersinn,

b. einmal gegen den Uhrzeigersinn,

c. zweimal im Uhrzeigersinn,

d. zweimal gegen den Uhrzeigersinn

durchläuft. (Wie in Aufgabe 11 gibt es viele richtige Lösungen.)

Bestimmen Sie in den Aufgaben 13–18 eine Parameterdarstellung der Kurve.

13. Die Strecke mit den Endpunkten $(-1, -3)$ und $(4, 1)$.

14. Die Strecke mit den Endpunkten $(-1, 3)$ und $(3, -2)$.

15. Die untere Hälfte der Parabel $x - 1 = y^2$.

16. Den linken Ast der Parabel $y = x^2 + 2x$.

17. Der Strahl (die Halbgerade) mit dem Startpunkt $(2, 3)$, der durch den Punkt $(-1, -1)$ geht.

18. Der Strahl (die Halbgerade) mit dem Startpunkt $(-1, 2)$, der durch den Punkt $(0, 0)$ geht.

19. Ein Teilchen startet im Punkt $(2, 0)$ und bewegt sich viermal entlang der oberen Hälfte des Kreises $x^2 + y^2 = 4$. Bestimmen Sie Parametergleichungen und Parameterintervall.

20. Bestimmen Sie eine Parameterdarstellung für den Halbkeis

$$x^2 + y^2 = a^2, \quad y > 0.$$

Verwenden Sie als Parameter die Steigung $t = dy/dx$ einer Tangente an die Kurve im Punkt (x, y).

21. Bestimmen Sie eine Parameterdarstellung der Strecke zwischen den Punkten $(0, 2)$ und $(4, 0)$. Verwenden Sie als Parameter den Winkel θ, den Sie der folgenden Abbildung entnehmen können.

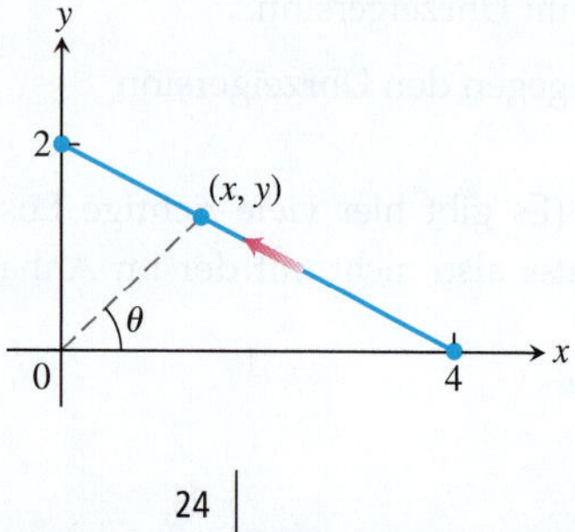

22. Bestimmen Sie eine Parameterdarstellung der Kurve $y = \sqrt{x}$ mit dem Endpunkt $(0, 0)$. Verwenden Sie als Parameter den Winkel θ, den Sie der folgenden Abbildung entnehmen können.

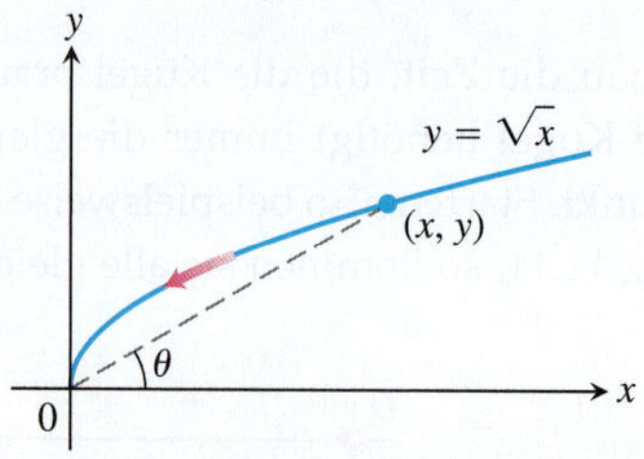

23. Bestimmen Sie eine Parameterdarstellung für den Kreis $(x - 2)^2 + y^2 = 1$, die bei $(1, 0)$ startet und sich einmal im Uhrzeigersinn um die Kreislinie bewegt. Verwenden Sie als Parameter den Winkel θ, den Sie der folgenden Abbildung entnehmen können.

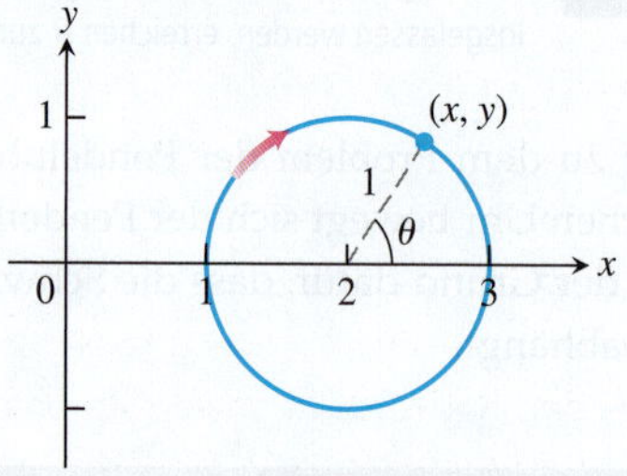

24. Bestimmen Sie eine Parameterdarstellung für den Kreis $x^2 + y^2 = 1$, die bei $(1, 0)$ startet und sich gegen den Uhrzeigersinn bis zum Endpunkt $(0, 1)$ bewegt. Verwenden Sie als Parameter den Winkel θ, den Sie der folgenden Abbildung entnehmen können.

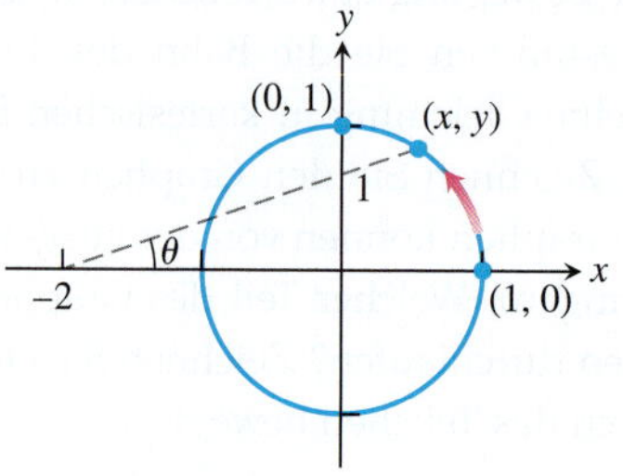

25. Die Versiera der Agnesi Die *Versiera der Agnesi* ist eine Kurve, die nach der Mathematikerin Maria Agnesi benannt ist, die sie 1748 zum ersten Mal beschrieben hat. Sie wird folgendermaßen konstruiert: Wir starten mit einem Kreis mit dem Radius 1 und dem Mittelpunkt $(0, 1)$, wie in der untenstehenden Abbildung zu sehen. Wir wählen nun einen Punkt A auf der Geraden $y = 2$ und verbinden ihn mit dem Ursprung. Die Strecke zwischen A und dem Ursprung schneidet den Kreis im Punkt B. P sei der Punkt, an dem sich die vertikale Gerade durch A und die horizontale Gerade durch B schneiden. Bewegt sich nun A entlang der Geraden $y = 2$, so beschreibt P eine Kurve, eben die Versiera der Agnesi. Bestimmen Sie Parametergleichungen und ein Parameterintervall für diese Kurve. Drücken Sie dazu die Koordinaten von P als Funktion von t aus; t ist der Winkel zwischen der Strecke OA und der positiven x-Achse, gemessen in Radiant. Die folgenden Identitäten können Sie voraussetzen und bei der Lösung verwenden:

a. $x = AQ$ **b.** $y = 2 - AB \sin t$ **c.** $AB \cdot OA = (AQ)^2$

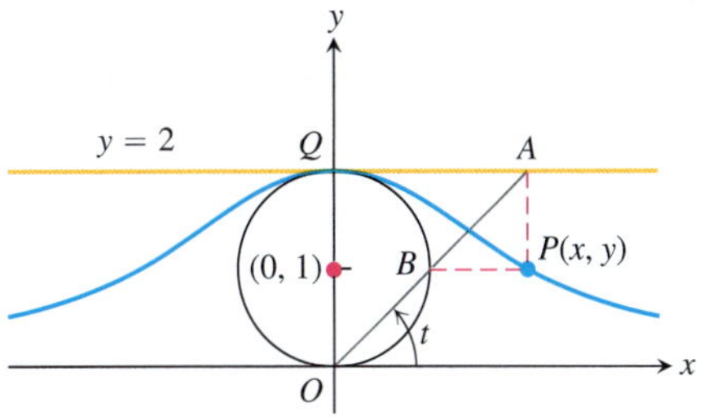

26. **Hypozykloiden** Wenn ein Kreis auf der Innenseite eines weiteren, unbeweglichen Kreises abgerollt wird, dann beschreibt jeder Punkt P auf dem Umfang des rollenden Kreises eine Kurve, die man *Hypozykloide* nennt. Der unbewegliche Kreis sei $x^2 + y^2 = a^2$, der Radius des rollenden Kreises b, und die Anfangsposition des Punkts P sei $A(a, 0)$. Stellen Sie eine Parametergleichung für die Hypozykloide auf; verwenden Sie als Parameter den Winkel θ, der zwischen der positiven x-Achse und der Geraden liegt, die durch die beiden Kreismittelpunkte geht. In der untenstehenden Abbildung ist $b = a/4$. Zeigen Sie, dass dann die Hypozykloide der Astroide

$$x = a\cos^3\theta, \quad y = a\sin^3\theta$$

entspricht.

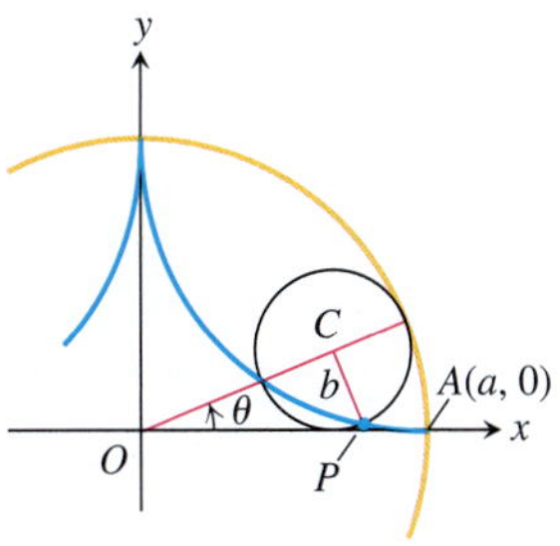

27. Bewegt sich der Punkt N in der untenstehenden Abbildung entlang der Geraden $y = a$, so ist der Punkt P wie in der Abbildung definiert durch: $OP = MN$. Stellen Sie Parametergleichungen für die Koordinaten von P in Abhängigkeit von t auf. t ist dabei der Winkel zwischen der Geraden ON und der positiven y-Achse.

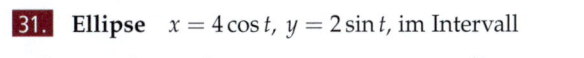

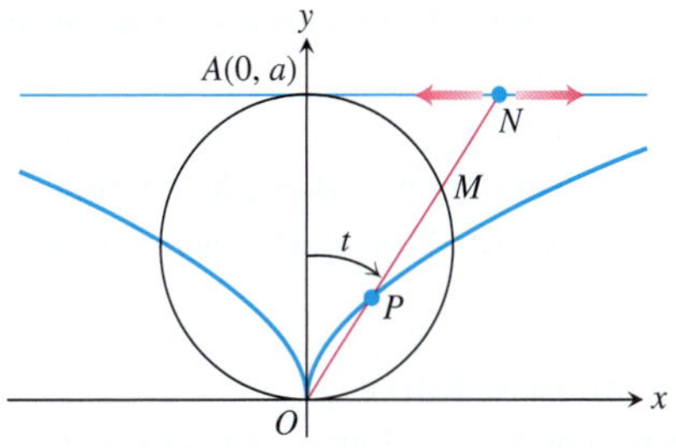

28. **Trochoiden** Ein Rad mit dem Radius a rollt entlang einer horizontalen Geraden ohne dabei zu gleiten. Auf einer Speiche des Rades befindet sich im Abstand b vom Mittelpunkt der Punkt P. Stellen Sie Parametergleichungen für die Bahn auf, die dieser Punkt duchläuft. Verwenden Sie als Parameter den Drehwinkel θ des Rades. Eine solche Kurve heißt *Trochoide* (von griechisch *trochos* „Rad"), für $b = a$ ist sie eine Zykloide.

Abstandsberechnungen mit Parametergleichungen

29. Welcher Punkt liegt auf der Parabel $x = t$, $y = t^2$, $-\infty < t < \infty$ am nächsten an dem Punkt $(2, 1/2)$? (*Hinweis:* Stellen Sie eine Gleichung für das Quadrat des Abstands in Abhängigkeit von t auf und bestimmen Sie das Minimum.)

30. Welcher Punkt liegt auf der Ellipse $x = 2\cos t$, $y = \sin t$, $0 \le t \le \infty$ am nächsten an dem Punkt $(3/4, 0)$? (*Hinweis:* Stellen Sie eine Gleichung für das Quadrat des Abstands in Abhängigkeit von t auf und bestimmen Sie das Minimum.)

Untersuchungen mit einem Grafikprogramm Zeichnen Sie in den Aufgaben 31–38 die Kurven zu den gegebenen Gleichungen in dem gegebenen Intervall, falls Sie ein Grafikprogramm besitzen, das Parametergleichungen darstellen kann.

31. **Ellipse** $x = 4\cos t$, $y = 2\sin t$, im Intervall

a. $0 \le t \le 2\pi$ **b.** $0 \le t \le \pi$ **c.** $-\pi/2 \le t \le \pi/2$.

32. **Hyperbel-Ast** $x = \sec t$ (geben Sie dies als $1/\cos(t)$ ein), $y = \tan t$ (geben Sie dies als $\sin t/\cos t$ ein), im Intervall

a. $-1{,}5 \le t \le 1{,}5$ **b.** $-0{,}5 \le t \le 0{,}5$ **c.** $-0{,}1 \le t \le 0{,}1$.

33. **Parabel** $x = 2t + 3$, $y = t^2 - 1$, $-2 \le t \le 2$

34. **Zykloide** $x = t - \sin t$, $y = 1 - \cos t$, im Intervall

a. $0 \le t \le 2\pi$ **b.** $0 \le t \le 4\pi$ **c.** $\pi \le t \le 3\pi$.

35. Eine spezielle Hypozykloide: Das Deltoid (Steiner'sche Kurve)
$x = 2\cos t + \cos 2t,\ y = 2\sin t - \sin 2t;\ 0 \le t \le 2\pi$
Was passiert, wenn man in den Gleichungen für x und y die Zahl 2 durch −2 ersetzt? Zeichnen Sie dazu die neuen Kurven.

36. Eine hübsche Kurve
$x = 3\cos t + \cos 3t,\ y = 3\sin t - \sin 3t;\ 0 \le t \le 2\pi$
Was passiert, wenn man in den Gleichungen für x und y die Zahl 3 durch −3 ersetzt? Zeichnen Sie dazu die neuen Kurven.

37. a. Epizykloide
$x = 9\cos t - \cos 9t,\ y = 9\sin t - \sin 9t;$
$0 \le t \le 2\pi$

b. Hypozykloide
$x = 8\cos t + 2\cos 4t,\ y = 8\sin t - 2\sin 4t;$
$0 \le t \le 2\pi$

c. Hypotrochoide
$x = \cos t + 5\cos 3t,\ y = 6\cos t - 5\sin 3t;$
$0 \le t \le 2\pi$

38. **a.** $x = 6\cos t + 5\cos 3t,\ y = 6\sin t - 5\sin 3t;$
$0 \le t \le 2\pi$

b. $x = 6\cos 2t + 5\cos 6t,\ y = 6\sin 2t - 5\sin 6t;$
$0 \le t \le \pi$

c. $x = 6\cos t + 5\cos 3t,\ y = 6\sin 2t - 5\sin 3t;$
$0 \le t \le 2\pi$

d. $x = 6\cos 2t + 5\cos 6t,\ y = 6\sin 4t - 5\sin 6t;$
$0 \le t \le \pi$

11.2 Analysis mit der Parameterdarstellung

In diesem Abschnitt führen wir Berechnungen mit Kurven durch, die in Parameterdarstellung gegeben sind. Insbesondere bestimmen wir Steigungen, Kurvenlängen und Flächeninhalte.

Tangenten und Flächen

Eine Kurve in Parameterdarstellung, $x = f(t)$ und $y = g(t)$, heißt **differenzierbar** bei t, wenn f und g an dieser Stelle differenzierbar sind. Ist für eine differenzierbare Kurve in Parameterdarstellung auch y eine differenzierbare Funktion von x, so besteht für die Ableitungen $\mathrm{d}y/\mathrm{d}t$, $\mathrm{d}x/\mathrm{d}t$ und $\mathrm{d}y/\mathrm{d}x$ mit der Kettenregel der folgende Zusammenhang:

$$\frac{\mathrm{d}y}{\mathrm{d}t} = \frac{\mathrm{d}y}{\mathrm{d}x} \cdot \frac{\mathrm{d}x}{\mathrm{d}t}.$$

Für $\mathrm{d}x/\mathrm{d}t \neq 0$ können wir beide Seiten dieser Gleichung durch $\mathrm{d}x/\mathrm{d}t$ teilen und so die Gleichung nach $\mathrm{d}y/\mathrm{d}x$ auflösen.

Merke

Gleichung für dy/dx

Wenn alle drei Ableitungen existieren und $\mathrm{d}x/\mathrm{d}t \neq 0$, dann gilt

$$\frac{\mathrm{d}y}{\mathrm{d}x} = \frac{\mathrm{d}y/\mathrm{d}t}{\mathrm{d}x/\mathrm{d}t}. \qquad (11.4)$$

Bezogen auf die durch $x = f(t)$, $y = g(t)$ gegebene Kurve nennen wir dann $\frac{\mathrm{d}y}{\mathrm{d}x} = \frac{\mathrm{d}y/\mathrm{d}t}{\mathrm{d}x/\mathrm{d}t}$ auch Steigung der Kurve bei t.

Behandeln wir die Parameterdarstellung einer Funktion y, die zweimal nach x differenzierbar ist, dann können wir Gleichung (11.4) auf die Funktion $\mathrm{d}y/\mathrm{d}x = y'$ anwenden und damit $\mathrm{d}^2y/\mathrm{d}x^2$ als Funktion von t berechen:

$$\frac{\mathrm{d}^2y}{\mathrm{d}x^2} = \frac{\mathrm{d}}{\mathrm{d}x}(y') = \frac{\mathrm{d}y'/\mathrm{d}t}{\mathrm{d}x/\mathrm{d}t}.$$ Gleichung (11.4) mit y' statt y

Merke

Gleichung für d²y/dx²

Wenn die Gleichungen $x = f(t)$ und $y = g(t)$ eine Funktion y definieren, die zweimal nach x ableitbar ist, dann gilt mit $\mathrm{d}x/\mathrm{d}t \neq 0$ und $y' = \mathrm{d}y/\mathrm{d}x$:

$$\frac{\mathrm{d}^2y}{\mathrm{d}x^2} = \frac{\mathrm{d}y'/\mathrm{d}t}{\mathrm{d}x/\mathrm{d}t}. \qquad (11.5)$$

Tangentenbestimmung bei Parameterdarstellung

Beispiel 11.9 Bestimmen Sie die Tangente an die Kurve

$$x = \frac{1}{\cos t} = \sec t, \quad y = \tan t, \quad -\frac{\pi}{2} < t < \frac{\pi}{2}$$

in dem Punkt $(\sqrt{2}, 1)$ mit $t = \pi/4$ (►Abbildung 11.12).

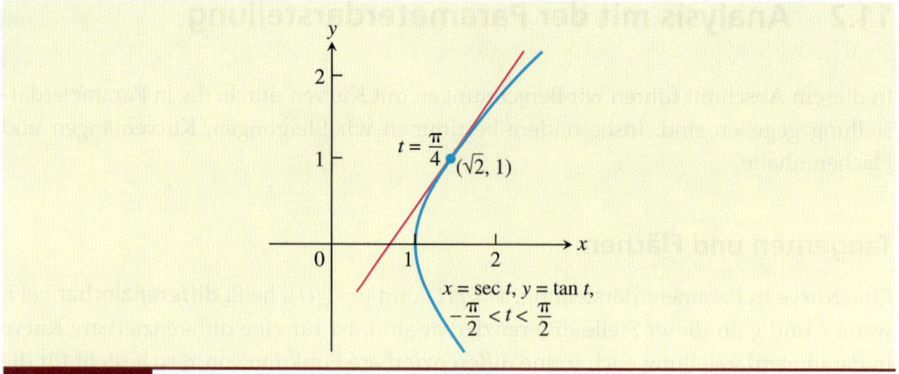

Abbildung 11.12 Die Kurve aus Beispiel 11.9 ist der rechte Ast der Hyperbel $x^2 - y^2 = 1$.

Lösung Die Steigung der Kurve bei t ist für $t \neq 0$

$$\frac{dy}{dx} = \frac{dy/dt}{dx/dt} = \frac{1/\cos^2 t}{\sin t/\cos^2 t} = \frac{1}{\sin t}. \qquad \text{Gleichung (11.4)}$$

Setzt man nun t gleich $\pi/4$, erhält man

$$\left.\frac{dy}{dx}\right|_{t=\pi/4} = \frac{1}{\sin(\pi/4)}$$

$$= \frac{2}{\sqrt{2}} = \sqrt{2}.$$

Die Tangente ist damit

$$y - 1 = \sqrt{2}\left(x - \sqrt{2}\right)$$
$$y = \sqrt{2}x - 2 + 1$$
$$y = \sqrt{2}x - 1.$$

■

Zweite Ableitung in Parameterdarstellung

Beispiel 11.10 Bestimmen Sie für $x = t - t^2$, $y = t - t^3$ die zweite Ableitung d^2y/dx^2 als Funktion von t.

Lösung

Bestimmung von d^2y/dx^2 mithilfe von t

1. Drücken Sie $y' = dydx$ mithilfe von t aus.
2. Berechnen Sie dy'/dt.
3. Teilen Sie dy'/dt durch dx/dt.

1 Drücken Sie $y' = dy/dx$ als Funktion von t aus.

$$y' = \frac{dy}{dx} = \frac{dy/dt}{dx/dt} = \frac{1 - 3t^2}{1 - 2t}$$

2 Leiten Sie y' nach t ab.

$$\frac{dy'}{dt} = \frac{d}{dt}\left(\frac{1 - 3t^2}{1 - 2t}\right) = \frac{2 - 6t + 6t^2}{(1 - 2t)^2} \qquad \text{Quotientenregel für Ableitungen}$$

3 Teilen Sie dy'/dt durch dy/dt.

$$\frac{d^2y}{dx^2} = \frac{dy'/dt}{dx/dt} = \frac{(2 - 6t + 6t^2)/(1 - 2t)^2}{1 - 2t}$$

$$= \frac{2 - 6t + 6t^2}{(1 - 2t)^3} \qquad \text{Gleichung (11.5)}$$

■

Beispiel 11.11 Berechnen Sie den Inhalt der Fläche, die von der folgenden Astroide (►Abbildung 11.13) umschlossen wird.

Flächenberechnung bei Kurven in Parameterdarstellung

$$x = \cos^3 t, \quad y = \sin^3 t, \quad 0 \le t \le 2\pi.$$

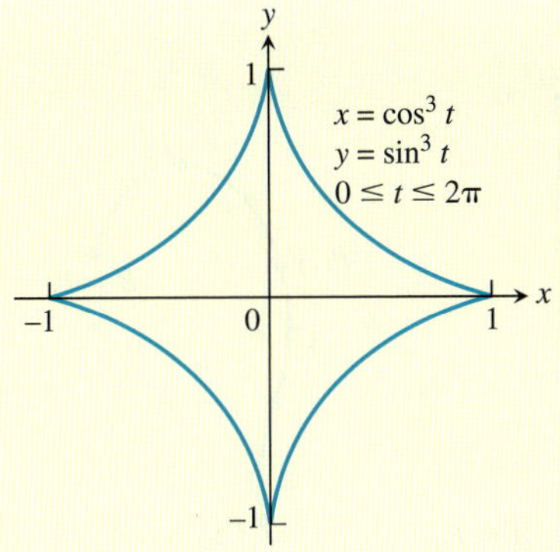

Abbildung 11.13 Die Astroide aus Beispiel 11.11.

Lösung Die gesuchte Fläche entspricht dem Vierfachen der Fläche unter der Kurve im ersten Quadranten für $0 \le x \le \pi/2$; dies sieht man, wenn man die Symmetrie der Figur betrachtet. Wir schreiben den Flächeninhalt als Integral und drücken y und das Differential dx mithilfe von t aus.

$$\begin{aligned}
A &= 4\int_0^1 y\mathrm{d}x \\
&= 4\int_0^{\pi/2} \sin^3 t \cdot 3\cos^2 t \sin t\mathrm{d}t && \text{Substitutionen für } y \text{ und } \mathrm{d}x \\
&= 12\int_0^{\pi/2} \left(\frac{1-\cos 2t}{2}\right)^2 \left(\frac{1+\cos 2t}{2}\right) \mathrm{d}t && \sin^4 = \left(\frac{1-\cos 2t}{2}\right)^2 \\
&= \frac{3}{2}\int_0^{\pi/2} (1 - 2\cos 2t + \cos^2 2t)(1+\cos 2t)\mathrm{d}t && \text{Binomische Formel} \\
&= \frac{3}{2}\int_0^{\pi/2} (1 - \cos 2t - \cos^2 2t + \cos^3 2t)\mathrm{d}t && \text{Ausmultiplizieren der Klammern} \\
&= \frac{3}{2}\left[\int_0^{\pi/2} (1-\cos 2t)\mathrm{d}t - \int_0^{\pi/2} \cos^2 2t\mathrm{d}t \right. \\
&\qquad \left. + \int_0^{\pi/2} \cos^3 2t\mathrm{d}t\right] \\
&= \frac{3}{2}\left[\left(t - \frac{1}{2}\sin 2t\right) - \frac{1}{2}\left(t + \frac{1}{4}\sin 2t\right)\right. \\
&\qquad \left. + \frac{1}{2}\left(\sin 2t - \frac{1}{3}\sin^3 2t\right)\right]_0^{\pi/2} && \text{Abschnitt 8.2, Beispiel 8.11 im ersten Band, Seite 599} \\
&= \frac{3}{2}\left[\left(\frac{\pi}{2} - 0 - 0 - 0\right) - \frac{1}{2}\left(\frac{\pi}{2} + 0 - 0 - 0\right)\right. \\
&\qquad \left. + \frac{1}{2}(0 - 0 - 0 + 0)\right] && \text{Grenzen einsetzen} \\
&= \frac{3\pi}{8}.
\end{aligned}$$

■

Länge einer Kurve in Parameterdarstellung

Es sei C eine Kurve, die durch die folgenden Gleichungen in Parameterdarstellung gegeben ist:

$$x = f(t) \quad \text{und} \quad y = g(t), \quad a \le t \le b.$$

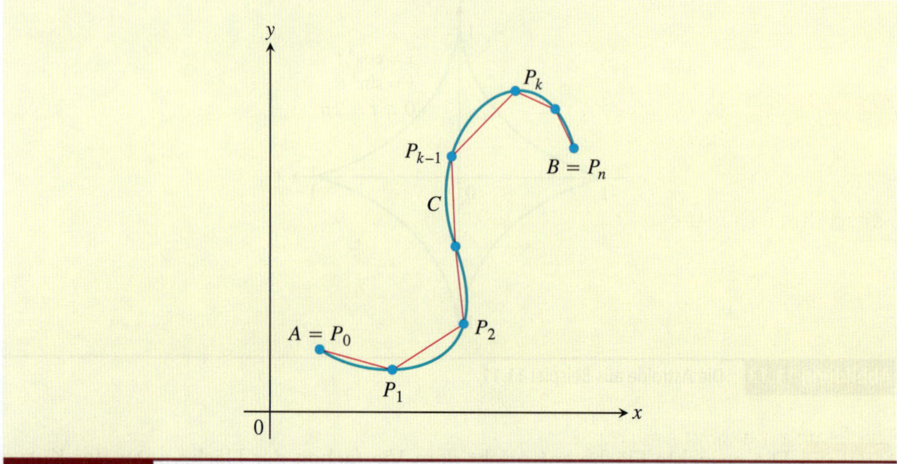

Abbildung 11.14 Die glatte Kurve C wird in Parameterdarstellung definiert durch die Gleichungen $x = f(t)$ und $y = g(t)$, $a \le t \le b$. Die Länge der Kurve von A bis B wird durch Länge eines Polygonzugs angenähert; d. h. die geraden Strecken, die von $A = P_0$ nach P_1 gehen, von dort nach P_1 und so weiter bis zu $B = P_n$.

Wir nehmen an, dass die Funktionen f und g auf dem Intervall $[a,b]$ **stetig differenzierbar** sind, sie haben hier also stetige erste Ableitungen. Wir nehmen außerdem an, dass die beiden Ableitungen $f'(t)$ und $g'(t)$ nicht gleichzeitig null werden, d. h. die Kurve hat keine Ecken oder Spitzen. Eine solche Kurve heißt **glatt**. Wir unterteilen die Kurve (oder den Bogen) AB in n Teile mit den Teilungspunkten $A = P_0,\ P_1,\ P_2,\ \ldots,\ P_n = B$ (▶Abbildung 11.14). Diese Punkte entsprechen einer Unterteilung des Intervalls $[a,b]$ mit den Teilungspunkten $a = t_0 < t_1 < t_2 < \cdots < t_n = b$ mit $P_k = (f(t_k), g(t_k))$.

Wir verbinden nun aufeinander folgende Punkte dieser Unterteilung mit geraden Strecken (vgl. Abbildung 11.14). Eine typische solche Strecke hat die Länge (▶Abbildung 11.15)

$$\begin{aligned} L_k &= \sqrt{(\Delta x_k)^2 + (\Delta y_k)^2} \\ &= \sqrt{[f(t_k) - f(t_{k-1})]^2 + [g(t_k) - g(t_{k-1})]^2}. \end{aligned}$$

Für kleine Δt_k ist die Länge L_k näherungsweise gleich der Länge des Bogens $P_{k-1}P_k$. Gemäß dem Mittelwertsatz existieren dann Zahlen t_k^* und t_k^{**} im Intervall $[t_{k-1}t_k]$, für die gilt

$$\begin{aligned} \Delta x_k &= f(t_k) - f(t_{k-1}) = f'(t_k^*)\Delta t_k, \\ \Delta y_k &= g(t_k) - g(t_{k-1}) = g'(t_k^{**})\Delta t_k. \end{aligned}$$

Wir nehmen nun an, dass mit wachsendem t von $t = a$ bis $t = b$ die Kurve genau einmal von A nach B durchlaufen wird; nichts wird also doppelt oder rückwärts durchlaufen. Die „Länge" der Kurve AB (die wir noch definieren müssen), wird dann ange-

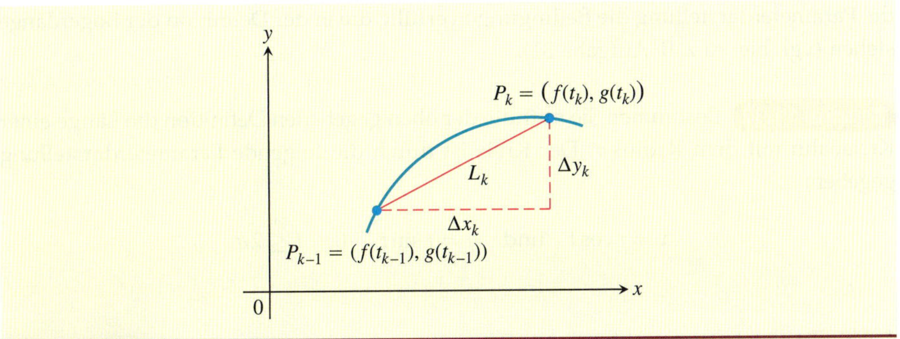

Abbildung 11.15 Die Bogenlänge $P_{k-1}P_k$ wird angenähert durch die hier gezeigte gerade Strecke. Eine solche Strecke hat die Länge $L_k = \sqrt{(\Delta x_k)^2 + (\Delta y_k)^2}$.

nähert durch die Summe der Längen L_k:

$$\sum_{k=1}^{n} L_k = \sum_{k=1}^{n} \sqrt{(\Delta x_k)^2 + (\Delta y_k)^2}$$
$$= \sum_{k=1}^{n} \sqrt{[f'(t_k^*)]^2 + [g'(t_k^{**})]^2}\Delta t_k.$$

Die letzte Summe auf der rechten Seite der Gleichung ist genaugenommen keine Riemann'sche Summe, da f' und g' an unterschiedlichen Punkten berechnet werden. Trotzdem kann man ihren Grenzwert bestimmen, wenn die Teilungsnorm gegen null geht und für die Anzahl der Teilstrecken damit $n \to \infty$ gilt; und man kann zeigen, dass dieser Grenzwert das folgende bestimmte Integral ist:

$$\lim_{\|P\|\to 0} \sum_{k=1}^{n} \sqrt{\left[f'(t_k^*)\right]^2 + \left[g'(t_k^{**})\right]^2}\Delta t_k = \int_a^b \sqrt{[f'(t)]^2 + [g'(t)]^2}\mathrm{d}t.$$

Es ist also sinnvoll, die Kurvenlänge von A bis B mithilfe dieses Integrals zu definieren.

Definition

Eine Kurve C sei mithilfe der Parametergleichungen $x = f(t)$ und $y = g(t)$, $a \leq t \leq b$ definiert; dabei seien f' und g' stetig und nicht gleichzeitig null im Intervall $[a, b]$. Außerdem werde C genau einmal durchlaufen, wenn t von $t = a$ bis $t = b$ geht. Dann ist die **Länge von C** definiert durch das Integral

$$L = \int_a^b \sqrt{[f'(t)]^2 + [g'(t)]^2}\mathrm{d}t.$$

Bei einer glatte Kurve C ändert sich die Bewegungsrichtung im Zeitintervall $[a, b]$ nicht, denn im gesamten Intervall gilt $(f')^2 + (g')^2 > 0$. An einem Punkt, an dem eine Kurve in sich selbst zurückläuft, ist sie entweder nicht differenzierbar, oder beide Ableitungen sind gleichzeitig gleich null. Wir werden diese Fälle in Kapitel 13 untersuchen, wenn wir Tangentenvektoren von Kurven behandeln.

Für $x = f(t)$ und $y = g(t)$ erhalten wir in der Leibniz-Schreibweise das folgende Ergebnis für die Bogenlänge:

$$L = \int_a^b \sqrt{\left(\frac{\mathrm{d}x}{\mathrm{d}t}\right)^2 + \left(\frac{\mathrm{d}y}{\mathrm{d}t}\right)^2}\mathrm{d}t. \tag{11.6}$$

Was passiert, wenn es zwei verschiedenen Parameterdarstellungen für eine Kurve C gibt? Ist es dann von Bedeutung, welche wir benutzen? Die Antwort ist nein, sofern die Parameterdarstellung die Bedingungen erfüllt, die in der Definition der Bogenlänge stehen (vgl. hierzu z. B. Aufgabe 31).

Bogenlänge eines Kreises

Beispiel 11.12 Bestimmen Sie mithilfe der oben gegebenen Definition die Länge einer Kreisbahn mit dem Radius r. Der Kreis ist durch die folgende Parameterdarstellung gegeben:

$$x = r\cos t \quad \text{und} \quad y = r\sin t, \quad 0 \le t \le 2\pi.$$

Lösung Der Kreis wird genau einmal durchlaufen, wenn t von 0 bis 2π geht. Der Umfang ist dann

$$L = \int_0^{2\pi} \sqrt{\left(\frac{\mathrm{d}x}{\mathrm{d}t}\right)^2 + \left(\frac{\mathrm{d}y}{\mathrm{d}t}\right)^2}\,\mathrm{d}t.$$

Aus der Parameterdarstellung des Kreises folgt

$$\frac{\mathrm{d}x}{\mathrm{d}t} = -r\sin t, \qquad \frac{\mathrm{d}y}{\mathrm{d}t} = r\cos t,$$

also

$$\left(\frac{\mathrm{d}x}{\mathrm{d}t}\right)^2 + \left(\frac{\mathrm{d}y}{\mathrm{d}t}\right)^2 = r^2(\sin^2 t + \cos^2 t) = r^2.$$

Damit ergibt sich

$$L = \int_0^{2\pi} \sqrt{r^2}\,\mathrm{d}t = r\Big[t\Big]_0^{2\pi} = 2\pi r$$

■

Bogenlänge einer Astroide

Beispiel 11.13 Berechnen Sie die Bogenlänge der Astroide aus Beispiel 11.11 (vgl. Abbildung 11.13).

$$x = \cos^3 t, \quad y = \sin^3 t, \quad 0 \le t \le 2\pi.$$

Lösung Die Kurve ist symmetrisch zu beiden Koordinatenachsen, die Kurvenlänge entspricht also dem Vierfachen der Länge der Teilkurve im ersten Quadranten.

$$\begin{aligned}
x = \cos^3 t, &\quad y = \sin^3 t \\
\left(\frac{\mathrm{d}x}{\mathrm{d}t}\right)^2 &= \left[3\cos^2 t(-\sin t)\right]^2 = 9\cos^4 t\sin^2 t \\
\left(\frac{\mathrm{d}y}{\mathrm{d}t}\right)^2 &= \left[3\sin^2 t(\cos t)\right]^2 = 9\sin^4 t\cos^2 t \\
\sqrt{\left(\frac{\mathrm{d}x}{\mathrm{d}t}\right)^2 + \left(\frac{\mathrm{d}y}{\mathrm{d}t}\right)^2} &= \sqrt{9\cos^2 t\sin^2 t\underbrace{(\cos^2 t + \sin^2 t)}_{1}} \\
&= \sqrt{9\cos^2 t\sin^2 t} \\
&= 3|\cos t\sin t| \\
&= 3\cos t\sin t.
\end{aligned}$$

$\cos t\sin t \ge 0$ für $0 \le t \le \pi/2$

Damit ergibt sich

$$\begin{aligned}\text{Länge der Teilkurve im ersten Quadranten} &= \int_0^{\pi/2} 3\cos t \sin t \mathrm{d}t \\ &= \frac{3}{2}\int_0^{\pi/2} \sin 2t \mathrm{d}t && \cos t \sin t = (1/2)\sin 2t \\ &= \left[-\frac{3}{4}\cos 2t\right]_0^{\pi/2} = \frac{3}{2}.\end{aligned}$$

Die Kurvenlänge ist das Vierfache dieses Wertes: $4(3/2) = 6$.

Die Länge einer Kurve $y = f(x)$

Die Gleichung für die Kurvenlänge in Abschnitt 6.3 im ersten Band ist ein Spezialfall von Gleichung (11.6). Wenn wir eine stetig differenzierbare Funktion $y = f(x)$, $a \leq x \leq b$ betrachten, können wir $t = x$ als Parameter setzen. Der Graph der Funktion f ist dann die Kurve, die mit den folgenden Parametergleichungen definiert wird:

$$x = t \quad \text{und} \quad y = f(t), \quad a \leq t \leq b.$$

Dies ist ein Spezialfall der Kurven, die wir bisher betrachtet haben. Damit gilt

$$\frac{\mathrm{d}x}{\mathrm{d}t} = 1 \quad \text{und} \quad \frac{\mathrm{d}y}{\mathrm{d}t} = f'(t).$$

Mit Gleichung (11.4) ergibt sich

$$\frac{\mathrm{d}y}{\mathrm{d}x} = \frac{\mathrm{d}y/\mathrm{d}t}{\mathrm{d}x/\mathrm{d}t} = f'(t),$$

und damit erhalten wir

$$\begin{aligned}\left(\frac{\mathrm{d}x}{\mathrm{d}t}\right)^2 + \left(\frac{\mathrm{d}y}{\mathrm{d}t}\right)^2 &= 1 + [f'(t)]^2 \\ &= 1 + [f'(x)]^2. && t = x\end{aligned}$$

Setzen wir dies in Gleichung (11.6) ein, so erhalten wir eine Gleichung für die Bogenlänge des Graphen von $y = f(x)$. Diese Gleichung stimmt mit Gleichung (6.3) in Abschnitt 6.3 überein.

Das Differential der Bogenlänge

In Übereinstimmung mit unseren Diskussionen in Abschnitt 6.3 können wir nun eine Funktion für die Bogenlänge einer Kurve definieren, die durch die Parametergleichungen $x = f(t)$ und $y = g(t)$, $a \leq t \leq b$ gegeben ist. Für die Bogenlänge gilt

$$s(t) = \int_a^t \sqrt{[f'(z)]^2 + [g'(z)]^2}\mathrm{d}z.$$

Mit dem Hauptsatz der Differential- und Integralrechnung folgt daraus

$$\frac{\mathrm{d}s}{\mathrm{d}t} = \sqrt{[f'(t)]^2 + [g'(t)]^2} = \sqrt{\left(\frac{\mathrm{d}x}{\mathrm{d}t}\right)^2 + \left(\frac{\mathrm{d}y}{\mathrm{d}t}\right)^2}.$$

Das Differential der Bogenlänge ist

$$ds = \sqrt{\left(\frac{dx}{dt}\right)^2 + \left(\frac{dy}{dt}\right)^2}\, dt. \tag{11.7}$$

Gleichung (11.7) wird häufig kurz geschrieben als

$$ds = \sqrt{dx^2 + dy^2}.$$

Wie in Abschnitt 6.3 besprochen, können wir dieses Differential zwischen zwei passenden Grenzpunkten integrieren und erhalten so die Gesamtlänge einer Kurve.

Im folgenden Beispiel verwenden wir die Gleichung für die Bogenlänge, um den geometrischen Schwerpunkt eines Bogens zu berechnen.

Geometrischer Schwerpunkt eines Bogens

Beispiel 11.14 Betrachten Sie die Astroide aus Beispiel 11.13 und bestimmen Sie den geometrischen Schwerpunkt des Teilbogens im ersten Quadranten.

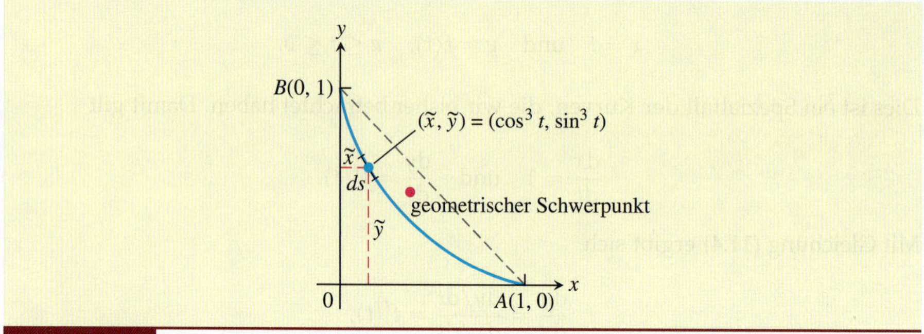

Abbildung 11.16 Der geometrische Schwerpunkt der Astroide aus Beispiel 11.14.

Lösung Wir setzen die Dichte der Kurve gleich $\delta = 1$ und berechnen wie in Abschnitt 6.6 die Masse der Kurve und ihre Momente um die Koordinatenachsen.

Die Masseverteilung ist symmetrisch um die Gerade $y = x$, es ist also $\bar{x} = \bar{y}$. Ein typisches Teilstück der Kurve (▶Abbildung 11.16) hat die Masse

$$dm = 1 \cdot ds = \sqrt{\left(\frac{dx}{dt}\right)^2 + \left(\frac{dy}{dt}\right)^2}\, dt = 3\cos t \sin t\, dt. \qquad \text{Aus Beispiel 11.13}$$

Die Masse der gesamten Kurve ist dann

$$M = \int_0^{\pi/2} dm = \int_0^{\pi/2} 3\cos t \sin t\, dt = \frac{3}{2}. \qquad \text{Wieder aus Beispiel 11.13}$$

Damit lässt sich das Moment der Kurve um die x-Achse berechnen,

$$M_x = \int \tilde{y}\, dm = \int_0^{\pi/2} \sin^3 t \cdot 3\cos t \sin t\, dt$$

$$= 3\int_0^{\pi/2} \sin^4 t \cos t\, dt = 3 \cdot \left[\frac{\sin^5 t}{5}\right]_0^{\pi/2} = \frac{3}{5}.$$

Daraus folgt

$$\bar{y} = \frac{M_x}{M} = \frac{3/5}{3/2} = \frac{2}{5}.$$

Der geometrische Schwerpunkt liegt in dem Punkt $(2/5, 2/5)$. ■

Flächeninhalt von Rotationsoberflächen

In Abschnitt 6.4 haben wir Integralgleichungen für die Flächen aufgestellt, die bei der Rotation einer Kurve um eine Koordinatenachse entstehen. Unser Ergebnis war, dass der Flächeninhalt bei Rotation um die x-Achse $S = \int 2\pi y \, \mathrm{d}s$ beträgt, bei Rotation um die y-Achse ist er $S = \int 2\pi x \, \mathrm{d}s$. Die Kurve sei nun in der Parameterdarstellung $x = f(t)$ und $y = g(t)$, $a \leq t \leq b$ gegeben, f und g seien dabei stetig differenzierbar und $(f')^2 + (g')^2 > 0$ im Intervall $[a, b]$. Dann ist das Differential der Bogenlänge $\mathrm{d}s$ durch Gleichung (11.7) gegeben. Mit diesen Beobachtungen kann man die folgenden Gleichungen für den Flächeninhalt der Rotationsfläche von glatten Kurven in Parameterdarstellung aufstellen.

Merke

Flächeninhalt der Rotationsfläche einer Kurve in Parameterdarstellung Eine glatte Kurve $x = f(t)$, $y = g(t)$, $a \leq t \leq b$ werde genau einmal durchlaufen, wenn t von a nach b geht. Wird diese Kurve um eine der Koordinatenachsen gedreht, so entsteht eine Rotationsfläche, für deren Flächeninhalt gilt:

1. *Drehung um die x-Achse ($y \geq 0$):*

$$S = \int_a^b 2\pi y \sqrt{\left(\frac{\mathrm{d}x}{\mathrm{d}t}\right)^2 + \left(\frac{\mathrm{d}y}{\mathrm{d}t}\right)^2} \, \mathrm{d}t \tag{11.8}$$

2. *Drehung um die y-Achse ($x \geq 0$):*

$$S = \int_a^b 2\pi x \sqrt{\left(\frac{\mathrm{d}x}{\mathrm{d}t}\right)^2 + \left(\frac{\mathrm{d}y}{\mathrm{d}t}\right)^2} \, \mathrm{d}t \tag{11.9}$$

Wie schon bei der Bogenlänge festgestellt, können wir auch den Flächeninhalt mithilfe jeder Parameterdarstellung der Kurve berechnen, die die angeführten Bedingungen erfüllt. Wir können also eine Darstellung wählen, die die Berechnungen möglichst einfach macht.

Flächeninhalt einer Rotationsfläche

Beispiel 11.15 Die Parameterdarstellung eines Kreises mit dem Radius 1 und dem Mittelpunkt im Punkt $(0, 1)$ in der xy-Ebene ist

$$x = \cos t, \quad y = 1 + \sin t, \quad 0 \leq t \leq 2\pi.$$

Dieser Kreis wird um die x-Achse gedreht (►Abbildung 11.17). Bestimmen Sie mit der gegebenen Parameterdarstellung den Flächeninhalt der Rotationsfläche, die dabei entsteht.

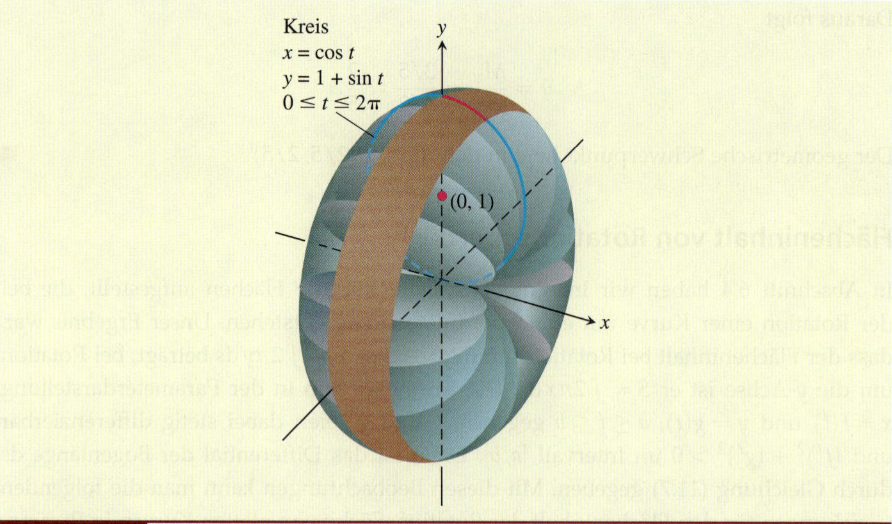

Abbildung 11.17 In Beispiel 11.15 berechnen wir den Flächeninhalt der Fläche, die bei Rotation dieser Kurve in Parameterdarstellung entsteht.

Lösung Wir rechnen mit Gleichung (11.8).

$$S = \int_a^b 2\pi y \sqrt{\left(\frac{\mathrm{d}x}{\mathrm{d}t}\right)^2 + \left(\frac{\mathrm{d}y}{\mathrm{d}t}\right)^2}\,\mathrm{d}t$$

Gleichung (11.8) für die Rotation um die x-Achse; $y = 1 + \sin t \geq 0$

$$= \int_0^{2\pi} 2\pi(1+\sin t)\sqrt{\underbrace{(-\sin t)^2 + (\cos t)^2}_{1}}\,\mathrm{d}t$$

$$= 2\pi \int_0^{2\pi} (1+\sin t)\,\mathrm{d}t$$

$$= 2\pi \Big[t - \cos t\Big]_0^{2\pi} = 4\pi^2.$$

Aufgaben zum Abschnitt 11.2

Tangenten an Kurven in Parameterdarstellung
Bestimmen Sie in den Aufgaben 1–8 eine Gleichung für die Tangente an die Kurve in dem Punkt, der dem gegebenen Parameterwert von t entspricht. Berechnen Sie außerdem den Wert von $\mathrm{d}^2y/\mathrm{d}x^2$ in diesem Punkt.

1. $x = 2\cos t, \quad y = 2\sin t, \quad t = \pi/4$
2. $x = 4\sin t, \quad y = 2\cos t, \quad t = \pi/4$
3. $x = t, \quad y = \sqrt{t}, \quad t = 1/4$
4. $x = \sec t, \quad y = \tan t, \quad t = \pi/6$
5. $x = 2t^2 + 3, \quad y = t^4, \quad t = -1$
6. $x = t - \sin t, \quad y = 1 - \cos t, \quad t = \pi/3$
7. $x = \frac{1}{t+1}, \quad y = \frac{t}{t-1}, \quad t = 2$
8. $x = t + \mathrm{e}^t, \quad y = 1 - \mathrm{e}^t, \quad t = 0$

Implizit definierte Parametrisierungen Die Gleichungen in den Aufgaben 9–12 seien implizite Definitionen von differenzierbaren Funktionen $x = f(t)$ und $y = g(t)$. Bestimmen Sie dann die Steigung der Kurve $x = f(t)$, $y = g(t)$ bei den gegebenen Werten von t.

9. $x^3 + 2t^2 = 9, \quad 2y^3 - 3t^2 = 4, \quad t = 2$
10. $x + 2x^{3/2} = t^2 + t, \quad y\sqrt{t+1} + 2t\sqrt{y} = 4, \quad t = 0$
11. $x = t^3 + t, \quad y + 2t^3 = 2x + t^2, \quad t = 1$
12. $t = \ln(x - t), \quad y = t\mathrm{e}^t, \quad t = 0$

Flächeninhalt **13.** Berechnen Sie den Flächeninhalt der Fläche unter einem Bogen der Zykloide

$$x = a(t - \sin t), \quad y = a(1 - \cos t).$$

14. Bestimmen Sie den Flächeninhalt der Fläche zwischen der y-Achse und der Kurve

$$x = t - t^2, \quad y = 1 + \mathrm{e}^{-t}.$$

15. Bestimmen Sie den Flächeninhalt der Ellipse

$$x = a \cos t, \quad y = b \sin t, \quad 0 \le t \le 2\pi.$$

16. Bestimmen Sie den Inhalt der Fläche unter der Kurve $y = x^3$ im Intervall $[0, 1]$; verwenden Sie die folgenden Parametrisierungen:

a. $x = t^2, \quad y = t^6$ **b.** $x = t^3, \quad y = t^9$

Kurvenlängen Bestimmen Sie in den Aufgaben 17–20 die Länge der gegebenen Kurve.

17. $x = \cos t, \quad y = t + \sin t, \quad 0 \le t \le \pi$

18. $x = t^2/2, \quad y = (2t+1)^{3/2}/3, \quad 0 \le t \le 4$

19. $x = 8\cos t + 8t \sin t, \quad y = 8 \sin t - 8t \cos t,$ $0 \le t \le 2\pi$

20. $x = \ln(\sec t + \tan t) - \sin t, \quad y = \cos t,$ $0 \le t \le \pi/3$

Oberflächen In den Aufgaben 21–24 wird die Kurve um die angegebene Achse gedreht. Berechnen Sie den Flächeninhalt der Rotationsfläche, die dabei entsteht.

21. $x = \cos t, \quad y = 2 + \sin t, \quad 0 \le t \le 2\pi;$ x-Achse

22. $x = (2/3)t^{3/2}, \quad y = 2\sqrt{t}, \quad 0 \le t \le \sqrt{3};$ y-Achse

23. $x = t + \sqrt{2}, \quad y = (t^2/2) + \sqrt{2}t, \quad -\sqrt{2} \le t \le \sqrt{2};$ y-Achse

24. $x = \ln(\sec t + \tan t) - \sin t, \quad y = \cos t,$ $0 \le t \le \pi/3;$ x-Achse

25. **Kegelstumpf** Die Strecke zwischen den Punkten $(0, 1)$ und $(2, 2)$ wird um die x-Achse gedreht; dabei entsteht ein Kegelstumpf. Berechnen Sie dessen Oberfläche. Verwenden Sie die Parametrisierung $x = 2t$, $y = t + 1$, $0 \le t \le 1$. Überprüfen Sie Ihr Ergebnis mit der Formel für den Kegelstumpf aus der Geometrie:
Fläche = $\pi(r_1 + r_2) \cdot$ (Mantellinie).

26. **Kegel** Die Strecke zwischen dem Ursprung und dem Punkt (h, r) wird um die x-Achse gedreht; dabei entsteht ein Kegel mit der Höhe h und dem Grundkreisradius r. Berechnen Sie dessen Oberfläche. Verwenden Sie die Parametergleichungen $x = ht$, $y = rt$, $0 \le t \le 1$. Überprüfen Sie Ihr Ergebnis mit der Formel für Kegel aus der Geometrie: Fläche = $\pi r \cdot$ (Mantellinie).

Geometrischer Schwerpunkt **27.** Berechnen Sie die Koordinaten des geometrischen Schwerpunkts der Kurve

$$x = \cos t + t \sin t, \quad y = \sin t - t \cos t,$$
$$0 \le t \le \pi/2.$$

28. Berechnen Sie die Koordinaten des geometrischen Schwerpunkts der Kurve

$$x = \mathrm{e}^t \cos t, \quad y = \mathrm{e}^t \sin t, \quad 0 \le t \le \pi.$$

29. Berechnen Sie die Koordinaten des geometrischen Schwerpunkts der Kurve

$$x = \cos t, \quad y = t + \sin t, \quad 0 \le t \le \pi.$$

30. Meistens führt man die Berechnung des geometrischen Schwerpunkts einer Kurve mit einem Taschenrechner oder Computer durch, der Integrale berechnen kann. Bestimmen Sie auf diese Weise die Koordinaten des geometrischen Schwerpunkts der folgenden Kurve. Runden Sie Ihr Ergebnisse auf Hundertstel.

$$x = t^3, \quad y = 3t^2/2, \quad 0 \le t \le \sqrt{3}.$$

Theorie und Beispiele

31. **Die Kurvenlänge ist unabhängig von der gewählten Parameterdarstellung** Die Zahl, die wir bei der Berechnung der Kurvenlänge als Ergebnis bekommen, hängt nicht von der Parameterdarstellung ab, mit der wir rechnen – abgesehen von den Bedingungen an diese Darstellung, die wir oben aufgestellt haben und die verhindern, dass die Kurve rückwärts und doppelt durchlaufen wird. Veranschaulichen Sie dies, indem Sie die Länge des Halbkreises $y = \sqrt{1 - x^2}$ mit den beiden folgenden Parametrisierungen berechnen:

a. $x = \cos 2t, \quad y = \sin 2t, \quad 0 \le t \le \pi/2$

b. $x = \sin \pi t, \quad y = \cos \pi t, \quad -1/2 \le t \le 1/2$

32. **a.** Zeigen Sie: Die Gleichung

$$L = \int_c^d \sqrt{1 + \left(\frac{dx}{dy}\right)^2}\, dy$$

für die Länge einer Kurve $x = g(y)$, $c \leq y \leq d$ in kartesischen Koordinaten (Abschnitt 6.3, Gleichung (6.4)) ist ein Spezialfall der Längengleichung in Parameterdarstellung,

$$L = \int_a^b \sqrt{\left(\frac{dx}{dt}\right)^2 + \left(\frac{dy}{dt}\right)^2}\, dt.$$

Bestimmen Sie mit Ihrem Ergebnis die Längen der beiden folgenden Kurven.

b. $x = y^{3/2}$, $0 \leq y \leq 4/3$ **c.** $x = \frac{3}{2} y^{2/3}$, $0 \leq y \leq 1$

33. Die Kurve mit der Parameterdarstellung

$$x = (1 + 2\sin\theta)\cos\theta, \quad y = (1 + 2\sin\theta)\sin\theta$$

nennt man eine *Pascal'sche Schnecke* (vgl. die untenstehende Abbildung). Bestimmen Sie die Punkte (x, y) und die Steigung der Tangente in den Punkten, für die gilt

a. $\theta = 0$, **b.** $\theta = \pi/2$, **c.** $\theta = 4\pi/3$.

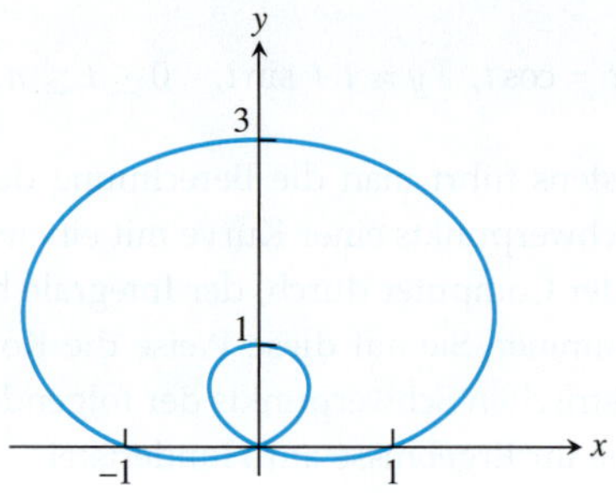

34. Die Kurve mit der Parameterdarstellung

$$x = t, \quad y = 1 - \cos t, \quad 0 \leq t \leq 2\pi$$

nennt man eine *Sinusoide* (vgl. die untenstehende Abbildung). Bestimmen Sie den Punkt (x, y), an dem die Steigung der Tangente

a. am größten und

b. am kleinsten

ist.

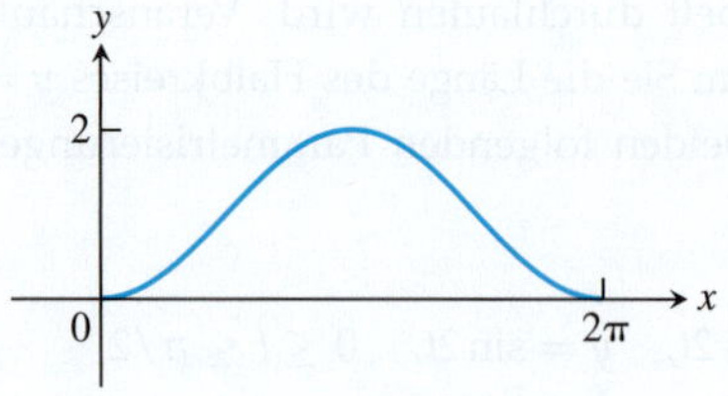

Die Kurven in den Aufgaben 35 und 36 sind Beispiele für sogenannte *Lissajous-Figuren*. Bestimmen Sie in beiden Fällen den Punkt im Inneren des ersten Quadranten, in dem die Tangente an die Kurve horizontal ist. Stellen Sie dann die Gleichungen für die beiden Tangenten im Ursprung auf.

35.

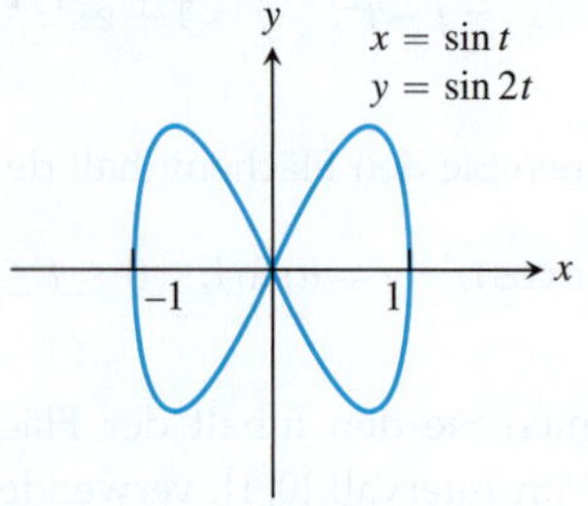

36.

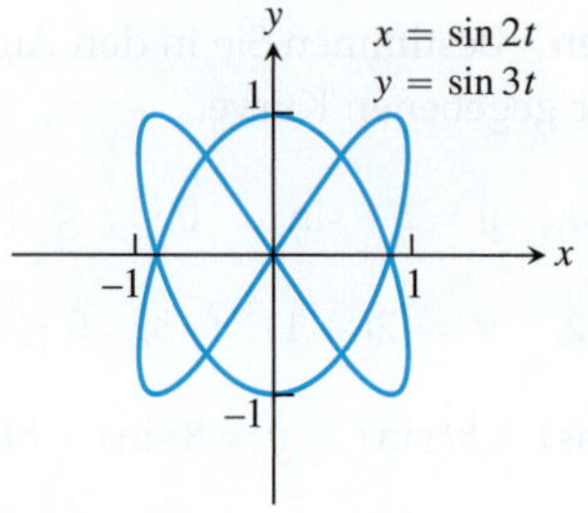

37. **Zykloide**

a. Berechnen Sie die Länge eines Bogens der Zykloide

$$x = a(t - \sin t), \quad y = a(1 - \cos t).$$

b. Ein Bogen der Zykloide aus Teil **a.** wird um die x-Achse gedreht. Berechnen Sie für $a = 1$ den Flächeninhalt der Rotationsfläche, die dabei entsteht.

38. **Volumen** Ein Bogen der Zykloide

$$x = t - \sin t, \quad y = 1 - \cos t$$

und die x-Achse bilden eine Fläche; diese Fläche wird um die x-Achse gedreht. Berechnen Sie das Volumen des Rotationskörpers.

Computerberechnungen Führen Sie in den Aufgaben 39–42 mithilfe eines CAS die folgenden Schritte für die gegebene Kurve in dem gegebenen geschlossenen Intervall aus.

a. Zeichnen Sie die Kurve zusammen mit einem Polygonzug, der sie annähert. Wählen Sie $n = 2, 4, 8$ Teilungspunkte in dem Intervall (vgl. Abbildung 11.14).

b. Addieren Sie die Längen der Teilstrecken der Polygonzüge und berechnen Sie so jeweils einen Näherungswert für die Kurvenlänge.

c. Berechnen Sie die Länge der Kurve mit einem Integral. Vergleichen Sie die Näherungen für $n = 2, 4, 8$ mit der exakten Länge, die durch das Integral gegeben ist. Wie fällt dieser Vergleich für wachsende n aus? Erläutern Sie.

39. $x = \frac{1}{3}t^3, \quad y = \frac{1}{2}t^2, \quad 0 \leq t \leq 1$

40. $x = 2t^3 - 16t^2 + 25t + 5, \quad y = t^2 + t - 3, \quad 0 \leq t \leq 6$

41. $x = t - \cos t, \quad y = 1 + \sin t, \quad -\pi \leq t \leq \pi$

42. $x = e^t \cos t, \quad y = e^t \sin t, \quad 0 \leq t \leq \pi$

11.3 Polarkoordinaten

Viele Aufgaben in der Analysis können sehr viel einfacher gelöst werden, wenn man statt kartesischen Koordinaten Polarkoordinaten verwendet. Dies gilt, wie wir in Kapitel 15 sehen werden, insbesondere für Mehrfachintegrale. In diesem Abschnitt untersuchen wir Polarkoordinaten und ihren Zusammenhang mit kartesischen Koordinaten.

Definition der Polarkoordinaten

Zur Definition der Polarkoordinaten werden zunächst der **Ursprung** O (auch **Pol** genannt) und eine **Polarachse** festgelegt, die von O ausgeht (▶Abbildung 11.18). Damit kann jeder Punkt P bestimmt werden, indem man ein **polares Koordinatenpaar** (r, θ) angibt; dabei gibt r den gerichteten Abstand zwischen O und P an und θ den gerichteten Winkel zwischen der Polarachse und OP.

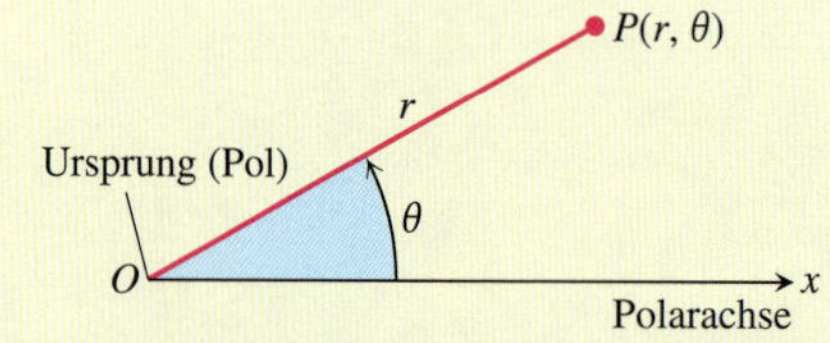

Abbildung 11.18 Zur Definition von Polarkoordinaten in der Ebene werden zunächst der Ursprung (Pol) und ein Strahl (Polarachse) festgelegt.

Definition

Polarkoordinaten

$$P(r, \theta)$$

↗ ↖

Gerichteter Abstand von O nach P — Gerichteter Winkel von der Polarachse zu OP

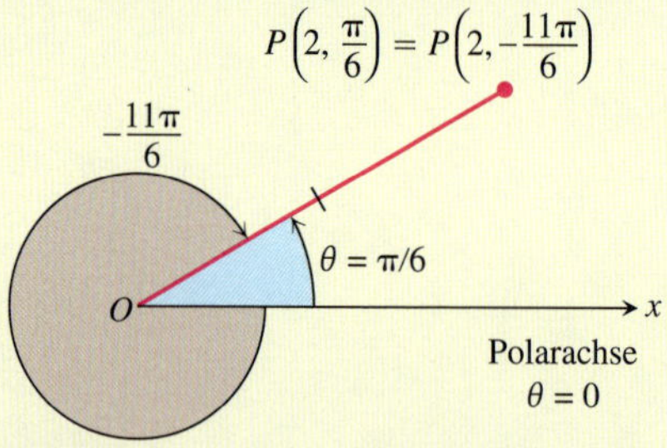

Abbildung 11.19 Ein Punkt hat unendlich viele Polarkoordinaten.

Wie in der Trigonometrie ist θ positiv, wenn er entgegen dem Uhrzeigersinn gemessen wird, und negativ bei Messung im Uhrzeigersinn. Zu einem gegebenen Punkt gehört dabei nicht nur ein einziger Winkel. Ein Punkt in der Ebene hat zwei eindeutige kartesische Koordinaten, aber unendlich viele Paare an Polarkoordinaten. So hat beispielsweise der Punkt, der 2 Einheiten entlang des Strahls $\theta = \pi/6$ vom Ursprung entfernt ist, die Polarkoordinaten $r = 2$, $\theta = \pi/6$. Gleichzeitig gelten für ihn aber auch die

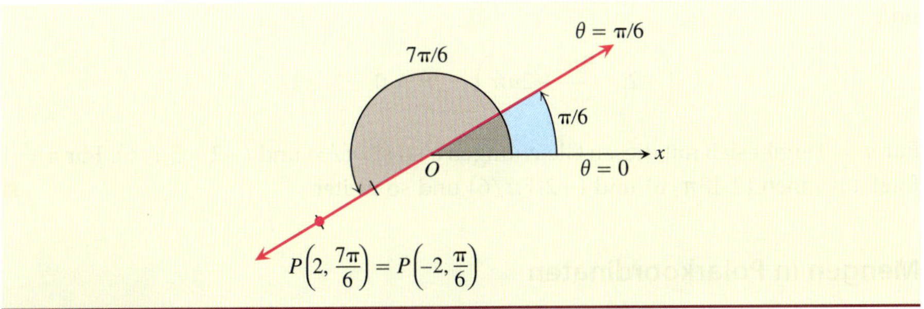

Abbildung 11.20 Polarkoordinaten können auch negative Werte für r haben.

Koordinaten $r = 2$, $\theta = -11\pi/6$ (▶Abbildung 11.19). Manchmal kann es sogar sinnvoll sein, für r negative Werte anzusetzen. Deshalb wird r in der Definition von $P(r, \theta)$ als gerichteter Abstand angegeben. Den Punkt $P(2, 7\pi/6)$ erreicht man, indem man sich von der Polarachse aus $7\pi/6$ Radiant gegen den Uhrzeigersinn dreht und dann 2 Einheiten geradeaus geht (▶Abbildung 11.20). Genauso kann man sich aber auch von der Polarachse aus $\pi/6$ Radiant im Uhrzeigersinn drehen und dann 2 Einheiten *rückwärts* gehen. Dieser Punkt hat also auch die Polarkoordinaten $r = -2$, $\theta = \pi/6$.

Polarkoordinaten eines Punkts

Beispiel 11.16 Geben Sie alle Polarkoordinaten des Punkts $P(2, \pi/6)$ an.

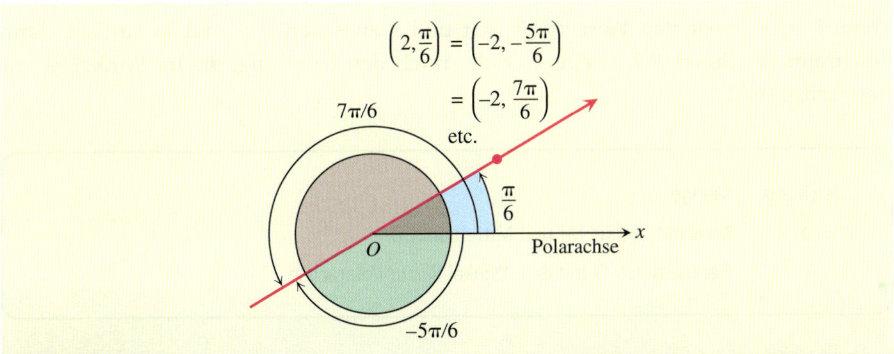

Abbildung 11.21 Der Punkt $P(2, \pi/6)$ hat unendlich viele Paare von Polarkoordinaten (Beispiel 11.16).

Lösung Wir zeichnen die Polarachse des Koordinatensystems und den Strahl, der vom Ursprung ausgeht und mit der Polarachse einen Winkel von $\pi/6$ Radiant einschließt. Dann zeichnen wir den Punkt $(2, \pi/6)$ ein (▶Abbildung 11.21). Für alle Koordinatenpaare von P gilt $r = 2$ oder $r = -2$; wir bestimmen jetzt die Winkel der anderen Paare.

Für $r = 2$ ist die vollständige Liste der Winkel

$$\frac{\pi}{6}, \ \frac{\pi}{6} \pm 2\pi, \ \frac{\pi}{6} \pm 4\pi, \ \frac{\pi}{6} \pm 6\pi, \ \ldots .$$

Für $r = -2$ sind die Winkel

$$-\frac{5\pi}{6}, \ -\frac{5\pi}{6} \pm 2\pi, \ -\frac{5\pi}{6} \pm 4\pi, \ -\frac{5\pi}{6} \pm 6\pi, \ \ldots .$$

Die entsprechenden Koordinatenpaare von P sind damit

$$\left(2, \frac{\pi}{6} + 2n\pi\right), \quad n = 0, \pm 1, \pm 2, \ldots$$

und

$$\left(-2, -\frac{5\pi}{6} + 2n\pi\right), \quad n = 0, \pm 1, \pm 2, \ldots.$$

Für $n = 0$ ergibt sich mit diesen Gleichungen also $(2, \pi/6)$ und $(-2, -5\pi/6)$. Für $n = 1$ folgt aus ihnen $(2, 13\pi/6)$ und $(-2, 7\pi/6)$ und so weiter. ■

Mengen in Polarkoordinaten

Wenn r den konstanten Wert $r = a \neq 0$ hat, dann liegt der Punkt $P(r, \theta)$ $|a|$ Einheiten von Ursprung O entfernt. Variiert θ nun in einem Intervall der Breite 2π, so beschreibt $P(r, \theta)$ eine Kreislinie mit dem Radius $|a|$ und dem Mittelpunkt O (►Abbildung 11.22).

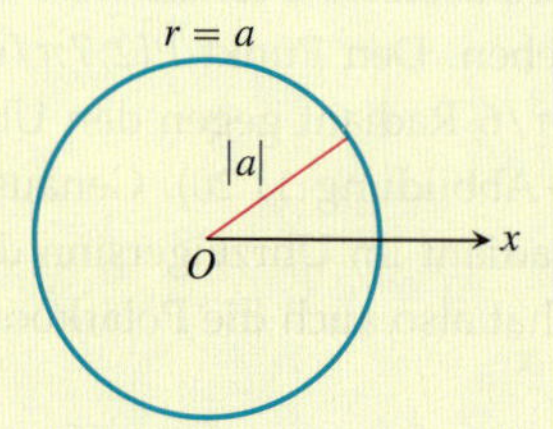

Abbildung 11.22 Die Gleichung eines Kreises in Polarkoordinaten ist $r = a$.

Wenn θ den konstanten Wert $\theta = \theta_0$ hat und r zwischen $-\infty$ und ∞ variiert, dann beschreibt der Punkt $P(r, \theta)$ eine Gerade durch den Ursprung, die im Winkel θ_0 zur Polarachse steht.

Merke

Gleichung	*Menge*
$r = a$	Kreis mit Radius $\lvert a \rvert$ und Mittelpunkt O
$\theta = \theta_0$	Gerade durch O mit dem Winkel θ_0 zur Polarachse

Gleichungen bestimmter Mengen in Polarkoordinaten

Beispiel 11.17

a $r = 1$ und $r = -1$ sind Gleichungen für den Kreis mit dem Radius 1 und dem Mittelpunkt O.

b $\theta = \pi/6$, $\theta = 7\pi/6$ und $\theta = -5\pi/6$ sind Gleichungen für die Gerade in Abbildung 11.21.

Skizzen von Mengen in Polarkoordinaten

Beispiel 11.18 Zeichnen Sie die Menge der Punkte, deren Polarkoordinaten die folgenden Gleichungen erfüllen:

a $1 \leq r \leq 2$ und $0 \leq \theta \leq \dfrac{\pi}{2}$

b $-3 \leq r \leq 2$ und $\theta = \dfrac{\pi}{4}$

c $\dfrac{2\pi}{3} \leq \theta \leq \dfrac{5\pi}{6}$ (keine Einschränkung für r)

Lösung Die Mengen sind in ►Abbildung 11.23 zu sehen. ■

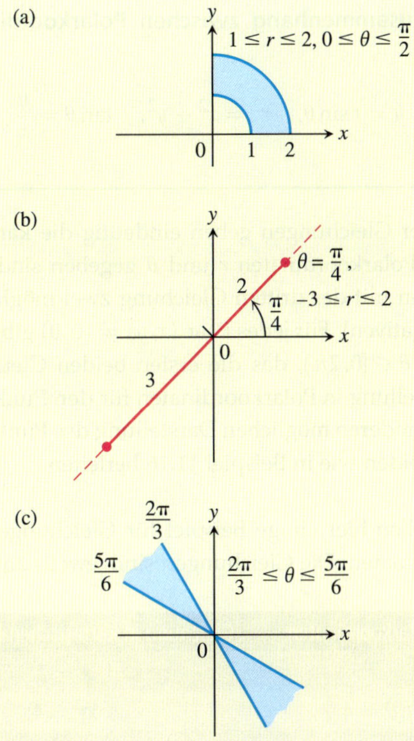

Abbildung 11.23 Diese Mengen gehören zu den Ungleichungen für r und θ in Beispiel 11.18.

Zusammenhang zwischen Polarkoordinaten und kartesischen Koordinaten

Wenn wir in einer Ebene zugleich kartesische Koordinaten und Polarkoordinaten verwenden, legen wir beide Ursprünge zusammen und definieren den gleichen Strahl als Polarachse und positive x-Achse. Der Strahl mit den Polarkoordinaten $\theta = \pi/2$, $r > 0$ entspricht dann der positiven y-Achse (►Abbildung 11.24). Die folgenden Gleichungen beschreiben den Zusammenhang zwischen den beiden Koordinatensystemen.

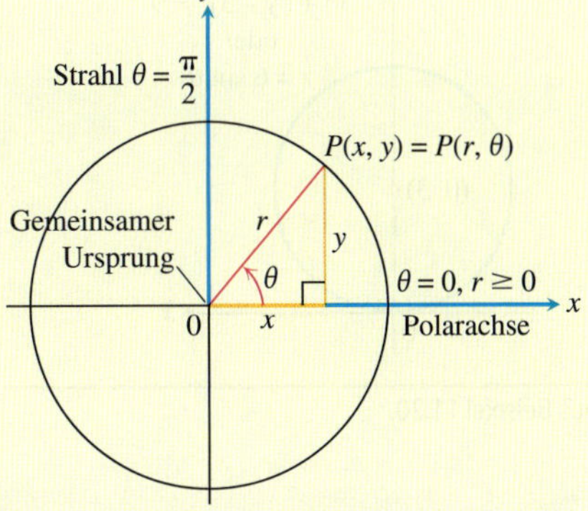

Abbildung 11.24 Der üblicherweise verwendete Zusammenhang zwischen Polarkoordinaten und kartesischen Koordinaten.

Merke

Gleichungen zum Zusammenhang zwischen Polarkoordinaten und kartesischen Koordinaten

$$x = r\cos\theta, \quad y = r\sin\theta, \quad r^2 = x^2 + y^2, \quad \tan\theta = \frac{y}{x} \quad (\text{für } x \neq 0)$$

Die ersten beiden dieser Gleichungen geben eindeutig die kartesischen Koordinaten x und y an, wenn die Polarkoordinaten r und θ gegeben sind. Sind dagegen x und y gegeben, so erhält man mit der dritten Gleichung zwei mögliche Werte für r (einen positiven und einen negativen). Für jedes Paar $(x, y) \neq (0, 0)$ gibt es für $r > 0$ und $r < 0$ jeweils ein eindeutiges $\theta \in [0, 2\pi)$, das die ersten beiden Gleichungen erfüllt; damit erhält man je eine Darstellung in Polarkoordinaten für den Punkt mit den kartesischen Koordinaten (x, y). Die anderen möglichen Darstellung des Punkts in Polarkoordinaten kann man aus diesen beiden wie in Beispiel 11.16 herleiten.

Gleichungen in verschiedenen Koordinaten

Beispiel 11.19 Wir geben hier einige Beispiel für Gleichungen in Polarkoordinaten und kartesischen Koordinaten. Die Gleichungen sind jeweils äquivalet.

Gleichung in Polarkoordinaten	Gleichung in kartesischen Koordinaten
$r\cos\theta = 2$	$x = 2$
$r^2\cos\theta\sin\theta = 4$	$xy = 4$
$r^2\cos^2\theta - r^2\sin^2\theta = 1$	$x^2 - y^2 = 1$
$r = 1 + 2r\cos\theta$	$y^2 - 3x^2 - 4x - 1 = 0$
$r = 1 - \cos\theta$	$x^4 + y^4 + 2x^2y^2 + 2x^3 + 2xy^2 - y^2 = 0$

Bei einigen Kurven führt die Darstellung in Polarkoordinaten zu deutlich einfacheren Gleichungen, aber nicht bei allen.

Polarkoordinaten aus kartesischen Koordinaten

Beispiel 11.20 Stellen Sie den Kreis $x^2 + (y - 3)^2 = 9$ in Polarkoordinaten dar (►Abbildung 11.25).

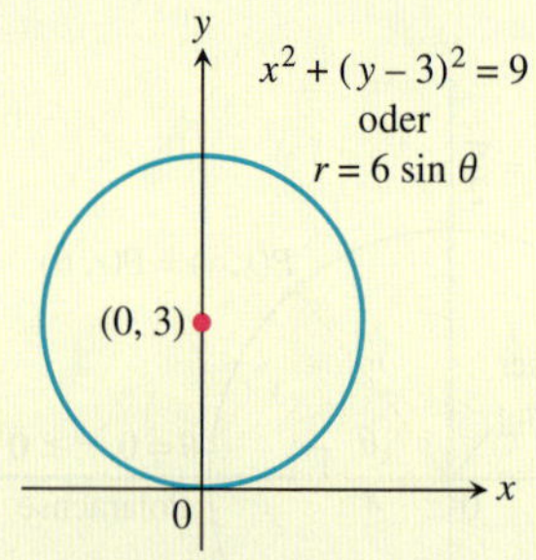

Abbildung 11.25 Der Kreis aus Beispiel 11.20.

Lösung Wir rechnen mit den Gleichungen zum Zusammenhang zwischen Polar- und kartesischen Koordinaten.

$$x^2 + (y-3)^2 = 9$$

$$x^2 + y^2 - 6y + 9 = 9 \qquad \text{Ausrechnen von } (y-3)^2$$

$$x^2 + y^2 - 6y = 0 \qquad \text{Zusammenfassen}$$

$$r^2 - 6r\sin\theta = 0 \qquad x^2 + y^2 = r^2$$

$$r = 0 \text{ oder } r - 6\sin\theta = 0$$

$$r = 6\sin\theta \qquad \text{Umfasst beide Möglichkeiten}$$

■

Beispiel 11.21 Stellen Sie für die folgenden Gleichungen in Polarkoordinaten die äquivalenten Gleichungen in kartesischen Koordinaten auf und benennen Sie ihre Graphen.

Kartesische Koordinaten aus Polarkoordinaten

a $r\cos\theta = -4$ b $r^2 = 4r\cos\theta$ c $r = \dfrac{4}{2\cos\theta - \sin\theta}$

Lösung Wir rechnen mit den Substitutionen $r\cos\theta = x$, $r\sin\theta = y$, $r^2 = x^2 + y^2$.

a $r\cos\theta = -4$

Gleichung in kartesischen Koordinaten:

$$r\cos\theta = -4$$

$$x = -4$$

Graph: Vertikale Gerade durch $x = -4$ auf der x-Achse

b $r^2 = 4r\cos\theta$

Gleichung in kartesischen Koordinaten:

$$r^2 = 4r\cos\theta$$

$$x^2 + y^2 = 4x$$

$$x^2 - 4x + y^2 = 0$$

$$x^2 - 4x + 4 + y^2 = 4 \qquad \text{Quadratische Ergänzung}$$

$$(x-2)^2 + y^2 = 4$$

Graph: Kreis mit dem Radius 2 und dem Mittelpunkt $(h, k) = (2, 0)$

c $r = \dfrac{4}{2\cos\theta - \sin\theta}$

Gleichung in kartesischen Koordinaten:

$$r(2\cos\theta - \sin\theta) = 4$$

$$2r\cos\theta - r\sin\theta = 4$$

$$2x - y = 4$$

$$y = 2x - 4$$

Graph: Gerade mit der Steigung $m = 2$ und dem y-Achsenabschnitt $b = -4$ ■

Aufgaben zum Abschnitt 11.3

Polarkoordinaten **1.** Welche der folgenden Polarkoordinatenpaare stehen für denselben Punkt?

a. $(3,0)$ **b.** $(-3,0)$
c. $(2,2\pi/3)$ **d.** $(2,7\pi/3)$
e. $(-3,\pi)$ **f.** $(2,\pi/3)$
g. $(-3,2\pi)$ **h.** $(-2,-\pi/3)$

2. Zeichnen Sie die folgenden in Polarkoordinaten gegebenen Punkte. Bestimmen Sie dann alle möglichen Polarkoordinaten der Punkte.

a. $(2,\pi/2)$ **b.** $(2,0)$
c. $(-2,\pi/2)$ **d.** $(-2,0)$

Umrechnung von Polar- in kartesische Koordinaten

3. Bestimmen Sie die kartesischen Koordinaten der Punkte in Aufgabe 1.

4. Bestimmen Sie die kartesischen Koordinaten der folgenden Punkte, die in Polarkoordinaten gegeben sind.

a. $\left(\sqrt{2},\pi/4\right)$ **b.** $(1,0)$
c. $(0,\pi/2)$ **d.** $\left(-\sqrt{2},\pi/4\right)$
e. $(-3,5\pi/6)$ **f.** $(5,\tan^{-1}(4/3))$
g. $(-1,7\pi)$ **h.** $\left(2\sqrt{3},2\pi/3\right)$

Umrechnung von kartesischen in Polarkoordinaten

5. Bestimmen Sie die Polarkoordinaten mit $0 \le \theta < 2\pi$ und $r \ge 0$ der folgenden Punkte, die in kartesischen Koordinaten gegeben sind.

a. $(1,1)$ **b.** $(-3,0)$
c. $\left(\sqrt{3},-1\right)$ **d.** $(-3,4)$

6. Bestimmen Sie die Polarkoordinaten mit $0 \le \theta < 2\pi$ und $r \le 0$ der folgenden Punkte, die in kartesischen Koordinaten gegeben sind.

a. $(3,3)$ **b.** $(-1,0)$
c. $\left(-1,\sqrt{3}\right)$ **d.** $(4,-3)$

7. Bestimmen Sie die Polarkoordinaten mit $-\pi \le \theta < 2\pi$ und $r \le 0$ der folgenden Punkte, die in kartesischen Koordinaten gegeben sind.

a. $(-2,0)$ **b.** $(1,0)$
c. $(0,-3)$ **d.** $\left(\frac{\sqrt{3}}{2},\frac{1}{2}\right)$

Zeichnen von Graphen in Polarkoordinaten Zeichnen Sie die Menge der Punkte, deren Polarkoordinaten die Gleichungen und Ungleichungen der Aufgaben 8–18 erfüllen.

8. $r = 2$

9. $r \ge 1$

10. $0 \le \theta \le \pi/6, \quad r \ge 0$

11. $\theta = \pi/3, \quad -1 \le r \le 3$

12. $\theta = \pi/2, \quad r \ge 0$

13. $\theta = \pi/2, \quad r \le 0$

14. $0 \le \theta \le \pi, \quad r = 1$

15. $0 \le \theta \le \pi, \quad r = -1$

16. $\pi/4 \le \theta \le 3\pi/4, \quad 0 \le r \le 1$

17. $-\pi/2 \le \theta \le \pi/2, \quad 1 \le r \le 2$

18. $0 \le \theta \le \pi/2, \quad 1 \le |r| \le 2$

Umschreiben von Gleichungen in Polarkoordinaten in Gleichungen in kartesischen Koordinaten Bestimmen Sie in den Aufgaben 19–32 die Gleichungen in kartesischen Koordinaten, die äquivalent zu den gegebenen Gleichungen in Polarkoordinaten sind. Beschreiben oder benennen Sie dann die Graphen der Gleichungen.

19. $r\cos\theta = 2$

20. $r\sin\theta = 0$

21. $r = 4\operatorname{cosec}\theta$

22. $r\cos\theta + r\sin\theta = 1$

23. $r^2 = 1$

24. $r = \dfrac{5}{\sin\theta - 2\cos\theta}$

25. $r = \cot\theta \operatorname{cosec}\theta$

26. $r = \operatorname{cosec}\theta e^{r\cos\theta}$

27. $r^2 + 2r^2\cos\theta\sin\theta = 1$

28. $r^2 = -4r\cos\theta$

29. $r = 8\sin\theta$

30. $r = 2\cos\theta + 2\sin\theta$

31. $r \sin\left(\theta + \frac{\pi}{6}\right) = 2$

32. $r \sin\left(\frac{2\pi}{3} - \theta\right) = 5$

Umschreiben von Gleichungen in kartesischen Koordinaten in Gleichungen in Polarkoordinaten Bestimmen Sie in den Aufgaben 33–40 die Gleichungen in Polarkoordinaten, die äquivalent zu den gegebenen Gleichungen in kartesischen Koordinaten sind.

33. $x = 7$

34. $x = y$

35. $x^2 + y^2 = 4$

36. $\frac{x^2}{9} + \frac{y^2}{4} = 1$

37. $y^2 = 4x$

38. $x^2 + (y-2)^2 = 4$

39. $(x-3)^2 + (y+1)^2 = 4$

40. $(x+2)^2 + (y-5)^2 = 16$

41. Bestimmen Sie alle Polarkoordinaten des Ursprungs.

42. **Vertikale und horizontale Geraden**

a. Zeigen Sie, dass jede vertikale Gerade in der xy-Ebene in Polarkoordinaten eine Gleichung der Form $r = a \sec\theta$ hat.

b. Welche Form haben analog alle Gleichungen von horizontalen Geraden in der xy-Ebene?

11.4 Kurven in Polarkoordinaten

Den Graphen[1] zu einer Gleichung in Polarkoordinaten zu zeichnen, ist nicht so einfach wie in kartesischen Koordinaten. Trotzdem ist es oft hilfreich, eine solche Skizze anzufertigen. In diesem Abschnitt behandeln wir verschiedene Verfahren, mit denen die Graphen zu solchen Gleichungen gezeichnet werden können; dabei helfen Symmetrien und Tangenten.

Symmetrie

Es gibt ein Standardverfahren, mit dem man eine Gleichung in Polarkoordinaten auf Symmetrie überprüfen kann. Dieses Verfahren wird in ▶Abbildung 11.26 illustriert und hier zusammengefasst.

Merke

Untersuchung eines Graphen in Polarkoordinaten auf Symmetrie

1. *Symmetrie zur x-Achse:* Wenn der Punkt (t,θ) auf dem Graphen liegt, dann liegt auch der Punkt $(r,-\theta)$ oder der Punkt $(-r,\pi-\theta)$ auf dem Graphen (vgl. Abbildung 11.26a).
2. *Symmetrie zur y-Achse:* Wenn der Punkt (t,θ) auf dem Graphen liegt, dann liegt auch der Punkt $(r,\pi-\theta)$ oder der Punkt $(-r,-\theta)$ auf dem Graphen (vgl. Abbildung 11.26b).
3. *Symmetrie zum Ursprung:* Wenn der Punkt (t,θ) auf dem Graphen liegt, dann liegt auch der Punkt $(-r,\theta)$ oder der Punkt $(r,\theta+\pi)$ auf dem Graphen (vgl. Abbildung 11.26c).

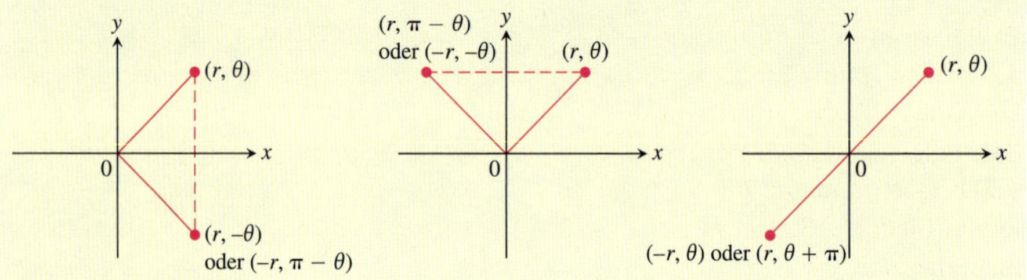

(a) Symmetrie zur x-Achse (b) Symmetrie zur y-Achse (c) Symmetrie zum Ursprung

Abbildung 11.26 Drei Verfahren, mit denen Symmetrie von Graphen in Polarkoordinaten überprüft werden kann.

Steigung

Die Steigung einer Kurve $r=f(\theta)$, die in der xy-Ebene in Polarkoordinaten gegeben ist, ist nach wie vor durch $\mathrm{d}y/\mathrm{d}x$ gegeben. Diese Ableitung ist allerdings nicht gleich $r'=\mathrm{d}f/\mathrm{d}\theta$. Dies kann man sich klarmachen, indem man den Graphen von f als Kurve mit der folgenden Parameterdarstellung betrachtet:

$$x=r\cos\theta=f(\theta)\cos\theta,\quad y=r\sin\theta=f(\theta)\sin\theta.$$

1 Der Begriff „Graph" ist eigentlich für Funktionen reserviert. Wir verwenden ihn aber auch, wenn wir eine Kurve zeichnen, die in Parameterdarstellung, durch eine Gleichung oder in Polarkoordinaten gegeben ist.

Wenn f eine differenzierbare Funktion von θ ist, dann gilt dies auch für x und y. Für $\mathrm{d}x/\mathrm{d}\theta \neq 0$ können wir von den Parametergleichungen ausgehen und damit $\mathrm{d}y/\mathrm{d}x$ berechnen:

$$\frac{\mathrm{d}y}{\mathrm{d}x} = \frac{\mathrm{d}y/\mathrm{d}\theta}{\mathrm{d}x/\mathrm{d}\theta}$$

Gleichung 11.4 in Abschnitt 11.2 mit $t = \theta$

$$= \frac{\frac{\mathrm{d}}{\mathrm{d}\theta}(f(\theta)\cdot\sin\theta)}{\frac{\mathrm{d}}{\mathrm{d}\theta}(f(\theta)\cdot\cos\theta)}$$

$$= \frac{\frac{\mathrm{d}f}{\mathrm{d}\theta}\sin\theta + f(\theta)\cos\theta}{\frac{\mathrm{d}f}{\mathrm{d}\theta}\cos\theta - f(\theta)\sin\theta}$$

Produktregel für Ableitungen

$\mathrm{d}y/\mathrm{d}x$ ist also nicht identisch mit $\mathrm{d}f/\mathrm{d}\theta$.

Merke

Steigung der Kurve $r = f(\theta)$

$$\left.\frac{\mathrm{d}y}{\mathrm{d}x}\right|_{(r,\theta)} = \frac{f'(\theta)\sin\theta + f(\theta)\cos\theta}{f'(\theta)\cos\theta - f(\theta)\sin\theta},$$

unter der Voraussetzung, dass $\mathrm{d}x/\mathrm{d}\theta \neq 0$ bei (r,θ).

Wenn die Kurve $r = f(\theta)$ bei $\theta = \theta_0$ durch den Ursprung geht, dann gilt $f(\theta_0) = 0$, und mit der Gleichung für die Steigung folgt

$$\left.\frac{\mathrm{d}y}{\mathrm{d}x}\right|_{(0,\theta_0)} = \frac{f'(\theta_0)\sin\theta_0}{f'(\theta_0)\cos\theta_0} = \tan\theta_0.$$

Es gilt also: Wenn der Graph zu $r = f(\theta)$ bei dem Wert $\theta = \theta_0$ durch den Ursprung geht, dann ist die Steigung an dieser Stelle $\tan\theta_0$. Wir sprechen von der „Steigung bei $(0,\theta_0)$", nicht einfach von der „Steigung im Ursprung". Der Grund hierfür ist, dass eine Kurve in Polarkoordinaten mehrmals durch den Ursprung gehen kann (wie durch jeden anderen Punkt) und dann für unterschiedliche Werte von θ dort auch unterschiedliche Steigungen hat. Dies ist im ersten der folgenden Beispiele allerdings nicht der Fall.

Beispiel 11.22 Zeichnen Sie die Kurve $r = 1 - \cos\theta$.

Zeichnen einer Kardioide

Lösung Die Kurve ist symmetrisch um die x-Achse, denn es gilt

$$\begin{aligned}(r,\theta) \text{ liegt auf dem Graphen } &\Rightarrow r = 1 - \cos\theta\\ &\Rightarrow r = 1 - \cos(-\theta) \qquad \cos\theta = \cos(-\theta)\\ &\Rightarrow (r,-\theta) \text{ liegt auf dem Graphen}\end{aligned}$$

Wenn nun θ von 0 nach π ansteigt, dann nimmt $\cos\theta$ von 1 nach -1 ab, und $r = 1 - \cos\theta$ geht von dem Minimalwert 0 zum Maximum 2. Im weiteren Verlauf geht θ von π nach 2π, dabei steigt $\cos\theta$ wieder von -1 nach 1 an, und r geht von 2 zurück auf 0. Die Kurve wiederholt ihren Verlauf ab $\theta = 2\pi$, denn die Periode des Kosinus ist 2π.

θ	$r = 1 - \cos\theta$
0	0
$\frac{\pi}{3}$	$\frac{1}{2}$
$\frac{\pi}{2}$	1
$\frac{2\pi}{3}$	$\frac{3}{2}$
π	2

(a)

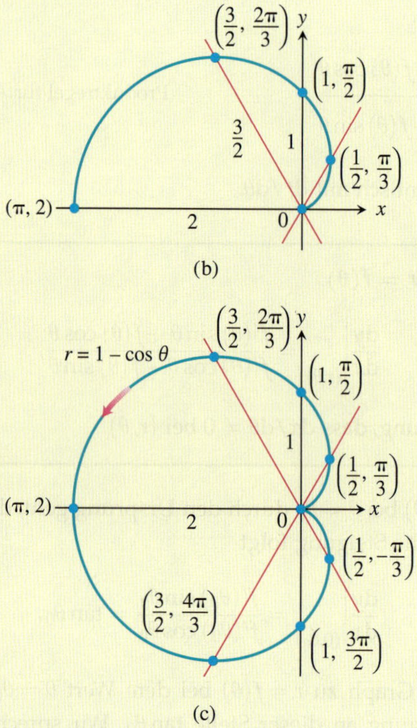

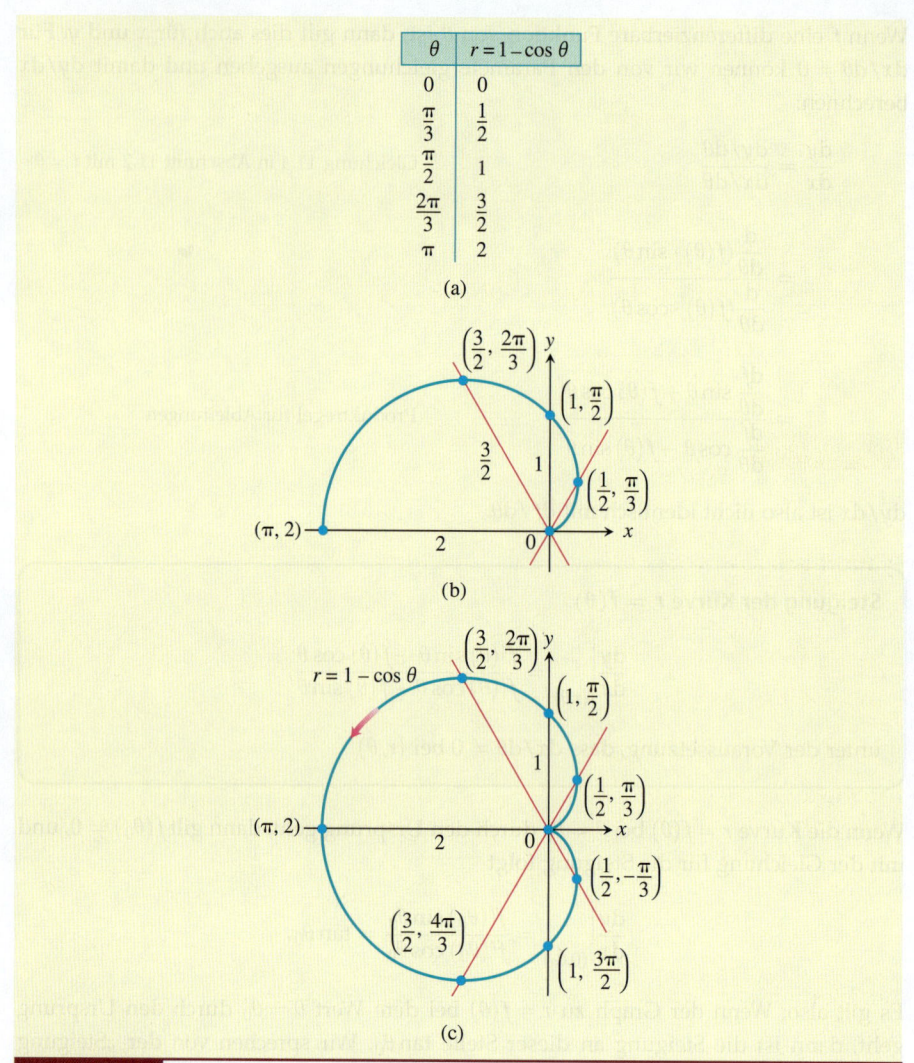

Abbildung 11.27 Die drei Schritte zum Zeichnen der Kardioide $r = 1 - \cos\theta$ (Beispiel 11.22). Die Pfeile zeigen die Richtung steigender θ an.

Die Kurve verlässt den Ursprung mit der Steigung $\tan(0) = 0$ und kehrt mit der Steigung $\tan(2\pi) = 0$ in den Ursprung zurück.

Wir stellen nun eine Wertetabelle für $\theta = 0$ bis $\theta = \pi$ auf, tragen die Punkte in ein Koordinatensystem ein und zeichnen durch sie eine glatte Kurve, die im Ursprung eine horizontale Tangente hat. Diese Kurve spiegeln wir dann an der x-Achse und vervollständigen so den Graphen (►Abbildung 11.27). Diese Kurve nennt man *Kardioide* oder *Herzkurve* (nach dem griechischen *kardio* „Herz"), weil ihr Aussehen einem Herz ähnelt. ■

Zeichnen einer Kurve mit vielen Symmetrien

Beispiel 11.23 Zeichnen Sie die Kurve $r^2 = 4\cos\theta$.

Lösung Die Gleichung $r^2 = 4\cos\theta$ gilt nur für $\cos\theta \geq 0$, wir erhalten also den kompletten Graphen, wenn wir das Intervall $-\pi/2 \leq \theta \leq \pi/2$ betrachten. Die Kurve ist

θ	$\cos\theta$	$r = \pm 2\sqrt{\cos\theta}$
0	1	± 2
$\pm\frac{\pi}{6}$	$\frac{\sqrt{3}}{2}$	$\approx \pm 1{,}9$
$\pm\frac{\pi}{4}$	$\frac{1}{\sqrt{2}}$	$\approx \pm 1{,}7$
$\pm\frac{\pi}{3}$	$\frac{1}{2}$	$\approx \pm 1{,}4$
$\pm\frac{\pi}{2}$	0	0

(a)

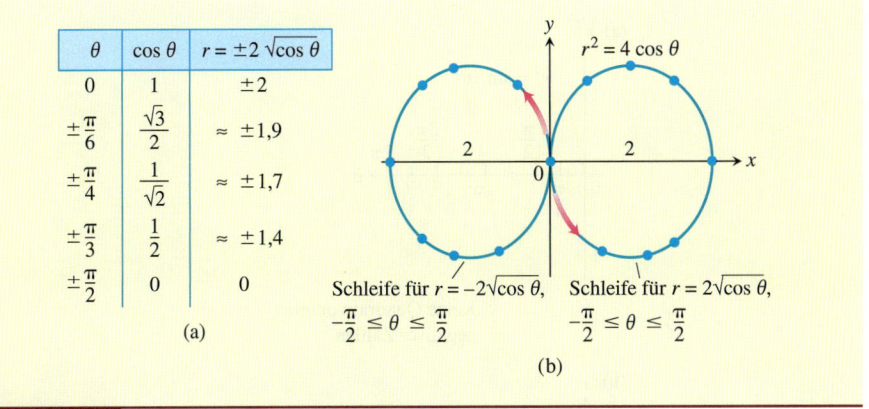

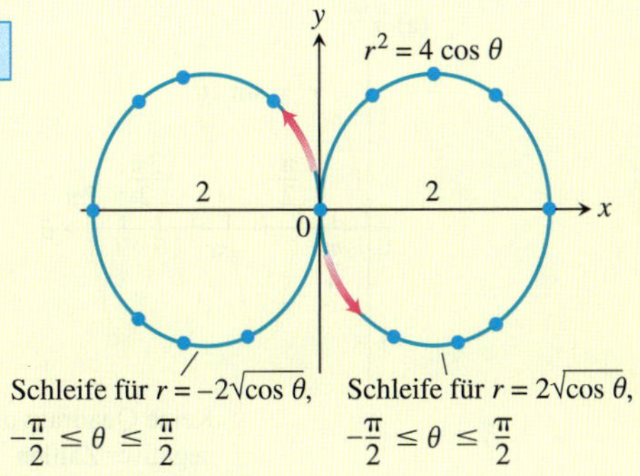

(b)

Abbildung 11.28 Der Graph zu der Gleichung $r^2 = 4\cos\theta$. Die Pfeile zeigen in die Richtung ansteigender θ; die Werte von r in der Tabelle sind gerundet.

symmetrisch zur x-Achse, denn es gilt

$$\begin{aligned}(r,\theta) \text{ liegt auf dem Graphen} &\Rightarrow r^2 = 4\cos\theta \\ &\Rightarrow r^2 = 4\cos(-\theta) \\ &\qquad \cos\theta = \cos(-\theta) \\ &\Rightarrow (r,-\theta) \text{ liegt auf dem Graphen.}\end{aligned}$$

Die Kurve ist außerdem punktsymmetrisch zum Ursprung, denn

$$\begin{aligned}(r,\theta) \text{ liegt auf dem Graphen} &\Rightarrow r^2 = 4\cos\theta \\ &\Rightarrow (-r)^2 = 4\cos\theta \\ &\Rightarrow (-r,\ \theta) \text{ liegt auf dem Graphen.}\end{aligned}$$

Aus diesen beiden Symmetrien folgt auch eine Symmetrie zur y-Achse.

Die Kurve geht für $\theta = -\pi/2$ und $\theta = \pi/2$ durch den Ursprung. Sie hat beide Male eine vertikale Tangente, da $\tan\theta$ dort unendlich wird.

Für jeden Wert von θ in dem Intervall zwischen $-\pi/2$ und $\pi/2$ erhalten wir mit der Gleichung $r^2 = 4\cos\theta$ zwei Werte für r:

$$r = \pm 2\sqrt{\cos\theta}.$$

Wir stellen eine kleine Wertetabelle auf und tragen diese Punkte in ein Koordinatensystem ein. Wir berücksichtigen außerdem unser Wissen zur Symmetrie und den Tangenten und verbinden diese Punkte mit einer glatten Kurve (▶Abbildung 11.28). ■

Ein Verfahren zum Zeichnen von Kurven

Will man eine Kurve $r = f(\theta)$ zeichnen, die in Polarkoordinaten gegeben ist, so kann man eine Wertetabelle aufstellen, die Punkte in ein Koordinatensystem einzeichnen und in der Reihenfolge wachsender θ-Werte verbinden. Damit kann man ein gutes Ergebnis erreichen, allerdings nur, wenn man eine ausreichende Zahl von Punkten berechnet hat, mit denen alle Schleifen und Bögen des Graphen erfasst sind. Es gibt jedoch noch ein weiteres Verfahren, das normalerweise schneller geht und zuverlässiger alle Details des Graphen abdeckt.

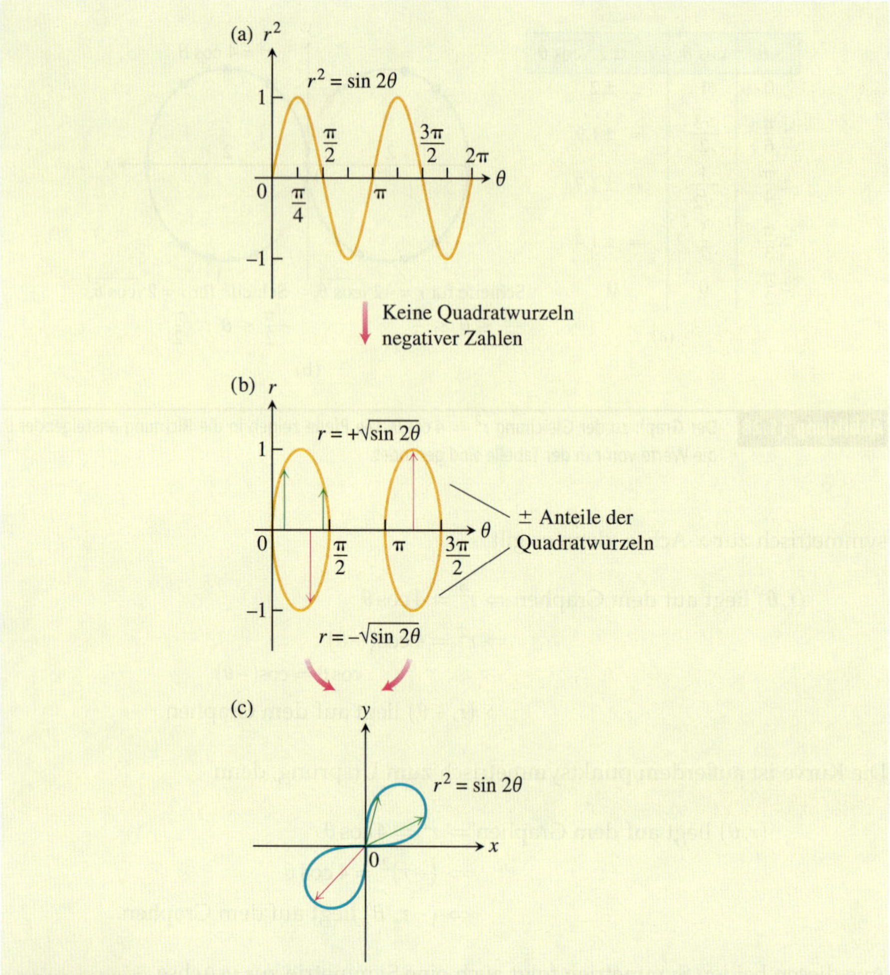

Abbildung 11.29 Um $r = f(\theta)$ in der kartesischen $r\theta$-Ebene zu zeichnen (b), zeichnen wir zunächst $r^2 = \sin 2\theta$ in der $r^2\theta$-Ebene (a) und ignorieren dann alle Werte von θ, für die $\sin 2\theta$ negativ wird. Die Abstände aus (b) ergeben beide den Graphen der Lemniskate in (c) (Beispiel 11.24).

1 Zeichnen Sie zuerst $r = f(\theta)$ in der *kartesischen* $r\theta$-Ebene.

2 Verwenden Sie dann diesen Graphen als Richtschnur und „Wertetabelle", um den Graphen in Polarkoordinaten zu skizzieren.

Dieses Verfahren hat einen Vorteil gegenüber dem einfachen Verbinden von Punkten: Mit dem ersten, kartesischen Graphen bekommt man – selbst wenn er nur flüchtig skizziert ist – einen Überblick darüber, wo r positiv oder negativ ist, wo es nicht existiert und wo die Werte für x ansteigen oder abfallen. Wir erläutern dies im folgenden Beispiel.

Verfahren zum Zeichnen von Kurven in Polarkoordinaten

Beispiel 11.24 Zeichnen Sie die Kurve

$$r^2 = \sin 2\theta.$$

Eine solche schleifenförmige Kurve nennt man eine *Lemniskate* (von lateinisch *lemniscus* „Schleife").

Lösung Wir zeichnen hier zunächst r^2 (nicht r) als Funktion von θ in die kartesische $r^2\theta$-Ebene (▶Abbildung 11.29a). Damit erstellen wir als nächstes den Graphen von $r = \pm\sqrt{\sin 2\theta}$ in der $r\theta$-Ebene (vgl. Abbildung 11.29b) und dann den Graphen in Polarkoordinaten (vgl. Abbildung 11.29c). Der Graph in Abbildung 11.29b „überdeckt" zweimal den gesuchten Graphen in Polarkoordinaten in Abbildung 11.29c. Wir hätten ihn auch mit jeder der beiden Ellipsen alleine konstruieren können, oder mit den beiden oberen bzw. unteren Hälften. Es schadet aber auch nicht, diese Dopplung zu haben, man lernt damit noch etwas mehr über das Verhalten der Funktion. ■

EINSATZ VON TECHNOLOGIE – Zeichnen von Kurven in Polarkoordinaten als Parametergleichungen

Sind die Gleichungen in Polarkoordinaten komplizierter, zeichnen wir sie besser mithilfe eines Grafikprogramms auf dem Taschenrechner oder Computer. Falls das Programm Kurven in Polarkoordinaten nicht direkt zeichnen kann, können wir $r = f(\theta)$ in eine Parameterdarstellung umrechnen. Dazu verwenden wir die Gleichungen

$$x = r\cos\theta = f(\theta)\cos\theta, \quad y = r\sin\theta = f(\theta)\sin\theta.$$

Dann können wir die Kurve der Parametergleichungen in der kartesischen xy-Ebene zeichnen. Manchmal kann in den Programmen der Parameter nicht θ genannt werden, dann verwendet man meist den Buchstaben t.

Aufgaben zum Abschnitt 11.4

Symmetrien bei Graphen in Polarkoordinaten

Untersuchen Sie in den Aufgaben 1–7 die Graphen der Kurven auf Symmetrien. Skizzieren Sie dann die Kurven.

1. $r = 1 + \cos\theta$

2. $r = 1 - \sin\theta$

3. $r = 2 + \sin\theta$

4. $r = \sin(\theta/2)$

5. $r^2 = \cos\theta$

6. $r^2 = -\sin\theta$

7. $r^2 = -\cos\theta$

Zeichnen Sie in den Aufgaben 8–11 die Lemniskaten. Welche Symmetrien haben diese Kurven?

8. $r^2 = 4\cos 2\theta$

9. $r^2 = 4\sin 2\theta$

10. $r^2 = -\sin 2\theta$

11. $r^2 = -\cos 2\theta$

Steigung einer Kurve in Polarkoordinaten Bestimmen Sie in den Aufgaben 12–15 die Steigung der Kurve bei dem gegebenen Wert. Skizzieren Sie dann die Kurve und die Tangente in dem zugehörigen Punkt.

12. **Kardioide** $r = -1 + \cos\theta$; $\theta = \pm\pi/2$

13. **Kardioide** $r = -1 + \sin\theta$; $\theta = 0, \pi$

14. **Vierblättrige Rosette** $r = \sin 2\theta$; $\theta = \pm\pi/4, \pm 3\pi/4$

15. **Vierblättrige Rosette** $r = \cos 2\theta$; $\theta = 0, \pm\pi/2, \pi$

Pascal'sche Schnecken Zeichnen Sie in den Aufgaben 16–19 die Pascal'schen Schnecken. Wenn Sie die erste Kurve in Aufgabe 16 zeichnen, wird Ihnen auch klarwerden, warum diese Kurven so heißen. Die Gleichungen der Pascal'schen Schnecken haben die Form $r = a \pm b\cos\theta$ oder $r = a \pm b\sin\theta$. Es gibt vier Grundformen.

16. **Pascal'sche Schnecke mit einer inneren Schlaufe**

a. $r = \frac{1}{2} + \cos\theta$ **b.** $r = \frac{1}{2} + \sin\theta$

17. **Kardioide**

a. $r = 1 - \cos\theta$ **b.** $r = -1 + \sin\theta$

18. **Pascal'sche Schnecke mit einer Einbuchtung**

a. $r = \frac{3}{2} + \cos\theta$ **b.** $r = \frac{3}{2} - \sin\theta$

19. **Ovale Pascal'sche Schnecke**

a. $r = 2 + \cos\theta$ **b.** $r = -2 + \sin\theta$

Zeichnen von Flächen und Kurven in Polarkoordinaten **20.** Die beiden Ungleichungen $-1 \leq r \leq 2$ und $-\pi/2 \leq \theta \leq \pi/2$ definieren eine Fläche. Skizzieren Sie diese Fläche.

21. Die beiden Ungleichungen $0 \leq r \leq 2 \sec\theta$ und $-\pi/4 \leq \theta \leq \pi/4$ definieren eine Fläche. Skizzieren Sie diese Fläche.

Skizzieren Sie in den Aufgaben 22 und 23 die Fläche, die durch die Ungleichung definiert wird.

22. $0 \leq r \leq 2 - 2\cos\theta$ **23.** $0 \leq r^2 \leq \cos\theta$

24. Welche der folgenden Gleichungen liefert denselben Graphen wie $r = 1 - \cos\theta$?

a. $r = -1 - \cos\theta$ **b.** $r = 1 + \cos\theta$

Bestätigen Sie Ihre Lösung mit algebraischen Berechnungen.

25. Welche der folgenden Gleichungen liefert denselben Graphen wie $r = 1 - \cos\theta$?

a. $r = -\sin(2\theta + \pi/2)$ **b.** $r = -\cos(\theta/2)$

Bestätigen Sie Ihre Lösung mit algebraischen Berechnungen.

26. Eine Rosette in einer Rosette Zeichnen Sie den Graphen zu der Gleichung $r = 1 - 2\sin 3\theta$.

27. Nephroide von Freeth Zeichnen Sie die Nephroide von Freeth. (Eine Nephroide (von griech. *nephros* „Niere") ist eine nierenförmige Kurve; die Nephroide von Freeth hat zwei Innenschleifen.)

$$r = 1 + 2\sin\frac{\theta}{2}.$$

28. Rosetten Zeichnen Sie die Rosetten $r = \cos m\theta$ für $m = 1/3$, 2, 3, und 7.

29. Spiralen Spiralen lassen sich besonders gut in Polarkoordinaten beschreiben. Zeichnen Sie die folgenden Spiralen:

a. $r = \theta$

b. $r = -\theta$

c. *Eine logarithmische Spirale:* $r = e^{\theta/10}$

d. *Eine hyperbolische Spirale:* $r = 8/\theta$

e. *Eine gleichseitige Hyperbel:* $r = \pm 10/\sqrt{\theta}$ (Verwenden Sie verschiedenen Farben für die beiden Äste.)

11.5 Flächen und Längen in Polarkoordinaten

In diesem Abschnitt berechnen wir den Flächeninhalt von durch Kurven begrenzten Flächen und Bogenlängen von Kurven in Polarkoordinaten. Die Definitionen und grundlegenden Überlegungen ändern sich natürlich nicht, wenn man Polarkoordinaten verwendet. Es ergeben sich aber andere Formeln als in kartesischen Koordinaten.

Flächen in der Ebene

Die Fläche OTS in ▶Abbildung 11.30 wird von den Strahlen $\theta = \alpha$ und $\theta = \beta$ sowie der Kurve $r = f(\theta)$ eingeschlossen. Um diese Fläche näherungsweise zu bestimmen, teilen wir sie in n Sektoren ein, die die Form von Kreissegmenten haben, ein wenig wie die Teile eines Fächers. Dazu verwenden wir eine Unterteilung P des Winkels TOS. Ein solcher Sektor hat den Radius $r_k = f(\theta_k)$ und den Winkel $\Delta\theta_k$, gemessen in Radiant. Seine Fläche entspricht dem $\Delta\theta_k/2\pi$-Fachen eines Kreises mit dem Radius r_k, also

$$A_k = \frac{1}{2} r_k^2 \Delta\theta_k = \frac{1}{2} \left(f(\theta_k)\right)^2 \Delta\theta_k.$$

Der Flächeninhalt von OTS ist dann näherungsweise

$$\sum_{k=1}^{n} A_k = \sum_{k=1}^{n} \frac{1}{2} \left(f(\theta_k)\right)^2 \Delta\theta_k.$$

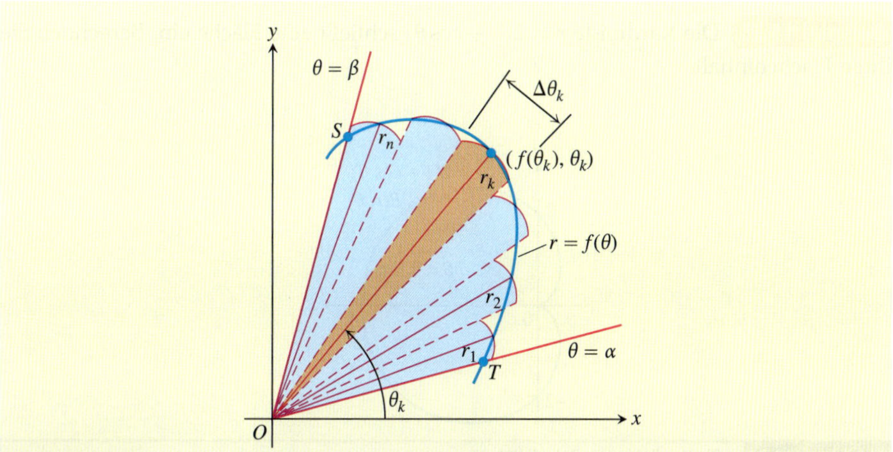

Abbildung 11.30 Zur Berechnung der Fläche OTS zerlegen wir sie in Kreissektoren, die wie in einem Fächer angeordnet sind.

Für stetige f sollte diese Annäherung besser werden, wenn die Norm von P gegen null geht; die Norm von P entspricht dabei dem größten Wert von $\Delta\theta_k$. Damit ergibt sich die folgende Gleichung, die den Flächeninhalt definiert:

$$\begin{aligned} A &= \lim_{\|P\| \to 0} \sum_{k=1}^{n} \frac{1}{2} \left(f(\theta_k)\right)^2 \Delta\theta_k \\ &= \int_{\alpha}^{\beta} \frac{1}{2} \left(f(\theta)\right)^2 \mathrm{d}\theta. \end{aligned}$$

Merke

Flächeninhalt einer fächerähnlichen Fläche zwischen dem Ursprung und der Kurve $r = f(\theta)$, $\alpha \leq \theta \leq \beta$

$$A = \int_{\alpha}^{\beta} \frac{1}{2} r^2 \mathrm{d}\theta.$$

Diese Gleichung entspricht dem Integral des **Flächendifferentials** (►Abbildung 11.31):

$$\mathrm{d}A = \frac{1}{2} r^2 \mathrm{d}\theta = \frac{1}{2} \left(f(\theta)\right)^2 \mathrm{d}\theta.$$

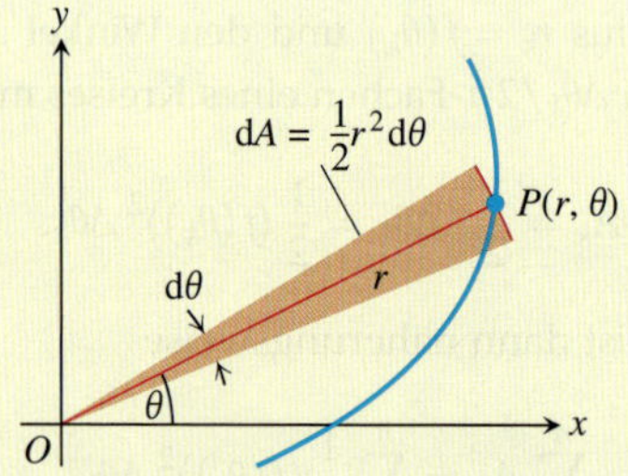

Abbildung 11.31 Das Flächendifferential dA für die Kurve $r = f(\theta)$

Flächeninhalt einer Kardioide

Beispiel 11.25 Die Kardioide $r = 2(1 + \cos\theta)$ schließt eine Fläche ein. Berechnen Sie ihren Flächeninhalt.

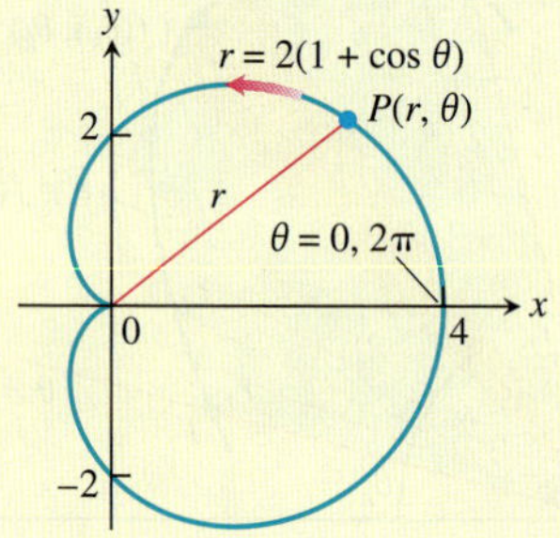

Abbildung 11.32 Die Kardioide aus Beispiel 11.25.

Lösung Wir zeichnen die Kurve (►Abbildung 11.32) und stellen fest, dass der Radius OP die gesuchte Fläche genau einmal überstreicht, wenn θ von 0 bis 2π geht. Damit kann man die Fläche berechnen:

$$\begin{aligned}\int_{\theta=0}^{\theta=2\pi} \frac{1}{2} r^2 \mathrm{d}\theta &= \int_0^{2\pi} \frac{1}{2} \cdot 4(1 + \cos\theta)^2 \mathrm{d}\theta \\ &= \int_0^{2\pi} 2(1 + 2\cos\theta + \cos^2\theta) \mathrm{d}\theta\end{aligned}$$

$$= \int_0^{2\pi} \left(2 + 4\cos\theta + 2\frac{1+\cos 2\theta}{2}\right) d\theta$$

$$= \int_0^{2\pi} (3 + 4\cos\theta + \cos 2\theta) d\theta$$

$$= \left[3\theta + 4\sin\theta + \frac{\sin 2\theta}{2}\right]_0^{2\pi} = 6\pi - 0 = 6\pi.$$

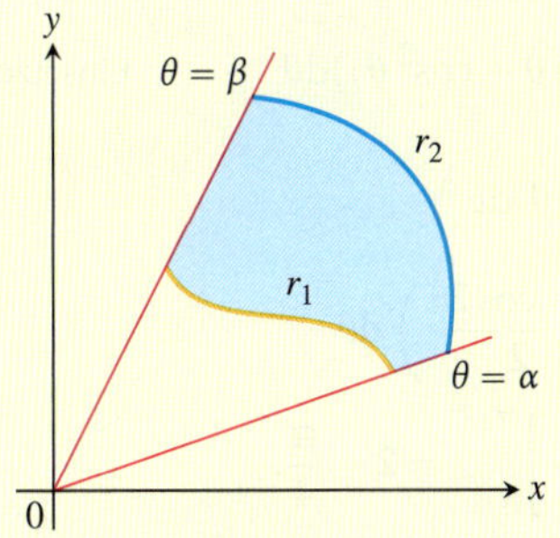

Abbildung 11.33 Die schattierte Fläche berechnet man, indem man die Fläche zwischen r_1 und dem Ursprung von der zwischen r_2 und dem Ursprung abzieht.

Die schattierte Fläche in ▶Abbildung 11.33 liegt zwischen zwei Kurven in Polarkoordinaten, $r_1 = r_1(\theta)$ und $r_2 = r_2(\theta)$, beide von $\theta = \alpha$ bis $\theta = \beta$. Um diese Fläche zu bestimmen, subtrahieren wir das Integral über $(1/2)r_1^2 d\theta$ von dem Integral über $(1/2)r_2^2 d\theta$. Damit erhalten wir die folgende Gleichung:

Inhalt der Fläche $0 \le r_1(\theta) \le r \le r_2(\theta)$, $\alpha \le \theta \le \beta$ — Merke

$$A = \int_\alpha^\beta \frac{1}{2} r_2^2 d\theta - \int_\alpha^\beta \frac{1}{2} r_1^2 d\theta = \int_\alpha^\beta \frac{1}{2}\left(r_2^2 - r_1^2\right) d\theta \qquad (11.10)$$

Beispiel 11.26 Berechnen Sie den Inhalt der Fläche, die innerhalb des Kreises $r = 1$ und außerhalb der Kardioide $r = 1 - \cos\theta$ liegt.

Berechnung eines Flächeninhalts durch Subtraktion

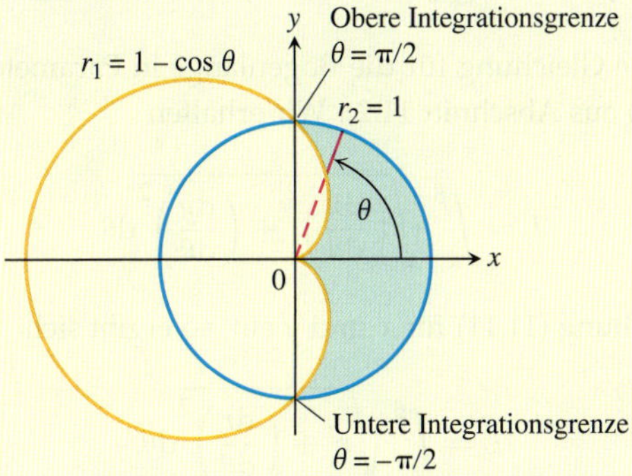

Abbildung 11.34 Fläche und Integrationsgrenzen in Beispiel 11.26.

Lösung Anhang einer Skizze der Fläche bestimmen wir ihre Begrenzungen und damit die Integrationsgrenzen zu bestimmen (►Abbildung 11.34). Die äußere Begrenzungskurve der Fläche ist $r_2 = 1$, die innere Kurve $r_1 = 1 - \cos\theta$, und θ geht von $-\pi/2$ bis $\pi/2$. Mit Gleichung (11.10) kann man dann den Flächeninhalt berechnen.

$$
\begin{aligned}
A &= \int_{-\pi/2}^{\pi/2} \frac{1}{2}\left(r_2^2 - r_1^2\right) \mathrm{d}\theta \\
&= 2\int_0^{\pi/2} \frac{1}{2}\left(r_2^2 - r_1^2\right) \mathrm{d}\theta && \text{Symmetrie} \\
&= \int_0^{\pi/2} (1 - (1 - 2\cos\theta + \cos^2\theta))\mathrm{d}\theta && \text{Einsetzen von } r_1 \text{ und } r_2 \\
&= \int_0^{\pi/2} (2\cos\theta - \cos^2\theta)\mathrm{d}\theta \\
&= \int_0^{\pi/2} \left(2\cos\theta - \frac{1+\cos 2\theta}{2}\right) \mathrm{d}\theta \\
&= \left[2\sin\theta - \frac{\theta}{2} - \frac{\sin 2\theta}{4}\right]_0^{\pi/2} = 2 - \frac{\pi}{4}.
\end{aligned}
$$

■

Wie wir bereits wissen, kann ein Punkt durch verschiedene Polarkoordinaten beschrieben werden. Dies erfordert besondere Aufmerksamkeit, wenn wir entscheiden, ob ein Punkt auf dem Graphen zu einer Gleichung in Polarkoordinaten liegt, oder wenn wir die Schnittpunkte von Graphen bestimmen, die in Polarkoordinaten gegeben sind. (Solche Schnittpunkte brauchten wir in Beispiel 11.26.) In kartesischen Koordinaten können wir die Schnittpunkte zweier Kurven berechnen, indem wir ihre Gleichungen gleichsetzen und lösen. In Polarkoordinaten ist das etwas komplizierter. Es kann passieren, dass man durch Gleichsetzen zwar einige Schnittpunkte erhält, aber nicht alle. *Alle* Schnittpunkte zweier Kurven in Polarkoordinaten zu berechnen, kann schwierig sein. Wenn man die beiden Kurven zeichnet, dann lassen sich damit alle Schnittpunkte zumindest erkennen.

Bogenlänge in Polarkoordinaten

Wir wollen nun eine Gleichung für die Länge der Kurve $r = f(\theta)$, $\alpha \leq \theta \leq \beta$ in Polarkoordinaten aufstellen. Dazu schreiben wir diese Kurve zunächst in der Parameterdarstellung

$$x = r\cos\theta = f(\theta)\cos\theta, \quad y = r\sin\theta = f(\theta)\sin\theta, \quad \alpha \leq \theta \leq \beta. \tag{11.11}$$

Damit können wir die Gleichung für die Bogenlänge in Parameterdarstellung anwenden (Gleichung (11.6) aus Abschnitt 11.2). Wir erhalten

$$L = \int_\alpha^\beta \sqrt{\left(\frac{\mathrm{d}x}{\mathrm{d}\theta}\right)^2 + \left(\frac{\mathrm{d}y}{\mathrm{d}\theta}\right)^2}\,\mathrm{d}\theta.$$

Setzen wir jetzt Gleichung (11.11) für x und y ein, so ergibt sich

$$L = \int_\alpha^\beta \sqrt{r^2 + \left(\frac{\mathrm{d}r}{\mathrm{d}\theta}\right)^2}\,\mathrm{d}\theta.$$

In Aufgabe 29 wird dies genauer betrachtet.

Merke

Länge einer Kurve in Polarkoordinaten $r = f(\theta)$ habe eine stetige erste Ableitung für $\alpha \le \theta \le \beta$, und der Punkt $P(r,\theta)$ durchlaufe die Kurve $r = f(\theta)$ genau einmal, wenn θ von α bis β geht. Dann gilt für die Länge der Kurve

$$L = \int_\alpha^\beta \sqrt{r^2 + \left(\frac{\mathrm{d}r}{\mathrm{d}\theta}\right)^2}\,\mathrm{d}\theta. \tag{11.12}$$

Beispiel 11.27 Berechnen Sie die Bogenlänge der Kardioide $r = 1 - \cos\theta$.

Bogenlänge einer Kardioide

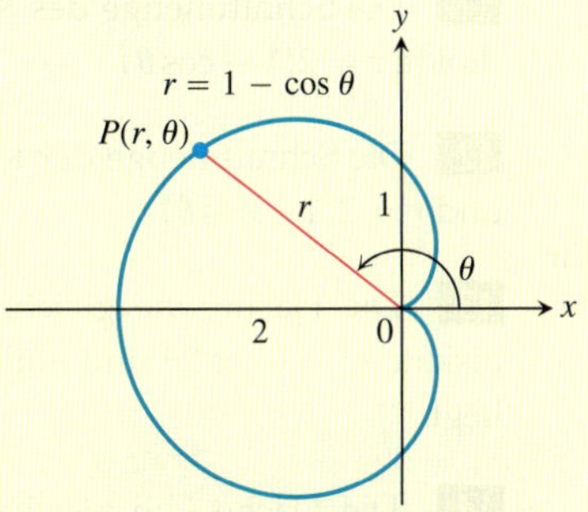

Abbildung 11.35 Berechnung der Länge einer Kardioide (Beispiel 11.27).

Lösung Wir skizzieren die Kardioide, um die Integrationsgrenzen zu bestimmen (►Abbildung 11.35). Der Punkt $P(r,\theta)$ überstreicht die Kurve einmal entgegen dem Uhrzeigersinn, wenn θ von 0 bis 2π geht. Wir setzen diese Werte also für α und β ein. Mit

$$r = 1 - \cos\theta, \qquad \frac{\mathrm{d}r}{\mathrm{d}\theta} = \sin\theta$$

erhalten wir

$$\begin{aligned} r^2 + \left(\frac{\mathrm{d}r}{\mathrm{d}\theta}\right)^2 &= (1-\cos\theta)^2 + (\sin\theta)^2 \\ &= 1 - 2\cos\theta + \underbrace{\cos^2\theta + \sin^2\theta}_{1} = 2 - 2\cos\theta \end{aligned}$$

und damit

$$\begin{aligned} L &= \int_\alpha^\beta \sqrt{r^2 + \left(\frac{\mathrm{d}r}{\mathrm{d}\theta}\right)^2}\,\mathrm{d}\theta \\ &= \int_0^{2\pi} \sqrt{2 - 2\cos\theta}\,\mathrm{d}\theta \\ &= \int_0^{2\pi} \sqrt{4\sin^2\frac{\theta}{2}}\,\mathrm{d}\theta && 1-\cos\theta = 2\sin^2(\theta/2) \\ &= \int_0^{2\pi} 2\left|\sin\frac{\theta}{2}\right|\,\mathrm{d}\theta \\ &= \int_0^{2\pi} 2\sin\frac{\theta}{2}\,\mathrm{d}\theta && \sin(\theta/2) \ge 0 \text{ für } 0 \le \theta \le 2\pi \\ &= \left[-4\cos\frac{\theta}{2}\right]_0^{2\pi} = 4 + 4 = 8. \end{aligned}$$

■

Aufgaben zum Abschnitt 11.5

Berechnung von Flächen in Polarkoordinaten

Berechnen Sie in den Aufgaben 1–8 den Inhalt der angegebenen Flächen.

1. Die Fläche innerhalb der Spirale $r = \theta$ für $0 \leq \theta \leq \pi$.

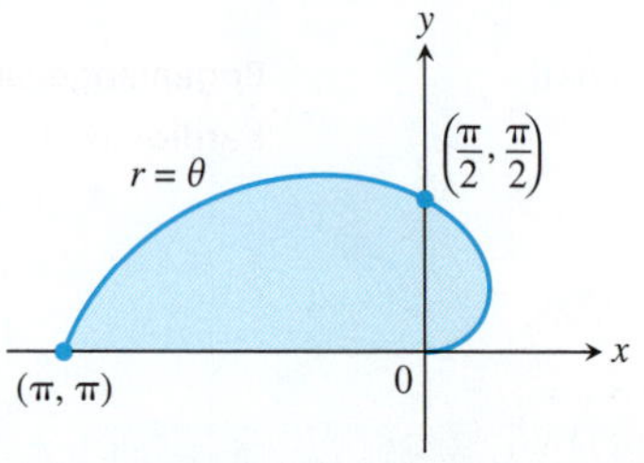

2. Die Fläche innerhalb der Kreises $r = 2\sin\theta$ für $\pi/4 \leq \theta \leq \pi/2$.

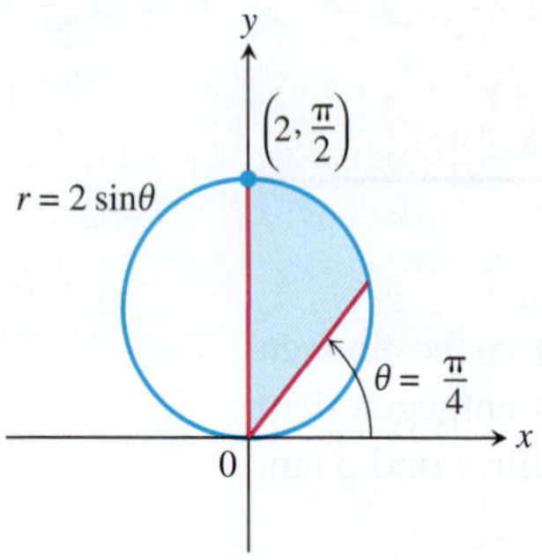

3. Die Fläche im Inneren der Pascal'schen Schnecke $r = 4 + 2\cos\theta$.

4. Die Fläche innerhalb der Kardioide $r = a(1 + \cos\theta)$, $\alpha > 0$

5. Die Fläche innerhalb eines Blattes der vierblättrigen Rosette $r = \cos 2\theta$.

6. Die Fläche innerhalb eines Blattes der dreiblättrigen Rosette $r = \cos 3\theta$.

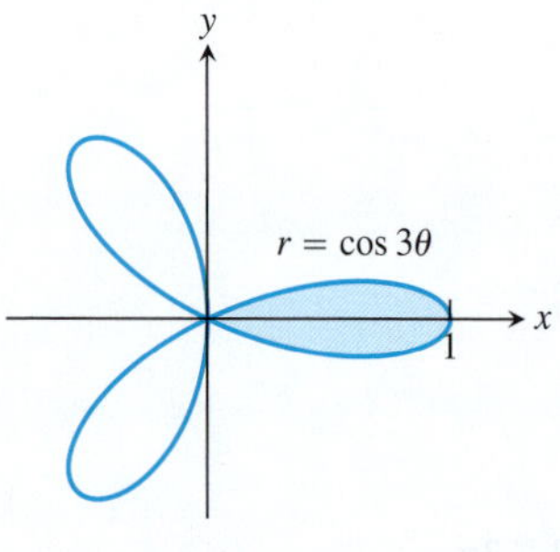

7. Die Fläche innerhalb einer Schleife der Lemniskate $r^2 = 4\sin 2\theta$.

8. Die Fläche innerhalb der sechsblättrigen Rosette $r^2 = 2\sin 3\theta$.

Berechnen Sie in den Aufgaben 9–16 den Inhalt der beschriebenen Fläche.

9. Die Schnittmenge der Kreise $r = 2\cos\theta$ und $r = 2\sin\theta$

10. Die Schnittmenge der Kreise $r = 1$ und $r = 2\sin\theta$

11. Die Schnittmenge des Kreises $r = 2$ und der Kardioide $r = 2(1 - \cos\theta)$

12. Die Schnittmenge der Kardioiden $r = 2(1 + \cos\theta)$ und $r = 2(1 - \cos\theta)$

13. Die Fläche, die gleichzeitig innerhalb der Lemniskate $r^2 = 6\cos 2\theta$ und außerhalb des Kreises $r = \sqrt{3}$ liegt.

14. Die Fläche, die gleichzeitig innerhalb des Kreises $r = 3a\cos\theta$ und außerhalb der Kardioide $r = a(1 + \cos\theta)$, $a > 0$ liegt.

15. Die Fläche, die gleichzeitig innerhalb des Kreises $r = -2\cos\theta$ und außerhalb des Kreises $r = 1$ liegt.

16. Die Fläche, die gleichzeitig im Kreis $r = 6$ und oberhalb der Geraden $r = 3 \operatorname{cosec}\theta$ liegt.

17. Die Fläche, die gleichzeitig im Kreis $r = 4\cos\theta$ und rechts der vertikalen Geraden $r = \sec\theta$ liegt.

18. Die Fläche, die gleichzeitig im Kreis $r = 4\sin\theta$ und unterhalb der horizontalen Geraden $r = 3 \operatorname{cosec}\theta$ liegt.

19. **a.** Berechnen Sie den Flächeninhalt der schattierten Fläche in der untenstehenden Abbildung.

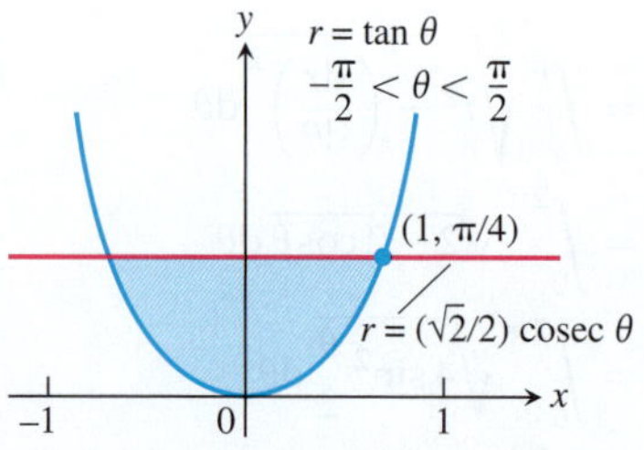

b. Es sieht so aus, als ob sich die Kurve $r = \tan\theta$ für $-\pi/2 < \theta < \pi/2$ den beiden Geraden $x = 1$ und $x = -1$ asymptotisch nähert. Ist das der Fall? Begründen Sie Ihre Antwort.

20. Wir betrachten die Fläche, die innerhalb der Kardioide $r = \cos\theta + 1$ und außerhalb des Kreises $r = \cos\theta$ liegt. Ihr Flächeninhalt ist nicht gleich

$$\frac{1}{2}\int_0^{2\pi} [(\cos\theta + 1)^2 - \cos^2\theta]\mathrm{d}\theta = \pi.$$

Warum nicht? Wie groß ist die Fläche stattdessen? Begründen Sie Ihre Antwort.

Bestimmen der Kurvenlänge von Kurven in Polarkoordinaten Berechnen Sie in den Aufgaben 21–28 die Länge der angegebenen Kurven.

21. Die Spirale $r = \theta^2$, $0 \leq \theta \leq \sqrt{5}$

22. Die Spirale $r = \mathrm{e}^\theta/\sqrt{2}$, $0 \leq \theta \leq \pi$

23. Die Kardioide $r = 1 + \cos\theta$

24. Die Kurve $r = a\sin^2(\theta/2)$, $0 \leq \theta \leq \pi$, $a > 0$

25. Der Parabelteil $r = 6/(1 + \cos\theta)$ $0 \leq \theta \leq \pi/2$

26. Der Parabelteil $r = 2(1 - \cos\theta)$ $\pi/2 \leq \theta \leq \pi$

27. Die Kurve $r = \cos^3(\theta/3)$, $0 \leq \theta \leq \pi/4$

28. Die Kurve $r = \sqrt{1 + \sin 2\theta}$, $0 \leq \theta \leq \pi\sqrt{2}$

29. **Die Länge der Kurve** $r = f(\theta)$ $\alpha \leq \theta \leq \beta$ Es seien alle notwendigen Ableitungen stetig. Zeigen Sie dann: Mit den Substitutionen

$$x = f(\theta)\cos\theta, \quad y = f(\theta)\sin\theta$$

(Gleichung (11.11) im Text) wird aus

$$L = \int_\alpha^\beta \sqrt{\left(\frac{\mathrm{d}x}{\mathrm{d}\theta}\right)^2 + \left(\frac{\mathrm{d}y}{\mathrm{d}\theta}\right)^2}\,\mathrm{d}\theta$$

die Gleichung

$$L = \int_\alpha^\beta \sqrt{r^2 + \left(\frac{\mathrm{d}r}{\mathrm{d}\theta}\right)^2}\,\mathrm{d}\theta.$$

30. **Umfang von Kreisen** Untersucht man eine neue Formel, so kann man sie oft überprüfen, indem man mit ihr eine bekannte Größe berechnet. So lässt sich feststellen, ob das Ergebnis im Einklang mit bekanntem Wissen steht. Berechnen Sie mit der Gleichung (11.12) für die Bogenlänge den Umfang der folgenden Kreise ($a > 0$):

a. $r = a$ **b.** $r = a\cos\theta$ **c.** $r = a\sin\theta$

Theorie und Beispiele

31. **Mittelwerte** Für eine stetige Funktion f gilt: Der durchschnittliche Wert der Polarkoordinate r über der Kurve $r = f(\theta)$, $\alpha \leq \theta \leq \beta$ in Bezug auf θ ist gegeben durch die Gleichung

$$r_{\mathrm{mw}} = \frac{1}{\beta - \alpha}\int_\alpha^\beta f(\theta)\mathrm{d}\theta.$$

Berechnen Sie mit dieser Gleichung den Mittelwert von r in Bezug auf θ für die folgenden Kurven ($a > 0$):

a. Die Kardioide $r = a(1 - \cos\theta)$

b. Der Kreis $r = a$

c. Der Kreis $r = a\cos\theta$, $-\pi/2 \leq \theta \leq \pi/2$

32. $r = f(\theta)$ **im Vergleich zu** $r = 2f(\theta)$ Kann man irgendeine Aussage machen zum Verhältnis der Bogenlängen von $r = f(\theta)$, $\alpha \leq \theta \leq \beta$ und $r = 2f(\theta)$, $\alpha \leq \theta \leq \beta$? Begründen Sie Ihre Antwort.

11.6 Kegelschnitte

In diesem Abschnitt fassen wir noch einmal zusammen, was wir über Parabeln, Ellipsen und Hyperbeln wissen. Wir definieren sie geometrisch und leiten ihre Standardgleichungen in kartesischen Koordinaten her. Diese Kurven nennt man auch *Kegelschnitte*; sie entstehen, wenn man einen Doppelkegel mit einer Ebene schneidet (► Abbildung 11.36). Die altgriechischen Mathematiker haben diese Kurven nur auf diese geometrische Weise beschreiben können, da kartesische und Polarkoordinaten noch nicht bekannt waren. Im nächsten Abschnitt stellen wir dann Gleichungen für Kegelschnitte in Polarkoordinaten auf.

Parabeln

Definition Eine Menge umfasse alle Punkte in einer Ebene, die von einem festen Punkt und einer festen Geraden gleich weit entfernt sind. Diese Punkte bilden eine **Parabel**. Der Punkt ist der **Brennpunkt** der Parabel, die Gerade nennt man **Leitlinie** oder **Direktrix**, Mehrzahl *Direktrices*.

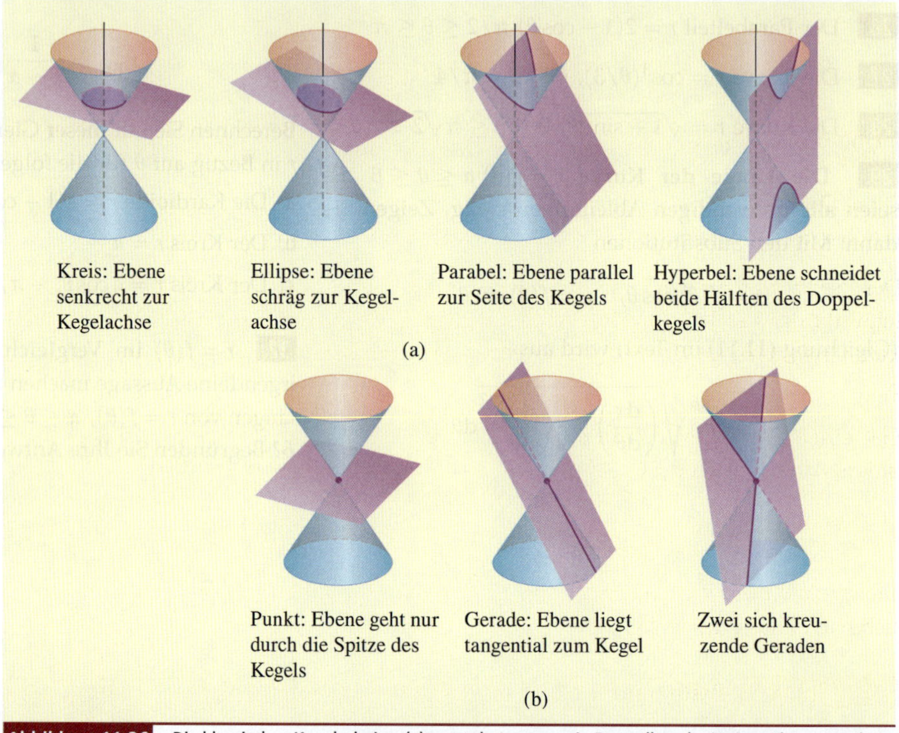

Abbildung 11.36 Die klassischen Kegelschnitte (a) entstehen, wenn ein Doppelkegel mit einer Ebene geschnitten wird. Hyperbeln bestehen dabei aus zwei Teilen, die man die *Hyperbel-Äste* nennt. Geht die Schnittebene durch die Spitze des Kegels, so entstehen ein Punkt oder Geraden; diese nennt man *entartete Kegelschnitte*.

Wenn der Brennpunkt F auf der Leitlinie L liegt, dann entspricht die Parabel der Geraden senkrecht zu L, die durch F geht. Dies gilt als der entartete Fall einer Parabel. Wir nehmen im Folgenden an, dass F nicht auf L liegt.

Eine Parabel hat dann eine besonders einfache Gleichung, wenn der Brennpunkt und die Leitlinie auf einer Koordinatenachse liegen. Betrachten wir zum Beispiel. den Fall, dass der Brennpunkt der Punkt $F(0,p)$ auf der positiven y-Achse ist und dass die Leitlinie die Gleichung $y = -p$ hat (▶Abbildung 11.37). Wir verwenden die Bezeichnungen aus der Abbildung. Hier liegt ein Punkt $P(x,y)$ dann und nur dann auf der Parabel, wenn gilt $PF = PQ$. Wir verwenden die Gleichung für den Abstand zweier Punkte und erhalten

$$PF = \sqrt{(x-0)^2 + (y-p)^2} = \sqrt{x^2 + (y-p)^2}$$
$$PQ = \sqrt{(x-x)^2 + (y-(-p))^2} = \sqrt{(y+p)^2}.$$

Wir setzen diese Ausdücke gleich, quadrieren und vereinfachen. Das Ergebnis ist:

$$y = \frac{x^2}{4p} \quad \text{oder} \quad x^2 = 4py \qquad \text{Normalform} \tag{11.13}$$

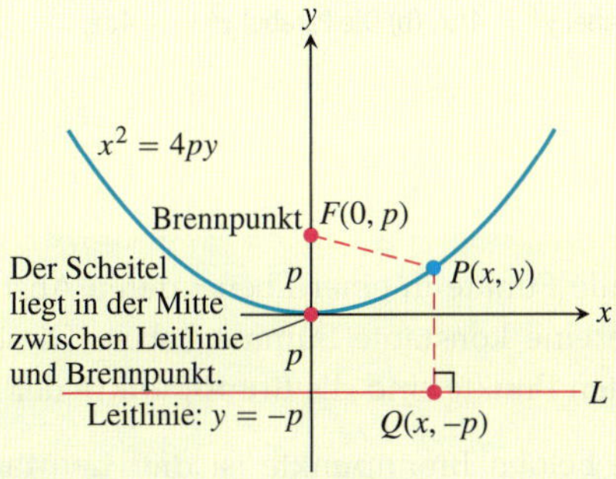

Abbildung 11.37 Die Normalform der Parabel $x^2 = 4py$, $p > 0$.

Diese Gleichungen zeigen die Symmetrie der Parabel um die y-Achse. Wir nennen die y-Achse hier die **Achse** der Parabel (eine Kurzform von Symmetrieachse).

Der Punkt, an dem die Parabel ihre Achse schneidet, ist ihr **Scheitelpunkt**. Der Scheitelpunkt der Parabel $x^2 = 4py$ liegt im Ursprung (vgl. Abbildung 11.37). Die positive Zahl p nennt man die **Brennweite**, oft wird auch der **Halbparameter** $p^* = 2p$ angegeben.

Hat eine Parabel den Brennpunkt $(0,-p)$, die Leitlinie $y = p$ und öffnet sich nach unten, dann werden die Gleichungen (11.13) zu

$$y = -\frac{x^2}{4p} \quad \text{und} \quad x^2 = -4py.$$

Tauschen wir die Variablen x und y aus, so erhalten wir Gleichungen für Parabeln, die sich nach links oder rechts öffnen (▶Abbildung 11.38).

Parameterbestimmung für eine Parabel

Beispiel 11.28 Bestimmen Sie Brennpunkt und Leitlinie der Parabel $y^2 = 10x$.

Lösung Wir berechnen die Brennweite p mit der Standardgleichung $y^2 = 4px$,

$$4p = 10, \quad \text{also} \quad p = \frac{10}{4} = \frac{5}{2}.$$

Mit diesem Wert von p bestimmen wir den Brennpunkt und die Leitlinie:

$$\text{Brennpunkt:} \quad (p,0) = \left(\frac{5}{2},0\right)$$
$$\text{Leitlinie:} \quad x = -p \quad \text{oder} \quad x = -\frac{5}{2}$$

■

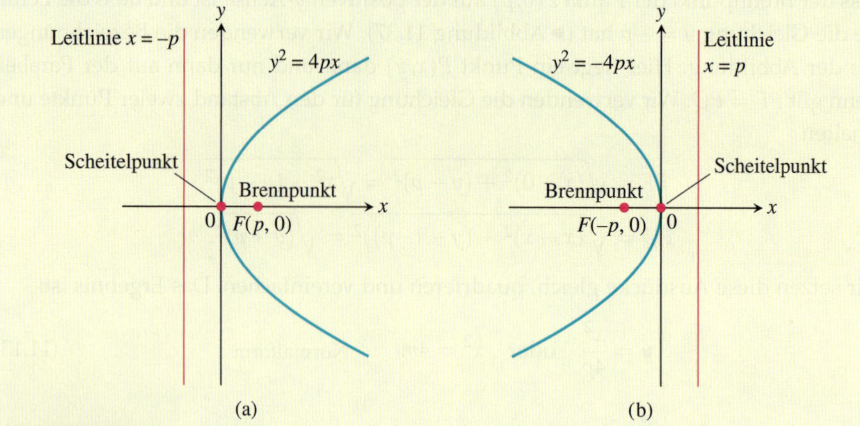

Abbildung 11.38 (a) Die Parabel $y^2 = 4px$. (b) Die Parabel $y^2 = -4px$.

Ellipsen

Definition

Eine Menge umfasse alle Punkte in einer Ebene, deren Abstände von zwei festen Punkten in der Ebene eine konstante Summe haben. Diese Punkte bilden eine **Ellipse**. Die beiden festen Punkte sind die **Brennpunkte** der Ellipse.

Die Gerade durch die beiden Brennpunkte ist die **Hauptachse** der Ellipse, der Punkt in der Mitte der Brennpunkte der **Mittelpunkt**. Die Ellipse schneidet die Hauptachse in den beiden **Hauptscheiteln** (▶Abbildung 11.39). Die Gerade durch den Mittelpunkt senkrecht zur Hauptachse heißt **Nebenachse**.

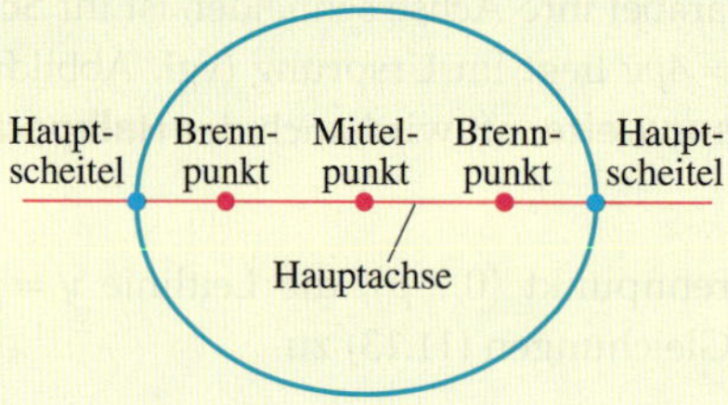

Abbildung 11.39 Punkte auf der Hauptachse einer Ellipse.

Die Brennpunkte einer Ellipse seien die Punkte $F_1(-c, 0)$ und $F_2(c, 0)$ (▶Abbildung 11.40), und $PF_1 + PF_2$ werde mit $2a$ abgekürzt. Dann erfüllt ein Punkt P auf der Ellipse die Gleichung

$$\sqrt{(x+c)^2 + y^2} + \sqrt{(x-c)^2 + y^2} = 2a.$$

Diese Gleichung wird vereinfacht, indem man die zweite Wurzel auf die rechte Seite bringt, die Gleichung quadriert, die verbleibende Wurzel auf einer Seite isoliert und wieder quadriert. Damit erhält man

$$\frac{x^2}{a^2} + \frac{y^2}{a^2 - c^2} = 1. \qquad (11.14)$$

$PF_1 + PF_2$ ist größer als die Länge F_1F_2; dies kann man mit der Dreiecksungleichung im Dreieck PF_1F_2 zeigen. Damit ist die Zahl $2a$ größer als $2c$. Entsprechend gilt $a > c$, und die Zahl $a^2 - c^2$ in Gleichung (11.14) ist positiv.

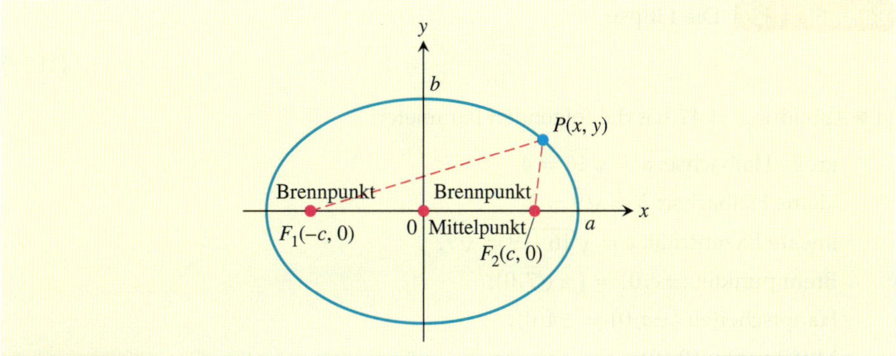

Abbildung 11.40 Wird eine Ellipse durch die Gleichung $PF_1 + PF_2 = 2a$ definiert, so ist sie der Graph der Gleichung $(x^2/a^2) + (y^2/b^2) = 1$ mit $b^2 = a^2 - c^2$.

Jeder Punkt P, dessen Koordinaten eine Gleichung in der Form von Gleichung (11.14) mit $0 < c < a$ erfüllen, erfüllt auch die Gleichung $PF_1 + PF_2 = 2a$. Dies kann man zeigen, indem man die Rechenschritte zur Herleitung von Gleichung (11.14) umkehrt. Ein Punkt liegt also dann und nur dann auf einer Ellipse, wenn seine Koordinaten Gleichung (11.14) erfüllen.

Wenn gilt

$$b = \sqrt{a^2 - c^2}, \tag{11.15}$$

dann ist $a^2 - c^2 = b^2$, und Gleichung (11.14) hat die Form

$$\frac{x^2}{a^2} + \frac{y^2}{b^2} = 1. \tag{11.16}$$

An Gleichung (11.16) kann man sehen, dass die Ellipse symmetrisch sowohl zum Ursprung als auch zu beiden Koordinatenachsen ist. Sie liegt innerhalb des Rechtecks, das von den Geraden $x = \pm a$ und $y = \pm b$ gebildet wird, und schneidet die Koordinatenachsen in den Punkten $(\pm a, 0)$ und $(0, \pm b)$. Die Tangenten an der Ellipse in diesen Punkten sind senkrecht zu den Achsen, denn

$$\frac{dy}{dx} = -\frac{b^2 x}{a^2 y}$$ Durch implizite Ableitung aus Gleichung (11.16)

ist null für $x = 0$ und unendlich für $y = 0$.

Der **Hauptachsenabschnitt** der Ellipse aus Gleichung (11.16) ist die Strecke der Länge $2a$, die die Punkte $(\pm a, 0)$ verbindet. Entsprechend ist der **Nebenachsenabschnitt** die Strecke mit der Länge $2b$ zwischen den Punkten $(0, \pm b)$. Die jeweils halb so langen Strecken bezeichnet man als **große Halbachse** (a) und **kleine Halbachse** (b). Die Zahl c aus Gleichung (11.15),

$$c = \sqrt{a^2 - b^2},$$

entspricht dem Abstand des Mittelpunkts von einem Brennpunkt. Man nennt sie die **lineare Exzentrität** der Ellipse. Für $b = a$ ist die Ellipse ein Kreis.

Parameter einer Ellipse

Beispiel 11.29 Die Ellipse

$$\frac{x^2}{16} + \frac{y^2}{9} = 1 \tag{11.17}$$

in ►Abbildung 11.41 hat die folgenden Parameter:

große Halbachse: $a = \sqrt{16} = 4$,
kleine Halbachse: $b = \sqrt{9} = 3$,
lineare Exzentrität: $c = \sqrt{16 - 9} = \sqrt{7}$,
Brennpunkte: $(\pm c, 0) = (\pm\sqrt{7}, 0)$,
Hauptscheitel: $(\pm a, 0) = \pm 4, 0)$,
Mittelpunkt: $(0, 0)$.

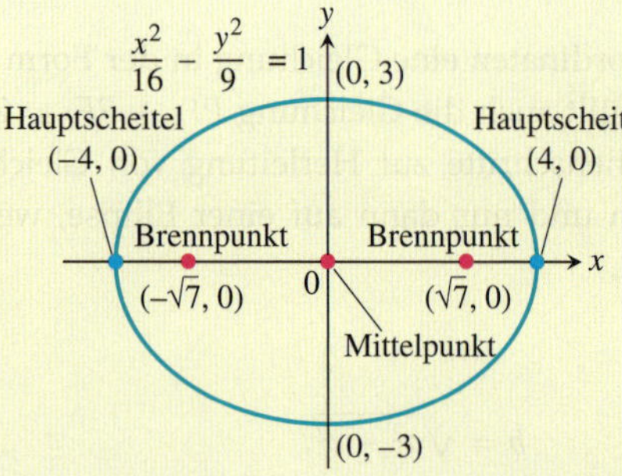

Abbildung 11.41 Die Ellipse aus Beispiel 11.29 mit ihren Achsen und Parametern. Die Hauptachse ist horizontal.

Tauschen wir in Gleichung (11.17) die Variablen x und y aus, so erhalten wir

$$\frac{x^2}{9} + \frac{y^2}{16} = 1. \tag{11.18}$$

Die Hauptachse dieser Ellipse ist nun vertikal statt horizontal, die Brennpunkte und Hauptscheitel liegen auf der y-Achse. Dennoch besteht bei Gleichung wie (11.17) und (11.18) keine Verwechslungsgefahr, denn wir können einfach feststellen, welche der Achsen die Hauptachse ist, indem wir die Schnittpunkte mit den Koordinatenachsen bestimmen: Der längere der Achsenabschnitte definiert die Hauptachse.

Merke

Normalform der Gleichungen für Ellipsen mit dem Mittelpunkt im Ursprung

Brennpunkte auf der x-Achse $\quad \frac{x^2}{a^2} + \frac{y^2}{b^2} = 1 \quad (a > b)$

lineare Exzentrität: $c = \sqrt{a^2 - b^2}$

Brennpunkt: $(\pm c, 0)$

Hauptscheitel: $(\pm a, 0)$

Brennpunkte auf der y-Achse $\quad \frac{x^2}{b^2} + \frac{y^2}{a^2} = 1 \quad (a > b)$

lineare Exzentrität: $c = \sqrt{a^2 - b^2}$

Brennpunkte: $(0, \pm c)$

Hauptscheitel: $(0, \pm a)$

In jedem Fall ist a die große und b die kleine Halbachse.

Hyperbeln

Definition

Eine Menge umfasse alle Punkte in einer Ebene, deren Abstände von zwei festen Punkten in der Ebene eine konstante Differenz haben. Diese Punkte bilden eine **Hyperbel**. Die beiden festen Punkte sind die **Brennpunkte** der Hyperbel.

Die Gerade durch die beiden Brennpunkte ist die **Hauptachse** der Hyperbel, der Punkt in der Mitte der Brennpunkte der **Mittelpunkt**. Die Hyperbel schneidet die Hauptachse in den beiden **Scheiteln** (►Abbildung 11.42).

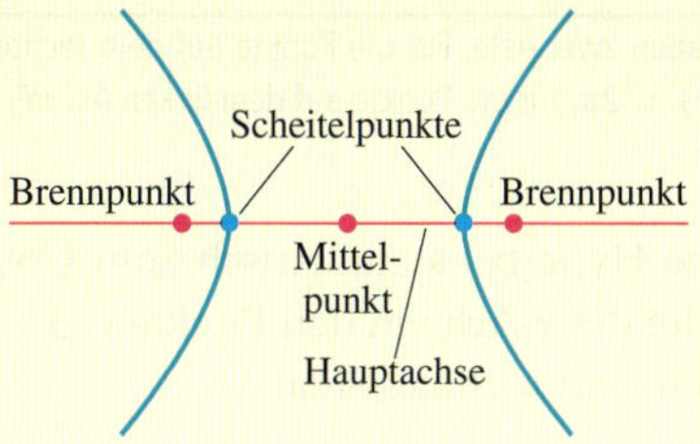

Abbildung 11.42 Punkte auf der Hauptachse einer Hyperbel.

Die Brennpunkte einer Hyperbel seien die Punkte $F_1(-c,0)$ und $F_2(c,0)$ (►Abbildung 11.43), und die konstante Differenz sei $2a$. Damit liegt ein Punkt (x,y) dann und nur dann auf der Hyperbel, wenn gilt

$$\sqrt{(x+c)^2+y^2} - \sqrt{(x-c)^2+y^2} = \pm 2a. \tag{11.19}$$

Diese Gleichung kann vereinfacht werden, indem man die zweite Wurzel auf die rechte Seite der Gleichung bringt, quadriert, die verbleibende Wurzel isoliert und wieder quadriert. Damit erhällt man

$$\frac{x^2}{a^2} + \frac{y^2}{a^2-c^2} = 1. \tag{11.20}$$

Bis jetzt hat diese Gleichung große Ähnlichkeit mit der Gleichung für eine Ellipse. Allerdings ist jetzt a^2-c^2 negativ, denn $2a$ ist die Differenz zweier Seiten des Dreiecks PF_1F_2 und damit kleiner als die dritte Seite $2c$.

Jeder Punkt, dessen Koordinaten eine Gleichung von der Form (11.20) mit $0 < a < c$ erfüllen, erfüllt auch Gleichung (11.19). Dies kann man zeigen, indem man die Rechenschritte zur Herleitung von Gleichung (11.20) umkehrt. Ein Punkt liegt also dann und nur dann auf einer Hyperbel, wenn seine Koordinaten Gleichung (11.20) erfüllen.

Wir bezeichnen die positive Wurzel von c^2-a^2 mit b,

$$b = \sqrt{c^2-a^2}; \tag{11.21}$$

damit wird $a^2-c^2=-b^2$, und Gleichung (11.20) bekommt die kompaktere Form

$$\frac{x^2}{a^2} - \frac{y^2}{b^2} = 1. \tag{11.22}$$

Gleichung (11.22) für eine Hyperbel und Gleichung (11.16) für eine Ellipse unterscheiden sich in dem Minuszeichen; außerdem gilt jetzt die Gleichung

$$c^2 = a^2 + b^2. \qquad \text{Aus Gleichung (11.21)}$$

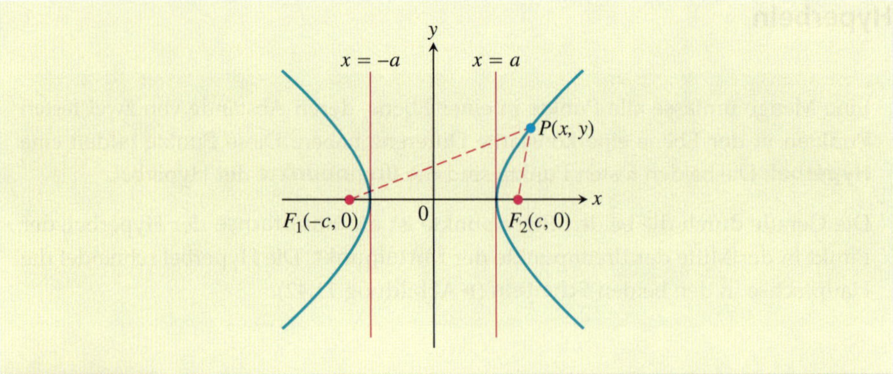

Abbildung 11.43 Hyperbeln haben zwei Äste. Für die Punkte auf dem rechten Ast der hier gezeigten Parabel gilt $PF_1 - PF_2 = 2a$, für die Punkte auf dem linken Ast $PF_2 - PF_1 = 2a$.

Wie die Ellipse ist auch die Hyperbel symmetrisch zum Ursprung und zu den Koordinatenachsen. Sie schneidet die x-Achse in den Punkten $(\pm a, 0)$. Die Tangenten an die Hyperbel in diesen Punkten sind vertikal, denn

$$\frac{dy}{dx} = \frac{b^2 x}{a^2 y}$$

Durch implizite Ableitung aus Gleichung (11.22)

ist unendlich für $y = 0$. De Hyperbel hat keinen Schnittpunkt mit der y-Achse, mehr noch, kein Teil der Kurve liegt zwischen den Geraden $x = -a$ und $x = a$.

Die Geraden

$$y = \pm \frac{a}{b} x$$

sind die beiden **Asymptoten** der Hyperbel, die durch Gleichung (11.22) definiert wird. Man kann diese Asymptoten am schnellsten berechnen, indem man in Gleichung (11.22) die 1 durch eine 0 ersetzt und die dadurch entstehende Gleichung nach y auflöst.

$$\underbrace{\frac{x^2}{a^2} - \frac{y^2}{b^2} = 1}_{\text{Hyperbel}} \rightarrow \underbrace{\frac{x^2}{a^2} - \frac{y^2}{b^2} = 0}_{\text{0 statt 1}} \rightarrow \underbrace{y = \pm \frac{b}{a} x}_{\text{Asymptoten}}$$

Der Abstand eines Brennpunkts vom Mittelpunkt der Hyperbel heißt **Brennweite** oder **lineare Exzentrität**, sie berechnet sich als $c = \sqrt{a^2 + b^2}$.

Parameter einer Hyperbel

Beispiel 11.30 Die Gleichung

$$\frac{x^2}{4} - \frac{y^2}{5} = 1 \tag{11.23}$$

entspricht Gleichung (11.22) mit $a^2 = 4$ und $b^2 = 5$ (▶Abbildung 11.44). Es ergeben sich die folgenden Parameter:

lineare Exzentrität: $c = \sqrt{a^2 + b^2} = \sqrt{4 + 5} = 3$,

Brennpunkte: $(\pm c, 0) = (\pm 3, 0)$,

Scheitel: $(\pm a, 0) = (\pm 2, 0)$,

Mittelpunkt: $(0, 0)$,

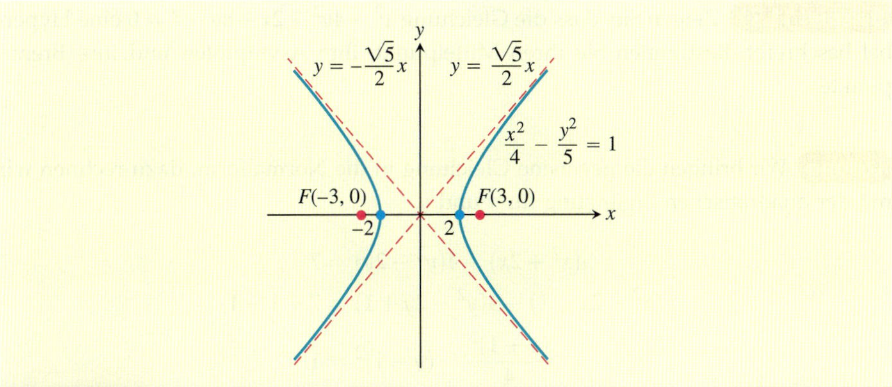

Abbildung 11.44 Die Hyperbel und ihre Asymptoten aus Beispiel 11.30.

Asymptoten: $\frac{x^2}{4} - \frac{y^2}{5} = 0$ oder $y = \pm\frac{\sqrt{5}}{2}x$.

Wenn wir die Variablen x und y in Gleichung (11.23) vertauschen, erhalten wir eine Hyperbel, deren Brennpunkte und Scheitel auf der y-Achse liegen. Wir können die Asymptoten mit dem gleichen Verfahren bestimmen, ihre Gleichungen sind jetzt $y = \pm 2x/\sqrt{5}$.

Merke

Normalform der Gleichungen für Hyperbeln mit dem Mittelpunkt im Ursprung

Brennpunkte auf der x-Achse $\frac{x^2}{a^2} - \frac{y^2}{b^2} = 1$

lineare Exzentrität: $c = \sqrt{a^2 + b^2}$

Brennpunkt: $(\pm c, 0)$

Scheitel: $(\pm a, 0)$

Asymptoten: $\frac{x^2}{a^2} - \frac{y^2}{b^2} = 0$ oder $y = \pm\frac{b}{a}x$

Brennpunkte auf der y-Achse $\frac{y^2}{a^2} - \frac{x^2}{b^2} = 1$

lineare Exzentrität: $c = \sqrt{a^2 + b^2}$

Brennpunkte: $(0, \pm c)$

Scheitel: $(0, \pm a)$

Asymptoten: $\frac{y^2}{a^2} - \frac{x^2}{b^2} = 0$ oder $y = \pm\frac{a}{b}x$

Die Gleichungen für die Asymptoten sind nicht genau gleich (in der ersten steht b/a, in der zweiten a/b).

Wenn wir Kegelschnitte verschieben wollen, verwenden wir die Verfahren, die wir in Abschnitt 1.2 erarbeitet haben, und ersetzen x durch $x + h$ und y durch $y + k$.

Gleichung einer Hyperbel

Beispiel 11.31 Zeigen Sie, dass die Gleichung $x^2 - 4y^2 + 2x + 8y - 7 = 0$ eine Hyperbel beschreibt. Bestimmen Sie ihren Mittelpunkt, ihre Asymptoten und ihre Brennpunkte.

Lösung Wir bringen die gegebene Gleichung in die Normalform; dazu rechnen wir mit der quadratischen Ergänzung für x und y.

$$(x^2 + 2x) - 4(y^2 - 2y) = 7$$
$$(x^2 + 2x + 1) - 4(y^2 - 2y + 1) = 7 + 1 - 4$$
$$\frac{(x+1)^2}{4} - (y-1)^2 = 1.$$

Dies ist die Normalform einer Hyperbelgleichung (Gleichung (11.22)) mit $x + 1$ statt x und $y - 1$ statt y. Die Hyperbel ist also eine Einheit nach links und eine Einheit nach oben verschoben, ihr Mittelpunkt liegt bei $x + 1 = 0$ und $y - 1 = 0$, also $x = -1$ und $y = 1$. Außerdem gilt

$$a^2 = 4, \quad b^2 = 1, \quad c^2 = a^2 + b^2 = 5.$$

Damit sind die Asymptoten die beiden Geraden

$$\frac{x+1}{2} - (y-1) = 0 \quad \text{und} \quad \frac{x+1}{2} + (y-1) = 0.$$

Die Brennpunkte haben die Koordinaten $\left(-1 \pm \sqrt{5}, 1\right)$.

Aufgaben zum Abschnitt 11.6

Zuordnen von Graphen Welche der Parabeln in den Aufgaben 1–4 wird durch welche der folgenden Gleichungen beschrieben?

$$x^2 = 2y, \quad x^2 = -6y, \quad y^2 = 8x, \quad y^2 = -4x.$$

Bestimmen Sie dann für jede Parabel den Brennpunkt und die Leitlinie.

1.

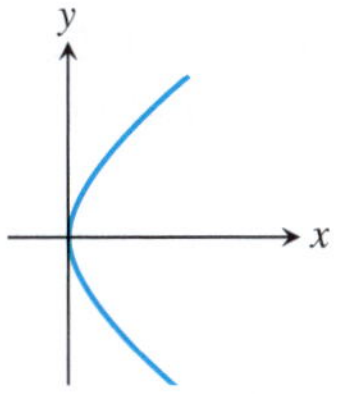

2.

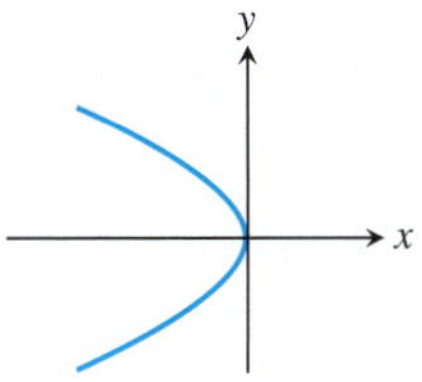

3.

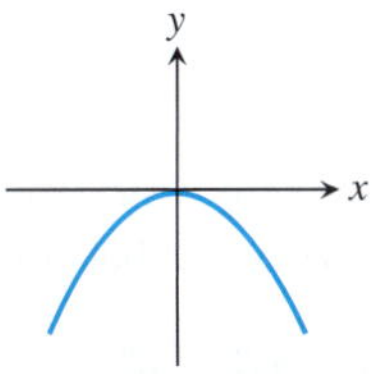

4.

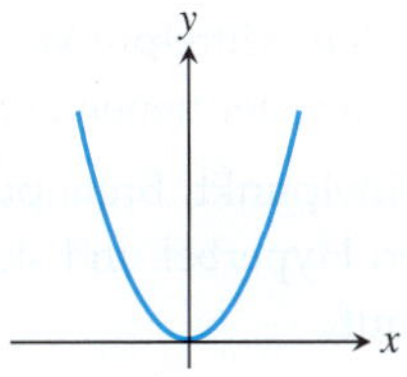

Welcher der Kegelschnitte in den Aufgaben 5–8 wird durch welche der folgenden Gleichungen beschrieben?

$$\frac{x^2}{4} + \frac{y^2}{9} = 1, \quad \frac{x^2}{2} + y^2 = 1,$$
$$\frac{y^2}{4} - x^2 = 1, \quad \frac{x^2}{4} - \frac{y^2}{9} = 1.$$

Bestimmen Sie dann für jeden Kegelschnitt die Brennpunkte und die Scheitel, für Hyperbeln auch die Asymptoten.

5.

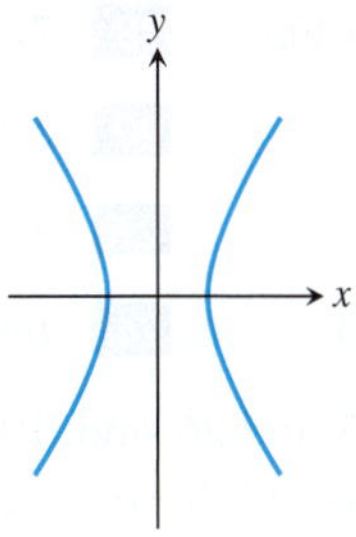

6.

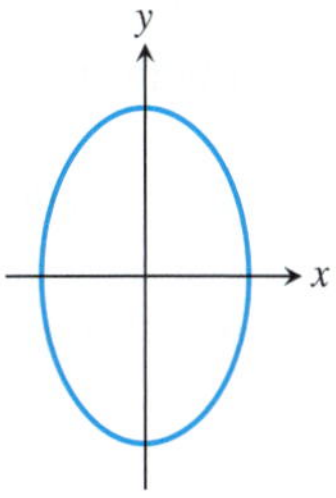

7.

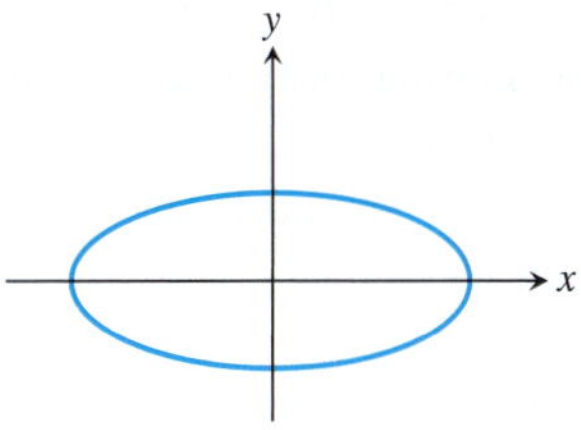

8.

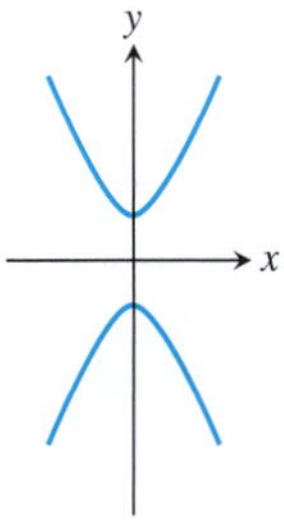

Parabeln In den Aufgaben 9–16 sind Gleichungen von Parabeln gegeben. Bestimmen Sie für jede dieser Parabeln den Brennpunkt und die Leitlinie. Skizzieren Sie dann die Parabel und zeichnen Sie Brennpunkt und Leitlinie in Ihre Skizze ein.

9. $y^2 = 12x$

10. $x^2 = 6y$

11. $x^2 = -8y$

12. $y^2 = -2x$

13. $y = 4x^2$

14. $y = -8x^2$

15. $x = -3y^2$

16. $x = 2y^2$

Ellipsen In den Aufgaben 17–24 sind Gleichungen von Ellipsen gegeben. Bringen Sie jede dieser Gleichungen in die Normalform, skizzieren Sie dann die Ellipse. Zeichnen Sie auch die Brennpunkte ein.

17. $16x^2 + 25y^2 = 400$

18. $7x^2 + 16y^2 = 112$

19. $2x^2 + y^2 = 2$

20. $2x^2 + y^2 = 4$

21. $3x^2 + 2y^2 = 6$

22. $9x^2 + 10y^2 = 90$

23. $6x^2 + 9y^2 = 54$

24. $169x^2 + 25y^2 = 4225$

In den Aufgaben 25 und 26 sind die Brennpunkte und Hauptscheitel von zwei Ellipsen angegeben, deren Mittelpunkte im Ursprung der xy-Ebene liegen. Stellen Sie in beiden Fällen mit diesen Informationen die Gleichung der Ellipse in Normalform auf.

25. Brennpunkte: $\left(\pm\sqrt{2}, 0\right)$; Hauptscheitel: $(\pm 2, 0)$

26. Brennpunkte: $(0, \pm 4)$; Hauptscheitel: $(0, \pm 5)$

Hyperbeln In den Aufgaben 27–34 sind Gleichungen von Hyperbeln gegeben. Bringen Sie jede dieser Gleichungen in die Normalform und bestimmen Sie die Asymptoten der Hyperbeln. Skizzieren Sie dann die Hyperbeln, zeichnen Sie auch die Asymptoten und Brennpunkte ein.

27. $x^2 - y^2 = 1$

28. $9x^2 - 16y^2 = 144$

29. $y^2 - x^2 = 8$

30. $y^2 - x^2 = 4$

31. $8x^2 - 2y^2 = 16$

32. $y^2 - 3x^2 = 3$

33. $8y^2 - 2x^2 = 16$

34. $64x^2 - 36y^2 = 2304$

In den Aufgaben 35–38 werden die Brennpunkte, Scheitelpunkte und Asymptoten von Hyperbeln angegeben, deren Mittelpunkt im Ursprung der xy-Ebene liegt. Bestimmen Sie mit diesen Informationen die Gleichungen jeder Hyperbel in Normalform.

35. Brennpunkte: $\left(0, \pm\sqrt{2}\right)$, Asymptoten: $y = \pm x$

36. Brennpunkte: $(\pm 2, 0)$, Asymptoten: $y = \pm\frac{1}{\sqrt{3}}x$

37. Brennpunkte: $(\pm 3, 0)$, Asymptoten: $y = \pm\frac{3}{4}x$

38. Brennpunkte: $(0, \pm 2)$, Asymptoten: $y = \pm\frac{1}{2}x$

Verschieben von Kegelschnitten Wenn Sie Schwierigkeiten mit den Aufgaben 39–53 haben, schauen Sie sich noch einmal Abschnitt 1.2 an.

39. Die Parabel $y^2 = 8x$ wird 2 Einheiten nach unten und 1 Einheit nach rechts verschoben. Damit ergibt sich die Parabel $(y + 2)^2 = 8(x - 1)$.

a. Bestimmen Sie den Scheitelpunkt, den Brennpunkt und die Leitlinie der neuen Parabel.

b. Zeichnen Sie Scheitelpunkt, Brennpunkt und Leitlinie der neuen Parabel und skizzieren Sie dann den Kurvenverlauf.

40. Die Ellipse $(x^2/16) + (y^2/9) = 1$ wird 4 Einheiten nach rechts und 3 Einheiten nach oben verschoben. Damit ergibt sich die Ellipse

$$\frac{(x-4)^2}{16} + \frac{(y-3)^2}{9} = 1.$$

a. Bestimmen Sie die Brennpunkte, die Hauptscheitel und den Mittelpunkt der neuen Ellipse.

b. Zeichnen Sie Brennpunkte, Scheitel und Mittelpunkt der neuen Ellipse und skizzieren Sie dann den Kurvenverlauf.

41. Die Hyperbel $(x^2/16) - (y^2/9) = 1$ wird 2 Einheiten nach rechts verschoben. Dabei entsteht die Hyperbel

$$\frac{(x-2)^2}{16} - \frac{y^2}{9} = 1.$$

a. Bestimmen Sie den Mittelpunkt, die Brennpunkte und die Asymptoten der neuen Hyperbel.

b. Zeichnen Sie Mittelpunkt, Brennpunkte und Asymptoten der neuen Hyperbel und skizzieren Sie dann den Kurvenverlauf.

In den Aufgaben 42–45 sind die Gleichungen von Parabeln gegeben, außerdem wird angegeben, um wie viele Einheiten diese Parabeln nach oben, unten, rechts oder links verschoben werden sollen. Stellen Sie eine Gleichung der neuen Parabel auf und berechnen Sie ihren Scheitelpunkt, ihren Brennpunkt und ihre Leitlinie.

42. $y^2 = 4x$; 2 Einheiten nach links, 3 nach unten

43. $y^2 = -12x$; 4 Einheiten nach rechts, 3 nach oben

44. $x^2 = 8y$; 1 Einheit nach rechts, 7 nach unten

45. $x^2 = 6y$; 3 Einheiten nach links, 2 nach unten

In den Aufgaben 46–49 sind die Gleichungen von Ellipsen gegeben, außerdem wird angegeben, um wie viele Einheiten diese Ellipsen nach oben, unten, rechts oder links verschoben werden sollen. Stellen Sie eine Gleichung der neuen Ellipse auf und berechnen Sie ihre Brennpunkte, ihre Hauptscheitel und ihren Mittelpunkt.

46. $\frac{x^2}{6} + \frac{y^2}{9} = 1$; 2 Einheiten nach links, 1 nach unten

47. $\frac{x^2}{2} + y^2 = 1$; 3 Einheiten nach rechts, 4 nach oben

48. $\frac{x^2}{3} + \frac{y^2}{2} = 1$; 2 Einheiten nach rechts, 3 nach oben

49. $\frac{x^2}{16} + \frac{y^2}{25} = 1$; 4 Einheiten nach links, 5 nach unten

In den Aufgaben 50–53 sind die Gleichungen von Hyperbeln gegeben, außerdem wird angegeben, um wie viele Einheiten diese Hyperbeln nach oben, unten, rechts oder links verschoben werden sollen. Stellen Sie eine Gleichung der neuen Hyperbel auf und berechnen Sie ihren Mittelpunkt, ihre Brennpunkte, Scheitel und Asymptoten.

50. $\frac{x^2}{4} - \frac{y^2}{5} = 1$; 2 Einheiten nach rechts, 2 nach oben

51. $\frac{x^2}{16} - \frac{y^2}{9} = 1$; 2 Einheiten nach rechts, 1 nach unten

52. $y^2 - x^2 = 1$; 1 Einheit nach links, 1 nach unten

53. $\frac{y^2}{3} - x^2 = 1$; 1 Einheit nach rechts, 3 nach oben

In den Aufgben 54–60 sind die Gleichungen verschiedener Kegelschnitte gegeben. Berechnen Sie die entsprechenden Kenngrößen, also je nach Kurvenform den Mittelpunkt, die Brennpunkte, Scheitelpunkte, Asymptoten und den Radius.

54. $x^2 + 4x + y^2 = 12$

55. $x^2 + 2x + 4y - 3 = 0$

56. $x^2 + 5y^2 + 4x = 1$

57. $x^2 + 2y^2 - 2x - 4y = -1$

58. $x^2 - y^2 - 2x + 4y = 4$

59. $2x^2 - y^2 + 6y = 3$

60. $y^2 - 4x^2 + 16x = 24$

Theorie und Beispiele

61. Durch einen Punkt P auf der Parabel $y^2 = kx$, $k > 0$ werden zwei Geraden gezeichnet, die parallel zu den Koordinatenachsen sind. Das Rechteck aus diesen Geraden und den Koordinatenachsen wird dann von der Parabel in zwei Teilflächen A und B geteilt.

a. Die beiden Teilflächen werden um die y-Achse gedreht. Zeigen Sie, dass die Volumina der beiden Rotationskörper dann im Verhältnis 4 : 1 zueinander stehen.

b. In welchem Verhältnis zueinander stehen die Volumen der beiden Rotationskörper, die bei Drehung von A und B um die x-Achse entstehen?

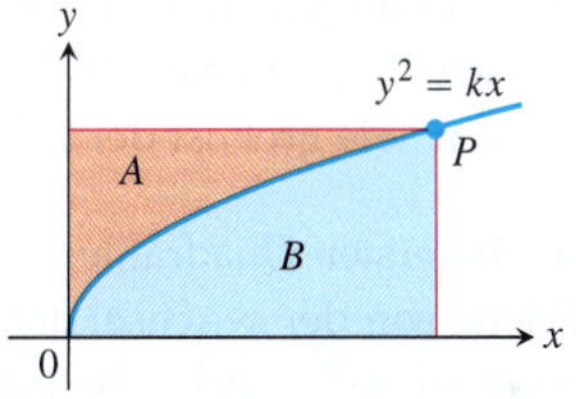

62. Die Tragseile einer Hängebrücke hängen in der Form einer Parabel Die untenstehende Abbildung zeigt schematisch eine Hängebrücke. Die Seile einer solchen Brücke tragen ein einheitliches Gewicht von w Newton pro horizontalem Meter. H sei die horizontale Spannung in dem Seil am Ursprung. Man kann zeigen, dass die Seile dann in Form einer Kurve hängen, die von der folgenden Gleichung beschrieben wird:

$$\frac{dy}{dx} = \frac{w}{H}x.$$

Lösen Sie diese Differentialgleichung mit der Anfangsbedingung $y = 0$ bei $x = 0$, und zeigen Sie so, dass die Seile eine Parabel beschreiben.

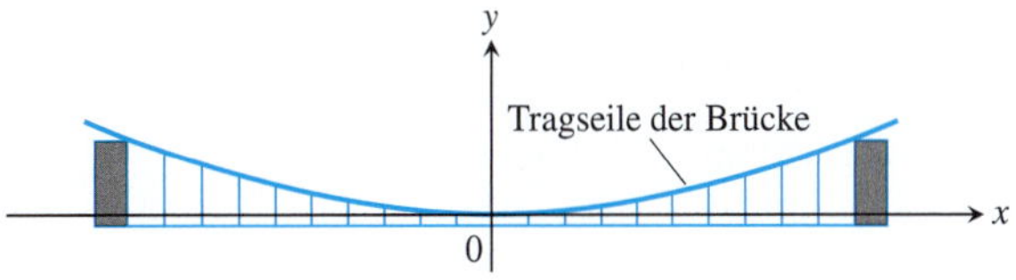

63. Die Breite einer Parabel am Brennpunkt Zeigen Sie, dass die Zahl $4p$ die Breite der Parabel $x^2 = 4py$ $(p > 0)$ am Brennpunkt angibt. Zeigen Sie dazu, dass die Schnittpunkte der Geraden $y = p$ mit der Parabel einen Abstand von $4p$ zueinander haben.

64. Die Asymptoten von $(x^2/a^2) - (y^2/b^2) = 1$ Der vertikale Abstand zwischen der Geraden $y = (b/a)x$ und der oberen Hälfte des rechten Astes $y = (b/a)\sqrt{x^2 - a^2}$ der Hyperbel $(x^2/a^2) - (y^2/b^2) = 1$ geht für wachsende x gegen null. Zeigen Sie dies, indem Sie die folgende Gleichung verifizieren:

$$\lim_{x\to\infty}\left(\frac{b}{a}x - \frac{b}{a}\sqrt{x^2 - a^2}\right)$$
$$= \frac{b}{a}\lim_{x\to\infty}\left(x - \sqrt{x^2 - a^2}\right) = 0.$$

Entsprechendes gilt für die anderen Teile der Hyperbel.

65. Flächeninhalt In die Ellipse $x^2 + 4y^2 = 4$ soll ein Rechteck eingeschrieben werden, dessen Seiten parallel zu den Koordinatenachsen sind. Welches dieser Rechtecke hat den größten Flächeninhalt? Was sind die Koordinaten seiner Ecken, wie groß ist der Flächeninhalt?

66. Volumen Im ersten Quadranten wird eine dreiecksähnliche Fläche von der x-Achse, der Geraden $x = 4$ und der Hyperbel $9x^2 - 4y^2 = 36$ begrenzt. Diese Fläche wird um die x-Achse gedreht, dabei entsteht ein Rotationskörper. Berechnen Sie das Volumen dieses Körpers.

67. Tangenten Der Kreis $(x-2)^2 + (y-1)^2 = 5$ schneidet die Koordinatenachsen in mehreren Punkten. Stellen Sie Gleichungen für die Tangenten an den Kreis in diesen Punkten auf.

68. Geometrischer Schwerpunkt Eine Fläche wird unten von der x-Achse und oben von der Ellipse $(x^2/9) + (y^2/16) = 1$ begrenzt. Bestimmen Sie den geometrischen Schwerpunkt dieser Fläche.

69. Oberfläche Die Kurve $y = \sqrt{x^2+1}$, $0 \le x \le \sqrt{2}$ ist Teil des oberen Astes der Hyperbel $y^2 - x^2 = 1$. Sie wird um die x-Achse gedreht, dabei entsteht eine Rotationsfläche. Berechnen Sie deren Flächeninhalt.

70. Die Reflexionseigenschaften von Parabeln Die untenstehende Abbildung zeigt einen Punkt $P(x_0, y_0)$ auf der Parabel $y^2 = 4px$. Die Gerade L ist eine Tangente an der Parabel in P; der Brennpunkt der Parabel ist im Punkt $F(p, 0)$. Vom Punkt P aus geht nach rechts der Strahl L', er ist parallel zur x-Achse. Wir wollen nun zeigen, dass ein Lichtstrahl, der von F nach P geht, an der Parabel so reflektiert wird, dass er danach entlang von L' läuft. Dazu beweisen wir, dass β gleich α ist. Dies kann man mit den folgenden Schritten tun:

a. Zeigen Sie, dass $\tan\beta = 2p/y_0$.

b. Zeigen Sie, dass $\tan\phi = y_0/(x_0 - p)$.

c. Zeigen Sie mithilfe der Identität

$$\tan\alpha = \frac{\tan\phi - \tan\beta}{1 + \tan\phi\tan\beta},$$

dass gilt $\tan\alpha = 2p/y_0$.

Da α und β beide spitze Winkel sind, folgt aus $\tan\beta = \tan\alpha$ auch $\beta = \alpha$.

Diese Reflexionseigenschaft von Parabeln hat viele Anwendungen, z. B. in Autoscheinwerfern, Radioteleskopen und Satellitenschüsseln.

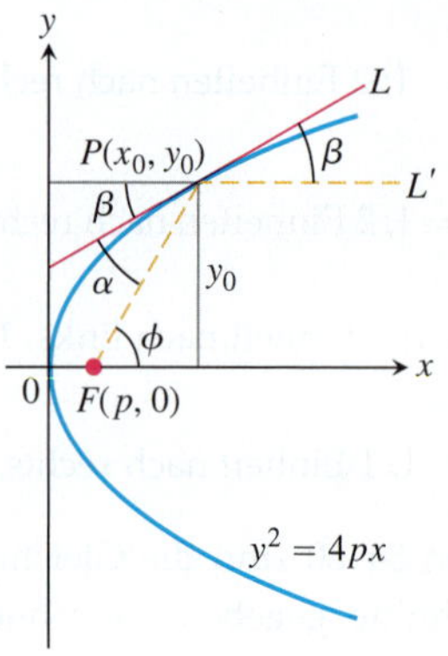

11.7 Kegelschnitte in Polarkoordinaten

Polarkoordinaten werden besonders häufig in der Astronomie und der Weltraumtechnik verwendet. Die Bahnen von Satelliten, Monden, Planeten und Kometen haben alle in etwa die Form von Ellipsen, Parabeln und Hyperbeln haben; und solche Bahnen kann man mit einer einzigen, relativ einfachen Gleichung in Polarkoordinaten beschreiben. Wir erläutern hier zunächst das Konzept der *Exzentrität* eines Kegelschnitts und leiten dann diese Gleichung her. Mithilfe der Exzentrität kann man feststellen, um welche Art von Kegelschnitt (Kreis, Ellipse, Parabel oder Hyperbel) es sich handelt, und sie gibt Auskunft, wie sehr diese Figur „gequetscht" oder abgeflacht ist.

Die numerische Exzentrität

Der Abstand c zwischen Mittelpunkt und Brennpunkt taucht in der Ellipsengleichung

$$\frac{x^2}{a^2}+\frac{y^2}{b^2}=1, \quad (a>b),$$

nicht explizit auf, aber wir können c mithilfe der Gleichung $c=\sqrt{a^2-b^2}$ berechnen. Wenn wir ein festes a betrachten und c in dem Intervall $0 \le c \le a$ variieren, dann erhalten wir Ellipsen mit unterschiedlicher Form. Für $c=0$ (also $a=b$) ergibt sich ein Kreis, je größer c wird, desto flacher die Ellipse. Für $c=a$ liegen die Brennpunkte und die Hauptscheitel übereinander, die Ellipse entartet zu einer Strecke. Um dies zu beschreiben, führen wir die Größe $e=c/a$ ein. e wird auch zur Beschreibung von Hyperbeln verwendet, allerdings ist hier $c=\sqrt{a^2+b^2}$ statt $c=\sqrt{a^2-b^2}$. Dieses Verhältnis nennt man die *numerische Exzentrität* eines Kegelschnitts (nicht zu verwechseln mit der auf S. 65 eingeführten *linearen Exzentrität*, einer anderen Bezeichnung für die Brennweite oder den Abstand der Brennpunkte vom Mittelpunkt).

Definition

Die **numerische Exzentrität** der Ellipse $(x^2/a^2)+(y^2/b^2)=1$, $(a>b)$ ist

$$e=\frac{c}{a}=\frac{\sqrt{a^2-b^2}}{a}.$$

Die **numerische Exzentrität** der Hyperbel $(x^2/a^2)-(y^2/b^2)=1$ ist

$$e=\frac{c}{a}=\frac{\sqrt{a^2+b^2}}{a}.$$

Die **numerische Exzentrität** einer Parabel ist $e=1$.

Eine Parabel hat einen Brennpunkt und eine Leitline, dagegen hat jede **Ellipse** zwei Brennpunkte und zwei **Leitlinien**. Darunter versteht man die beiden Geraden senkrecht zur Hauptachse im Abstand $\pm a/e$ vom Mittelpunkt. Bei einer Parabel gilt für jeden ihrer Punkte P

$$PF = 1\cdot PD, \tag{11.24}$$

dabei ist F der Brennpunkt und D der Punkt auf der Leitlinie mit dem geringsten Abstand zu P. Man kann zeigen, dass für eine Ellipse ähnliche Gleichungen gelten, nämlich

$$PF_1 = e\cdot PD_1 \quad \text{und} \quad PF_2 = e\cdot PD_2. \tag{11.25}$$

Hier ist e die numerische Exzentrität, P ein Punkt auf der Ellipse, F_1 und F_2 sind die Brennpunkte, D_1 und D_2 die Punkte auf den Leitlinien, die jeweils den kleinsten Abstand zu P haben (►Abbildung 11.45).

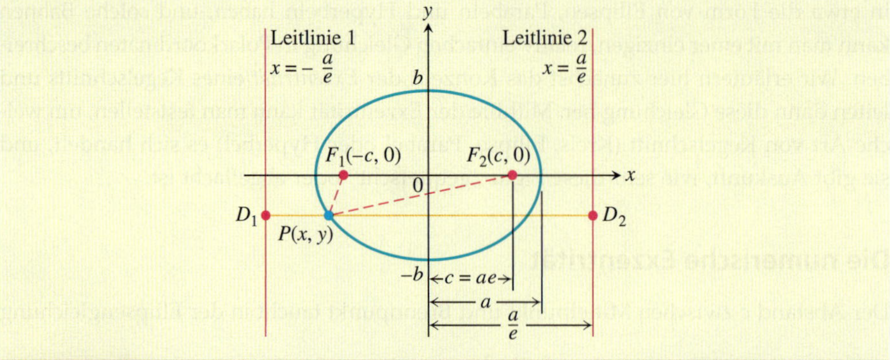

Abbildung 11.45 Die Brennpunkte und Leitlinien der Ellipse $(x^2/a^2) + (y^2/b^2) = 1$. Leitlinie 1 gehört zum Brennpunkt F_1 und Leitlinie 1 zum Brennpunkt F_2.

In den beiden Gleichungen (11.25) gehört jeweils ein Brennpunkt zu einer Leitlinie. Betrachten wir den Abstand von P zu F_1, so müssen wir ihn mit dem Abstand von P zur entsprechenden Leitline vergleichen, also zu der Leitlinie, die auf der gleichen Seite der Ellipse liegt. Die Leitlinie $x = -a/e$ gehört zu $F_1(-c,0)$, die Leitlinie $x = a/e$ gehört zu $F_2(c,0)$.

Wie bei der Ellipse kann man auch bei der **Hyperbel** zeigen, dass die Geraden $x = \pm a/e$ die Funktion von **Leitlinien** übernehmen und dass gilt

$$PF_1 = e \cdot PD_1 \quad \text{und} \quad PF_2 = e \cdot PD_2. \tag{11.26}$$

Hier ist P ein beliebiger Punkt auf der Hyperbel, F_1 und F_2 sind die Brennpunkte, D_1 und D_2 die Punkte auf den Leitlinien mit dem jeweils kleinsten Abstand zu P (►Abbildung 11.46).

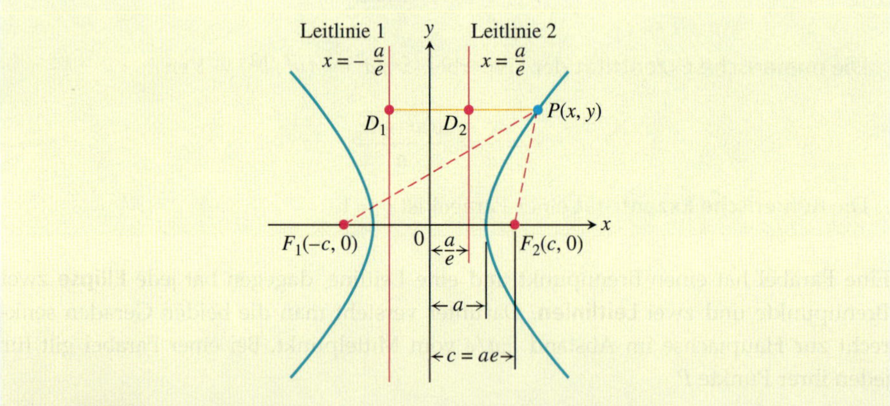

Abbildung 11.46 Die Brennpunkte und Leitlinien der Hyperbel $(x^2/a^2) - (y^2/b^2) = 1$ Für jeden Punkt P auf der Hyperbel gilt $PF_1 = e \cdot PD_1$ und $PF_2 = e \cdot PD_2$.

Sowohl bei der Ellipse als auch bei der Hyperbel ist die numerische Exzentrität das Verhältnis zwischen dem Abstand der Brennpunkte und dem Abstand der Scheitelpunkte (denn es gilt $c/a = 2c/2a$).

$$\text{numerische Exzentrität} = \frac{\text{Abstand der Brennpunkte}}{\text{Abstand der Scheitelpunkte}}$$

Merke

Bei einer Ellipse liegen die Brennpunkte näher zusammen als die Scheitelpunkte, das Verhältnis ist also kleiner als 1. Bei einer Hyperbel dagegen ist der Abstand der Brennpunkte größer als der Abstand der Scheitel, und das Verhältnis ist größer als 1.

Die „Brennpunkt-Leitlinien-Gleichung" $PF = e \cdot PD$ verbindet Parabeln, Ellipsen und Hyperbeln, und zwar auf die folgende Weise. Der Abstand PF eines Punkts P von einem festen Punkt F (dem Brennpunkt) sei proportional zum Abstand des Punkts von einer festen Geraden (der Leitlinie). Es gelte also

$$PF = e \cdot PD, \tag{11.27}$$

Merke

dabei ist e die Proportionalitätskonstante. Der Punkt P ist variabel und durchläuft eine Kurve. Diese Kurve ist

1. eine *Parabel* für $e = 1$,
2. eine *Ellipse* für $e < 1$ und
3. eine *Hyperbel* für $e > 1$.

Gleichung (11.27) enthält keine Koordinaten. Wird diese Gleichung in eine Koordinatenform gebracht, so ergeben sich unterschiedliche Gleichungen je nach dem Wert von e. Dies gilt zumindest für kartesische Koordinaten. In Polarkoordinaten dagegen ergibt sich unabhängig vom Wert von e dieselbe Gleichung. Dies werden wir im Folgenden zeigen.

Wir betrachten zunächst eine Hyperbel mit dem Mittelpunkt im Ursprung und den Brennpunkten auf der x-Achse. Sind ein Brennpunkt und die zugehörige Leitlinie gegeben, so können wir damit e bestimmen – betrachten Sie dazu die Abstände, die in Abbildung 11.46 eingezeichnet sind. Wenn wir e kennen, können wir damit aus der Gleichung $PF = e \cdot PD$ eine Gleichung für die Hyperbel in kartesischen Koordinaten herleiten. Wir zeigen dies im nächsten Beispiel. Auf ähnliche Weise können wir auch eine Gleichung für eine Ellipse aufstellen, deren Mittelpunkt im Ursprung und deren Brennpunkte auf der x-Achse liegen. Dazu verwenden wir die Abstände aus Abbildung 11.45.

Beispiel 11.32 Eine Hyperbel habe ihren Mittelpunkt im Ursprung, ein Brennpunkt sei $(3, 0)$ und $x = 1$ die entsprechende Leitlinie. Bestimmen Sie für diese Hyperbel eine Gleichung in kartesischen Koordinaten.

Kartesische Gleichung einer Hyperbel

Lösung Wir verwenden die Abstände, die in Abbildung 11.46 eingezeichnet sind. Der Brennpunkt ist

$$(c, 0) = (3, 0), \quad \text{also ist} \quad c = 3.$$

Die Leitlinie ist die Gerade

$$x = \frac{a}{e} = 1, \quad \text{also ist} \quad a = e.$$

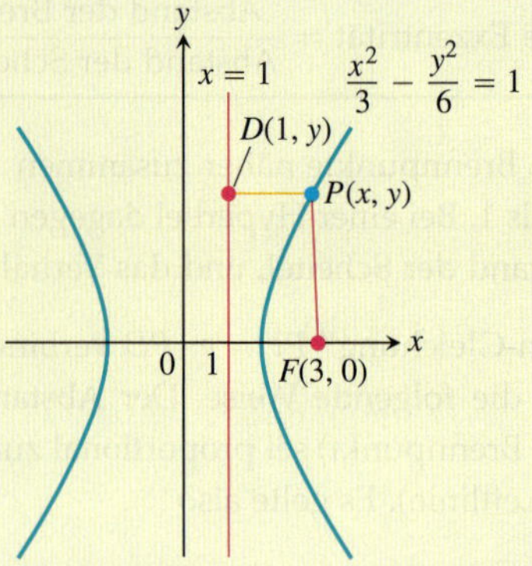

Abbildung 11.47 Die Hyperbel und ihre Leitlinie aus Beispiel 11.32.

Mit diesen Ergebnissen und der Gleichung $e = c/a$, die die numerische Exzentrität definiert, erhalten wir

$$e = \frac{c}{a} = \frac{3}{e}, \quad \text{also ist} \quad e^2 = 3 \quad \text{und} \quad e = \sqrt{3}.$$

Mit dem bekannten Wert von e können wir die gesuchte Gleichung aus $PF = e \cdot PD$ herleiten. Wir verwenden die Bezeichnungen aus ►Abbildung 11.47 und erhalten

$$\begin{aligned} PF &= e \cdot PD && \text{Aus Gleichung (11.27)} \\ \sqrt{(x-3)^2 + (y-0)^2} &= \sqrt{3}|x-1| && e = \sqrt{3} \\ x^2 - 6x + 9 + y^2 &= 3(x^2 - 2x + 1) \\ 2x^2 - y^2 &= 6 \\ \frac{x^2}{3} - \frac{y^2}{6} &= 1. \end{aligned}$$

Gleichungen in Polarkoordinaten

Wir wollen nun Gleichungen für Ellipsen, Parabeln und Hyperbeln in Polarkoordinaten aufstellen. Dazu legen wir jeweils einen Brennpunkt in den Ursprung des Koordinatensystems und die entsprechende Leitlinie entlang der Gerade $x = k$ rechts vom Ursprung (►Abbildung 11.48). In Polarkoordinaten erhält man damit

$$PF = r$$

und

$$PD = k - FB = k - r\cos\theta.$$

Setzt man dies in die Gleichung $PF = e \cdot PD$ des Kegelschnitts ein, so wird daraus

$$r = e(k - r\cos\theta),$$

und löst man diese Gleichung nach r auf, so erhält man den folgenden Ausdruck.

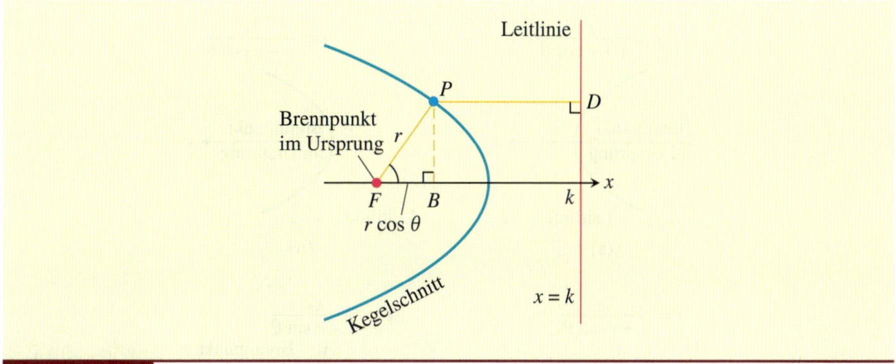

Abbildung 11.48 Ein Kegelschnitt wird so in ein Koordinatenystem gelegt, dass ein Brennpunkt im Ursprung liegt und eine Leitlinie senkrecht zur Hauptachse und rechts des Ursprungs ist. Wir können dann eine Gleichung für diesen Kegelschnitt aus der Brennpunkt-Leitlinien-Gleichung herleiten.

Merke

Gleichung in Polarkoordinaten für einen Kegelschnitt mit der numerischen Exzentrität e

$$r = \frac{ke}{1 + e\cos\theta}; \tag{11.28}$$

dabei ist $x = k > 0$ die vertikale Leitlinie.

Beispiel 11.33 Die folgenden drei Gleichungen beschreiben je einen Kegelschnitt. Um welchen es sich handelt, erkennt man am Wert der numerischen Exzentrität. Er ist für kartesische und Polarkoordinaten gleich.

Gleichungen in Polarkoordinaten für Kegelschnitte

$$\begin{aligned} e = \frac{1}{2}: &\quad \text{Ellipse} \quad & r = \frac{k}{2 + \cos\theta} \\ e = 1: &\quad \text{Parabel} \quad & r = \frac{k}{1 + \cos\theta} \\ e = 2: &\quad \text{Hyperbel} \quad & r = \frac{2k}{1 + 2\cos\theta} \end{aligned}$$

Von Gleichung (11.28) gibt es mehrere Varianten, abhängig davon, wo die Leitlinie liegt. Falls die Leitlinie die Gerade $x = -k$ links vom Ursprung ist (und im Ursprung immer noch ein Brennpunkt liegt), dann nimmt Gleichung (11.28) die folgende Form an:

$$r = \frac{ke}{1 - e\cos\theta}.$$

Im Nenner steht nun ein Minus anstelle des Plus. Falls die Leitlinie entweder die Gerade $y = k$ oder $y = -k$ ist, steht in der Gleichung ein Sinus anstelle des Kosinus, wie in ►Abbildung 11.49 gezeigt.

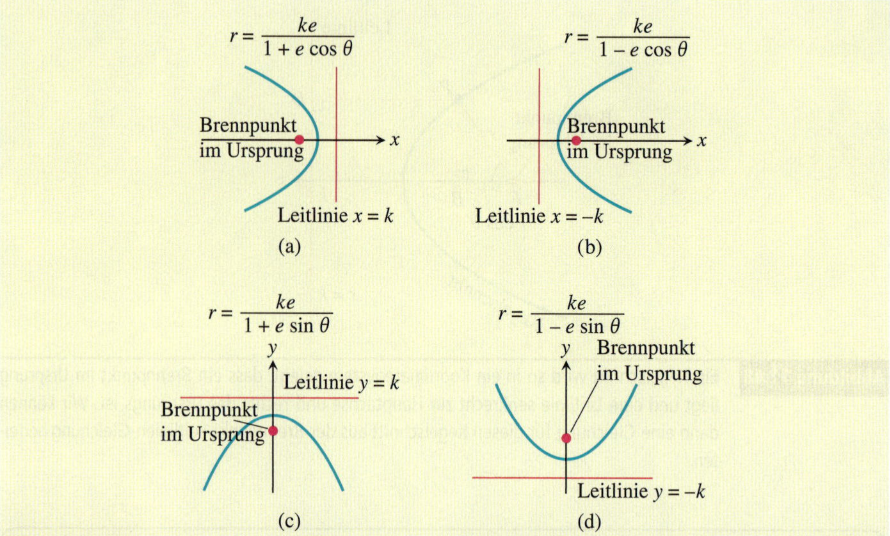

Abbildung 11.49 Gleichungen für Kegelschnitte mit unterschiedlichen Leitlinien. Die numerische Exzentrität ist immer $e > 0$; diese Bilder zeigen eine Parabel, also ist $e = 1$.

Hyperbelgleichung in Polarkoordinaten

Beispiel 11.34 Stellen Sie eine Gleichung auf für die Hyperbel mit der numerischen Exzentrität $3/2$ und der Leitlinie $x = 2$.

Lösung Wir setzen in Gleichung (11.28) die Werte $k = 2$ und $e = 3/2$ ein:

$$r = \frac{2(3/2)}{1 + (3/2)\cos\theta} \quad \text{oder} \quad r = \frac{6}{2 + 3\cos\theta}.$$

Leitlinie einer Parabel

Beispiel 11.35 Bestimmen Sie die Leitlinie der Parabel

$$r = \frac{25}{10 + 10\cos\theta}.$$

Lösung Wir bringen die Gleichung in die Normalform in Polarkoordinaten, indem wir Zähler und Nenner durch 10 teilen:

$$r = \frac{5/2}{1 + \cos\theta}.$$

Dies entspricht der Gleichung

$$r = \frac{ke}{1 + e\cos\theta}$$

mit $k = 5/2$ und $e = 1$. Die Gleichung der Leitlinie ist also $x = 5/2$.

Für Ellipsen lässt sich mithilfe von ►Abbildung 11.50 der folgende Zusammenhang zwischen der x-Koordinate der Leitlinie k, der numerischen Exzentrität e und der großen Halbachse a herleiten:

$$k = \frac{a}{e} - ea.$$

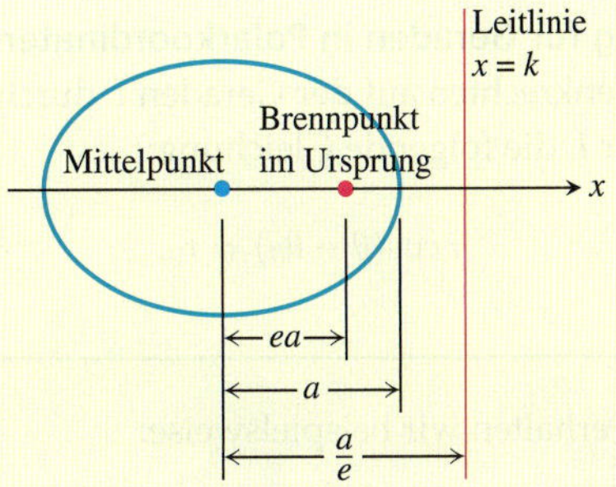

Abbildung 11.50 In einer Ellipse mit der großen Halbachse a ist der Abstand von Brennpunkt und Leitlinie $k = (a/e) - ea$, also $ke = a(1 - e^2)$.

Daraus ergibt sich die Gleichung $ke = a(1 - e^2)$. Ersetzen wir nun in Gleichung (11.28) ke durch $a(1 - e^2)$, so erhalten wir die Standardgleichung einer Ellipse in Polarkoordinaten.

Gleichung in Polarkoordinaten für eine Ellipse mit numerischer Exzentrität *e* und großer Halbachse *a*

$$r = \frac{a(1 - e^2)}{1 + e\cos\theta} \tag{11.29}$$

Merke

Für $e = 0$ vereinfacht sich diese Gleichung zu $r = a$, der Gleichung eines Kreises.

Geraden

Wir betrachten eine Gerade L. Die Senkrechte auf dieser Geraden durch den Ursprung schneide L in dem Punkt $P_0(r_0, \theta_0)$ mit $r_0 \geq 0$ (▶Abbildung 11.51). $P(r, \theta)$ sei ein beliebiger weiterer Punkt auf L. Dann sind die drei Punkte P, P_0 und O die Ecken eines rechwinkligen Dreiecks, und aus diesem Dreieck können wir die folgende Beziehung herleiten:

$$r_0 = r\cos(\theta - \theta_0).$$

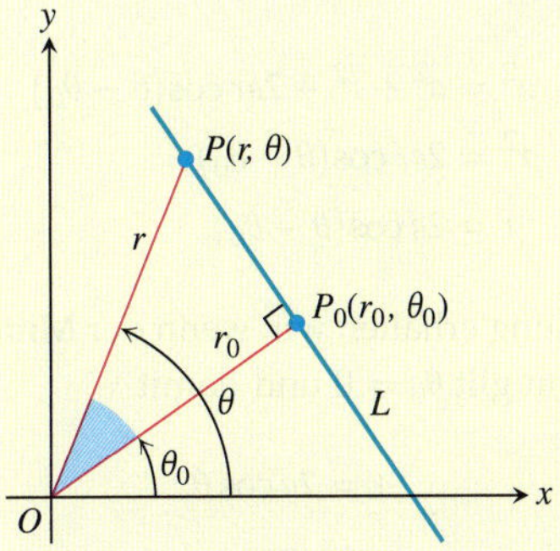

Abbildung 11.51 Aus dem rechtwinkligen Dreieck OP_0P können wir die Beziehung $r_0 = r\cos(\theta - \theta_0)$ ablesen und damit eine Gleichung in Polarkoordinaten für Geraden aufstellen.

Merke

Die Standardgleichung für Geraden in Polarkoordinaten Der Punkt $P_0(r_0, \theta_0)$ sei der Fußpunkt der Senkrechten auf der Geraden L durch den Ursprung, und es sei $r_0 \geq 0$. Dann gilt für L die folgende Gleichung:

$$r\cos(\theta - \theta_0) = r_0. \tag{11.30}$$

Für $\theta_0 = \pi/3$ und $r_0 = 2$ erhalten wir beispielsweise:

$$r\cos\left(\theta - \frac{\pi}{3}\right) = 2$$

$$r\left(\cos\theta\cos\frac{\pi}{3} + \sin\theta\sin\frac{\pi}{3}\right) = 2$$

$$\frac{1}{2}r\cos\theta + \frac{\sqrt{3}}{2}r\sin\theta = 2 \quad \text{oder} \quad x + \sqrt{3}y = 4.$$

Kreise

Es sei $P(r,\theta)$ ein Punkt auf dem Kreis mit dem Mittelpunkt $P_0(r_o, \theta_0)$ und dem Radius a. Wir betrachten nun das Dreieck OP_0P (▶Abbildung 11.52) und wenden den Kosinussatz an. Damit erhalten wir die folgende Gleichung eines Kreises in Polarkoordinaten:

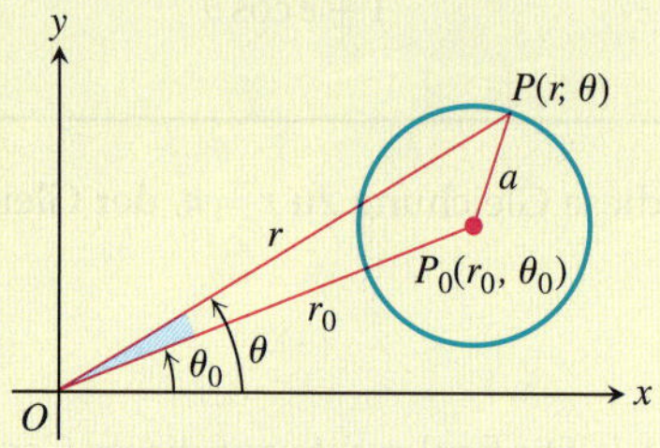

Abbildung 11.52 Mithilfe des Kosinussatzes im Dreieck OP_0P können wir eine Gleichung in Polarkoordinaten für diesen Kreis aufstellen.

$$a^2 = r_0^2 + r^2 - 2r_0 r\cos(\theta - \theta_0).$$

Wenn der Kreis durch den Ursprung geht, dann gilt $r_0 = a$, und diese Gleichung vereinfacht sich zu

$$a^2 = a^2 + r^2 - 2ar\cos(\theta - \theta_0)$$

$$r^2 = 2ar\cos(\theta - \theta_0)$$

$$r = 2a\cos(\theta - \theta_0).$$

Eine noch einfachere Gleichung erhalten wir, wenn der Mittelpunkt des Kreises auf der positiven x-Achse liegt. Dann gilt $\theta_0 = 0$ und damit

$$r = 2a\cos\theta. \tag{11.31}$$

Liegt der Mittelpunkt auf der positiven y-Achse, so ist $\theta = \pi/2$, und wegen $\cos(\theta - \pi/2) = \sin\theta$ wird damit aus der Gleichung $r = 2a\cos(\theta - \theta_0)$

$$r = 2a\sin\theta. \tag{11.32}$$

Geht ein Kreis durch den Ursprung und liegt sein Mittelpunkt auf der negativen x- oder y-Achse, so erhält man seine Gleichung, indem man in den Gleichungen (11.31) und (11.32) $-r$ statt r einsetzt.

Beispiel 11.36 In der folgenden Tabelle sind die Gleichungen einiger Kreise angegeben, die durch den Ursprung gehen und deren Mittelpunkte auf der x- oder y-Achse liegen. Die Gleichungen wurden mithilfe der Gleichungen (11.31) und (11.32) aufgestellt.

Kreisgleichungen

Radius	Mittelpunkt (in Polarkoordinaten)	Gleichung in Polarkoordinaten
3	$(3, 0)$	$r = 6\cos\theta$
2	$(2, \pi/2)$	$r = 4\sin\theta$
1/2	$(-1/2, 0)$	$r = -\cos\theta$
1	$(-1, \pi/2)$	$r = -2\sin\theta$

Aufgaben zum Abschnitt 11.7

Ellipsen und numerische Exzentrität Bestimmen Sie in den Aufgaben 1–5 die numerische Exzentrität der Ellipsen. Berechnen Sie dann die Brennpunkte und Leitlinien und skizzieren Sie die Kurve.

1. $16x^2 + 25y^2 = 400$

2. $2x^2 + y^2 = 2$

3. $3x^2 + 2y^2 = 6$

4. $6x^2 + 9y^2 = 54$

5. $169x^2 + 25y^2 = 4225$

In den Aufgaben 6–9 sind die Brennpunkte oder Hauptscheitel sowie die numerische Exzentrität von Ellipsen gegeben, deren Mittelpunkte im Ursprung der xy-Ebene liegen. Bestimmen Sie jeweils die Gleichung dieser Ellipsen in Normalform für kartesische Koordinaten.

6. Brennpunkte: $(0, \pm 3)$;
numerische Exzentrität: 0,5

7. Brennpunkte: $(\pm 8, 0)$;
numerische Exzentrität: 0,2

8. Hauptscheitel: $(0, \pm 70)$;
numerische Exzentrität: 0,1

9. Hauptscheitel: $(\pm 10, 0)$;
numerische Exzentrität: 0,24

In den Aufgaben 10–13 sind jeweils ein Brennpunkt und die entsprechende Leitlinie von Ellipsen gegeben, deren Mittelpunkt im Ursprung der xy-Ebene liegt. Bestimmen Sie mithilfe von Abbildung 11.45 die numerische Exzentrität; stellen Sie dann die Gleichung der Ellipse in Normalform für kartesische Koordinaten auf.

10. Brennpunkt: $\left(\sqrt{5}, 0\right)$; Leitlinie: $x = \dfrac{9}{\sqrt{5}}$

11. Brennpunkt: $(4, 0)$; Leitlinie: $x = \dfrac{16}{3}$

12. Brennpunkt: $(-4, 0)$; Leitlinie: $x = -16$

13. Brennpunkt: $\left(-\sqrt{2}, 0\right)$; Leitlinie: $(x = -2\sqrt{2})$

Hyperbeln und numerische Exzentrität Bestimmen Sie in den Aufgaben 14–18 die numerische Exzentrität der Hyperbeln. Berechnen Sie dann die Brennpunkte und Leitlinien und skizzieren Sie die Kurve.

14. $x^2 - y^2 = 1$

15. $y^2 - x^2 = 8$

16. $8x^2 - 2y^2 = 16$

17. $8y^2 - 2x^2 = 16$

18. $64x^2 - 36y^2 = 2304$

In den Aufgaben 19–22 sind die numerischen Exzentritäten und die Scheitelpunkte oder Brennpunkte von Hyperbeln gegeben, deren Mittelpunkte im Ursprung der xy-Ebene liegen. Stellen Sie jeweils die Gleichung der Hyperbel in Normalform für kartesische Koordinaten auf.

19. numerische Exzentrität: 3; Scheitelpunkte: $(0, \pm 1)$

20. numerische Exzentrität: 2; Scheitelpunkte: $(\pm 2, 0)$

21. numerische Exzentrität: 3; Brennpunkte: $(\pm 3, 0)$

22. numerische Exzentrität: 1,25; Brennpunkte: $(0, \pm 5)$

Exzentritäten und Leitlinien In den Aufgaben 23–27 sind die numerischen Exzentritäten von Kegelschnitten gegeben, deren einer Brennpunkt im Ursprung der xy-Ebene liegt, außerdem die Leitlinie, die zu diesem Brennpunkt gehört. Stellen Sie jeweils eine Gleichung in Polarkoordinaten auf.

23. $e = 1, x = 2$

24. $e = 5, y = -6$

25. $e = 1/2,\ x = 1$

26. $e = 1/5,\ y = -10$

27. $e = 1/3,\ y = 6$

Parabeln und Ellipsen Skizzieren Sie in den Aufgaben 28–35 die Parabeln und Ellipsen, deren Gleichungen gegeben sind. Zeichnen Sie auch die Leitlinie ein, die zu dem Brennpunkt im Ursprung gehört. Beschriften Sie die Scheitelpunkte mit den passenden Polarkoordinaten, bei Ellipsen auch den Mittelpunkt.

28. $r = \dfrac{1}{1 + \cos\theta}$

29. $r = \dfrac{6}{2 + \cos\theta}$

30. $r = \dfrac{25}{10 - 5\cos\theta}$

31. $r = \dfrac{4}{2 - 2\cos\theta}$

32. $r = \dfrac{400}{16 + 8\sin\theta}$

33. $r = \dfrac{12}{3 + 3\sin\theta}$

34. $r = \dfrac{8}{2 - 2\sin\theta}$

35. $r = \dfrac{4}{2 - \sin\theta}$

Geraden Skizzieren Sie in den Aufgaben 36–39 die Geraden und bestimmen Sie ihre Gleichungen in kartesischen Koordinaten.

36. $r\cos\left(\theta - \dfrac{\pi}{4}\right) = \sqrt{2}$

37. $r\cos\left(\theta + \dfrac{3\pi}{4}\right) = 1$

38. $r\cos\left(\theta - \dfrac{2\pi}{3}\right) = 3$

39. $r\cos\left(\theta + \dfrac{\pi}{3}\right) = 2$

Stellen Sie in den Aufgaben 40–43 eine Gleichung in Polarkoordinaten der Form $r\cos(\theta - \theta_0) = r_0$ für die Geraden auf.

40. $\sqrt{2}x + \sqrt{2}y = 6$

41. $\sqrt{3}x - y = 1$

42. $y = -5$

43. $x = -4$

Kreise Skizzieren Sie in den Aufgaben 44–47 die gegebenen Kreise. Geben Sie die Polarkoordinaten des Mittelpunkts und die Länge des Radius an.

44. $r = 4\cos\theta$

45. $r = 6\sin\theta$

46. $r = -2\cos\theta$

47. $r = -8\sin\theta$

Stellen Sie in den Aufgaben 48–52 für die gegebenen Kreise eine Gleichung in Polarkoordinaten auf. Zeichnen Sie jeden Kreis in einer Koordinatenebene und schreiben Sie die Gleichungen in kartesischen und Polarkoordinaten jeweils daran.

48. $(x - 6)^2 + y^2 = 36$

49. $x^2 + (y - 5)^2 = 25$

50. $x^2 + 2x + y^2 = 0$

51. $x^2 + y^2 + y = 0$

52. $x^2 + y^2 - \dfrac{4}{3}y = 0$

Beispiele für Polarkoordinaten Zeichnen Sie in den Aufgaben 53–58 die gegebenen Geraden und Kegelschnitte.

53. $r = 3\sec(\theta - \pi/3)$

54. $r = 4\sin\theta$

55. $r = 8/(4 + \cos\theta)$

56. $r = 1/(1 - \sin\theta)$

57. $r = 1/(1 + 2\sin\theta)$

58. $r = 1/(1 + 2\cos\theta)$

59. **Perihel und Aphel** Ein Planet bewegt sich auf einer elliptischen Bahn um die Sonne. Die Sonne ist in einem der Brennpunkte, die große Halbachse der Ellipse hat die Länge a (vgl. die untenstehende Abbildung).

a. Zeigen Sie: Wenn der Planet den kleinsten Abstand zur Sonne hat, gilt $r = a(1 - e)$, hat er den größten Abstand zur Sonne, gilt $r = a(1 + e)$.

b. In Aufgabe 60 sind die Daten zu den Umlaufbahnen verschiedener Planeten zusammengestellt. Bestimmen Sie mithilfe dieser Daten, wie nahe jeder Planet unseres Sonnensystems der Sonne kommt und wie weit er maximal von ihr entfernt ist.

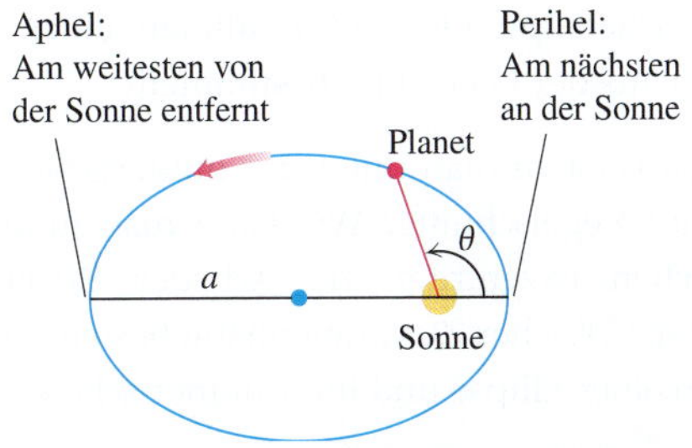

60. **Planetenbahnen** Stellen Sie mithilfe der untenstehenden Daten und der Gleichung (11.29) die Gleichungen für die Planetenbahnen in Polarkoordinaten auf.

Planet	Große Halbachse (Astronomische Einheiten)	Numerische Exzentrität
Merkur	0,3871	0,2056
Venus	0,7233	0,0068
Erde	1,000	0,0167
Mars	1,524	0,0934
Jupiter	5,203	0,0484
Saturn	9,539	0,0543
Uranus	19,18	0,0460
Neptun	30,06	0,0082

Kapitel 11 – Wiederholungsfragen

1. Was versteht man unter der Parameterdarstellung einer Kurve in der xy-Ebene? Existiert für jede Funktion $y = f(x)$ eine Parameterdarstellung? Sind Parameterdarstellungen eindeutig? Nennen Sie Beispiele.

2. Nennen Sie einige typische Parameterdarstellungen von Geraden, Kreisen, Parabeln, Ellipsen und Hyperbeln. Wie kann sich die Kurve in Parameterdarstellung von dem Graph der entsprechenden Gleichung in kartesischen Koordinaten unterscheiden?

3. Was ist eine Zykloide? Wie lauten die typischen Gleichungen in Parameterdarstellung von Zykloiden? Welche physikalischen Eigenschaften haben Zykloide, die sie so wichtig machen?

4. Welche Gleichung hat die Steigung $\mathrm{d}y/\mathrm{d}x$ einer Kurve $x = f(t)$, $y = g(t)$ in Parameterdarstellung? Wann gilt diese Gleichung? Wann kann man davon ausgehen, dass man auch $\mathrm{d}^2y/\mathrm{d}x^2$ bestimmen kann? Nennen Sie Beispiele.

5. Sie wollen den Flächeninhalt einer Fläche bestimmen, die von einer Koordinatenachse und einer Kurve in Parameterdarstellung begrenzt wird. Wie können Sie dabei (zumindest in manchen Fällen) vorgehen?

6. Wie lässt sich die Länge einer glatten Kurve $x = f(t)$, $y = g(t)$, $a \le t \le b$ in Parameterdarstellung bestimmen? Warum ist es bei der Formel für die Längenbestimmung wichtig, dass die Kurve glatt ist? Was muss man noch über die Parameterdarstellung der Kurve wissen, um die Länge bestimmen zu können? Nennen Sie Beispiele.

7. Was ist die Funktion für die Bogenlänge für eine glatte Kurve in Parameterdarstellung? Was ist das Differential der Bogenlänge?

8. Die Kurve $x = f(t), y = g(t), a \le t \le b$ wird um eine Koordinatenachse gedreht. Unter welchen Bedingungen lässt sich die Oberfläche berechnen, die bei Drehung um die x-Achse entsteht? Wann bei Drehung um die y-Achse? Nennen Sie Beispiele.

9. Wie lässt sich der geometrische Schwerpunkt einer glatten Kurve $x = f(t), y = g(t), a \le t \le b$ in Parameterdarstellung berechnen? Nennen Sie ein Beispiel.

10. Was sind Polarkoordinaten? Welche Gleichungen beschreiben den Zusammenhang zwischen Polarkoordinaten und kartesischen Koordinaten? Warum wechselt man manchmal zwischen diesen Koordinatensysteme?

11. Polarkoordinaten sind nicht eindeutig. Welche Folgen hat das für das Zeichnen von Graphen? Nennen Sie ein Beispiel.

12. Wie zeichnen Sie Kurven in Polarkoordinaten? Berücksichtigen Sie bei der Antwort Symmetrien, Steigungen, das Verhalten im Ursprung und die Verwendung von Graphen in kartesischen Koordinaten. Nennen Sie Beispiele.

13. Wie lässt sich der Flächeninhalt der Fläche $0 \le r_1(\theta) \le r \le r_2(\theta)$, $\alpha \le \theta \le \beta$ in Polarkoordinaten berechnen? Nennen Sie Beispiele.

14. Unter welchen Bedingungen lässt sich die Länge einer Kurve $r = f(\theta)$, $\alpha \le \theta \le \beta$ in Polarkoordinaten berechnen? Beschreiben Sie eine typische Rechnung.

15. Was ist eine Parabel? Wie lautet die Gleichung in kartesischen Koordinaten für eine Parabel, deren Scheitelpunkt im Ursprung und deren Brennpunkt auf der Koordinatenachse liegt? Wie lassen sich der Brennpunkt und die Leitlinie einer solchen Parabel aus der Gleichung bestimmen?

16. Was ist eine Ellipse? Wie lautet die Gleichung in kartesischen Koordinaten für eine Ellipse, deren Mittelpunkt im Ursprung und deren Brennpunkte auf einer Koordinatenachse liegen? Wie lassen sich die Brennpunkte, Hauptscheitel und Leitlinien einer solchen Ellipse aus der Gleichung bestimmen?

17. Was ist eine Hyperbel? Wie lautet die Gleichung in kartesischen Koordinaten für eine Hyperbel, deren Mittelpunkt im Ursprung und deren Brennpunkte auf einer Koordinatenachse liegen? Wie lassen sich die Brennpunkte, Scheitelpunkte und Leitlinien einer solchen Hyperbel aus der Gleichung bestimmen?

18. Was versteht man unter der numerischen Exzentrität eines Kegelschnitts? Wie kann man mithilfe der numerischen Exzentrität die Art des Kegelschnitts bestimmen? Welcher Zusammenhang besteht zwischen der Form einer Ellipse und ihrer numerischen Exzentrität?

19. Erklären Sie die Gleichung $PF = e \cdot PD$.

20. Wie lauten die Normalformen der Gleichungen für Geraden und Kegelschnitte in Polarkoordinaten? Nennen Sie Beispiele.

Kapitel 11 – Praktische Aufgaben

Parameterdarstellungen in der Ebene In den Aufgaben 1–6 sind jeweils Parametergleichungen und ein Parameterintervall für die Bewegung eines Teilchens in der xy-Ebene angegeben. Beschreiben Sie die Bahn des Teilchens und stellen Sie dazu eine Gleichung in kartesischen Koordinaten auf. Skizzieren Sie den Graphen dieser Gleichung und zeichnen Sie auch die Bewegungsrichtung sowie den Teil der Kurve ein, den das Teilchen durchläuft.

1. $x = t/2, \quad y = t+1; \quad -\infty < t < \infty$

2. $x = \sqrt{t}, \quad y = 1 - \sqrt{t}; \quad t \geq 0$

3. $x = (1/2)\tan t, \quad y = \frac{1}{2}\frac{1}{\cos t}; \quad -\pi/2 < t < \pi/2$

4. $x = -2\cos t, \quad y = 2\sin t; \quad 0 \leq t \leq \pi$

5. $x = -\cos t, \quad y = \cos^2 t; \quad 0 \leq t \leq \pi$

6. $x = 4\cos t, \quad y = 9\sin t; \quad 0 \leq t \leq 2\pi$

Gleichungen in Parameterdarstellung und Tangenten

7. Ein Teilchen bewegt sich in der xy-Ebene und durchläuft dabei die Ellipse $16x^2 + 9y^2 = 144$ einmal entgegen dem Uhrzeigersinn. Stellen Sie hierfür eine Parametergleichung auf und bestimmen Sie das Parameterintervall. (Es gibt viele mögliche Lösungen.)

8. Ein Teilchen bewegt sich in der xy-Ebene; es startet im Punkt $(-2, 0)$ und durchläuft den Kreis $x^2 + y^2 = 4$ dreimal im Uhrzeigersinn. Stellen Sie hierfür eine Parametergleichung auf und bestimmen Sie das Parameterintervall. (Es gibt viele mögliche Lösungen.)

Stellen Sie in den Aufgaben 9 und 10 eine Gleichung für die Tangente an die gegebene Kurve in dem Punkt auf, der zum angegebenen Wert von t gehört. Die Tangente liegt in der xy-Ebene. Berechnen Sie außerdem den Wert von $\mathrm{d}^2y/\mathrm{d}x^2$ in diesem Punkt.

9. $x = (1/2)\tan t, \ y = (1/2)(1/\cos t); \quad t = \pi/3$

10. $x = 1 + 1/t^2, \ y = 1 - 3/t; \quad t = 2$

11. Eliminieren Sie den Parameter und stellen Sie eine Kurvengleichung der Form $y = f(x)$ auf.

a. $x = 4t^2, \ y = t^3 - 1$ **b.** $x = \cos t, \ y = \tan t$

12. Stellen Sie für die gegebenen Kurven Gleichungen in Parameterdarstellung auf.

a. Gerade durch den Punkt $(1, -2)$ mit der Steigung 3

b. $(x-1)^2 + (y+2)^2 = 9$

c. $y = 4x^2 - x$

d. $9x^2 + 4y^2 = 36$

Kurvenlängen Bestimmen Sie in den Aufgaben 13–16 die Länge der gegebenen Kurven.

13. $y = x^{1/2} - (1/3)x^{3/2}, \quad 1 \leq x \leq 4$

14. $y = (5/12)x^{6/5} - (5/8)x^{4/5}, \quad 1 \leq x \leq 32$

15. $x = 5\cos t - \cos 5t, \ y = 5\sin t - \sin 5t,$ $0 \leq t \leq \pi/2$

16. $x = 3\cos\theta, \ y = 3\sin\theta, \quad 0 \leq \theta \leq \frac{3\pi}{2}$

17. Berechnen Sie die Kurvenlänge der hier gezeigten Schleife $x = t^2$, $y = (t^3/3) - t$. Die Schleifenbahn beginnt bei $t = -\sqrt{3}$ und endet bei $t = \sqrt{3}$.

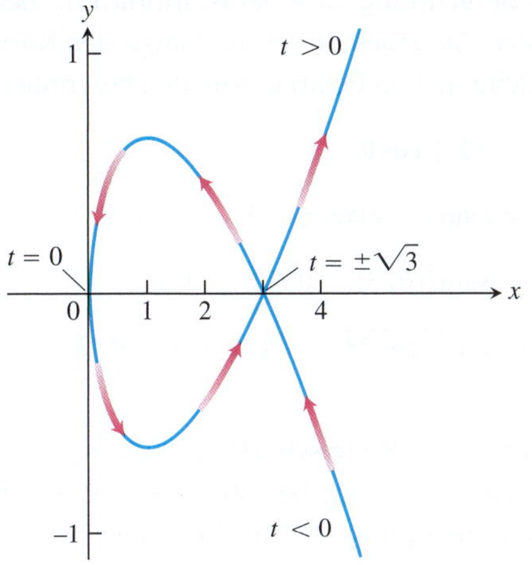

Oberflächen Die Kurven in den Aufgaben 18 und 19 werden um die angegebene Achse gedreht. Berechnen Sie den Flächeninhalt der dabei entstehenden Rotationsflächen.

18. $x = t^2/2,\ y = 2t, \quad 0 \le t \le \sqrt{5};\quad x$-Achse

19. $x = t^2 + 1/(2t),\ y = 4\sqrt{t},\ 1/\sqrt{2} \le t \le 1;\ y$-Achse

Umrechnen von Polarkoordinaten in kartesische Koordinaten Skizzieren Sie in den Aufgaben 20–23 die gegebenen Geraden. Stellen Sie dann für jede Gerade eine Gleichung in kartesischen Koordinaten auf.

20. $r\cos\left(\theta + \frac{\pi}{3}\right) = 2\sqrt{3}$

21. $r = 2\sec\theta = \dfrac{2}{\cos\theta}$

22. $r = -(3/2)\operatorname{cosec}\theta = \dfrac{-3}{2\sin\theta}$

23. $r = \left(3\sqrt{3}\right)\operatorname{cosec}\theta = \dfrac{3\sqrt{3}}{\sin\theta}$

Stellen Sie für jeden der Kreise in den Aufgaben 24–27 eine Gleichung in kartesischen Koordinaten auf. Skizzieren Sie jeden Kreis in der Koordinatenebene und geben Sie die Gleichungen in Polar- und kartesischen Koordinaten an.

24. $r = -4\sin\theta$

25. $r = 3\sqrt{3}\sin\theta$

26. $r = 2\sqrt{2}\cos\theta$

27. $r = -6\cos\theta$

Umrechnen von kartesischen Koordinaten in Polarkoordinaten Stellen Sie für die Kreise in den Aufgaben 28–31 Gleichungen in Polarkoordinaten auf. Skizzieren Sie jeden Kreis in der Koordinatenebene und geben Sie die Gleichungen in Polar- und kartesischen Koordinaten an.

28. $x^2 + y^2 + 5y = 0$

29. $x^2 + y^2 - 2y = 0$

30. $x^2 + y^2 - 3x = 0$

31. $x^2 + y^2 + 4x = 0$

Flächen und Kurven in Polarkoordinaten In den Aufgaben 32 und 33 ist jeweils eine Ungleichung in Polarkoordinaten gegeben. Skizzieren Sie die Flächen, die diese Ungleichungen beschreiben.

32. $0 \le r \le 6\cos\theta$

33. $-4\sin\theta \le r \le 0$

Ordnen Sie jedem der Graphen in den Aufgaben 34–41 die Gleichung **a.–l.** zu, die ihn beschreibt. Es gibt mehr Gleichungen als Graphen, einige Gleichungen werden also übrig bleiben.

a. $r = \cos 2\theta$
b. $r\cos\theta = 1$
c. $r = \dfrac{6}{1 - 2\cos\theta}$
d. $r = \sin 2\theta$
e. $r = \theta$
f. $r^2 = \cos 2\theta$
g. $r = 1 + \cos\theta$
h. $r = 1 - \sin\theta$
i. $r = \dfrac{2}{1 - \cos\theta}$
j. $r^2 = \sin 2\theta$
k. $r = -\sin\theta$
l. $r = 2\cos\theta + 1$

34. Vierblättrige Rosette

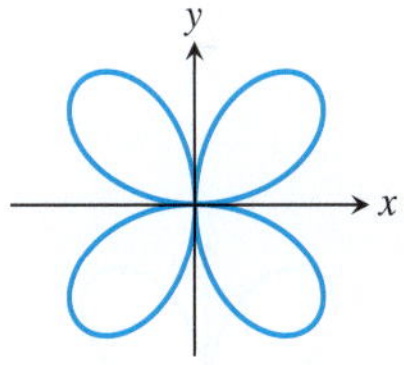

35. Spirale

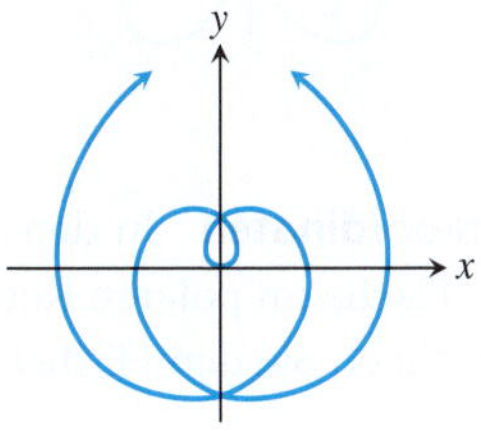

36. Pascal'sche Schnecke

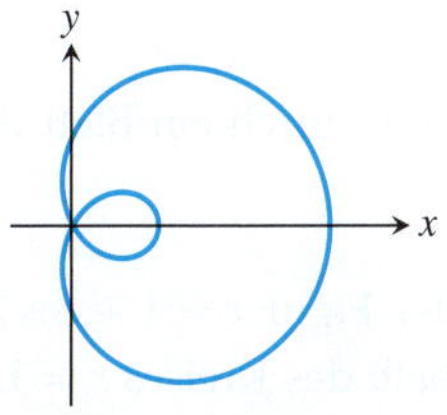

37. Lemniskate

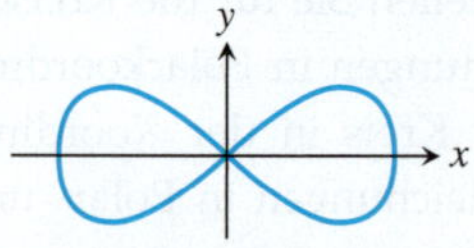

38. Kreis

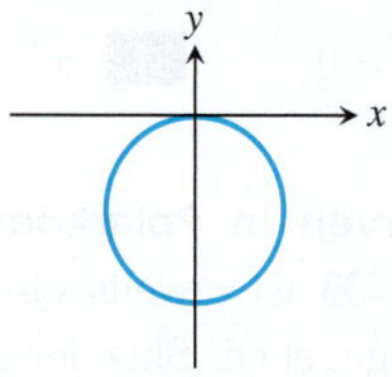

39. Kardioide

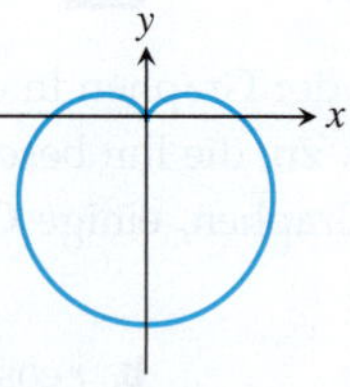

40. Parabel

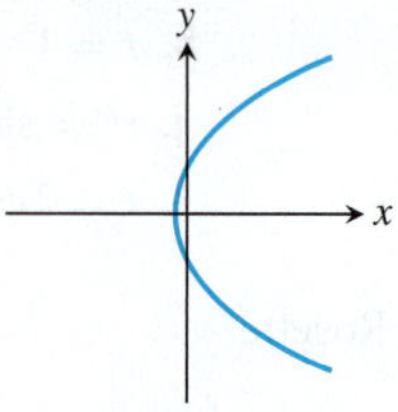

41. Lemniskate

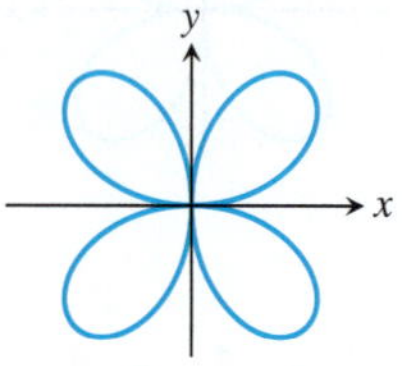

Flächen in Polarkoordinaten In den Aufgaben 42–45 wird jeweils eine Fläche im polaren Koordinatensystem beschrieben. Berechnen Sie den Flächeninhalt.

42. Eingeschlossen durch die Pascal'sche Schnecke $r = 2 - \cos\theta$.

43. Eingeschlossen durch ein Blatt der dreiblättrigen Rosette $r = \sin 3\theta$.

44. Innerhalb der Figur $r = 1 + \cos 2\theta$ (ähnlich einer Acht) und außerhalb des Kreises $r = 1$.

45. Innerhalb der Kardioide $r = 2(1 + \sin\theta)$ und außerhalb des Kreises $r = 2\sin\theta$.

Längenberechnung in Polarkoordinaten Berechnen Sie in den Aufgaben 46–49 die Länge der Kurven, die die Gleichungen in Polarkoordinaten beschreiben.

46. $r = -1 + \cos\theta$

47. $r = 2\sin\theta + 2\cos\theta, \quad 0 \le \theta \le \pi/2$

48. $r = 8\sin^3(\theta/3), \quad 0 \le \theta \le \pi/4$

49. $r = \sqrt{1 + \cos 2\theta}, \quad -\pi/2 \le \theta \le \pi/2$

Zeichnen von Kegelschnitten Skizzieren Sie die Parabeln aus den Aufgaben 50–52; zeichnen Sie jeweils auch den Brennpunkt und die Leitlinie ein.

50. $x^2 = -4y$

51. $x^2 = 2y$

52. $y^2 = 3x$

53. $y^2 = -(8/3)x$

Bestimmen Sie in den Aufgaben 54–57 die numerische Exzentrität der Ellipsen und Hyperbeln. Skizzieren Sie dann jeden Kegelschnitt. Zeichnen Sie auch die Brennpunkte, Scheitelpunkte und (sofern sinnvoll) die Asymptoten ein.

54. $16x^2 + 7y^2 = 112$

55. $x^2 + 2y^2 = 4$

56. $3x^2 - y^2 = 3$

57. $5y^2 - 4x^2 = 20$

In den Aufgaben 58–63 sind Gleichungen für Kegelschnitte gegeben, dazu ist gesagt, um wie viele Einheiten die Kurve jeweils nach oben oder unten bzw. recht oder links verschoben werden soll. Stellen Sie eine Gleichung für den neuen Kegelschnitt auf und bestimmen Sie die neuen Brennpunkte, Scheitel, Mittelpunkte und (sofern sinnvoll) Asymptoten. Geben Sie für Parabeln auch die Leitlinie an.

58. $x^2 = -12y$,
2 Einheiten nach rechts, 3 Einheiten nach oben

59. $y^2 = 10x$,
1/2 Einheit nach links, 1 Einheit nach unten

60. $\frac{x^2}{9} + \frac{y^2}{25} = 1$,
3 Einheiten nach links, 5 Einheiten nach unten

61. $\frac{x^2}{169} + \frac{y^2}{144} = 1$,
5 Einheiten nach rechts, 12 Einheiten nach oben

62. $\frac{y^2}{8} - \frac{x^2}{2} = 1$,
2 Einheiten nach rechts, $2\sqrt{2}$ Einheiten nach oben

63. $\frac{x^2}{36} - \frac{y^2}{64} = 1$,
10 Einheiten nach links, 3 Einheiten nach unten

Identifizieren von Kegelschnitten Bestimmen Sie in den Aufgaben 64–71 die Art des Kegelschnitts, verwenden Sie dazu die quadratische Ergänzung. Berechnen Sie dann die Brennpunkte, Scheitel, Mittelpunkte und (sofern sinnvoll) Asymptoten; für Parabeln auch die Leitgerade.

64. $x^2 - 4x - 4y^2 = 0$

65. $4x^2 - y^2 + 4y = 8$

66. $y^2 - 2y + 16x = -49$

67. $x^2 - 2x + 8y = -17$

68. $9x^2 + 16y^2 + 54x - 64y = -1$

69. $25x^2 + 9y^2 - 100x + 54y = 44$

70. $x^2 + y^2 - 2x - 2y = 0$

71. $x^2 + y^2 + 4x + 2y = 1$

Kegelschnitte in Polarkoordinaten In den Aufgaben 72–75 sind Gleichungen von Kegelschnitten in Polarkoordinaten gegeben. Skizzieren Sie diese Kurven und geben Sie Polarkoordinaten der Scheitelpunkte sowie – für Ellipsen – der Mittelpunkte an.

72. $r = \frac{2}{1 + \cos\theta}$ **73.** $r = \frac{8}{2 + \cos\theta}$

74. $r = \frac{6}{1 - 2\cos\theta}$ **75.** $r = \frac{12}{3 + \sin\theta}$

In den Aufgaben 76–79 werden Kegelschnitte beschrieben, deren einer Brennpunkt im Ursprung des polaren Koordinatensystems liegt. Angegeben sind die numerische Exzentrität sowie die Leitlinie, die zum Brennpunkt im Ursprung gehört. Stellen Sie für jeden dieser Kegelschnitte eine Gleichung in Polarkoordinaten auf.

76. $e = 2, \quad r\cos\theta = 2$ **77.** $e = 1, \quad r\cos\theta = -4$

78. $e = 1/2, \quad r\sin\theta = 2$ **79.** $e = 1/3, \quad r\sin\theta = -6$

Theorie und Beispiele

80. Die Fläche, die von der Ellipse $9x^2 + 4y^2 = 36$ eingeschlossen ist, wird **a.** um die x-Achse und **b.** um die y-Achse gedreht. Berechnen Sie jeweils das Volumen des Rotationskörpers.

81. Im ersten Quadranten wird eine dreiecksähnliche Fläche durch die x-Achse, die Gerade $x = 4$ und die Hyperbel $9x^2 - 4y^2 = 36$ begrenzt. Diese Fläche wird um die x-Achse gedreht, dabei entsteht ein Rotationskörper. Berechnen Sie sein Volumen.

82. Zeigen Sie: Mit den Gleichungen $x = r\cos\theta$, $y = r\sin\theta$ lässt sich die Gleichung in Polarkoordinaten

$$r = \frac{k}{1 + e\cos\theta}$$

in die Gleichung

$$(1 - e^2)x^2 + y^2 + 2kex - k^2 = 0.$$

in kartesischen Koordinaten überführen.

83. **Archimedische Spiralen** Den Graphen einer Gleichung der Form $r = a\theta$ (mit einer Konstanten $a \neq 0$) nennt man eine *archimedische Spirale*. Kann man hier eine Aussage machen zum Abstand von aufeinander folgenden Spiralwindungen?

Kapitel 11 – Zusätzliche Aufgaben und Aufgaben für Fortgeschrittene

Kegelschnitte **1.** Stellen Sie eine Gleichung auf für die Parabel mit dem Brennpunkt $(4, 0)$ und der Leitlinie $x = 3$. Skizzieren Sie die Parabel; zeichnen Sie auch Scheitelpunkt, Brennpunkt und Leitlinie ein.

2. Berechnen Sie den Scheitel, den Brennpunkt und die Leitlinie der Parabel

$$x^2 - 6x - 12y + 9 = 0.$$

3. Welche Kurve durchläuft ein Punkt $P(x, y)$, wenn der Abstand zwischen P und dem Scheitel der Parabel $x^2 = 4y$ immer das Doppelte des Abstands zwischen P und dem Brennpunkt beträgt? Stellen Sie eine Gleichung der Bahnkurve auf und bestimmen Sie die Art der Kurve.

4. Eine Strecke der Länge $a + b$ geht von der x-Achse zur y-Achse. Der Punkt P auf dieser Strecke hat den Abstand a zum einen Ende der Strecke und den Abstand b zum anderen. Die Enden der Strecke bewegen sich nun entlang der Koordinatenachsen. Zeigen Sie, dass P dabei eine Ellipse beschreibt.

5. Die Hauptscheitel einer Ellipse mit der numerischen Exzentrität 0,5 liegen in den Punkten $(0, \pm 2)$. Wo liegen die Brennpunkte?

6. Eine Ellipse mit der numerischen Exzentrität $2/3$ habe die Leitlinie $x = 2$, der entsprechende Brennpunkt sei $(4, 0)$. Stellen Sie die Gleichung dieser Ellipse auf.

7. Ein Brennpunkt einer Hyperbel liege in dem Punkt $(0, -7)$, die entsprechende Leitlinie sei $y = -1$. Stellen Sie eine Gleichung für diese Hyperbel auf, wenn die numerische Exzentrität **a.** gleich 2 und **b.** gleich 5 ist.

8. Stellen Sie eine Gleichung für die Hyperbel mit den Brennpunkten $(0, -2)$ und $(0, 2)$ auf, die durch den Punkt $(12, 7)$ geht.

9. Zeigen Sie, dass die Gerade

$$b^2xx_1 + a^2yy_1 - a^2b^2 = 0$$

eine Tangente der Ellipse $b^2x^2 + a^2y^2 - a^2b^2 = 0$ in dem Punkt (x_1, y_1) ist.

10. Zeigen Sie, dass die Gerade

$$b^2xx_1 - a^2yy_1 - a^2b^2 = 0$$

eine Tangente der Hyperbel $b^2x^2 - a^2y^2 - a^2b^2 = 0$ in dem Punkt (x_1, y_1) ist.

Gleichungen und Ungleichungen Welche Punkte in der xy-Ebene erfüllen die Gleichungen und Ungleichungen in den Aufgaben 11–16? Machen Sie zu jeder Aufgaben eine Skizze.

11. $(x^2 - y^2 - 1)(x^2 + y^2 - 25)(x^2 + 4y^2 - 4) = 0$

12. $(x + y)(x^2 + y^2 - 1) = 0$

13. $(x^2/9) + (y^2/16) \leq 1$

14. $(x^2/9) - (y^2/16) \leq 1$

15. $(9x^2 + 4y^2 - 36)(4x^2 + 9y^2 - 16) \leq 0$

16. $(9x^2 + 4y^2 - 36)(4x^2 + 9y^2 - 16) > 0$

Polarkoordinaten **17.** **a.** Stellen Sie für die Kurve

$$x = e^{2t} \cos t, \ y = e^{2t} \sin t; \ -\infty < t < \infty$$

eine Gleichung in Polarkoordinaten auf.

b. Berechnen Sie die Länge der Kurve von $t = 0$ bis $t = 2\pi$.

18. Berechenen Sie die Länge der Kurve $r = 2\sin^3(\theta/3)$ für $0 \leq \theta \leq 3\pi$.

Theorie und Beispiele

19. **Epizykloide** Ein Kreis rolle außen auf dem Umfang eines anderen feststehenden Kreises ab. Jeder Punkt P auf dem Umfang des rollenden Kreises beschreibt dann eine Kurve, die man *Epizykloide* nennt (vgl. die untenstehende Abbildung). Der feststehende Kreis habe den Mittelpunkt im Ursprung O und den Radius a.

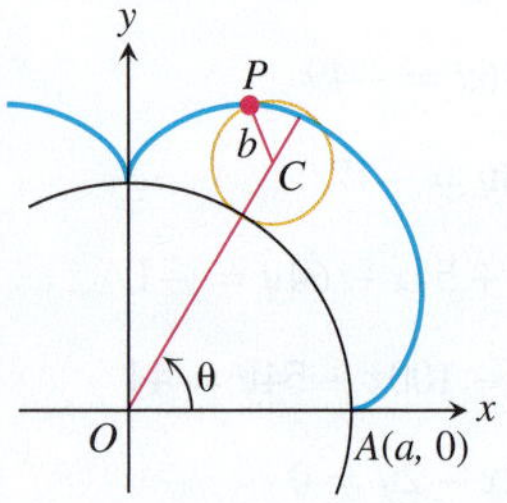

Der Radius des rollenden Kreises sei b, und der Startpunkt von P sei $A(a, 0)$. Stellen Sie eine Parametergleichung für die Epizykloide auf. Verwenden Sie als Parameter den Winkel θ zwischen der positiven x-Achse und der Geraden durch die Mittelpunkte der Kreise.

20. Eine Fläche werde von der x-Achse und einem Ast der Zykloide

$$x = a(t - \sin t), \ y = a(1 - \cos t); \quad 0 \leq t \leq 2\pi$$

eingeschlossen. Bestimmen Sie den geometrischen Schwerpunkt dieser Fläche.

Der Winkel zwischen dem Radiusvektor und der Tangente einer Kurve in Polarkoordinaten Wenn wir in kartesischen Koordinaten die Richtung einer Kurve in einem Punkt angeben wollen, dann machen wir das mithilfe des Winkels ϕ, der entgegen dem Uhrzeigersinn zwischen der x-Achse und der Tangente an die Kurve in dem Punkt gemessen wird. In Polarkoordinaten ist es dagegen üblich, den Winkel ψ zwischen dem *Radiusvekor* und der Tangente anzugeben (vgl. die untenstehende Abbildung). Daraus kann man den Winkel ϕ dann mit der folgenden Gleichung berechnen:

$$\phi = \theta + \psi. \tag{11.33}$$

Diese Gleichung erhält man, indem man in der untenstehenden Abbildung die Winkelsumme in dem Dreieck und die Winkel am Schnittpunkt der Geraden betrachtet.

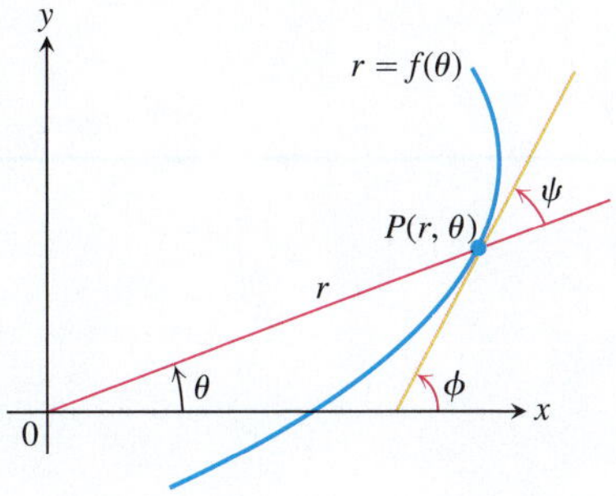

Die Gleichung der Kurve sei nun in der Form $r = f(\theta)$ gegeben, dabei ist $f(\theta)$ eine differenzierbare Funktion von θ. Dann sind

$$x = r\cos\theta \quad \text{und} \quad y = r\sin\theta \qquad (11.34)$$

differenzierbare Funktionen von θ mit

$$\begin{aligned}\frac{\mathrm{d}x}{\mathrm{d}\theta} &= -r\sin\theta + \cos\theta\frac{\mathrm{d}r}{\mathrm{d}\theta}\\ \frac{\mathrm{d}y}{\mathrm{d}\theta} &= r\cos\theta + \sin\theta\frac{\mathrm{d}r}{\mathrm{d}\theta}.\end{aligned} \qquad (11.35)$$

Aus Gleichung (11.33) folgt $\psi = \phi - \theta$ und damit

$$\tan\psi = \tan(\phi - \theta) = \frac{\tan\phi - \tan\theta}{1 + \tan\phi\tan\theta}.$$

Außerdem gilt

$$\tan\phi = \frac{\mathrm{d}y}{\mathrm{d}x} = \frac{\mathrm{d}y/\mathrm{d}\theta}{\mathrm{d}x/\mathrm{d}\theta},$$

denn $\tan\phi$ entspricht der Steigung der Kurve im Punkt P. Für die Steigung gilt auch

$$\tan\theta = \frac{y}{x}.$$

Damit ergibt sich

$$\tan\psi = \frac{\frac{\mathrm{d}y/\mathrm{d}\theta}{\mathrm{d}x/\mathrm{d}\theta} - \frac{y}{x}}{1 + \frac{y}{x}\frac{\mathrm{d}y/\mathrm{d}\theta}{\mathrm{d}x/\mathrm{d}\theta}} = \frac{x\frac{\mathrm{d}y}{\mathrm{d}\theta} - y\frac{\mathrm{d}x}{\mathrm{d}\theta}}{x\frac{\mathrm{d}x}{\mathrm{d}\theta} + y\frac{\mathrm{d}y}{\mathrm{d}\theta}}. \qquad (11.36)$$

Den Zähler des letzten Ausdrucks von Gleichung (11.36) kann man mithilfe von Gleichung (11.34) und (11.35) berechnen. Es ergibt sich

$$x\frac{\mathrm{d}y}{\mathrm{d}\theta} - y\frac{\mathrm{d}x}{\mathrm{d}\theta} = r^2.$$

Genauso kann man den Nenner bestimmen und erhält

$$x\frac{\mathrm{d}x}{\mathrm{d}\theta} + y\frac{\mathrm{d}y}{\mathrm{d}\theta} = r\frac{\mathrm{d}r}{\mathrm{d}\theta}.$$

Setzen wir diese beiden Ergebnisse in Gleichung (11.36) ein, so erhalten wir

$$\tan\psi = \frac{r}{\mathrm{d}r/\mathrm{d}\theta}. \qquad (11.37)$$

Mit dieser Gleichung bestimmen wir ψ als Funktion von θ.

21. Zeigen Sie mithilfe einer Skizze: Der Winkel β zwischen den Tangenten zweier Kurven in einem Schnittpunkt der Kurven lässt sich mit der folgenden Gleichung berechnen:

$$\tan\beta = \frac{\tan\psi_2 - \tan\psi_1}{1 + \tan\psi_2\tan\psi_1}. \qquad (11.38)$$

Wann schneiden sich die beiden Kurven in einem rechten Winkel?

22. Berechnen Sie den Wert von $\tan\psi$ für die Kurve $r = \sin^4(\theta/4)$.

23. Berechnen Sie den Winkel zwischen dem Radiusvektor der Kurve $r = 2a\sin 3\theta$ und ihrer Tangenten für $\theta = \pi/6$.

24. **a.** Zeichnen Sie die hyperbolische Spirale $r\theta = 1$. Wie scheint sich der Winkel ψ zu verhalten, wenn die Spirale sich um den Ursprung windet?
b. Bestätigen Sie das Ergebnis aus Teil **a.** durch Rechnung.

25. Die Kreise $r = \sqrt{3}\cos\theta$ und $r = \sin\theta$ schneiden sich in dem Punkt $(\sqrt{3}/2, \pi/3)$. Zeigen Sie, dass ihre Tangenten dort senkrecht aufeinander stehen.

26. Berechnen Sie den Winkel, mit dem die Kardioide $r = a(1 - \cos\theta)$ den Strahl $\theta = \pi/2$ schneidet.

Lernziele

1 Dreidimensionale Koordinatensysteme

- Rechtwinklige Koordinaten
- Abstände und Kugeln im Raum
- Geometrische Interpretation von Gleichungen
- Beschreibungen von Punktmengen durch Ungleichungen

2 Vektoren

- Vektoren als gerichtete Strecken
- Betrag und Richtung, Einheitsvektoren
- Ortsvektoren
- Komponentendarstellung
- Rechenoperationen mit Vektoren

3 Das Skalarprodukt

- Winkel zwischen Vektoren
- Orthogonale Vektoren
- Eigenschaften des Skalarprodukts
- Vektorprojektionen
- Arbeit

4 Das Kreuzprodukt

- Das Kreuzprodukt zweier Vektoren im Raum
- Parallele Vektoren
- Eigenschaften des Kreuzprodukts
- Die Determinantengleichung des Kreuzprodukts
- Drehmoment
- Das gemischte Produkt (Spatprodukt)

5 Geraden und Ebenen im Raum

- Geraden und Strecken im Raum
- Vektorgleichungen einer Geraden
- Parametergleichung für eine Gerade
- Abstand zwischen einem Punkt und einer Geraden im Raum
- Gleichung für eine Ebene im Raum
- Schnittgeraden zweier Ebenen
- Abstand zwischen einem Punkt und einer Ebene
- Winkel zwischen Ebenen

6 Zylinder und Flächen zweiter Ordnung

- Zylinder
- Flächen zweiter Ordnung

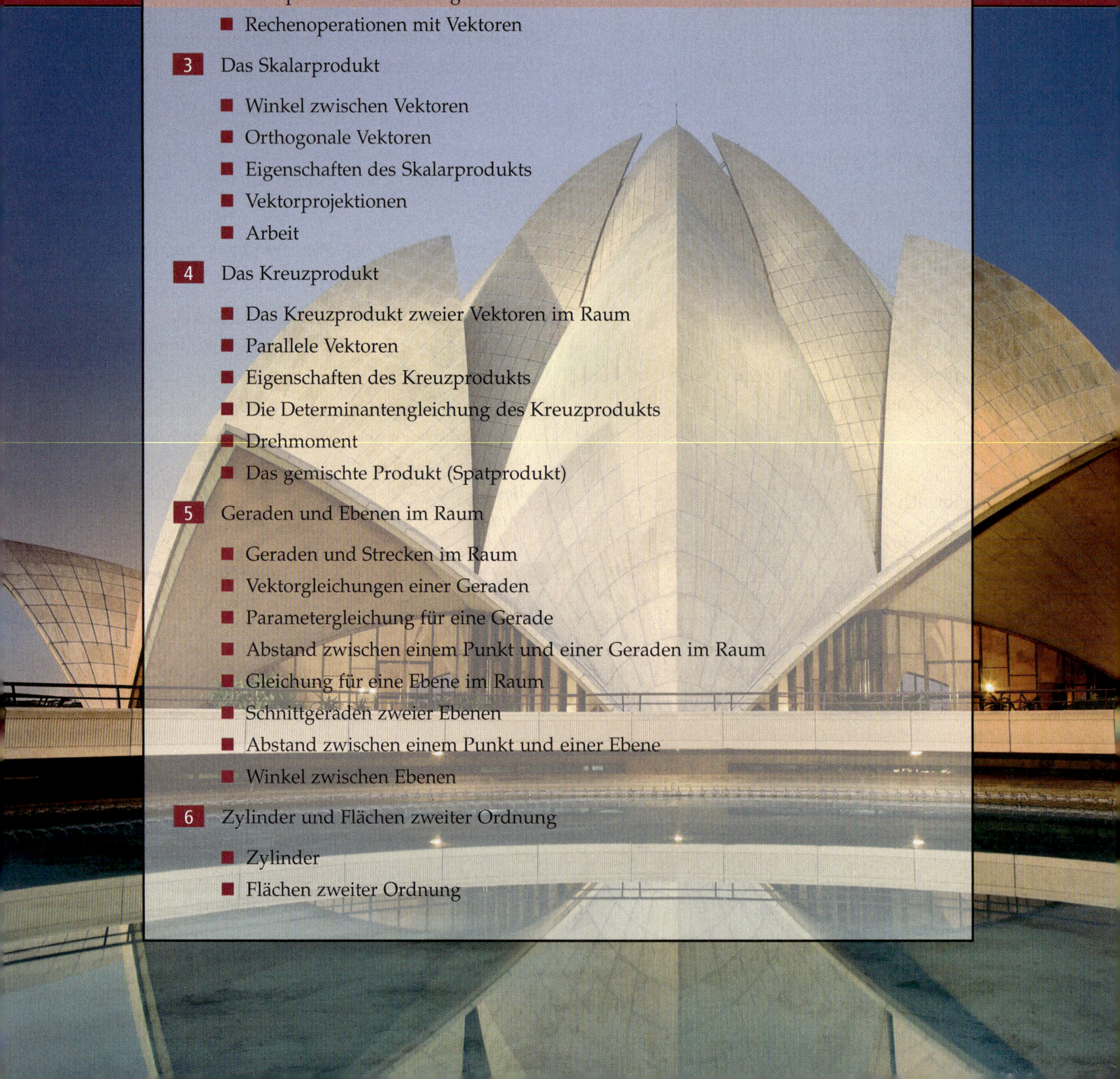

Vektoren und Geometrie im Raum

12

ÜBERBLICK

Übersicht

Für die meisten Anwendungen der Analysis und auch für andere Bereiche der höheren Mathematik brauchen wir eine mathematische Beschreibung des dreidimensionalen Raums. In diesem Kapitel besprechen wir dreidimensionale Koordinatensysteme und Vektoren. Wir gehen von Koordinatensystemen in der xy-Ebene aus und fügen eine dritte Achse hinzu, die den Abstand über und unter der Ebene misst. Damit erhalten wir ein Koordinatensystem für den Raum. Vektoren sind wichtig für die analytische Geometrie im Raum, mit ihnen kann man Geraden, Ebenen, Oberflächen und Kurven im Raum recht einfach beschreiben. Auf der Grundlage dieser geometrischen Vorstellung der Vektoren werden wir in den weiteren Kapiteln des Buchs Bewegungen im Raum untersuchen und Funktionen mit mehreren Variablen besprechen. Dazu gibt es zahlreiche wichtige Anwendungen in den Natur- und Ingenieurwissenschaften, in wirtschaftlichen Fragen und der höheren Mathematik.

12.1 Dreidimensionale Koordinatensysteme

Um einen Punkt im Raum eindeutig zu lokalisieren, verwenden wir drei aufeinander senkrecht stehende Geraden, die wie in ►Abbildung 12.1 angeordnet sind. Wie man dort sehen kann, bilden die drei Achsen ein *rechtshändiges* Koordinatensystem: Hält man seine rechte Hand so, dass die gekrümmten Finger von der positiven x-Achse zur positiven y-Achse zeigen, so gibt der gestreckte Daumen die Richtung der positiven z-Achse an. Wenn man also aus der Richtung der positiven z-Achse auf die xy-Ebene schaut, dann werden positive Winkel in der Ebene von der positiven x-Achse aus entgegen dem Uhrzeigersinn um die positive z-Achse gemessen. (In einem linkshändigen Koordinatensystem würde die z-Achse in Abbildung 12.1 nach unten zeigen, und Winkel wären positiv, wenn sie von der x-Achse aus im Uhrzeigersinn gemessen werden. Rechtshändige und linkshändige Koordinatensysteme sind nicht äquivalent.)

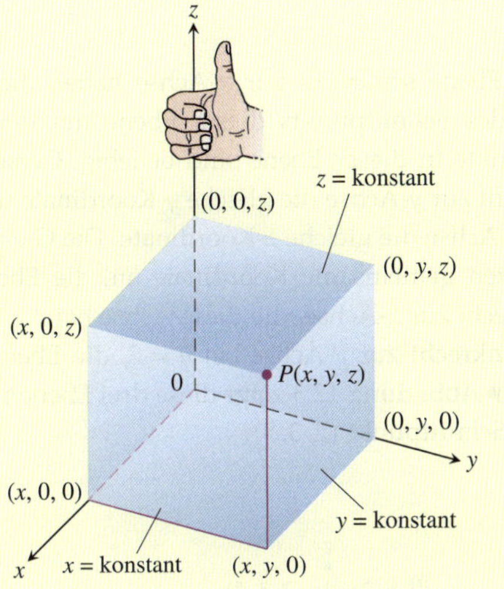

Abbildung 12.1 Das kartesische Koordinatensystem ist rechtshändig.

Legt man durch den Punkt P im Raum Ebenen senkrecht zu den Koordinatenachsen, so schneiden diese Ebenen die Achsen jeweils in einem Punkt. Die Werte dieser Schnittpunkte sind die kartesischen Koordinaten (x, y, z) des Punkts. Die kartesischen Koordinaten im Raum bilden ein **rechtwinkliges Koordinatensystem**, da die Achsen, die es definieren, sich im rechten Winkel schneiden. Liegt ein Punkt auf der x-Achse, so sind seine y- und z-Koordinaten gleich null; der Punkt hat also Koordinaten der Form $(x, 0, 0)$. Entsprechend haben Punkte auf der y-Achse Koordinaten der Form $(0, y, 0)$ und Punkte auf der z-Achse Koordinaten der Form $(0, 0, z)$.

Die Koordinatenachsen legen drei Ebenen fest: die **xy-Ebene**, deren Standardgleichung $z = 0$ ist, die **yz-Ebene** mit der Standardgleichung $x = 0$ und die **xz-Ebene**, sie hat die Standardgleichung $y = 0$. Diese drei Ebenen schneiden sich im **Ursprung** $(0, 0, 0)$ (►Abbildung 12.2). Der Ursprung wird oft auch einfach mit 0 bezeichnet oder mit dem Buchstaben O.

Die drei **Koordinatenebenen** $x = 0$, $y = 0$ und $z = 0$ teilen den Raum in acht Bereiche, die **Oktanten**. Den Oktanten, in dem alle drei Koordinaten positiv sind, nennt man den **ersten Oktanten**, für die Nummerierung der übrigen sieben gibt es keine feststehende Konvention.

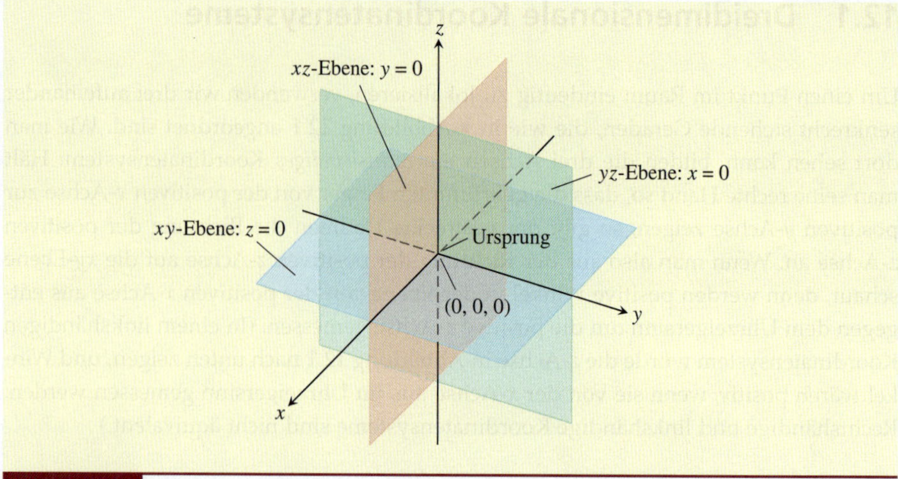

Abbildung 12.2 Die Ebenen $x = 0$, $y = 0$ und $z = 0$ teilen den Raum in acht Oktanten.

Alle Punkte in einer Ebene senkrecht zur x-Achse haben die gleiche x-Koordinate, und zwar den Wert des Schnittpunkts dieser Ebene mit der x-Achse. Die y- und z-Koordinaten der Punkte in dieser Ebene sind beliebig. Genauso haben alle Punkte in einer Ebene senkrecht zur y-Achse die gleiche y-Koordinate und alle Punkte in einer Ebene senkrecht zur z-Achse die gleiche z-Koordinate. Die Gleichungen dieser Ebenen geben die allen Punkten gemeinsame Koordinate an; die Ebene $x = 2$ ist beispielsweise die Ebene senkrecht zur x-Achse, die diese Achse bei $x = 2$ schneidet. Die Ebene $y = 3$ ist die Ebene senkrecht zur y-Achse bei $y = 3$, die Ebene $z = 5$ liegt senkrecht zur z-Achse bei $z = 5$. ▶Abbildung 12.3 zeigt diese drei Ebenen $x = 2$, $y = 3$ und $z = 5$ zusammen mit ihrem Schnittpunkt $(2, 3, 5)$.

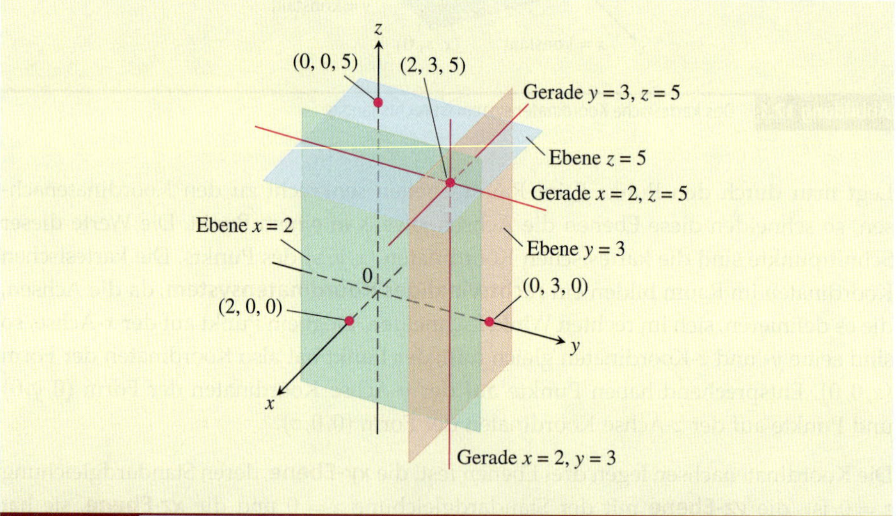

Abbildung 12.3 Die Ebene $x = 2$, $y = 3$ und $z = 5$ legen paarweise drei Geraden durch den Punkt $(2, 3, 5)$ fest.

Die beiden Ebenen $x = 2$ und $y = 3$ schneiden sich in einer Geraden parallel zur z-Achse (vgl. Abbildung 12.3). Diese Gerade wird durch ein *Paar* von Gleichungen beschrieben, $x = 2$ und $y = 3$. Ein Punkt (x, y, z) liegt dann und nur dann auf der Geraden, wenn gilt $x = 2$ und $y = 3$. Entsprechend wird die Schnittgerade der Ebenen $y = 3$ und $z = 5$ durch das Gleichungspaar $y = 3$, $z = 5$ beschrieben. Diese Gerade verläuft parallel zur x-Achse. Die Schnittgerade der Ebenen $x = 2$ und $z = 5$ schließlich liegt parallel zur y-Achse und wird durch das Geradenpaar $x = 2$, $z = 5$ beschrieben.

In den folgenden Beispielen stellen wir eine Reihe von Gleichungen und Ungleichungen im Raum zusammen und geben an, welche Punktmengen sie jeweils definieren.

Beispiel 12.1 Wir interpretieren die folgenden Gleichungen und Ungleichungen im Raum geometrisch.

Definition von Punktmengen im Raum

1.	$z \geq 0$	Die Punkte in dem Halbraum auf und oberhalb der xy-Ebene.
2.	$x = -3$	Die Ebene senkrecht zur x-Achse bei $x = -3$. Diese Ebene liegt parallel zur yz-Ebene, drei Einheiten hinter ihr.
3.	$z = 0,\ x \leq 0,\ y \geq 0$	Der zweite Quadrant der xy-Ebene.
4.	$x \geq 0,\ y \geq 0,\ z \geq 0$	Der erste Oktant.
5.	$-1 \leq y \leq 1$	Der Bereich zwischen den Ebenen $y = -1$ und $y = 1$ (inklusive der Ebenen).
6.	$y = -2,\ z = 2$	Die Schnittgerade der beiden Ebenen $y = -2$ und $z = 2$. Alternativ kann man diese Punktmenge auch interpretieren als die Gerade parallel zur x-Achse, die durch den Punkt $(0, -2, 2)$ geht.

Beispiel 12.2 Welche Punkte $P(x, y, z)$ genügen den Gleichungen

Kreis im Raum

$$x^2 + y^2 = 4 \quad \text{und} \quad z = 3?$$

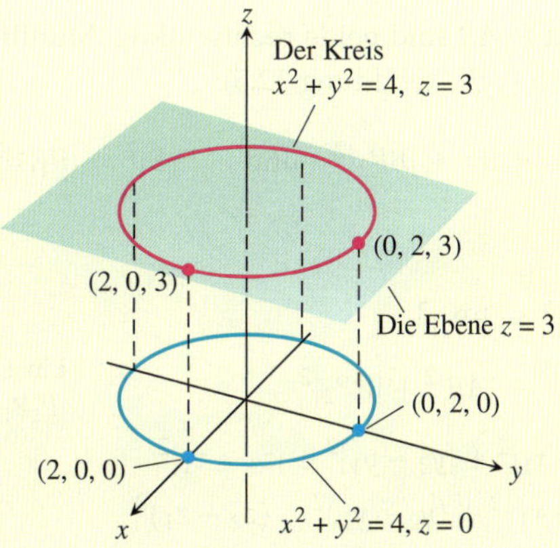

Abbildung 12.4 Der Kreis $x^2 + y^2 = 4$ in der Ebene $z = 3$ (Beispiel 12.2).

Lösung Die Punkte liegen in der horizontalen Ebene $z = 3$ und bilden in dieser Ebene den Kreis $x^2 + y^2 = 4$. Wir nennen diese Punktmenge „den Kreis $x^2 + y^2 = 4$ in der Ebene $z = 3$“ oder einfacher „den Kreis $x^2 + y^2 = 4$, $z = 3$“ (►Abbildung 12.4). ■

Abstände und Kugeln im Raum

Die Gleichung für den Abstand zweier Punkte in der Ebene lässt sich ausweiten auf Punkte im Raum.

Merke

Der Abstand zwischen $P_1(x_1, y_1, z_1)$ und $P_2(x_2, y_2, z_2)$ ist

$$|P_1P_2| = \sqrt{(x_2 - x_1)^2 + (y_2 - y_1)^2 + (z_2 - z_1)^2}$$

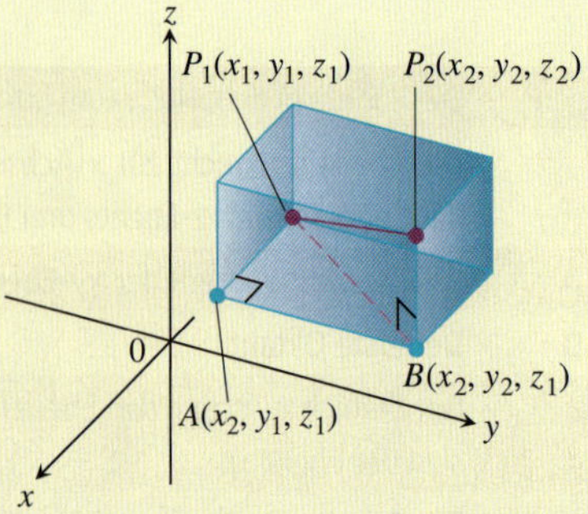

Abbildung 12.5 Wir bestimmen den Abstand zwischen den Punkten P_1 und P_2 mithilfe des Satzes von Pytharoras in den rechtwinkligen Dreiecken P_1AB und P_1BP_2.

Beweis Wir gehen von einem Quader aus, dessen Seiten parallel zu den Koordinatenebenen liegen und in dem die Punkte P_1 und P_2 zwei gegenüberliegende Ecken bezeichnen. $A(x_2, y_1, z_1)$ und $B(x_2, y_2, z_1)$ sind zwei weitere Eckpunkte des Quaders, die in ▸Abbildung 12.5 eingezeichnet sind. Die drei Kanten des Quaders haben dann die Längen

$$|P_1A| = |x_2 - x_1|, \quad |AB| = |y_2 - y_1|, \quad |BP_2| = |z_2 - z_1|.$$

Die Dreiecke P_1BP_2 und P_1AB sind beide rechtwinklig. Mithilfe des Satzes von Pythagoras erhält man deshalb (vgl. Abbildung 12.5):

$$|P_1P_2|^2 = |P_1B|^2 + |BP_2|^2 \quad \text{und} \quad |P_1B|^2 = |P_1A|^2 + |AB|^2.$$

Es ist also

$$\begin{aligned} |P_1P_2|^2 &= |P_1B|^2 + |BP_2|^2 \\ &= |P_1A|^2 + |AB|^2 + |BP_2|^2 \\ &= |x_2 - x_1|^2 + |y_2 - y_1|^2 + |z_2 - z_1|^2 \\ &= (x_2 - x_1)^2 + (y_2 - y_1)^2 + (z_2 - z_1)^2 \end{aligned}$$

Einsetzen von $|P_1B|^2 = |P_1A|^2 + |AB^2|$

Daraus folgt

$$|P_1P_2| = \sqrt{(x_2 - x_1)^2 + (y_2 - y_1)^2 + (z_2 - z_1)^2}$$ ■

Abstand im Raum

Beispiel 12.3 Der Abstand zwischen $P_1(2, 1, 5)$ und $P_2(-2, 3, 0)$ ist

$$\begin{aligned} |P_1P_2| &= \sqrt{(-2-2)^2 + (3-1)^2 + (0-5)^2} \\ &= \sqrt{16 + 4 + 25} \\ &= \sqrt{45} \approx 6{,}708. \end{aligned}$$

Mithilfe der Gleichung für Abstände lässt sich auch eine Gleichung für eine Kugel im Raum aufstellen (►Abbildung 12.6). Ein Punkt $P(x, y, z)$ liegt genau dann auf einer Kugel mit dem Radius a und dem Mittelpunkt $P_0(x_0, y_0, z_0)$, wenn gilt $|P_0P| = a$ oder

$$(x - x_0)^2 + (y - y_0)^2 + (z - z_0)^2 = a^2.$$

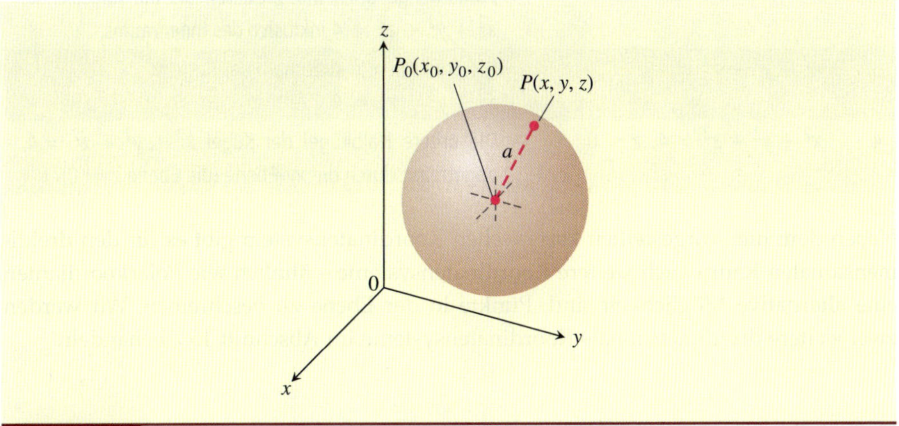

Abbildung 12.6 Die Kugel mit Radius a und Mittelpunkt (x_0, y_0, z_0).

Merke

Standardgleichung für eine Kugel mit dem Radius a und dem Mittelpunkt (x_0, y_0, z_0)

$$(x - x_0)^2 + (y - y_0)^2 + (z - z_0)^2 = a^2$$

Kugel im Raum

Beispiel 12.4 Bestimmen Sie den Mittelpunkt und den Radius der Kugel

$$x^2 + y^2 + z^2 + 3x - 4z + 1 = 0.$$

Lösung Wir berechnen Mittelpunkt und Radius einer Kugel mit dem gleichen Verfahren, mit dem wir auch Mittelpunkt und Radius eines Kreises bestimmen: Die Terme mit den Variablen x, y, und z werden – wenn nötig mithilfe einer quadratischen Ergänzung – in einen quadrierten linearen Ausdruck umgeformt. Vergleicht man diesen Ausdruck mit der Standardgleichung, kann man daraus Mittelpunkt und Radius ablesen. Für die hier beschriebene Kugel erhalten wir

$$x^2 + y^2 + z^2 + 3x - 4z + 1 = 0$$

$$(x^2 + 3x) + y^2 + (z^2 - 4z) = -1$$

$$\left(x^2 + 3x + \left(\frac{3}{2}\right)^2\right) + y^2 + \left(z^2 - 4z + \left(\frac{-4}{2}\right)^2\right) = -1 + \left(\frac{3}{2}\right)^2 + \left(\frac{-4}{2}\right)^2$$

$$\left(x + \frac{3}{2}\right)^2 + y^2 + (z - 2)^2 = -1 + \frac{9}{4} + 4 = \frac{21}{4}.$$

Wir vergleichen mit der Standardgleichung und lesen ab: $x_0 = -3/2$, $y_0 = 0$, $z_0 = 2$ und $a = \sqrt{21}/2$. Der Mittelpunkt liegt also bei $(-3/2, 0, 2)$; der Radius ist $\sqrt{21}/2$. ■

Gleichungen von Kugeln

Beispiel 12.5 Die folgenden Gleichungen und Ungleichungen beschreiben Kugeln oder Teile von Kugeln. Eine geometrische Interpretation steht jeweils daneben.

1.	$x^2 + y^2 + z^2 < 4$	Die Punkte innerhalb der Kugel $x^2 + y^2 + z^2 = 4$.
2.	$x^2 + y^2 + z^2 \leq 4$	Die ausgefüllte Kugel, die von der Kugelschale $x^2 + y^2 + 7^2 = 4$ umschlossen ist. Alternativ kann man die Punktmenge auch interpretieren als die Kugelschale $x^2 + y^2 + z^2 = 4$ inklusive des Innenraums.
3.	$x^2 + y^2 + z^2 > 4$	Die Punktmenge außerhalb der Kugel $x^2 + y^2 + z^2 = 4$.
4.	$x^2 + y^2 + z^2 = 4,\ z \leq 0$	Die untere Halbkugel der Kugel $x^2 + y^2 + z^2 = 4$, abgetrennt durch die xy-Ebene (die Ebene $z = 0$).

Neben dem hier vorgestellten kartesischen Koordinatensystem gibt es für den dreidimensionalen Raum auch weitere Koordinatensysteme – ähnlich wie Polarkoordianten eine alternative Möglichkeit sind, Punkte in der Ebene zu beschreiben. Wir werden zwei weitere dreidimensionale Koordinatensysteme im Abschnitt 15.7 behandeln.

Aufgaben zum Abschnitt 12.1

Geometrische Interpretation von Gleichungen
Beschreiben Sie in den Aufgaben 1–9, welche geometrische Form die Punkte bilden, deren Koordinaten die gegebenen Gleichungspaare erfüllen.

1. $x = 2, \quad y = 3$

2. $y = 0, \quad z = 0$

3. $x^2 + y^2 = 4, \quad z = 0$

4. $x^2 + z^2 = 4, \quad y = 0$

5. $x^2 + y^2 + z^2 = 1, \quad x = 0$

6. $x^2 + y^2 + (z+3)^2 = 25, \quad z = 0$

7. $x^2 + y^2 = 4, \quad z = y$

8. $y = x^2, \quad z = 0$

9. $z = y^2, \quad x = 1$

Geometrische Interpretation von Gleichungen und Ungleichungen Beschreiben Sie in den Aufgaben 10–14 die Punktmengen im Raum, deren Koordinaten die gegebenen Ungleichungen (oder die Kombination aus Ungleichung und Gleichung) erfüllen.

10. **a.** $x \geq 0, \quad y \geq 0, \quad z = 0$
b. $x \geq 0, \quad y \leq 0, \quad z = 0$

11. **a.** $x^2 + y^2 + z^2 \leq 1$
b. $x^2 + y^2 + z^2 > 1$

12. **a.** $1 \leq x^2 + y^2 + z^2 \leq 4$
b. $x^2 + y^2 + z^2 \leq 1, \quad z \geq 0$

13. **a.** $y \geq x^2, \quad z \geq 0$
b. $x \leq y^2, \quad 0 \leq z \leq 2$

14. **a.** $z = 1 - y$, keine Einschränkung für x
b. $z = y^3, \quad x = 2$

Bestimmen Sie in den Aufgaben 15–20 eine Gleichung oder ein Gleichungspaar, die die gegebenen Punktmengen beschreiben.

15. Die Ebene senkrecht zur
a. x-Achse bei $(3, 0, 0)$,
b. y-Achse bei $(0, -1, 0)$,
c. z-Achse bei $(0, 0, -2)$.

16. Die Ebene durch den Punkt $(3, -1, 1)$ und parallel zur
a. xy-Ebene, **b.** yz-Ebene, **c.** xz-Ebene.

17. Der Kreis mit dem Radius 2 und dem Mittelpunkt $(0, 2, 0)$, der in der
a. xy-Ebene, **b.** yz-Ebene, **c.** Ebene $y = 2$.
liegt.

18. Die Gerade durch den Punkt $(1, 3, -1)$ und parallel zur
a. x-Achse, **b.** y-Achse, **c.** z-Achse.

19. Der Kreis, in dem die Ebene durch den Punkt $(1,1,3)$ senkrecht zur z-Achse die Kugel mit dem Radius 5 und dem Mittelpunkt im Ursprung schneidet.

20. Die Punktmenge im Raum, die 2 Einheiten vom Punkt $(0,0,1)$ und gleichzeitig 2 Einheiten vom Punkt $(0,0,-1)$ entfernt ist.

Beschreibung von Punktmengen durch Ungleichungen Stellen Sie in den Aufgaben 21–26 Ungleichungen auf, die die gegebenen Punktmengen beschreiben.

21. Die Platte, die von den beiden Ebenen $z = 0$ und $z = 1$ begrenzt wird (inklusive der Ebenen).

22. Der Würfel (inklusive seinem Inneren) im ersten Oktanten, der von den Koordinatenebenen und den Ebenen $x = 2$, $y = 4$ und $z = 2$ begrenzt wird.

23. Der Halbraum, der aus den Punkten auf und unterhalb der xy-Ebene besteht.

24. Die obere Hälfte der Kugel mit dem Radius 1 und dem Mittelpunkt im Ursprung.

25. Die Punktmenge **a.** innerhalb und **b.** außerhalb der Kugel mit dem Radius 1 und dem Mittelpunkt $(1,1,1)$.

26. Der abgeschlossene Raum, der von den beiden Kugeln mit den Radien 1 und 2 begrenzt wird, deren Mittelpunkt jeweils im Ursprung liegt. (*Abgeschlossen* bedeutet, dass die Kugelschalen eingeschlossen sind. Der Raum ohne die Begrenzungsflächen heißt *offen*. Diese Bezeichnungen entsprechen denen von Intervallen: Ein *abgeschlossenes* Intervall enthält die Randpunkte, ein *offenes* nicht. Eine abgeschlossene Punktmenge enthält die Begrenzungsflächen (den „Rand"), eine offene nicht.)

Abstände Berechnen Sie in den Aufgaben 27–30 den Abstand der Punkte P_1 und P_2.

27. $P_1(1,1,1)$, $P_2(3,3,0)$

28. $P_1(1,4,5)$, $P_2(4,-2,7)$

29. $P_1(0,0,0)$, $P_2(2,\ -2,\ -2)$

30. $P_1(5,3,-2)$, $P_2(0,0,0)$

Kugeln Berechnen Sie in den Aufgaben 31–34 den Radius und den Mittelpunkt der Kugeln.

31. $(x+2)^2 + y^2 + (z-2)^2 = 8$

32. $(x-1)^2 + \left(y+\frac{1}{2}\right)^2 + (z+3)^2 = 25$

33. $\left(x-\sqrt{2}\right)^2 + \left(y-\sqrt{2}\right)^2 + \left(z+\sqrt{2}\right)^2 = 2$

34. $x^2 + \left(y+\frac{1}{3}\right)^2 + \left(z-\frac{1}{3}\right)^2 = \frac{16}{9}$

Bestimmen Sie die Gleichungen der Kugeln, deren Radius und Mittelpunkt in den Aufgaben 35–38 gegeben sind.

35. Mittelpunkt: $(1,2,3)$; Radius: $\sqrt{14}$

36. Mittelpunkt: $(0,-1,5)$; Radius: 2

37. Mittelpunkt: $\left(-1,\frac{1}{2},-\frac{2}{3}\right)$; Radius: $\frac{4}{9}$

38. Mittelpunkt: $(0,-7,0)$; Radius: 7

Berechnen Sie in den Aufgaben 39–42 den Mittelpunkt und den Radius der Kugel.

39. $x^2 + y^2 + z^2 + 4x - 4z = 0$

40. $x^2 + y^2 + z^2 - 6y + 8z = 0$

41. $2x^2 + 2y^2 + 2z^2 + x + y + z = 9$

42. $3x^2 + 3y^2 + 3z^2 + 2y - 2z = 9$

Theorie und Beispiele

43. Stellen Sie eine Formel auf für den Abstand des Punkts $P(x,y,z)$ von der

a. x-Achse, **b.** y-Achse, **c.** z-Achse.

44. Stellen Sie eine Formel auf für den Abstand des Punkts $P(x,y,z)$ von der

a. xy-Ebene, **b.** yz-Ebene, **c.** xz-Ebene.

45. Berechnen Sie den Umfang des Dreiecks mit den Ecken $A(-1,2,1)$, $B(1,-1,3)$ und $C(3,4,5)$.

46. Zeigen Sie, dass der Punkt $P(3,1,2)$ den gleichen Abstand zu $A(2,-1,3)$ und $B(4,3,1)$ hat.

47. Stellen Sie eine Gleichung für die Menge aller Punkte auf, die den gleichen Abstand zu den Ebenen $y = 3$ und $y = -1$ haben.

48. Stellen Sie eine Gleichung für die Menge aller Punkte auf, die den gleichen Abstand zu dem Punkt $(0,0,2)$ und der xy-Ebene haben.

49. Bestimmen Sie den Punkt auf der Kugel $x^2 + (y-3)^2 + (z+5)^2 = 4$, der

a. der xy-Ebene, **b.** dem Punkt $(0,7,-5)$

am nächsten liegt.

50. Bestimmen Sie den Punkt, der den gleichen Abstand zu den Punkten $(0,0,0)$, $(0,4,0)$, $(3,0,0)$ und $(2,2,-3)$ hat.

12.2 Vektoren

Manche Messgrößen, die wir in der Physik bestimmen, werden nur durch ihren Betrag bestimmt. Wollen wir beispielsweise eine Masse, eine Länge oder die Zeit angeben, müssen wir lediglich eine Zahl aufschreiben und die Einheit angeben, die wir gewählt haben. Wollen wir dagegen eine Kraft, eine Verschiebung oder eine Geschwindigkeit angeben, benötigen wir mehr Informationen. Bei der Kraft müssen wir angeben, in welche Richtung sie wirkt und wie stark sie ist. Um die Verschiebung eines Körpers festzuhalten, müssen wir sagen, wohin er verschoben wurde und wie weit. Und die Geschwindigkeit lässt sich nur angeben, wenn wir wissen, wohin und wie schnell sich ein Objekt bewegt. In diesem Abschnitt zeigen wir, wie sich Messgrößen darstellen lassen, die sowohl eine Größe als auch eine Richtung in der Ebene oder dem Raum haben.

Komponentendarstellung

Bestimmte physikalische Größen wie Kraft, Verschiebung oder Geschwindigkeit haben einen Betrag und eine Richtung. Man nennt sie **Vektoren**, sie werden dargestellt durch eine **gerichtete Strecke** (►Abbildung 12.7). Die Pfeile zeigen in die Richtung der Wirkung, die Länge gibt die Größe der Wirkung in einer sinnvollen Einheit an. So zeigt beispielsweise ein Kraftvektor in die Richtung, in die die Kraft wirkt, und seine Länge gibt an, wie groß die Kraft ist. Ein Geschwindigkeitsvektor zeigt in die Bewegungsrichtung und seine Länge ist ein Maß für das Tempo des Objekts. ►Abbildung 12.8 zeigt die Bahn eines Teilchens in der Ebene oder im Raum an, außerdem ist an einer bestimmten Stelle der Bahn der Geschwindigkeitsvektor v des Teilchens eingezeichnet. (Wir behandeln diese Anwendung von Vektoren in Kapitel 13).

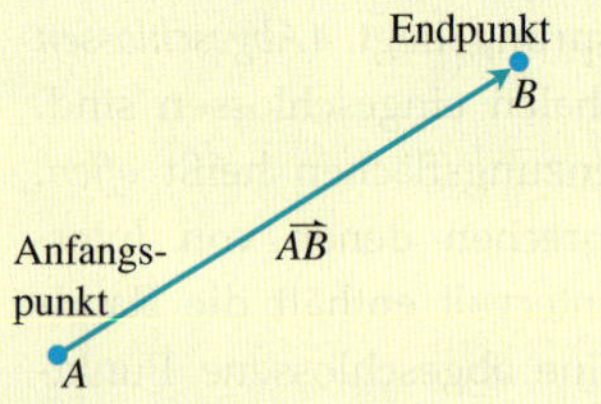

Abbildung 12.7 Die gerichtete Strecke $\overrightarrow{AB}$ nennt man einen Vektor.

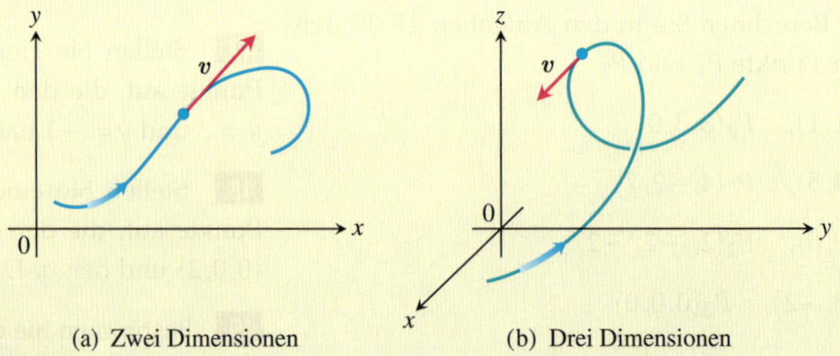

Abbildung 12.8 Der Geschwindigkeitsvektor eines Teilchens, das sich entlang einer Bahn (a) in der Ebene und (b) im Raum bewegt. Die Pfeilspitze auf der Bahn zeigt die Richtung der Bewegung an.

Definition

Ein Vektor wird durch eine gerichtete Strecke $\overrightarrow{AB}$ dargestellt; er hat dann den **Anfangspunkt** A und den **Endpunkt** B, seine Länge beträgt $|\overrightarrow{AB}|$. Zwei Vektoren sind **gleich**, wenn sie in Länge und Richtung übereinstimmen.

Zwei Pfeile repräsentieren also dann den gleichen Vektor, wenn sie gleich lang und parallel sind sowie in die gleiche Richtung zeigen, unabhängig vom Anfangspunkt (►Abbildung 12.9).

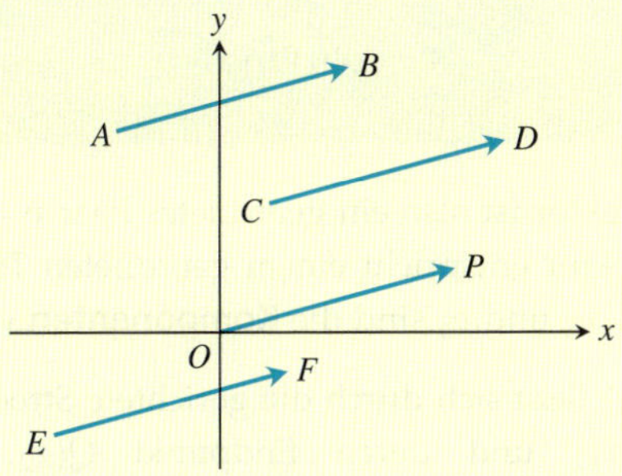

Abbildung 12.9 Diese vier Pfeile (gerichtete Strecken) in der Ebene haben die gleiche Länge und Richtung. Sie stehen damit für den gleichen Vektor, und wir schreiben $\overrightarrow{AB} = \overrightarrow{CD} = \overrightarrow{OP} = \overrightarrow{EF}$.

In gedruckten Texten werden Vektoren normalerweise durch kleine fett-kursive Buchstaben dargestellt, also beispielsweise $\boldsymbol{u}$, $\boldsymbol{v}$ oder $\boldsymbol{w}$. Manchmal werden auch fett-kursive Großbuchstaben verwendet, wie $\boldsymbol{F}$ für den Kraftvektor. Schreibt man mit der Hand, so werden für Vektoren üblicherweise kleine Pfeile über die Buchstaben gesetzt, z. B. $\vec{u}$, $\vec{v}$, $\vec{w}$ oder $\vec{F}$.

Als nächstes definieren wir eine algebraische Schreibweise für Vektoren, mit der sich die Richtung genauer angeben lässt. Es sei $\boldsymbol{v} = \overrightarrow{PQ}$. Es gibt dann eine gerichtete Strecke, die $\overrightarrow{PQ}$ entspricht und deren Anfangspunkt im Ursprung liegt (►Abbildung 12.10). Diese Strecke ist der **Ortsvektor** von $\boldsymbol{v}$. Normalerweise wird dieser Ortsvektor angegeben, wenn man $\boldsymbol{v}$ darstellen möchte. Der Endpunkt des Ortsvektors hat die Koordinaten (v_1, v_2, v_3); diese Koordinaten geben den Vektor eindeutig an. Liegt der Vektor $\boldsymbol{v}$ in der Ebene, hat der Endpunkt lediglich zwei Koordinaten (v_1, v_2).

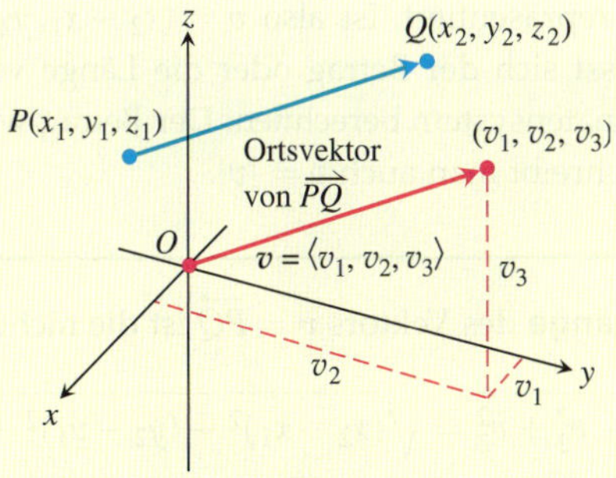

Abbildung 12.10 Der Anfangspunkt eines Ortsvektors $\overrightarrow{PQ}$ liegt im Ursprung. Die gerichteten Strecken $\overrightarrow{PQ}$ und $\boldsymbol{v}$ sind parallel und haben dieselbe Länge.

Definition

Es sei v ein **zweidimensionaler** Vektor in der Ebene und er sei gleich dem Vektor, dessen Anfangspunkt im Ursprung liegt und dessen Endpunkt die Koordinaten (v_1, v_2) hat. Die **Komponentendarstellung** von v ist dann

$$v = \langle v_1, v_2 \rangle.$$

Es sei v ein **dreidimensionaler** Vektor im Raum und er sei gleich dem Vektor, dessen Anfangspunkt im Ursprung liegt und dessen Endpunkt die Koordinaten (v_1, v_2, v_3) hat. Die **Komponentendarstellung** von v ist dann

$$v = \langle v_1, v_2, v_3 \rangle.$$

Ein zweidimensionaler Vektor ist also ein geordnetes Paar $v = \langle v_1, v_2 \rangle$ reeller Zahlen, ein dreidimensionaler Vektor entspricht einem geordneten Tripel von reellen Zahlen $\langle v_1, v_2, v_3 \rangle$. Die Zahlen v_1, v_2 und v_3 sind die **Komponenten** von v.

Der Vektor $v = \langle v_1, v_2, v_3 \rangle$ lässt sich durch die gerichtete Strecke $\overrightarrow{PQ}$ darstellen, deren Anfangspunkt $P(x_1, y_1, z_1)$ und deren Endpunkt $Q(x_2, y_2, z_2)$ ist. Dann gilt $x_1 + v_1 = x_2$, $y_1 + v_2 = y_2$ und $z_1 + v_3 = z_2$ (vgl. Abbildung 12.10). Die Komponenten von $\overrightarrow{PQ}$ sind also $v_1 = x_2 - x_1$, $v_2 = y_2 - y_1$ und $v_3 = z_2 - z_1$.

Zusammengefasst gilt: Sind die Punkte $P(x_1, y_1, z_1)$ und $Q(x_2, y_2, z_2)$ gegeben, dann ist der Ortsvektor $v = \langle v_1, v_2, v_3 \rangle$, der $\overrightarrow{PQ}$ entspricht, gleich

$$v = \langle x_2 - x_1,\ y_2 - y_1,\ z_2 - z_1 \rangle.$$

Für zweidimensionale v zwischen den Punkten $P(x_1, y_1)$ und $Q(x_2, y_2)$ in der Ebene ist der Ortsvektor $v = \langle x_2 - x_1, y_2 - y_1 \rangle$. Ebene Vektoren haben keine dritte Komponente. Wir werden im Folgenden Rechenverfahren für dreidimensionale Vektoren entwickeln und die dritte Komponente einfach weglassen, wenn der Vektor zweidimensional ist. (Solche Vektoren heißen auch planar.)

Zwei Vektoren sind dann und nur dann gleich, wenn ihre Ortsvektoren gleich sind. $\langle u_1,\ u_2,\ u_3 \rangle$ und $\langle v_1,\ v_2,\ v_3 \rangle$ sind also dann und nur dann **gleich**, wenn gilt $u_1 = v_1$, $u_2 = v_2$ und $u_3 = v_3$.

Der **Betrag** oder die **Länge** eines Vektors $\overrightarrow{PQ}$ ist die Länge einer beliebigen gerichteten Strecke, die den Vektor repräsentiert. Ist also $v = \langle x_2 - x_1, y_2 - y_1, z_2 - z_1 \rangle$ der Ortsvektor von $\overrightarrow{PQ}$, dann lässt sich der Betrag oder die Länge von v mit der Gleichung für Abstände im Koordinatensystem berechnen. Der Betrag wird oft mit $|v|$ oder $||v||$ bezeichnet, manchmal schreibt man auch $v = |v|$.

Merke

Der **Betrag** oder die **Länge** des Vektors $v = \overrightarrow{PQ}$ ist die nichtnegative Zahl

$$|v| = \sqrt{v_1^2 + v_2^2 + v_3^2} = \sqrt{(x_2 - x_1)^2 + (y_2 - y_1)^2 + (z_2 - z_1)^2}$$

(vgl. Abbildung 12.10).

Der einzige Vektor mit der Länge 0 ist der **Nullvektor** $\mathbf{0} = \langle 0, 0 \rangle$ oder $\mathbf{0} = \langle 0, 0, 0 \rangle$. Dieser Vektor ist auch der einzige, der keine Richtung hat. Der Nullvektor wird mit einer fetten Null geschrieben bzw. handschriftlich durch einen übergesetzten Vektorpfeil.

Beispiel 12.6 Bestimmen Sie **a** die Komponentendarstellung und **b** die Länge des Vektors mit dem Anfangspunkt $P(-3, 4, 1)$ und dem Endpunkt $Q(-5, 2, 2)$.

Vektor zwischen zwei Punkten

Lösung

a Der Ortsvektor $\boldsymbol{v}$ von $\overrightarrow{PQ}$ hat die Komponenten

$$v_1 = x_2 - x_1 = -5 - (-3) = -2, \quad v_2 = y_2 - y_1 = 2 - 4 = -2,$$

und

$$v_3 = z_2 - z_1 = 2 - 1 = 1.$$

Die Komponentendarstellung von $\boldsymbol{v} = \overrightarrow{PQ}$ ist also

$$\boldsymbol{v} = \langle -2, \ -2, 1 \rangle.$$

b Der Betrag oder die Länge von $\boldsymbol{v} = \overrightarrow{PQ}$ ist

$$|\boldsymbol{v}| = \sqrt{(-2)^2 + (-2)^2 + (1)^2} = \sqrt{9} = 3.$$

Beispiel 12.7 Ein kleiner Wagen wird auf einer ebenen Fläche von einer Kraft mit dem Betrag 80 N gezogen. Die Kraft wirkt in eine Richtung, die mit dem Boden einen Winkel von 45° bildet. Mit welcher *effektiven* Kraft wird der Wagen nach vorne bewegt?

Unter einem Winkel angreifende Kraft

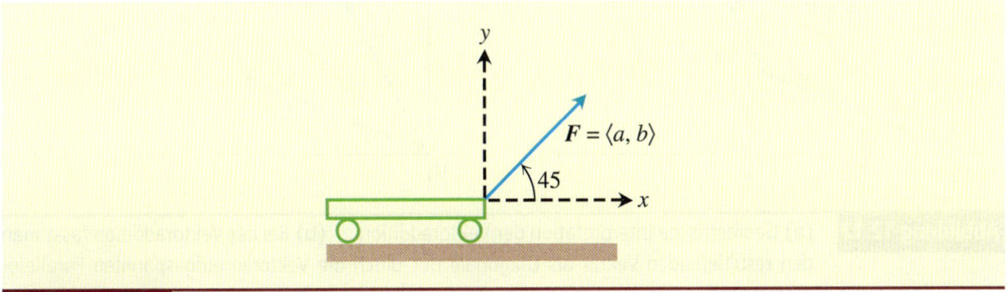

Abbildung 12.11 Die Kraft, die den Wagen zieht, wird durch den Vektor ***F*** dargestellt. Seine horizontale Komponente ist die effektive Kraft (Beispiel 12.7).

Lösung Die effektive Kraft entspricht der horizontalen Komponente der Kraft $\boldsymbol{F} = \langle a, b \rangle$. Diese Komponente ist gegeben durch

$$a = |\boldsymbol{F}| \cos 45^\circ = (80) \cdot \left(\frac{\sqrt{2}}{2}\right) \approx 56{,}57 \text{ N}.$$

F ist hier ein zweidimensionaler Vektor.

Rechenoperationen mit Vektoren

Zwei wichtige Rechenoperationen, die man mit Vektoren durchführt, sind die *Addition* von Vektoren und ihre *Multiplikation mit einem Skalar*. Ein **Skalar** ist einfach eine reelle Zahl; man verwendet den Begriff Skalar, wenn man den Unterschied zu einem Vektor deutlich machen möchte. Skalare können positiv, negativ oder null sein; multipliziert man einen Vektor mit einem Skalar, so wird der Vektor dadurch „skaliert".

Definition

Es seien $\boldsymbol{u} = \langle u_1, u_2, u_3 \rangle$ und $\boldsymbol{v} = \langle v_1, v_2, v_3 \rangle$ zwei Vektoren und k ein Skalar. Dann gilt

Addition: $\boldsymbol{u} + \boldsymbol{v} = \langle u_1 + v_1, u_2 + v_2, u_3 + v_3 \rangle$

Multiplikation mit einem Skalar: $k\boldsymbol{u} = \langle ku_1, ku_2, ku_3 \rangle$

Vektoren werden addiert, indem man die entsprechenden Komponenten einzeln addiert. Um einen Vektor mit einem Skalar zu multiplizieren, multipliziert man jede Komponente einzeln mit dem Skalar. Diese Definitionen gelten auch für planare Vektoren, dort gibt es lediglich nur zwei Komponenten $\langle u_1, u_2 \rangle$ und $\langle v_1, v_2 \rangle$.

►Abbildung 12.12a zeigt eine geometrische Interpretation der Vektoraddition in der Ebene: Zwei Vektoren werden addiert, indem man den Anfangspunkt des einen Vektors an den Endpunkt des anderen legt. Eine andere mögliche Interpretation ist in Abbildung 12.12b) zu sehen: Die Summe zweier Vektoren (der **resultierende Vektor**) ist die Diagonale des **Parallelogramms**, das die beiden Vektoren aufspannen. In der Physik werden Kräfte genauso vektoriell addiert wie Geschwindigkeiten oder Beschleunigungen. Wirken auf ein Teilchen also beispielsweise zwei Gravitationskräfte, so erhält man die Gesamtkraft, indem man die beiden Kraftvektoren addiert.

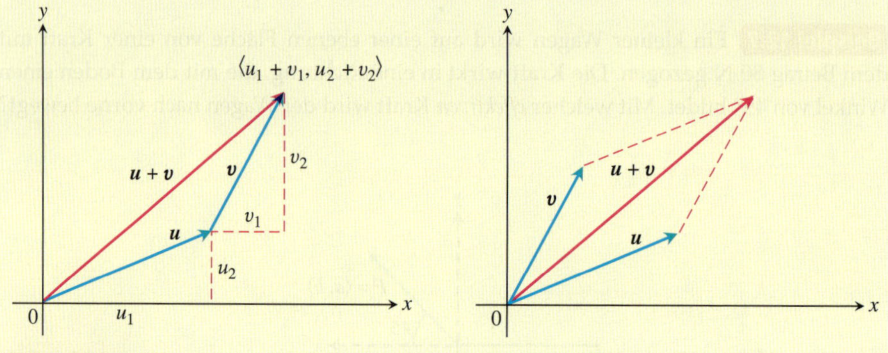

Abbildung 12.12 **(a)** Geometrische Interpretation der Vektoraddition. **(b)** Bei der Vektoraddition fasst man den resultierenden Vektor als Diagonale des durch die Vektoren aufgespannten Parallelogramms auf.

►Abbildung 12.13 zeigt eine geometrische Interpretation des Produktes $k\boldsymbol{u}$ aus einem Skalar k und einem Vektor $\boldsymbol{u}$. Für $k > 0$ hat $k\boldsymbol{u}$ die gleiche Richtung wie $\boldsymbol{u}$; für $k < 0$ dagegen zeigt $k\boldsymbol{u}$ in die entgegengesetzte Richtung von $\boldsymbol{u}$. Beim Vergleich der Längen von $\boldsymbol{u}$ und $k\boldsymbol{u}$ sehen wir, dass gilt

$$\begin{aligned} |k\boldsymbol{u}| &= \sqrt{(ku_1)^2 + (ku_2)^2 + (ku_3)^2} = \sqrt{k^2(u_1^2 + u_2^2 + u_3^2)} \\ &= \sqrt{k^2}\sqrt{u_1^2 + u_2^2 + u_3^2} = |k||\boldsymbol{u}|. \end{aligned}$$

Die Länge von $k\boldsymbol{u}$ entspricht dem Betrag des Skalars k mal der Länge von $\boldsymbol{u}$. Der Vektor $(-1)\boldsymbol{u} = -\boldsymbol{u}$ hat die gleiche Länge wie $\boldsymbol{u}$ und zeigt in die entgegengesetzte Richtung.

Die **Differenz** $\boldsymbol{u} - \boldsymbol{v}$ von zwei Vektoren ist definiert als

$$\boldsymbol{u} - \boldsymbol{v} = \boldsymbol{u} + (-\boldsymbol{v}).$$

Für $\boldsymbol{u} = \langle u_1, u_2, u_3 \rangle$ und $\boldsymbol{v} = \langle v_1, v_2, v_3 \rangle$ folgt daraus:

$$\boldsymbol{u} - \boldsymbol{v} = \langle u_1 - v_1, u_2 - v_2, u_3 - v_3 \rangle.$$

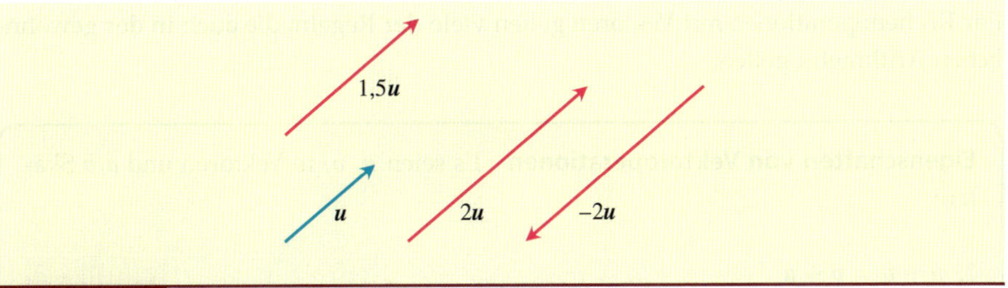

Abbildung 12.13 Skalare Vielfache von $\boldsymbol{u}$

Es gilt $(u - v) + v = u$. Addiert man also die Vektoren $(u - v)$ und v, dann erhält man u (▶Abbildung 12.14a). In Abbildung 12.14b wird die Differenz $u - v$ als Summe $u + (-v)$ interpretiert.

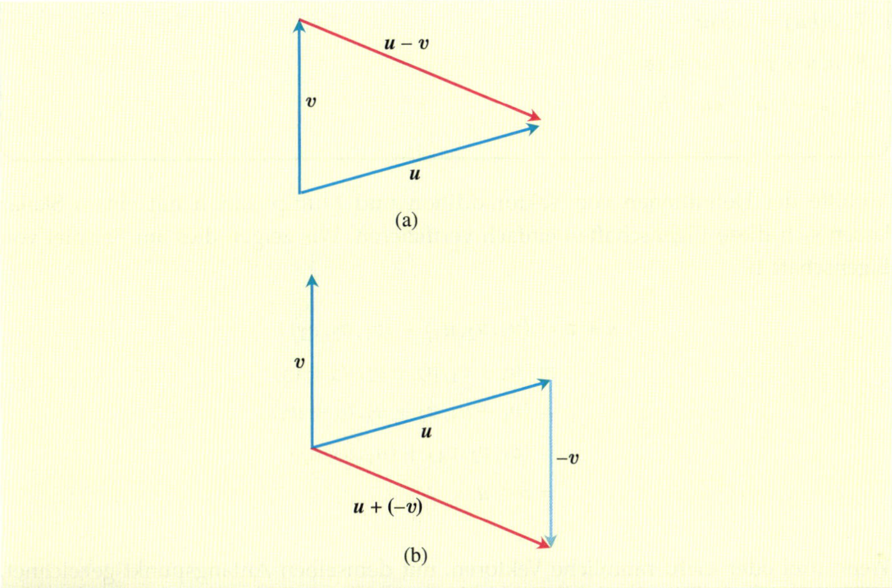

Abbildung 12.14 **(a)** Addiert man den Vektor $\boldsymbol{u} - \boldsymbol{v}$ zu $\boldsymbol{v}$, erhält man $\boldsymbol{u}$.
(b) $\boldsymbol{u} - \boldsymbol{v} = \boldsymbol{u} + (-\boldsymbol{v})$.

Addition und Subtraktion von Vektoren

Beispiel 12.8 Es sei $u = \langle -1, 3, 1\rangle$ und $v = \langle 4, 7, 0\rangle$. Berechnen Sie die Komponenten von

a $2u + 3v$ b $u - v$ c $\left|\frac{1}{2}u\right|$.

Lösung

a $2u + 3v = 2\langle -1, 3, 1\rangle + 3\langle 4, 7, 0\rangle = \langle -2, 6, 2\rangle + \langle 12, 21, 0\rangle = \langle 10, 27, 2\rangle$

b $u - v = \langle -1, 3, 1\rangle - \langle 4, 7, 0\rangle = \langle -1 - 4, 3 - 7, 1 - 0\rangle = \langle -5, -4, 1\rangle$

c $\left|\frac{1}{2}u\right| = \left|\left\langle -\frac{1}{2}, \frac{3}{2}, \frac{1}{2}\right\rangle\right| = \sqrt{\left(-\frac{1}{2}\right)^2 + \left(\frac{3}{2}\right)^2 + \left(\frac{1}{2}\right)^2} = \frac{1}{2}\sqrt{11}.$ ■

Für Rechenoperationen mit Vektoren gelten viele der Regeln, die auch in der gewöhnlichen Arithmetik gelten.

Merke

Eigenschaften von Vektoroperationen Es seien $\boldsymbol{u}$, $\boldsymbol{v}$, $\boldsymbol{w}$ Vektoren und a, b Skalare.

1. $\boldsymbol{u} + \boldsymbol{v} = \boldsymbol{v} + \boldsymbol{u}$
2. $(\boldsymbol{u} + \boldsymbol{v}) + \boldsymbol{w} = \boldsymbol{u} + (\boldsymbol{v} + \boldsymbol{w})$
3. $\boldsymbol{u} + \boldsymbol{0} = \boldsymbol{u}$
4. $\boldsymbol{u} + (-\boldsymbol{u}) = \boldsymbol{0}$
5. $0\boldsymbol{u} = \boldsymbol{0}$
6. $1\boldsymbol{u} = \boldsymbol{u}$
7. $a(b\boldsymbol{u}) = (ab)\boldsymbol{u}$
8. $a(\boldsymbol{u} + \boldsymbol{v}) = a\boldsymbol{u} + a\boldsymbol{v}$
9. $(a + b)\boldsymbol{u} = a\boldsymbol{u} + b\boldsymbol{u}$

Mithilfe der Definitionen von Vektoraddition und Multiplikation mit einem Skalar lassen sich diese Eigenschaften einfach verifizieren. Wir zeigen dies am Beispiel von Eigenschaft 1:

$$\begin{aligned}\boldsymbol{u} + \boldsymbol{v} &= \langle u_1, u_2, u_3 \rangle + \langle v_1, v_2, v_3 \rangle \\ &= \langle u_1 + v_1, u_2 + v_2, u_3 + v_3 \rangle \\ &= \langle v_1 + u_1, v_2 + u_2, v_3 + u_3 \rangle \\ &= \langle v_1, v_2, v_3 \rangle + \langle u_1, u_2, u_3 \rangle \\ &= \boldsymbol{v} + \boldsymbol{u}.\end{aligned}$$

Wenn drei oder mehr räumliche Vektoren, mit demselben Anfangspunkt gezeichnet, in einer Ebene liegen, nennt man sie **komplanar**. Die drei Vektoren $\boldsymbol{u}$, $\boldsymbol{v}$ und $\boldsymbol{u} + \boldsymbol{v}$ sind beispielsweise immer komplanar.

Wenn zwei ebene oder räumliche Vektoren $\boldsymbol{u}$ und $\boldsymbol{v}$, mit demselben Anfangspunkt gezeichnet, auf einer Geraden liegen, nennt man sie **kollinear** oder auch **parallel**. Dann ist $\boldsymbol{u}$ ein skalares Vielfaches von $\boldsymbol{v}$ oder umgekehrt. So sind z. B. im Raum die Vektoren $\boldsymbol{u} = \langle 1, -2, 3 \rangle$ und $\boldsymbol{v} = \langle 2, -4, 6 \rangle$ parallel, es ist $\boldsymbol{v} = 2\boldsymbol{u}$ bzw. $\boldsymbol{u} = \frac{1}{2}\boldsymbol{v}$. Nach Definition ist auch der Nullvektor $\boldsymbol{0}$ parallel zu $\boldsymbol{u}$, es ist $\boldsymbol{0} = 0 \cdot \boldsymbol{u}$.

Einheitsvektoren

Einen Vektor $\boldsymbol{v}$ mit der Länge 1 nennt man einen **Einheitsvektor**. Die drei sogenannten **kanonischen Einheitsvektoren** sind

$$\boldsymbol{i} = \langle 1, 0, 0 \rangle, \quad \boldsymbol{j} = \langle 0, 1, 0 \rangle \quad \text{und} \quad \boldsymbol{k} = \langle 0, 0, 1 \rangle.$$

Die Einheitsvektoren werden oft auch durch einen übergesetztes Dach gekennzeichnet ($\hat{\imath}$, $\hat{\jmath}$, $\hat{k}$). In Teilen der Literatur findet man auch die Schreibweisen $\widehat{x}$, $\widehat{y}$ und $\widehat{z}$ bzw. e_1, e_2 und e_3.

Jeder beliebige Vektor $v = \langle v_1, v_2, v_3 \rangle$ lässt sich als *Linearkombination* dieser kanonischen Einheitsvektoren schreiben, und zwar folgendermaßen:

$$\begin{aligned} v &= \langle v_1, v_2, v_3 \rangle = \langle v_1, 0, 0 \rangle + \langle 0, v_2, 0 \rangle + \langle 0, 0, v_3 \rangle \\ &= v_1 \langle 1, 0, 0 \rangle + v_2 \langle 0, 1, 0 \rangle + v_3 \langle 0, 0, 1 \rangle \\ &= v_1 \boldsymbol{i} + v_2 \boldsymbol{j} + v_3 \boldsymbol{k}. \end{aligned}$$

Wir nennen den Skalar (d.h. die Zahl) v_1 die **i-Komponente** des Vektors v, v_2 die **j-Komponente** und v_3 die **k-Komponente**. In Komponentenschreibweise ist der Vektor vom Punkt $P_1(x_1, y_1, z_1)$ zum Punkt $P_2(x_2, y_2, z_2)$ (▶Abbildung 12.15)

$$\overrightarrow{P_1P_2} = (x_2 - x_1)\boldsymbol{i} + (y_2 - y_1)\boldsymbol{j} + (z_2 - z_1)\boldsymbol{k}.$$

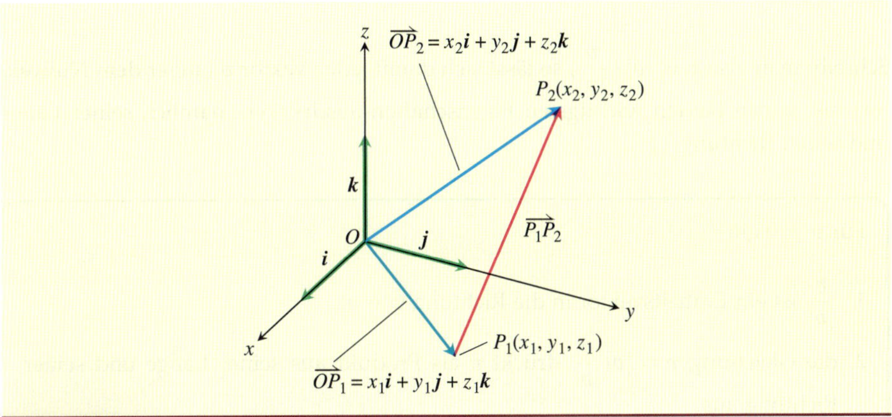

Abbildung 12.15 Der Vektor von P_1 nach P_2 ist $\overrightarrow{P_1P_2} = (x_2 - x_1)\boldsymbol{i} + (y_2 - y_1)\boldsymbol{j} + (z_2 - z_1)\boldsymbol{k}$.

Für $v \neq \boldsymbol{0}$ ist die Länge $|v|$ nicht null, und es gilt

$$\left| \frac{1}{|v|} v \right| = \frac{1}{|v|} |v| = 1.$$

$v/|v|$ ist also ein Einheitsvektor, der in die **Richtung** von v zeigt.

Einheitsvektoren in eine bestimmte Richtung

Beispiel 12.9 Bestimmen Sie einen Einheitsvektor $\boldsymbol{u}$, der in die Richtung des Vektors zeigt, der vom Punkt $P_1(1, 0, 1)$ zum Punkt $P_2(3, 2, 0)$ geht.

Lösung Wir teilen den Vektor $\overrightarrow{P_1P_2}$ durch seine Länge,

$$\begin{aligned} \overrightarrow{P_1P_2} &= (3-1)\boldsymbol{i} + (2-0)\boldsymbol{j} + (0-1)\boldsymbol{k} = 2\boldsymbol{i} + 2\boldsymbol{j} - \boldsymbol{k} \\ |\overrightarrow{P_1P_2}| &= \sqrt{(2)^2 + (2)^2 + (-1)^2} = \sqrt{4+4+1} = \sqrt{9} = 3 \\ \boldsymbol{u} &= \frac{\overrightarrow{P_1P_2}}{|\overrightarrow{P_1P_2}|} = \frac{2\boldsymbol{i} + 2\boldsymbol{j} - \boldsymbol{k}}{3} = \frac{2}{3}\boldsymbol{i} + \frac{2}{3}\boldsymbol{j} - \frac{1}{3}\boldsymbol{k}. \end{aligned}$$

Der Einheitsvektor $\boldsymbol{u}$ zeigt in die Richtung von $\overrightarrow{P_1P_2}$. ■

Einheitsvektor für eine Geschwindigkeit

Beispiel 12.10 Es sei $v = 3\boldsymbol{i} - 4\boldsymbol{j}$ ein Geschwindigkeitsvektor. Drücken Sie v als Produkt des Betrags der Geschwindigkeit mit einem Einheitsvektor aus, der in die Richtung der Bewegung zeigt.

Lösung Der Betrag der Geschwindigkeit ist die Länge des Vektors v:

$$|v| = \sqrt{(3)^2 + (-4)^2} = \sqrt{9 + 16} = 5.$$

Der Einheitsvektor $\frac{v}{|v|}$ zeigt in dieselbe Richtung wie v:

$$\frac{v}{|v|} = \frac{3i - 4j}{5} = \frac{3}{5}i - \frac{4}{5}j.$$

Daraus folgt

$$v = 3i - 4j = 5\underbrace{\left(\frac{3}{5}i - \frac{4}{5}j\right)}.$$

Länge (Betrag) der Geschwindigkeit (zu 5)

Richtung der Bewegung (zu $\left(\frac{3}{5}i - \frac{4}{5}j\right)$) ■

Schreibt man also $v = |v| \cdot \frac{v}{|v|}$, so lässt sich damit jeder Vektor v (außer dem Nullvektor) mit seinen beiden wichtigsten Eigenschaften ausdrücken, nämlich seiner Länge und seiner Richtung.

Merke

Für $v \neq 0$ gilt

1. $\frac{v}{|v|}$ ist ein Einheitsvektor in die Richtung von v;
2. die Gleichung $v = |v|\frac{v}{|v|}$ drückt v als Produkt aus seiner Länge und seiner Richtung aus.

Kraft ausgedrückt als Betrag mal Richtung

Beispiel 12.11 In die Richtung des Vektors $v = 2i + 2j - k$ wirkt eine Kraft von 6 N. Drücken Sie die Kraft F als Produkt aus Länge und Richtung aus.

Lösung Der Kraftvektor hat die Länge 6 und die Richtung $\frac{v}{|v|}$, es gilt also

$$F = 6\frac{v}{|v|} = 6\frac{2i + 2j - k}{\sqrt{2^2 + 2^2 + (-1)^2}} = 6\frac{2i + 2j - k}{3}$$
$$= 6\left(\frac{2}{3}i + \frac{2}{3}j - \frac{1}{3}k\right).$$ ■

Mittelpunkt einer Strecke

Vektoren erleichtern viele Rechnungen in der Geometrie. So kann man beispielsweise die Koordinaten des Mittelpunkts einer Strecke bestimmen, indem man den Mittelwert der Koordinaten der Endpunkte bildet.

Merke

Der **Mittelpunkt** M der Strecke zwischen den Punkten $P_1(x_1, y_1, z_2)$ und $P_2(x_2, y_2, z_2)$ ist der Punkt

$$\left(\frac{x_1 + x_2}{2}, \frac{y_1 + y_2}{2}, \frac{z_1 + z_2}{2}\right).$$

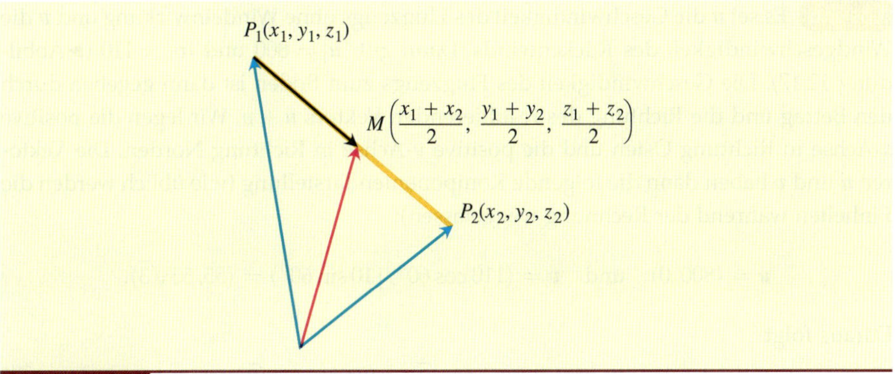

Abbildung 12.16 Die Koordinaten des Mittelpunkts sind die Mittelwerte der Koordinaten von P_1 und P_2.

Dies kann man mithilfe von ►Abbildung 12.16 zeigen. Der Abbildung entnimmt man

$$\begin{aligned}\overrightarrow{OM} &= \overrightarrow{OP_1} + \frac{1}{2}\left(\overrightarrow{P_1P_2}\right) = \overrightarrow{OP_1} + \frac{1}{2}\left(\overrightarrow{OP_2} - \overrightarrow{OP_1}\right)\\ &= \frac{1}{2}\left(\overrightarrow{OP_1} + \overrightarrow{OP_2}\right)\\ &= \frac{x_1 + x_2}{2}\boldsymbol{i} + \frac{y_1 + y_2}{2}\boldsymbol{j} + \frac{z_1 + z_2}{2}\boldsymbol{k}.\end{aligned}$$

Beispiel 12.12 Der Mittelpunkt der Strecke zwischen den Punkten $P_1(3, -2, 0)$ und $P_2(7, 4, 4)$ ist

Mittelpunkt einer Strecke

$$\left(\frac{3+7}{2}, \frac{-2+4}{2}, \frac{0+4}{2}\right) = (5, 1, 2).$$

Anwendungen

Eine wichtige Anwendung von Vektoren sind Berechnungen in der Navigation.

Beispiel 12.13 Ein Flugzeug fliegt bei Windstille mit 800 km/h in Richtung Osten. Ab einem gewissen Zeitpunkt tritt nun ein Rückenwind von 110 km/h auf, der von hinten in einem Winkel von 60° Richtung Norden (von der Flugrichtung nach Osten aus gemessen) bläst. Das Flugzeug steuert weiterhin in Richtung Osten, wegen des Winds hat seine Geschwindigkeit gegenüber dem Boden nun aber einen anderen Betrag und eine andere Richtung. Welche?

Vektoren in der Navigation

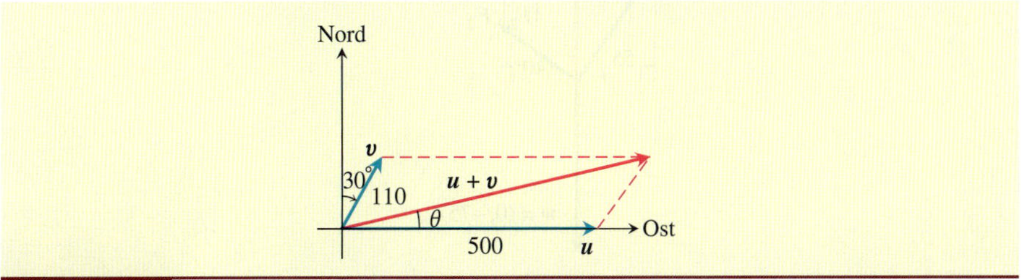

Abbildung 12.17 Die Geschwindigkeit $\boldsymbol{u}$ des Flugzeugs und die Windgeschwindigkeit $\boldsymbol{v}$ werden durch Vektoren dargestellt (Beispiel 12.13).

Lösung Es sei $\boldsymbol{u}$ die Geschwindigkeit des Flugzeugs ohne Windeinwirkung und $\boldsymbol{v}$ die Windgeschwindigkeit des Rückenwinds. Dann gilt $|\boldsymbol{u}| = 800$ und $|\boldsymbol{v}| = 110$ (►Abbildung 12.17). Die Geschwindigkeit des Flugzeugs zum Boden ist dann gegeben durch den Betrag und die Richtung des resultierenden Vektors $\boldsymbol{u} + \boldsymbol{v}$. Wir legen die positive x-Achse in Richtung Osten und die positive y-Achse in Richtung Norden. Die Vektoren $\boldsymbol{u}$ und $\boldsymbol{v}$ haben dann die folgende Komponentendarstellung (wie üblich werden die Einheiten während der Rechnung weggelassen):

$$\boldsymbol{u} = \langle 800, 0 \rangle \quad \text{und} \quad \boldsymbol{v} = \langle 110 \cos 60°, 110 \sin 60° \rangle = \langle 55, 55\sqrt{3} \rangle.$$

Daraus folgt

$$\boldsymbol{u} + \boldsymbol{v} = \langle 855, 55\sqrt{3} \rangle = 855\boldsymbol{i} + 55\sqrt{3}\boldsymbol{j}$$

$$|\boldsymbol{u} + \boldsymbol{v}| = \sqrt{855^2 + \left(55\sqrt{3}\right)^2} \approx 860{,}3$$

und

$$\theta = \tan^{-1} \frac{55\sqrt{3}}{855} \approx 6{,}4°.$$

Abbildung 12.17

Die neue Geschwindigkeit des Flugzeugs gegenüber dem Boden hat einen Betrag von 860,3 km/h und bildet einen Winkel von etwa 6,4° mit der Ostrichtung nach Norden. ■

Eine andere wichtige Anwendung von Vektoren tritt oft in der Physik und den Ingenieurwissenschaften auf, wenn mehrere Kräfte an einem Objekt angreifen.

Addition von Kräften

Beispiel 12.14 Ein Gewicht von 75 N wird von zwei Drähten gehalten, wie in ►Abbildung 12.18 zu sehen. Berechnen Sie die Zugkräfte $\boldsymbol{F}_1$ und $\boldsymbol{F}_2$ in den beiden Drähten.

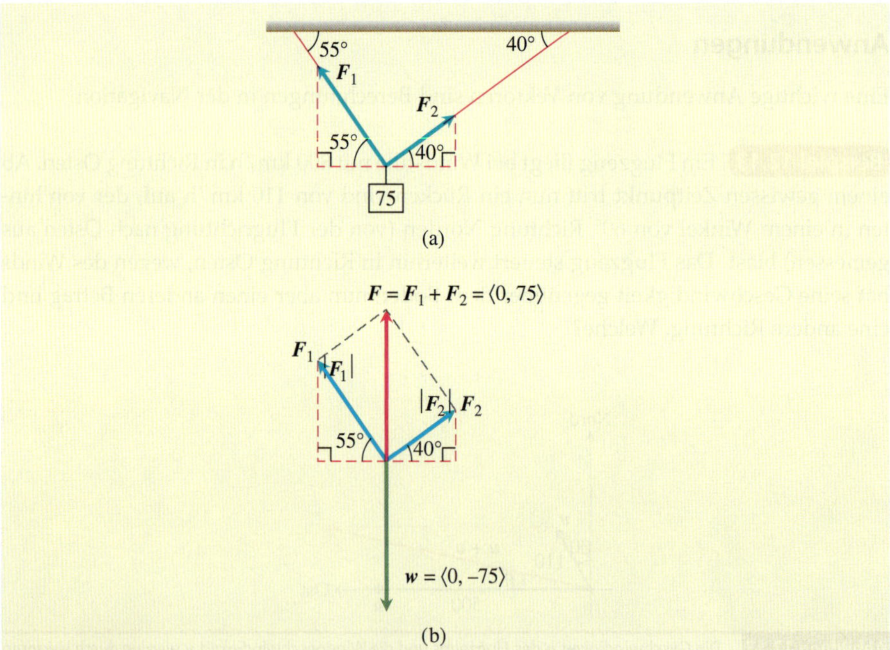

Abbildung 12.18 Das Gewicht an zwei Drähten aus Beispiel 12.14.

Lösung Die Kräfte F_1 und F_2 haben die Beträge $|F_1|$ und $|F_2|$, ihre Komponenten werden in Newton gemessen. Die resultierende Kraft ist die Summe $F_1 + F_2$; sie muss den gleichen Betrag haben wie der Vektor der Gewichtskraft $\boldsymbol{w}$ und ihr entgegen wirken (vgl. Abbildung 12.18b). Der Abbildung kann man entnehmen, dass gilt

$$F_1 = \langle -|F_1|\cos 55°, |F_1|\sin 55° \rangle \quad \text{und} \quad F_2 = \langle |F_2|\cos 40°, |F_2|\sin 40° \rangle.$$

Es gilt $F_1 + F_2 = \langle 0, 75 \rangle$. Mithilfe dieses resultierenden Vektors lässt sich also das folgende Gleichungssystem aufstellen:

$$-|F_1|\cos 55° + |F_2|\cos 40° = 0$$
$$|F_1|\sin 55° + |F_2|\sin 40° = 75.$$

Wir lösen die erste Gleichung nach $|F_2|$ auf und setzen das Ergebnis in die zweite Gleichung ein. Damit erhalten wir

$$|F_2| = \frac{|F_1|\cos 55°}{\cos 40°} \quad \text{und} \quad |F_1|\sin 55° + \frac{|F_1|\cos 55°}{\cos 40°}\sin 40° = 75.$$

Daraus folgt

$$|F_1| = \frac{75}{\sin 55° + \cos 55° \tan 40°} \approx 57{,}67\,\text{N},$$

und

$$|F_2| = \frac{75\cos 55°}{\sin 55°\cos 40° + \cos 55°\sin 40°} = \frac{75\cos 55°}{\sin(55° + 40°)} \approx 43{,}18\,\text{N}.$$

Die Kraftvektoren sind damit $F_1 = \langle -33{,}08, 47{,}24 \rangle$ und $F_2 = \langle 33{,}08, 27{,}76 \rangle$. ■

Aufgaben zum Abschnitt 12.2

Vektoren in der Ebene In den Aufgaben 1–8 ist $\boldsymbol{u} = \langle 3, -2 \rangle$ und $\boldsymbol{v} = \langle -2, 5 \rangle$. Berechnen Sie **a.** die Komponentendarstellung und **b.** den Betrag (die Länge) des Vektors.

1. $3\boldsymbol{u}$

2. $-2\boldsymbol{v}$

3. $\boldsymbol{u} + \boldsymbol{v}$

4. $\boldsymbol{u} - \boldsymbol{v}$

5. $2\boldsymbol{u} - 3\boldsymbol{v}$

6. $-2\boldsymbol{u} + 5\boldsymbol{v}$

7. $\frac{3}{5}\boldsymbol{u} + \frac{4}{5}\boldsymbol{v}$

8. $-\frac{5}{13}\boldsymbol{u} + \frac{12}{13}\boldsymbol{v}$

Berechnen Sie in den Aufgaben 9–13 die Komponenten des Vektors.

9. Der Vektor $\overrightarrow{PQ}$ mit $P = (1, 3)$ und $Q = (2, -1)$.

10. Der Vektor vom Punkt $A = (2, 3)$ zum Ursprung.

11. Der Einheitsvektor, der einen Winkel von $\theta = 2\pi/3$ mit der positiven x-Achse bildet.

12. Der Einheitsvektor, den man erhält, wenn man den Vektor $\langle 0, 1 \rangle$ um 120° gegen den Uhrzeigersinn um den Ursprung dreht.

13. Der Einheitsvektor, den man erhält, wenn man den Vektor $\langle 1, 0 \rangle$ um 135° gegen den Uhrzeigersinn um den Ursprung dreht.

Vektoren im Raum Drücken Sie jeden der Vektoren in den Aufgaben 14–17 in der Form $\boldsymbol{v} = v_1\boldsymbol{i} + v_2\boldsymbol{j} + v_3\boldsymbol{k}$ aus.

14. $\overrightarrow{P_1P_2}$, dabei ist P_1 der Punkt $(5, 7, -1)$ und P_2 der Punkt $(2, 9, -2)$.

15. $\overrightarrow{AB}$, dabei ist A der Punkt $(-7, -8, 1)$ und B der Punkt $(-10, 8, 1)$.

16. $5\boldsymbol{u} - \boldsymbol{v}$ für $\boldsymbol{u} = \langle 1, 1, -1 \rangle$ und $\boldsymbol{v} = \langle 2, 0, 3 \rangle$.

17. $-2\boldsymbol{u} + 3\boldsymbol{v}$ für $\boldsymbol{u} = \langle -1, 0, 2 \rangle$ und $\boldsymbol{v} = \langle 1, 1, 1 \rangle$.

Geometrische Darstellung von Vektoren Bestimmen Sie in den Aufgaben 18 und 19 die angegebenen Vektoren grafisch. Zeichnen Sie dazu die Vektoren $\boldsymbol{u}$, $\boldsymbol{v}$ und $\boldsymbol{w}$ so, dass die Anfangspunkte der einen entsprechend der Aufgabe an den Endpunkten der anderen liegen.

18.

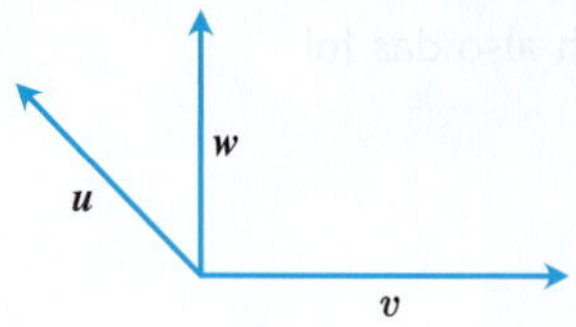

a. $\boldsymbol{u}+\boldsymbol{v}$ **b.** $\boldsymbol{u}+\boldsymbol{v}+\boldsymbol{w}$
c. $\boldsymbol{u}-\boldsymbol{v}$ **d.** $\boldsymbol{u}-\boldsymbol{w}$

19.

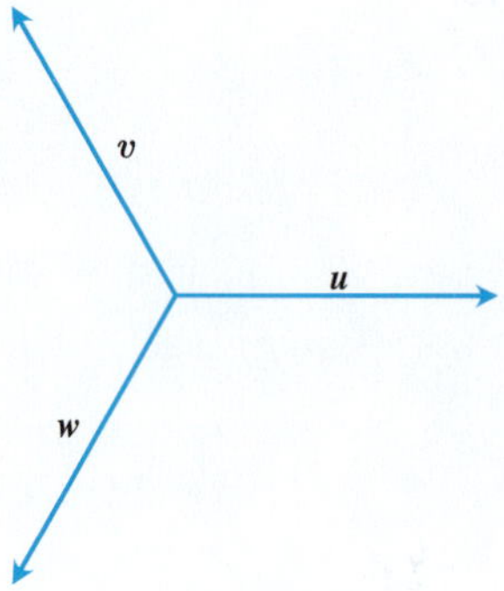

a. $\boldsymbol{u}-\boldsymbol{v}$ **b.** $\boldsymbol{u}-\boldsymbol{v}+\boldsymbol{w}$
c. $2\boldsymbol{u}-\boldsymbol{v}$ **d.** $\boldsymbol{u}+\boldsymbol{v}+\boldsymbol{w}$

Betrag und Richtung Drücken Sie in den Aufgaben 20–25 die Vektoren als Produkt ihres Betrags und ihrer Richtung aus.

20. $2\boldsymbol{i}+\boldsymbol{j}-2\boldsymbol{k}$ **21.** $9\boldsymbol{i}-2\boldsymbol{j}+6\boldsymbol{k}$

22. $5\boldsymbol{k}$ **23.** $\frac{3}{5}\boldsymbol{i}+\frac{4}{5}\boldsymbol{k}$

24. $\frac{1}{\sqrt{6}}\boldsymbol{i}-\frac{1}{\sqrt{6}}\boldsymbol{j}-\frac{1}{\sqrt{6}}\boldsymbol{k}$ **25.** $\frac{\boldsymbol{i}}{\sqrt{3}}+\frac{\boldsymbol{j}}{\sqrt{3}}+\frac{\boldsymbol{k}}{\sqrt{3}}$

26. Bestimmen Sie die Vektoren, deren Betrag und Richtung hier gegeben sind. Versuchen Sie, die Berechnungen im Kopf durchzuführen.

a. Betrag: 2; Richtung: $\boldsymbol{i}$

b. Betrag: $\sqrt{3}$; Richtung :$-\boldsymbol{k}$

c. Betrag: $\frac{1}{2}$; Richtung: $\frac{3}{5}\boldsymbol{j}+\frac{4}{5}\boldsymbol{k}$

d. Betrag: 7; Richtung: $\frac{6}{7}\boldsymbol{i}-\frac{2}{7}\boldsymbol{j}+\frac{3}{7}\boldsymbol{k}$

27. Bestimmen Sie einen Vektor, der den Betrag 7 und die Richtung $\boldsymbol{v}=12\boldsymbol{i}-5\boldsymbol{k}$ hat.

28. Bestimmen Sie einen Vektor mit dem Betrag 3, dessen Richtung entgegengesetzt zu der Richtung von $\boldsymbol{v}=(1/2)\boldsymbol{i}-(1/2)\boldsymbol{j}-(1/2)\boldsymbol{k}$ ist.

Richtungen und Mittelpunkte Bestimmen Sie in den Aufgaben 29–32

a. die Richtung von $\overrightarrow{P_1P_2}$ und

b. den Mittelpunkt der Strecke P_1P_2.

29. $P_1(-1,1,5)$ $P_2(2,5,0)$

30. $P_1(1,4,5)$ $P_2(4,-2,7)$

31. $P_1(3,4,5)$ $P_2(2,3,4)$

32. $P_1(0,0,0)$ $P_2(2,-2,-2)$

33. Es sei $\overrightarrow{AB}=\boldsymbol{i}+4\boldsymbol{j}-2\boldsymbol{k}$ und B der Punkt $(5,1,3)$. Bestimmen Sie A.

34. Es sei $\overrightarrow{AB}=-7\boldsymbol{i}+3\boldsymbol{j}+8\boldsymbol{k}$ und A der Punkt $(-2,-3,6)$. Bestimmen Sie B.

Theorie und Anwendungen

35. **Linearkombinationen** Es sei $\boldsymbol{u}=2\boldsymbol{i}+\boldsymbol{j}$, $\boldsymbol{v}=\boldsymbol{i}+\boldsymbol{j}$ und $\boldsymbol{w}=\boldsymbol{i}-\boldsymbol{j}$. Berechnen Sie die beiden Skalare a und b, für die gilt $\boldsymbol{u}=a\boldsymbol{v}+b\boldsymbol{w}$.

36. **Geschwindigkeit** Ein Flugzeug fliegt mit 800 km/h in die Richtung 25° westlich von der direkten Richtung nach Norden. Die positive x-Achse zeige in Richtung Osten, die positive y-Achse in Richtung Norden. Bestimmen Sie dann die Komponentendarstellung der Geschwindigkeit.

37. *(Fortsetzung von Beispiel 12.13)* Welchen Betrag und welche Richtung sollte die Geschwindigkeit des Flugzeugs in Beispiel 12.13 haben, damit der resultierende Vektor direkt nach Osten zeigt und einen Betrag von 800 km/h hat?

38. Ein 100 N schweres Gewicht wird von zwei Drähten gehalten, wie in der untenstehenden Abbildung gezeigt. Bestimmen Sie Betrag und Komponenten der beiden Kraftvektoren $\boldsymbol{F}_1$ und $\boldsymbol{F}_2$.

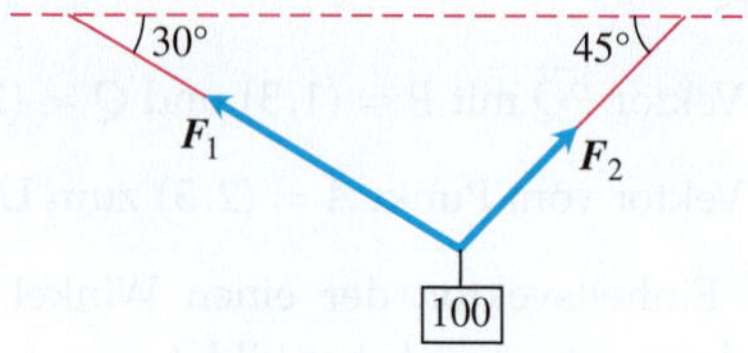

39. Ein Gewicht von w Newton wird von zwei Drähten gehalten, wie in der untenstehenden Abbildung zu sehen ist. Der Betrag des Vektors $\boldsymbol{F}_2$ ist 100 N. Berechnen Sie w und den Betrag des Vektors $\boldsymbol{F}_1$.

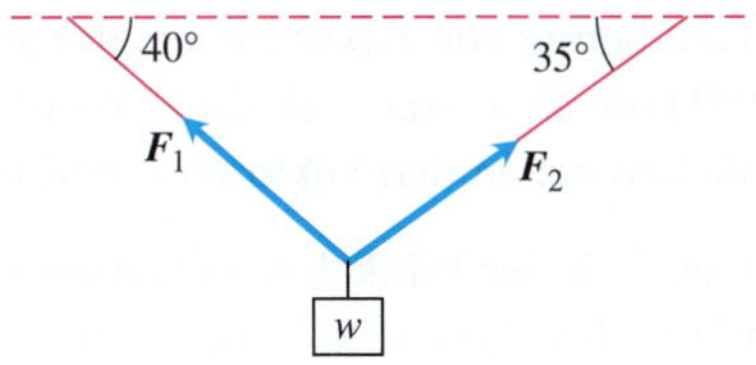

40. Ortsbestimmung Ein Vogel fliegt von seinem Nest aus 5 km in die Richtung 60° nördlich von der direkten Richtung nach Osten. Dort macht er auf einem Baum Pause. Danach fliegt er 10 km direkt nach Südosten und landet auf der Spitze eines Laternenmasts. Betrachten Sie diese Bewegungen in einem xy-Koordinatensystem; das Nest liege im Ursprung, die x-Achse zeige nach Osten und die y-Achse nach Norden.

a. An welchem Punkt befindet sich der Baum?

b. An welchem Punkt befindet sich der Laternenmast?

41. Seitenhalbierende eines Dreiecks Die drei Punkte A, B und C sind die Eckpunkte einer dünnen Dreiecksplatte mit konstanter Dichte, wie in der untenstehenden Abbildung zu sehen.

a. Berechnen Sie den Vektor, der von C zum Mittelpunkt M der Seite AB zeigt.

b. Berechnen Sie den Vektor, der von C zu dem Punkt zeigt, der auf der Seitenhalbierenden CM zwei Drittel der Strecke von C entfernt liegt.

c. Berechnen Sie die Koordinaten des Punkts, in dem sich die drei Seitenhalbierenden des Dreiecks ABC schneiden. Gemäß Aufgabe 16 in Abschnitt 6.6 handelt es sich bei diesem Punkt um den Schwerpunkt des Dreiecks.

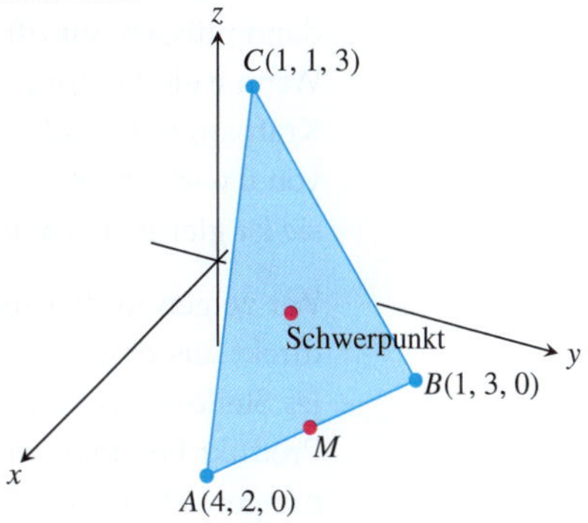

42. Es sei $ABCD$ ein allgemeines Viereck im Raum, das nicht notwendigerweise eben sein muss. Zeigen Sie, dass die beiden Strecken zwischen den Mittelpunkten gegenüberliegender Seiten von $ABCD$ einander halbieren. (*Hinweis:* Zeigen Sie, dass diese Strecken den gleichen Mittelpunkt haben.)

43. In einem regelmäßigen n-Eck in der Ebene werden vom Mittelpunkt aus Vektoren zu allen n Ecken gezeichnet. Zeigen Sie, dass die Summe dieser Vektoren null ergibt. (*Hinweis:* Betrachten Sie, was mit der Summe geschieht, wenn das n-Eck um den Ursprung gedreht wird.)

44. Es seien A, B und C die Ecken eines Dreiecks und a, b und c die Mittelpunkte der jeweils gegenüberliegenden Seiten. Zeigen Sie, dass gilt $\overrightarrow{Aa} + \overrightarrow{Bb} + \overrightarrow{Cc} = 0$.

45. Einheitsvektoren in der Ebene Zeigen Sie, dass ein Einheitsvektor in der Ebene in der Form $\boldsymbol{u} = (\cos\theta)\boldsymbol{i} + (\sin\theta)\boldsymbol{j}$ geschrieben werden kann. Man erhält diesen Einheitsvektor, wenn man $\boldsymbol{i}$ um den Winkel θ entgegen dem Uhrzeigersinn dreht. Warum kann man in dieser Form *jeden* Einheitsvektor in der Ebene darstellen?

12.3 Das Skalarprodukt

Wenn ein Teilchen sich unter dem Einfluss einer Kraft $\boldsymbol{F}$ entlang einer Bahn bewegt, dann müssen wir oft den Anteil der Kraft berechnen, der in Bewegungsrichtung wirkt. Wenn $\boldsymbol{v}$ ein Vektor parallel zur Tangente an der Bahnkurve in dem Punkt ist, in dem die Kraft angreift, wollen wir also den Anteil am Betrag von $\boldsymbol{F}$ bestimmen, der in Richtung von $\boldsymbol{v}$ wirkt. Mithilfe von ▶Abbildung 12.19 können wir diese skalare Größe berechnen; sie ist gleich $|\boldsymbol{F}| \cos\theta$, dabei ist θ der Winkel zwischen den Vektoren $\boldsymbol{F}$ und $\boldsymbol{v}$.

Wir zeigen in diesem Abschnitt, wie sich einfach der Winkel zwischen zwei Vektoren direkt aus den Komponenten berechnen lässt. Bei diesen Rechnungen tritt an zentraler Stelle ein Ausdruck auf, den man das *Skalarprodukt* zweier Vektoren nennt. Dieses Produkt heißt so, weil sein Ergebnis ein Skalar ist, kein Vektor. (Eine andere Bezeichnungen ist *inneres Produkt*.) Wir untersuchen zuerst, wie das Skalarprodukt berechnet wird, und betrachten dann einige Anwendungen: Mithilfe des Skalarproduktes lässt sich die Projektion eines Vektors auf einen anderen bestimmen (wie in Abbildung 12.19 zu sehen) oder die Arbeit berechnen, die eine Kraft längs eines Weges verrichtet.

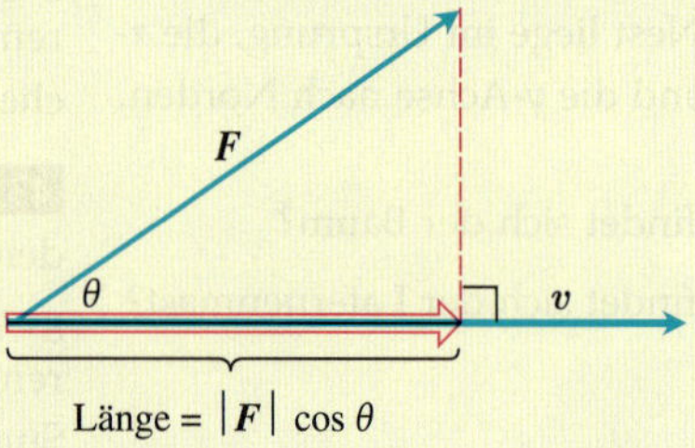

Abbildung 12.19 Der Anteil der Kraft $\boldsymbol{F}$ in Richtung des Vektors $\boldsymbol{v}$ entspricht der Länge $|\boldsymbol{F}| \cos\theta$, also der Länge der Projektion von $\boldsymbol{F}$ auf $\boldsymbol{v}$.

Winkel zwischen Vektoren

Liegen zwei Vektoren $\boldsymbol{u}$ und $\boldsymbol{v}$ ungleich null so, dass ihre Anfangspunkte zusammenfallen, dann bilden sie einen Winkel θ mit dem Bogenmaß $0 \leq \theta \leq \pi$ (▶Abbildung 12.20). Wenn die Vektoren nicht auf der gleichen Geraden liegen, wird der Winkel in der gemeinsamen Ebene gemessen. Wenn die beiden Vektoren auf der gleichen Geraden liegen, dann ist der Winkel zwischen ihnen 0, wenn sie in die gleiche Richtung zeigen, und π, wenn sie in entgegengesetzte Richtungen zeigen. Der Winkel θ ist der **Winkel zwischen $\boldsymbol{u}$ und $\boldsymbol{v}$**. In Satz 12.1 stellen wir eine Gleichung vor, mit der dieser Winkel berechnet werden kann.

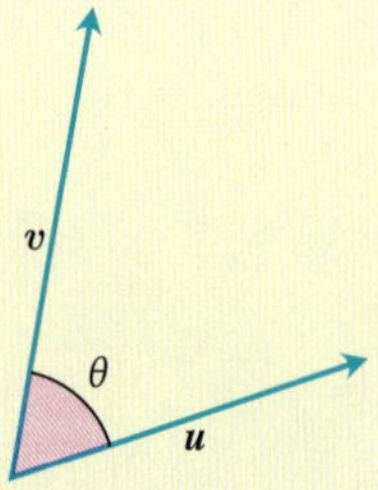

Abbildung 12.20 Der Winkel zwischen $\boldsymbol{u}$ und $\boldsymbol{v}$.

Satz 12.1 Winkel zwischen zwei Vektoren Der Winkel θ zwischen zwei Vektoren $\boldsymbol{u} = \langle u_1, u_2, u_3 \rangle$ und $\boldsymbol{v} = \langle v_1, v_2, v_3 \rangle$ ungleich dem Nullvektor ist gegeben durch

$$\theta = \cos^{-1}\left(\frac{u_1v_1 + u_2v_2 + u_3v_3}{|\boldsymbol{u}||\boldsymbol{v}|}\right).$$

Bevor wir Satz 12.1 beweisen, betrachten wir zunächst den Term $u_1v_1 + u_2v_2 + u_3v_3$, der in dem Ausdruck für θ vorkommt. Man erhält ihn, wenn man die Produkte der entsprechenden Komponenten der Vektoren $\boldsymbol{u}$ und $\boldsymbol{v}$ addiert.

Definition

Das **Skalarprodukt** $\boldsymbol{u} \cdot \boldsymbol{v}$ (gelesen „$\boldsymbol{u}$ Punkt $\boldsymbol{v}$") der Vektoren $\boldsymbol{u} = \langle u_1, u_2, u_3 \rangle$ und $\boldsymbol{v} = \langle v_1, v_2, v_3 \rangle$ ist

$$\boldsymbol{u} \cdot \boldsymbol{v} = u_1v_1 + u_2v_2 + u_3v_3.$$

Beispiel 12.15 **Skalarprodukte**

a $\langle 1, -2, -1 \rangle \cdot \langle -6, 2, -3 \rangle = (1)(-6) + (-2)(2) + (-1)(-3) = -6 - 4 + 3 = -7$

b $\left(\frac{1}{2}\boldsymbol{i} + 3\boldsymbol{j} + \boldsymbol{k}\right) \cdot (4\boldsymbol{i} - \boldsymbol{j} + 2\boldsymbol{k}) = \left(\frac{1}{2}\right)(4) + (3)(-1) + (1)(2) = 1$

Das Skalarprodukt von zwei zweidimensionalen Vektoren ist entsprechend definiert:

$$\langle u_1, u_2 \rangle \cdot \langle v_1, v_2 \rangle = u_1v_1 + u_2v_2.$$

Im weiteren Verlauf werden wir sehen, dass das Skalarprodukt ein wichtiges Element für viele geometrische und physikalische Berechnungen im Raum (und in der Ebene) ist. Man braucht es bei Weitem nicht nur, um den Winkel zwischen zwei Vektoren zu berechnen.

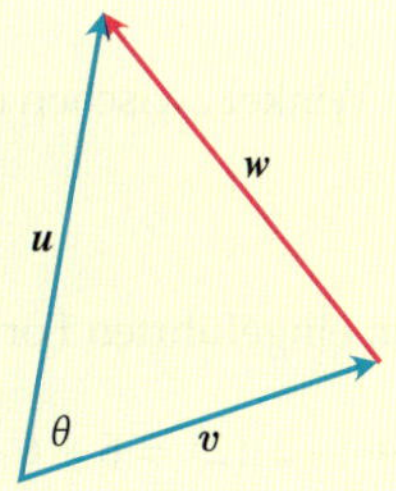

Abbildung 12.21 Mit der geometrischen Interpretation der Vektoraddition im Parallelogramm ergibt sich $\boldsymbol{w} = \boldsymbol{u} - \boldsymbol{v}$.

Beweis ■ von Satz 12.1 Wir wenden den Kosinussatz (Gleichung 1.11 in Abschnitt 1.3) auf das Dreieck in ▶Abbildung 12.21 an. Damit erhalten wir

$$|\boldsymbol{w}|^2 = |\boldsymbol{u}|^2 + |\boldsymbol{v}|^2 - 2|\boldsymbol{u}||\boldsymbol{v}|\cos\theta \qquad \text{Kosinussatz}$$
$$2|\boldsymbol{u}||\boldsymbol{v}|\cos\theta = |\boldsymbol{u}|^2 + |\boldsymbol{v}|^2 - |\boldsymbol{w}|^2.$$

Es gilt $\boldsymbol{w} = \boldsymbol{u} - \boldsymbol{v}$, die Komponentendarstellung von $\boldsymbol{w}$ ist also $\langle u_1 - v_1, u_2 - v_2, u_3 - v_3 \rangle$. Damit gilt

$$|\boldsymbol{u}|^2 = \left(\sqrt{u_1^2 + u_2^2 + u_3^2}\right)^2 = u_1^2 + u_2^2 + u_3^2$$

$$|\boldsymbol{v}|^2 = \left(\sqrt{v_1^2 + v_2^2 + v_3^2}\right)^2 = v_1^2 + v_2^2 + v_3^2$$

$$\begin{aligned} |\boldsymbol{w}|^2 &= \left(\sqrt{(u_1 - v_1)^2 + (u_2 - v_2)^2 + (u_3 - v_3)^2}\right)^2 \\ &= (u_1 - v_1)^2 + (u_2 - v_2)^2 + (u_3 - v_3)^2 \\ &= u_1^2 - 2u_1v_1 + v_1^2 + u_2^2 - 2u_2v_2 + v_2^2 + u_3^2 - 2u_3v_3 + v_3^2 \end{aligned}$$

und

$$|\boldsymbol{u}|^2 + |\boldsymbol{v}|^2 - |\boldsymbol{w}|^2 = 2(u_1v_1 + u_2v_2 + u_3v_3).$$

Daraus folgt

$$\begin{aligned} 2|\boldsymbol{u}||\boldsymbol{v}|\cos\theta &= |\boldsymbol{u}|^2 + |\boldsymbol{v}|^2 - |\boldsymbol{w}|^2 = 2(u_1v_1 + u_2v_2 + u_3v_3) \\ |\boldsymbol{u}||\boldsymbol{v}|\cos\theta &= u_1v_1 + u_2v_2 + u_3v_3 \\ \cos\theta &= \frac{u_1v_1 + u_2v_2 + u_3v_3}{|\boldsymbol{u}||\boldsymbol{v}|}. \end{aligned}$$

Wegen $0 \leq \theta < \pi$ erhalten wir für θ also

$$\theta = \cos^{-1}\left(\frac{u_1v_1 + u_2v_2 + u_3v_3}{|\boldsymbol{u}||\boldsymbol{v}|}\right).$$

■

Merke

> Mit der Schreibweise des Skalarprodukts ist der Winkel zwischen den Vektoren $\boldsymbol{u}$ und $\boldsymbol{v}$ ungleich dem Nullvektor gleich
>
> $$\theta = \cos^{-1}\left(\frac{\boldsymbol{u} \cdot \boldsymbol{v}}{|\boldsymbol{u}||\boldsymbol{v}|}\right).$$

Winkel zwischen zwei Vektoren

Beispiel 12.16 Berechnen Sie den Winkel zwischen den Vektoren $\boldsymbol{u} = \boldsymbol{i} - 2\boldsymbol{j} - 2\boldsymbol{k}$ und $\boldsymbol{v} = 6\boldsymbol{i} + 3\boldsymbol{j} + 2\boldsymbol{k}$.

Lösung Wir rechnen mit der oben eingeführten Formel:

$$\begin{aligned} \boldsymbol{u} \cdot \boldsymbol{v} &= (1)(6) + (-2)(3) + (-2)(2) = 6 - 6 - 4 = -4 \\ |\boldsymbol{u}| &= \sqrt{(1)^2 + (-2)^2 + (-2)^2} = \sqrt{9} = 3 \\ |\boldsymbol{v}| &= \sqrt{(6)^2 + (3)^2 + (2)^2} = \sqrt{49} = 7 \\ \theta &= \cos^{-1}\left(\frac{\boldsymbol{u} \cdot \boldsymbol{v}}{|\boldsymbol{u}||\boldsymbol{v}|}\right) = \cos^{-1}\left(\frac{-4}{(3)(7)}\right) \approx 1{,}76 \text{ Radiant} \end{aligned}$$

■

Die Gleichung für den Winkel gilt auch für zweidimensionale Vektoren.

Beispiel 12.17 Betrachten Sie das Dreieck ABC mit den Ecken $A(0,0)$, $B(3,5)$ und $C(5,2)$ (►Abbildung 12.22) und berechnen Sie den Winkel θ. **Winkel in einem Dreieck**

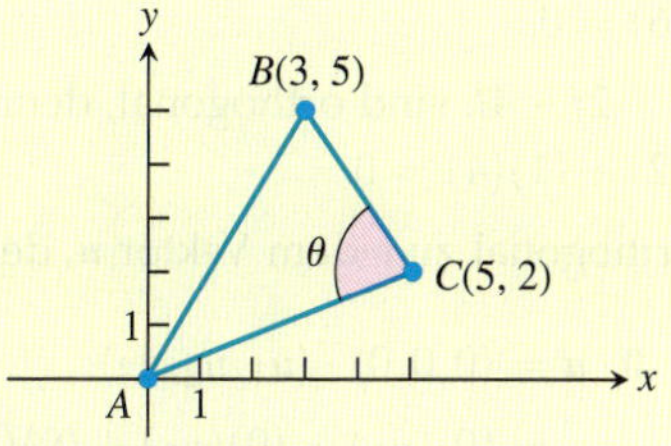

Abbildung 12.22 Das Dreieck aus Beispiel 12.17.

Lösung Der Winkel θ ist der Winkel zwischen den Vektoren $\overrightarrow{CA}$ und $\overrightarrow{CB}$. Die Komponentendarstellung dieser Vektoren ist

$$\overrightarrow{CA} = \langle -5, -2 \rangle \quad \text{und} \quad \overrightarrow{CB} = \langle -2, 3 \rangle.$$

Wir berechnen zuerst das Skalarprodukt und die Beträge der beiden Vektoren:

$$\begin{aligned} \overrightarrow{CA} \cdot \overrightarrow{CB} &= (-5)(-2) + (-2)(3) = 4 \\ |\overrightarrow{CA}| &= \sqrt{(-5)^2 + (-2)^2} = \sqrt{29} \\ |\overrightarrow{CB}| &= \sqrt{(-2)^2 + (3)^2} = \sqrt{13} \end{aligned}$$

Diese Ergebnisse setzen wir in die Gleichung zur Winkelbestimmung ein und erhalten

$$\begin{aligned} \theta &= \cos^{-1}\left(\frac{\overrightarrow{CA} \cdot \overrightarrow{CB}}{|\overrightarrow{CA}||\overrightarrow{CB}|}\right) \\ &= \cos^{-1}\left(\frac{4}{(\sqrt{29})(\sqrt{13})}\right) \\ &\approx 78{,}1^\circ \quad \text{oder} \quad 1{,}36 \text{ Radiant} \end{aligned}$$

■

Senkrechte (orthogonale) Vektoren

Zwei Vektoren $\boldsymbol{u}$ und $\boldsymbol{v}$ ungleich dem Nullvektor sind **senkrecht** oder **orthogonal**, wenn der Winkel zwischen ihnen gleich $\pi/2$ ist. Für solche Vektorenpaare gilt $\boldsymbol{u} \cdot \boldsymbol{v} = 0$, denn es ist $\cos(\pi/2) = 0$. Die umgekehrte Aussage ist ebenfalls richtig: Wenn $\boldsymbol{u}$ und $\boldsymbol{v}$ ungleich null sind und $|\boldsymbol{u}| \cdot |\boldsymbol{v}| \cos\theta = 0$ gilt, dann ist $\cos\theta = 0$ und damit $\theta = \cos^{-1} 0 = \pi/2$.

Definition

Zwei Vektoren $\boldsymbol{u}$ und $\boldsymbol{v}$ sind dann und nur dann **orthogonal** (oder **senkrecht** zueinander), wenn gilt $\boldsymbol{u} \cdot \boldsymbol{v} = 0$.

Test von Vektoren auf Orthogonalität

Beispiel 12.18 Um herauszufinden, ob zwei Vektoren orthogonal sind, berechnen wir ihr Skalarprodukt.

a $\boldsymbol{u} = \langle 3, -2\rangle$ und $\boldsymbol{v} = \langle 4, 6\rangle$ sind orthogonal, denn es gilt $\boldsymbol{u}\cdot\boldsymbol{v} = (3)(4) + (-2)(6) = 0.$

b $\boldsymbol{u} = 3\boldsymbol{i} - 2\boldsymbol{j} + \boldsymbol{k}$ und $\boldsymbol{v} = 2\boldsymbol{j} + 4\boldsymbol{k}$ sind orthogonal, denn es gilt $\boldsymbol{u}\cdot\boldsymbol{v} = (3)(0) + (-2)(2) + (1)(4) = 0.$

c Der Nullvektor **0** ist orthogonal zu jedem Vektor $\boldsymbol{u}$, denn es ist

$$\begin{aligned}\boldsymbol{0}\cdot\boldsymbol{u} &= \langle 0,0,0\rangle\cdot\langle u_1,u_2,u_3\rangle\\ &= (0)(u_1) + (0)(u_2) + (0)(u_3)\\ &= 0.\end{aligned}$$

Eigenschaften des Skalarprodukts und Vektorprojektionen

Für das Skalarprodukt gelten viele Regeln, die auch für Produkte aus Zahlen (Skalaren) gelten.

Merke

Eigenschaften des Skalarprodukts Es seien $\boldsymbol{u}$, $\boldsymbol{v}$ und $\boldsymbol{w}$ beliebige Vektoren und c ein Skalar. Dann gilt

1. $\boldsymbol{u}\cdot\boldsymbol{v} = \boldsymbol{v}\cdot\boldsymbol{u}$
2. $(c\boldsymbol{u})\cdot\boldsymbol{v} = \boldsymbol{u}\cdot(c\boldsymbol{v}) = c(\boldsymbol{u}\cdot\boldsymbol{v})$
3. $\boldsymbol{u}\cdot(\boldsymbol{v}+\boldsymbol{w}) = \boldsymbol{u}\cdot\boldsymbol{v} + \boldsymbol{u}\cdot\boldsymbol{w}$
4. $\boldsymbol{u}\cdot\boldsymbol{u} = |\boldsymbol{u}|^2$
5. $\boldsymbol{0}\cdot\boldsymbol{u} = 0.$

Beweis der Eigenschaften 1 und 3 Die Eigenschaften des Skalarprodukts lassen sich einfach mithilfe der Definition beweisen. Wir zeigen dies hier am Beispiel der Eigenschaften 1 und 3.

1. $$\boldsymbol{u}\cdot\boldsymbol{v} = u_1v_1 + u_2v_2 + u_3v_3 = v_1u_1 + v_2u_2 + v_3u_3 = \boldsymbol{v}\cdot\boldsymbol{u}$$

3. $$\begin{aligned}\boldsymbol{u}\cdot(\boldsymbol{v}+\boldsymbol{w}) &= \langle u_1,u_2,u_3\rangle\cdot\langle v_1+w_1, v_2+w_2, v_3+w_3\rangle\\ &= u_1(v_1+w_1) + u_2(v_2+w_2) + u_3(v_3+w_3)\\ &= u_1v_1 + u_1w_1 + u_2v_2 + u_2w_2 + u_3v_3 + u_3w_3\\ &= (u_1v_1 + u_2v_2 + u_3v_3) + (u_1w_1 + u_2w_2 + u_3w_3)\\ &= \boldsymbol{u}\cdot\boldsymbol{v} + \boldsymbol{u}\cdot\boldsymbol{w}\end{aligned}$$ ■

Am Anfang des Abschnitts haben wir uns mit der Fage beschäftigt, welche Projektion ein Vektor auf einen anderen hat. Dies wollen wir jetzt wieder aufnehmen. ►Abbildung 12.23 stellt die Situation dar: Die **Projektion des Vektors** $\boldsymbol{u} = \overrightarrow{PQ}$ auf einen Vektor $\boldsymbol{v} = \overrightarrow{PS}$ (ungleich null) ist hier der Vektor $\overrightarrow{PR}$. $\overrightarrow{PR}$ erhält man, indem man von Q aus eine Senkrechte auf die Strecke PS zeichnet. Die Schreibweise für diesen Vektor ist

$$\text{proj}_{\boldsymbol{v}}\boldsymbol{u} \qquad \text{(„Die Vektorprojektion von } \boldsymbol{u} \text{ auf } \boldsymbol{v}\text{“).}$$

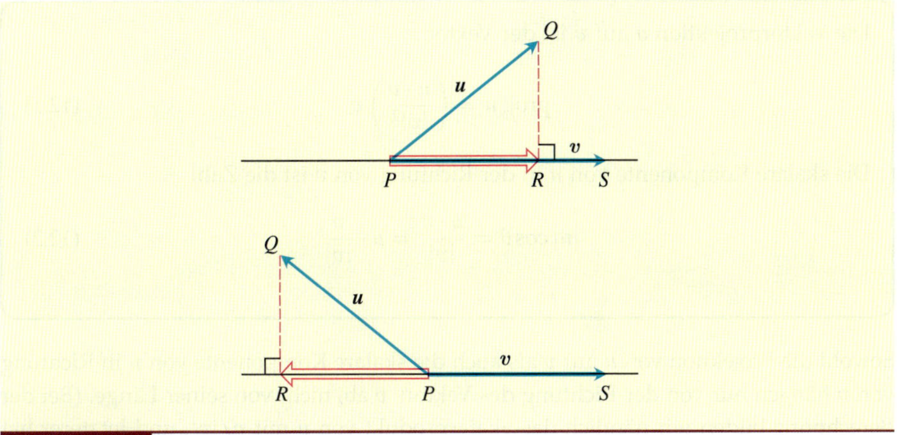

Abbildung 12.23 Die Vektorprojektion von $\boldsymbol{u}$ auf $\boldsymbol{v}$.

Steht $\boldsymbol{u}$ beispielsweise für eine Kraft, dann gibt $\text{proj}_{\boldsymbol{v}}\boldsymbol{u}$ die Kraftkomponente an, die in die Richtung von $\boldsymbol{v}$ wirkt (►Abbildung 12.24).

Liegt zwischen $\boldsymbol{u}$ und $\boldsymbol{v}$ ein spitzer Winkel, dann hat $\text{proj}_{\boldsymbol{v}}\boldsymbol{u}$ die Länge $|\boldsymbol{u}|\cos\theta$ und die Richtung $\boldsymbol{v}/|\boldsymbol{v}|$ (►Abbildung 12.25). Bei stumpfen Winkeln gilt $\cos\theta < 0$ und $\text{proj}_{\boldsymbol{v}}\boldsymbol{u}$ hat die Länge $-|\boldsymbol{u}|\cos\theta$ und die Richtung $-\boldsymbol{v}/|\boldsymbol{v}|$. In beiden Fällen gilt

$$\begin{aligned}\text{proj}_{\text{v}}\boldsymbol{u} &= (|\boldsymbol{u}|\cos\theta)\,\frac{\boldsymbol{v}}{|\boldsymbol{v}|}\\ &= \left(\frac{\boldsymbol{u}\cdot\boldsymbol{v}}{|\boldsymbol{v}|}\right)\frac{\boldsymbol{v}}{|\boldsymbol{v}|}\\ &= \left(\frac{\boldsymbol{u}\cdot\boldsymbol{v}}{|\boldsymbol{v}|^2}\right)\boldsymbol{v}.\end{aligned}$$

$$|\boldsymbol{u}|\cos\theta = \frac{|\boldsymbol{u}||\boldsymbol{v}|\cos\theta}{|\boldsymbol{v}|} = \frac{\boldsymbol{u}\cdot\boldsymbol{v}}{|\boldsymbol{v}|}$$

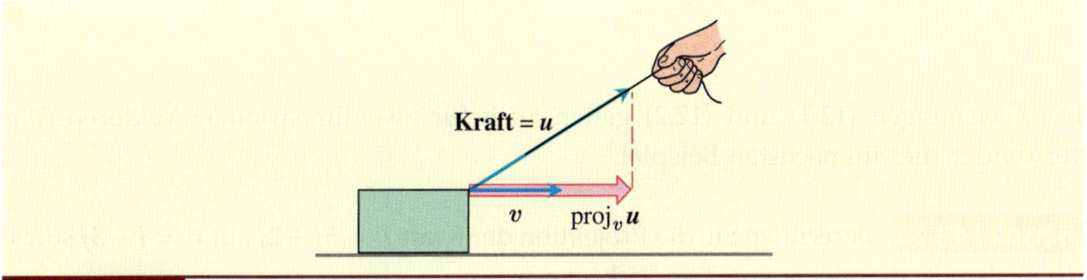

Abbildung 12.24 Eine Kiste wird mit der Kraft $\boldsymbol{u}$ gezogen. Der Anteil dieser Kraft, der an der Kiste in die Bewegungsrichtung $\boldsymbol{v}$ wirkt, entspricht der Projektion von $\boldsymbol{u}$ auf $\boldsymbol{v}$.

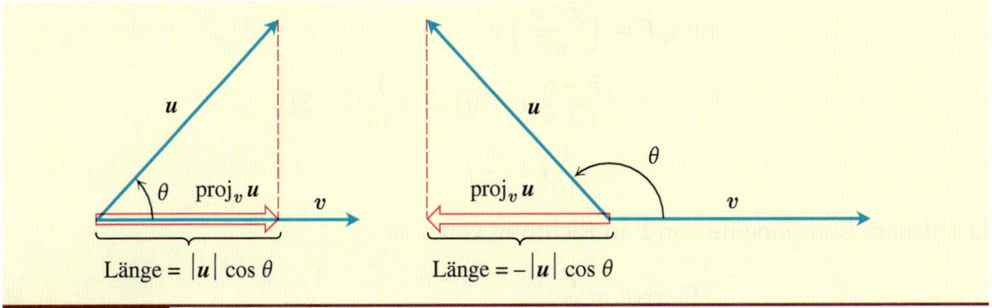

Abbildung 12.25 Die Länge von $\text{proj}_{\boldsymbol{v}}\boldsymbol{u}$ ist **(a)** $|\boldsymbol{u}\cos\theta$ für $\cos\theta \geq 0$ und **(b)** $-|\boldsymbol{u}|\cos\theta$ für $\cos\theta < 0$.

Die Zahl $|\boldsymbol{u}|\cos\theta$ heißt die **skalare Komponente von $\boldsymbol{u}$ in Richtung von $\boldsymbol{v}$**. Zusammengefasst gilt

Merke

Die Vektorprojektion u auf v ist der Vektor

$$\text{proj}_v u = \left(\frac{u \cdot v}{|v|^2}\right) v. \tag{12.1}$$

Die skalare Komponente von u in der Richtung von v ist die Zahl

$$|u| \cos\theta = \frac{u \cdot v}{|v|} = u \cdot \frac{v}{|v|}. \tag{12.2}$$

Sowohl die Projektion von u auf v als auch die skalare Komponente von u in Richtung von v hängen nur von der Richtung des Vektors v ab, nicht von seiner Länge. (Bei der Berechnung bilden wir nämlich das Skalarprodukt von u mit $v/|v|$, und letzterer hat stets die Länge 1.)

Projektion eines Vektors auf einen anderen

Beispiel 12.19 Berechnen Sie die Projektion von $u = 6i + 3j + 2k$ auf $v = i - 2j - 2k$ sowie die skalare Komponente von u in die Richtung von v.

Lösung Wir bestimmen $\text{proj}_v u$ mit Gleichung (12.1).

$$\text{proj}_v u = \frac{u \cdot v}{v \cdot v} v = \frac{6-6-4}{1+4+4}(i - 2j - 2k)$$
$$= -\frac{4}{9}(i - 2j - 2k) = -\frac{4}{9}i + \frac{8}{9}j + \frac{8}{9}k.$$

Dann berechnen wir mit Gleichung (12.2) die skalare Komponenten von u in Richtung von v.

$$|u| \cos\theta = u \cdot \frac{v}{|v|} = (6i + 3j + 2k) \cdot \left(\frac{1}{3}i - \frac{2}{3}j - \frac{2}{3}k\right)$$
$$= 2 - 2 - \frac{4}{3} = -\frac{4}{3}.$$

Die Gleichungen (12.1) und (12.2) gelten auch für zweidimensionale Vektoren. Wir verwenden dies im nächsten Beispiel.

Projektion bei zweidimensionalen Vektoren

Beispiel 12.20 Berechnen Sie die Projektion der Kraft $F = 5i + 2j$ auf $v = i - 3j$ sowie die skalare Komponente von F in Richtung von v.

Lösung Der Projektionsvektor ist

$$\text{proj}_v F = \left(\frac{F \cdot v}{|v|^2}\right) v$$
$$= \frac{5-6}{1+9}(i - 3j) = -\frac{1}{10}(i - 3j)$$
$$= -\frac{1}{10}i + \frac{3}{10}j.$$

Die skalare Komponente von F in Richtung von v ist

$$|F| \cos\theta = \frac{F \cdot v}{|v|} = \frac{5-6}{\sqrt{1+9}} = -\frac{1}{\sqrt{10}}.$$

Der Vektor $u - \text{proj}_v u$ steht senkrecht auf dem Projektionsvektor $\text{proj}_v u$ (der Projektionsvektor hat die gleiche Richtung wie v). Dies kann man mit einer recht einfachen

Rechnung zeigen, die Thema von Aufgabe 29 sein wird. Die Gleichung

$$u = \text{proj}_v u + (u - \text{proj}_v u) = \underbrace{\left(\frac{u \cdot v}{|v|^2}\right) v}_{\text{parallel zu } v} + \underbrace{\left(u - \left(\frac{u \cdot v}{|v|^2}\right) v\right)}_{\text{senkrecht zu } v}$$

drückt also u als Summe orthogonaler Vektoren aus.

Arbeit

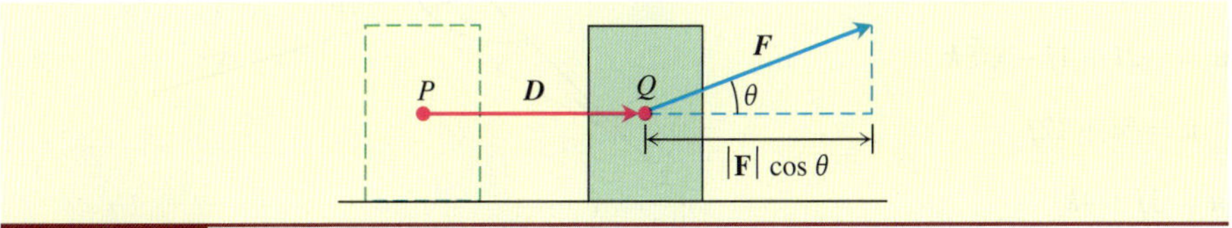

Abbildung 12.26 Die Arbeit, die eine Kraft F bei einer Verschiebung D eines Objekts verrichtet, ist $(|F| \cos\theta)|D|$. Dies entspricht dem Skalarprodukt $F \cdot D$.

In Kapitel 6 haben wir die Arbeit W berechnet, die eine konstante Kraft der Größe F verrichtet, wenn sie ein Objekt um eine Strecke d bewegt. Unser Ergebnis war $W = Fd$. Diese Gleichung gilt allerdings nur, wenn die Kraft in die Bewegungsrichtung wirkt. Hat eine Kraft F eine andere Richtung als die Verschiebung $D = \overrightarrow{PQ}$ des Objekts, die sie bewirkt, so verrichtet nur die Komponente von F Arbeit, die in Richtung von D zeigt. Es sei θ der Winkel zwischen F und D (▶Abbildung 12.26). Dann gilt

$$\begin{aligned}\text{Arbeit} &= \begin{pmatrix}\text{Skalare Komponente von } F\\ \text{in der Richtung von } D\end{pmatrix}(\text{Betrag von } D)\\ &= (|F|\cos\theta)\,|D|\\ &= F \cdot D.\end{aligned}$$

Definition

Die **Arbeit**, die eine konstante Kraft F bei einer Verschiebung $D = \overrightarrow{PQ}$ verrichtet, ist

$$W = F \cdot D.$$

Beispiel 12.21 Es sei $|F| = 40$ N, $|D| = 3$ m und $\theta = 60°$. Die Kraft verrichtet dann entlang der Strecke von P nach Q die Arbeit (in der Rechnung werden die Einheiten weggelassen)

$$\begin{aligned}\text{Arbeit} &= F \cdot D && \text{Definition}\\ &= |F||D|\cos\theta\\ &= (40)(3)\cos 60° && \text{Einsetzen der gegebenen Werte}\\ &= (120)(1/2) = 60\,\text{J} \quad \text{(Joule)}\end{aligned}$$

Wir werden uns in Kapitel 16 mit anspruchsvolleren Aufgaben zur Berechnung von Arbeit beschäftigen. Dann werden wir die Arbeit berechnen, die eine variable Kraft entlang einer Bahn im Raum verrichtet.

Aufgaben zum Abschnitt 12.3

Skalarprodukt und Projektionen Bestimmen Sie in den Aufgaben 1–8

a. $v \cdot u$, $|v|$, $|u|$

b. den Kosinus des Winkels zwischen v und u,

c. die skalare Komponente von u in Richtung von v,

d. den Vektor $\text{proj}_v u$.

1. $v = 2i - 4j + \sqrt{5}k, \quad u = -2i + 4j - \sqrt{5}k$

2. $v = (3/5)i + (4/5)k, \quad u = 5i + 12j$

3. $v = 10i + 11j - 2k, \quad u = 3j + 4k$

4. $v = 2i + 10j - 11k, \quad u = 2i + 2j + k$

5. $v = 5j - 3k, \quad u = i + j + k$

6. $v = -i + j, \quad u = \sqrt{2}i + \sqrt{3}j + 2k$

7. $v = 5i + j, \quad u = 2i + \sqrt{17}j$

8. $v = \left\langle \frac{1}{\sqrt{2}}, \frac{1}{\sqrt{3}} \right\rangle, \quad u = \left\langle \frac{1}{\sqrt{2}}, -\frac{1}{\sqrt{3}} \right\rangle$

Winkel zwischen Vektoren Berechnen Sie in den Aufgaben 9–12 den Winkel zwischen den Vektoren, geben Sie den Winkel in Radiant an und runden Sie auf Hundertstel.

9. $u = 2i + j, \quad v = i + 2j - k$

10. $u = 2i - 2j + k, \quad v = 3i + 4k$

11. $u = \sqrt{3}i - 7j, \quad v = \sqrt{3}i + j - 2k$

12. $u = i + \sqrt{2}j - \sqrt{2}k, \quad v = -i + j + k$

13. **Dreieck** Ein Dreieck hat die Eckpunkte $A = (-1, 0)$, $B = (2, 1)$ und $C = (1, -2)$. Berechnen Sie die Größe der Winkel an den Ecken.

14. **Rechteck** Ein Rechteck hat die Eckpunkte $A = (1, 0)$, $B = (0, 3)$, $C = (3, 4)$ und $D = (4, 1)$. Berechnen Sie die Größe der Winkel zwischen den Diagonalen dieses Rechtecks.

15. **Richtungswinkel und Richtungskosinus** Die *Richtungswinkel* α, β und γ eines Vektors $v = ai + bj + ck$ sind folgendermaßen definiert:
α ist der Winkel zwischen v und der positiven x-Achse $(0 \leq \alpha \leq \pi)$,
β ist der Winkel zwischen v und der positiven y-Achse $(0 \leq \beta \leq \pi)$,
γ ist der Winkel zwischen v und der positiven z-Achse $(0 \leq \gamma \leq \pi)$.

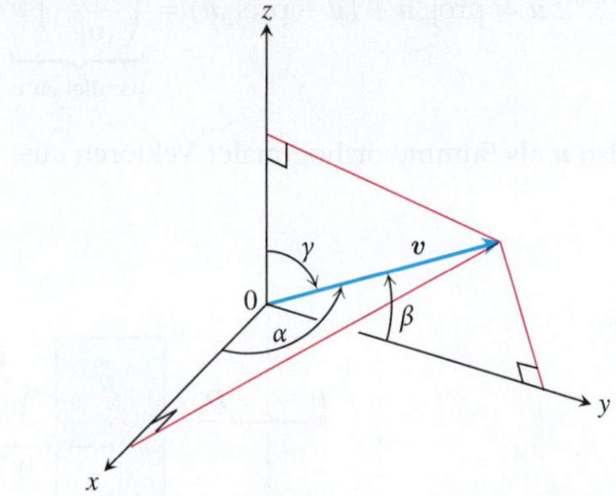

a. Zeigen Sie, dass gilt

$$\cos\alpha = \frac{a}{|v|}, \quad \cos\beta = \frac{b}{|v|}, \quad \cos\gamma = \frac{c}{|v|},$$

und $\cos^2\alpha + \cos^2\beta + \cos^2\gamma = 1$. Den Kosinus dieser Winkel nennt man einen *Richtungskosinus* von v.

b. **Zusammenhang zwischen Einheitsvektoren und Richtungskosinus** Zeigen Sie: Wenn $v = ai + bj + ck$ ein Einheitsvektor ist, dann sind a, b und c jeweils ein Richtungskosinus von v.

16. **Konstruktion einer Wasserleitung** Eine Wasserleitung soll so konstruiert werden, dass sie zuerst eine 20 %-Steigung in Richtung Norden und dann eine 10 %-Steigung in Richtung Osten hat (vgl. die untenstehende Abbildung). Berechnen Sie den Winkel θ, den die Wasserleitung dann bei der Kurve von Nord nach Ost haben muss.

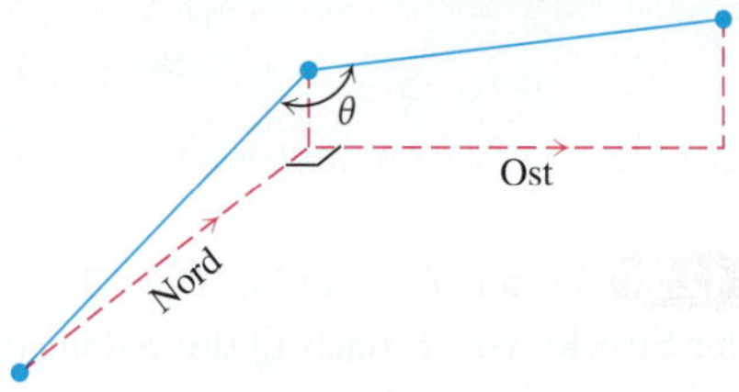

Theorie und Beispiele

17. **Summen und Differenzen** In der untenstehenden Abbildung stehen offensichtlich $v_1 + v_2$ und $v_1 - v_2$ senkrecht aufeinander. Ist das nur ein Zufall? Oder gibt es Voraussetzungen, unter denen die Summe zweier Vektoren stets senkrecht auf ihrer Differenz steht? Begründen Sie Ihre Antwort.

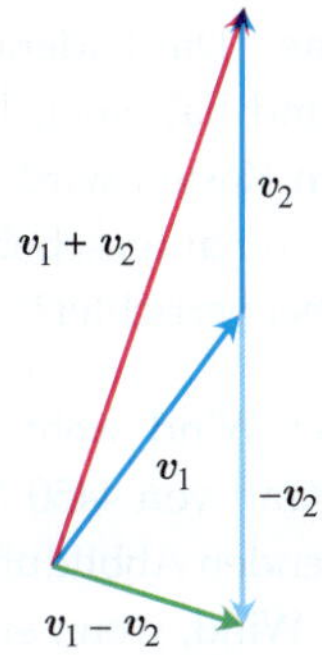

18. Orthogonalität an einem Kreis Es sei AB der Durchmesser eines Kreises mit dem Mittelpunkt O und C ein Punkt auf einem der beiden Bögen, die A und B verbinden. Zeigen Sie, dass $\overrightarrow{CA}$ und $\overrightarrow{CB}$ orthogonal zueinander sind. (Dies ist der *Satz des Thales*.)

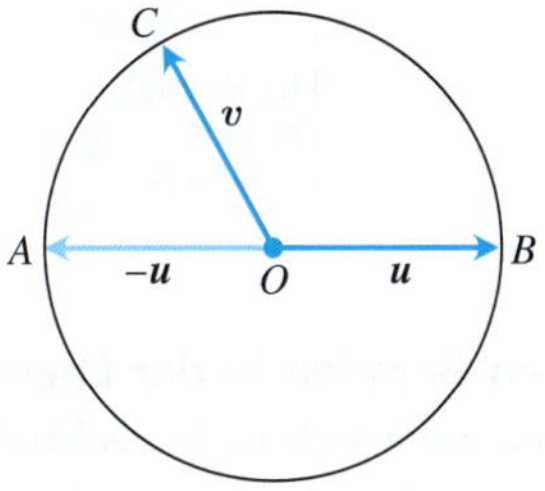

19. Diagonalen einer Raute Eine Raute ist ein Parallelogramm, dessen vier Seiten alle gleich lang sind. Zeigen Sie, dass die Diagonalen einer Raute orthogonal zueinander sind.

20. Senkrechte Diagonalen Zeigen Sie, dass das Quadrat das einzige Rechteck ist, dessen Diagonalen orthogonal zueinander sind.

21. Wann ist ein Parallelogramm auch ein Rechteck? Zeigen Sie: Ein Parallelogramm ist dann und nur dann ein Rechteck, wenn seine Diagonalen gleich lang sind. (Diese Tatsache wird oft von Zimmerleuten ausgenutzt.)

22. Diagonalen eines Parallelogramms Das Parallelogramm in der untenstehenden Abbildung wird von den Vektoren $\boldsymbol{u}$ und $\boldsymbol{v}$ aufgespannt. Zeigen Sie, dass die eingezeichnete Diagonale den Winkel zwischen $\boldsymbol{u}$ und $\boldsymbol{v}$ dann halbiert, wenn gilt $|\boldsymbol{u}| = |\boldsymbol{v}|$.

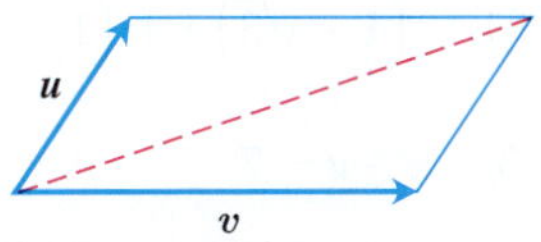

23. Bewegung eines Geschosses Ein Gewehr hat eine Mündungsgeschwindigkeit von 365 m/s. Es wird mit einem Winkel von 8° über der Horizontalen abgefeuert. Bestimmen Sie die horizontale und vertikale Komponente der Geschossgeschwindigkeit.

24. Geneigte Ebene Eine Kiste wird wie in der untenstehenden Abbildung auf eine geneigte Ebene gelegt. Wie groß muss die Kraft $\boldsymbol{w}$ sein, damit die Kraftkomponente parallel zur geneigten Ebene gleich 12 N ist?

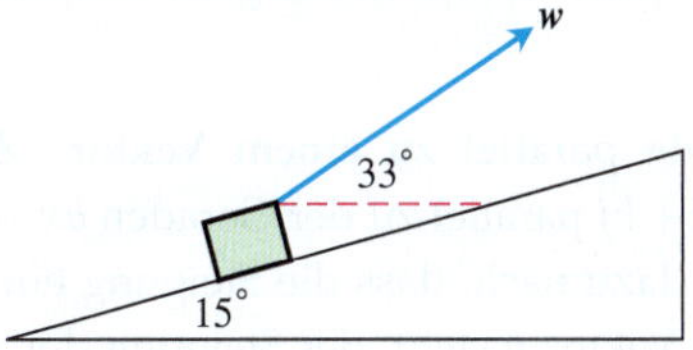

25.
a. Die Cauchy-Schwartz'sche Ungleichung Es ist $\boldsymbol{u} \cdot \boldsymbol{v} = |\boldsymbol{u}||\boldsymbol{v}| \cos\theta$. Zeigen Sie, dass deswegen die Ungleichung $|\boldsymbol{u} \cdot \boldsymbol{v}| \leq |\boldsymbol{u}||\boldsymbol{v}|$ für beliebige Vektoren $\boldsymbol{u}$ und $\boldsymbol{v}$ gilt.
b. Unter welchen Voraussetzungen (wenn überhaupt) ist $|\boldsymbol{u} \cdot \boldsymbol{v}|$ gleich $|\boldsymbol{u}||\boldsymbol{v}|$? Begründen Sie Ihre Antwort.

26. Zeichnen Sie das untenstehende Koordinatensystem und den Vektor ab, schattieren Sie dann den Bereich, für den die Ungleichung $(x\boldsymbol{i} + y\boldsymbol{j}) \cdot \boldsymbol{v} \leq 0$ gilt. Begründen Sie Ihre Antwort.

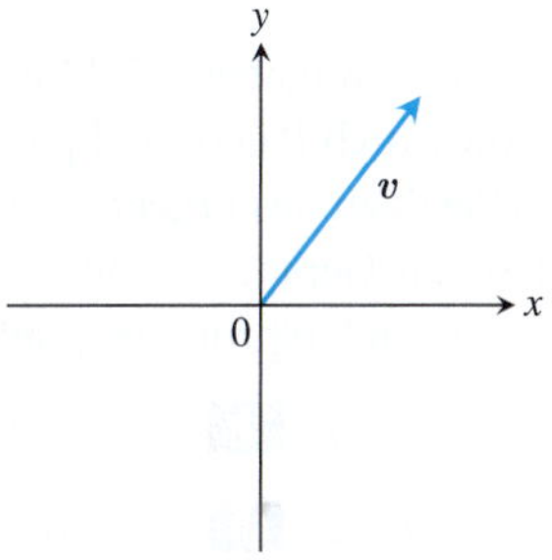

27. Orthogonale Einheitsvektoren Es seien $\boldsymbol{u}_1$ und $\boldsymbol{u}_2$ orthogonale Einheitsvektoren und $\boldsymbol{v} = a\boldsymbol{u}_1 + b\boldsymbol{u}_2$. Bestimmen Sie $\boldsymbol{v} \cdot \boldsymbol{u}_1$.

28. Kürzungen im Skalarprodukt Multipliziert man reelle Zahlen, so kann man in der Gleichung $uv_1 = uv_2$ für $u \neq 0$ den Faktor u kürzen und aus der Gleichung schließen, dass gilt $v_1 = v_2$. Gilt dies auch für Skalarprodukte von Vektoren? Kann man also aus $\boldsymbol{u} \cdot \boldsymbol{v}_1 = \boldsymbol{u} \cdot \boldsymbol{v}_2$ und $\boldsymbol{u} \neq \boldsymbol{0}$ schließen, dass gilt $\boldsymbol{v}_1 = \boldsymbol{v}_2$? Begründen Sie Ihre Antwort.

29. Gehen Sie von der Definition der Projektion von $\boldsymbol{u}$ auf $\boldsymbol{v}$ aus und zeigen Sie durch direkte Rechnung, dass gilt $(\boldsymbol{u} - \text{proj}_{\boldsymbol{v}}\boldsymbol{u}) \cdot \text{proj}_{\boldsymbol{v}}\boldsymbol{u} = 0$.

30. Eine Kraft $\boldsymbol{F} = 2\boldsymbol{i} + \boldsymbol{j} - 3\boldsymbol{k}$ wirkt auf ein Raumschiff, dessen Geschwindigkeitsvektor $\boldsymbol{v} = 3\boldsymbol{i} - \boldsymbol{j}$ ist. Drücken Sie $\boldsymbol{F}$ als Summe der beiden Vektoren parallel und senkrecht zu $\boldsymbol{v}$ aus.

Gleichungen für Geraden in der Ebene

31. Gerade senkrecht zu einem Vektor Zeigen Sie, dass $v = ai + bj$ senkrecht zu der Geraden $ax + by = c$ ist. Weisen Sie dazu nach, dass die Steigung des Vektors v und die Steigung der gegebenen Geraden negativ reziprok zueinander sind.

32. Gerade parallel zu einem Vektor Zeigen Sie, dass $v = ai + bj$ parallel zu der Geraden $bx - ay = c$ ist. Weisen Sie dazu nach, dass die Steigung einer Strecke, die für den Vektor v steht, der Steigung der gegebenen Geraden entspricht.

Bestimmen Sie in den Aufgaben 33–36 eine Gleichung für eine Gerade, die durch P geht und senkrecht auf v steht; verwenden Sie dazu das Ergebnis aus Aufgabe 31. Skizzieren Sie dann die Gerade; zeichnen Sie auch v ein, und zwar so, dass er im Ursprung beginnt.

33. $P(2,1), \quad v = i + 2j$

34. $P(-1,2), \quad v = -2i - j$

35. $P(-2,-7), \quad v = -2i + j$

36. $P(11,10), \quad v = 2i - 3j$

Bestimmen Sie in den Aufgaben 37–40 eine Gleichung für eine Gerade, die durch P geht und parallel zu v verläuft; verwenden Sie dazu das Ergebnis aus Aufgabe 32. Skizzieren Sie dann die Gerade; zeichnen Sie auch v ein, und zwar so, dass er im Ursprung beginnt.

37. $P(-2,1), \quad v = i - j$

38. $P(0, -2), v = 2i + 3j$

39. $P(1,2), \quad v = -i - 2j$

40. $P(1,3), \quad v = 3i - 2j$

Arbeit

41. Arbeit entlang einer Geraden Die Kraft $F = 5i$ (mit dem Betrag 5 N) bewegt ein Objekt vom Ursprung entlang einer Geraden zum Punkt $(1,1)$ (alle Abstände sind in Metern abgegeben). Welche Arbeit verrichtet sie dabei?

42. Lokomotive Die Lokomotive *Big Boy* der Union Pacific Eisenbahngesellschaft war eine der stärksten jemals gebauten Dampflokomotiven. Sie konnte Züge mit einem Gewicht von ca. 5500 t ziehen und übte dabei eine Anfahrzugkraft von über 602 000 N aus. Wenn wir diese Daten zugrunde legen, welche Arbiet verrichtete *Big Boy* dann auf der (annähernd geraden) Strecke zwischen San Francisco und Los Angeles, die 605 km lang ist?

43. Geneigte Ebene Die Laderampe eines Lastwagens ist 20 m lang und hat einen Winkel von 30° mit der Horizontalen. Ein Kasten wird mit einer Kraft von 200 N diese Rampe hinaufgeschoben. Welche Arbeit (Hubarbeit) wird dabei verrichtet?

44. Segelboot Der Wind weht über ein Segelboot und übt dabei eine Kraft von 4450 N auf das Boot aus, wie in der untenstehenden Abbildung zu sehen. Welche Arbeit verrichtet der Wind, wenn er das Boot um 2 km vorwärts bewegt? Geben Sie Ihre Antwort in Joule.

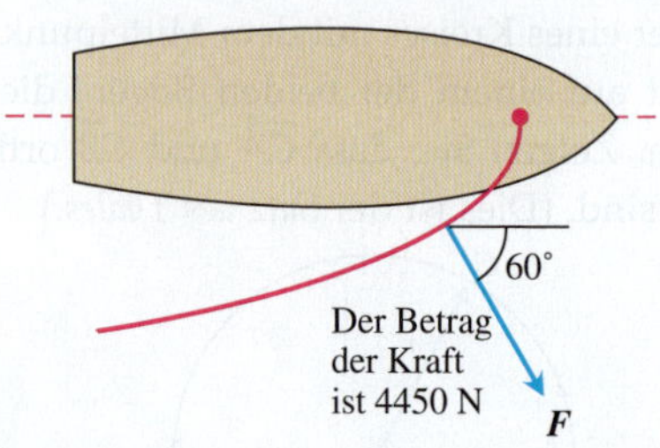

Winkel zwischen Geraden in der Ebene Der **spitze Winkel zwischen zwei sich nicht rechtwinklig schneidenden Geraden** ist der gleiche wie der zwischen zwei Vektoren, die entweder jeweils senkrecht auf einer der Geraden stehen oder parallel zu ihnen sind.

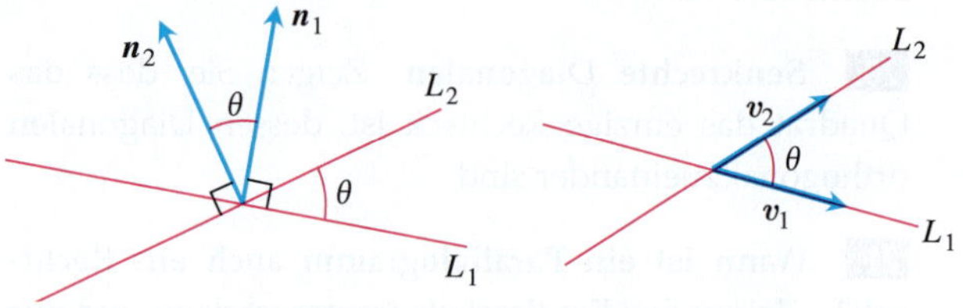

Bestimmen Sie damit und mit den Ergebnissen der Aufgaben 31 und 32 die spitzen Winkel zwischen den Geraden, die in den Aufgaben 45–50 angegeben sind.

45. $3x + y = 5, \quad 2x - y = 4$

46. $y = \sqrt{3}x - 1, \quad y = -\sqrt{3}x + 2$

47. $\sqrt{3}x - y = -2, \quad x - \sqrt{3}y = 1$

48. $x + \sqrt{3}y = 1, \quad \left(1 - \sqrt{3}\right)x + \left(1 + \sqrt{3}\right)y = 8$

49. $3x - 4y = 3, \quad x - y = 7$

50. $12x + 5y = 1, \quad 2x - 2y = 3$

12.4 Das Kreuzprodukt

Wenn wir die Lage einer Geraden in der Ebene beschreiben wollen, so geben wir ihre Steigung oder ihren Steigungswinkel an. Im Raum suchen wir nun eine ähnliche Möglichkeit, um die Lage einer *Ebene* anzugeben. Dazu multiplizieren wir zwei Vektoren in der Ebene derart, dass ein dritter Vektor entsteht, der senkrecht auf der Ebene steht. Die Richtung dieses dritten Vektors gibt nun an, wie „schief" die Ebene ist. Das so entstehende Produkt aus den beiden Vektoren nennt man das *Vektorprodukt* oder *Kreuzprodukt*; dies ist die zweite Möglichkeit, zwei Vektoren zu multiplizieren. In diesem Abschnitt untersuchen wir es genauer.

Das Kreuzprodukt zweier Vektoren im Raum

Wir betrachten zwei Vektoren $\boldsymbol{u}$ und $\boldsymbol{v}$ ungleich null im Raum. Wenn $\boldsymbol{u}$ und $\boldsymbol{v}$ nicht parallel sind, spannen sie ein Ebene auf. Wir bestimmen nun einen Einheitsvektor $\boldsymbol{n}$ senkrecht zur Ebene mithilfe der **Rechte-Hand-Regel**. $\boldsymbol{n}$ ist dabei der Einheitsvektor (oder Normalenvektor), der in Richtung des rechten Daumens zeigt, wenn die Finger sich entlang des Winkels θ von $\boldsymbol{u}$ nach $\boldsymbol{v}$ krümmen (▶Abbildung 12.27). Dann ist das **Kreuzprodukt** der Vektor, der folgendermaßen definiert ist:

Definition

$$\boldsymbol{u} \times \boldsymbol{v} = (|\boldsymbol{u}||\boldsymbol{v}| \sin\theta)\boldsymbol{n}$$

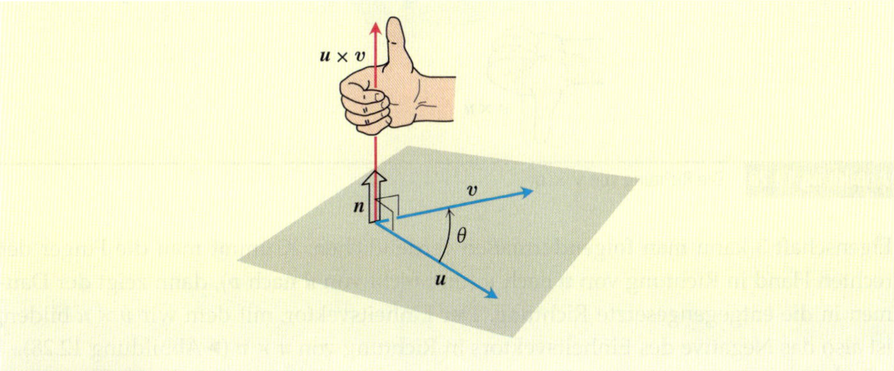

Abbildung 12.27 Die Richtung von $\boldsymbol{u} \times \boldsymbol{v}$.

Im Gegensatz zum Skalarprodukt ist das Kreuzprodukt ein Vektor; deswegen nennt man es auch das **Vektorprodukt** von $\boldsymbol{u}$ und $\boldsymbol{v}$. Das Kreuzprodukt ist nur für Vektoren im Raum definiert. Der Vektor $\boldsymbol{u} \times \boldsymbol{v}$ steht senkrecht sowohl auf $\boldsymbol{u}$ als auch $\boldsymbol{v}$, da er ein skalares Vielfaches von $\boldsymbol{n}$ ist.

Es gibt ein einfaches Verfahren, mit dem man das Kreuzprodukt zweier Vektoren berechnen kann, wenn man ihre Komponenten kennt. Dazu muss man den Winkel zwischen den Vektoren nicht kennen (auch wenn man das beim Betrachten der Definition vermuten würde). Wir beschreiben dieses Verfahren ein wenig später und betrachten zunächst die Eigenschaften des Kreuzprodukts.

Der Sinus sowohl von 0 als auch von π ist gleich 0, es ist also sinnvoll, das Kreuzprodukt von zwei parallelen Vektoren als $\mathbf{0}$ zu definieren. Außerdem definieren wir das Kreuzprodukt $\boldsymbol{u} \times \boldsymbol{v} = \mathbf{0}$, wenn einer der beiden Vektoren $\boldsymbol{u}$ und $\boldsymbol{v}$ gleich $\mathbf{0}$ ist. Es gilt also: Das Kreuzprodukt von zwei Vektoren $\boldsymbol{u}$ und $\boldsymbol{v}$ ist dann und nur dann gleich null, wenn $\boldsymbol{u}$ und $\boldsymbol{v}$ parallel sind, insbesondere wenn einer der beiden Vektoren gleich null ist.

Merke

Parallele Vektoren Zwei Vektoren $\boldsymbol{u}$ und $\boldsymbol{v}$ sind dann und nur dann parallel, wenn $\boldsymbol{u} \times \boldsymbol{v} = \boldsymbol{0}$.

Für das Kreuzprodukt gelten die folgenden Regeln.

Merke

Eigenschaften des Kreuzprodukts Es seien $\boldsymbol{u}$, $\boldsymbol{v}$ und $\boldsymbol{w}$ beliebige Vektoren sowie r und s beliebige Skalare. Dann gilt

1. $(r\boldsymbol{u}) \times (s\boldsymbol{v}) = (rs)(\boldsymbol{u} \times \boldsymbol{v})$
2. $\boldsymbol{u} \times (\boldsymbol{v} + \boldsymbol{w}) = \boldsymbol{u} \times \boldsymbol{v} + \boldsymbol{u} \times \boldsymbol{w}$
3. $\boldsymbol{v} \times \boldsymbol{u} = -(\boldsymbol{u} \times \boldsymbol{v})$
4. $(\boldsymbol{v} + \boldsymbol{w}) \times \boldsymbol{u} = \boldsymbol{v} \times \boldsymbol{u} + \boldsymbol{w} \times \boldsymbol{u}$
5. $\boldsymbol{0} \times \boldsymbol{u} = \boldsymbol{0}$
6. $\boldsymbol{u} \times (\boldsymbol{v} \times \boldsymbol{w}) = (\boldsymbol{u} \cdot \boldsymbol{w})\boldsymbol{v} - (\boldsymbol{u} \cdot \boldsymbol{v})\boldsymbol{w}$

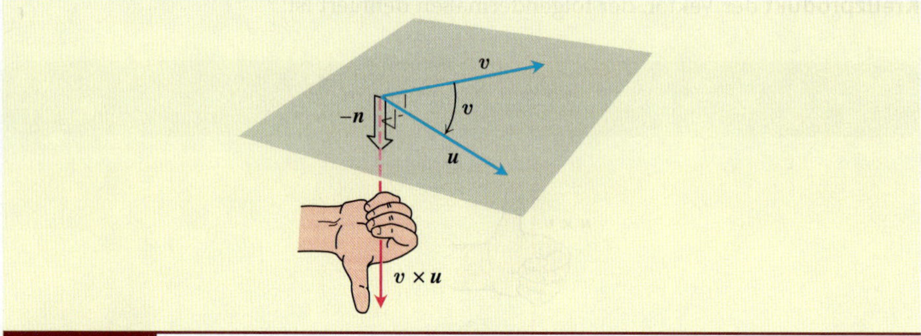

Abbildung 12.28 Die Richtung von $\boldsymbol{v} \times \boldsymbol{u}$.

Eigenschaft 3 kann man folgendermaßen verdeutlichen: Krümmt man die Finger der rechten Hand in Richtung von $\boldsymbol{v}$ nach $\boldsymbol{u}$ (und nicht von $\boldsymbol{u}$ nach $\boldsymbol{v}$), dann zeigt der Daumen in die entgegengesetzte Richtung. Der Einheitsvektor, mit dem wir $\boldsymbol{v} \times \boldsymbol{u}$ bilden, ist also das Negative des Einheitsvektors in Richtung von $\boldsymbol{u} \times \boldsymbol{v}$ (►Abbildung 12.28).

Eigenschaft 1 lässt sich verifizieren, indem man mit der Definition des Kreuzprodukts beide Seiten der Gleichung berechnet und die Ergebnisse vergleicht. Eigenschaft 2 wird in Anhang 8 bewiesen. Eigenschaft 4 erhält man, wenn man beide Seiten der Gleichung in Eigenschaft 2 mit -1 multipliziert und die Reihenfolge der Faktoren gemäß Eigenschaft 3 vertauscht. Eigenschaft 5 ist eine Definition. Grundsätzlich ist das Kreuzprodukt *nicht assoziativ*, $(\boldsymbol{u} \times \boldsymbol{v}) \times \boldsymbol{w}$ ist im Allgemeinen also nicht gleich $\boldsymbol{u} \times (\boldsymbol{v} \times \boldsymbol{w})$. (Dies wird in der zusätzlichen Aufgabe 17 auf Seite 162 näher behandelt).

Wir berechnen jetzt paarweise die Kreuzprodukte von $\boldsymbol{i}$, $\boldsymbol{j}$ und $\boldsymbol{k}$ mithilfe der Definition. Es ergibt sich (►Abbildung 12.29)

$$\boldsymbol{i} \times \boldsymbol{j} = -(\boldsymbol{j} \times \boldsymbol{i}) = \boldsymbol{k}$$
$$\boldsymbol{j} \times \boldsymbol{k} = -(\boldsymbol{k} \times \boldsymbol{j}) = \boldsymbol{i}$$
$$\boldsymbol{k} \times \boldsymbol{i} = -(\boldsymbol{i} \times \boldsymbol{k}) = \boldsymbol{j}$$

und

$$\boldsymbol{i} \times \boldsymbol{i} = \boldsymbol{j} \times \boldsymbol{j} = \boldsymbol{k} \times \boldsymbol{k} = \boldsymbol{0}.$$

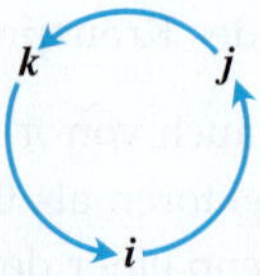

Diagramm, mit dem man sich diese Produkte merken kann

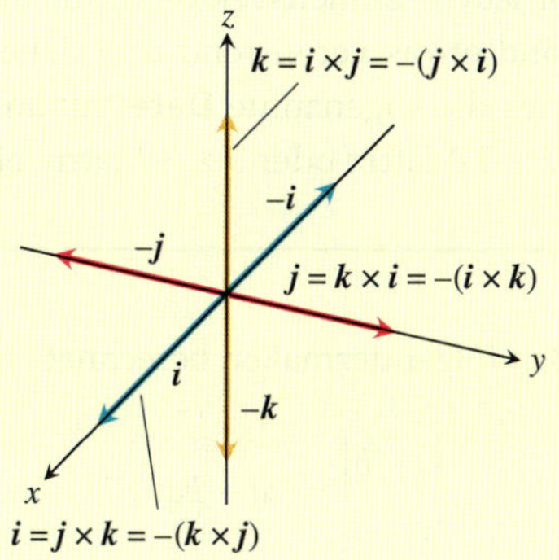

Abbildung 12.29 Die paarweisen Kreuzprodukte von $\boldsymbol{i}$, $\boldsymbol{j}$ und $\boldsymbol{k}$.

$|\boldsymbol{u} \times \boldsymbol{v}|$ entspricht der Fläche eines Parallelogramms

Da $\boldsymbol{n}$ ein Einheitsvektor ist, gilt für den Betrag von $\boldsymbol{u} \times \boldsymbol{v}$

$$|\boldsymbol{u} \times \boldsymbol{v}| = |\boldsymbol{u}||\boldsymbol{v}||\sin\theta||\boldsymbol{n}| = |\boldsymbol{u}||\boldsymbol{v}|\sin\theta.$$

Merke

Dies entspricht der Fläche des Parallelogramms, das von $\boldsymbol{u}$ und $\boldsymbol{v}$ aufgespannt wird (►Abbildung 12.30); dabei ist $|\boldsymbol{u}|$ die Länge der Grundseite des Parallelogramms und $|\boldsymbol{v}||\sin\theta|$ die Höhe.

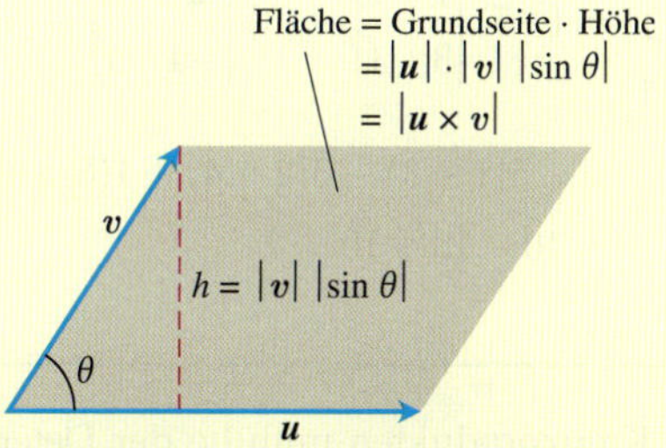

Abbildung 12.30 Das von $\boldsymbol{u}$ und $\boldsymbol{v}$ aufgespannte Parallelogramm.

Die Determinantengleichung für $\boldsymbol{u} \times \boldsymbol{v}$

Als Nächstes wollen wir $\boldsymbol{u} \times \boldsymbol{v}$ berechnen, wenn wir die Komponenten von $\boldsymbol{u}$ und $\boldsymbol{v}$ in einem kartesischen Koordinatensystem kennen.

Es sei

$$\boldsymbol{u} = u_1\boldsymbol{i} + u_2\boldsymbol{j} + u_3\boldsymbol{k} \quad \text{und} \quad \boldsymbol{v} = v_1\boldsymbol{i} + v_2\boldsymbol{j} + v_3\boldsymbol{k}.$$

Wir wenden nun die Distributivgesetze und die Eigenschaften der Multiplikation von $\boldsymbol{i}$, $\boldsymbol{j}$ und $\boldsymbol{k}$ an. Damit erhalten wir

$$\begin{aligned}
\boldsymbol{u} \times \boldsymbol{v} &= (u_1\boldsymbol{i} + u_2\boldsymbol{j} + u_3\boldsymbol{k}) \times (v_1\boldsymbol{i} + v_2\boldsymbol{j} + v_3\boldsymbol{k}) \\
&= u_1v_1\boldsymbol{i} \times \boldsymbol{i} + u_1v_2\boldsymbol{i} \times \boldsymbol{j} + u_1v_3\boldsymbol{i} \times \boldsymbol{k} \\
&\quad + u_2v_1\boldsymbol{j} \times \boldsymbol{i} + u_2v_2\boldsymbol{j} \times \boldsymbol{j} + u_2v_3\boldsymbol{j} \times \boldsymbol{k} \\
&\quad + u_3v_1\boldsymbol{k} \times \boldsymbol{i} + u_3v_2\boldsymbol{k} \times \boldsymbol{j} + u_3v_3\boldsymbol{k} \times \boldsymbol{k} \\
&= (u_2v_3 - u_3v_2)\boldsymbol{i} - (u_1v_3 - u_3v_1)\boldsymbol{j} + (u_1v_2 - u_2v_1)\boldsymbol{k}.
\end{aligned}$$

In der letzten Zeile treten vor jedem Einheitsvektor Terme mit den Komponenten der Vektoren auf. Diese Terme sind etwas verwirrend und daher schwer zu merken. Bei der Berechnung hilft allerdings die sogenannte **Determinante**. Dabei handelt es sich um eine Funktion, die einer 2×2-Matrix oder 3×3-Matrix einen Skalar zuordnet.

Merke

Determinanten

2×2-Determinanten werden folgendermaßen berechnet:

$$\begin{vmatrix} a & b \\ c & d \end{vmatrix} = ad - bc$$

Beispiel

$$\begin{aligned} \begin{vmatrix} 2 & 1 \\ -4 & 3 \end{vmatrix} &= (2)(3) - (1)(-4) \\ &= 6 + 4 = 10 \end{aligned}$$

3×3-Determinanten lassen sich folgendermaßen berechnen:

$$\begin{vmatrix} a_1 & a_2 & a_3 \\ b_1 & b_2 & b_3 \\ c_1 & c_2 & c_3 \end{vmatrix} = a_1 \begin{vmatrix} b_2 & b_3 \\ c_2 & c_3 \end{vmatrix} - a_2 \begin{vmatrix} b_1 & b_3 \\ c_1 & c_3 \end{vmatrix} + a_3 \begin{vmatrix} b_1 & b_2 \\ c_1 & c_2 \end{vmatrix}$$

Beispiel

$$\begin{aligned} \begin{vmatrix} -5 & 3 & 1 \\ 2 & 1 & 1 \\ -4 & 3 & 1 \end{vmatrix} &= (-5) \begin{vmatrix} 1 & 1 \\ 3 & 1 \end{vmatrix} - (3) \begin{vmatrix} 2 & 1 \\ -4 & 1 \end{vmatrix} + (1) \begin{vmatrix} 2 & 1 \\ -4 & 3 \end{vmatrix} \\ &= -5(1-3) - 3(2+4) + 1(6+4) \\ &= 10 - 18 + 10 = 2 \end{aligned}$$

Bei der Berechnung von Kreuzprodukten mithilfe der Determinante verwendet man die folgende symbolische Determinante:

$$\begin{vmatrix} \boldsymbol{i} & \boldsymbol{j} & \boldsymbol{k} \\ u_1 & u_2 & u_3 \\ v_1 & v_2 & v_3 \end{vmatrix} = \begin{vmatrix} u_2 & u_3 \\ v_2 & v_3 \end{vmatrix} \cdot \boldsymbol{i} - \begin{vmatrix} u_1 & u_3 \\ v_1 & v_3 \end{vmatrix} \cdot \boldsymbol{j} + \begin{vmatrix} u_1 & u_2 \\ v_1 & v_2 \end{vmatrix} \cdot \boldsymbol{k} = \boldsymbol{u} \times \boldsymbol{v}.$$

Da in der ersten Zeile dieser „Determinante" keine Zahlen, sondern Vektoren stehen, handelt es sich nur um eine symbolische Notation, aus der man aber eine gute Merkregel zur Berechnung des Kreuzprodukts gewinnt.

Merke

Berechnung des Kreuzprodukts mit einer „Determinante"

Es sei $\boldsymbol{u} = u_1\boldsymbol{i} + u_2\boldsymbol{j} + u_3\boldsymbol{k}$ und $\boldsymbol{v} = v_1\boldsymbol{i} + v_2\boldsymbol{j} + v_3\boldsymbol{k}$. Dann gilt

$$\boldsymbol{u} \times \boldsymbol{v} = \begin{vmatrix} \boldsymbol{i} & \boldsymbol{j} & \boldsymbol{k} \\ u_1 & u_2 & u_3 \\ v_1 & v_2 & v_3 \end{vmatrix}.$$

Beispiel 12.22 Bestimmen Sie $u \times v$ und $v \times u$ für $u = 2i + j + k$ und $v = -4i + 3j + k$.

Kreuzprodukt als Determinante

Lösung

$$u \times v = \begin{vmatrix} i & j & k \\ 2 & 1 & 1 \\ -4 & 3 & 1 \end{vmatrix} = \begin{vmatrix} 1 & 1 \\ 3 & 1 \end{vmatrix} i - \begin{vmatrix} 2 & 1 \\ -4 & 1 \end{vmatrix} j + \begin{vmatrix} 2 & 1 \\ -4 & 3 \end{vmatrix} k$$
$$= -2i - 6j + 10k$$
$$v \times u = -(u \times v) = 2i + 6j - 10k$$

■

Beispiel 12.23 Bestimmen Sie einen Vektor, der senkrecht auf der Ebene steht, in der die Punkte $P(1,-1,0)$, $Q(2,1,-1)$ und $R(-1,1,2)$ liegen (▶Abbildung 12.31).

Vektor senkrecht auf einer Ebene

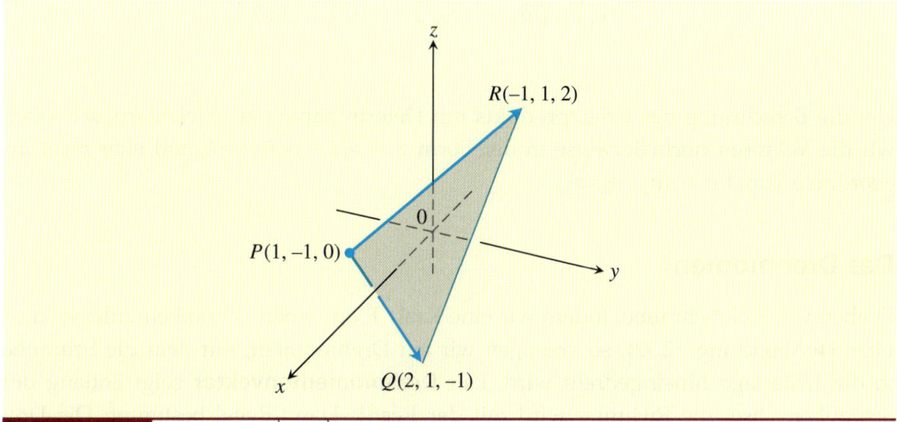

Abbildung 12.31 Der Vektor $\overrightarrow{PQ} \times \overrightarrow{PR}$ steht senkrecht auf der Ebene des Dreiecks PQR (Beispiel 12.23). Die Fläche des Dreieck PQR ist die Hälfte von $|\overrightarrow{PQ} \times \overrightarrow{PR}|$ (Beispiel 12.24).

Lösung Der Vektor $\overrightarrow{PQ} \times \overrightarrow{PR}$ steht senkrecht auf der Ebene, weil er senkrecht auf den beiden Vektoren steht, die sie aufspannen. In der Komponentenschreibweise ergibt sich

$$\overrightarrow{PQ} = (2-1)i + (1+1)j + (-1-0)k = i + 2j - k$$
$$\overrightarrow{PR} = (-1-1)i + (1+1)j + (2-0)k = -2i + 2j + 2k$$
$$\overrightarrow{PQ} \times \overrightarrow{PR} = \begin{vmatrix} i & j & k \\ 1 & 2 & -1 \\ -2 & 2 & 2 \end{vmatrix} = \begin{vmatrix} 2 & -1 \\ 2 & 2 \end{vmatrix} i - \begin{vmatrix} 1 & -1 \\ -2 & 2 \end{vmatrix} j + \begin{vmatrix} 1 & 2 \\ -2 & 2 \end{vmatrix} k$$
$$= 6i + 6k.$$

■

Beispiel 12.24 Berechnen Sie den Flächeninhalt des Dreiecks mit den Ecken $P(1,-1,0)$, $Q(2,1,-1)$ und $R(-1,1,2)$ (vgl. Abbildung 12.31).

Flächeninhalt eines von Vektoren aufgespannten Dreiecks

Lösung Der Flächeninhalt des Parallelogramms, das von P, Q und R bestimmt wird, ist

$$\begin{aligned}|\overrightarrow{PQ} \times \overrightarrow{PR}| &= |6\boldsymbol{i} + 6\boldsymbol{k}| \\ &= \sqrt{(6)^2 + (6)^2} = \sqrt{2 \cdot 36} = 6\sqrt{2}.\end{aligned}$$

Werte aus Beispiel 12.23.

Der Flächeninhalt des Dreiecks beträgt die Hälfte hiervon, also $3\sqrt{2}$. ■

Einheitsvektor senkrecht zu einer Ebene

Beispiel 12.25 Bestimmen Sie einen Einheitsvektor, der senkrecht auf der Ebene steht, in der die Punkte $P(1, -1, 0)$, $Q(2, 1, -1)$ und $R(-1, 1, 2)$ liegen.

Lösung Der Vektor $\overrightarrow{PQ} \times \overrightarrow{PR}$ steht senkrecht auf der Ebene, sein Richtungsvektor $\boldsymbol{n}$ ist also ein Einheitsvektor senkrecht zur Ebene. Wir rechnen mit den Ergebnissen aus den Beispielen 12.23 und 12.24 und erhalten

$$\boldsymbol{n} = \frac{\overrightarrow{PQ} \times \overrightarrow{PR}}{\left|\overrightarrow{PQ} \times \overrightarrow{PR}\right|} = \frac{6\boldsymbol{i} + 6\boldsymbol{k}}{6\sqrt{2}} = \frac{1}{\sqrt{2}}\boldsymbol{i} + \frac{1}{\sqrt{2}}\boldsymbol{k}.$$ ■

Um die Berechnung des Kreuzprodukts mit Determinanten zu erleichtern, schreiben wir die Vektoren normalerweise in der Form $\boldsymbol{v} = v_1\boldsymbol{i} + v_2\boldsymbol{j} + v_3\boldsymbol{k}$ und eher nicht als geordnete Tripel $\boldsymbol{v} = \langle v_1, v_2, v_3 \rangle$.

Das Drehmoment

Drehen wir eine Schraube, indem wir eine Kraft $\boldsymbol{F}$ auf einen Schraubenschlüssel ausüben (►Abbildung 12.32), so erzeugen wir ein Drehmoment, mit dem die Schraube in die Unterlage hineingedreht wird. Der **Drehmomentenvektor** zeigt entlang der Schraubenachse, die Richtung wird mit der Rechte-Hand-Regel bestimmt: Die Drehung erfolgt entgegen dem Uhrzeigersinn, wenn man von der Spitze des Vektors darauf schaut. Der Betrag des Drehmoments hängt davon ab, wie weit außen am Schraubenschlüssel die Kraft angreift und welcher Anteil der Kraft am Angriffspunkt senkrecht zum Schraubenschlüssel ist. Der Betrag des Drehmoments ist das Produkt aus der Länge des Hebelarms $\boldsymbol{r}$ und der skalaren Komponente von $\boldsymbol{F}$ senkrecht zu $\boldsymbol{r}$. Mit den Bezeichnungen aus Abbildung 12.32 erhalten wir

$$\text{Betrag des Drehmoments} = |\boldsymbol{r}||\boldsymbol{F}|\sin\theta$$

oder $|\boldsymbol{r} \times \boldsymbol{F}|$. Es sei $\boldsymbol{n}$ ein Einheitsvektor entlang der Schraubenachse in Richtung des Drehmoments. Dann wird der Drehmomentenvektor vollständig angegeben durch $\boldsymbol{r} \times \boldsymbol{F}$ oder

$$\text{Drehmomentenvektor} = (|\boldsymbol{r}||\boldsymbol{F}|\sin\theta)\boldsymbol{n}.$$

Weiter oben haben wir definiert, dass $\boldsymbol{u} \times \boldsymbol{v}$ gleich null ist, wenn die beiden Vektoren parallel sind. Dies ist vereinbar mit der Interpretation des Drehmoments: Wenn die Kraft $\boldsymbol{F}$ in Abbildung 12.32 parallel zum Schraubenschlüssel ist, d. h. wenn man an dem Schraubenschlüssel zieht oder drückt, ist das entstehende Drehmoment null.

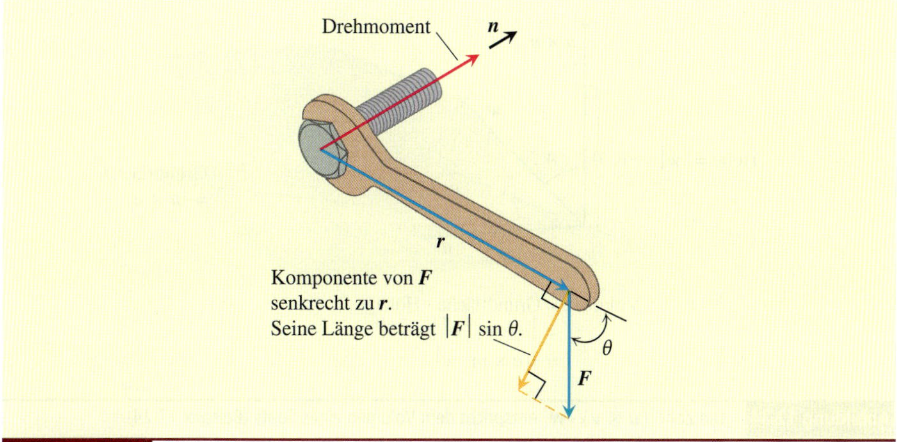

Abbildung 12.32 Der Drehmomentenvektor beschreibt, dass die Kraft **F** die Schraube nach vorne bewegt.

Berechnung eines Drehmoments

Beispiel 12.26 Der Betrag des Drehmoments, das die Kraft F in ►Abbildung 12.33 am Drehpunkt P ausübt, ist

$$\begin{aligned} |\overrightarrow{PQ} \times F| &= |\overrightarrow{PQ}||F| \sin 70^\circ \\ &\approx (1{,}2)(90)(0{,}94) \\ &\approx 101{,}5 \text{ N} \cdot \text{m}. \end{aligned}$$

Der Drehmomentenvektor zeigt hier aus der Papierebene heraus auf den Betrachter zu.

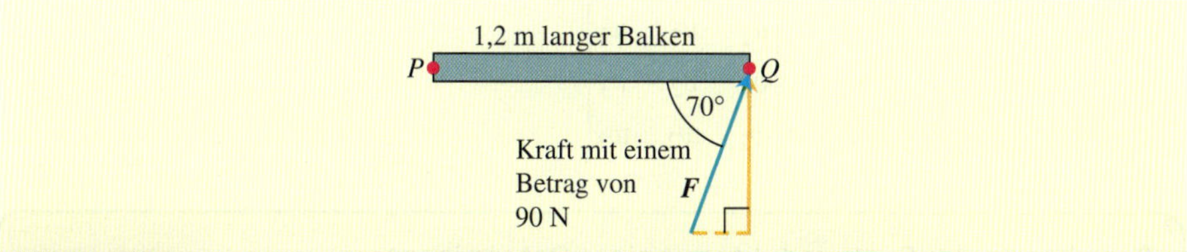

Abbildung 12.33 Der Betrag des Drehmoments, das die Kraft **F** am Angriffspunkt *P* bewirkt, ist 101,5 N·m (Beispiel 12.26). Der Balken dreht sich entgegen dem Uhrzeigersinn um *P*.

Das gemischte Produkt oder Spatprodukt

Das Produkt $(u \times v) \cdot w$ nennt man das **Spatprodukt** der drei Vektoren u, v und w (in dieser Reihenfolge). Es gilt die Gleichung

$$|(u \times v) \cdot w| = |u \times v||w||\cos\theta|;$$

aus dieser Gleichung kann man ableiten, dass der Betrag dieses Produkts dem Volumen des Parallelepipeds (oder Spats) entspricht, das von den drei Vektoren u, v und w aufgespannt wird (►Abbildung 12.34). Die Zahl $|u \times v|$ entspricht dem Flächeninhalt des Parallelogramms, das die Grundfläche bildet. Die Zahl $|w||\cos\theta|$ ist die Höhe des Spats. Aus dieser geometrischen Bedeutung von $(u \times v) \cdot w$ leitet sich der Name Spatprodukt ab.

Wir können natürlich ebenso die Parallelogramme als Grundfläche des Spats wählen, die von v und w bzw. w und u aufgespannt werden. Es gilt also

$$(u \times v) \cdot w = (v \times w) \cdot u = (w \times u) \cdot v.$$

Der Punkt und das Kreuz in einem Spatprodukt lassen sich austauschen, ohne den Wert des Produkts zu ändern.

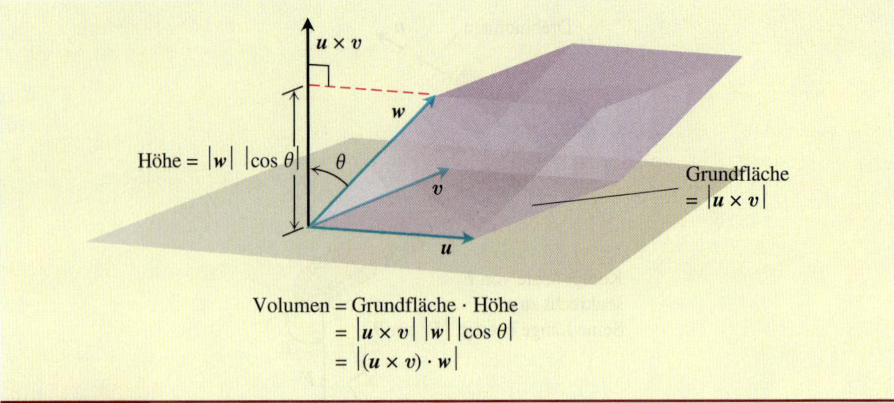

Abbildung 12.34 Die Zahl $|(\boldsymbol{u} \times \boldsymbol{v}) \cdot \boldsymbol{w}|$ entspricht dem Volumen eines Spats (Beispiel 12.24).

Das Skalarprodukt ist außerdem kommutativ, sodass auch gilt

$$(\boldsymbol{u} \times \boldsymbol{v}) \cdot \boldsymbol{w} = \boldsymbol{u} \cdot (\boldsymbol{v} \times \boldsymbol{w}).$$

Das Spatprodukt lässt sich ebenfalls mithilfe von Determinanten berechnen:

$$\begin{aligned}(\boldsymbol{u} \times \boldsymbol{v}) \cdot \boldsymbol{w} &= \left[\begin{vmatrix} u_2 & u_3 \\ v_2 & v_3 \end{vmatrix} \boldsymbol{i} - \begin{vmatrix} u_1 & u_3 \\ v_1 & v_3 \end{vmatrix} \boldsymbol{j} + \begin{vmatrix} u_1 & u_2 \\ v_1 & v_2 \end{vmatrix} \boldsymbol{k}\right] \cdot \boldsymbol{w} \\ &= w_1 \begin{vmatrix} u_2 & u_3 \\ v_2 & v_3 \end{vmatrix} - w_2 \begin{vmatrix} u_1 & u_3 \\ v_1 & v_3 \end{vmatrix} + w_3 \begin{vmatrix} u_1 & u_2 \\ v_1 & v_2 \end{vmatrix} \\ &= \begin{vmatrix} u_1 & u_2 & u_3 \\ v_1 & v_2 & v_3 \\ w_1 & w_2 & w_3 \end{vmatrix}.\end{aligned}$$

Merke

Berechnung des Spatprodukts mit einer Determinante

$$(\boldsymbol{u} \times \boldsymbol{v}) \cdot \boldsymbol{w} = \begin{vmatrix} u_1 & u_2 & u_3 \\ v_1 & v_2 & v_3 \\ w_1 & w_2 & w_3 \end{vmatrix}$$

Volumenberechnung mit dem Spatprodukt

Beispiel 12.27 Ein Spat (Parallelepiped) wird von den drei Vektoren $\boldsymbol{u} = \boldsymbol{i} + 2\boldsymbol{j} - \boldsymbol{k}$, $\boldsymbol{v} = -2\boldsymbol{i} + 3\boldsymbol{k}$ und $\boldsymbol{w} = 7\boldsymbol{j} - 4\boldsymbol{k}$ aufgespannt. Berechnen Sie sein Volumen.

Lösung Wir berechnen das Spatprodukt mithilfe einer Determinanten:

$$(\boldsymbol{u} \times \boldsymbol{v}) \cdot \boldsymbol{w} = \begin{vmatrix} 1 & 2 & -1 \\ -2 & 0 & 3 \\ 0 & 7 & -4 \end{vmatrix} = -23.$$

Das Volumen beträgt $|(\boldsymbol{u} \times \boldsymbol{v}) \cdot \boldsymbol{w}| = 23$ Volumeneinheiten.

Aufgaben zum Abschnitt 12.4

Berechnungen von Kreuzprodukten Bestimmen Sie in den Aufgaben 1–5 den Betrag und die Richtung (falls definiert) von $\boldsymbol{u} \times \boldsymbol{v}$ und $\boldsymbol{v} \times \boldsymbol{u}$.

1. $\boldsymbol{u} = 2\boldsymbol{i} - 2\boldsymbol{j} - \boldsymbol{k}, \quad \boldsymbol{v} = \boldsymbol{i} - \boldsymbol{k}$

2. $\boldsymbol{u} = 2\boldsymbol{i} - 2\boldsymbol{j} + 4\boldsymbol{k}, \quad \boldsymbol{v} = -\boldsymbol{i} + \boldsymbol{j} - 2\boldsymbol{k}$

3. $\boldsymbol{u} = 2\boldsymbol{i}, \quad \boldsymbol{v} = -3\boldsymbol{j}$

4. $\boldsymbol{u} = -8\boldsymbol{i} - 2\boldsymbol{j} - 4\boldsymbol{k}, \quad \boldsymbol{v} = 2\boldsymbol{i} + 2\boldsymbol{j} + \boldsymbol{k}$

5. $\boldsymbol{u} = \frac{3}{2}\boldsymbol{i} - \frac{1}{2}\boldsymbol{j} + \boldsymbol{k}, \quad \boldsymbol{v} = \boldsymbol{i} + \boldsymbol{j} + 2\boldsymbol{k}$

Zeichnen Sie in den Aufgaben 6–11 die Koordinatenachsen und tragen Sie dann die Vektoren $\boldsymbol{u}$, $\boldsymbol{v}$ und $\boldsymbol{u} \times \boldsymbol{v}$ so ein, dass sie im Ursprung beginnen.

6. $\boldsymbol{u} = \boldsymbol{i}, \quad \boldsymbol{v} = \boldsymbol{j}$

7. $\boldsymbol{u} = \boldsymbol{i} - \boldsymbol{k}, \quad \boldsymbol{v} = \boldsymbol{j}$

8. $\boldsymbol{u} = \boldsymbol{i} - \boldsymbol{k}, \quad \boldsymbol{v} = \boldsymbol{j} + \boldsymbol{k}$

9. $\boldsymbol{u} = 2\boldsymbol{i} - \boldsymbol{j}, \quad \boldsymbol{v} = \boldsymbol{i} + 2\boldsymbol{j}$

10. $\boldsymbol{u} = \boldsymbol{i} + \boldsymbol{j}, \quad \boldsymbol{v} = \boldsymbol{i} - \boldsymbol{j}$

11. $\boldsymbol{u} = \boldsymbol{j} + 2\boldsymbol{k}, \quad \boldsymbol{v} = \boldsymbol{i}$

Dreiecke im Raum Berechnen Sie in den Aufgaben 12–15

a. den Flächeninhalt des Dreiecks mit den Ecken P, Q und R,

b. einen Einheitsvektor senkrecht zu der Ebene PQR.

12. $P(1, -1, 2), \ Q(2, 0, -1), \ R(0, 2, 1)$

13. $P(1, 1, 1), \ Q(2, 1, 3), \ R(3, -1, 1)$

14. $P(2, -2, 1), \ Q(3, -1, 2), \ R(3, -1, 1)$

15. $P(-2, 2, 0), \ Q(0, 1, -1), \ R(-1, 2, -2)$

Spatprodukte Bestätigen Sie in den Aufgaben 16–19, die Gleichung $(\boldsymbol{u} \times \boldsymbol{v}) \cdot \boldsymbol{w} = (\boldsymbol{v} \times \boldsymbol{w}) \cdot \boldsymbol{u} = (\boldsymbol{w} \times \boldsymbol{u}) \cdot \boldsymbol{v}$. Berechnen Sie dann das Volumen des Spats, der von $\boldsymbol{u}$, $\boldsymbol{v}$ und $\boldsymbol{w}$ aufgespannt wird.

16. $\boldsymbol{u} = 2\boldsymbol{i}, \quad \boldsymbol{v} = 2\boldsymbol{j}, \quad \boldsymbol{w} = 2\boldsymbol{k}$

17. $\boldsymbol{u} = \boldsymbol{i} - \boldsymbol{j} + \boldsymbol{k}, \quad \boldsymbol{v} = 2\boldsymbol{i} + \boldsymbol{j} - 2\boldsymbol{k}, \quad \boldsymbol{w} = -\boldsymbol{i} + 2\boldsymbol{j} - \boldsymbol{k}$

18. $\boldsymbol{u} = 2\boldsymbol{i} + \boldsymbol{j}, \quad \boldsymbol{v} = 2\boldsymbol{i} - \boldsymbol{j} + \boldsymbol{k}, \quad \boldsymbol{w} = \boldsymbol{i} + 2\boldsymbol{k}$

19. $\boldsymbol{u} = \boldsymbol{i} + \boldsymbol{j} - 2\boldsymbol{k}, \quad \boldsymbol{v} = -\boldsymbol{i} - \boldsymbol{k}, \quad \boldsymbol{w} = 2\boldsymbol{i} + 4\boldsymbol{j} - 2\boldsymbol{k}$

Theorie und Beispiele

20. Parallele und senkrechte Vektoren Es sei $\boldsymbol{u} = 5\boldsymbol{i} - \boldsymbol{j} + \boldsymbol{k}$, $\boldsymbol{v} = \boldsymbol{j} - 5\boldsymbol{k}$, $\boldsymbol{w} = -15\boldsymbol{i} + 3\boldsymbol{j} - 3\boldsymbol{k}$. Sind zwei dieser Vektoren **a.** orthogonal oder **b.** parallel zueinander? Wenn ja, welche? Begründen Sie Ihre Antwort.

21. Parallele und senkrechte Vektoren Es sei $\boldsymbol{u} = \boldsymbol{i} + 2\boldsymbol{j} - \boldsymbol{k}$, $\boldsymbol{v} = -\boldsymbol{i} + \boldsymbol{j} + \boldsymbol{k}$, $\boldsymbol{w} = \boldsymbol{i} + \boldsymbol{k}$, $\boldsymbol{r} = -(\pi/2)\boldsymbol{i} - \pi\boldsymbol{j} + (\pi/2)\boldsymbol{k}$. Sind zwei dieser Vektoren **a.** orthogonal oder **b.** parallel zueinander? Wenn ja, welche? Begründen Sie Ihre Antwort.

Berechnen Sie in den Aufgaben 22 und 23 den Betrag des Drehmoments, das die Kraft $\boldsymbol{F}$ an dem Schraubenschlüssel bewirkt, wenn sie bei P angreift. Dabei ist $|\overrightarrow{PQ}| = 20$ cm und $|\boldsymbol{F}| = 130$ N. Geben Sie Ihre Antwort in Newton · Meter.

22.

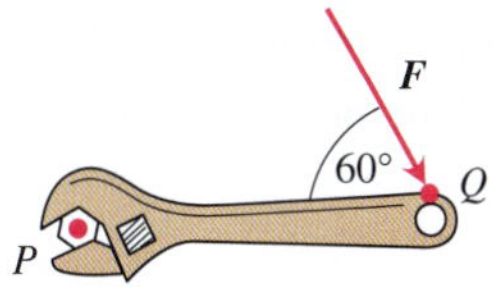

23.

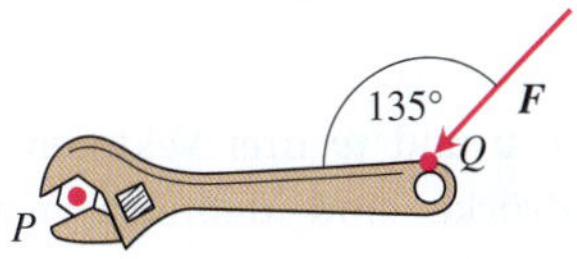

24. Welche der folgenden Aussagen sind immer wahr, welche nur unter bestimmten Voraussetzungen? Begründen Sie Ihre Antwort.

a. $|\boldsymbol{u}| = \sqrt{\boldsymbol{u} \cdot \boldsymbol{u}}$

b. $\boldsymbol{u} \cdot \boldsymbol{u} = |\boldsymbol{u}|$

c. $\boldsymbol{u} \times \boldsymbol{0} = \boldsymbol{0} \times \boldsymbol{u} = \boldsymbol{0}$

d. $\boldsymbol{u} \times (-\boldsymbol{u}) = \boldsymbol{0}$

e. $\boldsymbol{u} \times \boldsymbol{v} = \boldsymbol{v} \times \boldsymbol{u}$

f. $\boldsymbol{u} \times (\boldsymbol{v} + \boldsymbol{w}) = \boldsymbol{u} \times \boldsymbol{v} + \boldsymbol{u} \times \boldsymbol{w}$

g. $(\boldsymbol{u} \times \boldsymbol{v}) \cdot \boldsymbol{v} = 0$

h. $(\boldsymbol{u} \times \boldsymbol{v}) \cdot \boldsymbol{w} = \boldsymbol{u} \cdot (\boldsymbol{v} \times \boldsymbol{w})$

25. Welche der folgenden Aussagen sind immer wahr, welche nur unter bestimmten Voraussetzungen? Begründen Sie Ihre Antwort.

a. $\boldsymbol{u} \cdot \boldsymbol{v} = \boldsymbol{v} \cdot \boldsymbol{u}$

b. $\boldsymbol{u} \times \boldsymbol{v} = -(\boldsymbol{v} \times \boldsymbol{u})$

c. $(-\boldsymbol{u}) \times \boldsymbol{v} = -(\boldsymbol{u} \times \boldsymbol{v})$

d. $(c\boldsymbol{u}) \cdot \boldsymbol{v} = \boldsymbol{u} \cdot (c\boldsymbol{v}) = c(\boldsymbol{u} \cdot \boldsymbol{v})$ (für beliebige Zahlen c)

e. $c(\boldsymbol{u} \times \boldsymbol{v}) = (c\boldsymbol{u}) \times \boldsymbol{v} = \boldsymbol{u} \times (c\boldsymbol{v})$ (für beliebige Zahlen c)

f. $\boldsymbol{u} \cdot \boldsymbol{u} = |\boldsymbol{u}|^2$

g. $(\boldsymbol{u} \times \boldsymbol{u}) \cdot \boldsymbol{u} = 0$

h. $(\boldsymbol{u} \times \boldsymbol{v}) \cdot \boldsymbol{u} = \boldsymbol{v} \cdot (\boldsymbol{u} \times \boldsymbol{v})$

26. Es sind die drei Vektoren $\boldsymbol{u}$, $\boldsymbol{v}$ und $\boldsymbol{w}$ ungleich null gegeben. Beschreiben Sie mithilfe des Skalarprodukts und des Kreuzprodukts die folgenden Aussagen.

a. Die Projektion des Vektors $\boldsymbol{u}$ auf $\boldsymbol{v}$.

b. Ein Vektor orthogonal zu $\boldsymbol{u}$ und $\boldsymbol{v}$.

c. Ein Vektor orthogonal zu $\boldsymbol{u} \times \boldsymbol{v}$ und $\boldsymbol{w}$.

d. Das Volumen des Spats, der von $\boldsymbol{u}$, $\boldsymbol{v}$ und $\boldsymbol{w}$ aufgespannt wird.

e. Ein Vektor orthogonal zu $\boldsymbol{u} \times \boldsymbol{v}$ und $\boldsymbol{u} \times \boldsymbol{w}$.

f. Ein Vektor mit dem Betrag $|\boldsymbol{u}|$ und der Richtung von $\boldsymbol{v}$.

27. Berechnen Sie $(\boldsymbol{i} \times \boldsymbol{j}) \times \boldsymbol{j}$ und $\boldsymbol{i} \times (\boldsymbol{j} \times \boldsymbol{j})$. Was kann man daraus zu der Assoziativität des Kreuzprodukts schließen?

28. Es seien $\boldsymbol{u}$, $\boldsymbol{v}$ und $\boldsymbol{w}$ drei Vektoren. Welche der folgenden Ausdrücke sind definiert, welche nicht? Begründen Sie Ihre Antwort.

a. $(\boldsymbol{u} \times \boldsymbol{v}) \cdot \boldsymbol{w}$

b. $\boldsymbol{u} \times (\boldsymbol{v} \cdot \boldsymbol{w})$

c. $\boldsymbol{u} \times (\boldsymbol{v} \times \boldsymbol{w})$

d. $\boldsymbol{u} \cdot (\boldsymbol{v} \cdot \boldsymbol{w})$

29. **Kreuzprodukt aus drei Vektoren** Zeigen Sie, dass – abgesehen von einigen entarteten Fällen – der Vektor $(\boldsymbol{u} \times \boldsymbol{v}) \times \boldsymbol{w}$ in der Ebene von $\boldsymbol{u}$ und $\boldsymbol{v}$ liegt, der Vektor $\boldsymbol{u} \times (\boldsymbol{v} \times \boldsymbol{w})$ dagegen in der Ebene von $\boldsymbol{v}$ und $\boldsymbol{w}$. Was versteht man unter entarteten Fällen?

30. **Kürzungen in Kreuzprodukten** Wenn gilt $\boldsymbol{u} \times \boldsymbol{v} = \boldsymbol{u} \times \boldsymbol{w}$ und $\boldsymbol{u} \neq \boldsymbol{0}$, folgt daraus $\boldsymbol{v} = \boldsymbol{w}$? Begründen Sie Ihre Antwort.

31. **Doppelte Kürzungen** Es soll gelten $\boldsymbol{u} \neq \boldsymbol{0}$, $\boldsymbol{u} \times \boldsymbol{v} = \boldsymbol{u} \times \boldsymbol{w}$ und $\boldsymbol{u} \cdot \boldsymbol{v} = \boldsymbol{u} \cdot \boldsymbol{w}$. Folgt daraus dann $\boldsymbol{v} = \boldsymbol{w}$? Begründen Sie Ihre Antwort.

Flächeninhalt von Parallelogrammen Berechnen Sie in den Aufgaben 32–35 den Flächeninhalt des Parallelogramms mit den angegebenen Ecken.

32. $A(1,0)$, $B(0,1)$, $C(-1,0)$, $D(0,-1)$

33. $A(-1,2)$, $B(2,0)$, $C(7,1)$, $D(4,3)$

34. $A(0,0,0)$, $B(3,2,4)$, $C(5,1,4)$, $D(2,-1,0)$

35. $A(1,0,-1)$, $B(1,7,2)$, $C(2,4,-1)$, $D(0,3,2)$

Flächeninhalt von Dreiecken Berechnen Sie in den Aufgaben 36–39 den Flächeninhalt des Dreiecks mit den angegebenen Ecken.

36. $A(0,0)$, $B(-2,3)$, $C(3,1)$

37. $A(-5,3)$, $B(1,-2)$, $C(6,-2)$

38. $A(1,0,0)$, $B(0,2,0)$, $C(0,0,-1)$

39. $A(1,-1,1)$, $B(0,1,1)$, $C(1,0,-1)$

40. Berechnen Sie das Volumen des Spats, von dem die folgenden vier der acht Ecken gegeben sind: $A(0,0,0)$, $B(1,2,0)$, $C(0,-3,2)$ und $D(3,-4,5)$.

41. **Flächeninhalt eines Dreiecks** Stellen Sie eine Formel auf, mit der man den Flächeninhalt eines Dreiecks in der xy-Ebene berechnen kann; die Ecken des Dreiecks sind $(0,0)$, (a_1,a_2) und (b_1,b_2). Erläutern Sie Ihr Vorgehen.

42. **Flächeninhalt eines Dreiecks** Stellen Sie eine einfache Formel auf, mit der man den Flächeninhalt eines Dreiecks in der xy-Ebene berechnen kann, dessen Ecken (a_1,a_2), (b_1,b_2) und $c_1,c_2)$ sind.

12.5 Geraden und Ebenen im Raum

In diesem Kapitel behandeln wir Gleichungen für Geraden, Strecken und Ebenen im Raum, die mithilfe des Skalar- und Kreuzprodukts aufgestellt werden. Diese Darstellungen werden wir dann in allen weiteren Kapiteln des Buchs verwenden.

Geraden und Strecken im Raum

In der Ebene wird eine Gerade durch einen Punkt und eine Zahl festgelegt, die die Steigung angibt. Im Raum wird eine Gerade definiert, indem man einen Punkt und einen *Vektor* angibt, der die Richtung der Geraden bestimmt.

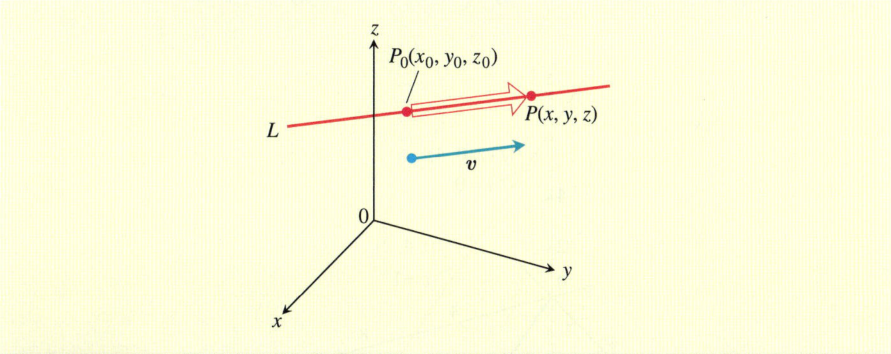

Abbildung 12.35 Ein Punkt P liegt dann und nur dann auf der Geraden L durch den Punkt P_0 parallel zu $\mathbf{v}$, wenn $\overrightarrow{P_0P}$ ein skalares Vielfaches von $\mathbf{v}$ ist.

L sei eine Gerade im Raum, die durch den Punkt $P_0(x_0, y_0, z_0)$ geht und parallel zu dem Vektor $\mathbf{v} = v_1\mathbf{i} + v_2\mathbf{j} + v_3\mathbf{k}$ verläuft. L ist dann die Menge aller Punkte $P(x, y, z)$, für die $\overrightarrow{P_0P}$ parallel zu $\mathbf{v}$ ist (►Abbildung 12.35). Es gilt $\overrightarrow{P_0P} = t\mathbf{v}$ für einen beliebige skalaren Parameter t. Der Wert von t bestimmt den Ort von P auf der Geraden, sein Definitionsbereich ist $(-\infty, \infty)$. Schreibt man die Gleichung $\overrightarrow{P_0P} = t\mathbf{v}$ mit den Einheitsvektoren $\mathbf{i}$, $\mathbf{j}$ und $\mathbf{k}$, so erhält man

$$(x - x_0)\mathbf{i} + (y - y_0)\mathbf{j} + (z - z_0)\mathbf{k} = t(v_1\mathbf{i} + v_2\mathbf{j} + v_3\mathbf{k}),$$

und dies kann man umschreiben zu

$$x\mathbf{i} + y\mathbf{j} + z\mathbf{k} = x_0\mathbf{i} + y_0\mathbf{j} + z_0\mathbf{k} + t(v_1\mathbf{i} + v_2\mathbf{j} + v_3\mathbf{k}). \tag{12.3}$$

Es sei nun $\mathbf{r}(t)$ der Ortsvektor eines Punkts $P(x, y, z)$ auf der Geraden und $\mathbf{r}_0$ der Ortsvektor des Punkts $P_0(x_0, y_0, z_0)$. Gleichung (12.3) wird damit zu der folgenden Vektorgleichung für eine Gerade im Raum:

Merke

Vektorgleichung einer Geraden Eine Vektorgleichung für die Gerade L durch den Punkt $P_0(x_0, y_0, z_0)$ parallel zu $\mathbf{v}$ ($\mathbf{v}$ nicht der Nullvektor) ist

$$\mathbf{r}(t) = \mathbf{r}_0 + t\mathbf{v}, \quad -\infty < t < \infty. \tag{12.4}$$

Dabei ist $\mathbf{r}$ der Ortsvektor eines Punkts $P(x, y, z)$ auf L und $\mathbf{r}_0$ der Ortsvektor von $P_0(x_0, y_0, z_0)$.

Betrachtet man die einzelnen Komponenten der Vektoren, so erhält man aus Gleichung (12.3) drei skalare Gleichungen mit dem Parameter t:

$$x = x_0 + tv_1, \quad y = y_0 + tv_2, \quad z = z_0 + tv_3.$$

Mit diesen Gleichungen erhalten wir die Parameterdarstellung für eine Gerade mit dem Parameterintervall $-\infty < t < \infty$.

Merke

Parametergleichung für eine Gerade Die Standard-Parameterdarstellung einer Geraden durch den Punkt $P_0(x_0, y_0, z_0)$ parallel zu $\boldsymbol{v} = v_1\boldsymbol{i} + v_2\boldsymbol{j} + v_3\boldsymbol{k}$ ist

$$x = x_0 + tv_1, \quad y = y_0 + tv_2, \quad z = z_0 + tv_3, \quad -\infty < t < \infty \tag{12.5}$$

Parameterdarstellung einer Geraden

Beispiel 12.28 Bestimmen Sie die Parameterdarstellung für die Gerade durch den Punkt $(-2, 0, 4)$ parallel zu $\boldsymbol{v} = 2\boldsymbol{i} + 4\boldsymbol{j} - 2\boldsymbol{k}$ (►Abbildung 12.36).

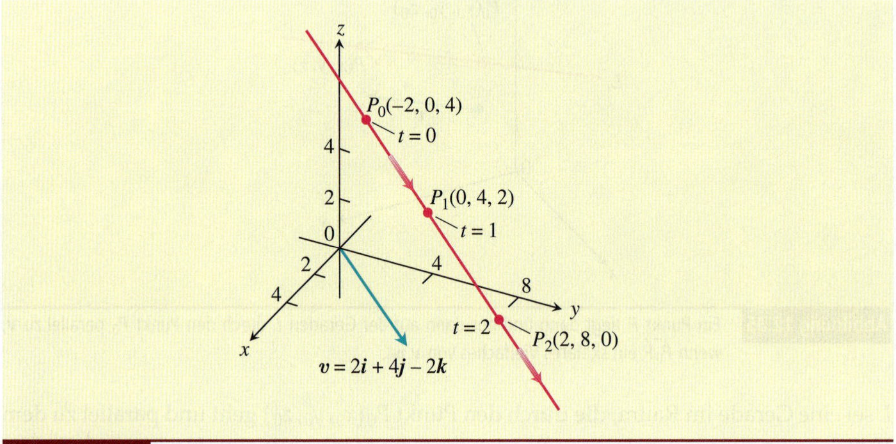

Abbildung 12.36 Ausgewählte Punkte und ihre Parameterwerte auf der Geraden aus Beispiel 12.28. Die Pfeile zeigen, in welche Richtung t zunimmt.

Lösung Der Punkt $P_0(x_0, y_0, z_0)$ ist hier $(-2, 0, 4)$, der Vektor $v_1\boldsymbol{i} + v_2\boldsymbol{j} + v_3\boldsymbol{k}$ ist $2\boldsymbol{i} + 4\boldsymbol{j} - 2\boldsymbol{k}$. Setzt man dies in Gleichung (12.5) ein, erhält man

$$x = -2 + 2t, \quad y = 4t, \quad z = 4 - 2t.$$

■

Parameterdarstellung einer Geraden durch zwei Punkte

Beispiel 12.29 Bestimmen Sie eine Parameterdarstellung für die Gerade durch die beiden Punkte $P(-3, 2, -3)$ und $Q(1, -1, 4)$.

Lösung Der Vektor

$$\begin{aligned}\overrightarrow{PQ} &= (1 - (-3))\boldsymbol{i} + (-1 - 2)\boldsymbol{j} + (4 - (-3))\boldsymbol{k} \\ &= 4\boldsymbol{i} - 3\boldsymbol{j} + 7\boldsymbol{k}\end{aligned}$$

ist parallel zu der gesuchten Geraden. Setzt man dies und den Punkt $(x_0, y_0, z_0) = (-3, 2, -3)$ in Gleichung (12.5) ein, so erhält man

$$x = -3 + 4t, \quad y = 2 - 3t, \quad z = -3 + 7t.$$

Man hätte genausogut den Punkt $Q(1, -1, 4)$ als „Basispunkt" wählen können. Damit hätten sich die folgenden Gleichungen ergeben:

$$x = 1 + 4t, \quad y = -1 - 3t, \quad z = 4 + 7t.$$

Diese Gleichungen beschreiben die Gerade genauso wie die ersten. Es ergeben sich lediglich verschiedene Punkte auf der Geraden für einen gegebenen Wert von t. ■

Parameterdarstellungen sind nicht eindeutig. Man kann sowohl den „Basispunkt" frei wählen als auch den Parameter. Auch die Gleichungen $x = -3 + 4t^3$, $y = 2 - 3t^3$ und $z = -3 + 7t^3$ sind eine Parameterdarstellung der Geraden aus Beispiel 12.29.

Um eine Parameterdarstellung für eine Strecke zwischen zwei Punkten zu bestimmen, parametrisieren wir zunächst die Gerade durch diese Punkte. Danach berechnen wir die Werte des Parameters t für die beiden Endpunkte und beschränken t auf das abgeschlossene Intervall zwischen diesen Werten. Die Parameterdarstellung einer Strecke besteht aus den Parametergleichungen der Geraden und dieser Einschränkung für t.

Parametrisierung einer Geraden durch zwei Punkte

Beispiel 12.30 Bestimmen Sie eine Parameterdarstellung für die Strecke zwischen den Punkten $P(-3, 2, -3)$ und $Q(1, -1, 3)$ (▶Abbildung 12.37).

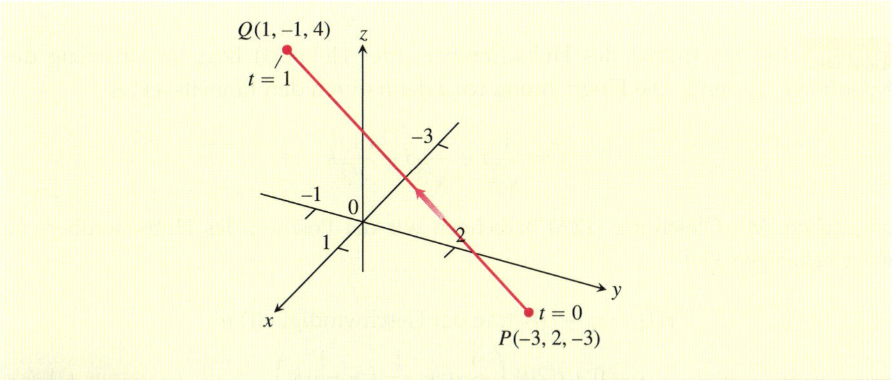

Abbildung 12.37 In Beispiel 12.30 wird eine Parameterdarstellung für die Strecke PQ hergeleitet. Die Pfeile zeigen an, in welche Richtung t zunimmt.

Lösung Wir stellen zunächst Parametergleichungen für die Gerade durch P und Q auf. Hier können wir sie aus Beispiel 12.29 übernehmen:

$$x = -3 + 4t, \quad y = 2 - 3t, \quad z = -3 + 7t.$$

Wir stellen dann fest, dass der Punkt

$$(x, y, z) = (-3 + 4t, 2 - 3t, -3 + 7t)$$

auf der Geraden für $t = 0$ gleich $P(-3, 2, -3)$ und für $t = 1$ gleich $Q(1, -1, 4)$ ist. Daraus ergibt sich eine Einschränkung für t, nämlich $0 \leq t \leq 1$. Die Parameterdarstellung der Strecke ist:

$$x = -3 + 4t, \quad y = 2 - 3t, \quad z = -3 + 7t, \quad 0 \leq t \leq 1.$$ ■

Die Vektorform (Gleichung (12.4)) einer Geradengleichung im Raum wird einleuchtender, wenn man sich eine Gerade als Bahn eines Teilchens vorstellt, das in dem Punkt $P_0(x_0, y_0, z_0)$ startet und sich entlang des Vektors v bewegt. Wir können Gleichung (12.4) so umschreiben, dass dies noch deutlicher wird:

$$\begin{aligned} r(t) &= r_0 + tv \\ &= r_0 + t|v|\frac{v}{|v|}. \end{aligned} \tag{12.6}$$

Ursprungs-position (r_0) — Zeit (t) — Betrag der Geschwindigkeit ($|v|$) — Richtung ($\frac{v}{|v|}$)

Der Ort eines Teilchens zur Zeit t entspricht also der ursprünglichen Position plus der in Richtung $v/|v|$ zurückgelegten Strecke (Betrag der Geschwingigkeit · Zeit).

Flug entlang einer Geraden im Raum

Beispiel 12.31 Ein Hubschrauber fliegt direkt von einem Heliport im Ursprung mit einer Geschwindigkeit von 20 m/s in die Richtung des Punkts $(1, 1, 1)$. Welche Position hat der Hubschrauber nach 10 s?

Lösung Der Startpunkt des Hubschraubers (der Heliport) liegt im Ursprung des Koordinatensystems. Die Flugrichtung wird dann durch den Einheitsvektor

$$u = \frac{1}{\sqrt{3}}i + \frac{1}{\sqrt{3}}j + \frac{1}{\sqrt{3}}k$$

angegeben. Mit Gleichung (12.6) berechnen wir die Position des Hubschraubers zu einer beliebigen Zeit t,

$$\begin{aligned} r(t) &= r_0 + t(\text{Betrag der Geschwindigkeit})\, u \\ &= \mathbf{0} + t(20)\left(\frac{1}{\sqrt{3}}i + \frac{1}{\sqrt{3}}j + \frac{1}{\sqrt{3}}k\right) \\ &= \left(20/\sqrt{3}t\right)(i + j + k). \end{aligned}$$

Für $t = 10$ s ergibt sich

$$\begin{aligned} r(10) &= \left(200/\sqrt{3}\right)(i + j + k) \\ &= \left\langle 200/\sqrt{3}, 200/\sqrt{3}, 200/\sqrt{3} \right\rangle. \end{aligned}$$

Nach einem Flug von 10 Sekunden in Richtung $(1, 1, 1)$ befindet sich der Hubschrauber an dem Ort $(200/\sqrt{3}, 200/\sqrt{3}, 200/\sqrt{3})$ im Raum. Er hat eine Strecke von (20 m/s)(10 s)=200 m zurückgelegt, dies entspricht dem Betrag des Vektors $r(10)$. ■

Abstand zwischen einem Punkt und einer Geraden im Raum

Wir wollen nun den Abstand zwischen einem Punkt S und einer Geraden bestimmen, die durch den Punkt P geht und parallel zum Vektor v ist. Dieser Abstand entspricht der skalaren Komponente von $\overrightarrow{PS}$ in Richtung eines Vektors, der senkrecht auf der Geraden steht (►Abbildung 12.38). Wenn wir die Bezeichnungen dieser Abbildung verwenden, dann ist der Betrag dieser skalaren Komponente $|\overrightarrow{PS}| \sin\theta$, dies entspricht $\frac{|\overrightarrow{PS} \times v|}{|v|}$.

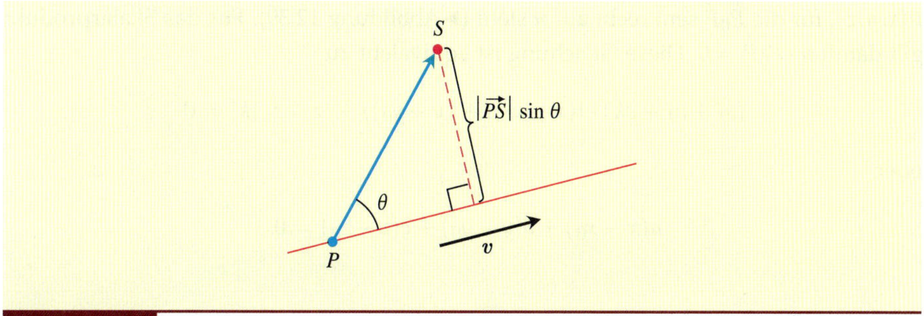

Abbildung 12.38 Der Abstand zwischen S und einer Geraden durch P und parallel zu $\boldsymbol{v}$ ist $|\overrightarrow{PS}|\sin\theta$; dabei ist θ der Winkel zwischen $\overrightarrow{PS}$ und $\boldsymbol{v}$.

Anstand zwischen dem Punkt *S* und einer Geraden durch *P* und parallel zu *v*

Merke

$$d = \frac{|\overrightarrow{PS} \times \boldsymbol{v}|}{|\boldsymbol{v}|} \tag{12.7}$$

Beispiel 12.32 Bestimmen Sie den Abstand zwischen dem Punkt $S(1,1,5)$ und der Geraden

Abstand zwischen Punkt und Gerade im Raum

$$L: \quad x = 1 + t, \quad y = 3 - t, \quad z = 2t.$$

Lösung Der Gleichung von L kann man entnehmen, dass die Gerade durch den Punkt $P(1,3,0)$ geht und parallel zu $\boldsymbol{v} = \boldsymbol{i} - \boldsymbol{j} + 2\boldsymbol{k}$ ist. Es gilt

$$\overrightarrow{PS} = (1-1)\boldsymbol{i} + (1-3)\boldsymbol{j} + (5-0)\boldsymbol{k} = -2\boldsymbol{i} + 5\boldsymbol{k}$$

und

$$\overrightarrow{PS} \times \boldsymbol{v} = \begin{vmatrix} \boldsymbol{i} & \boldsymbol{j} & \boldsymbol{k} \\ 0 & -2 & 5 \\ 1 & -1 & 2 \end{vmatrix} = \boldsymbol{i} + 5\boldsymbol{j} + 2\boldsymbol{k}.$$

Setzt man diese Ergebnisse in Gleichung (12.7) ein, erhält man

$$d = \frac{|\overrightarrow{PS} \times \boldsymbol{v}|}{|\boldsymbol{v}|} = \frac{\sqrt{1+25+4}}{\sqrt{1+1+4}} = \frac{\sqrt{30}}{\sqrt{6}} = \sqrt{5}.$$

Gleichung für eine Ebene im Raum

Eine Ebene ist im Raum eindeutig bestimmt, wenn man einen Punkt auf dieser Ebene und ihre „Verkippung“ oder ihre Orientierung im Raum kennt. Diese Orientierung wird bestimmt, indem man einen Vektor angibt, der senkrecht auf der Ebene steht. Diesen Vektor nennt man auch **Normalenvektor** der Ebene.

Wir betrachten eine Ebene M, die durch einen Punkt $P_0(x_0, y_0, z_0)$ geht und senkrecht zu dem Vektor $\boldsymbol{n} = a\boldsymbol{i} + b\boldsymbol{j} + c\boldsymbol{k}$ ungleich null ist. M ist dann die Menge aller Punkte

$P(x, y, z)$, für die $\overrightarrow{P_0P}$ senkrecht auf $\boldsymbol{n}$ steht (►Abbildung 12.39). Für das Skalarprodukt gilt damit $\boldsymbol{n} \cdot \overrightarrow{P_0P} = 0$. Diese Gleichung ist äquivalent zu

$$(a\boldsymbol{i} + b\boldsymbol{j} + c\boldsymbol{k}) \cdot [(x - x_0)\boldsymbol{i} + (y - y_0)\boldsymbol{j} + (z - z_0)\boldsymbol{k}] = 0$$

oder

$$a(x - x_0) + b(y - y_0) + c(z - z_0) = 0.$$

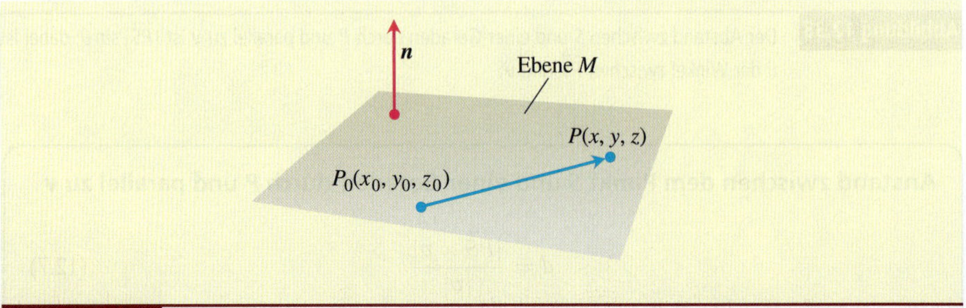

Abbildung 12.39 Die Standardgleichung für eine Ebene im Raum wird mithilfe eines Vektors aufgestellt, der senkrecht auf der Ebene steht: Ein Punkt P liegt dann und nur dann in einer Ebene durch P_0, die senkrecht zu $\boldsymbol{n}$ ist, wenn gilt $\boldsymbol{n} \cdot \overrightarrow{P_0P} = 0$.

Merke

Gleichungen für eine Ebene Die Ebene durch den Punkt $P_0(x_0, y_0, z_0)$ und senkrecht zu dem Vektor $\boldsymbol{n} = a\boldsymbol{i} + b\boldsymbol{j} + c\boldsymbol{k}$ hat die

Vektorgleichung:	$\boldsymbol{n} \cdot \overrightarrow{P_0P} = 0$
Komponentengleichung:	$a(x - x_0) + b(y - y_0) + c(z - z_0) = 0$
vereinfachte Komponentengleichung:	$x + by + cz = d$ mit
	$d = ax_0 + by_0 + cz_0$

Komponentengleichung für eine Ebene

Beispiel 12.33 Stellen Sie eine Gleichung für die Ebene durch den Punkt $P_0(-3, 0, 7)$ auf, die senkrecht zu $\boldsymbol{n} = 5\boldsymbol{i} + 2\boldsymbol{j} - \boldsymbol{k}$ ist.

Lösung Die Komponentengleichung ist

$$5(x - (-3)) + 2(y - 0) + (-1)(z - 7) = 0.$$

Vereinfacht wird aus dieser Gleichung

$$5x + 15 + 2y - z + 7 = 0$$
$$5x + 2y - z = -22.$$

■

In Beispiel 12.33 entsprechen die Komponenten von $\boldsymbol{n} = 5\boldsymbol{i} + 2\boldsymbol{j} - \boldsymbol{k}$ den Koeffizienten x, y und z in der Gleichung $5x + 2y - z = -22$. Dies ist kein Zufall: Der Vektor $\boldsymbol{n} = a\boldsymbol{i} + b\boldsymbol{j} + c\boldsymbol{k}$ steht senkrecht auf der Ebene $ax + by + cz = d$.

Gleichung für eine Ebene, die durch drei Punkte gegeben ist

Beispiel 12.34 Stellen Sie eine Gleichung für die Ebene auf, die durch die Punkte $A(0, 0, 1)$, $B(2, 0, 0)$ und $C(0, 3, 0)$ geht.

Lösung Wir bestimmen zuerst einen Vektor, der senkrecht auf der Ebene steht. Mit diesem Vektor und einem der drei Punkte (gleichgültig mit welchem) lässt sich dann die Ebenengleichung aufstellen.

Das Kreuzprodukt

$$\overrightarrow{AB} \times \overrightarrow{AC} = \begin{vmatrix} \boldsymbol{i} & \boldsymbol{j} & \boldsymbol{k} \\ 2 & 0 & -1 \\ 0 & 3 & -1 \end{vmatrix} = 3\boldsymbol{i} + 2\boldsymbol{j} + 6\boldsymbol{k}$$

steht senkrecht auf der Ebene. Wir setzen die Komponenten dieses Vektors und die Koordinaten von $A(0,0,1)$ in die Komponentenform der Ebenengleichung ein. Damit erhalten wir

$$\begin{aligned} 3(x-0) + 2(y-0) + 6(z-1) &= 0 \\ 3x + 2y + 6z &= 6. \end{aligned}$$

■

Schnittgeraden zweier Ebenen

Zwei Geraden sind dann und nur dann parallel, wenn sie die gleiche Richtung haben. Entsprechend sind zwei Ebenen dann und nur dann **parallel**, wenn die Normalenvektoren parallel sind, wenn also $\boldsymbol{n}_1 = k\boldsymbol{n}_2$ für einen beliebigen Skalar k ist. Sind zwei Ebenen nicht parallel, so schneiden sie sich in einer Schnittgeraden.

Beispiel 12.35 Bestimmen Sie einen Vektor, der parallel zur Schnittgeraden der beiden Ebenen $3x - 6y - 2z = 15$ und $2x + y - 2z = 5$ ist.

Vektor parallel zur Schnittgeraden

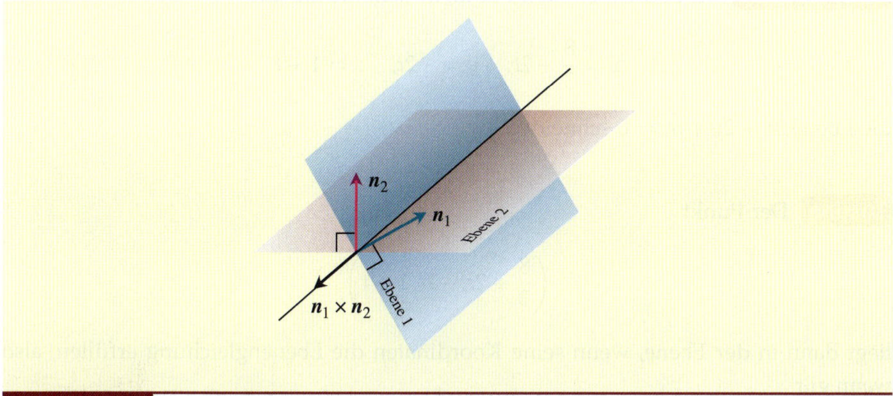

Abbildung 12.40 Zusammenhang zwischen der Schnittgeraden zweier Ebenen und den Normalenvektoren (Beispiel 12.35).

Lösung Die Schnittgerade zweier Ebenen steht senkrecht auf den beiden Normalenvektoren $\boldsymbol{n}_1$ und $\boldsymbol{n}_2$ der Ebenen (▶Abbildung 12.40). Damit ist sie orthogonal zu $\boldsymbol{n}_1 \times \boldsymbol{n}_2$. Umgekehrt bedeutet dies, dass der Vektor $\boldsymbol{n}_1 \times \boldsymbol{n}_2$ parallel zu der Schnittgeraden der Ebenen ist. Hier gilt also

$$\boldsymbol{n}_1 \times \boldsymbol{n}_2 = \begin{vmatrix} \boldsymbol{i} & \boldsymbol{j} & \boldsymbol{k} \\ 3 & -6 & -2 \\ 2 & 1 & -2 \end{vmatrix} = 14\boldsymbol{i} + 2\boldsymbol{j} + 15\boldsymbol{k}.$$

Auch jedes skalare Vielfache von $\boldsymbol{n}_1 \times \boldsymbol{n}_2$ ist eine richtige Lösung. ■

Parametergleichungen einer Schnittgeraden

Beispiel 12.36 Stellen Sie die Parametergleichungen für die Schnittgerade der beiden Ebenen $3x - 6y - 2z = 15$ und $2x + y - 2z = 5$ auf.

Lösung Wir bestimmen zunächst einen Vektor parallel zu der gesuchten Geraden und einen Punkt auf der Geraden. Mit Gleichung (12.5) lassen sich dann die Parametergleichungen aufstellen.

In Beispiel 12.35 haben wir $\boldsymbol{v} = 14\boldsymbol{i} + 2\boldsymbol{j} + 15\boldsymbol{k}$ als einen Vektor parallel zur Schnittgeraden bestimmt. Wir brauchen nun noch einen Punkt auf der Geraden; dazu können wir jeden Punkt nehmen, der in beiden Ebenen liegt. Setzt man $z = 0$ in die Ebenengleichungen ein und berechnet mit dem entstehenden Gleichungssystem x und y, erhält man einen solchen Punkt, hier $(3, -1, 0)$. Die Gerade ist dann

$$x = 3 + 14t, \quad y = -1 + 2t, \quad z = 15t.$$

Dass wir $z = 0$ gesetzt haben, war dabei beliebig. Man hätte genauso gut $z = 1$ oder $z = -1$ wählen können; ebenso könnte man $x = 0$ setzen und nach y und z auflösen. Mit diesen unterschiedlichen Möglichkeiten erhält man unterschiedliche Parameterdarstellungen für dieselbe Gerade. ■

Manchmal will man bestimmen, wo sich eine Gerade und eine Ebene schneiden. Betrachten wir beispielsweise eine ebene Platte und eine Strecke, die durch diese Platte geht, so wollen wir oft wissen, welcher Anteil der Strecke hinter der Platte verborgen ist. Dies ist beispielsweise bei Computergrafiken wichtig.

Schnittpunkt von Gerade und Ebene

Beispiel 12.37 Bestimmen Sie den Punkt, in dem die Gerade

$$x = \frac{8}{3} + 2t, \quad y = -2t, \quad z = 1 + t$$

die Ebene $3x + 2y + 6z = 6$ schneidet.

Lösung Der Punkt

$$\left(\frac{8}{3} + 2t, -2t, 1 + t\right)$$

liegt dann in der Ebene, wenn seine Koordinaten die Ebenengleichung erfüllen, also wenn gilt

$$\begin{aligned} 3\left(\frac{8}{3} + 2t\right) + 2(-2t) + 6(1 + t) &= 6 \\ 8 + 6t - 4t + 6 + 6t &= 6 \\ 8t &= -8 \\ t &= -1. \end{aligned}$$

Der Schnittpunkt ist damit

$$(x, y, z)\big|_{t=-1} = \left(\frac{8}{3} - 2, 2, 1 - 1\right) = \left(\frac{2}{3}, 2, 0\right).$$ ■

Abstand zwischen einem Punkt und einer Ebene

Es sei P ein Punkt auf einer Ebene mit dem Normalenvektor $\boldsymbol{n}$. Der Abstand eines beliebigen Punkts S zu der Ebene ist dann die Länge der Projektion des Vektors $\overrightarrow{PS}$ auf $\boldsymbol{n}$. Für den Abstand zwischen S und der Ebene gilt also

$$d = \left|\overrightarrow{PS} \cdot \frac{\boldsymbol{n}}{|\boldsymbol{n}|}\right|; \tag{12.8}$$

dabei steht $\boldsymbol{n} = a\boldsymbol{i} + b\boldsymbol{j} + c\boldsymbol{k}$ senkrecht auf der Ebene.

Beispiel 12.38 Berechnen Sie den Abstand zwischen dem Punkt $S(1,1,3)$ und der Ebene $3x + 2y + 6z = 6$.

Abstand zwischen Punkt und Ebene

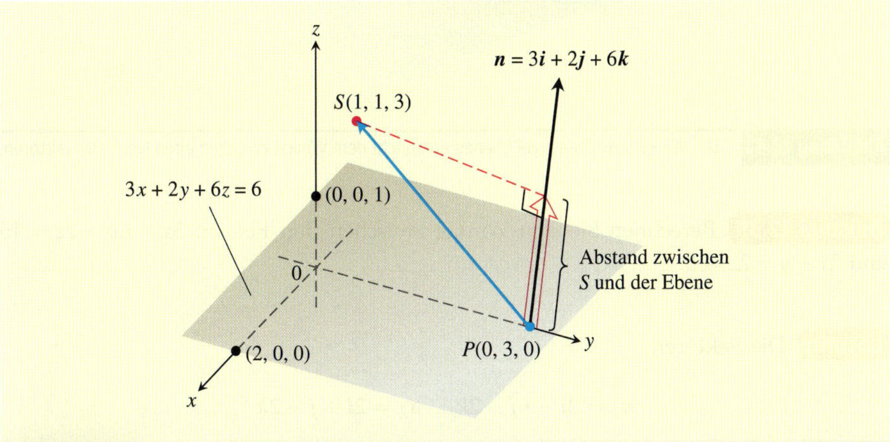

Abbildung 12.41 Der Abstand zwischen dem Punkt S und der Ebene entspricht dem Betrag der Vektorprojektion von $\overrightarrow{PS}$ auf $\boldsymbol{n}$ (Beispiel 12.38).

Lösung Wir bestimmen einen Punkt P in der Ebene und berechnen dann die Länge der Vektorprojektion von $\overrightarrow{PS}$ auf den Normalenvektor $\boldsymbol{n}$ der Ebene (►Abbildung 12.41). Mit den Koeffizienten der Gleichung $3x + 2y + 6z = 6$ erhält man

$$\boldsymbol{n} = 3\boldsymbol{i} + 2\boldsymbol{j} + 6\boldsymbol{k}.$$

Wir brauchen nun noch einen Punkt in der Ebene. Aus der Ebenengleichung kann man am einfachsten die Schnittpunkte mit den Achsen berechnen. Wir wählen hier den Schnittpunkt mit der y-Achse $P(0,3,0)$. Damit ergibt sich

$$\begin{aligned}\overrightarrow{PS} &= (1-0)\boldsymbol{i} + (1-3)\boldsymbol{j} + (3-0)\boldsymbol{k}\\ &= \boldsymbol{i} - 2\boldsymbol{j} + 3\boldsymbol{k},\\ |\boldsymbol{n}| &= \sqrt{(3)^2 + (2)^2 + (6)^2} = \sqrt{49} = 7.\end{aligned}$$

Der Abstand zwischen S und der Ebene ist

$$\begin{aligned}d &= \left|\overrightarrow{PS} \cdot \frac{\boldsymbol{n}}{|\boldsymbol{n}|}\right| && \text{Betrag von } \mathrm{proj}_{\boldsymbol{n}}\overrightarrow{PS}\\ &= \left|(\boldsymbol{i} - 2\boldsymbol{j} + 3\boldsymbol{k}) \cdot \left(\frac{3}{7}\boldsymbol{i} + \frac{2}{7}\boldsymbol{j} + \frac{6}{7}\boldsymbol{k}\right)\right|\\ &= \left|\frac{3}{7} - \frac{4}{7} + \frac{18}{7}\right| = \frac{17}{7}.\end{aligned}$$

■

Winkel zwischen Ebenen

Der Winkel zwischen zwei sich schneidenden Ebenen wird definiert als der spitze Winkel zwischen ihren Normalenvektoren (▶Abbildung 12.42).

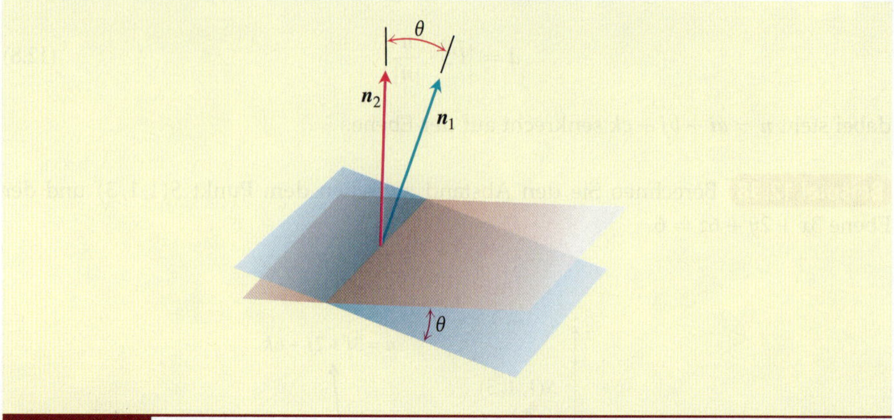

Abbildung 12.42 Der Winkel zwischen zwei Ebenen entspricht dem Winkel zwischen ihren Normalenvektoren.

Winkel zwischen zwei Ebenen

Beispiel 12.39 Berechnen Sie den Winkel zwischen den Ebenen $3x - 6y - 2z = 15$ und $2x + y - 2z = 5$.

Lösung Die Vektoren

$$\boldsymbol{n}_1 = 3\boldsymbol{i} - 6\boldsymbol{j} - 2\boldsymbol{k}, \quad \boldsymbol{n}_2 = 2\boldsymbol{i} + \boldsymbol{j} - 2\boldsymbol{k}$$

sind die Normalenvektoren der Ebenen. Der Winkel zwischen ihnen ist

$$\begin{aligned} \theta &= \cos^{-1}\left(\frac{\boldsymbol{n}_1 \cdot \boldsymbol{n}_2}{|\boldsymbol{n}_1||\boldsymbol{n}_2|}\right) \\ &= \cos^{-1}\left(\frac{4}{21}\right) \\ &\approx 1{,}38 \text{ Radiant} \qquad \text{etwa } 79^\circ \end{aligned}$$

Ergibt sich bei $\cos^{-1}\left(\frac{\boldsymbol{n}_1 \cdot \boldsymbol{n}_2}{|\boldsymbol{n}_1||\boldsymbol{n}_2|}\right)$ ein Winkel φ größer als 90°, so erhält man den Schnittwinkel θ als $\theta = 180^\circ - \varphi$. ■

Aufgaben zum Abschnitt 12.5

Geraden und Strecken Bestimmen Sie in den Aufgaben 1–7 Parametergleichungen für die gegebenen Geraden.

1. Die Gerade durch den Punkt $P(3, -4, -1)$, die parallel zu dem Vektor $\boldsymbol{i} + \boldsymbol{j} + \boldsymbol{k}$ verläuft.

2. Die Gerade durch die Punkte $P(-2, 0, 3)$ und $Q(3, 5, -2)$.

3. Die Gerade durch den Ursprung, die parallel zu dem Vektor $2\boldsymbol{j} + \boldsymbol{k}$ verläuft.

4. Die Gerade durch $(1, 1, 1)$, die parallel zur z-Achse verläuft.

5. Die Gerade durch $(0, -7, 0)$, die senkrecht zu der Ebene $x + 2y + 2z = 13$ verläuft.

6. Die x-Achse.

7. Die z-Achse.

Bestimmen Sie in den Aufgaben 8–12 die Parameterdarstellung für die Strecken, die zwischen den angegebenen Punkten verlaufen. Zeichnen Sie die Strecken in einem Koordinatensystem und geben Sie jeweils an, in welche Richtung der Parameter t aus Ihrer Parameterdarstellung zunimmt.

8. $(0,0,0)$, $(1,1,3/2)$

9. $(1,0,0)$, $(1,1,0)$

10. $(0,1,1)$, $(0,-1,1)$

11. $(2,0,2)$, $(0,2,0)$

12. $(1,0,-1)$, $(0,3,0)$

Ebenen Stellen Sie in den Aufgaben 13–18 eine Ebenengleichung auf.

13. Die Ebene durch $P_0(0,2,-1)$, die senkrecht auf $\boldsymbol{n} = 3\boldsymbol{i} - 2\boldsymbol{j} - \boldsymbol{k}$ steht.

14. Die Ebene durch $(1,-1,3)$ und parallel zu der Ebene

$$3x + y + z = 7.$$

15. Die Ebene durch die Punkte $(1,1,-1)$, $(2,0,2)$ und $(0,-2,1)$.

16. Die Ebene durch die Punkte $(2,4,5)$, $(1,5,7)$ und $(-1,6,8)$.

17. Die Ebene durch den Punkt $P_0(2,4,5)$ und senkrecht zu der Geraden

$$x = 5 + t, \quad y = 1 + 3t, \quad z = 4t.$$

18. Die Ebene durch $A(1,-2,1)$, die senkrecht zu dem Vektor zwischen dem Ursprung und A verläuft.

19. Berechnen Sie den Schnittpunkt der Geraden $x = 2t+1$, $y = 3t+2$, $z = 4t+3$ und $x = s+2$, $y = 2s+4$, $z = -4s-1$; bestimmen Sie dann die Ebene, die von diesen Geraden aufgespannt wird.

20. Berechnen Sie den Schnittpunkt der Geraden $x = t$, $y = -t+2$, $z = t+1$ und $x = 2s+2$, $y = s+3$, $z = 5s+6$; bestimmen Sie dann die Ebene, die von diesen Geraden aufgespannt wird.

Bestimmen Sie in den Aufgaben 21 und 22 die Ebene, die von den beiden sich schneidenden Geraden aufgespannt wird.

21. $L_1: x = -1+t, y = 2+t, z = 1-t; -\infty < t < \infty$
$L_2: x = 1-4s, y = 1+2s, z = 2-2s; -\infty < s < \infty$

22. $L_1: x = t, y = 3-3t, z = -2-t; -\infty < t < \infty$
$L_2: x = 1+s, y = 4+s, z = -1+s; -\infty < s < \infty$

23. Bestimmen Sie eine Ebene durch $P_0(2,1,-1)$, die senkrecht auf der Schnittgeraden der beiden Ebenen $2x+y-z=3$ und $x+2y+z=2$ steht.

24. Bestimmen Sie eine Ebene durch die Punkte $P_1(1,2,3)$ und $P_2(3,2,1)$, die senkrecht zu der Ebene $4x-y+2z=7$ ist.

Abstände Berechnen Sie in den Aufgaben 25–31 den Abstand zwischen Punkt und Ebene.

25. $(0,0,12)$; $x = 4t$, $y = -2t$, $z = 2t$

26. $(2,1,3)$; $x = 2+2t$, $y = 1+6t$, $z = 3$

27. $(3,-1,4)$; $x = 4-t$, $y = 3+2t$, $z = -5+3t$

28. $(2,-3,4)$, $x+2y+2z = 13$

29. $(0,1,1)$, $4y+3z = -12$

30. $(0,-1,0)$, $2x+y+2z = 4$

31. $(1,0,-1)$, $-4x+y+z = 4$

32. Berechnen Sie den Abstand zwischen den Ebenen $x+2y+6z = 1$ und $x+2y+6z = 10$.

33. Berechnen Sie den Abstand zwischen der Geraden $x = 2+t$, $y = 1+t$, $z = -(1/2)-(1/2)t$ und der Ebene $x+2y+6z = 10$.

Winkel Berechnen Sie in den Aufgaben 34 und 35 den Winkel zwischen den Ebenen.

34. $x+y = 1$, $2x+y-2z = 2$

35. $5x+y-z = 10$, $x-2y+3z = -1$

Berechnen Sie mithilfe eines Taschenrechners in den Aufgaben 36–40 den spitzen Winkel zwischen den Ebenen, runden Sie auf Hundertstel Radiant.

36. $2x+2y+2z = 3$, $2x-2y-z = 5$

37. $x+y+z = 1$, $z = 0$ (die xy-Ebene)

38. $2x+2y-z = 3$, $x+2y+z = 2$

39. $4y+3z = -12$, $3x+2y+6z = 6$

Schnittpunkte zwischen Geraden und Ebenen
Bestimmen Sie in den Aufgaben 40–43 den Punkt, an dem sich Gerade und Ebene schneiden.

40. $x = 1-t$, $y = 3t$, $z = 1+t$; $2x-y+3z = 6$

41. $x = 2$, $y = 3+2t$, $z = -2-2t$;
$6x+3y-4z = -12$

42. $x = 1 + 2t,\ y = 1 + 5t,\ z = 3t; \quad x + y + z = 2$

43. $x = -1 + 3t,\ y = -2,\ z = 5t; \quad 2x - 3z = 7$

Bestimmen Sie in den Aufgaben 44–47 eine Parameterdarstellung für die Schnittgerade der beiden angegebenen Ebenen.

44. $x + y + z = 1, \quad x + y = 2$

45. $3x - 6y - 2z = 3, \quad 2x + y - 2z = 2$

46. $x - 2y + 4z = 2, \quad x + y - 2z = 5$

47. $5x - 2y = 11, \quad 4y - 5z = -17$

Zwei Geraden im Raum sind entweder parallel, schneiden sich oder sind *windschief* (stellen Sie sich dazu beispielsweise die Flugbahnen von zwei Flugzeugen vor). In den Aufgaben 48 und 49 sind jeweils drei Geraden gegeben. Betrachten Sie die Geraden paarweise und bestimmen Sie jeweils, ob sie parallel sind, sich schneiden oder windschief sind. Falls sie sich schneiden, berechnen Sie den Schnittpunkt.

48. $L_1: x = 3 + 2t,\ y = -1 + 4t,\ z = 2 - t;$
$-\infty < t < \infty$
$L_2: x = 1 + 4s,\ y = 1 + 2s,\ z = -3 + 4s;$
$-\infty < s < \infty$
$L_3: x = 3 + 2r,\ y = 2 + r,\ z = -2 + 2r;$
$-\infty < r < \infty$

49. $L_1: x = 1 + 2t,\ y = -1 - t,\ z = 3t; -\infty < t < \infty$
$L_2: x = 2 - s,\ y = 3s,\ z = 1 + s; -\infty < s < \infty$
$L_3: x = 5 + 2r,\ y = 1 - r,\ z = 8 + 3r; \ -\infty < r < \infty$

Theorie und Beispiele

50. Bestimmen Sie mithilfe von Gleichung (12.5) eine Parameterdarstellung der Geraden durch $P(2, -4, 7)$, die parallel zu $v_1 = 2i - j + 3k$ verläuft. Stellen Sie dann eine weitere Parameterdarstellung für die Gerade auf, verwenden Sie diesmal den Punkt $P_2(-2, -2, 1)$ und den Vektor $v_2 = -i + (1/2)j - (3/2)k$.

51. Berechnen Sie die Punkte, in denen die Gerade $x = 1 + 2t,\ y = -1 - t,\ z = 3t$ die Koordinatenebenen schneidet. Welcher Zusammenhang zeigt sich hierbei?

52. Ist die Gerade $x = 1 - 2t,\ y = 2 + 5t,\ z = -3t$ parallel zu der Ebene $2x + y - z = 8$? Begründen Sie Ihre Antwort.

53. Woran kann man erkennen, ob die beiden Ebenen $a_1x + b_1y + c_1z = d_1$ und $a_2x + b_2y + c_2z = d_2$ parallel sind? Woran, ob sie senkrecht aufeinander stehen? Begründen Sie Ihre Antwort.

54. Bestimmen Sie zwei Ebenen, die sich in der Geraden $x = 1 + t,\ y = 2 - t,\ z = 3 + 2t$ schneiden. Schreiben Sie die Gleichungen für beide Ebenen in der Form $ax + by + cz = d$.

55. Der Graph der Gleichung $(x/a) + (y/b) + (z/c) = 1$ ist für alle Zahlen a, b und c ungleich null eine Ebene. Welche Ebenen haben eine Gleichung dieser Form?

56. L_1 und L_2 seien zwei disjunkte Geraden, die nicht parallel sind. (Disjunkt bedeutet, dass sie sich nicht schneiden.) Kann dann ein Vektor (ungleich null) senkrecht sowohl auf L_1 als auch auf L_2 stehen? Begründen Sie Ihre Antwort.

57. **Perspektive in der Computergrafik** In der Computergrafik müssen – genau wie beim perspektivischen Zeichnen – Objekte, die das Auge dreidimensional sieht, als Punkte in einer zweidimensionalen Ebene dargestellt werden. Das Auge befinde sich in dem Punkt $E(x_0, 0, 0)$ (wie in der untenstehenden Abbildung zu sehen), und es soll ein Punkt $P_1(x_1, y_1, z_1)$ als Punkt in der yz-Ebene dargestellt werden. Dazu projizieren wir mit einem von E ausgehenden Strahl den Punkt P_1 auf die Ebene. Der Punkt P_1 wird dann als $P(0, y, z)$ dargestellt. Ein Grafikprogrammierer muss also bei gegebenem P_1 und E die Werte von y und z bestimmen.

a. Stellen Sie eine Vektorgleichung auf, mit der man $\overrightarrow{EP}$ aus $\overrightarrow{EP_1}$ berechnen kann. Drücken Sie mit dieser Gleichung y und z als Funktionen von x_0, x_1, y_1 und z_1 aus.

b. Überprüfen Sie die Gleichungen für y und z aus Teil **a.**, indem Sie ihr Verhalten bei $x_1 = 0$ und $x_1 = x_0$ untersuchen. Was passiert bei $x_0 \to \infty$?

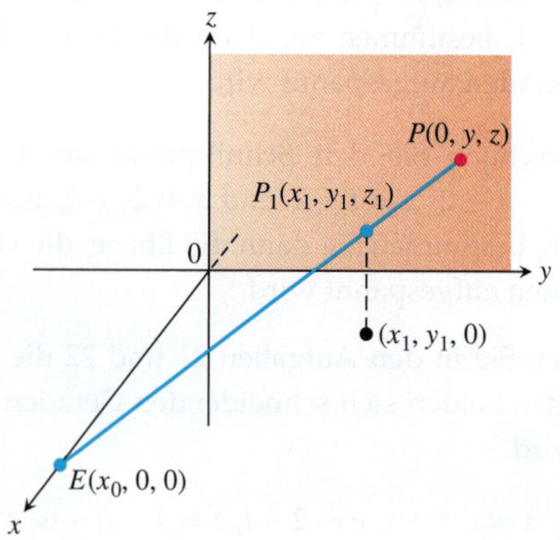

12.6 Zylinder und Flächen zweiter Ordnung

Bisher haben wir zwei Formen von Oberflächen behandelt: Kugeln und Ebenen. In diesem Abschnitt untersuchen wir nun weitere Oberflächen, nämlich Zylinder und Flächen zweiter Ordnung, die man auch Quadriken nennt. Dabei handelt es sich um Flächen, die von Gleichungen zweiter Ordnung in x, y und z definiert werden. Ein Beispiel für eine solche Oberfläche ist eine Kugel; es gibt aber viele weitere interessante Flächen zweiter Ordnung, auf die wir in den Kapiteln 14–16 zurückkommen werden.

Zylinder

Ein **Zylinder** entsteht, wenn man eine Gerade entlang einer gegebenen ebenen Kurve bewegt und sie dabei parallel zu einer gegebenen festen Geraden bleibt. Die Kurve nennt man dann die **Erzeugende** des Zylinders (▶Abbildung 12.43). In der Elementargeometrie versteht man unter einem Zylinder oft nur den *Kreiszylinder*, bei ihm ist die Erzeugende ein Kreis. Wir werden jetzt aber Zylinder mit beliebigen Erzeugenden behandeln. Im ersten Beispiel ist die Erzeugenden eine Parabel.

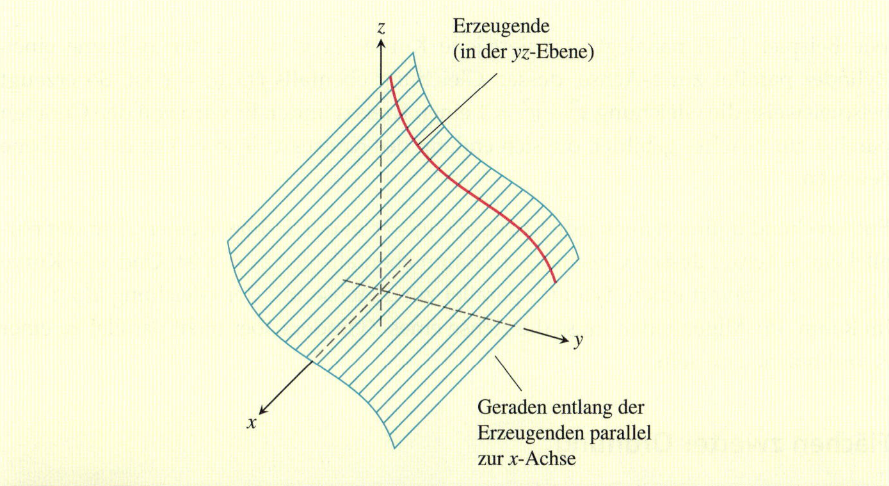

Abbildung 12.43 Ein Zylinder und seine Erzeugende.

Beispiel 12.40 Ein Zylinder entsteht, indem sich die Geraden parallel zur z-Achse entlang der Parabel $y = x^2$, $z = 0$ bewegen (▶Abbildung 12.44). Stellen Sie für diesen Zylinder eine Gleichung auf.

Zylinder mit Parabel als Erzeugender

Lösung Der Punkt $P_0(x_0, x_0^2, 0)$ liegt auf der Parabel $y = x^2$ in der xy-Ebene. Für jeden beliebigen Wert von z liegt dann der Punkt $Q(x_0, x_0^2, z)$ auf dem Zylinder, denn er liegt auf der Geraden $x = x_0, y = x_0^2$ durch P_0 parallel zur z-Achse. Umgekehrt liegt also jeder Punkt $Q(x_0, x_0^2, z)$, dessen y-Koordinate das Quadrat der x-Koordinate ist, auf diesem Zylinder, denn er liegt auf der Geraden $x = x_0$, $y = x_0^2$ durch P_0 parallel zur z-Achse (Abbildung 12.44).

Unabhängig von dem Wert für z liegen also alle Punkte auf dem Zylinder, deren Koordinaten die Gleichung $y = x^2$ erfüllen. Damit ist $y = x^2$ eine Gleichung des Zylinders. Wir nennen diesen Zylinder daher den „Zylinder $y = x^2$“. ■

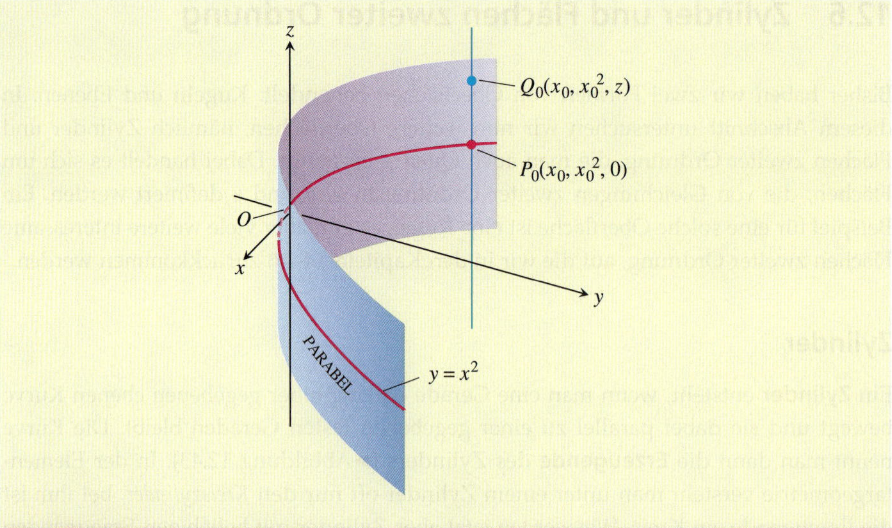

Abbildung 12.44 Jeder Punkt auf dem Zylinder aus Beispiel 12.40 hat Koordinaten der Form (x_0, x_0^2, z). Wir nennen ihn den „Zylinder $y = x^2$".

Wie Beispiel 12.40 nahelegt, definiert jede Kurve $f(x,y) = c$ in der xy-Ebene einen Zylinder parallel zur z-Achse, dessen Gleichung ebenfalls $f(x,y) = c$ ist. So erzeugt beispielsweise die Gleichung $x^2 + y^2 = 1$ einen Kreiszylinder. Er wird von den Geraden parallel zur z-Achse gebildet, die sich entlang des Kreises $x^2 + y^2 = 1$ in der xy-Ebene bewegen.

Entsprechend definiert auch jede Kurve $g(x,y) = c$ in der xz-Ebene einen Zylinder parallel zur y-Achse, dessen Gleichung im Raum ebenfalls $g(x,z) = x$ ist. Und jede Kurve $g(y,z) = c$ definiert einen Zylinder parallel zur x-Achse mit der Gleichung $h(y,z) = c$ im Raum. Im Allgemeinen muss die Achse eines Zylinders aber nicht parallel zu einer Koordinatenachse sein.

Flächen zweiter Ordnung

Eine **Fläche zweiter Ordnung**, auch *Quadrik* genannt, ist der Graph im Raum zu einer Gleichung zweiter Ordnung in x, y und z. Wir behandeln hier vor allem Gleichungen der Form

$$Ax^2 + By^2 + Cz^2 + Dz = E;$$

dabei sind A, B, C und D Konstanten. Die Grundformen der Flächen zweiter Ordnung sind **Ellipsoide**, **Paraboloide**, **elliptische Kegel** und **Hyperboloide**. Kugeln sind eine Spezialform der Ellipsoide. Wir besprechen im Folgenden einige Beispiele für Flächen zweiter Ordnung und zeigen, wie man sie skizziert. Danach stellen wir die Grundformen in einer Tabelle zusammen.

Ellipsoid

Beispiel 12.41 Das **Ellipsoid**

$$\frac{x^2}{a^2} + \frac{y^2}{b^2} + \frac{z^2}{c^2} = 1$$

schneidet die Koordinatenachsen in den Punkten $(\pm a, 0, 0)$, $(0, \pm b, 0)$ und $(0, 0, \pm c)$ (►Abbildung 12.45). Es liegt innerhalb des Quaders, der von den Ungleichungen $|x| \leq a$, $|y| \leq b$ und $|z| \leq c$ definiert wird. Die Oberfläche ist symmetrisch zu jeder Koordinatenebene, weil jede Variable in der Definitionsgleichung nur quadratisch vorkommt.

Die Schnittkurven der Oberfläche mit den Koordinatenebenen sind Ellipsen. So gilt beispielsweise

$$\frac{x^2}{a^2} + \frac{y^2}{b^2} = 1 \quad \text{für} \quad z = 0.$$

Die Schnittkurve der Fläche mit der Ebene $z = z_0$, $|z_0| < c$ ist die Ellipse

$$\frac{x^2}{a^2(1-(z_0/c)^2)} + \frac{y^2}{b^2(1-(z_0/c)^2)} = 1.$$

Wenn zwei der drei Halbachsen a, b und c gleich sind, handelt es sich bei der Fläche um ein **Rotationsellipsoid**. Sind alle drei Halbachsen gleich, dann ist die Fläche eine **Kugel**.

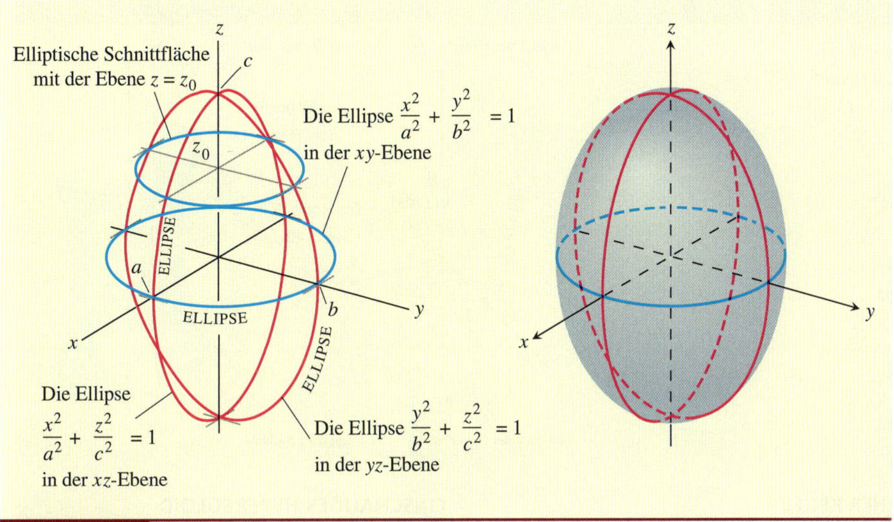

Abbildung 12.45 Die Schnittflächen des Ellipsoids $x^2/a^2 + y^2/b^2 + z^2/c^2 = 1$ aus Beispiel 12.41 mit allen drei Koordinatenebenen sind Ellipsen.

Beispiel 12.42 Das **hyperbolische Paraboloid**

Hyperbolisches Paraboloid

$$\frac{y^2}{b^2} - \frac{x^2}{a^2} = \frac{z}{c}, \quad c > 0$$

ist symmetrisch zu den Ebenen $x = 0$ und $y = 0$ (▶Abbildung 12.46). Die Schnittflächen mit diesen Ebenen sind

$$x = 0: \quad \text{die Parabel } z = \frac{c}{b^2}y^2; \tag{12.9}$$

$$y = 0: \quad \text{die Parabel } z = -\frac{c}{a^2}x^2. \tag{12.10}$$

In der Ebene $x = 0$ öffnet sich die Parabel vom Ursprung aus gesehen nach oben. Die Parabel in der Ebene $y = 0$ öffnet sich nach unten.

Die Schnittfläche mit der Ebene $z = z_0 > 0$ ist eine Hyperbel:

$$\frac{y^2}{b^2} - \frac{x^2}{a^2} = \frac{z_0}{c};$$

Tabelle 12.1: Graphen einiger Flächen zweiter Ordnung

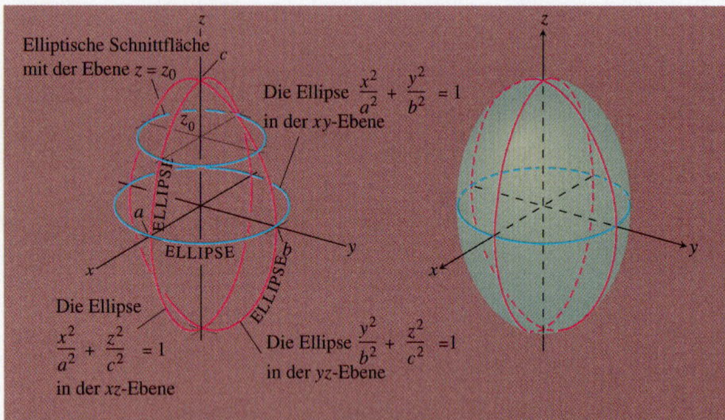

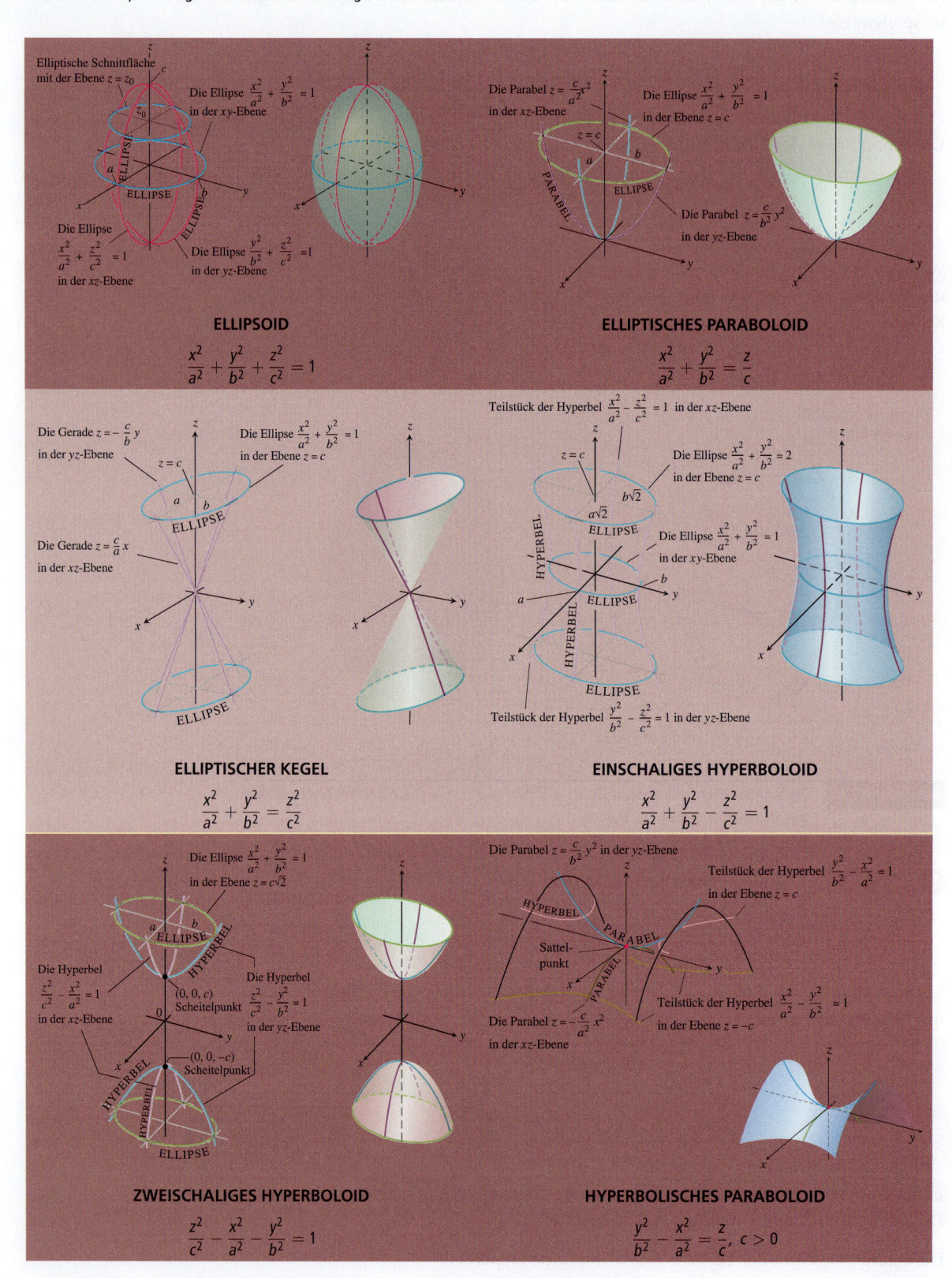

ELLIPSOID

$$\frac{x^2}{a^2} + \frac{y^2}{b^2} + \frac{z^2}{c^2} = 1$$

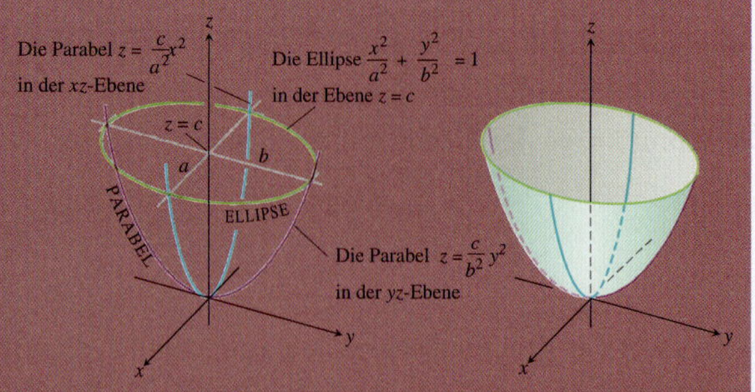

ELLIPTISCHES PARABOLOID

$$\frac{x^2}{a^2} + \frac{y^2}{b^2} = \frac{z}{c}$$

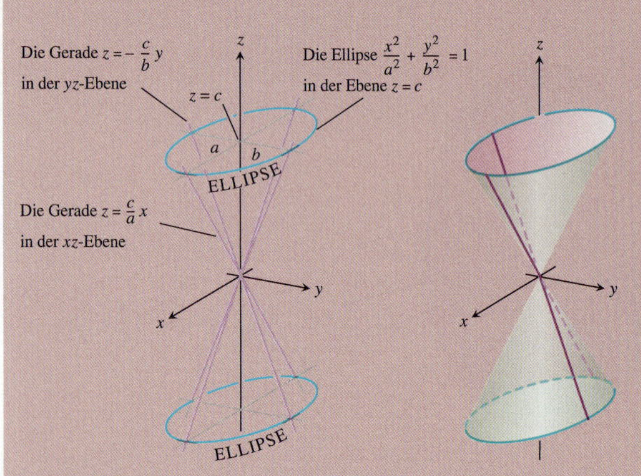

ELLIPTISCHER KEGEL

$$\frac{x^2}{a^2} + \frac{y^2}{b^2} = \frac{z^2}{c^2}$$

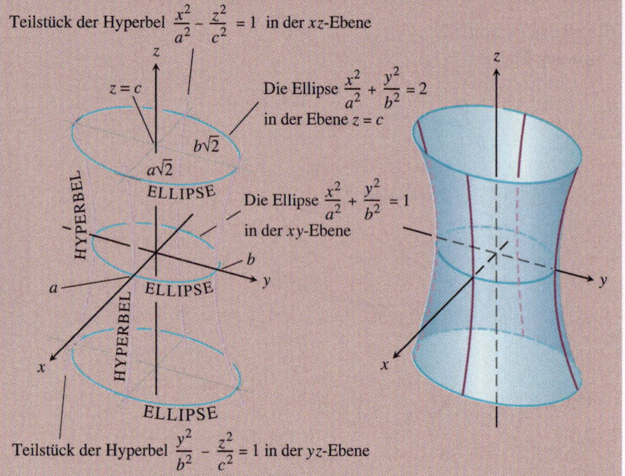

EINSCHALIGES HYPERBOLOID

$$\frac{x^2}{a^2} + \frac{y^2}{b^2} - \frac{z^2}{c^2} = 1$$

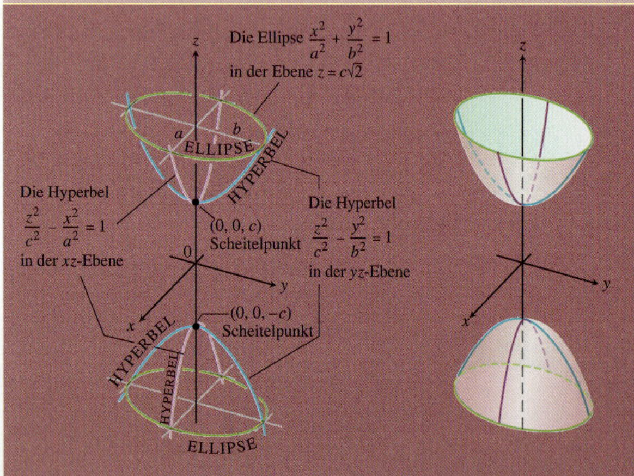

ZWEISCHALIGES HYPERBOLOID

$$\frac{z^2}{c^2} - \frac{x^2}{a^2} - \frac{y^2}{b^2} = 1$$

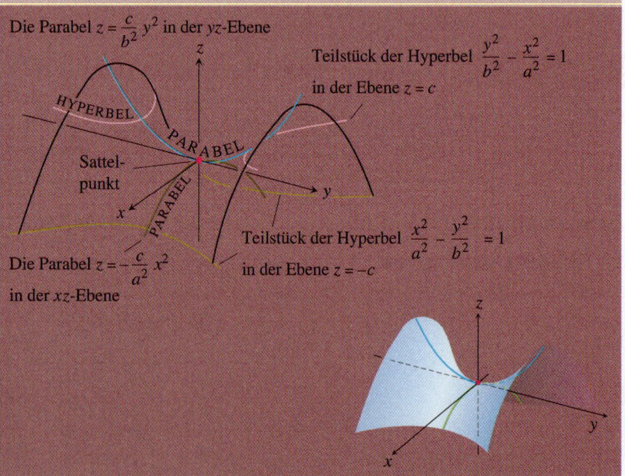

HYPERBOLISCHES PARABOLOID

$$\frac{y^2}{b^2} - \frac{x^2}{a^2} = \frac{z}{c},\ c > 0$$

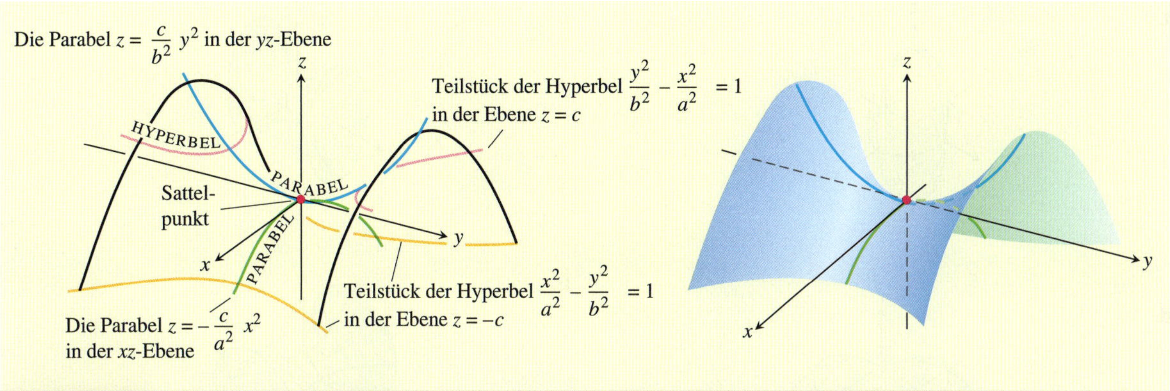

Abbildung 12.46 Das hyperbolische Paraboloid $(y^2/b^2) - (x^2/a^2) = z/c$, $c > 0$. Die Querschnittsflächen mit Ebenen senkrecht zur z-Achse oberhalb und unterhalb der xy-Ebene sind Hyperbeln. Die Schnittflächen mit Ebenen senkrecht zu den anderen Koordinatenachsen sind Parabeln.

ihre Hauptachse liegt parallel zur y-Achse und ihre Brennpunkte auf der Parabel aus Gleichung (12.9). Für negative z_0 ist die Hauptachse parallel zur x-Achse, und die Brennpunkte liegen auf der Parabel aus Gleichung (12.10).

In der Nähe des Ursprungs ähnelt die Form dieser Fläche einem Sattel oder einem Gebirgspass. Würde sich eine Person auf der Fläche entlang der Schnittkurve mit der yz-Ebene bewegen, dann käme ihr der Ursprung wie ein Minimum vor. Für eine Person auf der Schnittkurve mit der xz-Ebene hingegen wäre der Ursprung ein Maximum. Einen solchen Punkt nennt man einen **Sattelpunkt** einer Oberfläche. Wir werden das Konzept der Sattelpunkte in Abschnitt 14.7 näher betrachten. ■

Tabelle 12.1 zeigt die Graphen der sechs Grundformen von Flächen zweiter Ordnung. Jede dieser Flächen ist symmetrisch zur z-Achse, aber mit entsprechenden Änderungen an den Gleichungen kann man auch die anderen Koordinatenachsen als Symmetrieachsen verwenden.

Aufgaben zum Abschnitt 12.6

Zuordnen von Gleichungen zu Flächen Ordnen Sie in den Aufgaben 1–12 die Gleichungen den Oberflächen zu, die durch sie definiert werden. Benennen Sie dann jede Fläche (Paraboloid, Ellipsoid etc.). Die Flächen sind mit den Buchstaben **a.** bis **l.** bezeichnet.

1. $x^2 + y^2 + 4z^2 = 10$

2. $z^2 + 4y^2 - 4x^2 = 4$

3. $9y^2 + z^2 = 16$

4. $y^2 + z^2 = x^2$

5. $x = y^2 - z^2$

6. $x = -y^2 - z^2$

7. $x^2 + 2z^2 = 8$

8. $z^2 + x^2 - y^2 = 1$

9. $x = z^2 - y^2$

10. $z = -4x^2 - y^2$

11. $x^2 + 4z^2 = y^2$

12. $9x^2 + 4y^2 + 2z^2 = 36$

a.

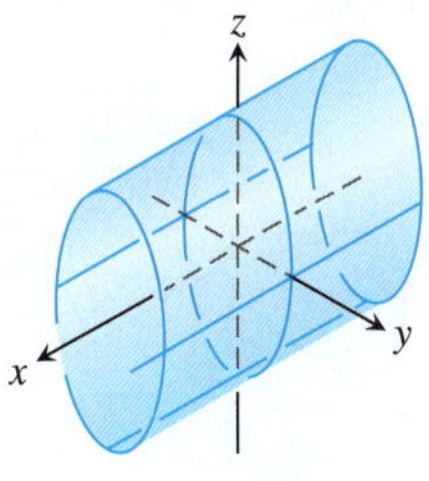

b.

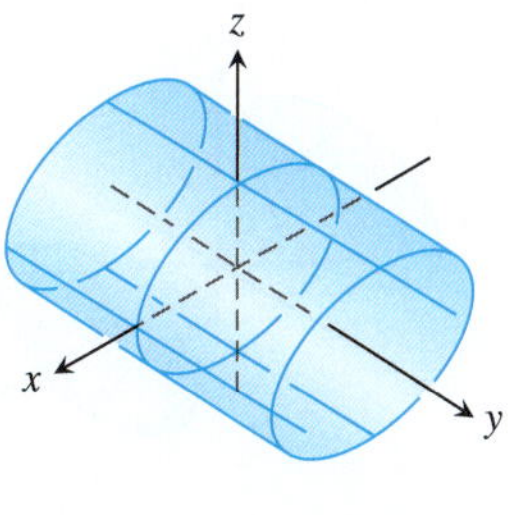

c.

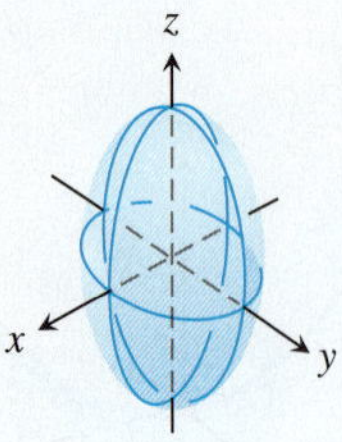

d.

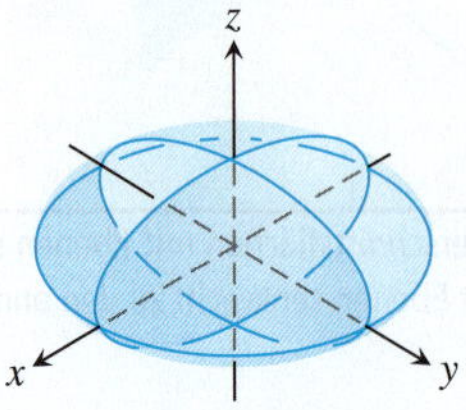

e.

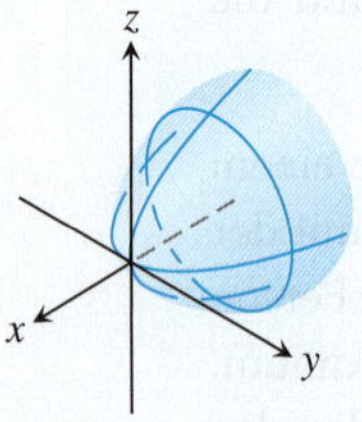

f.

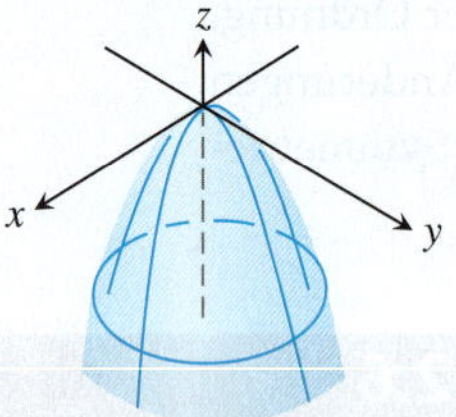

g.

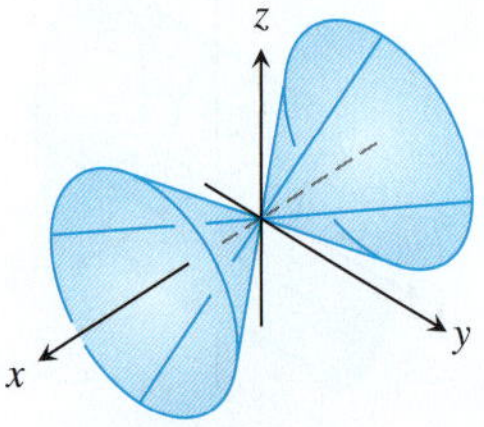

h.

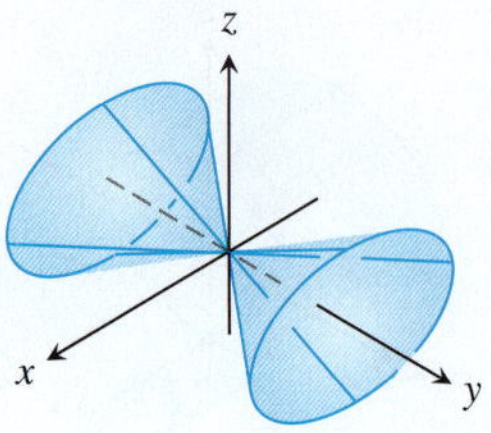

i.

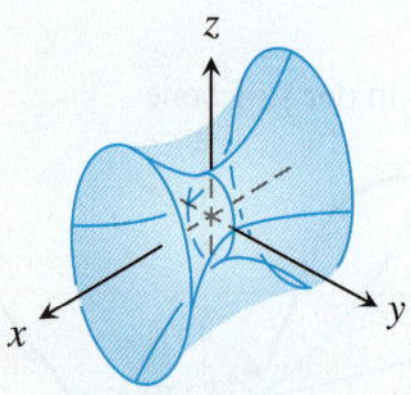

j.

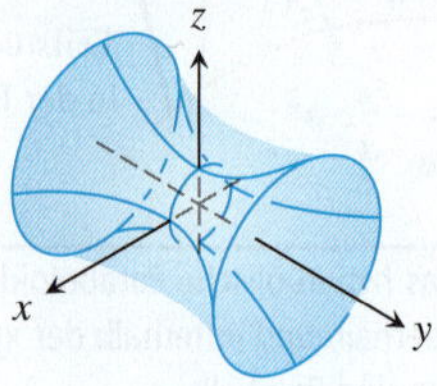

k.

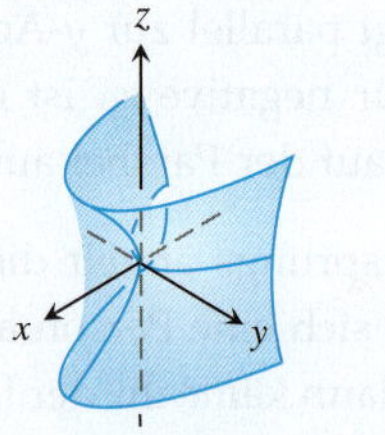

l.

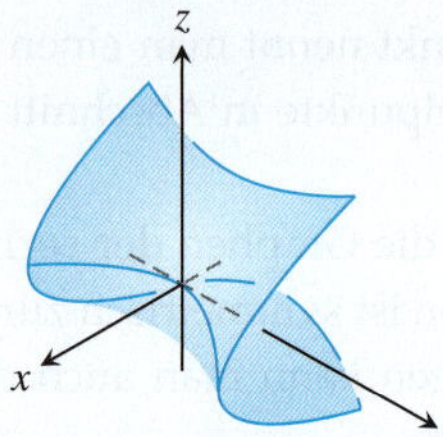

Zeichnen Skizzieren Sie in den Aufgaben 13–44 die Flächen, die von den Gleichungen definiert werden.

Zylinder

13. $x^2 + y^2 = 4$ **14.** $z = y^2 - 1$

15. $x^2 + 4z^2 = 16$ **16.** $4x^2 + y^2 = 36$

Ellipsoide

17. $9x^2 + y^2 + z^2 = 9$ **18.** $4x^2 + 4y^2 + z^2 = 16$

19. $4x^2 + 9y^2 + 4z^2 = 36$ **20.** $9x^2 + 4y^2 + 36z^2 = 36$

Paraboloide und Kegel

21. $z = x^2 + 4y^2$ **22.** $z = 8 - x^2 - y^2$

23. $x = 4 - 4y^2 - z^2$ **24.** $y = 1 - x^2 - z^2$

25. $x^2 + y^2 = z^2$ **26.** $4x^2 + 9z^2 = 9y^2$

Hyperboloide

27. $x^2 + y^2 - z^2 = 1$

28. $y^2 + z^2 - x^2 = 1$

29. $z^2 - x^2 - y^2 = 1$

30. $(y^2/4) - (x^2/4) - z^2 = 1$

Hyperbolische Paraboloide

31. $y^2 - x^2 = z$

32. $x^2 - y^2 = z$

Verschiedene Flächen zweiter Ordnung

33. $z = 1 + y^2 - x^2$

34. $4x^2 + 4y^2 = z^2$

35. $y = -(x^2 + z^2)$

36. $16x^2 + 4y^2 = 1$

37. $x^2 + y^2 - z^2 = 4$

38. $x^2 + z^2 = y$

39. $x^2 + z^2 = 1$

40. $16y^2 + 9z^2 = 4x^2$

41. $z = -(x^2 + y^2)$

42. $y^2 - x^2 - z^2 = 1$

43. $4y^2 + z^2 - 4x^2 = 4$

44. $x^2 + y^2 = z$

Theorie und Beispiele

45. **a.** Die Fläche A ist die Querschnittsfläche des Ellipsoids

$$x^2 + \frac{y^2}{4} + \frac{z^2}{9} = 1$$

mit der Ebene $z = c$. Drücken Sie den Flächeninhalt von A als Funktion von c aus. (Die Fläche einer Ellipse mit den Halbachsen a und b ist πab.)

b. Bestimmen Sie mithilfe der Querschnittsflächen senkrecht zur z-Achse das Volumen des Ellipsoids aus Teil **a.**

c. Berechnen Sie jetzt das Volumen des Ellipsoids

$$\frac{x^2}{a^2} + \frac{y^2}{b^2} + \frac{z^2}{c^2} = 1.$$

Setzt man in Ihrem Ergebnis $a = b = c$, erhält man dann das Volumen einer Kugel mit Radius a?

46. Das unten gezeigte Fass hat die Form eines Ellipsoids, von dem an beiden Enden durch Ebenen senkrecht zur z-Achse gleich große Stücke abgetrennt wurden. Die Querschnittsflächen senkrecht zur z-Achse sind Kreise. Das Fass ist $2h$ Einheiten hoch, sein Radius in der Mitte beträgt R, an den beiden Endflächen r. Stellen Sie eine Gleichung für das Volumen des Fasses auf. Überprüfen Sie dann zweierlei: Nehmen Sie als erstes an, dass die Seiten des Fasses „begradigt" werden, sodass ein Kreiszylinder mit dem Radius R und der Höhe $2h$ entsteht. Erhalten Sie dann mit Ihrer Gleichung das Volumen eines Zylinders? Setzen Sie dann $r = 0$ und $h = R$, sodass das Fass eine Kugel wird. Ergibt sich dann auch mit Ihrer Gleichung das Volumen einer Kugel?

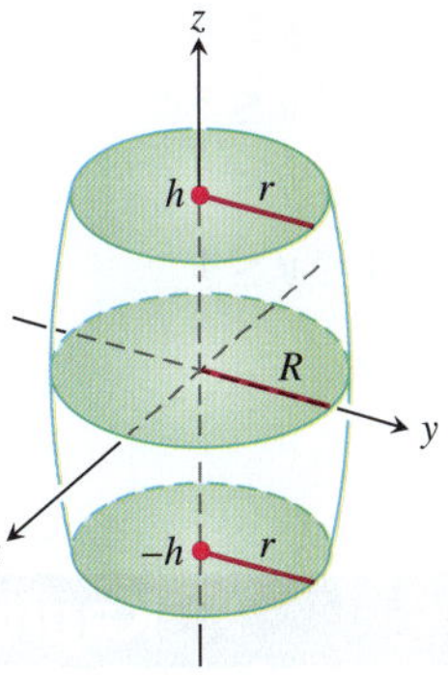

47. Von dem Paraboloid

$$\frac{x^2}{a^2} + \frac{y^2}{b^2} = \frac{z}{c}$$

wird mit der Ebene $z = h$ ein Teilstück abgetrennt. Zeigen Sie, dass das Volumen dieses Teilstücks gleich der Hälfte seiner Grundfläche mal der Höhe ist.

48. **a.** Ein Körper wird von dem Hyperboloid

$$\frac{x^2}{a^2} + \frac{y^2}{b^2} - \frac{z^2}{c^2} = 1$$

und den Ebenen $z = 0$ und $z = h$, $h > 0$ eingeschlossen. Berechnen Sie sein Volumen.

b. Drücken Sie Ihr Ergebnis aus Teil **a.** als Funktion der Höhe h und der Flächen A_0 und A_h aus. Dabei sind A_0 und A_h die Schnittflächen des Hyperboloids mit den Ebenen $z = 0$ und $z = h$.

c. Zeigen Sie, dass für das Volumen des Körpers aus Teil **a.** auch die Gleichung

$$V = \frac{h}{6}(A_0 + 4A_m + A_h)$$

gilt. Dabei ist A_m die Schnittfläche des Hyperboloids mit der Fläche $z = h/2$.

Darstellung von Oberflächen Stellen Sie in den Aufgaben 49–52 die Oberflächen in den angegebenen Intervallen mit einem Grafikprogramm dar. Drehen Sie die Darstellungen, wenn möglich, und betrachten Sie sie aus unterschiedlichen Perpektiven.

49. $z = y^2, \quad -2 \leq x \leq 2, \quad -0{,}5 \leq y \leq 2$

50. $z = 1 - y^2, \quad -2 \leq x \leq 2, \quad -2 \leq y \leq 2$

51. $z = x^2 + y^2, \quad -3 \le x \le 3, \quad -3 \le y \le 3$

52. $z = x^2 + 2y^2$ in den Intervallen

a. $-3 \le x \le 3, \quad -3 \le y \le 3$

b. $-1 \le x \le 1, \quad -2 \le y \le 3$

c. $-2 \le x \le 2, \quad -2 \le y \le 2$

d. $-2 \le x \le 2, \quad -1 \le y \le 1$

Computerberechnungen Zeichnen Sie die Oberflächen in den Aufgaben 53–58 mit einem CAS. Bestimmen Sie dann mithilfe der Darstellung, um welche Fläche zweiter Ordnung es sich handelt.

53. $\dfrac{x^2}{9} + \dfrac{y^2}{36} = 1 - \dfrac{z^2}{25}$

54. $\dfrac{x^2}{9} - \dfrac{z^2}{9} = 1 - \dfrac{y^2}{16}$

55. $5x^2 = z^2 - 3y^2$

56. $\dfrac{y^2}{16} = 1 - \dfrac{x^2}{9} + z$

57. $\dfrac{x^2}{9} - 1 = \dfrac{y^2}{16} + \dfrac{z^2}{2}$

58. $y - \sqrt{4 - z^2} = 0$

Kapitel 12 – Wiederholungsfragen

1. Wann stehen gerichtete Strecken in der Ebene für den gleichen Vektor?

2. Wie werden Vektoren geometrisch addiert und subtrahiert? Wie rechnerisch?

3. Wie berechnet man den Betrag und die Richtung eines Vektors?

4. Ein Vektor wird mit einem positiven Skalar multipliziert. Welcher Zusammenhang besteht dann zwischen dem Ergebnis und dem ursprünglichen Vektor? Wie ist der Zusammenhang, wenn der Skalar gleich null oder negativ ist?

5. Wie ist das *Skalarprodukt* von zwei Vektoren definiert? Welche algebraischen Gesetze gelten für das Skalarprodukt? Geben Sie Beispiele an. Wann ist das Skalarprodukt zweier Vektoren gleich null?

6. Welche geometrische Interpretation gibt es für das Skalarprodukt? Geben Sie Beispiele an.

7. Was versteht man unter der Projektion eines Vektors $\boldsymbol{u}$ auf einen Vektor $\boldsymbol{v}$? Geben Sie ein Beispiel an für eine Anwendung der Vektorprojektion.

8. Wie ist das *Kreuzprodukt* (oder *Vektorprodukt*) von zwei Vektoren definiert? Welche algebaischen Gesetze gelten für das Kreuzprodukt, welche nicht? Geben Sie Beispiele an. Wann ist das Kreuzprodukt zweier Vektoren gleich null?

9. Welche geometrischen und physikalischen Interpretationen gibt es für das Kreuzprodukt? Geben Sie Beispiele an.

10. Wie lautet die Determinantengleichung zur Berechnung des Kreuzprodukts von zwei Vektoren, die im kartesischen $\boldsymbol{i}$, $\boldsymbol{j}$, $\boldsymbol{k}$-Koordinatensystem gegeben sind? Erläutern Sie mithilfe eines Beispiels.

11. Wie stellt man Gleichungen für Geraden, Strecken und Ebenen im Raum auf? Geben Sie Beispiele an. Lässt sich eine Gerade im Raum mit einer einzigen Gleichung beschreiben? Geht das mit einer Ebene?

12. Wie berechnet man den Abstand zwischen einem Punkt und einer Geraden im Raum? Wie den zwischen einem Punkt und einer Ebene? Geben Sie Beispiele an.

13. Was sind Spatprodukte? Welche Bedeutung haben sie? Wie werden sie berechnet? Geben Sie Beispiele an.

14. Wie stellt man Gleichungen für Kugeln im Raum auf? Geben Sie Beispiele an.

15. Wie bestimmt man den Schnittpunkt von zwei Geraden im Raum? Wie den von einer Geraden mit einer Ebene? Die Schnittgerade von zwei Ebenen?

16. Was ist ein Zylinder? Geben Sie Beispiele an für Gleichungen, die einen Zylinder in kartesischen Koordinaten definieren.

17. Was sind Flächen zweiter Ordnung? Geben Sie Beispiele an für die unterschiedlichen Arten von Ellipsoiden, Paraboloiden, Kegeln und Hyperboloiden (Gleichungen und Skizzen).

Kapitel 12 – Praktische Aufgaben

Berechnungen mit Vektoren in zwei Dimensionen

In den Aufgaben 1–4 sei $u = \langle -3, 4 \rangle$ und $v = \langle 2, -5 \rangle$. Bestimmen Sie **a.** die Komponentendarstellung des Vektors und **b.** seinen Betrag.

1. $3u - 4v$

2. $u + v$

3. $-2u$

4. $5v$

Bestimmen Sie in den Aufgaben 5–8 die Komponentendarstellung des Vektors.

5. Der Vektor, der durch Drehen von $\langle 0, 1 \rangle$ um einen Winkel von $2\pi/3$ entsteht.

6. Der Einheitsvektor, der einen Winkel von $\pi/6$ Radiant mit der positiven x-Achse bildet.

7. Der Vektor in die Richting von $4\boldsymbol{i} - \boldsymbol{j}$ mit einem Betrag von 2 Einheiten.

8. Der Vektor in die entgegengesetzte Richtung von $(3/5)\boldsymbol{i} + (4/5)\boldsymbol{j}$ mit einem Betrag von 5 Einheiten.

Schreiben Sie die Vektoren in den Aufgaben 9–12 als Produkt ihres Betrags und ihrer Richtung.

9. $\sqrt{2}\boldsymbol{i} + \sqrt{2}\boldsymbol{j}$

10. $-\boldsymbol{i} - \boldsymbol{j}$

11. Der Geschwindigkeitsvektor $v = (-2\sin t)\boldsymbol{i} + (2\cos t)\boldsymbol{j}$ für $t = \pi/2$.

12. Der Geschwindigkeitsvektor $v = (\mathrm{e}^t \cos t - \mathrm{e}^t \sin t)\,\boldsymbol{i} + (\mathrm{e}^t \sin t + \mathrm{e}^t \cos t)\,\boldsymbol{j}$ für $t = \ln 2$.

Berechnungen mit Vektoren in drei Dimensionen

Schreiben Sie die Vektoren in den Aufgaben 13 und 14 als Produkt ihres Betrags und ihrer Richtung.

13. $2\boldsymbol{i} - 3\boldsymbol{j} + 6\boldsymbol{k}$

14. $\boldsymbol{i} + 2\boldsymbol{j} - \boldsymbol{k}$

15. Bestimmen Sie einen Vektor, der 2 Einheiten lang ist und in die Richtung von $v = 4\boldsymbol{i} - \boldsymbol{j} + 4\boldsymbol{k}$ zeigt.

16. Bestimmen Sie einen Vektor, der 5 Einheiten lang ist und entgegen der Richtung von $v = (3/5)\boldsymbol{i} + (4/5)\boldsymbol{k}$ zeigt.

Berechnen Sie in den Aufgaben 17 und 18 $|v|$, $|u|$, $v \cdot u$, $u \cdot v$, $v \times u$, $u \times v$, $|v \times u|$, den Winkel zwischen v und u, die skalaren Komponenten von u in Richtung von v und die Vektorprojektion von u auf v.

17. $v = \boldsymbol{i} + \boldsymbol{j}; \quad u = 2\boldsymbol{i} + \boldsymbol{j} - 2\boldsymbol{k}$

18. $v = \boldsymbol{i} + \boldsymbol{j} + 2\boldsymbol{k}; \quad u = -\boldsymbol{i} - \boldsymbol{k}$

Berechnen Sie in den Aufgaben 19 und 20 $\mathrm{proj}_v u$

19. $v = 2\boldsymbol{i} + \boldsymbol{j} - \boldsymbol{k}; \quad u = \boldsymbol{i} + \boldsymbol{j} - 5\boldsymbol{k}$

20. $u = \boldsymbol{i} - 2\boldsymbol{j}; \quad v = \boldsymbol{i} + \boldsymbol{j} + \boldsymbol{k}$

Zeichnen Sie in den Aufgaben 21 und 22 ein Koordinatensystem und tragen Sie darin u, v und $u \times v$ so ein, dass die Vektoren am Ursprung beginnen.

21. $u = \boldsymbol{i}, \ v = \boldsymbol{i} + \boldsymbol{j}$

22. $u = \boldsymbol{i} - \boldsymbol{j}, \ v = \boldsymbol{i} + \boldsymbol{j}$

23. Es sei $|v| = 2$, $|w| = 3$, und der Winkel zwischen v und w sei $\pi/3$. Berechnen Sie $|v - 2w|$.

24. Für welche Werte von a sind die Vektoren $u = 2\boldsymbol{i} + 4\boldsymbol{j} - 5\boldsymbol{k}$ und $v = -4\boldsymbol{i} - 8\boldsymbol{j} + a\boldsymbol{k}$ parallel?

Berechnen Sie in den Aufgaben 25 und 26 **a.** den Flächeninhalt des Parallelogramms, das von u und v aufgespannt wird und **b.** das Volumen des Spats, der von u, v und w gebildet wird.

25. $u = \boldsymbol{i} + \boldsymbol{j} - \boldsymbol{k}, \ v = 2\boldsymbol{i} + \boldsymbol{j} + \boldsymbol{k}, \ w = -\boldsymbol{i} - 2\boldsymbol{j} + 3\boldsymbol{k}$

26. $u = \boldsymbol{i} + \boldsymbol{j}, \ v = \boldsymbol{j}, \ w = \boldsymbol{i} + \boldsymbol{j} + \boldsymbol{k}$

Geraden, Ebene und Abstände

27. Betrachten Sie die Vektoren n senkrecht zu einer Ebene und v parallel zu der gleichen Ebene. Beschreiben Sie, wie man einen Vektor n bestimmen kann, der sowohl senkrecht zu v als auch parallel zu der Ebene ist.

28. Berechnen sie einen Vektor in der Ebene, der parallel zu der Geraden $ax + by = c$ ist.

Berechnen Sie in den Aufgaben 29 und 30 den Abstand zwischen dem Punkt und der Geraden.

29. $(2, 2, 0); \quad x = -t, \ y = t, \ z = -1 + t$

30. $(0, 4, 1); \quad x = 2 + t, \ y = 2 + t, \ z = t$

31. Bestimmen Sie eine Parameterdarstellung der Geraden durch den Punkt $(1, 2, 3)$, die parallel zu dem Vektor $v = -3\boldsymbol{i} + 7\boldsymbol{k}$ ist.

32. Bestimmen Sie eine Parameterdarstellung der Geraden durch die Punkte $P(1, 2, 0)$ und $Q(1, 3, -1)$.

Berechnen Sie in den Aufgaben 33 und 34 den Abstand zwischen dem Punkt und der Ebene.

33. $(6,0,-6)$, $x-y=4$

34. $(3,0,10)$, $2x+3y+z=2$

35. Stellen Sie eine Gleichung für die Ebene auf, die durch den Punkt $(3,-2,1)$ geht und senkrecht zu dem Vektor $\boldsymbol{n}=2\boldsymbol{i}+\boldsymbol{j}+\boldsymbol{k}$ liegt.

36. Stellen Sie eine Gleichung für die Ebene auf, die durch den Punkt $(-1,6,0)$ geht und senkrecht zu der Geraden $x=-1+t$, $y=6-2t$, $z=3t$ liegt.

Stellen Sie in den Aufgaben 37 und 38 eine Gleichung für die Ebene durch die Punkte P, Q und R auf.

37. $P(1,-1,2)$, $Q(2,1,3)$, $R(-1,2,-1)$

38. $P(1,0,0)$, $Q(0,1,0)$, $R(0,0,1)$

39. In welchen Punkten schneidet die Gerade $x=1+2t$, $y=-1-t$, $z=3t$ die drei Koordinatenebenen?

40. In welchem Punkt schneidet die Gerade durch den Ursprung, die senkrecht zu der Ebene $2x-y-z=4$ verläuft, die Ebene $3x-5y+2z=6$?

41. Berechnen Sie den spitzen Winkel zwischen den Ebenen $x=7$ und $x+y+\sqrt{2}z=-3$.

42. Berechnen Sie den spitzen Winkel zwischen den Ebenen $x+y=1$ und $y+z=1$.

43. Bestimmen Sie die Parameterdarstellung der Geraden, in der sich die Ebenen $x+2y+z=1$ und $x-y+2z=-8$ schneiden.

44. Zeigen Sie: Die Gerade, in der sich die Ebenen

$$x+2y-2z=5 \quad \text{und} \quad 5x-2y-z=0$$

schneiden, ist parallel zu der Geraden

$$x=-3+2t,\ y=3t,\ z=1+4t.$$

45. Die Ebenen $3x+6z=1$ und $2x+2y-z=3$ schneiden sich in einer Geraden.

a. Zeigen Sie, dass die Ebenen orthogonal sind.

b. Bestimmen Sie die Gleichung der Schnittgeraden.

46. Stellen Sie eine Gleichung für die Gerade auf, die durch den Punkt $(1,2,3)$ geht und parallel sowohl zu $\boldsymbol{u}=2\boldsymbol{i}+3\boldsymbol{j}+\boldsymbol{k}$ als auch zu $\boldsymbol{v}=\boldsymbol{i}-\boldsymbol{j}+2\boldsymbol{k}$ ist.

47. Gibt es einen bestimmten Zusammenhang zwischen dem Vektor $\boldsymbol{v}=2\boldsymbol{i}-4\boldsymbol{j}+\boldsymbol{k}$ und der Ebene $2x+y=5$? Begründen Sie Ihre Antwort.

48. Die Gleichung $\boldsymbol{n}\cdot\overrightarrow{P_0P}=0$ steht für eine Ebene, die durch P_0 geht und senkrecht auf $\boldsymbol{n}$ steht. Welche Punktmenge wird durch die Ungleichung $\boldsymbol{n}\cdot\overrightarrow{P_0P}>0$ beschrieben?

49. Berechnen Sie den Abstand zwischen dem Punkt $(1,4,0)$ und der Ebene durch die Punkte $A(0,0,0)$, $B(2,0,-1)$ und $C(2,-1,0)$.

50. Berechnen Sie den Abstand zwischen dem Punkt $(2,2,3)$ und der Ebene $2x+3y+5z=0$.

51. Bestimmen Sie einen Vektor, der parallel zu der Ebene $2x-y-z=4$ und senkrecht zu $\boldsymbol{i}+\boldsymbol{j}+\boldsymbol{k}$ verläuft.

52. Es ist $\boldsymbol{A}=2\boldsymbol{i}-\boldsymbol{j}+\boldsymbol{k}$, $\boldsymbol{B}=\boldsymbol{i}+2\boldsymbol{j}+\boldsymbol{k}$ und $\boldsymbol{C}=\boldsymbol{i}+\boldsymbol{j}-2\boldsymbol{k}$. Bestimmen Sie einen Einheitsvektor senkrecht zu $\boldsymbol{A}$ in der Ebene, die von den Vektoren $\boldsymbol{B}$ und $\boldsymbol{C}$ aufgespannt wird.

53. Bestimmen Sie einen Vektor mit dem Betrag 2, der parallel zu der Schnittgeraden den Ebenen $x+2y+z-1=0$ und $x-y+2z+7=0$ verläuft.

54. Eine Gerade verläuft durch den Ursprung und senkrecht zu der Ebene $2x-y-z=4$. Berechnen Sie den Schnittpunkt dieser Geraden mit der Ebene $3x-5y+2z=6$.

55. In welchem Punkt schneidet die Gerade durch $P(3,2,1)$ senkrecht zur Ebene $2x-y+2z=-2$ diese Ebene?

56. Wie groß ist der Winkel zwischen der Schnittgeraden der Ebenen $2x+y-z=0$ und $x+y+2z=0$ und der positiven x-Achse?

57. Die Gerade

$$L:\quad x=3+2t,\quad y=2t,\quad z=t$$

schneidet die Ebene $x+3y-z=-4$ in einem Punkt P. Berechnen Sie die Koordinaten von P und stellen Sie die Gleichung der Geraden auf, die in der Ebene liegt, durch P geht und senkrecht zu L verläuft.

58. Zeigen Sie: Für jede reelle Zahl k enthält die Ebene

$$x-2y+z+3+k(2x-y-z+1)=0$$

die Schnittgerade der Ebenen

$$x-2y+z+3=0 \quad \text{und} \quad 2x-y-z+1=0.$$

59. Stellen Sie eine Gleichung für die Ebene auf, die durch $A(-2,0,-3)$ und $B(1,-2,1)$ geht und parallel zu der Geraden durch $C(-2,-13/5,26/5)$ und $D(16/5,-13/5,0)$ verläuft.

60. Welche Lagebeziehung besteht zwischen der Geraden $x = 1 + 2t$, $y = -2 + 3t$, $z = -5t$ und der Ebene $-4x - 6y + 10z = 9$? Begründen Sie Ihre Antwort.

61. Welche der folgenden Gleichungen beschreibt die Ebene durch die Punkte $P(1, 1, -1)$, $Q(3, 0, 2)$ und $R(-2, 1, 0)$?

a. $(2\boldsymbol{i} - 3\boldsymbol{j} + 3\boldsymbol{k}) \cdot ((x + 2)\boldsymbol{i} + (y - 1)\boldsymbol{j} + z\boldsymbol{k}) = 0$

b. $x = 3 - t, \quad y = -11t, \quad z = 2 - 3t$

c. $(x + 2) + 11(y - 1) = 3z$

d. $(2\boldsymbol{i} - 3\boldsymbol{j} + 3\boldsymbol{k}) \times ((x + 2)\boldsymbol{i} + (y - 1)\boldsymbol{j} + z\boldsymbol{k}) = 0$

e. $(2\boldsymbol{i} - \boldsymbol{j} + 3\boldsymbol{k}) \times (-3\boldsymbol{i} + \boldsymbol{k}) \cdot ((x + 2)\boldsymbol{i} + (y - 1)\boldsymbol{j} + z\boldsymbol{k}) = 0$

62. Das untenstehende Parallelogramm hat die Ecken $A(2, -1, 4)$, $B(1, 0, -1)$, $C(1, 2, 3)$ und D. Bestimmen Sie

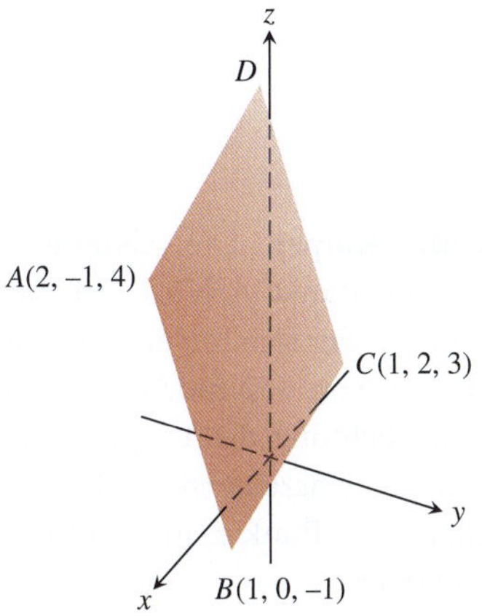

a. die Koordinaten von D,

b. den Kosinus des Innenwinkels bei B,

c. die Projektion des Vektors $\overrightarrow{BA}$ auf $\overrightarrow{BC}$,

d. den Flächeninhalt des Parallelogramms,

e. eine Gleichung für die Ebene des Parallelogramms,

f. die Flächen der orthogonalen Projektionen des Parallelogramms auf die drei Koordinatenebenen.

63. **Abstand zwischen Geraden** Berechnen Sie den Abstand zwischen der Geraden L_1 durch die Punkte $A(1, 0, -1)$ und $B(-1, 1, 0)$ und der Geraden L_2 durch die Punkte $C(3, 1, -1)$ und $D(4, 5, -2)$. Der Abstand wird entlang der Geraden gemessen, die senkrecht auf den beiden Geraden steht. Bestimmen Sie also zunächst einen Vektor $\boldsymbol{n}$, der senkrecht auf beiden Geraden steht. Berechnen Sie dann die Projektion von $\overrightarrow{AC}$ auf $\boldsymbol{n}$.

64. *(Fortsetzung von Aufgabe 63)* Berechnen Sie den Abstand zwischen der Geraden durch $A(4, 0, 2)$ und $B(2, 4, 1)$ und der Geraden durch $C(1, 3, 2)$ und $D(2, 2, 4)$.

Flächen zweiter Ordnung Bestimmen Sie in den Aufgaben 65–76, um welche Fläche zweiter Ordnung es sich handelt und skizzieren Sie sie.

65. $x^2 + y^2 + z^2 = 4$

66. $x^2 + (y - 1)^2 + z^2 = 1$

67. $4x^2 + 4y^2 + z^2 = 4$

68. $36x^2 + 9y^2 + 4z^2 = 36$

69. $z = -(x^2 + y^2)$

70. $y = -(x^2 + z^2)$

71. $x^2 + y^2 = z^2$

72. $x^2 + z^2 = y^2$

73. $x^2 + y^2 - z^2 = 4$

74. $4y^2 + z^2 - 4x^2 = 4$

75. $y^2 - x^2 - z^2 = 1$

76. $z^2 - x^2 - y^2 = 1$

Kapitel 12 – Zusätzliche Aufgaben und Aufgaben für Fortgeschrittene

1. Jagd auf ein U-Boot In einem Manöver versuchen zwei Schiffe, den Kurs und die Geschwindigkeit eines U-Boots zu bestimmen und so einen Luftschlag vorzubereiten. Wie in der untenstehenden Abbildung zu sehen, befindet sich Schiff A bei $(4,0,0)$ und Schiff B bei $(0,5,0)$. Alle Koordinaten werden in Tausend Meter angegeben. Schiff A lokalisiert das U-Boot in Richtung des Vektors $2\boldsymbol{i} + 3\boldsymbol{j} - (1/3)\boldsymbol{k}$, Schiff B in Richtung von $18\boldsymbol{i} - 6\boldsymbol{j} - \boldsymbol{k}$. Vor vier Minuten befand sich das U-Boot bei $(2,-1,-1/3)$. Das Flugzeug für den Luftschlag wird in 20 Minuten erwartet. Nehmen Sie an, dass das U-Boot sich mit konstanter Geschwindigkeit entlang einer Geraden bewegt. Wohin sollen die Schiffe das Flugzeug schicken?

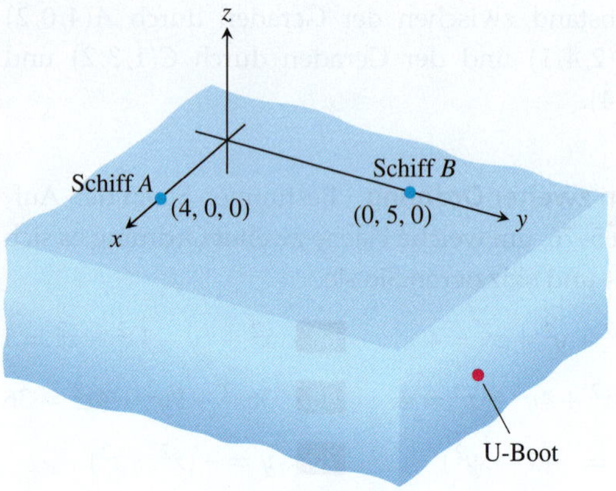

2. Rettungseinsatz mit dem Hubschrauber Zwei Hubschrauber H_1 und H_2 fliegen zunächst zusammen den gleichen Kurs. Zum Zeitpunkt $t = 0$ trennen sie sich und fliegen nun entlang unterschiedlicher gerader Flugrouten, die gegeben sind durch

$$H_1 : \; x = 6 + 40t, \; y = -3 + 10t, \; z = -3 + 2t$$
$$H_2 : \; x = 6 + 110t, \; y = -3 + 4t, \; z = -3 + t.$$

Die Zeit t wird in Stunden und alle Koordinaten in Kilometern angegeben. Wegen eines Triebwerkschadens stoppt H_2 seinen Flug bei den Koordinaten $(446, 13, 1)$ und landet – nach einer vernachlässigbar kurzen Zeit – an der Stelle $(446, 13, 0)$. Zwei Stunden später wird H_1 davon unterrichtet und fliegt nun mit einer Geschwindigkeit von 150 Kilometern pro Stunde direkt in Richtung H_2. Wie lange braucht H_1, um H_2 zu erreichen?

3. Drehmoment In der Bedienungsanleitung für einen Rasenmäher steht: „Ziehen Sie die Zündkerze mit 20,4 N · m an." Sie drehen die Zündkerze mit einem 27 cm langen Inbusschlüssel ein, Ihre Hand befindet sich dabei 23 cm von der Drehachse der Zündkerze entfernt. Mit welcher Kraft sollten Sie drehen? Geben Sie Ihre Ergebnis in Newton an.

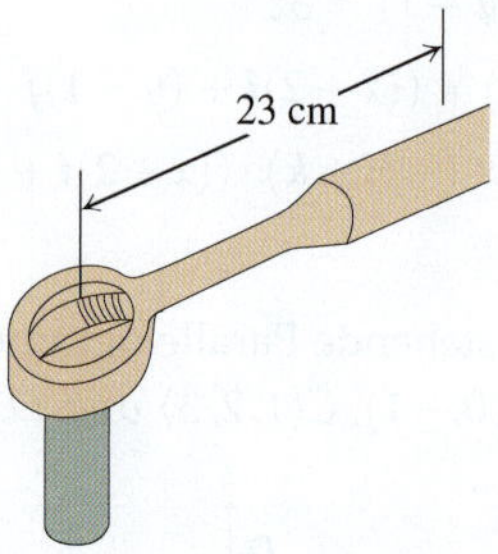

4. Drehende Körper Die Gerade durch den Ursprung und den Punkt $A(1,1,1)$ ist die Rotationsachse eines Körpers, der sich mit einer konstanten Winkelgeschwindigkeit von $3/2$ rad/s dreht. Schaut man vom Punkt A in Richtung des Ursprungs, dann dreht der Körper sich im Uhrzeigersinn. Berechnen Sie die Geschwindigkeit v des Punktes in dem Körper, der sich bei $B(1,3,2)$ befindet.

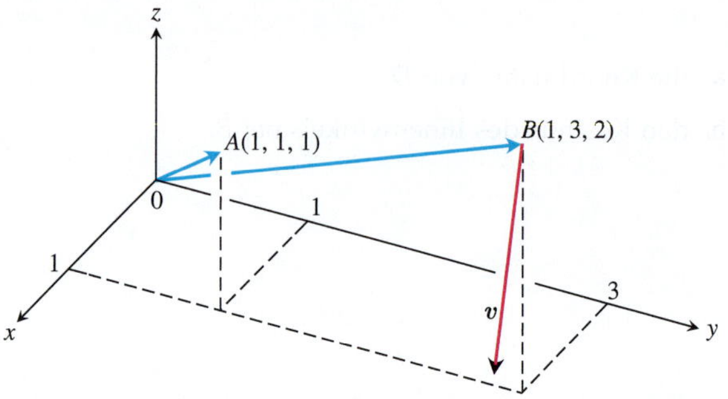

5. Betrachten Sie in den beiden untenstehenden Bildern jeweils das Gewicht, das an den beiden Drähten hängt. Berechnen Sie den Betrag und die Komponenten der Vektoren $\boldsymbol{F}_1$ und $\boldsymbol{F}_2$ sowie die Winkel α und β. (*Hinweis*: Die Dreiecke sind rechtwinklig.)

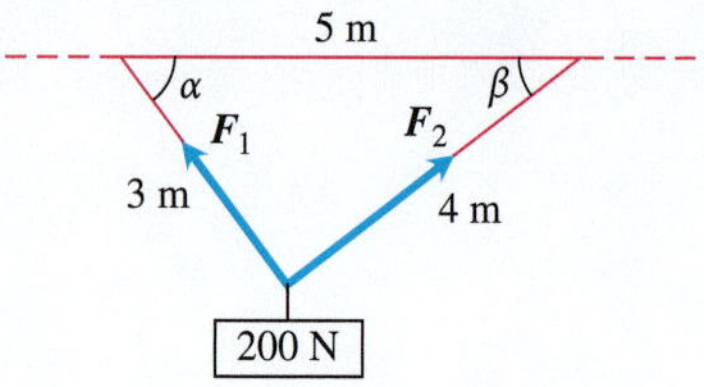

a.

b.

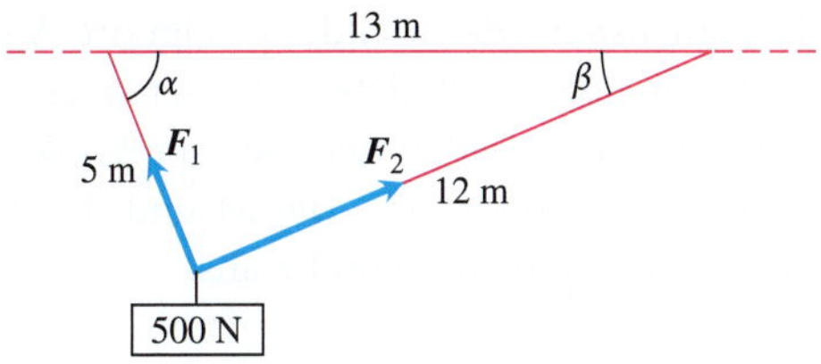

6. Betrachten Sie ein Gewicht von w Newton, das wie in dem untenstehenden Diagramm an zwei Drähten hängt. T_1 und T_2 sind die Kraftvektoren, die entlang der Drähte wirken.

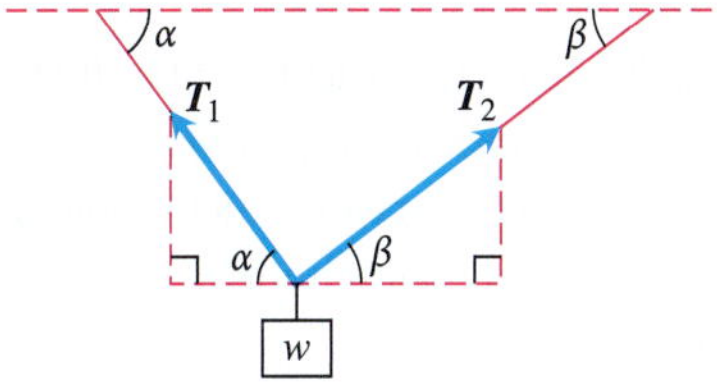

a. Bestimmen Sie die Vektoren T_1 und T_2 und zeigen Sie, dass ihre Beträge durch die folgenden Gleichungen gegeben sind:

$$|T_1| = \frac{w\cos\beta}{\sin(\alpha+\beta)}$$

und

$$|T_2| = \frac{w\cos\alpha}{\sin(\alpha+\beta)}$$

b. Bestimmen Sie für ein konstantes β den Wert von α, für den der Betrag $|T_1|$ minimal wird.

c. Bestimmen Sie für ein konstantes α den Wert von β, für den der Betrag $|T_2|$ minimal wird.

7. Determinanten und Ebenen

$$\begin{vmatrix} x_1-x & y_1-y & z_1-z \\ x_2-x & y_2-y & z_2-z \\ x_3-x & y_3-y & z_3-z \end{vmatrix} = 0$$

eine Gleichung für die Ebene ist, die durch die drei nicht kollinearen (nicht auf einer Geraden liegenden) Punkte $P_1(x_1,y_1,z_1)$, $P_2(x_2,y_2,z_2)$ und $P_3(x_3,y_3,z_3)$ definiert wird.

8. Determinanten und Geraden Zeigen Sie, das die Geraden

$$x = a_1 s + b_1,\ y = a_2 s + b_2,\ z = a_3 s + b_3,$$
$$-\infty < s < \infty$$

und

$$x = c_1 t + d_1,\ y = c_2 t + d_2,\ z = c_3 t + d_3,$$
$$-\infty < t < \infty$$

sich dann und nur dann schneiden oder parallel sind, wenn gilt

$$\begin{vmatrix} a_1 & c_1 & b_1-d_1 \\ a_2 & c_2 & b_2-d_2 \\ a_3 & c_3 & b_3-d_3 \end{vmatrix} = 0.$$

9. Betrachten Sie einen regelmäßigen Tetraeder mit der Seitenlänge 2.

a. Berechnen Sie mithilfe von Vektoren den Winkel θ, der zwischen der Grundfläche des Tetraeders und einer beliebigen anderen Kante liegt.

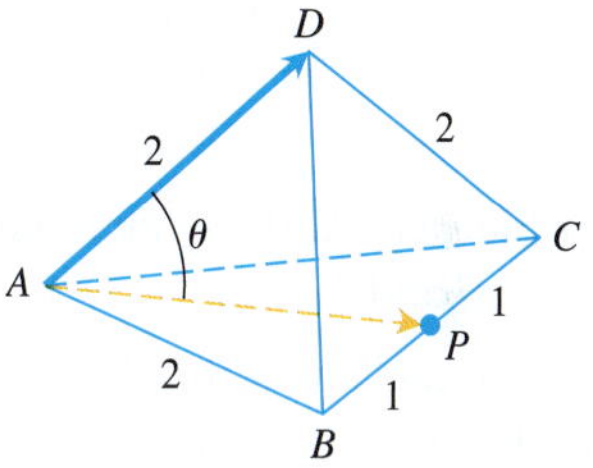

b. Berechnen Sie mithilfe von Vektoren den Winkel θ, der zwischen zwei benachbarten Seitenflächen des Tetraeders liegt. (Vor allem bei der Betrachtung von Kristallen in der Chemie nennt man diesen Winkel auch Dieder-Winkel, gesprochen Di-eder.)

10. In der untenstehenden Abbildung ist D der Mittelpunkt der Seite AB des Dreiecks ABC; E liegt auf der Strecke CB und ist ein Drittel der Strecke von C entfernt. Beweisen Sie mithilfe von Vektoren, dass F der Mittelpunkt der Strecke CD ist.

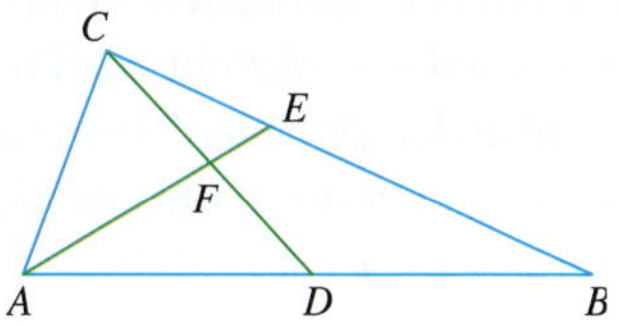

11. Zeigen Sie mithilfe von Vektoren, dass der Abstand zwischen $P_1(a_1, y_1)$ und der Geraden $ax + by = c$ durch die folgende Gleichung gegeben ist:

$$d = \frac{|ax_1 + by_1 - c|}{\sqrt{a^2+b^2}}.$$

12. **a.** Zeigen Sie mithilfe von Vektoren, dass der Abstand zwischen $P(x_1, y_1, z_1)$ und der Ebene $ax + by + cu = d$ durch die folgende Gleichung gegeben ist:

$$d = \frac{|ax_1 + by_1 + cz_1 - d|}{\sqrt{a^2 + b^2 + c^2}}.$$

b. Stellen Sie eine Gleichung für eine Kugel auf, die tangential zu den Ebenen $x + y + z = 3$ und $x + y + z = 9$ ist, und durch deren Mittelpunkt die Ebenen $2x - y = 0$ und $3x - z = 0$ gehen.

13. **a.** Zeigen Sie, dass der Abstand zwischen den beiden parallelen Ebenen $ax + by + cz = d_1$ und $ax + by + cz = d_2$ durch die folgende Gleichung gegeben ist:

$$d = \frac{|d_1 - d_2|}{|a\mathbf{i} + b\mathbf{j} + c\mathbf{k}|}.$$

b. Berechnen Sie den Abstand zwischen den Ebenen $2x + 3y - z = 6$ und $2x + 3y - z = 12$.

c. Stellen Sie eine Gleichung für die Ebene auf, die parallel zu der Ebene $2x - y + 2z = -4$ ist, wenn außerdem der Punkt $(3, 2, -1)$ von beiden Ebenen den gleichen Abstand hat.

d. Stellen Sie Gleichungen für die Ebenen auf, die parallel zu der Ebene $x - 2y + z = 3$ verlaufen und zu ihr einen Abstand von 5 Einheiten haben.

14. Beweisen Sie, dass vier Punkte A, B, C und D dann und nur dann komplanar sind (in einer gemeinsamen Ebene liegen), wenn gilt $\overrightarrow{AD} \cdot (\overrightarrow{AB} \times \overrightarrow{BC}) = 0$.

15. **Die Projektion eines Vektors auf eine Ebene** Es sei P eine Ebene im Raum und $\mathbf{v}$ ein Vektor. Die Vektorprojektion von $\mathbf{v}$ auf die Ebene P, $\text{proj}_P \mathbf{v}$, lässt sich dann formlos folgendermaßen definieren: Wenn die Sonne so steht, dass ihre Strahlen senkrecht zur Ebene P verlaufen, dann ist $\text{proj}_P \mathbf{v}$ der „Schatten" von $\mathbf{v}$ auf die Ebene P. Bestimmen Sie $\text{proj}_P \mathbf{v}$ für die Ebene $x + 2y + 6z = 6$ und den Vektor $\mathbf{v} = \mathbf{i} + \mathbf{j} + \mathbf{k}$.

16. Die untenstehende Abbildung zeigt drei Vektoren $\mathbf{v}$, $\mathbf{w}$ und $\mathbf{z}$ ungleich null; dabei ist $\mathbf{z}$ senkrecht zu der Geraden L, $\mathbf{v}$ und $\mathbf{w}$ bilden den gleichen Winkel β mit L. Nehmen Sie an, dass $|\mathbf{v}| = |\mathbf{w}|$ ist und drücken Sie damit $\mathbf{w}$ als Funktion von $\mathbf{v}$ und $\mathbf{z}$ aus.

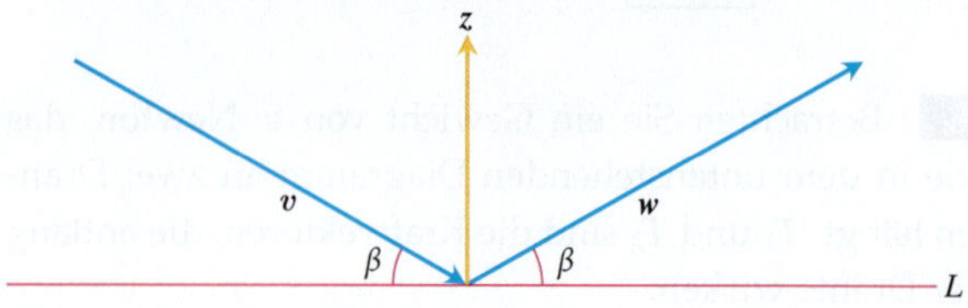

17. **Dreifache Kreuzprodukte** Die *dreifachen Kreuzprodukte* (oder *dreifachen Vektorprodukte*) $(\mathbf{u} \times \mathbf{v}) \times \mathbf{w}$ und $\mathbf{u} \times (\mathbf{v} \times \mathbf{w})$ sind normalerweise nicht gleich, auch wenn die Gleichungen zur Berechnung der Komponenten sich ähneln:

$$(\mathbf{u} \times \mathbf{v}) \times \mathbf{w} = (\mathbf{u} \cdot \mathbf{w})\mathbf{v} - (\mathbf{v} \cdot \mathbf{w})\mathbf{u},$$
$$\mathbf{u} \times (\mathbf{v} \times \mathbf{w}) = (\mathbf{u} \cdot \mathbf{w})\mathbf{v} - (\mathbf{u} \cdot \mathbf{v})\mathbf{w}.$$

Überprüfen Sie diese Gleichungen, indem Sie für die folgenden Vektoren jeweils beide Seiten berechnen und die Ergebnisse vergleichen.

a. $\mathbf{u} = 2\mathbf{i}; \quad \mathbf{v} = 2\mathbf{j}; \quad \mathbf{w} = 2\mathbf{k}$

b. $\mathbf{u} = \mathbf{i} - \mathbf{j} + \mathbf{k}; \quad \mathbf{v} = 2\mathbf{i} + \mathbf{j} - 2\mathbf{k};$ $\mathbf{w} = -\mathbf{i} + 2\mathbf{j} - \mathbf{k}$

c. $\mathbf{u} = 2\mathbf{i} + \mathbf{j}; \quad \mathbf{v} = 2\mathbf{i} - \mathbf{j} + \mathbf{k}; \quad \mathbf{w} = \mathbf{i} + 2\mathbf{k}$

d. $\mathbf{u} = \mathbf{i} + \mathbf{j} - 2\mathbf{k}; \quad \mathbf{v} = -\mathbf{i} - \mathbf{k}; \quad \mathbf{w} = 2\mathbf{i} + 4\mathbf{j} - 2\mathbf{k}$

18. **Kreuz- und Skalarprodukte** Zeigen Sie, dass für beliebige Vektoren $\mathbf{u}$, $\mathbf{v}$, $\mathbf{w}$ und $\mathbf{r}$ gilt:

a. $\mathbf{u} \times (\mathbf{v} \times \mathbf{w}) + \mathbf{v} \times (\mathbf{w} \times \mathbf{u}) + \mathbf{w} \times (\mathbf{u} \times \mathbf{v}) = \mathbf{0}$;

b. $\mathbf{u} \times \mathbf{v} = (\mathbf{u} \cdot \mathbf{v} \times \mathbf{i})\mathbf{i} + (\mathbf{u} \cdot \mathbf{v} \times \mathbf{j})\mathbf{j} + (\mathbf{u} \cdot \mathbf{v} \times \mathbf{k})\mathbf{k}$;

c. $(\mathbf{u} \times \mathbf{v}) \cdot (\mathbf{w} \times \mathbf{r}) = \begin{vmatrix} \mathbf{u} \cdot \mathbf{w} & \mathbf{v} \cdot \mathbf{w} \\ \mathbf{u} \cdot \mathbf{r} & \mathbf{v} \cdot \mathbf{r} \end{vmatrix}$.

19. **Kreuz- und Skalarprodukte** Beweisen oder widerlegen Sie die Gleichung

$$\mathbf{u} \times (\mathbf{u} \times (\mathbf{u} \times \mathbf{v})) \cdot \mathbf{w} = -|\mathbf{u}|^2 \mathbf{u} \cdot \mathbf{v} \times \mathbf{w}.$$

20. Leiten Sie die folgende trigonometrische Identität her, indem Sie das Kreuzprodukt aus zwei passenden Vektoren bilden.

$$\sin(A - B) = \sin A \cos B - \cos A \sin B.$$

21. Zeigen Sie mithilfe von Vektoren, dass für beliebige Zahlen a, b, c und d gilt:

$$(a^2 + b^2)(c^2 + d^2) \geq (ac + bd)^2.$$

(*Hinweis:* Setzen Sie $\boldsymbol{u} = a\boldsymbol{i} + b\boldsymbol{j}$ und $\boldsymbol{v} = c\boldsymbol{i} + d\boldsymbol{j}$.)

22. **Das Skalarprodukt ist positiv definit** Zeigen Sie, dass das Skalarprodukt von zwei Vektoren *positiv definit* ist; zeigen Sie also, dass für beliebige Vektoren $\boldsymbol{u}$ gilt $\boldsymbol{u} \cdot \boldsymbol{u} \geq 0$ und dass $\boldsymbol{u} \cdot \boldsymbol{u} = 0$ nur dann gilt, wenn $\boldsymbol{u} = \boldsymbol{0}$.

23. Zeigen Sie, dass für beliebige Vektoren $\boldsymbol{u}$ und $\boldsymbol{v}$ gilt $|\boldsymbol{u} + \boldsymbol{v}| \leq |\boldsymbol{u}| + |\boldsymbol{v}|$.

24. Zeigen Sie, dass $\boldsymbol{w} = |\boldsymbol{v}|\boldsymbol{u} + |\boldsymbol{u}|\boldsymbol{v}$ den Winkel zwischen $\boldsymbol{u}$ und $\boldsymbol{v}$ halbiert.

25. Zeigen Sie, dass $|\boldsymbol{v}|\boldsymbol{u} + |\boldsymbol{u}|\boldsymbol{v}$ und $|\boldsymbol{v}|\boldsymbol{u} - |\boldsymbol{u}|\boldsymbol{v}$ senkrecht aufeinander stehen.

Lernziele

1 Kurven im Raum und ihre Tangenten

- Vektorwertige Funktionen
- Kurven im Raum und ihre Parameterdarstellung
- Grenzwerte und Stetigkeit von Vektorfunktionen
- Ableitungen und Bewegung im Raum
- Ableitungsregeln für Vektorfunktionen
- Vektorfunktionen mit konstanter Länge

2 Integrale von Vektorfunktionen, Bewegung von Geschossen

- Integrale von Vektorfunktionen
- Bahnbestimmung durch Integration
- Idealisierte Geschossbewegung: Vektor- und Parameterdarstellung
- Geschossbewegung mit einer zusätzlichen linearen Kraft

3 Bogenlängen im Raum

- Bogenlänge einer Kurve im Raum
- Bogenlängenparameter
- Geschwindigkeit entlang einer glatten Kurve
- Tangente als Einheitsvektor

4 Krümmung und Normalenvektoren einer Kurve

- Krümmung einer ebenen Kurve
- Normalen- und Tangentialeinheitsvektor
- Krümmungskreise für ebene Kurven
- Krümmung und Normalenvektoren für Kurven im Raum

5 Tangentiale und normale Komponenten der Beschleunigung

- Der Binormaleneinheitsvektor (das begleitende Dreibein)
- Tangential- und Normalkomponente der Beschleunigung
- Windung (Torsion) einer Kurve
- Formeln zur Berechnung der Bewegungsgrößen

6 Geschwindigkeit und Beschleunigung in Polarkoordinaten

- Bewegung in Polar- und Zylinderkoordinaten
- Planetenbewegung
- Die Kepler'schen Gesetze

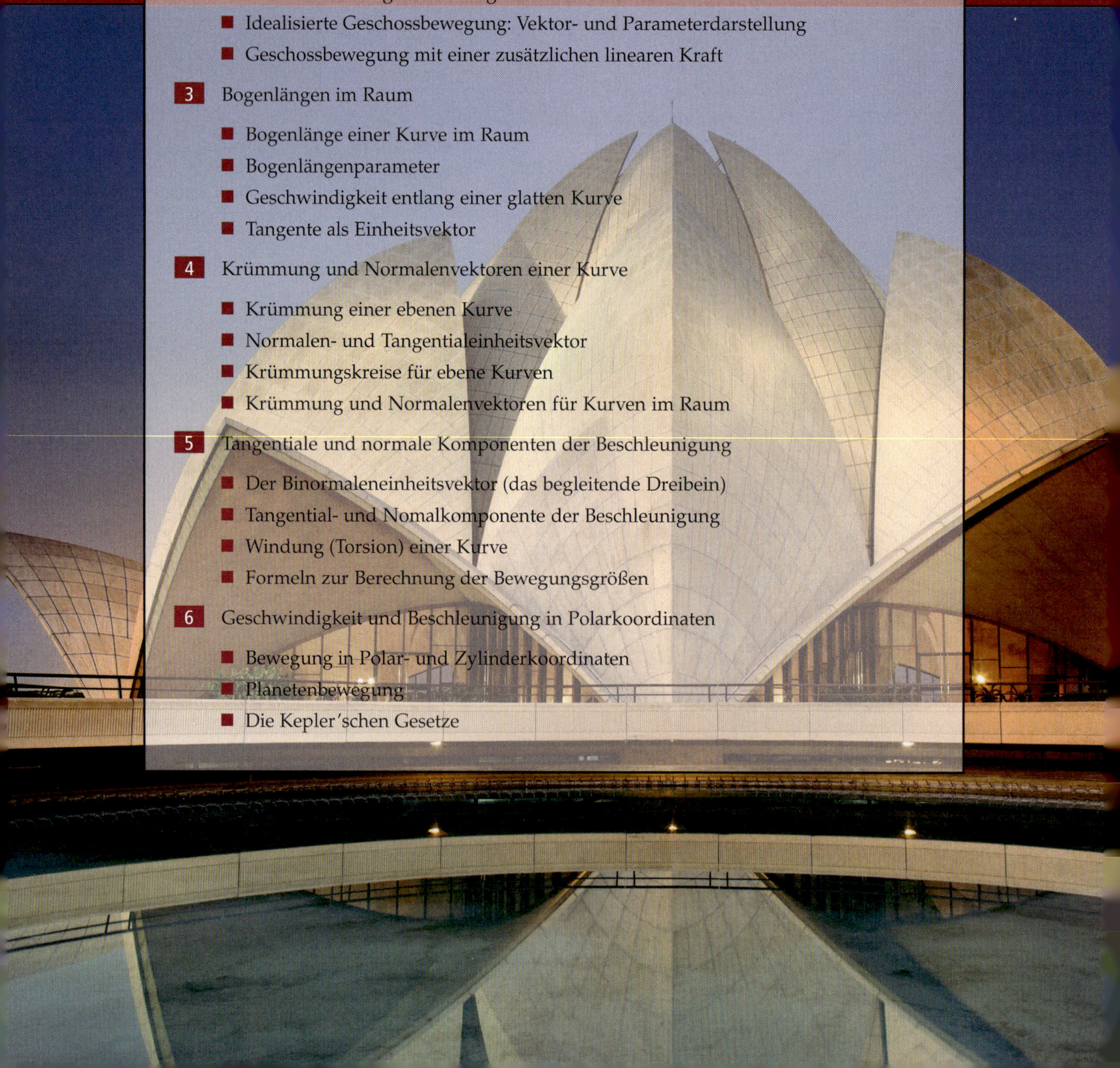

Vektorwertige Funktionen und Bewegung im Raum

13

ÜBERBLICK

Übersicht

Im letzten Kapitel haben wir die Grundlagen von Vektoren und der Geometrie im Raum behandelt. Dies werden wir jetzt mit unseren Kenntnissen zu Funktionen kombinieren, mit denen wir uns zuvor beschäftigt haben. In diesem Kapitel führen wir die Analysis von vektorwertigen Funktionen (oder Vektorfunktionen) ein. Die Definitionsbereiche dieser Funktionen bestehen wie bisher aus reellen Zahlen, aber ihre Wertebereiche enthalten jetzt Vektoren, keine Skalare. Mit der Analysis dieser Funktionen lassen sich die Bahnen und die Bewegung von Teilchen in der Ebene oder im Raum beschreiben, die Geschwindigkeiten und Beschleunigungen dieser Teilchen entlang ihrer Bahnen sind Vektoren. Wir werden in diesem Kapitel außerdem neue Größen einführen, mit denen man beschreibt, wie die Bahn eines Objekts im Raum gekrümmt und gewunden ist.

13.1 Kurven im Raum und ihre Tangenten

Ein Teilchen bewegt sich in einem Zeitintervall I durch den Raum. Die Koordinaten dieses Teilchens sind dann (stetige) Funktionen, die auf dem Intervall I definiert sind:

$$x = f(t), \quad y = g(t), \quad z = h(t), \quad t \in I. \tag{13.1}$$

Die Punkte $(x, y, z) = (f(t), g(t), h(t))$, $t \in I$ bilden eine **Kurve** im Raum, die auch die **Bahn** des Teilchens genannt wird. Die Gleichungen und das Intervall in Gleichung (13.1) sind die **Parameterdarstellung** der Kurve.

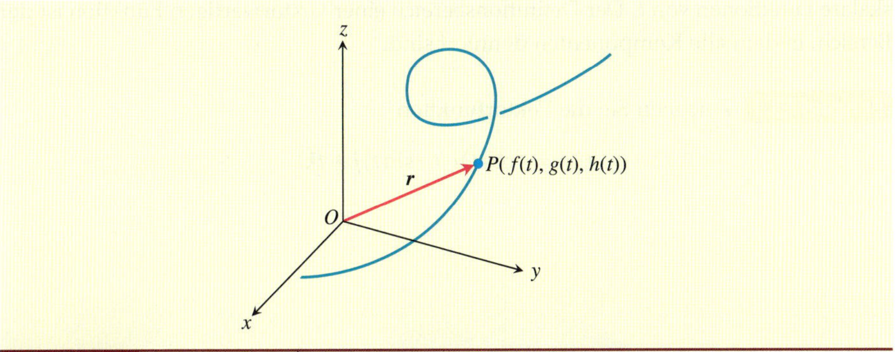

Abbildung 13.1 Der Ortsvektor $\overrightarrow{OP}$ eines Teilchens, das sich im Raum bewegt, ist eine Funktion der Zeit.

Eine Kurve im Raum lässt sich auch in Vektorform darstellen. Der Vektor

$$\boldsymbol{r}(t) = \overrightarrow{OP} = f(t)\boldsymbol{i} + g(t)\boldsymbol{j} + h(t)\boldsymbol{k} \tag{13.2}$$

zeigt vom Ursprung zum **Ort** des Teilchens $P(f(t), g(t), h(t))$ zur Zeit t; er ist der **Ortsvektor** des Teilchens (▶Abbildung 13.1). Die Funktionen f, g und h sind die **Komponentenfunktionen** oder **Komponenten** des Ortsvektors. Die Bahn des Teilchens ist also ein **Kurve, die von $\boldsymbol{r}$** im Zeitintervall I **durchlaufen** wird. ▶Abbildung 13.2 zeigt verschiedenen Kurven im Raum, die mit einem Computer-Grafikprogramm dargestellt wurden. Solche Kurven lassen sich nicht leicht von Hand zeichnen.

(a) $\boldsymbol{r}(t) = (\sin 3t)(\cos t)\boldsymbol{i} + (\sin 3t)(\sin t)\boldsymbol{j} + t\boldsymbol{k}$

(b) $\boldsymbol{r}(t) = (\cos t)\boldsymbol{i} + (\sin t)\boldsymbol{j} + (\sin 2t)\boldsymbol{k}$

(c) $\boldsymbol{r}(t) = (4 + \sin 20t)(\cos t)\boldsymbol{i} + (4 + \sin 20t)(\sin t)\boldsymbol{j} + (\cos 20t)\boldsymbol{k}$

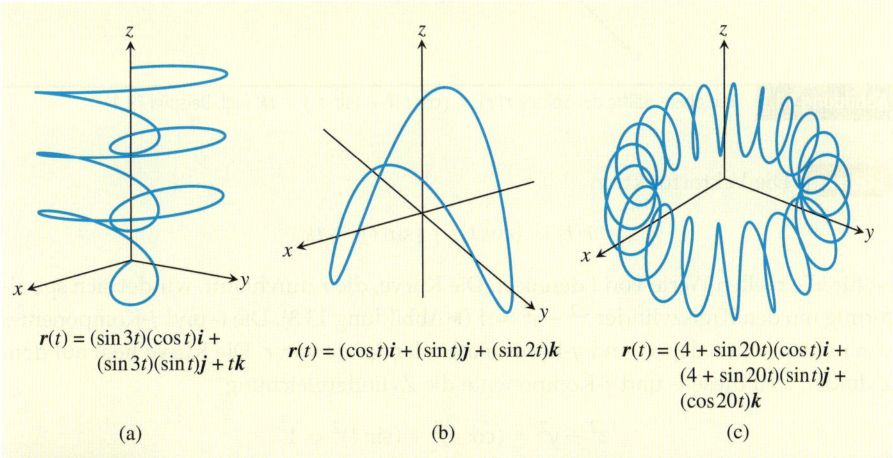

Abbildung 13.2 Kurven im Raum werden durch ihre Ortsvektoren $\boldsymbol{r}(t)$ definiert.

Gleichung (13.2) definiert $\boldsymbol{r}$ als eine Vektorfunktion der reellen Variablen t im Intervall I. Allgemeiner ist eine **vektorwertige Funktion** oder **Vektorfunktion** mit dem Definitionsbereich D eine Vorschrift, die jedem Element aus D einen Vektor im Raum zuordnet.

Im Moment betrachten wir Definitionsbereiche aus reellen Zahlen, damit ergibt sich eine Kurve im Raum. In Kapitel 16 werden wir dann auch Definitionsbereiche behandeln, die Bereichen in einer Ebene entsprechen; die Vektorfunktion wird dann eine Oberfläche im Raum darstellen. Mit Vektorfunktionen auf einem Bereich einer Ebene oder eines Raums werden auch sogenannte „Vektorfelder" definiert; diese Vektorfelder spielen eine bedeutende Rolle bei der Untersuchung von Flüssigkeitsströmungen, dem Gravitationsfeld oder elektromagnetischen Phänomenen. Auch Vektorfelder und ihre Anwendungen werden Thema in Kapitel 16 sein.

Funktionen mit reellen Werten nennt man auch **Skalarfunktionen**, um sie von den Vektorfunktionen zu unterscheiden. Die Komponenten von $\boldsymbol{r}$ in Gleichung (13.2) sind skalare Funktionen von t. Der Definitionsbereich einer vektorwertigen Funktion ist der Bereich, in dem alle Komponenten definiert sind.

Zeichnen einer Vektorfunktion

Beispiel 13.1 Zeichnen Sie die Vektorfunktion

$$\boldsymbol{r}(t) = (\cos t)\boldsymbol{i} + (\sin t)\boldsymbol{j} + t\boldsymbol{k}.$$

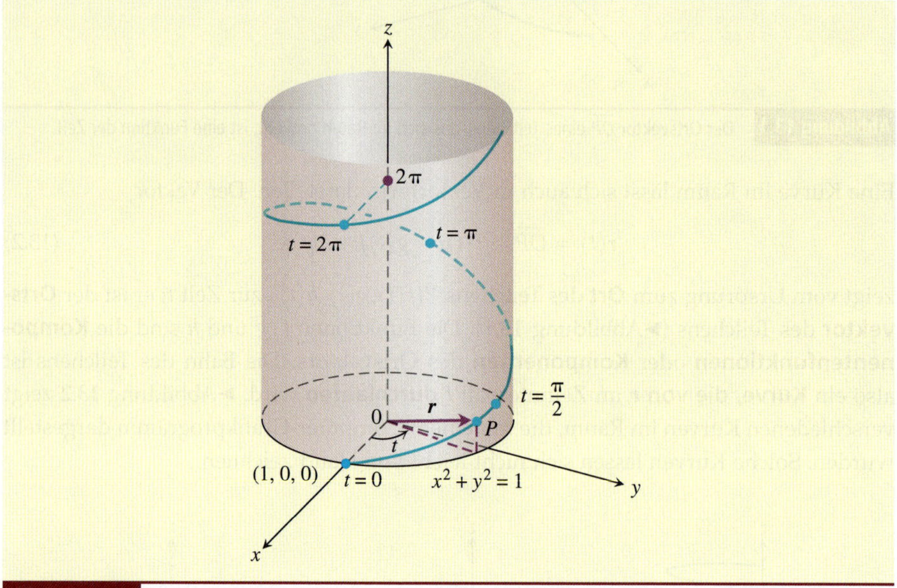

Abbildung 13.3 Die obere Hälfte der Spirale $\boldsymbol{r}(t) = (\cos t)\boldsymbol{i} + (\sin t)\boldsymbol{j} + t\boldsymbol{k}$ (vgl. Beispiel 13.1).

Lösung Die Vektorfunktion

$$\boldsymbol{r}(t) = (\cos t)\boldsymbol{i} + (\sin t)\boldsymbol{j} + t\boldsymbol{k}$$

ist für alle reellen Werte von t definiert. Die Kurve, die $\boldsymbol{r}$ durchläuft, windet sich spiralförmig um den Kreiszylinder $x^2 + y^2 = 1$ (►Abbildung 13.3). Die $\boldsymbol{i}$- und $\boldsymbol{j}$-Komponenten von $\boldsymbol{r}$ entsprechen den x- und y-Koordinaten der Spitze von $\boldsymbol{r}$. Die Kurve liegt auf dem Zylinder, weil diese $\boldsymbol{i}$- und $\boldsymbol{j}$-Komponente die Zylindergleichung

$$x^2 + y^2 = (\cos t)^2 + (\sin t)^2 = 1$$

erfüllen. Die Kurve steigt an, wenn die $\boldsymbol{k}$-Komponente $z = t$ zunimmt. Nimmt t um 2π zu, so hat die Kurve sich einmal um den Zylinder gedreht. Eine solche Kurve heißt **Helix** (Plural **Helices**, nach dem altgriechischen Wort für Spirale). Die Gleichungen

$$x = \cos t, \quad y = \sin t, \quad z = t$$

sind eine Parameterdarstellung der Helix, über dem Intervall $-\infty < t < \infty$. ▶Abbildung 13.4 zeigt weitere Helices. Ein konstanter Faktor vor dem Parameter t ändert die Anzahl der Umdrehungen pro Zeiteinheit. ■

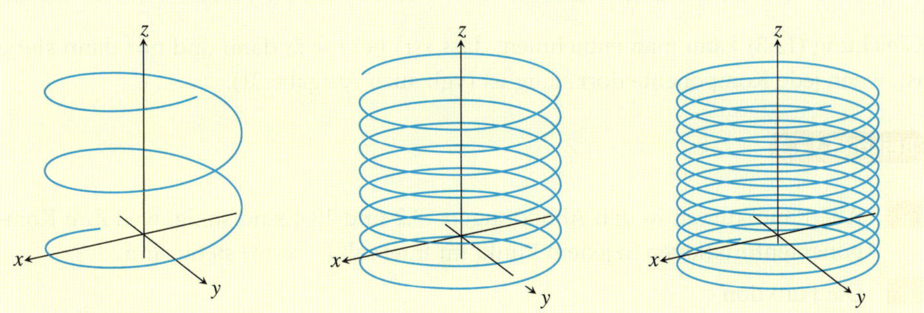

Abbildung 13.4 Eine Helix windet sich spiralförmig um einen Zylinder; sie sieht aus wie eine Schraubenfeder.

Grenzwerte und Stetigkeit

Die Grenzwerte einer vektorwertigen Funktion werden ganz ähnlich wie die einer Skalarfunktion definiert.

Definition

Es sei $\boldsymbol{r}(t) = f(t)\boldsymbol{i} + g(t)\boldsymbol{j} + h(t)\boldsymbol{k}$ eine Vektorfunktion mit dem Definitionsbereich D und $\boldsymbol{L}$ ein Vektor. $\boldsymbol{r}$ hat den **Grenzwert $\boldsymbol{L}$** für t gegen t_0, geschrieben

$$\lim_{t\to t_0} \boldsymbol{r}(t) = \boldsymbol{L},$$

wenn es für jede Zahl $\varepsilon > 0$ eine entsprechende Zahl $\delta > 0$ gibt, sodass für alle $t \in D$ gilt

$$|\boldsymbol{r}(t) - \boldsymbol{L}| < \varepsilon \quad \text{immer wenn} \quad 0 < |t - t_0| < \delta.$$

Für $\boldsymbol{L} = L_1\boldsymbol{i} + L_2\boldsymbol{j} + L_3\boldsymbol{k}$ kann man zeigen, dass $\lim_{t\to t_0} \boldsymbol{r}(t) = \boldsymbol{L}$ genau dann gilt, wenn

$$\lim_{t\to t_0} f(t) = L_1, \quad \lim_{t\to t_0} g(t) = L_2 \quad \text{und} \quad \lim_{t\to t_0} h(t) = L_3.$$

Der Beweis wird hier nicht gegeben. Mit der Gleichung

$$\lim_{t\to t_0} \boldsymbol{r}(t) = \left(\lim_{t\to t_0} f(t)\right)\boldsymbol{i} + \left(\lim_{t\to t_0} g(t)\right)\boldsymbol{j} + \left(\lim_{t\to t_0} h(t)\right)\boldsymbol{k} \tag{13.3}$$

lassen sich die Grenzwerte von Vektorfunktionen gut berechnen.

Beispiel 13.2 Für $\boldsymbol{r}(t) = (\cos t)\boldsymbol{i} + (\sin t)\boldsymbol{j} + t\boldsymbol{k}$ gilt

Grenzwert einer Vektorfunktion

$$\begin{aligned}\lim_{t\to\pi/4} \boldsymbol{r}(t) &= \left(\lim_{t\to\pi/4} \cos t\right)\boldsymbol{i} + \left(\lim_{t\to\pi/4} \sin t\right)\boldsymbol{j} + \left(\lim_{t\to\pi/4} t\right)\boldsymbol{k} \\ &= \frac{\sqrt{2}}{2}\boldsymbol{i} + \frac{\sqrt{2}}{2}\boldsymbol{j} + \frac{\pi}{4}\boldsymbol{k}.\end{aligned}$$

Die Stetigkeit einer Vektorfunktion wird genauso definiert wie die Stetigkeit einer Skalarfunktion.

Definition

Eine Vektorfunktion $\boldsymbol{r}(t)$ ist **stetig bei einem Punkt** $t = t_0$ in ihrem Definitionsbereich, wenn gilt $\lim_{t \to t_0} \boldsymbol{r}(t) = \boldsymbol{r}(t_0)$. Die Funktion ist **stetig**, wenn sie bei jedem Punkt ihres Definitionsbereichs stetig ist.

Gleichung (13.3) kann man entnehmen, dass $\boldsymbol{r}(t)$ bei $t = t_0$ dann und nur dann stetig ist, wenn jede Komponente dort stetig ist (vgl. auch Aufgabe 31).

Stetige und unstetige Vektorfunktionen

Beispiel 13.3

a Alle Raumkurven in den Abbildungen 13.2 und 13.4 sind stetig, weil ihre Komponentenfunktionen in jedem Punkt im Intervall $(-\infty, \infty)$ stetig sind.

b Die Funktion

$$\boldsymbol{g}(t) = (\cos t)\boldsymbol{i} + (\sin t)\boldsymbol{j} + \lfloor t \rfloor \boldsymbol{k}$$

ist für alle ganzen Zahlen nicht stetig, weil dort die Abrundungsfunktion $\lfloor t \rfloor$ unstetig ist.

Ableitungen und Bewegung im Raum

Es sei $\boldsymbol{r}(t) = f(t)\boldsymbol{i} + g(t)\boldsymbol{j} + h(t)\boldsymbol{k}$ der Ortsvektor eines Teilchens, das sich im Raum bewegt, und es seien f, g und h differenzierbare Funktionen von t. Der Unterschied zwischen dem Ort des Teilchens zur Zeit t und der zur Zeit $t + \Delta t$ ist dann (►Abbildung 13.5)

$$\Delta \boldsymbol{r} = \boldsymbol{r}(t + \Delta t) - \boldsymbol{r}(t).$$

Schreibt man diese Gleichung mit Komponenten, erhält man

$$\begin{aligned}
\Delta \boldsymbol{r} &= \boldsymbol{r}(t + \Delta t) - \boldsymbol{r}(t) \\
&= [f(t + \Delta t)\boldsymbol{i} + g(t + \Delta t)\boldsymbol{j} + h(t + \Delta t)\boldsymbol{k}] \\
&\quad - [f(t)\boldsymbol{i} + g(t)\boldsymbol{j} + h(t)\boldsymbol{k}] \\
&= [f(t + \Delta t) - f(t)]\,\boldsymbol{i} + [g(t + \Delta t) - g(t)]\,\boldsymbol{j} + [h(t + \Delta t) - h(t)]\,\boldsymbol{k}.
\end{aligned}$$

Geht nun Δt gegen null, so kann man gleichzeitig drei Dinge beobachten. Erstens nähert sich Q dem Punkt P entlang der Kurve. Zweitens scheint die Sekante PQ sich einer Endposition zu nähern, der Tangente an der Kurve in P. Und drittens nähert sich der Quotient $\Delta \boldsymbol{r} / \Delta t$ dem Grenzwert (vgl. Abbildung 13.5b):

$$\begin{aligned}
\lim_{\Delta t \to 0} \frac{\Delta \boldsymbol{r}}{\Delta t} &= \left[\lim_{\Delta t \to 0} \frac{f(t + \Delta t) - f(t)}{\Delta t}\right] \boldsymbol{i} + \left[\lim_{\Delta t \to 0} \frac{g(t + \Delta t) - g(t)}{\Delta t}\right] \boldsymbol{j} \\
&\quad + \left[\lim_{\Delta t \to 0} \frac{h(t + \Delta t) - h(t)}{\Delta t}\right] \boldsymbol{k} \\
&= \left[\frac{\mathrm{d}f}{\mathrm{d}t}\right] \boldsymbol{i} + \left[\frac{\mathrm{d}g}{\mathrm{d}t}\right] \boldsymbol{j} + \left[\frac{\mathrm{d}h}{\mathrm{d}t}\right] \boldsymbol{k}.
\end{aligned}$$

Damit ergibt sich die folgende Definition:

Definition

Die Vektorfunktion $\boldsymbol{r}(t) = f(t)\boldsymbol{i} + g(t)\boldsymbol{j} + h(t)\boldsymbol{k}$ hat eine **Ableitung bei t (ist differenzierbar)**, wenn f, g und h an der Stelle t Ableitungen haben. Die Ableitung ist die Vektorfunktion

$$\boldsymbol{r}'(t) = \frac{\mathrm{d}\boldsymbol{r}}{\mathrm{d}t} = \lim_{\Delta t \to 0} = \frac{\boldsymbol{r}(t+\Delta t) - \boldsymbol{r}(t)}{\Delta t} = \frac{\mathrm{d}f}{\mathrm{d}t}\boldsymbol{i} + \frac{\mathrm{d}g}{\mathrm{d}t}\boldsymbol{j} + \frac{\mathrm{d}h}{\mathrm{d}t}\boldsymbol{k}.$$

Eine Vektorfunkion $\boldsymbol{r}$ heißt **differenzierbar**, wenn sie an jeder Stelle ihres Definitionsbereichs differenzierbar ist. Die Kurve, die $\boldsymbol{r}$ durchläuft, ist **glatt**, wenn $\mathrm{d}\boldsymbol{r}/\mathrm{d}t$ stetig und nirgends $\boldsymbol{0}$ ist, wenn also f, g und h alle stetige erste Ableitungen haben und nicht gleichzeitig null werden.

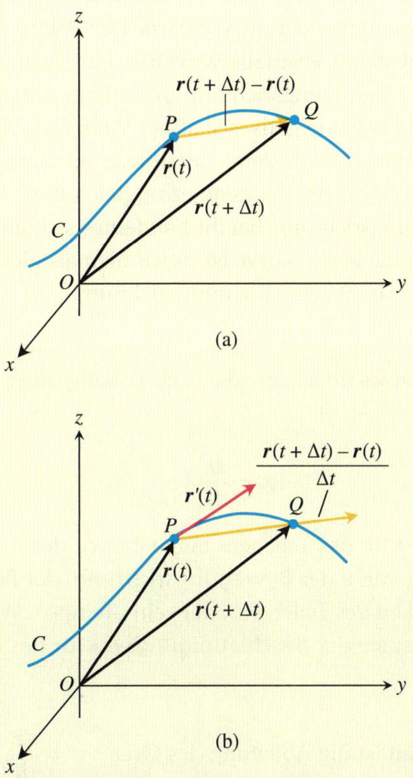

Abbildung 13.5 Für $\Delta t \to 0$ geht der Punkt Q entlang der Kurve C gegen P. Beim Grenzübergang geht der Vektor $\overrightarrow{PQ}/\Delta t$ in den Tangentenvektor $\boldsymbol{r}'(t)$ über.

Abbildung 13.5 zeigt die geometrische Bedeutung der Ableitungsdefinition. Die Punkte P und Q haben die Ortsvektoren $\boldsymbol{r}(t)$ und $\boldsymbol{r}(t+\Delta t)$, der Vektor $\overrightarrow{PQ}$ ist gleich $\boldsymbol{r}(t+\Delta t) - \boldsymbol{r}(t)$. Für $\Delta t > 0$ ist der Vektor $(1/\Delta t)(\boldsymbol{r}(t+\Delta t) - \boldsymbol{r}(t))$ ein skalares Vielfaches von $\overrightarrow{PQ}$ und zeigt in dieselbe Richtung. Geht $\Delta t \to 0$, so nähert sich dieser Vektor einem Vektor an, der tangential an die Kurve P ist (vgl. Abbildung 13.5b). Ist der Vektor $\boldsymbol{r}'(t)$ ungleich $\boldsymbol{0}$, so ist er definiert als der **tangentiale Vektor** an die Kurve in P. Die **Tangente** an der Kurve in einem Punkt $(f(t_0), g(t_0), h(t_0))$ ist allgemein definiert als die Gerade durch den Punkt, die parallel zu $\boldsymbol{r}'(t_0)$ ist. Für eine glatte Kurve muss gelten $\mathrm{d}\boldsymbol{r}/\mathrm{d}t \neq \boldsymbol{0}$, da dann sichergestellt ist, dass die Kurve in jedem Punkt eine Tangente hat. Eine glatte Kurve hat keine scharfen Ecken oder Zacken.

Besteht eine Kurve aus mehreren glatten Teilen, die stetig aneinander gesetzt sind, so nennt man sie **stückweise glatt** (►Abbildung 13.6).

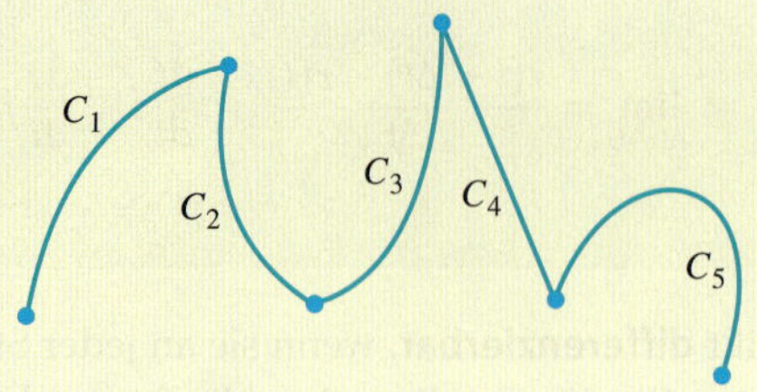

Abbildung 13.6 Eine stückweise glatte Kurve aus fünf glatten Teilkurven, die stetig aneinander gesetzt sind. Diese Kurve ist in den Verbindungspunkten nicht glatt.

Wir betrachten noch einmal Abbildung 13.5. Wir haben die Zeichnung für positive Δt erstellt, $\Delta \boldsymbol{r}$ zeigt also in Bewegungsrichtung vorwärts. Der Vektor $\Delta \boldsymbol{r}/\Delta t$ hat die gleiche Richtung wie $\Delta \boldsymbol{r}$ und zeigt damit ebenfalls vorwärts. Für negative Δt hätte $\Delta \boldsymbol{r}$ rückwärts gezeigt, entgegen der Bewegungsrichtung. Allerdings hätte der Quotient $\Delta \boldsymbol{r}/\Delta t$ wieder vorwärts gezeigt, da er ein negatives skalares Vielfaches von $\Delta \boldsymbol{r}$ gewesen wäre. Unabhängig von der Richtung von $\Delta \boldsymbol{r}$ zeigt $\Delta \boldsymbol{r}/\Delta t$ also vorwärts und damit tut dies auch der Vektor $\mathrm{d}\boldsymbol{r}/\mathrm{d}t = \lim_{\Delta t \to 0} \Delta \boldsymbol{r}/\Delta t$, wenn er ungleich $\boldsymbol{0}$ ist. Die Ableitung $\mathrm{d}\boldsymbol{r}/\mathrm{d}t$ zeigt also immer in Bewegungsrichtung, bei ihr handelt es sich um die Änderungsrate des Orts mit der Zeit. Für eine glatte Kurve ist $\mathrm{d}\boldsymbol{r}/\mathrm{d}t$ niemals gleich null; das Teilchen bleibt also nicht stehen und dreht seine Richtung nicht um.

Definition

Es sei $\boldsymbol{r}$ ein Ortsvektor eines Teilchens, das sich entlang einer glatten Kurve im Raum bewegt. Dann ist

$$\boldsymbol{v} = \frac{\mathrm{d}\boldsymbol{r}}{\mathrm{d}t}$$

der **Geschwindigkeitsvektor** des Teilchens tangential zu der Kurve. Zu jeder Zeit t entspricht die Richtung von $\boldsymbol{v}$ der **Bewegungsrichtung**, der Betrag von $\boldsymbol{v}$ ist der Betrag der Geschwindigkeit des Teilchens oder sein „Tempo“. Wenn die Ableitung $\boldsymbol{a} = \mathrm{d}\boldsymbol{v}/\mathrm{d}t$ existiert, so ist sie der **Beschleunigungsvektor** des Teilchens. Zusammengefasst gilt

1. Die Geschwindigkeit ist die Ableitung des Orts: $\boldsymbol{v} = \dfrac{\mathrm{d}\boldsymbol{r}}{\mathrm{d}t}$.
2. Das Tempo entspricht dem Betrag der Geschwindigkeit: Tempo $= |\boldsymbol{v}|$.
3. Die Beschleunigung ist die Ableitung der Geschwindigkeit: $\boldsymbol{a} = \dfrac{\mathrm{d}\boldsymbol{v}}{\mathrm{d}t} = \dfrac{\mathrm{d}^2\boldsymbol{r}}{\mathrm{d}t^2}$.
4. Der Einheitsvektor $\boldsymbol{v}/|\boldsymbol{v}|$ gibt die Bewegungsrichtung zur Zeit t an.

Ort, Geschwindigkeit und Beschleunigung eines Teilchens

Beispiel 13.4 Berechnen Sie die Geschwindigkeit, das Tempo und die Beschleunigung eines Teilchens, dessen Bewegung im Raum durch den Ortsvektor $\boldsymbol{r}(t) = 2\cos t\boldsymbol{i} + 2\sin t\boldsymbol{j} + 5\cos^2 t\boldsymbol{k}$ gegeben ist. Skizzieren Sie den Geschwindigkeitsvektor $\boldsymbol{v}(7\pi/4)$.

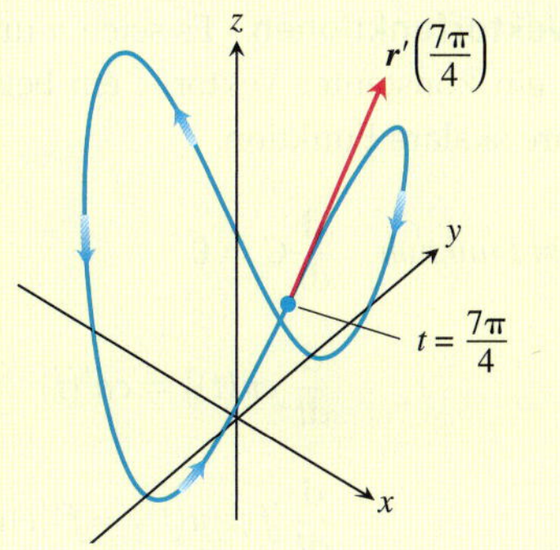

Abbildung 13.7 Die Kurve und der Geschwindigkeitsvektor aus Beispiel 13.4 für $t = 7\pi/4$.

Lösung Der Geschwindigkeits- und der Beschleunigungsvektor zur Zeit t sind

$$\begin{aligned} \boldsymbol{v}(t) = \boldsymbol{r}'(t) &= -2\sin t\boldsymbol{i} + 2\cos t\boldsymbol{j} - 10\cos t\sin t\boldsymbol{k} \\ &= -2\sin t\boldsymbol{i} + 2\cos t\boldsymbol{j} - 5\sin 2t\boldsymbol{k}, \\ \boldsymbol{a}(t) = \boldsymbol{r}''(t) &= -2\cos t\boldsymbol{i} - 2\sin t\boldsymbol{j} - 10\cos 2t\boldsymbol{k}, \end{aligned}$$

und damit ergibt sich für den Betrag der Geschwindigkeit (das Tempo)

$$|\boldsymbol{v}(t)| = \sqrt{(-2\sin t)^2 + (2\cos t)^2 + (-5\sin 2t)^2} = \sqrt{4 + 25\sin^2 2t}.$$

Für $t = 7\pi/4$ erhalten wir

$$\begin{aligned} \boldsymbol{v}\left(\frac{7\pi}{4}\right) &= \sqrt{2}\boldsymbol{i} + \sqrt{2}\boldsymbol{j} + 5\boldsymbol{k}, \\ \boldsymbol{a}\left(\frac{7\pi}{4}\right) &= -\sqrt{2}\boldsymbol{i} + \sqrt{2}\boldsymbol{j}, \\ \left|\boldsymbol{v}\left(\frac{7\pi}{4}\right)\right| &= \sqrt{29}. \end{aligned}$$

►Abbildung 13.7 zeigt eine Skizze der Bewegungskurve und den Geschwindigkeitsvektor für $t = 7\pi/4$. ■

Die (vektorielle) Geschwindigkeit eines bewegten Teilchens lässt sich als Produkt aus dem Geschwindigkeitsbetrag und ihrer Richtung schreiben:

$$\text{Geschwindigkeit} = |\boldsymbol{v}|\left(\frac{\boldsymbol{v}}{|\boldsymbol{v}|}\right) = (\text{Betrag})(\text{Richtung}).$$

Ableitungsregeln

Die Ableitungen einer Vektorfunktion lassen sich komponentenweise berechnen. Die Regeln für die Ableitungen von Vektorfunktionen haben daher die gleiche Form wie die Ableitungsregeln für Skalarfunktionen.

Merke

Ableitungsregeln für Vektorfunktionen Es seien $\boldsymbol{u}$ und $\boldsymbol{v}$ differenzierbare Vektorfunktionen von t, $\boldsymbol{C}$ ein konstanter Vektor, c ein beliebiger Skalar und f eine beliebige differenzierbare skalare Funktion.

1. *Regel der konstanten Funktion* $\frac{d}{dt}\boldsymbol{C} = 0$

2. *Faktorregeln* $\frac{d}{dt}[c\boldsymbol{u}(t)] = c\boldsymbol{u}'(t)$

   $\frac{d}{dt}[f(t)\boldsymbol{u}(t)] = f'(t)\boldsymbol{u}(t) + f(t)\boldsymbol{u}'(t)$

3. *Summenregel* $\frac{d}{dt}[\boldsymbol{u}(t) + \boldsymbol{v}(t)] = \boldsymbol{u}'(t) + \boldsymbol{v}'(t)$

4. *Differenzenregel* $\frac{d}{dt}[\boldsymbol{u}(t) - \boldsymbol{v}(t)] = \boldsymbol{u}'(t) - \boldsymbol{v}'(t)$

5. *Skalarproduktregel* $\frac{d}{dt}[\boldsymbol{u}(t) \cdot \boldsymbol{v}(t)] = \boldsymbol{u}'(t) \cdot \boldsymbol{v}(t) + \boldsymbol{u}(t) \cdot \boldsymbol{v}'(t)$

6. *Kreuzproduktregel* $\frac{d}{dt}[\boldsymbol{u}(t) \times \boldsymbol{v}(t)] = \boldsymbol{u}'(t) \times \boldsymbol{v}(t) + \boldsymbol{u}(t) \times \boldsymbol{v}'(t)$

7. *Kettenregel* $\frac{d}{dt}[\boldsymbol{u}(f(t))] = f'(t)\boldsymbol{u}'(f(t))$

Bei Anwendung der Kreuzproduktregel darf die Reihenfolge der Faktoren **nicht** verändert werden. Steht beispielsweise $\boldsymbol{u}$ auf der linken Seite der Gleichung als Erstes, so muss es auch auf der rechten Seite als Erstes stehen, sonst ergeben sich falsche Vorzeichen.

Wir beweisen hier die Regeln für das Skalar- und Kreuzprodukt sowie die Kettenregel. Die übrigen Regeln (Konstanten, Faktoren, Summen und Differenzen) können Sie zur Übung recht leicht selbst beweisen (Aufgaben 29, 30 und 34).

Beweis der Skalarproduktregel Es sei

$$\boldsymbol{u} = u_1(t)\boldsymbol{i} + u_2(t)\boldsymbol{j} + u_3(t)\boldsymbol{k}$$

und

$$\boldsymbol{v} = v_1(t)\boldsymbol{i} + v_2(t)\boldsymbol{j} + v_3(t)\boldsymbol{k}.$$

Dann gilt

$$\begin{aligned}\frac{d}{dt}(\boldsymbol{u} \cdot \boldsymbol{v}) &= \frac{d}{dt}(u_1v_1 + u_2v_2 + u_3v_3)\\ &= \underbrace{u_1'v_1 + u_2'v_2 + u_3'v_3}_{\boldsymbol{u}'\cdot\boldsymbol{v}} + \underbrace{u_1v_1' + u_2v_2' + u_3v_3'}_{\boldsymbol{u}\cdot\boldsymbol{v}'}.\end{aligned}$$ ■

Beweis der Kreuzproduktregel Wir führen den Beweis ähnlich wie den Beweis der Produktregel für skalare Funktionen. Gemäß der Definition der Ableitung ist

$$\frac{d}{dt}(\boldsymbol{u} \times \boldsymbol{v}) = \lim_{h\to 0} \frac{\boldsymbol{u}(t+h) \times \boldsymbol{v}(t+h) - \boldsymbol{u}(t) \times \boldsymbol{v}(t)}{h}.$$

Dieser Bruch soll nun so umgeformt werden, dass er die Quotienten für die Ableitungen von $\boldsymbol{u}$ und $\boldsymbol{v}$ enthält. Dazu subtrahieren und addieren wir im Zähler den Term

$\boldsymbol{u}(t) \times \boldsymbol{v}(t+h)$ und erhalten

$$\begin{aligned}
&\frac{\mathrm{d}}{\mathrm{d}t}(\boldsymbol{u} \times \boldsymbol{v}) \\
&= \lim_{h \to 0} \frac{\boldsymbol{u}(t+h) \times \boldsymbol{v}(t+h) - \boldsymbol{u}(t) \times \boldsymbol{v}(t+h) + \boldsymbol{u}(t) \times \boldsymbol{v}(t+h) - \boldsymbol{u}(t) \times \boldsymbol{v}(t)}{h} \\
&= \lim_{h \to 0} \left[\frac{\boldsymbol{u}(t+h) - \boldsymbol{u}(t)}{h} \times \boldsymbol{v}(t+h) + \boldsymbol{u}(t) \times \frac{\boldsymbol{v}(t+h) - \boldsymbol{v}(t)}{h} \right] \\
&= \lim_{h \to 0} \frac{\boldsymbol{u}(t+h) - \boldsymbol{u}(t)}{h} \times \lim_{h \to 0} \boldsymbol{v}(t+h) + \lim_{h \to 0} \boldsymbol{u}(t) \times \lim_{h \to 0} \frac{\boldsymbol{v}(t+h) - \boldsymbol{v}(t)}{h}.
\end{aligned}$$

Die letzte Gleichung gilt, da der Grenzwert des Kreuzprodukts zweier Vektorfunktionen dem Kreuzprodukt ihrer Grenzwerte entspricht, falls diese existieren (vgl. Aufgabe 32). Geht h gegen null, dann geht $\boldsymbol{v}(t+h)$ gegen $\boldsymbol{v}(t)$, weil $\boldsymbol{v}$ bei t differenzierbar und damit auch stetig ist (vgl. Aufgabe 33). Die beiden Brüche nähern sich also den Werten von $\mathrm{d}\boldsymbol{u}/\mathrm{d}t$ bei t. Zusammengefasst gilt

$$\frac{\mathrm{d}}{\mathrm{d}t}(\boldsymbol{u} \times \boldsymbol{v}) = \frac{\mathrm{d}\boldsymbol{u}}{\mathrm{d}t} \times \boldsymbol{v} + \boldsymbol{u} \times \frac{\mathrm{d}\boldsymbol{v}}{\mathrm{d}t}. \qquad \blacksquare$$

Beweis ◼ der Kettenregel Es sei $\boldsymbol{u}(s) = a(s)\boldsymbol{i} + b(s)\boldsymbol{j} + c(s)\boldsymbol{k}$ eine differenzierbare Vektorfunktion von s, und es sei $s = f(t)$ eine differenzierbare Skalarfunktion von t. Dann sind a, b und c differenzierbare Funktionen von t, und mit der Kettenregel für differenzierbare reellwertige Funktionen erhält man

$$\begin{aligned}
\frac{\mathrm{d}}{\mathrm{d}t}[\boldsymbol{u}(s)] &= \frac{\mathrm{d}a}{\mathrm{d}t}\boldsymbol{i} + \frac{\mathrm{d}b}{\mathrm{d}t}\boldsymbol{j} + \frac{\mathrm{d}c}{\mathrm{d}t}\boldsymbol{k} \\
&= \frac{\mathrm{d}a}{\mathrm{d}s}\frac{\mathrm{d}s}{\mathrm{d}t}\boldsymbol{i} + \frac{\mathrm{d}b}{\mathrm{d}s}\frac{\mathrm{d}s}{\mathrm{d}t}\boldsymbol{j} + \frac{\mathrm{d}c}{\mathrm{d}s}\frac{\mathrm{d}s}{\mathrm{d}t}\boldsymbol{k} \\
&= \frac{\mathrm{d}s}{\mathrm{d}t}\left(\frac{\mathrm{d}a}{\mathrm{d}s}\boldsymbol{i} + \frac{\mathrm{d}b}{\mathrm{d}s}\boldsymbol{j} + \frac{\mathrm{d}c}{\mathrm{d}s}\boldsymbol{k}\right) \\
&= \frac{\mathrm{d}s}{\mathrm{d}t}\frac{\mathrm{d}\boldsymbol{u}}{\mathrm{d}s} \\
&= f'(t)\boldsymbol{u}'(f(t)). && s = f(t) \qquad \blacksquare
\end{aligned}$$

Das Produkt eines Skalars c und eines Vektors $\boldsymbol{v}$ wird manchmal auch $\boldsymbol{v}c$ statt $c\boldsymbol{v}$ geschrieben. Damit lässt sich dann beispielsweise die Kettenregel in der bekannten Form schreiben:

$$\frac{\mathrm{d}\boldsymbol{u}}{\mathrm{d}t} = \frac{\mathrm{d}\boldsymbol{u}}{\mathrm{d}s}\frac{\mathrm{d}s}{\mathrm{d}t},$$

mit $s = f(t)$.

Vektorfunktionen mit konstanter Länge

Bei einem Teilchen, das sich auf der Oberfläche einer Kugel mit dem Mittelpunkt im Ursprung bewegt (▶Abbildung 13.8), hat der Ortsvektor immer die gleiche Länge, nämlich den Radius der Kugel. Der Geschwindigkeitsvektor $\mathrm{d}\boldsymbol{r}/\mathrm{d}t$ ist tangential zur Bahn der Bewegung, hier also tangential zur Kugel und damit senkrecht auf $\boldsymbol{r}$. Dies gilt für jede differenzierbare Vektorfunktion mit konstanter Länge: Der Vektor und seine erste Ableitung stehen senkrecht aufeinander. Man kann dies direkt berechnen:

$$\begin{aligned}
\boldsymbol{r}(t) \cdot \boldsymbol{r}(t) &= c^2 && |\boldsymbol{r}(t)| = c \text{ ist konstant} \\
\frac{\mathrm{d}}{\mathrm{d}t}[\boldsymbol{r}(t) \cdot \boldsymbol{r}(t)] &= 0 && \text{Beide Seiten werden abgeleitet.} \\
\boldsymbol{r}'(t) \cdot \boldsymbol{r}(t) + \boldsymbol{r}(t) \cdot \boldsymbol{r}'(t) &= 0 && \text{Skalarproduktregel mit } \boldsymbol{r}(t) = \boldsymbol{u}(t) = \boldsymbol{v}(t) \\
2\boldsymbol{r}'(t) \cdot \boldsymbol{r}(t) &= 0.
\end{aligned}$$

Die Vektoren $\boldsymbol{r}'(t)$ und $\boldsymbol{r}(t)$ stehen orthogonal aufeinander, weil ihr Skalarprodukt null ist. Zusammengefasst gilt

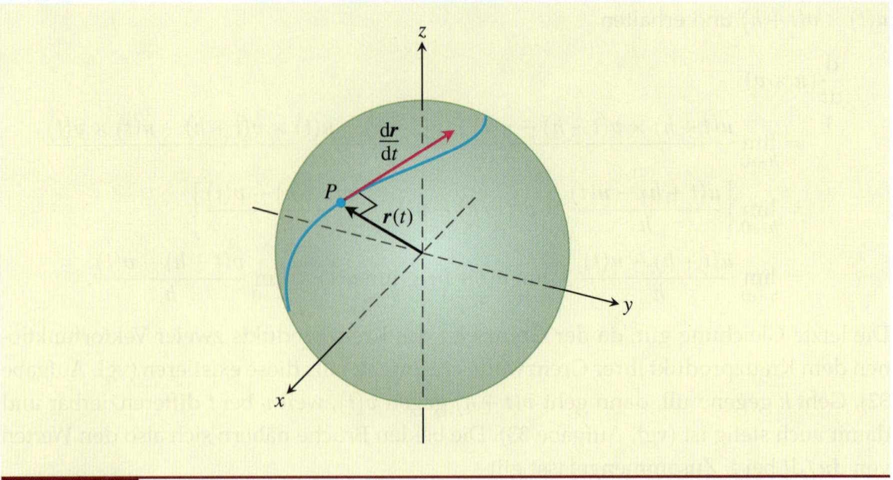

Abbildung 13.8 Ein Teilchen bewegt sich so auf einer Kugel, dass sein Ortsvektor $\boldsymbol{r}$ eine differenzierbare Funktion der Zeit ist. Dann gilt $\boldsymbol{r} \cdot (\mathrm{d}\boldsymbol{r}/\mathrm{d}t) = 0$.

Merke

Für eine differenzierbare Vektorfunktion $\boldsymbol{r}$ von t mit konstanter Länge gilt

$$\boldsymbol{r} \cdot \frac{\mathrm{d}\boldsymbol{r}}{\mathrm{d}t} = 0. \qquad (13.4)$$

Wir werden diesen Zusammenhang in Abschnitt 13.4 mehrfach verwenden. Die Umkehrung ist ebenfalls richtig (vgl. Aufgabe 27).

Aufgaben zum Abschnitt 13.1

Bewegung in der Ebene In den Aufgaben 1–4 ist $\boldsymbol{r}(t)$ der Ort eines Teilchens in der xy-Ebene zur Zeit t. Stellen Sie eine Gleichung mit den Variablen x und y auf, deren Graph die Bahn des Teilchens ist. Berechnen Sie dann den Geschwindigkeitsvektor und den Beschleunigungsvektor des Teilchens zur Zeit t.

1. $\boldsymbol{r}(t) = (t+1)\boldsymbol{i} + (t^2-1)\boldsymbol{j}, \quad t = 1$

2. $\boldsymbol{r}(t) = \dfrac{t}{t+1}\boldsymbol{i} + \dfrac{1}{t}\boldsymbol{j}, \quad t = -1/2$

3. $\boldsymbol{r}(t) = \mathrm{e}^t\boldsymbol{i} + \dfrac{2}{9}\mathrm{e}^{2t}\boldsymbol{j}, \quad t = \ln 3$

4. $\boldsymbol{r}(t) = (\cos 2t)\boldsymbol{i} + (3\sin 2t)\boldsymbol{j}, \quad t = 0$

In den Aufgaben 5–8 sind die Ortsvektoren von Teilchen gegeben, die sich entlang von Kurven in der xy-Ebene bewegen. Berechnen Sie jeweils den Geschwindigkeits- und den Beschleunigungsvektor des Teilchens zu den angegebenen Zeiten und skizzieren Sie sie als Vektoren auf der Kurve.

5. Bewegung entlang des Kreises $x^2 + y^2 = 1$
$\boldsymbol{r}(t) = (\sin t)\boldsymbol{i} + (\cos t)\boldsymbol{j}; \quad t = \pi/4$ und $\pi/2$

6. Bewegung entlang des Kreises $x^2 + y^2 = 16$
$\boldsymbol{r}(t) = \left(4\cos\dfrac{t}{2}\right)\boldsymbol{i} + \left(4\sin\dfrac{t}{2}\right)\boldsymbol{j}; \quad t = \pi$ und $3\pi/2$

7. Bewegung entlang der Zykloide
$x = t - \sin t, y = 1 - \cos t$
$\boldsymbol{r}(t) = (t - \sin t)\boldsymbol{i} + (1 - \cos t)\boldsymbol{j}; \quad t = \pi$ und $3\pi/2$

8. Bewegung entlang der Parabel $y = x^2 + 1$
$\boldsymbol{r}(t) = t\boldsymbol{i} + (t^2+1)\boldsymbol{j}; \quad t = -1, 0,$ und 1

Bewegung im Raum In den Aufgaben 9–14 gibt $\boldsymbol{r}(t)$ den Ort eines Teilchens in Raum und Zeit an. Bestimmen Sie die Geschwindigkeits- und Beschleunigungsvektoren des Teilchens; berechnen Sie dann Betrag und Richtung der Geschwindigkeit des Teilchens zu dem gegebenen Zeitpunkt t. Schreiben Sie die Geschwindigkeit zu diesem Zeitpunkt als Produkt aus Betrag und Richtung.

9. $r(t) = (t+1)i + (t^2 - 1)j + 2tk, \quad t = 1$

10. $r(t) = (1+t)i + \frac{t^2}{\sqrt{2}}j + \frac{t^3}{3}k, \quad t = 1$

11. $r(t) = (2\cos t)i + (3\sin t)j + 4tk, \quad t = \pi/2$

12. $r(t) = (\sec t)i + (\tan t)j + \frac{4}{3}tk, \quad t = \pi/6$

13. $r(t) = (2\ln(t+1))i + t^2 j + \frac{t^2}{2}k, \quad t = 1$

14. $r(t) = (e^{-t})\, i + (2\cos 3t)\, j + (2\sin 3)\, tk, \quad t = 0$

In den Aufgaben 15–18 gibt $r(t)$ den Ort eines Teilchens in Raum und Zeit an. Bestimmen Sie den Winkel zwischen dem Geschwindigkeits- und dem Beschleunigungsvektor des Teilchens zur Zeit $t = 0$.

15. $r(t) = (3t+1)i + \sqrt{3}tj + t^2 k$

16. $r(t) = \left(\frac{\sqrt{2}}{2}t\right)i + \left(\frac{\sqrt{2}}{2}t - 16t^2\right)j$

17. $r(t) = (\ln(t^2+1))i + (\tan^{-1} t)j + \sqrt{t^2+1}k$

18. $r(t) = \frac{4}{9}(1+t)^{3/2}i + \frac{4}{9}(1-t)^{3/2}j + \frac{1}{3}tk$

Tangenten an Kurven Wie in diesem Abschnitt erläutert, ist die **Tangente** an eine glatte Kurve $r(t) = f(t)i + g(t)j + h(t)k$ an der Stelle $t = t_0$ die Gerade, die durch den Punkt $(f(t_0), g(t_0), h(t_0))$ geht und parallel zu $v(t_0)$ verläuft, dem Geschwindigkeitsvektor der Kurve bei t_0. Bestimmen Sie in den Aufgaben 19–22 eine Parameterdarstellung der Tangente an der Kurve bei dem angegebenen Parameterwert $t = t_0$.

19. $r(t) = (\sin t)i + (t^2 - \cos t)j + e^t k, \quad t_0 = 0$

20. $r(t) = t^2 i + (2t-1)j + t^3 k, \quad t_0 = 2$

21. $r(t) = \ln t i + \frac{t-1}{t+2}j + t\ln tk, \quad t_0 = 1$

22. $r(t) = (\cos t)i + (\sin t)j + (\sin 2t)k, \quad t_0 = \frac{\pi}{2}$

Theorie und Beispiele

23. **Bewegung entlang eines Kreises** Jede der Gleichungen in den Teilen **a.** bis **e.** beschreibt die Bewegung eines Teilchens auf immer derselben Bahn, dem Kreis $x^2 + y^2 = 1$. Obwohl also die Bahn des Teilchens immer gleich ist, unterscheidet sich die „Dynamik" der einzelnen Bewegungen. Beantworten Sie in jeweils die folgenden Fragen:

i. Ist der Betrag der Geschwindigkeit des Teilchens konstant? Wenn ja, wie groß ist er?

ii. Steht der Beschleunigungsvektor des Teilchens immer senkrecht auf seinem Geschwindigkeitsvektor?

iii. Bewegt sich das Teilchen auf der Kreisbahn im Uhrzeigersinn oder entgegen dem Uhrzeigersinn?

iv. Beginnt das Teilchen seine Bewegung im Punkt $(1, 0)$?

a. $r(t) = (\cos t)i + (\sin t)j, \quad t \geq 0$

b. $r(t) = \cos(2t)i + \sin(2t)j, \quad t \geq 0$

c. $r(t) = \cos(t - \pi/2)i + \sin(t - \pi/2)j, \quad t \geq 0$

d. $r(t) = (\cos t)i - (\sin t)j, \quad t \geq 0$

e. $r(t) = \cos(t^2)i + \sin(t^2)j, \quad t \geq 0$

24. **Bewegung entlang eines Kreises** Zeigen Sie: Die vektorwertige Funktion

$$\begin{aligned} r(t) &= (2i + 2j + k) \\ &\quad + \cos t\left(\frac{1}{\sqrt{2}}i - \frac{1}{\sqrt{2}}j\right) \\ &\quad + \sin t\left(\frac{1}{\sqrt{3}}i + \frac{1}{\sqrt{3}}j + \frac{1}{\sqrt{3}}k\right) \end{aligned}$$

beschreibt die Bewegung eines Teilchens entlang eines Kreises mit dem Radius 1 und dem Mittelpunkt $(2, 2, 1)$, der in der Ebene $x + y - 2z = 2$ liegt.

25. **Bewegung entlang einer Parabel** Ein Teilchen bewegt sich entlang der oberen Hälfte der Parabel $y^2 = 2x$ von links nach rechts. Seine Geschwindigkeit hat einen konstanten Betrag von 5 Einheiten pro Sekunde. Berechnen Sie die Geschwindigkeit des Teilchens im Punkt $(2, 2)$.

26. **Bewegung entlang einer Zykloide** Ein Teilchen bewegt sich in der xy-Ebene, sein Ort zur Zeit t ist gegeben durch

$$r(t) = (t - \sin t)i + (1 - \cos t)j.$$

a. Zeichnen Sie $\boldsymbol{r}(t)$. Es ergibt sich eine Zykloide.

b. Berechnen Sie die maximalen und minimalen Werte von $|\boldsymbol{v}|$ und $|\boldsymbol{a}|$. (*Hinweis:* Berechnen Sie zunächst die Extremwerte von $|\boldsymbol{v}|^2$ und $|\boldsymbol{a}|^2$ und ziehen Sie dann die Wurzel.)

27. Es sei $\boldsymbol{r}$ eine differenzierbare Vektorfunktion von t. Zeigen Sie: Wenn $\boldsymbol{r} \cdot (\mathrm{d}\boldsymbol{r}/\mathrm{d}t) = 0$ für alle t gilt, dann ist $|\boldsymbol{r}|$ konstant.

28. Ableitung von dreifachen Skalarprodukten

a. Zeigen Sie: Sind $\boldsymbol{u}$, $\boldsymbol{v}$ und $\boldsymbol{w}$ differenzierbare Vektorfunktionen von t, dann gilt

$$\frac{\mathrm{d}}{\mathrm{d}t}(\boldsymbol{u} \cdot \boldsymbol{v} \times \boldsymbol{w}) = \frac{\mathrm{d}\boldsymbol{u}}{\mathrm{d}t} \cdot \boldsymbol{v} \times \boldsymbol{w} + \boldsymbol{u} \cdot \frac{\mathrm{d}\boldsymbol{v}}{\mathrm{d}t} \times \boldsymbol{w} + \boldsymbol{u} \cdot \boldsymbol{v} \times \frac{\mathrm{d}\boldsymbol{w}}{\mathrm{d}t}.$$

b. Zeigen Sie, dass gilt

$$\frac{\mathrm{d}}{\mathrm{d}t}\left(\boldsymbol{r} \cdot \frac{\mathrm{d}\boldsymbol{r}}{\mathrm{d}t} \times \frac{\mathrm{d}^2\boldsymbol{r}}{\mathrm{d}t^2}\right) = \boldsymbol{r} \cdot \left(\frac{\mathrm{d}\boldsymbol{r}}{\mathrm{d}t} \times \frac{\mathrm{d}^3\boldsymbol{r}}{\mathrm{d}t^3}\right).$$

(*Hinweis:* Leiten Sie die linke Seite ab und achten Sie auf Vektoren, deren Produkt null ergibt.)

29. Beweisen Sie die beiden Faktorregeln für die Ableitung von Vektorfunktionen.

30. Beweisen Sie die Summen- und Differenzenregel für die Ableitung von Vektorfunktionen.

31. Test auf Stetigkeit in einem Punkt durch Betrachten der Komponenten Die Vektorfunktion $\boldsymbol{r}$ ist definiert durch $\boldsymbol{r}(t) = f(t)\boldsymbol{i} + g(t)\boldsymbol{j} + h(t)\boldsymbol{k}$. Zeigen Sie, dass diese Funktion dann und nur dann bei t_0 stetig ist, wenn f, g und h an der Stelle t_0 stetig sind.

32. Grenzwerte der Kreuzprodukte von Vektorfunktionen Gegeben sind zwei Vektorfunktionen $\boldsymbol{r}_1(t) = f_1(t)\boldsymbol{i} + f_2(t)\boldsymbol{j} + f_3(t)\boldsymbol{k}$ und $\boldsymbol{r}_2(t) = g_1(t)\boldsymbol{i} + g_2(t)\boldsymbol{j} + g_3(t)\boldsymbol{k}$ sowie ihre Grenzwerte $\lim_{t\to t_0} \boldsymbol{r}_1(t) = \boldsymbol{A}$ und $\lim_{t\to t_0} \boldsymbol{r}_2(t) = \boldsymbol{B}$. Zeigen Sie mithilfe der Determinantengleichung für Kreuzprodukte und mithilfe der Produktregel für die Grenzwerte skalarer Funktionen, dass gilt

$$\lim_{t\to t_0} (\boldsymbol{r}_1(t) \times \boldsymbol{r}_2(t)) = \boldsymbol{A} \times \boldsymbol{B}.$$

33. Differenzierbare Vektorfunktionen sind stetig Zeigen Sie: Ist $\boldsymbol{r}(t) = f(t)\boldsymbol{i} + g(t)\boldsymbol{j} + h(t)\boldsymbol{k}$ bei $t = t_0$ differenzierbar, dann ist die Funktion dort auch stetig.

34. Ableitung konstanter Vektorfunktionen Beweisen Sie, dass für die Vektorfunktion $\boldsymbol{u}$ mit dem konstanten Wert $\boldsymbol{C}$ gilt: $\mathrm{d}\boldsymbol{u}/\mathrm{d}t = \boldsymbol{0}$.

Computerberechnungen Führen Sie in den Aufgaben 35–38 die folgenden Schritte mit einem CAS durch.

a. Zeichnen Sie die Kurve im Raum, die der Vektor $\boldsymbol{r}$ beschreibt.

b. Bestimmen Sie die Komponenten des Geschwindigkeitsvektors $\mathrm{d}\boldsymbol{r}/\mathrm{d}t$.

c. Berechnen Sie $\mathrm{d}\boldsymbol{r}/\mathrm{d}t$ in dem gegebenen Punkt t_0 und bestimmen Sie die Gleichung der Tangente an der Kurve in $\boldsymbol{r}(t_0)$.

d. Zeichnen Sie die Tangente und die Kurve im angegebenen Intervall in ein Bild.

35. $\boldsymbol{r}(t) = (\sin t - t\cos t)\boldsymbol{i} + (\cos t + t\sin t)\boldsymbol{j} + t^2\boldsymbol{k}$, $0 \le t \le 6\pi$, $t_0 = 3\pi/2$

36. $\boldsymbol{r}(t) = \sqrt{2}t\boldsymbol{i} + \mathrm{e}^t\boldsymbol{j} + \mathrm{e}^{-t}\boldsymbol{k}$, $\quad -2 \le t \le 3$, $t_0 = 1$

37. $\boldsymbol{r}(t) = (\sin 2t)\boldsymbol{i} + (\ln(1+t))\boldsymbol{j} + t\boldsymbol{k}$, $0 \le t \le 4\pi$, $t_0 = \pi/4$

38. $\boldsymbol{r}(t) = (\ln(t^2+2))\boldsymbol{i} + (\tan^{-1} 3t)\boldsymbol{j} + \sqrt{t^2+1}\boldsymbol{k}$, $-3 \le t \le 5$, $t_0 = 3$

Untersuchen Sie in den Aufgaben 39 und 40 grafisch, wie sich die Helix

$$\boldsymbol{r}(t) = (\cos at)\boldsymbol{i} + (\sin at)\boldsymbol{j} + bt\boldsymbol{k}$$

verhält, wenn man die Werte der Konstanten a und b verändert. Führen Sie dazu die in der Aufgabe angegebenen Schritte mit einem CAS aus.

39. Setzen Sie $b = 1$. Zeichnen Sie dann für $a = 1, 2, 4$ und 6 die Helix $\boldsymbol{r}(t)$ in dem Intervall $0 \le t \le 4\pi$ und ihre Tangente in dem Punkt $t = 3\pi/2$ in ein Bild. Beschreiben Sie in Ihren Worten, wie sich der Graph der Helix und die Position der Tangente verändern, wenn a diese anwachsenden positiven Werte annimmt.

40. Setzen Sie $a = 1$. Zeichnen Sie dann für $b = 1/4, 1/2, 2$ und 4 in dem Intervall $0 \le t \le 4\pi$ die Helix $\boldsymbol{r}(t)$ und ihre Tangente in dem Punkt $t = 3\pi/2$ in ein Bild. Beschreiben Sie in Ihren Worten, wie sich der Graph der Helix und die Position der Tangente verändern, wenn b diese anwachsenden positiven Werte annimmt.

13.2 Integrale von Vektorfunktionen, Bewegung von Geschossen

In diesem Abschnitt behandeln wir Integrale von Vektorfunktionen und ihre Anwendung bei der Untersuchung von Bewegungen im Raum und in der Ebene.

Integrale von Vektorfunktionen

Eine differenzierbare Vektorfunktion $\boldsymbol{R}(t)$ ist dann eine **Stammfunktion** einer anderen Vektorfunktion $\boldsymbol{r}(t)$ über einem Intervall I, wenn in jedem Punkt von I gilt: $\mathrm{d}\boldsymbol{R}/\mathrm{d}t = \boldsymbol{r}$. Wenn $\boldsymbol{R}$ eine Stammfunktion von $\boldsymbol{r}$ über I ist, dann kann man zeigen, dass jede Stammfunktion von $\boldsymbol{r}$ über I die Form $\boldsymbol{R} + \boldsymbol{C}$ mit einem konstanten Vektor $\boldsymbol{C}$ hat (vgl. Aufgabe 31). Dazu betrachtet man die Komponenten einzeln. Die Menge aller Stammfunktionen von $\boldsymbol{r}$ in I nennt man das **unbestimmte Integral** von $\boldsymbol{r}$ über I.

Definition

Das **unbestimmte Integral** von $\boldsymbol{r}$ mit Bezug auf t ist die Menge aller Stammfunktionen von $\boldsymbol{r}$, geschrieben $\int \boldsymbol{r}(t)\mathrm{d}t$. Für eine beliebige Stammfunktion $\boldsymbol{R}$ von $\boldsymbol{r}$ gilt

$$\int \boldsymbol{r}(t)\mathrm{d}t = \boldsymbol{R}(t) + \boldsymbol{C}$$

Es gelten alle Rechenregeln für unbestimmte Integrale.

Integration einer Vektorfunktion 1.

Beispiel 13.5 Wir integrieren Vektorfunktionen komponentenweise.

$$\int ((\cos t)\boldsymbol{i} + \boldsymbol{j} - 2t\boldsymbol{k})\mathrm{d}t = \left(\int \cos t\mathrm{d}t\right)\boldsymbol{i} + \left(\int \mathrm{d}t\right)\boldsymbol{j} - \left(\int 2t\mathrm{d}t\right)\boldsymbol{k} \tag{13.5}$$

$$= (\sin t + C_1)\boldsymbol{i} + (t + C_2)\boldsymbol{j} - (t^2 + C_3)\boldsymbol{k} \tag{13.6}$$

$$= (\sin t)\boldsymbol{i} + t\boldsymbol{j} - t^2\boldsymbol{k} + \boldsymbol{C} \qquad \boldsymbol{C} = C_1\boldsymbol{i} + C_2\boldsymbol{j} - C_3\boldsymbol{k}$$

Ähnlich wie bei der Integration von Skalarfunktionen lässt sich auch hier die Rechenarbeit vereinfachen, wenn man die Zwischenschritte in den Gleichungen (13.5) und (13.6) weglässt und gleich das Ergebnis berechnet: Bestimmen Sie für jede Komponente eine Stammfunktion und addieren Sie zuletzt einen *konstanten Vektor*.

Auch die bestimmten Integrale von Vektorfunktionen werden komponentenweise definiert. Diese Definition stimmt mit dem überein, was wir über die Berechnung von Grenzwerten und Ableitungen von Vektorfunktionen erarbeitet haben.

Definition

Wenn die Komponenten von $\boldsymbol{r}(t) = f(t)\boldsymbol{i} + g(t)\boldsymbol{j} + h(t)\boldsymbol{k}$ über dem Intervall $[a, b]$ integrierbar sind, dann ist auch $\boldsymbol{r}$ integrierbar und das **bestimmte Integral** der Vektorfunktion $\boldsymbol{r}$ von a bis b ist

$$\int_a^b \boldsymbol{r}(t)\mathrm{d}t = \left(\int_a^b f(t)\mathrm{d}t\right)\boldsymbol{i} + \left(\int_a^b g(t)\mathrm{d}t\right)\boldsymbol{j} + \left(\int_a^b h(t)\mathrm{d}t\right)\boldsymbol{k}.$$

Integration einer Vektorfunktion 2.

Beispiel 13.6 Wie in Beispiel 13.5 integrieren wir komponentenweise.

$$\begin{aligned}\int_0^{\pi}((\cos t)\boldsymbol{i}+\boldsymbol{j}-2t\boldsymbol{k})\mathrm{d}t &= \left(\int_0^{\pi}\cos t\mathrm{d}t\right)\boldsymbol{i}+\left(\int_0^{\pi}\mathrm{d}t\right)\boldsymbol{j}-\left(\int_0^{\pi}2t\mathrm{d}t\right)\boldsymbol{k}\\ &= \Big[\sin t\Big]_0^{\pi}\boldsymbol{i}+\Big[t\Big]_0^{\pi}\boldsymbol{j}-\Big[t^2\Big]_0^{\pi}\boldsymbol{k}\\ &= [0-0]\boldsymbol{i}+[\pi-0]\boldsymbol{j}-\left[\pi^2-0^2\right]\boldsymbol{k}\\ &= \pi\boldsymbol{j}-\pi^2\boldsymbol{k}\end{aligned}$$

Der Hauptsatz der Differential- und Integralrechnung für stetige Vektorfunktionen besagt, dass

$$\int_a^b \boldsymbol{r}(t)\mathrm{d}t=\Big[\boldsymbol{R}(t)\Big]_a^b=\boldsymbol{R}(b)-\boldsymbol{R}(a);$$

dabei ist $\boldsymbol{R}$ eine beliebige Stammfunktion von $\boldsymbol{r}$, es gilt also $\boldsymbol{R}'(t)=\boldsymbol{r}(t)$ (vgl. Aufgabe 32).

Bahnbestimmung durch Integration

Beispiel 13.7 Wir untersuchen einen Drachen, dessen Bahn wir nicht kennen. Bekannt ist dagegen sein Beschleunigungsvektor $\boldsymbol{a}(t)=-(3\cos t)\boldsymbol{i}-(3\sin t)\boldsymbol{j}+2\boldsymbol{k}$, außerdem wissen wir, dass zur Zeit $t=0$ der Drachen in dem Punkt $(3,0,0)$ mit der Geschwindigkeit $\boldsymbol{v}(0)=3\boldsymbol{j}$ gestartet ist. Bestimmen Sie den Ort des Drachen als Funktion der Zeit.

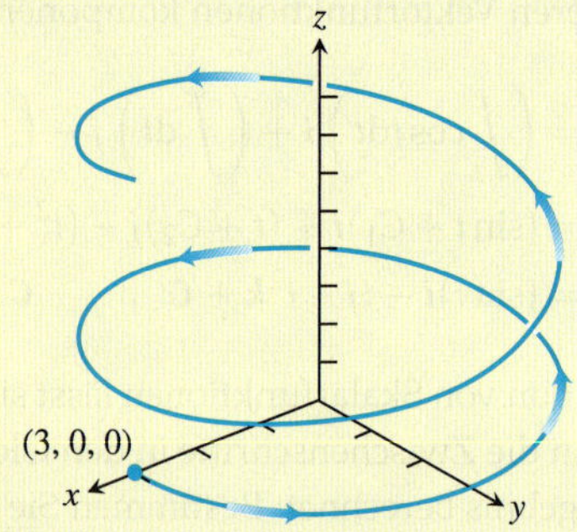

Abbildung 13.9 Die Bahn des Drachen aus Beispiel 13.7. Auch wenn sie sich spiralförmig um die z-Achse dreht, ist sie dennoch keine Helix.

Lösung Wir wollen $\boldsymbol{r}(t)$ bestimmen. Bekannt sind

$$\begin{aligned}&\text{die Differentialgleichung:}\quad \boldsymbol{a}=\frac{\mathrm{d}^2\boldsymbol{r}}{\mathrm{d}t^2}=-(3\cos t)\boldsymbol{i}-(3\sin t)\boldsymbol{j}+2\boldsymbol{k},\\ &\text{die Anfangsbedingungen:}\quad \boldsymbol{v}(0)=3\boldsymbol{j}\quad\text{und}\quad \boldsymbol{r}(0)=3\boldsymbol{i}+0\boldsymbol{j}+0\boldsymbol{k}.\end{aligned}$$

Wir integrieren beide Seiten der Differentialgleichung mit der Variablen t und erhalten

$$\boldsymbol{v}(t)=-(3\sin t)\boldsymbol{i}+(3\cos t)\boldsymbol{j}+2t\boldsymbol{k}+\boldsymbol{C}_1.$$

Wir setzen $\boldsymbol{v}(0)=3\boldsymbol{j}$ ein und bestimmen so $\boldsymbol{C}_1$:

$$\begin{aligned}3\boldsymbol{j}&=-(3\sin 0)\boldsymbol{i}+(3\cos 0)\boldsymbol{j}+(0)\boldsymbol{k}+\boldsymbol{C}_1\\ 3\boldsymbol{j}&=3\boldsymbol{j}+\boldsymbol{C}_1\\ \boldsymbol{C}_1&=\boldsymbol{0}.\end{aligned}$$

Die Geschwindigkeit des Drachens als Funktion der Zeit ist

$$\frac{d\boldsymbol{r}}{dt} = \boldsymbol{v}(t) = -(3\sin t)\boldsymbol{i} + (3\cos t)\boldsymbol{j} + 2t\boldsymbol{k}.$$

Integrieren wir beide Seiten dieser letzten Differentialgleichung, erhalten wir

$$\boldsymbol{r}(t) = (3\cos t)\boldsymbol{i} + (3\sin t)\boldsymbol{j} + t^2\boldsymbol{k} + \boldsymbol{C}_2.$$

Mithilfe der Anfangsbedingung $\boldsymbol{r}(0) = 3\boldsymbol{i}$ bestimmen wir nun $\boldsymbol{C}_2$:

$$\begin{aligned} 3\boldsymbol{i} &= (3\cos 0)\boldsymbol{i} + (3\sin 0)\boldsymbol{j} + (0^2)\boldsymbol{k} + \boldsymbol{C}_2 \\ 3\boldsymbol{i} &= 3\boldsymbol{i} + (0)\boldsymbol{j} + (0)\boldsymbol{k} + \boldsymbol{C}_2 \\ \boldsymbol{C}_2 &= \boldsymbol{0}. \end{aligned}$$

Der Ort des Drachens als Funktion von t ist dann

$$\boldsymbol{r}(t) = (3\cos t)\boldsymbol{i} + (3\sin t)\boldsymbol{j} + t^2\boldsymbol{k}.$$

Diese Bahn des Drachens wird in ▶Abbildung 13.9 gezeigt. Die Bahn dreht sich spiralförmig um eine Achse und ähnelt deshalb einer Helix. Allerdings unterscheidet sich der Anstieg entlang der z-Achse von einer Helix, es handelt sich hier also um eine andere Kurve (mehr dazu in Abschnitt 13.5).

Anmerkung: In diesem Beispiel sind die beiden Integrationskonstanten, die Vektoren $\boldsymbol{C}_1$ und $\boldsymbol{C}_2$ gleich $\boldsymbol{0}$. In den Aufgaben 9 und 10 behandeln wir Probleme, in denen diese vektoriellen Integrationskonstanten nicht $\boldsymbol{0}$ sind. ■

Idealisierte Geschossbewegung: Vektor- und Parameterdarstellung

Ein klassisches Beispiel für die Integration von Vektorfunktionen ist die Herleitung der Gleichungen, die die Bewegung eines Geschosses beschreiben. In dieser Fragestellung der Physik (ein Teil der Ballistik) geht es um Wurfgeschosse, die an einem Startpunkt unter einem bestimmten Winkel abgeschossen oder geworfen wurden, und sich nun nur unter dem Einfluss der Schwerkraft in einer vertikalen Koordinatenebene bewegen. In der klassischen Rechnung werden alle Reibungseffekte auf das Objekt vernachlässigt, die sich mit Geschwindigkeit oder Wurfhöhe verändern könnten; außerdem wird die Gravitationskraft konstant angenommen, ihre leichte Abhängigkeit von der Geschosshöhe wird vernachlässigt. Ebenfalls vernachässigt wird, dass die Erde sich unter dem fliegenden Geschoss dreht, so wie bei der Betrachtung von Raketenstarts oder dem Abfeuern von Geschossen aus Kanonen. Auch wenn man alle diese Effekte vernachlässigt, erhält man in den meisten Fällen eine sinnvolle näherungsweise Beschreibung der Bewegung.

Für die Herleitung der Bewegungsgleichungen nehmen wir an, dass das Geschoss sich in einer vertikalen Koordinatenebene bewegt und dass während des Fluges auf das Geschoss nur eine konstante Gravitationskraft wirkt, die immer nach unten zeigt. Das Geschoss wird zur Zeit $t = 0$ vom Ursprung aus in den ersten Quadranten geworfen oder geschossen, es hat eine Anfangsgeschwindigkeit $\boldsymbol{v}_0$ (▶Abbildung 13.10). Der Winkel zwischen $\boldsymbol{v}$ und der Horizontalen ist α. Dann gilt

$$\boldsymbol{v}_0 = (|\boldsymbol{v}_0|\cos\alpha)\boldsymbol{i} + (|\boldsymbol{v}_0|\sin\alpha)\boldsymbol{j}.$$

Mit der einfacheren Schreibweise v_0 statt $|\boldsymbol{v}_0|$ für die Anfangsgeschwindigkeit erhalten wir

$$\boldsymbol{v}_0 = (v_0\cos\alpha)\boldsymbol{i} + (v_0\sin\alpha)\boldsymbol{j}. \tag{13.7}$$

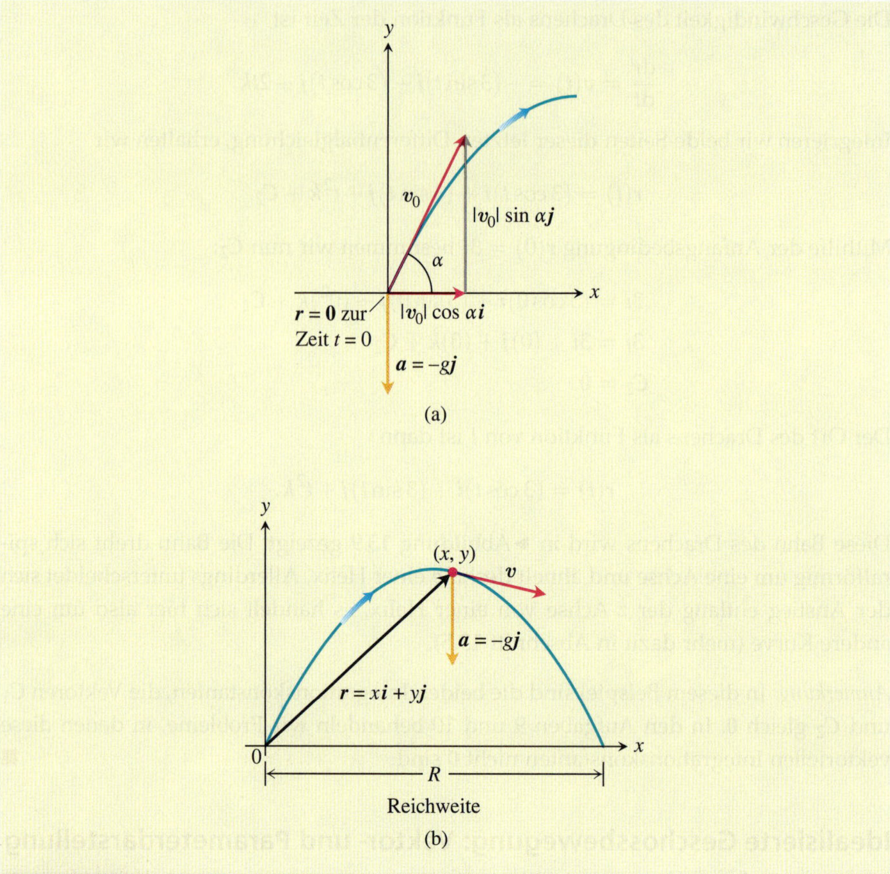

Abbildung 13.10 **(a)** Ort, Geschwindigkeit, Beschleunigung und Startwinkel bei $t = 0$. **(b)** Ort, Geschwindigkeit und Beschleunigung zu einem späteren Zeitpunkt t.

Die Anfangsposition des Geschosses ist

$$r_0 = 0\boldsymbol{i} + 0\boldsymbol{j} = \boldsymbol{0}. \tag{13.8}$$

Nach dem zweiten Newton'schen Bewegungsgesetz ist die Kraft, die auf das Geschoss wirkt, gleich seiner Masse mal seiner Beschleunigung; mit dem Ortsvektor $\boldsymbol{r}$ des Geschosses und der Zeit t gilt dann für die Kraft $m(\mathrm{d}^2\boldsymbol{r}/\mathrm{d}t^2)$. Die Kraft ist hier ausschließlich die Gravitationskraft $-mg\boldsymbol{j}$:

$$m\frac{\mathrm{d}^2\boldsymbol{r}}{\mathrm{d}t^2} = -mg\boldsymbol{j} \quad \text{bzw.} \quad \frac{\mathrm{d}^2\boldsymbol{r}}{\mathrm{d}t^2} = -g\boldsymbol{j};$$

dabei ist g die Beschleunigung aufgrund der Gravitation. Wir bestimmen nun $\boldsymbol{r}$ als Funktion von t, indem wir das folgende Anfangswertproblem lösen:

$$\text{Differentialgleichung:} \quad \frac{\mathrm{d}^2\boldsymbol{r}}{\mathrm{d}t^2} = -g\boldsymbol{j},$$

$$\text{Anfangsbedingungen:} \quad \boldsymbol{r} = \boldsymbol{r}_0 \quad \text{und} \quad \frac{\mathrm{d}\boldsymbol{r}}{\mathrm{d}t} = \boldsymbol{v}_0 \quad \text{für } t = 0.$$

Wir integrieren einmal und erhalten

$$\frac{\mathrm{d}\boldsymbol{r}}{\mathrm{d}t} = -(gt)\boldsymbol{j} + \boldsymbol{v}_0.$$

Eine zweite Integration ergibt

$$\boldsymbol{r} = -\frac{1}{2}gt^2\boldsymbol{j} + \boldsymbol{v}_0 t + \boldsymbol{r}_0.$$

Wir setzen nun die Werte für $\boldsymbol{v}_0$ und $\boldsymbol{r}_0$ aus den Gleichungen (13.7) und (13.8) ein und erhalten

$$\boldsymbol{r} = -\frac{1}{2}gt^2\boldsymbol{j} + \underbrace{(v_0 \cos\alpha)t\boldsymbol{i} + (v_0 \sin\alpha)t\boldsymbol{j}}_{\boldsymbol{v}_0 t} + \boldsymbol{0}.$$

Zusammengefasst ergibt sich:

Merke

Gleichung der idealisierten Geschossbewegung

$$\boldsymbol{r} = (v_0 \cos\alpha)t\boldsymbol{i} + \left((v_0 \sin\alpha)t - \frac{1}{2}gt^2\right)\boldsymbol{j}. \qquad (13.9)$$

Gleichung (13.9) ist eine *Vektorgleichung* für eine idealisierte Geschossbewegung. Der Winkel α ist der **Startwinkel** oder **Abschusswinkel** des Geschosses und v_0, wie bereits gesagt, ist der Betrag der **Anfangsgeschwindigkeit**. Für die Komponenten von $\boldsymbol{r}$ gelten die Parametergleichungen

$$x = (v_0 \cos\alpha)t \quad \text{und} \quad y = (v_0 \sin\alpha)t - \frac{1}{2}gt^2; \qquad (13.10)$$

dabei ist x der horizontale Abstand zum Abschusspunkt und y die Höhe des Geschosses zu einer Zeit $t \geq 0$.

Bewegung eines Geschosses

Beispiel 13.8 Ein Geschoss wird vom Ursprung aus über einem ebenen Untergrund abgeschossen; es hat eine Anfangsgeschwindigkeit von 500 m/s und einen Startwinkel von 60°. Wo befindet sich das Geschoss nach 10 Sekunden?

Lösung Wir setzen in Gleichung (13.9) die gegebenen Werte ein: $v_0 = 500$, $\alpha = 60°$, $g = 9{,}81$ und $t = 10$. (Die Einheiten lassen wir hier und im folgenden Beispiel während der Rechnung wieder weg.) Damit bestimmen wir die Komponenten des Geschosses 10 Sekunden nach dem Start.

$$\begin{aligned}\boldsymbol{r} &= (v_0 \cos\alpha)t\boldsymbol{i} + \left((v_0 \sin\alpha)t - \frac{1}{2}gt^2\right)\boldsymbol{j} \\ &= (500)\left(\frac{1}{2}\right)(10)\boldsymbol{i} + \left((500)\left(\frac{\sqrt{3}}{2}\right)10 - \left(\frac{1}{2}\right)(9{,}81)(100)\right)\boldsymbol{j} \\ &\approx 2500\boldsymbol{i} + 3840\boldsymbol{j}\end{aligned}$$

Zehn Sekunden nach dem Start befindet sich das Geschoss also in etwa 3840 m Höhe und horizontal 2500 m vom Startpunkt entfernt. ■

Idealisierte Geschosse bewegen sich auf Parabelbahnen; dies leiten wir jetzt aus den Gleichungen (13.10) her. Setzen wir den Ausdruck $t = x/(v_0 \cos\alpha)$ aus der ersten Gleichung in die zweite ein, erhalten wir die folgende Gleichung in kartesischen Koordinaten:

$$y = -\left(\frac{g}{2v_0^2 \cos^2\alpha}\right)x^2 + (\tan\alpha)x.$$

Diese Gleichung hat die Form $y = ax^2 + bx$, ihr Graph ist also eine Parabel.

Ein Geschoss erreicht seinen höchsten Punkt, wenn die vertikale Komponente seiner Geschwindigkeit gleich null ist. Wird es über einem ebenen Untergrund abgeschossen, dann landet das Geschoss an der Stelle, an der die vertikale Komponente in Gleichung (13.9) null wird. Die **Reichweite *R*** ist der Abstand zwischen dem Start- und dem Landepunkt. Wir stellen diese Ergebnisse hier noch einmal zusammen, in Aufgabe 19 sollen Sie sie noch einmal nachrechnen.

Merke

Höhe, Flugzeit und Flugweite bei einer idealisierten Geschossbewegung Für die idealisierte Bewegung eines Geschosses, das mit dem Startwinkel α vom Ursprung aus über einer ebenen Oberfläche abgeschossen wird, gilt

$$\textit{Maximale Höhe:}\quad y_{\max} = \frac{(v_0 \sin\alpha)^2}{2g}$$

$$\textit{Flugzeit:}\quad t = \frac{2v_0 \sin\alpha}{g}$$

$$\textit{Reichweite:}\quad R = \frac{v_0^2}{g}\sin 2\alpha$$

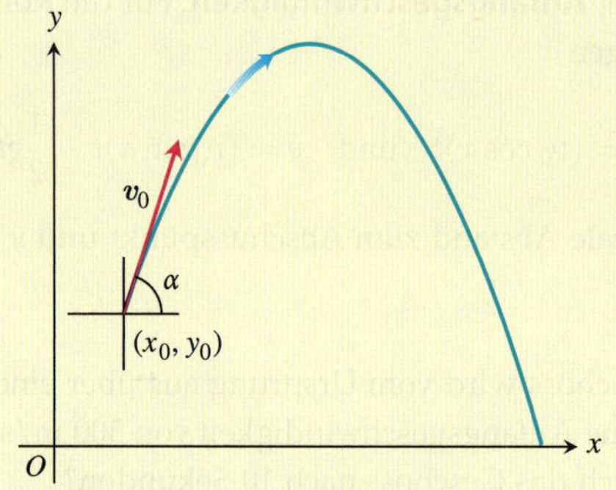

Abbildung 13.11 Die Bahn eines Geschosses, das am Punkt (x_0, y_0) unter einem Winkel α zur Horizontalen abgefeuert wird und dabei eine Startgeschwindigkeit v_0 hat.

Wird das idealisierte Geschoss nicht am Ursprung, sondern im Punkt (x_0, y_0) abgefeuert (►Abbildung 13.11), so ist der Ortsvektor für die Bahn des Teilchens

$$\boldsymbol{r} = (x_0 + (v_0 \cos\alpha)t)\boldsymbol{i} + \left(y_0 + (v_0 \sin\alpha)t - \frac{1}{2}gt^2\right)\boldsymbol{j}, \qquad (13.11)$$

Aufgabe 21 beschäftigt sich mit der Herleitung dieser Gleichung.

Geschossbewegung bei Windböen

Im nächsten Beispiel behandeln wir die Bewegung eines Geschosses (hier ein Baseball in einer Windböe), auf das noch eine weitere Kraft wirkt (die Windböe). Wir nehmen an, dass die Bahn des Baseballs in Beispiel 13.9 in einer vertikalen Ebene verläuft.

Flug eines Baseballs mit Windböen

Beispiel 13.9 Ein Baseball wird abgeschlagen, als er sich 1 m oberhalb des Bodens befindet. Er verlässt den Schläger mit einer Startgeschwindigkeit von 46 m/s und hat dabei einen Winkel von 20° mit der Horizontalen. In demselben Moment, in dem der Ball getroffen wird, bläst eine Windböe mit 2,7 m/s in der Horizontalen, genau entgegengesetzt zu seiner Flugrichtung. Damit addiert sich zu der ursprünglichen Startgeschwindigkeit des Balles die Komponente $-2{,}7\boldsymbol{i}$ m/s (2,7 m/s = 9,72 km/h).

a Stellen Sie eine Vektorgleichung (mit dem Ortsvektor) für die Bahn des Baseballs auf.

b Wie hoch fliegt der Baseball, wann erreicht er seine maximale Höhe?

c Wenn der Ball nicht gefangen wird, wie weit und wie lange fliegt er dann?

Lösung

a Wir berechnen die Startgeschwindigkeit des Baseballs. Dazu gehen wir von Gleichung (13.7) aus und fügen den Effekt der Windböe hinzu:

$$\begin{aligned}\boldsymbol{v}_0 &= (v_0 \cos\alpha)\boldsymbol{i} + (v_0 \sin\alpha)\boldsymbol{j} - 2{,}7\boldsymbol{i}\\ &= (46\cos 20^\circ)\boldsymbol{i} + (46\sin 20^\circ)\boldsymbol{j} - (2{,}7)\boldsymbol{i}\\ &= (46\cos 20^\circ - 2{,}7)\boldsymbol{i} + (46\sin 20^\circ)\boldsymbol{j}.\end{aligned}$$

Die Anfangsposition des Balls ist $\boldsymbol{r}_0 = 0\boldsymbol{i} + 1\boldsymbol{j}$. Wir integrieren die Gleichung $\mathrm{d}^2\boldsymbol{r}/\mathrm{d}t^2 = -g\boldsymbol{j}$ und erhalten

$$\frac{\mathrm{d}\boldsymbol{r}}{\mathrm{d}t} = -(gt)\boldsymbol{j} + \boldsymbol{v}_0.$$

Mit einer zweiten Integration ergibt sich

$$\boldsymbol{r} = -\frac{1}{2}gt^2\boldsymbol{j} + \boldsymbol{v}_0 t + \boldsymbol{r}_0.$$

Wir setzen die Werte für $\boldsymbol{v}_0$ und $\boldsymbol{r}_0$ in diese Gleichung ein und erhalten so den Ortsvektor des Baseballs:

$$\begin{aligned}\boldsymbol{r} &= -\frac{1}{2}gt^2\boldsymbol{j} + \boldsymbol{v}_0 t + \boldsymbol{r}_0\\ &= -(9{,}81/2)t^2\boldsymbol{j} + (46\cos 20^\circ - 2{,}7)t\boldsymbol{i} + (46\sin 20^\circ)t\boldsymbol{j} + 1\boldsymbol{j}\\ &= (46\cos 20^\circ - 2{,}7)t\boldsymbol{i} + (1 + (46\sin 20^\circ)t - (9{,}81/2)t^2)\boldsymbol{j}.\end{aligned}$$

b Der Baseball erreicht seinen höchsten Punkt dann, wenn die vertikale Komponente seiner Geschwindigkeit null ist, also für

$$\frac{dy}{dt} = 46\sin 20^\circ - 9{,}81t = 0.$$

Lösen wir diese Gleichung nach t auf, erhalten wir

$$t = \frac{46\sin 20^\circ}{9{,}81} \approx 1{,}60\ \text{s}.$$

Wir setzen diese Zeit nun in die vertikale Komponente von $\boldsymbol{r}$ ein und erhalten so die maximale Höhe:

$$\begin{aligned}y_{\max} &= 1 + (46\sin 20^\circ)(1{,}60) - (9{,}81/2)(1{,}60)^2\\ &\approx 13{,}6\ \text{m}.\end{aligned}$$

Der Baseball erreicht also etwa 1,61 Sekunden nachdem er den Schläger verlassen hat, seine maximale Höhe von 13,6 m.

c Um zu bestimmen, wo der Baseball landet, setzen wir die vertikale Komponente von $\boldsymbol{r}$ gleich null und lösen nach t auf:

$$1 + (46 \sin 20^\circ)t - (9{,}81/2)t^2 = 0$$
$$1 + (15{,}73)t - (9{,}81/2)t^2 = 0.$$

Die beiden Lösungen dieser Gleichung sind $t \approx 3{,}27$ s und $t \approx -0{,}06$ s. Wir setzen den positiven Wert in die horizontale Komponente von $\boldsymbol{r}$ ein und erhalten die Flugweite

$$R = (46 \cos^\circ - 2{,}7)(3{,}27)$$
$$\approx 132{,}5 \text{ m}.$$

Die horizontale Flugweite beträgt also etwa 132,5 m, die Flugzeit etwa 3,27 s.

In den Aufgaben 27 und 28 behandeln wir eine Geschossbewegung unter dem zusätzlichen Einfluss von Luftreibung.

Aufgaben zum Abschnitt 13.2

Integration von Vektorfunktionen Berechnen Sie die Integrale in den Aufgaben 1–6

1. $\displaystyle\int_0^1 \left[t^3\boldsymbol{i} + 7\boldsymbol{j} + (t+1)\boldsymbol{k}\right] \mathrm{d}t$

2. $\displaystyle\int_{-\pi/4}^{\pi/4} \left[(\sin t)\boldsymbol{i} + (1+\cos t)\boldsymbol{j} + (\sec^2 t)\boldsymbol{k}\right] \mathrm{d}t$

3. $\displaystyle\int_1^4 \left[\frac{1}{t}\boldsymbol{i} + \frac{1}{5-t}\boldsymbol{j} + \frac{1}{2t}\boldsymbol{k}\right] \mathrm{d}t$

4. $\displaystyle\int_0^1 \left[t\mathrm{e}^{t^2}\boldsymbol{i} + \mathrm{e}^{-t}\boldsymbol{j} + \boldsymbol{k}\right] \mathrm{d}t$

5. $\displaystyle\int_0^{\pi/2} \left[\cos t\,\boldsymbol{i} - \sin 2t\,\boldsymbol{j} + \sin^2 t\,\boldsymbol{k}\right] \mathrm{d}t$

6. $\displaystyle\int_0^{\pi/4} \left[\sec t\,\boldsymbol{i} + \tan^2 t\,\boldsymbol{j} - t\sin t\,\boldsymbol{k}\right] \mathrm{d}t$

Anfangswertprobleme Lösen Sie in den Aufgaben 7–10 die Anfangswertprobleme für $\boldsymbol{r}$ als eine Funktion von t.

7. Differentialgleichung:
$$\frac{\mathrm{d}\boldsymbol{r}}{\mathrm{d}t} = -t\boldsymbol{i} - t\boldsymbol{j} - t\boldsymbol{k}$$
Anfangsbedingung:
$$\boldsymbol{r}(0) = \boldsymbol{i} + 2\boldsymbol{j} + 3\boldsymbol{k}$$

8. Differentialgleichung:
$$\frac{\mathrm{d}\boldsymbol{r}}{\mathrm{d}t} = \frac{3}{2}(t+1)^{1/2}\boldsymbol{i} + \mathrm{e}^{-t}\boldsymbol{j} + \frac{1}{t+1}\boldsymbol{k}$$
Anfangsbedingung:
$$\boldsymbol{r}(0) = \boldsymbol{k}$$

9. Differentialgleichung:
$$\frac{\mathrm{d}^2\boldsymbol{r}}{\mathrm{d}t^2} = -32\boldsymbol{k}$$
Anfangsbedingungen:
$$\boldsymbol{r}(0) = 100\boldsymbol{k} \quad \text{und} \quad \left.\frac{\mathrm{d}\boldsymbol{r}}{\mathrm{d}t}\right|_{t=0} = 8\boldsymbol{i} + 8\boldsymbol{j}$$

10. Differentialgleichung:
$$\frac{\mathrm{d}^2\boldsymbol{r}}{\mathrm{d}t^2} = -(\boldsymbol{i} + \boldsymbol{j} + \boldsymbol{k})$$
Anfangsbedingungen:
$$\boldsymbol{r}(0) = 10\boldsymbol{i} + 10\boldsymbol{j} + 10\boldsymbol{k} \quad \text{und} \quad \left.\frac{\mathrm{d}\boldsymbol{r}}{\mathrm{d}t}\right|_{t=0} = 0$$

Bewegung entlang einer Geraden

11. Zur Zeit $t = 0$ befindet sich ein Teilchen im Punkt $(1, 2, 3)$. Es bewegt sich entlang einer Geraden zum Punkt $(4, 1, 4)$; im Punkt $(1, 2, 3)$ ist der Betrag der Geschwindigkeit 2, und das Teilchen hat die konstante Beschleunigung $3\boldsymbol{i} - \boldsymbol{j} + \boldsymbol{k}$. Stellen Sie eine Gleichung für den Ortsvektor $\boldsymbol{r}(t)$ des Teilchens zur Zeit t auf.

12. Ein Teilchen bewegt sich entlange einer Geraden. Zur Zeit $t = 0$ befindet es sich im Punkt $(1, -1, 2)$ und der Betrag seiner Geschwindigkeit ist 2. Das Teilchen bewegt sich in Richtung des Punkts $(3, 0, 3)$ mit der konstanten Beschleunigung $2\boldsymbol{i} + \boldsymbol{j} + \boldsymbol{k}$. Bestimmen Sie seinen Ortsvektor $\boldsymbol{r}(t)$ zur Zeit t.

Geschossbewegung In den folgenden Aufgaben gehen wir – soweit nicht anders angegeben – von einer idealisierten Geschossbewegung aus. Der Startwinkel wird jeweils zur Horizontalen gemessen. Die Geschosse werden im Ursprung und über einer ebenen Oberfläche gestartet, soweit nicht anders angegeben.

13. Flugzeit Ein Geschoss wird mit einer Startgeschwindigkeit von 840 m/s und einem Startwinkel von 60° abgeschossen. Wann hat es einen 21 km vom Abschussort entfernten Punkt erreicht?

14. Bestimmung der Mündungsgeschwindigkeit Berechnen Sie die Mündungsgeschwindigkeit eines Geschosses, dessen maximale Flugweite 24,5 km beträgt.

15. Flugzeit und -höhe Ein Geschoss wird mit einer Startgeschwindigkeit von 500 m/s und einem Startwinkel von 45° abgefeuert.

a. Wann und wie weit vom Startpunkt entfernt wird das Geschoss einschlagen?

b. In welcher Höhe befindet sich das Geschoss, wenn es (horizontal) 5 km vom Abschussort entfernt ist?

c. Welche maximale Höhe erreicht das Geschoss?

16. Abschlagen von Golfbällen Eine Abschussanlage auf Bodenhöhe schießt einen Golfball mit einem Winkel von 45° ab. Der Ball landet 10 m entfernt.

a. Was war die Startgeschwindigkeit des Balls?

b. Der Ball soll die gleiche Startgeschwindigkeit haben, aber in einer Entfernung von 6 m landen. Bei welchen beiden Startwinkeln erreicht man das?

17. Zwei Startwinkel mit gleicher Flugweite Ein Geschoss wird mit einer Startgeschwindigkeit von 400 m/s abgeschossen und soll ein Ziel treffen, das sich 16 km entfernt auf der gleichen Höhe befindet. Bei welchen beiden Startwinkeln erreicht man das?

18. Flughöhe, Flugweite und Geschwindigkeit

a. Der Betrag der Startgeschwindigkeit eines Geschosses wird verdoppelt, der Startwinkel bleibt gleich. Zeigen Sie, dass die Flugweite sich dann vervierfacht,

b. Wenn man die Flughöhe und die Flugweite verdoppeln will, um wie viel Prozent sollte man dann in etwa den Betrag der Startgeschwindigkeit erhöhen?

19. Hinter Beispiel 13.8 werden Gleichungen für die maximale Höhe, die Flugzeit und die Reichweite bei der idealisierten Geschossbewegung angegeben. Rechnen Sie nach und bestätigen Sie die Ergebnisse.

20. Stöße von Murmeln Die untenstehende Abbildung zeigt ein Experiment mit zwei Murmeln. Murmel A wird in Richtung von Murmel B mit dem Startwinkel α und der Startgeschwindigkeit v_0 abgeschossen. Im selben Moment wird Murmel B aus der Ruhe nach unten fallen gelassen. Sie lag bis dahin $R \tan \alpha$ Einheiten über einer Stelle, die R Einheiten von A entfernt ist. Die Murmeln kollidieren bei diesem Experiment unabhängig vom Wert von v_0. War das nur Zufall? Begründen Sie Ihre Antwort.

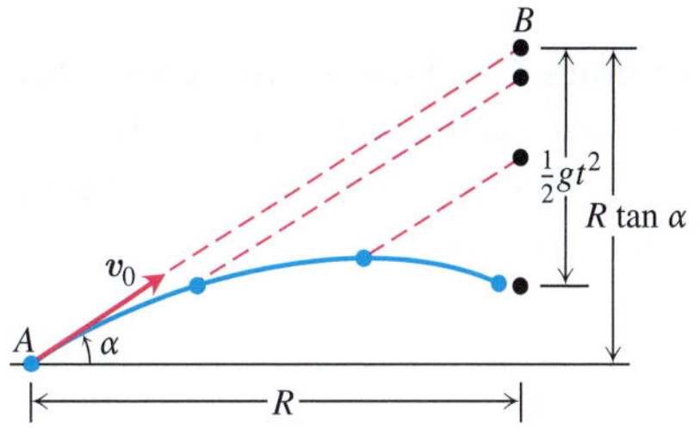

21. Abschuss von (x_0, y_0) aus Leiten Sie die folgenden Gleichungen her:

$$x = x_0 + (v_0 \cos \alpha)t,$$
$$y = y_0 + (v_0 \sin \alpha)t - \frac{1}{2}gt^2$$

(vgl. Gleichung (13.11)). Lösen Sie dazu das folgenden Anfangswertproblem für einen Vektor $\boldsymbol{r}$ in der Ebene:
Differentialgleichung:
$$\frac{\mathrm{d}^2\boldsymbol{r}}{\mathrm{d}t^2} = -g\boldsymbol{j}$$
Anfangsbedingung:
$$\boldsymbol{r}(0) = x_0\boldsymbol{i} + y_0\boldsymbol{j}$$
$$\frac{\mathrm{d}\boldsymbol{r}}{\mathrm{d}t}(0) = (v_0 \cos \alpha)\boldsymbol{i} + (v_0 \sin \alpha)\boldsymbol{j}$$

22. Scheitelpunkt von Geschossbahnen Wir untersuchen ein Geschoss, das vom Boden mit einem Startwinkel α und einer Startgeschwindigkeit v_0 abgeschossen wird, und betrachten hier α als Variable und v_0 als feste Konstante. Für jedes α mit $0 < \alpha < \pi/2$ ergibt sich eine parabelförmige Geschossbahn, wie in der untenstehenden Abbildung zu sehen. Zeigen Sie, dass die Scheitelpunkte dieser Bahnen alle auf einer Ellipse mit der folgenden Gleichung liegen:

$$x^2 + 4\left(y - \frac{v_0^2}{4g}\right)^2 = \frac{v_0^4}{4g^2},$$

mit $x \geq 0$.

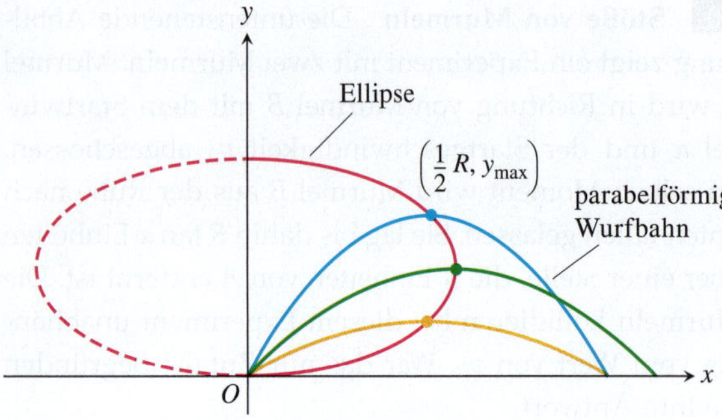

23. Start eines Geschosses eine Ebene hinab Ein idealisiertes Geschoss wird auf einer nach unten geneigten schiefen Ebene abgefeuert, wie in der untenstehenden Abbildung zu sehen.

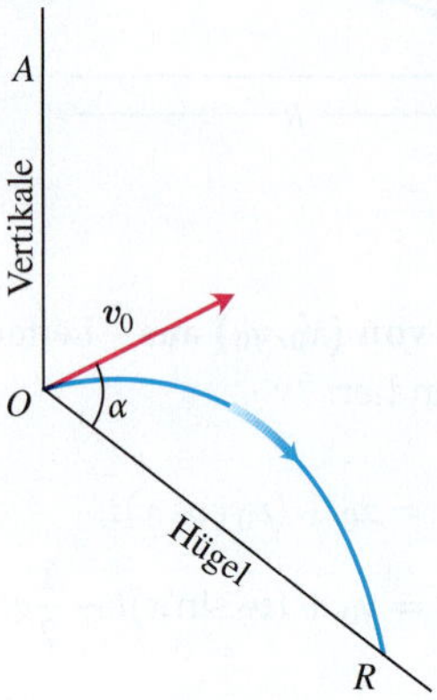

a. Zeigen Sie, dass man die größte Flugweite hügelabwärts erhält, wenn der Vektor der Startgeschwindigkeit den Winkel *AOR* halbiert.

b. Das Geschoss wird jetzt die Ebene hinauf statt hinab geschossen. Bei welchem Startwinkel erhält man dann die größte Flugweite? Begründen Sie Ihre Antwort.

24. Volleyball Ein Volleyball wird getroffen, als er sich in einer Höhe von 1,2 m befindet und 3,7 m von einem 2 m hohen Netz entfernt ist. Er hat nach dem Treffer eine Startgeschwindigkeit von 11 m/s und einen Startwinkel von 27°. Er fliegt bis zum Boden, ohne dass er noch einmal vom gegenerischen Team getroffen wird.

a. Stellen Sie eine Vektorgleichung für die Bahn des Volleyballs auf.

b. Wie hoch steigt der Volleyball, und wann erreicht er seine maximale Höhe?

c. Berechnen Sie seine Reichweite und Flugzeit.

d. Wann befindet sich der Volleyball in einer Höhe von 2,2 m über dem Boden? Wie weit ist er dann von seinem Auftreffpunkt entfernt (gesucht ist die Entfernung auf Bodenniveau)?

e. Das Netz wird auf 2,5 m erhöht. Hat dies einen Einfluss auf den Flug des Volleyballs? Erläutern Sie.

25. Modelleisenbahn Die untenstehende Abbildung zeigt ein mehrfach belichtetes Foto einer Modelllokomotive, die sich mit konstanter Geschwindigkeit entlang einer horizontalen geraden Strecke bewegt. Während der Bewegung wird aus der Lokomotive mit einer Feder eine Murmel in die Luft geschossen. Die Murmel bewegt sich weiter mit der gleichen Geschwindigkeit wie die Modelllokomotive und landet nach einer Sekunde wieder auf ihr. Messen Sie in dem Bild den Winkel aus, der zwischen der Bahn der Murmel und der Horizontalen liegt. Berechnen Sie mit dieser Information, wie hoch die Murmel steigt und wie schnell sich die Lokomotive bewegt.

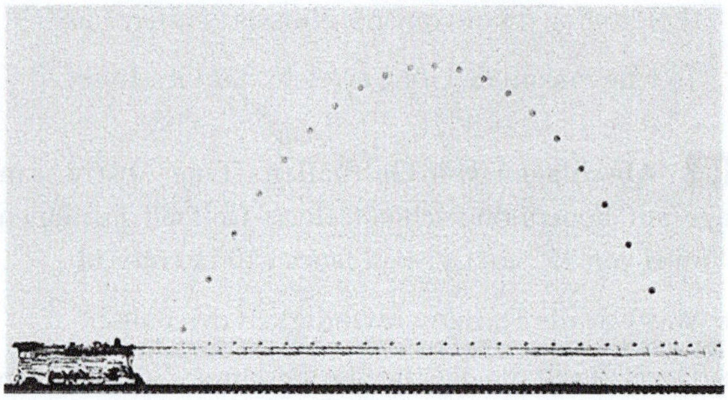

26. Baseball mit Windböen Ein Baseball wird 76 cm oberhalb des Bodens getroffen und hat dann eine Startgeschwindigkeit von 44 m/s und einen Startwinkel von 23°. In dem Moment, in dem der Ball getroffen wird, bläst eine Windböe gegen den Ball, damit erhält er eine zusätzliche Geschwindigkeitskomponente von $-4{,}3\mathbf{i}$ m/s. 90 m entfernt in Flugrichtung steht ein 4,6 m hoher Zaun.

a. Stellen Sie eine Vektorgleichung für die Bahn des Balls auf.

b. Wie hoch steigt der Ball, und wann erreicht er seine maximale Höhe?

c. Berechnen Sie die Reichweite und die Flugzeit des Baseballs, wenn er nicht gefangen wird.

d. Wann erreicht der Baseball eine Höhe von 6 m? Wie weit (auf dem Boden) ist der Ball bei dieser Höhe von der Stelle entfernt, an der er abgeschlagen wurde?

e. Reicht dieser Abschlag für einen Home Run? Erläutern Sie. (Für einen Home Run muss der Schlagmann in der Flugzeit des Balls etwa 110 m laufen.)

Geschossbewegung mit einer zusätzlichen linearen Kraft Neben der Gewichtskraft wirkt auf ein fliegendes Geschoss vor allem der Luftwiderstand. Dieser Luftwiderstand ist ein **Strömungswiderstand**, d. h. er wirkt immer genau *entgegen* der Bewegung des Geschosses (vgl. die untenstehende Abbildung). Für relativ langsame Geschosse kann man annehmen, dass der Strömungswiderstand eine Kraft in etwa proportional zur der Geschwindigkeit (in erster Potenz) ist; er ist dann also **linear**.

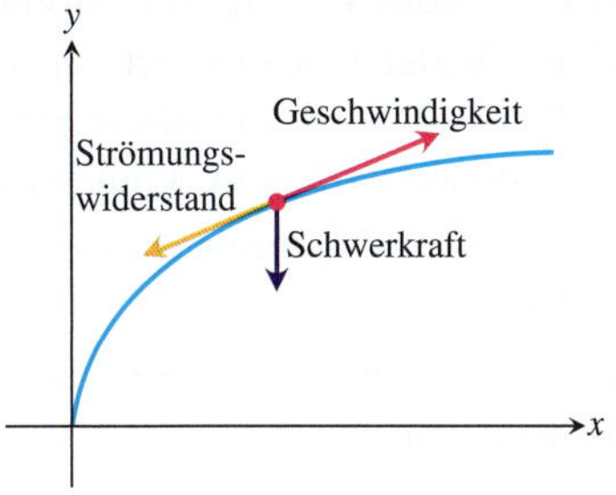

27. Linearer Strömungswiderstand Leiten Sie die folgenden Gleichungen her:

$$x = \frac{v_0}{k}\left(1 - \mathrm{e}^{-kt}\right)\cos\alpha$$
$$y = \frac{v_0}{k}\left(1 - \mathrm{e}^{-kt}\right)(\sin\alpha) + \frac{g}{k^2}\left(1 - kt - \mathrm{e}^{-kt}\right).$$

Lösen Sie dazu das folgende Anfangswertproblem für einen Vektor $\boldsymbol{r}$ in der Ebene:

Differentialgleichung:
$$\frac{\mathrm{d}^2\boldsymbol{r}}{\mathrm{d}t^2} = -g\boldsymbol{j} - k\boldsymbol{v} = -g\boldsymbol{j} - k\frac{\mathrm{d}\boldsymbol{r}}{\mathrm{d}t}$$

Anfangsbedingungen:
$$\boldsymbol{r}(0) = \boldsymbol{0}$$
$$\left.\frac{\mathrm{d}\boldsymbol{r}}{\mathrm{d}t}\right|_{t=0} = \boldsymbol{v}_0 = (v_0\cos\alpha)\boldsymbol{i} + (v_0\sin\alpha)\boldsymbol{j}$$

Der **Strömungswiderstandskoeffizient** oder **Widerstandsbeiwert** k ist eine positive Konstante. Er gibt die (formabhängige) Größe des Luftwiderstands an und hängt von der Dichte der Luft ab. v_0 und α sind die Startgeschwindigkeit und der Startwinkel des Geschosses, und g ist die Gravitationsbeschleunigung.

28. Flug eines Baseballs mit linearem Strömungswiderstand Wir untersuchen noch einmal den Flug des Baseballs aus Beispiel 13.9 und nehmen nun zusätzlich einen linearen Strömungswiderstand an (vgl. Aufgabe 27). Der Widerstandsbeiwert ist $k = 0{,}12$, es weht kein Wind.

a. Stellen Sie mithilfe der Ergebnisse aus Aufgabe 27 eine Vektorgleichung für die Bahn des Baseballs auf.

b. Wie hoch fliegt der Baseball und wann erreicht er seine maximale Höhe?

c. Berechnen Sie die Flugweite und die Flugzeit des Baseballs.

d. Wann erreicht der Baseball eine Höhe von 9 m? Wie weit (auf dem Boden) ist der Ball bei dieser Höhe von der Stelle entfernt, an der er abgeschlagen wurde?

e. 104 m vom Abschlagpunkt in der Flugrichtung des Balls befindet sich ein 3 m hoher Zaun. Der Outfielder ist ein Abwehrspieler, der vor dem Zaun steht, den Ball fangen und verhindern soll, dass er über diesen Zaun kommt. Der Outfielder hier kann jeden Ball mit einer Höhe von bis zu 3,35 m fangen. Wenn er ihn nicht fängt, hat der Schlagmann die Chance auf einen Home Run. Ist das hier der Fall?

Theorie und Beispiele

29. Zeigen Sie die folgenden Eigenschaften von integrierbaren Vektorfunktionen.

a. Die *Faktorregel* zur Multiplikation mit einem konstanten Skalar:

$$\int_a^b k\boldsymbol{r}(t)\mathrm{d}t = k\int_a^b \boldsymbol{r}(t)\mathrm{d}t$$

für beliebige Skalare k

Die *Regel für negative Integrale:*

$$\int_a^b (-\boldsymbol{r}(t))\mathrm{d}t = -\int_a^b \boldsymbol{r}(t)\mathrm{d}t,$$

man erhält sie für $k = -1$.

b. Die *Summen- und Differenzenregel:*

$$\int_a^b (\boldsymbol{r}_1(t) \pm \boldsymbol{r}_2(t))\mathrm{d}t = \int_a^b \boldsymbol{r}_1(t)\mathrm{d}t \pm \int_a^b \boldsymbol{r}_2(t)\mathrm{d}t$$

c. *Die Faktorregel* zur Multiplikation mit einem konstanten Vektor:

$$\int_a^b \boldsymbol{C}\cdot\boldsymbol{r}(t)\mathrm{d}t = \boldsymbol{C}\cdot\int_a^b \boldsymbol{r}(t)\mathrm{d}t$$

für beliebige konstante Vektoren $\boldsymbol{C}$

und

$$\int_a^b \boldsymbol{C}\times\boldsymbol{r}(t)\mathrm{d}t = \boldsymbol{C}\times\int_a^b \boldsymbol{r}(t)\mathrm{d}t$$

für beliebige konstante Vekoren $\boldsymbol{C}$

30. Produkte aus skalaren und vektorwertigen Funktionen Die skalare Funktion $u(t)$ und die Vektorfunktion $\boldsymbol{r}(t)$ seien beide für $a \leq t \leq b$ definiert.

a. Zeigen Sie, dass $u\boldsymbol{r}$ auf $[a, b]$ stetig ist, wenn u und $\boldsymbol{r}$ auf $[a, b]$ stetig sind.

b. u und $\boldsymbol{r}$ seien beide differenzierbar auf $[a, b]$. Zeigen Sie, dass dann auch $u\boldsymbol{r}$ auf $[a, b]$ differenzierbar ist und dass gilt

$$\frac{\mathrm{d}}{\mathrm{d}t}(u\boldsymbol{r}) = u\frac{\mathrm{d}\boldsymbol{r}}{\mathrm{d}t} + \boldsymbol{r}\frac{\mathrm{d}u}{\mathrm{d}t}.$$

31. Stammfunktionen von Vektorfunktionen

a. Zeigen Sie mithilfe von Korrollar 2 des Mittelwertsatzes für skalare Funktionen (Abschnitt 4.2): Haben zwei Vektorfunktionen $\boldsymbol{R}_1$ und $\boldsymbol{R}_2$ auf einem Intervall I identische Ableitungen, dann unterscheiden sich die Funktionen auf I höchstens um einen konstanten Vektor.

b. Zeigen Sie mithilfe des Ergebnisses aus Teil **a.**: Ist $\boldsymbol{R}(t)$ eine Stammfunktion von $\boldsymbol{r}(t)$ im Intervall I, dann gilt für jede andere Stammfunktion von $\boldsymbol{r}$ in I $\boldsymbol{r}(t) = \boldsymbol{R}(t) + \boldsymbol{C}$, dabei ist $\boldsymbol{C}$ ein konstanter Vektor.

32. Der Hauptsatz der Differential- und Integralrechnung Der Fundamentalsatz der Differential- und Integralrechnung für skalare Funktionen mit reellen Variablen gilt auch für Vektorfunktionen mit reellen Variablen. Beweisen Sie dies. Zeigen Sie dazu zunächst mit dem Fundamentalsatz für skalare Funktionen: Wenn eine Vektorfunktion $\boldsymbol{r}(t)$ für $a \leq t \leq b$ stetig ist, dann gilt

$$\frac{\mathrm{d}}{\mathrm{d}t}\int_a^t \boldsymbol{r}(\tau)\mathrm{d}\tau = \boldsymbol{r}(t)$$

an jeder Stelle t in (a, b). Zeigen Sie dann mit dem Ergebnis von Teil **b.** aus Aufgabe 31, dass für eine beliebige Stammfunktion $\boldsymbol{R}$ von $\boldsymbol{r}$ im Intervall $[a, b]$ gilt

$$\int_a^b \boldsymbol{r}(t)\mathrm{d}t = \boldsymbol{R}(b) - \boldsymbol{R}(a).$$

33. Flug eines Baseballs mit linearem Strömungswiderstand und Windböe Wir untersuchen ein weiteres Mal den Flug des Baseballs aus Beispiel 13.9. Diesmal soll auf den Ball *sowohl* ein linearer Strömungswiderstand mit einem Widerstandsbeiwert von 0,08 wirken *als auch* eine Windböe, durch die zu der Startgeschwindigkeit die Komponente $-5{,}4\boldsymbol{i}$ m/s hinzukommt.

a. Bestimmen Sie eine Vektorgleichung für die Bahn des Baseballs.

b. Wie hoch fliegt der Baseball, und wann erreicht er seine maximale Höhe?

c. Berechnen Sie die Flugweite und die Flugzeit des Baseballs.

d. Wann erreicht der Baseball eine Höhe von 9 m? Wie weit (auf dem Boden) ist der Ball bei dieser Höhe von der Stelle entfernt, an der er abgeschlagen wurde?

e. 116 m vom Abschlagpunkt in der Fugrichtung des Balls befindet sich ein 6 m hoher Zaun. Kann der Schlagmann einen Home Run erreichen? Falls ja, mit welcher anderen zusätzlichen horizontalen Komponente der Startgeschwindigkeit wäre der Ball im Spielfeld geblieben? Falls nein, bei welcher anderen Komponente hätte man einen Home Run erreichen können?

34. Flughöhe und Flugzeit Zeigen Sie: Ein Geschoss hat nach der Hälfte der Zeit, die es bis zur maximalen Höhe braucht, drei Viertel der Maximalhöhe erreicht.

13.3 Bogenlängen im Raum

In diesem und den nächsten beiden Abschnitten untersuchen wir die mathematischen Eigenschaften einer Kurve, die die Stärke ihrer Krümmung und Windung beschreiben.

Bogenlänge einer Kurve im Raum

Eine der Eigenschaften von glatten Kurven im Raum und in der Ebene ist, dass sie eine messbare Länge haben. Damit lässt sich der Ort von Punkten auf dieser Kurve bestimmen, indem man den gerichteten Abstand entlang der Kurve zwischen dem Punkt und einem zuvor definierten Startpunkt angibt. Ähnlich bestimmen wir den Ort von Punkten im Koordinatensystem, indem wir ihren Abstand zum Ursprung angeben (►Abbildung 13.12). In Abschnitt 11.2 haben wir dieses Verfahren bereits für ebene Kurven besprochen.

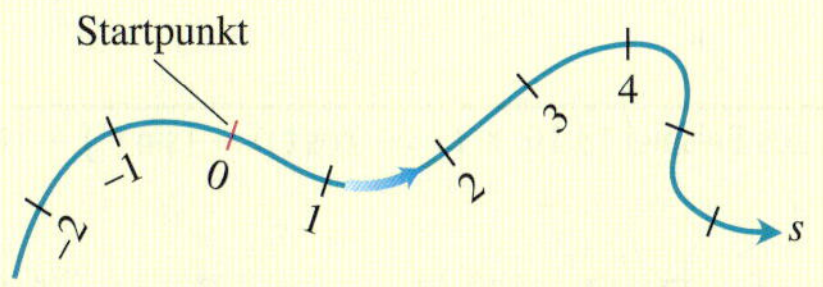

Abbildung 13.12 Glatte Kurven können wie Koordinatenachsen mit einer Skala versehen werden. Jeder Punkt hat dann eine Koordinate, nämlich den entlang der Kurve gemessenen Abstand von einem zuvor bestimmten Startpunkt.

Um den Abstand zwischen zwei Punkten auf einer glatten Kurve im Raum zu messen, fügen wir einen Term für die z-Komponente zu der Gleichung hinzu, die wir für Kurven in der Ebene aufgestellt haben.

Definition

Die **Länge** einer glatten Kurve $\boldsymbol{r}(t) = x(t)\boldsymbol{i} + y(t)\boldsymbol{j} + z(t)\boldsymbol{k}$ mit $a \leq x \leq b$, die genau einmal durchlaufen wird, wenn t von $t = a$ bis $t = b$ ansteigt, ist

$$L = \int_a^b \sqrt{\left(\frac{\mathrm{d}x}{\mathrm{d}t}\right)^2 + \left(\frac{\mathrm{d}y}{\mathrm{d}t}\right)^2 + \left(\frac{\mathrm{d}z}{\mathrm{d}t}\right)^2}\,\mathrm{d}t. \qquad (13.12)$$

Wie bei ebenen Kurven lässt sich auch die Länge einer Kurve im Raum mit jeder Parameterdarstellung berechnen, die die Bedingungen an eine solche Darstellung erfüllt. Der Beweis wird hier nicht gegeben.

Der Wurzelterm in Gleichung (13.12) entspricht $|\boldsymbol{v}|$, dem Betrag eines Geschwindigkeitsvektors $\mathrm{d}\boldsymbol{r}/\mathrm{d}t$. Damit lässt sich Gleichung (13.12) kürzer schreiben:

Merke

Gleichung für die Bogenlänge

$$L = \int_a^b |\boldsymbol{v}|\mathrm{d}t \qquad (13.13)$$

Bogenlänge einer Helix

Beispiel 13.10 Ein Drachen steigt entlang der Helix $\boldsymbol{r}(t) = (\cos t)\boldsymbol{i} + (\sin t)\boldsymbol{j} + t\boldsymbol{k}$ nach oben. Wie lang ist der Weg, den der Drache zwischen $t = 0$ und $t = 2\pi$ zurücklegt?

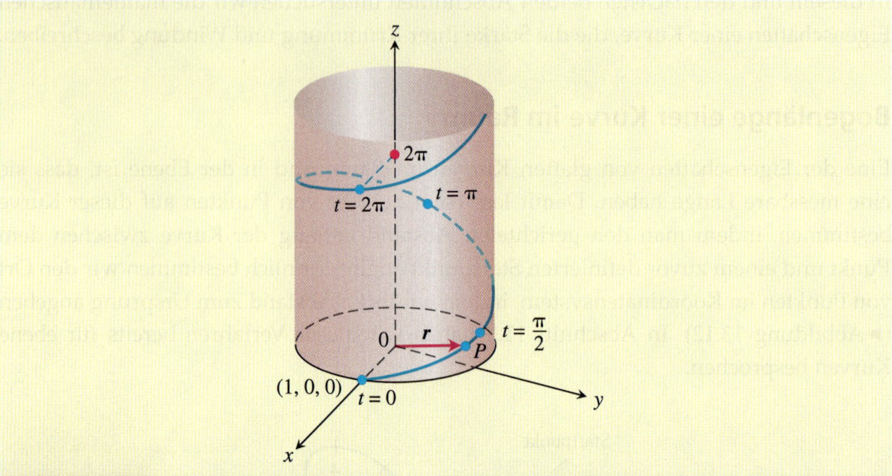

Abbildung 13.13 Die Helix aus Beispiel 13.10, $\boldsymbol{r}(t) = (\cos t)\boldsymbol{i} + (\sin t)\boldsymbol{j} + t\boldsymbol{k}$.

Lösung Der Weg, den der Drachen in der angegebenen Zeit durchläuft, entspricht einer vollen Umdrehung der Helix (▶Abbildung 13.13). Die Länge dieses Teilstücks der Kurve ist

$$L = \int_a^b |\boldsymbol{v}| \mathrm{d}t = \int_0^{2\pi} \sqrt{(-\sin t)^2 + (\cos t)^2 + (1)^2 \mathrm{d}t}$$

$$= \int_0^{2\pi} \sqrt{2} \mathrm{d}t = 2\pi\sqrt{2} \text{ Längeneinheiten}$$

Die Länge beträgt also das $\sqrt{2}$-Fache vom Umfang des Grundkreises der Helix, also des Kreises, über dem sich die Helix erhebt. ■

Wir betrachten nun eine glatte Kurve C, die in einer Parameterdarstellung mit dem Parameter t gegeben ist. Wählen wir auf dieser Kurve einen Startpunkt $P(t_0)$, dann bestimmt jeder Wert von t einen Punkt $P(t) = (x(t), y(t), z(t))$ auf C und einen „gerichteten Abstand"

$$s(t) = \int_{t_0}^{t} |\boldsymbol{v}(\tau)| \mathrm{d}\tau,$$

der entlang der Kurve C von dem Startpunkt $P(t_0)$ ausgehend gemessen wird (▶Abbildung 13.14). Dies entspricht der Funktion der Bogenlänge, die wir in Abschnitt 11.2 für ebene Kurven ohne z-Komponente definiert haben. Für $t > t_0$ ist $s(t)$ der Abstand entlang der Kurve zwischen $P(t_0)$ und $P(t)$. Für $t < t_0$ ist $s(t)$ das Negative dieses Abstands. Jeder Wert von s steht also für einen Punkt auf C, und damit erhält man eine Parameterdarstellung von C mit dem Parameter s. Wir nennen s einen **Bogenlängenparameter** für die Kurve. Der Wert dieses Parameters steigt mit wachsendem t an. Dieser Bogenlängenparameter wird sich in den folgenden Abschnitten als sehr nützlich erweisen, wenn wir die Krümmung und Windung einer Kurve im Raum untersuchen.

Merke

Bogenlänge als Parameter mit dem Startpunkt P_0

$$s(t) = \int_{t_0}^{t} \sqrt{[x'(\tau)]^2 + [y'(\tau)]^2 + [z'(\tau)]^2} \mathrm{d}\tau = \int_{t_0}^{t} |\boldsymbol{v}(\tau)| \mathrm{d}\tau \qquad (13.14)$$

Wir verwenden in Gleichung (13.14) den griechischen Buchstaben τ (gesprochen „tau") als Integrationsvariable, da der Buchstabe t bereits die obere Integrationsgrenze angibt.

Wenn eine Kurve $\boldsymbol{r}(t)$ in einer Parameterdarstellung mit dem Parameter t gegeben ist und wenn $s(t)$ die Funktion der Bogenlänge aus Gleichung (13.14) ist, dann lässt sich manchmal t als Funktion von s schreiben: $t = t(s)$. Setzt man in der Parameterdarstellung dann s für t ein, erhält man eine andere Parametrisierung der Kurve mit dem Parameter s: $\boldsymbol{r} = \boldsymbol{r}(t(s))$. In dieser Parameterdarstellung wird ein Punkt auf der Kurve durch seinen gerichteten Abstand vom Startpunkt entlang der Kurve bestimmt.

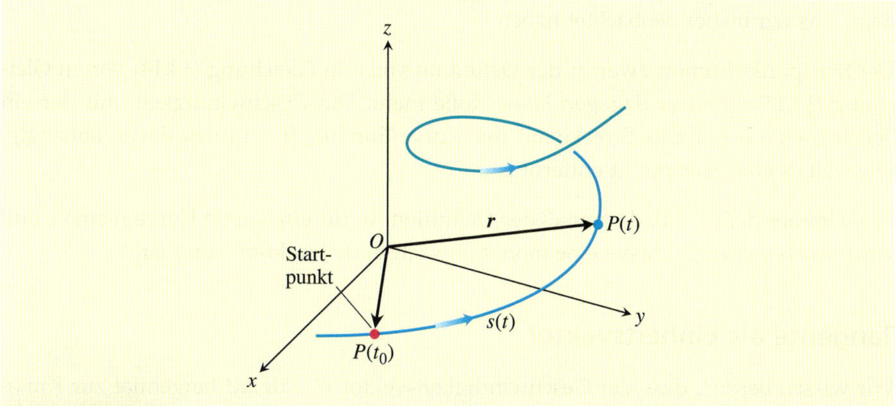

Abbildung 13.14 Der gerichtete Abstand entlang der Kurve zwischen dem Startpunkt $P(t_0)$ und einem beliebigen Punkt $P(t)$ ist $s(t) = \int_0^t |\boldsymbol{v}(\tau)| \mathrm{d}\tau$.

Beispiel 13.11 In diesem Beispiel lässt sich die Kurve mit der Bogenlänge parametrisieren. Wir betrachten die Helix

Parametrisierung mit der Bogenlänge

$$\boldsymbol{r}(t) = (\cos t)\boldsymbol{i} + (\sin t)\boldsymbol{j} + t\boldsymbol{k}.$$

Für $t_0 = 0$ ist die Parametrisierung mit der Bogenlänge von t_0 bis t dieser Kurve

$$\begin{aligned} s(t) &= \int_{t_0}^t |\boldsymbol{v}(\tau)| \mathrm{d}\tau && \text{Gleichung (13.14)} \\ &= \int_0^t \sqrt{2} \mathrm{d}\tau && \text{Wert aus Beispiel 13.10} \\ &= \sqrt{2}t. \end{aligned}$$

Lösen wir diese Gleichung nach t auf, erhalten wir $t = s/\sqrt{2}$. Dies setzen wir in den Ortsvektor $\boldsymbol{r}$ ein und erhalten so die folgende Parameterdarstellung der Helix mit der Begenlänge als Parameter:

$$\boldsymbol{r}(t(s)) = \left(\cos \frac{s}{\sqrt{2}}\right)\boldsymbol{i} + \left(\sin \frac{s}{\sqrt{2}}\right)\boldsymbol{j} + \frac{s}{\sqrt{2}}\boldsymbol{k}.$$

In Beispiel 13.11 war die Berechnung der Parameterdarstellung mit der Bogenlänge recht einfach. Das ist leider nicht die Regel. Ist eine Kurve bereits mit einem anderen Parameter t gegeben, so kann die Umrechnung der Parameterdarstellung analytisch recht schwer sein. Glücklicherweise benötigt man aber nur selten eine exakte Formel für $s(t)$ oder die Umkehrung $t(s)$.

Geschwindigkeit entlang einer glatten Kurve

Die Ableitungen unter der Wurzel in Gleichung (13.14) sind stetig, da die Kurve glatt ist. Deswegen ist gemäß dem Fundmentalsatz der Differential- und Integralrechnung s eine differenzierbare Funktion von t mit der Ableitung

$$\frac{\mathrm{d}s}{\mathrm{d}t} = |\boldsymbol{v}(t)|. \tag{13.15}$$

Gleichung (13.15) kann man entnehmen, dass die Geschwindigkeit eines Teilchens, das sich auf einer Kurve bewegt, dem Betrag von $|\boldsymbol{v}|$ entspricht. Das steht im Einklang mit dem, was wir bisher beobachtet haben.

Der Startpunkt kommt zwar in der Definition von s in Gleichung (13.14) vor, in Gleichung (13.15) spielt er dagegen keine Rolle mehr. Die Geschwindigkeit, mit der ein Teilchen eine bestimmte Strecke auf der Kurve durchläuft, ist nicht davon abhängig, wie weit es vom Startpunkt entfernt ist.

Es ist immer $\mathrm{d}s/\mathrm{d}t > 0$, da gemäß der Definition $|\boldsymbol{v}|$ für eine glatte Kurve niemals null wird. Auch das zeigt, dass s eine monoton wachsende Funktion von t ist.

Tangente als Einheitsvektor

Wir wissen bereits, dass der Geschwindigkeitsvektor $\boldsymbol{v} = \mathrm{d}\boldsymbol{r}/\mathrm{d}t$ tangential zur Kurve $\boldsymbol{r}(t)$ ist. Der Vektor

$$\boldsymbol{T} = \frac{\boldsymbol{v}}{|\boldsymbol{v}|}$$

ist daher ein Einheitsvektor, der tangential zu der (glatten) Kurve ist; man nennt ihn den **Tangentialeinheitsvektor** (▶Abbildung 13.15). Der Tangentialeinheitsvektor ist immer dann eine differenzierbare Funktion von t, wenn auch $\boldsymbol{v}$ eine differenzierbare Funkion von t ist. In Abschnitt 13.5 werden wir ein bewegtes Referenzsystem aufstellen, in dem sich die Bewegung von Objekten in drei Dimensionen beschreiben lässt. Der Tangentialeinheitsvektor ist einer der drei Einheitsvektoren, die dieses System aufspannen, wie wir dann sehen werden.

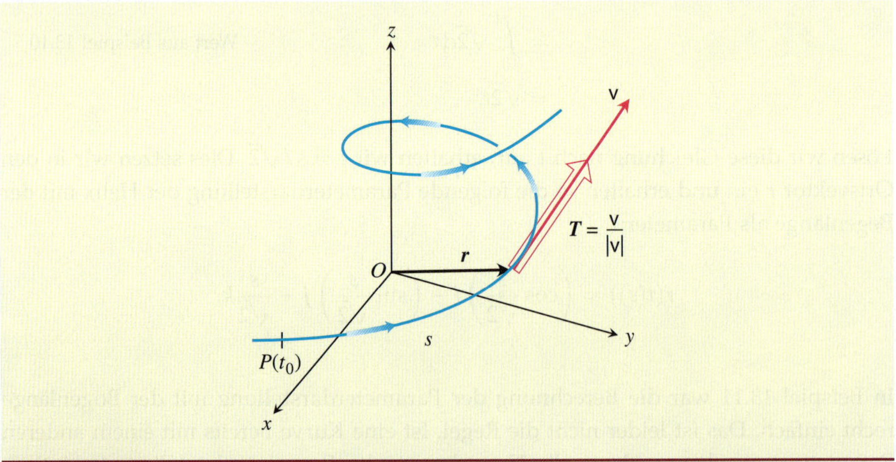

Abbildung 13.15 Wir bestimmen den Tangentialeinheitsvektor $\boldsymbol{T}$, indem wir $\boldsymbol{v}$ durch $|\boldsymbol{v}|$ teilen.

Tangentialeinheitsvektor einer Kurve

Beispiel 13.12 Die Kurve

$$r(t) = (3\cos t)i + (3\sin t)j + t^2 k$$

beschreibt die Bahn des Drachens in Beispiel 13.7 aus Abschnitt 13.2. Bestimmen Sie den Tangentialeinheitsvektor dieser Kurve.

Lösung In Beispiel 13.7 hatten wir die Geschwindigkeit berechnet:

$$v = \frac{dr}{dt} = -(3\sin t)i + (3\cos t)j + 2tk;$$

ihr Betrag ist

$$|v| = \sqrt{9+4t^2}.$$

Daraus folgt

$$T = \frac{v}{|v|} = -\frac{3\sin t}{\sqrt{9+4t^2}}i + \frac{3\cos t}{\sqrt{9+4t^2}}j + \frac{2t}{\sqrt{9+4t^2}}k.$$

Bewegt sich ein Teilchen entgegen dem Uhrzeigersinn auf einem Einheitskreis, so gilt

$$r(t) = (\cos t)i + (\sin t)j,$$

und der Geschwindigkeitsvektor

$$v = (-\sin t)i + (\cos t)j$$

ist bereits ein Einheitsvektor; es gilt also $T = v$ (▶Abbildung 13.16).

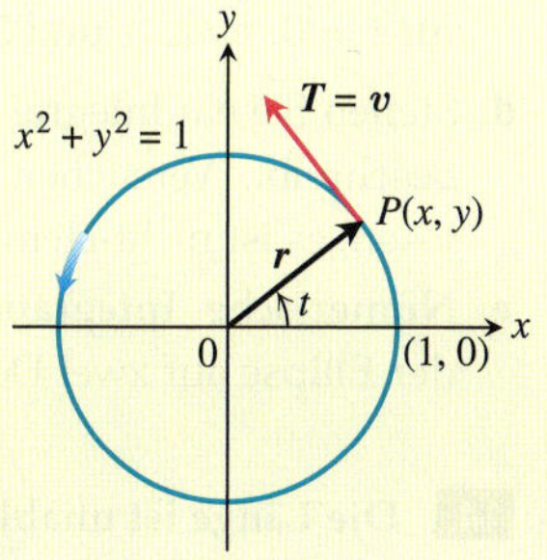

Abbildung 13.16 Bewegung entlang eines Einheitskreises entgegen dem Uhrzeigersinn.

Der Geschwindigkeitsvektor gibt die Änderung des Ortsvektors r mit der Zeit an. Und wie ändert sich der Ortsvektor mit der Bogenlänge? Genauer gefragt, was bedeutet die Ableitung dr/ds? Da wir nur Kurven betrachten, für die $ds/dr > 0$ gilt, ist s injektiv und hat damit eine Inverse. Diese Inverse gibt t als differenzierbare Funktion von s an (vgl. Abschnitt 7.1). Die Ableitung der Inversen ist

$$\frac{dt}{ds} = \frac{1}{ds/dt} = \frac{1}{|v|}.$$

Damit ist r eine differenzierbare Funktion von s, deren Ableitung sich mit der Kettenregel berechnen lässt:

$$\frac{dr}{ds} = \frac{dr}{dt}\frac{dt}{ds} = v\frac{1}{|v|} = \frac{v}{|v|} = T. \tag{13.16}$$

Diese Gleichung besagt, dass dr/ds der Tangentialeinheitsvektor in Richtung der Geschwindigkeit v ist (vgl. Abbildung 13.15).

Aufgaben zum Abschnitt 13.3

Bestimmen von Tangentialvektoren und Längen

Berechnen Sie in den Aufgaben 1–5 den Tangentialeinheitsvektor der Kurve. Berechnen Sie dann die Länge der angegebenen Teilkurven.

1. $\boldsymbol{r}(t) = (2\cos t)\boldsymbol{i} + (2\sin t)\boldsymbol{j} + \sqrt{5}t\boldsymbol{k}, \quad 0 \le t \le \pi$

2. $\boldsymbol{r}(t) = t\boldsymbol{i} + (2/3)t^{3/2}\boldsymbol{k}, \quad 0 \le t \le 8$

3. $\boldsymbol{r}(t) = (\cos^3 t)\boldsymbol{j} + (\sin^3 t)\boldsymbol{k}, \quad 0 \le t \le \pi/2$

4. $\boldsymbol{r}(t) = (t\cos t)\boldsymbol{i} + (t\sin t)\boldsymbol{j} + (2\sqrt{2}/3)t^{3/2}\boldsymbol{k},$
$0 \le t \le \pi$

5. $\boldsymbol{r}(t) = (t\sin t + \cos t)\boldsymbol{i} + (t\cos t - \sin t)\boldsymbol{j},$
$\sqrt{2} \le t \le 2$

6. Berechnen Sie den Punkt auf der Kurve

$$\boldsymbol{r}(t) = (5\sin t)\boldsymbol{i} + (5\cos t)\boldsymbol{j} + 12t\boldsymbol{k},$$

der einen Abstand von 26π Einheiten entlang der Kurve vom Punkt $(0,5,0)$ hat, wenn man in die Richtung ansteigender Bogenlänge geht.

7. Berechnen Sie den Punkt auf der Kurve

$$\boldsymbol{r}(t) = (12\sin t)\boldsymbol{i} - (12\cos t)\boldsymbol{j} + 5t\boldsymbol{k},$$

der einen Abstand von 13π Einheiten entlang der Kurve vom Punkt $(0,-12,0)$ hat, wenn man entgegen der Richtung ansteigender Bogenlänge geht.

Bogenlänge als Parameter Bestimmen Sie in den Aufgaben 8–11 den Bogenlängenparameter entlang der Kurve von dem Punkt aus, bei dem $t = 0$ ist. Berechnen Sie dazu das Integral

$$s = \int_0^t |\boldsymbol{v}(\tau)|\,\mathrm{d}\tau$$

aus Gleichung (13.14). Berechnen Sie dann die Länge der angegebenen Teilkurve.

8. $\boldsymbol{r}(t) = (4\cos t)\boldsymbol{i} + (4\sin t)\boldsymbol{j} + 3t\boldsymbol{k}, \quad 0 \le t \le \pi/2$

9. $\boldsymbol{r}(t) = (\cos t + t\sin t)\boldsymbol{i} + (\sin t - t\cos t)\boldsymbol{j},$
$\pi/2 \le t \le \pi$

10. $\boldsymbol{r}(t) = (\mathrm{e}^t\cos t)\,\boldsymbol{i} + (\mathrm{e}^t\sin t)\,\boldsymbol{j} + \mathrm{e}^t\boldsymbol{k},$
$-\ln 4 \le t \le 0$

11. $\boldsymbol{r}(t) = (1+2t)\boldsymbol{i} + (1+3t)\boldsymbol{j} + (6-6t)\boldsymbol{k},$
$-1 \le t \le 0$

Theorie und Beispiele

12. **Bogenlänge** Berechnen Sie die Länge der Kurve

$$\boldsymbol{r}(t) = \left(\sqrt{2}t\right)\boldsymbol{i} + \left(\sqrt{2}t\right)\boldsymbol{j} + (1-t^2)\boldsymbol{k}$$

von $(0,0,1)$ bis $\left(\sqrt{2},\sqrt{2},0\right)$.

13. **Ellipsen**

a. Zeigen Sie, dass die Kurve $\boldsymbol{r}(t) = (\cos t)\boldsymbol{i} + (\sin t)\boldsymbol{j} + (1-\cos t)\boldsymbol{k}$, $0 \le t \le 2\pi$ eine Ellipse ist. Zeigen Sie dazu, dass diese Kurve ensteht, wenn man einen geraden Kreiszylinder mit einer Ebene schneidet. Stellen Sie Gleichungen für den Zylinder und die Ebene auf.

b. Skizzieren Sie die Ellipse und den Zylinder. Fügen Sie die Tangentialeinheitsvektoren bei $t = 0$, $\pi/2$, π und $3\pi/2$ hinzu.

c. Zeigen Sie, dass der Beschleunigungsvektor hier immer parallel zu der Ebene liegt, also senkrecht zu einem Normalenvektor der Ebene. Wenn Sie also den Beschleunigungsvektor so zeichnen, dass er die Ellipse berührt, so liegt er immer in der Ebene der Ellipse. Zeichnen Sie die Beschleunigungsvektoren für $t = 0$, $\pi/2$, π und $3\pi/2$ in Ihre Skizze ein.

d. Stellen Sie ein Integral auf, das die Länge der Ellipse beschreibt. Versuchen Sie nicht, dieses Integral zu lösen, es ist nicht-elementar.

e. **Numerische Integration** Schätzen Sie die Länge der Ellipse auf zwei Dezimalstellen genau ab.

14. **Die Länge ist unabhängig von der Parameterdarstellung** Die Länge einer glatten Kurve hängt nicht von der Parameterdarstellung ab, mit der sie berechnet wird. Um dies zu verdeutlichen, berechnen Sie die Länge einer Umdrehung der Helix aus Beispiel 13.10 mit den folgenden Parameterdarstellungen:

a. $\boldsymbol{r}(t) = (\cos 4t)\boldsymbol{i} + (\sin 4t)\boldsymbol{j} + 4t\boldsymbol{k}, \quad 0 \le t \le \pi/2$

b. $\boldsymbol{r}(t) = [\cos(t/2)]\boldsymbol{i} + [\sin(t/2)]\boldsymbol{j} + (t/2)\boldsymbol{k},$
$0 \le t \le 4\pi$

c. $\boldsymbol{r}(t) = (\cos t)\boldsymbol{i} - (\sin t)\boldsymbol{j} - t\boldsymbol{k}, \quad -2\pi \le t \le 0$

15. **Die Abwicklungskurve eines Kreises** Ein Faden ist um einen Kreis gewickelt. Wenn man ihn nun abwickelt und dabei gespannt in der Ebene des Kreises hält, beschreibt sein Ende P eine *Abwicklungskurve* (auch *Evolvente* oder *Involute* genannt) des Kreises. In der untenstehenden Abbildung ist diese Kurve für den

Kreis $x^2 + y^2 = 1$ dargestellt; der Anfangspunkt P für die Abwicklung ist bei $(1, 0)$. Der abgewickelte Teil des Fadens verläuft entlang einer Tangente an dem Kreis in Q; t ist der Winkel zwischen der positiven x-Achse und der Strecke OQ, gemessen in Radiant. Leiten Sie für den Punkt P auf der Evolvente die folgende Parameterdarstellung her:

$$x = \cos t + t \sin t, \quad y = \sin t - t \cos t, \quad t > 0$$

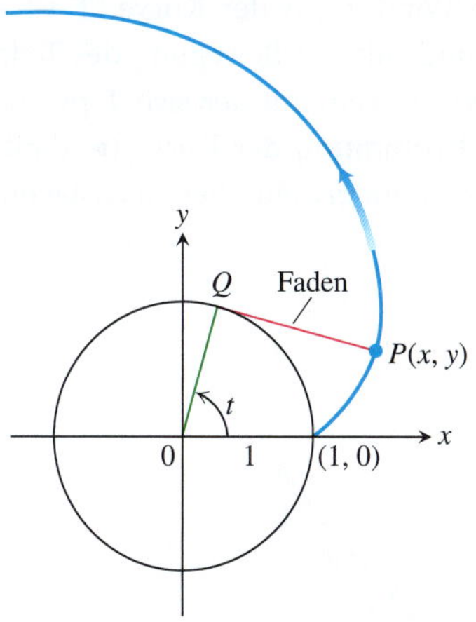

16. *(Fortsetzung von Aufgabe 15)* Bestimmen Sie den Tangentenvektor an die Evolvente des Kreises im Punkt $P(x, y)$.

17. **Abstand entlang einer Geraden** Zeigen Sie, dass für einen Einheitsvektor $\boldsymbol{u}$ der Bogenlängenparameter für die Gerade $\boldsymbol{r}(t) = P_0 + t\boldsymbol{u}$ mit dem Startpunkt $P_0(x_0, y_0, z_0)$ bei $t = 0$ gleich dem Parameter t ist.

18. Schätzen Sie mit dem Simpson-Verfahren und $n = 100$ die Bogenlänge von $\boldsymbol{r}(t) = t\boldsymbol{i} + t^2\boldsymbol{j} + t^3\boldsymbol{k}$ zwischen dem Ursprung und dem Punkt $(2, 4, 8)$ ab.

13.4 Krümmung und Normalenvektoren einer Kurve

In diesem Abschnitt untersuchen wir, wie sich eine Kurve windet und krümmt. Wir betrachten zunächst Kurven in einer Koordinatenebene, danach auch Kurven im Raum.

Krümmung einer ebenen Kurve

Bewegt sich ein Teilchen entlang einer glatten Kurve im Raum, so dreht sich der Tangentialeinheitsvektor $\boldsymbol{T} = \mathrm{d}\boldsymbol{r}/\mathrm{d}s$ mit den Windungen der Kurve. $\boldsymbol{T}$ ist ein Einheitsvektor, seine Länge bleibt also konstant, und mit der Bewegung des Teilchens ändert sich lediglich seine Richtung. Die Geschwindigkeit, mit der sich $\boldsymbol{T}$ pro Längeneinheit entlang der Kurve dreht, nennt man die **Krümmung** der Kurve (▶Abbildung 13.17). Die Krümmungsfunktion wird meistens mit dem griechischen Buchstaben κ („kappa") bezeichnet.

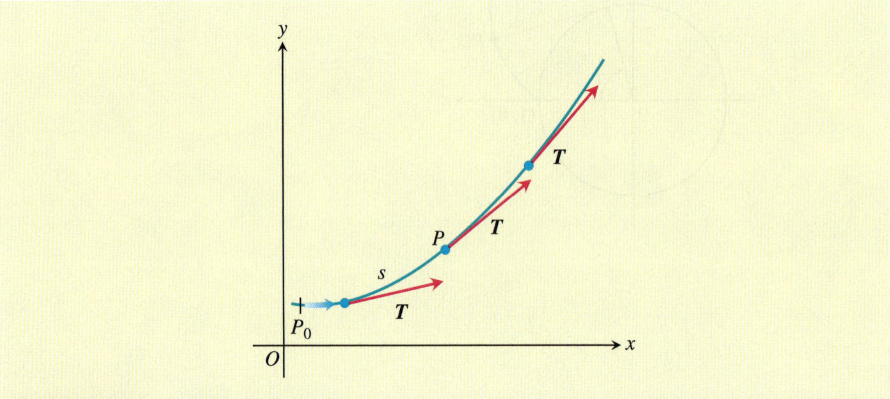

Abbildung 13.17 Wenn sich P entlang der Kurve in die Richtung zunehmender Bogenlänge bewegt, dreht sich der Tangentialeinheitsvektor. Den Wert von $|\mathrm{d}\boldsymbol{T}/\mathrm{d}s|$ bei P nennt man die *Krümmung* der Kurve bei P.

Definition Es sei $\boldsymbol{T}$ der Tangentialeinheitsvektor einer glatten Kurve. Dann ist die **Krümmungsfunktion** der Kurve

$$\kappa = \left|\frac{\mathrm{d}\boldsymbol{T}}{\mathrm{d}s}\right|.$$

Für große $|\mathrm{d}\boldsymbol{T}/\mathrm{d}s|$ dreht sich $\boldsymbol{T}$ recht scharf, wenn das Teilchen durch P läuft, und die Krümmung bei P ist groß. Ist $|\mathrm{d}\boldsymbol{T}/\mathrm{d}s|$ nahe null, dreht sich $\boldsymbol{T}$ langsamer und die Krümmung bei P ist kleiner.

Ist eine glatte Kurve $\boldsymbol{r}(t)$ bereits in einer Parameterdarstellung gegeben, die einen anderen Parameter t als die Bogenlänge s verwendet, berechnet sich die Krümmung wie folgendermaßen:

$$\begin{aligned}
\kappa &= \left|\frac{\mathrm{d}\boldsymbol{T}}{\mathrm{d}s}\right| = \left|\frac{\mathrm{d}\boldsymbol{T}}{\mathrm{d}t}\frac{\mathrm{d}t}{\mathrm{d}s}\right| && \text{Kettenregel} \\
&= \frac{1}{|\mathrm{d}s/\mathrm{d}t|}\left|\frac{\mathrm{d}\boldsymbol{T}}{\mathrm{d}t}\right| \\
&= \frac{1}{|\boldsymbol{v}|}\left|\frac{\mathrm{d}\boldsymbol{T}}{\mathrm{d}t}\right|. && \frac{\mathrm{d}s}{\mathrm{d}t} = |\boldsymbol{v}|
\end{aligned}$$

Merke

Formel für die Krümmung einer Kurve Für eine glatte Kurve $\boldsymbol{r}$ ist die Krümmung

$$\kappa = \frac{1}{|\boldsymbol{v}|}\left|\frac{\mathrm{d}\boldsymbol{T}}{\mathrm{d}t}\right|, \tag{13.17}$$

dabei ist $\boldsymbol{T} = \boldsymbol{v}/|\boldsymbol{v}|$ der Tangentialeinheitsvektor.

In den Beispielen 13.13 und 13.14 berechnen wir mit dieser Definition die Krümmung einfacher Kurven und stellen fest, dass die Krümmung einer Geraden und eines Kreises konstant ist.

Beispiel 13.13 Eine Gerade ist durch die Parameterdarstellung $\boldsymbol{r}(t) = \boldsymbol{C} + t\boldsymbol{v}$ für konstante Vektoren $\boldsymbol{C}$ und $\boldsymbol{v}$ gegeben. Es ist also $\boldsymbol{r}' = \boldsymbol{v}$, und der Tangentialeinheitsvektor $\boldsymbol{T} = \boldsymbol{v}/|\boldsymbol{v}|$ ist ein konstanter Vektor, der immer in diesselbe Richtung zeigt und die Ableitung $\boldsymbol{0}$ hat (►Abbildung 13.18). Aus alledem folgt, dass für einen beliebigen Wert des Parameters t die Krümmung einer Geraden gleich

Krümmung einer Geraden

$$\kappa = \frac{1}{|\boldsymbol{v}|}\left|\frac{\mathrm{d}\boldsymbol{T}}{\mathrm{d}t}\right| = \frac{1}{|\boldsymbol{v}|}|\boldsymbol{0}| = 0$$

ist.

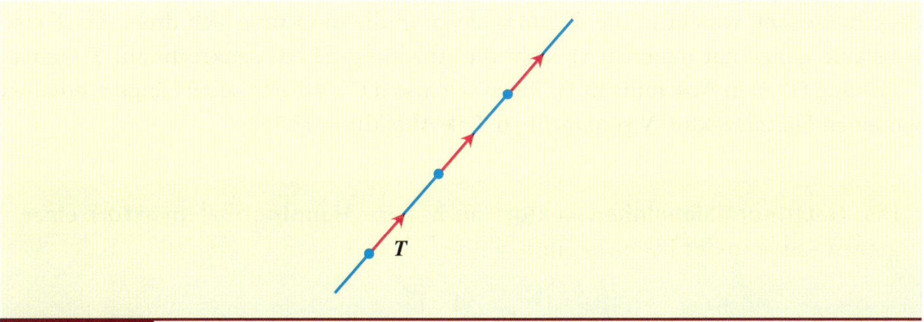

Abbildung 13.18 $\boldsymbol{T}$ zeigt entlang einer Geraden immer in die gleiche Richtung. Die Krümmung $\mathrm{d}\boldsymbol{T}/\mathrm{d}s|$ ist null.

Beispiel 13.14 Wir berechnen jetzt die Krümmung eines Kreises. Wir bestimmen zunächst eine Parameterdarstellung eines Kreises mit Radius a:

Krümmung eines Kreises

$$\boldsymbol{r}(t) = (a\cos t)\boldsymbol{i} + (a\sin t)\boldsymbol{j}.$$

Daraus ergibt sich

$$\boldsymbol{v} = \frac{\mathrm{d}\boldsymbol{r}}{\mathrm{d}t} = -(a\sin t)\boldsymbol{i} + (a\cos t)\boldsymbol{j}$$

$$|\boldsymbol{v}| = \sqrt{(-a\sin t)^2 + (a\cos t)^2} = \sqrt{a^2} = |a| = a.$$

Wegen $a > 0$ ist $|a| = a$.

Wir setzen dies ein und erhalten

$$\boldsymbol{T} = \frac{\boldsymbol{v}}{|\boldsymbol{v}|} = -(\sin t)\boldsymbol{i} + (\cos t)\boldsymbol{j}$$

$$\frac{\mathrm{d}\boldsymbol{T}}{\mathrm{d}t} = -(\cos t)\boldsymbol{i} - (\sin t)\boldsymbol{j}$$

$$\left|\frac{\mathrm{d}\boldsymbol{T}}{\mathrm{d}t}\right| = \sqrt{\cos^2 t + \sin^2 t} = 1.$$

Für beliebige Werte des Parameters t ist die Krümmung des Kreises also

$$\kappa = \frac{1}{|v|}\left|\frac{\mathrm{d}\boldsymbol{T}}{\mathrm{d}t}\right| = \frac{1}{a}(1) = \frac{1}{a} = \frac{1}{\text{Radius}}.$$

Gleichung (13.17) gilt zwar auch für Kurven im Raum. Wir werden hierfür im nächsten Abschnitt aber eine andere Gleichung herleiten, mit der die Berechnungen meistens etwas einfacher werden.

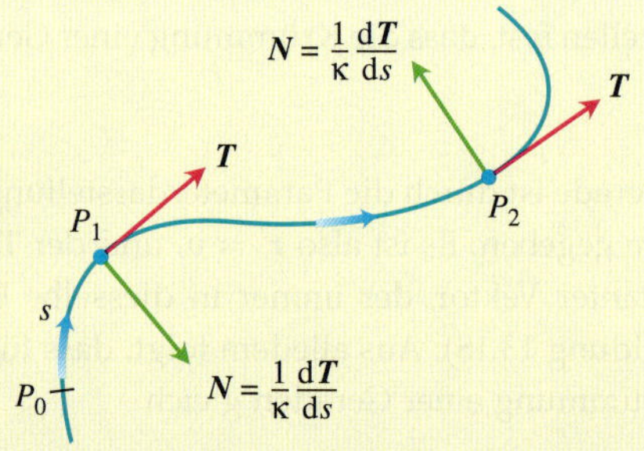

Abbildung 13.19 Der Vektor $\mathrm{d}\boldsymbol{T}/\mathrm{d}s$ steht senkrecht auf der Kurve und zeigt immer in die Richtung, in die $\boldsymbol{T}$ sich dreht. Der Hauptnormalenvektor $\boldsymbol{N}$ zeigt in die Richtung von $\mathrm{d}\boldsymbol{T}/\mathrm{d}s$.

Einer Vektoren, die senkrecht auf dem Tangentialeinheitsvektor $\boldsymbol{T}$ stehen, ist besonders interessant, weil er in die Richtung zeigt, in die die Kurve sich dreht. Da $\boldsymbol{T}$ eine konstante Länge hat (nämlich 1), steht die Ableitung $\mathrm{d}\boldsymbol{T}/\mathrm{d}s$ senkrecht auf $\boldsymbol{T}$ (gemäß Gleichung (13.4) in Abschnitt 13.1). Teilen wir also $\mathrm{d}\boldsymbol{T}/\mathrm{d}s$ durch seine Länge κ, erhalten wir einen *Einheits*vektor $\boldsymbol{N}$ senkrecht zu $\boldsymbol{T}$ (►Abbildung 13.19).

Definition

Der **Hauptnormaleneinheitsvektor** (auch kurz **Hauptnormalenvektor**) einer glatten Kurve in der Ebene ist für $\kappa \neq 0$

$$\boldsymbol{N} = \frac{1}{\kappa}\frac{\mathrm{d}\boldsymbol{T}}{\mathrm{d}s}.$$

Der Vektor $\mathrm{d}\boldsymbol{T}/\mathrm{d}s$ zeigt in die Richtung, in die $\boldsymbol{T}$ sich mit der Krümmung der Kurve dreht. Schauen wir also in Richtung ansteigender Bogenlänge, so zeigt der Vektor $\mathrm{d}\boldsymbol{T}/\mathrm{d}s$ nach rechts, wenn $\boldsymbol{T}$ sich im Uhrzeigersinn dreht, und nach links, wenn $\boldsymbol{T}$ sich gegen den Uhrzeigersinn dreht. In anderen Worten zeigt der Hauptnormalenvektor immer in die konkave Richtung der Kurve (vgl. Abbildung 13.19).

Ist eine glatte Kurve bereits in einer Parameterdarstellung gegeben, die einen anderen Parameter t als die Bogenlänge s verwendet, dann lässt sich $\boldsymbol{N}$ direkt mit der Kettenregel berechnen:

$$\begin{aligned}\boldsymbol{N} &= \frac{\mathrm{d}\boldsymbol{T}/\mathrm{d}s}{|\mathrm{d}\boldsymbol{T}/\mathrm{d}s|}\\ &= \frac{(\mathrm{d}\boldsymbol{T}/\mathrm{d}t)(\mathrm{d}t/\mathrm{d}s)}{|\mathrm{d}\boldsymbol{T}/\mathrm{d}t||\mathrm{d}t/\mathrm{d}s|}\\ &= \frac{\mathrm{d}\boldsymbol{T}/\mathrm{d}t}{|\mathrm{d}\boldsymbol{T}/\mathrm{d}t|}. && \frac{\mathrm{d}t}{\mathrm{d}s} = \frac{1}{\mathrm{d}s/\mathrm{d}t} > 0 \text{ kürzt sich heraus.}\end{aligned}$$

Mit dieser Gleichung können wir $\boldsymbol{N}$ bestimmen, ohne zuerst κ und s berechnen zu müssen.

Formel zur Berechnung von N Für eine glatte Kurven $\boldsymbol{r}(t)$ ist der Hauptnormalenvektor

$$N = \frac{\mathrm{d}\boldsymbol{T}/\mathrm{d}t}{|\mathrm{d}\boldsymbol{T}/\mathrm{d}t|}, \tag{13.18}$$

dabei ist $\boldsymbol{T} = \boldsymbol{v}/|\boldsymbol{v}|$ der Tangentialeinheitsvektor.

Merke

Beispiel 13.15 Berechnen Sie $\boldsymbol{T}$ und $\boldsymbol{N}$ für die Kreisbewegung

Berechnung eines Hauptnormalenvektors

$$\boldsymbol{r}(t) = (\cos 2t)\boldsymbol{i} + (\sin 2t)\boldsymbol{j}.$$

Lösung Wir berechnen zuerst $\boldsymbol{T}$:

$$\begin{aligned} \boldsymbol{v} &= -(2\sin 2t)\boldsymbol{i} + (2\cos 2t)\boldsymbol{j}, \\ |\boldsymbol{v}| &= \sqrt{4\sin^2 2t + 4\cos^2 2t} = 2, \\ \boldsymbol{T} &= \frac{\boldsymbol{v}}{|\boldsymbol{v}|} = -(\sin 2t)\boldsymbol{i} + (\cos 2t)\boldsymbol{j}. \end{aligned}$$

Damit erhalten wir

$$\begin{aligned} \frac{\mathrm{d}\boldsymbol{T}}{\mathrm{d}t} &= -(2\cos 2t)\boldsymbol{i} - (2\sin 2t)\boldsymbol{j}, \\ \left|\frac{\mathrm{d}\boldsymbol{T}}{\mathrm{d}t}\right| &= \sqrt{4\cos^2 2t + 4\sin^2 2t} = 2 \end{aligned}$$

und

$$\begin{aligned} \boldsymbol{N} &= \frac{\mathrm{d}\boldsymbol{T}/\mathrm{d}t}{|\mathrm{d}\boldsymbol{T}/\mathrm{d}t|} \\ &= -(\cos 2t)\boldsymbol{i} - (\sin 2t)\boldsymbol{j}. \qquad \text{Gleichung (13.18)} \end{aligned}$$

Es gilt $\boldsymbol{T} \cdot \boldsymbol{N} = 0$, was bestätigt, dass $\boldsymbol{N}$ senkrecht auf $\boldsymbol{T}$ steht. Für die hier behandelte Kreisbewegung zeigt $\boldsymbol{N}$ von $\boldsymbol{r}(t)$ aus in Richtung des Kreismittelpunkts im Ursprung. ■

Krümmungskreise für ebene Kurven

Der **Krümmungskreis** oder **Schmiegekreis** einer ebenen Kurve in einem Punkt P, in dem $\kappa \neq 0$ ist, ist der Kreis in der Ebene der Kurve, für den gilt:

1. Er ist in P tangential zu der Kurve (hat die gleiche Tangente wie die Kurve),
2. er hat die gleiche Krümmung wie die Kurve in P,
3. er liegt auf der inneren Seite der Krümmung der Kurve (oder der konkaven Seite), wie in ►Abbildung 13.20 zu sehen.

Der **Krümmungsradius** der Kurve in P entspricht dem Radius des Krümmungskreises. Wie in Beispiel 13.14 berechnet, gilt hierfür

$$\text{Krümmungsradius} = \rho = \frac{1}{\kappa}.$$

Um ρ zu bestimmen, berechnen wir zuerst κ und dann davon den Kehrwert. Der **Krümmungsmittelpunkt** der Kurve in P ist der Mittelpunkt des Krümmungskreises.

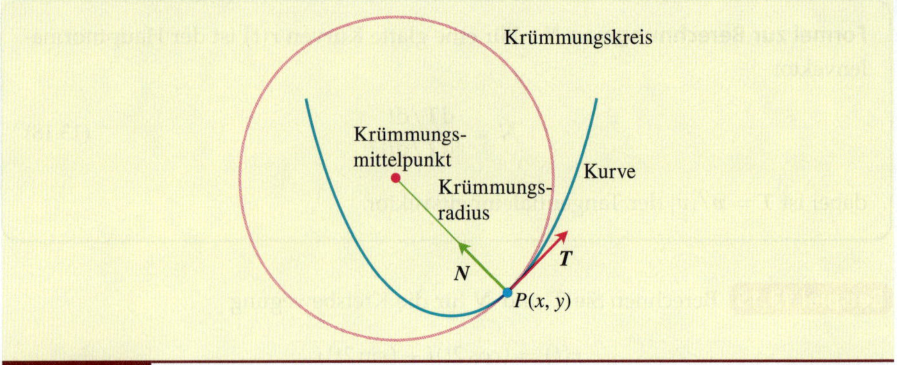

Abbildung 13.20 Der Krümmungskreis im Punkt $P(x, y)$ liegt auf der inneren Seite der Kurvenkrümmung.

Krümmungskreis einer Parabel

Beispiel 13.16 Berechnen und zeichnen Sie den Krümmungskreis der Parabel $y = x^2$ im Ursprung.

Lösung Wir stellen zuerst eine Parameterdarstellung der Parabel auf und verwenden den Parameter $t = x$ (vgl. Abschnitt 11.1, Beispiel 11.5).

$$\boldsymbol{r}(t) = t\boldsymbol{i} + t^2\boldsymbol{j}.$$

Mithilfe von Gleichung (13.17) berechnen wir die Krümmung der Parabel im Ursprung:

$$\boldsymbol{v} = \frac{\mathrm{d}\boldsymbol{r}}{\mathrm{d}t} = \boldsymbol{i} + 2t\boldsymbol{j}$$
$$|\boldsymbol{v}| = \sqrt{1 + 4t^2}$$

und damit erhalten wir

$$\boldsymbol{T} = \frac{\boldsymbol{v}}{|\boldsymbol{v}|} = (1 + 4t^2)^{-1/2}\boldsymbol{i} + 2t(1 + 4t^2)^{-1/2}\boldsymbol{j}.$$

Wir leiten ab:

$$\frac{\mathrm{d}\boldsymbol{T}}{\mathrm{d}t} = -4t(1 + 4t^2)^{-3/2}\boldsymbol{i} + \left[2(1 + 4t^2)^{-1/2} - 8t^2(1 + 4t^2)^{-3/2}\right]\boldsymbol{j}.$$

Im Ursprung, also bei $t = 0$, ist die Krümmung somit

$$\begin{aligned}\kappa(0) &= \frac{1}{|\boldsymbol{v}(0)|}\left|\frac{\mathrm{d}\boldsymbol{T}}{\mathrm{d}t}(0)\right| && \text{Gleichung (13.17)}\\ &= \frac{1}{\sqrt{1}}|0\boldsymbol{i} + 2\boldsymbol{j}|\\ &= (1)\sqrt{0^2 + 2^2} = 2.\end{aligned}$$

Der Krümmungsradius ist also $1/\kappa = 1/2$. Im Ursprung ist $t = 0$ und $\boldsymbol{T} = \boldsymbol{i}$, daraus folgt $\boldsymbol{N} = \boldsymbol{j}$. Der Mittelpunkt des Kreises ist demnach $(0, 1/2)$, und die Gleichung des Krümmungskreises ist

$$(x - 0)^2 + \left(y - \frac{1}{2}\right)^2 = \left(\frac{1}{2}\right)^2.$$

►Abbildung 13.21 zeigt, dass der Krümmungskreis im Ursprung eine bessere Näherung für den Verlauf der Kurve ist als die Tangente $y = 0$. ■

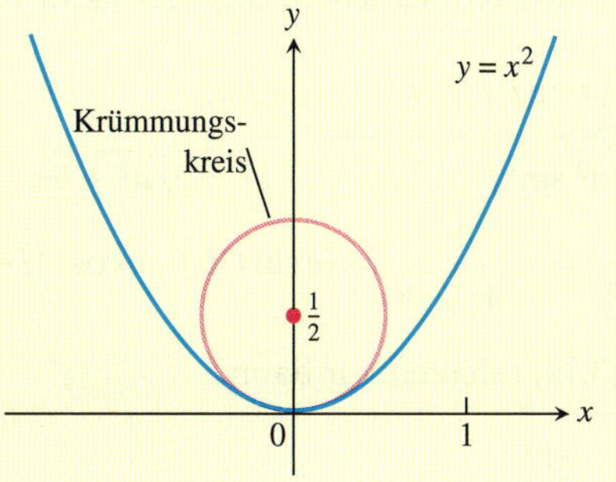

Abbildung 13.21 Der Krümmungskreis der Parabel $y = x^2$ im Ursprung (Beispiel 13.16).

Krümmung und Normalenvektoren für Kurven im Raum

Wird eine glatte Kurve im Raum durch den Ortsvektor $\boldsymbol{r}(t)$ bestimmt, der von einem Parameter t abhängt, und ist s der Bogenlängenparameter dieser Kurve, dann gilt für den Tangentialeinheitsvektor $\boldsymbol{T} = \mathrm{d}\boldsymbol{r}/\mathrm{d}s = \boldsymbol{v}/|\boldsymbol{v}|$. Die **Krümmung** im Raum ist dann folgendermaßen definiert:

$$\kappa = \left|\frac{\mathrm{d}\boldsymbol{T}}{\mathrm{d}s}\right| = \frac{1}{|\boldsymbol{v}|}\left|\frac{\mathrm{d}\boldsymbol{T}}{\mathrm{d}t}\right|, \tag{13.19}$$

also genauso wie für Kurven in der Ebene. Der Vektor $\mathrm{d}\boldsymbol{T}/\mathrm{d}s$ steht senkrecht auf $\boldsymbol{T}$, und wir definieren den **Hauptnormaleneinheitsvektor** (oder kurz **Hauptnormalenvektor**) als

$$\boldsymbol{N} = \frac{1}{\kappa}\frac{\mathrm{d}\boldsymbol{T}}{\mathrm{d}s} = \frac{\mathrm{d}\boldsymbol{T}/\mathrm{d}t}{|\mathrm{d}\boldsymbol{T}/\mathrm{d}t|}. \tag{13.20}$$

Beispiel 13.17 Berechnen Sie die Krümmung der Helix (▶Abbildung 13.22) **Krümmung einer Helix**

$$\boldsymbol{r}(t) = (a\cos t)\boldsymbol{i} + (a\sin t)\boldsymbol{j} + bt\boldsymbol{k}, \quad a, b \geq 0, \quad a^2 + b^2 \neq 0.$$

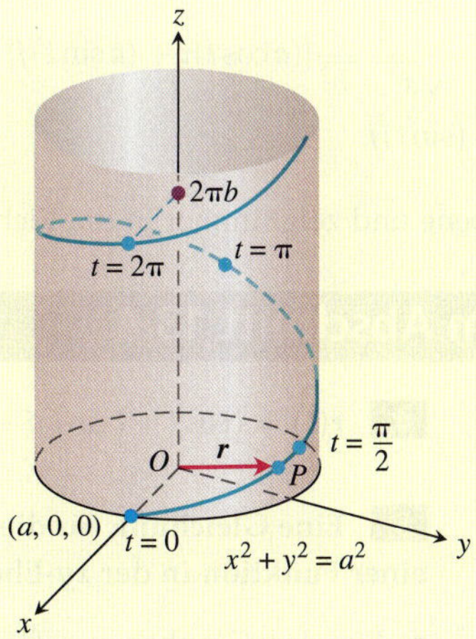

Abbildung 13.22 Die Helix $\boldsymbol{r}(t) = (a\cos t)\boldsymbol{i} + (a\sin t)\boldsymbol{j} + bt\boldsymbol{k}$, hier mit positivem a und b und $t \geq 0$ dargestellt (Beispiel 13.17).

Lösung Wir berechnen $\boldsymbol{T}$ mit dem Geschwindigkeitsvektor $\boldsymbol{v}$:

$$\begin{aligned}\boldsymbol{v} &= -(a\sin t)\boldsymbol{i} + (a\cos t)\boldsymbol{j} + b\boldsymbol{k},\\ |\boldsymbol{v}| &= \sqrt{a^2\sin^2 t + a^2\cos^2 t + b^2} = \sqrt{a^2+b^2},\\ \boldsymbol{T} &= \frac{\boldsymbol{v}}{|\boldsymbol{v}|} = \frac{1}{\sqrt{a^2+b^2}}\left[-(a\sin t)\boldsymbol{i} + (a\cos t)\boldsymbol{j} + b\boldsymbol{k}\right].\end{aligned}$$

Mithilfe von Gleichung (13.19) erhalten wir dann

$$\begin{aligned}\kappa &= \frac{1}{|\boldsymbol{v}|}\left|\frac{\mathrm{d}\boldsymbol{T}}{\mathrm{d}t}\right|\\ &= \frac{1}{\sqrt{a^2+b^2}}\left|\frac{1}{\sqrt{a^2+b^2}}\left[-(a\cos t)\boldsymbol{i} - (a\sin t)\boldsymbol{j}\right]\right|\\ &= \frac{a}{a^2+b^2}\left|-(\cos t)\boldsymbol{i} - (\sin t)\boldsymbol{j}\right|\\ &= \frac{a}{a^2+b^2}\sqrt{(\cos t)^2 + (\sin t)^2} = \frac{a}{a^2+b^2}.\end{aligned}$$

Dieser Gleichung kann man entnehmen, dass bei festem a die Krümmung mit zunehmendem b abnimmt. Bei festem b nimmt die Krümmung bei abnehmendem a ab. Für $b = 0$ wird die Helix zu einem Kreis mit dem Radius a, und die Krümmung wird $1/a$, wie anzunehmen war. Für $a = 0$ reduziert sich die Helix auf die z-Achse, die Krümmung wird – wieder entsprechend unserer Annahmen – gleich null. ■

Hauptnormalenvektor einer Helix

Beispiel 13.18 Berechnen Sie $\boldsymbol{N}$ für die Helix aus Beispiel 13.17 und beschreiben Sie, in welche Richtung der Vektor zeigt.

Lösung Es gilt

$$\begin{aligned}\frac{\mathrm{d}\boldsymbol{T}}{\mathrm{d}t} &= -\frac{1}{\sqrt{a^2+b^2}}\left[(a\cos t)\boldsymbol{i} + (a\sin t)\boldsymbol{j}\right] && \text{Beispiel 13.17}\\ \left|\frac{\mathrm{d}\boldsymbol{T}}{\mathrm{d}t}\right| &= \frac{1}{\sqrt{a^2+b^2}}\sqrt{a^2\cos^2 t + a^2\sin^2 t} = \frac{a}{\sqrt{a^2+b^2}}\\ \boldsymbol{N} &= \frac{\mathrm{d}\boldsymbol{T}/\mathrm{d}t}{|\mathrm{d}\boldsymbol{T}/\mathrm{d}t|} && \text{Gleichung (13.20)}\\ &= -\frac{\sqrt{a^2+b^2}}{a}\cdot\frac{1}{\sqrt{a^2+b^2}}\left[(a\cos t)\boldsymbol{i} + (a\sin t)\boldsymbol{j}\right]\\ &= -(\cos t)\boldsymbol{i} - (\sin t)\boldsymbol{j}.\end{aligned}$$

$\boldsymbol{N}$ ist also parallel zur xy-Ebene und zeigt immer in die Richtung der z-Achse. ■

Aufgaben zum Abschnitt 13.4

Ebene Kurven Berechnen Sie in den Aufgben 1–4 $\boldsymbol{T}$, $\boldsymbol{N}$ und κ für die ebenen Kurven.

1. $\boldsymbol{r}(t) = t\boldsymbol{i} + \ln(\cos t)\boldsymbol{j}, \quad -\pi/2 < t < \pi/2$

2. $\boldsymbol{r}(t) = \ln\left(\frac{1}{\cos t}\right)\boldsymbol{i} + t\boldsymbol{j}, \quad -\pi/2 < t < \pi/2$

3. $\boldsymbol{r}(t) = (2t+3)\boldsymbol{i} + (5-t^2)\boldsymbol{j}$

4. $\boldsymbol{r}(t) = (\cos t + t\sin t)\boldsymbol{i} + (\sin t - t\cos t)\boldsymbol{j}, \quad t > 0$

5. Eine Gleichung für die Krümmung des Graphen einer Funktion in der xy-Ebene

a. Für den Graphen $y = f(x)$ in der xy-Ebene gilt die Parameterdarstellung $x = x$, $y = f(x)$ und die Vektorgleichung $\boldsymbol{r}(x) = x\boldsymbol{i} + f(x)\boldsymbol{j}$. Zeigen Sie mithilfe dieser Gleichung, dass für eine zweimal differenzierbare Funktion f von x gilt

$$\kappa(x) = \frac{|f''(x)|}{[1 + (f'(x))^2]^{3/2}}.$$

b. Berechnen Sie mit der Gleichung für κ aus Teil **a.** die Krümmung von $y = \ln(\cos x)$, $-\pi/2 < x < \pi/2$. Vergleichen Sie Ihre Lösung mit der von Aufgabe 1.

c. Zeigen Sie, dass die Krümmung an einem Wendepunkt gleich null ist.

6. **Ein Gleichung für die Krümmung einer ebenen Kurve in Parameterdarstellung**

a. Eine glatte Kurve $\boldsymbol{r}(t) = f(t)\boldsymbol{i} + g(t)\boldsymbol{j}$ ist definiert durch die zweimal differenzierbaren Funktionen $x = f(t)$ und $y = g(t)$. Zeigen Sie, dass die Krümmung dieser Kurve durch die folgende Gleichung gegeben ist:

$$\kappa = \frac{|\dot{x}\ddot{y} - \dot{y}\ddot{x}|}{(\dot{x}^2 + \dot{y}^2)^{3/2}}.$$

Die Punkte in dieser Gleichung stehen für Ableitungen nach t, jeder Punkt für eine Ableitung. Berechnen Sie mit dieser Gleichung die Krümmung der folgenden Kurven.

b. $\boldsymbol{r}(t) = t\boldsymbol{i} + \ln(\sin t)\boldsymbol{j}, \quad 0 < t < \pi$

c. $\boldsymbol{r}(t) = \left[\tan^{-1}(\sinh t)\right]\boldsymbol{i} + \ln(\cosh t)\boldsymbol{j}.$

7. **Normalen auf ebenen Kurven**

a. Zeigen Sie, dass $\boldsymbol{n}(t) = -g'(t)\boldsymbol{i} + f'(t)\boldsymbol{j}$ und $-\boldsymbol{n}(t) = g'(t)\boldsymbol{i} - f'(t)\boldsymbol{j}$ beide Normalen der Kurve $\boldsymbol{r}(t) = f(t)\boldsymbol{i} + g(t)\boldsymbol{j}$ in dem Punkt $(f(t), g(t))$ sind.

Wir erhalten nun den Vektor $\boldsymbol{N}$ einer bestimmten ebenen Kurve, indem wir denjenigen der Vektoren $\boldsymbol{n}$ und $-\boldsymbol{n}$ aus Teil **a.** auswählen, der auf die konkave Seite der Kurve zeigt (vgl. Abbildung 13.19). Bestimmen Sie so $\boldsymbol{N}$ für die folgenden Kurven.

b. $\boldsymbol{r}(t) = t\boldsymbol{i} + e^{2t}\boldsymbol{j}$

c. $\boldsymbol{r}(t) = \sqrt{4 - t^2}\boldsymbol{i} + t\boldsymbol{j}, \quad -2 \le t \le 2$

8. *(Fortsetzung von Aufgabe 7)*

a. Berechnen Sie mit dem Verfahren aus Aufgabe 7 $\boldsymbol{N}$ für die Kurve $\boldsymbol{r}(t) = t\boldsymbol{i} + (1/3)t^3\boldsymbol{j}$, sowohl für $t < 0$ als auch für $t > 0$.

b. Berechnen Sie $\boldsymbol{N}$ für die Kurve aus Teil **a.** und $t \neq 0$ direkt aus $\boldsymbol{T}$ mithilfe von Gleichung (13.20). Existiert $\boldsymbol{N}$ auch für $t = 0$? Zeichnen Sie die Kurve und erkären Sie, wie sich $\boldsymbol{N}$ verhält, wenn t von negativen zu positiven Werten übergeht.

Kurven im Raum Berechnen Sie in den Aufgaben 9–13 $\boldsymbol{T}$, $\boldsymbol{N}$ und κ für die Kurven im Raum.

9. $\boldsymbol{r}(t) = (3\sin t)\boldsymbol{i} + (3\cos t)\boldsymbol{j} + 4t\boldsymbol{k}$

10. $\boldsymbol{r}(t) = (e^t \cos t)\,\boldsymbol{i} + (e^t \sin t)\,\boldsymbol{j} + 2\boldsymbol{k}$

11. $\boldsymbol{r}(t) = (t^3/3)\,\boldsymbol{i} + (t^2/2)\,\boldsymbol{j}, \quad t > 0$

12. $\boldsymbol{r}(t) = t\boldsymbol{i} + (a\cosh(t/a))\boldsymbol{j}, \quad a > 0$

13. $\boldsymbol{r}(t) = (\cosh t)\boldsymbol{i} - (\sinh t)\boldsymbol{j} + t\boldsymbol{k}$

Weiteres zu Krümmungen **14.** Zeigen Sie, dass die Parabel $y = ax^2$, $a \neq 0$ ihre größte Krümmung im Scheitelpunkt hat und dass es kein Minimum für die Krümmung gibt. (*Hinweis:* Da die Krümmung einer Kurve gleich bleibt, wenn sie verschoben oder gedreht wird, gilt dies für jede Parabel.)

15. Zeigen Sie, dass die Ellipse $x = a\cos t$, $y = b\sin t$, $a > b > 0$ ihre größte Krümmung an den Schnittstellen mit der großen Halbachse und ihre kleinste Krümmung an den Schnittstellen mit der kleinen Halbachse hat. (Wie in Aufgabe 14 gilt dies für alle Ellipsen.)

16. **Maximieren der Krümmung einer Helix** In Beispiel 13.17 haben wir die Krümmung der Helix $\boldsymbol{r}(t) = (a\cos t)\boldsymbol{i} + (a\sin t)\boldsymbol{j} + bt\boldsymbol{k}$ mit $(a, b \ge 0)$ berechnet, sie beträgt $\kappa = a/(a^2 + b^2)$. Was ist der größte Wert, den κ für einen gegebenen Wert von b annehmen kann? Begründen Sie Ihre Antwort.

17. **Absolute Krümmung** Wir berechnen die **absolute Krümmung** des Teilstücks einer Kurve zwischen $s = s_0$ und $s = s_1 > s_0$, indem wir κ von s_0 bis s_1 integrieren. Ist die Kurve mit einem anderen Parameter gegeben (beispielsweise t), dann ist die absolute Krümmung

$$K = \int_{s_0}^{s_1} \kappa \, ds = \int_{t_0}^{t_1} \kappa \frac{ds}{dt} dt = \int_{t_0}^{t_1} \kappa |\boldsymbol{v}| dt;$$

dabei gelten die Werte von t_0 und t_1 für die gleichen Stellen der Kurve wie s_0 und s_1. Berechnen Sie die absolute Krümmung von

a. dem Teil der Helix $\boldsymbol{r}(t) = (3\cos t)\boldsymbol{i} + (3\sin t)\boldsymbol{j} + t\boldsymbol{k}$ mit $0 \le t \le 4\pi$,

b. der Parabel $y = x^2$, $-\infty < x < \infty$.

18. Bestimmen Sie eine Gleichung für den Krümmungskreis der Kurve $\boldsymbol{r}(t) = t\boldsymbol{i} + (\sin t)\boldsymbol{j}$ im Punkt $(\pi/2, 1)$. (Dies ist eine Parameterdarstellung des Graphen $y = \sin x$ in der xy-Ebene.)

Die Gleichung

$$\kappa(x) = \frac{|f''(x)|}{[1 + (f'(x))^2]^{3/2}},$$

die wir in Aufgabe 5 hergeleitet haben, drückt die Krümmung $\kappa(x)$ einer zweimal differenzierbaren ebenen Kurve $y = f(x)$ als Funktion von x aus. Berechnen Sie in den Aufgaben 19–22 die Krümmungsfunktion. Zeichnen Sie dann die Graphen von $f(x)$ und $\kappa(x)$ im gegebenen Intervall. Es ergeben sich einige Überraschungen.

19. $y = x^2, \quad -2 \leq x \leq 2$

20. $y = x^4/4, \quad -2 \leq x \leq 2$

21. $y = \sin x, \quad 0 \leq x \leq 2\pi$

22. $y = e^x, \quad -1 \leq x \leq 2$

Computerberechnungen Untersuchen Sie in den Aufgaben 23–30 mit einem CAS den Krümmungskreis der Kurve in einem Punkt P, für den $\kappa \neq 0$ ist. Führen Sie die folgenden Schritte aus:

a. Zeichnen Sie die Kurve (gegeben in Parameterdarstellung oder als Funktion) in dem angegebenen Intervall und sehen Sie sich den Verlauf an.

b. Berechnen Sie die Krümmung κ der Kurve bei t_0 mithilfe der passenden Gleichung aus den Aufgaben 5 oder 6. Verwenden Sie die Parameterdarstellung $x = t$ und $y = f(t)$, wenn die Kurve als Funktion $y = f(x)$ gegeben ist.

c. Bestimmen Sie den Hauptnormalenvektor $\boldsymbol{N}$ bei t_0. Das Vorzeichen der Komponenten von $\boldsymbol{N}$ hängt davon ab, ob der Tangentialeinheitsvektor $\boldsymbol{T}$ sich bei $t = t_0$ im Uhrzeigersinn oder entgegen dem Uhrzeigersinn dreht (vgl. Aufgabe 7).

d. Es sei $\boldsymbol{C} = a\boldsymbol{i} + b\boldsymbol{j}$ der Vektor vom Ursprung zum Mittelpunkt (a, b) des Krümmungskreises. Berechnen Sie $\boldsymbol{C}$ aus der Vektorgleichung

$$\boldsymbol{C} = \boldsymbol{r}(t_0) + \frac{1}{\kappa(t_0)}\boldsymbol{N}(t_0).$$

Der Punkt $P(x_0, y_0)$ auf der Kurve ist durch den Ortsvektor $\boldsymbol{r}(t_0)$ gegeben.

e. Zeichnen Sie den Graphen zu der (implizit gegebenen) Gleichung $(x - a)^2 + (y - b)^2 = 1/\kappa^2$ des Krümmungskreises; fügen Sie dann die Kurve im gleichen Bild hinzu. Vielleicht müssen Sie ein wenig herumprobieren, um einen passenden Ausschnitt darzustellen, der Ausschnitt sollte aber immer quadratisch sein.

23. $\boldsymbol{r}(t) = (3\cos t)\boldsymbol{i} + (5\sin t)\boldsymbol{j}, \quad 0 \leq t \leq 2\pi, \; t_0 = \pi/4$

24. $\boldsymbol{r}(t) = (\cos^3 t)\boldsymbol{i} + (\sin^3 t)\boldsymbol{j}, \quad 0 \leq t \leq 2\pi, \; t_0 = \pi/4$

25. $\boldsymbol{r}(t) = t^2\boldsymbol{i} + (t^3 - 3t)\boldsymbol{j}, \quad -4 \leq t \leq 4, \; t_0 = 3/5$

26. $\boldsymbol{r}(t) = (t^3 - 2t^2 - t)\boldsymbol{i} + \frac{3t}{\sqrt{1 + t^2}}\boldsymbol{j}, \quad -2 \leq t \leq 5, \; t_0 = 1$

27. $\boldsymbol{r}(t) = (2t - \sin t)\boldsymbol{i} + (2 - 2\cos t)\boldsymbol{j}, \quad 0 \leq t \leq 3\pi, \; t_0 = 3\pi/2$

28. $\boldsymbol{r}(t) = (e^{-t}\cos t)\,\boldsymbol{i} + (e^{-t}\sin t)\,\boldsymbol{j}, \quad 0 \leq t \leq 6\pi, \; t_0 = \pi/4$

29. $y = x^2 - x, \quad -2 \leq x \leq 5, \; x_0 = 1$

30. $y = x(1 - x)^{2/5}, \quad -1 \leq x \leq 2, \; x_0 = 1/2$

13.5 Tangentiale und normale Komponenten der Beschleunigung

Wenn man sich entlang einer Kurve im Raum bewegt, dann sind die kartesischen Koordinaten $\boldsymbol{i}$, $\boldsymbol{j}$ und $\boldsymbol{k}$ nicht am besten geeignet, um die Bewegungsvektoren zu beschreiben. Relevant für die Bewegung sind der Vektor, der die Bewegungsrichtung angibt (der Tangentialeinheitsvektor $\boldsymbol{T}$), die Richtung, in die die Bahn sich dreht (dargestellt durch den Hauptnormaleneinheitsvektor $\boldsymbol{N}$) und die Angabe, ob die Bewegung sich aus der Ebene herausdreht, die durch diese beiden Vektoren aufgespannt wird. Dann hat sie auch eine Komponente in Richtung eines Vektors senkrecht zu dieser Ebene. Dieser Vektor ist der sogenannte *Binormaleneinheitsvektor* $\boldsymbol{B} = \boldsymbol{T} \times \boldsymbol{N}$. Man beschreibt den Beschleunigungsvektor oft als Linearkombination von drei Vektoren, die in die Richtung dieser paarweise zueinander senkrechten $\boldsymbol{TNB}$-Vektoren zeigen. Diese $\boldsymbol{TNB}$-Vektoren (▶Abbildung 13.23) laufen entlang der Bahn und verändern sich mit der Bewegung. Man nennt sie das „begleitende Dreibein". Drückt man die Beschleunigung mit diesen Vektoren aus, so lassen sich die Eigentümlichkeiten der Bahn und der Bewegung gut erkennen.

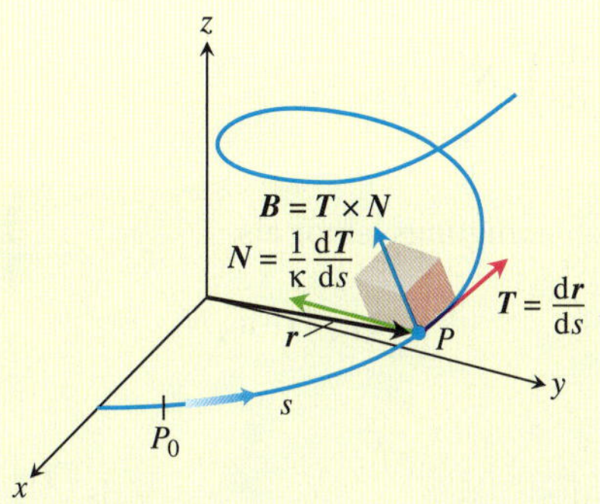

Abbildung 13.23 Das begleitende Dreibein besteht aus drei Vektoren, die aufeinander senkrecht stehen, und bewegt sich entlang einer Kurve im Raum.

Das begleitende Dreibein

Der **Binormaleneinheitsvektor** einer Kurve im Raum ist $\boldsymbol{B} = \boldsymbol{T} \times \boldsymbol{N}$; er ist ein Einheitsvektor und steht senkrecht sowohl auf $\boldsymbol{T}$ als auch auf $\boldsymbol{N}$ (▶Abbildung 13.24). Die drei Vektoren $\boldsymbol{T}$, $\boldsymbol{N}$ und $\boldsymbol{B}$ bilden zusammen ein bewegtes rechtshändiges Vektorsystem, das oft bei der Beschreibung der Bahnen von Teilchen im Raum verwendet wird. Man nennt es die **Frenet-Formeln** (nach dem französischen Mathematiker Jean-Frédéric Frenet, 1816–1900) oder das **begleitende Dreibein**.

Tangential- und Nomalkomponente der Beschleunigung

Wird ein Objekt beschleunigt – sei es durch die Gravitation, Bremsen oder Raketenmotoren – wollen wir normalerweise wissen, welcher Anteil der Beschleunigung in der Bewegungsrichtung wirkt, also in die tangentiale Richtung $\boldsymbol{T}$. Wir berechnen diesen Anteil, indem wir $\boldsymbol{v}$ mit der Kettenregel umschreiben:

$$\boldsymbol{v} = \frac{\mathrm{d}\boldsymbol{r}}{\mathrm{d}t} = \frac{\mathrm{d}\boldsymbol{r}}{\mathrm{d}s}\frac{\mathrm{d}s}{\mathrm{d}t} = \boldsymbol{T}\frac{\mathrm{d}s}{\mathrm{d}t}.$$

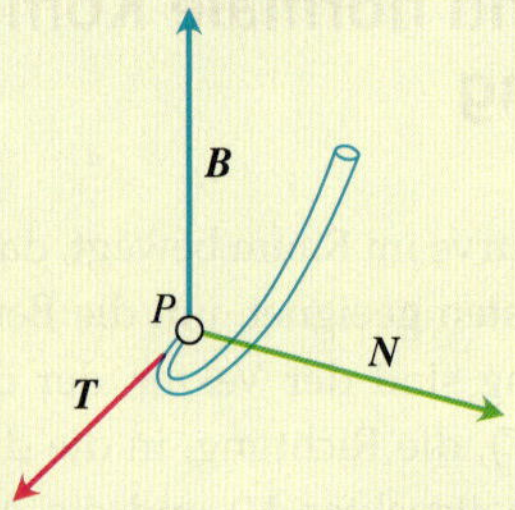

Abbildung 13.24 Die Vektoren $\boldsymbol{T}$, $\boldsymbol{N}$ und $\boldsymbol{B}$ bilden – in dieser Reihenfolge – ein rechtshändiges System aus drei aufeinander senkrecht stehenden Vektoren im Raum.

Dann leiten wir die beiden äußeren Seiten dieser Gleichung nach der Zeit ab und erhalten

$$\begin{aligned} \boldsymbol{a} = \frac{\mathrm{d}\boldsymbol{v}}{\mathrm{d}t} &= \frac{\mathrm{d}}{\mathrm{d}t}\left(\boldsymbol{T}\frac{\mathrm{d}s}{\mathrm{d}t}\right) = \frac{\mathrm{d}^2 s}{\mathrm{d}t^2}\boldsymbol{T} + \frac{\mathrm{d}s}{\mathrm{d}t}\frac{\mathrm{d}\boldsymbol{T}}{\mathrm{d}t} \\ &= \frac{\mathrm{d}^2 s}{\mathrm{d}t^2}\boldsymbol{T} + \frac{\mathrm{d}s}{\mathrm{d}t}\left(\frac{\mathrm{d}\boldsymbol{T}}{\mathrm{d}s}\frac{\mathrm{d}s}{\mathrm{d}t}\right) = \frac{\mathrm{d}^2 s}{\mathrm{d}t^2}\boldsymbol{T} + \frac{\mathrm{d}s}{\mathrm{d}t}\left(\kappa\boldsymbol{N}\frac{\mathrm{d}s}{\mathrm{d}t}\right) \qquad \frac{\mathrm{d}\boldsymbol{T}}{\mathrm{d}s} = \kappa\boldsymbol{N} \\ &= \frac{\mathrm{d}^2 s}{\mathrm{d}t^2}\boldsymbol{T} + \kappa\left(\frac{\mathrm{d}s}{\mathrm{d}t}\right)^2\boldsymbol{N}. \end{aligned}$$

Definition

Schreibt man den Beschleunigungsvektor als

$$\boldsymbol{a} = a_{\mathrm{T}}\boldsymbol{T} + a_{\mathrm{N}}\boldsymbol{N}, \tag{13.21}$$

dann sind

$$a_{\mathrm{T}} = \frac{\mathrm{d}^2 s}{\mathrm{d}t^2} = \frac{\mathrm{d}}{\mathrm{d}t}|\boldsymbol{v}| \quad \text{und} \quad a_{\mathrm{N}} = \kappa\left(\frac{\mathrm{d}s}{\mathrm{d}t}\right)^2 = \kappa|\boldsymbol{v}|^2 \tag{13.22}$$

die **Tangentialkomponente** und die **Normalkomponente** der Beschleunigung.

Der Binormaleneinheitsvektor $\boldsymbol{B}$ taucht in Gleichung (13.21) nicht auf. Unabhängig davon, wie sehr sich die Bahn des Teilchens im Raum zu krümmen und winden scheint, liegt der Beschleunigungsvektor $\boldsymbol{a}$ *immer in der Ebene von* $\boldsymbol{T}$ und $\boldsymbol{N}$ und ist senkrecht zu $\boldsymbol{B}$. Der Gleichung kann man genau entnehmen, welcher Anteil der Beschleunigung tangential zur Bewegung wirkt $(\mathrm{d}^2 s/\mathrm{d}t^2)$ und welcher senkrecht zur Bewegungsebene steht $[\kappa(\mathrm{d}s/\mathrm{d}t)^2]$ (►Abbildung 13.25).

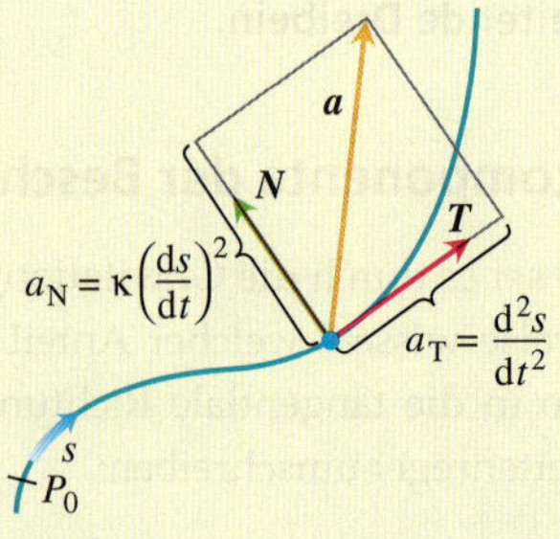

Abbildung 13.25 Die Tangential- und die Normalkomponente der Beschleunigung. Der Beschleunigungsvektor $\boldsymbol{a}$ liegt in der Ebene von $\boldsymbol{T}$ und $\boldsymbol{N}$, senkrecht zu $\boldsymbol{B}$.

Welche Informationen lassen sich Gleichung (13.22) entnehmen? Definitionsgemäß ist $\boldsymbol{a}$ die Änderung der Geschwindigkeit $\boldsymbol{v}$, und im Allgemeinen ändern sich sowohl der Betrag als auch die Richtung von $\boldsymbol{v}$, wenn sich ein Teilchen entlang einer Bahn bewegt. Die Tangentialkomponente a_T gibt dabei die Änderungsrate der *Länge* von $\boldsymbol{v}$ an (also die Änderung des Betrags der Geschwindigkeit). Die Normalkomponente der Beschleunigung a_N beschreibt die Änderung der *Richtung* von $\boldsymbol{v}$.

Die (skalare) Normalkomponente der Beschleunigung ist die Krümmung mal dem *Quadrat* des Geschwindigkeitsbetrags. Damit wird klar, warum man sich festhalten muss, wenn man in einem Auto eine scharfe Kurve (großes κ) mit hohem Tempo (großes $|\boldsymbol{v}|$) durchfährt. Verdoppelt man das Tempo des Autos, so vervierfacht sich die Normalkomponente der Beschleunigung für die gleiche Kurve.

Bewegt sich ein Teilchen mit konstantem Tempo entlang eines Kreises, so ist $\mathrm{d}^2s/\mathrm{d}t^2$ gleich null, und die gesamte Beschleunigung zeigt entlang von $\boldsymbol{N}$ in Richtung des Kreismittelpunkts. Wird das Teilchen schneller oder langsamer, dann hat $\boldsymbol{a}$ auch eine Tangentialkomponente ungleich null (►Abbildung 13.26).

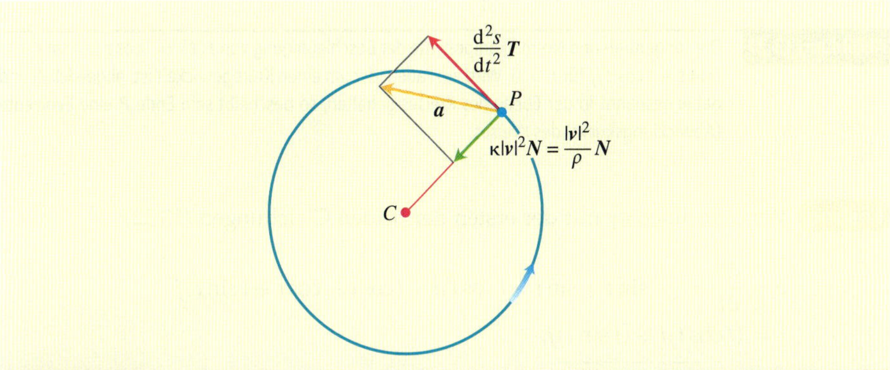

Abbildung 13.26 Die Tangentialkomponente und die Normalkomponente der Beschleunigung eines Teilchens, das sich entgegen dem Uhrzeigersinn entlang einer Kreisbahn mit Radius ρ bewegt und dabei schneller wird.

Wir berechnen a_N normalerweise mit der Gleichung $a_N = \sqrt{|\boldsymbol{a}|^2 - a_T^2}$, die man erhält, wenn man die Gleichung $|\boldsymbol{a}|^2 = \boldsymbol{a} \cdot \boldsymbol{a} = a_T^2 + a_N^2$ nach a_N auflöst. Mit dieser Gleichung lässt sich a_N berechnen, ohne zunächst κ bestimmen zu müssen.

Merke

Formel zur Berechnung der Normalkomponente der Beschleunigung

$$a_N = \sqrt{|\mathbf{a}|^2 - a_T^2} \qquad (13.23)$$

Tangential- und Normalkomponente der Beschleunigung

Beispiel 13.19 Schreiben Sie die Beschleunigung von

$$\boldsymbol{r}(t) = (\cos t + t \sin t)\boldsymbol{i} + (\sin t - t \cos t)\boldsymbol{j}, \quad t > 0$$

in der Form $\boldsymbol{a} = a_T\boldsymbol{T} + a_N\boldsymbol{N}$, ohne zuvor $\boldsymbol{T}$ und $\boldsymbol{N}$ berechnet zu haben. (Diese Bahn ist die Evolvente des Kreises in ►Abbildung 13.27. Vgl. hierzu auch Aufgabe 15 in Abschnitt 13.3.)

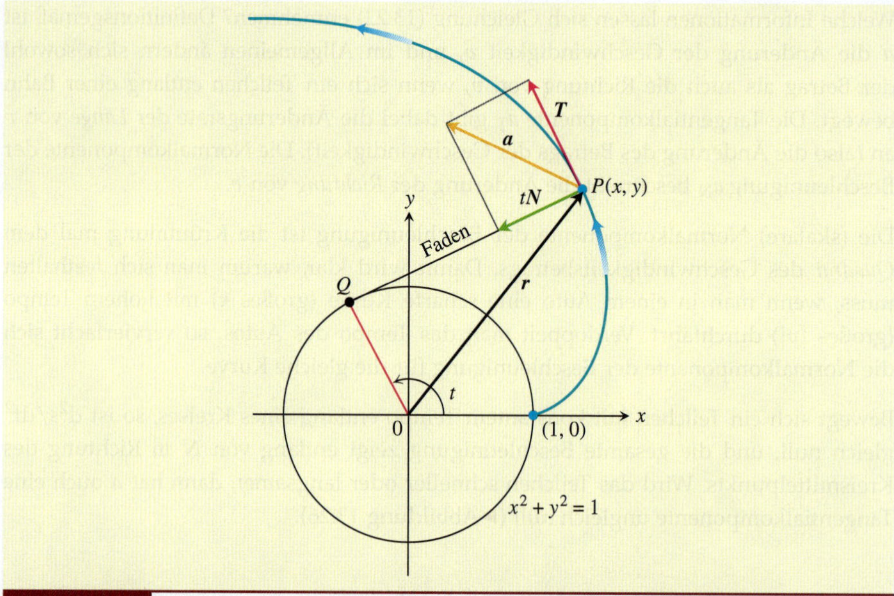

Abbildung 13.27 Die Tangential- und Normalkomponente der Beschleunigung von $\boldsymbol{r}(t) = (\cos t + t \sin t)\boldsymbol{i} + (\sin t - t \cos t)\boldsymbol{j}$ für $t > 0$. Wird ein Faden, der um einen Kreis gewickelt ist, abgewickelt und dabei gespannt in der Ebene des Kreises gehalten, so beschreibt sein Ende P eine Evolvente (Abwicklungskurve) des Kreises.

Lösung Wir berechnen a_T mit der ersten der beiden Gleichungen (13.22):

$$
\begin{aligned}
\boldsymbol{v} &= \frac{\mathrm{d}\boldsymbol{r}}{\mathrm{d}t} = (-\sin t + \sin t + t\cos t)\boldsymbol{i} + (\cos t - \cos t + t \sin t)\boldsymbol{j} \\
&= (t\cos t)\boldsymbol{i} + (t \sin t)\boldsymbol{j}, \\
|\boldsymbol{v}| &= \sqrt{t^2\cos^2 t + t^2 \sin^2 t} = \sqrt{t^2} = |t| = t, && t > 0 \\
a_T &= \frac{\mathrm{d}}{\mathrm{d}t}|\boldsymbol{v}| = \frac{\mathrm{d}}{\mathrm{d}t}(t) = 1. && \text{Gleichung (13.22)}
\end{aligned}
$$

Wenn a_T bekannt ist, lässt sich mit Gleichung (13.23) a_N berechnen:

$$
\begin{aligned}
\boldsymbol{a} &= (\cos t - t \sin t)\boldsymbol{i} + (\sin t + t \cos t)\boldsymbol{j}, \\
|\boldsymbol{a}|^2 &= t^2 + 1 && \text{Nach einigen algebraischen Berechnungen} \\
a_N &= \sqrt{|\boldsymbol{a}|^2 - a_T^2} \\
&= \sqrt{(t^2+1) - (1)} = \sqrt{t^2} = t.
\end{aligned}
$$

Mithilfe von Gleichung (13.21) kann man dann $\boldsymbol{a}$ berechnen:

$$
\boldsymbol{a} = a_T\boldsymbol{T} + a_N\boldsymbol{N} = (1)\boldsymbol{T} + (t)\boldsymbol{N} = \boldsymbol{T} + t\boldsymbol{N}.
$$

Windung (Torsion) einer Kurve

Wie verhält sich $\mathrm{d}\boldsymbol{B}/\mathrm{d}s$ in Abhängigkeit von $\boldsymbol{T}$, $\boldsymbol{N}$ und $\boldsymbol{B}$? Mit den Regeln zur Ableitung eines Kreuzprodukts erhält man

$$
\frac{\mathrm{d}\boldsymbol{B}}{\mathrm{d}s} = \frac{\mathrm{d}(\boldsymbol{T} \times \boldsymbol{N})}{\mathrm{d}s} = \frac{\mathrm{d}\boldsymbol{T}}{\mathrm{d}s} \times \boldsymbol{N} + \boldsymbol{T} \times \frac{\mathrm{d}\boldsymbol{N}}{\mathrm{d}s}.
$$

N zeigt in die Richtung von $\mathrm{d}T/\mathrm{d}s$, daher ist $(\mathrm{d}T/\mathrm{d}s) \times N = \mathbf{0}$, und es folgt

$$\frac{\mathrm{d}B}{\mathrm{d}s} = \mathbf{0} + T \times \frac{\mathrm{d}N}{\mathrm{d}s} = T \times \frac{\mathrm{d}N}{\mathrm{d}s}.$$

$\mathrm{d}B/\mathrm{d}s$ ist also orthogonal zu T, weil ein Kreuzprodukt immer senkrecht auf seinen Faktoren steht.

Weil $\mathrm{d}B/\mathrm{d}s$ auch senkrecht auf B steht (B hat einen konstanten Betrag), folgt daraus, dass $\mathrm{d}B/\mathrm{d}s$ senkrecht auf der Ebene steht, die von T und B aufgespannt wird. Das bedeutet, dass $\mathrm{d}B/\mathrm{d}s$ parallel zu N ist; also ist $\mathrm{d}B/\mathrm{d}s$ ein skalares Vielfaches von N. Als Gleichung geschrieben:

$$\frac{\mathrm{d}B}{\mathrm{d}s} = -\tau N.$$

Das negative Vorzeichen beruht auf Konvention. Den Skalar τ nennt man die *Windung* oder *Torsion* einer Kurve. Es gilt

$$\frac{\mathrm{d}B}{\mathrm{d}s} \cdot N = -\tau N \cdot N = -\tau(1) = -\tau.$$

Mit dieser Gleichung definieren wir nun τ.

Definition

Es sei $B = T \times N$. Die **Windung** oder **Torsion** einer glatten Kurve ist dann

$$\tau = -\frac{\mathrm{d}B}{\mathrm{d}s} \cdot N. \qquad (13.24)$$

Im Gegensatz zu der Krümmung κ, die immer positiv ist, kann die Windung τ positiv, negativ oder null sein.

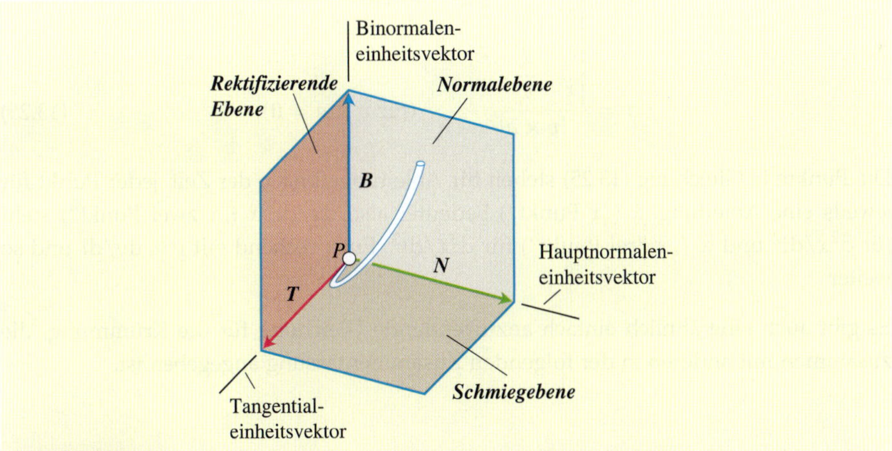

Abbildung 13.28 Die Namen der drei Ebenen, die von T, N und B bestimmt werden.

►Abbildung 13.28 zeigt die drei Ebene, die von T, N und B bestimmt werden. Die Krümmung $\kappa = |\mathrm{d}T/\mathrm{d}s|$ kann man auch als die Geschwindigkeit interpretieren, mit der die Normalebene sich mit der Bewegung von P entlang der Bahn dreht. Dementsprechend ist die Windung $\tau = -(\mathrm{d}B/\mathrm{d}s) \cdot N$ die Geschwindigkeit, mit der sich die Schmiegebene um T dreht, wenn P sich entlang der Kurve bewegt. Die Windung gibt an, wie sehr sich die Kurve aus der Ebene herausdreht.

Wir betrachten nun ►Abbildung 13.29. Wenn wir uns P als einen Zug vorstellen, der auf einer kurvigen Strecke eine Steigung hinauffährt, dann entspricht die Geschwindigkeit, mit der die Scheinwerfer pro Streckeneinheit von einer zur anderen Seite schwenken, der Krümmung der Strecke. Die Geschwindigkeit, mit der die Lokomotive sich aus der Ebene herausdreht, die von $\boldsymbol{T}$ und $\boldsymbol{N}$ aufgespannt wird, ist die Windung. Man kann zeigen (wenn auch nur mit fortgeschrittener Mathematik), dass eine Kurve im Raum dann und nur dann eine Helix ist, wenn die Krümmung und die Windung konstant und ungleich null sind.

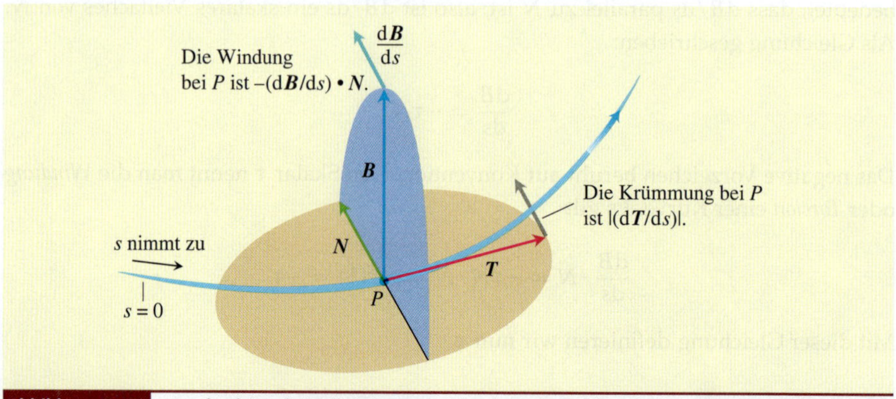

Abbildung 13.29 Das begleitende Dreibein bewegt sich mit einem Teilchen entlang der Bahn und beschreibt seine Geometrie.

Formeln zur Berechnung der Bewegungsgrößen

Für die Windung gibt es eine oft verwendete Determinantengleichung, die mit höherer Analysis hergeleitet werden kann. Sie lautet

$$\tau = \frac{\begin{vmatrix} \dot{x} & \dot{y} & \dot{z} \\ \ddot{x} & \ddot{y} & \ddot{z} \\ \dddot{x} & \dddot{y} & \dddot{z} \end{vmatrix}}{|\boldsymbol{v} \times \boldsymbol{a}|^2} \qquad (\text{für } \boldsymbol{v} \times \boldsymbol{a} \neq \boldsymbol{0}). \tag{13.25}$$

Die Punkte in Gleichung (13.25) stehen für Ableitungen nach der Zeit, jeder Punkt für jeweils eine Ableitung. $\dot{x}$ („x Punkt") bedeutet also $\mathrm{d}x/\mathrm{d}t$, $\ddot{x}$ („x zwei Punkt") steht für $\mathrm{d}^2x/\mathrm{d}t^2$ und $\dddot{x}$ („x drei Punkt") für $\mathrm{d}^3x/\mathrm{d}t^3$. Entsprechend gilt $\dot{y} = \mathrm{d}y/\mathrm{d}t$ und so weiter.

Es gibt auch eine ähnlich einfach anzuwendende Gleichung für die Krümmung, die zusammen mit anderen in der folgenden Zusammenfassung angegeben ist.

Formeln zur Berechnung von Bewegungsgrößen von Kurven im Raum **Merke**

Tangentialeinheitsvektor: $\boldsymbol{T} = \dfrac{\boldsymbol{v}}{|\boldsymbol{v}|}$

Hauptnormaleneinheitsvektor: $\boldsymbol{N} = \dfrac{\mathrm{d}\boldsymbol{T}/\mathrm{d}t}{|\mathrm{d}\boldsymbol{T}/\mathrm{d}t|}$

Binormaleneinheitsvektor: $\boldsymbol{B} = \boldsymbol{T} \times \boldsymbol{N}$

Krümmung: $\kappa = \left|\dfrac{\mathrm{d}\boldsymbol{T}}{\mathrm{d}s}\right| = \dfrac{|\boldsymbol{v} \times \boldsymbol{a}|}{|\boldsymbol{v}|^3}$

Windung: $\tau = -\dfrac{\mathrm{d}\boldsymbol{B}}{\mathrm{d}s} \cdot \boldsymbol{N} = \dfrac{\begin{vmatrix} \dot{x} & \dot{y} & \dot{z} \\ \ddot{x} & \ddot{y} & \ddot{z} \\ \dddot{x} & \dddot{y} & \dddot{z} \end{vmatrix}}{|\boldsymbol{v} \times \boldsymbol{a}|^2}$

Tangential- und Normalkomponente der Beschleunigung: $\boldsymbol{a} = a_\mathrm{T}\boldsymbol{T} + a_\mathrm{N}\boldsymbol{N}$

$$a_\mathrm{T} = \frac{\mathrm{d}}{\mathrm{d}t}|\boldsymbol{v}|$$

$$a_\mathrm{N} = \kappa|\boldsymbol{v}|^2 = \sqrt{|\boldsymbol{a}|^2 - a_\mathrm{T}^2}$$

Aufgaben zum Abschnitt 13.5

Berechnung von Tangential- und Normalkomponenten Schreiben Sie in den Aufgaben 1 und 2 $\boldsymbol{a}$ in der Form $\boldsymbol{a} = a_\mathrm{T}\boldsymbol{T} + a_\mathrm{N}\boldsymbol{N}$, ohne zuvor $\boldsymbol{T}$ und $\boldsymbol{N}$ zu berechnen.

1. $\boldsymbol{r}(t) = (a\cos t)\boldsymbol{i} + (a\sin t)\boldsymbol{j} + bt\boldsymbol{k}$

2. $\boldsymbol{r}(t) = (1 + 3t)\boldsymbol{i} + (t - 2)\boldsymbol{j} - 3t\boldsymbol{k}$

Schreiben Sie in den Aufgaben 3–6 $\boldsymbol{a}$ in der Form $\boldsymbol{a} = a_\mathrm{T}\boldsymbol{T} + a_\mathrm{N}\boldsymbol{N}$ für den angegebenen Wert von t, ohne zuvor $\boldsymbol{T}$ und $\boldsymbol{N}$ zu berechnen.

3. $\boldsymbol{r}(t) = (t + 1)\boldsymbol{i} + 2t\boldsymbol{j} + t^2\boldsymbol{k}, \quad t = 1$

4. $\boldsymbol{r}(t) = (t\cos t)\boldsymbol{i} + (t\sin t)\boldsymbol{j} + t^2\boldsymbol{k}, \quad t = 0$

5. $\boldsymbol{r}(t) = t^2\boldsymbol{i} + (t + (1/3)t^3)\boldsymbol{j} + (t - (1/3)t^3)\boldsymbol{k}, \quad t = 0$

6. $\boldsymbol{r}(t) = (\mathrm{e}^t\cos t)\,\boldsymbol{i} + (\mathrm{e}^t\sin t)\,\boldsymbol{j} + \sqrt{2}\mathrm{e}^t\boldsymbol{k}, \quad t = 0$

Bestimmen des begleitenden Dreibeins Berechnen Sie in den Aufgaben 7 und 8 $\boldsymbol{r}$, $\boldsymbol{T}$, $\boldsymbol{N}$ und $\boldsymbol{B}$ für den gegebenen Wert von t. Stellen Sie dann Gleichungen für die Normalebene, die Schmiegebene und die rektifizierende Ebene bei diesem Wert von t auf.

7. $\boldsymbol{r}(t) = (\cos t)\boldsymbol{i} + (\sin t)\boldsymbol{j} - \boldsymbol{k}, \quad t = \pi/4$

8. $\boldsymbol{r}(t) = (\cos t)\boldsymbol{i} + (\sin t)\boldsymbol{j} + t\boldsymbol{k}, \quad t = 0$

In den Aufgaben 9–13 aus Abschnitt 13.4 haben Sie für Kurven im Raum $\boldsymbol{T}$, $\boldsymbol{N}$ und κ berechnet. Bestimmen Sie in den hier folgenden Aufgaben 9–13 für die gleichen Kurven noch $\boldsymbol{B}$ and τ.

9. $\boldsymbol{r}(t) = (3\sin t)\boldsymbol{i} + (3\cos t)\boldsymbol{j} + 4t\boldsymbol{k}$

10. $\boldsymbol{r}(t) = (\mathrm{e}^t\cos t)\,\boldsymbol{i} + (\mathrm{e}^t\sin t)\,\boldsymbol{j} + 2\boldsymbol{k}$

11. $\boldsymbol{r}(t) = (t^3/3)\,\boldsymbol{i} + (t^2/2)\,\boldsymbol{j}, \quad t > 0$

12. $\boldsymbol{r}(t) = t\boldsymbol{i} + (a\cosh(t/a))\boldsymbol{j}, \quad a > 0$

13. $\boldsymbol{r}(t) = (\cosh t)\boldsymbol{i} - (\sinh t)\boldsymbol{j} + t\boldsymbol{k}$

Physikalische Anwendungen **14.** Der Tachometer Ihres Autos zeigt dauerhaft 55 km/h an. Kann es sein, dass Ihre Bewegung trotzdem beschleunigt ist? Erläutern Sie.

15. Kann man allgemein etwas zur Beschleunigung eines Teilchens aussagen, das sich mit konstantem Tempo (konstantem Betrag) bewegt? Begründen Sie Ihre Antwort.

16. Kann man allgemein etwas zum Betrag der Geschwindigkeit eines Teilchens aussagen, dessen Beschleunigung immer senkrecht auf dem Geschwindigkeitsvektor steht? Begründen Sie Ihre Antwort.

17. Ein Teilchen der Masse m bewegt sich entlang der Parabel $y = x^2$, der Betrag der Geschwindigkeit ist konstant 10 Einheiten pro Sekunde. Welche Kraft wirkt auf das Teilchen aufgrund seiner Beschleunigung im Punkt $(0,0)$ und im Punkt $(2^{1/2}, 2)$? Geben Sie Ihre Antworten als Vielfaches von $\boldsymbol{i}$ und $\boldsymbol{j}$ an. (Verwenden Sie das Newton'sche Gesetz $\boldsymbol{F} = m\boldsymbol{a}$.)

Theorie und Beispiele

18. Vektorgleichung für die Krümmung Leiten Sie für eine glatte Kurve mithilfe von Gleichung (13.21) die folgende Gleichung für die Krümmung her:

$$\kappa = \frac{|\boldsymbol{v} \times \boldsymbol{a}|}{|\boldsymbol{v}|^3}.$$

19. Zeigen Sie: Ein Teilchen bewegt sich entlang einer Geraden, wenn die Normalkomponente der Beschleunigung gleich null ist.

20. Ein abgekürztes Verfahren zur Berechnung der Krümmung Wenn $|a_N|$ und $|\boldsymbol{v}|$ bekannt sind, lässt sich die Krümmung einfach mit der Gleichung $a_N = \kappa|\boldsymbol{v}|^2$ berechnen. Bestimmen Sie damit die Krümmung und den Krümmungsradius der Kurve

$$\boldsymbol{r}(t) = (\cos t + t \sin t)\boldsymbol{i} + (\sin t - t\cos t)\boldsymbol{j}, \quad t > 0.$$

(a_N und $|\boldsymbol{v}|$ wurden bereits in Beispiel 13.19 bestimmt.)

21. Zeigen Sie, dass für die Gerade

$$\boldsymbol{r}(t) = (x_0 + At)\boldsymbol{i} + (y_0 + Bt)\boldsymbol{j} + (z_0 + Ct)\boldsymbol{k}$$

sowohl κ als auch τ gleich null sind.

22. Was lässt sich zur Windung einer glatten ebenen Kurve $\boldsymbol{r}(t) = f(t)\boldsymbol{i} + g(t)\boldsymbol{j}$ sagen? Begründen Sie Ihre Antwort.

23. Die Windung einer Helix Zeigen Sie, dass die Windung der Helix

$$\boldsymbol{r}(t) = (a\cos t)\boldsymbol{i} + (a \sin t)\boldsymbol{j} + bt\boldsymbol{k}, \quad a, b \geq 0$$

gleich $\tau = b/(a^2 + b^2)$ ist. Welchen Maximalwert kann τ für einen gegebenen Wert von a haben? Begründen Sie Ihre Antwort.

24. Differenzierbare Kurven mit der Windung null liegen in einer Ebene Eine (ausreichend oft differenzierbare) Kurve mit der Windung null liegt in einer Ebene. Dies ist ein Spezialfall der Tatsache, dass ein Teilchen, dessen Geschwindigkeit immer senkrecht zu einem festen Vektor $\boldsymbol{C}$ ist, sich in einer Ebene senkrecht zu $\boldsymbol{C}$ bewegt. Dies kann man umgekehrt auch mit dem folgenden Ergebnis erklären.

Es sei $\boldsymbol{r}(t) = f(t)\boldsymbol{i} + g(t)\boldsymbol{j} + h(t)\boldsymbol{k}$ zweimal differenzierbar für alle t im Intervall $[a, b]$, es sei $\boldsymbol{r} = 0$ für $t = a$ und $\boldsymbol{v} \cdot \boldsymbol{k} = 0$ für alle t in $[a, b]$. Zeigen Sie, dass dann $h(t) = 0$ für alle t in $[a, b]$ gilt. (*Hinweis:* Gehen Sie von $\boldsymbol{a} = \mathrm{d}^2\boldsymbol{r}/\mathrm{d}t^2$ aus und betrachten Sie die Angangsbedingungen in umgekehrter Reihenfolge.)

25. Eine Gleichung zur Berechnung von τ aus $\boldsymbol{B}$ und $\boldsymbol{v}$. Wenn wir von der Definition $\tau = -(\mathrm{d}\boldsymbol{B}/\mathrm{d}s) \cdot \boldsymbol{N}$ ausgehen und zweimal die Kettenregel anwenden, können wir $\mathrm{d}\boldsymbol{B}/\mathrm{d}s$ folgendermaßen schreiben:

$$\frac{\mathrm{d}\boldsymbol{B}}{\mathrm{d}s} = \frac{\mathrm{d}\boldsymbol{B}}{\mathrm{d}t}\frac{\mathrm{d}t}{\mathrm{d}s} = \frac{\mathrm{d}\boldsymbol{B}}{\mathrm{d}t}\frac{1}{|\boldsymbol{v}|}.$$

Lösen wir nach τ auf, erhalten wir die Gleichung

$$\tau = -\frac{1}{|\boldsymbol{v}|}\left(\frac{\mathrm{d}\boldsymbol{B}}{\mathrm{d}t} \cdot \boldsymbol{N}\right).$$

Diese Gleichung hat gegenüber Gleichung (13.25) den Vorteil, dass sie einfacher hinzuschreiben und zu merken ist. Ihr Nachteil ist, dass die Berechnung von τ mit ihr (ohne Computer) viel Rechenaufwand bedeuten kann. Bestimmen Sie mit dieser Gleichung die Windung der Helix aus Aufgabe 23.

Computerberechnungen

Berechnen Sie mit einem CAS in den Aufgaben 26–29 für die gegebenen Kurven $\boldsymbol{v}$, $\boldsymbol{a}$, den Betrag der Geschwindigkeit, $\boldsymbol{T}$, $\boldsymbol{N}$ $\boldsymbol{B}$, κ, τ sowie die Tangential- und Normalkomponente der Beschleunigung, jeweils für den gegebenen Wert von t. Runden Sie auf vier Dezimalstellen.

26. $\boldsymbol{r}(t) = (t\cos t)\boldsymbol{i} + (t \sin t)\boldsymbol{j} + t\boldsymbol{k}, \quad t = \sqrt{3}$

27. $\boldsymbol{r}(t) = (\mathrm{e}^t \cos t)\,\boldsymbol{i} + (\mathrm{e}^t \sin t)\,\boldsymbol{j} + \mathrm{e}^t\boldsymbol{k}, \quad t = \ln 2$

28. $\boldsymbol{r}(t) = (t - \sin t)\boldsymbol{i} + (1 - \cos t)\boldsymbol{j} + \sqrt{-t}\boldsymbol{k}, \quad t = -3\pi$

29. $\boldsymbol{r}(t) = (3t - t^2)\boldsymbol{i} + (3t^2)\boldsymbol{j} + (3t + t^3)\boldsymbol{k}, \quad t = 1$

13.6 Geschwindigkeit und Beschleunigung in Polarkoordinaten

In diesem Abschnitt leiten wir Gleichungen für die Geschwindigkeit und die Beschleunigung in Polarkoordinaten her. Diese Gleichungen sind besonders nützlich bei der Berechnung von Planeten- und Satellitenbahnen im Weltraum. Wir untersuchen mit ihnen hier die drei Kepler'schen Gesetze zur Planetenbewegung.

Bewegung in Polar- und Zylinderkoordinaten

Bewegt sich ein Teilchen $P(r, \theta)$ entlang einer Kurve in der polaren Koordinatenebene, dann drücken wir seinen Ort, seine Geschwindigkeit und seine Beschleunigung mit den sich mitbewegenden Einheitsvektoren

$$\boldsymbol{u}_r = (\cos\theta)\boldsymbol{i} + (\sin\theta)\boldsymbol{j}, \quad \boldsymbol{u}_\theta = -(\sin\theta)\boldsymbol{i} + (\cos\theta)\boldsymbol{j} \tag{13.26}$$

aus, die in ▶Abbildung 13.30 zu sehen sind. Der Vektor $\boldsymbol{u}_r$ zeigt in Richtung des Ortsvektors $\overrightarrow{OP}$, es gilt also $\boldsymbol{r} = r\boldsymbol{u}_r$. Der Vektor $\boldsymbol{u}_\theta$ steht senkrecht auf $\boldsymbol{u}_r$ und zeigt in die Richtung von ansteigendem θ.

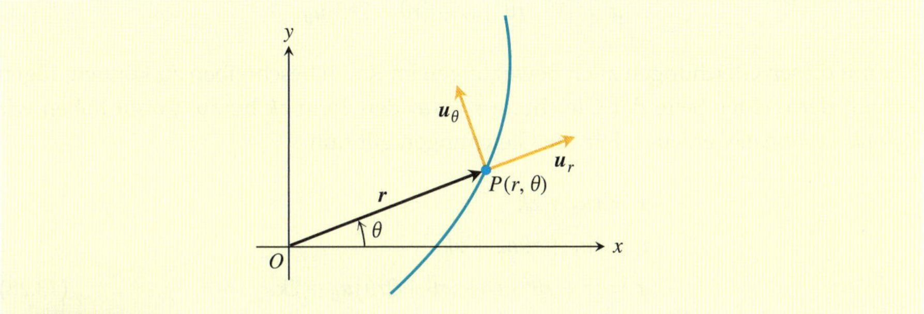

Abbildung 13.30 Die Länge von $\boldsymbol{r}$ entspricht der positiven Polarkoordinate r des Punkts P. $\boldsymbol{u}_r$ ist gleich $\boldsymbol{r}/|\boldsymbol{r}|$ und damit gleich $\boldsymbol{r}/r$. In Gleichung (13.26) werden $\boldsymbol{u}_r$ und $\boldsymbol{u}_\theta$ mit den Vektoren $\boldsymbol{i}$ und $\boldsymbol{j}$ geschrieben.

Aus Gleichung (13.26) folgt

$$\begin{aligned} \frac{d\boldsymbol{u}_r}{d\theta} &= -(\sin\theta)\boldsymbol{i} + (\cos\theta)\boldsymbol{j} = \boldsymbol{u}_\theta \\ \frac{d\boldsymbol{u}_\theta}{d\theta} &= -(\cos\theta)\boldsymbol{i} - (\sin\theta)\boldsymbol{j} = -\boldsymbol{u}_r. \end{aligned}$$

Wir leiten $\boldsymbol{u}_r$ und $\boldsymbol{u}_\theta$ nach t ab und bestimmen so ihre Änderung mit der Zeit. Mit der Kettenregel erhalten wir

$$\dot{\boldsymbol{u}}_r = \frac{d\boldsymbol{u}_r}{d\theta}\dot{\theta} = \dot{\theta}\boldsymbol{u}_\theta, \quad \dot{\boldsymbol{u}}_\theta = \frac{d\boldsymbol{u}_\theta}{d\theta}\dot{\theta} = -\dot{\theta}\boldsymbol{u}_r. \tag{13.27}$$

Der Geschwindigkeitsvektor lässt sich also als Vielfaches von $\boldsymbol{u}_r$ und $\boldsymbol{u}_\theta$ schreiben; es ergibt sich (▶Abbildung 13.31)

$$\boldsymbol{v} = \dot{\boldsymbol{r}} = \frac{d}{dt}(r\boldsymbol{u}_r) = \dot{r}\boldsymbol{u}_r + r\dot{\boldsymbol{u}}_r = \dot{r}\boldsymbol{u}_r + r\dot{\theta}\boldsymbol{u}_\theta.$$

Wie im vorausgehenden Abschnitt verwenden wir die Schreibweise mit einem Punkt für die Ableitung nach der Zeit, um die Gleichungen möglichst einfach zu halten: $\dot{\boldsymbol{u}}_r$ steht für $d\boldsymbol{u}_r/dt$, $\dot{\theta}$ für $d\theta/dt$ und so weiter.

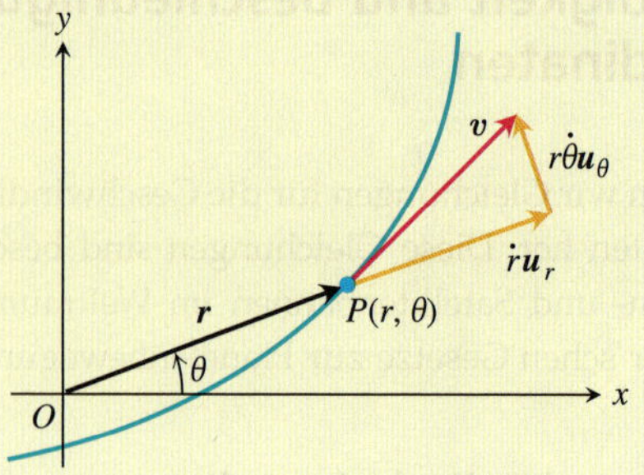

Abbildung 13.31 Der Geschwindigkeitsvektor in Polarkoordinaten ist $\boldsymbol{v} = \dot r\boldsymbol{u}_r + r\dot\theta\boldsymbol{u}_\theta$.

Die Beschleunigung ist dann

$$\boldsymbol{a} = \dot{\boldsymbol{v}} = (\ddot r\boldsymbol{u}_r + \dot r\dot{\boldsymbol{u}}_r) + (\dot r\dot\theta\boldsymbol{u}_\theta + r\ddot\theta\boldsymbol{u}_\theta + r\dot\theta\dot{\boldsymbol{u}}_\theta).$$

Wir beschreiben $\dot{\boldsymbol{u}}_r$ und $\dot{\boldsymbol{u}}_\theta$ mithilfe von Gleichung (13.27) und ordnen die Komponenten neu. Die Gleichung für die Beschleunigung als Vielfaches der Vektoren $\boldsymbol{u}_r$ und $\boldsymbol{u}_\theta$ wird dann

$$\boldsymbol{a} = (\ddot r - r\dot\theta^2)\boldsymbol{u}_r + (r\ddot\theta + 2\dot r\dot\theta)\boldsymbol{u}_\theta.$$

Um mit diesen Gleichungen auch Bewegungen im Raum beschreiben zu können, fügen wir auf der rechten Seite der Gleichung $\boldsymbol{r} = r\boldsymbol{u}_r$ den Term $z\boldsymbol{k}$ hinzu. Damit haben wir *Zylinderkoordinaten* erzeugt. Für die Gleichungen gilt nun

$$\begin{aligned}\boldsymbol{r} &= r\boldsymbol{u}_r + z\boldsymbol{k}\\ \boldsymbol{v} &= \dot r\boldsymbol{u}_r + r\dot\theta\boldsymbol{u}_\theta + \dot z\boldsymbol{k}\\ \boldsymbol{a} &= (\ddot r - r\dot\theta^2)\boldsymbol{u}_r + (r\ddot\theta + 2\dot r\dot\theta)\boldsymbol{u}_\theta + \ddot z\boldsymbol{k}.\end{aligned} \tag{13.28}$$

Die Vektoren $\boldsymbol{u}_r$, $\boldsymbol{u}_\theta$ und $\boldsymbol{k}$ bilden ein Rechtssystem (►Abbildung 13.32), in dem gilt

$$\boldsymbol{u}_r \times \boldsymbol{u}_\theta = \boldsymbol{k}, \quad \boldsymbol{u}_\theta \times \boldsymbol{k} = \boldsymbol{u}_r, \quad \boldsymbol{k} \times \boldsymbol{u}_r = \boldsymbol{u}_\theta.$$

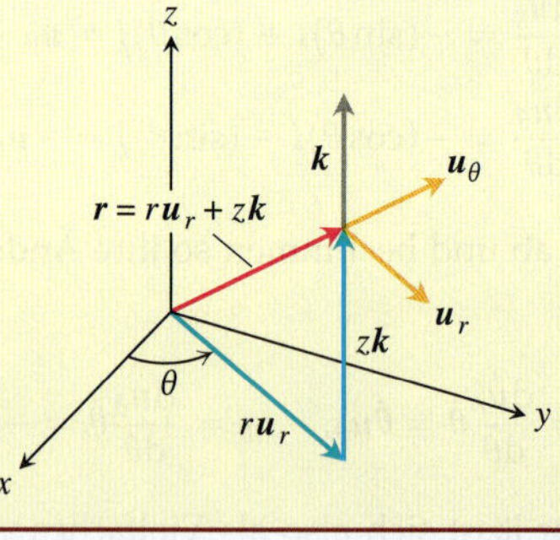

Abbildung 13.32 Der Ortsvektor und die Einheitsvektoren in zylindrischen Koordinaten. Es gilt $|\boldsymbol{r}| \neq r$ für $z \neq 0$.

Planeten bewegen sich in einer Ebene

Ist $\boldsymbol{r}$ der Vektor vom Mittelpunkt der Sonne mit der Masse M zum Mittelpunkt eines Planeten mit der Masse m, dann ist laut dem Newton'schen Gravitationsgesetz die

Anziehungskraft $\boldsymbol{F}$ aufgrund der Gravitation zwischen Planet und Sonne gleich (▶Abbildung 13.33)

$$\boldsymbol{F} = -\frac{GmM}{|\boldsymbol{r}|^2}\frac{\boldsymbol{r}}{|\boldsymbol{r}|}.$$

Dabei ist G die **universelle Gravitationskonstante**. Geben wir die Masse in Kilogramm an, die Kraft in Newton und die Längen in Meter, dann ist G ungefähr gleich $6{,}6726 \cdot 10^{-11}\ \mathrm{Nm^2kg^{-2}}$.

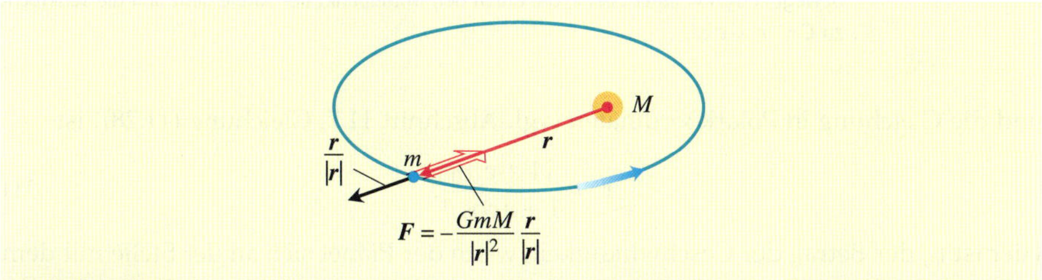

Abbildung 13.33 Die Gravitationskraft wirkt entlang einer Geraden zwischen den beiden Massenmittelpunkten.

Wir setzen nun das Gravitationsgesetz in das zweite Newton'sche Gesetz $\boldsymbol{F} = m\ddot{\boldsymbol{r}}$ ein, das die Kraft beschreibt, die auf einen Planeten wirkt. Er ergibt sich

$$m\ddot{\boldsymbol{r}} = -\frac{GmM}{|\boldsymbol{r}|^2}\frac{\boldsymbol{r}}{|\boldsymbol{r}|},$$
$$\ddot{\boldsymbol{r}} = -\frac{GM}{|\boldsymbol{r}|^2}\frac{\boldsymbol{r}}{|\boldsymbol{r}|}.$$

Der Planet wird immer in Richtung des Massenmittelpunkts der Sonne beschleunigt.

Aus der Gleichung folgt, dass $\ddot{\boldsymbol{r}}$ ein skalares Vielfaches von $\boldsymbol{r}$ ist. Es gilt also

$$\boldsymbol{r} \times \ddot{\boldsymbol{r}} = \boldsymbol{0}.$$

Aus dieser Gleichung folgt

$$\frac{\mathrm{d}}{\mathrm{d}t}(\boldsymbol{r} \times \dot{\boldsymbol{r}}) = \underbrace{\dot{\boldsymbol{r}} \times \dot{\boldsymbol{r}}}_{0} + \boldsymbol{r} \times \ddot{\boldsymbol{r}} = \boldsymbol{r} \times \ddot{\boldsymbol{r}} = \boldsymbol{0}.$$

Damit gilt also

$$\boldsymbol{r} \times \dot{\boldsymbol{r}} = \boldsymbol{C} \qquad (13.29)$$

mit einem beliebigen konstanten Vektor $\boldsymbol{C}$.

Aus Gleichung (13.29) folgt, dass $\boldsymbol{r}$ und $\dot{\boldsymbol{r}}$ immer in einer Ebene senkrecht zu $\boldsymbol{C}$ liegen. Der Planet bewegt sich also in einer festen Ebene, die durch den Mittelpunkt der Sonne geht (▶Abbildung 13.34). Wir stellen nun die Kepler'schen Gesetze vor, die die Bewegung genauer beschreiben.

Das erste Kepler'sche Gesetz (Ellipsensatz)

Das *erste Kepler'sche Gesetz* besagt, dass die Bahn eines Planeten eine Ellipse ist, in deren einem Brennpunkt die Sonne steht. Die numerische Exzentrität dieser Ellipse ist

$$e = \frac{r_0 v_0^2}{GM} - 1, \qquad (13.30)$$

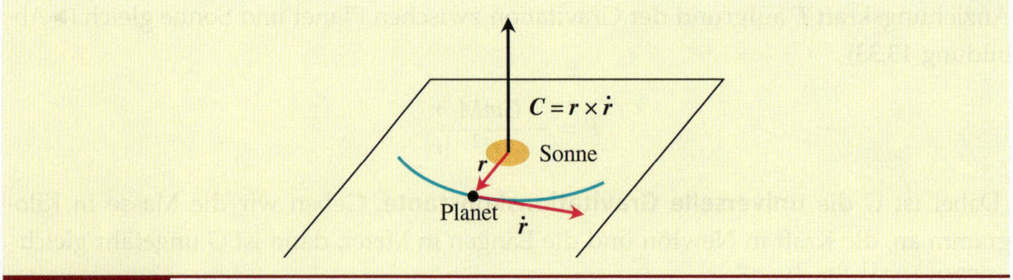

Abbildung 13.34 Gelten für einen Planeten das Newton'sche Gravitations- und Bewegungsgesetz, dann bewegt er sich in einer Ebene, die durch den Mittelpunkt der Sonne geht und die senkrecht zu $\boldsymbol{C} = \boldsymbol{r} \times \dot{\boldsymbol{r}}$ ist.

und die Gleichung in Polarkoordinaten (vgl. Abschnitt 11.7, Gleichung (11.28)) ist

$$r = \frac{(1+e)r_0}{1+e\cos\theta}. \tag{13.31}$$

Hier ist v_0 der Betrag der Geschwindigkeit, wenn der Planet sich an der Stelle mit dem minimalen Abstand r_0 zur Sonne befindet. Wir lassen den Beweis weg, er ist recht lang und rechenaufwändig. Die Masse M der Sonne ist $1{,}99 \cdot 10^{30}$ kg.

Das zweite Kepler'sche Gesetz (Flächensatz)

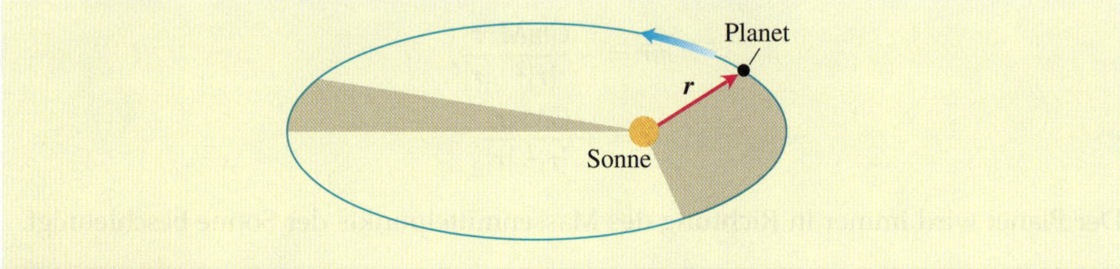

Abbildung 13.35 Die Strecke zwischen einem Planeten und der Sonne überstreicht in gleichen Zeiträumen gleiche Flächen.

Das *zweite Kepler'sche Gesetz* besagt, dass der Radiusvektor von der Sonne zu einem Planeten (hier der Vektore $\boldsymbol{r}$) in der gleichen Zeit immer die gleiche Fläche überstreicht (►Abbildung 13.35). Für die Herleitung dieses Gesetzes berechnen wir zunächst mithilfe von Gleichung (13.28) das Kreuzprodukt $\boldsymbol{C} = \boldsymbol{r} \times \dot{\boldsymbol{r}}$ aus Gleichung (13.29).

$$\begin{aligned}
\boldsymbol{C} &= \boldsymbol{r} \times \dot{\boldsymbol{r}} = \boldsymbol{r} \times \boldsymbol{v} \\
&= r\boldsymbol{u}_r \times (\dot{r}\boldsymbol{u}_r + r\dot{\theta}\boldsymbol{u}_\theta) && \text{Gleichung (13.28) mit } \dot{z} = 0 \\
&= r\dot{r}\underbrace{(\boldsymbol{u}_r \times \boldsymbol{u}_r)}_{0} + r(r\dot{\theta})\underbrace{(\boldsymbol{u}_r \times \boldsymbol{u}_\theta)}_{\boldsymbol{k}} \\
&= r(r\dot{\theta})\boldsymbol{k}.
\end{aligned} \tag{13.32}$$

Setzen wir t gleich null, so ergibt sich

$$\boldsymbol{C} = \left[r(r\dot{\theta})\right]_{t=0} \boldsymbol{k} = r_0 v_0 \boldsymbol{k}.$$

Wir setzen diesen Wert von $\boldsymbol{C}$ in Gleichung (13.32) ein und erhalten

$$r_0 v_0 \boldsymbol{k} = r^2\dot{\theta}\boldsymbol{k}, \quad \text{oder} \quad r^2\dot{\theta} = r_0 v_0.$$

Hier tritt also erstmals die Fläche auf. Das Differential der Fläche in Polarkoordinaten ist gleich

$$\mathrm{d}A = \frac{1}{2} r^2 \mathrm{d}\theta$$

(vgl. Abschnitt 11.5). Man sieht also, dass $\mathrm{d}A/\mathrm{d}t$ hier den konstanten Wert

$$\frac{\mathrm{d}A}{\mathrm{d}t} = \frac{1}{2}r^2\dot{\theta} = \frac{1}{2}r_0 v_0 \tag{13.33}$$

hat. $\mathrm{d}A/\mathrm{d}t$ ist konstant, und daraus folgt das zweite Kepler'sche Gesetz.

Das dritte Kepler'sche Gesetz

Die Zeit T, in der ein Planet die Sonne einmal umrundet, nennt man seine **Umlaufzeit**. Das *dritte Kepler'sche Gesetz* besagt nun, dass zwischen T und der großen Halbachse a der Umlaufbahn der folgende Zusammenhang besteht:

$$\frac{T^2}{a^3} = \frac{4\pi^2}{GM}.$$

Die rechte Seite dieser Gleichung ist in einem gegebenen Solarsystem konstant. Das Verhältnis von T^2 und a^3 ist also *für jeden Planeten in dem System gleich.*

Wir leiten das dritte Kepler'sche Gesetz nur teilweise her. Die von der ellipsenförmige Umlaufbahn des Planeten umschlossene Fläche wird folgendermaßen berechnet:

$$\begin{aligned} \text{Fläche} &= \int_0^T \mathrm{d}A \\ &= \int_0^T \frac{1}{2} r_0 v_0 \mathrm{d}t && \text{Gleichung (13.33)} \\ &= \frac{1}{2} T r_0 v_0. \end{aligned}$$

Die Fläche einer Ellipse ist gleich πab (dabei ist b die kleine Halbachse), sodass folgt

$$T = \frac{2\pi ab}{r_0 v_0} = \frac{2\pi a^2}{r_0 v_0}\sqrt{1-e^2}. \qquad \text{Für jede Ellipse gilt } b = a\sqrt{1-e^2} \tag{13.34}$$

Wir müssen jetzt nur noch a und e als Funktion von r_0, v_0, G und M ausdrücken. Für e ist dies in Gleichung (13.30) bereits geschehen. Wir erhalten a, wenn wir in Gleichung (13.31) θ gleich π setzen. Es ergibt sich

$$r_{\max} = r_0 \frac{1+e}{1-e}.$$

Aus ▶Abbildung 13.36 folgt somit:

$$2a = r_0 + r_{\max} = \frac{2r_0}{1-e} = \frac{2r_0 GM}{2GM - r_0 v_0^2}. \tag{13.35}$$

Quadriert man nun beide Seiten von Gleichungen (13.34) und setzt die Gleichungen (13.30) und (13.35) ein, so erhält man das dritte Kepler'sche Gesetz (vgl. auch Aufgabe 9).

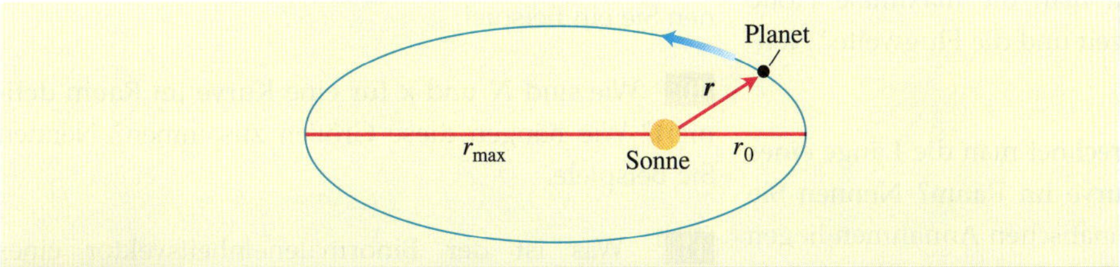

Abbildung 13.36 Die Länge der großen Halbachse der Ellipse ist $2a = r_0 + r_{\max}$.

Aufgaben zum Abschnitt 13.6

Drücken Sie in den Aufgaben 1–5 die Geschwindigkeits- und Beschleunigungsvektoren mithilfe von $\boldsymbol{u}_r$ und $\boldsymbol{u}_\theta$ aus.

1. $r = a(1 - \cos\theta)$ und $\dfrac{d\theta}{dt} = 3$

2. $r = a\sin 2\theta$ und $\dfrac{d\theta}{dt} = 2t$

3. $r = e^{a\theta}$ und $\dfrac{d\theta}{dt} = 2$

4. $r = a(1 + \sin t)$ und $\theta = 1 - e^{-t}$

5. $r = 2\cos 4t$ und $\theta = 2t$

6. **Form der Umlaufbahn** Für welche Werte von v_0 in Gleichung (13.31) ist die Umlaufbahn ein Kreis? Wann ist sie eine Ellipse, eine Parabel oder eine Hyperbel?

7. **Kreisförmige Umlaufbahnen** Zeigen Sie, dass ein Planet auf einer kreisförmigen Umlaufbahn immer das gleich Tempo (Betrag der Geschwindigkeit) hat. (*Hinweis:* Dies ist eine Folge aus einem der Kepler'schen Gesetze.)

8. Es sei $\boldsymbol{r}$ der Ortsvektor eines Teilchens, das sich auf einer ebenen Bahn bewegt, und dA/dt die Geschwindigkeit, mit der der Vektor eine Fläche überstreicht. Gehen Sie davon aus, dass alle notwendigen Ableitungen existieren. Begründen Sie dann geometrisch, dass die folgende Gleichung richtig ist:

$$\frac{dA}{dt} = \frac{1}{2}\left|\boldsymbol{r} \times \dot{\boldsymbol{r}}\right| .$$

Stützen Sie Ihre Argumentation auf Differentiale und Grenzwerte, führen Sie keine Koordinaten ein.

9. **Das dritte Kepler'sche Gesetz** Vervollständigen Sie die Herleitung des dritten Kepler'schen Gesetzes, ergänzen Sie also die Schritte, die nach Gleichung (13.35) noch folgen müssen.

10. Berechnen Sie die Länge und die große Halbachse der Umlaufbahn der Erde. Verwenden Sie das dritte Kepler'sche Gesetz und den WErt für die Umlaufzeit der Erde von 365,256 Tagen.

Kapitel 13 – Wiederholungsfragen

1. Welche Regeln gelten für das Ableiten und Integrieren von Vektorfunktionen? Nennen Sie Beispiele.

2. Die Bahn eines Teilchens ist durch eine genügend oft differenzierbare Vektorfunktion $\boldsymbol{v}(t)$ gegeben. Wie sind dann die Geschwindigekeit, das Tempo, die Bewegungsrichtung und die Beschleunigung definiert, und wie werden diese Größen berechnet? Nennen Sie ein Beispiel.

3. Was gilt speziell für die Ableitungen von Vektorfunktionen mit konstanter Länge? Nennen Sie ein Beispiel.

4. Wie lauten die Vektorgleichungen und die Parameterdarstellung der Gleichung für die Bewegung eines Geschosses? Wie bestimmt man die maximale Höhe eines Geschosses, die Flugzeit und die Flugweite? Nennen Sie Beispiele.

5. Wie definiert und berechnet man die Länge eines Teilstücks einer glatten Kurve im Raum? Nennen Sie ein Beispiel. Welche mathematischen Annahmen liegen dieser Definition zugrunde?

6. Wie kann man den Abstand entlang einer glatten Kurve von einem gegebenen Startpunkt aus bestimmen? Nennen Sie ein Beispiel.

7. Was ist der Tangentialeinheitsvektor einer glatten Kurve? Nennen Sie ein Beispiel.

8. Geben Sie die Definition der Krümmung, des Krümmungs- oder Schmiegekreises, des Krümmungsmittelpunkts und des Krümmungsradius einer zweimal differenzierbaren Kurve in der Ebene an. Nennen Sie Beispiele. Welche Kurven haben eine Krümmung von null? Welche haben eine konstante Krümmung?

9. Was ist der Hauptnormalenvektor einer Kurve in der Ebene? Wann ist er definiert? Wohin zeigt er? Nennen Sie ein Beispiel.

10. Wie sind N und κ für eine Kurve im Raum definiert? Wie hängen diese Größen zusammen? Nennen Sie Beispiele.

11. Was ist der Binormaleneinheitsvektor einer Kurve? Nennen Sie ein Beispiel. Welcher Zusammenhang besteht zwischen diesem Vektor und der Windung der Kurve? Nennen Sie ein Beispiel.

12. Mit welchen Gleichungen lässt sich die Beschleunigung eines Teilchens mithilfe der Tangential- und Normalkomponente schreiben? Nennen Sie ein Beispiel. Warum kann es sinnvoll sein, die Beschleunigung auf diese Weise darzustellen? Was gilt, wenn der Betrag der Geschwindigkeit konstant ist? Was gilt für Körper, die sich mit konstantem Geschwindigkeitsbetrag entlang einer Kreisbahn bewegen?

13. Nennen Sie die drei Kepler'schen Gesetze.

Kapitel 13 – Praktische Aufgaben

Bewegung in der Ebene Zeichnen Sie in den Aufgaben 1 und 2 die Kurven und skizzieren Sie für die gegebenen Werte von t den Geschwindigkeits- und Beschleunigungsvektor. Schreiben Sie dann $\boldsymbol{a}$ in der Form $\boldsymbol{a} = a_T\boldsymbol{T} + a_N\boldsymbol{N}$, ohne zuvor $\boldsymbol{T}$ und $\boldsymbol{N}$ zu bestimmen. Berechnen Sie außerdem den Wert von κ für den gegebenen Wert von t.

1. $\boldsymbol{r}(t) = (4\cos t)\boldsymbol{i} + \left(\sqrt{2}\sin t\right)\boldsymbol{j},\ t = 0$ und $\pi/4$

2. $\boldsymbol{r}(t) = \left(\sqrt{3}\sec t\right)\boldsymbol{i} + \left(\sqrt{3}\tan t\right)\boldsymbol{j},\quad t = 0$

3. Der Ort eines Teilchens in der Ebene zur Zeit t ist gegeben durch

$$\boldsymbol{r} = \frac{1}{\sqrt{1+t^2}}\boldsymbol{i} + \frac{t}{\sqrt{1+t^2}}\boldsymbol{j}.$$

Berechnen Sie den maximalen Betrag der Geschwindigkeit.

4. Berechnung der Krümmung In einem Punkt P seien die Geschwindigkeit und die Beschleunigung eines Teilchens $\boldsymbol{v} = 3\boldsymbol{i} + 4\boldsymbol{j}$ und $a = 5\boldsymbol{i} + 15\boldsymbol{j}$. Berechnen Sie die Krümmung der Bahn des Teilchens in P.

5. Ein Teilchen bewegt sich entlang des Einheitskreises in der xy-Ebene. Sein Ort zur Zeit t ist $\boldsymbol{r} = x\boldsymbol{i} + y\boldsymbol{j}$, dabei sind x und y differenzierbare Funktionen von t. Berechnen Sie $\mathrm{d}y/\mathrm{d}t$ für $\boldsymbol{v} \cdot \boldsymbol{i} = y$. Bewegt sich das Teilchen im Uhrzeigersinn oder gegen den Uhrzeigersinn?

6. Eigenschaften einer Kreisbewegung Ein Teilchen bewegt sich in einer Ebene so, dass sein Geschwindigkeits- und Beschleunigungsvektor immer senkrecht aufeinander stehen. Zeigen Sie, dass das Teilchen sich dann auf einem Kreis mit dem Mittelpunkt im Ursprung bewegt.

7. Geschwindigkeit bei Bewegung auf einer Zykloide Ein kreisförmiges Rad mit dem Radius 1 und dem Mittelpunkt C bewegt sich entlang der x-Achse nach rechts; es macht pro Sekunde eine halbe Umdrehung (vgl. die untenstehende Abbildung). Nach t Sekunden ist der Ortsvektor des Punkts P auf dem Rand des Rads gleich

$$\boldsymbol{r} = (\pi t - \sin \pi t)\boldsymbol{i} + (1 - \cos \pi t)\boldsymbol{j}.$$

a. Skizzieren Sie die Kurve, die der Punkt P in dem Intervall $0 \le t \le 3$ beschreibt.

b. Berechnen Sie $\boldsymbol{v}$ und $\boldsymbol{a}$ bei $t = 0, 1, 2$ und 3. Zeichnen Sie diese Vektoren in Ihre Skizze ein.

c. Wie schnell bewegt sich zu einem beliebigen Zeitpunkt t der oberste Punkt nach vorne? Wie schnell bewegt sich C?

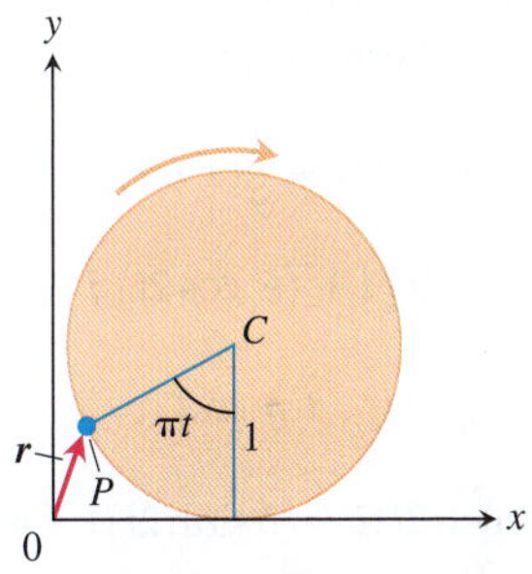

Geschossbewegungen **8. Kugelstoßen** Eine Kugel verlässt beim Kugelstoßen die Hand des Stoßers 2 m oberhalb des Bodens mit einem Winkel von 45° und einer Geschwindigkeit von 13 m/s. Wo ist sie 2 Sekunden später?

9. Ein Golfball wird mit der Startgeschwindigkeit v_0 und dem Startwinkel α_0 zur Horizontalen abgeschlagen. Der Abschlagpunkt liegt am Fuß eines Hügels mit gerader Flanke, der um den Winkel ϕ gegen die Horizontale geneigt ist. Es gilt

$$0 < \phi < \alpha < \frac{\pi}{2}.$$

Zeigen Sie, dass der Ball in einem Abstand von

$$\frac{2v_0^2 \cos\alpha}{g\cos^2\phi}\sin(\alpha - \phi)$$

landet, gemessen entlang der aufsteigenden Seite des Hügels. Zeigen Sie damit, dass die größte Flugweite bei gegebenem v_0 erreicht wird, wenn gilt $\alpha = (\phi/2) + (\pi/4)$, wenn also der Vektor der Startgeschwindigkeit den Winkel zwischen der Vertikalen und dem Hügel halbiert.

10. **Speerwerfen** Die damalige DDR-Sportlerin Petra Felke stellte 1988 in Potsdam mit exakt 80,00 m einen Rekord im Speerwerfen auf.

a. Nehmen Sie an, dass Petra Felke den Speer in einer Höhe von 2 m über dem Boden und mit einem Startwinkel von 40° gegen die Horizontale geworfen hat. Wie groß war dann die Startgeschwindigkeit des Speers?

b. Was war die maximale Höhe des Speers?

Bewegung im Raum Berechnen Sie in den Aufgaben 11 und 12 die Länge der Kurven

11. $\boldsymbol{r}(t) = (2\cos t)\boldsymbol{i} + (2\sin t)\boldsymbol{j} + t^2\boldsymbol{k}, \quad 0 \le t \le \pi/4$

12. $\boldsymbol{r}(t) = (3\cos t)\boldsymbol{i} + (3\sin t)\boldsymbol{j} + 2t^{3/2}\boldsymbol{k}, \quad 0 \le t \le 3$

Berechnen Sie in den Aufgaben 13–16 $\boldsymbol{T}, \boldsymbol{N}, \boldsymbol{B}, \kappa$ und τ für die gegebenen Werte von t.

13. $\boldsymbol{r}(t) = \frac{4}{9}(1+t)^{3/2}\boldsymbol{i} + \frac{4}{9}(1-t)^{3/2}\boldsymbol{j} + \frac{1}{3}t\boldsymbol{k}, \quad t = 0$

14. $\boldsymbol{r}(t) = (\mathrm{e}^t \sin 2t)\,\boldsymbol{i} + (\mathrm{e}^t \cos 2t)\,\boldsymbol{j} + 2\mathrm{e}^t\boldsymbol{k}, \quad t = 0$

15. $\boldsymbol{r}(t) = t\boldsymbol{i} + \frac{1}{2}\mathrm{e}^{2t}\boldsymbol{j}, \quad t = \ln 2$

16. $\boldsymbol{r}(t) = (3\cosh 2t)\boldsymbol{i} + (3\sinh 2t)\boldsymbol{j} + 6t\boldsymbol{k}, \quad t = \ln 2$

Schreiben Sie in den Aufgaben 17 und 18 $\boldsymbol{a}$ in der Form $\boldsymbol{a} = a_T\boldsymbol{T} + a_N\boldsymbol{N}$ bei $t = 0$, ohne zuvor $\boldsymbol{T}$ und $\boldsymbol{N}$ bestimmt zu haben.

17. $\boldsymbol{r}(t) = (2 + 3t + 3t^2)\boldsymbol{i} + (4t + 4t^2)\boldsymbol{j} - (6\cos t)\boldsymbol{k}$

18. $\boldsymbol{r}(t) = (2 + t)\boldsymbol{i} + (t + 2t^2)\boldsymbol{j} + (1 + t^2)\boldsymbol{k}$

19. Berechnen Sie $\boldsymbol{T}, \boldsymbol{N}, \boldsymbol{B}, \kappa$ und τ als Funktionen von t für

$$\boldsymbol{r}(t) = (\sin t)\boldsymbol{i} + \left(\sqrt{2}\cos t\right)\boldsymbol{j} + (\sin t)\boldsymbol{k}.$$

20. Der Ort eines Teilchens, das sich im Raum bewegt, sei zur Zeit t gleich

$$\boldsymbol{r}(t) = 2\boldsymbol{i} + \left(4\sin\frac{t}{2}\right)\boldsymbol{j} + \left(3 - \frac{t}{\pi}\right)\boldsymbol{k}.$$

Berechnen Sie den ersten Zeitpunkt, zu dem $\boldsymbol{r}$ senkrecht auf dem Vektor $\boldsymbol{i} - \boldsymbol{j}$ steht.

21. Stellen Sie die Parametergleichungen für die Gerade auf, die tangential zu der Kurve

$$\boldsymbol{r}(t) = \mathrm{e}^t\boldsymbol{i} + (\sin t)\boldsymbol{j} + \ln(1-t)\boldsymbol{k}$$

bei $t = 0$ ist.

Theorie und Beispiele

22. **Synchrone Reichweite** Für eine idealisierte Geschossbewegung gilt

$$x = (v_0\cos\alpha)t, \quad y = (v_0\sin\alpha)t - \frac{1}{2}gt^2.$$

Eliminieren Sie in diesen Gleichungen α und zeigen Sie so, dass gilt $x^2 + (y + gt^2/2)^2 = v_0^2t^2$. Geschosse, die zur gleichen Zeit mit der gleichen Startgeschwindigkeit im Ursprung abgeschossen werden, befinden sich also zu einem beliebigen Zeitpunkt t alle auf einem Kreis mit dem Radius v_0t und dem Mittelpunkt $(0, -gt^2/2)$, unabhängig vom Startwinkel. Diese Kreise geben also eine *synchrone Reichweite* der Geschosse an.

23. **Krümmungsradien** Zeigen Sie, dass der Krümmungsradius einer zweimal differenzierbaren ebenen Kurve $\boldsymbol{r}(t) = g(t)\boldsymbol{i} + g(t)\boldsymbol{j}$ gegeben ist durch die Gleichung

$$\rho = \frac{\dot{x}^2 + \dot{y}^2}{\sqrt{\ddot{x}^2 + \ddot{y}^2 - \ddot{s}^2}},$$

wobei gilt: $\ddot{s} = \frac{\mathrm{d}}{\mathrm{d}t}\sqrt{\dot{x}^2 + \dot{y}^2}$.

24. **Eine alternative Definition der Krümmung im Raum** Man kann die Krümmung einer ausreichend oft differenzierbaren Kurve auch als $|\mathrm{d}\phi/\mathrm{d}s|$ definieren, dabei ist ϕ der Winkel zwischen $\boldsymbol{T}$ und $\boldsymbol{i}$ (▶Abbildung 13.37a). Abbildung 13.37b zeigt den Abstand s zwischen $(a, 0)$ und dem Punkt P, der entgegen dem Uhrzeigersinn entlang des Kreises $x^2 + y^2 = a^2$ gemessen wird, außerdem den Winkel ϕ für P. Berechnen Sie die Krümmung des Kreises mit dieser alternativen Definition. (*Hinweis:* $\phi = \theta + \pi/2$).

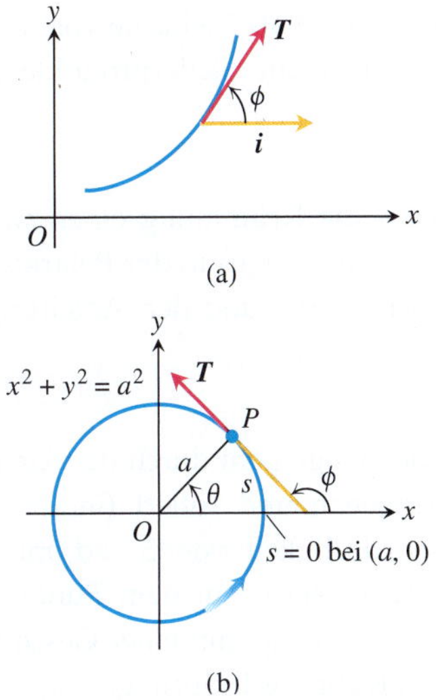

Abbildung 13.37 Die Abbildungen zu Aufgabe 24.

25. **Der Blick aus dem *Skylab 4*** Die Weltraumstation *Skylab 4* befand sich maximal 437 km über der Erdoberfläche. Welchen Prozentsatz der Erdoberfläche konnten die Astronauten dann sehen? Um dies zu berechnen, betrachten wir diesen Teil der Erdoberfläche als die Fläche, die bei Rotation des Kreisbogens GT um die y-Achse entsteht. (Der Kreisbogen ist in der untenstehenden Abbildung zu sehen.) Führen Sie dann die folgenden Schritte aus:

a. Zeigen Sie mithilfe ähnlicher Dreiecke in der Abbildung, dass gilt $y_0/6380 = 6380/(6380 + 437)$. Lösen Sie nach y_0 auf.

b. Berechnen Sie den sichtbaren Teil A der Erdoberfläche auf vier Stellen hinter dem Komma genau. Verwenden Sie dazu die Gleichung

$$A = \int_{y_0}^{6380} 2\pi x \sqrt{1 + \left(\frac{dx}{dy}\right)^2}\, dy.$$

c. Rechnen Sie aus, welchem Prozentsatz der Erdoberfläche das Ergebnis entspricht.

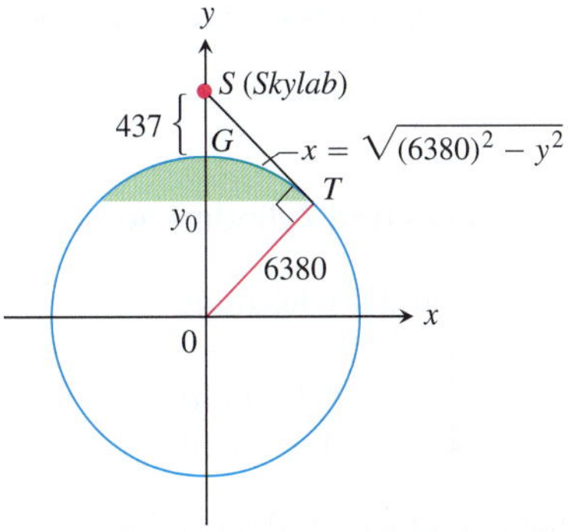

Kapitel 13 – Zusätzliche Aufgaben und Aufgaben für Fortgeschrittene

1. Ein Teilchen P startet zur Zeit $t = 0$ aus der Ruhe im Punkt $(a, 0, 0)$ und gleitet reibungsfrei die Helix

$$\boldsymbol{r}(\theta) = (a\cos\theta)\boldsymbol{i} + (a\sin\theta)\boldsymbol{j} + b\theta\boldsymbol{k} \quad (a,\ b > 0)$$

unter dem Einfluss der Schwerkraft herab. Dies ist in der untenstehenden Abbildung zu sehen. Der Winkel θ in dieser Gleichung steht für die Zylinderkoordinate θ, und die Helix entspricht der Kurve $r = a$, $z = b\theta$, $\theta \geq 0$ in Zylinderkoordinaten. θ sei eine differenzierbare Funktion von t für die Bewegung. Aus dem Energieerhaltungssatz folgt, dass die Geschwindigkeit des Teilchens, nachdem es eine Strecke z herabgeglitten ist, $\sqrt{2gz}$ beträgt; dabei ist g die konstante Gravitationsbeschleunigung.

a. Berechnen Sie die Winkelgeschwindigkeit $d\theta/dt$ für $\theta = 2\pi$.

b. Bestimmen Sie die θ- und z-Koordinaten des Teilchens als Funktion von t.

c. Bestimmen Sie die Tangential- und Normalkomponenten der Geschwindigkeit $d\boldsymbol{r}/dt$ und der Beschleunigung $d^2\boldsymbol{r}/dt^2$ als Funktion von t. Hat die Beschleunigung eine Komponente ungleich null in die Richtung des Binormaleneinheitsvektors $\boldsymbol{B}$?

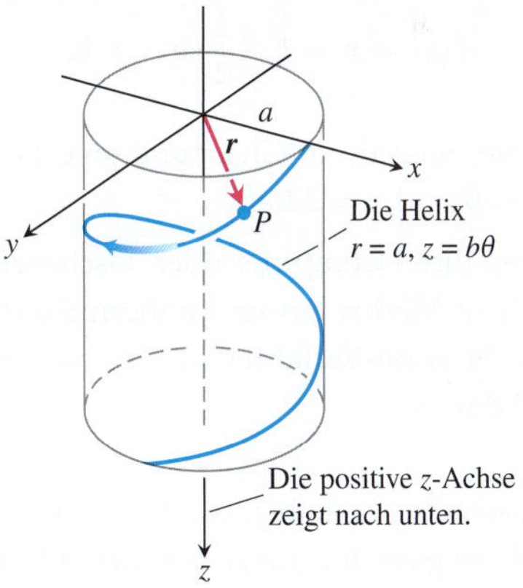

2. Die Kurve aus Aufgabe 1 wird nun durch die konische Helix $r = a\theta$, $z = b\theta$ ersetzt, wie in der untenstehenden Abbildung zu sehen.

a. Bestimmen Sie die Winkelgeschwindigkeit $d\theta/dt$ als Funktion von θ.

b. Bestimmen Sie die Strecke, die das Teilchen entlang der Helix zurücklegt, als Funktion von θ.

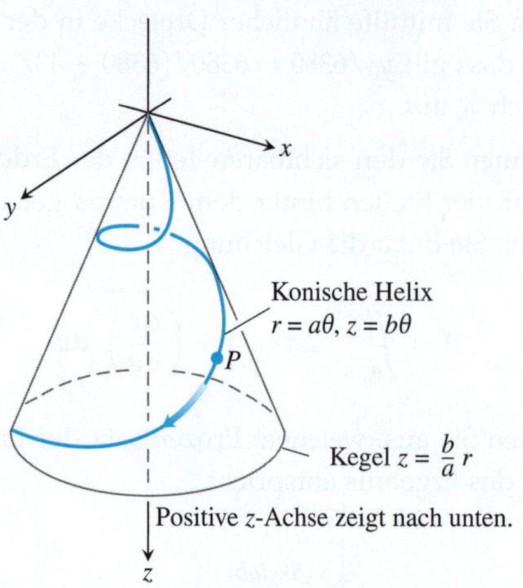

Bewegung in Polar- und Zylinderkoordinaten

3. Gehen Sie von der Gleichung

$$r = \frac{(1+e)r_0}{1+e\cos\theta}$$

für die Umlaufbahn aus und leiten Sie damit her, dass ein Planet sich dann am nächsten an der Sonne befindet, wenn $\theta = 0$ ist. Zeigen Sie, dass dann $r = r_0$ gilt.

4. **Eine Kepler-Gleichung** Will man den genauen Ort eines Planeten auf seiner Umlaufbahn zu einer bestimmten Zeit t bestimmen, führt diese Rechnung oft auf eine sog. „Kepler-Gleichung", eine Gleichung der Form

$$f(x) = x - 1 - \frac{1}{2}\sin x = 0.$$

a. Zeigen Sie, dass diese Gleichung eine Lösung zwischen $x = 0$ und $x = 2$ hat.

b. Stellen Sie Ihren Computer oder Taschenrechner auf den Radiant-Modus ein und nähern Sie die Lösung mit dem Newton-Verfahren auf so viele Stellen an, wie Sie können.

5. In Abschnitt 13.6 haben wir für die Geschwindigkeit eines bewegten Teilchens die folgende Gleichung aufgestellt:

$$\boldsymbol{v} = \dot{x}\boldsymbol{i} + \dot{y}\boldsymbol{j} = \dot{r}\boldsymbol{u}_r + r\dot{\theta}\boldsymbol{u}_\theta.$$

a. Drücken Sie $\dot{x}$ und $\dot{y}$ als Vielfache von $\dot{r}$ und $r\dot{\theta}$ aus; berechnen Sie dazu die Skalarprodukte $\boldsymbol{v}\cdot\boldsymbol{i}$ und $\boldsymbol{v}\cdot\boldsymbol{u}_\theta$.

b. Drücken Sie $\dot{r}$ und $r\dot{\theta}$ als Vielfache von $\dot{x}$ und $\dot{y}$ aus; berechnen Sie dazu die Skalarprodukte $\boldsymbol{v}\cdot\boldsymbol{u}_r$ und $\boldsymbol{v}\cdot\boldsymbol{u}_\theta$.

6. Drücken Sie die Krümmung einer zweimal differenzierbaren Kurve $r = f(\theta)$ in der Polarkoordinatenebene als Vielfache von f und den Ableitungen von f aus.

7. Eine dünne Stange geht durch den Ursprung der Polarkoordinatenebene und rotiert (in dieser Ebene) mit einer Geschwindigkeit von 3 rad/min um den Ursprung. Ein Käfer startet in dem Punkt $(2, 0)$ und krabbelt entlang der Stange mit einer Geschwindigkeit von 1 cm/min in Richtung Ursprung.

a. Bestimmen Sie die Beschleunigung und die Geschwindigkeit des Käfers in Polarkoordinaten, wenn er die Hälfte der Strecke zum Ursprung zurückgelegt hat (also jetzt einen Abstand von 1 cm zum Ursprung hat).

b. Welche Strecke hat der Käfer insgesamt in der Ebene zurückgelegt, wenn er den Ursprung erreicht? Geben Sie die Antwort auf Millimeter gerundet an.

8. **Bogenlänge in Zylinderkoordinaten**

a. Zeigen Sie: Stellt man $ds^2 = dx^2 + dy^2 + dz^2$ in Zylinderkoordinaten dar, erhält man $ds^2 = dr^2 + r^2 d\theta^2 + dz^2$.

b. Interpretieren Sie dieses Ergebnis mithilfe der Ecken und der Diagonalen eines Quaders geometrisch. Skizzieren Sie diesen Quader.

c. Berechnen Sie mit dem Ergebnis aus Teil **a.** die Länge der Kurve $r = e^\theta, z = e^\theta, 0 \le \theta \le \theta \ln 8$.

9. **Einheitsvektoren für den Ort und die Bewegung in Zylinderkoordinaten** Ist der Ort eines Teilchens, das sich im Raum bewegt, in Zylinderkoordinaten gegeben, dann werden der Ort und die Geschwindigkeit mit den folgenden Einheitsvektoren beschrieben:

$$\boldsymbol{u}_r = (\cos\theta)\boldsymbol{i} + (\sin\theta)\boldsymbol{j},$$
$$\boldsymbol{u}_\theta = -(\sin\theta)\boldsymbol{i} + (\cos\theta)\boldsymbol{j}$$

und $\boldsymbol{k}$ (vgl. die untenstehende Abbildung). Der Ortsvektor des Teilchens ist dann $\boldsymbol{r} = r\boldsymbol{u}_r + z\boldsymbol{k}$, dabei ist r der positive Radius (Abstandskoordinate) des Teilchens.

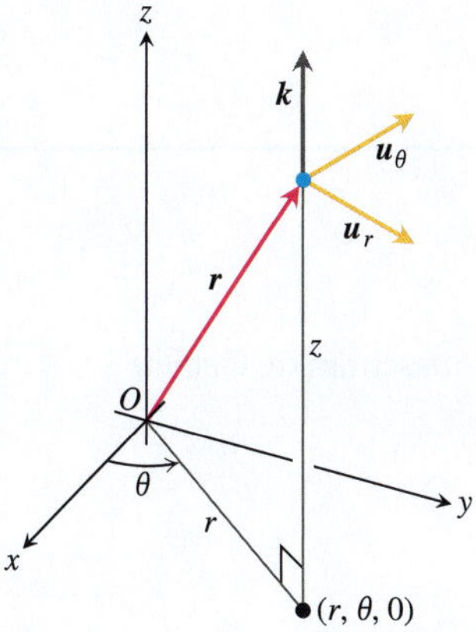

a. Zeigen Sie, dass $\boldsymbol{u}_r$, $\boldsymbol{u}_\theta$ und $\boldsymbol{k}$ in dieser Reihenfolge ein Rechtssystem bilden.

b. Zeigen Sie, dass gilt

$$\frac{\mathrm{d}\boldsymbol{u}_r}{\mathrm{d}\theta} = \boldsymbol{u}_\theta \quad \text{und} \quad \frac{\mathrm{d}\boldsymbol{u}_\theta}{\mathrm{d}\theta} = -\boldsymbol{u}_r.$$

c. Drücken Sie $\boldsymbol{v} = \dot{\boldsymbol{r}}$ und $\boldsymbol{a} = \ddot{\boldsymbol{r}}$ mit $\boldsymbol{u}_r$, $\boldsymbol{u}_\theta$, $\boldsymbol{k}$, $\dot{r}$ und $\dot{\theta}$ aus. Gehen Sie davon aus, dass alle notwendigen Ableitungen existieren.

10. **Drehimpulserhaltung** $\boldsymbol{r}(t)$ sei der Ortsvektor eines bewegten Teilchens und gibt damit die Position des Teilchens im Raum zur Zeit t an. Auf das Teilchen wirke zur Zeit t die Kraft

$$\boldsymbol{F}(t) = -\frac{c}{|\boldsymbol{r}(t)|^3}\boldsymbol{r}(t),$$

dabei ist c konstant. In der Physik ist der **Drehimpuls** eines Objekts zur Zeit t definiert als $\boldsymbol{L}(t) = \boldsymbol{r}(t) \times m\boldsymbol{v}(t)$, m ist die Masse des Objekts und $\boldsymbol{v}(t)$ seine Geschwindigkeit. Beweisen Sie, dass der Drehimpuls eine Erhaltungsgröße ist, zeigen Sie also, dass der Vektor $\boldsymbol{L}$ unabhängig von der Zeit konstant ist. Verwenden Sie das Newton'sche Gesetz $\boldsymbol{F} = m\boldsymbol{a}$. (Es handelt sich hier um eine mathematische Aufgabe, keine physikalische.)

Lernziele

1 Funktionen mehrerer Variablen

- Definition, Definitionsbereiche und Wertebereiche
- Innere Punkte und Randpunkte, beschränkte und unbeschränkte Gebiete
- Graphen, Niveaulinien und Höhenlinien
- Grafische Darstellung mit dem Computer

2 Grenzwerte und Stetigkeit in höheren Dimensionen

- Grenzwerte und Stetigkeit für Funktionen von zwei Variablen
- Extremwerte von stetigen Funktionen auf abgeschlossenen, beschränkten Mengen

3 Partielle Ableitungen

- Partielle Ableitungen und Stetigkeit
- Partielle Ableitungen zweiter und höherer Ordnung
- Der Satz von Schwarz über gemischte Ableitungen
- Zuwachs von Funktionen und Differenzierbarkeit

4 Die verallgemeinerte Kettenregel

- Kettenregel für Funktionen von zwei und drei unabhängigen Variablen
- Das Verzweigungsdiagramm
- Implizite Differentiation

5 Richtungsableitungen und Gradientenvektoren

- Richtungsableitungen in der Ebene
- Berechnung von Gradienten
- Gradienten und Tangenten an Niveaulinien

6 Tangentialebenen und Differentiale

- Tangentialebenen und Normalen
- Linearisierung einer Funktion von zwei Variablen, Fehlerabschätzung
- Differentiale und totales Differential

7 Extremwerte und Sattelpunkte

- Tests mithilfe der Ableitung zur Bestimmung lokaler Extremwerte, die Hesse-Matrix
- Globale Maxima und Minima auf abgeschlossenen, beschränkten Gebieten
- Methode der kleinsten Quadrate und Regressionsgeraden

8 Lagrange-Multiplikatoren

- Maxima und Minima unter Nebenbedingungen
- Die Methode der Lagrange-Multiplikatoren bei ein und zwei Nebenbedingungen

9 Taylor-Entwicklung für Funktionen von zwei Variablen

- Die Fehlerformel für lineare Näherungen
- Taylor-Formel für Funktionen von zwei Variablen

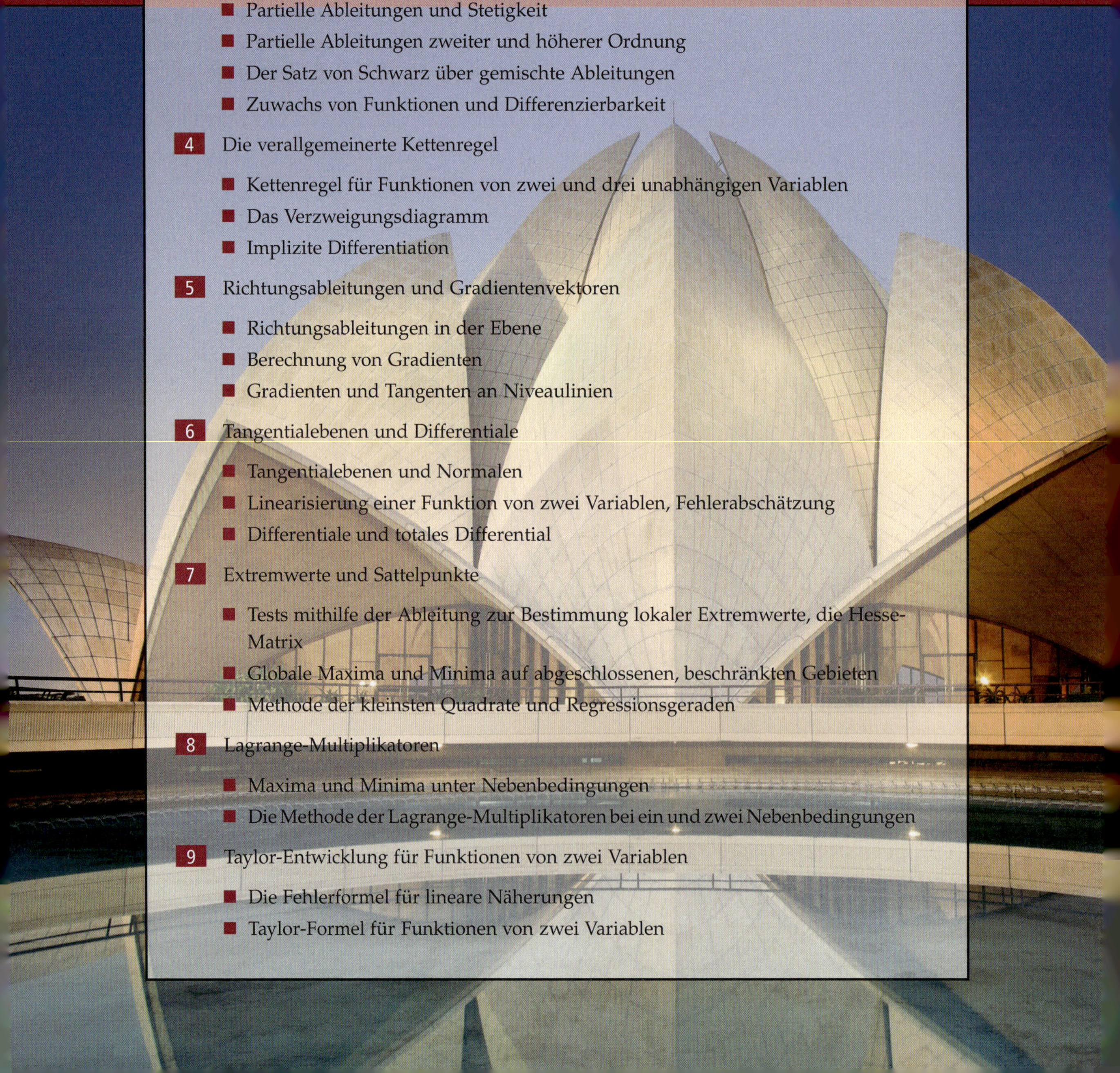

Partielle Ableitungen

14

ÜBERBLICK

Übersicht

Viele Funktionen hängen von mehr als einer unabhängigen Variablen ab. Das Volumen eines Kreiszylinders ist eine Funktion $V = \pi r^2 h$ des Zylinderradius r und der Zylinderhöhe h. Also ist das Volumen $V(r, h)$ eine Funktion von zwei Variablen r und h. In diesem Kapitel übertragen wir die Grundbegriffe der Analysis einer Variablen auf Funktionen mehrerer Variablen. Aufgrund der verschiedenen Möglichkeiten für Wechselwirkungen der Variablen untereinander sind ihre Ableitungen verschiedenartiger und interessanter. Auch die Anwendungen dieser Ableitungen sind vielfältiger als in der Analysis einer Variablen. Und im darauffolgenden Kapitel werden wir sehen, dass dasselbe für Integrale gilt, in denen mehrere Variable vorkommen.

14.1 Funktionen mehrerer Variablen

In diesem Abschnitt definieren wir Funktionen von mehr als einer unabhängigen Variablen, und wir diskutieren Möglichkeiten, solche Funktionen grafisch darzustellen.

Reellwertige Funktionen von mehreren unabhängigen reellen Variablen werden genauso definiert wie Funktionen einer Variablen. Punkte in einem Gebiet sind geordnete Paare (Tripel, Quadrupel, n-Tupel) reeller Zahlen, und wie bisher sind die Werte im Wertebereich reelle Zahlen.

Definition

Sei D eine Menge von n-Tupeln reeller Zahlen $(x_1, x_2, \ldots, x_n)$. Eine **reellwertige Funktion** f auf D ist eine Vorschrift, die jedem Element in D *eindeutig* eine (einzelne) reelle Zahl

$$w = f(x_1, x_2, \ldots, x_n)$$

zuweist. Die Menge D ist der **Definitionsbereich** der Funktion. Die Menge der von f angenommenen Werte w ist der **Wertebereich** der Funktion. Das Symbol w steht für die **abhängige Variable** von f, und wir nennen f eine Funktion von n **unabhängigen Variablen** x_1 bis x_n. Die Variablen x_i nennen wir auch die **Eingabevariablen** und die Variable w die **Ausgabevariable** der Funktion.

Ist f eine Funktion von zwei unabhängigen Variablen, so nennen wir die unabhängigen Variablen in der Regel x und y, und die abhängige Variable nennen wir z. Den Definitionsbereich der Funktion f stellen wir als ein Gebiet in der xy-Ebene dar (▶Abbildung 14.1). Ist f eine Funktion von drei unabhängigen Variablen, so nennen wir die unabhängigen Variablen x, y und z, und die abhängige Variable nennen wir w. Den Definitionsbereich stellen wir als ein Gebiet im Raum dar.

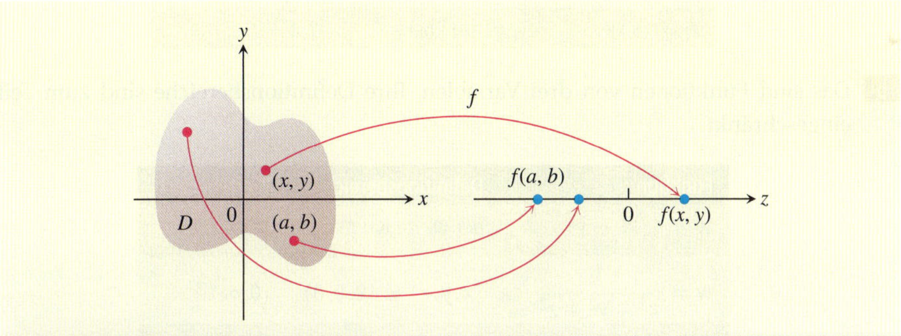

Abbildung 14.1 Ein Pfeildiagramm für die Funktion $z = f(x, y)$.

In Anwendungen bezeichnen wir die Variablen vorzugsweise mit Buchstaben, die uns daran erinnern, für welche Größe die Variable steht. Um auszudrücken, dass das Volumen eines Kreiszylinders eine Funktion seines Radius und seiner Höhe ist, könnten wir $V = f(r, h)$ schreiben. Genauer gesagt, könnten wir das Symbol $f(r, h)$ durch eine Gleichung ersetzen, die den Wert von V aus den Werten von r und h bestimmt, und $V = \pi r^2 h$ schreiben. In jedem Fall wären r und h die unabhängigen Variablen und V wäre die abhängige Variable der Funktion.

Wie üblich berechnen wir Funktionen, die durch Gleichungen definiert sind, indem wir die Werte der unabhängigen Variablen in die Gleichung einsetzen und den zugehörigen Wert der abhängigen Variablen berechnen. Zum Beispiel hat die Funktion $f(x,y,z)=\sqrt{x^2+y^2+z^2}$ im Punkt $(3,0,4)$ den Wert

$$f(3,0,4)=\sqrt{(3)^2+(0)^2+(4)^2}=\sqrt{25}=5\,.$$

Definitionsbereiche und Wertebereiche

Bei der Definition einer Funktion von mehreren Variablen folgen wir der üblichen Praxis, Eingaben auszuschließen, die beispielsweise zu komplexwertigen Ausgaben oder zu einer Division durch null führen, allgemein, für die der Wert $f(x_1,\ldots,x_n)$ nicht definiert ist. Für die Funktion $f(x,y)=\sqrt{y-x^2}$ darf y nicht kleiner als x^2 sein. Für die Funktion $f(x,y)=1/(xy)$ darf xy nicht null sein. Wenn für eine Funktion kein Definitionsbereich explizit angegeben ist, dann nehmen wir als Definitionsbereich die größte Menge an, für die die Funktionsgleichung reelle Zahlen liefert. Der Wertebereich besteht aus der Menge von Ausgabewerten für die abhängige Variable.

Funktionen von zwei und drei Variablen

Beispiel 14.1

a Das sind Funktionen von zwei Variablen. Beachten Sie die Einschränkungen, die für ihre Definitionsbereiche gelten, damit die abhängige Variable z reell ist.

Funktion	Definitionsbereich	Wertebereich
$z=\sqrt{y-x^2}$	$y\geq x^2$	$[0,\infty)$
$z=\dfrac{1}{xy}$	$xy\neq 0$	$(-\infty,0)\cup(0,\infty)$
$z=\sin xy$	die ganze Ebene	$[-1,1]$

b Das sind Funktionen von drei Variablen. Ihre Definitionsbereiche sind zum Teil eingeschränkt.

Funktion	Definitionsbereich	Wertebereich
$w=\sqrt{x^2+y^2+z^2}$	der ganze Raum	$[0,\infty)$
$w=\dfrac{1}{x^2+y^2+z^2}$	$(x,y,z)\neq(0,0,0)$	$(0,\infty)$
$w=xy\ln z$	der Halbraum $z>0$	$(-\infty,\infty)$

Funktionen von zwei Variablen

Wie Intervalle auf der reellen Achse können Gebiete in der Ebene innere Punkte und Randpunkte haben. Abgeschlossene Intervalle $[a,b]$ schließen ihre Randpunkte mit ein, bei offenen Intervallen (a,b) ist das nicht der Fall. Und Intervalle wie $[a,b)$ sind weder offen noch abgeschlossen.

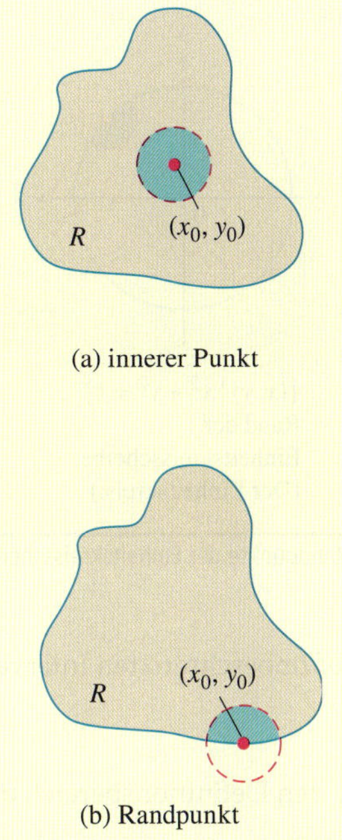

Abbildung 14.2 Innere Punkte und Randpunkte eines ebenen Gebiets R. Ein innerer Punkt ist zwangsläufig ein Punkt von R. Ein Randpunkt von R muss nicht unbedingt zu R gehören.

Definition

Ein Punkt (x_0, y_0) in einem Gebiet (einer Menge) R in der xy-Ebene ist ein **innerer Punkt** von R, wenn er der Mittelpunkt einer Kreisscheibe mit einem positiven Radius ist, die vollständig in R liegt (▶Abbildung 14.2). Ein Punkt (x_0, y_0) ist ein **Randpunkt** von R, wenn jede Kreisscheibe mit dem Mittelpunkt (x_0, y_0) sowohl Punkte enthält, die außerhalb von R liegen, als auch Punkte, die in R liegen. (Der Randpunkt selbst muss nicht zu R gehören.)

Die Menge der inneren Punkte eines Gebiets bildet das **Innere** des Gebiets. Die Randpunkte des Gebiets bilden seinen **Rand**. Ein Gebiet ist **offen**, wenn es ausschließlich aus inneren Punkten besteht. Ein Gebiet ist **abgeschlossen**, wenn es alle seine Randpunkte enthält (▶Abbildung 14.3).

Wie das halboffene Intervall reeller Zahlen $[a, b)$ sind manche Gebiete in der Ebene weder offen noch abgeschlossen. Wenn Sie von der offenen Kreisscheibe in Abbildung 14.3 ausgehen und einen Teil ihrer Randpunkte hinzunehmen, so entsteht ein Gebiet, das weder offen noch abgeschlossen ist. Die *eingeschlossenen* Randpunkte verhindern, dass die Menge offen ist. Das Fehlen der übrigen Randpunkte verhindert, dass die Menge abgeschlossen ist.

Definition

Ein Gebiet in der Ebene ist **beschränkt**, wenn es in einer Kreisscheibe mit einem festen Radius liegt. Ein Gebiet ist **unbeschränkt**, wenn es nicht beschränkt ist.

Zu den Beispielen für *beschränkte* Mengen in der Ebene zählen Geradenabschnitte, Dreiecke, Innengebiete von Dreiecken, Rechtecke, Kreise und Kreisscheiben. Zu den Beispielen für *unbeschränkte* Mengen in der Ebene gehören Geraden, Koordinatenachsen,

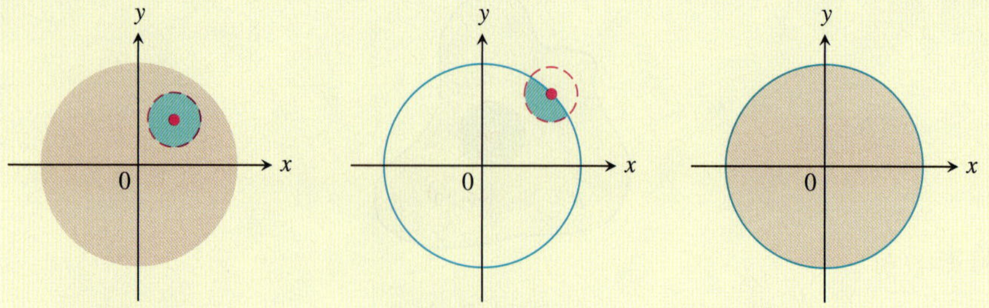

Abbildung 14.3 Innere Punkte und Randpunkte der Einheitskreisscheibe in der Ebene.

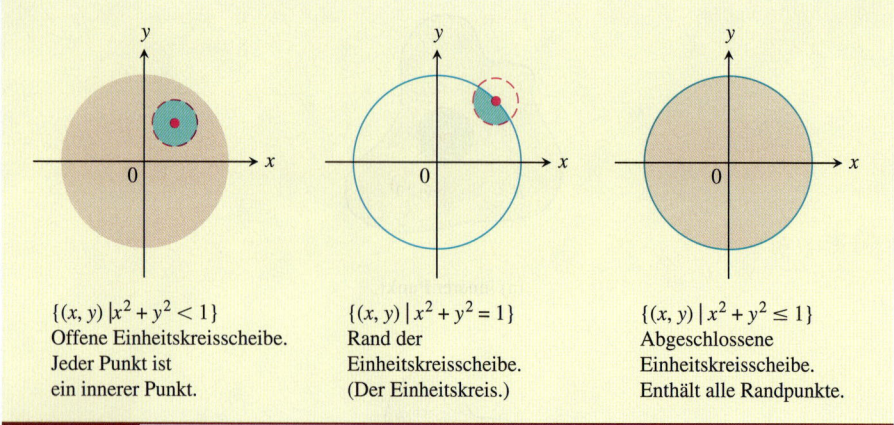

die Graphen von Funktionen auf unbeschränkten Intervallen, Quadranten, Halbebenen und die Ebene selbst.

Definitionsbereich der Funktion $f(x,y) = \sqrt{y - x^2}$

Beispiel 14.2 Beschreiben Sie den Definitionsbereich der Funktion $f(x,y) = \sqrt{y - x^2}$.

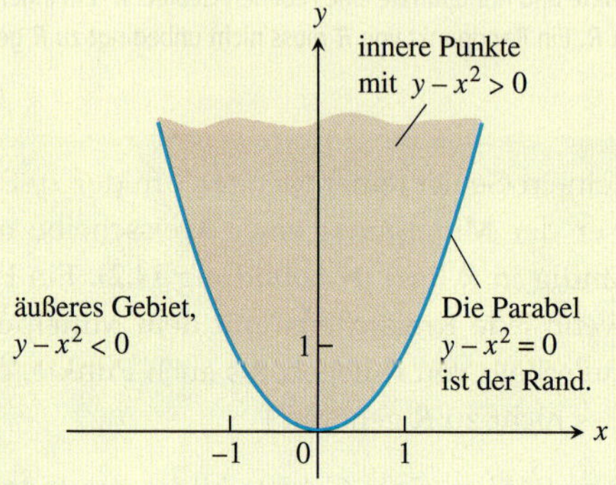

Abbildung 14.4 Der Definitionsbereich von $f(x,y)$ aus Beispiel 14.2 besteht aus dem schattierten Gebiet und der Parabel.

Lösung Die Funktion f ist nur für $y - x^2 \geq 0$ definiert. Daher ist der Definitionsbereich das in ►Abbildung 14.4 dargestellte abgeschlossene, unbeschränkte Gebiet. Der Rand des Gebiets ist die Parabel $y = x^2$. Die Punkte über der Parabel bilden das Innere des Gebiets. ■

Graphen, Niveaulinien und Höhenlinien

Zur Darstellung der Werte einer Funktion $f(x,y)$ gibt es zwei Standardmöglichkeiten. Eine Möglichkeit ist, in dem Definitionsbereich Kurven zu zeichnen und zu benennen, auf denen f einen konstanten Wert hat. Die andere Möglichkeit ist, die Fläche $z = f(x,y)$ im Raum zu zeichnen.

Definition

Die Menge der Punkte in der Ebene, an denen eine Funktion $f(x,y)$ einen konstanten Wert $f(x,y) = c$ hat, heißt **Niveaulinie** von f. Die Menge aller Punkte $(x,y,f(x, y))$ im Raum für (x,y) aus dem Definitionsbereich von f heißt **Graph** von f. Den Graphen von f bezeichnet man auch als **Fläche $z = f(x,y)$**.

Darstellung von $f(x,y) = 100 - x^2 - y^2$

Beispiel 14.3 Stellen Sie die Funktion $f(x,y) = 100 - x^2 - y^2$ grafisch dar und zeichnen Sie die Niveaulinien $f(x,y) = 0$, $f(x,y) = 51$ und $f(x,y) = 75$ in den Definitionsbereich von f in der xy-Ebene ein.

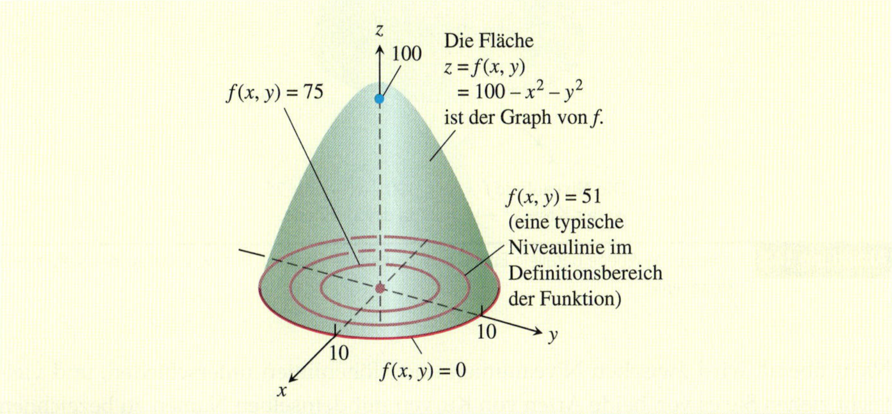

Abbildung 14.5 Der Graph und ausgewählte Niveaulinien der Funktion $f(x,y)$ aus Beispiel 14.3.

Lösung Der Definitionsbereich von f ist die gesamte xy-Ebene, und der Wertebereich von f ist die Menge reeller Zahlen, die kleiner oder gleich 100 sind. Der Graph ist das Paraboloid $z = 100 - x^2 - y^2$, dessen positiver Teil in ▶Abbildung 14.5 dargestellt ist.

Die Niveaulinie $f(x,y) = 0$ ist die Menge der Punkte in der xy-Ebene, in denen

$$f(x,y) = 100 - x^2 - y^2 = 0 \quad \text{oder} \quad x^2 + y^2 = 100$$

ist. Das ist der Kreis mit dem Radius 10 um den Ursprung. Analog dazu sind die Niveaulinien $f(x,y) = 51$ und $f(x,y) = 75$ (vgl. Abbildung 14.5) die Kreise

$$f(x,y) = 100 - x^2 - y^2 = 51 \qquad \text{bzw.} \qquad x^2 + y^2 = 49\,,$$
$$f(x,y) = 100 - x^2 - y^2 = 75 \qquad \text{bzw.} \qquad x^2 + y^2 = 25\,.$$

Die Niveaulinie $f(x,y) = 100$ besteht nur aus dem Ursprung. (Dennoch ist sie eine Niveaulinie.)

Für $x^2 + y^2 > 100$ sind die Werte der Funktion $f(x,y)$ negativ. Zum Beispiel liefern die Werte auf dem Kreis $x^2 + y^2 = 144$, das ist der Kreis um den Ursprung mit dem Radius 12, den konstanten Wert $f(x,y) = -44$. Damit ist auch dieser Kreis eine Niveaulinie von f. ■

Die Raumkurve, in der die Ebene $z = c$ die Fläche $z = f(x,y)$ schneidet, besteht aus den Punkten des Graphen, für die $f(x,y) = c$ gilt. Wir bezeichnen sie als **Höhenlinie** $f(x,y) = c$, um sie von der Niveaulinie $f(x,y) = c$ im Definitionsbereich von f zu unterscheiden. ▶Abbildung 14.6 zeigt die Höhenlinie $f(x,y) = 75$ auf der Fläche $z = 100 - x^2 - y^2$, die durch die Funktion $f(x,y) = 100 - x^2 - y^2$ definiert ist. Die Höhenlinie befindet sich direkt über dem Kreis $x^2 + y^2 = 25$, also der Niveaulinie $f(x,y) = 75$ im Definitionsbereich der Funktion.

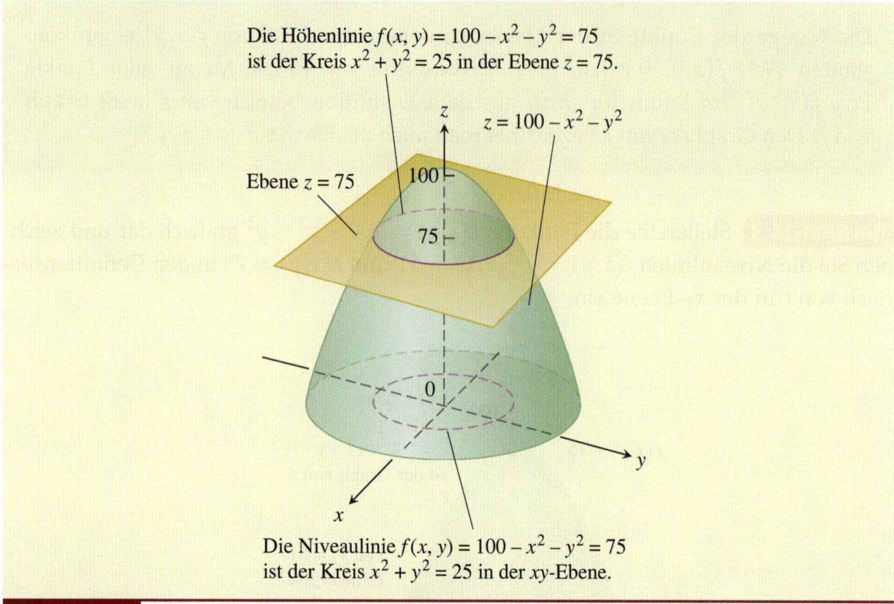

Abbildung 14.6 Eine zur xy-Ebene parallele Ebene $z = c$, die eine Fläche $z = f(x, y)$ schneidet, liefert eine Höhenlinie.

Nicht überall wird zwischen Niveaulinien und Höhenlinien unterschieden, und vielleicht ziehen Sie es vor, beide Arten von Kurven mit demselben Namen zu bezeichnen und aus dem Kontext zu schließen, welche Art von Kurve jeweils gemeint ist. Auf den meisten Landkarten heißen die Kurven, die eine konstante Höhe angeben (Höhe über dem Meeresspiegel), Höhenlinien und nicht Niveaulinien (►Abbildung 14.7).

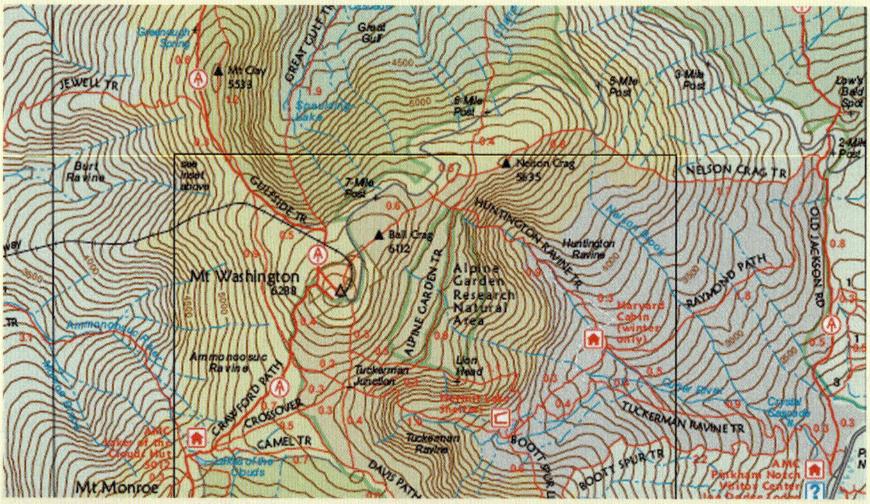

Abbildung 14.7 Höhenlinien am Mt. Washington in New Hampshire. (Mit freundlicher Genehmigung des Appalachian Mountain Clubs.)

Funktionen von drei Variablen

In der Ebene bilden die Punkte, an denen eine Funktion von zwei unabhängigen Variablen einen konstanten Wert $f(x, y) = c$ hat, eine Kurve im Definitionsbereich der Funktion. Im Raum bilden die Punkte, an denen eine Funktion von drei unabhängigen

Variablen einen konstanten Wert $f(x,y,z) = c$ hat, eine Fläche im Definitionsbereich der Funktion.

Definition

> Die Menge der Punkte (x,y,z) im Raum, an denen eine Funktion von drei unabhängigen Variablen einen konstanten Wert $f(x,y,z) = c$ hat, heißt **Niveaufläche** von f.

Da die Graphen von Funktionen von drei Variablen aus Punkten $(x,y,z,f(x,y,z))$ bestehen, die im vierdimensionalen Raum liegen, können wir sie in unserem dreidimensionalen Bezugssystem nicht wirklich zeichnen. Wie sich die Funktion verhält, können wir dennoch anhand ihrer dreidimensionalen Niveauflächen feststellen.

Niveauflächen der Funktion $f(x,y,z) = \sqrt{x^2+y^2+z^2}$

Beispiel 14.4 Beschreiben Sie die Niveauflächen der Funktion

$$f(x,y,z) = \sqrt{x^2+y^2+z^2}\,.$$

Lösung Der Wert von f ist der Abstand des Punkts (x,y,z) vom Ursprung. Jede Niveaufläche $\sqrt{x^2+y^2+z^2} = c$, $c > 0$ ist eine Kugelfläche vom Radius c um den Ursprung. ▶Abbildung 14.8 zeigt eine Schnittdarstellung von drei dieser Kugelflächen. Die Niveaufläche $\sqrt{x^2+y^2+z^2} = 0$ besteht allein aus dem Ursprung.

Keineswegs zeichnen wir die Funktion; wir betrachten Niveauflächen im Definitionsbereich der Funktion. Die Niveauflächen zeigen, wie sich die Werte der Funktion ändern, wenn wir uns durch ihren Definitionsbereich bewegen. Bleiben wir auf einer Kugelfläche vom Radius c um den Ursprung, so behält die Funktion einen konstanten Wert, nämlich den Wert c. Bewegen wir uns von einem Punkt auf einer Kugelfläche zu einem Punkt auf einer anderen Kugelfläche, so ändert sich der Wert der Funktion – er wächst, wenn wir uns vom Ursprung weg bewegen, und er fällt, wenn wir uns zum Ursprung hin bewegen. Auf welche Weise sich der Wert ändert, hängt von der Richtung ab, die wir nehmen. Die Abhängigkeit von der Richtungsänderung ist wesentlich. In Abschnitt 14.5 auf Seite 281 werden wir darauf zurückkommen. ■

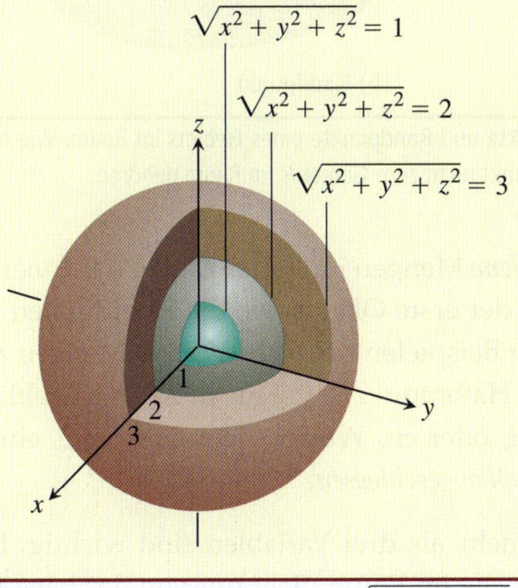

Abbildung 14.8 Die Niveauflächen der Funktion $f(x,y,z) = \sqrt{x^2+y^2+z^2}$ sind konzentrische Kugelflächen (Beispiel 14.4).

Innere Punkte, Randpunkte und offene, geschlossene, beschränkte oder unbeschränkte Mengen sind für Gebiete im Raum wie für Gebiete in der Ebene definiert. Aufgrund der zusätzlichen Dimension betrachten wir anstelle von Kreisscheiben nun massive Kugeln mit einem positiven Radius.

Definition

Ein Punkt (x_0, y_0, z_0) in einem Gebiet R im Raum ist ein **innerer Punkt** von R, wenn er der Mittelpunkt einer massiven Kugel ist, die ganz in R liegt (▶Abbildung 14.9a). Ein Punkt (x_0, y_0, z_0) ist ein **Randpunkt** von R, wenn jede massive Kugel um (x_0, y_0, z_0) sowohl Punkte enthält, die außerhalb von R liegen, als auch Punkte, die im Innern von R liegen (Abbildung 14.9b). Das **Innere** von R ist die Menge der inneren Punkte von R. Der **Rand** von R ist die Menge der Randpunkte von R.

Ein Gebiet ist **offen**, wenn es ausschließlich aus inneren Punkten besteht. Ein Gebiet ist **abgeschlossen**, wenn es seinen gesamten Rand enthält.

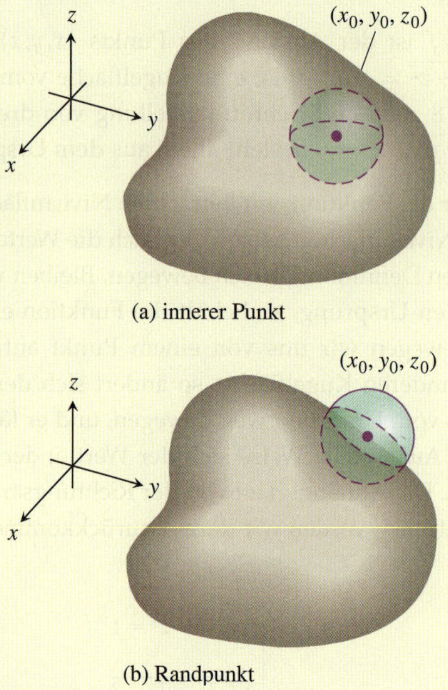

Abbildung 14.9 Innere Punkte und Randpunkte eines Gebiets im Raum. Wie bei Gebieten in der Ebene muss ein Randpunkt nicht zum Gebiet R im Raum gehören.

Zu den Beispielen für *offene* Mengen im Raum zählen das Innere einer Kugelfläche, der offene Halbraum $z > 0$, der erste Oktant (wo die Koordinaten x, y, z positiv sind) und der Raum selbst. Zu den Beispielen für *abgeschlossene* Mengen zählen Geraden, Ebenen und der abgeschlossene Halbraum $z \geq 0$. Eine massive Kugelfläche, der man einen Teil ihres Rands entfernt hat, oder ein Würfel, dem eine Seite, eine Kante oder eine Ecke fehlt, sind *weder offen noch abgeschlossen*.

Auch Funktionen von mehr als drei Variablen sind wichtig. Beispielsweise kann die Temperatur auf einer Fläche im Raum nicht nur von der Lage des Punkts $P(x, y, z)$ auf der Fläche abhängen, sondern auch von der Zeit t. Also würden wir $T = f(x, y, z, t)$ schreiben.

Grafische Darstellung mit dem Computer

Mithilfe von dreidimensionalen Grafikprogrammen auf Computern und Taschenrechnern lassen sich Funktionen von zwei Variablen mit nur ein paar Tastendrücken grafisch darstellen. Oft können wir anhand eines Graphen schneller Informationen über eine Funktion gewinnen als anhand einer Gleichung.

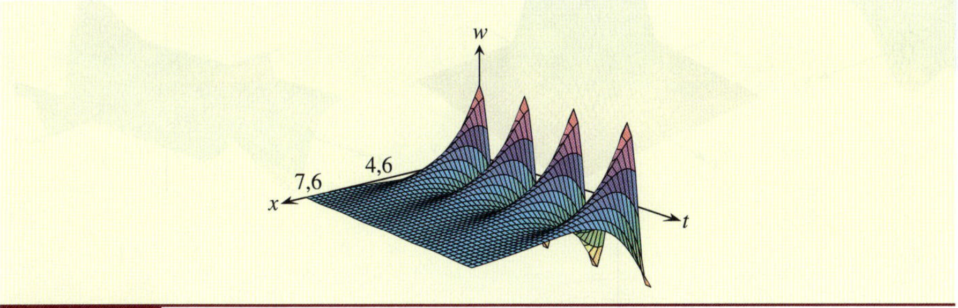

Abbildung 14.10 Dieser Graph zeigt die jahreszeitlichen Schwankungen der Temperatur w unter der Erdoberfläche als Bruchteil der Oberflächentemperatur (Beispiel 14.5).

Jahreszeitliche Temperaturschwankungen unter der Erdoberfläche

Beispiel 14.5 Die Temperatur w unter der Erdoberfläche ist eine Funktion der Tiefe x unter der Oberfläche und der Zeit t im Jahr. Messen wir die Tiefe x in Metern und die Zeit t als die Differenz in Tagen zu dem Tag, an dem voraussichtlich die jährliche Höchsttemperatur an der Oberfläche gemessen wird, so können wir die Temperaturschwankung durch die Funktion

$$w = \cos(1{,}7 \cdot 10^{-2}t - 0{,}6562x)\mathrm{e}^{-0{,}6562x}$$

modellieren. (Die Temperatur bei 0 m ist so skaliert, dass sie zwischen -1 und 1 schwankt. Damit kann die Schwankung bei x Metern als ein Bruchteil der Schwankung an der Oberfläche betrachtet werden.)

►Abbildung 14.10 zeigt einen Graphen der Funktion. In einer Tiefe von 4,6 m unter der Oberfläche beträgt die Schwankung (die Änderung der vertikalen Amplitude in der Abbildung) etwa 5 % der Schwankung an der Erdoberfläche. In 7,6 m Tiefe gibt es über das Jahr nahezu keine Schwankungen mehr.

Der Graph zeigt auch, dass die Temperatur 4,6 m unter der Oberfläche etwa ein halbes Jahr gegenüber der Temperatur an der Oberfläche phasenverschoben ist. Wenn die Temperatur (gegen Ende Januar) an der Oberfläche am niedrigsten ist, dann ist die Temperatur in 4,6 m Tiefe am höchsten. In 7,6 m unter der Erdoberfläche sind die jahreszeitlichen Schwankungen aufgehoben.

Abbildung 14.11 zeigt computergenerierte Graphen für eine Reihe von Funktionen von zwei Variablen und ihre Niveaulinien.

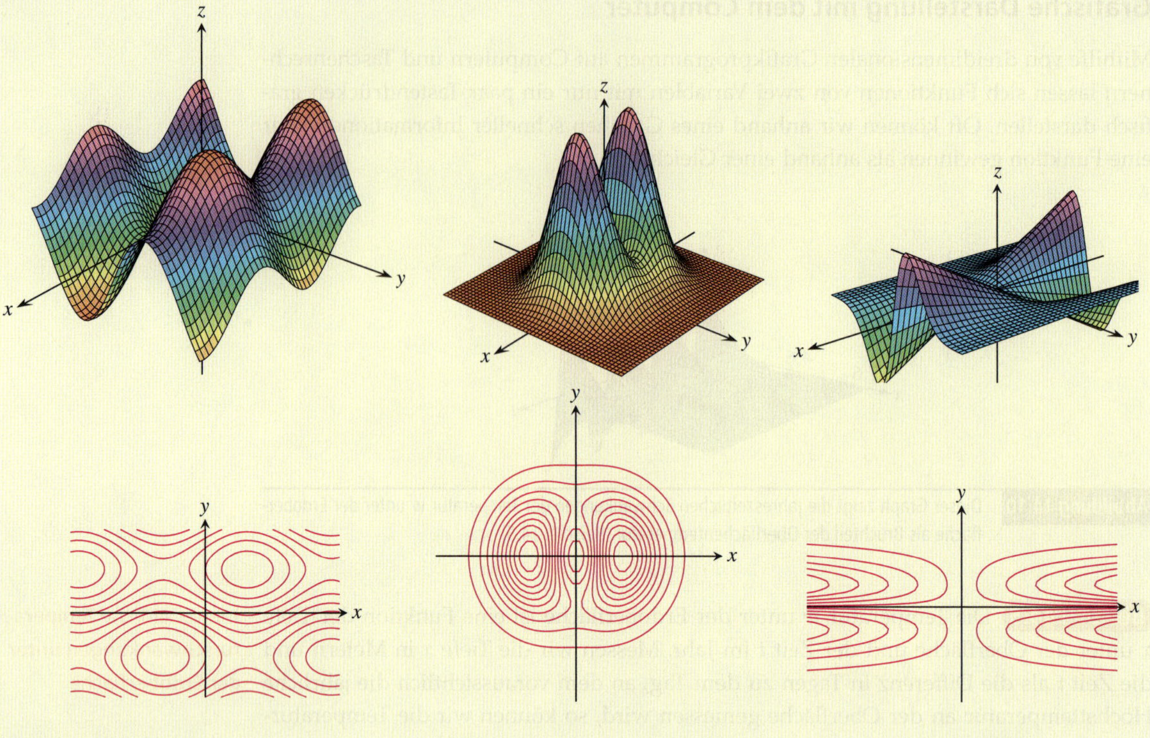

(a) $z = \sin x + 2\sin y$ (b) $z = (4x^2 + y^2)\mathrm{e}^{-x^2-y^2}$ (c) $z = xy\mathrm{e}^{-y^2}$

Abbildung 14.11 Computergenerierte Graphen und Niveaulinien von Funktionen zweier Variablen.

Aufgaben zum Abschnitt 14.1

Definitionsbereich, Wertebereich und Niveaulinien

Bestimmen Sie in den Aufgaben 1 und 2 die speziellen Funktionswerte.

1. $f(x,y) = x^2 + xy^3$

a. $f(0,0)$ **b.** $f(-1,1)$

c. $f(2,3)$ **d.** $f(-3,-2)$

2. $f(x,y,z) = \dfrac{x-y}{y^2+z^2}$

a. $f(3,-1,2)$ **b.** $f\left(1, \dfrac{1}{2}, -\dfrac{1}{4}\right)$

c. $f\left(0, -\dfrac{1}{3}, 0\right)$ **d.** $f(2,2,100)$

Bestimmen und skizzieren Sie in den Aufgaben 3–6 den Definitionsbereich jeder Funktion.

3. $f(x,y) = \sqrt{y-x-2}$

4. $f(x,y) = \dfrac{(x-1)(y+2)}{(y-x)(y-x^3)}$

5. $f(x,y) = \cos^{-1}(y-x^2)$

6. $f(x,y) = \sqrt{(x^2-4)(y^2-9)}$

Bestimmen Sie in den Aufgaben 7 und 8 die Niveaulinien $f(x,y) = c$ für die angegebenen Werte von c und skizzieren Sie sie in einem Koordinatensystem. Wir bezeichnen diese Darstellung als Höhenlinienkarte.

7. $f(x,y) = x + y - 1, \quad c = -3, -2, -1, 0, 1, 2, 3$

8. $f(x,y) = xy, \quad c = -9, -4, -1, 0, 1, 4, 9$

Bestimmen Sie in den Aufgaben 9–15 **a.** den Definitionsbereich der Funktion und **b.** den Wertebereich der Funktion. **c.** Beschreiben Sie die Niveaulinien der Funktion, und **d.** bestimmen Sie den Rand des Definitionsbereichs der Funktion. **e.** Geben Sie an, ob das Gebiet offen, abgeschlossen oder keines von beiden ist. **f.** Entscheiden Sie, ob der Definitionsbereich beschränkt oder unbeschränkt ist.

9. $f(x,y) = y - x$

10. $f(x,y) = 4x^2 + 9y^2$

11. $f(x,y) = xy$

12. $f(x,y) = \dfrac{1}{\sqrt{16 - x^2 - y^2}}$

13. $f(x,y) = \ln(x^2 + y^2)$

14. $f(x,y) = \sin^{-1}(y - x)$

15. $f(x,y) = \ln(x^2 + y^2 - 1)$

Zuordnung zwischen Flächen und Niveaulinien

Die Aufgaben 16–21 zeigen die Niveaulinien der Funktionen, die in **a.–f.** auf der folgenden Seite dargestellt sind. Ordnen Sie jede Menge von Niveaulinien der entsprechenden Funktion zu.

16.

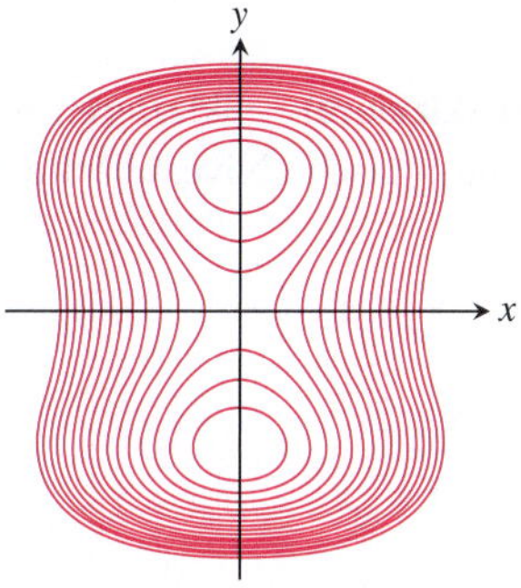

17.

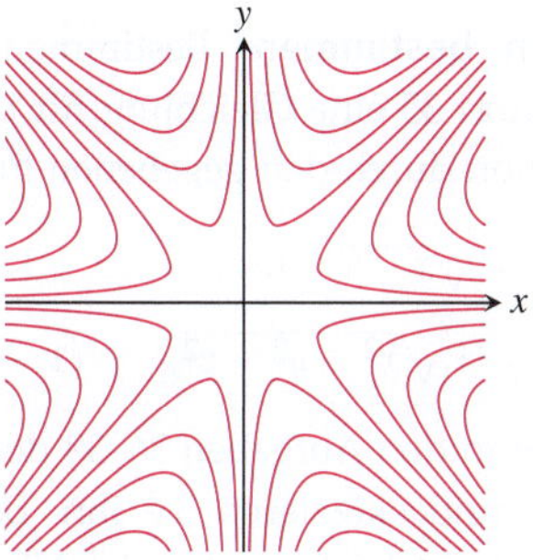

18.

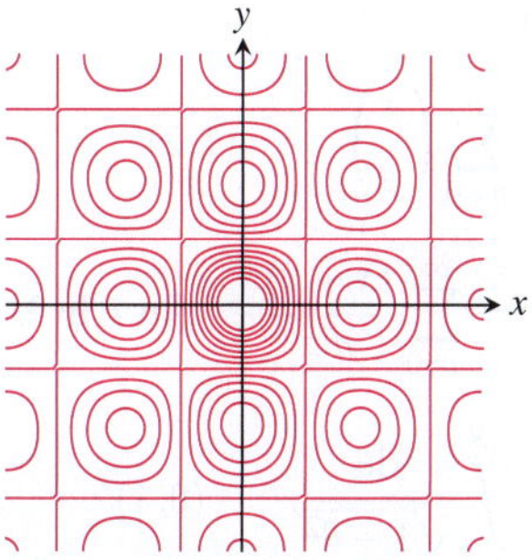

19.

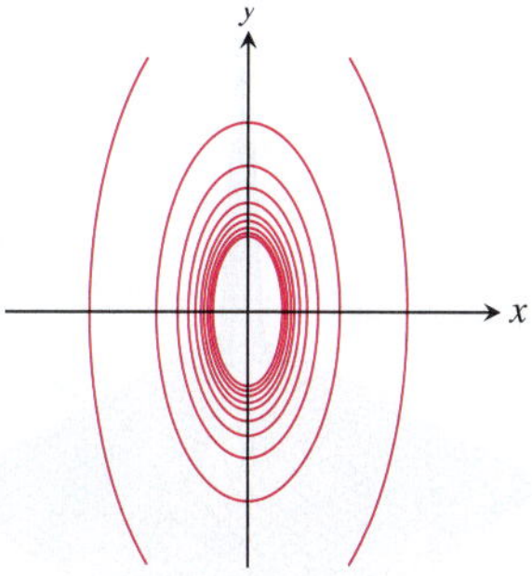

20.

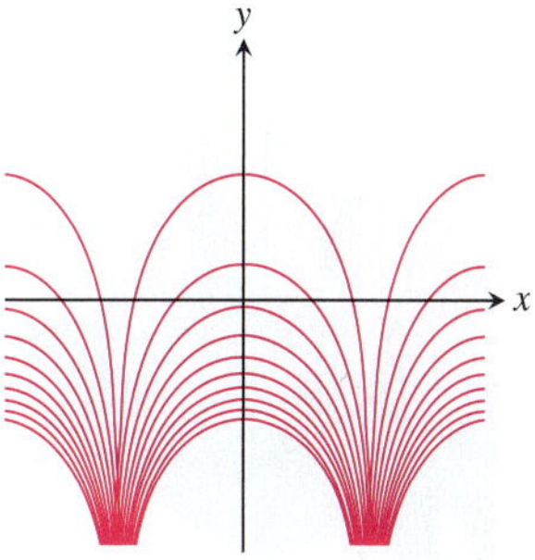

21.

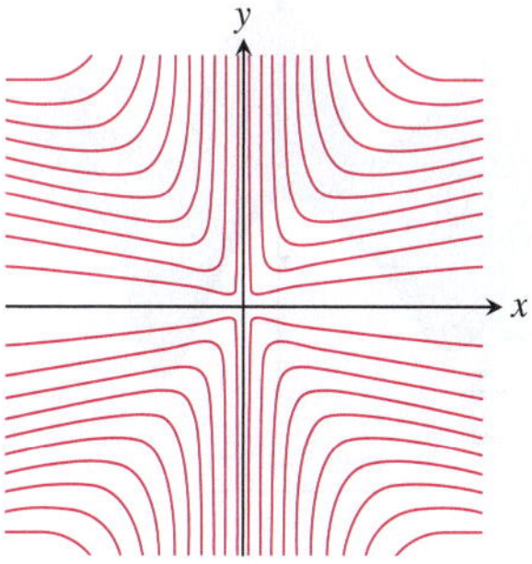

a.

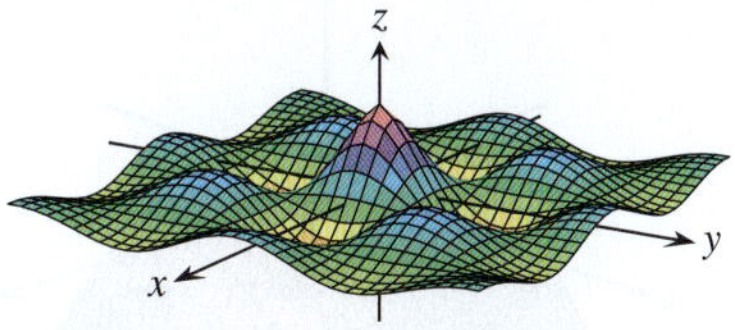

$z = (\cos x)(\cos y)\, e^{-\sqrt{x^2+y^2}/4}$

b.

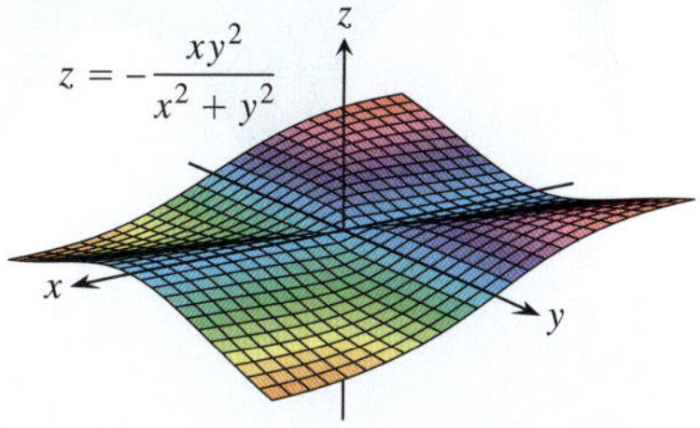

$z = -\dfrac{xy^2}{x^2 + y^2}$

c.

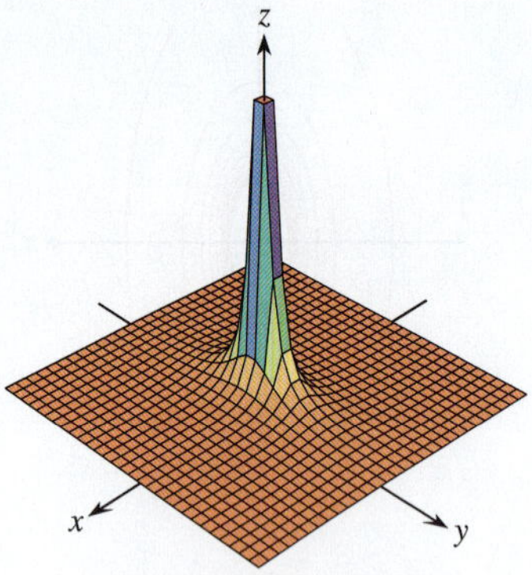

$z = \frac{1}{4x^2 + y^2}$

d.

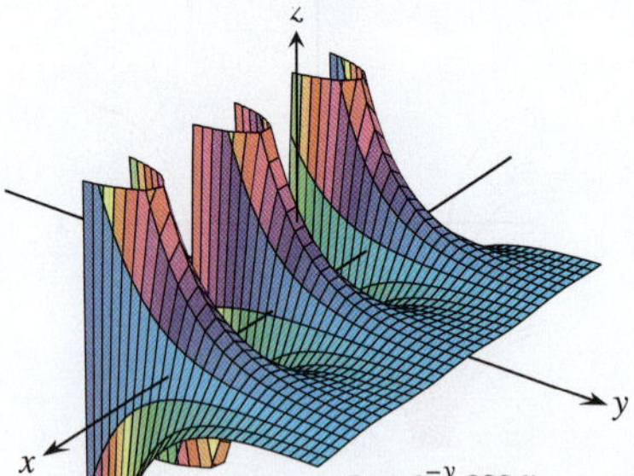

$z = e^{-y} \cos x$

e.

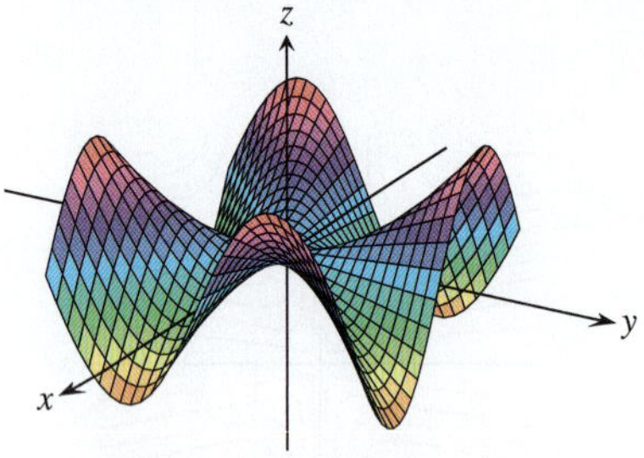

$z = \frac{xy(x^2 - y^2)}{x^2 + y^2}$

f.

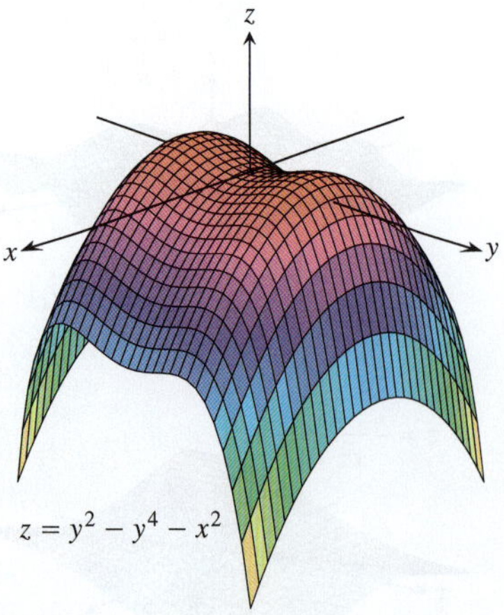

$z = y^2 - y^4 - x^2$

Funktionen von zwei Variablen Stellen Sie die Werte der Funktionen aus den Aufgaben 22–27 auf zwei Arten dar: **a.** indem Sie die Fläche $z = f(x,y)$ skizzieren und **b.** indem Sie eine Menge von Niveaulinien im Definitionsbereich der Funktionen zeichnen. Beschriften Sie jede Niveaulinie mit ihrem Funktionswert.

22. $f(x,y) = y^2$

23. $f(x,y) = x^2 + y^2$

24. $f(x,y) = x^2 - y$

25. $f(x,y) = 4x^2 + y^2$

26. $f(x,y) = 1 - |y|$

27. $f(x,y) = \sqrt{x^2 + y^2 + 4}$

Niveaulinien bestimmen Bestimmen Sie in den Aufgaben 28 und 29 eine Gleichung für die Niveaulinie der Funktion $f(x,y)$, die durch den gegebenen Punkt verläuft, und skizzieren Sie den Graphen der Niveaulinie.

28. $f(x,y) = 16 - x^2 - y^2, \quad (2\sqrt{2}, \sqrt{2})$

29. $f(x,y) = \sqrt{x + y^2 - 3}, \quad (3, -1)$

Niveauflächen skizzieren Skizzieren Sie in den Aufgaben 30–33 eine typische Niveaufläche der angegebenen Funktion.

30. $f(x,y,z) = x^2 + y^2 + z^2$

31. $f(x,y,z) = x + z$

32. $f(x,y,z) = x^2 + y^2$

33. $f(x,y,z) = z - x^2 - y^2$

Niveauflächen bestimmen Bestimmen Sie in den Aufgaben 34 und 35 eine Gleichung für die Niveaufläche der Funktion durch den gegebenen Punkt.

34. $f(x,y,z) = \sqrt{x - y} - \ln z, \quad (3, -1, 1)$

35. $g(x, y, z) = \sqrt{x^2 + y^2 + z^2}, \quad (1, -1, \sqrt{2})$

Bestimmen Sie in den Aufgaben 36–39 den Definitionsbereich von f und skizzieren Sie ihn. Bestimmen Sie anschließend eine Gleichung für die Niveaulinie oder Niveaufläche der Funktion, die durch den angegebenen Punkt verläuft.

36. $f(x,y) = \sum_{n=0}^{\infty} \left(\frac{x}{y}\right)^n \quad (1,2)$

37. $g(x,y,z) = \sum_{n=0}^{\infty} \frac{(x+y)^n}{n! z^n}, \quad (\ln 4, \ln 9, 2)$

38. $f(x,y) = \int_x^y \frac{\mathrm{d}\theta}{\sqrt{1 - \theta^2}}, \quad (0,1)$

39. $g(x,y,z) = \int\limits_x^y \frac{dt}{1+t^2} + \int\limits_0^z \frac{d\theta}{\sqrt{4-\theta^2}}, \qquad (0,1,\sqrt{3})$

Computeralgebra Führen Sie in den Aufgaben 40 und 41 mithilfe eines CAS für jede Funktion die folgenden Arbeitsschritte aus:

a. Stellen Sie die Fläche über dem angegebenen Rechteck grafisch dar.

b. Stellen Sie einige Niveaulinien in dem angegebenen Rechteck grafisch dar.

c. Stellen Sie die Niveaulinie von f durch den gegebenen Punkt grafisch dar.

40. $f(x,y) = x \sin \frac{y}{2} + y \sin 2x,\ 0 \le x \le 5\pi,\ 0 \le y \le 5\pi, \quad P(3\pi, 3\pi)$

41. $f(x,y) = \sin(x + 2\cos y),\ -2\pi \le x \le 2\pi,\ -2\pi \le y \le 2\pi, \quad P(\pi,\pi)$

Stellen Sie mithilfe eines CAS die implizit definierten Niveauflächen aus den Aufgaben 42 und 43 dar.

42. $4\ln(x^2+y^2+z^2) = 1$ **43.** $x + y^2 - 3z^2 = 1$

Parametrisierte Flächen Genau wie Sie Kurven in der Ebene parametrisch durch zwei Gleichungen $x = f(t)$, $y = g(t)$ beschreiben, die auf einem Parameterintervall I definiert sind, können Sie mitunter Flächen im Raum durch drei Gleichungen $x = f(u,v)$, $y = g(u,v)$, $z = h(u,v)$ beschreiben, die auf einem Parameterrechteck $a \le u \le b$, $c \le v \le d$ definiert sind. Mit vielen Computeralgebrasystemen können Sie solche Flächen im *parametrischen Modus* grafisch darstellen. (Mit parametrisierten Flächen beschäftigen wir uns in Abschnitt 16.5 detailliert.) Stellen Sie die Flächen aus den Aufgaben 44 und 45 mithilfe eines CAS grafisch dar. Zeichnen Sie auch einige Niveaulinien in der xy-Ebene.

44. $x = u\cos v, \quad y = u \sin v, \quad z = u, \quad 0 \le u \le 2,\ 0 \le v \le 2\pi$

45. $x = (2+\cos u)\cos v, \quad y = (2+\cos u)\sin v, \quad z = \sin u, \quad 0 \le u \le 2\pi,\ 0 \le v \le 2\pi$

14.2 Grenzwerte und Stetigkeit in höheren Dimensionen

In diesem Abschnitt befassen wir uns mit Grenzwerten und der Stetigkeit von Funktionen mehrerer Variablen. Die Begriffe sind ähnlich wie Grenzwerte und Stetigkeit für Funktionen einer Variablen definiert. Die zusätzlichen unabhängigen Variablen führen aber zu einer zusätzlichen Komplexität und wichtigen Unterschieden, die einige neue Konzepte verlangen.

Grenzwerte für Funktionen von zwei Variablen

Liegen die Werte von $f(x,y)$ für alle Punkte (x,y), die einem Punkt (x_0, y_0) hinreichend nahe sind, beliebig nahe an einer festen reellen Zahl L, so sagen wir, dass f für $(x,y) \to (x_0,y_0)$ den Grenzwert L hat. Dies ist ähnlich wie die formlose Definition des Grenzwerts einer Funktion einer Variablen. Wenn (x_0,y_0) im Innern des Definitionsbereichs der Funktion x liegt, dann kann (x,y) allerdings aus jeder beliebigen Richtung gegen (x_0,y_0) gehen. Damit der Grenzwert existiert, muss unabhängig von dieser Richtung immer derselbe Grenzwert angenommen werden. Diesen Sachverhalt werden wir im Anschluss an die folgende Definition anhand mehrerer Beispiele illustrieren.

Definition

Wir sagen, dass eine Funktion $f(x,y)$ für $(x,y) \to (x_0,y_0)$ gegen den **Grenzwert** L geht und schreiben

$$\lim_{(x,y)\to(x_0,y_0)} f(x,y) = L\,,$$

wenn zu jedem $\varepsilon > 0$ eine Zahl $\delta > 0$ existiert, sodass für alle (x,y) auf dem Definitionsbereich von f gilt:

$$|f(x,\ y) - L| < \varepsilon \quad \text{für} \quad 0 < \sqrt{(x-x_0)^2 + (y-y_0)^2} < \delta\,.$$

Die Grenzwertdefinition besagt, dass der Abstand zwischen $f(x,y)$ und L beliebig klein wird, wenn der Abstand zwischen (x,y) und (x_0,y_0) hinreichend klein (aber nicht null) gemacht wird. Die Definition gilt sowohl für innere Punkte (x_0,y_0) als auch für Randpunkte des Definitionsbereichs von f, obwohl ein Randpunkt nicht im Definitionsbereich liegen muss. Von den Punkten (x,y), die gegen (x_0,y_0) gehen, nehmen wir dagegen immer an, dass sie im Definitionsbereich der Funktion f liegen (►Abbildung 14.12).

Wie für Funktionen von einer Variablen können wir zeigen, dass für Funktionen von zwei Variablen gilt:

$$\lim_{(x,y)\to(x_0,y_0)} x = x_0$$

$$\lim_{(x,y)\to(x_0,y_0)} y = y_0$$

$$\lim_{(x,y)\to(x_0,y_0)} k = k \quad \text{(für eine beliebige Zahl } k\text{).}$$

In der ersten dieser Grenzwertaussagen ist zum Beispiel $f(x,y) = x$ und $L = x_0$. Nehmen wir an, dass in der Grenzwertdefinition ein $\varepsilon > 0$ gewählt wurde. Setzen wir δ

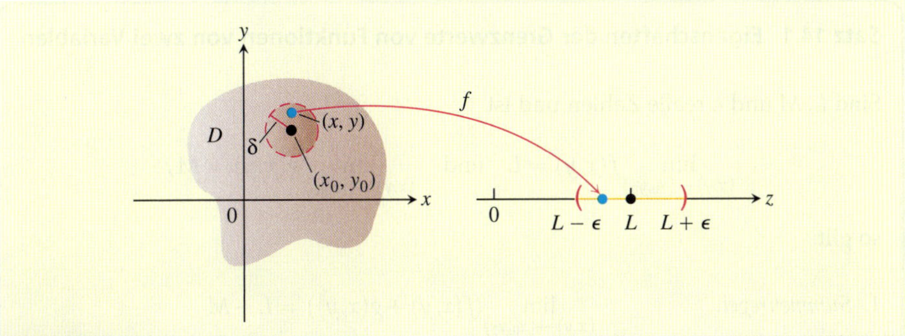

Abbildung 14.12 In der Grenzwertdefinition ist δ der Radius einer Kreisscheibe um den Punkt (x_0, y_0). Für alle Punkte (x, y) aus dieser Kreisscheibe liegen die Funktionswerte $f(x, y)$ im Innern des zugehörigen Intervalls $(L - \varepsilon, L + \varepsilon)$.

gleich ε, so stellen wir fest, dass sich aus

$$0 < \sqrt{(x - x_0)^2 + (y - y_0)^2} < \delta = \varepsilon$$

ergibt

$$\begin{aligned} \sqrt{(x - x_0)^2} &< \varepsilon & \qquad (x - x_0)^2 &\leq (x - x_0)^2 + (y - y_0)^2 \\ |x - x_0| &< \varepsilon & \sqrt{a^2} &= |a| \\ |f(x,y) - x_0| &< \varepsilon\,. & x &= f(x,y) \end{aligned}$$

Das heißt:

$$|f(x,\ y) - x_0| < \varepsilon \quad \text{für} \quad 0 < \sqrt{(x - x_0)^2 + (y - y_0)^2} < \delta\,.$$

Also haben wir eine Zahl δ gefunden, die die Forderungen aus der Definition erfüllt, und es gilt:

$$\lim_{(x,y)\to(x_0,y_0)} f(x,y) = \lim_{(x,y)\to(x_0,y_0)} x = x_0\,.$$

Wie bei Funktionen einer Variablen ist der Grenzwert der Summe zweier Funktionen die Summe ihrer Grenzwerte (sofern beide Grenzwerte existieren), und es gelten ähnliche Regeln für die Grenzwerte von Differenzen, konstanten Vielfachen, Produkten, Quotienten, Potenzen und Wurzeln.

Obwohl wir Satz 14.1 hier nicht beweisen, wollen wir uns plausibel machen, warum er gilt. Ist der Punkt (x, y) dem Punkt (x_0, y_0) hinreichend nahe, so liegt $f(x, y)$ in der Nähe von L und $g(x, y)$ in der Nähe von M (das ergibt sich aus der formlosen Interpretation der Grenzwerte). Es ist dann plausibel, dass $f(x, y) + g(x, y)$ in der Nähe von $L + M$ liegt; genauso liegt $f(x, y) - g(x, y)$ in der Nähe von $L - M$; $kf(x, y)$ liegt in der Nähe von kL; $f(x, y)g(x, y)$ liegt in der Nähe von LM; und $f(x, y)/g(x, y)$ liegt in der Nähe von L/M für $M \neq 0$.

Wenden wir Satz 14.1 auf Polynome und rationale Funktionen an, so erhalten wir das nützliche Resultat, dass wir die Grenzwerte dieser Funktionen für $(x, y) \to (x_0, y_0)$ einfach berechnen können, indem wir die Funktionen im Punkt (x_0, y_0) berechnen. Wir müssen nur fordern, dass die rationale Funktion im Punkt (x_0, y_0) definiert ist.

Satz 14.1 Eigenschaften der Grenzwerte von Funktionen von zwei Variablen

Sind L, M und k reelle Zahlen und ist

$$\lim_{(x,y)\to(x_0,y_0)} f(x,y) = L \quad \text{und} \quad \lim_{(x,y)\to(x_0,y_0)} g(x,y) = M,$$

so gilt

1. *Summenregel:* $\lim_{(x,y)\to(x_0,y_0)} (f(x,y) + g(x,y)) = L + M$
2. *Differenzenregel:* $\lim_{(x,y)\to(x_0,y_0)} (f(x,y) - g(x,y)) = L - M$
3. *Faktorregel:* $\lim_{(x,y)\to(x_0,y_0)} kf(x,y) = kL$ (für jede Zahl k)
4. *Produktregel:* $\lim_{(x,y)\to(x_0,y_0)} (f(x,y) \cdot g(x,y)) = L \cdot M$
5. *Quotientenregel:* $\lim_{(x,y)\to(x_0,y_0)} \dfrac{f(x,y)}{g(x,y)} = \dfrac{L}{M},\ M \neq 0$
6. *Potenzregel:* $\lim_{(x,y)\to(x_0,y_0)} [f(x,y)]^n = L^n$
   n ist eine positive ganze Zahl
7. *Wurzelregel:* $\lim_{(x,y)\to(x_0,y_0)} \sqrt[n]{f(x,y)} = \sqrt[n]{L} = L^{1/n}$
   n ist eine positive ganze Zahl, und wenn n gerade ist, nehmen wir $L \geq 0$ und $f(x,y) \geq 0$ an.

Einfache Grenzwertberechnung

Beispiel 14.6 In diesem Beispiel können wir drei einfache Resultate, die sich aus der Grenzwertdefinition ergeben, mit Satz 14.1 kombinieren, um die Grenzwerte zu berechnen. Wir setzen die x- und y-Werte des Grenzpunkts einfach in die Funktionsgleichung ein, um den Grenzwert zu bestimmen.

a $$\lim_{(x,y)\to(0,1)} \frac{x - xy + 3}{x^2y + 5xy - y^3} = \frac{0 - (0)(1) + 3}{(0)^2(1) + 5(0)(1) - (1)^3} = -3$$

b $$\lim_{(x,y)\to(3,-4)} \sqrt{x^2 + y^2} = \sqrt{(3)^2 + (-4)^2} = \sqrt{25} = 5$$

Grenzwert der Funktion $f(x,y) = \dfrac{x^2 - xy}{\sqrt{x} - \sqrt{y}}$

Beispiel 14.7 Bestimmen Sie den Grenzwert

$$\lim_{(x,y)\to(0,0)} \frac{x^2 - xy}{\sqrt{x} - \sqrt{y}}.$$

Lösung Da der Nenner $\sqrt{x} - \sqrt{y}$ für $(x,y) \to (0,0)$ gegen 0 geht, können wir die Quotientenregel aus Satz 14.1 nicht anwenden. Multiplizieren wir jedoch Zähler und Nenner mit $\sqrt{x} + \sqrt{y}$, so erhalten wir einen äquivalenten Ausdruck, dessen Grenzwert wir tatsächlich berechnen *können*:

$$\begin{aligned}\lim_{(x,y)\to(0,0)} \frac{x^2-xy}{\sqrt{x}-\sqrt{y}} &= \lim_{(x,y)\to(0,0)} \frac{(x^2-xy)\left(\sqrt{x}-\sqrt{y}\right)}{\left(\sqrt{x}-\sqrt{y}\right)\left(\sqrt{x}+\sqrt{y}\right)} \\ &= \lim_{(x,y)\to(0,0)} \frac{x\,(x-y)\left(\sqrt{x}+\sqrt{y}\right)}{x-y} && \text{Algebra} \\ &= \lim_{(x,y)\to(0,0)} x\left(\sqrt{x}+\sqrt{y}\right) && \text{Kürzen des von null verschiedenen Faktors } (x-y) \\ &= 0\left(\sqrt{0}+\sqrt{0}\right) = 0 && \text{bekannte Grenzwerte}\end{aligned}$$

Den Faktor $(x-y)$ können wir kürzen, weil die Kurve $y = x$ (auf der $x - y = 0$ ist) *nicht* zum Definitionsbereich der Funktion

$$f(x,y) = \frac{x^2-xy}{\sqrt{x}-\sqrt{y}}$$

gehört. ■

Beispiel 14.8 Bestimmen Sie den Grenzwert $\lim\limits_{(x,y)\to(0,0)} \frac{4xy^2}{x^2+y^2}$, sofern er existiert.

Grenzwert der Funktion $f(x,y) = \frac{4xy^2}{x^2+y^2}$

Lösung Wir stellen zunächst fest, dass die Funktion auf der Geraden $x = 0$ für $y \neq 0$ immer den Wert 0 hat. Genauso hat die Funktion für $x \neq 0$ auf der Geraden $y = 0$ den Wert 0. Sofern also der Grenzwert der Funktion für (x,y) gegen $(0,0)$ existiert, muss der Wert des Grenzwerts null sein. Wir wollen uns anhand der Grenzwertdefinition davon überzeugen.

Sei ein beliebiges $\varepsilon > 0$ gegeben. Wir wollen ein $\delta > 0$ bestimmen, sodass gilt:

$$\left|\frac{4xy^2}{x^2+y^2} - 0\right| < \varepsilon \quad \text{für } 0 < \sqrt{x^2+y^2} < \delta$$

oder

$$\frac{4|x|y^2}{x^2+y^2} < \varepsilon \quad \text{für } 0 < \sqrt{x^2+y^2} < \delta .$$

Wegen $y^2 \leq x^2 + y^2$ erhalten wir

$$\frac{4|x|y^2}{x^2+y^2} \leq 4|x| = 4\sqrt{x^2} \leq 4\sqrt{x^2+y^2} . \qquad \frac{y^2}{x^2+y^2} \leq 1$$

Wählen wir $\delta = \varepsilon/4$ und sei $0 < \sqrt{x^2+y^2} < \delta$, so erhalten wir

$$\left|\frac{4xy^2}{x^2+y^2} - 0\right| \leq 4\sqrt{x^2+y^2} < 4\delta = 4\left(\frac{\varepsilon}{4}\right) = \varepsilon .$$

Aus der Definition ergibt sich

$$\lim_{(x,y)\to(0,0)} \frac{4xy^2}{x^2+y^2} = 0 .$$

■

Existenz von $\lim_{(x,y)\to(0,0)} \frac{y}{x}$

Beispiel 14.9 Sei $f(x,y) = \frac{y}{x}$. Existiert der Grenzwert $\lim_{(x,y)\to(0,0)} f(x,y)$?

Lösung Die y-Achse gehört nicht zum Definitionsbereich von f, sodass wir bei der Grenzwertbildung gegen den Ursprung $(0,0)$ keine Punkte (x,y) mit $x = 0$ betrachten. Entlang der x-Achse ist für alle $x \neq 0$ der Wert der Funktion $f(x,0) = 0$. Wenn also der Grenzwert für $(x,y) \to (0,0)$ existiert, muss der Grenzwert $L = 0$ sein. Andererseits ist entlang der Geraden $y = x$ für alle $x \neq 0$ der Wert der Funktion $f(x,x) = x/x = 1$. Die Funktion f geht also entlang der Geraden $y = x$ gegen den Wert 1. Das bedeutet, dass jede Kreisscheibe mit dem Radius δ um den Ursprung $(0,0)$ Punkte $(x,0)$ auf der x-Achse enthält, an denen der Funktionswert 0 ist. Sie enthält aber auch Punkte (x,x) entlang der Geraden $y = x$, in denen der Funktionswert 1 ist. Wie klein wir den Radius δ der Kreisscheibe aus Abbildung 14.12 auf Seite 243 auch wählen, es wird im Innern der Kreisscheibe Punkte geben, an denen sich der Funktionswert um 1 unterscheidet. Daher kann der Grenzwert nicht existieren, weil wir in der Grenzwertdefinition für ε jede Zahl kleiner als 1 wählen können und dann widerlegen können, dass $L = 0$ oder 1 oder jede andere reelle Zahl ist. Der Grenzwert existiert nicht, weil wir für verschiedene Wege gegen den Punkt $(0,0)$ verschiedene Grenzwerte haben. ■

Stetigkeit

Wie bei Funktionen von einer Variablen wird die Stetigkeit anhand des Grenzwertbegriffs definiert.

Definition

Eine Funktion $f(x,y)$ ist **in dem Punkt (x_0, y_0) stetig**, wenn

1. f im Punkt (x_0, y_0) definiert ist,
2. $\lim_{(x,y)\to(x_0,y_0)} f(x,y)$ existiert und
3. $\lim_{(x,y)\to(x_0,y_0)} f(x,y) = f(x_0, y_0)$ gilt.

Eine Funktion ist **stetig**, wenn sie in jedem Punkt ihres Definitionsbereichs stetig ist.

Wie bei der Grenzwertdefinition gilt die Definition der Stetigkeit sowohl für Randpunkte als auch für innere Punkte des Definitionsbereichs von f.

Eine Konsequenz aus Satz 14.1 ist, dass algebraische Kombinationen von stetigen Funktionen in jedem Punkt stetig sind, in dem alle beteiligten Funktionen definiert sind. Demnach sind Summen, Differenzen, konstante Vielfache, Produkte, Quotienten und Potenzen stetiger Funktionen überall dort stetig, wo sie definiert sind. Insbesondere sind Polynome und rationale Funktionen von zwei Variablen in jedem Punkt stetig, in dem sie definiert sind.

Stetigkeit einer rationalen Funktion

Beispiel 14.10 Zeigen Sie, dass die Funktion

$$f(x,y) = \begin{cases} \frac{2xy}{x^2+y^2}, & (x,y) \neq (0,0) \\ 0, & (x,y) = (0,0) \end{cases}$$

in jedem Punkt außer dem Ursprung stetig ist (►Abbildung 14.13).

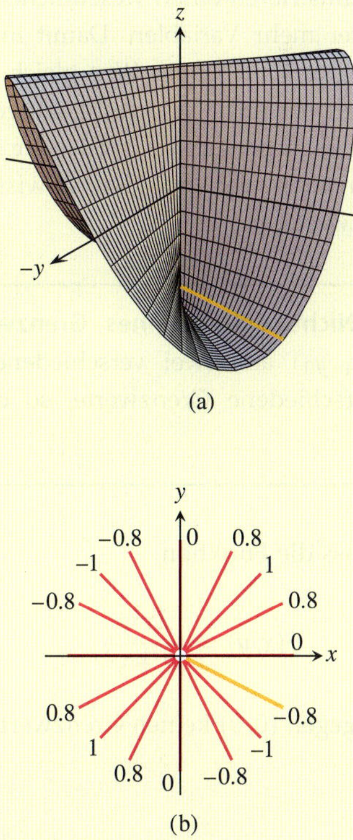

Abbildung 14.13 (a) Der Graph der Funktion $f(x, y)$ aus Beispiel 14.10. Die Funktion ist in jedem Punkt außer dem Ursprung stetig. (b) Der Wert von f ist entlang jeder Geraden $y = mx$, $x \neq 0$ jeweils eine andere Konstante.

Lösung Die Funktion f ist in jedem Punkt $(x, y) \neq (0, 0)$ stetig, weil ihre Werte dann durch eine rationale Funktion von x und y gegeben sind und wir den Grenzwert bestimmen können, indem wir die Werte für x und y in die Funktionsgleichung einsetzen.

Im Punkt $(0, 0)$ ist der Wert von f zwar definiert, aber wir vermuten, dass f für $(x, y) \to (0, 0)$ keinen Grenzwert hat. Das liegt daran, dass wir möglicherweise auf verschiedenen Wegen zum Ursprung verschiedene Grenzwerte erhalten; genau das werden wir nun sehen.

Für einen Wert von m hat die Funktion f auf der „gepunkteten" Geraden $y = mx$, $x \neq 0$ (also der Geraden $y = mx$ ohne den Punkt $(0, 0)$) einen konstanten Wert, denn es gilt

$$f(x, y)\big|_{y=mx} = \left.\frac{2xy}{x^2 + y^2}\right|_{y=mx} = \frac{2x(mx)}{x^2 + (mx)^2} = \frac{2mx^2}{x^2 + m^2x^2} = \frac{2m}{1 + m^2}\,.$$

Die Funktion f hat deshalb für $(x, y) \to (0, 0)$ mit $y = mx$ diesen Wert als Grenzwert:

$$\lim_{\substack{(x,y)\to(0,0)\\ \text{entlang } y=mx}} f(x, y) = \lim_{(x,y)\to(0,0)} \left[f(x, y)\big|_{y=mx} \right] = \frac{2m}{1 + m^2}\,.$$

Dieser Grenzwert ändert sich mit jedem Wert der Steigung m. Deshalb gibt es keine einzelne Zahl, die wir den Grenzwert von f für (x, y) gegen $(0, 0)$ nennen könnten. Der Grenzwert existiert nicht, und die Funktion ist nicht stetig. ■

Die Beispiele 14.9 und 14.10 illustrieren einen wesentlichen Aspekt bei Grenzwerten von Funktionen von zwei oder mehr Variablen. Damit in einem Punkt ein Grenzwert existiert, muss der Grenzwert auf jedem Weg gleich sein. Dieses Resultat entspricht dem Fall einer Variablen, wo links- und rechtsseitiger Grenzwert übereinstimmen mussten. Sobald wir bei Funktionen von zwei oder mehr Variablen zu einem Punkt Wege mit verschiedenen Grenzwerten finden, so wissen wir, dass die Funktion in diesem Punkt keinen Grenzwert hat.

Merke

Zwei-Wege-Test für die Nichtexistenz eines Grenzwerts Hat eine Funktion $f(x,y)$ für $(x,y) \to (x_0,y_0)$ auf zwei verschiedenen Wegen im Definitionsbereich von f zwei verschiedene Grenzwerte, so existiert der Grenzwert $\lim_{(x,y)\to(x_0,y_0)} f(x,y)$ nicht.

Grenzwert der Funktion $f(x,y) = \dfrac{2x^2y}{x^4+y^2}$

Beispiel 14.11 Zeigen Sie, dass die Funktion

$$f(x,y) = \frac{2x^2y}{x^4+y^2}$$

(►Abbildung 14.14) für (x,y) gegen $(0,0)$ keinen Grenzwert hat.

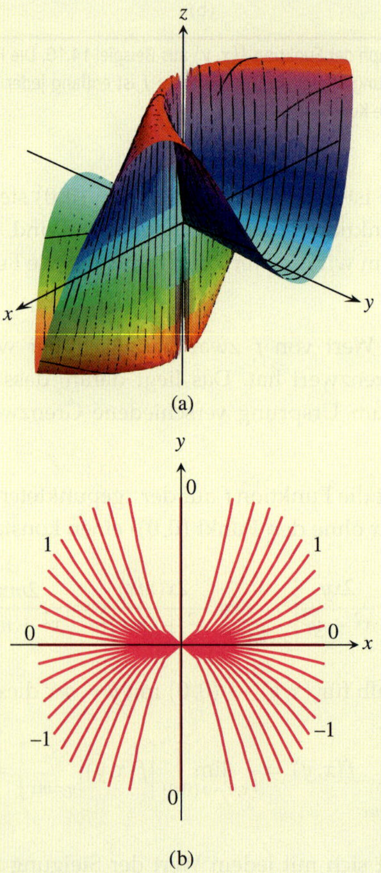

Abbildung 14.14 (a) Der Graph der Funktion $f(x,y) = 2x^2y/x^4+y^2$. (b) Entlang jedes Weges $y = kx^2$ ist der Wert der Funktion f konstant, ändert sich aber mit k (Beispiel 14.10).

Lösung Den Grenzwert können wir nicht durch direktes Einsetzen bestimmen, weil dies auf den unbestimmten Ausdruck 0/0 führt. Deshalb untersuchen wir die Werte von f entlang von Kurven, die bei $(0,0)$ enden. Entlang der Kurve $y = kx^2$, $x \neq 0$ hat die Funktion einen konstanten Wert

$$f(x, y)|_{y=kx^2} = \left.\frac{2x^2y}{x^4+y^2}\right|_{y=kx^2} = \frac{2x^2(kx^2)}{x^4+(kx^2)^2} = \frac{2kx^4}{x^4+k^2x^4} = \frac{2k}{1+k^2}.$$

Deshalb gilt:

$$\lim_{\substack{(x,y)\to(0,0)\\ \text{entlang } y=kx^2}} f(x,y) = \lim_{(x,y)\to(0,0)} \left[f(x,y)\Big|_{y=kx^2} \right] = \frac{2k}{1+k^2}.$$

Dieser Grenzwert ändert sich mit dem genommenen Weg. Geht (x,y) beispielsweise entlang der Parabel $y = x^2$ gegen $(0,0)$, ist $k = 1$, und der Grenzwert ist 1. Geht (x,y) dagegen entlang der x-Achse gegen $(0,0)$, ist $k = 0$, und der Grenzwert ist 0. Nach dem Zwei-Wege-Test hat f also keinen Grenzwert, wenn (x,y) gegen $(0,0)$ geht. ■

Es lässt sich zeigen, dass die Funktion aus Beispiel 14.11 entlang jedes Weges $y = mx$ den Grenzwert 0 hat (vgl. Aufgabe 28 auf Seite 251). Damit können wir folgern:

> Dass entlang aller Geraden gegen (x_0, y_0) derselbe Grenzwert angenommen wird, besagt noch nicht, dass bei (x_0, y_0) ein Grenzwert existiert.

Merke

Sofern definiert, ist die Verkettung stetiger Funktionen auch stetig. Die einzige Forderung ist, dass jede Funktion in ihrem Anwendungsbereich stetig ist. Der Beweis, auf den wir hier verzichten, wird ähnlich geführt wie für Funktionen von nur einer Variablen (vgl. Abschnitt 2.5, Satz 2.9 auf Seite 112).

> **Stetigkeit von Verkettungen** Sei f im Punkt (x_0, y_0) stetig und sei g eine Funktion von einer Variablen, die an der Stelle $f(x_0, y_0)$ stetig ist. Dann ist die durch $h(x,y) = g(f(x,y))$ definierte verkettete Funktion $h = g \circ f$ im Punkt (x_0, y_0) stetig.

Merke

Zum Beispiel sind die verketteten Funktionen

$$e^{x-y}, \quad \cos\frac{xy}{x^2+1}, \quad \frac{y\sin z}{x-1}$$

in jedem Punkt (x,y) stetig.

Funktionen von mehr als zwei Variablen

Die Definitionen des Grenzwerts und der Stetigkeit für Funktionen von zwei Variablen sowie die Schlussfolgerungen über die Grenzwerte und die Stetigkeit für Summen, Produkte, Quotienten, Potenzen und Verkettungen lassen sich allesamt auf Funktionen von drei oder mehr Variablen übertragen. Funktionen wie

$$f(x,y,z) = \ln(x+y+z) \quad \text{und} \quad f(x,y,z) = \frac{y\sin z}{x-1}$$

sind auf ihren Definitionsbereichen stetig, und Grenzwerte wie

$$\lim_{P\to(1,0,-1)} \frac{e^{x+z}}{z^2+\cos\sqrt{xy}} = \frac{e^{1-1}}{(-1)^2+\cos 0} = \frac{1}{2}$$

mit $P = (x,y,z)$ lassen sich durch direktes Einsetzen bestimmen.

Extremwerte von stetigen Funktionen auf abgeschlossenen, beschränkten Mengen

Der Extremwertsatz (vgl. Band Analysis 1 Abschnitt 4.1, Satz 4.1) besagt, dass eine Funktion von einer Variablen, die auf dem abgeschlossenen, beschränkten Intervall $[a,b]$ stetig ist, mindestens einmal in $[a,b]$ ein globales Maximum und ein globales Minimum annimmt. Dasselbe gilt für eine Funktion $z=f(x,y)$, die auf einer abgeschlossenen, beschränkten Menge R in der Ebene (etwa ein Geradenabschnitt, eine Kreisscheibe oder ein ausgefülltes Dreieck) stetig ist. Die Funktion nimmt in einem Punkt in R ein globales Maximum und in einem Punkt in R ein globales Minimum an.

Ähnliche Aussagen gelten für Funktionen von drei oder mehr Variablen. Eine stetige Funktion $w=f(x,y,z)$ muss beispielsweise globale Maximal- und Minimalwerte auf jeder abgeschlossenen, beschränkten Menge (massive Kugel oder massiver Würfel, Kugelschale, rechteckiger Festkörper) annehmen, auf der sie definiert ist. In Abschnitt 14.7 auf Seite 306 werden wir uns damit befassen, wie man diese Extremwerte bestimmt.

Aufgaben zum Abschnitt 14.2

Grenzwerte von Funktionen von zwei Variablen Bestimmen Sie in den Aufgaben 1–6 die Grenzwerte.

1. $\lim\limits_{(x,y)\to(0,0)} \dfrac{3x^2-y^2+5}{x^2+y^2+2}$

2. $\lim\limits_{(x,y)\to(3,4)} \sqrt{x^2+y^2-1}$

3. $\lim\limits_{(x,y)\to(0,\pi/4)} \frac{1}{\cos x}\, x\tan y$

4. $\lim\limits_{(x,y)\to(0,\ln 2)} e^{x-y}$

5. $\lim\limits_{(x,y)\to(0,0)} \dfrac{e^y \sin x}{x}$

6. $\lim\limits_{(x,y)\to(1,\pi/6)} \dfrac{x\sin y}{x^2+1}$

Grenzwerte von Quotienten Bestimmen Sie in den Aufgaben 7–12 die Grenzwerte, indem Sie die Brüche zunächst umschreiben.

7. $\lim\limits_{\substack{(x,y)\to(1,1)\\ x\neq y}} \dfrac{x^2-2xy+y^2}{x-y}$

8. $\lim\limits_{\substack{(x,y)\to(1,1)\\ x\neq y}} \dfrac{xy-y-2x+2}{x-1}$

9. $\lim\limits_{\substack{(x,y)\to(0,0)\\ x\neq y}} \dfrac{x-y+2\sqrt{x}-2\sqrt{y}}{\sqrt{x}-\sqrt{y}}$

10. $\lim\limits_{\substack{(x,y)\to(2,0)\\ 2x-y\neq 4}} \dfrac{\sqrt{2x-y}-2}{2x-y-4}$

11. $\lim\limits_{(x,y)\to(0,0)} \dfrac{\sin(x^2+y^2)}{x^2+y^2}$

12. $\lim\limits_{(x,y)\to(1,-1)} \dfrac{x^3+y^3}{x+y}$

Grenzwerte von Funktionen von drei Variablen Bestimmen Sie in den Aufgaben 13–15 die Grenzwerte.

13. $\lim\limits_{(x,y,z)\to(1,3,4)} \left(\dfrac{1}{x}+\dfrac{1}{y}+\dfrac{1}{z}\right)$

14. $\lim\limits_{(x,y,z)\to(\pi,\pi,0)} \left(\sin^2 x+\cos^2 y+\sec^2 z\right)$

15. $\lim\limits_{(x,y,z)\to(\pi,0,3)} ze^{-2y}\cos 2x$

Stetigkeit in der Ebene In welchen Punkten (x,y) in der Ebene sind die Funktionen aus den Aufgaben 16 und 17 stetig?

16. **a.** $f(x,y)=\sin(x+y)$ **b.** $f(x,y)=\ln(x^2+y^2)$

17. **a.** $g(x,y)=\sin\dfrac{1}{xy}$ **b.** $g(x,y)=\dfrac{x+y}{2+\cos x}$

Stetigkeit im Raum In welchen Punkten (x,y,z) im Raum sind die Funktionen aus den Aufgaben 18–20 stetig?

18. **a.** $f(x,y,z)=x^2+y^2-2z^2$
b. $f(x,y,z)=\sqrt{x^2+y^2-1}$

19. **a.** $h(x,\ y,\ z)=xy\sin\dfrac{1}{z}$
b. $h(x,y,z)=\dfrac{1}{x^2+z^2-1}$

20. **a.** $h(x,y,z)=\ln(z-x^2-y^2-1)$
b. $h(x,y,z)=\dfrac{1}{z-\sqrt{x^2+y^2}}$

Kein Grenzwert in einem Punkt Zeigen Sie, dass die Funktionen aus den Aufgaben 21–24 für $(x, y) \to (x_0, y_0)$ keinen Grenzwert haben, indem Sie verschiedene Wege betrachten.

21. $f(x,y) = -\dfrac{x}{\sqrt{x^2+y^2}}$

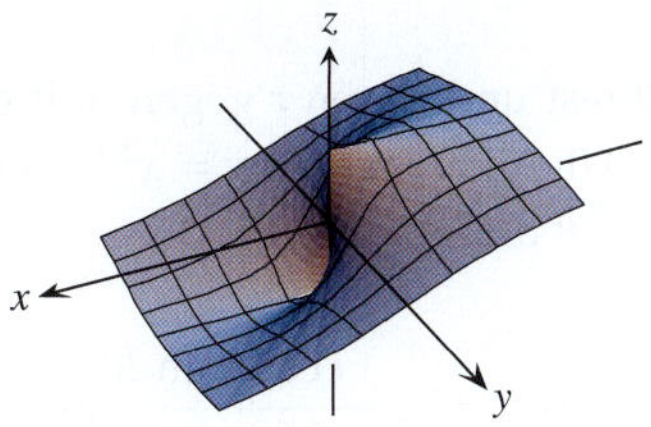

22. $f(x,y) = \dfrac{x^4 - y^2}{x^4 + y^2}$

23. $g(x,y) = \dfrac{x-y}{x+y}$

24. $h(x,y) = \dfrac{x^2+y}{y}$

Theorie und Beispiele

Zeigen Sie in den Aufgaben 25 und 26, dass die Grenzwerte nicht existieren.

25. $\displaystyle\lim_{(x,y)\to(1,1)} \frac{xy^2-1}{y-1}$

26. $\displaystyle\lim_{(x,y)\to(1,-1)} \frac{xy+1}{x^2-y^2}$

27. Sei

$$f(x,y) = \begin{cases} 1, & y \geq x^4 \\ 1, & y \leq 0 \\ 0, & \text{sonst.} \end{cases}$$

Bestimmen Sie die folgenden Grenzwerte oder erläutern Sie, warum der Grenzwert nicht existiert.

a. $\displaystyle\lim_{(x,y)\to(0,1)} f(x,y)$ **b.** $\displaystyle\lim_{(x,y)\to(2,3)} f(x,y)$ **c.** $\displaystyle\lim_{(x,y)\to(0,0)} f(x,y)$

28. Zeigen Sie, dass die Funktion aus Beispiel 14.11 auf Seite 248 entlang jeder Geraden gegen $(0,0)$ den Grenzwert 0 hat.

Einschnürungssatz für Funktionen von zwei Variablen Gilt $g(x,y) \leq f(x,y) \leq h(x,y)$ für alle $(x,y) \neq (x_0,y_0)$ in einer Kreisscheibe um (x_0,y_0) und haben die Funktionen g und h denselben endlichen Grenzwert L für $(x, y) \to (x_0, y_0)$, so gilt:

$$\lim_{(x,y)\to(x_0,y_0)} f(x,y) = L\,.$$

Wenden Sie dieses Ergebnis an, um in den Aufgaben 29 und 30 Ihre Antworten zu belegen.

29. Können Sie aus dem Wissen, dass

$$1 - \frac{x^2y^2}{3} < \frac{\tan^{-1} xy}{xy} < 1$$

gilt, Schlussfolgerungen über den Grenzwert

$$\lim_{(x,y)\to(0,0)} \frac{\tan^{-1} xy}{xy}$$

ziehen? Begründen Sie Ihre Antwort.

30. Können Sie aus dem Wissen, dass $|\sin(1/x)| \leq 1$ gilt, Schlussfolgerungen über den Grenzwert

$$\lim_{(x,y)\to(0,0)} y \sin \frac{1}{x}$$

ziehen? Begründen Sie Ihre Antwort.

31. (*Fortsetzung von Beispiel 14.10 auf Seite 246*)

a. Schauen Sie sich Beispiel 14.10 noch einmal an. Setzen Sie dann $m = \tan\theta$ in die Gleichung

$$f(x,\, y)\Big|_{y=mx} = \frac{2m}{1+m^2}$$

ein und vereinfachen Sie das Ergebnis; zeigen Sie so auf, wie sich der Wert von f in Abhängigkeit von dem Steigungswinkel der Geraden ändert.

b. Zeigen Sie mithilfe der Gleichung aus Teil **a.**, dass f für $(x,y) \to (0,0)$ entlang der Geraden $y = mx$ gegen Werte zwischen -1 und 1 strebt, je nachdem, wie der Steigungswinkel gewählt wird.

32. **Stetige Fortsetzung** Definieren Sie $f(0,0)$ so, dass die Funktion

$$f(x,y) = xy\frac{x^2-y^2}{x^2+y^2}$$

im Ursprung stetig wird.

Übergang zu Polarkoordinaten Wenn Sie mit der Betrachtung des Grenzwerts $\lim_{(x,y)\to(0,0)} f(x,y)$ in kartesischen Koordinaten nicht weiterkommen, versuchen Sie es mit einem Übergang zu Polarkoordinaten. Setzen Sie dazu $x = r\cos\theta$ sowie $y = r\sin\theta$ und untersuchen Sie den Grenzwert des sich ergebenden Ausdrucks für $r \to 0$. Mit anderen Worten: Entscheiden Sie, ob es eine Zahl L gibt, die das folgende Kriterium erfüllt:

Zu einer gegebenen Zahl $\varepsilon > 0$ existiert eine Zahl $\delta > 0$, sodass für alle r und θ gilt:

$$|r| < \delta \Rightarrow |f(r,\ \theta) - L| < \varepsilon. \qquad (1)$$

Wenn es eine solche Zahl L gibt, so ist

$$\lim_{(x,y)\to(0,0)} f(x,y) = \lim_{r\to 0} f(r\cos\theta,\ r\sin\theta) = L\,.$$

Beispielsweise ist

$$\lim_{(x,y)\to(0,0)} \frac{x^3}{x^2+y^2} = \lim_{r\to 0} \frac{r^3\cos^3\theta}{r^2} = \lim_{r\to 0} r\cos^3\theta = 0\,.$$

Um den letzten Teil dieser Gleichung zu prüfen, müssen wir zeigen, dass Gleichung (1) mit $f(r,\theta) = r\cos^3\theta$ und $L = 0$ erfüllt ist; d.h., dass zu jedem gegebenem $\varepsilon > 0$ ein $\delta > 0$ existiert, sodass für alle r und θ gilt:

$$|r| < \delta \ \Rightarrow\ |r\cos^3\theta - 0| < \varepsilon\,.$$

Wegen

$$|r\cos^3\theta| = |r||\cos^3\theta| \le |r|\cdot 1 = |r|$$

gilt das für alle r und θ, wenn wir $\delta = \varepsilon$ wählen.

Dagegen nimmt die Funktion

$$\frac{x^2}{x^2+y^2} = \frac{r^2\cos^2\theta}{r^2} = \cos^2\theta$$

auch für beliebig kleine $|r|$ alle Werte zwischen 0 und 1 an, sodass der Grenzwert $\lim_{(x,y)\to(0,0)} x^2/(x^2+y^2)$ nicht existiert.

In jedem dieser Fälle ist die Existenz oder Nichtexistenz des Grenzwerts für $r \to 0$ ziemlich klar. Aber nicht immer muss der Übergang zu Polarkoordinaten hilfreich sein. Er kann uns sogar zu falschen Schlüssen verleiten. Zum Beispiel kann der Grenzwert entlang jeder Geraden oder jedes Strahls (d.h. für konstantes θ) existieren, aber im weiteren Sinne nicht existieren. Anhand von Beispiel 14.10 können wir uns diesen Sachverhalt klarmachen. In Polarkoordinaten wird die Funktion $f(x,y) = (2x^2y)/(x^4+y^2)$ für $r \neq 0$ zu

$$f(r\cos\theta, r\sin\theta) = \frac{r\cos\theta\sin 2\theta}{r^2\cos^4\theta + \sin^2\theta}.$$

Halten wir θ fest und lassen r gegen null gehen, so ist der Grenzwert 0. Auf dem Weg $y = x^2$ haben wir jedoch $r\sin\theta = r^2\cos^2\theta$ und

$$\begin{aligned} f(r\cos\theta, r\sin\theta) &= \frac{r\cos\theta\sin 2\theta}{r^2\cos^4\theta + (r\cos^2\theta)^2} \\ &= \frac{2r\cos^2\theta\sin\theta}{2r^2\cos^4\theta} = \frac{r\sin\theta}{r^2\cos^2\theta} = 1\,. \end{aligned}$$

Bestimmen Sie in den Aufgaben 33–38 den Grenzwert von f für $(x,y) \to (0,0)$, oder zeigen Sie, dass der Grenzwert nicht existiert.

33. $f(x,y) = \dfrac{x^3 - xy^2}{x^2+y^2}$

34. $f(x,y) = \cos\left(\dfrac{x^3 - y^3}{x^2+y^2}\right)$

35. $f(x,y) = \dfrac{y^2}{x^2+y^2}$

36. $f(x,y) = \dfrac{2x}{x^2+x+y^2}$

37. $f(x,y) = \tan^{-1}\left(\dfrac{|x|+|y|}{x^2+y^2}\right)$

38. $f(x,y) = \dfrac{x^2-y^2}{x^2+y^2}$

Definieren Sie $f(0,0)$ in den Aufgaben 39 und 40 so, dass f im Ursprung stetig wird.

39. $f(x,y) = \ln\left(\dfrac{3x^2 - x^2y^2 + 3y^2}{x^2+y^2}\right)$

40. $f(x,y) = \dfrac{3x^2y}{x^2+y^2}$

Grenzwertdefinition anwenden

In jeder der Aufgaben 41–43 ist eine Funktion $f(x,y)$ und eine positive Zahl ε gegeben. Zeigen Sie in jeder Aufgabe, dass eine Zahl $\delta > 0$ existiert, sodass für alle (x,y) gilt:

$$\sqrt{x^2+y^2} < \delta \Rightarrow |f(x,\ y) - f(0,0)| < \varepsilon.$$

41. $f(x,y) = x^2 + y^2,\ \varepsilon = 0{,}01$

42. $f(x,y) = (x+y)/(x^2+1),\ \varepsilon = 0{,}01$

43. $f(x,y) = \dfrac{xy^2}{x^2+y^2}$ und $f(0,0) = 0,\ \varepsilon = 0{,}04$

In den Aufgaben 44 und 45 ist jeweils eine Funktion $f(x,y,z)$ und eine positive Zahl ε gegeben. Zeigen Sie in jeder Aufgabe, dass eine Zahl $\delta > 0$ existiert, sodass für alle (x,y,z) gilt:

$$\sqrt{x^2+y^2+z^2} < \delta \Rightarrow |f(x,\ y,\ z) - f(0,0,0)| < \varepsilon.$$

44. $f(x,y,z) = x^2 + y^2 + z^2,\ \varepsilon = 0{,}015$

45. $f(x,y,z) = \dfrac{x+y+z}{x^2+y^2+z^2+1},\ \varepsilon = 0{,}015$

46. Zeigen Sie, dass die Funktion $f(x,y,z) = x + y - z$ in jedem Punkt (x_0, y_0, z_0) stetig ist.

14.3 Partielle Ableitungen

Die Analysis von mehreren Variablen ähnelt der von einer Variablen, wenn wir die übrigen Variablen als konstant betrachten. Halten wir außer einer Variablen alle unabhängigen Variablen einer Funktion konstant und leiten nach dieser einen Variablen ab, so erhalten wir eine „partielle“ Ableitung. In diesem Abschnitt zeigen wir, wie man partielle Ableitungen definiert und geometrisch interpretiert und wie man sie mithilfe der Regeln für die Ableitung von Funktionen von einer Variablen berechnet. Für die *Differenzierbarkeit* einer Funktion von mehreren Variablen benötigt man allerdings mehr als die Existenz der partiellen Ableitungen. Wir werden aber feststellen, dass sich differenzierbare Funktionen von mehreren Variablen genauso verhalten wie differenzierbare Funktionen von einer Variablen.

Partielle Ableitungen einer Funktion von zwei Variablen

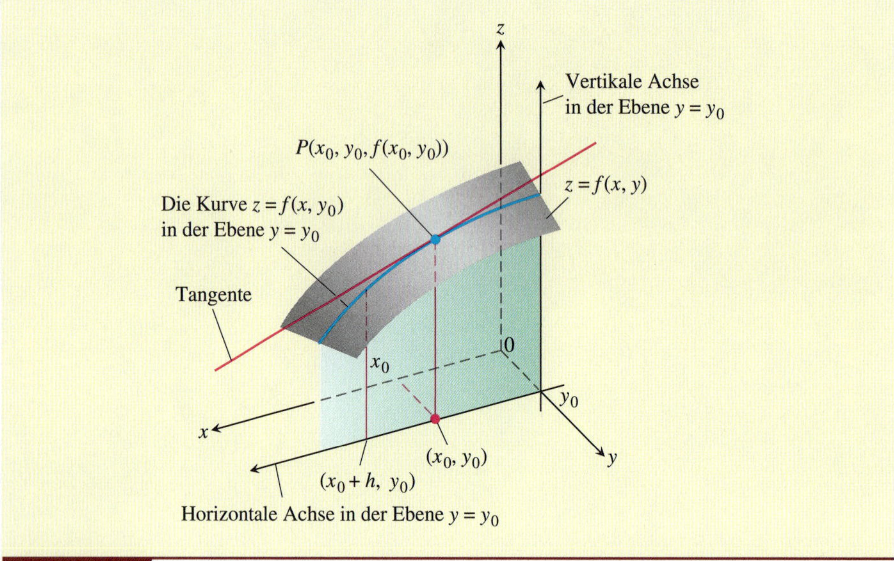

Abbildung 14.15 Der Schnitt der Ebene $y = y_0$ mit der Fläche $z = f(x,y)$ im ersten Quadranten der xy-Ebene.

Sei (x_0, y_0) ein Punkt im Definitionsbereich einer Funktion $f(x,y)$. Die vertikale Ebene $y = y_0$ schneidet die Fläche $z = f(x,y)$ in der Kurve $z = f(x, y_0)$ (►Abbildung 14.15). Diese Kurve ist der Graph der Funktion $z = f(x, y_0)$ in der Ebene $y = y_0$. Die horizontale Koordinate in dieser Ebene ist x; die vertikale Koordinate ist z. Der y-Wert wird konstant bei y_0 gehalten, also ist y keine Variable.

Wir definieren die partielle Ableitung von f nach x im Punkt (x_0, y_0) als die gewöhnliche Ableitung von $f(x, y_0)$ nach x bei $x = x_0$. Um partielle Ableitungen von gewöhnlichen Ableitungen zu unterscheiden, verwenden wir für die partielle Ableitung das Symbol ∂ anstelle des Symbols d für die gewöhnliche Ableitung. In der Definition steht h für eine reelle Zahl, die positiv oder negativ sein kann.

Definition

Die **partielle Ableitung von $f(x,y)$ nach x** im Punkt (x_0, y_0) ist

$$\left.\frac{\partial f}{\partial x}\right|_{(x_0,y_0)} = \lim_{h\to 0} \frac{f(x_0 + h, y_0) - f(x_0, y_0)}{h},$$

sofern der Grenzwert existiert. Die Funktion f heißt dann auch **partiell differenzierbar** nach x im Punkt (x_0, y_0).

Mit $\frac{\partial f}{\partial x}$ bezeichnet man dann auch die Funktion zweier Variablen, die jedem Punkt (x_0, y_0) des Definitionsbereichs von f (meist als offen vorausgesetzt) die partielle Ableitung von f nach x (so sie denn in diesem Punkt existiert) zuordnet. Ein äquivalenter Ausdruck für die partielle Ableitung im Punkt (x_0, y_0) ist

$$\frac{\mathrm{d}}{\mathrm{d}x} f(x, y_0)\big|_{x=x_0} .$$

Die Steigung der Kurve $z = f(x, y_0)$ in einem Punkt $P(x_0, y_0, f(x_0, y_0))$ in der Ebene $y = y_0$ ist der Wert der partiellen Ableitung von f nach x im Punkt (x_0, y_0). (In Abbildung 14.15 ist diese Steigung negativ.) Die Tangente an die Kurve im Punkt P ist die Gerade in der Ebene $y = y_0$, die mit dieser Steigung durch den Punkt P verläuft. Die partielle Ableitung $\partial f / \partial x$ im Punkt (x_0, y_0) liefert die Änderungsrate von f bezüglich x, wenn wir y bei y_0 festhalten.

Für die partielle Ableitung nach x verwenden wir mehrere Schreibweisen:

$$\frac{\partial f}{\partial x}(x_0, y_0),\ f_x(x_0, y_0),\ \frac{\partial z}{\partial x}\bigg|_{(x_0,y_0)} \text{ oder } \left(\frac{\partial z}{\partial x}\right)_{(x_0,y_0)} \quad \text{bzw. (als Funktion)}$$

$$\frac{\partial f}{\partial x},\ f_x,\ z_x \text{ oder } \frac{\partial z}{\partial x}.$$

Die Definition der partiellen Ableitung von $f(x, y)$ nach y im Punkt (x_0, y_0) ähnelt der Definition der partiellen Ableitung von $f(x, y)$ nach x. Wir halten x bei x_0 fest und bilden die gewöhnliche Ableitung von $f(x_0, y)$ nach y bei y_0.

Definition

Die **partielle Ableitung von $f(x, y)$ nach y** im Punkt (x_0, y_0) ist

$$\frac{\partial f}{\partial y}\bigg|_{(x_0,y_0)} = \frac{\mathrm{d}}{\mathrm{d}y} f(x_0, y)\bigg|_{y=y_0} = \lim_{h \to 0} \frac{f(x_0, y_0 + h) - f(x_0, y_0)}{h},$$

sofern der Grenzwert existiert. Die Funktion f heißt dann auch **partiell differenzierbar** nach y im Punkt (x_0, y_0).

Mit $\frac{\partial f}{\partial y}$ bezeichnet man dann auch die Funktion zweier Variabler, die jedem Punkt (x_0, y_0) des (offenen) Definitionsbereichs von f die partielle Ableitung von f nach y (so sie denn in diesem Punkt existiert) zuordnet. Die Steigung der Kurve $z = f(x_0, y)$ im Punkt $P(x_0, y_0, f(x_0, y_0))$ in der vertikalen Ebene $x = x_0$ (►Abbildung 14.16) ist die partielle Ableitung von f nach y im Punkt (x_0, y_0). Die Tangente an die Kurve im Punkt P ist die Gerade in der Ebene $x = x_0$, die mit dieser Steigung durch den Punkt P verläuft. Die partielle Ableitung liefert die Änderungsrate von f bezüglich y im Punkt (x_0, y_0), wenn wir x bei x_0 festhalten.

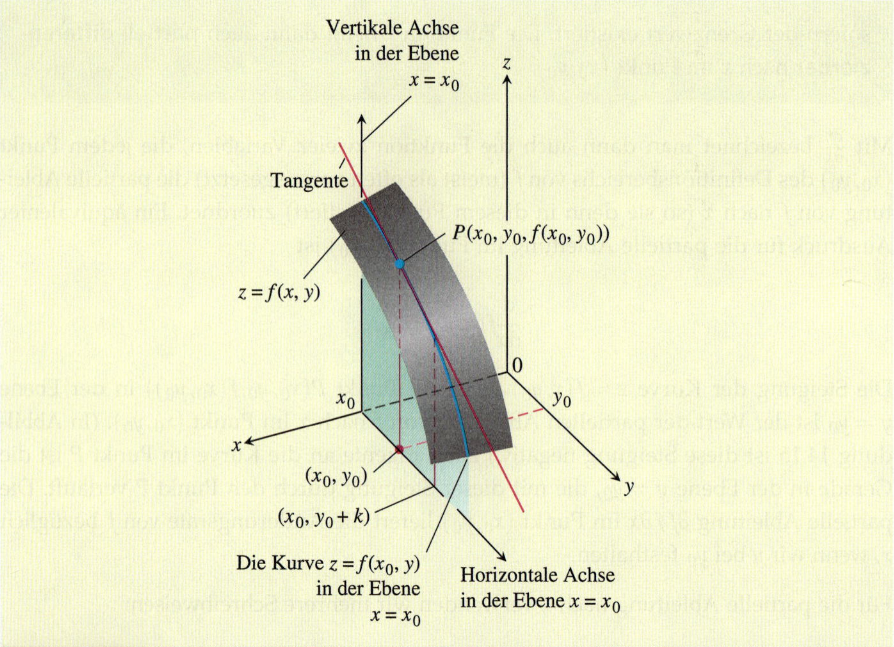

Abbildung 14.16 Der Schnitt der Ebene $x = x_0$ mit der Fläche $z = f(x, y)$ im ersten Quadranten der xy-Ebene.

Für die partielle Ableitung nach y ist die Schreibweise genauso wie für die partielle Ableitung nach x:

$$\frac{\partial f}{\partial y}(x_0, y_0),\ f_y(x_0, y_0),\ \left.\frac{\partial z}{\partial y}\right|_{(x_0,y_0)} \text{ oder } \left(\frac{\partial f}{\partial y}\right)_{(x_0,y_0)} \quad \text{bzw. als Funktion}$$

$$\frac{\partial f}{\partial y},\ f_y,\ z_y \text{ oder } \frac{\partial z}{\partial y}.$$

Vergegenwärtigen Sie sich, dass wir nun zwei Tangenten haben, die der Fläche $z = f(x, y)$ im Punkt $P(x_0,\ y_0,\ f(x_0,\ y_0))$ zugeordnet sind (▶Abbildung 14.17). Ist die von den Tangenten aufgespannte Ebene tangential an die Fläche im Punkt P? Wir werden sehen, dass dies für *differenzierbare* Funktionen, die wir am Ende dieses Abschnitts definieren, der Fall ist. (Beachten Sie, dass partiell differenzierbar nicht gleichzusetzen ist mit differenzierbar.) Mit der Frage, wie wir die Tangentialebene bestimmen, werden wir uns in Abschnitt 14.6 befassen. Zunächst müssen wir noch mehr über partielle Ableitungen an sich lernen.

Berechnungen

Die Definitionen von $\partial f / \partial x$ und $\partial f / \partial y$ geben uns zwei verschiedene Möglichkeiten, die Funktion f in einem Punkt abzuleiten: Bei festgehaltenem y können wir die Funktion wie gewöhnlich nach x ableiten, und bei festgehaltenem x können wir die Funktion wie gewöhnlich nach y ableiten. Wie die folgenden Beispiele zeigen, sind die Werte dieser partiellen Ableitungen in einem gegeben Punkt (x_0, y_0) in der Regel verschieden.

Partielle Ableitungen der Funktion $f(x,y) = x^2 + 3xy + y - 1$

Beispiel 14.12 Bestimmen Sie die Werte der partiellen Ableitungen $\partial f / \partial x$ und $\partial f / \partial y$ im Punkt $(4, -5)$ für

$$f(x, y) = x^2 + 3xy + y - 1.$$

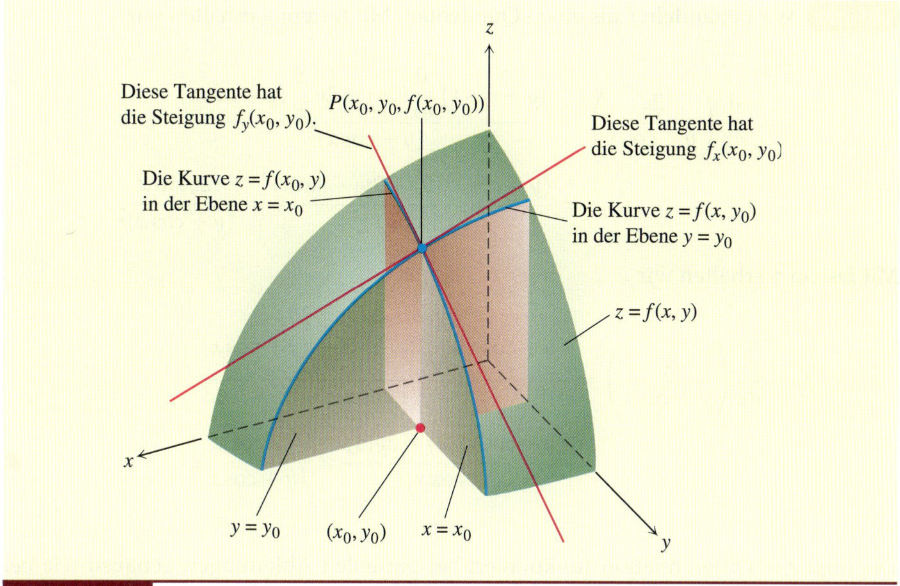

Abbildung 14.17 Die Kombination der Abbildungen 14.15 und 14.16. Die Tangenten im Punkt $P(x_0, y_0, f(x_0, y_0))$ bestimmen eine Ebene, die zumindest in diesem Bild tangential an die Fläche zu sein scheint.

Lösung Um die partielle Ableitung $\partial f/\partial x$ zu bestimmen, behandeln wir y wie eine Konstante und leiten nach x ab:

$$\frac{\partial f}{\partial x} = \frac{\partial}{\partial x}(x^2 + 3xy + y - 1) = 2x + 3 \cdot 1 \cdot y + 0 - 0 = 2x + 3y\,.$$

Im Punkt $(4, -5)$ hat $\partial f/\partial x$ den Wert $2(4) + 3(-5) = -7$.

Um die partielle Ableitung $\partial f/\partial y$ zu bestimmen, behandeln wir x als eine Konstante und leiten nach y ab:

$$\frac{\partial f}{\partial y} = \frac{\partial}{\partial y}(x^2 + 3xy + y - 1) = 0 + 3 \cdot x \cdot 1 + 1 - 0 = 3x + 1\,.$$

Im Punkt $(4, -5)$ hat $\partial f/\partial y$ den Wert $3(4) + 1 = 13$. ■

Partielle Ableitung der Funktion $f(x,y) = y \sin xy$

Beispiel 14.13 Bestimmen Sie die partielle Ableitung $\partial f/\partial y$ für $f(x,y) = y \sin xy$.

Lösung Wir behandeln x als Konstante und f als ein Produkt von y und $\sin xy$:

$$\begin{aligned}\frac{\partial f}{\partial y} &= \frac{\partial}{\partial y}(y \sin xy) = y\frac{\partial}{\partial y}\sin xy + (\sin xy)\frac{\partial}{\partial y}(y)\\ &= (y \cos xy)\frac{\partial}{\partial y}(xy) + \sin xy = xy \cos xy + \sin xy\,.\end{aligned}$$ ■

Partielle Ableitungen der Funktion $f(x,y) = \dfrac{2y}{y + \cos x}$

Beispiel 14.14 Bestimmen Sie die Funktionen f_x und f_y für

$$f(x,\, y) = \frac{2y}{y + \cos x}.$$

Lösung Wir behandeln f als einen Quotienten. Mit festem y erhalten wir

$$f_x = \frac{\partial}{\partial x}\left(\frac{2y}{y+\cos x}\right) = \frac{(y+\cos x)\dfrac{\partial}{\partial x}(2y) - 2y\dfrac{\partial}{\partial x}(y+\cos x)}{(y+\cos x)^2}$$

$$= \frac{(y+\cos x)(0) - 2y(-\sin x)}{(y+\cos x)^2} = \frac{2y\sin x}{(y+\cos x)^2}.$$

Mit festem x erhalten wir

$$f_y = \frac{\partial}{\partial y}\left(\frac{2y}{y+\cos x}\right) = \frac{(y+\cos x)\dfrac{\partial}{\partial y}(2y) - 2y\dfrac{\partial}{dy}(y+\cos x)}{(y+\cos x)^2}$$

$$= \frac{(y+\cos x)(2) - 2y(1)}{(y+\cos x)^2} = \frac{2\cos x}{(y+\cos x)^2}.$$

■

Die implizite Differentiation funktioniert bei partiellen Ableitungen genauso wie bei gewöhnlichen Ableitungen, wie das nächste Beispiel illustriert.

Implizite partielle Ableitung von z mit $yz - \ln z = x + y$

Beispiel 14.15 Bestimmen Sie $\partial z/\partial x$, wenn die Gleichung

$$yz - \ln z = x + y$$

die Variable z als eine Funktion von zwei unabhängigen Variablen x und y definiert und die partielle Ableitung existiert.

Lösung Wir leiten beide Seiten der Gleichung nach x ab, wobei wir y konstant halten und z als eine differenzierbare Funktion von x behandeln:

$$\frac{\partial}{\partial x}(yz) - \frac{\partial}{\partial x}\ln z = \frac{\partial x}{\partial x} + \frac{\partial y}{\partial x}$$

$$y\frac{\partial z}{\partial x} - \frac{1}{z}\frac{\partial z}{\partial x} = 1 + 0 \qquad \text{mit festem } y \text{ gilt } \frac{\partial}{\partial x}(yz) = y\frac{\partial z}{\partial x}$$

$$\left(y - \frac{1}{z}\right)\frac{\partial z}{\partial x} = 1$$

$$\frac{\partial z}{\partial x} = \frac{z}{yz-1}.$$

■

Tangente an das Paraboloid $z = x^2 + y^2$

Beispiel 14.16 Die Ebene $x = 1$ schneidet das Paraboloid $z = x^2 + y^2$ in einer Parabel. Bestimmen Sie die Steigung der Tangente an die Parabel im Punkt $(1, 2, 5)$ (►Abbildung 14.18).

Lösung Die Steigung ist der Wert der partiellen Ableitung $\partial z/\partial y$ im Punkt $(1, 2)$:

$$\left.\frac{\partial z}{\partial y}\right|_{(1,2)} = \left.\frac{\partial}{\partial y}(x^2+y^2)\right|_{(1,2)} = \left.2y\right|_{(1,2)} = 2(2) = 4.$$

Als Test können wir die Parabel als Graph der Funktion $z = (1)^2 + y^2 = 1 + y^2$ in einer Variablen in der Ebene $x = 1$ betrachten und die Steigung an der Stelle $y = 2$

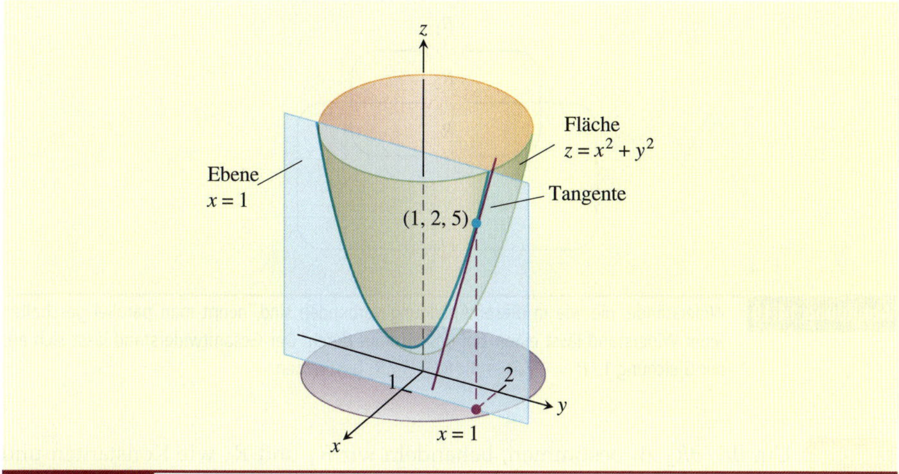

Abbildung 14.18 Die Tangente an die Schnittkurve der Ebene $x = 1$ mit der Fläche $z = x^2 + y^2$ im Punkt $(1, 2, 5)$.

bestimmen. Die Steigung, die wir nun als gewöhnliche Ableitung berechnen, ist

$$\left.\frac{\mathrm{d}z}{\mathrm{d}y}\right|_{y=2} = \left.\frac{\mathrm{d}}{\mathrm{d}y}(1 + y^2)\right|_{y=2} = \left.2y\right|_{y=2} = 4\,.$$

Funktionen von mehr als zwei Variablen

Die partiellen Ableitungen von Funktionen von mehr als zwei unabhängigen Variablen sind ganz ähnlich definiert wie für Funktionen von zwei Variablen, nämlich als gewöhnliche Ableitungen nach einer Variablen, während die anderen unabhängigen Variablen konstant gehalten werden.

Partielle Ableitung einer Funktion von drei Variablen

Beispiel 14.17 Sind x, y und z unabhängige Variablen der Funktion

$$f(x, y, z) = x \sin(y + 3z)\,,$$

so gilt:

$$\begin{aligned}\frac{\partial f}{\partial z} &= \frac{\partial}{\partial z}[x \sin(y + 3z)] = x \frac{\partial}{\partial z} \sin(y + 3z) \\ &= x \cos(y + 3z)\, \frac{\partial}{\partial z}(y + 3z) = 3x \cos(y + 3z)\,.\end{aligned}$$

Wert einer partiellen Ableitung einer Funktion von drei Variablen

Beispiel 14.18 Die Widerstände R_1, R_2 und R_3 seien in einer Parallelschaltung zu einem Widerstand R verbunden. Den Wert von R können wir dann mit der Gleichung

$$\frac{1}{R} = \frac{1}{R_1} + \frac{1}{R_2} + \frac{1}{R_3}$$

bestimmen (▶Abbildung 14.19). Bestimmen Sie den Wert von $\partial R / \partial R_2$ für $R_1 = 30$ Ohm, $R_2 = 45$ Ohm und $R_3 = 90$ Ohm.

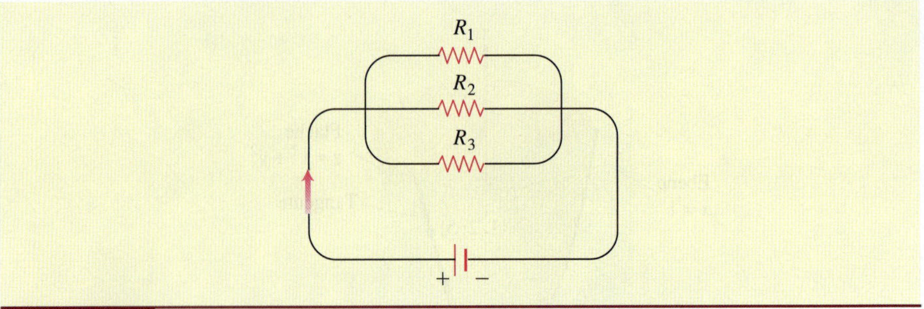

Abbildung 14.19 Widerstände, die wie in dieser Abbildung verbunden sind, nennt man parallel geschaltet. Jeder Widerstand lässt einen Teil des Stromes durch. Der Gesamtwiderstand lässt sich aus der Gleichung $1/R = 1/R_1 + 1/R_2 + 1/R_3$ bestimmen.

Lösung Um $\partial R/\partial R_2$ zu bestimmen, behandeln wir R_1 und R_3 wie Konstanten und leiten die beiden Seiten der Gleichung implizit nach R_2 ab:

$$\begin{aligned} \frac{\partial}{\partial R_2}\left(\frac{1}{R}\right) &= \frac{\partial}{\partial R_2}\left(\frac{1}{R_1}+\frac{1}{R_2}+\frac{1}{R_3}\right) \\ -\frac{1}{R^2}\frac{\partial R}{\partial R_2} &= 0 - \frac{1}{R_2^2} + 0 \\ \frac{\partial R}{\partial R_2} &= \frac{R^2}{R_2^2} = \left(\frac{R}{R_2}\right)^2 . \end{aligned}$$

Mit $R_1 = 30$, $R_2 = 45$ und $R_3 = 90$ erhalten wir

$$\frac{1}{R} = \frac{1}{30} + \frac{1}{45} + \frac{1}{90} = \frac{3+2+1}{90} = \frac{6}{90} = \frac{1}{15}.$$

Also ist $R = 15$ und

$$\frac{\partial R}{\partial R_2} = \left(\frac{15}{45}\right)^2 = \left(\frac{1}{3}\right)^2 = \frac{1}{9}.$$

Bei den gegebenen Werten führt also eine kleine Änderung des Widerstands R_2 zu einer Änderung in R, die etwa $1/9$ so groß ist. ■

Partielle Ableitungen und Stetigkeit

Eine Funktion $f(x,y)$ kann in einem Punkt partielle Ableitungen sowohl nach x als auch nach y haben, ohne dass die Funktion dort stetig ist. Das ist anders als bei Funktionen von einer Variablen, wo sich aus der Existenz einer Ableitung die Stetigkeit ergibt. Existieren jedoch die partiellen Ableitungen von $f(x,y)$ und sind sie in einer Kreisscheibe um den Punkt (x_0, y_0) stetig, so ist f im Punkt (x_0, y_0) stetig, wie wir am Ende dieses Abschnitts sehen werden.

Zusammenhang zwischen Stetigkeit und partieller Differenzierbarkeit bei Funktionen von zwei Variablen

Beispiel 14.19 Gegeben sei die Funktion

$$f(x,y) = \begin{cases} 0, & xy \neq 0 \\ 1, & xy = 0 \end{cases}$$

(▶Abbildung 14.20).

a Bestimmen Sie den Grenzwert von f für (x, y) gegen $(0, 0)$ entlang der Geraden $y = x$.

b Beweisen Sie, dass f im Ursprung nicht stetig ist.

c Zeigen Sie, dass die beiden partiellen Ableitungen $\partial f / \partial x$ und $\partial f / \partial y$ im Ursprung existieren.

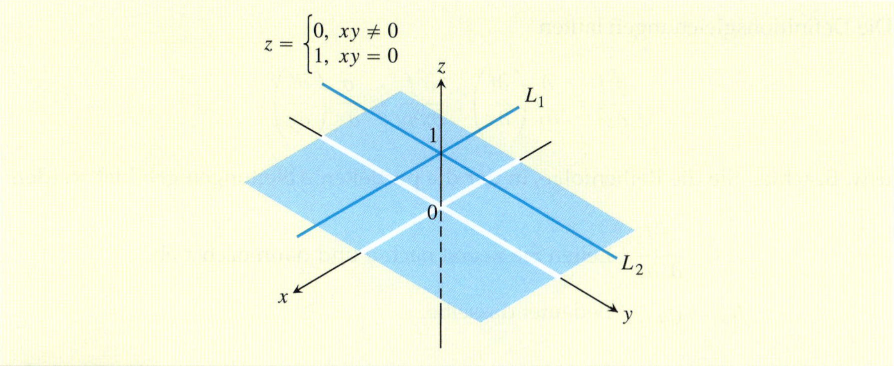

Abbildung 14.20 Der Graph der Funktion aus Beispiel 14.19 besteht aus den Geraden L_1 und L_2 und den vier offenen Quadranten der *xy*-Ebene. Die Funktion hat im Ursprung partielle Ableitungen, ist dort aber nicht stetig.

Lösung

a Da $f(x, y)$ entlang der Geraden $y = x$ (den Ursprung ausgenommen) konstant null ist, gilt:

$$\lim_{(x,y)\to(0,0)} f(x, y)\Big|_{y=x} = \lim_{(x,y)\to(0,0)} 0 = 0 .$$

b Im Ursprung hat die Funktion den Wert $f(0, 0) = 1$. Dieser Wert stimmt nicht mit dem Grenzwert aus Teil a überein, was beweist, dass f im Punkt $(0, 0)$ nicht stetig ist.

c Um die partielle Ableitung $\partial f / \partial x$ im Punkt $(0, 0)$ zu bestimmen, halten wir y bei $y = 0$ fest. Dann gilt $f(x, y) = 1$ für alle x, und der Graph von f ist die Gerade L_1 aus Abbildung 14.20. Die Steigung dieser Geraden ist $\partial f / \partial x = 0$ für jedes x. Insbesondere ist $\partial f / \partial x = 0$ im Punkt $(0, 0)$. Analog dazu ist $\partial f / \partial y$ die Steigung der Geraden L_2 für jedes y, also ist $\partial f / \partial y = 0$ im Punkt $(0, 0)$. ■

Ungeachtet des Beispiels 14.19 stimmt es in höheren Dimensionen aber auch, dass sich aus der *Differenzierbarkeit* in einem Punkt die Stetigkeit ergibt. Aus Beispiel 14.19 können wir lernen, dass für die Differenzierbarkeit in höheren Dimensionen eine stärkere Forderung benötigt wird als die bloße Existenz der partiellen Ableitungen. Wir definieren die Differenzierbarkeit einer Funktion von zwei Variablen (was etwas komplizierter ist als für Funktionen von einer Variablen) am Ende dieses Abschnitts und kommen dann auf die Beziehung zur Stetigkeit zurück.

Partielle Ableitungen zweiter Ordnung

Durch zweimaliges Ableiten einer Funktion $f(x,y)$ erhalten wir ihre Ableitungen zweiter Ordnung. Diese Ableitungen werden in der Regel folgendermaßen bezeichnet:

$$\frac{\partial^2 f}{\partial x^2} \text{ bzw. } f_{xx}, \quad \frac{\partial^2 f}{\partial y^2} \text{ bzw. } f_{yy}, \quad \frac{\partial^2 f}{\partial x \partial y} \text{ bzw. } f_{yx} \quad \text{und} \quad \frac{\partial^2 f}{\partial y \partial x} \text{ bzw. } f_{xy}.$$

Die Definitionsgleichungen lauten

$$\frac{\partial^2 f}{\partial x^2} = \frac{\partial}{\partial x}\left(\frac{\partial f}{\partial x}\right), \quad \frac{\partial^2 f}{\partial x \partial y} = \frac{\partial}{\partial x}\left(\frac{\partial f}{\partial y}\right),$$

usw. Beachten Sie die Reihenfolge, in der die partiellen Ableitungen gebildet werden:

$\frac{\partial^2 f}{\partial x \partial y}$ Leiten Sie zuerst nach y und dann nach x ab.

$f_{yx} = (f_y)_x$ Bedeutet dasselbe.

Zweite partielle Ableitungen der Funktion $f(x,y) = x\cos y + ye^x$

Beispiel 14.20 Bestimmen Sie für die Funktion $f(x,y) = x\cos y + ye^x$ die zweiten partiellen Ableitungen

$$\frac{\partial^2 f}{\partial x^2}, \quad \frac{\partial^2 f}{\partial y \partial x}, \quad \frac{\partial^2 f}{\partial y^2} \quad \text{und} \quad \frac{\partial^2 f}{\partial x \partial y}.$$

Lösung Der erste Schritt besteht darin, die beiden ersten partiellen Ableitungen zu berechnen.

$$\begin{aligned} \frac{\partial f}{\partial x} &= \frac{\partial}{\partial x}(x\cos y + ye^x) & \qquad \frac{\partial f}{\partial y} &= \frac{\partial}{\partial y}(x\cos y + ye^x) \\ &= \cos y + ye^x & &= -x\sin y + e^x \end{aligned}$$

Nun bestimmen wir die beiden partiellen Ableitungen für jede der ersten partiellen Ableitungen:

$$\begin{aligned} \frac{\partial^2 f}{\partial y \partial x} &= \frac{\partial}{\partial y}\left(\frac{\partial f}{\partial x}\right) = -\sin y + e^x & \qquad \frac{\partial^2 f}{\partial x \partial y} &= \frac{\partial}{\partial x}\left(\frac{\partial f}{\partial y}\right) = -\sin y + e^x \\ \frac{\partial^2 f}{\partial x^2} &= \frac{\partial}{\partial x}\left(\frac{\partial f}{\partial x}\right) = ye^x. & \qquad \frac{\partial^2 f}{\partial y^2} &= \frac{\partial}{\partial y}\left(\frac{\partial f}{\partial y}\right) = -x\cos y. \end{aligned}$$

■

Der Satz über gemischte Ableitungen (Satz von Schwarz)

Vielleicht ist Ihnen aufgefallen, dass die „gemischten" partiellen Ableitungen zweiter Ordnung

$$\frac{\partial^2 f}{\partial y \partial x} \quad \text{und} \quad \frac{\partial^2 f}{\partial x \partial y}$$

aus Beispiel 14.20 übereinstimmen. Das ist kein Zufall. Sie müssen immer dann übereinstimmen, wenn f, f_x, f_y, f_{xy} und f_{yx} stetig sind, wie der folgende Satz besagt.

Satz 14.2 Satz über gemischte Ableitungen (Satz von Schwarz)
Sind die Funktion $f(x,y)$ und ihre partiellen Ableitungen f_x, f_y, f_{xy} und f_{yx} auf einem offenen Gebiet um den Punkt (a,b) definiert und im Punkt (a,b) stetig, so gilt:

$$f_{xy}(a,b) = f_{yx}(a,b)\,.$$

Satz 14.2 wurde erstmals von dem französischen Mathematiker Alexis-Claude Clairaut formuliert und wird daher auch Satz von Clairaut genannt. Der erste Beweis dieses Satzes stammt von dem deutschen Mathematiker Hermann Amandus Schwarz (1843–1921). Sie finden den Beweis in Anhang A.9. Um eine gemischte partielle zweite Ableitung zu berechnen, können wir nach Satz 14.2 in beliebiger Reihenfolge differenzieren, sofern die Bedingung der Stetigkeit erfüllt ist. Die Möglichkeit, die Reihenfolge zu vertauschen, vereinfacht mitunter unsere Rechnungen.

Beispiel 14.21 Bestimmen Sie $\partial^2 w/\partial x \partial y$ für

$$w = xy + \frac{e^y}{y^2+1}\,.$$

$\partial^2 w/\partial x \partial y$ für $w = xy + \frac{e^y}{y^2+1}$

Lösung Dem Symbol $\partial^2 w/\partial x \partial y$ entnehmen wir, dass wir w zuerst nach y und dann nach x ableiten sollen. Wenn wir allerdings die Reihenfolge der Differentiationen vertauschen und zuerst nach x und dann nach y ableiten, erhalten wir die Lösung viel schneller. Und zwar in zwei Schritten:

$$\frac{\partial w}{\partial x} = y \quad \text{und} \quad \frac{\partial^2 w}{\partial y \partial x} = 1\,.$$

Auch wenn wir zuerst nach y ableiten, erhalten wir $\partial^2 w/\partial x \partial y = 1$. Wir können in einer beliebigen Reihenfolge differenzieren, weil die Voraussetzungen von Satz 14.2 erfüllt sind. ■

Partielle Ableitungen noch höherer Ordnung

Obwohl wir es meistens mit ersten und zweiten Ableitungen zu tun haben, weil diese in Anwendungen einfach am häufigsten vorkommen, gibt es keine theoretische Grenze dafür, wie oft wir eine Funktion ableiten können, solange die vorkommenden Ableitungen existieren. Somit erhalten wir dritte und vierte Ableitungen, die mit den Symbolen

$$\frac{\partial^3 f}{\partial x \partial y^2} = f_{yyx}\,,$$
$$\frac{\partial^4 f}{\partial x^2 \partial y^2} = f_{yyxx}\,,$$

usw. bezeichnet werden. Wie bei den zweiten Ableitungen ist die Reihenfolge der Differentiation unwesentlich, solange alle vorkommenden Ableitungen stetig sind.

Beispiel 14.22 Bestimmen Sie die partielle Ableitung f_{yxyz} für $f(x,y,z) = 1 - 2xy^2z + x^2y$.

f_{yxyz} für $f(x,y,z) = 1 - 2xy^2z + x^2y$

Lösung Wir leiten zuerst nach y, dann nach x, dann wieder nach y und schließlich nach z ab:

$$\begin{aligned} f_y &= -4xyz + x^2 \\ f_{yx} &= -4yz + 2x \\ f_{yxy} &= -4z \\ f_{yxyz} &= -4\,. \end{aligned}$$

Differenzierbarkeit

Der Ausgangspunkt für die Differenzierbarkeit ist nicht der Differenzenquotient, wie wir bei der Untersuchung von Funktionen einer Variablen gesehen haben, sondern der Begriff des Zuwachses. Aus unserer Betrachtung von Funktionen einer Variablen in Abschnitt 3.9 wissen wir: Ist $y = f(x)$ an der Stelle $x = x_0$ differenzierbar, so ist die Änderung im Wert von f, der sich aus der Änderung in x von x_0 auf $x_0 + \Delta x$ ergibt, durch eine Gleichung der Form

$$\Delta y = f'(x_0)\,\Delta x + \varepsilon \Delta x$$

gegeben, in der ε gegen 0 geht, wenn Δx gegen 0 geht. Für Funktionen zweier Variablen wird die entsprechende Eigenschaft zur Definition der Differenzierbarkeit. Der Satz über die Zuwächse (der in Anhang A.9 bewiesen wird) sagt uns, wann wir erwarten können, dass diese Eigenschaft gilt.

Satz 14.3 Der Satz über die Zuwächse für Funktionen von zwei Variablen
Angenommen, die ersten partiellen Ableitungen von $f(x, y)$ sind auf einem offenen Gebiet R definiert, das den Punkt (x_0, y_0) enthält, und diese partiellen Ableitungen sind im Punkt (x_0, y_0) stetig. Dann erfüllt der Zuwachs

$$\Delta z = f(x_0 + \Delta x,\ y_0 + \Delta y) - f(x_0, y_0)$$

im Wert von f, die sich aus dem Übergang von einem Punkt (x_0, y_0) zu einem anderen Punkt $(x_0 + \Delta x, y_0 + \Delta y)$ in R ergibt, eine Gleichung der Form

$$\Delta z = f_x(x_0, y_0)\,\Delta x + f_y(x_0,\ y_0)\,\Delta y + \varepsilon_1 \Delta x + \varepsilon_2 \Delta y\,,$$

in der ε_1 und ε_2 jeweils gegen 0 gehen, wenn sowohl Δx als auch Δy gegen 0 gehen.

Woher die Größen ε_1 und ε_2 kommen, können wir im Beweis von Satz 14.3 erkennen, den wir im Anhang A.9 führen. Ähnliche Resultate gelten für Funktionen von mehr als zwei unabhängigen Variablen.

Definition Eine Funktion $z = f(x, y)$ ist **im Punkt (x_0, y_0) differenzierbar**, wenn $f_x(x_0, y_0)$ und $f_y(x_0, y_0)$ existieren und Δz eine Gleichung der Form

$$\Delta z = f_x(x_0, y_0)\,\Delta x + f_y(x_0, y_0)\,\Delta y + \varepsilon_1 \Delta x + \varepsilon_2 \Delta y$$

erfüllt, in der ε_1 und ε_2 gegen 0 gehen, wenn Δx und Δy gegen 0 gehen. Eine Funktion f heißt **differenzierbar**, wenn sie in jedem Punkt ihres Definitionsbereichs differenzierbar ist. Man sagt, dass der Graph dieser Funktion eine **glatte Fläche** ist.

Aufgrund dieser Definition ergibt sich als eine unmittelbare Folgerung aus Satz 14.3, dass eine Funktion im Punkt (x_0, y_0) differenzierbar ist, wenn ihre ersten partiellen Ableitungen dort *stetig* sind.

Folgerung aus Satz 14.3 Sind die partiellen Ableitungen f_x und f_y einer Funktion $f(x, y)$ auf einem offenen Gebiet R stetig, so ist f in jedem Punkt von R differenzierbar.

Ist $z = f(x, y)$ differenzierbar, so garantiert die Definition der Differenzierbarkeit, dass $\Delta z = f(x_0 + \Delta x, y_0 + \Delta y) - f(x_0, y_0)$ gegen 0 geht, wenn Δx und Δy gegen 0 gehen. Daraus entnehmen wir, dass eine Funktion von zwei Variablen überall dort stetig ist, wo sie differenzierbar ist:

Satz 14.4 Aus Differenzierbarkeit folgt Stetigkeit Ist eine Funktion f im Punkt (x_0, y_0) differenzierbar, so ist f im Punkt (x_0, y_0) stetig.

Wie wir Satz 14.4 und der Folgerung aus Satz 14.3 entnehmen können, muss eine Funktion $f(x, y)$ in einem Punkt (x_0, y_0) stetig sein, wenn die partiellen Ableitungen f_x und f_y auf einem offenen Gebiet um den Punkt (x_0, y_0) stetig sind. Es sei jedoch daran erinnert, dass eine Funktion von zwei Variablen trotzdem in einem Punkt unstetig sein kann, in dem ihre ersten partiellen Ableitungen existieren. Das haben wir in Beispiel 14.19 auf Seite 260 gesehen. Die Existenz der partiellen Ableitungen in diesem Punkt ist nicht ausreichend, aber die Stetigkeit der partiellen Ableitungen garantiert die Differenzierbarkeit.

Aufgaben zum Abschnitt 14.3

Partielle Ableitungen erster Ordnung berechnen

Bestimmen Sie in den Aufgaben 1–11 die partiellen Ableitungen $\partial f / \partial x$ und $\partial f / \partial y$.

1. $f(x, y) = 2x^2 - 3y - 4$

2. $f(x, y) = (x^2 - 1)(y + 2)$

3. $f(x, y) = (xy - 1)^2$

4. $f(x, y) = \sqrt{x^2 + y^2}$

5. $f(x, y) = \dfrac{1}{(x + y)}$

6. $f(x, y) = \dfrac{(x + y)}{(xy - 1)}$

7. $f(x, y) = e^{(x+y+1)}$

8. $f(x, y) = \ln(x + y)$

9. $f(x, y) = \sin^2(x - 3y)$

10. $f(x, y) = x^y$

11. $f(x, y) = \int_x^y g(t)\, dt$ (g ist für alle t stetig)

Bestimmen Sie in den Aufgaben 12–17 die partiellen Ableitungen $\partial f / \partial x$, $\partial f / \partial y$ und $\partial f / \partial z$.

12. $f(x, y, z) = 1 + xy^2 - 2z^2$

13. $f(x, y, z) = x - \sqrt{y^2 + z^2}$

14. $f(x, y, z) = \sin^{-1}(xyz)$

15. $f(x, y, z) = \ln(x + 2y + 3z)$

16. $f(x, y, z) = e^{-(x^2+y^2+z^2)}$

17. $f(x, y, z) = \tanh(x + 2y + 3z)$

Bestimmen Sie in den Aufgaben 18–21 die partiellen Ableitungen der Funktion nach jeder Variablen.

18. $f(t, \alpha) = \cos(2\pi t - \alpha)$

19. $h(\rho, \phi, \theta) = \rho \sin\phi \cos\theta$

20. **Die vom Herzen verrichtete Arbeit** (Abschnitt 3.9, Aufgabe 28 auf Seite 234)

$$W(P,V,\delta,v,g) = PV + \frac{V\delta v^2}{2g}$$

21. **Wilson'sche Formel** (Abschnitt 4.5, Aufgabe 30 auf Seite 301)

$$A(c,h,k,m,q) = \frac{km}{q} + cm + \frac{hq}{2}$$

Partielle Ableitungen zweiter Ordnung berechnen

Bestimmen Sie alle partiellen Ableitungen zweiter Ordnung der Funktionen aus den Aufgaben 22–26.

22. $f(x,y) = x + y + xy$

23. $g(x,y) = x^2y + \cos y + y\sin x$

24. $r(x,y) = \ln(x+y)$

25. $w = x^2\tan(xy)$

26. $w = x\sin(x^2y)$

Gemischte partielle Ableitungen Zeigen Sie in den Aufgaben 27 und 28, dass $w_{xy} = w_{yx}$ gilt.

27. $w = \ln(2x + 3y)$

28. $w = xy^2 + x^2y^3 + x^3y^4$

29. Geht die Berechnung von f_{xy} schneller, wenn man zuerst nach x oder nach y ableitet? Versuchen Sie, die Frage mündlich zu beantworten.

a. $f(x,y) = x\sin y + e^y$

b. $f(x,y) = 1/x$

c. $f(x,y) = y + (x/y)$

d. $f(x,y) = y + x^2y + 4y^3 - \ln(y^2+1)$

e. $f(x,y) = x^2 + 5xy + \sin x + 7e^x$

f. $f(x,y) = x\ln xy$

30. Die partielle Ableitung fünfter Ordnung $\partial^5 f/\partial x^2\partial y^3$ ist für jede der folgenden Funktionen null. Nach welcher Variablen würden Sie zuerst ableiten, um sich schnellstmöglich davon zu überzeugen: nach x oder nach y? Versuchen Sie, die Frage mündlich zu beantworten.

a. $f(x,y) = y^2x^4e^x + 2$

b. $f(x,y) = y^2 + y(\sin x - x^4)$

c. $f(x,y) = x^2 + 5xy + \sin x + 7e^x$

d. $f(x,y) = xe^{y^2/2}$

Definition der partiellen Ableitung anwenden

Berechnen Sie in den Aufgaben 31 und 32 die partiellen Ableitungen der Funktionen in den angegebenen Punkten mithilfe der Definition der partiellen Ableitung.

31. $f(x,y) = 1 - x + y - 3x^2y$, f_x und f_y in $(1,2)$

32. $f(x,y) = \sqrt{2x+3y-1}$, f_x und f_y in $(-2,3)$

33. Sei $f(x,y) = 2x + 3y - 4$. Bestimmen Sie im Punkt $(2,-1)$ die Steigung der Tangente an diese Fläche, die in der Ebene **a.** $x = 2$ und **b.** $x = -1$ liegt.

34. **Drei Variablen** Sei $w = f(x,y,z)$ eine Funktion von drei unabhängigen Variablen. Geben Sie die formalen Definitionen der partiellen Ableitung $\partial f/\partial z$ im Punkt (x_0, y_0, z_0) an. Bestimmen Sie mithilfe dieser Definition $\partial f/\partial z$ im Punkt $(1,2,3)$ für $f(x,y,z) = x^2yz^2$.

Implizite Differentiation **35.** Bestimmen Sie den Wert $\partial z/\partial x$ im Punkt $(1,1,1)$, wenn z als Funktion der beiden unabhängigen Variablen x und y definiert ist durch die Gleichung

$$xy + z^3x - 2yz = 0$$

und die partiellen Ableitungen existieren.

In den Aufgaben 36 und 37 geht es um das hier dargestellte Dreieck.

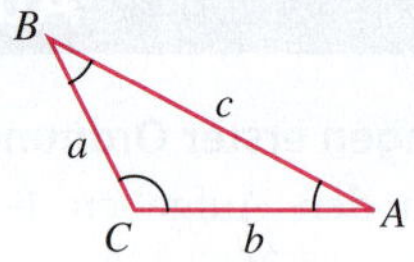

36. Drücken Sie A implizit als Funktion der Seiten a, b und c aus, und berechnen Sie $\partial A/\partial a$ und $\partial A/\partial b$.

37. Drücken Sie a implizit als Funktion von A, b und B aus, und berechnen Sie $\partial a/\partial A$ und $\partial a/\partial B$.

38. **Zwei unabhängige Variable** Drücken Sie v_x als Funktion von u und y aus, wenn u und v durch die Gleichungen $x = v\ln u$ und $y = u\ln v$ implizit als Funktionen der unabhängigen Variablen x und y definiert sind. (*Hinweis*: Leiten Sie beide Gleichungen nach x ab und lösen Sie nach v_x auf, indem Sie u_x eliminieren.)

39. **Zwei abhängige Variable** Bestimmen Sie $\partial x/\partial u$ und $\partial y/\partial u$, wenn x und y durch die Gleichungen $u = x^2 - y^2$ und $v = x^2 - y$ als Funktionen der unabhängigen Variablen u und v definiert sind und die partiellen Ableitungen existieren. (Beachten Sie den Hinweis aus Aufgabe 38.) Es sei dann $s = x^2 + y^2$. Bestimmen Sie $\partial s/\partial u$.

40. Gegeben sei die Funktion

$$f(x,y) = \begin{cases} y^3, & y \geq 0 \\ -y^2, & y < 0 . \end{cases}$$

Bestimmen Sie f_x, f_y, f_{xy} und f_{yx} und geben Sie für jede partielle Ableitung den Definitionsbereich an.

Theorie und Beispiele

Die **dreidimensionale Laplace-Gleichung**

$$\frac{\partial^2 f}{\partial x^2} + \frac{\partial^2 f}{\partial y^2} + \frac{\partial^2 f}{\partial z^2} = 0$$

wird von stationären Temperaturverteilungen $T = f(x,y,z)$ im Raum, Gravitationspotentialen und elektrostatischen Potentialen erfüllt. Durch Weglassen des Terms $\partial^2 f/\partial z^2$ ergibt sich aus der dreidimensionalen Gleichung die **zweidimensionale Laplace-Gleichung**

$$\frac{\partial^2 f}{\partial x^2} + \frac{\partial^2 f}{\partial y^2} = 0 .$$

Sie beschreibt Potentiale und stationäre Temperaturverteilungen in einer Ebene (vgl. die zugehörige Abbildung). Die Ebene (a) können wir als eine dünne Scheibe des Festkörpers (b) betrachten, die senkrecht zur z-Achse ist.

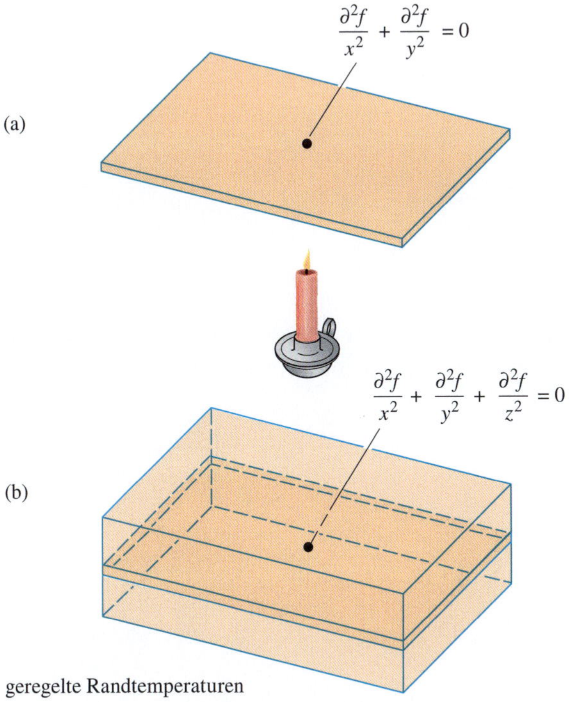

Zeigen Sie, dass die Funktionen aus den Aufgaben 41–44 eine Laplace-Gleichung erfüllen.

41. $f(x,y,z) = x^2 + y^2 - 2z^2$

42. $f(x,y) = e^{-2y} \cos 2x$

43. $f(x,y) = 3x + 2y - 4$

44. $f(x,y,z) = \left(x^2 + y^2 + z^2\right)^{-1/2}$

Die Wellengleichung Wenn Sie vom Meeresufer aus eine Momentaufnahme der Wellen machen, zeigt das Bild ein regelmäßiges Muster aus Bergen und Tälern zu einem festen Zeitpunkt. Sie beobachten die periodische vertikale Bewegung im Raum als Funktion des Ortes. Wenn Sie sich ins Wasser stellen, können Sie fühlen, wie sich das Wasser mit den vorbeilaufenden Wellen hebt und senkt. Sie beobachten damit die periodische vertikale Bewegung in der Zeit. In der Physik wird diese wunderbare Symmetrie durch die **eindimensionale Wellengleichung**

$$\frac{\partial^2 w}{\partial t^2} = c^2 \frac{\partial^2 w}{\partial x^2}$$

beschrieben. Dabei ist w die Höhe der Welle, x ist die Ortsvariable, t ist die Zeit und c ist die Geschwindigkeit, mit der sich die Wellen ausbreiten.

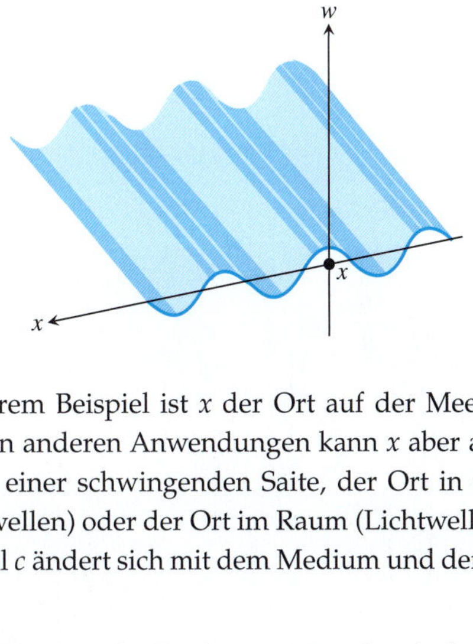

In unserem Beispiel ist x der Ort auf der Meeresoberfläche, in anderen Anwendungen kann x aber auch der Ort auf einer schwingenden Saite, der Ort in der Luft (Schallwellen) oder der Ort im Raum (Lichtwellen) sein. Die Zahl c ändert sich mit dem Medium und der Art der Welle.

Zeigen Sie, dass die Funktionen aus den Aufgaben 45–51 Lösungen der Wellengleichung sind.

45. $w = \sin(x + ct)$

46. $w = \cos(2x + 2ct)$

47. $w = \sin(x + ct) + \cos(2x + 2ct)$

48. $w = \ln(2x + 2ct)$

49. $w = \tan(2x - 2ct)$

50. $w = 5\cos(3x + 3ct) + e^{x+ct}$

51. $w = f(u)$. Dabei ist f eine differenzierbare Funktion von u und $u = a(x + ct)$ mit der Konstanten a.

52. Die zweiten partiellen Ableitungen einer Funktion $f(x, y)$ auf einem offenen Gebiet R seien stetig. Müssen dann die ersten partiellen Ableitungen von f auf R stetig sein? Begründen Sie Ihre Antwort.

53. **Die Wärmeleitungsgleichung** Eine wichtige partielle Differentialgleichung, welche die Wärmeverteilung in einem Gebiet zur Zeit t beschreibt, kann als *eindimensionale Wärmeleitungsgleichung*

$$\frac{\partial f}{\partial t} = \frac{\partial^2 f}{\partial x^2}$$

geschrieben werden. Zeigen Sie, dass die Funktion $u(x,t) = \sin(\alpha x) \cdot \mathrm{e}^{-\beta t}$ mit den Konstanten α und β die Wärmeleitungsgleichung erfüllt. Welche Beziehung muss zwischen α und β gelten, damit diese Funktion eine Lösung ist?

54. Gegeben sei die Funktion

$$f(x,y) = \begin{cases} \dfrac{xy^2}{x^2 + y^4}, & (x,\ y) \neq (0,0) \\ 0, & (x,\ y) = (0,0)\,. \end{cases}$$

Zeigen Sie, dass die partiellen Ableitungen $f_x(0,0)$ und $f_y(0,0)$ existieren, die Funktion f im Punkt $(0,0)$ aber nicht differenzierbar ist. (*Hinweis*: Zeigen Sie, dass f im Punkt $(0,0)$ nicht stetig ist und verwenden Sie dann Satz 14.4.)

14.4 Die verallgemeinerte Kettenregel

Die Kettenregel für Funktionen von einer Variablen haben wir in Abschnitt 3.6 untersucht: Ist $w = f(x)$ eine differenzierbare Funktion von x und ist $x = g(t)$ eine differenzierbare Funktion von t, so ist w eine differenzierbare Funktion von t. Die Ableitung $\mathrm{d}w/\mathrm{d}t$ können wir dann nach folgender Formel berechnen:

$$\frac{\mathrm{d}w}{\mathrm{d}t} = \frac{\mathrm{d}w}{\mathrm{d}x}\frac{\mathrm{d}x}{\mathrm{d}t}.$$

Für Funktionen von zwei oder mehr Variablen hat die Kettenregel verschiedene Formen. Die Form hängt davon ab, wie viele Variablen vorkommen. Hat man dies berücksichtigt, funktioniert die verallgemeinerte Kettenregel wie die Kettenregel aus Abschnitt 3.6.

Funktionen von zwei Variablen

Die Kettenregel für eine differenzierbare Funktion $w = f(x, y)$, in der $x = x(t)$ und $y = y(t)$ differenzierbare Funktionen von t sind, ist durch den folgenden Satz gegeben.

Satz 14.5 Kettenregel für Funktionen von zwei unabhängigen Variablen Ist $w = f(x, y)$ differenzierbar, und sind $x = x(t), y = y(t)$ differenzierbare Funktionen von t, so ist die Verkettung $w = f(x(t), y(t))$ eine differenzierbare Funktion von t, und es gilt:

$$\frac{\mathrm{d}w}{\mathrm{d}t} = f_x(x(t), y(t)) \cdot x'(t) + f_y(x(t), y(t)) \cdot y'(t)$$

oder

$$\frac{\mathrm{d}w}{\mathrm{d}t} = \frac{\partial f}{\partial x}\frac{\mathrm{d}x}{\mathrm{d}t} + \frac{\partial f}{\partial y}\frac{\mathrm{d}y}{\mathrm{d}t}.$$

Die Ausdrücke $\frac{\partial f}{\partial x}$, $\frac{\partial w}{\partial x}$, f_x bezeichnen alle die partielle Ableitung von f nach x.

Beweis Für den Beweis[1] müssen wir zeigen: Sind x und y an der Stelle $t = t_0$ differenzierbar, so ist w an der Stelle t_0 differenzierbar, und es gilt:

$$\left(\frac{\mathrm{d}w}{\mathrm{d}t}\right)_{t_0} = \left(\frac{\partial w}{\partial x}\right)_{P_0}\left(\frac{\mathrm{d}x}{\mathrm{d}t}\right)_{t_0} + \left(\frac{\partial w}{\partial y}\right)_{P_0}\left(\frac{\mathrm{d}y}{\mathrm{d}t}\right)_{t_0}$$

mit $P_0 = (x(t_0), y(t_0))$. Die Indizes geben an, wo die jeweiligen Ableitungen zu berechnen sind.

Seien Δx, Δy und Δw die Zuwächse, die sich ergeben, wenn wir t von t_0 nach $t_0 + \Delta t$ verschieben. Da die Funktion f differenzierbar ist (vgl. die Definition auf Seite 264), gilt:

$$\Delta w = \left(\frac{\partial w}{\partial x}\right)_{P_0}\Delta x + \left(\frac{\partial w}{\partial y}\right)_{P_0}\Delta y + \varepsilon_1 \Delta x + \varepsilon_2 \Delta y;$$

1 Der Übersicht halber haben wir uns zur Bezeichnung der partiellen Ableitung in einem Punkt für die Klammerschreibweise entschieden.

dabei gehen ε_1 und ε_2 gegen 0, wenn Δx und Δy gegen 0 gehen. Um $\mathrm{d}w/\mathrm{d}t$ zu bestimmen, dividieren wir diese Gleichung durch Δt und lassen Δt gegen null gehen. Nach der Division ergibt sich die Gleichung

$$\frac{\Delta w}{\Delta t} = \left(\frac{\partial w}{\partial x}\right)_{P_0} \frac{\Delta x}{\Delta t} + \left(\frac{\partial w}{\partial y}\right)_{P_0} \frac{\Delta y}{\Delta t} + \varepsilon_1 \frac{\Delta x}{\Delta t} + \varepsilon_2 \frac{\Delta y}{\Delta t} .$$

Für Δt gegen null erhalten wir

$$\left(\frac{\mathrm{d}w}{\mathrm{d}t}\right)_{t_0} = \lim_{\Delta t \to 0} \frac{\Delta w}{\Delta t}$$

$$= \left(\frac{\partial w}{\partial x}\right)_{P_0} \left(\frac{\mathrm{d}x}{\mathrm{d}t}\right)_{t_0} + \left(\frac{\partial w}{\partial y}\right)_{P_0} \left(\frac{\mathrm{d}y}{\mathrm{d}t}\right)_{t_0} + 0 \cdot \left(\frac{\mathrm{d}x}{\mathrm{d}t}\right)_{t_0} + 0 \cdot \left(\frac{\mathrm{d}y}{\mathrm{d}t}\right)_{t_0} . \quad ■$$

Oft schreiben wir $\partial w/\partial x$ für die partielle Ableitung $\partial f/\partial x$. Damit können wir die Kettenregel aus Satz 14.5 folgendermaßen umschreiben:

Merke

$$\frac{\mathrm{d}w}{\mathrm{d}t} = \frac{\partial w}{\partial x}\frac{\mathrm{d}x}{\mathrm{d}t} + \frac{\partial w}{\partial y}\frac{\mathrm{d}y}{\mathrm{d}t} .$$

Merken Sie sich die Kettenregel am besten anhand des folgenden Diagramms. Um d*w*/d*t* zu bestimmen, beginnen Sie bei *w* und lesen alle Wege von oben nach *t*. Die Ableitungen auf einem Weg multiplizieren Sie und addieren die Produkte.

Kettenregel

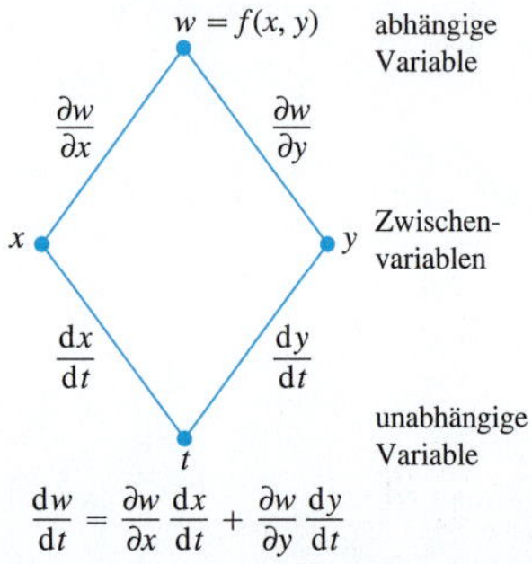

Allerdings ist die Bedeutung der abhängigen Variablen w auf den beiden Seiten der letzten Gleichung jeweils eine andere. Auf der linken Seite bezieht sich w auf die verkettete Funktion $w = f(x(t), y(t))$ als eine Funktion der Variablen t. Auf der rechten Seite bezieht sich w auf die Funktion $w = f(x, y)$ als eine Funktion der zwei Variablen x und y. Darüber hinaus werden die gewöhnlichen Ableitungen $\mathrm{d}w/\mathrm{d}t$, $\mathrm{d}x/\mathrm{d}t$ und $\mathrm{d}y/\mathrm{d}t$ an der Stelle t_0 berechnet, während die partiellen Ableitungen $\partial w/\partial x$ und $\partial w/\partial y$ im Punkt (x_0, y_0) mit $x_0 = x(t_0)$ und $y_0 = y(t_0)$ berechnet werden. Mit dieser Vereinbarung werden wir beide Formen im nachfolgenden Text austauschbar verwenden, sofern Verwechslungen ausgeschlossen sind.

Das nebenstehende **Verzweigungsdiagramm** bietet Ihnen einen bequemen Weg, sich die Kettenregel zu merken. Die „echte" unabhängige Variable in der verketteten Funktion ist t, während x und y nur (von t gesteuerte) *Zwischenvariable* sind. Die abhängige Variable ist w.

Eine genauere Schreibweise für die Kettenregel gibt an, wo die verschiedenen Ableitungen in Satz 14.5 berechnet werden:

$$\frac{\mathrm{d}w}{\mathrm{d}t} = \frac{\partial f}{\partial x}(x_0, y_0) \cdot \frac{\mathrm{d}x}{\mathrm{d}t}(t_0) + \frac{\partial f}{\partial y}(x_0, y_0) \cdot \frac{\mathrm{d}y}{\mathrm{d}t}(t_0) .$$

Kettenregel für eine Funktion von zwei Variablen

Beispiel 14.23 Bestimmen Sie mithilfe der Kettenregel die Ableitung von

$$w = xy$$

nach t entlang des Weges $x = \cos t$, $y = \sin t$. Welchen Wert hat die Ableitung bei $t = \pi/2$?

Lösung Durch Anwenden der Kettenregel ergibt sich $\mathrm{d}w/\mathrm{d}t$ folgendermaßen:

$$\begin{aligned}\frac{\mathrm{d}w}{\mathrm{d}t} &= \frac{\partial w}{\partial x}\frac{\mathrm{d}x}{\mathrm{d}t} + \frac{\partial w}{\partial y}\frac{\mathrm{d}y}{\mathrm{d}t} \\ &= \frac{\partial\,(xy)}{\partial x}\cdot\frac{\mathrm{d}}{\mathrm{d}t}(\cos t) + \frac{\partial\,(xy)}{\partial y}\cdot\frac{\mathrm{d}}{\mathrm{d}t}(\sin t) \\ &= (y)\,(-\sin t) + (x)\,(\cos t) \\ &= (\sin t)\,(-\sin t) + (\cos t)\,(\cos t) \\ &= -\sin^2 t + \cos^2 t \\ &= \cos 2t\,.\end{aligned}$$

In diesem Beispiel können wir das Ergebnis durch eine direkte Rechnung prüfen. Als Funktion von t ist

$$w = xy = \cos t \sin t = \frac{1}{2}\sin 2t\,,$$

also ist

$$\frac{\mathrm{d}w}{\mathrm{d}t} = \frac{\mathrm{d}}{\mathrm{d}t}\left(\frac{1}{2}\sin 2t\right) = \frac{1}{2}\cdot 2\cos 2t = \cos 2t\,.$$

In beiden Fällen ist die Ableitung für den angegebenen Wert von t

$$\left(\frac{\mathrm{d}w}{\mathrm{d}t}\right)_{t=\pi/2} = \cos\left(2\cdot\frac{\pi}{2}\right) = \cos\pi = -1\,.$$

Funktionen von drei Variablen

Vermutlich können Sie sich schon denken, wie die Kettenregel für Funktionen von drei Variablen aussieht, denn Sie brauchen der Formel für zwei Variable nur den erwartungsgemäßen dritten Term hinzuzufügen.

In diesem Diagramm gibt es nun von w nach t drei Wege. Sonst bleibt alles gleich. Die Ableitungen entlang eines jeden Weges multiplizieren Sie und addieren die Produkte.

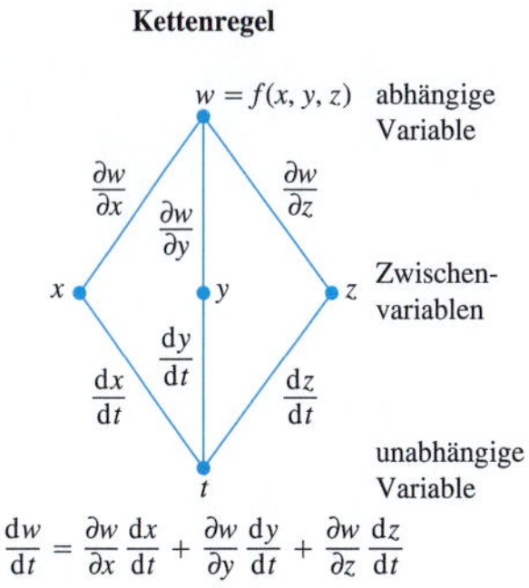

Kettenregel für eine Funktion von drei Variablen

Satz 14.6 Kettenregel für Funktionen von drei unabhängigen Variablen
Ist die Funktion $w = f(x,y,z)$ differenzierbar und sind x, y und z differenzierbare Funktionen von t, so ist w eine differenzierbare Funktion von t, und es gilt:

$$\frac{\mathrm{d}w}{\mathrm{d}t} = \frac{\partial w}{\partial x}\frac{\mathrm{d}x}{\mathrm{d}t} + \frac{\partial w}{\partial y}\frac{\mathrm{d}y}{\mathrm{d}t} + \frac{\partial w}{\partial z}\frac{\mathrm{d}z}{\mathrm{d}t}.$$

Der Beweis stimmt mit dem Beweis von Satz 14.5 überein, abgesehen davon, dass es nun nicht nur zwei, sondern drei Zwischenvariable gibt. Auch das Verzweigungsdiagramm, anhand dessen wir uns die neue Gleichung besser merken können, ist ähnlich, nur dass es nun drei Wege von w nach t gibt.

Beispiel 14.24 Bestimmen Sie mithilfe der Kettenregel die Ableitung $\mathrm{d}w/\mathrm{d}t$ für

$$w = xy + z \quad \text{mit } x = \cos t,\ y = \sin t,\ z = t\,.$$

In diesem Beispiel ändern sich die Werte von $w(t)$ als Funktion von t entlang einer Helix (vgl. Abschnitt 13.1). Welchen Wert hat die Ableitung bei $t = 0$?

Lösung Aus der Kettenregel für drei unabhängige Variable ergibt sich

$$\begin{aligned}\frac{dw}{dt} &= \frac{\partial w}{\partial x}\frac{dx}{dt} + \frac{\partial w}{\partial y}\frac{dy}{dt} + \frac{\partial w}{\partial z}\frac{dz}{dt} \\ &= (y)(-\sin t) + (x)(\cos t) + (1)(1) \\ &= (\sin t)(-\sin t) + (\cos t)(\cos t) + 1 \\ &= -\sin^2 t + \cos^2 t + 1 = 1 + \cos 2t,\end{aligned}$$

also ist

$$\left(\frac{dw}{dt}\right)_{t=0} = 1 + \cos(0) = 2.$$

Als physikalische Interpretation der Änderung entlang einer Kurve stellen Sie sich ein Objekt vor, dessen Ort sich mit der Zeit t ändert. Ist $w = T(x,y,z)$ die Temperatur an jedem Punkt (x,y,z) entlang der Kurve C mit der Parametrisierung $x = x(t)$, $y = y(t)$ und $z = z(t)$, so gibt die Funktion $w = T(x(t), y(t), z(t))$ die Temperatur in Abhängigkeit von t entlang der Kurve an. Die Ableitung dw/dt ist dann die momentane Änderungsrate der Temperatur aufgrund der Bewegung entlang der Kurve, wie in Satz 14.6 angegeben.

Auf Flächen definierte Funktionen

Wenn wir an der Temperatur $w = f(x,y,z)$ an verschiedenen Punkten (x,y,z) auf der Erdoberfläche interessiert sind, so stellt man sich die Variablen x, y und z besser als Funktionen der Variablen r und s vor, die den Längengrad und den Breitengrad des Punkts angeben. Mit $x = g(r,s)$, $y = h(r,s)$ und $z = k(r,s)$ können wir dann die Temperatur als eine Funktion von r und s ausdrücken, und zwar durch die verkettete Funktion

$$w = f(g(r,s), h(r,s), k(r,s)).$$

Unter den unten angegebenen Bedingungen hat w sowohl nach r als auch nach s partielle Ableitungen, die folgendermaßen berechnet werden können:

Satz 14.7 Kettenregel für zwei unabhängige Variablen und drei Zwischenvariable Gegeben seien die Funktionen $w = f(x,y,z)$, $x = g(r,s)$, $y = h(r,s)$ und $z = k(r,s)$. Sind alle vier Funktionen differenzierbar, so hat w partielle Ableitungen nach r und s, die durch folgende Gleichungen gegeben sind:

$$\frac{\partial w}{\partial r} = \frac{\partial w}{\partial x}\frac{\partial x}{\partial r} + \frac{\partial w}{\partial y}\frac{\partial y}{\partial r} + \frac{\partial w}{\partial z}\frac{\partial z}{\partial r},$$

$$\frac{\partial w}{\partial s} = \frac{\partial w}{\partial x}\frac{\partial x}{\partial s} + \frac{\partial w}{\partial y}\frac{\partial y}{\partial s} + \frac{\partial w}{\partial z}\frac{\partial z}{\partial s}.$$

Die erste Gleichung können wir aus der Kettenregel aus Satz 14.6 herleiten, indem wir s festhalten und r als t betrachten. Die zweite Gleichung können wir genauso herleiten, indem wir r festhalten und s als t betrachten. Die Verzweigungsdiagramme für die beiden Gleichungen sind in ▶Abbildung 14.21 dargestellt.

Beispiel 14.25 Drücken Sie $\partial w/\partial r$ und $\partial w/\partial s$ als Funktion von r und s aus mit

Partielle Ableitung bei verketteten Funktionen

$$w = x + 2y + z^2, \quad x = \frac{r}{s}, \quad y = r^2 + \ln s, \quad z = 2r.$$

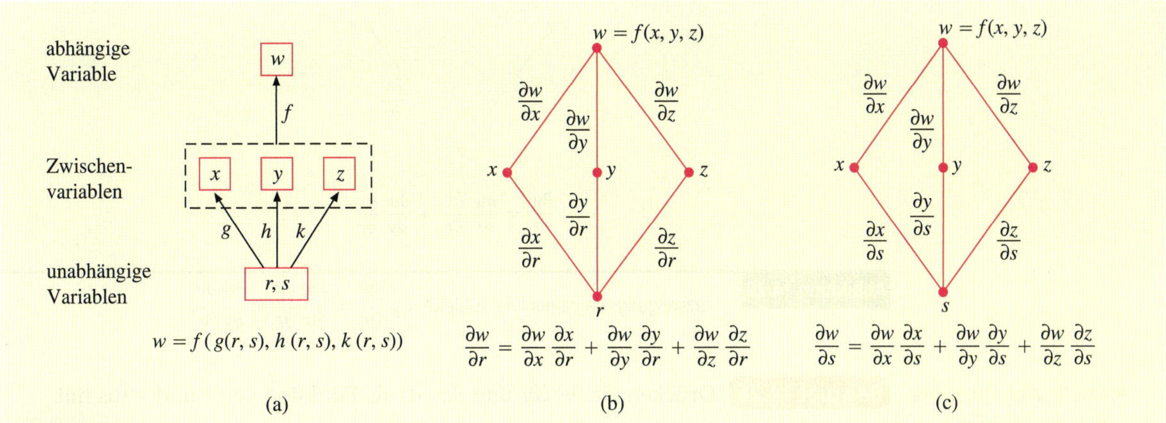

Abbildung 14.21 Verkettete Funktionen und Verzweigungsdiagramme zu Satz 14.7.

Lösung Mithilfe der Gleichungen aus Satz 14.7 erhalten wir

$$\begin{aligned}
\frac{\partial w}{\partial r} &= \frac{\partial w}{\partial x}\frac{\partial x}{\partial r} + \frac{\partial w}{\partial y}\frac{\partial y}{\partial r} + \frac{\partial w}{\partial z}\frac{\partial z}{\partial r} \\
&= (1)\left(\frac{1}{s}\right) + (2)\,(2r) + (2z)\,(2) \\
&= \frac{1}{s} + 4r + (4r)\,(2) = \frac{1}{s} + 12r \qquad \text{Zwischenvariable } z \text{ einsetzen} \\
\frac{\partial w}{\partial s} &= \frac{\partial w}{\partial x}\frac{\partial x}{\partial s} + \frac{\partial w}{\partial y}\frac{\partial y}{\partial s} + \frac{\partial w}{\partial z}\frac{\partial z}{\partial s} \\
&= (1)\left(-\frac{r}{s^2}\right) + (2)\left(\frac{1}{s}\right) + (2z)\,(0) = \frac{2}{s} - \frac{r}{s^2}.
\end{aligned}$$

Ist f keine Funktion von drei, sondern nur von zwei Variablen, verkürzt sich jede Gleichung aus Satz 14.7 um einen Term.

Merke

Für $w = f(x,y)$, $x = g(r,s)$ und $y = h(r,s)$ erhalten wir

$$\frac{\partial w}{\partial r} = \frac{\partial w}{\partial x}\frac{\partial x}{\partial r} + \frac{\partial w}{\partial y}\frac{\partial y}{\partial r} \quad \text{und} \quad \frac{\partial w}{\partial s} = \frac{\partial w}{\partial x}\frac{\partial x}{\partial s} + \frac{\partial w}{\partial y}\frac{\partial y}{\partial s}$$

►Abbildung 14.22 zeigt das Verzweigungsdiagramm für die erste der beiden Gleichungen. Das Diagramm für die zweite Gleichung sieht ganz ähnlich aus, man ersetzt nur r durch s.

Kettenregel

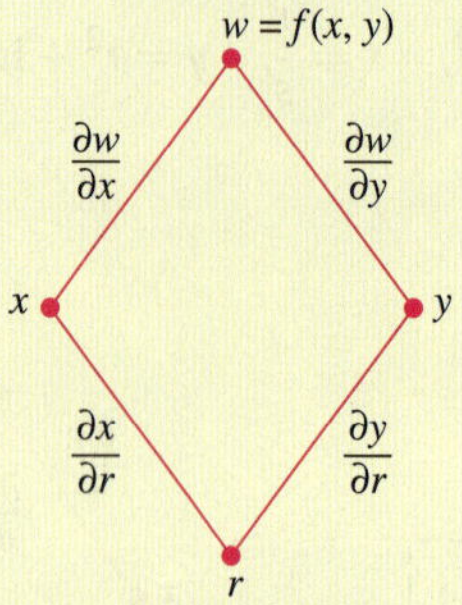

$$\frac{\partial w}{\partial r} = \frac{\partial w}{\partial x}\frac{\partial x}{\partial r} + \frac{\partial w}{\partial y}\frac{\partial y}{\partial r}$$

Abbildung 14.22 Verzweigungsdiagramm für die Gleichung $\frac{\partial w}{\partial r} = \frac{\partial w}{\partial x}\frac{\partial x}{\partial r} + \frac{\partial w}{\partial y}\frac{\partial y}{\partial r}$.

Partielle Ableitung bei verketteten Funktionen

Beispiel 14.26 Drücken Sie $\partial w/\partial r$ und $\partial w/\partial s$ als Funktion von r und s aus mit

$$w = x^2 + y^2,\ x = r - s,\ y = r + s.$$

Lösung Die vorangegangene Diskussion führt uns auf folgende Gleichungen

$$\begin{aligned}\frac{\partial w}{\partial r} &= \frac{\partial w}{\partial x}\frac{\partial x}{\partial r} + \frac{\partial w}{\partial y}\frac{\partial y}{\partial r} \\ &= (2x)\,(1) + (2y)\,(1) \\ &= 2\,(r-s) + 2\,(r+s) \\ &= 4r\end{aligned}
\qquad
\begin{aligned}\frac{\partial w}{\partial s} &= \frac{\partial w}{\partial x}\frac{\partial x}{\partial s} + \frac{\partial w}{\partial y}\frac{\partial y}{\partial s} \\ &= (2x)\,(-1) + (2y)\,(1) \\ &= -2\,(r-s) + 2\,(r+s) \\ &= 4s\end{aligned}$$

Zwischenvariable einsetzen

■

Unsere Gleichungen werden noch einfacher, wenn f nur eine Funktion von x ist.

Merke

Für $w = f\,(x)$ und $x = g\,(r,s)$ erhalten wir

$$\frac{\partial w}{\partial r} = \frac{\mathrm{d}w}{\mathrm{d}x}\frac{\partial x}{\partial r} \quad \text{und} \quad \frac{\partial w}{\partial s} = \frac{\mathrm{d}w}{\mathrm{d}x}\frac{\partial x}{\partial s}.$$

In diesem Fall verwenden wir wieder die gewöhnliche Ableitung $\mathrm{d}w/\mathrm{d}x$. Das zugehörige Verzweigungsdiagramm finden Sie in ►Abbildung 14.23.

Eine neue Sicht auf die implizite Differentiation

Die Kettenregel für Funktionen von zwei Variablen aus Satz 14.5 führt uns auf eine Formel, die uns etwas Rechenarbeit bei der impliziten Differentiation erspart. Wir nehmen an, dass

1. die Funktion $w = F(x,y)$ differenzierbar ist und
2. die Gleichung $F(x,y) = 0$ die Variable y implizit als eine differenzierbare Funktion von x definiert, beispielsweise als $h(x)$.

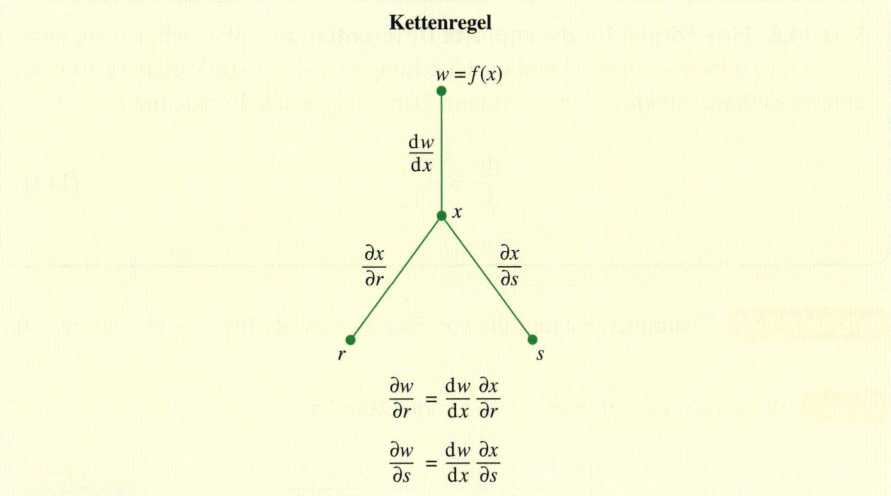

Abbildung 14.23 Verzweigungsdiagramm für die Ableitung, wenn f eine verkettete Funktion von r und s mit nur einer Zwischenvariablen ist.

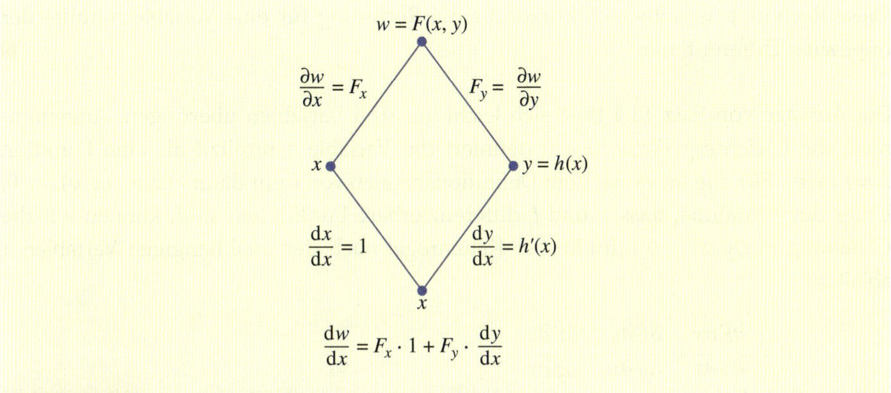

Abbildung 14.24 Verzweigungsdiagramm für die Ableitung von $w = F(x, y)$ nach x. Mit $\mathrm{d}w/\mathrm{d}x = 0$ erhalten wir eine einfache Rechenformel für die implizite Ableitung.

Wegen $w = F(x, y) = 0$ muss die Ableitung $\mathrm{d}w/\mathrm{d}x$ null sein. Berechnen wir die Ableitung mithilfe der Kettenregel (vgl. Verzweigungsdiagramm in ▶Abbildung 14.24), so ergibt sich

$$\begin{aligned} 0 = \frac{\mathrm{d}w}{\mathrm{d}x} &= F_x \frac{\mathrm{d}x}{\mathrm{d}x} + F_y \frac{\mathrm{d}y}{\mathrm{d}x} \qquad \text{Satz 14.5 mit } t = x \text{ und } f = F \\ &= F_x \cdot 1 + F_y \cdot \frac{\mathrm{d}y}{\mathrm{d}x}. \end{aligned}$$

Für $F_y = \partial w/\partial y \neq 0$ können wir diese Gleichung nach $\mathrm{d}y/\mathrm{d}x$ auflösen und erhalten

$$\frac{\mathrm{d}y}{\mathrm{d}x} = -\frac{F_x}{F_y}.$$

Dieses Resultat wollen wir nun auch formal angeben.

Satz 14.8 Eine Formel für die implizite Differentiation Wie nehmen an, dass $w = F(x, y)$ differenzierbar ist und die Gleichung $F(x, y) = 0$ die Variable y als eine differenzierbare Funktion von x definiert. Dann gilt für alle Punkte mit $F_y \neq 0$

$$\frac{dy}{dx} = -\frac{F_x}{F_y}. \tag{14.1}$$

dy/dx für $y^2 - x^2 - \sin xy = 0$

Beispiel 14.27 Bestimmen Sie mithilfe von Satz 14.8 dy/dx für $y^2 - x^2 - \sin xy = 0$.

Lösung Wir setzen $F(x, y) = y^2 - x^2 - \sin xy$. Dann ist

$$\begin{aligned}\frac{dy}{dx} &= -\frac{F_x}{F_y} = -\frac{-2x - y\cos xy}{2y - x\cos xy}\\ &= \frac{2x + y\cos xy}{2y - x\cos xy}.\end{aligned}$$

Diese Rechnung ist erheblich kürzer als die Rechnung für eine Variable mithilfe der impliziten Differentiation. ■

Die Aussage von Satz 14.4 lässt sich leicht auf drei Variablen übertragen. Angenommen, die Gleichung $F(x, y, z) = 0$ definiert die Variable z implizit als eine Funktion $z = f(x, y)$. Für alle (x, y) aus dem Definitionsbereich von f gilt dann $F(x, y, f(x, y)) = 0$. Unter der Annahme, dass F und f differenzierbare Funktionen sind, können wir die Gleichung $F(x, y, z) = 0$ mithilfe der Kettenregel nach der unabhängigen Variablen x ableiten:

$$\begin{aligned}0 &= \frac{\partial F}{\partial x}\frac{\partial x}{\partial x} + \frac{\partial F}{\partial y}\frac{\partial y}{\partial x} + \frac{\partial F}{\partial z}\frac{\partial z}{\partial x}\\ &= F_x \cdot 1 + F_y \cdot 0 + F_z \cdot \frac{\partial z}{\partial x},\end{aligned}$$

Bei der Ableitung nach x ist y konstant.

also

$$F_x + F_z\frac{\partial z}{\partial x} = 0\,.$$

Eine ähnliche Rechnung zur Ableitung von $F(x, y, z) = 0$ nach der unabhängigen Variablen y liefert

$$F_y + F_z\frac{\partial z}{\partial y} = 0\,.$$

Für $F_z \neq 0$ können wir diese beiden letzten Gleichungen nach den partiellen Ableitungen von $z = f(x, y)$ auflösen und erhalten

Merke

$$\frac{\partial z}{\partial x} = -\frac{F_x}{F_z} \quad \text{und} \quad \frac{\partial z}{\partial y} = -\frac{F_y}{F_z}. \tag{14.2}$$

Ein wichtiges Resultat aus der höheren Analysis ist der sogenannte **Satz über implizite Funktionen** (bzw. Auflösungssatz oder Umkehrsatz), der die Bedingungen angibt, unter denen unsere Ergebnisse aus den Gleichungen (14.2) gelten. Sind die partiellen Ableitungen F_x, F_y und F_z in einem offenen Gebiet R im Raum um einen Punkt (x_0, y_0, z_0) stetig und gilt $F(x_0, y_0, z_0) = c$ für eine Konstante c und $F_z(x_0, y_0, z_0) \neq 0$, so definiert die Gleichung $F(x, y, z) = c$ die Variable z implizit als eine differenzierbare Funktion von x und y um (x_0, y_0, z_0), und die partiellen Ableitungen von z sind durch die Gleichungen (14.2) gegeben.

Beispiel 14.28 Bestimmen Sie $\dfrac{\partial z}{\partial x}$ und $\dfrac{\partial z}{\partial y}$ im Punkt $(0,0,0)$ für $x^3 + z^2 + ye^{xz} + z\cos y = 0$.

$\partial z/\partial x$ und $\partial z/\partial y$ in $(0,0,0)$ für $x^3 + z^2 + y\cos y = 0$

Lösung Wir setzen $F(x,y,z) = x^3 + z^2 + ye^{xz} + z\cos y$. Dann ist

$$F_x = 3x^2 + zye^{xz}, \; F_y = e^{xz} - z\sin y \quad \text{und} \quad F_z = 2z + xye^{xz} + \cos y\,.$$

Weil $F(0,0,0) = 0$ und $F_z(0,0,0) = 1 \neq 0$ ist und zudem alle ersten partiellen Ableitungen stetig sind, definiert $F(x,y,z) = 0$ nach dem Satz von der impliziten Funktion z als eine differenzierbare Funktion von x und y in der Nähe des Punkts $(0,0,0)$. Aus den Gleichungen (14.2) ergibt sich

$$\frac{\partial z}{\partial x} = -\frac{F_x}{F_z} = -\frac{3x^2 + zye^{xz}}{2z + xye^{xz} + \cos y} \quad \text{und} \quad \frac{\partial z}{\partial y} = -\frac{F_y}{F_z} = \frac{e^{xz} - z\sin y}{2z + xye^{xz} + \cos y}.$$

In $(0,0,0)$ erhalten wir

$$\frac{\partial z}{\partial x} = -\frac{0}{1} = 0 \quad \text{und} \quad \frac{\partial z}{\partial y} = -\frac{1}{1} = -1\,.$$

Funktionen von vielen Variablen

In diesem Abschnitt sind uns bereits verschiedene Varianten der Kettenregel begegnet, aber jede davon ist nur ein Spezialfall einer allgemeinen Formel. Bei der Lösung spezieller Probleme kann es hilfreich sein, das entsprechende Verzweigungsdiagramm zu zeichnen, indem Sie oben die abhängige Variable, in der Mitte die Zwischenvariablen und ganz unten die gewählte unabhängige Variable platzieren. Um die Ableitung der abhängigen Variablen nach der gewählten unabhängigen Variable zu bestimmen, beginnen Sie bei der abhängigen Variablen und lesen von dort aus jeden Weg des Verzweigungsdiagramms bis zur unabhängigen Variablen nach unten. Entlang jedes Weges berechnen Sie dabei die Ableitungen und multiplizieren sie. Zum Schluss addieren Sie die für die verschiedenen Wege bestimmten Produkte.

Wie üblich nehmen wir an, dass $w = f(x, y, \ldots, v)$ eine differenzierbare Funktion der Variablen $x, y, \ldots, v$ (eine endliche Menge) ist und die Variablen x, $y \ldots, v$ differenzierbare Funktionen von p, $q \ldots, t$ (eine andere endliche Menge) sind. Dann ist w eine differenzierbare Funktion der Variablen p bis t, und die partiellen Ableitungen von w nach diesen Variablen sind durch Gleichungen der Form

$$\frac{\partial w}{\partial p} = \frac{\partial w}{\partial x}\frac{\partial x}{\partial p} + \frac{\partial w}{\partial y}\frac{\partial y}{\partial p} + \cdots + \frac{\partial w}{\partial v}\frac{\partial v}{\partial p}$$

gegeben. Die anderen Gleichungen ergeben sich, indem wir p jeweils durch eine der Variablen $q, \ldots, t$ ersetzen.

Sie können sich diese Gleichung beispielsweise merken, indem Sie sich die rechte Seite als Skalarprodukt zweier Vektoren mit den folgenden Komponenten vorstellen:

$$\underbrace{\left(\frac{\partial w}{\partial x}, \frac{\partial w}{\partial y}, \ldots, \frac{\partial w}{\partial v}\right)}_{\text{Ableitungen von } w \text{ nach den Zwischenvariablen}} \quad \text{und} \quad \underbrace{\left(\frac{\partial x}{\partial p}, \frac{\partial y}{\partial p}, \ldots, \frac{\partial v}{\partial p}\right)}_{\text{Ableitungen der Zwischenvariablen nach der gewählten unabhängigen Variable}}.$$

Aufgaben zum Abschnitt 14.4

Kettenregel: Eine unabhängige Variable

Drücken Sie in den Aufgaben 1–3 **a.** $\mathrm{d}w/\mathrm{d}t$ als Funktion von t aus, und zwar einmal mithilfe der Kettenregel und einmal, indem Sie w als Funktion von t schreiben und diese Funktion direkt nach t ableiten. **b.** Berechnen Sie dann $\mathrm{d}w/\mathrm{d}t$ für den angegebenen Wert von t.

1. $w = x^2 + y^2,\ x = \cos t,\ y = \sin t;\ t = \pi$

2. $w = \frac{x}{z} + \frac{y}{z},\ x = \cos^2 t,\ y = \sin^2 t,\ z = 1/t;\ t = 3$

3. $w = 2y\mathrm{e}^x - \ln z,\ x = \ln(t^2+1),\ y = \tan^{-1} t,\ z = \mathrm{e}^t;\ t = 1$

Kettenregel: Zwei und drei unabhängige Variablen

Drücken Sie in den Aufgaben 4 und 5 **a.** $\partial z/\partial u$ und $\partial z/\partial v$ als Funktion von u und v aus, und zwar einmal mithilfe der Kettenregel und einmal, indem Sie z direkt als Funktionen von u und v ausdrücken, bevor Sie differenzieren. **b.** Berechnen Sie dann $\partial z/\partial u$ und $\partial z/\partial v$ in dem angegebenen Punkt (u,v).

4. $z = 4\mathrm{e}^x \ln y,\ x = \ln(u\cos v),\ y = u\sin v;\ (u,v) = (2,\pi/4)$

5. $z = \tan^{-1}(x/y),\ x = u\cos v,\ y = u\sin v;\ (u,v) = (1{,}3, \pi/6)$

Drücken Sie in den Aufgaben 6 und 7 **a.** $\partial w/\partial u$ und $\partial w/\partial v$ als Funktionen von u und v aus, und zwar einmal mithilfe der Kettenregel und einmal, indem Sie w direkt als Funktion von u und v ausdrücken, bevor Sie differenzieren. **b.** Berechnen Sie dann $\partial w/\partial u$ und $\partial w/\partial v$ in dem angegebenen Punkt (u,v).

6. $w = xy + yz + xz,\ x = u + v,\ y = u - v,\ z = uv;\ (u,\ v) = (1/2, 1)$

7. $w = \ln(x^2+y^2+z^2),\quad x = u\mathrm{e}^v \sin u,\quad y = u\mathrm{e}^v \cos u,\ z = u\mathrm{e}^v;\ (u,v) = (-2,0)$

Drücken Sie in den Aufgaben 8 und 9 $\partial u/\partial x$, $\partial u/\partial y$ und $\partial u/\partial z$ als Funktion von x,y und z aus, und zwar einmal mithilfe der Kettenregel und einmal, indem Sie u direkt als Funktion von x,y und z ausdrücken, bevor Sie differenzieren. **b.** Berechnen Sie dann $\partial u/\partial x, \partial u/\partial y$ und $\partial u/\partial z$ in dem angegebenen Punkt (x,y,z).

8. $u = \frac{p-q}{q-r},\ p = x+y+z,\ q = x-y+z,\ r = x+y-z;\ (x,y,z) = (\sqrt{3},2,1)$

9. $u = \mathrm{e}^{qr}\sin^{-1} p,\quad p = \sin x,\quad q = z^2\ln y,\quad r = 1/z;\ (x,y,z) = (\pi/4, 1/2, -1/2)$

Zeichnen Sie in den Aufgaben 10–15 ein passendes Verzweigungsdiagramm und schreiben Sie für jede Ableitung eine Formel mithilfe der Kettenregel auf.

10. $\frac{\mathrm{d}z}{\mathrm{d}t}$ für $z = f(x,y),\ x = g(t), y = h(t)$

11. $\frac{\partial w}{\partial u}$ und $\frac{\partial w}{\partial v}$ für $w = h(x,y,z),\ x = f(u,v),\ y = g(u,v),\ z = k(u,v)$

12. $\frac{\partial w}{\partial u}$ und $\frac{\partial w}{\partial v}$ für $w = g(x,y),\ x = h(u,v),\ y = k(u,v)$

13. $\frac{\partial z}{\partial t}$ und $\frac{\partial z}{\partial s}$ für $z = f(x,y),\ x = g(t,s),\ y = h(t,s)$

14. $\frac{\partial w}{\partial s}$ und $\frac{\partial w}{\partial t}$ für $w = g(u), u = h(s,t)$

15. $\frac{\partial w}{\partial r}$ und $\frac{\partial w}{\partial s}$ für $w = f(x,y),\ x = g(r),\ y = h(s)$

Implizite Differentiation Nehmen Sie an, dass die Gleichungen aus den Aufgaben 16 und 22 y als eine differenzierbare Funktion von x definieren. Bestimmen Sie mithilfe von Satz 14.8 den Wert von $\mathrm{d}y/\mathrm{d}x$ in dem angegebenen Punkt.

16. $x^3 - 2y^2 + xy = 0,\quad (1,1)$

17. $x^2 + xy + y^2 - 7 = 0,\quad (1,2)$

Bestimmen Sie in den Aufgaben 18 und 19 die Werte von $\partial z/\partial x$ und $\partial z/\partial y$ in dem angegebenen Punkt.

18. $z^3 - xy + yz + y^3 - 2 = 0, \quad (1,1,1)$

19. $\sin(x+y) + \sin(y+z) + \sin(x+z) = 0,$ (π,π,π)

Partielle Ableitungen an angegebenen Punkten bestimmen **20.** Bestimmen Sie $\partial w/\partial r$ für $r = 1$, $s = -1$, wenn $w = (x+y+z)^2$, $x = r - s$, $y = \cos(r+s)$ und $z = \sin(r+s)$ ist.

21. Bestimmen Sie $\partial w/\partial v$ für $u = 0$, $v = 0$, wenn $w = x^2 + (y/x)$, $x = u - 2v + 1$, $y = 2u + v - 2$ ist.

22. Bestimmen Sie $\partial z/\partial u$ und $\partial z/\partial v$ für $u = \ln 2$, $v = 1$, wenn $z = 5\tan^{-1} x$ und $x = e^u + \ln v$ ist.

Theorie und Beispiele

23. Nehmen Sie an, dass $w = f(s^3 + t^2)$ und $f'(x) = e^x$ ist. Bestimmen Sie $\dfrac{\partial w}{\partial t}$ und $\dfrac{\partial w}{\partial s}$.

24. Veränderung der Spannung in einem Stromkreis In einem Stromkreis, in dem das Gesetz $U = IR$ gilt, sinkt die Spannung U langsam, wenn die Batterie leer wird. Gleichzeitig erhöht sich der Widerstand R, wenn sich der Widerstand aufheizt. Bestimmen Sie mithilfe der Gleichung

$$\frac{dU}{dt} = \frac{\partial U}{\partial I}\frac{dI}{dt} + \frac{\partial U}{\partial R}\frac{dR}{dt},$$

wie sich der Strom in dem Moment ändert, in dem $R = 600$ Ohm, $I = 0{,}04$ A, $dR/dt = 0{,}5$ Ohm/s und $dU/dt = -0{,}01$ V/s ist.

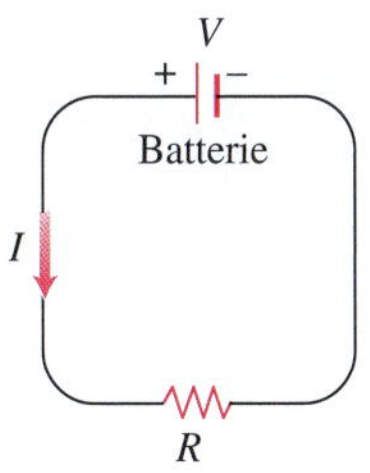

25. Zeigen Sie, dass für eine differenzierbare Funktion $f(u,v,w)$ mit $u = x - y$, $v = y - z$ und $w = z - x$ folgende Gleichung gilt:

$$\frac{\partial f}{\partial x} + \frac{\partial f}{\partial y} + \frac{\partial f}{\partial z} = 0.$$

26. Polarkoordinaten In eine differenzierbare Funktion $w = f(x,y)$ wollen wir Polarkoordinaten $x = r\cos\theta$ und $y = r\sin\theta$ einsetzen.

a. Zeigen Sie, dass Folgendes gilt:

$$\frac{\partial w}{\partial r} = f_x\cos\theta + f_y\sin\theta$$

und

$$\frac{1}{r}\frac{\partial w}{\partial \theta} = -f_x\sin\theta + f_y\cos\theta.$$

b. Lösen Sie die Gleichungen aus Teil **a.**, um f_x und f_y als Funktion von $\partial w/\partial r$ und $\partial w/\partial\theta$ auszudrücken.

c. Zeigen Sie, dass folgende Gleichung gilt:

$$(f_x)^2 + (f_y)^2 = \left(\frac{\partial w}{\partial r}\right)^2 + \frac{1}{r^2}\left(\frac{\partial w}{\partial\theta}\right)^2.$$

27. Laplace-Gleichungen Zeigen Sie: Erfüllt $w = f(u,v)$ die Laplace-Gleichung $f_{uu} + f_{vv} = 0$ und ist $u = (x^2 - y^2)/2$ und $v = xy$, so erfüllt w auch die Laplace-Gleichung $w_{xx} + w_{yy} = 0$.

28. Laplace-Gleichungen Sei $w = f(u) + g(v)$ mit $u = x + iy$, $v = x - iy$ und $i = \sqrt{-1}$. Zeigen Sie, dass w die Laplace-Gleichung $w_{xx} + w_{yy} = 0$ erfüllt, wenn alle benötigten Funktionen differenzierbar sind.

29. Extremwerte auf einer Helix Die partiellen Ableitungen einer Funktion $f(x,y,z)$ in den Punkten auf der Helix $x = \cos t$, $y = \sin t$, $z = t$ seien

$$f_x = \cos t,\ f_y = \sin t,\ f_z = t^2 + t - 2.$$

In welchen Punkten der Kurve kann f gegebenenfalls Extremwerte annehmen?

30. Temperatur auf einem Kreis Sei $T = f(x,y)$ die Temperatur im Punkt (x,y) auf dem Kreis $x = \cos t$, $y = \sin t$, $0 \le t \le 2\pi$, und sei

$$\frac{\partial T}{\partial x} = 8x - 4y,\quad \frac{\partial T}{\partial y} = 8y - 4x.$$

a. Bestimmen Sie das Maximum und das Minimum der Temperatur auf dem Kreis, indem Sie die Ableitungen dT/dt und d^2T/dt^2 betrachten.

b. Sei $T = 4x^2 - 4xy + 4y^2$. Bestimmen Sie den Maximal- und den Minimalwert von T auf dem Kreis.

Wie man Integrale ableitet Unter gewissen Stetigkeitsbedingungen ist die Ableitung von

$$F(x) = \int_a^b g(t,x)\mathrm{d}t$$

nach x gleich $F'(x) = \int_a^b g_x(t,x)\mathrm{d}t$. Aus dieser Tatsache und mithilfe der Kettenregel können wir die Ableitung von

$$F(x) = \int_a^{f(x)} g(t,x)\mathrm{d}t$$

bestimmen, indem wir

$$G(u,x) = \int_a^u g(t,x)\mathrm{d}t$$

mit $u = f(x)$ setzen. Bestimmen Sie die Ableitungen der Funktionen aus den Aufgaben 31 und 32.

31. $F(x) = \int\limits_0^{x^2} \sqrt{t^4 + x^3}\,\mathrm{d}t$

32. $F(x) = \int\limits_{x^2}^{1} \sqrt{t^3 + x^2}\,\mathrm{d}t$

14.5 Richtungsableitungen und Gradientenvektoren

Sehen Sie sich in ►Abbildung 14.25 die Karte mit den Höhenlinien im Naturschutzgebiet Halelca auf Hawaii an. Sie werden feststellen, dass die Flussläufe senkrecht zu den Höhenlinien verlaufen. Die Flussläufe folgen dem steilsten Abstieg, damit das Wasser den Pazifischen Ozean schnellstmöglich erreicht. Bei einem Flusslauf hat deshalb die schnellste lokale Änderungsrate in der Höhe über dem Meeresspiegel eine bestimmte Richtung. In diesem Abschnitt werden Sie verstehen, warum diese sogenannte „Abwärtsrichtung" senkrecht auf den Höhenlinien steht.

Abbildung 14.25 An den Höhenlinien im Naturschutzgebiet Halelca auf Hawaii erkennt man Flüsse, die dem steilsten Abstieg folgen und senkrecht zu den Höhenlinien fließen. (Auf ihrem Weg zum Pazifischen Ozean scheinen sich einige Flüsse in Tälern mit einer nahezu konstanten Höhe entlang zu schlängeln.)

Richtungsableitungen in der Ebene

Aus Abschnitt 14.4 wissen wir, dass die Rate, mit der sich eine differenzierbare Funktion $f(x,y)$ bezüglich t entlang einer differenzierbaren Kurve $x = g(t)$, $y = h(t)$ ändert, gleich

$$\frac{\mathrm{d}f}{\mathrm{d}t} = \frac{\partial f}{\partial x}\frac{\mathrm{d}x}{\mathrm{d}t} + \frac{\partial f}{\partial y}\frac{\mathrm{d}y}{\mathrm{d}t}$$

ist. In jedem Punkt $P_0(x_0, y_0) = P_0(g(t_0), h(t_0))$ liefert diese Gleichung die Änderungsrate von f bezüglich der wachsenden Variablen t und hängt deshalb unter anderem von der Bewegungsrichtung entlang der Kurve ab. Ist die Kurve beispielsweise eine Gerade und ist t der Bogenlängenparameter entlang des Weges von P_0 in der Richtung eines gegebenen Einheitsvektors $\boldsymbol{u}$, dann ist $\mathrm{d}f/\mathrm{d}t$ die Änderungsrate der Funktion f bezüglich des Abstands in ihrem Definitionsbereich in der Richtung von $\boldsymbol{u}$. Indem wir $\boldsymbol{u}$ variieren, bestimmen wir die Raten, mit denen sich f bezüglich des Abstands ändert, wenn wir uns von P_0 in verschiedene Richtungen bewegen. Nun wollen wir das Konzept der Richtungsableitung genauer definieren.

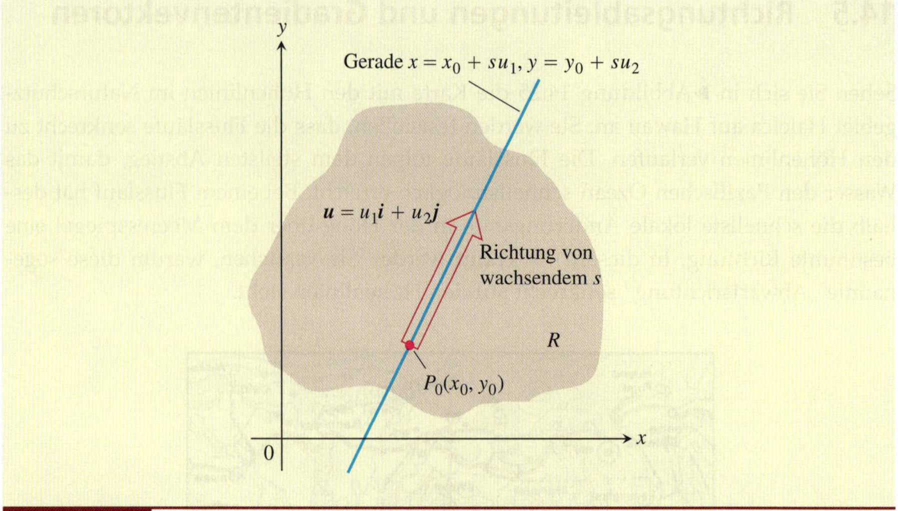

Abbildung 14.26 Die Änderungsrate von f in der Richtung von $\boldsymbol{u}$ in einem Punkt P_0 ist die Rate, mit der sich f entlang dieser Geraden im Punkt P_0 ändert.

Wir nehmen an, dass die Funktion $f(x, y)$ auf einem (offenen) Gebiet R in der xy-Ebene definiert ist, dass $P_0(x_0, y_0)$ ein Punkt in R ist und dass $\boldsymbol{u} = u_1\boldsymbol{i} + u_2\boldsymbol{j}$ ein Einheitsvektor ist. Dann wird die durch P_0 parallel zu $\boldsymbol{u}$ verlaufende Gerade durch die Gleichungen

$$x = x_0 + su_1, \; y = y_0 + su_2$$

parametrisiert. Misst der Parameter s die Bogenlänge von P_0 in Richtung $\boldsymbol{u}$, so können wir die Änderungsrate von f im Punkt P_0 in der Richtung von $\boldsymbol{u}$ bestimmen, indem wir $\mathrm{d}f/\mathrm{d}s$ im Punkt P_0 berechnen (►Abbildung 14.26).

Definition

Die **Ableitung von f im Punkt $P_0(x_0, y_0)$ in der Richtung des Einheitsvektors $\boldsymbol{u} = u_1\boldsymbol{i} + u_2\boldsymbol{j}$** ist die Zahl

$$\left(\frac{\mathrm{d}f}{\mathrm{d}s}\right)_{\mathbf{u},P_0} = \lim_{s \to 0} \frac{f(x_0 + su_1, y_0 + su_2) - f(x_0, y_0)}{s} \tag{14.3}$$

vorausgesetzt, der Grenzwert existiert.

Die durch Gleichung (14.3) definierte **Richtungsableitung** bezeichnen wir auch als

$(D_{\boldsymbol{u}}f)_{P_0}$ oder $D_{\boldsymbol{u}}f(P_0)$ „Ableitung von f im Punkt P_0 in der Richtung von $\boldsymbol{u}$."

Die partiellen Ableitungen $f_x(x_0, y_0)$ und $f_y(x_0, y_0)$ sind die Richtungsableitungen von f im Punkt P_0 in den Richtungen $\boldsymbol{i}$ und $\boldsymbol{j}$. Davon können wir uns überzeugen, indem wir Gleichung (14.3) mit den Definitionen der beiden partiellen Ableitungen aus Abschnitt 14.3 vergleichen.

Ableitung von $f(x,y) = x^2 + xy$ im Punkt $P_0(1,2)$

Beispiel 14.29 Bestimmen Sie anhand der Definition die Ableitung von

$$f(x, y) = x^2 + xy$$

im Punkt $P_0(1, 2)$ in Richtung des Einheitsvektors $\boldsymbol{u} = \left(1/\sqrt{2}\right)\boldsymbol{i} + \left(1/\sqrt{2}\right)\boldsymbol{j}$.

Lösung Aus Gleichung (14.3) erhalten wir

$$\left(\frac{\mathrm{d}f}{\mathrm{d}s}\right)_{\mathbf{u},P_0} = \lim_{s\to 0}\frac{f(x_0+su_1, y_0+su_2)-f(x_0,y_0)}{s} \qquad \text{Gleichung (14.3)}$$

$$= \lim_{s\to 0}\frac{f\left(1+s\cdot\frac{1}{\sqrt{2}}, 2+s\cdot\frac{1}{\sqrt{2}}\right)-f(1,2)}{s}$$

$$= \lim_{s\to 0}\frac{\left(1+\frac{s}{\sqrt{2}}\right)^2+\left(1+\frac{s}{\sqrt{2}}\right)\left(2+\frac{s}{\sqrt{2}}\right)-(1^2+1\cdot 2)}{s}$$

$$= \lim_{s\to 0}\frac{\left(1+\frac{2s}{\sqrt{2}}+\frac{s^2}{2}\right)+\left(2+\frac{3s}{\sqrt{2}}+\frac{s^2}{2}\right)-3}{s}$$

$$= \lim_{s\to 0}\frac{\frac{5s}{\sqrt{2}}+s^2}{s} = \lim_{s\to 0}\left(\frac{5}{\sqrt{2}}+s\right) = \frac{5}{\sqrt{2}}.$$

Die Änderungsrate von $f(x,y)=x^2+xy$ im Punkt $P_0(1,2)$ in Richtung $\boldsymbol{u}$ ist $5/\sqrt{2}$. ■

Interpretation der Richtungsableitung

Die Gleichung $z=f(x,y)$ beschreibt eine Fläche S im Raum, nämlich den Graphen von f. Für $z_0=f(x_0,y_0)$ liegt der Punkt $P_0(x_0,y_0)$ auf S. Die vertikale Ebene, die parallel zu $\boldsymbol{u}$ durch die Punkte P und $P_0(x_0,y_0)$ verläuft, schneidet S in einer Kurve C (▶Abbildung 14.27). Die Änderungsrate von f in der Richtung $\boldsymbol{u}$ ist die Steigung der Tangente an S im Punkt P in dem von den Vektoren $\boldsymbol{u}$ und $\boldsymbol{k}$ aufgespannten rechtshändigen Koordinatensystem.

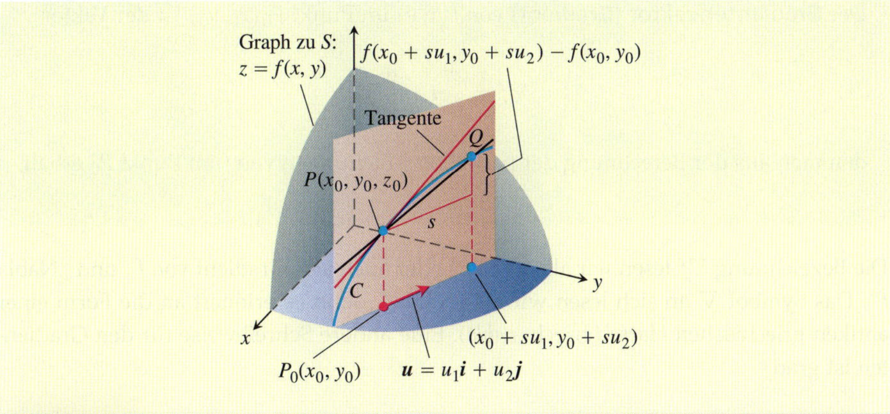

Abbildung 14.27 Die Steigung der Kurve C im Punkt P ist $\lim_{Q\to P}$ Steigung (PQ); das ist die Richtungsableitung $(D_{\boldsymbol{u}}f)_{P_0}$.

Im Fall $\boldsymbol{u}=\boldsymbol{i}$ ist die Richtungsableitung im Punkt P_0 die partielle Ableitung $\partial f/\partial x$ bei (x_0,y_0). Im Fall $\boldsymbol{u}=\boldsymbol{j}$ ist die Richtungsableitung im Punkt P_0 die partielle Ableitung $\partial f/\partial y$ bei (x_0,y_0). Die Richtungsableitung verallgemeinert also die beiden partiellen

Ableitungen. Damit können wir nun die Änderungsrate von f in jeder beliebigen Richtung $\boldsymbol{u}$ bestimmen, nicht nur in den Richtungen $\boldsymbol{i}$ und $\boldsymbol{j}$.

Für eine physikalische Interpretation der Richtungsableitung nehmen wir an, dass $T = f(x,y)$ die Temperatur in jedem Punkt (x,y) über einem Gebiet in der Ebene ist. Dann ist $f(x_0,y_0)$ die Temperatur im Punkt $P_0(x_0, y_0)$, und $(D_{\mathbf{u}}f)_{P_0}$ ist die lokale Änderungsrate der Temperatur im Punkt P_0 in Richtung $\boldsymbol{u}$.

Gradienten berechnen

Wir wollen nun eine effiziente Formel zur Berechnung der Richtungsableitung einer differenzierbaren Funktion f entwickeln. Dazu beginnen wir mit der Gleichung der Geraden

$$x = x_0 + su_1, \; y = y_0 + su_2 \tag{14.4}$$

durch den Punkt $P_0(x_0,y_0)$, die mit dem Bogenlängenparameter s parametrisiert ist, der in Richtung des Einheitsvektors $\boldsymbol{u} = u_1\boldsymbol{i} + u_2\boldsymbol{j}$ wächst. Mithilfe der Kettenregel erhalten wir dann

$$\left(\frac{\mathrm{d}f}{\mathrm{d}s}\right)_{\mathbf{u},P_0} = \left(\frac{\partial f}{\partial x}\right)_{P_0}\frac{\mathrm{d}x}{\mathrm{d}s} + \left(\frac{\partial f}{\partial y}\right)_{P_0}\frac{\mathrm{d}y}{\mathrm{d}s}$$

Kettenregel für eine differenzierbare Funktion f

$$= \left(\frac{\partial f}{\partial x}\right)_{P_0} u_1 + \left(\frac{\partial f}{\partial y}\right)_{P_0} u_2$$

Aus Gleichung (14.4) mit $\mathrm{d}x/\mathrm{d}s = u_1$ und $\mathrm{d}y/\mathrm{d}s = u_2$

$$= \underbrace{\left[\left(\frac{\partial f}{\partial x}\right)_{P_0}\boldsymbol{i} + \left(\frac{\partial f}{\partial y}\right)_{P_0}\boldsymbol{j}\right]}_{\text{Gradient von } f \text{ bei } P_0} \cdot \underbrace{\left[u_1\boldsymbol{i} + u_2\boldsymbol{j}\right]}_{\text{Richtung } \boldsymbol{u}} \tag{14.5}$$

Gleichung (14.5) besagt, dass die Ableitung einer differenzierbaren Funktion f in der Richtung von $\boldsymbol{u}$ bei P_0 das Skalarprodukt von $\boldsymbol{u}$ mit einem speziellen Vektor ist, den wir den *Gradienten* von f im Punkt P_0 nennen.

Definition

Der **Gradientenvektor (Gradient)** von $f(x,y)$ im Punkt $P_0(x_0,y_0)$ ist der Vektor

$$\nabla f = \frac{\partial f}{\partial x}\boldsymbol{i} + \frac{\partial f}{\partial y}\boldsymbol{j},$$

den man aus der Berechnung der partiellen Ableitungen von f im Punkt P_0 erhält.

Die Bezeichnung ∇f lesen wir als „grad f" oder auch als „Gradient von f" und „Nabla f". Das Symbol ∇ an sich lesen wir als „Nabla", denn es erinnert an die Form einer antiken griechischen Harfe (griech. *nablá*). Eine andere Schreibweise für den Gradienten ist grad f.

Satz 14.9 Die Richtungsableitung ist ein Skalarprodukt Sei $f(x,y)$ auf einem offenen Gebiet differenzierbar, das den Punkt $P_0(x_0,y_0)$ enthält. Dann ist

$$\left(\frac{\mathrm{d}f}{\mathrm{d}s}\right)_{\boldsymbol{u},P_0} = (\nabla f)_{P_0} \cdot \boldsymbol{u} \tag{14.6}$$

das Skalarprodukt des Gradienten ∇f mit $\boldsymbol{u}$ im Punkt P_0.

Beispiel 14.30 Bestimmen Sie die Ableitung von $f(x,y) = x\,e^y + \cos(xy)$ im Punkt $(2,0)$ in der Richtung von $\boldsymbol{v} = 3\boldsymbol{i} - 4\boldsymbol{j}$.

Ableitung von $f(x,y) = x\,e^y + \cos(xy)$ bei $(2,0)$ in Richtung $\boldsymbol{v} = 3\boldsymbol{i} - 4\boldsymbol{j}$

Lösung Die Richtung von $\boldsymbol{v}$ ist der Einheitsvektor, der sich ergibt, wenn wir den Vektor $\boldsymbol{v}$ durch seine Länge dividieren:

$$\boldsymbol{u} = \frac{\boldsymbol{v}}{|\boldsymbol{v}|} = \frac{\boldsymbol{v}}{5} = \frac{3}{5}\boldsymbol{i} - \frac{4}{5}\boldsymbol{j}.$$

Die partiellen Ableitungen von f sind überall stetig und im Punkt $(2,0)$ durch

$$f_x(2,0) = \left(e^y - y\sin(xy)\right)_{(2,0)} = e^0 - 0 = 1$$
$$f_y(2,0) = \left(xe^y - x\sin(xy)\right)_{(2,0)} = 2e^0 - 2\cdot 0 = 2$$

gegeben. Der Gradient von f im Punkt $(2,0)$ ist

$$(\nabla f)_{(2,0)} = f_x(2,0)\,\boldsymbol{i} + f_y(2,0)\,\boldsymbol{j} = \boldsymbol{i} + 2\boldsymbol{j}$$

(►Abbildung 14.28). Die Ableitung von f im Punkt $(2,0)$ in Richtung $\boldsymbol{v}$ ist daher

$$(D_{\boldsymbol{u}}f)_{(2,0)} = (\nabla f)_{(2,0)} \cdot \boldsymbol{u} \qquad \text{Gleichung (14.6)}$$
$$= (\boldsymbol{i} + 2\boldsymbol{j}) \cdot \left(\frac{3}{5}\boldsymbol{i} - \frac{4}{5}\boldsymbol{j}\right) = \frac{3}{5} - \frac{8}{5} = -1.$$

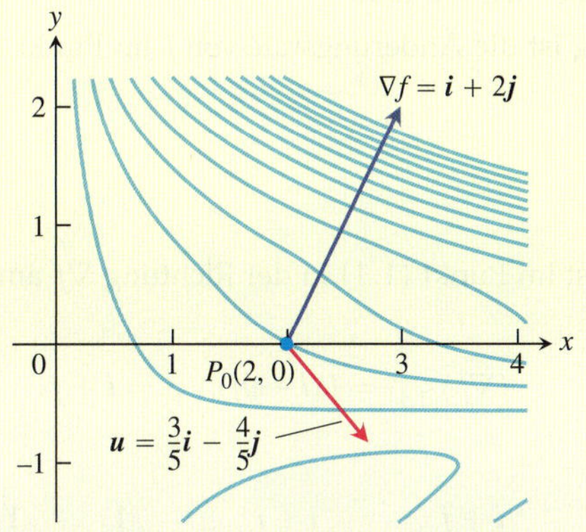

Abbildung 14.28 Darstellung von ∇f als ein Vektor im Definitionsbereich von f. Die Abbildung zeigt eine Reihe von Niveaulinien von f. Die Rate, mit der sich f im Punkt $(2,0)$ in der Richtung von $\boldsymbol{u} = (3/5)\,\boldsymbol{i} - (4/5)\,\boldsymbol{j}$ ändert, ist $\nabla f \cdot \boldsymbol{u} = -1$ (Beispiel 14.30).

Nach dem Auswerten des Skalarprodukts in der Formel

$$D_{\boldsymbol{u}}f = \nabla f \cdot \boldsymbol{u} = |\nabla f||\boldsymbol{u}|\cos\theta = |\nabla f|\cos\theta$$

mit dem Winkel θ zwischen den Vektoren $\boldsymbol{u}$ und ∇f offenbaren sich die folgenden Eigenschaften.

Merke

Eigenschaften der Richtungsableitung $D_u f = \nabla f \cdot u = |\nabla f| \cos\theta$

1. Die Funktion f wächst am schnellsten, wenn $\cos\theta = 1$ ist oder wenn $\theta = 0$ und u die Richtung von ∇f ist. In jedem Punkt P ihres Definitionsbereichs wächst die Funktion f also in der Richtung des Gradientenvektors ∇f im Punkt P am schnellsten. Die Ableitung in dieser Richtung ist
$$D_u f = |\nabla f| \cos(0) = |\nabla f|\,.$$
2. Analog dazu fällt die Funktion in der Richtung von $-\nabla f$ am schnellsten. Die Ableitung in dieser Richtung ist $D_u f = |\nabla f| \cos(\pi) = -|\nabla f|$.
3. In jeder Richtung u orthogonal zu einem Gradienten $\nabla f \neq 0$ ist die Änderungsrate von f null, weil dann θ gleich $\pi/2$ ist und demnach
$$D_u f = |\nabla f| \cos(\pi/2) = |\nabla f| \cdot 0 = 0$$
gilt.

Wie wir später diskutieren werden, treffen diese Eigenschaften in drei Dimensionen genauso zu wie in zwei.

Richtungsableitungen der Funktion $f(x,y) = (x^2/2) + (y^2/2)$

Beispiel 14.31 Bestimmen Sie die Richtungen, in denen die Funktion $f(x,y) = (x^2/2) + (y^2/2)$

a im Punkt $(1,1)$ am schnellsten wächst.

b im Punkt $(1,1)$ am schnellsten fällt.

c In welcher Richtung ist die Änderungsrate von f im Punkt $(1,1)$ gleich null?

Lösung

a Die Funktion wächst im Punkt $(1,1)$ in der Richtung ∇f am schnellsten. Der Gradient ist dort
$$(\nabla f)_{(1,1)} = (x\boldsymbol{i} + y\boldsymbol{j})_{(1,1)} = \boldsymbol{i} + \boldsymbol{j}\,.$$
Seine Richtung ist
$$u = \frac{\boldsymbol{i}+\boldsymbol{j}}{|\boldsymbol{i}+\boldsymbol{j}|} = \frac{\boldsymbol{i}+\boldsymbol{j}}{\sqrt{(1)^2+(1)^2}} = \frac{1}{\sqrt{2}}\boldsymbol{i} + \frac{1}{\sqrt{2}}\boldsymbol{j}.$$

b Die Funktion fällt im Punkt $(1,1)$ in der Richtung von $-\nabla f$ am schnellsten. Das ist die Richtung
$$-u = -\frac{1}{\sqrt{2}}\boldsymbol{i} - \frac{1}{\sqrt{2}}\boldsymbol{j}.$$

c Die Richtungen, in denen die Änderungsrate von f im Punkt $(1,1)$ gleich null ist, sind die zu ∇f orthogonalen Richtungen
$$n = -\frac{1}{\sqrt{2}}\boldsymbol{i} + \frac{1}{\sqrt{2}}\boldsymbol{j} \quad \text{und} \quad -n = \frac{1}{\sqrt{2}}\boldsymbol{i} - \frac{1}{\sqrt{2}}\boldsymbol{j}.$$

Sehen Sie sich dazu ▶Abbildung 14.29 an. ■

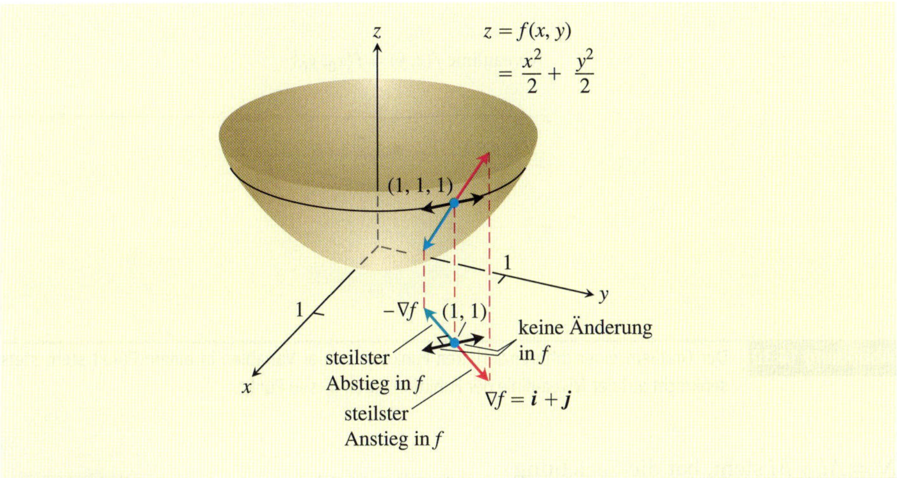

Abbildung 14.29 Die Richtung, in der die Funktion $f(x,y)$ im Punkt $(1,1)$ am schnellsten wächst, ist die Richtung $(\nabla f)_{(1,1)} = \boldsymbol{i} + \boldsymbol{j}$. Sie entspricht der Richtung des steilsten Anstiegs auf der Fläche im Punkt $(1,1,1)$ (Beispiel 14.31).

Gradienten und Tangenten an Niveaulinien

Hat eine differenzierbare Funktion $f(x,y)$ entlang einer glatten Kurve $\boldsymbol{r} = g(t)\,\boldsymbol{i} + h(t)\,\boldsymbol{j}$ den konstanten Wert c (handelt es sich also um eine Niveaulinie von f), so ist $f(g(t),h(t)) = c$. Leiten wir beide Seiten dieser Gleichung nach t ab, so ergibt sich

$$\frac{\mathrm{d}}{\mathrm{d}t} f(g(t),h(t)) = \frac{\mathrm{d}}{\mathrm{d}t}(c)\,,$$

$$\frac{\partial f}{\partial x}\frac{\mathrm{d}g}{\mathrm{d}t} + \frac{\partial f}{\partial y}\frac{\mathrm{d}h}{\mathrm{d}t} = 0\,, \qquad \text{Kettenregel}$$

$$\underbrace{\left(\frac{\partial f}{\partial x}\boldsymbol{i} + \frac{\partial f}{\partial y}\boldsymbol{j}\right)}_{\nabla f} \cdot \underbrace{\left(\frac{\mathrm{d}g}{\mathrm{d}t}\boldsymbol{i} + \frac{\mathrm{d}h}{\mathrm{d}t}\boldsymbol{j}\right)}_{\frac{\mathrm{d}\boldsymbol{r}}{\mathrm{d}t}} = 0\,. \tag{14.7}$$

Gleichung (14.7) besagt, dass ∇f senkrecht auf dem Tangentialvektor $\mathrm{d}\boldsymbol{r}/\mathrm{d}t$ steht. Also steht er senkrecht auf der Kurve.

Merke

> In jedem Punkt (x_0, y_0) des Definitionsbereichs einer differenzierbaren Funktion $f(x,y)$ steht der Gradient f senkrecht auf der Niveaulinie durch den Punkt (x_0, y_0) ►Abbildung 14.30.

Gleichung (14.7) bestätigt unsere Beobachtung, dass Flüsse senkrecht zu den Höhenlinien in topografischen Karten verlaufen (Abbildung 14.25). Da der abwärts fließende Fluss sein Ziel schnellstmöglich erreicht, muss er in der Richtung des negativen Gradientenvektors fließen, wie Eigenschaft 2 der Richtungsableitung besagt. Gleichung (14.7) entnehmen wir, dass diese Richtungen senkrecht auf den Niveaulinien stehen.

Aufgrund dieser Beobachtung können wir nun Gleichungen für Tangenten an Niveaulinien bestimmen. Das sind die Geraden, die senkrecht auf den Gradienten stehen. Eine durch den Punkt $P_0(x_0, y_0)$ verlaufende Gerade, die senkrecht auf einem Vektor

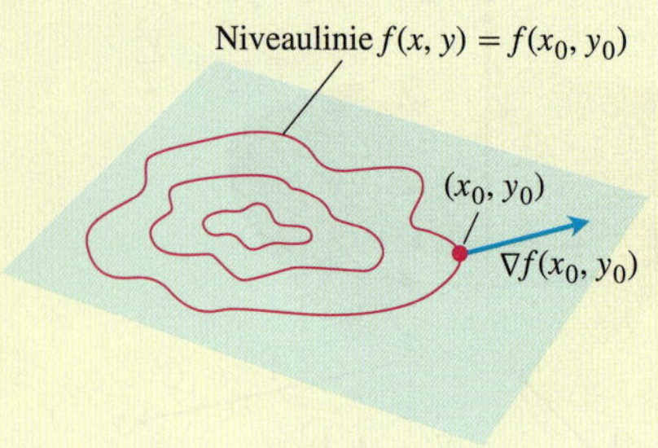

Abbildung 14.30 Der Gradient einer differenzierbaren Funktion zweier Variablen in einem Punkt steht stets senkrecht auf der Niveaulinie der Funktion durch diesen Punkt.

$N = A\boldsymbol{i} + B\boldsymbol{j}$ steht, hat die Gleichung

$$A(x - x_0) + B(y - y_0) = 0$$

(vgl. Aufgabe 21 auf Seite 291). Ist N der Gradient $(\nabla f)_{(x_0,y_0)} = f_x(x_0, y_0)\boldsymbol{i} + f_y(x_0, y_0)\boldsymbol{j}$, so lautet die Gleichung der Tangente

$$f_x(x_0, y_0)(x - x_0) + f_y(x_0, y_0)(y - y_0) = 0\,. \tag{14.8}$$

Tangente an die Ellipse $\frac{x^2}{4} + y^2 = 2$ in $(-2, 1)$

Beispiel 14.32 Bestimmen Sie eine Gleichung für die Tangente an die Ellipse

$$\frac{x^2}{4} + y^2 = 2$$

(▶Abbildung 14.31) im Punkt $(-2, 1)$.

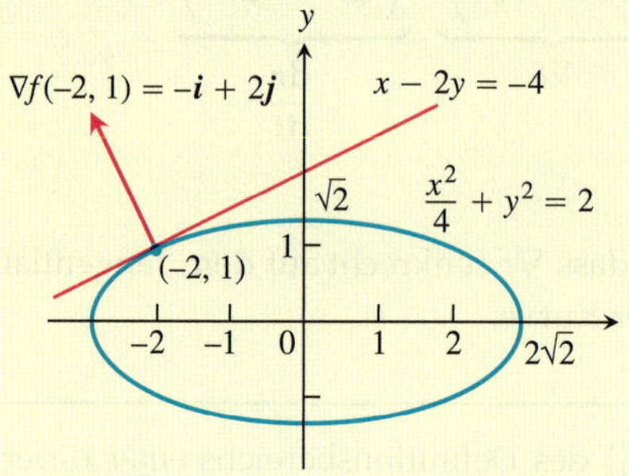

Abbildung 14.31 Die Tangente an die Ellipse $x^2/4 + y^2 = 2$ können wir bestimmen, indem wir die Ellipse als Niveaulinie der Funktion $f(x, y) = x^2/4 + y^2$ behandeln.

Lösung Die Ellipse ist eine Niveaulinie der Funktion

$$f(x, y) = \frac{x^2}{4} + y^2\,.$$

Der Gradient von f im Punkt $(-2, 1)$ ist

$$(\nabla f)_{(-2,1)} = \left(\frac{x}{2}\boldsymbol{i} + 2y\boldsymbol{j}\right)_{(-2,1)} = -\boldsymbol{i} + 2\boldsymbol{j}\,.$$

Die Tangente ist die Gerade

$$(-1)(x+2)+(2)(y-1)=0 \qquad \text{Gleichung (14.8)}$$
$$x-2y=-4.$$

Wenn wir die Gradienten zweier Funktionen f und g kennen, so kennen wir automatisch die Gradienten ihrer Summe, ihrer Differenz, konstanter Vielfacher, ihres Produkts und ihres Quotienten. In Aufgabe 22 auf Seite 291 sollen Sie die folgenden Regeln prüfen. Vergegenwärtigen Sie sich, dass diese Regeln dieselbe Form haben wie die entsprechenden Regeln für Ableitungen von Funktionen einer Variablen.

Merke

Rechenregeln für Gradienten

1. *Summenregel:* $\nabla(f+g)=\nabla f+\nabla g$
2. *Differenzenregel:* $\nabla(f-g)=\nabla f-\nabla g$
3. *Regel für konstante Vielfache:* $\nabla(kf)=k\nabla f$ (für jede beliebige Zahl k)
4. *Produktregel:* $\nabla(fg)=f\nabla g+g\nabla f$
5. *Produktregel:* $\nabla(fg)=f\nabla g+g\nabla f$
6. *Quotientenregel* $\nabla\left(\frac{f}{g}\right)=\frac{g\nabla f-f\nabla g}{g^2}$

Beispiel 14.33 Zwei der Rechenregeln wollen wir anhand von

Anwendung der Rechenregeln für Gradienten

$$f(x,y)=x-y \qquad g(x,y)=3y$$
$$\nabla f=\boldsymbol{i}-\boldsymbol{j} \qquad \nabla g=3\boldsymbol{j}$$

illustrieren. Es gilt

1. $\nabla(f-g)=\nabla(x-4y)=\boldsymbol{i}-4\boldsymbol{j}=\nabla f-\nabla g$ — Regel 2
2. $\nabla(fg)=\nabla\left(3xy-3y^2\right)=3y\boldsymbol{i}+(3x-6y)\boldsymbol{j}$
$=3y(\boldsymbol{i}-\boldsymbol{j})+3y\boldsymbol{j}+(3x-6y)\boldsymbol{j}$
$=3y(\boldsymbol{i}-\boldsymbol{j})+(3x-3y)\boldsymbol{j}$
$=3y(\boldsymbol{i}-\boldsymbol{j})+(x-y)3\boldsymbol{j}=g\nabla f+f\nabla g$ — Regel 4

Funktionen von drei Variablen

Für eine differenzierbare Funktion $f(x,y,z)$ und einen Einheitsvektor $\boldsymbol{u}=u_1\boldsymbol{i}+u_2\boldsymbol{j}+u_3\boldsymbol{k}$ im Raum gilt:

$$\nabla f=\frac{\partial f}{\partial x}\boldsymbol{i}+\frac{\partial f}{\partial y}\boldsymbol{j}+\frac{\partial f}{\partial z}\boldsymbol{k}$$

und

$$D_{\boldsymbol{u}}f=\nabla f\cdot\boldsymbol{u}=\frac{\partial f}{\partial x}u_1+\frac{\partial f}{\partial y}u_2+\frac{\partial f}{\partial z}u_3\,.$$

Die Richtungsableitung kann wieder in der Form

$$D_u f = \nabla f \cdot \boldsymbol{u} = |\nabla f||u|\cos\theta = |\nabla f|\cos\theta$$

geschrieben werden, sodass sich die eben aufgeführten Eigenschaften für Funktionen von zwei Variablen auf Funktionen von drei Variablen übertragen lassen. In jedem gegebenen beliebigen Punkt wächst f in der Richtung von ∇f und fällt in der Richtung von $-\nabla f$ am schnellsten. In allen Richtungen, die orthogonal zu ∇f sind, ist die Ableitung null.

Richtungsableitungen der Funktion $f(x,y,z) = x^3 - xy^2 - z$ im Punkt $(1,1,0)$

Beispiel 14.34

a Bestimmen Sie die Ableitung von $f(x,y,z) = x^3 - xy^2 - z$ im Punkt $P_0(1,1,0)$ in der Richtung von $\boldsymbol{v} = 2\boldsymbol{i} - 3\boldsymbol{j} + 6\boldsymbol{k}$.

b In welchen Richtungen ändert sich f im Punkt P_0 am schnellsten, und was sind die Änderungsraten in diesen Richtungen?

Lösung

a Die Richtung von $\boldsymbol{v}$ erhalten wir, indem wir den Vektor $\boldsymbol{v}$ durch seine Länge teilen:

$$|\boldsymbol{v}| = \sqrt{(2)^2 + (-3)^2 + (6)^2} = \sqrt{49} = 7$$

$$\boldsymbol{u} = \frac{\boldsymbol{v}}{|\boldsymbol{v}|} = \frac{2}{7}\boldsymbol{i} - \frac{3}{7}\boldsymbol{j} + \frac{6}{7}\boldsymbol{k}.$$

Die partiellen Ableitungen von f im Punkt P_0 sind

$$f_x = \left(3x^2 - y^2\right)_{(1,1,0)} = 2, \quad f_y = (-2xy)_{(1,1,0)} = -2, \quad f_z = (-1)_{(1,1,0)} = -1$$

Der Gradient von f im Punkt P_0 ist

$$(\nabla f)_{(1,1,0)} = 2\boldsymbol{i} - 2\boldsymbol{j} - \boldsymbol{k}.$$

Die Ableitung von f im Punkt P_0 in der Richtung von $\boldsymbol{v}$ ist deshalb

$$\begin{aligned}(D_u f)_{(1,1,0)} &= (\nabla f)_{(1,1,0)} \cdot \boldsymbol{u} = (2\boldsymbol{i} - 2\boldsymbol{j} - \boldsymbol{k}) \cdot \left(\frac{2}{7}\boldsymbol{i} - \frac{3}{7}\boldsymbol{j} + \frac{6}{7}\boldsymbol{k}\right)\\ &= \frac{4}{7} + \frac{6}{7} - \frac{6}{7} = \frac{4}{7}.\end{aligned}$$

b Am schnellsten wächst die Funktion in der Richtung von $\nabla f = 2\boldsymbol{i} - 2\boldsymbol{j} - \boldsymbol{k}$, und am schnellsten fällt sie in der Richtung von $-\nabla f$. Die Änderungsraten in diesen Richtungen sind

$$|\nabla f| = \sqrt{(2)^2 + (-2)^2 + (-1)^2} = \sqrt{9} = 3 \quad \text{bzw.} \quad -|\nabla f| = -3.$$

Aufgaben zum Abschnitt 14.5

Gradienten berechnen Berechnen Sie in den Aufgaben 1–3 den Gradienten der Funktion in dem angegebenen Punkt. Skizzieren Sie dann den Gradienten zusammen mit der Niveaulinie, die durch diesen Punkt verläuft.

1. $f(x,y) = y - x, \quad (2,1)$

2. $g(x,y) = xy^2, \quad (2,-1)$

3. $f(x,y) = \sqrt{2x+3y}, \quad (-1,2)$

Bestimmen Sie in den Aufgaben 4 und 5 den Gradienten ∇f in dem angegebenen Punkt.

4. $f(x,y,z) = x^2 + y^2 - 2z^2 + z\ln x, \quad (1,1,1)$

5. $f(x,y,z) = \left(x^2+y^2+z^2\right)^{-1/2} + \ln(xyz),$ $(-1,2,-2)$

Richtungsableitungen bestimmen Berechnen Sie in den Aufgaben 6–9 die Ableitung der Funktion im Punkt P_0 in der Richtung von $\boldsymbol{u}$.

6. $f(x,y) = 2xy - 3y^2, \quad P_0(5,5),\ \boldsymbol{u} = 4\boldsymbol{i} + 3\boldsymbol{j}$

7. $g(x,y) = \dfrac{x-y}{xy+2}, \quad P_0(1,-1),\ \boldsymbol{u} = 12\boldsymbol{i} + 5\boldsymbol{j}$

8. $f(x,y,z) = xy + yz + zx, \quad P_0(1,-1,2),\ \boldsymbol{u} = 3\boldsymbol{i} + 6\boldsymbol{j} - 2\boldsymbol{k}$

9. $g(x,y,z) = 3e^x \cos yz, \quad P_0(0,0,0),\ \boldsymbol{u} = 2\boldsymbol{i} + \boldsymbol{j} - 2\boldsymbol{k}$

Bestimmen Sie in den Aufgaben 10–12 die Richtungen, in denen die Funktionen im Punkt P_0 am schnellsten wachsen und fallen. Geben Sie dann die entsprechenden Richtungsableitungen an.

10. $f(x,y) = x^2 + xy + y^2, \quad P_0(-1,1)$

11. $f(x,y,z) = (x/y) - yz, \quad P_0(4,1,1)$

12. $f(x,y,z) = \ln xy + \ln yz + \ln xz, \quad P_0(1,1,1)$

Tangenten an Niveaulinien Skizzieren Sie in den Aufgaben 13 und 14 die Kurve $f(x,y) = c$ zusammen mit ∇f und der Tangente in dem angegebenen Punkt. Schreiben Sie anschließend eine Gleichung für die Tangente auf.

13. $f(x,y) = x^2 + y^2 = 4, \quad (\sqrt{2}, \sqrt{2})$

14. $f(x,y) = xy = -4, \quad (2,-2)$

Theorie und Beispiele

15. Gegeben sei die Funktion $f(x,y) = x^2 - xy + y^2 - y$. Bestimmen Sie die Richtungen $\boldsymbol{u}$ und die Werte von $D_{\boldsymbol{u}}f(1,-1)$, für die gilt:

a. $D_{\boldsymbol{u}}f\,(1,-1)$ ist am größten

b. $D_{\boldsymbol{u}}f\,(1,-1)$ ist am kleinsten

c. $D_{\boldsymbol{u}}f\,(1,-1) = 0$

d. $D_{\boldsymbol{u}}f\,(1,-1) = 4$

e. $D_{\boldsymbol{u}}f\,(1,-1) = -3$

16. Richtungsableitung gleich null In welcher Richtung ist die Ableitung von $f(x,y) = xy + y^2$ im Punkt $P(3,2)$ gleich null?

17. Gibt es eine Richtung $\boldsymbol{u}$, in der die Änderungsrate von $f(x,y) = x^2 - 3xy + 4y^2$ im Punkt $P(1,2)$ gleich 4 ist? Begründen Sie Ihre Antwort.

18. Die Ableitung von $f(x,y)$ im Punkt $P_0(1,2)$ in der Richtung von $\boldsymbol{i} + \boldsymbol{j}$ ist $2\sqrt{2}$, und in der Richtung von $-2\boldsymbol{i}$ ist sie 3. Was ist die Ableitung von f in der Richtung von $-\boldsymbol{i} - 2\boldsymbol{i}$? Begründen Sie Ihre Antwort.

19. Richtungsableitungen und Skalarkomponenten Wie ist der Zusammenhang zwischen der Ableitung einer differenzierbaren Funktion $f(x,y,z)$ im Punkt P_0 in der Richtung eines Einheitsvektors $\boldsymbol{u}$ und der Komponente von $(\nabla f)_{P_0}$ in der Richtung von $\boldsymbol{u}$? Begründen Sie Ihre Antwort.

20. Richtungsableitungen und partielle Ableitungen Nehmen Sie an, dass die benötigten Ableitungen von $f(x,y,z)$ definiert sind. Welcher Zusammenhang besteht zwischen den Richtungsableitungen $D_{\boldsymbol{i}}f$, $D_{\boldsymbol{j}}f$ und $D_{\boldsymbol{k}}f$ und den partiellen Ableitungen f_x, f_y und f_z. Begründen Sie Ihre Antwort.

21. Geraden in der xy-Ebene Zeigen Sie, dass $A(x - x_0) + B(y - y_0) = 0$ eine Gleichung für die Gerade in der xy-Ebene durch den Punkt (x_0, y_0) ist, die senkrecht auf dem Vektor $\boldsymbol{N} = A\boldsymbol{i} + B\boldsymbol{j}$ steht.

22. Rechenregeln für Gradienten Gegeben seien eine Konstante k und die Gradienten

$$\nabla f = \frac{\partial f}{\partial x}\boldsymbol{i} + \frac{\partial f}{\partial y}\boldsymbol{j} + \frac{\partial f}{\partial z}\boldsymbol{k}, \ \nabla g = \frac{\partial g}{\partial x}\boldsymbol{i} + \frac{\partial g}{\partial y}\boldsymbol{j} + \frac{\partial g}{\partial z}\boldsymbol{k}.$$

Beweisen Sie die Rechenregeln für Gradienten.

14.6 Tangentialebenen und Differentiale

In diesem Abschnitt definieren wir die Tangentialebene in einem Punkt an eine glatte Fläche im Raum. Anschließend zeigen wir, wie man eine Gleichung der Tangentialebene aus den partiellen Ableitungen der Funktion bestimmt, durch die die Fläche definiert ist. Dieses Vorgehen ähnelt dem bei der Definition der Tangente an einen Punkt auf einer Kurve in der Koordinatenebene für Funktionen einer Variablen (vgl. Abschnitt 3.1). Abschließend befassen wir uns mit dem totalen Differential und der Linearisierung von Funktionen mehrerer Variablen.

Tangentialebenen und Normalen

Für eine glatte Kurve $\boldsymbol{r} = g(t)\,\boldsymbol{i} + h(t)\,\boldsymbol{j} + k(t)\,\boldsymbol{k}$ auf der Niveaufläche $f(x,y,z) = c$ einer differenzierbaren Funktion f gilt $f(g(t), h(t), k(t)) = c$. Leiten wir beide Seiten dieser Gleichung nach t ab, so erhalten wir

$$\frac{\mathrm{d}}{\mathrm{d}t} f(g(t), h(t), k(t)) = \frac{\mathrm{d}}{\mathrm{d}t}(c)$$

$$\frac{\partial f}{\partial x}\frac{\mathrm{d}g}{\mathrm{d}t} + \frac{\partial f}{\partial y}\frac{\mathrm{d}h}{\mathrm{d}t} + \frac{\partial f}{\partial z}\frac{\mathrm{d}k}{\mathrm{d}t} = 0 \qquad \text{Kettenregel}$$

$$\underbrace{\left(\frac{\partial f}{\partial x}\boldsymbol{i} + \frac{\partial f}{\partial y}\boldsymbol{j} + \frac{\partial f}{\partial z}\boldsymbol{k}\right)}_{\nabla f} \cdot \underbrace{\left(\frac{\mathrm{d}g}{\mathrm{d}t}\boldsymbol{i} + \frac{\mathrm{d}h}{\mathrm{d}t}\boldsymbol{j} + \frac{\mathrm{d}k}{\mathrm{d}t}\boldsymbol{k}\right)}_{\mathrm{d}\boldsymbol{x}/\mathrm{d}t} = 0\,. \tag{14.9}$$

In jedem Punkt entlang der Kurve ist ∇f orthogonal (senkrecht) zum Geschwindigkeitsvektor der Kurve.

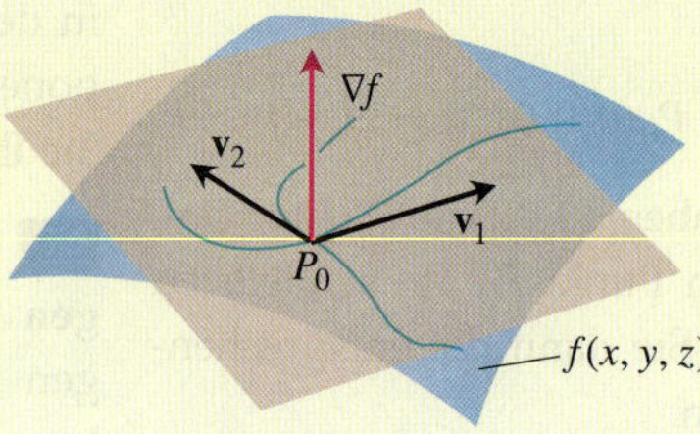

Abbildung 14.32 Der Gradient ∇f ist orthogonal zum Geschwindigkeitsvektor jeder glatten Kurve in der Fläche durch P_0. Die Geschwindigkeitsvektoren im Punkt P_0 liegen daher in einer gemeinsamen Ebene, die wir als Tangentialebene im Punkt P_0 bezeichnen.

Nun wollen wir unsere Aufmerksamkeit auf die Kurven beschränken, die durch den Punkt P_0 verlaufen (▶Abbildung 14.32). Alle Geschwindigkeitsvektoren im Punkt P_0 sind orthogonal zu ∇f, sodass alle Tangenten der Kurve in der Ebene durch P_0 liegen, auf der ∇f senkrecht steht. Diese Ebene wollen wir nun definieren.

Definition Die **Tangentialebene** im Punkt $P_0(x_0, y_0, z_0)$ an die Niveaufläche $f(x,y,z) = c$ einer differenzierbaren Funktion f ist die Ebene durch den Punkt P_0, auf der $(\nabla f)_{P_0}$ senkrecht steht.

Die **Normale** der Fläche im Punkt P_0 ist die Gerade durch P_0, die parallel zu ∇f ist.

Aus Abschnitt 12.5 wissen wir, dass die Tangentialebene und die Normale die folgenden Gleichungen haben:

Merke

Tangentialebene an $f(x,y,z) = c$ im Punkt $P_0(x_0, y_0, z_0)$

$$f_x(P_0)(x - x_0) + f_y(P_0)(y - y_0) + f_z(P_0)(z - z_0) = 0 \tag{14.10}$$

Normale an $f(x,y,z) = c$ im Punkt $P_0(x_0, y_0, z_0)$

$$x = x_0 + f_x(P_0)t, \quad y = y_0 + f_y(P_0)t, \quad z = z_0 + f_z(P_0)t \tag{14.11}$$

Beispiel 14.35 Bestimmen Sie die Tangentialebene und die Normale der Fläche

Tangentialebene und Normale der Fläche $f(x,y,z) = x^2 + y^2 + z - 9 = 0$

$$f(x,y,z) = x^2 + y^2 + z - 9 = 0 \qquad \text{Kreisparaboloid}$$

im Punkt $P_0(1,2,4)$.

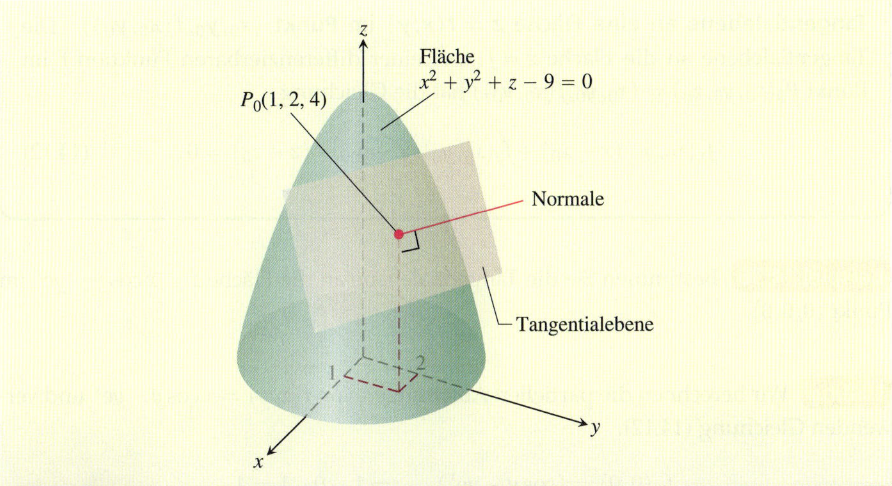

Abbildung 14.33 Die Tangentialebene und die Normale an diese Fläche im Punkt P_0 (Beispiel 14.35).

Lösung Die Fläche ist in ►Abbildung 14.33 dargestellt.

Die Tangentialebene ist die Ebene durch P_0, auf der der Gradient von f im Punkt P_0 senkrecht steht. Der Gradient ist

$$(\nabla f)_{P_0} = (2x\boldsymbol{i} + 2y\boldsymbol{j} + \boldsymbol{k})_{(1,2,4)} = 2\boldsymbol{i} + 4\boldsymbol{j} + \boldsymbol{k}\,.$$

Die Tangentialebene ist deshalb die Ebene

$$2\,(x-1) + 4\,(y-2) + (z-4) = 0 \quad \text{bzw.} \quad 2x + 4y + z = 14\,.$$

Die Normale an die Fläche im Punkt P_0 ist

$$x = 1 + 2t,\; y = 2 + 4t,\; z = 4 + t\,.$$

■

Um eine Gleichung der Tangentialebene an eine glatte Fläche $z = f(x,\ y)$ in einem Punkt $P_0(x_0, y_0, z_0)$ mit $z_0 = f(x_0, y_0)$ zu bestimmen, machen wir uns zunächst klar, dass die Gleichung $z = f(x,y)$ äquivalent zu $f(x,y) - z = 0$ ist. Daher ist die Fläche $z = f(x,y)$ die Nullniveaufläche der Funktion $F(x,y,z) = f(x,y) - z$. Die partiellen Ableitungen von F sind

$$F_x = \frac{\partial}{\partial x}(f(x, y) - z) = f_x - 0 = f_x$$
$$F_y = \frac{\partial}{\partial y}(f(x, y) - z) = f_y - 0 = f_y$$
$$F_z = \frac{\partial}{\partial z}(f(x, y) - z) = 0 - 1 = -1.$$

Die Gleichung

$$F_x(P_0)(x - x_0) + F_y(P_0)(y - y_0) + F_z(P_0)(z - z_0) = 0$$

für die Tangentialebene an die Niveaufläche im Punkt P_0 reduziert sich daher auf

$$f_x(x_0, y_0)(x - x_0) + f_y(x_0, y_0)(y - y_0) - (z - z_0) = 0.$$

Merke

Tangentialebene an eine Fläche $z = f(x,y)$ im Punkt $(x_0, y_0, f(x_0, y_0))$ Die Tangentialebene an die Fläche $z = f(x,y)$ einer differenzierbaren Funktion f im Punkt $P_0(x_0, y_0, z_0) = (x_0, y_0, f(x_0, y_0))$ hat die Gleichung

$$f_x(x_0, y_0)(x - x_0) + f_y(x_0, y_0)(y - y_0) - (z - z_0) = 0. \quad (14.12)$$

Tangentialebene an die Fläche $z = x\cos y - ye^x$ im Punkt $(0,0,0)$

Beispiel 14.36 Bestimmen Sie die Tangentialebene an die Fläche $z = x\cos y - ye^x$ im Punkt $(0,0,0)$.

Lösung Wir berechnen die partiellen Ableitungen von $f(x,y) = x\cos y - ye^x$ und verwenden Gleichung (14.12):

$$f_x(0,0) = (\cos y - ye^x)_{(0,0)} = 1 - 0 \cdot 1 = 1$$
$$f_y(0,0) = (-x\sin y - e^x)_{(0,0)} = 0 - 1 = -1.$$

Also ist die Tangentialebene

$$(x - 0) - 1 \cdot (y - 0) - (z - 0) = 0 \qquad \text{Gleichung (14.12)}$$

bzw.

$$x - y - z = 0.$$

Beispiel 14.37 Die Flächen

$$f(x,y,z) = x^2 + y^2 - 2 = 0 \qquad \text{ein Zylinder}$$

und

$$g(x,y,z) = x + z - 4 = 0 \qquad \text{eine Ebene}$$

schneiden sich in einer Ellipse E (►Abbildung 14.34). Bestimmen Sie Parametergleichungen für die Tangente an E im Punkt $P_0(1,1,3)$.

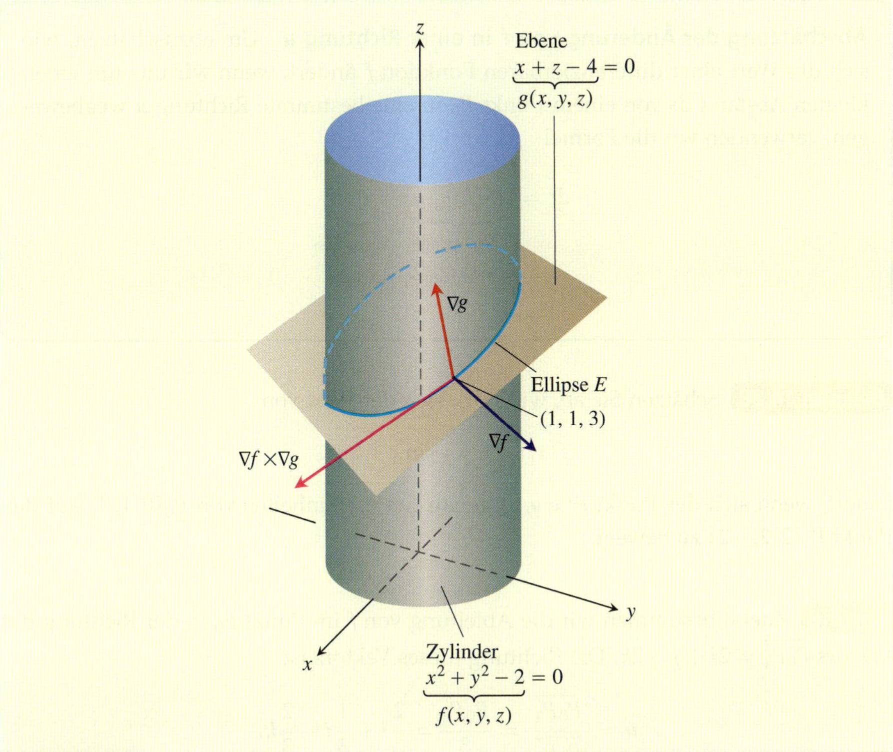

Abbildung 14.34 Dieser Zylinder schneidet die Ebene in einer Ellipse E (Beispiel 14.37).

Lösung Im Punkt P_0 ist die Tangente sowohl orthogonal zu ∇f als auch zu ∇g. Daher ist sie parallel zu $\boldsymbol{v} = \nabla f \times \nabla g$. Aus den Komponenten von $\boldsymbol{v}$ und den Koordinaten von P_0 erhalten wir die Gleichungen für die Gerade. Es gilt:

$$(\nabla f)_{(1,1,3)} = (2x\boldsymbol{i} + 2y\boldsymbol{j})_{(1,1,3)} = 2\boldsymbol{i} + 2\boldsymbol{j}$$

$$(\nabla g)_{(1,1,3)} = (\boldsymbol{i} + \boldsymbol{k})_{(1,1,3)} = \boldsymbol{i} + \boldsymbol{k}$$

$$\boldsymbol{v} = (2\boldsymbol{i} + 2\boldsymbol{j}) \times (\boldsymbol{i} + \boldsymbol{k}) = \begin{vmatrix} \boldsymbol{i} & \boldsymbol{j} & \boldsymbol{k} \\ 2 & 2 & 0 \\ 1 & 0 & 1 \end{vmatrix} = 2\boldsymbol{i} - 2\boldsymbol{j} - 2\boldsymbol{k}\,.$$

Die Parametergleichungen für die Tangente sind also

$$x = 1 + 2t, \quad y = 1 - 2t, \quad z = 3 - 2t\,.$$

Abschätzung der Änderung in einer speziellen Richtung

Die Richtungsableitung übernimmt die Rolle einer gewöhnlichen Ableitung bei der Abschätzung, wie stark sich der Wert einer Funktion f ändert, wenn wir uns um den kleinen Abstand ds von einem Punkt P_0 zu einem benachbarten Punkt bewegen. Wäre f eine Funktion einer Variablen, hätten wir

$$\mathrm{d}f = f'(P_0)\mathrm{d}s\,. \qquad \text{gewöhnliche Ableitung} \cdot \text{Zuwachs}$$

Bei einer Funktion von zwei oder mehr Variablen verwenden wir die Formel

$$\mathrm{d}f = ((\nabla f)_{P_0} \cdot \boldsymbol{u})\mathrm{d}s\,. \qquad \text{Richtungsableitung} \cdot \text{Zuwachs}$$

Dabei ist $\boldsymbol{u}$ die Bewegungsrichtung von P_0 weg.

Merke

Abschätzung der Änderung von *f* in einer Richtung *u* Um abzuschätzen, wie sich der Wert einer differenzierbaren Funktion f ändert, wenn wir uns um einen kleinen Abstand ds von einem Punkt P_0 in eine bestimmte Richtung $\boldsymbol{u}$ wegbewegen, verwenden wir die Formel

$$df = \underbrace{((\nabla f)_{P_0} \cdot \boldsymbol{u})}_{\text{Richtungs-ableitung}} \underbrace{ds}_{\text{Abstands-zuwachs}}$$

Änderung der Funktion $f(x,y,z) = y \sin x + 2yz$ in einer Richtung

Beispiel 14.38 Schätzen Sie ab, wie stark sich der Wert von

$$f(x,y,z) = y \sin x + 2yz$$

ändert, wenn sich der Punkt $P(x,y,z)$ genau um 0,1 Einheiten von $P_0(0,1,0)$ auf den Punkt $P_1(2,2,-2)$ zu bewegt.

Lösung Zuerst bestimmen wir die Ableitung von f im Punkt P_0 in der Richtung des Vektors $\overrightarrow{P_0P_1} = 2\boldsymbol{i} + \boldsymbol{j} - 2\boldsymbol{k}$. Die Richtung dieses Vektors ist

$$\boldsymbol{u} = \frac{\overrightarrow{P_0P_1}}{|\overrightarrow{P_0P_1}|} = \frac{\overrightarrow{P_0P_1}}{3} = \frac{2}{3}\boldsymbol{i} + \frac{1}{3}\boldsymbol{j} - \frac{2}{3}\boldsymbol{k}.$$

Der Gradient von f im Punkt P_0 ist

$$(\nabla f)_{(0,1,0)} = \Big((y \cos x)\,\boldsymbol{i} + (\sin x + 2z)\,\boldsymbol{j} + 2y\boldsymbol{k} \Big)_{(0,1,0)} = \boldsymbol{i} + 2\boldsymbol{k}.$$

Deshalb ist

$$(\nabla f)_{P_0} \cdot \boldsymbol{u} = (\boldsymbol{i} + 2\boldsymbol{k}) \cdot \left(\frac{2}{3}\boldsymbol{i} + \frac{1}{3}\boldsymbol{j} - \frac{2}{3}\boldsymbol{k} \right) = \frac{2}{3} - \frac{4}{3} = -\frac{2}{3}.$$

Die Änderung df in f, die sich aus der Verschiebung um ds = 0,1 Einheiten von P_0 in der Richtung von $\boldsymbol{u}$ ergibt, ist ungefähr

$$df = ((\nabla f)_{P_0} \cdot \boldsymbol{u})\,(ds) = \left(-\frac{2}{3} \right)(0{,}1) \approx -0{,}067 \text{ Einheiten}.$$

Wie man eine Funktion von zwei Variablen linearisiert

Funktionen von zwei Variablen können kompliziert sein. Mitunter müssen wir solche Funktionen durch einfachere Funktionen nähern, welche die für die speziellen Anwendungen notwendige Genauigkeit liefern, aber leichter zu handhaben sind. Dabei gehen wir genauso vor wie in Abschnitt 3.9 bei der Linearisierung von Funktionen einer Variablen.

Nehmen wir an, dass wir eine Funktion $z = f(x,y)$ in einem Punkt (x_0, y_0) nähern wollen, an dem wir die Werte von f, f_x und f_y kennen und in dem die Funktion differenzierbar ist. Wenn wir uns von (x_0, y_0) um die Zuwächse $\Delta x = x - x_0$ und $\Delta y = y - y_0$ zu einem benachbarten Punkt (x,y) bewegen (►Abbildung 14.35), so liefert die Definition der Differenzierbarkeit aus Abschnitt 14.3 die Änderung

$$f(x,y) - f(x_0,y_0) = f_x(x_0,\ y_0)\Delta x + f_y(x_0,y_0)\Delta y + \varepsilon_1 \Delta x + \varepsilon_2 \Delta y$$

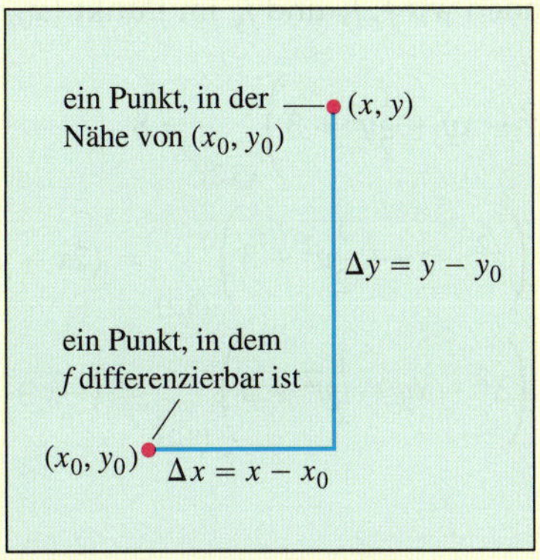

Abbildung 14.35 Ist f im Punkt (x_0, y_0) differenzierbar, so ist der Wert von f in jedem benachbarten Punkt (x, y) näherungsweise $f(x_0, y_0) + f_x(x_0, y_0)\Delta x + f_y(x_0, y_0)\Delta y$.

in der ε_1 und ε_2 gegen 0 gehen, wenn Δx und Δy gegen 0 gehen. Wenn schon die Zuwächse Δx und Δy klein sind, werden die Produkte $\varepsilon_1\Delta x$ und $\varepsilon_2\Delta y$ schließlich noch kleiner werden, und wir erhalten die Näherung

$$f(x, y) \approx \underbrace{f(x_0, y_0) + f_x(x_0, y_0)(x - x_0) + f_y(x_0, y_0)(y - y_0)}_{L(x,y)}.$$

Mit anderen Worten: Solange die Zuwächse Δx und Δy klein sind, hat f näherungsweise denselben Wert wie die lineare Funktion L.

Definition

Die **Linearisierung** einer Funktion $f(x, y)$ in einem Punkt (x_0, y_0), in dem f differenzierbar ist, ist die Funktion

$$L(x, y) = f(x_0, y_0) + f_x(x_0, y_0)(x - x_0) + f_y(x_0, y_0)(y - y_0). \qquad (14.13)$$

Die Näherung

$$f(x, y) \approx L(x, y)$$

ist die **gewöhnliche lineare Näherung** von f im Punkt (x_0, y_0).

Aus Gleichung (14.12) lesen wir ab, dass die Ebene $z = L(x, y)$ im Punkt (x_0, y_0) tangential an die Fläche $z = f(x, y)$ ist. Die Linearisierung einer Funktion von zwei Variablen ist also eine Tangential*ebenen*-Näherung (vgl. Aufgabe 32 auf Seite 305).

Linearisierung von $f(x, y) = x^2 - xy + \frac{1}{2}y^2 + 3$ im Punkt $(3, 2)$

Beispiel 14.39 Bestimmen Sie die Linearisierung der Funktion

$$f(x, y) = x^2 - xy + \frac{1}{2}y^2 + 3$$

im Punkt $(3, 2)$.

Lösung Zunächst berechnen wir f, f_x und f_y im Punkt $(x_0, y_0) = (3,2)$:

$$f(3,2) = \left(x^2 - xy + \frac{1}{2}y^2 + 3\right)_{(3,2)} = 8$$

$$f_x(3,2) = \frac{\partial}{\partial x}\left(x^2 - xy + \frac{1}{2}y^2 + 3\right)_{(3,2)} = (2x - y)_{(3,2)} = 4$$

$$f_y(3,2) = \frac{\partial}{\partial y}\left(x^2 - xy + \frac{1}{2}y^2 + 3\right)_{(3,2)} = (-x + y)_{(3,2)} = -1 .$$

Das ergibt

$$\begin{aligned} L(x,y) &= f(x_0,y_0) + f_x(x_0,y_0)(x - x_0) + f_y(x_0,y_0)(y - y_0) \\ &= 8 + (4)(x-3) + (-1)(y-2) = 4x - y - 2 . \end{aligned}$$

Die Linearisierung von f im Punkt $(3,2)$ ist $L(x,y) = 4x - y - 2$.

Nähern wir eine differenzierbare Funktion $f(x,y)$ durch ihre Linearisierung $L(x,y)$ im Punkt (x_0, y_0), so müssen wir uns immer auch fragen, wie genau die Näherung sein kann.

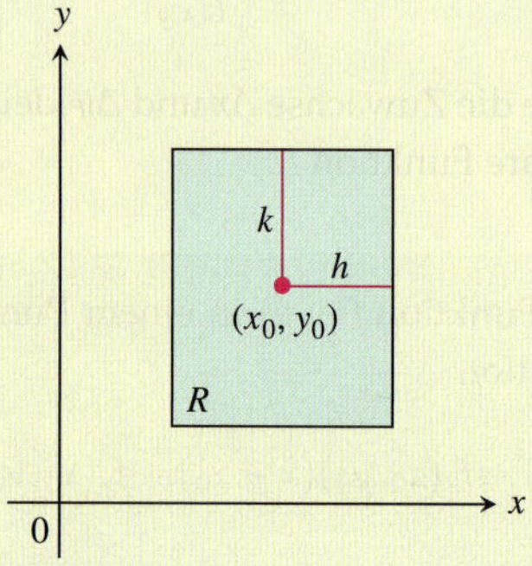

Abbildung 14.36 Das rechteckige Gebiet R: $|x - x_0| \le h$, $|y - y_0| \le k$ in der xy-Ebene.

Können wir auf einem Rechteck R um den Punkt (x_0, y_0) (►Abbildung 14.36) eine allgemeine obere Schranke M für $|f_{xx}|$, $|f_{yy}|$ und $|f_{xy}|$ bestimmen, dann können wir den Fehler E in R durch eine einfache Formel abschätzen (die wir in Abschnitt 14.9 herleiten). Der **Fehler** ist durch $E(x,y) = f(x,y) - L(x,y)$ definiert.

Merke

Der Fehler in der gewöhnlichen linearen Näherung Hat die Funktion f auf einer offenen Menge, die das Rechteck R um (x_0, y_0) enthält, stetige erste und zweite partielle Ableitungen und ist M eine obere Schranke für die Werte von $|f_{xx}|$, $|f_{yy}|$ und $|f_{xy}|$ auf R, so erfüllt der Fehler $E(x,y)$ auf R, der durch das Ersetzen der Funktion $f(x,y)$ durch ihre Linearisierung

$$L(x,y) = f(x_0,y_0) + f_x(x_0,y_0)(x - x_0) + f_y(x_0,y_0)(y - y_0)$$

auftritt, die Ungleichung

$$|E(x,y)| \le \frac{1}{2}M\left(|x - x_0| + |y - y_0|\right)^2 .$$

Um den Fehler $|E(x,y)|$ zu einem gegebenen M klein zu machen, müssen wir nur $|x - x_0|$ und $|y - y_0|$ klein machen.

Beispiel 14.40 Bestimmen Sie eine obere Schranke für den Fehler in der Näherung $f(x,y) \approx L(x,y)$ aus Beispiel 14.39 über dem Rechteck

Obere Schranke für den Fehler in der Näherung aus Beispiel 14.39

$$R: \ |x-3| \leq 0{,}1, \quad |y-2| \leq 0{,}1.$$

Drücken Sie die obere Schranke als prozentualen Fehler bezogen auf $f(3,2)$ aus. Das ist der Wert der Funktion f in der Mitte des Rechtecks.

Lösung Wir verwenden die Ungleichung

$$|E(x,y)| \leq \frac{1}{2}M(|x-x_0| + |y-y_0|)^2 .$$

Um einen geeigneten Wert für M zu bestimmen, berechnen wir f_{xx}, f_{xy} und f_{yy}. Diese Ableitungen können wir wie üblich berechnen. Danach stellen wir fest, dass alle drei Ableitungen konstant sind:

$$|f_{xx}| = |2| = 2, \quad |f_{xy}| = |-1| = 1, \quad |f_{yy}| = |1| = 1 .$$

Der größte Wert ist 2, also nehmen wir sicherheitshalber an, dass M gleich 2 ist. Mit $(x_0, y_0) = (3,2)$ ergibt sich dann aus der Ungleichung

$$|E(x,y)| \leq \frac{1}{2}(2)(|x-3| + |y-2|)^2 = (|x-3| + |y-2|)^2 .$$

Wegen $|x-3| \leq 0{,}1$ und $|y-2| \leq 0{,}1$ auf R erhalten wir

$$|E(x,y)| \leq (0{,}1 + 0{,}1)^2 = 0{,}04 .$$

Bezogen auf den Funktionswert $f(3,2) = 8$ ist der prozentuale Fehler nicht größer als

$$\frac{0{,}04}{8} \cdot 100 = 0{,}5\,\% .$$

Differentiale

In Abschnitt 3.9 hatten wir für eine Funktion von einer Variablen $y = f(x)$ Folgendes definiert: Ändert sich x von a auf $a + \Delta x$, so ändert sich f um

$$\Delta f = f(a + \Delta x) - f(a) .$$

Das Differential von f hatten wir definiert als

$$\mathrm{d}f = f'(a)\,\mathrm{d}x .$$

Nun betrachten wir das Differential einer Funktion von zwei Variablen.

Wir nehmen an, dass in einem Punkt (x_0, y_0) eine differenzierbare Funktion $f(x,y)$ und ihre partiellen Ableitungen existieren. Bewegen wir uns zu einem benachbarten Punkt $(x_0 + \Delta x, y_0 + \Delta y)$, so ist die Änderung in f

$$\Delta f = f(x_0 + \Delta x, y_0 + \Delta y) - f(x_0, y_0) .$$

Mit einer einfachen Rechnung ergibt sich aus der Definition von $L(x,y)$ mit $x - x_0 = \Delta x$ und $y - y_0 = \Delta y$ für die zugehörige Änderung in L

$$\begin{aligned} \Delta L &= L(x_0 + \Delta x,\ y_0 + \Delta y) - L(x_0,\ y_0) \\ &= f_x(x_0,\ y_0)\,\Delta x + f_y(x_0,\ y_0)\,\Delta y\,. \end{aligned}$$

Unter Verwendung der **Differentiale** $\mathrm{d}x$ und $\mathrm{d}y$ anstelle von Δx und Δy definierten wir das Differential (das *totale Differential*) von f dann folgendermaßen:

Definition

Bewegen wir uns von einem Punkt (x_0, y_0) zu einem benachbarten Punkt $(x_0 + \mathrm{d}x,\ y_0 + \mathrm{d}y)$, so ergibt sich in der Linearisierung von f die Änderung

$$\mathrm{d}f = f_x(x_0,\ y_0)\,\mathrm{d}x + f_y(x_0,\ y_0)\,\mathrm{d}y\,.$$

Diese Änderung nennen wir das **totale Differential von *f***.

Abweichung des Zylindervolumens bei gegebener Abweichung von Radius und Höhe

Beispiel 14.41 Nach dem Entwurf hat eine zylinderförmige Dose einen Radius von 3 cm und eine Höhe von 12 cm. Bei der Produktion kommt es aber zu Abweichungen von $\mathrm{d}r = +0{,}08$ cm und $\mathrm{d}h = -0{,}3$ cm. Schätzen Sie die sich daraus ergebende Änderung im Volumen der Dose ab.

Lösung Zur Abschätzung der absoluten Änderung in $V = \pi r^2 h$ verwenden wir die Gleichung

$$\Delta V \approx \mathrm{d}V = V_r(r_0, h_0)\mathrm{d}r + V_h(r_0, h_0)\mathrm{d}h\,.$$

Mit $V_r = 2\pi r h$ und $V_h = \pi r^2$ erhalten wir (die Einheiten lassen wir in der Rechnung wie üblich weg)

$$\begin{aligned} \mathrm{d}V &= 2\pi r_0 h_0 \mathrm{d}r + \pi r_0^2 \mathrm{d}h = 2\pi\,(3)\,(12)\,(0{,}08) + \pi\,(3)^2\,(-0{,}3) \\ &= 5{,}76\pi - 2{,}7\pi = 3{,}06\pi \approx 9{,}61\ \mathrm{cm}^3\,. \end{aligned}$$

■

Empfindlichkeit des Volumens gegenüber kleinen Änderungen von Höhe und Radius

Beispiel 14.42 Ihr Unternehmen stellt zylinderförmige Siruplagertanks her, die 8 m hoch sind und einen Radius von 2 m haben. Wie empfindlich ist das Volumen des Tanks gegenüber kleinen Änderungen in seiner Höhe und in seinem Radius?

Lösung Mit $V = \pi r^2 h$ liefert das totale Differential die Näherung für die Änderung im Volumen:

$$\begin{aligned} \mathrm{d}V &= V_r(2,8)\mathrm{d}r + V_h(2,8)\mathrm{d}h \\ &= (2\pi r h)_{(2,8)}\mathrm{d}r + (\pi r^2)_{(2,8)}\mathrm{d}h \\ &= 32\pi\mathrm{d}r + 4\pi\mathrm{d}h\,. \end{aligned}$$

Die Änderung von r um eine Längeneinheit bewirkt also eine Änderung des Volumens V um etwa 32π Volumeneinheiten. Die Änderung von h um eine Längeneinheit bewirkt eine Änderung des Volumens V um etwa 4π Volumeneinheiten. Das Tankvolumen ist demnach 8 Mal empfindlicher gegenüber einer Änderung in r als gegenüber einer Änderung in h. Als Qualitätsmanager mit der Aufgabe sicherzustellen, dass die Tanks das richtige Volumen haben, sollten Sie folglich besondere Aufmerksamkeit auf das Einhalten der Radien legen.

Wären dagegen die Werte von r und h vertauscht, sodass $r = 8$ m und $h = 2$ m ist, würde das totale Differential zu

$$\mathrm{d}V = (2\pi rh)_{(8,2)}\mathrm{d}r + (\pi r^2)_{(8,2)}\mathrm{d}h = 32\pi\mathrm{d}r + 64\pi\mathrm{d}h\,.$$

Nun ist das Volumen gegenüber Änderungen in h empfindlicher als gegenüber Änderungen in r (▶Abbildung 14.37).

Als allgemeine Regel kann man sich merken, dass Funktionen am empfindlichsten gegenüber kleinen Änderungen in den Variablen sind, die die größte partielle Ableitung erzeugen. ■

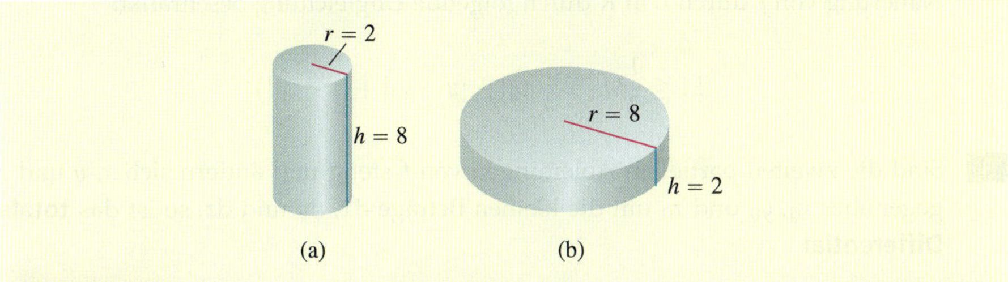

Abbildung 14.37 Das Volumen des Zylinders (a) ist gegenüber einer kleinen Änderung in r empfindlicher als gegenüber einer gleichgroßen kleinen Änderung in h. Das Volumen des Zylinders (b) ist gegenüber kleinen Änderungen in h empfindlicher als gegenüber kleinen Änderungen in r (Beispiel 14.42).

Einfluss von Messfehlern in r und h auf das daraus berechnete Volumen

Beispiel 14.43 Das Volumen $V = \pi r^2 h$ eines geraden Kreiszylinders soll aus Messwerten für r und h berechnet werden. Nehmen Sie an, dass r mit einem Fehler von maximal 2 % und h mit einem Fehler von maximal 0,5 % gemessen wird. Schätzen Sie den sich daraus ergebenden möglichen prozentualen Fehler bei der Berechnung von V ab.

Lösung Aus der Aufgabenstellung wissen wir, dass

$$\left|\frac{\mathrm{d}r}{r}\cdot 100\right| \le 2 \quad \text{und} \quad \left|\frac{\mathrm{d}h}{h}\cdot 100\right| \le 0{,}5$$

ist. Aus

$$\frac{\mathrm{d}V}{V} = \frac{2\pi rh\mathrm{d}r + \pi r^2\mathrm{d}h}{\pi r^2 h} = \frac{2\mathrm{d}r}{r} + \frac{\mathrm{d}h}{h}$$

ergibt sich

$$\begin{aligned}\left|\frac{\mathrm{d}V}{V}\right| &= \left|2\frac{\mathrm{d}r}{r} + \frac{\mathrm{d}h}{h}\right| \\ &\le \left|2\frac{\mathrm{d}r}{r}\right| + \left|\frac{\mathrm{d}h}{h}\right| \\ &\le 2(0{,}02) + 0{,}005 = 0{,}045\,.\end{aligned}$$

Wir schätzen den Fehler bei der Volumenberechnung mit maximal 4,5 % ab. ■

Funktionen von mehr als zwei Variablen

Ähnliche Resultate gelten für differenzierbare Funktionen von mehr als zwei Variablen.

1 Die **Linearisierung** von $f(x,y,z)$ im Punkt $P_0(x_0,y_0,z_0)$ ist

$$L(x,y,z) = f(P_0) + f_x(P_0)(x-x_0) + f_y(P_0)(y-y_0) + f_z(P_0)(z-z_0).$$

2 Sei R ein abgeschlossener Quader mit dem Mittelpunkt P_0, der in einem offenen Gebiet liegt, über dem die zweiten partiellen Ableitungen von f stetig sind. Außerdem nehmen wir an, dass $|f_{xx}|$, $|f_{yy}|$, $|f_{zz}|$, $|f_{xy}|$, $|f_{xz}|$ und $|f_{yz}|$ in R alle kleiner oder gleich M sind. Dann ist der **Fehler** $E(x,y,z) = f(x,y,z) - L(x,y,z)$ in der Näherung von f durch L in R durch folgende Ungleichung beschränkt:

$$|E| \leq \frac{1}{2}M\left(|x-x_0| + |y-y_0| + |z-z_0|\right)^2 .$$

3 Sind die zweiten partiellen Ableitungen von f stetig und ändern sich x, y und z gegenüber x_0, y_0 und z_0 um die kleinen Beträge $\mathrm{d}x$, $\mathrm{d}y$ und $\mathrm{d}z$, so ist das **totale Differential**

$$\mathrm{d}f = f_x(P_0)\mathrm{d}x + f_y(P_0)\mathrm{d}y + f_z(P_0)\mathrm{d}z$$

eine gute Näherung für die sich daraus ergebende Änderung in f.

Beispiel 14.44 Bestimmen Sie die Linearisierung $L(x,y,z)$ von

$$f(x,y,z) = x^2 - xy + 3\sin z$$

in dem Punkt $(x_0,y_0,z_0) = (2,1,0)$. Bestimmen Sie eine obere Schranke für den Fehler, der sich ergibt, wenn Sie über dem Quader

$$R: \ |x-2| \leq 0{,}01, \quad |y-1| \leq 0{,}02, \quad |z| \leq 0{,}01$$

f durch L ersetzen.

Lösung Die übliche Rechnung ergibt

$$f(2,1,0) = 2, \quad f_x(2,1,0) = 3, \quad f_y(2,1,0) = -2, \ f_z(2,1,0) = 3 .$$

Also ist

$$L(x,y,z) = 2 + 3(x-2) + (-2)(y-1) + 3(z-0) = 3x - 2y + 3z - 2 .$$

Weil

$$f_{xx} = 2, \ f_{yy} = 0, \quad f_{zz} = -3\sin z, \quad f_{xy} = -1, \quad f_{xz} = 0, \quad f_{yz} = 0$$

und $|-3\sin z| \leq 3\sin 0{,}01 \approx 0{,}03$ ist, wählen wir $M = 2$ als Schranke für die zweiten partiellen Ableitungen. Der Fehler, der auftritt, wenn wir f in R durch L ersetzen, erfüllt folglich die Ungleichung

$$|E| \leq \frac{1}{2}(2)(0{,}01 + 0{,}02 + 0{,}01)^2 = 0{,}0016 .$$ ■

Aufgaben zum Abschnitt 14.6

Tangentialebenen und Normalen an Flächen

Bestimmen Sie in den Aufgaben 1–4 die Gleichungen

a. der Tangentialebene und

b. der Normalen im Punkt P_0 an die gegebene Fläche.

1. $x^2 + y^2 + z^2 = 3, \quad P_0\,(1,1,1)$

2. $2z - x^2 = 0, \quad P_0\,(2,0,2)$

3. $\cos \pi x - x^2 y + e^{xz} + yz = 4, \quad P_0\,(0,1,2)$

4. $x + y + z = 1, \quad P_0\,(0,1,0)$

Bestimmen Sie in den Aufgaben 5 und 6 die Ebene, die in dem angegebenen Punkt tangential zu der angegebenen Fläche ist.

5. $z = \ln\left(x^2 + y^2\right), \quad (1,0,0)$

6. $z = \sqrt{y - x}, \quad (1,2,1)$

Tangenten an Kurven im Raum

Bestimmen Sie in den Aufgaben 7–9 Parametergleichungen für die Tangente an die Schnittkurve der Flächen in dem angegebenen Punkt.

7. Flächen: $x + y^2 + 2z = 4, \quad x = 1$
Punkt: $(1,1,1)$

8. Flächen: $x^2 + 2y + 2z = 4, \quad y = 1$
Punkt: $(1,1,1/2)$

9. Flächen: $x^3 + 3x^2y^2 + y^3 + 4xy - z^2 = 0,$
$x^2 + y^2 + z^2 = 11$ Punkt: $(1,1,3)$

Änderung abschätzen

10. Um wie viel ändert sich

$$f(x,y,z) = \ln \sqrt{x^2 + y^2 + z^2}$$

näherungsweise, wenn Sie den Punkt $P(x,y,z)$ von $P_0(3,4,12)$ um $\mathrm{d}s = 0{,}1$ Einheiten in die Richtung von $3\boldsymbol{i} + 6\boldsymbol{j} - 2\boldsymbol{k}$ verschieben?

11. Um wie viel ändert sich

$$g(x,y,z) = x + x\cos z - y \sin z + y$$

näherungsweise, wenn Sie den Punkt $P(x,y,z)$ von $P_0(2,-1,0)$ um $\mathrm{d}s = 0{,}2$ Einheiten in Richtung des Punkts $P_1(0,1,2)$ verschieben?

12. Temperaturänderung entlang eines Kreises Die Temperatur in °C im Punkt (x,y) in der xy-Ebene sei gleich $T(x,y) = x \sin 2y$. Der Abstand in der xy-Ebene wird in Metern gemessen. Ein Teilchen bewegt sich mit der konstanten Geschwindigkeit 2 m/s *im Uhrzeigersinn* auf dem Kreis vom Radius 1 m um den Ursprung.

a. Wie schnell ändert sich die Temperatur am Ort des Teilchens in °C pro Meter, wenn sich das Teilchen im Punkt $P(1/2, \sqrt{3}/2)$ befindet?

b. Wie schnell ändert sich die Temperatur am Ort des Teilchens in °C pro Sekunde, wenn sich das Teilchen im Punkt P befindet?

Linearisierungen bestimmen

Bestimmen Sie in den Aufgaben 13–15 die Linearisierungen $L(x,y)$ der Funktion in jedem Punkt.

13. $f(x,y) = x^2 + y^2 + 1$ **a.** $(0,0)$ **b.** $(1,1)$

14. $f(x,y) = 3x - 4y + 5$ **a.** $(0,0)$ **b.** $(1,1)$

15. $f(x,y) = e^x \cos y$ **a.** $(0,0)$ **b.** $(0,\pi/2)$

16. Windchill-Faktor Der Windchill (Windkühle oder Windfrösteln) ist ein Maß für die auf der Haut gefühlte Temperatur. Er ist eine Funktion der Lufttemperatur und der Windgeschwindigkeit und liegt immer unter der tatsächlich gemessenen Lufttemperatur. Die seit November 2001 gültige empirische Formel, die sich auf eine moderne Wärmeleitungstheorie, ein Modell des menschlichen Gesichts und den Wärmewiderstand des Hautgewebes stützt, lautet

$$W = W(v,T) = 13{,}1266 + 0{,}6215\,T - 11{,}3627\,v^{0{,}16} + 0{,}3962\,T \cdot v^{0{,}16}\,.$$

Dabei ist T die in °C gemessene Lufttemperatur und v die Windgeschwindigkeit in km/h. Nachfolgend finden Sie einen Ausschnitt der Windchill-Tabelle.

a. Bestimmen Sie anhand der Tabelle $W(30,10)$, $W(50,-25)$ und $W(40,-30)$.

b. Bestimmen Sie mithilfe der empirischen Formel $W(43,-18)$, $W(70,5)$ und $W(20,-55)$.

c. Bestimmen Sie die Linearisierung $L(v,T)$ der Funktion $W(v,T)$ im Punkt $(30,-10)$.

d. Verwenden Sie $L(v,T)$ aus Teil **c.**, um die folgenden Windchill-Werte abzuschätzen. **i.** $W(29,-9)$ **ii.** $W(32,-13)$ **iii.** $W(10,-40)$ (Erläutern Sie, warum sich dieser Wert stark von dem Wert in der Tabelle unterscheidet.)

v	T(°C)										
(km/h)	10	5	0	−5	−10	−15	−20	−25	−30	−35	−40
10	8,6	2,7	-3,3	-9,3	-15,3	-21,2	-27,2	-33,2	-39,2	-45,1	-51,1
15	7,9	1,7	-4,4	-10,6	-16,7	-22,9	-29,1	-35,2	-41,4	-47,6	-53.7
20	7,4	1,1	-5,2	-11,6	-17,9	-24,2	-30,5	-36,8	-43,1	-49,4	-55,7
25	6,9	0,5	-5,9	-12,3	-18,8	-25,2	-31,6	-38,0	-44,5	-50,9	-57,3
30	6,6	0,1	-6,5	-13,0	-19,5	-26,0	-32,6	-39,1	-45,6	-52,1	-58,7
35	6,3	-0,4	-7,0	-13,6	-20,2	-26,8	-33,4	-40,0	-46,6	-53,2	-59,8
40	6,0	-0,7	-7,4	-14,1	-20,8	-27,4	-34,1	-40,8	-47,5	-54,2	-60,9
45	5,7	-1,0	-7,8	-14,5	-21,3	-28,0	-34,8	-41,5	-48,3	-55,1	-61,8
50	5,5	-1,3	-8,1	-15,0	-21,8	-28,6	-35,4	-42,2	-49,0	-55,8	-62,7
55	5,3	-1,6	-8,5	-15,3	-22,2	-29,1	-36,0	-42,8	-49,7	-56,6	-63,4

Eine Schranke für den Fehler in linearen Näherungen finden Bestimmen Sie in den Aufgaben 17–19 die Linearisierung $L(x,y)$ der Funktion $F(x,y)$ im Punkt P_0. Bestimmen Sie anschließend eine obere Schranke für den Betrag $|E|$ des Fehlers in der Näherung $f(x,y) \approx L(x,y)$ im Rechteck R.

17. $f(x,y) = x^2 - 3xy + 5$ im Punkt $P_0(2,1)$,
R: $|x-2| \leq 0{,}1$, $|y-1| \leq 0{,}1$

18. $f(x,y) = 1 + y + x\cos y$ im Punkt $P_0(0,0)$,
R: $|x| \leq 0{,}2$, $|y| \leq 0{,}2$. Verwenden Sie $|\cos y| \leq 1$ und $|\sin y| \leq 1$ bei der Abschätzung von E.

19. $f(x,y) = \mathrm{e}^x \cos y$ im Punkt $P_0(0,0)$,
R: $|x| \leq 0{,}1$, $|y| \leq 0{,}1$. Verwenden Sie $\mathrm{e}^x \leq 1{,}11$ und $|\cos y| \leq 1$ bei der Abschätzung von E.

Linearisierung bei Funktionen von drei Variablen Bestimmen Sie in den Aufgaben 20–22 die Linearisierung $L(x,y,z)$ der Funktionen in den angegebenen Punkten.

20. $f(x,y,z) = xy + yz + xz$ im Punkt **a.** $(1,1,1)$ **b.** $(1,0,0)$ **c.** $(0,0,0)$

21. $f(x,y,z) = \sqrt{x^2+y^2+z^2}$ im Punkt **a.** $(1,0,0)$ **b.** $(1,1,0)$ **c.** $(1,2,2)$

22. $f(x,y,z) = \mathrm{e}^x + \cos(y+z)$ **a.** $(0,0,0)$ **b.** $\left(0,\frac{\pi}{2},0\right)$ **c.** $\left(0,\frac{\pi}{4},\frac{\pi}{4}\right)$

Bestimmen Sie in den Aufgaben 23 und 24 die Linearisierung $L(x,y,z)$ der Funktion $f(x,y,z)$ im Punkt P_0. Bestimmen Sie anschließend eine obere Schranke für den Betrag des Fehlers E in der Näherung $f(x,y,z) \approx L(x,y,z)$ im Gebiet R.

23. $f(x,y,z) = xz - 3yz + 2$ im Punkt $P_0(1,1,2)$,
R: $|x-1| \leq 0{,}01$, $|y-1| \leq 0{,}01$, $|z-2| \leq 0{,}02$

24. $f(x,y,z) = xy + 2yz - 3xz$ im Punkt $P_0(1,1,0)$,
R: $|x-1| \leq 0{,}01$, $|y-1| \leq 0{,}01$, $|z| \leq 0{,}01$

Fehler abschätzen; Empfindlichkeit gegenüber einer Änderung

25. **Abschätzen des maximalen Fehlers** Nehmen Sie an, dass T durch die Gleichung $T = x(\mathrm{e}^y + \mathrm{e}^{-y})$ bestimmt ist. Dabei wurden x und y zu 2 und $\ln 2$ bestimmt. Ihre größtmöglichen Fehler sind $|\mathrm{d}x| = 0{,}1$ und $|\mathrm{d}y| = 0{,}02$. Schätzen Sie den größtmöglichen Fehler im berechneten Wert von T ab.

26. Betrachten Sie einen abgeschlossenen Quader mit quadratischer Grundfläche, wie er in der nachfolgenden Abbildung dargestellt ist. Die Länge x wird mit einem Fehler von maximal 2 }die Länge y mit einem Fehler von maximal 3 % bestimmt. Schätzen Sie anhand eines Differentials den entsprechenden prozentualen Fehler bei der Berechnung

a. des Oberflächeninhalts des Quaders und

b. des Volumens des Quaders ab.

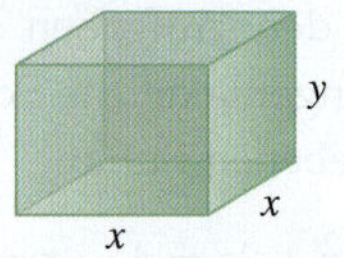

27. **Maximaler prozentualer Fehler** Der Radius und die Höhe eines Kreiszylinders werden auf den Millimeter gerundet mit $r = 5{,}0$ cm und $h = 12{,}0$ cm bestimmt. Welchen maximalen prozentualen Fehler würden Sie bei der Berechnung von $V = \pi r^2 h$ erwarten?

28. Sie wollen den Flächeninhalt eines langen, schmalen Rechtecks aus Messwerten für seine Länge und Breite bestimmen. Welches der beiden Maße sollten Sie besonders sorgfältig bestimmen? Begründen Sie Ihre Antwort.

29. **Fehlerfortpflanzung bei Koordinatenwechsel**

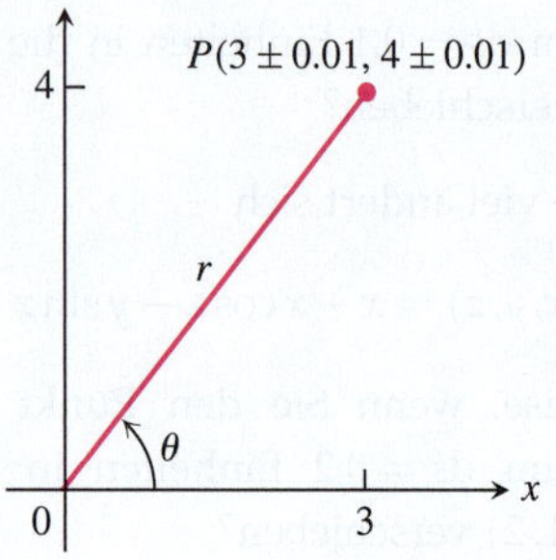

Wie in der zugehörigen Abbildung angegeben, sei $x = 3 \pm 0{,}01$ und $y = 4 \pm 0{,}01$. Mit welcher Genauigkeit können Sie die Polarkoordinaten des Punkts $P(x,y)$ aus den Gleichungen $r^2 = x^2 + y^2$ und $\theta = \tan^{-1}(y/x)$ berechnen? Drücken Sie Ihre Schätzungen als prozentuale Änderungen der Werte aus, die r und θ im Punkt $(x_0, y_0) = (3,4)$ haben.

30. **Wert einer 2 × 2-Determinante** Sei $|a|$ wesentliche größer als $|b|$, $|c|$ und $|d|$. Gegenüber welchen der Werte a, b, c und d ist der Wert der Determinante

$$f(a,b,c,d) = \begin{vmatrix} a & b \\ c & d \end{vmatrix}$$

am empfindlichsten? Begründen Sie Ihre Antwort.

31. **Wilson'sche Formel** Die Wilson'sche Formel in der Warenwirtschaft besagt, dass für ein Lager die ökonomischste Bestellmenge Q einer Ware (Radios, Schuhe, Besen, oder was Ihnen sonst noch einfällt) durch die Formel $Q = \sqrt{2KM/h}$ gegeben ist. Dabei steht K für die Bestellkosten, M ist die pro Woche verkaufte Stückzahl, und H sind die wöchentlichen Lagerkosten pro Stück (Kosten für Platz, Hilfsmittel, Versicherung, Betriebsschutz usw.). Gegenüber welcher der Variablen K, M und h ist Q in der Nähe des Punkts $(K_0, M_0, h_0) = (2, 20, 0{,}05)$ am empfindlichsten? Begründen Sie Ihre Antwort.

Theorie und Beispiele

32. **Die Linearisierung von $f(x,y)$ ist eine Tangentialebenen-Näherung** Zeigen Sie, dass die Tangentialebene im Punkt $P_0(x_0, y_0, f(x_0, y_0))$ an die Fläche $z = f(x,y)$, die durch eine differenzierbare Funktion f definiert ist, die Ebene

$$f_x(x_0,y_0)(x-x_0) + f_y(x_0,y_0)(y-y_0) - (z - f(x_0,y_0)) = 0$$

bzw.

$$z = f(x_0,y_0) + f_x(x_0,y_0)(x-x_0) + f_y(x_0,y_0)(y-y_0)$$

ist. Folglich ist die Tangentialebene P_0 der Graph der Linearisierung von f im Punkt P_0 (vgl. die nachfolgende Abbildung).

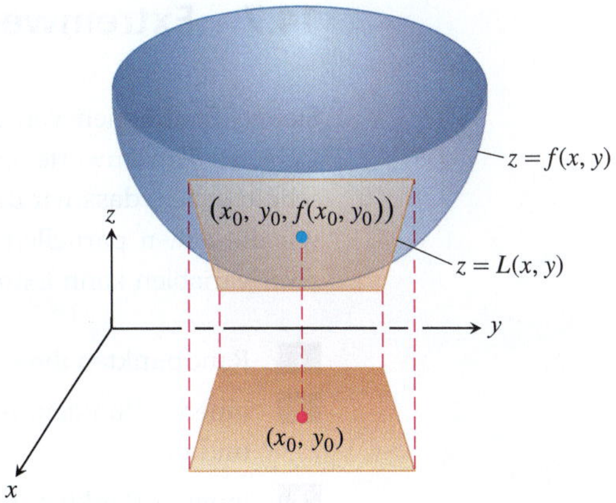

33. **Änderung entlang einer Helix** Bestimmen Sie die Ableitung von $f(x,y) = x^2 + y^2$ in der Richtung des Tangenteneinheitsvektors der Helix

$$\boldsymbol{r}(t) = (\cos t)\,\boldsymbol{i} + (\sin t)\,\boldsymbol{j} + t\boldsymbol{k}$$

in den Punkten mit $t = -\pi/4, 0$ und $\pi/4$. Die Funktion f liefert das Quadrat des Abstands eines Punkts $P(x,y,z)$ auf der Helix vom Ursprung. Die hier berechneten Ableitungen liefern die Raten, mit denen sich das Abstandsquadrat bezüglich t ändert, wenn P durch die Punkte mit $t = -\pi/4, 0$ und $\pi/4$ läuft.

34. **Normalkurven** Eine glatte Kurve ist zu einer Fläche $f(x,y,z) = c$ in einem Schnittpunkt normal, wenn der Geschwindigkeitsvektor der Kurve in dem Punkt ein von null verschiedenes Vielfaches von ∇f ist.

Zeigen Sie, dass die Kurve

$$\boldsymbol{r}(t) = \sqrt{t}\,\boldsymbol{i} + \sqrt{t}\,\boldsymbol{j} - \frac{1}{4}(t+3)\,\boldsymbol{k}$$

für $t = 1$ normal zur Fläche $x^2 + y^2 - z = 3$ ist.

35. **Tangentialkurven** Eine glatte Kurve ist zu einer Fläche in einem Schnittpunkt tangential, wenn ihr Geschwindigkeitsvektor dort orthogonal zu ∇f ist.

Zeigen Sie, dass die Kurve

$$\boldsymbol{r}(t) = \sqrt{t}\,\boldsymbol{i} + \sqrt{t}\,\boldsymbol{j} + (2t-1)\,\boldsymbol{k}$$

für $t = 1$ tangential zur Fläche $x^2 + y^2 - z = 1$ ist.

14.7 Extremwerte und Sattelpunkte

Stetige Funktionen von zwei Variablen nehmen auf abgeschlossenen, beschränkten Gebieten Extremwerte an (►Abbildung 14.38 und 14.39). Wir werden in diesem Abschnitt sehen, dass wir die Suche nach diesen Extremwerten verkürzen können, wenn wir die ersten partiellen Ableitungen der Funktion untersuchen. Eine Funktion von zwei Variablen kann Extremwerte nur annehmen in

1. Randpunkten ihres Definitionsbereichs, in
2. inneren Punkten, in denen die beiden ersten partiellen Ableitungen null sind, und in
3. inneren Punkten, in denen eine der Ableitungen oder beide Ableitungen nicht existieren.

Jedoch deutet das Verschwinden von Ableitungen in einem inneren Punkt (a, b) nicht immer auf das Vorhandensein eines Extremwerts hin. Die Fläche, die der Graph der Funktion ist, kann genau über (a, b) auch wie ein Sattel geformt sein und dort seine Tangentialebene schneiden.

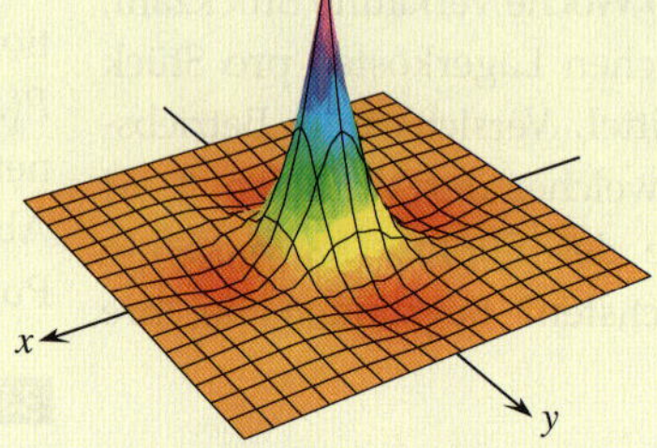

Abbildung 14.38 Die Funktion $z = (\cos x)(\cos y)e^{-\sqrt{x^2+y^2}}$ hat über dem rechteckigen Gebiet $|x| \leq 3\pi/2$, $|y| \leq 3\pi/2$ einen Maximalwert von 1 und einen Minimalwert von etwa $-0{,}067$.

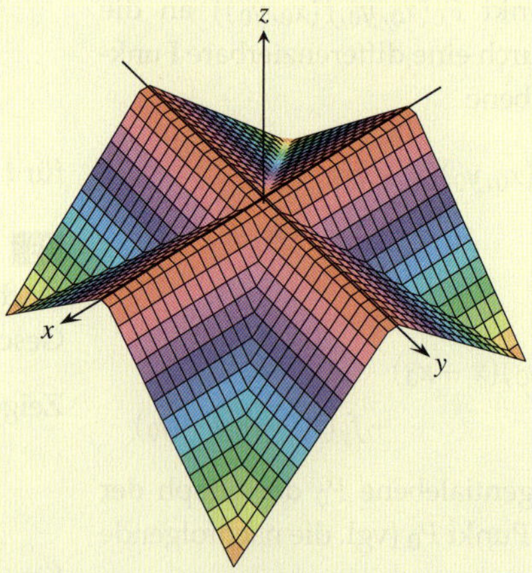

Abbildung 14.39 Die „Dachfläche" hat über dem rechteckigen Gebiet $|x| \leq a$, $|y| \leq a$ einen Maximalwert von 0 und einen Minimalwert von $-a$.

Tests mithilfe der Ableitung zur Bestimmung lokaler Extremwerte

Um lokale Extremwerte einer Funktion von einer Variablen zu bestimmen, suchen wir nach Punkten, in denen der Graph eine horizontale Tangente hat. An solchen Punkten suchen wir dann nach lokalen Maxima, lokalen Minima und Wendepunkten. Bei einer Funktion $f(x,y)$ von zwei Variablen suchen wir nach Punkten, in denen die Fläche $z = f(x,y)$ eine horizontale Tangential*ebene* hat. An solchen Punkten suchen wir dann nach lokalen Maxima, lokalen Minima und Sattelpunkten. Beginnen wollen wir nun mit der Definition dieser Maxima und Minima.

Definition

Sei $f(x,y)$ über einem Gebiet R definiert, das den Punkt (a,b) enthält. Dann ist

1. $f(a,b)$ ein **lokaler Maximal**wert (lokales Maximum) von f, wenn für alle Punkte (x,y) des Definitionsbereichs in einer offenen Kreisscheibe mit dem Mittelpunkt (a,b) gilt:
$f(a,b) \geq f(x,y)$.
2. $f(a,b)$ ein **lokaler Minimal**wert (lokales Minimum) von f, wenn für alle Punkte (x,y) des Definitionsbereichs in einer offenen Kreisscheibe mit dem Mittelpunkt (a,b) gilt:
$f(a,b) \leq f(x,y)$.

Lokale Maxima entsprechen Berggipfeln auf der Fläche $z = f(x,y)$, und lokale Minima entsprechen Talsohlen (►Abbildung 14.40). Sofern sie existieren, sind die Tangentialebenen in solchen Punkten horizontal. Lokale Extrema nennt man auch **relative Extrema**.

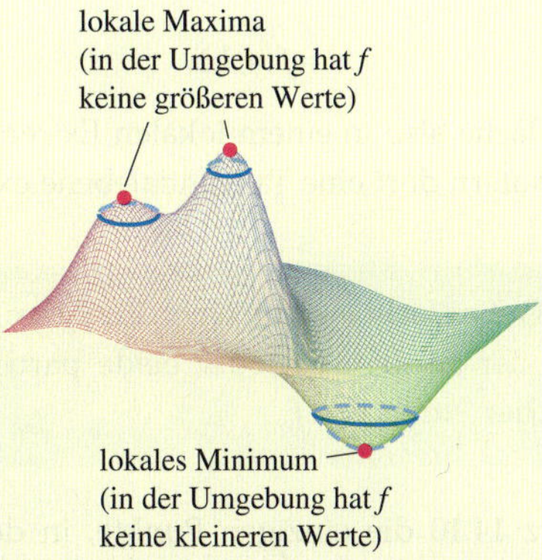

Abbildung 14.40 In einem Berggipfel wird ein lokales Maximum angenommen und in einer Talsohle ein lokales Minimum.

Wie bei Funktionen einer Variablen liegt der Schlüssel zum Auffinden lokaler Extrema in einem Test mithilfe der ersten Ableitung.

Satz 14.10 Test auf lokale Extrema mithilfe der ersten Ableitung Hat die Funktion $f(x,y)$ in einem inneren Punkt (a,b) ihres Definitionsbereichs einen lokalen Maximalwert oder Minimalwert und existieren dort die ersten partiellen Ableitungen, so ist $f_x(a,b) = 0$ und $f_y(a,b) = 0$.

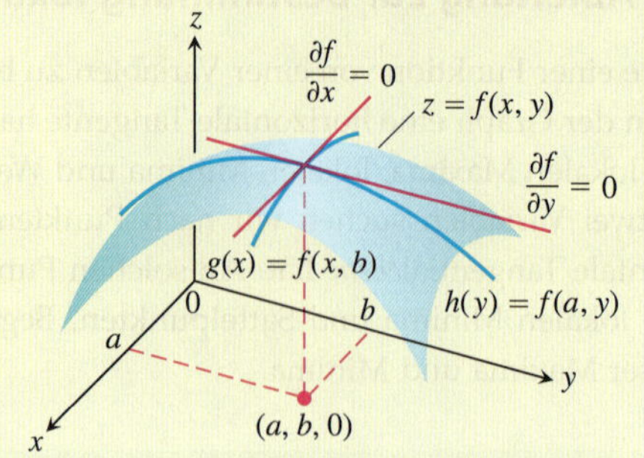

Abbildung 14.41 Hat die Funktion f in $x = a$, $y = b$ ein lokales Maximum, so sind dort die partiellen Ableitungen $f_x(a,b)$ und $f_y(a,b)$ beide null.

Beweis Hat f im Punkt (a,b) ein lokales Extremum, so hat die Funktion $g(x) = f(x,b)$ ein lokales Extremum bei $x = a$ (▶Abbildung 14.41). Deshalb ist $g'(a) = 0$ (vgl. Kapitel 4, Satz 4.2). Nun ist $g'(a) = f_x(a,b)$, also ist $f_x(a,b) = 0$. Anhand einer ähnlichen Argumentation für die Funktion $h(y) = f(a,y)$ können wir zeigen, dass auch $f_y(a,b) = 0$ ist. ■

Wenn wir in die Gleichung für die Tangentialebene an die Fläche $z = f(x,y)$ im Punkt (a,b)

$$f_x(a,b)(x-a) + f_y(a,b)(y-b) - (z - f(a,b)) = 0$$

die Werte $f_x(a,b) = 0$ und $f_y(a,b) = 0$ einsetzen, so reduziert sich die Gleichung zu

$$0 \cdot (x-a) + 0 \cdot (y-b) - z + f(a,b) = 0$$

bzw.

$$z = f(a,b)\,.$$

Nach Satz 14.10 hat die Fläche also in einem lokalen Extremum tatsächlich eine horizontale Tangentialebene, sofern dort eine Tangentialebene existiert.

Definition Ein innerer Punkt des Definitionsbereichs einer Funktion $f(x,y)$, an dem sowohl f_x als auch f_y null ist oder an dem ein oder beide partiellen Ableitungen nicht existieren, ist ein **kritischer Punkt** von f.

Außerdem sind nach Satz 14.10 die einzigen Punkte, in denen die Funktion $f(x,y)$ Extremwerte annehmen kann, kritische Punkte und Randpunkte. Wie bei differenzierbaren Funktionen von einer Variablen führt nicht jeder kritische Punkt zu einem lokalen Extremum. Eine differenzierbare Funktion von einer Variablen kann dort auch einen Wendepunkt haben. Eine differenzierbare Funktion von zwei Variablen kann einen *Sattelpunkt* haben.

Definition Eine differenzierbare Funktion $f(x,y)$ hat einen **Sattelpunkt** in einem kritischen Punkt (a,b), wenn in jeder offenen Kreisscheibe mit dem Mittelpunkt (a,b) sowohl Punkte (x,y) des Definitionsbereichs existieren, an denen $f(x,y) > f(a,b)$ ist, als auch Punkte (x,y) des Definitionsbereichs existieren, an denen $f(x,y) < f(a,b)$ ist. Den zugehörigen Punkt $(a,b,f(a,b))$ auf der Fläche $z = f(x,y)$ nennt man Sattelpunkt der Fläche (▶Abbildung 14.42).

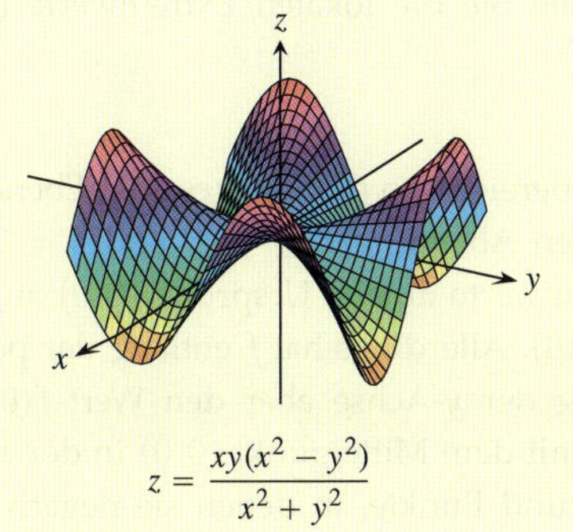

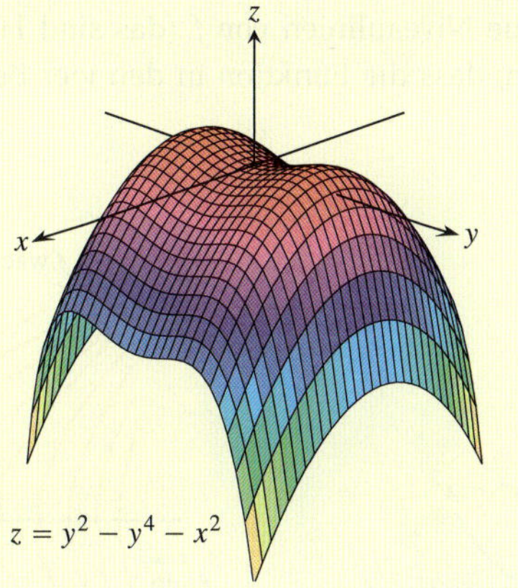

Abbildung 14.42 Sattelpunkte im Ursprung

Lokale Extremwerte der Funktion $f(x,y) = x^2 + y^2 - 4y + 9$

Beispiel 14.45 Bestimmen Sie die lokalen Extremwerte der Funktion $f(x,y) = x^2 + y^2 - 4y + 9$.

Lösung Der Definitionsbereich von f ist die gesamte Ebene (es gibt also keine Randpunkte), und die partiellen Ableitungen $f_x = 2x$ und $f_y = 2y - 4$ existieren überall. Deshalb können lokale Extrema nur dort angenommen werden, wo

$$f_x = 2x = 0 \quad \text{und} \quad f_y = 2y - 4 = 0$$

ist. Das ist nur im Punkt $(0,2)$ möglich, wo der Funktionswert von f gleich 5 ist. Da $f(x,y) = x^2 + (y-2)^2 + 5$ nie kleiner als 5 ist, hat f im kritischen Punkt $(0,2)$ also ein lokales Minimum (▶Abbildung 14.43). ■

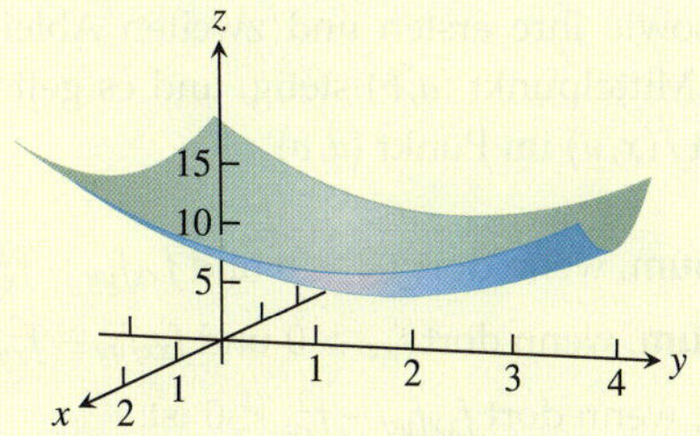

Abbildung 14.43 Der Graph der Funktion $f(x,y) = x^2 + y^2 - 4y + 9$ ist ein Paraboloid, das im Punkt $(0,2)$ den lokalen Minimalwert 5 hat (Beispiel 14.45).

Lokale Extrema der Funktion $f(x,y) = y^2 - x^2$

Beispiel 14.46 Bestimmen Sie die lokalen Extremwerte (sofern sie existieren) der Funktion $f(x,y) = y^2 - x^2$.

Lösung Der Definitionsbereich von f ist die gesamte Ebene (es gibt also keine Randpunkte), und die partiellen Ableitungen $f_x = 2x$ und $f_y = 2y$ existieren überall. Deshalb können lokale Extremwerte nur im Ursprung $(0,0)$ angenommen werden (beide Ableitungen sind dort null). Allerdings hat f entlang der positiven x-Achse den Wert $f(x,0) = -x^2 < 0$, entlang der y-Achse aber den Wert $f(0,y) = y^2$. Deshalb enthält jede offene Kreisscheibe mit dem Mittelpunkt $(0,0)$ in der xy-Ebene Punkte, in denen die Funktion positiv ist, und Punkte, in denen sie negativ ist. Die Funktion hat im Ursprung also einen Sattelpunkt und keine lokalen Extremwerte (▶Abbildung 14.44a). Abbildung 14.44b zeigt die Niveaulinien von f (das sind Hyperbeln). Anhand dieser Linien lässt sich erkennen, dass die Funktion in den vier Bereichen abwechselnd fällt und wächst. ■

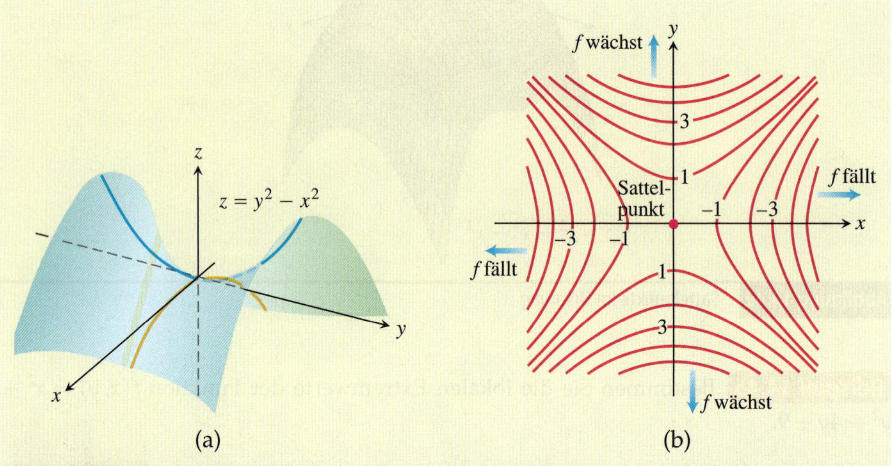

Abbildung 14.44 (a) Der Ursprung ist ein Sattelpunkt der Funktion $f(x,y) = y^2 - x^2$. Es gibt keine lokalen Extremwerte (Beispiel 14.46). (b) Niveaulinien der Funktion f aus Beispiel 14.46.

Dass in einem inneren Punkt (a,b) von R für die ersten partiellen Ableitungen $f_x = f_y = 0$ gilt, ist keine Garantie dafür, dass f dort einen lokalen Extremwert annimmt. Sind die Funktion f und ihre ersten und zweiten partiellen Ableitungen auf R stetig, so können wir allerdings anhand des folgenden Satzes weitere Aussagen treffen. Diesen Satz werden wir in Abschnitt 14.9 beweisen.

Satz 14.11 Test mithilfe der zweiten Ableitung auf lokale Extrema

Die Funktion $f(x,y)$ sowie ihre ersten und zweiten Ableitungen seien in einer Kreisscheibe mit dem Mittelpunkt (a,b) stetig, und es gelte $f_x(a,b) = f_y(a,b) = 0$. Dann hat die Funktion $f(x,y)$ im Punkt (a,b)

i. ein **lokales Maximum**, wenn dort $f_{xx} < 0$ und $f_{xx}f_{yy} - f_{xy}^2 > 0$ ist.
ii. ein **lokales Minimum**, wenn dort $f_{xx} > 0$ und $f_{xx}f_{yy} - f_{xy}^2 > 0$ ist.
iii. einen **Sattelpunkt**, wenn dort $f_{xx}f_{yy} - f_{xy}^2 < 0$ ist.
iv. **Der Test bleibt ergebnislos**, wenn dort $f_{xx}f_{yy} - f_{xy}^2 = 0$ ist. In diesem Fall müssen wir das Verhalten von f im Punkt (a,b) auf einem anderen Weg bestimmen.

Der Ausdruck $f_{xx}f_{yy} - f_{xy}^2$ heißt **Diskriminante** der Funktion f. Mitunter lässt sie sich in Determinantenform einfacher merken:

$$f_{xx}f_{yy} - f_{xy}^2 = \begin{vmatrix} f_{xx} & f_{xy} \\ f_{xy} & f_{yy} \end{vmatrix}.$$

Dies ist die Determinante der sogenannten **Hesse-Matrix** $\begin{pmatrix} f_{xx} & f_{xy} \\ f_{xy} & f_{yy} \end{pmatrix}$ von f. Ist die Diskriminante in dem Punkt (a, b) positiv, so krümmt sich die Fläche nach Satz 14.11 in allen Richtungen gleich: für $f_{xx} < 0$ nach unten, sodass dort ein lokales Maximum vorliegt, und für $f_{xx} > 0$ nach oben, sodass dort ein lokales Minimum vorliegt. Ist die Diskriminante in dem Punkt (a, b) dagegen negativ, so krümmt sich die Kurve in einigen Richtungen nach oben und in anderen nach unten, sodass wir es mit einem Sattelpunkt zu tun haben.

Beispiel 14.47 Bestimmen Sie die lokalen Extremwerte der Funktion

Lokale Extremwerte der Funktion $f(x,y) = xy - x^2 - y^2 - 2x - 2y + 4$

$$f(x, y) = xy - x^2 - y^2 - 2x - 2y + 4.$$

Lösung Die Funktion ist für alle x und y definiert und differenzierbar, und ihr Definitionsbereich hat keine Randpunkte. Die Funktion kann Extremwerte also nur in den Punkten annehmen, in denen f_x und f_y gleichzeitig null sind. Dies führt auf

$$f_x = y - 2x - 2 = 0, \; f_y = x - 2y - 2 = 0$$

bzw.

$$x = y = -2.$$

Deshalb ist der Punkt $(-2, -2)$ der einzige Punkt, in dem f einen Extremwert annehmen kann. Um uns davon zu überzeugen, berechnen wir

$$f_{xx} = -2, \; f_{yy} = -2, \; f_{xy} = 1.$$

Die Diskriminante von f im Punkt $(a, b) = (-2, -2)$ ist

$$f_{xx}f_{yy} - f_{xy}^2 = (-2)(-2) - (1)^2 = 4 - 1 = 3.$$

An der Kombination von

$$f_{xx} < 0 \quad \text{und} \quad f_{xx}f_{yy} - f_{xy}^2 > 0$$

lesen wir ab, dass f im Punkt $(-2, -2)$ ein lokales Maximum hat. Der Wert von f ist in diesem Punkt $f(-2, -2) = 8$. ■

Beispiel 14.48 Bestimmen Sie die lokalen Extremwerte der Funktion $f(x, y) = 3y^2 - 2y^3 - 3x^2 + 6xy$.

Lokale Extremwerte der Funktion $f(x,y) = 3y^2 - 2y^3 - 3x^2 + 6xy$

Lösung Da die Funktion f überall differenzierbar ist, kann sie Extremwerte nur in Punkten annehmen, für die gilt:

$$f_x = 6y - 6x = 0 \quad \text{und} \quad f_y = 6y - 6y^2 + 6x = 0.$$

Aus der ersten Gleichung ergibt sich $x = y$, und setzen wir dies in die zweite Gleichung ein, so erhalten wir

$$6x - 6x^2 + 6x = 0 \quad \text{bzw.} \quad 6x\,(2 - x) = 0\,.$$

Die beiden kritischen Punkte sind daher $(0, 0)$ und $(2, 2)$.

Um zu entscheiden, ob es sich um ein Minimum oder ein Maximum handelt, berechnen wir die zweiten Ableitungen:

$$f_{xx} = -6,\ f_{yy} = 6 - 12y,\ f_{xy} = 6\,.$$

Die Diskriminante ist dann

$$f_{xx}f_{yy} - f_{xy}^2 = (-36 + 72y) - 36 = 72\,(y - 1)\ .$$

In dem kritischen Punkt $(0, 0)$ hat die Diskriminante den negativen Wert -72, sodass die Funktion im Ursprung einen Sattelpunkt hat. In dem kritischen Punkt $(2, 2)$ hat die Diskriminante den positiven Wert 72. Zusammen damit, dass die zweite partielle Ableitung $f_{xx} = -6$ ist, liefert der kritische Punkt $(2, 2)$ nach Satz 14.11 einen lokalen Maximalwert von $f(2, 2) = 12 - 16 - 12 + 24 = 8$. Ein Graph der Fläche ist in ▶Abbildung 14.45 dargestellt.

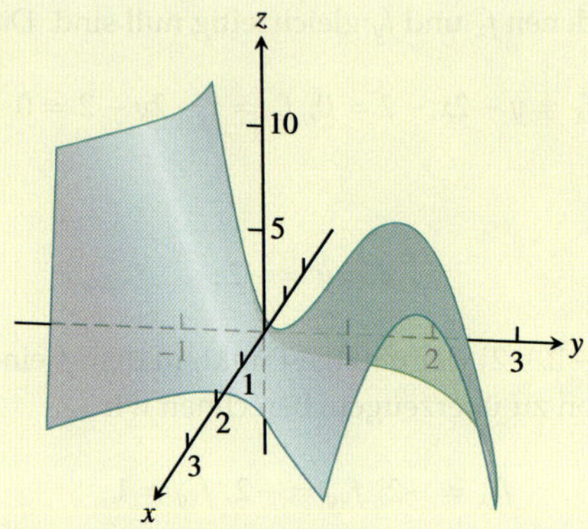

Abbildung 14.45 Die Fläche $z = 3y^2 - 2y^3 - 3x^2 + 6xy$ hat im Ursprung einen Sattelpunkt und im Punkt $(2, 2)$ ein lokales Maximum (Beispiel 14.48).

Globale Maxima und Minima auf abgeschlossenen, beschränkten Gebieten

Die Suche nach den globalen Extrema einer stetigen Funktion $f(x, y)$ auf einem abgeschlossenen und beschränkten Gebiet R untergliedern wir in drei Schritte:

1. *Bestimmen Sie die inneren Punkte von R, in denen f* lokale Maxima und Minima haben kann, und berechnen Sie f in diesen Punkten. Das sind die kritischen Punkte von f.
2. *Bestimmen Sie die Randpunkte von R*, in denen f lokale Maxima und Minima haben kann, und berechnen Sie f in diesen Punkten. Wir werden gleich zeigen, wie man das macht.
3. *Suchen Sie unter den berechneten Werten* nach den Maximal- und Minimalwerten von f. Das sind die globalen Maximal- und Minimalwerte von f auf R. Da die globalen Maxima und Minima gleichzeitig auch lokale Maxima und Minima sind,

tauchen die globalen Maximal- und Minimalwerte von f tatsächlich in der Werteliste auf, die Sie in den Schritten 1 und 2 bestimmt haben.

Beispiel 14.49 Bestimmen Sie die globalen Maximal- und Minimalwerte der Funktion

Globale Maximal- und Minimalwerte von $f(x,y) = 2+2x+2y-x^2-y^2$

$$f(x,y) = 2 + 2x + 2y - x^2 - y^2$$

auf dem dreieckigen Gebiet im ersten Quadranten, das durch die Geraden $x = 0$, $y = 0$ und $y = 9 - x$ begrenzt ist.

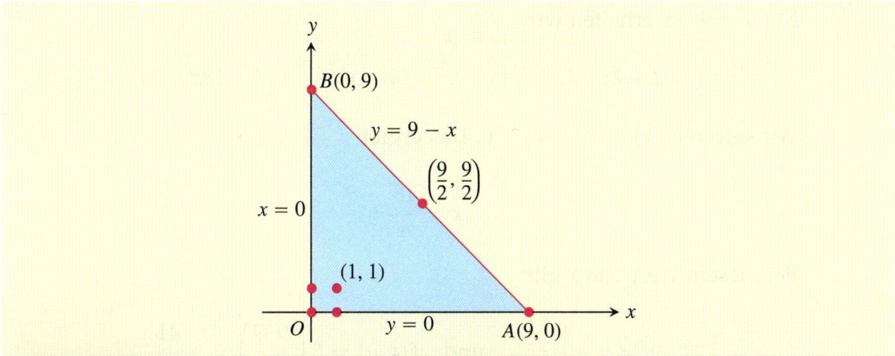

Abbildung 14.46 Dieses dreieckige Gebiet ist der Definitionsbereich der Funktion aus Beispiel 14.49.

Lösung Da f differenzierbar ist, sind die einzigen Punkte, in denen f Extremwerte annehmen kann, Punkte im Innern des Dreiecks (▶Abbildung 14.46), in denen $f_x = f_y = 0$ ist, und Randpunkte.

a **Innere Punkte**: Hier haben wir

$$f_x = 2 - 2x = 0, \; f_y = 2 - 2y = 0,$$

was auf den Punkt $(x, y) = (1, 1)$ führt. In diesem Punkt hat f den Wert

$$f(1,1) = 4\,.$$

b **Randpunkte**: Wir betrachten die Seiten des Dreiecks einzeln:

i Auf dem Abschnitt OA gilt $y = 0$. Die Funktion

$$f(x,y) = f(x,0) = 2 + 2x - x^2 = g(x)$$

können wir nun als eine Funktion von x betrachten, die auf dem abgeschlossenen Intervall $0 \leq x \leq 9$ definiert ist. Wie wir aus Kapitel 4 wissen, kann sie ihre Extremwerte in den Randpunkten

$$x = 0 \quad \text{mit} \quad f(0,0) = 2$$
$$x = 9 \quad \text{mit} \quad f(9,0) = 2 + 18 - 81 = -61$$

sowie an inneren Punkten annehmen, in denen $g'(x) = 2 - 2x = 0$ ist. Der einzige innere Punkt, für den $g'(x) = 0$ gilt, ist $x = 1$ mit

$$g(x) = f(1,0) = 3\,.$$

ii Auf dem Abschnitt OB gilt $x = 0$. Die Funktion ist

$$f(x,y) = f(0,y) = 2 + 2y - y^2 .$$

Aufgrund der Symmetrie von f in x und y wissen wir aus der eben geführten Analyse, dass die Kandidaten auf diesem Abschnitt

$$f(0,0) = 2, \quad f(0,9) = -61, \quad f(0,1) = 3$$

sind.

iii Die Werte von f in den Endpunkten von AB haben wir bereits betrachtet, sodass wir nur noch die inneren Punkte von AB zu untersuchen brauchen. Mit $y = 9 - x$ erhalten wir

$$f(x,y) = 2 + 2x + 2(9-x) - x^2 - (9-x)^2 = -61 + 18x - 2x^2 = h(x) .$$

Wir setzen $h'(x) = 18 - 4x = 0$. Das ergibt

$$x = \frac{18}{4} = \frac{9}{2}.$$

Bei diesem Wert von x gilt:

$$y = 9 - \frac{9}{2} = \frac{9}{2} \quad \text{und} \quad f(x,y) = f\left(\frac{9}{2}, \frac{9}{2}\right) = -\frac{41}{2}.$$

Zusammenfassung Die Kandidatenliste der Extremwerte von f ist: $4, 2, -61, 3, -(41/2)$. Das Maximum ist 4, es wird im Punkt $(1,1)$ angenommen. Das Minimum ist -61, und es wird in den Punkten $(0,9)$ und $(9,0)$ angenommen. ■

Extremwertaufgaben unter algebraischen Nebenbedingungen an die Variablen werden in der Regel mit der Methode der Lagrange-Multiplikatoren gelöst, die wir im nächsten Abschnitt einführen. Manchmal können wir solche Aufgaben aber auch direkt lösen, wie das nächste Beispiel zeigt.

Extremwertaufgabe für eine Funktion von zwei Variablen mit Nebenbedingung

Beispiel 14.50 Eine Lieferfirma nimmt nur rechteckige Behältnisse an, bei denen die Summe aus Länge und Umfang (eines Querschnitts) maximal 270 cm ist. Bestimmen Sie die Abmessungen eines akzeptablen Behältnisses mit maximalem Volumen.

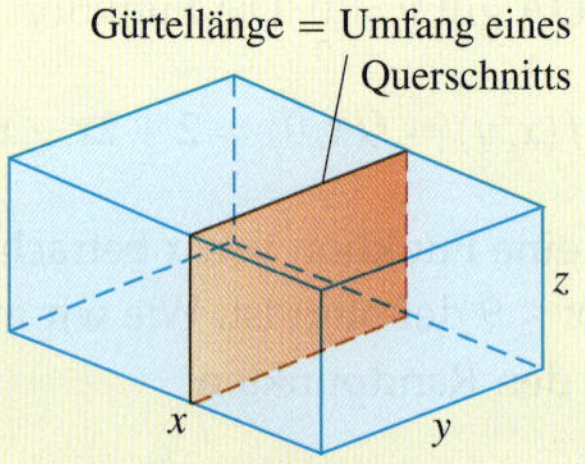

Abbildung 14.47 Das rechteckige Behältnis aus Beispiel 14.50.

Lösung Die Abmessungen des rechteckigen Behältnisses seien x (Länge), y (Breite) und z (Höhe), wir geben die Maße in Zentimetern an. Der Umfang ist dann $2y + 2z$. Wir wollen das Volumen $V = xyz$ des Behältnisses (►Abbildung 14.47) unter der Bedingung $x + 2y + 2z = 270$ (das größte von der Lieferfirma akzeptierte Behältnis) maximieren. Damit können wir das Volumen des Behältnisses als eine Funktion von zwei Variablen schreiben:

$$\begin{aligned} V(y,z) &= (270 - 2y - 2z)yz && V = xyz \text{ und } x = 270 - 2y - 2z \\ &= 270yz - 2y^2z - 2yz^2 . \end{aligned}$$

Anschließend setzen wir die ersten partiellen Ableitungen gleich null:

$$\begin{aligned} V_y(y,z) &= 270z - 4yz - 2z^2 = (270 - 4y - 2z)\,z = 0\,, \\ V_z(y,z) &= 270y - 2y^2 - 4yz = (270 - 2y - 4z)\,y = 0\,. \end{aligned}$$

Das liefert die kritischen Punkte $(0,0)$, $(0,135)$, $(135,0)$ und $(45,45)$. In den Punkten $(0,0)$, $(0,135)$ und $(135,0)$ ist das Volumen gleich null. Das ist natürlich kein Maximalwert. Auf den Punkt $(45,45)$ wenden wir den Test mithilfe der zweiten Ableitung an (Satz 14.11):

$$V_{yy} = -4z,\; V_{zz} = -4y,\; V_{yz} = 270 - 4y - 4z\,.$$

Dann ist

$$V_{yy}V_{zz} - V_{yz}^2 = 16yz - 4\,(135 - 2y - 2z)^2\,.$$

Aus

$$V_{yy}\,(45,45) = -4\,(45) < 0$$

und

$$[V_{yy}V_{zz} - V_{yz}^2]_{(45,45)} = 16(45)(45) - 4(-45)^2 > 0$$

folgt, dass der Punkt $(45,45)$ ein maximales Volumen liefert. Die Abmessungen des Behältnisses sind $x = 270 - 2(45) - 2(45) = 90$ cm, $y = 45$ cm und $z = 45$ cm. Das maximale Volumen ist $V = (90)(45)(45) = 182{,}250\ \text{cm}^3$ bzw. $0{,}18225\ \text{m}^3$. ■

Trotz seiner enormen Aussagekraft hat Satz 14.11 auch Grenzen. Er gilt nicht für die Randpunkte des Definitionsbereichs einer Funktion, wo eine Funktion Extremwerte mit von null verschiedenen Ableitungen haben kann. Ebenso gilt der Satz nicht für Punkte, in denen f_x oder f_y nicht existiert.

Merke

Zusammenfassung des Min-Max-Tests Die Funktion $f(x,y)$ kann Extremwerte nur annehmen in

i. **Randpunkten** des Definitionsbereichs von f,
ii. **kritischen Punkten** (inneren Punkten mit $f_x = f_y = 0$ oder Punkten, in denen f_x bzw. f_y nicht existiert).

Sind die ersten und zweiten partiellen Ableitungen von f in einer Kreisscheibe mit dem Mittelpunkt (a,b) stetig, und ist $f_x(a,b) = f_y(a,b) = 0$, so lassen sich die Extremaleigenschaften von $f(a,b)$ anhand des **Tests mithilfe der zweiten Ableitung** prüfen:

i. $f_{xx} < 0$ und $f_{xx}f_{yy} - f_{xy}^2 > 0$ in $(a,b) \Rightarrow$ **lokales Maximum**
ii. $f_{xx} > 0$ und $f_{xx}f_{yy} - f_{xy}^2 > 0$ in $(a,b) \Rightarrow$ **lokales Minimum**
iii. $f_{xx}f_{yy} - f_{xy}^2 < 0$ in $(a,b) \Rightarrow$ **Sattelpunkt**
iv. $f_{xx}f_{yy} - f_{xy}^2 = 0$ in $(a,b) \Rightarrow$ **Test ist ergebnislos**

Aufgaben zum Abschnitt 14.7

Lokale Extrema bestimmen

Bestimmen Sie in den Aufgaben 1–15 die lokalen Maxima, Minima und Sattelpunkte der angegebenen Funktionen.

1. $f(x,y) = x^2 + xy + y^2 + 3x - 3y + 4$

2. $f(x,y) = x^2 + xy + 3x + 2y + 5$

3. $f(x,y) = 2xy - x^2 - 2y^2 + 3x + 4$

4. $f(x,y) = 2x^2 + 3xy + 4y^2 - 5x + 2y$

5. $f(x,y) = x^2 - y^2 - 2x + 4y + 6$

6. $f(x,y) = \sqrt{56x^2 - 8y^2 - 16x - 31} + 1 - 8x$

7. $f(x,y) = x^3 - y^3 - 2xy + 6$

8. $f(x,y) = 6x^2 - 2x^3 + 3y^2 + 6xy$

9. $f(x,y) = x^3 + 3xy^2 - 15x + y^3 - 15y$

10. $f(x,y) = 4xy - x^4 - y^4$

11. $f(x,y) = \dfrac{1}{x^2 + y^2 - 1}$

12. $f(x,y) = y \sin x$

13. $f(x,y) = e^{x^2+y^2-4x}$

14. $f(x,y) = e^{-y}\left(x^2 + y^2\right)$

15. $f(x,y) = 2 \ln x + \ln y - 4x - y$

Globale Extrema bestimmen

Bestimmen Sie in den Aufgaben 16–19 die globalen Maxima und Minima der Funktionen auf den angegebenen Definitionsbereichen.

16. $f(x,y) = 2x^2 - 4x + y^2 - 4y + 1$ über dem abgeschlossenen, dreieckigen Gebiet, das von den Geraden $x = 0$, $y = 2$, $y = 2x$ im ersten Quadranten begrenzt wird.

17. $f(x,y) = x^2 + y^2$ über dem abgeschlossenen, dreieckigen Gebiet, das von den Geraden $x = 0$, $y = 0$, $y + 2x = 2$ im ersten Quadranten begrenzt wird.

18. $T(x,y) = x^2 + xy + y^2 - 6x + 2$ über dem abgeschlossenen, rechteckigen Gebiet $0 \le x \le 5, -3 \le y \le 0$.

19. $f(x,y) = \left(4x - x^2\right) \cos y$ über dem rechteckigen Gebiet $1 \le x \le 3$, $-\pi/4 \le y \le \pi/4$ (vgl. die zugehörige Abbildung).

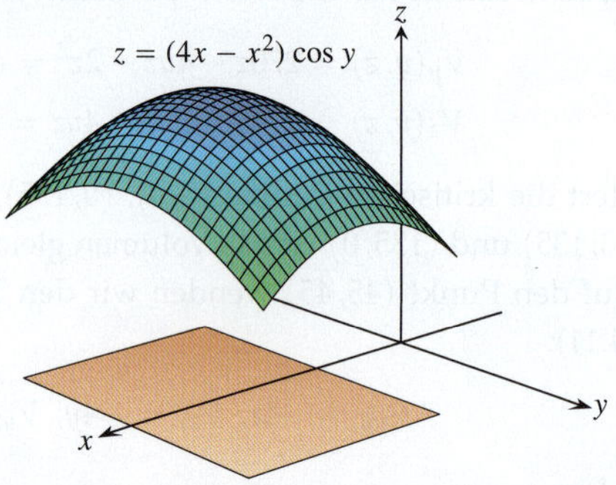

20. Bestimmen Sie die Zahlen a und b mit $a \le b$ so, dass das Integral

$$\int_a^b \left(6 - x - x^2\right) dx$$

einen maximalen Wert hat.

21. Temperaturen Ein flache, kreisförmige Platte hat die Form des Gebiets $x^2 + y^2 \le 1$. Die Platte wird einschließlich des Randes $x^2 + y^2 = 1$ so erwärmt, dass die Temperatur im Punkt (x,y) gleich

$$T(x,y) = x^2 + 2y^2 - x$$

ist. Bestimmen Sie die Temperaturen an den heißesten und kältesten Punkten der Platte.

Theorie und Beispiele

22. Bestimmen Sie die Maxima, Minima und Sattelpunkte der Funktion $f(x,y)$, sofern vorhanden, unter der Vorgabe:

a. $f_x = 2x - 4y$ und $f_y = 2y - 4x$

b. $f_x = 2x - 2$ und $f_y = 2y - 4$

c. $f_x = 9x^2 - 9$ und $f_y = 2y + 4$

Begründen Sie jeweils Ihre Antwort.

23. Zeigen Sie, dass $(0,0)$ ein kritischer Punkt der Funktion $f(x,y) = x^2 + kxy + y^2$ ist, und zwar unabhängig vom Wert der Konstanten k. (*Hinweis*: Betrachten Sie zwei Fälle: $k = 0$ und $k \neq 0$.)

24. Sei $f_x(a,b) = f_y(a,b) = 0$. Muss die Funktion f dann im Punkt (a,b) ein lokales Minimum oder Maximum haben? Begründen Sie Ihre Antwort.

25. Bestimmen Sie unter allen Punkten auf dem Graphen von $z = 10 - x^2 - y^2$, die über der Ebene $x + 2y + 3z = 0$ liegen, den Punkt, der am weitesten von der Ebene entfernt ist.

26. Bestimmen Sie auf der Ebene $3x + 2y + z = 6$ den Punkt, der dem Ursprung am nächsten ist.

27. Bestimmen Sie drei Zahlen mit der Summe 9, für die die Summe der Quadrate minimal ist.

28. Bestimmen Sie den Minimalwert von $s = xy + yz + xz$ mit $x + y + z = 6$.

29. Bestimmen Sie die Abmessungen eines Quaders mit maximalem Volumen, der sich einer Kugelfläche $x^2 + y^2 + z^2 = 4$ einschreiben lässt.

30. Sie sollen einen offenen Quader aus 12 m^2 Blech konstruieren. Welche Abmessungen sollte dieses Blech haben, damit Sie daraus einen Quader mit maximalem Volumen konstruieren können?

Extremwerte auf parametrisierten Kurven

Um den Extremwert einer Funktion $f(x,y)$ auf einer Kurve $x = x(t)$, $y = y(t)$ zu bestimmen, behandeln wir f als eine Funktion einer Variablen t und bestimmen mithilfe der Kettenregel, wo df/dt gleich null ist. Wie in jedem anderen Fall mit einer Variablen gehören die Extremwerte von f dann zu den Werten in den

a. kritischen Punkten (Punkte, in denen df/dt gleich null ist oder nicht existiert) und

b. Randpunkten des Parameterintervalls.

Bestimmen Sie die globalen Maximal- und Minimalwerte der folgenden Funktionen auf den gegeben Kurven.

31. Funktionen:

a. $f(x,y) = x + y$ **b.** $g(x,y) = xy$

c. $h(x,y) = 2x^2 + y^2$

Kurven:

i. Der Halbkreis $x^2 + y^2 = 4,\ y \geq 0$

ii. Der Viertelkreis $x^2 + y^2 = 4,\ x \geq 0,\ y \geq 0$

Verwenden Sie die Parametergleichungen $x = 2\cos t,\ y = 2\sin t$.

32. Funktionen:

a. $f(x,y) = 2x + 3y$ **b.** $g(x,y) = xy$

c. $h(x,y) = x^2 + 3y^2$

Kurven:

i. Die Halbellipse $(x^2/9) + (y^2/4) = 1,\ y \geq 0$

ii. Die Viertelellipse $(x^2/9) + (y^2/4) = 1,\ x \geq 0,\ y \geq 0$

Verwenden Sie die Parametergleichungen $x = 3\cos t,\ y = 2\sin t$.

33. Funktion: $f(x,y) = xy$

Kurven:

i. Die Gerade $x = 2t,\ y = t + 1$

ii. Der Geradenabschnitt $x = 2t,\ y = t + 1,\ -1 \leq t \leq 0$

iii. Der Geradenabschnitt $x = 2t,\ y = t + 1,\ 0 \leq t \leq 1$

34. Funktionen:

a. $f(x,y) = x^2 + y^2$ **b.** $g(x,y) = 1/\left(x^2 + y^2\right)$

Kurven:

i. Die Gerade $x = t,\ y = 2 - 2t$

ii. Der Geradenabschnitt $x = t,\ y = 2 - 2t,\ -1 \leq t \leq 0$

iii. Der Geradenabschnitt $x = t,\ y = 2 - 2t,\ 0 \leq t \leq 1$

35. **Methode der kleinsten Quadrate und Regressionsgeraden** Wenn wir versuchen, eine Gerade einer Menge von Messpunkten $(x_1, y_1), (x_2, y_2), \ldots, (x_n, y_n)$ anzupassen (►Abbildung 14.48), wählen wir üblicherweise die Gerade, die die Summe der Abstandsquadrate der Punkte von der Geraden minimiert. In der Theorie bedeutet dies, die Werte von m und b zu bestimmen, die den Wert der Funktion

$$w = (mx_1 + b - y_1)^2 + \cdots + (mx_n + b - y_n)^2 \qquad (1)$$

minimieren. Zeigen Sie, dass dies auf die Werte

$$m = \frac{\left(\sum x_k\right)\left(\sum y_k\right) - n\sum x_k y_k}{\left(\sum x_k\right)^2 - n\sum x_{k^2}} \qquad (2)$$

$$b = \frac{1}{n}\left(\sum y_k - m\sum x_k\right) \qquad (3)$$

zutrifft. Alle Summen laufen dabei von $k = 1$ bis $k = n$. In vielen wissenschaftlichen Taschenrechnern sind die Formeln implementiert, sodass sie m und b mit wenigen Tastendrücken bestimmen können, nachdem Sie die Daten eingegeben haben.

Die durch diese Werte von m und b bestimmte Gerade $y = mx + b$ heißt **Regressionsgerade** der untersuchten

Daten. Nachdem Sie die Regressionsgerade bestimmt haben, können Sie

a. Daten durch einen einzigen Ausdruck zusammenfassen,

b. Werte von y für andere, experimentell noch nicht untersuchte Werte von x vorhersagen und

c. Daten analytisch behandeln.

Bestimmen Sie in den Aufgaben 36–38 für jede Menge von Punkten die Regressionsgerade. Sagen Sie anschließend mithilfe der erhaltenen linearen Gleichung den Wert von y voraus, der zu $x = 4$ gehört.

36. $(-2,0),\ (0,2),\ (2,3)$

37. $(-1,2),\ (0,1),\ (3,-4)$

38. $(0,0),\ (1,2),\ (2,3)$

Computeralgebra Untersuchen Sie in den Aufgaben 39–43 die Funktionen, um ihre lokalen Extrema zu finden. Führen Sie dazu mithilfe eines CAS die folgenden Schritte aus:

a. Stellen Sie die Funktion über dem angegebenen Rechteck grafisch dar.

b. Zeichnen Sie einige Niveaulinien in die Abbildung.

c. Berechnen Sie die ersten partiellen Ableitungen der Funktion und verwenden Sie den Gleichungslöser des CAS, um die kritischen Punkte zu bestimmen. Welchen Zusammenhang gibt es zwischen den kritischen Punkten und den in Teil **b.** gezeichneten Niveaulinien? An welchen kritischen Punkten gibt es gegebenenfalls Sattelpunkte? Begründen Sie Ihre Antwort.

d. Berechnen Sie die zweiten partiellen Ableitungen der Funktion und bestimmen Sie die Diskriminante $f_{xx}f_{yy} - f_{xy}^2$.

e. Klassifizieren Sie die in Teil **c.** bestimmten kritischen Punkte mithilfe des Min-Max-Tests. Stimmen Ihre Ergebnisse mit Ihrer Diskussion aus Teil **c.** überein?

39. $f(x,y) = x^2 + y^3 - 3xy,\ -5 \le x \le 5,\ -5 \le y \le 5$

40. $f(x,y) = x^3 - 3xy^2 + y^2,\ -2 \le x \le 2,\ -2 \le y \le 2$

41. $f(x,y) = x^4 + y^2 - 8x^2 - 6y + 16,\ \ -3 \le x \le 3,\ -6 \le y \le 6$

42. $f(x,y) = 2x^4 + y^4 - 2x^2 - 2y^2 + 3,\ \ -3/2 \le x \le 3/2,\ -3/2 \le y \le 3/2$

43. $f(x,y) = 5x^6 + 18x^5 - 30x^4 + 30xy^2 - 120x^3,\ -4 \le x \le 3,\ -2 \le y \le 2$

44. $f(x,y) = \begin{cases} x^5 \ln(x^2+y^2), & (x,\ y) \ne (0,0) \\ 0, & (x,\ y) = (0,0) \end{cases}$

$-2 \le x \le 2,\ -2 \le y \le 2$

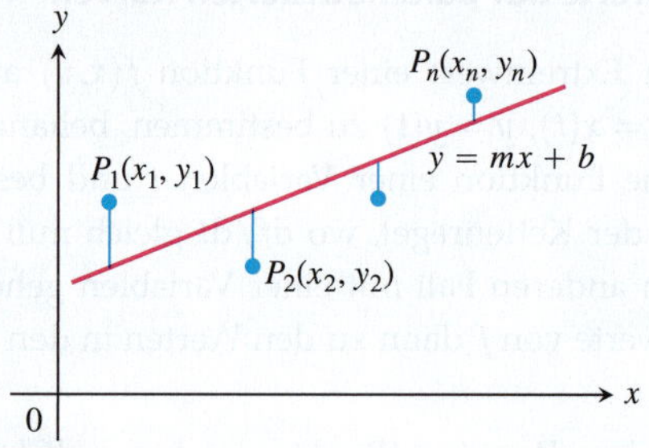

Abbildung 14.48 Wenn wir eine Gerade an eine Reihe von Messpunkten anpassen wollen, wählen wir die Gerade, die die Summe der Quadrate der Abweichungen minimiert.

14.8 Lagrange-Multiplikatoren

Manchmal müssen wir Extremwerte einer Funktion bestimmen, deren Definitionsbereich auf eine bestimmte Teilmenge der Ebene beschränkt ist – beispielsweise eine Kreisscheibe, ein abgeschlossenes, dreieckiges Gebiet oder eine Kurve. In diesem Abschnitt befassen wir uns mit einer leistungsfähigen Methode für das Auffinden von Extremwerten von Funktionen unter Nebenbedingungen: die Methode der *Lagrange-Multiplikatoren*.

Maxima und Minima unter Nebenbedingungen

Zunächst betrachten wir ein Problem, bei dem wir das Minimum unter einer Nebenbedingung bestimmen können, indem wir eine Variable eliminieren.

Beispiel 14.51 Bestimmen Sie den Punkt $P(x,y,z)$ auf der Ebene $2x+y-z-5=0$, der dem Ursprung am nächsten ist.

Welcher Punkt der Ebene $2x+y-z-5=0$ ist dem Ursprung am nächsten?

Lösung Wir müssen hier das Minimum der Funktion

$$\begin{aligned}|\overrightarrow{OP}| &= \sqrt{(x-0)^2+(y-0)^2+(z-0)^2}\\ &= \sqrt{x^2+y^2+z^2}\end{aligned}$$

unter der Nebenbedingung

$$2x+y-z-5=0$$

bestimmen. Da $|\overrightarrow{OP}|$ überall dort ein Minimum hat, wo die Funktion

$$f(x,y,z)=x^2+y^2+z^2$$

einen Minimalwert annimmt, können wir das Problem lösen, indem wir das Minimum von $f(x,y,z)$ unter der Nebenbedingung $2x+y-z-5=0$ bestimmen (sodass wir die Wurzelfunktion umgehen). Wir betrachten x und y als unabhängige Variablen in dieser Gleichung und schreiben z als

$$z=2x+y-5\,.$$

Unser Problem reduziert sich dadurch auf das Problem, die Punkte (x,y) zu bestimmen, in denen die Funktion

$$h(x,y)=f(x,y,2x+y-5)=x^2+y^2+(2x+y-5)^2$$

ihren Minimalwert oder Minimalwerte hat. Da der Definitionsbereich von h die gesamte xy-Ebene ist, wissen wir aus dem Test mithilfe der ersten Ableitung aus Abschnitt 14.7, dass Minima von h nur in den Punkten angenommen werden können, in denen gilt:

$$h_x=2x+2(2x+y-5)(2)=0,\quad h_y=2y+2(2x+y-5)=0\,.$$

Das führt auf

$$10x+4y=20,\quad 4x+4y=10$$

und die Lösung

$$x=\frac{5}{3},\quad y=\frac{5}{6}.$$

Anhand eines geometrischen Arguments und des Tests mithilfe der zweiten Ableitung können wir zeigen, dass diese Werte h tatsächlich minimieren. Die z-Koordinate des zugehörigen Punkts in der Ebene $z = 2x + y - 5$ ist

$$z = 2\left(\frac{5}{3}\right) + \frac{5}{6} - 5 = -\frac{5}{6}.$$

Deshalb ist der von uns gesuchte Punkt

$$\textit{Nächster Punkt}: P\left(\frac{5}{3}, \frac{5}{6}, -\frac{5}{6}\right)$$

Der Abstand von P zum Ursprung ist $5/\sqrt{6} \approx 2{,}04$. ■

Der Versuch, ein Maximum- oder Minimumproblem wie in Beispiel 14.51 durch Substitution zu lösen, ist nicht immer von Erfolg gekrönt. Das ist einer der Gründe, weshalb wir uns nun mit der neuen Methode dieses Abschnitts befassen.

Welche Punkte des hyperbolischen Zylinders $x^2 - z^2 - 1 = 0$ sind dem Ursprung am nächsten?

Beispiel 14.52 Bestimmen Sie die Punkte auf dem hyperbolischen Zylinder $x^2 - z^2 - 1 = 0$, die dem Ursprung am nächsten sind.

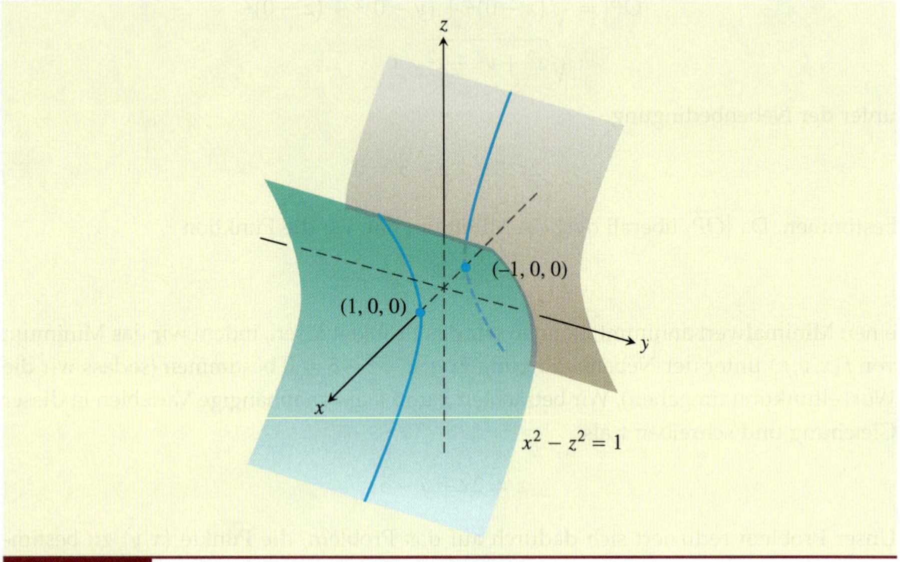

Abbildung 14.49 Der hyperbolische Zylinder aus Beispiel 14.52

Lösung 1 Der Zylinder ist in ▶Abbildung 14.49 dargestellt. Wir suchen nach den Punkten auf dem Zylinder, die dem Ursprung am nächsten sind. Das sind die Punkte, deren Koordinaten den Wert der Funktion

$$f(x, y, z) = x^2 + y^2 + z^2 \qquad \text{Abstandsquadrat}$$

unter der Nebenbedingung $x^2 - z^2 - 1 = 0$ minimieren. Betrachten wir in der Gleichung für die Nebenbedingung x und y als unabhängige Variable, so ergibt sich

$$z^2 = x^2 - 1,$$

und die Werte von $f(x, y, z) = x^2 + y^2 + z^2$ auf dem Zylinder sind durch die Funktion

$$h(x, y) = x^2 + y^2 + (x^2 - 1) = 2x^2 + y^2 - 1$$

gegeben. Um die Punkte zu bestimmen, deren Koordinaten f minimieren, suchen wir nach den Punkten in der xy-Ebene, deren Koordinaten h minimieren. Der einzige Extremwert von h wird dort angenommen, wo

$$h_x = 4x = 0 \quad \text{und} \quad h_y = 2y = 0$$

ist, also im Punkt $(0,0)$. Dieser Punkt liegt aber gar nicht auf dem Zylinder. Was ist schief gelaufen?

Mit dem Test mithilfe der ersten Abbildung haben wir (wie es sich gehört) den Punkt *im Definitionsbereich von* h bestimmt, in dem h einen Minimalwert annimmt. Wir sind aber an den Punkten *auf dem Zylinder* interessiert, in denen h einen Minimalwert annimmt. Obwohl der Definitionsbereich von h die gesamte xy-Ebene umfasst, ist der Definitionsbereich, aus dem wir die ersten beiden Koordinaten der Punkte (x, y, z) wählen können, auf den „Schatten" des Zylinders in der xy-Ebene beschränkt; der Streifen zwischen den Geraden $x = -1$ und $x = 1$ gehört nicht dazu (▶Abbildung 14.50).

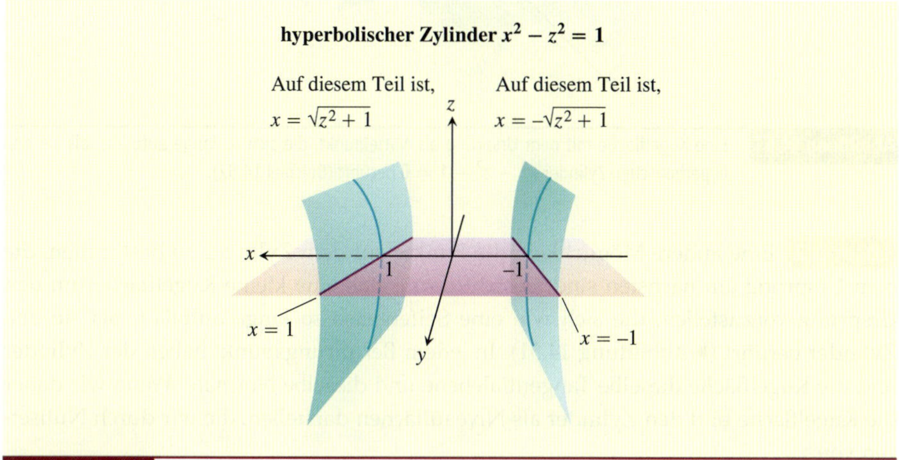

Abbildung 14.50 Das Gebiet in der xy-Ebene, aus dem wir die ersten beiden Koordinaten des Punkts (x, y, z) auf dem hyperbolischen Zylinder $x^2 - z^2 = 1$ wählen können, umfasst nicht den Streifen $-1 < x < 1$ in der xy-Ebene (Beispiel 14.52).

Dieses Problem können wir umgehen, wenn wir y und z als unabhängige Variable behandeln (anstelle von x und y) und x als Funktion von y und z ausdrücken:

$$x^2 = z^2 + 1 .$$

Mit dieser Substitution wird aus $f(x, y, z) = x^2 + y^2 + z^2$

$$k(y, z) = (z^2 + 1) + y^2 + z^2 = 1 + y^2 + 2z^2 ,$$

und wir suchen nach den Punkten, in denen k am kleinsten ist. Der Definitionsbereich von k in der yz-Ebene stimmt nun mit dem Definitionsbereich überein, aus dem wir die y- und z-Koordinaten der Punkte (x, y, z) auf dem Zylinder wählen. Folglich wird es zu den Punkten, die k in der Ebene minimieren, entsprechende Punkte auf dem Zylinder geben. Der kleinste Wert von k ergibt sich für

$$k_y = 2y = 0 \quad \text{und} \quad k_z = 4z = 0,$$

bzw. für $y = z = 0$. Das führt auf

$$x^2 = z^2 + 1 = 1, \ x = \pm 1 .$$

Die entsprechenden Punkte auf dem Zylinder sind $(\pm 1, 0, 0)$. An der Ungleichung

$$k(y,z) = 1 + y^2 + 2z^2 \geq 1$$

können wir ablesen, dass die Punkte $(\pm 1, 0, 0)$ einen Minimalwert für k liefern. Außerdem können wir ablesen, dass der minimale Abstand vom Ursprung zu einem Punkt auf dem Zylinder eine Längeneinheit ist. ■

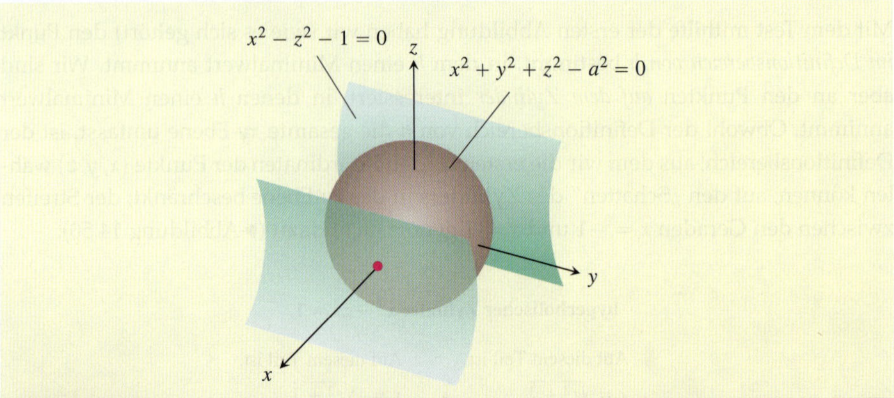

Abbildung 14.51 Eine Kugelfläche mit dem Ursprung als Mittelpunkt, die sich so lange aufbläht, bis sie den hyperbolischen Zylinder $x^2 - z^2 - 1 = 0$ berührt (Beispiel 14.52).

Lösung 2 Eine andere Möglichkeit, die Punkte auf dem Zylinder zu bestimmen, die dem Ursprung am nächsten sind, besteht darin, sich eine kleine Kugelfläche um den Ursprung vorzustellen, die sich wie eine Seifenblase so lange aufbläht, bis sie den Zylinder berührt (▶Abbildung 14.51). In jedem Berührungspunkt haben der Zylinder und die Kugelfläche dieselbe Tangentialebene und dieselbe Normale. Wenn wir daher die Kugelfläche und den Zylinder als Niveauflächen darstellen, die wir durch Nullsetzen von

$$f(x,y,z) = x^2 + y^2 + z^2 - a^2 \quad \text{und} \quad g(x,y,z) = x^2 - z^2 - 1$$

erhalten, dann sind die Gradienten ∇f und ∇g in den Berührungspunkten der Flächen parallel. In jedem dieser Punkte sollten wir daher einen Skalar λ bestimmen können, sodass

$$\nabla f = \lambda \nabla g$$

bzw.

$$2x\boldsymbol{i} + 2y\boldsymbol{j} + 2z\boldsymbol{k} = \lambda\,(2x\boldsymbol{i} - 2z\boldsymbol{k})$$

gilt. Somit müssen die Koordinaten x, y und z jedes Berührungspunkts die drei skalaren Gleichungen

$$2x = 2\lambda x, \quad 2y = 0, \quad 2z = -2\lambda z$$

erfüllen.

Für welche Werte von λ liegt ein Punkt (x,y,z), dessen Koordinaten diese skalaren Gleichungen erfüllen, auch auf der Fläche $x^2 - z^2 - 1 = 0$? Um diese Frage zu beantworten, benutzen wir unser Wissen, dass kein Punkt auf der Fläche eine x-Koordinate gleich null hat, also $x \neq 0$. Folglich gilt $2x = 2\lambda x$ nur für

$$2 = 2\lambda \quad \text{bzw.} \quad \lambda = 1\,.$$

Für $\lambda = 1$ wird die Gleichung $2z = -2\lambda z$ zu $2z = -2z$. Soll auch diese Gleichung erfüllt sein, muss z gleich null sein. Wegen $y = 0$ (was sich auch aus $2y = 0$ ergibt), schlussfolgern wir, dass die gesuchten Punkte ausnahmslos Koordinaten von der Form

$$(x, 0, 0)$$

haben. Welche Punkte auf der Fläche $x^2 - z^2 = 1$ haben Koordinaten von dieser Form? Das sind die Punkte $(x, 0, 0)$ mit

$$x^2 - (0)^2 = 1, \quad x^2 = 1 \quad \text{bzw.} \quad x = \pm 1 .$$

Dem Ursprung am nächsten sind also die Zylinderpunkte $(\pm 1, 0, 0)$. ■

Die Methode der Lagrange-Multiplikatoren

Bei der Lösung 2 von Beispiel 14.52 haben wir die *Methode der Lagrange-Multiplikatoren* verwendet. Nach dieser Methode finden sich die Extremwerte einer Funktion $f(x, y, z)$, deren Variable einer Nebenbedingung unterliegen, auf der Fläche $g = 0$ unter den Punkten mit

$$\nabla f = \lambda \nabla g$$

für einen Skalar λ (den sogenannten **Lagrange-Multiplikator**).

Bevor wir die Methode weiter untersuchen und sehen, wie sie funktioniert, wollen wir zunächst die folgende Beobachtung in einem Satz formulieren.

Satz 14.12 Gradientensatz Die Funktion $f(x, y, z)$ sei in einem Gebiet differenzierbar, dessen Inneres eine glatte Kurve

$$C : \boldsymbol{r}(t) = g(t)\boldsymbol{i} + h(t)\boldsymbol{j} + k(t)\boldsymbol{k}$$

enthält. In einem Punkt P_0 auf der Kurve C, in dem f unter den Werten auf C ein lokales Maximum oder Minimum hat, ist ∇f orthogonal zu C.

Beweis Wir zeigen, dass ∇f orthogonal zum Geschwindigkeitsvektor $\boldsymbol{v}$ der Kurve im Punkt P_0 ist. Die Werte von f auf C sind durch die verkettete Funktion $f(g(t), h(t), k(t))$ gegeben, deren Ableitung nach t

$$\frac{\mathrm{d}f}{\mathrm{d}t} = \frac{\partial f}{\partial x}\frac{\mathrm{d}g}{\mathrm{d}t} + \frac{\partial f}{\partial y}\frac{\mathrm{d}h}{\mathrm{d}t} + \frac{\partial f}{\partial z}\frac{\mathrm{d}k}{\mathrm{d}t} = \nabla f \cdot \boldsymbol{v}$$

ist. In jedem Punkt P_0, in dem f unter den Werten auf der Kurve ein lokales Maximum oder Minimum hat, ist $\mathrm{d}f/\mathrm{d}t = 0$, also

$$\nabla f \cdot \boldsymbol{v} = 0 .$$ ■

Durch Weglassen der z-Terme in Satz 14.12 erhalten wir ein ähnliches Resultat für Funktionen von zwei Variablen.

Korollar von Satz 14.12 In den Punkten auf einer glatten Kurve $\boldsymbol{r}(t) = g(t)\boldsymbol{i} + h(t)\boldsymbol{j}$, in denen eine differenzierbare Funktion $f(x,y)$ unter den Werten auf der Kurve lokale Maxima und Minima annimmt, ist $\nabla f \cdot \boldsymbol{v} = 0$ mit $\boldsymbol{v} = \mathrm{d}\boldsymbol{r}/\mathrm{d}t$.

Satz 14.12 ist der Schlüssel zur Methode der Lagrange-Multiplikatoren. Wir nehmen an, dass $f(x,y,z)$ und $g(x,y,z)$ differenzierbar sind und dass P_0 ein Punkt auf der Fläche $g(x,y,z) = 0$ ist, in dem f ein lokales Maximum oder Minimum im Vergleich zu den anderen Werten auf der Fläche annimmt. Wir nehmen außerdem an, dass in den Punkten auf der Fläche $g(x,y,z) = 0$ gilt: $\nabla g \neq 0$. Die Funktion f nimmt im Punkt P_0 unter ihren Werten auf jeder differenzierbaren Kurve durch P_0 auf der Fläche $g(x,y,z) = 0$ ein lokales Maximum oder Minimum an. Deshalb ist ∇f orthogonal zum Geschwindigkeitsvektor auf jeder dieser differenzierbaren Kurven durch P_0. Dasselbe gilt darüber hinaus für ∇g (weil ∇g orthogonal zur Niveaufläche $g = 0$ ist, wie wir in Abschnitt 14.5 gesehen haben). Im Punkt P_0 ist ∇f daher ein skalares Vielfaches λ von ∇g.

Merke

Die Methode der Lagrange-Multiplikatoren Die Funktionen $f(x,y,z)$ und $g(x,y,z)$ seien differenzierbar, und es gelte $\nabla g \neq 0$ für $g(x,y,z) = 0$. Um die lokalen Minima und Maxima von f (gegebenenfalls) unter der Nebenbedingung $g(x,y,z) = 0$ zu bestimmen, berechnen wir die Werte von x, y, z und λ, die die Gleichungen

$$\nabla f = \lambda \nabla g \quad \text{und} \quad g(x,y,z) = 0 \tag{14.14}$$

gleichzeitig erfüllen. Bei Funktionen von zwei unabhängigen Variablen ist die Bedingung analog, nur dass die Variable z fehlt.

Beim Anwenden dieser Methode müssen wir etwas vorsichtig sein. Es kann sein, dass in Wirklichkeit gar kein Extremwert existiert (vgl. Aufgabe 23 auf Seite 331).

Extremwerte der Funktion $f(x,y) = xy$ auf der Ellipse $\frac{x^2}{8} + \frac{y^2}{2} = 1$

Beispiel 14.53 Bestimmen Sie die größten und kleinsten Werte, die die Funktion

$$f(x,y) = xy$$

auf der Ellipse (►Abbildung 14.52)

$$\frac{x^2}{8} + \frac{y^2}{2} = 1$$

annimmt.

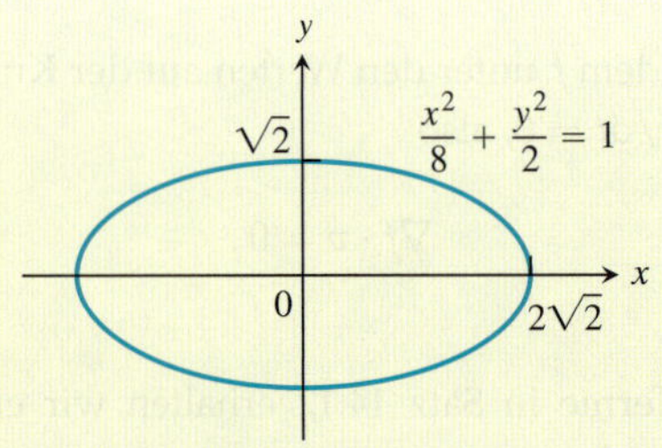

Abbildung 14.52 Beispiel 14.53 zeigt, wie man den größten und kleinsten Wert des Produkts xy auf dieser Ellipse bestimmt.

Lösung Wir wollen die Extremwerte der Funktion $f(x, y) = xy$ unter der Nebenbedingung

$$g(x, y) = \frac{x^2}{8} + \frac{y^2}{2} - 1 = 0$$

bestimmen. Dazu bestimmen wir zunächst die Werte von x, y und λ, für die

$$\nabla f = \lambda \nabla g \quad \text{und} \quad g(x, y) = 0$$

gilt. Die Gradientengleichung aus (14.14) liefert

$$y\boldsymbol{i} + x\boldsymbol{j} = \frac{\lambda}{4} x\boldsymbol{i} + \lambda y\boldsymbol{j},$$

woraus sich

$$y = \frac{\lambda}{4} x, \quad x = \lambda y \quad \text{und} \quad y = \frac{\lambda}{4}(\lambda y) = \frac{\lambda^2}{4} y$$

ergibt, sodass $y = 0$ oder $\lambda = \pm 2$ ist. Diese beiden Fälle betrachten wir nun getrennt voneinander.

Fall 1: Für $y = 0$ ist $x = y = 0$. Der Punkt $(0, 0)$ gehört aber nicht zur Ellipse. Folglich ist $y \neq 0$.

Fall 2: Für $y \neq 0$ ist $\lambda = \pm 2$ und $x = \pm 2y$. Einsetzen in die Gleichung $g(x, y) = 0$ liefert

$$\frac{(\pm 2y)^2}{8} + \frac{y^2}{2} = 1, \; 4y^2 + 4y^2 = 8 \quad \text{und} \quad y = \pm 1.$$

Die Funktion $f(x, y) = xy$ nimmt deshalb ihre Extremwerte auf der Ellipse in den vier Punkten $(\pm 2, 1), (\pm 2, -1)$ an. Die Extremwerte sind $xy = 2$ und $xy = -2$.

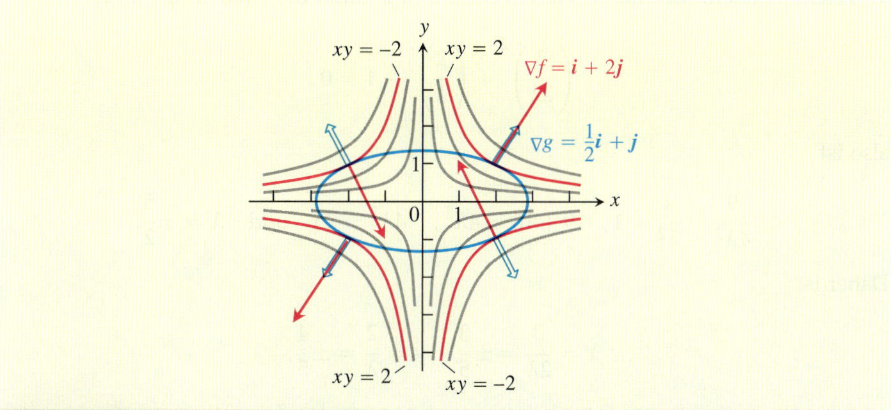

Abbildung 14.53 Unter der Nebenbedingung $g(x, y) = x^2/8 + y^2/2 - 1 = 0$ nimmt die Funktion $f(x, y) = xy$ Extremwerte in den vier Punkten $(\pm 2, \pm 1)$ an. Das sind die Punkte auf der Ellipse, in denen ∇f (rot) ein skalares Vielfaches von ∇g (blau) ist (Beispiel 14.53).

Die Geometrie der Lösung Die Niveaulinien der Funktion $f(x, y) = xy$ sind die Hyperbeln $xy = c$ (►Abbildung 14.53). Je weiter die Hyperbeln vom Ursprung entfernt sind, desto größer ist der Betrag von f. Wir wollen die Extremwerte der Funktion $f(x, y)$ unter der Bedingung bestimmen, dass der Punkt (x, y) auf der Ellipse $x^2 + 4y^2 = 8$ liegt. Welche Hyperbeln, die die Ellipse schneiden, sind am weitesten vom Ursprung entfernt? Das sind die Hyperbeln, die die Ellipse nur streifen, also tangential zu ihr sind. In diesen Punkten ist jeder Vektor, der normal an die Hyperbel ist, auch normal zur Ellipse, sodass $\nabla f = y\boldsymbol{i} + x\boldsymbol{j}$ ein Vielfaches ($\lambda = \pm 2$) von $\nabla g = (x/4)\,\boldsymbol{i} + y\boldsymbol{j}$ ist. Im Punkt $(2, 1)$ beispielsweise ist

$$\nabla f = \boldsymbol{i} + 2\boldsymbol{j}, \quad \nabla g = \frac{1}{2}\boldsymbol{i} + \boldsymbol{j} \quad \text{und} \quad \nabla f = 2\nabla g\,.$$

Und im Punkt $(-2, 1)$ ist

$$\nabla f = \boldsymbol{i} - 2\boldsymbol{j}, \quad \nabla g = -\frac{1}{2}\boldsymbol{i} + \boldsymbol{j} \quad \text{und} \quad \nabla f = -2\nabla g\,.$$

■

Extremwert der Funktion $f(x, y) = 3x + 4y$ auf dem Kreis $x^2 + y^2 = 1$

Beispiel 14.54 Bestimmen Sie den Maximal- und den Minimalwert der Funktion $f(x, y) = 3x + 4y$ auf dem Kreis $x^2 + y^2 = 1$.

Lösung Wir formulieren diese Aufgabe als ein Problem mit Lagrange-Multiplikatoren

$$f(x, y) = 3x + 4y, \quad g(x, y) = x^2 + y^2 - 1$$

und suchen nach den Werten von x, y und λ, die die Gleichungen

$$\nabla f = \lambda \nabla g: \; 3\boldsymbol{i} + 4\boldsymbol{j} = 2x\lambda\boldsymbol{i} + 2y\lambda\boldsymbol{j}$$
$$g(x, y) = 0: \; x^2 + y^2 - 1 = 0$$

erfüllen. Aus der Gradientengleichung in (14.14) ergibt sich $\lambda \neq 0$, und das liefert

$$x = \frac{3}{2\lambda}, \quad y = \frac{2}{\lambda}.$$

Diesen Gleichungen können wir unter anderem entnehmen, dass x und y dasselbe Vorzeichen haben. Mit diesen Werten für x und y lautet die Gleichung $g(x, y) = 0$

$$\left(\frac{3}{2\lambda}\right)^2 + \left(\frac{2}{\lambda}\right)^2 - 1 = 0\,,$$

also ist

$$\frac{9}{4\lambda^2} + \frac{4}{\lambda^2} = 1\,, \quad 9 + 16 = 4\lambda^2\,, \quad 4\lambda^2 = 25 \quad \text{und} \quad \lambda = \pm\frac{5}{2}.$$

Daher ist

$$x = \frac{3}{2\lambda} = \pm\frac{3}{5}, \quad y = \frac{2}{\lambda} = \pm\frac{4}{5},$$

und die Funktion $f(x, y) = 3x + 4y$ hat auf dem Kreis $x^2 + y^2 = 1$ Extremwerte bei $(x, y) = \pm\,(3/5, 4/5)$.

Nun brauchen wir den Wert von $3x + 4y$ nur noch in den Punkten $\pm(3/5, 4/59)$ zu berechnen. Die Maximal- und Minimalwerte auf dem Kreis $x^2 + y^2 = 1$ sind damit

$$3\left(\frac{3}{5}\right) + 4\left(\frac{4}{5}\right) = \frac{25}{5} = 5 \quad \text{und} \quad 3\left(-\frac{3}{5}\right) + 4\left(-\frac{4}{5}\right) = -\frac{25}{5} = -5\,.$$

Die Geometrie der Lösung Die Niveaulinien der Funktion $f(x, y) = 3x + 4y$ sind die Geraden $3x + 4y = c$ (►Abbildung 14.54). Je weiter die Geraden vom Ursprung entfernt liegen, umso größer ist der Betrag von f. Wir wollen die Extremwerte der Funktion $f(x,y)$ unter der Bedingung bestimmen, dass der Punkt (x,y) auch auf dem Kreis $x^2 + y^2 = 1$ liegt. Welche der Geraden, die den Kreis schneiden, sind am weitesten vom Ursprung entfernt? Am weitesten entfernt sind die Geraden, die tangential an den Kreis sind. In den Berührungspunkten ist jeder Normalenvektor an die Gerade auch normal an den Kreis, sodass der Gradient $\nabla f = 3\boldsymbol{i} + 4\boldsymbol{j}$ ein Vielfaches ($\lambda = \pm 5/2$) des Gradienten $\nabla g = 2x\boldsymbol{i} + 2y\boldsymbol{j}$ ist. Beispielsweise gilt im Punkt $(3/5, 4/5)$

$$\nabla f = 3\boldsymbol{i} + 4\boldsymbol{j}, \quad \nabla g = \frac{6}{5}\boldsymbol{i} + \frac{8}{5}\boldsymbol{j} \quad \text{und} \quad \nabla f = \frac{5}{2}\nabla g$$ ■

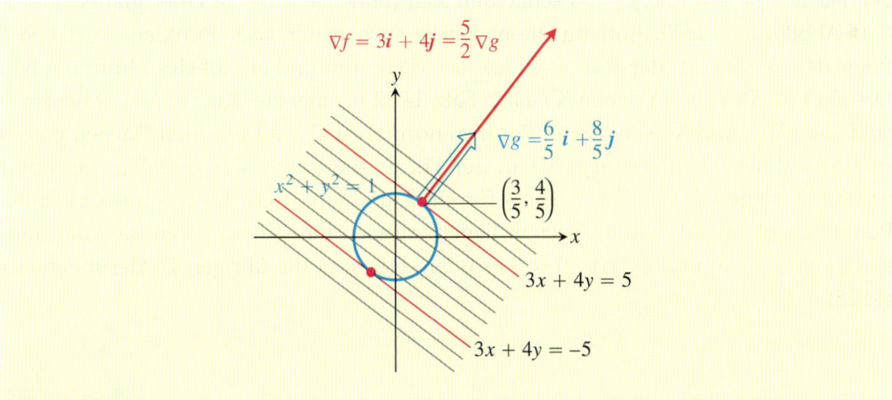

Abbildung 14.54 Die Funktion $f(x,y) = 3x + 4y$ nimmt ihren größten Wert auf dem Kreis $g(x,y) = x^2 + y^2 - 1 = 0$ im Punkt $(3/5, 4/5)$ und ihren kleinsten Wert im Punkt $(-3/5, -4/5)$ an (Beispiel 14.54). In diesen beiden Punkten ist ∇f ein skalares Vielfaches von ∇g. Die Abbildung zeigt nur die Gradienten des ersten Punkts.

Lagrange-Multiplikatoren mit zwei Nebenbedingungen

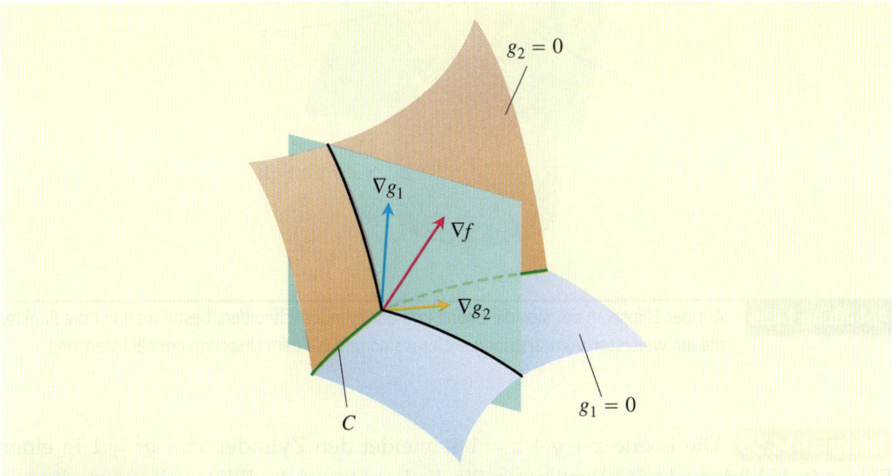

Abbildung 14.55 Die Vektoren ∇g_1 und ∇g_2 liegen in einer Ebene, die senkrecht auf der Kurve C steht, weil ∇g_1 normal zur Fläche $g_1 = 0$ und ∇g_2 normal zur Fläche $g_2 = 0$ ist.

Bei vielen Problemen müssen wir Extremwerte einer differenzierbaren Funktion $f(x,y,z)$ bestimmen, deren Variable zwei Nebenbedingungen unterliegen, etwa

$$g_1(x,y,z) = 0 \quad \text{und} \quad g_2(x,y,z) = 0\,.$$

Sind die Funktionen g_1 und g_2 differenzierbar und ist ∇g_1 nicht parallel zu ∇g_2, so können wir die lokalen Maxima und Minima von f unter diesen Nebenbedingungen bestimmen, indem wir zwei Lagrange-Multiplikatoren λ und μ einführen. Wir lokalisieren also die Punkte $P(x, y, z)$, in denen f die Extremwerte unter den Nebenbedingungen annimmt, indem wir die Werte x, y, z, λ und μ bestimmen, die gleichzeitig die Gleichungen

Merke

$$\nabla f = \lambda \nabla g_1 + \mu \nabla g_2, \quad g_1(x, y, z) = 0, \quad g_2(x, y, z) = 0 \qquad (14.15)$$

erfüllen. Zu den Gleichungen (14.15) gibt es eine hübsche geometrische Interpretation. Die Flächen $g_1 = 0$ und $g_2 = 0$ schneiden sich (üblicherweise) in einer glatten Kurve C (►Abbildung 14.55). Entlang dieser Kurve suchen wir nach Punkten, in denen f unter den Werten auf der Kurve ein lokales Maximum und ein lokales Minimum hat. Das sind die Punkte, in denen ∇f nach Satz 14.12 normal zur Kurve C ist. Allerdings sind auch ∇g_1 und ∇g_2 in diesen Punkten normal zu C, weil C in den Flächen $g_1 = 0$ und $g_2 = 0$ liegt. Deshalb liegt ∇f in der Ebene, die durch ∇g_1 und ∇g_2 bestimmt ist. Das bedeutet $\nabla f = \lambda \nabla g_1 + \mu \nabla g_2$ für ein λ und ein μ. Da die von uns gesuchten Punkte ebenfalls auf beiden Flächen liegen, müssen ihre Koordinaten die Gleichungen $g_1(x, y, z) = 0$ und $g_2(x, y, z) = 0$ erfüllen. Das sind die übrigen Forderungen aus (14.15).

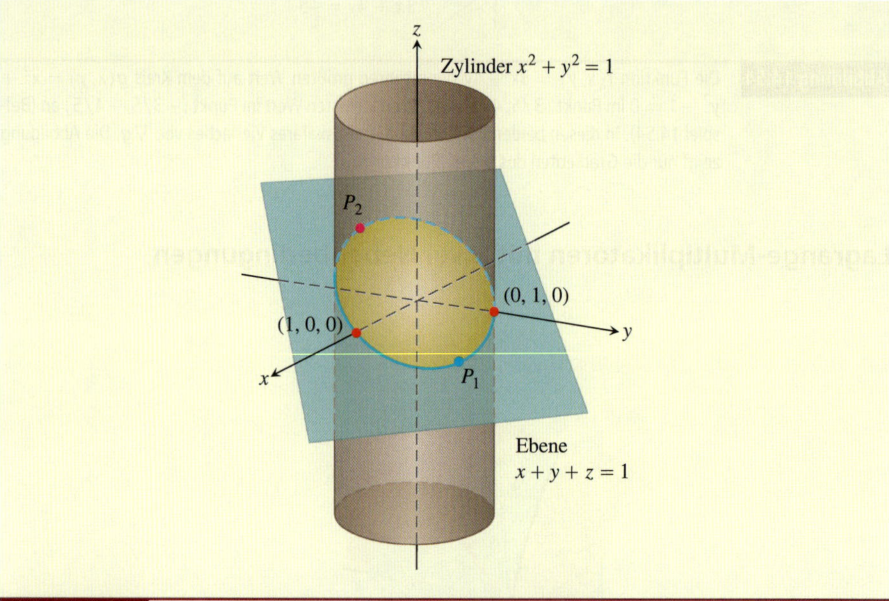

Abbildung 14.56 Auf der Ellipse, in der sich die Ebene und der Zylinder schneiden, bestimmen wir die Punkte, die am weitesten vom Ursprung entfernt sind und die dem Ursprung am nächsten sind.

Extrema unter zwei Nebenbedingungen

Beispiel 14.55 Die Ebene $x + y + z = 1$ schneidet den Zylinder $x^2 + y^2 = 1$ in einer Ellipse (►Abbildung 14.56). Bestimmen Sie die Punkte auf der Ellipse, die am weitesten vom Ursprung entfernt liegen, sowie die Punkte, die dem Ursprung am nächsten sind.

Lösung Wir bestimmen die Extremwerte der Funktion

$$f(x,y,z) = x^2 + y^2 + z^2$$

(Abstandsquadrat vom Punkt (x,y,z) zum Ursprung) unter den Nebenbedingungen

$$g_1(x,y,z) = x^2 + y^2 - 1 = 0 \tag{14.16}$$

$$g_2(x,y,z) = x + y + z - 1 = 0\,. \tag{14.17}$$

Die Gradientengleichung aus (14.15) liefert dann

$$\begin{aligned} \nabla f &= \lambda \nabla g_1 + \mu \nabla g_2 \\ 2x\boldsymbol{i} + 2y\boldsymbol{j} + 2z\boldsymbol{k} &= \lambda\,(2x\boldsymbol{i} + 2y\boldsymbol{j}) + \mu\,(\boldsymbol{i} + \boldsymbol{j} + \boldsymbol{k}) \\ 2x\boldsymbol{i} + 2y\boldsymbol{j} + 2z\boldsymbol{k} &= (2\lambda x + \mu)\,\boldsymbol{i} + (2\lambda y + \mu)\,\boldsymbol{j} + \mu\boldsymbol{k} \end{aligned}$$

bzw.

$$2x = 2\lambda x + \mu, \quad 2y = 2\lambda y + \mu, \quad 2z = \mu\,. \tag{14.18}$$

Aus den skalaren Gleichungen (14.18) ergibt sich

$$\begin{aligned} 2x &= 2\lambda x + 2z \Rightarrow (1-\lambda)\,x = z \\ 2y &= 2\lambda y + 2z \Rightarrow (1-\lambda)\,y = z\,. \end{aligned} \tag{14.19}$$

Die Gleichungen (14.19) sind gleichzeitig erfüllt, wenn entweder $\lambda = 1$ und $z = 0$ oder $\lambda \neq 1$ und $x = y = z/(1-\lambda)$ gilt.

Im Fall $z = 0$ erhalten wir aus den Gleichungen (14.16) und (14.17) die Punkte $(1,0,0)$ und $(0,1,0)$ auf der Ellipse. Wenn Sie Abbildung 14.56 betrachten, dann ist dies auch sinnvoll.

Im Fall $x = y$ erhalten wir aus den Gleichungen (14.16) und (14.17)

$$\begin{aligned} x^2 + x^2 - 1 &= 0 & x + x + z - 1 &= 0 \\ 2x^2 &= 1 & z &= 1 - 2x \\ x &= \pm\sqrt{2}/2 & z &= 1 \mp \sqrt{2}\,. \end{aligned}$$

Die entsprechenden Punkte auf der Ellipse sind

$$P_1 = \left(\frac{\sqrt{2}}{2}, \frac{\sqrt{2}}{2}, 1 - \sqrt{2}\right) \quad \text{und} \quad P_2 = \left(-\frac{\sqrt{2}}{2}, -\frac{\sqrt{2}}{2}, 1 + \sqrt{2}\right).$$

Hier müssen wir jedoch vorsichtig sein. Obwohl sowohl P_1 als auch P_2 für f auf der Ellipse lokale Maxima liefern, ist P_2 weiter vom Ursprung entfernt als P_1.

Dem Ursprung am nächsten sind die beiden Punkte $(1,0,0)$ und $(0,1,0)$ auf der Ellipse. Der am weitesten vom Ursprung entfernte Punkt ist P_2. ■

Aufgaben zum Abschnitt 14.8

Zwei unabhängige Variable mit einer Nebenbedingung **1.** **Extrema auf einer Ellipse** Bestimmen Sie die Punkte auf der Ellipse $x^2 + 2y^2 = 1$, in denen die Funktion $f(x, y) = xy$ Extremwerte hat.

2. **Extrema auf einem Kreis** Bestimmen Sie die Extremwerte der Funktion $f(x, y) = xy$ unter der Nebenbedingung $g(x, y) = x^2 + y^2 - 10 = 0$.

3. **Maximum auf einer Geraden** Bestimmen Sie den Maximalwert der Funktion $f(x, y) = 49 - x^2 - y^2$ auf der Geraden $x + 3y = 10$.

4. **Minimum mit Nebenbedingung** Bestimmen Sie die Punkte auf der Kurve $xy^2 = 54$, die dem Ursprung am nächsten sind.

5. Bestimmen Sie mithilfe der Methode der Lagrange-Multiplikatoren:

a. Minimum auf einer Hyperbel Den Minimalwert von $x + y$ unter den Nebenbedingungen $xy = 16$, $x > 0$, $y > 0$

b. Maximum auf einer Geraden Das Maximum von xy unter der Nebenbedingung $x + y = 16$.

Erläutern Sie die Geometrie jeder Lösung.

6. **Extrema auf einer Kurve** Bestimmen Sie die Punkte auf der Kurve $x^2 + xy + y^2 = 1$ in der xy-Ebene, die dem Ursprung am nächsten liegen bzw. am weitesten von ihm entfernt sind,

7. **Minimaler Flächeninhalt bei festem Volumen** Bestimmen Sie die Abmessungen eines abgeschlossenen geraden Kreiszylinders mit dem kleinsten Oberflächeninhalt, dessen Volumen 16π cm^3 ist.

8. **Rechteck mit dem größten Flächeninhalt in einer Ellipse** Bestimmen Sie mithilfe der Methode der Lagrange-Multiplikatoren die Abmessungen des Rechtecks mit dem größten Flächeninhalt, das der Ellipse $x^2/16 + y^2/9 = 1$ eingeschrieben werden kann. Die Seiten des Rechtecks sollen parallel zu den Koordinatenachsen sein.

9. **Extremwerte auf einem Kreis** Bestimmen Sie Maximal- und Minimalwerte von $x^2 + y^2$ unter der Nebenbedingung $x^2 - 2x + y^2 - 4y = 0$.

10. **Ameise auf einer Metallplatte** Die Temperatur im Punkt (x, y) auf einer Metallplatte ist $T(x, y) = 4x^2 - 4xy + y^2$. Ein Ameise läuft auf der Platte auf einem Kreis mit dem Radius 5 m um den Ursprung. Was ist die höchste und die niedrigste Temperatur, der die Ameise ausgesetzt ist?

Drei unabhängige Variable mit einer Nebenbedingung **11.** **Minimaler Abstand zu einem Punkt** Bestimmen Sie den Punkt auf der Ebene $x + 2y + 3z = 13$, der dem Punkt $(1, 1, 1)$ am nächsten ist.

12. **Minimaler Abstand zum Ursprung** Bestimmen Sie den minimalen Abstand von der Fläche $x^2 - y^2 - z^2 = 1$ zum Ursprung.

13. **Minimaler Abstand zum Ursprung** Bestimmen Sie die Punkte auf der Fläche $z^2 = xy + 4$, die dem Ursprung am nächsten sind.

14. **Extrema auf einer Kugelfläche** Bestimmen Sie die Maximal- und Minimalwerte der Funktion

$$f(x, y, z) = x - 2y + 5z$$

auf der Kugelfläche $x^2 + y^2 + z^2 = 30$.

15. **Eine Quadratsumme minimieren** Bestimmen Sie die drei reellen Zahlen mit der Summe 9, deren Quadratsumme minimal ist.

16. **Quader mit dem größten Volumen in einer Kugelfläche** Bestimmen Sie die Abmessungen des abgeschlossenen Quaders mit maximalem Volumen, der der Einheitskugelschale eingeschrieben werden kann.

17. **Der heißeste Punkt auf einer Raumsonde** Eine Raumsonde mit der Form des Ellipsoids

$$4x^2 + y^2 + 4z^2 = 16$$

tritt in die Erdatmosphäre ein. Dabei heizt sich ihre Oberfläche auf. Nach einer Stunde beträgt die Temperatur im Punkt (x, y, z) an der Oberfläche der Raumsonde

$$T(x, y, z) = 8x^2 + 4yz - 16z + 600\,.$$

Bestimmen Sie den heißesten Punkt auf der Oberfläche der Sonde.

18. Die Nutzenfunktion maximieren: ein Beispiel aus der Wirtschaft In den Wirtschaftswissenschaften wird der *Nutzen* von Mengen x und y zweier Kapitalgüter G_1 und G_2 manchmal durch eine Funktion $U(x,y)$ gemessen. Zum Beispiel könnten G_1 und G_2 zwei Chemikalien sein, die ein Pharmaunternehmen vorrätig haben muss, und $U(x,y)$ ist der Gewinn bei der Herstellung eines Produkts, zu dessen Synthese in Abhängigkeit vom eingesetzten Verfahren verschiedene Mengen der Chemikalien erforderlich sind. Die Chemikalie G_1 kostet a Euro pro Kilogramm, G_2 kostet b Euro pro Kilogramm, und der für den Erwerb von G_1 und G_2 zur Verfügung stehende Gesamtbetrag ist c. Die Manager des Unternehmen wollen dann $U(x,y)$ unter der Nebenbedingung $ax+by=c$ maximieren. Sie müssen also ein typisches Problem für die Methode der Lagrange-Multiplikatoren lösen.

Nehmen Sie an, dass

$$U(x,y) = xy + 2x$$

ist und sich die Gleichung $ax+by=c$ zu

$$2x + y = 30$$

vereinfacht. Bestimmen Sie den Maximalwert von U und die entsprechenden Werte von x und y unter der letzten Nebenbedingung.

Extremwerte bei zwei Nebenbedingungen

19. Maximieren Sie die Funktion $f(x,y,z) = x^2 + 2y - z^2$ unter den Nebenbedingungen $2x - y = 0$ und $y + z = 0$.

20. Minimaler Abstand zum Ursprung Bestimmen Sie die Punkte auf der Schnittgeraden der Ebenen $y + 2z = 12$ und $x + y = 6$, die dem Ursprung am nächsten sind.

21. Extrema auf einer Schnittkurve Bestimmen Sie die Extremwerte von $f(x,y,z) = x^2yz + 1$ auf der Schnittkurve der Ebene $z = 1$ mit der Kugelfläche $x^2 + y^2 + z^2 = 10$.

22. Extrema auf einem Schnittkreis Bestimmen Sie die Extremwerte der Funktion $f(x,y,z) = xy + z^2$ auf dem Kreis, in dem die Ebene $y - x = 0$ die Kugelfläche $x^2 + y^2 + z^2 = 4$ schneidet.

Theorie und Beispiele

23. Die Bedingung $\nabla f = \lambda \nabla g$ ist nicht hinreichend Obwohl $\nabla f = \lambda \nabla g$ eine notwendige Bedingung für das Auftreten eines Extremwerts der Funktion $f(x,y)$ unter den Bedingungen $g(x,y) = 0$ und $\nabla g \neq \mathbf{0}$ ist, garantiert sie nicht die Existenz eines Extremwerts. Versuchen Sie als ein typisches Beispiel mithilfe der Methode der Lagrange-Multiplikatoren einen Maximalwert der Funktion $f(x,y) = x + y$ unter der Nebenbedingung $xy = 16$ zu finden. Die Methode gibt als Kandidaten für die Extrema die beiden Punkte $(4,4)$ und $(-4,-4)$ aus. Doch die Summe $(x+y)$ hat auf der Hyperbel $xy = 16$ keinen Maximalwert. Je weiter Sie sich auf dieser Hyperbel im ersten Quadranten vom Ursprung entfernen, umso größer wird die Summe $f(x,y) = x + y$.

24. Die Ebene der kleinsten Quadrate Die Ebene $z = Ax + By + C$ soll an die folgenden Punkte (x_k, y_k, z_k) angepasst werden:

$$(0,0,0)\,, \quad (0,1,1)\,, \quad (1,1,1)\,, \quad (1,\ 0,\ -1)\,.$$

Bestimmen Sie die Werte von A, B und C, die die Summe der Abstandsquadrate

$$\sum_{k=1}^{4} (Ax_k + By_k + C - z_k)^2$$

minimieren.

25. **a. Maximum auf einer Kugelfläche** Zeigen Sie, dass der Maximalwert von $a^2b^2c^2$ auf einer Kugelfläche vom Radius r um den Ursprung im kartesischen abc-Koordinatensystem gleich $\left(r^2/3\right)^3$ ist.

b. Geometrisches und arithmetisches Mittel Zeigen Sie mithilfe von Teil **a.**, dass für nichtnegative Zahlen a, b und c gilt:

$$(abc)^{1/3} \leq \frac{a+b+c}{3};$$

das *geometrische Mittel* dreier nichtnegativer Zahlen also kleiner oder gleich ihrem *arithmetischen Mittel* ist.

Führen Sie in den Aufgaben 26–28 mit einem CAS für jede Funktion die folgenden Arbeitschritte aus, um mithilfe der Methode der Lagrange-Multiplikatoren Extrema unter Nebenbedingungen zu bestimmen:

a. Bilden Sie die Funktion $h = f - \lambda_1 g_1 - \lambda_2 g_2$. Dabei ist f die unter den Nebenbedingungen $g_1 = 0$ und $g_2 = 0$ zu optimierende Funktion.

b. Bestimmen Sie alle ersten partiellen Ableitungen von h, einschließlich der partiellen Ableitungen nach λ_1 und λ_2, und setzen Sie diese gleich null.

c. Lösen Sie das Gleichungssystem aus Teil **b.** nach allen Unbekannten einschließlich λ_1 und λ_2 auf.

d. Berechnen Sie f in jedem der Lösungspunkte aus Teil **c.** und wählen Sie die Extremwerte unter den Nebenbedingungen aus, nach denen in der Aufgabe gefragt ist.

26. Minimieren Sie die Funktion $f(x, y, z) = xy + yz$ unter den Nebenbedingungen $x^2 + y^2 - 2 = 0$ und $x^2 + z^2 - 2 = 0$.

27. Maximieren Sie die Funktion $f(x, y, z) = x^2 + y^2 + z^2$ unter den Nebenbedingungen $2y + 4z - 5 = 0$ und $4x^2 + 4y^2 - z^2 = 0$.

28. Minimieren Sie die Funktion $f(x, y, z, w) = x^2 + y^2 + z^2 + w^2$ unter den Nebenbedingungen $2x - y + z - w - 1 = 0$ und $x + y - z + w - 1 = 0$.

29. Bestimmen Sie den Abstand der Geraden $y = x + 1$ von der Parabel $y^2 = x$. (*Hinweis*: Sei (x, y) ein Punkt auf der Geraden, und sei (w, z) ein Punkt auf der Parabel. Sie sollen $(x - w)^2 + (y - z)^2$ minimieren.)

14.9 Taylor-Entwicklung für Funktionen von zwei Variablen

In diesem Abschnitt verwenden wir die Taylor-Entwicklung, um den Test auf lokale Extremwerte mithilfe der zweiten Ableitung (Abschnitt 14.7) und die Fehlerformel für die Linearisierung von Funktionen zweier Variabler (Abschnitt 14.6) herzuleiten. Der Einsatz der Taylor-Entwicklung bei diesen Herleitungen führt zu einer Erweiterung der Formel, die polynomiale Näherungen aller Ordnungen für Funktionen von zwei unabhängigen Variablen liefert.

Herleitung des Tests mithilfe der zweiten Ableitung

Wir nehmen an, dass die Funktion $f(x,y)$ auf einem offenen Gebiet R, in dem der Punkt (a,b) liegt, stetige partielle Ableitungen mit $f_x = f_y = 0$ im Punkt (a,b) hat (►Abbildung 14.57). Die Zuwächse h und k seien hinreichend klein, sodass der Punkt $S(a+h, b+k)$ und der Geradenabschnitt zwischen S und P in R liegt. Wir parametrisieren den Abschnitt PS durch

$$x = a + th, \quad y = b + tk, \quad 0 \le t \le 1\,.$$

Für $F(t) = f(a+th, b+tk)$ liefert die Kettenregel

$$F'(t) = f_x \frac{\mathrm{d}x}{\mathrm{d}t} + f_y \frac{\mathrm{d}y}{\mathrm{d}t} = hf_x + kf_y\,.$$

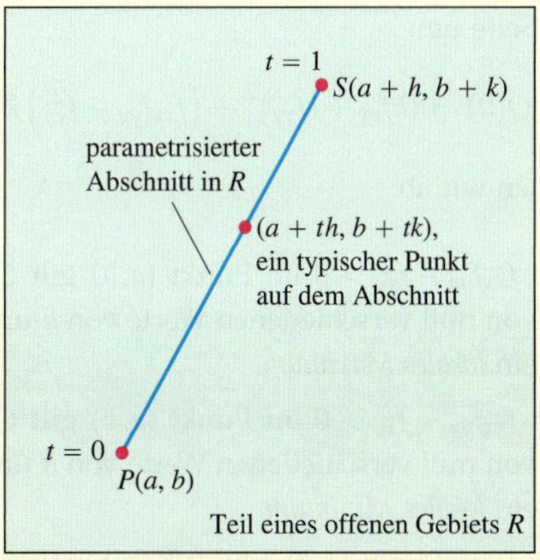

Abbildung 14.57 Wir beginnen die Herleitung des Tests mithilfe der zweiten Ableitung im Punkt $P(a,b)$, indem wir einen typischen Geradenabschnitt von P zu einem benachbarten Punkt S parametrisieren.

Da f_x und f_y differenzierbar sind (sie haben stetige partielle Ableitungen), ist F' eine differenzierbare Funktion von t, und es gilt

$$\begin{aligned} F'' &= \frac{\partial F'}{\partial x}\frac{\mathrm{d}x}{\mathrm{d}t} + \frac{\partial F'}{\partial y}\frac{\mathrm{d}y}{\mathrm{d}t} = \frac{\partial}{\partial x}(hf_x + kf_y)\cdot h + \frac{\partial}{\partial y}(hf_x + kf_y)\cdot k \\ &= h^2 f_{xx} + 2hk f_{xy} + k^2 f_{yy}\,. \qquad f_{xy} = f_{yx} \end{aligned}$$

Da F und F' auf $[0,1]$ stetig sind und F' auf $[0,1]$ differenzierbar ist, können wir die Taylor-Formel mit $n = 2$ und Entwicklungspunkt 0 anwenden und erhalten

$$\begin{aligned} F(1) &= F(0) + F'(0)(1-0) + F''(c)\frac{(1-0)^2}{2} \\ F(1) &= F(0) + F'(0) + \frac{1}{2}F''(c) \end{aligned} \qquad (14.20)$$

für ein c zwischen 0 und 1. Schreiben wir (14.20) als Funktion von f, so ergibt sich

$$f(a+h,b+k) = f(a,b) + hf_x(a,b) + kf_y(a,b) + \frac{1}{2}\left(h^2 f_{xx} + 2hkf_{xy} + k^2 f_{yy}\right)\Big|_{(a+ch,b+ck)} . \quad (14.21)$$

Wegen $f_x(a,b) = f_y(a,b) = 0$ reduziert sich dies auf

$$f(a+h,b+k) - f(a,b) = \frac{1}{2}\left(h^2 f_{xx} + 2hkf_{xy} + k^2 f_{yy}\right)\Big|_{(a+ch,b+ck)} . \quad (14.22)$$

Ob die Funktion von f bei (a,b) ein Extremum hat, hängt ab vom Vorzeichen von $f(a+h,b+k) - f(a,b)$. Nach Gleichung (14.22) ist dieses Vorzeichen dasselbe wie von

$$Q(c) = \left(h^2 f_{xx} + 2hkf_{xy} + k^2 f_{yy}\right)\Big|_{(a+ch,b+ck)} .$$

Im Fall $Q(0) \neq 0$ hat $Q(c)$ für hinreichend kleine Werte von h und k dasselbe Vorzeichen wie $Q(0)$. Das Vorzeichen von

$$Q(0) = h^2 f_{xx}(a,b) + 2hkf_{xy}(a,b) + k^2 f_{yy}(a,b) \quad (14.23)$$

können wir aus den Vorzeichen von f_{xx} und $f_{xx}f_{yy} - f_{xy}^2$ im Punkt (a,b) vorhersagen. Dazu multiplizieren wir beide Seiten der Gleichung (14.23) mit f_{xx} und ordnen die Glieder auf der rechten Seite um:

$$f_{xx}Q(0) = (hf_{xx} + kf_{xy})^2 + \left(f_{xx}f_{yy} - f_{xy}^2\right)k^2 . \quad (14.24)$$

An Gleichung (14.24) lesen wir ab:

1. Im Fall $f_{xx} < 0$ und $f_{xx}f_{yy} - f_{xy}^2 > 0$ im Punkt (a,b) gilt $Q(0) < 0$ für alle hinreichend kleinen und von null verschiedenen Werte von h und k, und die Funktion f hat im Punkt (a,b) ein *lokales Maximum*.
2. Im Fall $f_{xx} > 0$ und $f_{xx}f_{yy} - f_{xy}^2 > 0$ im Punkt (a,b) gilt $Q(0) > 0$ für alle hinreichend kleinen und von null verschiedenen Werte von h und k, und die Funktion f hat im Punkt (a,b) ein *lokales Minimum*.
3. Im Fall $f_{xx}f_{yy} - f_{xy}^2 < 0$ im Punkt (a,b) gibt es Kombinationen von beliebig kleinen und von null verschiedenen Werten von h und k, für die $Q(0) > 0$ gilt, und andere Kombinationen, für die $Q(0) < 0$ ist. Beliebig nah am Punkt $P_0(a,b,f(a,b))$ gibt es auf der Fläche $z = f(x,y)$ Punkte oberhalb von P_0 und Punkte unterhalb von P_0. Also hat die Funktion f im Punkt (a,b) einen *Sattelpunkt*.
4. Im Fall $f_{xx}f_{yy} - f_{xy}^2 = 0$ brauchen wir einen anderen Test. Der Umstand, dass $Q(0)$ gleich null sein kann, macht Schlüsse über das Vorzeichen von $Q(c)$ unmöglich.

Die Fehlerformel für lineare Näherungen

Wir wollen zeigen, dass die Differenz $E(x,y)$ zwischen den Werten einer Funktion $f(x,y)$ und ihrer Linearisierung $L(x,y)$ im Punkt (x_0,y_0) die Ungleichung

$$|E(x,y)| \leq \frac{1}{2}M\left(|x-x_0| + |y-y_0|\right)^2$$

erfüllt. Dabei nehmen wir an, dass die Funktion f stetige, zweite partielle Ableitungen auf einer offenen Menge hat, die ein abgeschlossenes, rechteckiges Gebiet R um (x_0, y_0) enthält. Die Zahl M ist eine obere Schranke für $|f_{xx}|$, $|f_{yy}|$ und $|f_{xy}|$ auf R.

Die von uns gesuchte Ungleichung ergibt sich aus Gleichung (14.21). Wir setzen x_0 und y_0 für a und b bzw. $x - x_0$ und $y - y_0$ für h und k ein, und ordnen die Glieder um:

$$f(x,y) = \underbrace{f(x_0,y_0) + f_x(x_0,y_0)(x-x_0) + f_y(x_0,y_0)(y-y_0)}_{\text{Linearisierung } L(x,y)}$$
$$\underbrace{+ \frac{1}{2}\left((x-x_0)^2 f_{xx} + 2(x-x_0)(y-y_0)f_{xy} + (y-y_0)^2 f_{yy}\right)\Big|_{(x_0+c(x-x_0),y_0+c(y-y_0))}}_{\text{Fehler } E(x,y)} .$$

Aus dieser Gleichung ergibt sich

$$|E| \le \frac{1}{2}\left(|x-x_0|^2|f_{xx}| + 2|x-x_0||y-y_0||f_{xy}| + |y-y_0|^2|f_{yy}|\right) .$$

Ist M eine obere Schranke für die Werte von $|f_{xx}|$, $|f_{xy}|$ und $|f_{yy}|$ auf R, so gilt:

$$\begin{aligned} |E| &\le \frac{1}{2}\left(|x-x_0|^2 M + 2|x-x_0||y-y_0|M + |y-y_0|^2 M\right) \\ &= \frac{1}{2}M\left(|x-x_0| + |y-y_0|\right)^2 . \end{aligned}$$

Taylor-Formel für Funktionen von zwei Variablen

Die bereits hergeleiteten Formeln für F' und F'' erhalten wir auch, indem wir auf $f(x,y)$ die Operatoren

$$\left(h\frac{\partial}{\partial x} + k\frac{\partial}{\partial y}\right) \quad \text{und} \quad \left(h\frac{\partial}{\partial x} + k\frac{\partial}{\partial y}\right)^2 = h^2\frac{\partial^2}{\partial x^2} + 2hk\frac{\partial^2}{\partial x \partial y} + k^2\frac{\partial^2}{\partial y^2}$$

anwenden. Das sind die ersten beiden Terme einer allgemeineren Formel

$$F^{(n)}(t) = \frac{\mathrm{d}^n}{\mathrm{d}t^n}F(t) = \left(h\frac{\partial}{\partial x} + k\frac{\partial}{\partial y}\right)^n f(x,y) . \tag{14.25}$$

Wenn wir $\mathrm{d}^n/\mathrm{d}t^n$ von $F(t)$ bilden, erhalten wir demnach dasselbe Ergebnis wie wenn wir den Operator

$$\left(h\frac{\partial}{\partial x} + k\frac{\partial}{\partial y}\right)^n$$

auf $f(x,y)$ anwenden, nachdem wir den Operator mithilfe der Binomischen Formel ausmultipliziert haben.

Sind die partiellen Ableitungen von f über einem rechteckigen Gebiet R um (a,b) bis zur Ordnung $n+1$ stetig, so können wir die Taylor-Formel für $F(t)$ folgendermaßen fortsetzen:

$$F(t) = F(0) + F'(0)t + \frac{F''(0)}{2!}t^2 + \cdots + \frac{F^{(n)}(0)}{n!}t^n + \text{Rest} .$$

Mit $t = 1$ erhalten wir

$$F(1) = F(0) + F'(0) + \frac{F''(0)}{2!} + \cdots + \frac{F^{(n)}(0)}{n!} + \text{Rest} .$$

Wenn wir die ersten n Ableitungen auf der rechten Seite dieser letzten Reihe durch die äquivalenten Ausdrücke aus Gleichung (14.25) bei $t = 0$ ersetzen und den fehlenden Restterm addieren, so erhalten wir die folgende Formel.

Merke

Taylor-Formel für $f(x,y)$ im Punkt (a,b) Die Funktion $f(x,y)$ und ihre partiellen Ableitungen seien über einem offenen, rechteckigen Gebiet R um den Punkt (a,b) stetig. Dann gilt in R

$$\begin{aligned} f(a+h,b+k) =& f(a,b) + \left(hf_x + kf_y\right)\Big|_{(a,b)} + \frac{1}{2!}\left(h^2 f_{xx} + 2hkf_{xy} + k^2 f_{yy}\right)\Big|_{(a,b)} \\ &+ \frac{1}{3!}\left(h^3 f_{xxx} + 3h^2 k f_{xxy} + 3hk^2 f_{xyy} + k^3 f_{yyy}\right)\Big|_{(a,b)} \\ &+ \cdots + \frac{1}{n!}\left(h\frac{\partial}{\partial x} + k\frac{\partial}{\partial y}\right)^n f\Bigg|_{(a,b)} \\ &+ \frac{1}{(n+1)!}\left(h\frac{\partial}{\partial x} + k\frac{\partial}{\partial y}\right)^{n+1} f\Bigg|_{(a+ch,b+ck)} . \end{aligned} \tag{14.26}$$

Die ersten n Terme werden im Punkt (a,b) berechnet. Der letzte Term wird in einem Punkt $(a+ch, b+ck)$ auf dem Geradenabschnitt zwischen (a,b) und $(a+h,b+k)$ berechnet.

Wenn $(a,b) = (0,0)$ ist und wir h und k als unabhängige Variable behandeln (die wir nun mit x und y bezeichnen), nimmt Gleichung 14.26 die folgende Form an:

Merke

Taylor-Formel für $f(x,y)$ im Ursprung

$$\begin{aligned} f(x,y) =& f(0,0) + xf_x + yf_y + \frac{1}{2!}\left(x^2 f_{xx} + 2xyf_{xy} + y^2 f_{yy}\right) \\ &+ \frac{1}{3!}\left(x^3 f_{xxx} + 3x^2 y f_{xxy} + 3xy^2 f_{xyy} + y^3 f_{yyy}\right) \\ &+ \cdots + \frac{1}{n!}\left(x^n \frac{\partial^n f}{\partial x^n} + nx^{n-1}y\frac{\partial^n f}{\partial x^{n-1}\partial y} + \cdots + y^n \frac{\partial^n f}{\partial y^n}\right) \\ &+ \frac{1}{(n+1)!}\left(x^{n+1}\frac{\partial^{n+1} f}{\partial x^{n+1}} + (n+1)x^n y \frac{\partial^{n+1} f}{\partial x^n \partial y} + \cdots + y^{n+1}\frac{\partial^{n+1} f}{\partial y^{n+1}}\right)\Bigg|_{(cx,cy)} \end{aligned} \tag{14.27}$$

Die ersten n Terme werden im Punkt $(0,0)$ berechnet. Der letzte Term wird in einem Punkt auf dem Geradenabschnitt zwischen dem Ursprung und (x,y) berechnet.

Die Taylor-Formel liefert polynomiale Näherungen für Funktionen von zwei Variablen. Die ersten n Terme ergeben das Polynom; der letzte Term ergibt den Fehler der Näherung. Die ersten drei Terme der Taylor-Formel ergeben die Linearisierung der Funktion. Eine Linearisierung können wir verbessern, indem wir Terme höherer Ordnung hinzunehmen.

Quadratische Näherung von $f(x,y) = \sin x \sin y$ in der Nähe des Ursprungs

Beispiel 14.56 Bestimmen Sie eine quadratische Näherung der Funktion $f(x,y) = \sin x \sin y$ in der Nähe des Ursprungs. Wie genau ist die Näherung für $|x| \leq 0{,}1$ und $|y| \leq 0{,}1$?

Lösung In Gleichung (14.27) wählen wir $n = 2$:

$$f(x,y) = f(0,0) + (xf_x + yf_y) + \frac{1}{2}\left(x^2 f_{xx} + 2xyf_{xy} + y^2 f_{yy}\right) + \frac{1}{6}\left(x^3 f_{xxx} + 3x^2 y f_{xxy} + 3xy^2 f_{xyy} + y^3 f_{yyy}\right)_{(cx,cy)}.$$

Mit den berechneten Werten der partiellen Ableitungen

$$\begin{aligned} f(0,0) &= \sin x \sin y|_{(0,0)} = 0, & f_{xx}(0,0) &= -\sin x \sin y|_{(0,0)} = 0, \\ f_x(0,0) &= \cos x \sin y|_{(0,0)} = 0, & f_{xy}(0,0) &= \cos x \cos y|_{(0,0)} = 1, \\ f_y(0,0) &= \sin x \cos y|_{(0,0)} = 0, & f_{yy}(0,0) &= -\sin x \sin y|_{(0,0)} = 0 \end{aligned}$$

erhalten wir daraus

$$\sin x \sin y \approx 0 + 0 + 0 + \frac{1}{2}\left(x^2\,(0) + 2xy\,(1) + y^2\,(0)\right) \quad \text{bzw.} \quad \sin x \sin y \approx xy\,.$$

Der Fehler in der Näherung ist

$$E(x,y) = \frac{1}{6}\left(x^3 f_{xxx} + 3x^2 y f_{xxy} + 3xy^2 f_{xyy} + y^3 f_{yyy}\right)|_{(cx,cy)}.$$

Der Betrag der dritten Ableitung wird nie größer als 1, weil es sich um ein Produkt aus einer Sinusfunktion und einer Kosinusfunktion handelt. Außerdem ist $|x| \leq 0{,}1$ und $|y| \leq 0{,}1$. Für den Fehler ergibt sich damit (aufgerundet)

$$|E(x,y)| \leq \frac{1}{6}\left((0{,}1)^3 + 3\,(0{,}1)^3 + 3\,(0{,}1)^3 + (0{,}1)^3\right) = \frac{8}{6}(0{,}1)^3 \leq 0{,}00134\,.$$

Der Fehler wird für $|x| \leq 0{,}1$ und $|y| \leq 0{,}1$ nie größer als 0,00134.

Aufgaben zum Abschnitt 14.9

Quadratische und kubische Näherungen bestimmen

Bestimmen Sie in den Aufgaben 1–10 mithilfe der Taylor-Formel für $f(x,y)$ im Ursprung quadratische Näherungen der Funktion f in der Nähe des Ursprungs.

1. $f(x,y) = xe^y$

2. $f(x,y) = e^x \cos y$

3. $f(x,y) = y \sin x$

4. $f(x,y) = \sin x \cos y$

5. $f(x,y) = e^x \ln(1+y)$

6. $f(x,y) = \ln(2x + y + 1)$

7. $f(x,y) = \sin(x^2 + y^2)$

8. $f(x,y) = \cos(x^2 + y^2)$

9. $f(x,y) = \dfrac{1}{1 - x - y}$

10. $f(x,y) = \dfrac{1}{1 - x - y + xy}$

11. Bestimmen Sie mithilfe der Taylor-Formel eine quadratische Näherung von $f(x,y) = \cos x \cos y$ im Ursprung. Schätzen Sie für $|x| \leq 0{,}1$ und $|y| \leq 0{,}1$ den Fehler in der Näherung ab.

12. Bestimmen Sie mithilfe der Taylor-Formel eine quadratische Näherung von $e^x \sin y$ im Ursprung. Schätzen Sie für $|x| \leq 0{,}1$ und $|y| \leq 0{,}1$ den Fehler in der Näherung ab.

14.10 Partielle Ableitungen mit Variablen unter Nebenbedingungen

Als wir partielle Ableitungen von Funktionen wie $w = f(x,y)$ bestimmt haben, waren x und y für uns unabhängige Variable. Bei vielen Anwendungen ist genau das aber nicht der Fall. Zum Beispiel lässt sich die innere Energie eines Gases als Funktion $U = f(P,V,T)$ des Drucks P, des Volumens V und der Temperatur T ausdrücken. Gibt es zwischen den einzelnen Gasmolekülen keine Wechselwirkungen, erfüllen P, V und T (als Nebenbedingung) aber die Zustandsgleichung für das ideale Gas

$$PV = nRT \quad (n \text{ und } R \text{ sind konstant}).$$

Die Variablen sind damit nicht mehr unabhängig. In diesem Abschnitt beschäftigen wir uns mit der Frage, wie man partielle Ableitungen in solchen Situationen bestimmt, Beispiele dafür kommen in den Wirtschaftswissenschaften, den Ingenieurwissenschaften und der Physik vor.[2]

Wie man abhängige von unabhängigen Variablen unterscheidet

Unterliegen die Variablen in einer Funktion $w = f(x,y,z)$ einer Nebenbedingung wie die Variablen x, y und z in Form der Gleichung $z = x^2 + y^2$, so hängen die geometrischen Bedeutungen und die Werte der partiellen Ableitungen von f davon ab, welche Variable man als abhängig und welche als unabhängig wählt. Um zu demonstrieren, wie sich diese Wahl auf das Ergebnis auswirkt, betrachten wir die Berechnung von $\partial w/\partial x$ für $w = x^2 + y^2 + z^2$ und $z = x^2 + y^2$.

$\partial w/\partial x$ unter den Nebenbedingungen $w = x^2 + y^2 + z^2$ und $z = x^2 + y^2$

Beispiel 14.57 Bestimmen Sie $\partial w/\partial x$ unter den Nebenbedingungen $w = x^2 + y^2 + z^2$ und $z = x^2 + y^2$.

Lösung Zu den vier Unbekannten x, y, z und w sind zwei Gleichungen gegeben. Wie bei vielen Systemen dieser Art können wir zwei der vier Unbekannten (die abhängigen Variablen) durch die beiden anderen Variablen (die unabhängigen Variablen) ausdrücken. Da wir $\partial w/\partial x$ berechnen sollen, ist klar, dass w eine abhängige Variable und x eine unabhängige Variable sein muss. Für die anderen Variablen haben wir die folgenden Möglichkeiten

abhängige Variable	unabhängige Variable
w, z	x, y
w, y	x, z

In beiden Fällen können wir w explizit als Funktion der gewählten unabhängigen Variablen ausdrücken. Wir verwenden die zweite Gleichung $z = x^2 + y^2$, um die übrige abhängige Variable aus der ersten Gleichung zu eliminieren.

Im ersten Fall ist z die zweite abhängige Variable. Wir eliminieren sie aus der ersten Gleichung, indem wir sie durch den Ausdruck $x^2 + y^2$ ersetzen. Daraus ergibt sich für w der Ausdruck

$$\begin{aligned} w &= x^2 + y^2 + z^2 = x^2 + y^2 + \left(x^2 + y^2\right)^2 \\ &= x^2 + y^2 + x^4 + 2x^2y^2 + y^4 , \end{aligned}$$

2 Dieser Abschnitt basiert auf Aufzeichnungen, die Arthur P. Mattuck für das MIT angefertigt hat.

und wir erhalten

$$\frac{\partial w}{\partial x} = 2x + 4x^3 + 4xy^2 . \qquad (14.28)$$

Das ist der Ausdruck für $\partial w/\partial x$, wenn x und y die unabhängigen Variablen sind.

Im zweiten Fall, wo die unabhängigen Variablen x und z sind und y die übrige abhängige Variable ist, eliminieren wir die abhängige Variable y im Ausdruck für w, indem wir in der zweiten Gleichung y^2 durch $z - x^2$ ersetzen. Das liefert

$$w = x^2 + y^2 + z^2 = x^2 + \left(z - x^2\right) + z^2 = z + z^2$$

und

$$\frac{\partial w}{\partial x} = 0 . \qquad (14.29)$$

Das ist der Ausdruck für $\partial w/\partial x$, wenn x und z die unabhängigen Variablen sind.

Die Ausdrücke für $\partial w/\partial x$ in den Gleichungen (14.28) und (14.29) sind wirklich verschieden. Wir können einen Ausdruck nicht mithilfe der Beziehung $z = x^2 + y^2$ in den anderen verwandeln. Es gibt nicht *einen* Ausdruck für $\partial w/\partial x$, sondern zwei, und wir stellen fest, dass die ursprüngliche Anweisung zur Bestimmung von $\partial w/\partial x$ unvollständig war. Wir fragen uns: Welcher Ausdruck für $\partial w/\partial x$ ist der richtige?

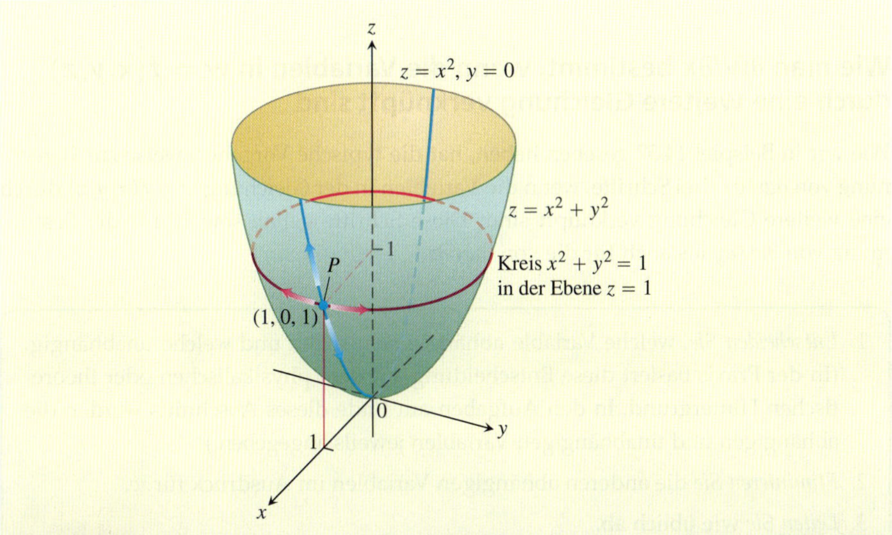

Abbildung 14.58 Darf der Punkt P nur auf dem Paraboloid $z = x^2 + y^2$ liegen, hängt der Wert der partiellen Ableitung von $w = x^2 + y^2 + z^2$ nach x im Punkt P von der Bewegungsrichtung ab (Beispiel 14.57). Fall 1: Ändert sich x und ist $y = 0$, so bewegt sich P auf der Fläche entlang der Parabel $z = x^2$ in der xz-Ebene nach oben oder unten. Die partielle Ableitung ist $\partial w/\partial x = 2x + 4x^2$. Fall 2: Ändert sich x und ist $z = 1$, so bewegt sich P auf dem Kreis $x^2 + y^2 = 1$, $z = 1$, und es gilt $\partial w/\partial x = 0$.

Die geometrischen Interpretationen der Gleichungen (14.28) und (14.29) helfen uns zu erklären, warum sich die Gleichungen unterscheiden. Die Funktion $w = x^2 + y^2 + z^2$ misst das Abstandsquadrat des Punkts (x, y, z) vom Ursprung. Die Bedingung $z = x^2 + y^2$ bedeutet, dass der Punkt (x, y, z) auf dem in ▶Abbildung 14.58 dargestellten Rotationsparaboloid liegt. Was bedeutet es, $\partial w/\partial x$ in einem Punkt $P(x, y, z)$ zu berechnen, der sich nur auf dieser Fläche bewegen kann? Welchen Wert nimmt $\partial w/\partial x$ an, wenn P zum Beispiel die Koordinaten $(1, 0, 1)$ hat?

Wenn wir x und y als unabhängig ansehen, so bestimmen wir $\partial w/\partial x$, indem wir x (bei $y = 0$) festhalten und x variieren. Folglich bewegt sich P entlang der Parabel $z = x^2$ in der xz-Ebene. Während sich P auf dieser Parabel bewegt, ändert sich w, also das Abstandsquadrat des Punkts P vom Ursprung. In diesem Fall (unsere erste Lösung) berechnen wir $\partial w/\partial x$ zu

$$\frac{\partial w}{\partial x} = 2x + 4x^3 + 4xy^2 .$$

Im Punkt $(1, 0, 1)$ ist der Wert dieser Ableitung

$$\frac{\partial w}{\partial x} = 2 + 4 + 0 = 6 .$$

Sehen wir dagegen x und z als unabhängig an, so bestimmen wir $\partial w/\partial x$, indem wir z festhalten und x variieren. Da die z-Koordinate von P gleich 1 ist, bewegt sich P damit auf einem Kreis in der Ebene $z = 1$. Während sich P auf diesem Kreis bewegt, bleibt der Abstand vom Ursprung konstant, und auch w als Quadrat dieses Abstands ändert sich nicht. Also ist

$$\frac{\partial w}{\partial x} = 0 ,$$

wie wir in unserer zweiten Lösung festgestellt haben. ■

Wie man $\partial w/\partial x$ bestimmt, wenn die Variablen in $w = f(x, y, z)$ durch eine weitere Gleichung verknüpft sind

Wie wir in Beispiel 14.57 gesehen haben, hat die typische Vorgehensweise zur Berechnung von $\partial w/\partial x$ drei Schritte, wenn die Variablen in der Gleichung $w = f(x, y, z)$ durch eine weitere Gleichung verknüpft sind. Diese Schritte gelten sowohl für die Bestimmung von $\partial w/\partial y$ als auch für die von $\partial w/\partial z$.

Merke

1. *Entscheiden Sie*, welche Variable abhängig sein sollen und welche unabhängig. (In der Praxis basiert diese Entscheidung auf dem physikalischen oder theoretischen Hintergrund. In den Aufgaben am Ende dieses Abschnitts werden die abhängigen und unabhängigen Variablen jeweils angegeben.)
2. *Eliminieren Sie* die anderen abhängigen Variablen im Ausdruck für w.
3. *Leiten Sie* wie üblich ab.

Können wir nach der Identifikation der abhängigen Variablen Schritt 2 nicht ausführen, leiten wir die Gleichungen einfach ab und versuchen hinterher, nach $\partial w/\partial x$ aufzulösen. Im nächsten Beispiel werden Sie sehen, wie man das macht.

$\partial w/\partial x$ im Punkt $(2, -1, 1)$ für $w = x^2 + y^2 + z^2$ und $z^3 - xy + yz + y^3 = 1$

Beispiel 14.58 Bestimmen Sie $\partial w/\partial x$ im Punkt $(x, y, z) = (2, -1, 1)$ für

$$w = x^2 + y^2 + z^2, \quad z^3 - xy + yz + y^3 = 1 ,$$

wenn x und y die abhängigen Variablen sind.

Lösung Es ist nicht praktikabel, z im Ausdruck für w zu eliminieren. Deshalb leiten wir die beiden Gleichungen implizit nach x ab, wobei wir x und z als unabhängige Variable und z als abhängige Variable betrachten. Das liefert

$$\frac{\partial w}{\partial x} = 2x + 2z\frac{\partial z}{\partial x} \tag{14.30}$$

und

$$3z^2\frac{\partial z}{\partial x} - y + y\frac{\partial z}{\partial x} + 0 = 0. \tag{14.31}$$

Diese Gleichungen können wir nun kombinieren und so $\partial w/\partial x$ mithilfe von x, y und z ausdrücken. Wir lösen Gleichung (14.31) nach $\partial z/\partial x$ auf und erhalten

$$\frac{\partial z}{\partial x} = \frac{y}{y + 3z^2}.$$

Diesen Ausdruck setzen wir in Gleichung 14.30 ein:

$$\frac{\partial w}{\partial x} = 2x + \frac{2yz}{y + 3z^2}.$$

Der Wert der Ableitung im Punkt $(x, y, z) = (2, -1, 1)$ ist

$$\left(\frac{\partial w}{\partial x}\right)_{(2,-1,1)} = 2(2) + \frac{2(-1)(1)}{-1 + 3(1)^2} = 4 + \frac{-2}{2} = 3. \qquad \blacksquare$$

Schreibweise

Um zu kennzeichnen, welche Variable wir bei der Berechnung der Ableitung als unabhängig betrachten, können wir die folgende Schreibweise verwenden:

$\left(\dfrac{\partial w}{\partial x}\right)_y$ $\partial w/\partial x$ mit den unabhängigen Variablen x und y

$\left(\dfrac{\partial f}{\partial y}\right)_{x,t}$ $\partial f/\partial y$ mit den unabhängigen Variablen y, x und t

Beispiel 14.59 Bestimmen Sie $(\partial w/\partial x)_{y,z}$ für $w = x^2 + y - z + \sin t$ und $x + y = t$.   **$(\partial w/\partial x)_{y,z}$**

Lösung Mit den unabhängigen Variablen x, y und z erhalten wir

$$t = x + y, \quad w = x^2 + y - z + \sin(x + y)$$

$$\left(\frac{\partial w}{\partial x}\right)_{y,z} = 2x + 0 - 0 + \cos(x + y)\frac{\partial}{\partial x}(x + y)$$

$$= 2x + \cos(x + y). \qquad \blacksquare$$

Pfeildiagramme[3]

Bei der Lösung solcher Aufgaben wie in Beispiel 14.58 ist es oft hilfreich, sich zunächst ein Pfeildiagramm zu zeichnen, das die Beziehungen zwischen den Variablen und Funktionen veranschaulicht. Wenn wir für

$$w = x^2 + y - z + \sin t \quad \text{und} \quad x + y = t$$

die partielle Ableitung $\partial w / \partial x$ mit den unabhängigen Variablen x, y und z bestimmen sollen, so sieht das entsprechende Diagramm folgendermaßen aus:

$$\begin{pmatrix} x \\ y \\ z \end{pmatrix} \longrightarrow \begin{pmatrix} x \\ y \\ z \\ t \end{pmatrix} \longrightarrow w \tag{14.32}$$

unabhängige Variable | Zwischen- variable | abhängige Variable

Um im Diagramm Verwechslungen zwischen den unabhängigen Variablen und den Zwischenvariablen mit denselben Symbolen zu vermeiden, ist es hilfreich, die Zwischenvariablen umzubenennen (sodass sie als *Funktionen* der unabhängigen Variablen erkennbar sind). Seien also $u = x$, $v = y$ und $s = z$ die umbenannten Zwischenvariablen. Mit dieser Schreibweise sieht das Pfeildiagramm nun folgendermaßen aus:

$$\begin{pmatrix} x \\ y \\ z \end{pmatrix} \longrightarrow \begin{pmatrix} u \\ v \\ s \\ t \end{pmatrix} \longrightarrow w \tag{14.33}$$

unabhängige Variable | Zwischenvariable und Relationen $u = x$, $v = y$, $s = z$, $t = x + y$ | abhängige Variable

Im Diagramm stehen die unabhängigen Variablen links, die Zwischenvariablen mit ihren Relationen in der Mitte und die abhängige Variable rechts. Die Funktion w wird nun zu

$$w = u^2 + v - s + \sin t$$

mit

$$u = x, \; v = y, \; s = z \quad \text{und} \quad t = x + y \, .$$

Um $\partial w / \partial x$ zu bestimmen, verwenden wir nun (von dem Pfeildiagramm aus Gleichung 14.33 geleitet) die Kettenregel für eine Funktion w von vier Variablen:

$$\begin{aligned} \frac{\partial w}{\partial x} &= \frac{\partial w}{\partial u}\frac{\partial u}{\partial x} + \frac{\partial w}{\partial v}\frac{\partial v}{\partial x} + \frac{\partial w}{\partial s}\frac{\partial s}{\partial x} + \frac{\partial w}{\partial t}\frac{\partial t}{\partial x} \\ &= (2u)\,(1) + (1)\,(0) + (-1)\,(0) + (\cos t)\,(1) \\ &= 2u + \cos t \\ &= 2x + \cos(x + y) \, . \end{aligned}$$

Einsetzen der ursprünglichen unabhängigen Variablen $u = x$ und $t = x + y$

3 Hier wird der Vollständigkeit halber auf eine alternative Schreibform verwiesen, wie sie auf Seite 270 verwendet wurde.

Aufgaben zum Abschnitt 14.10

Partielle Ableitungen mit Variablen unter Nebenbedingungen bestimmen Zeichnen Sie in den Aufgaben 1–3 zunächst ein Pfeildiagramm, das die Beziehungen unter den Variablen veranschaulicht.

1. Bestimmen Sie für $w = x^2 + y^2 + z^2$ und $z = x^2 + y^2$

a. $\left(\frac{\partial w}{\partial y}\right)_z$ **b.** $\left(\frac{\partial w}{\partial z}\right)_x$ **c.** $\left(\frac{\partial w}{\partial z}\right)_y$

2. Bestimmen Sie für $w = x^2 + y - z + \sin t$ und $x + y = t$

a. $\left(\frac{\partial w}{\partial y}\right)_{x,z}$ **b.** $\left(\frac{\partial w}{\partial y}\right)_{z,t}$ **c.** $\left(\frac{\partial w}{\partial z}\right)_{x,y}$

d. $\left(\frac{\partial w}{\partial z}\right)_{y,t}$ **e.** $\left(\frac{\partial w}{\partial t}\right)_{x,z}$ **f.** $\left(\frac{\partial w}{\partial t}\right)_{y,z}$

3. Sei $U = f(P, V, T)$ die innere Energie eines Gases, das der Zustandsgleichung $PV = nRT$ (n und R konstant) genügt. Bestimmen Sie

a. $\left(\frac{\partial U}{\partial P}\right)_V$ **b.** $\left(\frac{\partial U}{\partial T}\right)_V$

4. Bestimmen Sie

a. $\left(\frac{\partial w}{\partial x}\right)_y$ **b.** $\left(\frac{\partial w}{\partial z}\right)_y$

im Punkt $(x, y, z) = (0, 1, \pi)$ für $w = x^2 + y^2 + z^2$ und $y \sin z + z \sin x = 0$.

5. Bestimmen Sie

a. $\left(\frac{\partial w}{\partial y}\right)_x$ **b.** $\left(\frac{\partial w}{\partial y}\right)_z$

im Punkt $(w, x, y, z) = (4, 2, 1, -1)$ für $w = x^2y^2 + yz - z^3$ und $x^2 + y^2 + z^2 = 6$.

6. Nehmen Sie an, dass wie in Polarkoordinaten $x^2 + y^2 = r^2$ und $x = r\cos\theta$ ist. Bestimmen Sie

$$\left(\frac{\partial x}{\partial r}\right)_\theta \quad \text{und} \quad \left(\frac{\partial r}{\partial x}\right)_y .$$

Theorie und Beispiele

7. Prüfen Sie die häufig in der Hydrodynamik verwendete Tatsache, dass für eine Funktion mit $f(x, y, z) = 0$ gilt:

$$\left(\frac{\partial x}{\partial y}\right)_z \left(\frac{\partial y}{\partial z}\right)_x \left(\frac{\partial z}{\partial x}\right)_y = -1 .$$

(*Hinweis*: Drücken Sie alle Ableitungen als Funktionen der formalen partiellen Ableitungen $\partial f/\partial x$, $\partial f/\partial y$ und $\partial f/\partial z$ aus.)

8. Nehmen Sie an, dass die Gleichung $g(x, y, z) = 0$ die Variable z als eine differenzierbare Funktion der unabhängigen Variablen x und y definiert und $g_z \neq 0$ gilt. Zeigen Sie, dass gilt:

$$\left(\frac{\partial z}{\partial y}\right)_x = -\frac{\partial g/\partial y}{\partial g/\partial z}.$$

Kapitel 14 – Wiederholungsfragen

1. Was ist eine reellwertige Funktion von zwei bzw. drei unabhängigen Variablen? Geben Sie jeweils Beispiele an.

2. Was bedeutet es, wenn eine Menge in der Ebene oder im Raum offen bzw. abgeschlossen ist? Geben Sie Beispiele an. Geben Sie auch Beispiele für Mengen an, die weder offen noch geschlossen sind.

3. Wie können Sie die Werte ein Funktion $f(x, y)$ von zwei unabhängigen Variablen grafisch darstellen? Wie machen Sie das bei einer Funktion $f(x, y, z)$ von drei unabhängigen Variablen?

4. Was bedeutet es, wenn ein Funktion $f(x, y)$ für $(x, y) \to (x_0, y_0)$ den Grenzwert L hat? Welche grundlegenden Eigenschaften haben Grenzwerte von Funktionen von zwei unabhängigen Variablen?

5. Wann ist eine Funktion von zwei (drei) unabhängigen Variablen in einem Punkt ihres Definitionsbereichs stetig? Geben Sie Beispiele für Funktionen an, die in einigen Punkten stetig sind, in anderen aber nicht.

6. Was können Sie über algebraische Kombinationen und Verkettungen stetiger Funktionen sagen?

7. Erläutern Sie den Zwei-Wege-Test für die Nichtexistenz von Grenzwerten.

8. Wie sind die partiellen Ableitungen $\partial f/\partial x$ und $\partial f/\partial y$ einer Funktion $f(x,y)$ definiert? Wie werden sie interpretiert und berechnet?

9. Wie unterscheidet sich der Zusammenhang zwischen partieller Differenzierbarkeit und Stetigkeit bei Funktionen von zwei unabhängigen Variablen von dem Zusammenhang zwischen Differenzierbarkeit und der Stetigkeit bei reellwertigen Funktionen von einer unabhängigen Variablen? Geben Sie Beispiele an.

10. Was sagt der Satz von Schwarz über gemischte zweite partielle Ableitungen aus? Wie können Sie ihn bei der Berechnung von partiellen Ableitungen zweiter Ordnung verwenden? Geben Sie Beispiele an.

11. Was bedeutet es, wenn eine Funktion $f(x,y)$ differenzierbar ist? Was sagt der Satz über die Zuwächse (Satz 14.3 auf Seite 264) über die Differenzierbarkeit aus?

12. Wie können Sie manchmal anhand von f_x und f_y schlussfolgern, dass eine Funktion $f(x,y)$ differenzierbar ist? Wie hängt die Differenzierbarkeit von f mit der Stetigkeit von f in einem Punkt zusammen?

13. Wie lautet die allgemeine Kettenregel? Welche Form hat sie für Funktionen von zwei unabhängigen Variablen? Welche Form hat sie für Funktionen von drei unabhängigen Variablen und für auf Flächen definierte Funktionen? Welche Diagramme gibt es für diese verschiedenen Formen? Welches Schema hilft Ihnen, sich die verschiedenen Formen zu merken?

14. Was ist die Ableitung einer Funktion $f(x,y)$ in einem Punkt P_0 in der Richtung eines Einheitsvektors $\boldsymbol{u}$? Welche Rate beschreibt sie? Wie interpretiert man sie geometrisch? Geben Sie Beispiele an.

15. Was ist der Gradient einer differenzierbaren Funktion $f(x,y)$? Wie hängt er mit den Richtungsableitungen der Funktion zusammen? Wie lauten die Antworten für Funktionen von drei unabhängigen Variablen?

16. Wie bestimmen Sie die Tangente in einem Punkt auf einer Niveaulinie einer differenzierbaren Funktion $f(x,y)$? Wie bestimmen Sie die Tangentialebene und die Normale in einem Punkt an eine Niveaufläche einer differenzierbaren Funktion $f(x,y,z)$? Geben Sie Beispiele an.

17. Wie können Sie mithilfe der Richtungsableitung Änderungen abschätzen?

18. Wie linearisieren Sie eine Funktion $f(x,y)$ von zwei unabhängigen Variablen in einem Punkt (x_0,y_0)? Warum kann dies sinnvoll sein? Wie linearisieren Sie eine Funktion von drei unabhängigen Variablen?

19. Was können Sie über die Genauigkeit von linearen Näherungen für Funktionen von zwei (drei) unabhängigen Variablen sagen?

20. Wie können Sie die Änderung in dem Wert einer differenzierbaren Funktion $f(x,y)$ abschätzen, wenn sich (x,y) von einem Punkt (x_0,y_0) zu einem benachbarten Punkt $(x_0+\mathrm{d}x, y_0+\mathrm{d}y)$ verschiebt? Geben Sie ein Beispiel an.

21. Wie sind lokale Minima, lokale Maxima und Sattelpunkte einer differenzierbaren Funktion $f(x,y)$ definiert? Geben Sie Beispiele an.

22. Welche Tests mithilfe von Ableitungen kennen Sie, um lokale Extremwerte einer Funktion zu bestimmen? Wie können Sie mithilfe dieser Tests die Suche nach diesen Werten verkürzen? Geben Sie Beispiele an.

23. Wie bestimmen Sie die Extrema einer stetigen Funktion $f(x,y)$ auf einem abgeschlossenen, beschränkten Gebiet in der xy-Ebene? Geben Sie Beispiele an.

24. Beschreiben Sie die Methode der Lagrange-Multiplikatoren und geben Sie Beispiele an.

25. Wie erhält man aus der Taylor-Formel einer Funktion $f(x,y)$ polynomiale Näherungen und Fehlerabschätzungen?

26. Gegeben sei die Funktion $w=f(x,y,z)$. Die Variablen x, y und z sind durch die Nebenbedingung $g(x,y,z)=0$ verbunden. Was bedeutet der Ausdruck $(\partial w/\partial x)_y$? Wie können Sie sich die Berechnung dieser partiellen Ableitung unter Nebenbedingungen durch ein Pfeildiagramm vereinfachen? Geben Sie Beispiele an.

Kapitel 14 – Praktische Aufgaben

Definitionsbereich, Wertebereich und Niveaulinien Bestimmen Sie in den Aufgaben 1–4 den Definitionsbereich und den Wertebereich der angegebenen Funktion und identifizieren Sie ihre Niveaulinien. Skizzieren Sie eine typische Niveaulinie.

1. $f(x,y) = 9x^2 + y^2$

2. $f(x,y) = e^{x+y}$

3. $g(x,y) = 1/xy$

4. $g(x,y) = \sqrt{x^2 - y}$

Bestimmen Sie in den Aufgaben 5–8 den Definitionsbereich und den Wertebereich der angegebenen Funktion und identifizieren Sie ihre Niveauflächen. Skizzieren Sie eine typische Niveaufläche.

5. $f(x,y,z) = x^2 + y^2 - z$

6. $g(x,y,z) = x^2 + 4y^2 + 9z^2$

7. $h(x,y,z) = \dfrac{1}{x^2 + y^2 + z^2}$

8. $k(x,y,z) = \dfrac{1}{x^2 + y^2 + z^2 + 1}$

Grenzwerte berechnen Bestimmen Sie in den Aufgaben 9–11 die Grenzwerte.

9. $\lim\limits_{(x,y)\to(\pi,\ln 2)} e^y \cos x$

10. $\lim\limits_{(x,y)\to(1,1)} \dfrac{x-y}{x^2-y^2}$

11. $\lim\limits_{(x,y,z)\to(1,-1,e)} \ln|x+y+z|$

Zeigen Sie in den Aufgaben 12 und 13, dass die angegebenen Grenzwerte nicht existieren, indem Sie bei der Grenzwertbildung verschiedene Wege betrachten.

12. $\lim\limits_{\substack{(x,y)\to(0,0)\\ y\neq x^2}} \dfrac{y}{x^2-y}$

13. $\lim\limits_{\substack{(x,y)\to(0,0)\\ xy\neq 0}} \dfrac{x^2+y^2}{xy}$

14. **Stetige Fortsetzung** Gegeben sei die Funktion $f(x,y) = (x^2 - y^2) / (x^2 + y^2)$ für $(x,y) \neq (0,0)$. Lässt sich $f(0,0)$ so definieren, dass f im Ursprung stetig wird? Begründen Sie Ihre Antwort.

Partielle Ableitungen Bestimmen Sie in den Aufgaben 15–17 die partiellen Ableitungen der Funktion nach jeder Variablen.

15. $g(r,\theta) = r\cos\theta + r\sin\theta$

16. $f(R_1, R_2, R_3) = \dfrac{1}{R_1} + \dfrac{1}{R_2} + \dfrac{1}{R_3}$

17. $P(n,R,T,V) = \dfrac{nRT}{V}$ (Zustandsgleichung des idealen Gases)

Zweite partielle Ableitungen Bestimmen Sie in den Aufgaben 18 und 21 alle zweiten partiellen Ableitungen der Funktionen.

18. $g(x,y) = y + \dfrac{x}{y}$

19. $g(x,y) = e^x + y\sin x$

20. $f(x,y) = x + xy - 5x^3 + \ln(x^2+1)$

21. $f(x,y) = y^2 - 3xy + \cos y + 7e^y$

Berechnungen mithilfe der Kettenregel

22. Bestimmen Sie dw/dt bei $t = 0$ für $w = \sin(xy + \pi)$, $x = e^t$ und $y = \ln(t+1)$.

23. Bestimmen Sie $\partial w/\partial r$ und $\partial w/\partial s$ bei $r = \pi$ und $s = 0$ für $w = \sin(2x - y)$, $x = r + \sin s$ und $y = rs$.

24. Bestimmen Sie den Wert der Ableitung der Funktion $f(x,y,z) = xy + yz + xz$ nach t auf der Kurve $x = \cos t$, $y = \sin t$, $z = \cos 2t$ bei $t = 1$.

Implizite Ableitung Nehmen Sie an, dass die Gleichungen aus den Aufgaben 25 und 26 die Variable y als eine differenzierbare Funktion von x definieren. Bestimmen Sie den Wert von dy/dx im Punkt P.

25. $1 - x - y^2 - \sin xy = 0$, $P(0,1)$

26. $2xy + e^{x+y} - 2 = 0$, $P(0, \ln 2)$

Richtungsableitungen Bestimmen Sie in den Aufgaben 27–30 die Richtungen, in denen die Funktion f im Punkt P_0 am schnellsten wächst bzw. fällt, und bestimmen Sie die Ableitung von f in jeder Richtung. Bestimmen Sie auch die Ableitung von f im Punkt P_0 in der Richtung des Vektors $\boldsymbol{v}$.

27. $f(x,y) = \cos x \cos y$, $P_0(\pi/4, \pi/4)$, $\boldsymbol{v} = 3\boldsymbol{i} + 4\boldsymbol{j}$

28. $f(x,y) = x^2 e^{-2y}$, $P_0(1,0)$, $\boldsymbol{v} = \boldsymbol{i} + \boldsymbol{j}$

29. $f(x,y,z) = \ln(2x + 3y + 6z)$, $P_0(-1,-1,1)$, $v = 2i + 3j + 6k$

30. $f(x,y,z) = x^2 + 3xy - z^2 + 2y + z + 4$, $P_0(0,0,0)$, $v = i + j + k$

31. Ableitung in Richtung der Geschwindigkeit Bestimmen Sie die Ableitung der Funktion $f(x,y,z) = xyz$ in der Richtung des Geschwindigkeitsvektors der Helix

$$r(t) = (\cos 3t)\, i + (\sin 3t)\, j + 3tk$$

bei $t = \pi/3$.

32. Richtungsableitungen mit gegebenen Werten Im Punkt $(1,2)$ hat die Funktion $f(x,y)$ eine Ableitung von 2 in der Richtung auf $(2,2)$ und eine Ableitung von -2 in der Richtung auf $(1,1)$.

a. Bestimmen Sie $f_x(1,2)$ und $f_y(1,2)$.

b. Bestimmen Sie die Ableitung von f im Punkt $(1,2)$ in der Richtung auf den Punkt $(4,6)$.

Gradienten, Tangentialebenen und Normalen Skizzieren Sie in den Aufgaben 33 und 34 die Fläche $f(x,y,z) = c$ sowie ∇f in den angegebenen Punkten.

33. $x^2 + y + z^2 = 0$; $(0,-1,\pm 1)$, $(0,0,0)$

34. $y^2 + z^2 = 4$; $(2,\pm 2,0)$, $(2,0,\pm 2)$

Bestimmen Sie in den Aufgaben 35 und 36 eine Gleichung für die Tangentialebene an die Niveaufläche $f(x,y,z) = c$ im Punkt P_0. Bestimmen Sie außerdem Parametergleichungen für die Normale an die Fläche im Punkt P_0.

35. $x^2 - y - 5z = 0$, $P_0(2,-1,1)$

36. $x^2 + y^2 + z = 4$, $P_0(1,1,2)$

Bestimmen Sie in den Aufgaben 37 und 38 eine Gleichung für die Tangentialebene an die Fläche $z = f(x,y)$ in dem angegebenen Punkt.

37. $z = \ln(x^2 + y^2)$, $(0,1,0)$

38. $z = 1/\left(x^2 + y^2\right)$, $(1,1,1/2)$

Bestimmen Sie in den Aufgaben 39 und 40 Gleichungen für die Tangenten und Normalen an die Niveaulinie $f(x,y) = c$ im Punkt P_0. Skizzieren Sie dann die Geraden und Niveaulinien zusammen mit ∇f im Punkt P_0.

39. $y - \sin x = 1$, $P_0(\pi, 1)$

40. $\dfrac{y^2}{2} - \dfrac{x^2}{2} = \dfrac{3}{2}$, $P_0(1,2)$

Tangenten an Kurven Bestimmen Sie in den Aufgaben 41 und 42 Parametergleichungen für die Tangente an die Schnittkurve der Flächen in dem angegebenen Punkt.

41. Flächen: $x^2 + 2y + 2z = 4$, $y = 1$ Punkt: $(1,1,1/2)$

42. Flächen: $x + y^2 + z = 2$, $y = 1$ Punkt: $(1/2,1,1/2)$

Linearisierungen Bestimmen Sie in den Aufgaben 43 und 44 die Linearisierung $L(x,y)$ der Funktion $f(x,y)$ im Punkt P_0. Bestimmen Sie dann eine obere Schranke für den Betrag des Fehlers E in der Näherung $f(x,y) \approx L(x,y)$ auf dem Rechteck R.

43. $f(x,y) = \sin x \cos y$, $P_0(\pi/4, \pi/4)$ R: $\left|x - \dfrac{\pi}{4}\right| \leq 0{,}1$, $\left|y - \dfrac{\pi}{4}\right| \leq 0{,}1$

44. $f(x,y) = xy - 3y^2 + 2$, $P_0(1,1)$ R: $|x-1| \leq 0{,}1$, $|y-1| \leq 0{,}2$

Bestimmen Sie die Linearisierungen der Funktionen aus den Aufgaben 45 und 46 in den angegebenen Punkten.

45. $f(x,y,z) = xy + 2yz - 3xz$ in $(1,0,0)$ und $(1,1,0)$

46. $f(x,y,z) = \sqrt{2}\cos x \sin(y+z)$ in $(0,0,\pi/4)$ und $(\pi/4,\pi/4,0)$

Abschätzungen und Empfindlichkeit gegenüber Änderungen

47. Messung des Volumens einer Rohrleitung Sie wollen das Volumen in einem Rohrleitungsstück berechnen, das einen Durchmesser von etwa 1 m hat und rund 2 km lang ist. Welche Größe sollten Sie besonders sorgfältig messen, den Durchmesser oder die Länge? Begründen Sie Ihre Antwort.

48. Änderung in einem elektrischen Schaltkreis Nehmen Sie an, dass der Strom I (in Ampere) mit der Spannung U (in Volt) und dem Widerstand R (in Ohm) durch die Gleichung $I = U/R$ verknüpft ist. Fällt oder wächst die Stromstärke, wenn die Spannung von 24 Volt auf 23 Volt fällt und der Widerstand von 100 Ohm auf 80 Ohm sinkt? Um welchen Betrag ändert sich die Stromstärke? Ist die Änderung in I empfindlicher gegenüber Änderungen der Spannung oder gegenüber Änderungen des Widerstands? Begründen Sie Ihre Antwort.

49. **Fehler beim Abschätzen eines Produkts** Gegeben seien die Funktionen $y = uv$ und $z = u + v$ mit den positiven unabhängigen Variablen u und v.

a. Sie messen u mit einem Fehler von 2 }von 3 %. Wie groß ist der prozentuale Fehler in dem aus diesen Messgrößen berechneten Wert von y?

b. Zeigen Sie, dass der prozentuale Fehler im berechneten Wert von z kleiner ist als der prozentuale Fehler in dem Wert von y.

Lokale Extrema Untersuchen Sie die Funktionen aus den Aufgaben 50–52 auf lokale Maxima, lokale Minima und Sattelpunkte. Bestimmen Sie jeweils den Funktionswert in diesen Punkten.

50. $f(x,y) = x^2 - xy + y^2 + 2x + 2y - 4$

51. $f(x,y) = 2x^3 + 3xy + 2y^3$

52. $f(x,y) = x^3 + y^3 + 3x^2 - 3y^2$

Globale Extrema Bestimmen Sie in den Aufgaben 53–56 die globalen Maximal- und Minimalwerte der Funktion f auf dem Gebiet R.

53. $f(x,y) = x^2 + xy + y^2 - 3x + 3y$
R: Dreieckiges Gebiet, das von der Gerade $x + y = 4$ aus dem ersten Quadranten geschnitten wird

54. $f(x,y) = y^2 - xy - 3y + 2x$
R: Quadratisches Gebiet, das von den Geraden $x = \pm 2$ und $y = \pm 2$ eingeschlossen wird.

55. $f(x,y) = x^2 - y^2 - 2x + 4y$
R: Dreieckiges Gebiet, das unten von der x-Achse, oben von der Gerade $y = x + 2$ und rechts von der Gerade $x = 2$ begrenzt wird.

56. $f(x,y) = x^3 + y^3 + 3x^2 - 3y^2$
R: Quadratisches Gebiet, das von den Geraden $x = \pm 1$ und $y = \pm 1$ eingeschlossen wird.

Lagrange-Multiplikatoren

57. **Extrema auf einem Kreis** Bestimmen Sie die Extremwerte der Funktion $f(x,y) = x^3 + y^2$ auf dem Kreis $x^2 + y^2 = 1$.

58. **Extrema auf einer Kreisscheibe** Bestimmen Sie die Extremwerte der Funktion $f(x,y) = x^2 + 3y^2 + 2y$ auf der Einheitskreisscheibe $x^2 + y^2 \leq 1$.

59. **Extrema auf einer Kugelfläche** Bestimmen Sie die Extremwerte der Funktion $f(x,y,z) = x - y + z$ auf der Einheitskugelschale $x^2 + y^2 + z^2 = 1$.

60. **Kosten für einen Quader minimieren** Ein Quader soll das Volumen V cm^3 haben. Die Materialkosten sind für Boden und Deckel a Cent/cm^2, b Cent/cm^2 für Vorder- und Rückseite und c Cent/cm^2 für die übrigen Flächen. Welche Abmessungen des Quaders minimieren die Gesamtkosten für das Material?

61. **Extrema auf einer Schnittkurve von Flächen** Bestimmen Sie die Extremwerte der Funktion $f(x,y,z) = x(y+z)$ auf der Schnittkurve des Kreiszylinders $x^2 + y^2 = 1$ mit dem hyperbolischen Zylinder $xz = 1$.

Partielle Ableitungen bei Variablen mit Nebenbedingungen Zeichnen Sie in den Aufgaben 62 und 63 zunächst ein Diagramm, das die Beziehungen zwischen den Variablen veranschaulicht.

62. Bestimmen Sie für $w = x^2 e^{yz}$ und $z = x^2 - y^2$

a. $\left(\dfrac{\partial w}{\partial y}\right)_z$, **b.** $\left(\dfrac{\partial w}{\partial z}\right)_x$, **c.** $\left(\dfrac{\partial w}{\partial z}\right)_y$.

63. Sei $U = f(P,V,T)$ die innere Energie eines Gases, das die Zustandsgleichung des idealen Gases $PV = nRT$ (n und R konstant) erfüllt. Bestimmen Sie

a. $\left(\dfrac{\partial U}{\partial T}\right)_P$, **b.** $\left(\dfrac{\partial U}{\partial V}\right)_T$.

Theorie und Beispiele

64. Sei $w = f(r,\theta)$, $r = \sqrt{x^2 + y^2}$ und $\theta = \tan^{-1}(y/x)$. Bestimmen Sie $\partial w/\partial x$ und $\partial w/\partial y$ und drücken Sie die Ergebnisse als Funktionen von r und θ aus.

65. Seien a und b konstant. Zeigen Sie, dass für $w = u^3 + \tanh u + \cos u$ und $u = ax + by$ gilt:

$$a\frac{\partial w}{\partial y} = b\frac{\partial w}{\partial x}.$$

66. **Winkel zwischen Vektoren** Die Gleichungen $e^u \cos v - x = 0$ und $e^u \sin v - y = 0$ definieren u und v als differenzierbare Funktionen von x und y. Zeigen Sie, dass der Winkel zwischen den Vektoren

$$\frac{\partial u}{\partial x}\boldsymbol{i} + \frac{\partial u}{\partial y}\boldsymbol{j} \quad \text{und} \quad \frac{\partial v}{\partial x}\boldsymbol{i} + \frac{\partial v}{\partial y}\boldsymbol{j}$$

konstant ist.

67. Polarkoordinaten und zweite Ableitungen Durch Einführung von Polarkoordinaten $x = r\cos\theta$ und $y = r\sin\theta$ ändert sich $f(x,y)$ in $g(r,\theta)$. Bestimmen Sie den Wert von $\partial^2 g/\partial\theta^2$ im Punkt $(r,\theta) = (2, \pi/2)$, wenn in diesem Punkt gilt:

$$\frac{\partial f}{\partial x} = \frac{\partial f}{\partial y} = \frac{\partial^2 f}{\partial x^2} = \frac{\partial^2 f}{\partial y^2} = 1\,.$$

68. Normale, die zu einer Ebene parallel ist Bestimmen Sie die Punkte auf der Fläche

$$(y+z)^2 + (z-x)^2 = 16\,,$$

in denen die Normale parallel zur yz-Ebene ist.

69. Wenn der Gradient parallel zum Ortsvektor ist Nehmen Sie an, dass $\nabla f(x,y,z)$ immer parallel zum Ortsvektor $x\boldsymbol{i} + y\boldsymbol{j} + z\boldsymbol{k}$ ist. Zeigen Sie, dass für jedes a gilt: $f(0,0,a) = f(0,0,-a)$.

70. Normale durch den Ursprung Zeigen Sie, dass die Normale an die Fläche $xy + z = 2$ im Punkt $(1,1,1)$ durch den Ursprung verläuft.

Kapitel 14 – Zusätzliche Aufgaben und Aufgaben für Fortgeschrittene

Partielle Ableitungen

1. Funktion mit einem Sattelpunkt im Ursprung Wenn Sie Aufgabe 32 in Abschnitt 14.2 gelöst haben, wissen Sie, dass die Funktion

$$f(x,y) = \begin{cases} xy\dfrac{x^2-y^2}{x^2+y^2}, & (x,y) \neq (0,0) \\ 0, & (x,y) = (0,0) \end{cases}$$

(siehe die zugehörige Abbildung) im Punkt $(0,0)$ stetig ist. Bestimmen Sie $f_{xy}(0,0)$ und $f_{yx}(0,0)$.

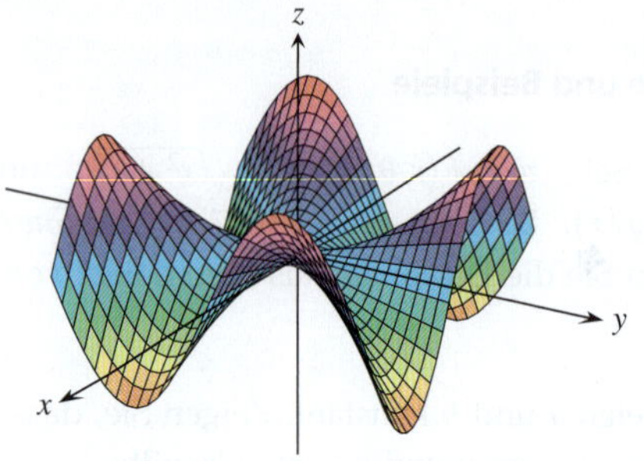

2. Ein Beweis der Leibniz-Regel Sei f über $[a,b]$ stetig, und seien $u(x)$ und $v(x)$ differenzierbare Funktionen von x, deren Werte in $[a,b]$ liegen. Dann gilt nach der Leibniz-Regel

$$\frac{\mathrm{d}}{\mathrm{d}x}\int_{u(x)}^{v(x)} f(t)\,\mathrm{d}t = f(v(x))\frac{\mathrm{d}v}{\mathrm{d}x} - f(u(x))\frac{\mathrm{d}u}{\mathrm{d}x}.$$

Beweisen Sie diese Regel, indem Sie

$$g(u,v) = \int_u^v f(t)\mathrm{d}t,\ u = u(x),\ v = v(x)$$

setzen und $\mathrm{d}g/\mathrm{d}x$ mithilfe der Kettenregel berechnen.

3. Homogene Funktionen Eine Funktion $f(x,y)$ ist *homogen vom Grad n* (n ist eine nichtnegative ganze Zahl), wenn $f(tx,ty) = t^n f(x,y)$ für alle t, x und y gilt. Beweisen Sie, dass für solche (hinreichend oft differenzierbaren) Funktionen gilt:

a. $x\dfrac{\partial f}{\partial x} + y\dfrac{\partial f}{\partial y} = nf(x,y)$

b. $x^2\left(\dfrac{\partial^2 f}{\partial x^2}\right) + 2xy\left(\dfrac{\partial^2 f}{\partial x \partial y}\right) + y^2\left(\dfrac{\partial^2 f}{\partial y^2}\right) = n\,(n-1)f.$

4. Fläche in Polarkoordinaten Sei

$$f(r,\theta) = \begin{cases} \dfrac{\sin 6r}{6r}, & r \neq 0\,, \\ 1, & r = 0\,, \end{cases}$$

mit den Polarkoordinaten r und θ. Bestimmen Sie

a. $\lim\limits_{r\to 0} f(r,\theta)$, **b.** $f_r(0,0)$, **c.** $f_\theta(r,\theta)$, $r \neq 0$

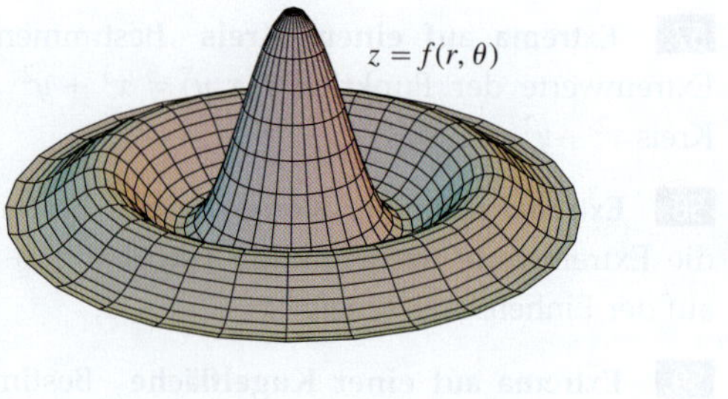

Gradienten und Tangenten

5. Eigenschaften von Ortsvektoren Sei $\boldsymbol{r} = x\boldsymbol{i} + y\boldsymbol{j} + z\boldsymbol{k}$ und $r = |\boldsymbol{r}|$.

a. Zeigen Sie, dass $\nabla r = \boldsymbol{r}/r$ gilt.
b. Zeigen Sie, dass $\nabla(r^n) = nr^{n-2}\boldsymbol{r}$ gilt.
c. Bestimmen Sie eine Funktion, deren Gradient gleich $\boldsymbol{r}$ ist.
d. Zeigen Sie, dass $\boldsymbol{r} \cdot \mathrm{d}\boldsymbol{r} = r\mathrm{d}r$ gilt.
e. Zeigen Sie, dass $\nabla(\boldsymbol{A} \cdot \boldsymbol{r}) = \boldsymbol{A}$ für jeden konstanten Vektor $\boldsymbol{A}$ gilt.

6. Tangente an eine Fläche Zeigen Sie, dass die Kurve

$$\boldsymbol{r}(t) = (\ln t)\,\boldsymbol{i} + (t \ln t)\,\boldsymbol{j} + t\boldsymbol{k}$$

im Punkt $(0, 0, 1)$ tangential an die Fläche

$$xz^2 - yz + \cos xy = 1$$

ist.

Extremwerte

7. Extrema auf einer Fläche Zeigen Sie, dass z auf der Fläche $z = x^3 + y^3 - 9xy + 27$ nur in den Punkten $(0, 0)$ und $(3, 3)$ maximal sein kann. Zeigen Sie, dass im Punkt $(0, 0)$ weder ein Maximum noch ein Minimum angenommen wird. Bestimmen Sie, ob z im Punkt $(3, 3)$ ein Maximum oder ein Minimum hat.

8. Ausschnitt aus dem ersten Oktanten mit minimalem Volumen Bestimmen Sie eine Tangentialebene an das Ellipsoid

$$\frac{x^2}{a^2} + \frac{y^2}{b^2} + \frac{z^2}{c^2} = 1$$

in einem Punkt im ersten Oktanten so, dass das Volumen des Gebiets, das durch die Ebenen $x = 0$, $y = 0$, $z = 0$ und diese Tangentialebene begrenzt wird, minimal wird.

Theorie und Beispiele

9. Aus der Beschränktheit der ersten partiellen Ableitungen ergibt sich Stetigkeit Beweisen Sie den folgenden Satz: Sei $f(x, y)$ auf einem offenen Gebiet R der xy-Ebene definiert und seien die partiellen Ableitungen f_x und f_y auf R beschränkt. Dann ist $f(x, y)$ auf R stetig. (Die Voraussetzung der Beschränktheit ist wesentlich.)

10. Funktionen aus ihren partiellen Ableitungen bestimmen Nehmen Sie an, dass f und g Funktionen von x und y mit

$$\frac{\partial f}{\partial y} = \frac{\partial g}{\partial x} \quad \text{und} \quad \frac{\partial f}{\partial x} = \frac{\partial g}{\partial y}$$

sind. Nehmen Sie außerdem an, dass gilt:

$$\frac{\partial f}{\partial x} = 0,\ f(1, 2) = g(1, 2) = 5 \quad \text{und} \quad f(0, 0) = 4\,.$$

Bestimmen Sie $f(x, y)$ und $g(x, y)$.

11. Bahn eines Wärme suchenden Teilchens Ein Wärme suchendes Teilchen hat die Eigenshaft, dass es sich in jedem Punkt (x, y) in der Ebene in die Richtung bewegt, in der die Temperatur am schnellsten zunimmt. Die Temperatur im Punkt (x, y) sei $T(x, y) = -\mathrm{e}^{-2y} \cos x$. Bestimmen Sie eine Gleichung $y = f(x)$ für die Bahn eines Wärme suchenden Teilchens im Punkt $(\pi/4, 0)$.

12. Richtungsableitungen, die tangential an eine Fläche sind Sei S die Fläche, die der Graph der Funktion $f(x, y) = 10 - x^2 - y^2$ ist. Nehmen Sie an, dass die Temperatur im Raum in jedem Punkt (x, y, z) durch $T(x, y, z) = x^2y + y^{2z} + 4x + 14y + z$ gegeben ist.

a. Wählen Sie unter allen möglichen Richtungen, die im Punkt $(0, 0, 10)$ tangential an die Fläche S sind, die Richtung aus, in der die Änderungsrate der Temperatur im Punkt $(0, 0, 10)$ maximal ist.
b. Welche Richtung, die im Punkt $(0, 0, 8)$ tangential an die Fläche S ist, macht die Änderungsrate der Temperatur maximal?

Die eindimensionale Wärmeleitungsgleichung Sei $w(x, t)$ die Temperatur an der Stelle x zur Zeit t auf einem gleichförmigen Draht mit perfekter Isolierung. Dann erfüllen die partiellen Ableitungen w_{xx} und w_t eine Differentialgleichung der Form

$$w_{xx} = \frac{1}{c^2} w_t\,.$$

Diese Gleichung heißt *eindimensionale Wärmeleitungsgleichung*. Der Wert der positiven Konstante c^2 hängt von dem Material ab, aus dem der Draht besteht.

13. Bestimmen Sie alle Lösungen der eindimensionalen Wärmeleitungsgleichung der Form $w = \mathrm{e}^{rt} \sin \pi x$ mit der Konstanten r.

14. Bestimmen Sie alle Lösungen der eindimensionalen Wärmeleitungsgleichung, die von der Form $w = \mathrm{e}^{rt} \sin kx$ sind und die Bedingungen $w(0, t) = 0$ und $w(L, t) = 0$ erfüllen. Was passiert mit diesen Lösungen für $t \to \infty$?

Lernziele

1 Doppelintegrale und der Satz von Fubini

- Doppelintegrale, Zerlegungen und ihre Norm
- Doppelintegrale als Volumen
- Der Satz von Fubini zur Berechnung von Doppelintegralen
- Iterierte Integrale

2 Doppelintegrale über allgemeinere Gebiete

- Doppelintegrale über beschränkte Gebiete
- Volumen
- Allgemeine Fassung des Satzes von Fubini
- Bestimmen der Integrationsgrenzen in der Ebene
- Eigenschaften von Doppelintegralen
- Integrale über unbeschränkte Gebiete

3 Flächenberechnung mit Doppelintegralen

- Beschränkte Flächen in der Ebene
- Mittelwerte

4 Doppelintegrale in Polarkoordinaten

- Integrale in Polarkoordinaten
- Bestimmung der Integrationsgrenzen
- Koordinatentransformation

5 Dreifachintegrale in rechtwinkligen Koordinaten

- Dreifachintegrale
- Volumen eines Gebiets im Raum
- Bestimmung der Integrationsgrenzen
- Einfluss der Integrationsreihenfolge
- Mittelwert einer Funktion im Raum

6 Momente und Massenmittelpunkt

- Massen und erste Momente
- Der Schwerpunkt
- Trägheitsmomente
- Satz von Steiner

7 Dreifachintegrale in Zylinder- und Kugelkoordinaten

- Integration in Zylinderkoordinaten
- Integration in Kugelkoordinaten
- Zusammenhang zwischen Kugelkoordinaten und kartesischen Koordinaten sowie Zylinderkoordinaten

8 Substitution in Mehrfachintegralen

- Substitution in Doppelintegralen
- Die Jacobi-Determinante von Koordinatentransformationen
- Vereinfachung von Integralen durch Koordinatentransformation
- Substitution in Dreifachintegralen

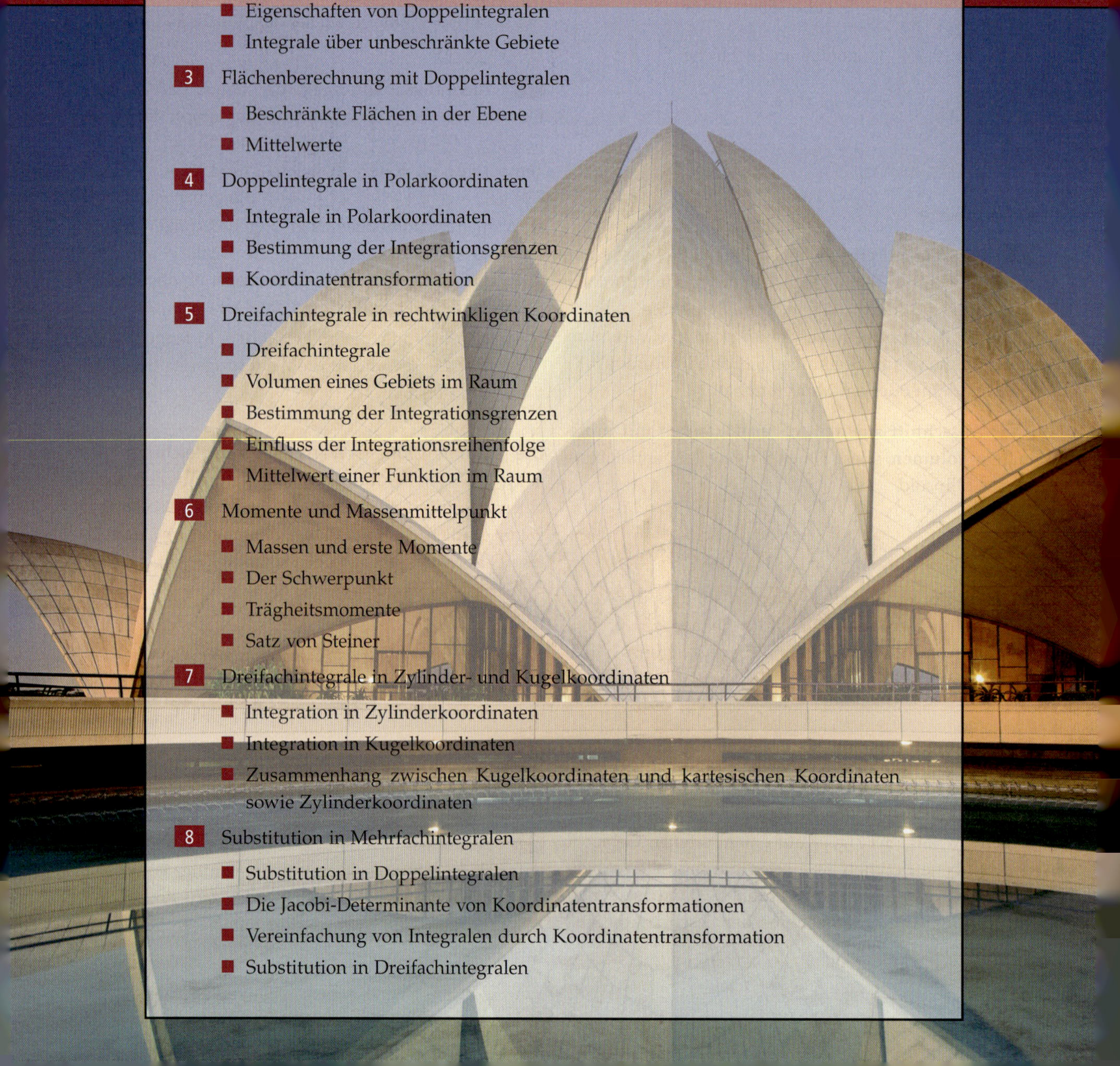

Mehrfachintegrale

15

ÜBERBLICK

Übersicht

In diesem Kapitel untersuchen wir Integrale von Funktionen von zwei Variablen über einem Gebiet in der Ebene und Integrale von Funktionen von drei Variablen über einem Gebiet im Raum. Diese *Mehrfachintegrale* sind als Grenzwerte von Riemann'schen Summen definiert, also ähnlich wie Integrale mit einer Integrationsvariablen, die wir in Kapitel 5 besprochen haben. Wir besprechen dann eine Reihe von Anwendungen der Mehrfachintegrale; dazu gehören Volumenberechnungen, Flächenberechnungen in der Ebene, Momente und Schwerpunkte.

15.1 Doppelintegrale und der Satz von Fubini

In Kapitel 5 haben wir das bestimmte Integral einer stetigen Funktion $f(x)$ über einem Intervall $[a, b]$ als Grenzwert einer Riemann'schen Summe definiert. Wir erweitern diesen Ansatz jetzt und definieren damit das *Doppelintegral* einer Funktion von zwei Variablen $f(x, y)$ über einem Rechteck R in der Ebene. In beiden Fällen ist das Integral der Grenzwert einer Riemann'schen Summe. Diese Riemann'sche Summe erhält man für die Funktion $f(x)$ von einer Variablen, indem man das abgeschlossene und beschränkte Integrationsintervall in kleine Teilintervalle zerlegt, die Breite jedes Teilintervalls mit dem Wert der Funktion f in einem Punkt c_k im Inneren des Intervalls multipliziert und dann alle diese Produkte addiert. Doppelintegrale werden nun mit einem ähnliche Verfahren definiert. Auch hier werden Integrationsgebiete zerlegt sowie Produkte und Summen gebildet.

Doppelintegrale

Als erstes betrachten wir Doppelintegrale über einem Rechteck, dem am einfachsten zu beschreibenden Gebiet in einer Ebene. Wir untersuchen eine Funktion $f(x, y)$, die über einem Rechteck R in der Ebene definiert ist:

$$R: \quad a \leq x \leq b, \quad c \leq y \leq d.$$

Wir unterteilen R in kleine Rechtecke, indem wir über R ein Netz aus Geraden parallel zur x- und y-Achse legen (►Abbildung 15.1). Diese Geraden teilen R in n kleinere Rechtecke; die Anzahl n dieser Rechtecke wird umso größer, je kleiner die Breite und Höhe der einzelnen Teilrechtecke wird. Diese Rechtecke bilden eine **Zerlegung** oder *Partition* von R. Eines dieser kleinen Teilrechtecke mit der Breite Δx und der Höhe Δy hat den Flächeninhalt $\Delta A = \Delta x \cdot \Delta y$. Wir nummerieren nun diese Teile von R in einer beliebigen Reihenfolge. Dann sind die Flächen der Teilrechtecke $\Delta A_1, \Delta A_2, \ldots \Delta A_n$, und A_k ist der Flächeninhalt des k-ten kleinen Teilrechtecks.

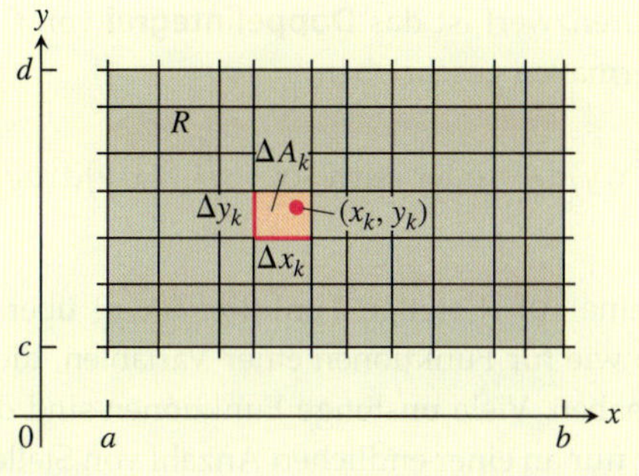

Abbildung 15.1 Ein rechteckiges Gitter unterteilt das Gebiet R in kleine Rechtecke mit dem Flächeninhalt $\Delta A_k = \Delta x_k \Delta y_k$.

Um jetzt eine Riemann'sche Summe über R zu bilden, wählen wir in dem k-ten Teilintervall einen Punkt (x_k, y_k), multiplizieren den Wert der Funktion f in diesem Punkt mit der Fläche ΔA_k und addieren diese Produkte:

$$S_n = \sum_{k=1}^{n} f(x_k, y_k)\Delta A_k.$$

Die Werte dieser Summe S_n unterscheiden sich leicht, je nachdem, welchen Punkt (x_k, y_k) man im k-ten Teilrechteck wählt.

Wir wollen nun untersuchen, wie sich diese Riemann'sche Summe entwickelt, wenn die Breiten und Höhen der Teilrechtecke der Zerlegung von R gegen null gehen. Die **Norm** einer Zerlegung P wird $\|P\|$ geschrieben, sie entspricht der größten Breite oder Höhe eines beliebigen Teilrechtecks dieser Zerlegung. Ist also $\|P\| = 0{,}1$, so haben alle Teilrechtecke dieser Zerlegung eine Breite und Höhe von höchstens 0,1. Unter bestimmten Voraussetzungen konvergieren die Riemann'schen Summen, wenn die Norm von P gegen null geht; dies schreibt man $\|P\| \to 0$. Der Grenzwert der Riemann'schen Summe wird dann folgendermaßen geschrieben:

$$\lim_{\|P\|\to 0} \sum_{k=1}^{n} f(x_k, y_k)\Delta A_k.$$

Für $\|P\| \to 0$ werden die Teilrechtecke schmaler und kleiner, ihre Anzahl n nimmt zu. Wir können für den Grenzwert also auch schreiben:

$$\lim_{n\to\infty} \sum_{k=1}^{n} f(x_k, y_k)\Delta A_k,$$

mit der stillschweigenden Voraussetzung, dass $\|P\| \to 0$, und also auch $\Delta A_k \to 0$ für $n \to \infty$.

Wenn man einen solchen Grenzwert berechnet, entscheidet man sich an bestimmten Punkten für eine von mehreren Möglichkeiten. Die Zerlegung von R wird durch das Gitter aus vertikalen und horizontalen Geraden bestimmt, und damit werden die Teilrechtecke festgelegt, mit denen man weiter rechnet. In jedem dieser Teilrechtecke wählt man danach den Punkt (x_k, y_k) aus, an dem man den Funktionswert von f berechnet. Mit allen diesen Festlegungen erhält man eine bestimmte Riemann'sche Summe. Um den Grenzwert zu bestimmen, führen wir diese Rechnung wieder und wieder durch und wählen Zerlegungen von R, bei der die Breite und Höhe der Teilrechtecke gegen null und ihre Anzahl gegen unendlich geht.

Wenn ein Grenzwert dieser Summen S_n existiert und wenn dieser Grenzwert unabhängig von den gewählten Zerlegungen und Punkten ist, dann nennt man die Funktion f **integrierbar**, und der Grenzwert ist das **Doppelintegral** von f über R. Dieses Doppelintegral wird folgendermaßen geschrieben:

$$\iint_R f(x,y)\,\mathrm{d}A \quad \text{oder auch so:} \quad \iint_R f(x,y)\,\mathrm{d}x\mathrm{d}y.$$

Man kann zeigen, dass eine auf R stetige Funktion $f(x,y)$ über R auch integrierbar ist; dies gilt also genauso wie für Funktionen einer Variablen, die wir in Kapitel 5 im ersten Band besprochen haben. Viele unstetige Funktionen sind dennoch integrierbar, vor allem Funktionen, die nur an einer endlichen Anzahl von Stellen in R unstetig sind. Die Beweise hierfür finden sich in Texten zur höheren Analysis.

Doppelintegrale als Volumen

Es sei $f(x,y)$ eine positive Funktion auf einem rechteckigen Gebiet R in der xy-Ebene. Wir können dann das Doppelintegral von f über R interpretieren als das Volumen des dreidimensionalen Körpers über der xy-Ebene, der unten von R und oben von der Fläche $z = f(x,y)$ begrenzt wird (▶Abbildung 15.2). Jeder der Terme $f(x_k, y_k)\Delta A_k$ in der Summe $S_n = \sum f(x_k, y_k)\Delta A_k$ entspricht dem Volumen eines schmalen Quaders. Dieser Quader ist eine Näherung für ein Teilvolumen des Körpers, nämlich für den Teil über der Grundfläche ΔA_k. Die Summe S_n nähert folglich das Gesamtvolumen des

Körpers an. Dieses Gesamtvolumen *definieren* wir als

$$\text{Volumen} = \lim_{n\to\infty} S_n = \iint_R f(x,y)\,\mathrm{d}A;$$

dabei geht $\Delta A_k \to 0$ für $n \to \infty$.

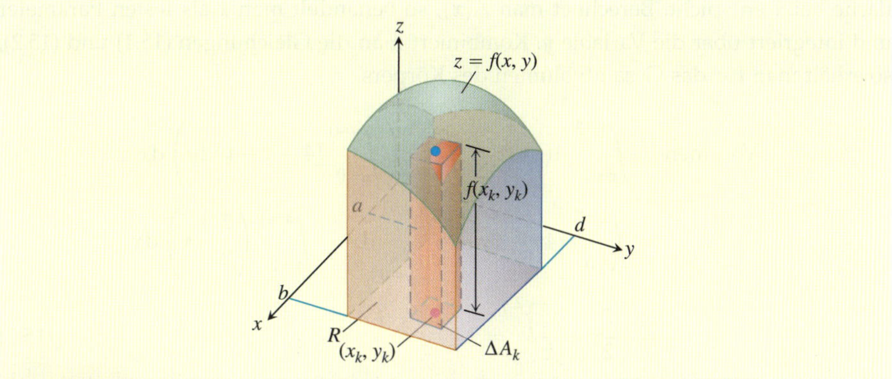

Abbildung 15.2 Wir nähern das Volumen eines Körpers mit Quadern und definieren so das Volumen allgemeiner Körper als Doppelintegral. Das Volumen des hier gezeigten Körpers entspricht dem Doppelintegral der Funktion $f(x,y)$ über dem Gebiet R.

Wie zu erwarten ist dieses allgemeinere Verfahren zur Volumenberechnung natürlich vereinbar mit den Verfahren, die wir in Kapitel 6 im ersten Band besprochen haben, auch wenn wir dies hier nicht beweisen. In ▶Abbildung 15.3 wird deutlich, wie die Näherung des Volumens mit Riemann'schen Summen besser wird, wenn die Anzahl n der Quader zunimmt.

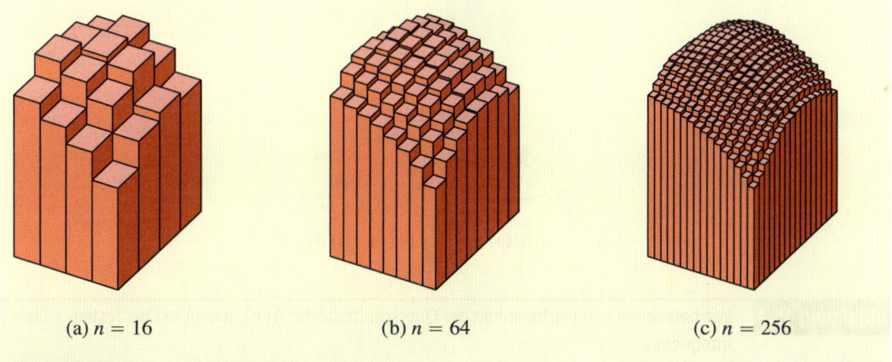

Abbildung 15.3 Mit zunehmendem n nähern sich die Riemann'schen Summen dem Gesamtvolumen des Körpers aus Abbildung 15.2 an.

Der Satz von Fubini zur Berechnung von Doppelintegralen

Wir wollen nun das Volumen des Körpers zwischen der Ebene $z = 4 - x - y$ und dem Gebiet $R: 0 \le x \le 2,\ 0 \le y \le 1$ in der xy-Ebene berechnen. Wir können dies wie in Kapitel 6.1 tun, indem wir Querschnittsflächen senkrecht zur x-Achse betrachten (▶Abbildung 15.4). Mit diesem Verfahren erhält man für das Volumen

$$\int_{x=0}^{x=2} A(x)\,\mathrm{d}x. \qquad (15.1)$$

Dabei ist $A(x)$ der Flächeninhalt der Querschnittsfläche bei x. Für jeden Wert von x lässt sich $A(x)$ mit dem Integral

$$A(x) = \int_{y=0}^{y=1} (4 - x - y)\mathrm{d}y \tag{15.2}$$

berechnen, das der Fläche unter der Kurve $z = 4 - x - y$ in der Ebene der Querschnittsfläche bei x entspicht. Berechnet man $A(x)$, so behandelt man x als festen Parameter und integriert über die Variable y. Kombiniert man die Gleichungen (15.1) und (15.2), so erhält man für das Gesamtvolumen des Körpers

$$\begin{aligned} \text{Volumen} &= \int_{x=0}^{x=2} A(x)\mathrm{d}x = \int_{x=0}^{x=2} \left(\int_{y=0}^{y=1} (4 - x - y)\mathrm{d}y \right) \mathrm{d}x \\ &= \int_{x=0}^{x=2} \left[4y - xy - \frac{y^2}{2} \right]_{y=0}^{y=1} \mathrm{d}x = \int_{x=0}^{x=2} \left(\frac{7}{2} - x \right) \mathrm{d}x \\ &= \left[\frac{7}{2}x - \frac{x^2}{2} \right]_0^2 = 5. \end{aligned} \tag{15.3}$$

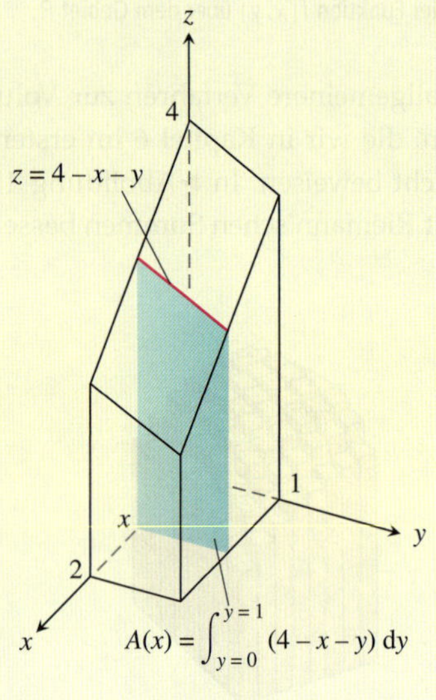

Abbildung 15.4 Wir berechnen den Flächeninhalt der Querschnittsfläche $A(x)$, indem wir bei festem x über y integrieren.

Wenn wir lediglich eine Gleichung für das Volumen aufstellen, aber keine der Integrationen wirklich ausführen wollen, lässt sich also schreiben:

$$\text{Volumen} = \int_0^2 \int_0^1 (4 - x - y)\mathrm{d}y\mathrm{d}x.$$

Den Term auf der rechten Seite dieser Gleichung nennt man auch ein **iteriertes Integral**. Will man ihn berechnen, um das Volumen zu erhalten, so integriert man zunächst $4 - x - y$ über y von $y = 0$ bis $y = 1$ und hält dabei x fest; danach integriert man das Ergebnis über x von $x = 0$ bis $x = 2$. Die Integrationsgrenzen 0 und 1 gehören zur Variablen y, sie werden also an das Integralzeichen geschrieben, dass näher an $\mathrm{d}y$ steht. Die Integrationsgrenzen 0 und 2 gelten für die Integration über x und werden an das äußere Integralzeichen geschrieben, das zu $\mathrm{d}x$ gehört.

Zu welchem Ergebnis wären wir gekommen, wenn wir das Volumen durch Zerlegung in Ebenen parallel zur y-Achse berechnet hätten (►Abbildung 15.5)? Der Flächeninhalt einer dieser Querschnittsflächen ist (als Funktion von y)

$$A(y) = \int_{x=0}^{x=2} (4 - x - y)\mathrm{d}x = \left[4x - \frac{x^2}{2} - xy\right]_{x=0}^{x=2} = 6 - 2y. \qquad (15.4)$$

Das Volumen des gesamten Körpers ist damit

$$\text{Volumen} = \int_{y=0}^{y=1} A(y)\mathrm{d}y = \int_{y=0}^{y=1} (6 - 2y)\mathrm{d}y = \left[6y - y^2\right]_0^1 = 5;$$

dies stimmt mit dem oben berechneten Ergebnis überein.

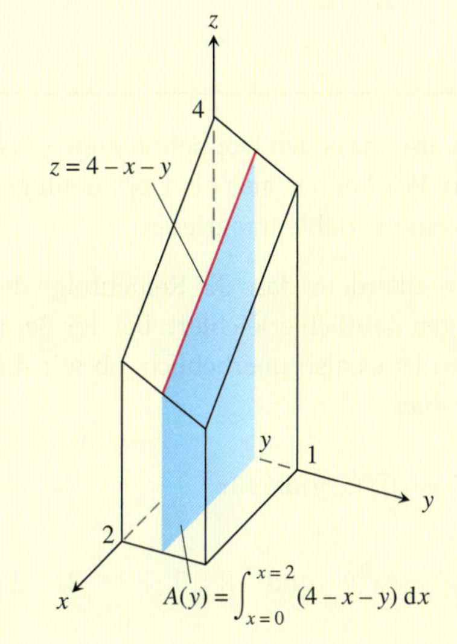

Abbildung 15.5 Wir berechnen den Flächeninhalt der Querschnittsfläche $A(y)$, indem wir bei festem y über x integrieren.

Auch mit diesem Verfahren lässt sich eine Gleichung für das Volumen als iteriertes Integral aufstellen:

$$\text{Volumen} = \int_0^1 \int_0^2 (4 - x - y)\mathrm{d}x\mathrm{d}y.$$

In diesem Fall berechnen wir den Term auf der rechten Seite der Gleichung, indem wir $4 - x - y$ mit der Integrationsvariablen x und den Integrationsgrenzen $x = 0$ und $x = 2$ integrieren (wie in Gleichung (15.4)); das Ergebnis integrieren wir dann über y mit den Integrationsgrenzen $y = 0$ und $y = 1$. In diesem iterierten Integral wird also zuerst über x und dann über y integriert, d. h. in umgekehrter Reihenfolge wie in Gleichung (15.3).

Welcher Zusammenhang besteht nun zwischen den beiden Volumenberechnungen mit iterierten Integralen und dem Doppelintegral

$$\iint_R (4 - x - y)\mathrm{d}A$$

über dem Rechteck R mit $0 \leq x \leq 2$, $0 \leq y \leq 1$? Mit beiden iterierten Integralen lässt sich der Wert dieses Doppelintegrals berechnen. Dieses Ergebnis ist nicht erstaunlich, denn das Doppelintegral steht für das Volumen des gleichen Körpers wie die beiden iterierten Integrale. In Verallgemeinerung dieses Ergebnisses veröffentlichte der italienische Mathematiker Guido Fubini 1907 einen Satz, nach dem das Doppelintegral jeder stetigen Funktion über einem Rechteck mit einem der beiden iterierten Integrale berechnet werden kann; die Reihenfolge der Integrationen ist dabei beliebig. (Fubini hat diesen Satz noch allgemeiner bewiesen, aber im Moment beschränken wir uns auf diese Fassung.)

Satz 15.1 Satz von Fubini (für rechteckige Integrationsgebiete) Es sei $f(x,y)$ stetig auf dem rechteckigen Gebiet R: $a \leq x \leq b$, $c \leq y \leq d$. Dann gilt

$$\iint\limits_R f(x,y)\mathrm{d}A = \int_c^d \int_a^b f(x,y)\mathrm{d}x\mathrm{d}y = \int_a^b \int_c^d f(x,y)\mathrm{d}y\mathrm{d}x.$$

Der Satz von Fubini besagt also, dass sich Doppelintegrale über Rechtecken als iterierte Integrale bestimmen lassen. Wir können also ein Doppelintegral berechnen, indem wir nacheinander über jeweils eine Variable integrieren.

Der Satz von Fubini besagt außerdem, dass die Reihenfolge dieser Integrationen beliebig ist, was viele Rechnungen deutlich erleichtert. Bei der Berechnung eines Volumens durch Zerlegung in Ebenen ist es also unerheblich, ob wir die Schnittebenen parallel zur x- oder zur y-Achse wählen.

Berechnung von Doppelintegralen

Beispiel 15.1 Berechnen Sie $\iint\limits_R f(x,y)\mathrm{d}A$ für

$$f(x,y) = 100 - 6x^2y \quad \text{und} \quad R:\ 0 \leq x \leq 2,\ -1 \leq y \leq 1.$$

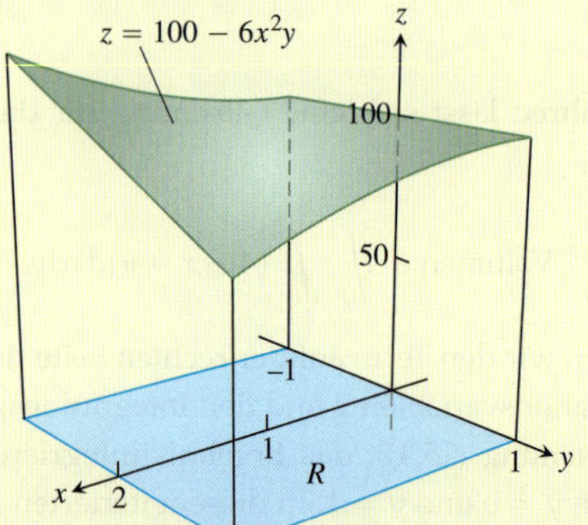

Abbildung 15.6 Das Volumen unterhalb dieser Fläche über dem rechteckigen Gebiet R lässt sich mit dem Doppelintegral $\iint\limits_R f(x,y)\mathrm{d}A$ berechnen.

Lösung Das Volumen unter der gegebenen Oberfläche ist in ►Abbildung 15.6 dargestellt. Mit dem Satz von Fubini ergibt sich

$$\iint\limits_R f(x,y)\mathrm{d}A = \int_{-1}^{1}\int_{0}^{2}(100-6x^2y)\mathrm{d}x\mathrm{d}y = \int_{-1}^{1}\left[100x-2x^3y\right]_{x=0}^{x=2}\mathrm{d}y$$
$$= \int_{-1}^{1}(200-16y)\mathrm{d}y = \left[200y-8y^2\right]_{-1}^{1} = 400.$$

Mit der umgekehrten Integrationsreihenfolge erhält man das gleiche Ergebnis:

$$\int_0^2\int_{-1}^{1}(100-6x^2y)\mathrm{d}y\mathrm{d}x = \int_0^2\left[100y-3x^2y^2\right]_{y=-1}^{y=1}\mathrm{d}x$$
$$= \int_0^2[(100-3x^2)-(-100-3x^2)]\mathrm{d}x$$
$$= \int_0^2 200\mathrm{d}x = 400.$$

Beispiel 15.2 Berechnen Sie das Volumen des Körpers zwischen dem elliptischen Paraboloid $z = 10 + x^2 + 3y^2$ und dem Rechteck $R: 0 \le x \le 1,\ 0 \le y \le 2$ in der xy-Ebene.

Volumenberechnung mit Doppelintegralen

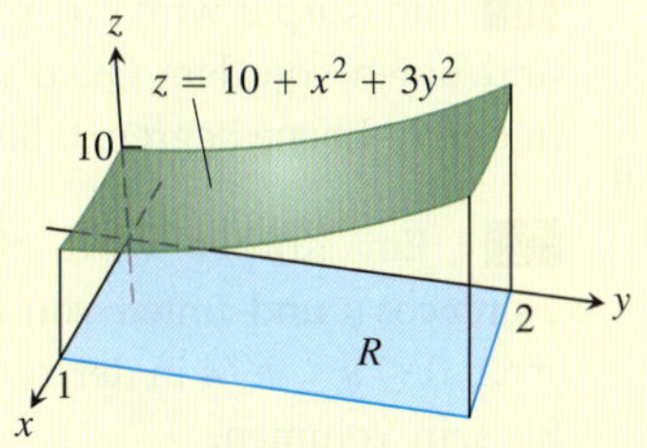

Abbildung 15.7 Mit dem Doppelintegral $\iint_R f(x,y)\mathrm{d}A$ lässt sich das Volumen unter dieser Fläche über dem Rechteck R berechnen (vgl. Beispiel 15.2).

Lösung Die Fläche und das Volumen sind in ►Abbildung 15.7 zu sehen. Das Volumen wird mit dem entsprechenden Doppelintegral berechnet:

$$V = \iint\limits_R (10+x^2+3y^2)\mathrm{d}A = \int_0^1\int_0^2(10+x^2+3y^2)\mathrm{d}y\mathrm{d}x$$
$$= \int_0^1\left[10y+x^2y+y^3\right]_{y=0}^{y=2}\mathrm{d}x$$
$$= \int_0^1(20+2x^2+8)\mathrm{d}x = \left[20x+\frac{2}{3}x^3+8x\right]_0^1 = \frac{86}{3}.$$

Aufgaben zum Abschnitt 15.1

Berechnen iterierter Integrale

Berechnen Sie in den Aufgaben 1–7 das iterierte Integral.

1. $\int_1^2 \int_0^4 2xy\,\mathrm{d}y\mathrm{d}x$

2. $\int_{-1}^0 \int_{-1}^1 (x+y+1)\,\mathrm{d}x\mathrm{d}y$

3. $\int_0^3 \int_0^2 (4-y^2)\mathrm{d}y\mathrm{d}x$

4. $\int_0^1 \int_0^1 \frac{y}{1+xy}\mathrm{d}x\mathrm{d}y$

5. $\int_0^{\ln 2} \int_1^{\ln 5} \mathrm{e}^{2x+y}\,\mathrm{d}y\mathrm{d}x$

6. $\int_{-1}^2 \int_0^{\pi/2} y \sin x\,\mathrm{d}x\mathrm{d}y$

7. $\int_\pi^{2\pi} \int_0^\pi (\sin x + \cos y)\mathrm{d}x\mathrm{d}y$

Berechnung von Doppelintegrale über Rechtecken

Berechnen Sie in den Aufgaben 8–12 das Doppelintegral über dem gegebenen Rechteck.

8. $\iint_R (6y^2 - 2x)\mathrm{d}A, \quad R: 0 \le x \le 1, 0 \le y \le 2$

9. $\iint_R xy \cos y\,\mathrm{d}A, \quad R: -1 \le x \le 1, 0 \le y \le \pi$

10. $\iint_R \mathrm{e}^{x-y}\mathrm{d}A, \quad R: 0 \le x \le \ln 2, 0 \le y \le \ln 2$

11. $\iint_R \frac{xy^3}{x^2+1}\mathrm{d}A, \quad R: 0 \le x \le 1, 0 \le y \le 2$

12. $\iint_R \frac{y}{x^2y^2+1}\mathrm{d}A, \quad R: 0 \le x \le 1, 0 \le y \le 1$

Integrieren Sie in den Aufgaben 13 und 14 f über dem gegebenen Gebiet.

13. **Quadrat** $f(x,y) = 1/(xy)$ über dem Quadrat $1 \le x \le 2$, $1 \le y \le 2$

14. **Rechteck** $f(x,y) = y \cos xy$ über dem Rechteck $0 \le x \le \pi$, $0 \le y \le 1$

Volumen unter einer Fläche $z = f(x,y)$

15. Ein Körper wird oben von dem Paraboloid $z = x^2 + y^2$ und unten von dem Quadrat $R: -1 \le x \le 1$, $-1 \le y \le 1$ begrenzt. Berechnen Sie sein Volumen.

16. Ein Körper wird oben von der Ebene $z = 2 - x - y$ und unten von dem Quadrat $R: 0 \le x \le 1$, $0 \le y \le 1$ in der xy-Ebene begrenzt. Berechnen Sie sein Volumen.

17. Ein Körper wird oben von der Fläche $z = 2 \sin x \cos y$ und unten von dem Rechteck $R: 0 \le x \le \pi/2$, $0 \le y \le \pi/4$ in der xy-Ebene begrenzt. Berechnen Sie sein Volumen.

18. Ein Körper wird oben von der Fläche $z = 4 - y^2$ und unten von dem Rechteck $R: 0 \le x \le 1$, $0 \le y \le 2$ in der xy-Ebene begrenzt. Berechnen Sie sein Volumen.

15.2 Doppelintegrale über allgemeinere Gebiete

In diesem Abschnitt definieren und berechnen wir Doppelintegrale über beschränkten Gebieten in der Ebene, nicht nur über Rechtecken. Auch diese Doppelintegrale lassen sich mit iterierten Integralen berechnen, dabei kann es aber recht schwierig werden, die Integrationsgrenzen zu bestimmen. Die Grenzen der Integrationsgebiete sind nun keine Strecken parallel zu den Koordinatenachsen mehr, und damit stehen auch in den Integrationsgrenzen oft Variablen, nicht nur Konstanten.

Doppelintegrale über beschränkte Gebiete, die keine Rechtecke sind

Wir wollen jetzt das Doppelintegral einer Funktion $f(x, y)$ über einem beschränkten, nicht-rechteckigen Gebiet R definieren. Dazu legen wir wieder ein Netz aus kleinen Rechtecken so über R, dass alle Punkte von R von dem Netz überdeckt werden. Beliebige Gebiete R lassen sich allerdings nicht genau mit einer endlichen Anzahl von Rechtecken überdecken, die alle innerhalb von R liegen, da die Grenzen des Gebiets Kurven sind. Einige der kleinen Rechtecke des Netzes liegen also teilweise außerhalb von R. Wir betrachten nun nur diejenigen Rechtecke des Netzes, die vollständig innerhalb von R liegen (Rechtecke, die ganz oder teilweise außerhalb von R liegen, werden nicht berücksichtigt) und nennen diese eine Zerlegung von R, auch wenn diese R nicht vollständig ausschöpfen. Für alle gewöhnlichen Gebiete gilt dann, dass immer größere Teile von R von der Zerlegung erfasst werden, wenn die Norm der Zerlegung (also die größte Breite oder Höhe eines der verwendeten Rechtecke) gegen null geht.

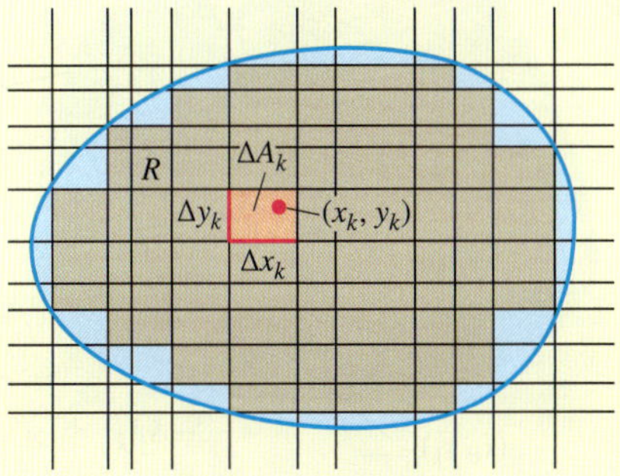

Abbildung 15.8 Ein rechteckiges Netz und eine nicht-rechteckige Fläche.

Wenn wir eine Zerlegung von R erstellt haben, nummerieren wir die Rechtecke in einer beliebig gewählte Reihenfolge von 1 bis n; dabei sei ΔA_k der Flächeninhalt des k-ten Rechtecks. Wir wählen dann im k-ten Rechteck einen Punkt (x_k, y_k) und bilden die Riemann'sche Summe

$$S_n = \sum_{k=1}^{n} f(x_k, y_k)\Delta A_k.$$

Geht nun die Norm der Zerlegung, mit der S_n bestimmt wurde, gegen null, $\|P\| \to 0$, dann gehen auch Breite und Höhe jedes der Rechtecke gegen null und ihre Anzahl gegen unendlich. Wenn die Funktion $f(x, y)$ stetig ist, dann konvergiert die Riemann'sche Summe gegen einen endlichen Wert, der nicht von der Wahl der Zerlegung abhängt. Diesen Grenzwert nennt man das **Doppelintegral** von $f(x, y)$ über R:

$$\lim_{\|P\| \to 0} \sum_{k=1}^{n} f(x_k, y_k)\Delta A_k = \iint_R f(x, y)\,\mathrm{d}A.$$

Das Bestimmen der Grenzen von R wirft neue Fragen auf, die sich bei einfachen Integralen über einem Intervall nicht stellen. Wenn die Grenzen von R gekrümmt sind, liegen die n Rechtecke einer Zerlegung alle im Inneren von R, überdecken R aber nicht vollständig. Teile von R werden von Rechtecken überdeckt, die auch außerhalb von R liegen. Damit eine Zerlegung eine gute Näherung für R darstellt, müssen diese Teile von R vernachlässigbar klein werden, wenn die Norm der Zerlegung gegen null geht. Ein Gebiet muss also von einer Zerlegung mit kleiner Norm „nahezu ausgefüllt" werden. Alle Gebiete, die wir im Folgenden untersuchen werden, haben diese Eigenschaft. Sie ist immer gegeben, wenn die Begrenzungskurven Teile von Polynomen sind, von Kreisen, Ellipsen oder stetigen Funktionen auf einem Intervall, und zwar so, dass eine geschlossene Kurve in der xy-Ebene entsteht. Anders ist das bei Begrenzungskurven, die eine „fraktale" Form haben. Solche Grenzen treten in Anwendungen aber so gut wie nie auf. Eine genauere Untersuchung der Frage, über welchen Gebieten man Doppelintegrale berechnen kann, wird in der höheren Analysis durchgeführt.

Volumen

Es sei $f(x,y)$ eine positive und stetige Funktion auf R. Wir definieren dann das Volumen des Körpers zwischen R und der Fläche $z = f(x,y)$ wie im vorausgehenden Abschnitt als $\iint_R f(x,y)\mathrm{d}A$ (►Abbildung 15.9).

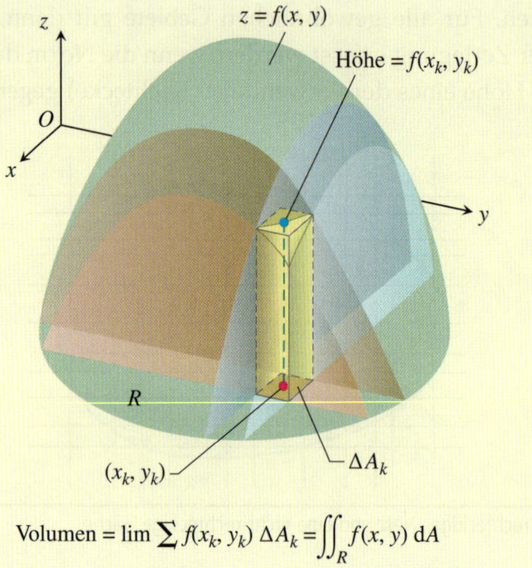

Abbildung 15.9 Wir definieren das Volumen von Körpern mit gekrümmt berandeter Grundfläche als Grenzwert einer Summe aus Quadervolumina.

Es sei nun R ein Gebiet, wie es in ►Abbildung 15.10 gezeigt wird: „oben" und „unten" begrenzt von den Kurven $y = g_2(x)$ und $y = g_1(x)$, an den Seiten von den Geraden $x = a$ und $y = b$. In diesem Fall lässt sich das Volumen durch Zerlegung in Querschnittsflächen berechnen. Wir berechnen zuerst den Flächeninhalt einer solchen Querschnittsfläche,

$$A(x) = \int_{y=g_1(x)}^{y=g_2(x)} f(x,y)\mathrm{d}y,$$

und integrieren dann $A(x)$ von $x = a$ bis $x = b$. So erhalten wir das Volumen als iteriertes Integral:

$$V = \int_a^b A(x)\mathrm{d}x = \int_a^b \int_{g_1(x)}^{g_2(x)} f(x,y)\mathrm{d}y\mathrm{d}x. \tag{15.5}$$

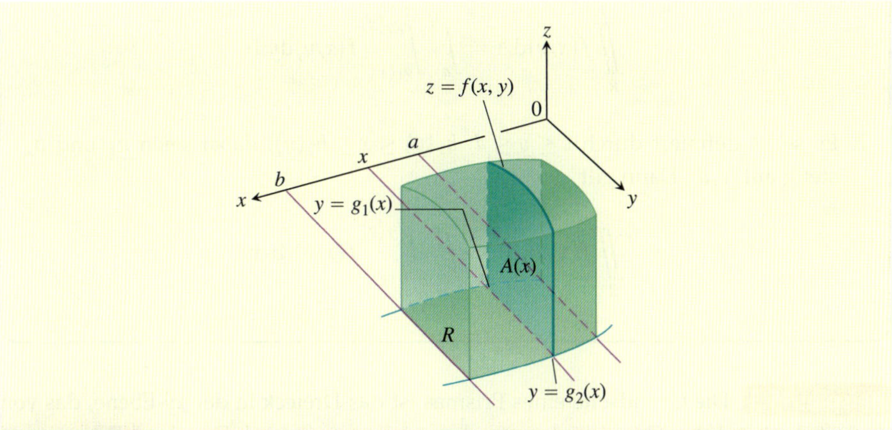

Abbildung 15.10 Der Flächeninhalt dieser vertikalen Querschnittsfläche ist $A(x)$. Um das Volumen des Körpers auszurechnen, integrieren wir diesen Flächeninhalt von $x = a$ bis $x = b$: $\int_a^b A(x)\mathrm{d}x = \int_a^b \int_{g_1(x)}^{g_2(x)} f(x,y)\mathrm{d}y\mathrm{d}x$.

Ist R ein Gebiet, wie es in ►Abbildung 15.11 gezeigt wird, begrenzt von den Kurven $x = h_1(y)$ und $x = h_2(y)$ sowie den Geraden $y = c$ und $y = d$, dann lässt sich das Volumen ähnlich mit Querschnittsflächen über ein iteriertes Integral berechnen:

$$\text{Volumen} = \int_c^d \int_{h_1(y)}^{h_2(y)} f(x,y)\mathrm{d}x\mathrm{d}y. \tag{15.6}$$

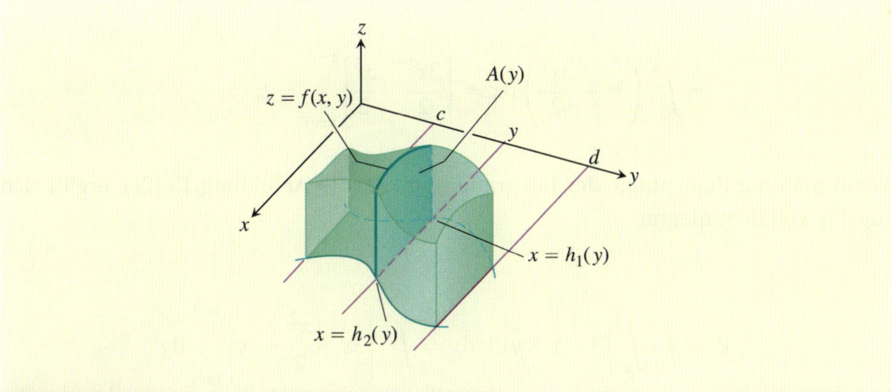

Abbildung 15.11 Das Volumen des hier gezeigten Körpers ist
$$\int_c^d A(y)\mathrm{d}y = \int_c^d \int_{h_1(y)}^{h_2(y)} f(x,y)\,\mathrm{d}x\,\mathrm{d}y.$$
Für einen gegebenen Körper lässt sich gemäß Satz 15.2 das Volumen entweder wie in Abbildung 15.10 oder wie hier gezeigt berechnen. Beide Rechnungen führen auf dasselbe Ergebnis.

Wir haben das Volumen als Doppelintgral von f über R definiert. Dass der Wert der iterierten Integrale in den Gleichungen (15.5) und (15.6) dem Wert dieses Doppelintegrals entspricht, folgt aus dem folgenden Satz, einer allgemeineren Fassung des Satzes von Fubini.

Satz 15.2 Satz von Fubini (allgemeinere Fassung)
Es sei $f(x,y)$ stetig auf einem Gebiet R.

1. Es sei R definiert durch $a \leq x \leq b$, $g_1(x) \leq y \leq g_2(x)$, dabei seien g_1 und g_2 stetig auf $[a,b]$. Dann gilt

$$\iint_R f(x,y)\mathrm{d}A = \int_a^b \int_{g_1(x)}^{g_2(x)} f(x,y)\mathrm{d}y\mathrm{d}x.$$

2. Es sei R definiert durch $c \leq y \leq d$, $h_1(y) \leq x \leq h_2(y)$, dabei seien h_1 und h_2 stetig auf $[c,d]$. Dann gilt

$$\iint_R f(x,y)\mathrm{d}A = \int_c^d \int_{h_1(y)}^{h_2(y)} f(x,y)\mathrm{d}x\mathrm{d}y.$$

Volumen eines Prismas

Beispiel 15.3 Die Grundseite eines Prismas ist das Dreieck in der xy-Ebene, das von der x-Achse und den Geraden $y = x$ und $x = 1$ begrenzt wird. Die obere Begrenzung dieses Prismas ist die Ebene

$$z = f(x,y) = 3 - x - y.$$

Berechnen Sie das Volumen dieses Prismas.

Lösung Das Prisma ist in ►Abbildung 15.12 dargestellt. Für jedes x zwischen 0 und 1 variiert y von $y = 0$ bis $y = x$ (►Abbildung 15.12b). Damit erhält man

$$V = \int_0^1 \int_0^x (3 - x - y)\mathrm{d}y\mathrm{d}x = \int_0^1 \left[3y - xy - \frac{y^2}{2}\right]_{y=0}^{y=x} \mathrm{d}x$$

$$= \int_0^1 \left(3x - \frac{3x^2}{2}\right) \mathrm{d}x = \left[\frac{3x^2}{2} - \frac{x^3}{2}\right]_{x=0}^{x=1} = 1.$$

Wenn man die Reihenfolge der Integration umkehrt (►Abbildung 15.12c), ergibt sich für das Volumenintegral

$$V = \int_0^1 \int_y^1 (3 - x - y)\mathrm{d}x\mathrm{d}y = \int_0^1 \left[3x - \frac{x^2}{2} - xy\right]_{x=y}^{x=1} \mathrm{d}y$$

$$= \int_0^1 \left(3 - \frac{1}{2} - y - 3y + \frac{y^2}{2} + y^2\right) \mathrm{d}y$$

$$= \int_0^1 \left(\frac{5}{2} - 4y + \frac{3}{2}y^2\right) \mathrm{d}y = \left[\frac{5}{2}y - 2y^2 + \frac{y^3}{2}\right]_{y=0}^{y=1} = 1.$$

Wie zu erwarten war, ist der Wert beider Integrale gleich. ■

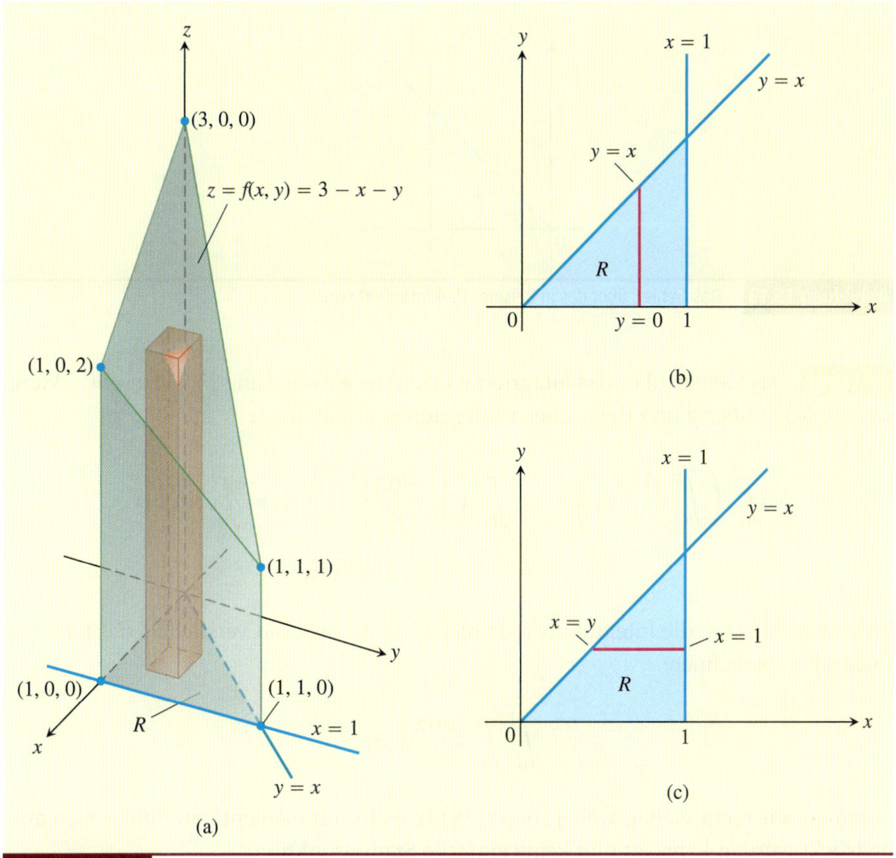

Abbildung 15.12 (a) Prisma mit einer dreieckigen Grundfläche in der xy-Ebene. Das Volumen dieses Prismas ist als Doppelintegral über R definiert. Um dieses Integral als iteriertes Integral zu berechnen, können wir zuerst über y und dann über x integrieren oder umgekehrt (Beispiel 15.3). (b) Die Integrationsgrenzen von

$$\int_{x=0}^{x=1}\int_{y=0}^{y=x} f(x,y)\,\mathrm{d}y\,\mathrm{d}x.$$

Wenn wir zuerst über y integrieren, berechnen wir die Fläche oberhalb einer vertikalen Geraden, die durch R verläuft. Danach integrieren wir von links nach rechts und berücksichtigen die Flächen über allen vertikalen Geraden in R. (c) Integrationsgrenzen von

$$\int_{y=0}^{y=1}\int_{x=y}^{x=1} f(x,y)\,\mathrm{d}x\,\mathrm{d}y.$$

Wenn wir zuerst über x integrieren, berechnen wir die Fläche oberhalb einer horizontalen Geraden, die durch R verläuft. Danach integrieren wir von unten nach oben und berücksichtigen die Flächen über allen horizontalen Geraden in R.

Gemäß dem Satz von Fubini kann man ein Doppelintegral als iteriertes Integral berechnen und dabei die Integrationsreihenfolge frei wählen. Allerdings ist die Berechnung des Werts eines Integrals mit einer der Integrationsreihenfolgen oft bedeutend weniger rechenaufwändig als mit der anderen. Wir zeigen dies im nächsten Beispiel.

Auswahl der Integrationsreihenfolge

Beispiel 15.4 Berechnen Sie

$$\iint_R \frac{\sin x}{x}\,\mathrm{d}A;$$

dabei ist R das Dreieck in der xy-Ebene, das von der x-Achse, der Geraden $y = x$ und der Geraden $x = 1$ begrenzt wird.

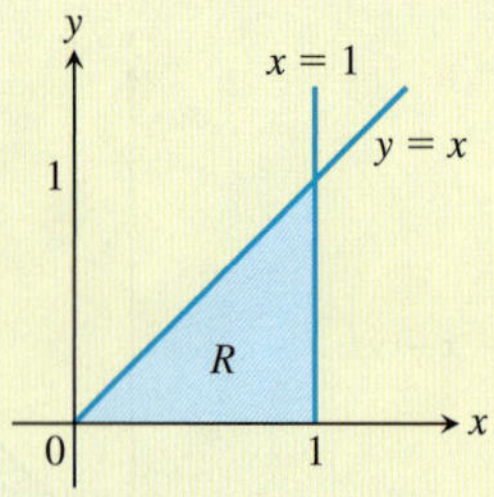

Abbildung 15.13 Das Gebiet, über das in Beispiel 15.4 integriert wird.

Lösung Das Gebiet, über das integriert wird, ist in ▶Abbildung 15.13 zu sehen. Wenn wir zunächst über y und dann über x integrieren, erhalten wir

$$\int_0^1 \left(\int_0^x \frac{\sin x}{x} \mathrm{d}y \right) \mathrm{d}x = \int_0^1 \left(\left[y \frac{\sin x}{x} \right]_{y=0}^{y=x} \right) \mathrm{d}x = \int_0^1 \sin x \mathrm{d}x$$
$$= -\cos(1) + 1 \approx 0{,}46.$$

Wenn wir dagegen die Integrationsreihenfolge umdrehen und versuchen, das folgende Integral zu berechnen:

$$\int_0^1 \int_y^1 \frac{\sin x}{x} \mathrm{d}x\mathrm{d}y,$$

kommen wir nicht weiter, weil $\int((\sin x)/x)\mathrm{d}x$ nicht mit elementaren Funktionen ausgedrückt werden kann (es gibt keine einfache Stammfunktion).

Es gibt bei solchen Integralen keine allgemeine Regel, mit der man die besser zu berechnende Integrationsreihenfolge bestimmen kann. Wenn die eine Reihenfolge nicht zum Ziel führt, sollte man die andere versuchen. Manchmal kann das Integral auch mit beiden Reihenfolgen nicht elementar berechnet werden, dann muss man numerische Näherungsverfahren verwenden. ■

Bestimmen der Integrationsgrenzen

Wir stellen nun ein Verfahren vor, mit dem sich für viele Gebiete in der Ebene die Integrationsgrenzen bestimmen lassen. Komplexere Gebiete, bei denen mit diesem Verfahren die Integrationsgrenzen nicht bestimmt werden können, lassen sich häufig in Teilgebiete aufteilen, bei denen man mit diesem Verfahren zum Ziel kommt.

Vertikale Querschnittsflächen Um beim Integral $\iint_R f(x,y)\,\mathrm{d}A$ zuerst über y und dann über x zu integrieren, führt man die folgenden Schritte durch:

1. *Zeichnen.* Zeichnen Sie das Integrationsgebiet und benennen Sie die Begrenzungskurven (▶Abbildung 15.14a).
2. *Bestimmen der Integrationsgrenzen für y.* Betrachten Sie eine vertikale Gerade L, die in Richtung ansteigender y-Werte durch R geht. Lesen Sie die y-Werte ab, bei denen diese Gerade in das Gebiet R ein- und austritt. Diese beiden Werte sind die Integrationsgrenzen für die Integration über y. In der Regel handelt es sich um Funktionen von x, nicht um Konstanten (▶Abbildung 15.14b).

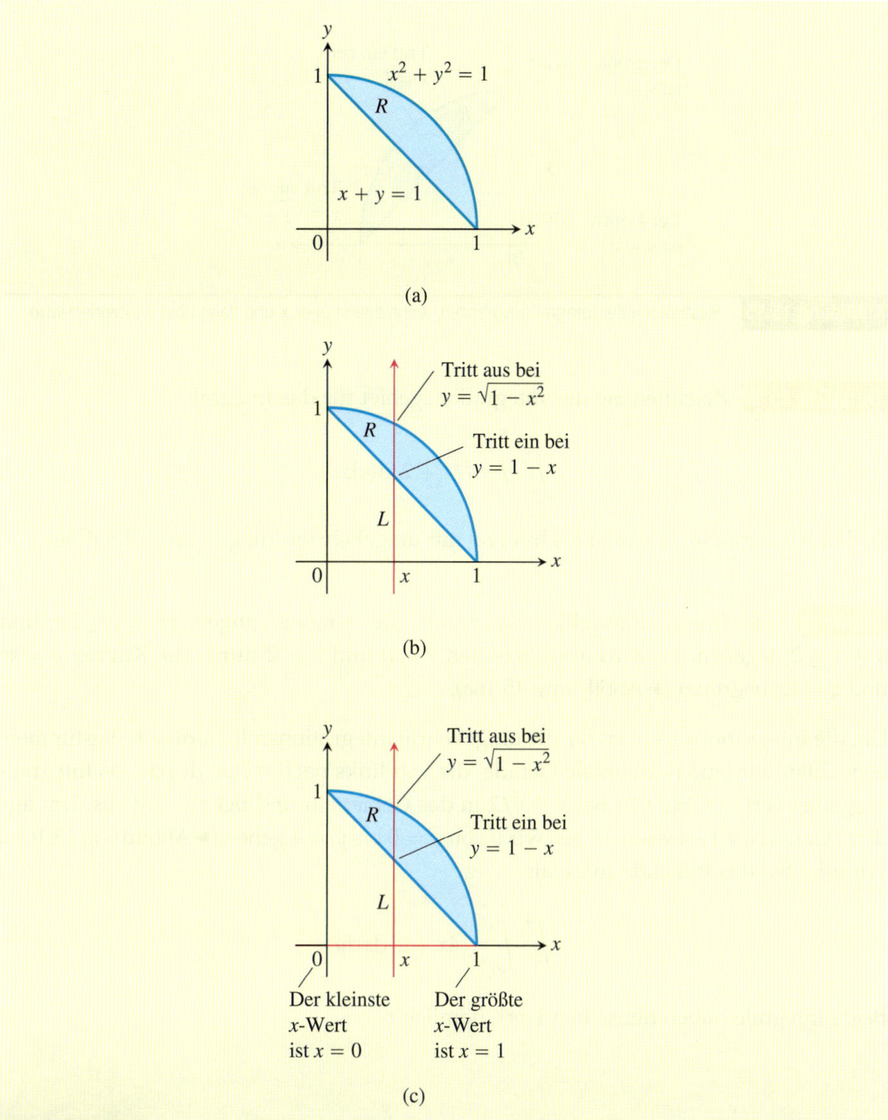

Abbildung 15.14 Bestimmen der Integrationsgrenzen, wenn zuerst über y und dann über x integriert wird.

3 *Bestimmen der Integrationsgrenzen für x.* Bestimmen Sie die Werte von x, zwischen denen alle vertikalen Geraden durch R liegen. Für das hier betrachtete Integral gilt (►Abbildung 15.14c):

$$\iint_R f(x,y)\mathrm{d}A = \int_{x=0}^{x=1} \int_{y=1-x}^{y=\sqrt{1-x^2}} f(x,y)\mathrm{d}y\mathrm{d}x.$$

Horizontale Querschnittsflächen Um dasselbe Doppelintegral als iteriertes Integral mit umgekehrter Integrationsreihenfolge zu berechnen, betrachten wir in den Schritten 2 und 3 horizontale Geraden statt vertikale (►Abbildung 15.15). Es ergibt sich das folgende Integral:

$$\iint_R f(x,y)\mathrm{d}A = \int_0^1 \int_{1-y}^{\sqrt{1-y^2}} f(x,y)\mathrm{d}x\mathrm{d}y.$$

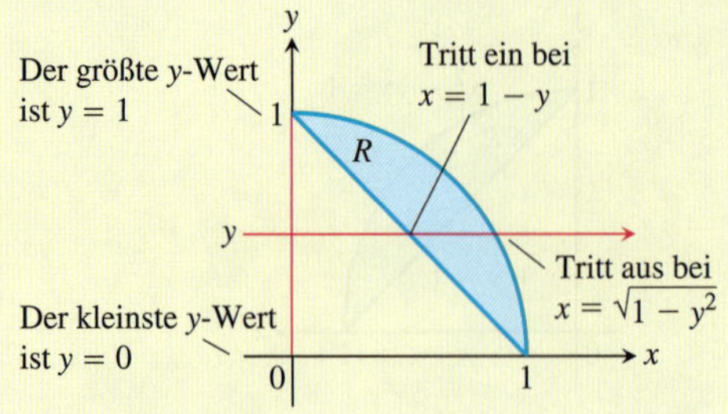

Abbildung 15.15 Bestimmen der Integrationsgrenzen, wenn zuerst über x und dann über y integriert wird.

Bestimmen der Integrationsgrenzen

Beispiel 15.5 Zeichnen Sie das Integrationsgebiet für das Integral

$$\int_0^2 \int_{x^2}^{2x} (4x+2)\mathrm{d}y\mathrm{d}x.$$

Stellen Sie dann ein äquivalentes Integral mit umgekehrter Integrationsreihenfolge auf.

Lösung Das Integrationsgebiet ist durch die Ungleichungen $x^2 \leq y \leq 2x$ und $0 \leq x \leq 2$ gegeben. Es wird also zwischen $x = 0$ und $x = 2$ durch die Kurven $y = x^2$ und $y = 2x$ begrenzt (▶Abbildung 15.16a).

Um die Integrationsgrenzen für die umgekehrte Integrationsreihenfolge zu bestimmen, betrachten wir eine horizontale Gerade, die von links nach rechts durch das Integrationsgebiet verläuft. Sie tritt bei $x = y/2$ in das Gebiet ein und bei $x = \sqrt{y}$ aus. Um alle diese Geraden zu erfassen, lassen wir y von $y = 0$ bis $y = 4$ gehen (▶Abbildung 15.16b). Wir erhalten das folgende Integral:

$$\int_0^4 \int_{y/2}^{\sqrt{y}} (4x+2)\mathrm{d}x\mathrm{d}y.$$

Beide Integrale haben denselben Wert, nämlich 8. ■

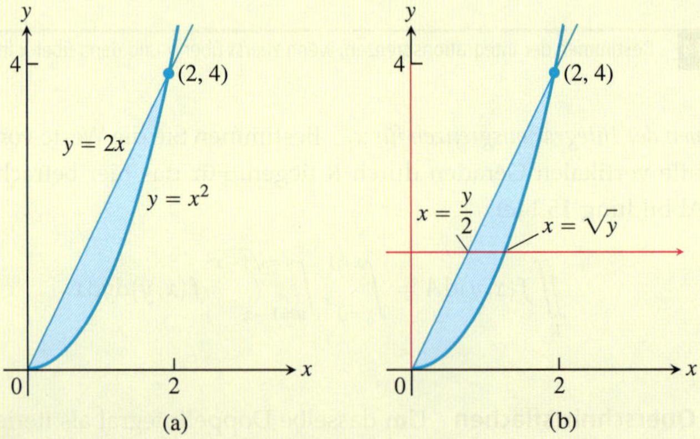

Abbildung 15.16 Gebiet, über das in Beispiel 15.5 integriert wird.

Eigenschaften von Doppelintegralen

Wie Einzelintegrale haben auch Doppelintegrale eine Reihe von algebraischen Eigenschaften, die bei vielen Berechnungen und Anwendungen nützlich sind.

Merke

Es seien $f(x,y)$ und $g(x,y)$ stetig auf dem begrenzten Gebiet R. Dann gilt:

1. *Konstante Vielfache:*

$$\iint_R cf(x,y)\mathrm{d}A = c\iint_R f(x,y)\mathrm{d}A \qquad \text{für beliebige Zahlen } c$$

2. *Summe und Differenz:*

$$\iint_R (f(x,y) \pm g(x,y))\mathrm{d}A = \iint_R f(x,y)\mathrm{d}A \pm \iint_R g(x,y)\mathrm{d}A$$

3. *Dominierung:*

a. $\iint_R f(x,y)\mathrm{d}A \geq 0 \quad \text{für} \quad f(x,y) \geq 0 \text{ auf } R$

b. $\iint_R f(x,y)\mathrm{d}A \geq \iint_R g(x,y)\mathrm{d}A \quad \text{für} \quad f(x,y) \geq g(x,y) \text{ auf } R$

4. *Additivität*

$$\iint_R f(x,y)\mathrm{d}A = \iint_{R_1} f(x,y)\mathrm{d}A + \iint_{R_2} f(x,y)\mathrm{d}A,$$

wenn R die Vereinigung der beiden nicht-überlappenden Gebiete R_1 und R_2 ist.

Die 4. Eigenschaft setzt voraus, dass das Integrationsgebiet R in zwei Teilgebiete R_1 und R_2 aufgeteilt wird, die nicht überlappen und deren Grenzen aus einer endlichen Anzahl Geraden oder glatten Kurven bestehen. Ein Beispiel für eine solche Aufteilung zeigt ►Abbildung 15.17.

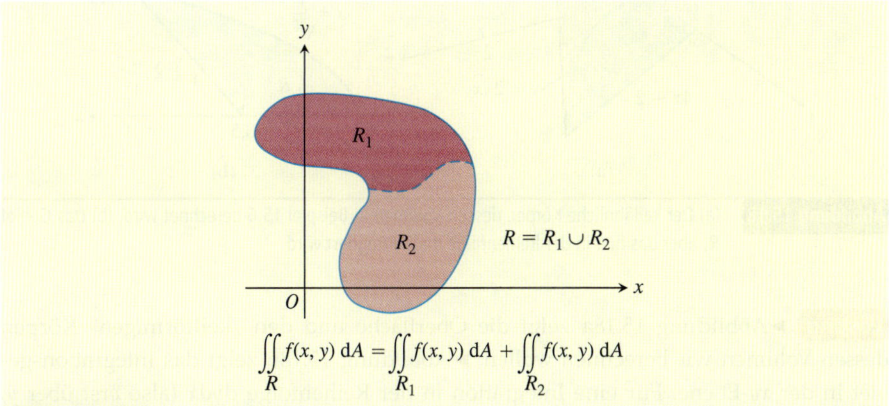

Abbildung 15.17 Die Additivität gilt nicht nur für Rechtecke, sondern auch für Gebiete, die von glatten Kurven begrenzt werden.

Die oben genannten Eigenschaften kann man sich damit klarmachen, dass Integrale sich wie Summen verhalten. Wird eine Funktion $f(x,y)$ durch ihr konstantes Vielfaches

$cf(x,y)$ ersetzt, dann wird die Riemann'sche Summe für f

$$S_n = \sum_{k=1}^{n} f(x_k,\ y_k)\Delta A_k$$

ersetzt durch die Riemann'sche Summe

$$\sum_{k=1}^{n} cf(x_k, y_k)\Delta A_k = c\sum_{k=1}^{n} f(x_k, y_k)\Delta A_k = cS_n.$$

Betrachten wir nun den Grenzwert für $n \to \infty$, so sehen wir, dass $c \lim_{n\to\infty} S_n = c \iint\limits_R f \mathrm{d}A$ und $\lim_{n\to\infty} cS_n = \iint\limits_R cf \mathrm{d}A$ gleich sind. Die Eigenschaft der konstanten Vielfachen lässt sich also von Summen auf Doppelintegrale übertragen.

Die anderen Eigenschaften lassen sich ebenfalls einfach für Riemann'sche Summen zeigen und dann mit der gleichen Begründung auf Doppelintegrale übertragen. Wir haben hier allerdings nur die grundsätzliche Argumentation vorgestellt, die diese Eigenschaften nahelegt. Für einen exakten Beweis müsste man genauer untersuchen, wie Riemann'sche Summen konvergieren.

Volumenberechnung mit Doppelintegralen

Beispiel 15.6 Ein Körper liegt unter der Fläche $z = 16 - x^2 - y^2$ und oberhalb des Gebiets R, das von der Kurve $y = 2\sqrt{x}$, der Geraden $y = 4x - 2$ und der x-Achse begrenzt wird. Seine Form ähnelt einem Keil. Berechnen Sie sein Volumen.

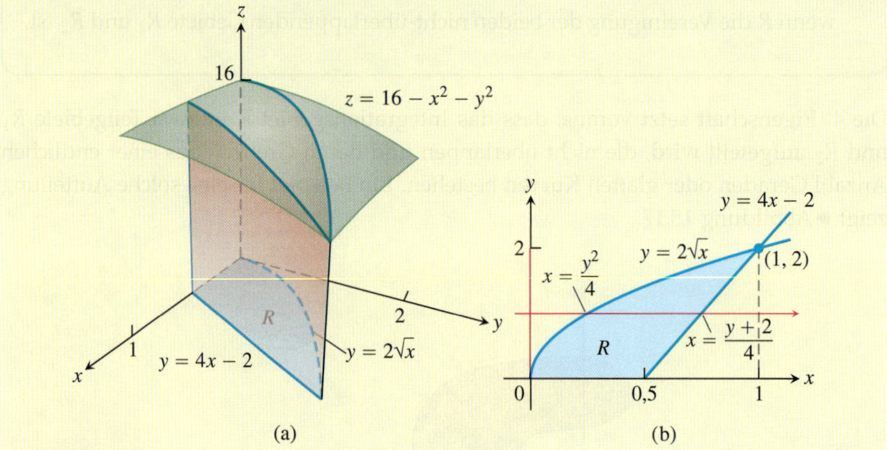

Abbildung 15.18 (a) Der keilähnliche Körper, dessen Volumen in Beispiel 15.6 berechnet wird. (b) Das Gebiet R, über das hier in der Reihenfolge dxdy integriert wird.

Lösung ►Abbildung 15.18a zeigt die Oberfläche und den „keilförmigen" Körper, dessen Volumen wir berechnen wollen. ►Abbildung 15.18b zeigt das Integrationsgebiet in der xy-Ebene. Für eine Integration in der Reihenfolge dydx (also erst über y, dann über x), müssten zwei Doppelintegrale berechnet werden, weil y für $0 \leq x \leq 0{,}5$ von $y = 0$ bis $y = 2\sqrt{x}$ und für $0{,}5 \leq x \leq 1$ dann von $y = 4x - 2$ bis $y = 2\sqrt{x}$ geht. Wir integrieren daher in der Reihenfolge dxdy; dabei benötigt man nur ein Doppelintegral. Dessen Integrationsgrenzen kann man ►Abbildung 15.18b entnehmen. Das Volumen wird dann als iteriertes Integral berechnet:

$$\iint_R (16 - x^2 - y^2)\,\mathrm{d}A$$

$$= \int_0^2 \int_{y^2/4}^{(y+2)/4} (16 - x^2 - y^2)\,\mathrm{d}x\mathrm{d}y$$

$$= \int_0^2 \left[16x - \frac{x^3}{3} - xy^2\right]_{x=y^2/4}^{x=(y+2)/4} \mathrm{d}x$$

$$= \int_0^2 \left[4(y+2) - \frac{(y+2)^3}{3\cdot 64} - \frac{(y+2)y^2}{4} - 4y^2 + \frac{y^6}{3\cdot 64} + \frac{y^4}{4}\right] \mathrm{d}y$$

$$= \left[\frac{191y}{24} + \frac{63y^2}{32} - \frac{145y^3}{96} - \frac{49y^4}{768} + \frac{y^5}{20} + \frac{y^7}{1344}\right]_0^2 = \frac{20\,803}{1680} \approx 12{,}4.$$

Aufgaben zum Abschnitt 15.2

Zeichnen von Integrationsgebieten Zeichnen Sie in den Aufgaben 1–5 die beschriebenen Integrationsgebiete.

1. $0 \le x \le 3, \quad 0 \le y \le 2x$

2. $-2 \le y \le 2, \quad y^2 \le x \le 4$

3. $0 \le x \le 1, \quad \mathrm{e}^x \le y \le \mathrm{e}$

4. $0 \le y \le 1, \quad 0 \le x \le \sin^{-1} y$

5. $0 \le y \le 8, \quad \frac{1}{4}y \le x \le y^{1/3}$

Bestimmen von Integrationsgrenzen
Stellen Sie in den Aufgaben 6–15 ein iteriertes Integral für $\iint_R \mathrm{d}A$ über dem angegebenen Gebiet R auf, und zwar **a.** mit vertikalen Querschnittsflächen und **b.** mit horizontalen Querschittsflächen.

6.

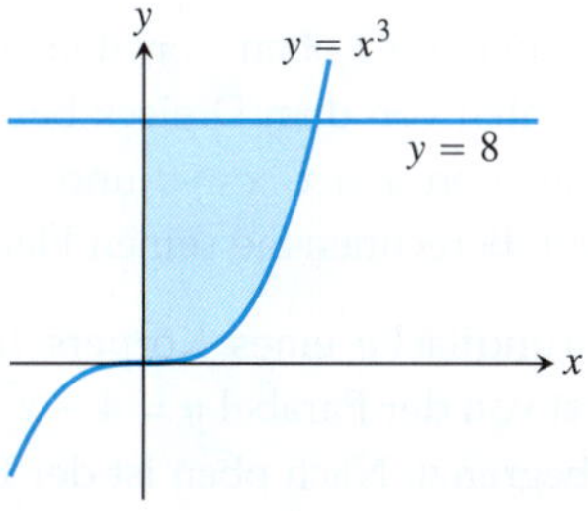

7.

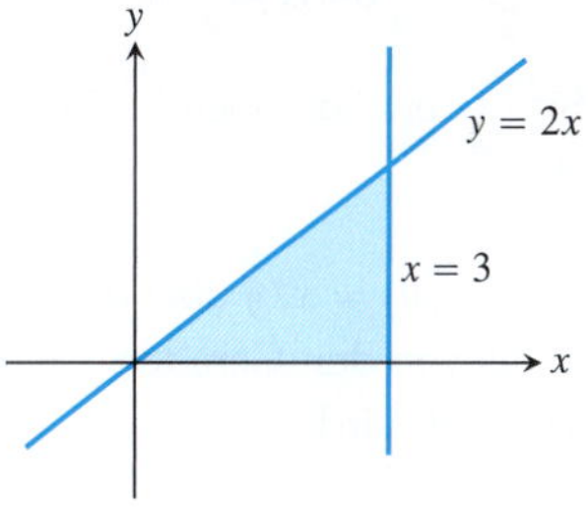

8.

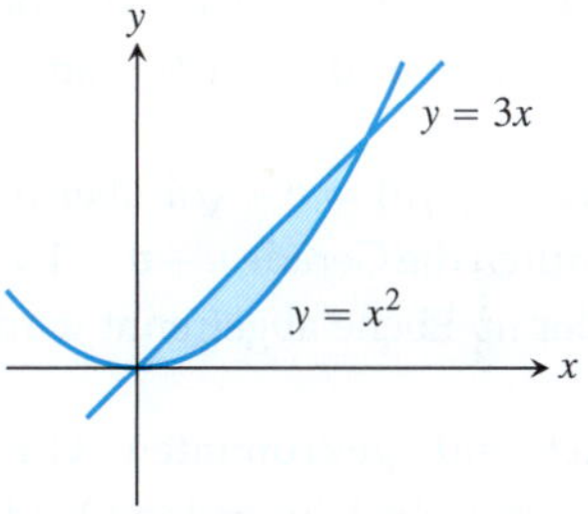

9.

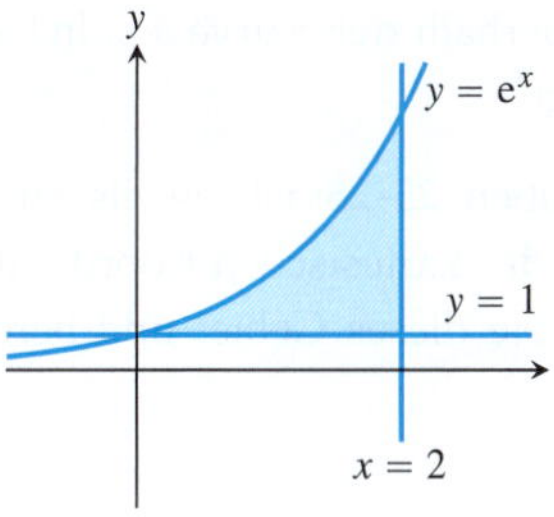

10. Begrenzt von $y = \sqrt{x}$, $y = 0$ und $x = 9$

11. Begrenzt von $y = \tan x$, $x = 0$ und $y = 1$

12. Begrenzt von $y = \mathrm{e}^{-x}$, $y = 1$ und $x = \ln 3$

13. Begrenzt von $y = 0$, $x = 0$, $y = 1$ und $y = \ln x$

14. Begrenzt von $y = 3 - 2x$, $y = x$ und $x = 0$

15. Begrenzt von $y = x^2$ und $y = x + 2$

Bestimmen von Integrationsgebieten und Doppelintegralen Zeichnen Sie in den Aufgaben 16–20 die Integrationsgebiete und berechnen Sie den Wert der Integrale.

16. $\int_0^{\pi}\int_0^{x} x \sin y \, \mathrm{d}y\mathrm{d}x$

17. $\int_1^{\ln 8}\int_0^{\ln y} \mathrm{e}^{x+y} \, \mathrm{d}x\mathrm{d}y$

18. $\int_1^{2}\int_y^{y^2} \mathrm{d}x\mathrm{d}y$

19. $\int_0^{1}\int_0^{y^2} 3y^3\mathrm{e}^{xy} \, \mathrm{d}x\mathrm{d}y$

20. $\int_1^{4}\int_0^{\sqrt{x}} \frac{3}{2}\mathrm{e}^{y/\sqrt{x}} \, \mathrm{d}y\mathrm{d}x$

Integrieren Sie in den Aufgaben 21–24 f über dem gegebenen Gebiet.

21. Viereck $f(x,y) = x/y$ über dem Gebiet im ersten Quadranten, das von den Geraden $y = x$, $y = 2x$, $x = 1$ und $x = 2$ begrenzt wird.

22. Dreieck $f(x,y) = x^2 + y^2$ über dem dreieckigen Gebiet mit den Ecken $(0,0)$, $(1,0)$ und $(0,1)$.

23. Dreieck $f(u,v) = v - \sqrt{u}$ über dem dreieckigen Gebiet, das durch die Gerade $u + v = 1$ vom ersten Quadranten in der uv-Ebene abgetrennt wird.

24. Gebiet mit gekrümmten Grenzen $f(s,t) = \mathrm{e}^s \ln t$ über dem Gebiet im ersten Quadranten der s,t-Ebene, das oberhalb der Kurve $s = \ln t$ zwischen $t = 1$ und $t = 2$ liegt.

In den Aufgaben 25–28 ist jeweils ein Integral über einem Gebiet der kartesischen Koordinatenebene gegeben. Zeichen Sie dieses Gebiet und berechnen Sie das Integral.

25. $\int_{-2}^{0}\int_v^{-v} 2 \, \mathrm{d}p\mathrm{d}v$ (in der pv-Ebene)

26. $\int_0^{1}\int_0^{\sqrt{1-s^2}} 8t \, \mathrm{d}t \, \mathrm{d}s$ (in der st-Ebene)

27. $\int_{-\pi/3}^{\pi/3}\int_0^{1/\cos t} 3\cos t \, \mathrm{d}u\mathrm{d}t$ (in der tu-Ebene)

28. $\int_0^{3/2}\int_1^{4-2u} \frac{4-2u}{v^2} \mathrm{d}v\mathrm{d}u$ (in der uv-Ebene)

Umkehrung der Integrationsreihenfolge Zeichnen Sie in den Aufgaben 29–36 das Integrationsgebiet. Stellen Sie dann ein äquivalentes Doppelintegral mit umgekehrter Integrationsreihenfolge auf.

29. $\int_0^{1}\int_2^{4-2x} \mathrm{d}y\mathrm{d}x$

30. $\int_0^{1}\int_y^{\sqrt{y}} \mathrm{d}x\mathrm{d}y$

31. $\int_0^{1}\int_1^{\mathrm{e}^x} \mathrm{d}y\mathrm{d}x$

32. $\int_0^{3/2}\int_0^{9-4x^2} 16x \, \mathrm{d}y\mathrm{d}x$

33. $\int_0^{1}\int_{-\sqrt{1-y^2}}^{\sqrt{1-y^2}} 3y \, \mathrm{d}x\mathrm{d}y$

34. $\int_1^{\mathrm{e}}\int_0^{\ln x} xy \, \mathrm{d}y\mathrm{d}x$

35. $\int_0^{3}\int_1^{\mathrm{e}^x} (x+y)\mathrm{d}x\mathrm{d}y$

36. $\int_0^{\sqrt{3}}\int_0^{\tan^{-1} y} \sqrt{xy} \, \mathrm{d}x\mathrm{d}y$

Zeichnen Sie in den Aufgaben 37–42 das Integrationsgebiet, kehren Sie die Integrationsreihenfolge um und berechnen Sie die Integrale.

37. $\int_0^{\pi}\int_x^{\pi} \frac{\sin y}{y} \mathrm{d}y\mathrm{d}x$

38. $\int_0^{1}\int_y^{1} x^2\mathrm{e}^{xy} \mathrm{d}x\mathrm{d}y$

39. $\int_0^{2\sqrt{\ln 3}}\int_{y/2}^{\sqrt{\ln 3}} \mathrm{e}^{x^2} \mathrm{d}x\mathrm{d}y$

40. $\int_0^{1/16}\int_{y^{1/4}}^{1/2} \cos(16\pi x^5)\mathrm{d}x\mathrm{d}y$

41. Quadrat $\iint\limits_R (y - 2x^2)\mathrm{d}A$; dabei ist R das Gebiet, das von dem Quadrat $|x| + |y| = 1$ begrenzt wird.

42. Dreieck $\iint\limits_R xy \, \mathrm{d}A$; dabei ist R das Gebiet, das von den Geraden $y = x$, $y = 2x$ und $x + y = 2$ begrenzt wird.

Volumen unterhalb einer Fläche $z = f(x,y)$

43. Ein Körper wird oben von dem Paraboloid $z = x^2 + y^2$ und unten von dem Dreieck begrenzt, das zwischen den Geraden $y = x$, $x = 0$ und $x + y = 2$ in der xy-Ebene liegt. Berechnen Sie seinen Flächeninhalt.

44. Die Grundfläche eines Körpers liegt in der xy-Ebene und ist von der Parabel $y = 4 - x^2$ und der Geraden $y = 3x$ begrenzt. Nach oben ist der Körper von der Ebene $z = x + 4$ begrenzt. Berechnen Sie sein Volumen.

45. Ein Körper im ersten Oktanten wird von den Koordinatenebenen, der Ebene $x = 3$ und dem parabolische Zylinder $z = 4 - y^2$ begrenzt. Berechnen Sie sein Volumen.

46. Aus dem ersten Oktanten wird durch den Zylinder $z = 12 - 3y^2$ und der Ebene $x + y = 2$ ein Keil herausgeschnitten. Berechnen Sie das Volumen des Keils.

47. Ein Körper wird vorne und hinten durch die Ebenen $x = 2$ und $x = 1$ begrenzt, an den Seiten von den Zylindern $y = \pm 1/x$, oben und unten von den Ebene $z = x + 1$ und $z = 0$. Berechnen Sie sein Volumen.

48. Ein Körper wird vorne und hinten von den Ebenen $x = \pm\pi/3$ begrenzt, an den Seiten durch die Zylinder $y = \pm \sec x = \pm 1/\cos x$, oben von dem Zylinder $z = 1 + y^2$ und unten von der xy-Ebene. Berechnen Sie sein Volumen.

Zeichnen Sie in den Aufgaben 49 und 50 das Integrationsgebiet und den Körper, dessen Volumen durch das Doppelintegral gegeben ist.

49. $\displaystyle\int_0^3 \int_0^{2-2x/3} \left(1 - \frac{1}{3}x - \frac{1}{2}y\right) \mathrm{d}y\mathrm{d}x$

50. $\displaystyle\int_0^4 \int_{-\sqrt{16-y^2}}^{\sqrt{16-y^2}} \sqrt{25 - x^2 - y^2}\mathrm{d}x\mathrm{d}y$

Integrale über unbegrenzte Gebiete Uneingentliche Doppelintegrale lassen sich häufig mit den gleichen Verfahren bestimmen wie uneigentliche Integrale mit einer Variablen. Bei den folgenden uneigentlichen Integralen kann die Integration über die erste Variable wie bei gewöhnlichen Integralen durchgeführt werden. Damit erhält man ein uneigentliches Integral mit einer Variablen; dies wird wie in Abschnitt 8.7 im ersten Band besprochen berechnet, indem man geeignete Grenzübergänge durchführt. Berechnen Sie die uneigentlichen Integrale in den Aufgaben 51–54 als iterierte Integrale.

51. $\displaystyle\int_1^\infty \int_{\mathrm{e}^{-x}}^1 \frac{1}{x^3 y}\mathrm{d}y\mathrm{d}x$

52. $\displaystyle\int_{-1}^1 \int_{-1/\sqrt{1-x^2}}^{1/\sqrt{1-x^2}} (2y + 1)\mathrm{d}y\mathrm{d}x$

53. $\displaystyle\int_{-\infty}^\infty \int_{-\infty}^\infty \frac{1}{(x^2 + 1)(y^2 + 1)}\mathrm{d}x\mathrm{d}y$

54. $\displaystyle\int_0^\infty \int_0^\infty x\mathrm{e}^{-(x+2y)}\mathrm{d}x\mathrm{d}y$

Endliche Summen als Näherung für Integrale

Bestimmen Sie in den Aufgaben 55 und 56 eine Näherungslösung für ein Doppelintegral von $f(x, y)$ über dem Gebiet R. R wird dazu durch vertikale Geraden $x = a$ und horizontale Geraden $y = c$ zerlegt. Wählen Sie in jedem Teilrechteck einen Punkt (x_k, y_k) so, wie in den Aufgaben angegeben, und berechnen Sie die Näherung mit der folgenden Gleichung:

$$\iint_R f(x, y)\mathrm{d}A \approx \sum_{k=1}^n f(x_k, y_k)\Delta A_k.$$

55. $f(x, y) = x + y$ über dem Gebiet R. R ist oben von dem Halbkreis $y = \sqrt{1 - x^2}$ und unten von der x-Achse begrenzt. Verwenden Sie die Zerlegung $x = -1, -1/2, 0, 1/4, 1/2, 1$ und $y = 0, 1/2, 1$; (x_k, y_k) sei die untere linke Ecke des k-ten Teilrechtecks, sofern dieses Teilrechteck in R liegt.

56. $f(x, y) = x + 2y$ über dem Gebiet R im Inneren des Kreises $(x - 2)^2 + (y - 3)^2 = 1$. Verwenden Sie die Zerlegung $x = 1, 3/2, 2, 5/2, 3$ und $y = 2, 5/2, 3, 7/2, 4$; $(x_k,\ y_k)$ sei der Mittelpunkt (Schwerpunkt) des k-ten Teilrechtecks, sofern dieses Teilrechteck in R liegt.

Theorie und Beispiele

57. **Kreissektor** Die Strahlen $\theta = \pi/6$ und $\theta = \pi/2$ teilen die Scheibe $x^2 + y^2 \leq 4$ in zwei Kreissektoren. Integrieren Sie $f(x, y) = \sqrt{4 - x^2}$ über dem kleineren dieser Sektoren.

58. **Nicht-kreisförmige Zylinder** Ein gerader (nicht-kreisförmiger) Zylinder hat die Grundfläche R in der xy-Ebene und ist oben von dem Paraboloid $z = x^2 + y^2$ begrenzt. Das Volumen dieses Zylinders ist

$$V = \int_0^1 \int_0^y (x^2 + y^2)\mathrm{d}x\mathrm{d}y + \int_1^2 \int_0^{2-y} \left(x^2 + y^2\right) \mathrm{d}x\mathrm{d}y.$$

Zeichnen Sie die Grundfläche R und drücken Sie das Volumen des Zylinders als ein einziges iteriertes Integral aus, bei dem die Integrationsreihenfolge umgekehrt wird. Berechnen Sie dann das Integral und bestimmen Sie so das Volumen.

59. Umformen in ein Doppelintegral Berechnen Sie das Integral

$$\int_0^2 (\tan^{-1}\pi x - \tan^{-1} x)\mathrm{d}x.$$

(*Hinweis:* Schreiben Sie den Integranden als Integral.)

60. Maximierung einer Doppelintegrals Für welches Gebiet R in der xy-Ebene wird der Wert des Integrals

$$\iint_R (4 - x^2 - 2y^2)\mathrm{d}A$$

maximal? Begründen Sie Ihre Antwort.

61. Minimierung einer Doppelintegrals Für welches Gebiet R in der xy-Ebene wird der Wert des Integrals

$$\iint_R (x^2 + y^2 - 9)\mathrm{d}A$$

minimal? Begründen Sie Ihre Antwort.

62. Kann es vorkommen, dass man das Integral einer stetigen Funktion $f(x, y)$ über einem rechteckigen Gebiet in der xy-Ebene berechnet und je nach der Reihenfolge der Integrationen unterschiedliche Ergebnisse erhält? Begründen Sie Ihre Antwort.

63. Unbegrenzte Integrationsgebiete Beweisen Sie, dass gilt

$$\int_{-\infty}^{\infty}\int_{-\infty}^{\infty} \mathrm{e}^{-x^2-y^2}\mathrm{d}x\mathrm{d}y = \lim_{b\to\infty}\int_{-b}^{b}\int_{-b}^{b} \mathrm{e}^{-x^2-y^2}\mathrm{d}x\mathrm{d}y$$
$$= 4\left(\int_0^{\infty} \mathrm{e}^{-x^2}\mathrm{d}x\right)^2.$$

64. Uneigentliche Doppelintegrale Berechnen Sie das uneigentliche Integral

$$\int_0^1\int_0^3 \frac{x^2}{(y-1)^{2/3}}\mathrm{d}y\mathrm{d}x.$$

Computerberechnungen

Schätzen Sie mit dem Algorithmus für Doppelintegrale eines CAS die Werte der Integrale in den Aufgaben 65–67 ab.

65. $\displaystyle\int_1^3\int_1^x \frac{1}{xy}\mathrm{d}y\mathrm{d}x$

66. $\displaystyle\int_0^1\int_0^1 \tan^{-1} xy\,\mathrm{d}y\mathrm{d}x$

67. $\displaystyle\int_{-1}^1\int_0^{\sqrt{1-x^2}} 3\sqrt{1-x^2-y^2}\,\mathrm{d}y\mathrm{d}x$

Berechnen Sie die Integrale in den Aufgaben 68–71 mit dem Algorithmus für Doppelintegrale eines CAS. Kehren Sie dann die Integrationsreihenfolge um und integrieren Sie nochmals mit dem CAS.

68. $\displaystyle\int_0^1\int_{2y}^4 \mathrm{e}^{x^2}\mathrm{d}x\mathrm{d}y$

69. $\displaystyle\int_0^2\int_{y^3}^{4\sqrt{2y}} \left(x^2y - xy^2\right)\mathrm{d}x\mathrm{d}y$

70. $\displaystyle\int_1^2\int_0^{x^2} \frac{1}{x+y}\mathrm{d}y\mathrm{d}x$

71. $\displaystyle\int_1^2\int_{y^3}^8 \frac{1}{\sqrt{x^2+y^2}}\mathrm{d}x\mathrm{d}y$

15.3 Flächenberechnung mit Doppelintegralen

In diesem Abschnitt untersuchen wir, wie man mithilfe von Doppelintegralen den Flächeninhalt von beschränkten Flächen in der Ebene berechnet. Außerdem berechnen wir mit Doppelintegralen den Mittelwert einer Funktion von zwei Variablen.

Beschränkte Flächen in der Ebene

Wenn wir in der Definition des Doppelintegrals im letzten Abschnitt $f(x, y) = 1$ setzen, vereinfacht sich die Riemann'sche Summe zu

$$S_n = \sum_{k=1}^{n} f(x_k, y_k)\Delta A_k = \sum_{k=1}^{n} \Delta A_k. \tag{15.7}$$

Diese Gleichung beschreibt die Summe der Flächeninhalte aller Teilrechtecke aus der Zerlegung von R; sie ist also ein Näherungswert für den Flächeninhalt von R. Wenn die Norm der Zerlegung gegen null geht, gehen auch Höhe und Breite der Teilrechtecke gegen null, und R wird von der Zerlegung immer besser überdeckt (▶Abbildung 15.8). Wir definieren den Flächeninhalt von R mit dem Grenzwert

$$\lim_{\|P\|\to 0} \sum_{k=1}^{n} \Delta A_k = \iint_R \mathrm{d}A. \tag{15.8}$$

Definition

Der **Flächeninhalt** eines abgeschlossenen, beschränkten, ebenen Gebiets R ist

$$A = \iint_R \mathrm{d}A.$$

Wie alle Definitionen in diesem Kapitel gilt auch diese Definition des Flächeninhalts für eine größere Vielfalt an Flächen als die Definition mit einer Variablen, als wir Flächen zwischen den Graphen zweier Funktionen einer Variable betrachtet haben; sie stimmt mit dieser Definition aber überein. Um das Integral in der Flächendefinition zu berechnen, integrieren wir die konstante Funktion $f(x, y) = 1$ über R.

Flächenberechnung mit Doppelintegral

Beispiel 15.7 Bestimmen Sie den Flächeninhalt des Gebiets R im ersten Quadranten, das von $y = x$ und $y = x^2$ begrenzt wird.

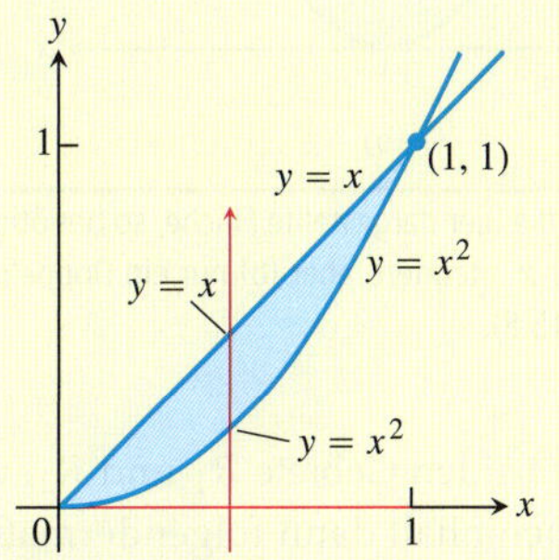

Abbildung 15.19 Die Fläche aus Beispiel 15.7.

Lösung Wir zeichnen das Gebiet (▶Abbildung 15.19), dabei sieht man, dass die beiden Begrenzungskurven sich im Ursprung und im Punkt $(1, 1)$ schneiden. Damit ergibt sich für den Flächeninhalt:

$$A = \int_0^1 \int_{x^2}^{x} \mathrm{d}y\mathrm{d}x = \int_0^1 \Big[y\Big]_{x^2}^{x} \mathrm{d}x$$

$$= \int_0^1 (x - x^2)\mathrm{d}x = \left[\frac{x^2}{2} - \frac{x^3}{3}\right]_0^1 = \frac{1}{6}.$$

Bei der Berechnung des iterierten Integrals erhält man das Integral $\int_0^1 (x - x^2)\mathrm{d}x$ mit einer Variablen. Dieses Integral ergibt sich auch, wenn man die Fläche zwischen den Kurven mit dem Verfahren bestimmt, das wir in Kapitel 5.6 betrachtet haben. ■

Die Wahl der Integrationsreihenfolge kann die Berechnung vereinfachen

Beispiel 15.8 Eine Fläche R wird von der Parabel $y = x^2$ und der Geraden $y = x + 2$ begrenzt. Berechnen Sie ihren Flächeninhalt.

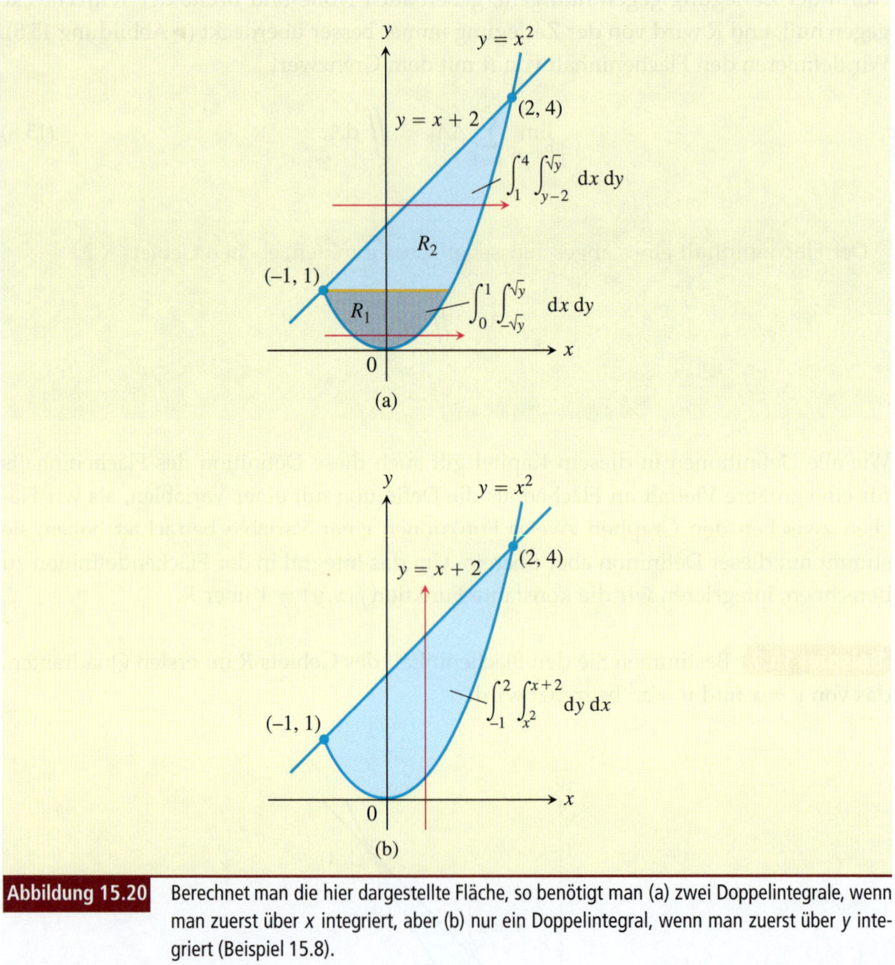

Abbildung 15.20 Berechnet man die hier dargestellte Fläche, so benötigt man (a) zwei Doppelintegrale, wenn man zuerst über x integriert, aber (b) nur ein Doppelintegral, wenn man zuerst über y integriert (Beispiel 15.8).

Lösung Wir teilen R in die beiden Gebiete R_1 und R_2, wie in ▶Abbildung 15.20a zu sehen. Wir können den Flächeninhalt dann folgendermaßen berechnen:

$$A = \iint\limits_{R_1} \mathrm{d}A + \iint\limits_{R_2} \mathrm{d}A = \int_0^1 \int_{-\sqrt{y}}^{\sqrt{y}} \mathrm{d}x\mathrm{d}y + \int_1^4 \int_{y-2}^{\sqrt{y}} \mathrm{d}x\mathrm{d}y.$$

Kehren wir allerdings die Integrationsreihenfolge um (▶Abbildung 15.20b), ergibt sich

$$A = \int_{-1}^{2} \int_{x^2}^{x+2} \mathrm{d}y\mathrm{d}x.$$

Dieses zweite Ergebnis erfordert nur ein Doppelintegral und ist daher einfacher zu berechnen. Bei praktischen Anwendungen wird also damit gerechnet. Der Flächeninhalt ist damit gleich

$$A = \int_{-1}^{2} \int_{x^2}^{x+2} \mathrm{d}y\mathrm{d}x = \int_{-1}^{2} \Big[y\Big]_{x^2}^{x+2} \mathrm{d}x = \int_{-1}^{2} (x+2-x^2)\mathrm{d}x$$
$$= \left[\frac{x^2}{2} + 2x - \frac{x^3}{3}\right]_{-1}^{2} = \frac{9}{2}.$$

Mittelwerte

Der Mittelwert einer integrierbaren Funktion einer Variablen auf einem Intervall entspricht dem Wert des Integrals über diesem Intervall, geteilt durch die Intervallbreite. Für eine integrierbare Funktion von zwei Variablen, die auf einem beschränkten Gebiet in der Ebene definiert ist, entspricht der Mittelwert dem Integral über dem Gebiet, geteilt durch den Flächeninhalt des Gebiets. Diese Definition kann man sich bildlich beispielsweise so vorstellen: Die Funktion gibt den momentanen Wasserstand an den unterschiedlichen Orten eines Behälters an, in dem Wasser herumschwappt. Die vertikalen Wände des Behälters stehen über den Grenzen des Integrationsgebiets. Der Mittelwert des Wasserstands lässt sich bestimmen, indem man das Wasser zu Ruhe kommen lässt, sodass es in dem Behälter überall auf gleicher Höhe steht. Diese Höhe entspricht dann dem Volumen des Wassers im Behälter, geteilt durch den Flächeninhalt von R. Wir definieren damit den Mittelwert einer integrierbaren Funktion f über einem Gebiet R folgendermaßen:

$$\text{Mittelwert von } f \text{ über } R = \frac{1}{\text{Flächeninhalt von } R} \iint_R f \mathrm{d}A. \qquad (15.9)$$

Merke

Steht f beispielsweise für die Temperatur einer dünnen Platte, die das Gebiet R überdeckt, so entspricht das Doppelintegral von f über R geteilt durch den Flächeninhalt von R der Durchschnittstemperatur der Platte. Steht $f(x,y)$ für den Abstand des Punkts (x,y) von einem festen Punkt P, so entspricht der Mittelwert von f über R dem durchschnittlichen Abstand aller Punkte in R von P.

Beispiel 15.9 Bestimmen Sie den Mittelwert der Funktion $f(x,y) = x\cos xy$ über dem Rechteck $R: 0 \le x \le \pi,\ 0 \le y \le 1$.

Mittelwertbestimmung

Lösung Der Wert des Integrals von f über R ist

$$\int_0^{\pi} \int_0^1 x\cos xy \,\mathrm{d}y\mathrm{d}x = \int_0^{\pi} \Big[\sin xy\Big]_{y=0}^{y=1} \mathrm{d}x \qquad \int x\cos xy\,\mathrm{d}y = \sin xy + C$$
$$= \int_0^{\pi} (\sin x - 0)\mathrm{d}x = \Big[-\cos x\Big]_0^{\pi} = 1 + 1 = 2.$$

Der Flächeninhalt von R ist π. Der Mittelwert von f über R ist damit $2/\pi$.

Aufgaben zum Abschnitt 15.3

Flächenberechnung mit Doppelintegralen Zeichnen Sie in den Aufgaben 1–7 die Gebiete, die von den gegebenen Geraden und Kurven begrenzt werden. Stellen Sie dann für den Flächeninhalt ein iteriertes Doppelintegral auf und berechnen Sie dieses Integral.

1. Die Koordinatenachsen und die Gerade $x+y=2$

2. Die Parabel $x=-y^2$ und die Gerade $y=x+2$

3. Die Kurve $y=\mathrm{e}^x$ und die Geraden $y=0$, $x=0$ und $x=\ln 2$

4. Die Parabeln $x=y^2$ und $x=2y-y^2$

5. Die Geraden $y=x$, $y=x/3$ und $y=2$

6. Die Geraden $y=2x$, $y=x/2$ und $y=3-x$

7. Die Geraden $y=x-2$ und $y=-x$ sowie die Kurve $y=\sqrt{x}$

Bestimmen von Integrationsgebieten Die Integrale und Summen von Integralen in den Aufgaben 8–11 geben jeweils den Flächeninhalt eines Gebiets in der xy-Ebene an. Zeichnen Sie die Gebiete, schreiben Sie an jede Begrenzungskurve ihre Gleichung und bestimmen Sie die Koordinaten der Schnittpunkte dieser Kurven. Berechnen Sie dann den Flächeninhalt.

8. $\displaystyle\int_0^6 \int_{y^2/3}^{2y} \mathrm{d}x\mathrm{d}y$

9. $\displaystyle\int_0^{\pi/4} \int_{\sin x}^{\cos x} \mathrm{d}y\mathrm{d}x$

10. $\displaystyle\int_{-1}^0 \int_{-2x}^{1-x} \mathrm{d}y\mathrm{d}x + \int_0^2 \int_{-x/2}^{1-x} \mathrm{d}y\mathrm{d}x$

11. $\displaystyle\int_0^2 \int_{x^2-4}^0 \mathrm{d}y\mathrm{d}x + \int_0^4 \int_0^{\sqrt{x}} \mathrm{d}y\mathrm{d}x$

Bestimmung von Mittelwerten

12. Bestimmen Sie den Mittelwert der Funktion $f(x,y)=\sin(x+y)$ über

a. dem Rechteck $0\le x\le \pi, \quad 0\le y\le \pi$;

b. dem Rechteck $0\le x\le \pi$,uad $0\le y\le \pi/2$.

13. Bestimmen Sie die mittlere Höhe des Paraboloids $z=x^2+y^2$ über dem Quadrat $0\le x\le 2$, $0\le y\le 2$.

14. Bestimmen Sie den Mittelwert von $f(x,y)=1/(xy)$ über dem Quadrat $\ln 2\le x\le 2\ln 2$, $\ln 2\le y\le 2\ln 2$.

Theorie und Beispiele

15. Bakterienpopulationen Es sei $f(x,y)=(10\,000\mathrm{e}^y)/(1+|x|/2)$ die „Populationsdichte" einer bestimmten Bakterienart auf der xy-Ebene; dabei werden x und y in Zentimetern angegeben. Bestimmen Sie damit die Größe der gesamten Population in dem Rechteck $-5\le x\le 5$ und $-2\le y\le 0$.

16. Durchschnittstemperatur in Texas Der amerikanische Bundesstaat Texas ist in 254 Bezirke eingeteilt, in jedem Bezirk gibt es eine staatliche Wetterstation. Wir nehmen an, dass jede dieser Wetterstationen zur Zeit t_0 die aktuelle Temperatur meldet. Stellen Sie dann eine Gleichung auf, mit der man eine sinnvolle Näherung für die Durchschnittstemperatur in Texas zur Zeit t_0 erhält. Um diese Gleichung aufstellen zu können, benötigen Sie eine Reihe von Informationen, die aber aus öffentlichen Quellen (z. B. unter www.texasalmanac.com) zugänglich sind.

17. Es sei $y=f(x)$ eine nicht-negative, stetige Funktion auf einem abgeschlossenen Intervall $a\le x\le b$. Der Flächeninhalt des abgeschlossenen ebenen Gebiets, das von dem Graphen von f sowie den vertikalen Geraden $x=a$, $x=b$ und der x-Achse begrenzt wird, kann dann mithilfe der Definition mit einem Doppelintegral berechnet werden. Zeigen Sie, dass diese Definition übereinstimmt mit der Definition, die wir in Abschnitt 5.3 besprochen haben und die den Inhalt der Fläche unter einer Kurve definiert.

15.4 Doppelintegrale in Polarkoordinaten

Manche Integrale lassen sich einfacher in Polarkoordinaten berechnen. In diesem Abschnitt untersuchen wir, wie man Integrale von kartesischen Koordinaten in Polarkoordinaten transformiert, und wie man Integrale über Gebieten berechnet, deren Grenzen in Polarkoordinaten gegeben sind.

Integrale in Polarkoordinaten

Als wir Doppelintegrale von Funktionen über einem Gebiet R definiert haben, haben wir zur Herleitung zunächst das Gebiet in Rechtecke zerlegt, deren Seiten parallel zu den Koordinatenachsen waren. Diese Zerlegung bot sich an, weil die Seiten der Teilrechtecke entweder konstante x-Werte oder konstante y-Werte haben. In Polarkoordinaten zerlegt man ein Gebiet zweckmäßigerweise in „polare Rechtecke", also Teilgebiete, deren Seiten konstante r- und θ-Werte haben.

Wie betrachten eine Funktion $f(r, \theta)$, die auf einem Gebiet R definiert ist. R ist begrenzt von den beiden Strahlen $\theta = \alpha$ und $\theta = \beta$ sowie von den stetigen Kurven $r = g_1(\theta)$ und $r = g_2(\theta)$. Es sei außerdem $0 \leq g_1(\theta) \leq g_2(\theta) \leq a$ für jeden Wert von θ zwischen α und β. Dann liegt R innerhalb des fächerförmigen Gebiets Q, das von den Ungleichungen $0 \leq r \leq a$ und $\alpha \leq \theta \leq \beta$ definiert wird (►Abbildung 15.21).

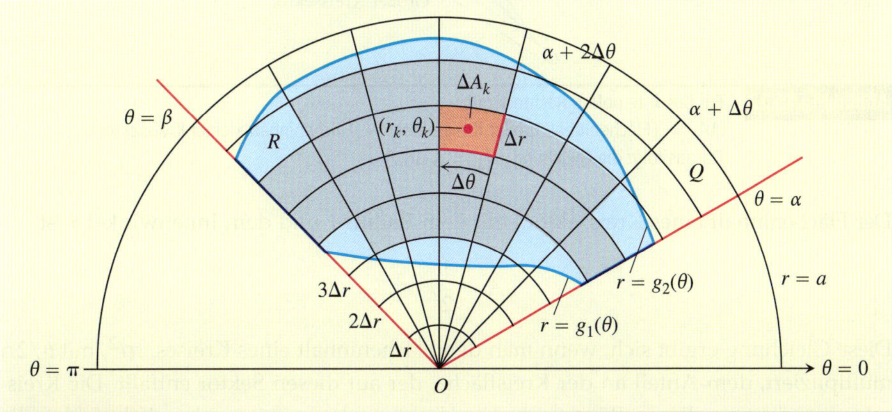

Abbildung 15.21 Das Gebiet $R: g_1(\theta) \leq r \leq g_2(\theta), \alpha \leq \theta \leq \beta$ befindet sich in dem fächerförmigen Gebiet $Q: 0 \leq r \leq a, \alpha \leq \theta \leq \beta$. Zerlegt man Q durch Kreisbögen und Strahlen, so erhält man auch eine Zerlegung von R.

Wir überdecken Q mit einem Netz aus Kreisbögen und Strahlen. Die Bögen sind Teile von Kreisen mit dem Mittelpunkt im Ursprung und den Radien $\Delta r, 2\Delta r, \ldots, m\Delta r$ mit $\Delta r = a/m$. Die Strahlen sind gegeben durch

$$\theta = \alpha, \quad \theta = \alpha + \Delta\theta, \quad \theta = \alpha + 2\Delta\theta \quad \ldots, \quad \theta = \alpha + m'\Delta\theta = \beta;$$

dabei ist $\Delta\theta = (\beta - \alpha)/m'$. Diese Bögen und Strahlen zerlegen Q in kleine Teilgebiete, die man „polare Rechtecke" nennt.

Wir nummerieren die polaren Rechtecke, die innerhalb von R liegen, in einer beliebigen Reihenfolge. Ihre Flächeninhalte sind $\Delta A_1, \Delta A_2, \ldots, \Delta A_n$. Es sei (r_k, θ_k) ein beliebiger Punkt in dem polaren Rechteck mit dem Flächeninhalt ΔA_k. Wir bilden dann die Summe

$$S_n = \sum_{k=1}^{n} f(r_k, \theta_k)\Delta A_k.$$

Für eine stetige Funktion f geht diese Summe gegen einen Grenzwert, wenn wir die Zerlegung feiner machen, wenn also Δr und $\Delta\theta$ gegen null gehen. Diesen Grenzwert nennt man das Doppelintegral von f über R. Als Gleichung geschrieben:

$$\lim_{n\to\infty} S_n = \iint_R f(r,\theta)\mathrm{d}A.$$

Zur Berechnung dieses Grenzwerts müssen wir zunächst die Summe S_N so umschreiben, dass ΔA_k als Funktion von Δr und $\Delta\theta$ geschrieben wird. Das k-te polare Rechteck ΔA_k wird innen und außen von zwei Kreisbögen begrenzt; der Einfachheit halber sei r_k der Mittelwert der Radien dieser beiden Bögen. Der Radius des inneren Bogens von ΔA_k ist dann $r_k - (\Delta r/2)$ (►Abbildung 15.22). Der Radius des äußeren Bogens ist entsprechend $r_k + (\Delta r/2)$.

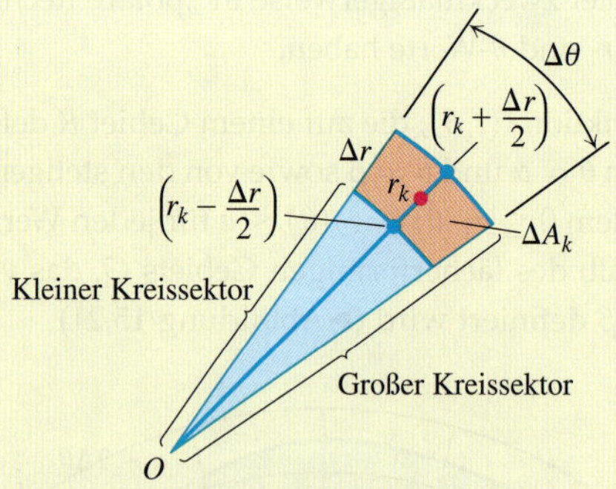

Abbildung 15.22 Für das k-te polare Rechteck gilt
$\Delta A_k =$ (Flächeninhalt großer Kreissektor) $-$ (Flächeninhalt kleiner Kreissektor).
Daraus folgt die Gleichung $\Delta A_k = r_k \Delta r \Delta\theta$.

Der Flächeninhalt eines Kreissektors mit dem Radius r und dem Innenwinkel θ ist

$$A = \frac{1}{2}\theta \cdot r^2.$$

Diese Gleichung ergibt sich, wenn man den Flächeninhalt eines Kreises, πr^2, mit $\theta/2\pi$ multipliziert, dem Anteil an der Kreisfläche, der auf diesen Sektor entfällt. Die Kreissektoren, die von diesen Bögen um den Ursprung begrenzt werden, haben also die folgenden Flächeninhalte:

$$\text{innerer Radius:} \quad \frac{1}{2}\left(r_k - \frac{\Delta r}{2}\right)^2 \Delta\theta$$

$$\text{äußerer Radius:} \quad \frac{1}{2}\left(r_k + \frac{\Delta r}{2}\right)^2 \Delta\theta.$$

Daraus folgt:

$$\Delta A_k = (\text{Flächeninhalt großer Kreissektor}) - (\text{Flächeninhalt kleiner Kreissektor})$$

$$= \frac{\Delta\theta}{2}\left[\left(r_k + \frac{\Delta r}{2}\right)^2 - \left(r_k - \frac{\Delta r}{2}\right)^2\right] = \frac{\Delta\theta}{2}(2r_k\Delta r) = r_k \Delta r \Delta\theta.$$

Setzen wir dieses Ergebnis in die Gleichung für die Summe S_n ein, erhalten wir

$$S_n = \sum_{k=1}^{n} f(r_k, \theta_k) r_k \Delta r \Delta\theta.$$

Für $n \to \infty$ gehen Δr und $\Delta\theta$ gegen null.

Eine erweiterte Fassung des Satzes von Fubini besagt, dass sich der Grenzwert $\iint_R f(r,\theta)\,\mathrm{d}A$ dieser Summe mit zwei einzelnen Integrationen über r und θ folgendermaßen berechnen lässt:

$$\iint\limits_R f(r,\theta)\mathrm{d}A = \int_{\theta=\alpha}^{\theta=\beta} \int_{r=g_1(\theta)}^{r=g_2(\theta)} f(r,\theta) r\,\mathrm{d}r\mathrm{d}\theta.$$

Bestimmung der Integrationsgrenzen

Das Verfahren zur Bestimmung von Integrationsgrenzen, das wir für kartesische Koordinaten beschrieben haben, lässt sich auch bei Polarkoordinaten verwenden. Um $\iint\limits_R f(r,\theta)\mathrm{d}A$ über einem Gebiet R in Polarkoordinaten zu berechnen und dabei zuerst über r, dann über θ zu integrieren, führen wir die folgenden Schritte durch:

1. *Zeichnen.* Zeichnen Sie das Integrationsgebiet und benennen Sie die Begrenzungskurven (▶Abbildung 15.23a).
2. *Bestimmen der Integrationsgrenzen für r.* Betrachten Sie einen Strahl L, der vom Ursprung aus durch R in Richtung ansteigender r-Werte geht. Lesen Sie die r-Werte ab, bei denen dieser Strahl in das Gebiet R ein- und austritt. Diese beiden Werte sind die Integrationsgrenzen für die Integration über r. In der Regel handelt es sich um Funktionen des Winkels θ, der zwischen L und der positiven x-Achse liegt (▶Abbildung 15.23b).
3. *Bestimmen der Integrationsgrenzen für θ.* Bestimmen Sie den kleinsten und den größten Wert von θ, der R begrenzt. Dies sind die Integrationsgrenzen für die Integration über θ (▶Abbildung 15.23c). Das iterierte Integral in Polarkoordinaten in Abbildung 15.23 ist dann

$$\iint\limits_R f(r,\theta)\mathrm{d}A = \int_{\theta=\pi/4}^{\theta=\pi/2} \int_{r=\sqrt{2}/\sin\theta}^{r=2} f(r,\theta) r\,\mathrm{d}r\mathrm{d}\theta.$$

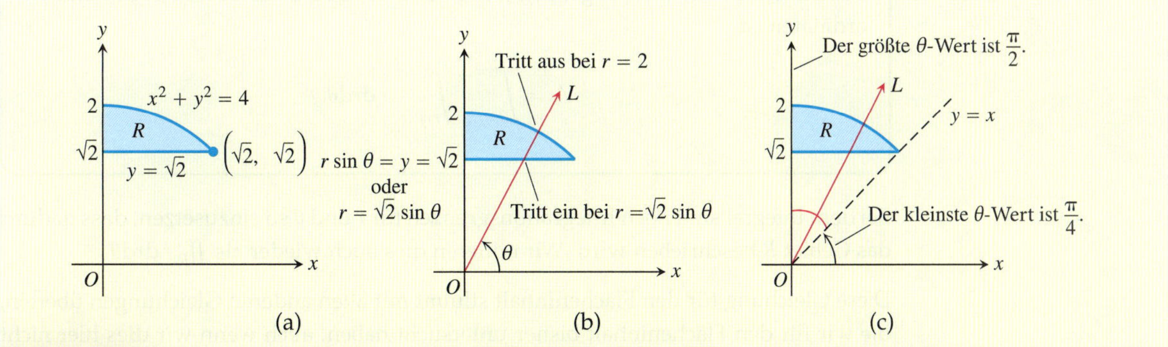

Abbildung 15.23 Bestimmung der Integrationsgrenzen in Polarkoordinaten.

Integrationsgrenzen für ein gegebenes Gebiet

Beispiel 15.10 Bestimmen Sie die Integrationsgrenzen, wenn $f(r,\theta)$ über dem Gebiet R integriert werden soll, das innerhalb der Kardioide $r = 1 + \cos\theta$ und außerhalb des Kreises $r = 1$ liegt.

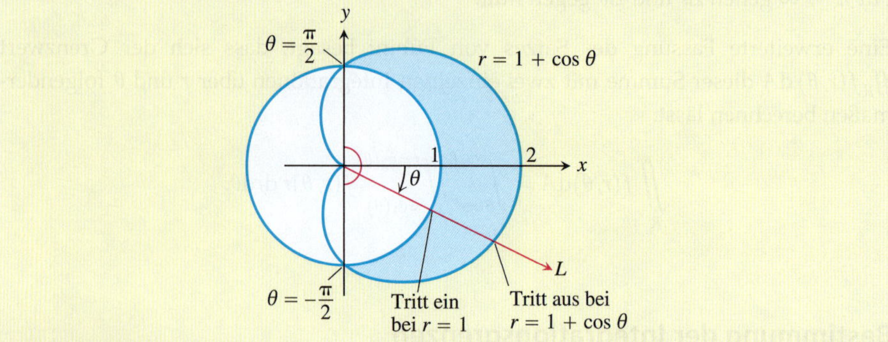

Abbildung 15.24 Bestimmung der Integrationsgrenzen in Polarkoordinaten für das Gebiet aus Beispiel 15.10.

Lösung

1 Wir zeichnen zunächst das Gebiet R und schreiben die Gleichungen an die Begrenzungskurven (►Abbildung 15.24).

2 Als Nächstes bestimmen wir die Integrationsgrenzen für die Integration über r. Ein vom Ursprung ausgehender Strahl tritt bei $r = 1$ in R ein und bei $r = 1 + \cos\theta$ wieder aus.

3 Zuletzt bestimmen wir die Integrationsgrenzen für die Integration über θ. Die vom Ursprung ausgehenden Strahlen schneiden R zwischen $\theta = -\pi/2$ und $\theta = \pi/2$. Das Integral ist also

$$\int_{-\pi/2}^{\pi/2} \int_{1}^{1+\cos\theta} f(r, \theta)\, r \, \mathrm{d}r \mathrm{d}\theta.$$

Flächendifferential in Polarkoordinaten $\mathrm{d}A = r\,\mathrm{d}r\mathrm{d}\theta$

Setzt man für $f(r, \theta)$ die konstante Funktion mit dem Wert 1 ein, so ergibt das Integral von f über R den Flächeninhalt von R.

Merke

Flächeninhalt in Polarkoordinaten

Der Flächeninhalt eines abgeschlossenen und beschränkten Gebiets R in Polarkoordinaten ist

$$A = \int_{\theta=\ldots}^{\theta=\ldots} \int_{r=\ldots}^{r=\ldots} r \, \mathrm{d}r \mathrm{d}\theta.$$

Bei dem Integral sind noch Integrationsgrenzen für r und θ so einzusetzen, dass dadurch das Gebiet R beschrieben wird. Wir notieren dies auch wieder als $\iint_R r \, \mathrm{d}r\mathrm{d}\theta$.

Diese Gleichung für den Flächeninhalt stimmt mit allen anderen Gleichungen überein, die wir für den Flächeninhalt bisher untersucht haben, auch wenn wir dies hier nicht beweisen.

Flächeninhalt einer Lemniskate als Doppelintegral

Beispiel 15.11 Eine Fläche wird von der Lemniskate $r^2 = 4\cos 2\theta$ begrenzt. Bestimmen Sie ihren Flächeninhalt.

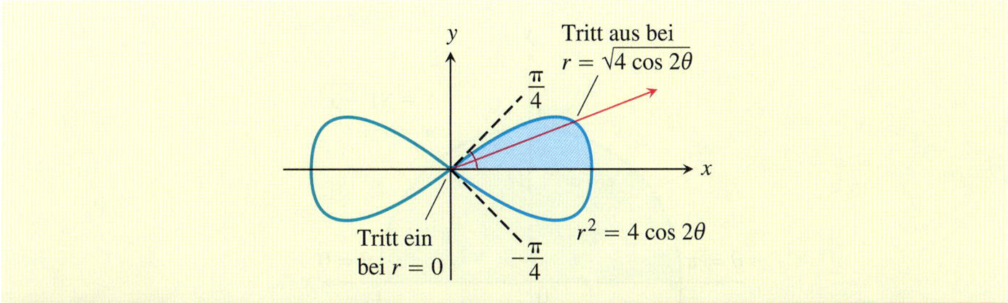

Abbildung 15.25 Über das schattierte Gebiet wird integriert, wenn r von 0 bis $\sqrt{4\cos 2\theta}$; θ von 0 bis $\pi/4$ läuft (Beispiel 15.11).

Lösung Wir zeichnen die Lemniskate, um die Integrationsgrenzen zu bestimmen (►Abbildung 15.25). Aus der Symmetrie des Graphen lässt sich schließen, dass die gesuchte Fläche dem Vierfachen des Teils entspricht, der im ersten Quadranten liegt.

$$A = 4\int_0^{\pi/4}\int_0^{\sqrt{4\cos 2\theta}} r\,\mathrm{d}r\mathrm{d}\theta = 4\int_0^{\pi/4}\left[\frac{r^2}{2}\right]_{r=0}^{r=\sqrt{4\cos 2\theta}}\mathrm{d}\theta$$

$$= 4\int_0^{\pi/4} 2\cos 2\theta\,\mathrm{d}\theta = \Big[4\sin 2\theta\Big]_0^{\pi/4} = 4.$$

Koordinatentransformation von kartesischen Koordinaten zu Polarkoordinaten

Das Verfahren zur Transformation eines mit kartesischen Koordinaten ausgedrückten Integrals $\iint_R f(x,y)\mathrm{d}x\mathrm{d}y$ in ein Integral mit Polarkoordinaten besteht aus zwei Schritten. Zuerst setzt man für die Variablen $x = r\cos\theta$ und $y = r\sin\theta$ ein und ersetzt die Differentiale $\mathrm{d}x\mathrm{d}y$ durch $r\,\mathrm{d}r\mathrm{d}\theta$. Danach werden die Integrationsgrenzen, die sich aus den Grenzen von R ergeben, in Polarkoordinaten umgerechnet. Das kartesische Integral wird dann zu

$$\iint\limits_R f(x,y)\mathrm{d}x\mathrm{d}y = \iint\limits_G f(r\cos\theta, r\sin\theta)r\,\mathrm{d}r\mathrm{d}\theta,$$

G steht dabei für dasselbe Integrationsgebiet, das nun aber in Polarkoordinaten beschrieben wird. Beide Integrale werden als iterierte Integrale berechnet, indem man die Integrale auf der linken Seite mit den entsprechenden Grenzen für x und y, auf der rechten Seite mit den zugehörigen Grenzen für r und θ versieht.

Dieses Verfahren ähnelt dem Substitutionsverfahren, das wir in Kapitel 5 untersucht haben, es werden jetzt lediglich zwei statt einer Variablen substituiert. Für das Differential $\mathrm{d}x\mathrm{d}y$ wird nicht $\mathrm{d}r\mathrm{d}\theta$ eingesetzt, sondern $r\,\mathrm{d}r\mathrm{d}\theta$. Wir werden die Umrechnung von Variablen (Substitution) ausführlicher in Abschnitt 15.8 behandeln.

Integrale können in Polarkoordinaten eine elementare Stammfunktion haben, in kartesischen eventuell nicht

Beispiel 15.12 Berechnen Sie

$$\iint\limits_R \mathrm{e}^{x^2+y^2}\mathrm{d}V$$

dabei ist R der Halbkreis, der von der x-Achse und der Kurve $y = \sqrt{1-x^2}$ begrenzt wird (►Abbildung 15.26).

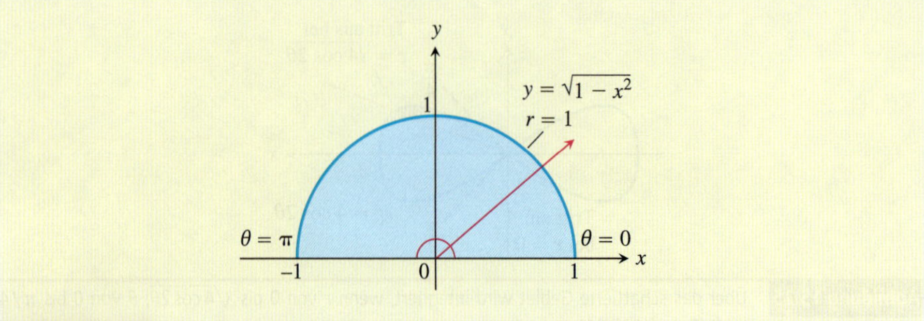

Abbildung 15.26 Das halbkreisförmige Integrationsgebiet aus Beispiel 15.12 ist bestimmt durch $0 \le r \le 1$, $0 \le \theta \le \pi$.

Lösung Dieses Integral ist in kartesischen Koordinaten nicht-elementar. $e^{x^2+y^2}$ kann weder über x noch über y elementar mithilfe einer Stammfunktion integriert werden. Allerdings kommt dieses Integral – und einige mit ähnlicher Form – in vielen Bereichen der Mathematik vor, beispielsweise in der Statistik. Es ist also sehr wichtig, dieses Integral zu berechnen, und mit Polarkoordinaten gelingt dies auch. Wir setzen $x = r\cos\theta$, $y = r\sin\theta$ ein und ersetzen $dydx$ durch $r\,drd\theta$. Damit lässt sich das Integral folgendermaßen berechnen:

$$\iint_R e^{x^2+y^2}\mathrm{d}V = \int_0^\pi \int_0^1 e^{r^2} r\,\mathrm{d}r\mathrm{d}\theta = \int_0^\pi \left[\frac{1}{2}e^{r^2}\right]_0^1 \mathrm{d}\theta$$

$$= \int_0^\pi \frac{1}{2}(e-1)\mathrm{d}\theta = \frac{\pi}{2}(e-1).$$

Die Funktion e^{r^2} lässt sich mit dem Faktor r integrieren, der bei der Koordinatentransformation hinzukommt. Ohne diesen Faktor gibt es für das erste (innere) Integral keine elementare Stammfunktion. ■

Vereinfachung einer Integration durch Polarkoordinaten

Beispiel 15.13 Berechnen Sie das Integral

$$\int_0^1 \int_0^{\sqrt{1-x^2}} (x^2+y^2)\mathrm{d}y\mathrm{d}x.$$

Lösung Integriert man über y, so erhält man

$$\int_0^1 \left(x^2\sqrt{1-x^2} + \frac{(1-x^2)^{3/2}}{3}\right)\mathrm{d}x;$$

dieses Integral ist sehr schwierig zu berechnen (ohne Tabellen kaum möglich).

Wenn wir allerdings in Polarkoordinaten transformieren, wird die Berechnung einfacher. Das Integrationsgebiet ist in kartesischen Korodinaten gegeben durch die Ungleichungen $0 \le y \le \sqrt{1-x^2}$ und $0 \le x \le 1$, dies entspricht dem Inneren des Einheitsviertelkreises $x^2 + y^2 = 1$ im ersten Quadranten (▶Abbildung 15.26, betrachten Sie den ersten Quadranten). Setzen wir nun die Polarkoordinaten ein, also $x = r\cos\theta$, $y = r\sin\theta$, $0 \le \theta \le \pi/2$ und $0 \le r \le 1$, und ersetzen wir in dem Doppelintegral $dxdy$

durch $r\,\mathrm{d}r\mathrm{d}\theta$, so erhalten wir

$$\int_0^1 \int_0^{\sqrt{1-x^2}} \left(x^2+y^2\right) \mathrm{d}y\mathrm{d}x = \int_0^{\pi/2} \int_0^1 \left(r^2\right) r\,\mathrm{d}r\mathrm{d}\theta$$
$$= \int_0^{\pi/2} \left[\frac{r^4}{4}\right]_{r=0}^{r=1} \mathrm{d}\theta = \int_0^{\pi/2} \frac{1}{4}\mathrm{d}\theta = \frac{\pi}{8}.$$

Warum erleichtert die Transformation in Polarkoordinaten hier die Rechenarbeit? Ein Grund ist, dass x^2+y^2 sich zu r^2 vereinfacht. Außerdem sind die Integrationsgrenzen jetzt konstant. ■

Beispiel 15.14 Ein Körper wird oben von dem Paraboloid $z = 9 - x^2 - y^2$ begrenzt, unten von dem Einheitskreis in der xy-Ebene. Berechnen Sie sein Volumen.

Volumenberechnung in Polarkoordinaten

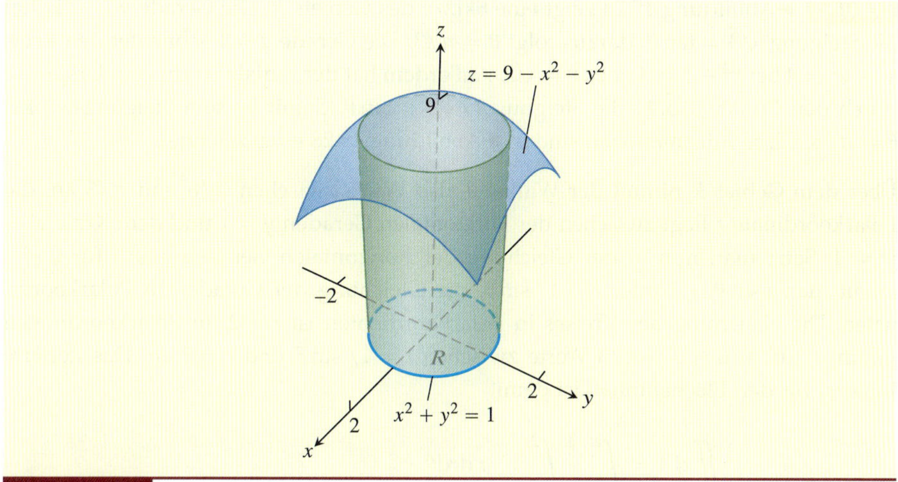

Abbildung 15.27 Der Körper aus Beispiel 15.14.

Lösung Das Integrationsgebiet ist die Einheitskreisfläche $x^2+y^2 \le 1$, in Polarkoordinaten wird sie durch die Gleichungen $0 \le r \le 1$, $0 \le \theta \le 2\pi$ beschrieben. Der Körper ist in ▶Abbildung 15.27 zu sehen. Das Volumen wird mit dem folgenden Doppelintegral berechnet:

$$\iint_R (9-x^2-y^2)\mathrm{d}A = \int_0^{2\pi} \int_0^1 (9-r^2) r\,\mathrm{d}r\mathrm{d}\theta$$
$$= \int_0^{2\pi} \int_0^1 (9r-r^3)\mathrm{d}r\mathrm{d}\theta$$
$$= \int_0^{2\pi} \left[\frac{9}{2}r^2 - \frac{1}{4}r^4\right]_{r=0}^{r=1} \mathrm{d}\theta$$
$$= \frac{17}{4}\int_0^{2\pi} \mathrm{d}\theta = \frac{17\pi}{2}.$$ ■

Beispiel 15.15 Ein Gebiet R in der xy-Ebene liegt innerhalb des Kreises $x^2+y^2=4$, oberhalb der Geraden $y=1$ und unterhalb der Geraden $y=\sqrt{3}x$. Berechnen Sie seinen Flächeninhalt mit einer Integration in Polarkoordinaten.

Flächeninhalt eines Gebiets in Polarkoordinaten berechnen

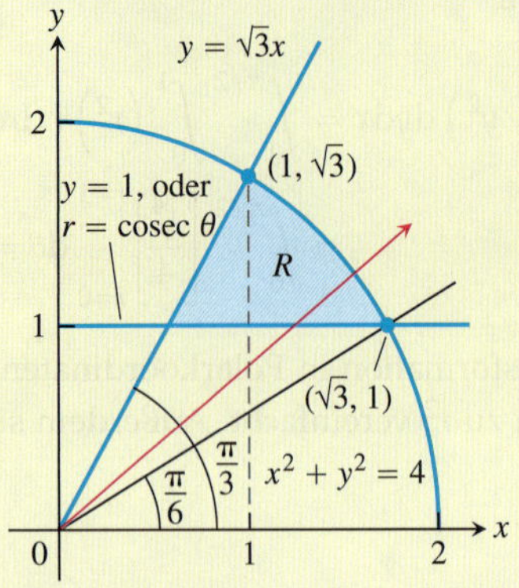

Abbildung 15.28 Das Gebiet R aus Beispiel 15.15.

Lösung ►Abbildung 15.28 zeigt eine Skizze des Gebiets R. Die Gerade $y = \sqrt{3}x$ hat die Steigung $\sqrt{3} = \tan\theta$, daraus folgt $\theta = \pi/3$. Die Gerade $y = 1$ schneidet den Kreis $x^2 + y^2 = 4$ bei $x^2 + 1 = 4$ oder $x = \sqrt{3}$. Außerdem hat der radiale Strahl vom Ursprung durch den Punkt $(\sqrt{3}, 1)$ die Steigung $1/\sqrt{3} = \tan\theta$, damit ist sein Steigungswinkel $\theta = \pi/6$. Diese Informationen sind in ►Abbildung 15.28 eingezeichnet.

Über dem Gebiet R nimmt der Winkel θ also Werte zwischen $\pi/6$ und $\pi/3$ an, die Polarkoordinate r liegt zwischen der horizontalen Geraden $y = 1$ und dem Kreis $x^2 + y^2 = 4$. Setzt man nun in der Gleichung der horizontalen Geraden $r\sin\theta$ für y ein, erhält man $r\sin\theta = 1$ oder $r = 1/\sin\theta$, die Gleichung der Geraden in Polarkoordinaten. Die Gleichung des Kreises in Polarkoordinaten ist $r = 2$. In Polarkoordinaten nimmt r für $\pi/6 \leq \theta \leq \pi/3$ Werte zwischen $r = 1/\sin\theta$ und $r = 2$ an. Das iterierte Integral für den Flächeninhalt ist damit

$$\begin{aligned}
\iint_R \mathrm{d}A &= \int_{\pi/6}^{\pi/3} \int_{1/\sin\theta}^{2} r\,\mathrm{d}r\mathrm{d}\theta \\
&= \int_{\pi/6}^{\pi/3} \left[\frac{1}{2}r^2\right]_{r=1/\sin\theta}^{r=2} \mathrm{d}\theta \\
&= \int_{\pi/6}^{\pi/3} \frac{1}{2}\left[4 - \frac{1}{\sin^2\theta}\right] \mathrm{d}\theta \\
&= \frac{1}{2}\Big[4\theta + \cot\theta\Big]_{\pi/6}^{\pi/3} \\
&= \frac{1}{2}\left(\frac{4\pi}{3} + \frac{1}{\sqrt{3}}\right) - \frac{1}{2}\left(\frac{4\pi}{6} + \sqrt{3}\right) = \frac{\pi - \sqrt{3}}{3}.
\end{aligned}$$

Aufgaben zum Abschnitt 15.4

Gebiete in Polarkoordinaten Beschreiben Sie die in den Aufgaben 1–8 gegebenen Flächen in Polarkoordinaten.

1.

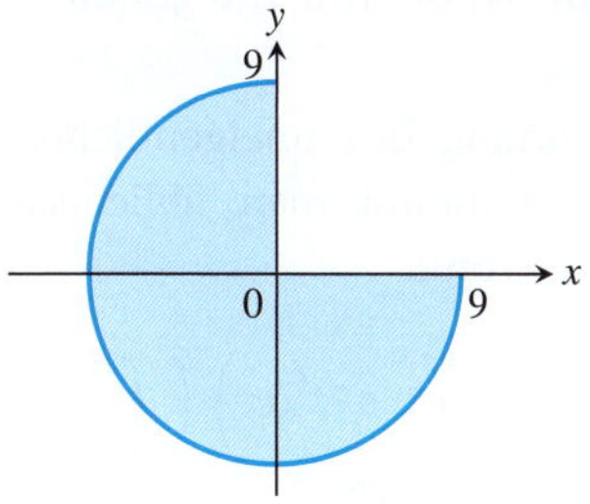

2.

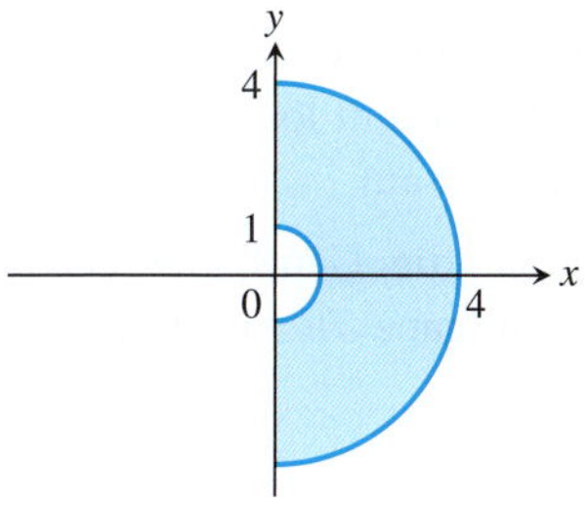

3.

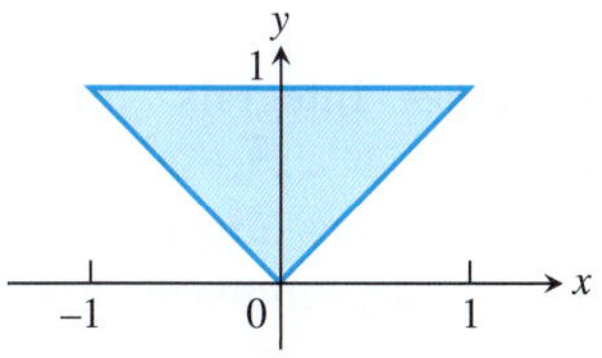

4.

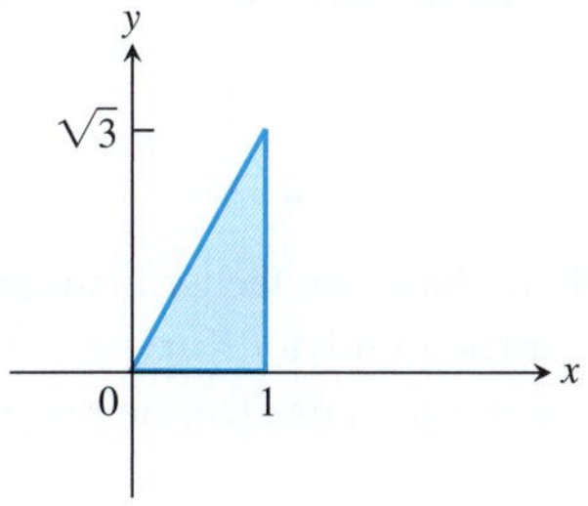

5.

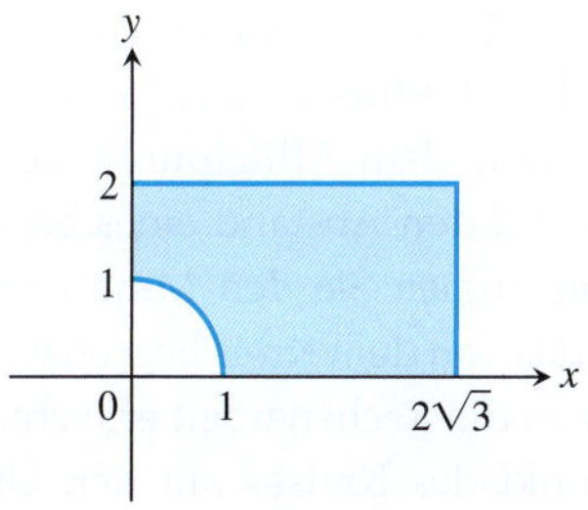

6.

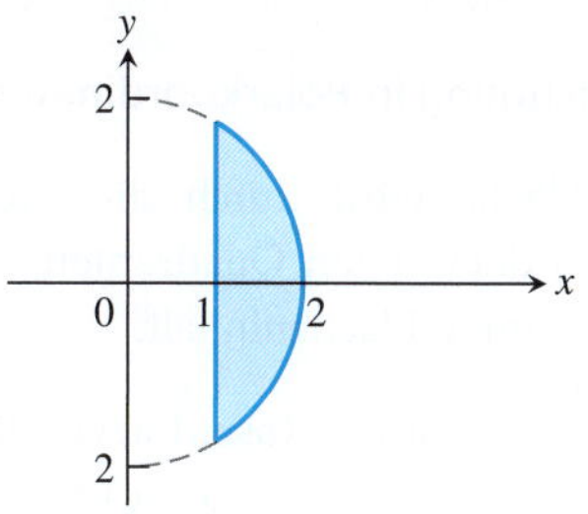

7. Das Gebiet, das von dem Kreis $x^2 + y^2 = 2x$ begrenzt wird.

8. Das Gebiet, das von dem Halbkreis $x^2 + y^2 = 2y,\ y \geq 0$ begrenzt wird.

Berechnung von Integralen in Polarkoordinaten

Transformieren Sie in den Aufgaben 9–16 das Integral von kartesischen Koordinaten in Polarkoordinaten. Berechnen Sie dann das Integral in Polarkoordinaten.

9. $\displaystyle\int_{-1}^{1}\int_{0}^{\sqrt{1-x^2}} \mathrm{d}y\mathrm{d}x$

10. $\displaystyle\int_{0}^{2}\int_{0}^{\sqrt{4-y^2}} (x^2+y^2)\mathrm{d}x\mathrm{d}y$

11. $\displaystyle\int_{0}^{6}\int_{0}^{y} x\,\mathrm{d}x\mathrm{d}y$

12. $\displaystyle\int_{1}^{\sqrt{3}}\int_{1}^{x} \mathrm{d}y\mathrm{d}x$

13. $\displaystyle\int_{-1}^{0}\int_{-\sqrt{1-x^2}}^{0} \frac{2}{1+\sqrt{x^2+y^2}}\mathrm{d}y\mathrm{d}x$

14. $\displaystyle\int_{0}^{\ln 2}\int_{0}^{\sqrt{(\ln 2)^2-y^2}} \mathrm{e}^{\sqrt{x^2+y^2}}\mathrm{d}x\mathrm{d}y$

15. $\displaystyle\int_{0}^{1}\int_{x}^{\sqrt{2-x^2}} (x+2y)\mathrm{d}y\mathrm{d}x$

16. $\displaystyle\int_{1}^{2}\int_{0}^{\sqrt{2x-x^2}} \frac{1}{(x^2+y^2)^2}\mathrm{d}y\mathrm{d}x$

Zeichnen Sie in den Aufgaben 17–19 die Integrationsgebiete und transformieren Sie die Integrale (oder die Summen von Integralen) von Polarkoordinaten in kartesische Koordinaten. Sie müssen die Integrale nicht berechnen.

17. $\displaystyle\int_{0}^{\pi/2}\int_{0}^{1} r^3 \sin\theta\cos\theta\,\mathrm{d}r\mathrm{d}\theta$

18. $\displaystyle\int_{0}^{\pi/4}\int_{0}^{2\sec\theta} r^5 \sin^2\theta\,\mathrm{d}r\mathrm{d}\theta$

19. $$\int_0^{\tan^{-1}\frac{4}{3}}\int_0^{3\,1/\cos\theta} r^7\,\mathrm{d}r\mathrm{d}\theta + \int_{\tan^{-1}\frac{4}{3}}^{\pi/2}\int_0^{4\,1/\cos\theta} r^7\,\mathrm{d}r\mathrm{d}\theta$$

Flächenberechnung in Polarkoordinaten

20. Eine Fläche wird durch die Kurve $r = 2(2 - \sin 2\theta)^{1/2}$ aus dem ersten Quadranten ausgeschnitten. Berechnen Sie ihren Flächeninhalt.

21. **Ein Blatt einer Rosenkurve** Berechnen Sie den Flächeninhalt eines Blattes der Rosenkurve $r = 12\cos 3\theta$.

22. **Kardioide im ersten Quadranten** Eine Fläche wird durch die Kardioide $r = 1 + \sin\theta$ vom ersten Quadranten abgetrennt. Berechnen Sie ihren Flächeninhalt.

23. **Überlappende Kardioiden** Eine Fläche entspricht der Überlappung der beiden Kardioiden $r = 1 + \cos\theta$ und $r = 1 - \cos\theta$. Berechnen Sie ihren Flächeninhalt.

Mittelwerte

Der **Mittelwert** einer Funktion über einem Gebiet R (vgl. Abschnitt 15.3) ist in Polarkoordinaten gegeben durch

$$\frac{1}{\text{Inhalt von } R}\iint\limits_R f(r,\theta)\,r\,\mathrm{d}r\mathrm{d}\theta.$$

24. **Mittlere Höhe einer Halbkugel** Berechnen Sie die durchschnittliche Höhe der halbkugelförmigen Fläche $z = \sqrt{a^2 - x^2 - y^2}$ über dem Kreis $x^2 + y^2 \le a^2$ in der xy-Ebene.

25. **Mittlerer Abstand zwischen dem Inneren einer Scheibe und dem Mittelpunkt** Berechnen Sie den mittleren Abstand, den ein Punkt $P(x,y)$ der Scheibe $x^2 + y^2 \le a^2$ zum Ursprung hat.

26. **Mittlerer quadrierter Abstand eines Punkts auf einer Scheibe zu einem Punkt auf ihrer Begrenzungskurve** Berechnen Sie den Mittelwert des *quadrierten* Abstands zwischen einem Punkt $P(x,y)$ auf der Scheibe $x^2 + y^2 \le a^2$ und dem Punkt $A(1,0)$ auf der Begrenzungskurve.

Theorie und Beispiele

27. **Transformation eines Integrals in Polarkoordinaten** Integrieren Sie $f(x,y) = [\ln(x^2+y^2)]/\sqrt{x^2+y^2}$ über dem Gebiet $1 \le x^2 + y^2 \le \mathrm{e}$.

28. **Volumen eines geraden Zylinders, dessen Grundfläche kein Kreis ist** Eine Fläche liegt innerhalb der Kardioide $r = 1 + \cos\theta$ und außerhalb des Kreises $r = 1$. Sie ist die Grundfläche eines geraden Zylinders. Die Deckfläche des Zylinders liegt in der Ebene $z = x$. Berechnen Sie das Volumen des Zylinders.

29. **Transformation von Integralen in Polarkoordinaten**

a. Zur Berechnung des uneigentlichen Integrals $I = \int_0^\infty \mathrm{e}^{-x^2}\mathrm{d}x$ bestimmt man üblicherweise zunächst das Quadrat von I:

$$I^2 = \left(\int_0^\infty \mathrm{e}^{-x^2}\mathrm{d}x\right)\left(\int_0^\infty \mathrm{e}^{-y^2}\mathrm{d}y\right) = \int_0^\infty\int_0^\infty \mathrm{e}^{-(x^2+y^2)}\mathrm{d}x\mathrm{d}y.$$

Berechnen Sie das zuletzt angegebene Integral in Polarkoordinaten und lösen Sie die damit gegebene Gleichung nach I auf.

b. Berechnen Sie die Gauß'sche Fehlerfunkion (vgl. hierzu die Aufgabe 76 in Abschnitt 8.7 im ersten Band.)

$$\lim_{x\to\infty}\operatorname{erf}(x) = \lim_{x\to\infty}\int_0^x \frac{2\mathrm{e}^{-t^2}}{\sqrt{\pi}}\mathrm{d}t.$$

30. **Existenz eines Integrals** Integrieren Sie die Funktion $f(x,y) = 1/(1 - x^2 - y^2)$ über der Scheibe $x^2 + y^2 \le 3/4$. Existiert das Integral von $f(x,y)$ über der Scheibe $x^2 + y^2 \le 1$? Begründen Sie Ihre Antwort.

31. **Gleichung für den Flächeninhalt in Polarkoordinaten** Leiten Sie die Gleichung

$$A = \int_\alpha^\beta \frac{1}{2}r^2\mathrm{d}\theta$$

für den Flächeninhalt der fächerförmigen Fläche zwischen dem Ursprung und der Kurve $r = f(\theta)$, $\alpha \le \theta \le \beta$ her. Verwenden Sie dazu das Doppelintegral in Polarkoordinaten.

32. **Mittlerer Abstand zu einem gegebenen Punkt in einer Scheibe** Es sei P_0 ein Punkt im Inneren eines Kreises mit dem Radius a, und es sei h der Abstand zwischen P_0 und dem Mittelpunkt des Kreises. Wir bezeichnen mit d den Abstand eines beliebigen Punkts P von P_0. Bestimmen Sie den Mittelwert von d^2 über dem Gebiet, das von dem Kreis begrenzt wird. (*Hinweis:* Sie können sich die Rechenarbeit erleichtern, indem Sie den Mittelpunkt des Kreises auf den Ursprung legen und P_0 auf die x-Achse.)

Computerberechnungen

Transformieren Sie in den Aufgaben 33–36 mit einem CAS das Integral in kartesischen Koordinaten in ein äquivalentes Integral in Polarkoordinaten. Berechnen Sie dann den Wert des Integrals in Polarkoordinaten. Führen Sie in jeder Aufgabe die folgenden Schritte durch:

a. Zeichnen Sie das Integrationsgebiet in kartesischen Koordinaten in der xy-Ebene.

b. Transformieren Sie jede Grenzkurve des Gebiets aus **a.** in Polarkoordinaten, indem Sie die kartesischen Gleichungen nach r und θ auflösen.

c. Zeichnen Sie mithilfe der Ergebnisse aus **b.** das Integrationsgebiet in Polarkoordinaten in der $r\theta$-Ebene.

d. Transformieren Sie den Integranden von kartesischen Koordinaten in Polarkoordinaten. Bestimmen Sie mit der Zeichnung aus Teil **c.** die Integrationsgrenzen, berechnen Sie dann das Integral in Polarkoordinaten mithilfe des CAS.

33. $\int_0^1 \int_x^1 \frac{y}{x^2+y^2} \mathrm{d}y \mathrm{d}x$

34. $\int_0^1 \int_0^{x/2} \frac{x}{x^2+y^2} \mathrm{d}y \mathrm{d}x$

35. $\int_0^1 \int_{-y/3}^{y/3} \frac{y}{\sqrt{x^2+y^2}} \mathrm{d}x \mathrm{d}y$

36. $\int_0^1 \int_y^{2-y} \sqrt{x+y} \mathrm{d}x \mathrm{d}y$

15.5 Dreifachintegrale in rechtwinkligen Koordinaten

So wie sich mit Doppelintegralen allgemeinere Probleme bearbeiten lassen als mit Einfachintegralen, kann man mit Dreifachintegralen noch allgemeinere Aufgaben lösen. Mit Dreifachintegralen werden die Volumina von dreidimensionalen Körpern und die Mittelwerte von Funktionen über dreidimensionalen Gebieten berechnet. Dreifachintegrale benötigt man auch, wenn man Vektorfelder und die Strömung von Flüssigkeiten in drei Dimensionen untersucht. Dies werden wir in Kapitel 16 behandeln.

Dreifachintegrale

Die Funktion $F(x, y, z)$ sei über einem abgeschlossenen, beschränkten Gebiet D im Raum definiert, wie beispielsweise einem Ball oder einem Lehmklumpen. Dann lässt sich das Intergral von F über D folgendermaßen definieren: Wir zerlegen ein quaderförmiges Gebiet, das D enthält, mit Ebenen senkrecht zu den Koordinatenachsen in Teilquader (▶Abbildung 15.29). Wir nummerieren die Teilquader, die innerhalb von D liegen, in einer beliebigen Reihenfolge. Der k-te Quader hat dann die Abmessungen Δx_k mal Δy_k mal Δz_k und das Volumen $\Delta V_k = \Delta x_k \Delta y_k \Delta z_k$. Wir wählen in jedem Teilquader einen Punkt (x_k, y_k, z_k) und bilden die Summe

$$S_n = \sum_{k=1}^{n} F(x_k, y_k, z_k)\Delta V_k. \tag{15.10}$$

Wir untersuchen nun, was passiert, wenn D in immer kleinere Teilgebiete zerlegt wird, wenn also Δx_k, Δy_k, Δz_k und damit die Norm $\|P\|$ gegen null geht. (Die Norm entspricht dem größten Wert unter allen Δx_k, Δy_k und Δz_k.) Wenn man immer den gleichen Grenzwert erhält, unabhägig davon, welche Zerlegung und welche Punkte (x_k, y_k, z_k) man wählt, dann ist F **integrierbar** über D. Wie bei Einfach- und Doppelintegralen lässt sich zeigen, dass F integrierbar ist, wenn F stetig ist und die Oberfläche von D aus endlich vielen glatten Flächen besteht, die entlang endlich vieler glatter Kurven aneinander stoßen. Für $\|P\| \to 0$ geht die Anzahl der Teilgebiete gegen ∞, und die Summe S_n konvergiert gegen einen Grenzwert. Wir nennen diesen Grenzwert das **Dreifachintegral von *F* über *D***, geschrieben

$$\lim_{n\to\infty} S_n = \iiint_D F(x, y, z)\mathrm{d}V \quad \text{oder auch so:} \quad \iiint_D F(x, y, z)\mathrm{d}x\mathrm{d}y\mathrm{d}z.$$

Stetige Funktionen sind über Gebieten integrierbar, die „ausreichend glatte“ Grenzen haben.

Volumen eines Gebiets im Raum

Setzt man für F die konstante Funktion mit dem Wert 1 ein, dann reduzieren sich die Summen aus Gleichung (15.10) zu

$$S_n = \sum F(x_k, y_k, z_k)\Delta V_k = \sum 1 \cdot \Delta V_k = \sum \Delta V_k.$$

Gehen Δx_k, Δy_k und Δz_k gegen null, so werden die Teilgebiete ΔV_k kleiner, ihre Zahl steigt an, und sie füllen einen immer größeren Anteil von D aus. Wir definieren daher das Volumen von D mit dem Dreifachintegral

$$\lim_{n\to\infty} \sum_{k=1}^{n} \Delta V_k = \iiint_D \mathrm{d}V.$$

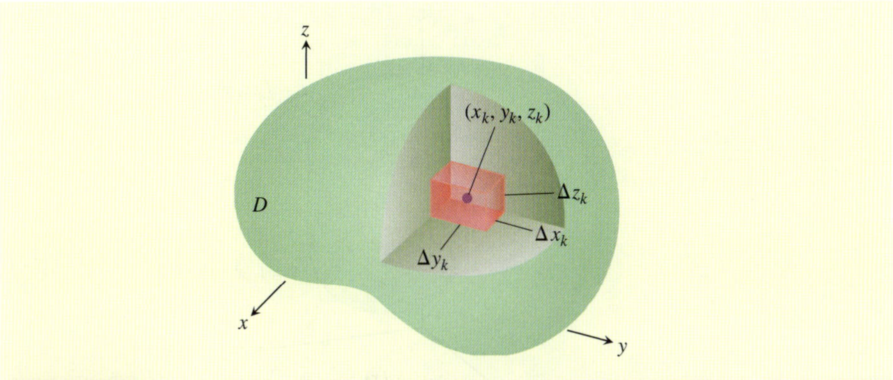

Abbildung 15.29 Zerlegung eines Körpers mit Quadern, die das Volumen ΔV_k haben.

Definition

Das **Volumen** eines abgeschlossenen, beschränkten Gebiets D im Raum ist

$$V = \iiint_D \mathrm{d}V.$$

Diese Definition stimmt mit unseren früheren Definitionen des Volumens überein, auch wenn wir dies hier nicht beweisen. Mit diesem Dreifachintegral lassen sich die Volumen von Köpern berechnen, die von glatten Flächen begrenzt werden. Wir untersuchen dies im nächsten Abschnitt.

Bestimmung der Integrationsgrenzen in der Reihenfolge dzdydx

Um ein Dreifachintegral zu berechnen, kann man eine Fassung des Satzes von Fubini (Satz 15.2 in Abschnitt 15.2) für drei Dimensionen anwenden und drei einfache Integrationen hintereinander durchführen. Wie bei Doppelintegralen lassen sich die Integrationsgrenzen für diese Einzelintegrale mit einem geometrischen Verfahren bestimmen.

Zur Berechnung von

$$\iiint_D F(x,y,z)\mathrm{d}V$$

über einem Gebiet D integrieren wir zuerst über z, dann über y und zuletzt über x. (Natürlich kann man auch eine andere Reihenfolge wählen, das Verfahren bleibt dabei gleich. Wir zeigen dies in Beispiel 15.17.)

1 *Zeichnen.* Zeichnen Sie D und seinen „Schatten" R, also seine vertikale Projektion auf die xy-Ebene. Benennen Sie die obere und untere Begrenzungsfläche von D sowie die obere und untere Begrenzungskurve von R.

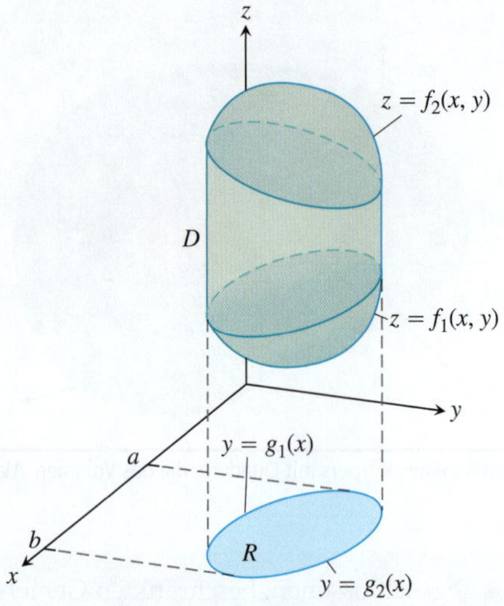

2 *Bestimmen der Integrationsgrenzen für z.* Zeichnen Sie eine Gerade M parallel zur z-Achse durch einen Punkt (x, y) in R. Für ansteigende z-Werte tritt M bei $z = f_1(x, y)$ in das Gebiet D ein und bei $z = f_2(x, y)$ wieder aus. Dies sind die Integrationsgrenzen für die Integration über z.

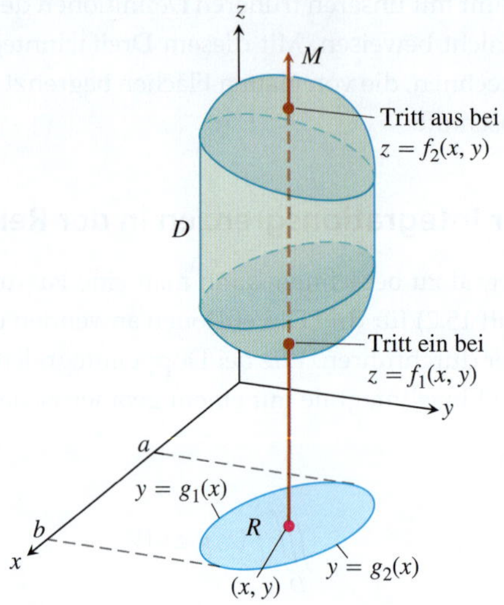

3 *Bestimmen der Integrationsgrenzen für y.* Zeichnen Sie eine Gerade L parallel zur y-Achse durch (x, y). Für ansteigende y-Werte tritt L bei $y = g_1(x)$ in R ein und bei $y = g_2(x)$ wieder aus. Dies sind die Integrationsgrenzen für die Integration über y.

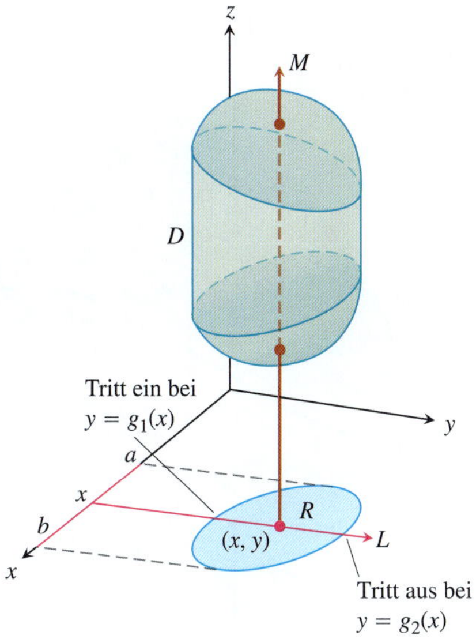

4 *Bestimmen der Integrationsgrenzen für x* Setzen Sie die Integrationsgrenzen in x-Richtung so an, dass alle Geraden durch R parallel zur y-Achse erfasst werden ($x = a$ und $x = b$ in der obenstehenden Abbildung). Dies sind die Integrationsgrenzen für die Integration über x. Das Integral ist dann

$$\int_{x=a}^{x=b} \int_{y=g_1(x)}^{y=g_2(x)} \int_{z=f_1(x,y)}^{z=f_2(x,y)} F(x,y,z)\mathrm{d}z\mathrm{d}y\mathrm{d}x.$$

Für eine andere Integrationsreihenfolge gilt das gleiche Verfahren mit der anderen Reihenfolge der Variablen. Der „Schatten" des Gebiets D liegt in der Ebene der beiden Variablen, über die an zweiter und dritter Stelle integriert wird.

Mit diesem Verfahren lassen sich die Integrationsgrenzen für Gebiete bestimmen, die oben und unten von einer Fläche begrenzt werden, und bei denen der „Schatten" R zwischen zwei Begrenzungskurven liegt. Dieses Verfahren führt bei komplizierteren Gebieten – in denen beispielsweise Löchern sind – zu keinem Ergebnis. Allerdings lassen sich solche Integrationsgebiete manchmal so aufteilen, dass die Integrationsgrenzen der Teilgebiete mit diesem Verfahren bestimmt werden können.

Beispiel 15.16 Ein Gebiet D wird von den Flächen $z = x^2 + 3y^2$ und $z = 8 - x^2 - y^2$ begrenzt. Berechnen Sie sein Volumen.

Volumenberechnung mit Dreifachintegralen

Lösung Das Volumen ist

$$V = \iiint\limits_D \mathrm{d}V,$$

das Integral von $F(x,y,z) = 1$ über D. Um die Integrationsgrenzen zu bestimmen, zeichnen wir das Gebiet zunächst. Die Oberflächen schneiden sich auf dem elliptischen Zylinder $x^2 + 3y^2 = 8 - x^2 - y^2$ oder $x^2 + 2y^2 = 4$, $z > 0$ (►Abbildung 15.30). Die Projektion R von D auf die xy-Ebene ist die Ellipse mit derselben Gleichung: $x^2 + 2y^2 = 4$. Die „obere" Grenze von R ist also die Kurve $y = \sqrt{(4 - x^2)/2}$; die „untere" Grenzkurve ist $y = -\sqrt{(4 - x^2)/2}$.

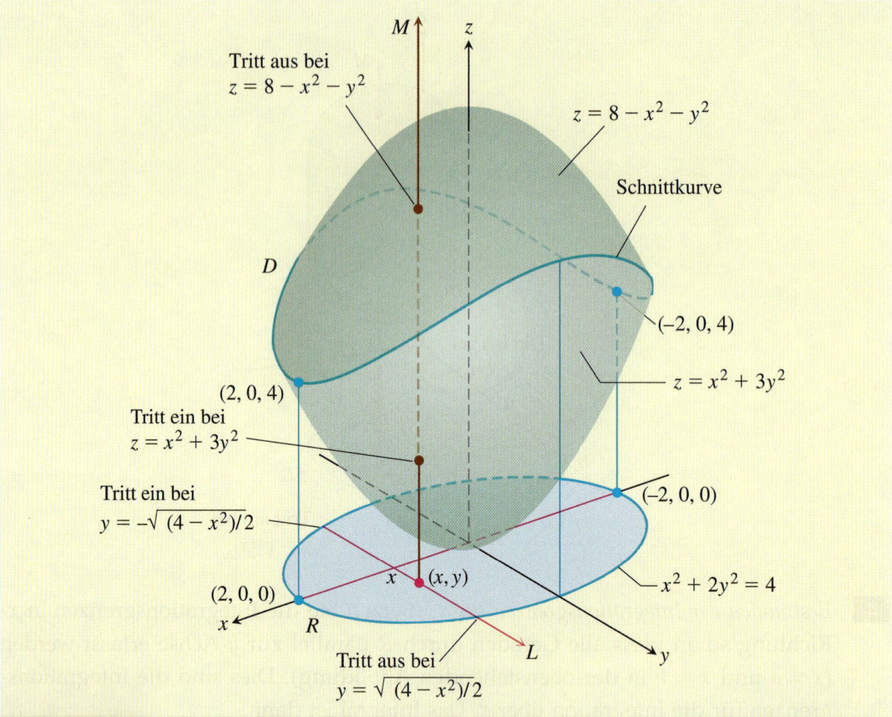

Abbildung 15.30 Das Volumen des Gebiets zwischen zwei Paraboloiden wird in Beispiel 15.16 berechnet.

Wir bestimmen nun die Integrationsgrenzen für die Integration über z. Die Gerade M parallel zur z-Achse durch einen Punkt (x, y) in R tritt bei $z = x^2 + 3y^3$ in D ein und bei $z = 8 - x^2 - y^2$ wieder aus.

Die Integrationsgrenzen für die Integration über y bestimmen wir mit einer Geraden L parallel zur y-Achse durch (x, y). Diese Gerade tritt bei $y = -\sqrt{(4 - x^2)/2}$ in R ein und bei $y = \sqrt{(4 - x^2)/2}$ wieder aus.

Zum Schluss bestimmen wir die Integrationsgrenzen für die Integration über x. L überstreicht das Gebiet R, wenn x alle Werte zwischen $x = -2$ bei $(-2, 0, 0)$ und $x = 2$ bei $(2, 0, 0)$ annimmt. Das Volumen von D ist damit

$$\begin{aligned}
V &= \iiint_D \mathrm{d}V \\
&= \int_{-2}^{2} \int_{-\sqrt{(4-x^2)/2}}^{\sqrt{(4-x^2)/2}} \int_{x^2+3y^2}^{8-x^2-y^2} \mathrm{d}z\mathrm{d}y\mathrm{d}x \\
&= \int_{-2}^{2} \int_{-\sqrt{(4-x^2)/2}}^{\sqrt{(4-x^2)/2}} (8 - 2x^2 - 4y^2)\mathrm{d}y\mathrm{d}x \\
&= \int_{-2}^{2} \left[(8 - 2x^2)y - \frac{4}{3}y^3 \right]_{y=-\sqrt{(4-x^2)/2}}^{y=\sqrt{(4-x^2)/2}} \mathrm{d}x \\
&= \int_{-2}^{2} \left(2(8 - 2x^2)\sqrt{\frac{4 - x^2}{2}} - \frac{8}{3}\left(\frac{4 - x^2}{2}\right)^{3/2} \right) \mathrm{d}x
\end{aligned}$$

$$= \int_{-2}^{2} \left[8 \left(\frac{4 - x^2}{2} \right)^{3/2} - \frac{8}{3} \left(\frac{4 - x^2}{2} \right)^{3/2} \right] dx = \frac{4\sqrt{2}}{3} \int_{-2}^{2} (4 - x^2)^{3/2} dx$$

$= 8\pi\sqrt{2}.$ Nach einer Integration mit der Substitution $x = 2\sin u$ ■

Im nächsten Beispiel projizieren wir D nicht auf die xy-Ebene, sondern auf die xz-Ebene und zeigen damit die Rechnung bei einer anderen Integrationsreihenfolge.

Änderung der Integrationsreihenfolge

Beispiel 15.17 Bestimmen Sie die Integrationsgrenzen für die Berechnung des Dreifachintegrals einer Funktion $F(x, y, z)$ über dem Tetraeder D mit den Ecken $(0, 0, 0)$, $(1, 1, 0)$, $(0, 1, 0)$ und $(0, 1, 1)$. Integrieren Sie in der Reihenfolge $dy dz dx$.

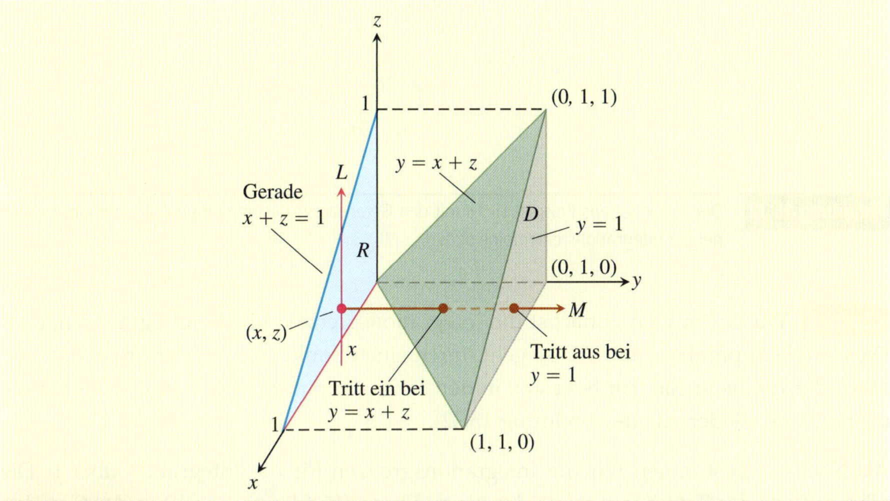

Abbildung 15.31 Bestimmung der Integrationsgrenzen zur Berechnung des Dreifachintegrals einer Funktion, die über dem Tetraeder D definiert ist (vgl. die Beispiele 15.17 und 15.18).

Lösung Wir zeichnen D und die Projektion (den „Schatten") R auf die xz-Ebene (►Abbildung 15.31). Die obere (oder rechte) Begrenzungsfläche von D liegt in der Ebene $y = 1$; die untere (linke) Begrenzungsfläche in der Ebene $y = x + z$. Die obere Grenze von R ist die Gerade $z = 1 - x$, die untere Grenze die Gerade $z = 0$.

Zunächst bestimmen wir die Integrationsgrenzen für die Integration über y. Die Gerade durch einen Punkt (x, z) in R parallel zur y-Achse tritt bei $y = x + z$ in D ein und bei $y = 1$ wieder aus.

Zur Bestimmung der Integrationsgrenzen für die Integration über z betrachten wir die Gerade L parallel zur z-Achse durch (x, z). L tritt bei $z = 0$ in R ein und bei $z = 1 - x$ wieder aus.

Zuletzt bestimmen wir die Integrationsgrenzen für die Integration über x. L überstreicht das Gebiet R, wenn x alle Werte von $x = 0$ bis $x = 1$ annimmt. Das Integral ist damit

$$\int_0^1 \int_0^{1-x} \int_{x+z}^{1} F(x, y, z) dy dz dx.$$ ■

Integration über einen Tetraeder mit verschiedenen Integrationsreihenfolgen

Beispiel 15.18 Integrieren Sie $F(x,y,z) = 1$ über dem Tetraeder D aus Beispiel 15.17 zunächst in der Reihenfolge $\mathrm{d}z\mathrm{d}y\mathrm{d}x$, danach in der Reihenfolge $\mathrm{d}y\mathrm{d}z\mathrm{d}x$.

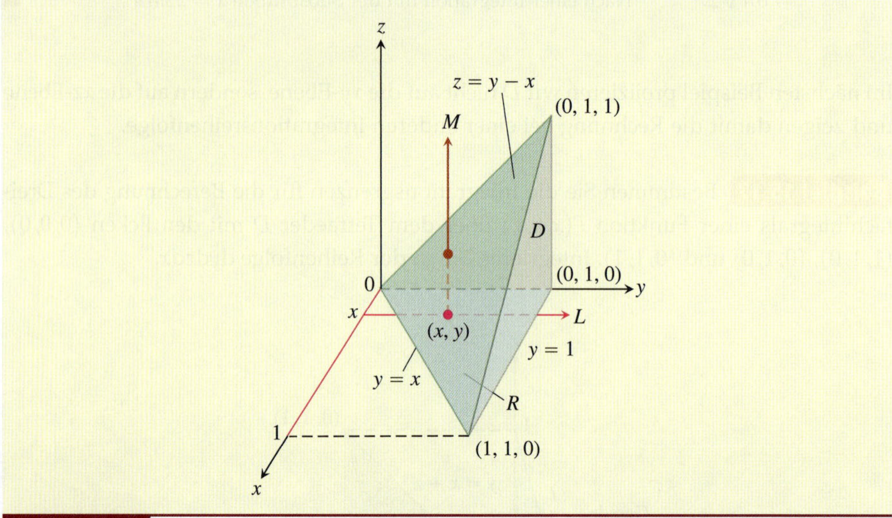

Abbildung 15.32 Der Tetraeder aus Beispiel 15.18 mit den Geraden zur Bestimmung der Integrationsgrenzen bei der Integrationsreihenfolge $\mathrm{d}z\mathrm{d}y\mathrm{d}x$.

Lösung Wir bestimmen zunächst die Integrationsgrenzen für die Integration nach z. Die Gerade M parallel zur z-Achse geht durch einen Punkt (x,y) in der Projektion von D auf die xy-Ebene. Sie tritt bei $z = 0$ in den Tetraeder ein und bei $z = y - x$ durch die obere Ebene wieder aus (▶Abbildung 15.32).

Als Nächstes bestimmen wir die Integrationsgrenzen für die Integration über y. Die schräge Seite des Tetraeders schneidet die xy-Ebene (für die $z = 0$ gilt) in der Geraden $y = x$. Eine Gerade L durch (x,y) parallel zur y-Achse tritt bei $y = x$ in die Projektion von D auf die xy-Ebene ein und bei $y = 1$ wieder aus (▶Abbildung 15.32).

Als Letztes betrachten wir die Integrationsgrenzen für die Integration über x. Die Gerade L parallel zur y-Achse, die wir im letzten Schritt betrachtet haben, überstreicht die Projektion dann vollständig, wenn x die Werte zwischen von $x = 0$ und $x = 1$ annimmt; $x = 1$ gilt für den Punkt $(1,1,0)$ (▶Abbildung 15.32). Das Integral ist dann

$$\int_0^1 \int_x^1 \int_0^{y-x} F(x,y,z)\mathrm{d}z\mathrm{d}y\mathrm{d}x.$$

Für $F(x,y,z) = 1$ lässt sich damit das Volumen des Tetraeders berechnen:

$$\begin{aligned} V &= \int_0^1 \int_x^1 \int_0^{y-x} \mathrm{d}z\mathrm{d}y\mathrm{d}x \\ &= \int_0^1 \int_x^1 (y-x)\mathrm{d}y\mathrm{d}x \\ &= \int_0^1 \left[\frac{1}{2}y^2 - xy\right]_{y=x}^{y=1} \mathrm{d}x \end{aligned}$$

$$
\begin{aligned}
&= \int_0^1 \left(\frac{1}{2} - x + \frac{1}{2}x^2\right) \mathrm{d}x \\
&= \left[\frac{1}{2}x - \frac{1}{2}x^2 + \frac{1}{6}x^3\right]_0^1 \\
&= \frac{1}{6}.
\end{aligned}
$$

Integrieren wir in der Reihenfolge dydzdx, erhalten wir das gleiche Ergebnis. Wir berechnen das Integral aus Beispiel 15.17:

$$
\begin{aligned}
V &= \int_0^1 \int_0^{1-x} \int_{x+z}^1 \mathrm{d}y\mathrm{d}z\mathrm{d}x \\
&= \int_0^1 \int_0^{1-x} (1-x-z)\mathrm{d}z\mathrm{d}x \\
&= \int_0^1 \left[(1-x)z - \frac{1}{2}z^2\right]_{z=0}^{z=1-x} \mathrm{d}x \\
&= \int_0^1 \left[(1-x)^2 - \frac{1}{2}(1-x)^2\right] \mathrm{d}x \\
&= \frac{1}{2}\int_0^1 (1-x)^2 \mathrm{d}x \\
&= \left[-\frac{1}{6}(1-x)^3\right]_0^1 = \frac{1}{6}.
\end{aligned}
$$

Mittelwert einer Funktion im Raum

Der Mittelwert einer Funktion F über einem Gebiet D im Raum ist definiert durch die Gleichung

$$\textbf{Mittelwert} \text{ von } F \text{ über } D = \frac{1}{\text{Volumen von } D} \iiint\limits_D F\mathrm{d}V. \tag{15.11}$$

Für die Funktion $F(x, y, z) = \sqrt{x^2 + y^2 + z^2}$ entspricht beispielsweise der Mittelwert von F über D dem mittleren Abstand der Punkte in D vom Ursprung. Steht $F(x, y, z)$ für die Temperatur bei (x, y, z) von einem Körper, der das Gebiet D im Raum einnimmt, so gibt der Mittelwert von F über D die Durchschnittstemperatur des Körpers an.

Beispiel 15.19 Bestimmen Sie den Mittelwert der Funktion $F(x, y, z) = xyz$ über dem würfelförmigen Gebiet D im ersten Oktanten, das von den Koordinatenebenen und den Ebenen $x = 2$, $y = 2$ und $z = 2$ begrenzt wird.

Mittelwert einer Funktion im Raum

Lösung Wir zeichnen den Würfel so, dass man der Zeichnung die Integrationsgrenzen entnehmen kann (▶Abbildung 15.33). Danach berechnen wir mit Gleichung (15.11) den Mittelwert von F über dem Würfel.

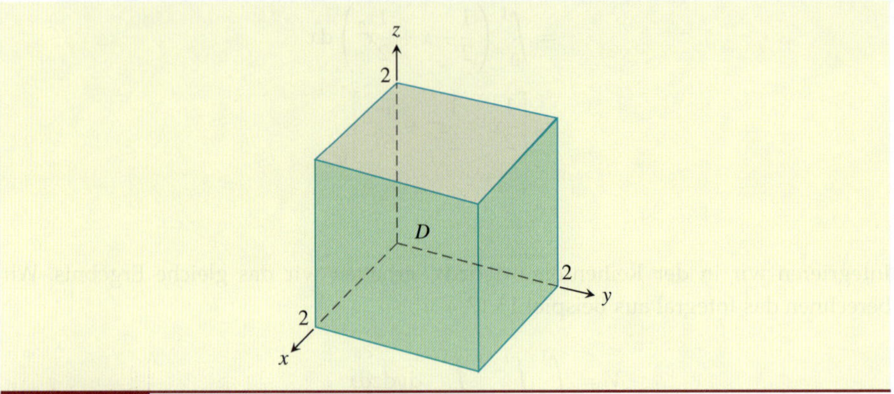

Abbildung 15.33 Das Integrationsgebiet aus Beispiel 15.19.

Das Volumen des Gebiets D ist $2 \cdot 2 \cdot 2 = 8$. Der Wert des Integrals von F über dem Würfel ist

$$\int_0^2 \int_0^2 \int_0^2 xyz \, dx dy dz = \int_0^2 \int_0^2 \left[\frac{x^2}{2} yz \right]_{x=0}^{x=2} dy dz = \int_0^2 \int_0^2 2yz \, dy dz$$
$$= \int_0^2 \left[y^2 z \right]_{y=0}^{y=2} dz = \int_0^2 4z dz = \left[2z^2 \right]_0^2 = 8.$$

Setzt man diese Ergebnisse in Gleichung (15.11) ein, erhält man

$$\begin{array}{l}\text{Mittelwert von } F(x,y,z) = xyz \\ \text{über dem Würfel}\end{array} = \frac{1}{\text{Volumen}} \iiint\limits_{\text{Würfel}} xyz dV = \left(\frac{1}{8} \right) (8) = 1.$$

Bei der Berechnung des Integrals haben wir die Reihenfolge $dx dy dz$ gewählt, aber natürlich erhält man mit den anderen fünf möglichen Integrationsreihenfolgen dasselbe Ergebnis. ■

Eigenschaften von Dreifachintegralen

Dreifachintegrale haben dieselben algebraischen Eigenschaften wie Doppel- und Einfachintegrale. Man kann also die Doppelintegrale in den vier Eigenschaften, die in Abschnitt 15.2 auf Seite 369 angegeben sind, einfach durch Dreifachintegrale ersetzen.

Aufgaben zum Abschnitt 15.5

Dreifachintegrale mit unterschiedlichen Integrationsreihenfolgen **1.** Berechnen Sie das Integral aus Beispiel 15.17 mit $F(x, y, z) = 1$ und bestimmen Sie so das Volumen des Tetraeders. Wählen Sie die Integrationsreihenfolge $dz dx dy$.

2. **Volumen eines Tetraeders** Ein Tetraeder wird durch die Ebene $6x + 3y + 2z = 6$ vom ersten Oktanten abgetrennt. Stellen Sie für das Volumen dieses Tetraeders sechs verschiedenen iterierte Dreifachintegrale auf. Berechnen Sie dann eines dieser Integrale.

3. **Volumen des Gebiets zwischen zwei Paraboloiden** Es sei D das Gebiet im Raum, das von den Paraboloiden $z = 8 - x^2 - y^2$ und $z = x^2 + y^2$ begrenzt wird. Stellen Sie für das Volumen dieses Gebiets sechs verschiedene iterierte Dreifachintegrale auf und berechnen Sie eines dieser Integrale.

4. **Volumen eines Paraboloids unterhalb einer Ebene** Es sei D das Gebiet im Raum, das von dem Paraboloid $z = x^2 + y^2$ und der Ebene $z = 2y$ begrenzt wird. Stellen Sie die beiden iterierten Dreifachintegrale mit der Integrationsreihenfolge $dz dx dy$ und $dz dy dx$

auf, mit denen das Volumen berechnet werden kann. Sie müssen die Integrale nicht berechnen.

Berechnung von iterierten Dreifachintegralen

Berechnen Sie in den Aufgaben 5–12 die Integrale.

5. $\displaystyle\int_0^1\int_0^1\int_0^1 (x^2+y^2+z^2)\,\mathrm{d}z\,\mathrm{d}y\,\mathrm{d}x$

6. $\displaystyle\int_1^{\mathrm{e}}\int_1^{\mathrm{e}^2}\int_1^{\mathrm{e}^3} \frac{1}{xyz}\,\mathrm{d}x\,\mathrm{d}y\,\mathrm{d}z$

7. $\displaystyle\int_0^{\pi/6}\int_0^1\int_{-2}^3 y\sin z\,\mathrm{d}x\,\mathrm{d}y\,\mathrm{d}z$

8. $\displaystyle\int_0^3\int_0^{\sqrt{9-x^2}}\int_0^{\sqrt{9-x^2}} \mathrm{d}z\,\mathrm{d}y\,\mathrm{d}x$

9. $\displaystyle\int_0^1\int_0^{2-x}\int_0^{2-x-y} \mathrm{d}z\,\mathrm{d}y\,\mathrm{d}x$

10. $\displaystyle\int_0^{\pi}\int_0^{\pi}\int_0^{\pi} \cos(u+v+w)\,\mathrm{d}u\,\mathrm{d}v\,\mathrm{d}w$ (im uvw-Raum)

11. $\displaystyle\int_0^{\pi/4}\int_0^{\ln(1/\cos v)}\int_{-\infty}^{2t} \mathrm{e}^x\,\mathrm{d}x\,\mathrm{d}t\,\mathrm{d}v$ (im tvx-Raum)

12. $\displaystyle\int_0^7\int_0^2\int_0^{\sqrt{4-q^2}} \frac{q}{r+1}\,\mathrm{d}p\,\mathrm{d}q\,\mathrm{d}r$ (im pqr-Raum)

Äquivalente iterierte Integrale

13. Das Integrationsgebiet des Integrals

$$\int_{-1}^1\int_{x^2}^1\int_0^{1-y} \mathrm{d}z\,\mathrm{d}y\,\mathrm{d}x$$

wird in der untenstehenden Abbildung dargestellt:

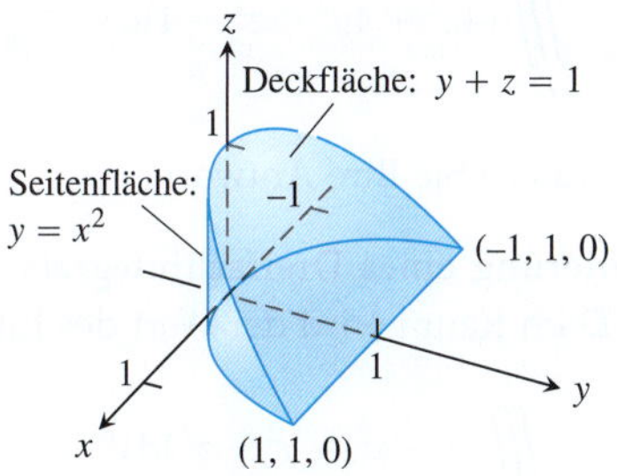

Stellen Sie äquivalente Integrale mit den folgenden Integrationsreihenfolgen auf:

a. $\mathrm{d}y\,\mathrm{d}z\,\mathrm{d}x$, **b.** $\mathrm{d}y\,\mathrm{d}x\,\mathrm{d}z$, **c.** $\mathrm{d}x\,\mathrm{d}y\,\mathrm{d}z$,
d. $\mathrm{d}x\,\mathrm{d}z\,\mathrm{d}y$, **e.** $\mathrm{d}z\,\mathrm{d}x\,\mathrm{d}y$.

14. Das Integrationsgebiet des Integrals

$$\int_0^1\int_{-1}^0\int_0^{y^2} \mathrm{d}z\,\mathrm{d}y\,\mathrm{d}x$$

wird in der untenstehenden Abbildung dargestellt:

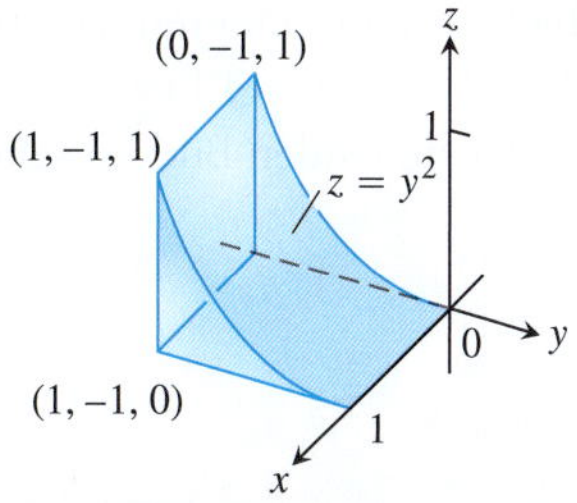

Stellen Sie äquivalente Integrale mit den folgenden Integrationsreihenfolgen auf:

a. $\mathrm{d}y\,\mathrm{d}z\,\mathrm{d}x$, **b.** $\mathrm{d}y\,\mathrm{d}x\,\mathrm{d}z$, **c.** $\mathrm{d}x\,\mathrm{d}y\,\mathrm{d}z$,
d. $\mathrm{d}x\,\mathrm{d}z\,\mathrm{d}y$, **e.** $\mathrm{d}z\,\mathrm{d}x\,\mathrm{d}y$.

Volumenbestimmung mit Dreifachintegralen

Berechnen Sie in den Aufgaben 15–22 das Volumen der angegebenen Gebiete.

15. Das Gebiet zwischen den Zylindern $z = y^2$ und der xy-Ebene, das von den Ebenen $x = 0$, $x = 1$, $y = -1$ und $y = 1$ begrenzt wird.

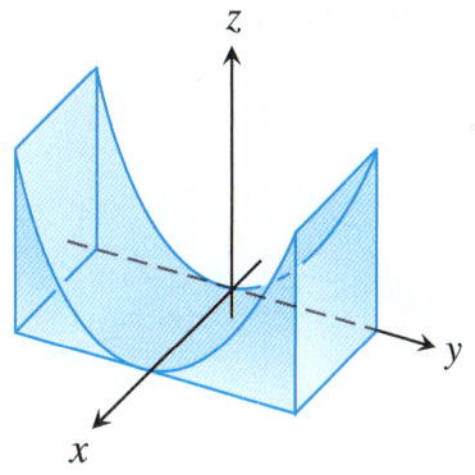

16. Das Gebiet im ersten Oktanten, das von den Koordinatenebenen, der Ebene $y + z = 2$ und dem Zylinder $x = 4 - y^2$ begrenzt wird.

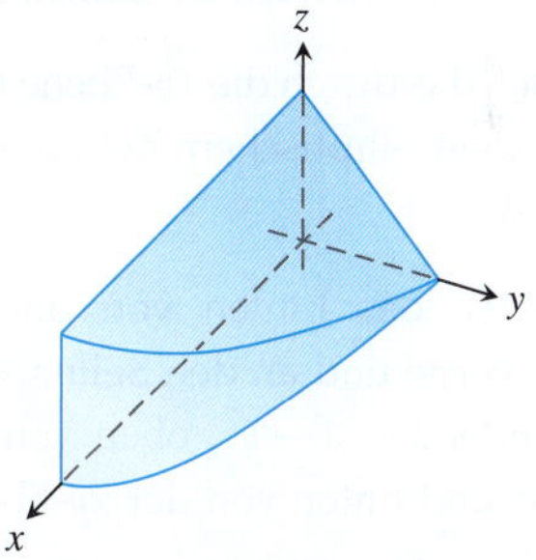

17. Der Tetraeder im ersten Oktanten, der von den Koordinatenebenen und der Ebene begrenzt wird, die durch die Punkte $(1,0,0)$, $(0,2,0)$ und $(0,0,3)$ geht.

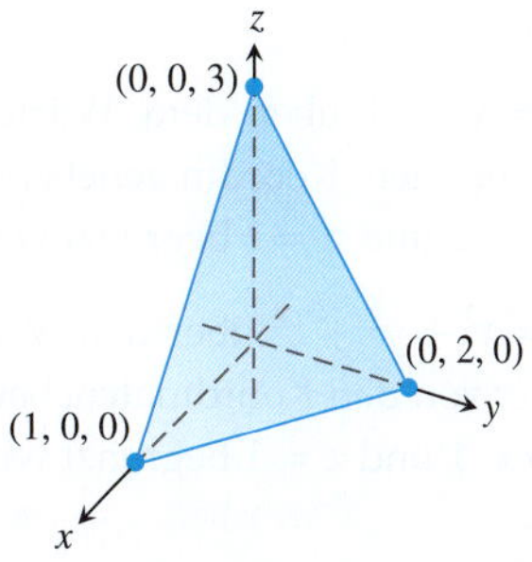

18. Das Gebiet, das im Inneren der beiden Zylinder $x^2+y^2=1$ und $x^2+z^2=1$ liegt. Ein Achtel dieses Gebiets ist im untenstehenden Bild zu sehen.

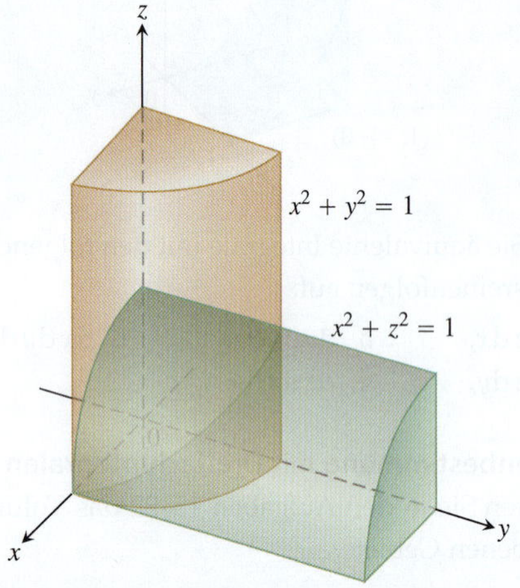

19. Das Gebiet im ersten Oktanten, das von den Koordinatenebenen, der Ebene $x+y=4$ und dem Zylinder $y^2+4z^2=16$ begrenzt wird.

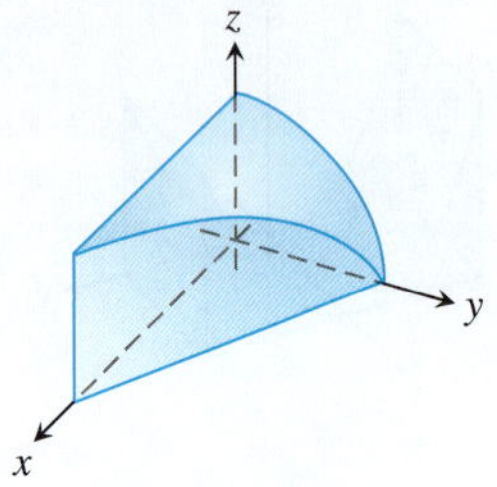

20. Das Gebiet zwischen den Ebenen $x+y+2z=2$ und $2x+2y+z=4$ im ersten Oktanten.

21. Das Gebiet, das durch die xy-Ebene und die Ebene $z=x+2$ von dem elliptischen Zylinder $x^2+4y^2\le 4$ abgetrennt wird.

22. Das Gebiet, das hinten von der Ebene $x=0$ begrenzt wird, vorne und an den Seiten von dem parabolischen Zylinder $x=1-y^2$, oben von dem Paraboloid $z=x^2+y^2$ und unten von der xy-Ebene.

Mittelwerte Berechnen Sie in den Aufgaben 23–25 den Mittelwert der Funktion $F(x,y,z)$ über dem angegebenen Gebiet.

23. $F(x,y,z)=x^2+9$ über dem Würfel im ersten Oktanten, der von den Koordinatenebenen und den Ebenen $x=2$, $y=2$ und $z=2$ begrenzt wird.

24. $F(x,y,z)=x^2+y^2+z^2$ über dem Würfel im ersten Oktanten, der von den Koordinatenebenen und den Ebenen $x=1$, $y=1$ und $z=1$ begrenzt wird.

25. $F(x,y,z)=xyz$ über dem Würfel im ersten Oktanten, der von den Koordinatenebenen und den Ebenen $x=2$, $y=2$ und $z=2$ begrenzt wird.

Änderungen der Integrationsreihenfolge Berechnen Sie in den Aufgaben 26–28 die Integrale. Ändern Sie dazu die Integrationsreihenfolge so, dass die Berechnung möglichst einfach wird.

26. $\int_0^4\int_0^1\int_{2y}^2 \dfrac{4\cos(x^2)}{2\sqrt{z}}\,\mathrm{d}x\,\mathrm{d}y\,\mathrm{d}z$

27. $\int_0^1\int_{\sqrt[3]{z}}^1\int_0^{\ln 3} \dfrac{\pi e^{2x}\sin \pi y^2}{y^2}\,\mathrm{d}x\,\mathrm{d}y\,\mathrm{d}z$

28. $\int_0^2\int_0^{4-x^2}\int_0^x \dfrac{\sin 2z}{4-z}\,\mathrm{d}y\,\mathrm{d}z\,\mathrm{d}x$

Theorie und Beispiele

29. Bestimmen eines oberen Grenzwerts für ein iteriertes Integral Lösen Sie die folgende Gleichung nach a auf:

$$\int_0^1\int_0^{4-a-x^2}\int_a^{4-x^2-y} \mathrm{d}z\,\mathrm{d}y\,\mathrm{d}x=\frac{4}{15}.$$

30. Ellipsoid Für welche Werte von c ist das Volumen des Ellipsoids $x^2+(y/2)^2+(z/c)^2=1$ gleich 8π?

31. Minimierung eines Dreifachintegrals Für welches Gebiet D im Raum wird der Wert des Integrals

$$\iiint_D (4x^2+4y^2+z^2-4)\,\mathrm{d}V$$

minimal? Erläutern Sie Ihre Antwort.

32. Maximierung eines Dreifachintegrals Für welches Gebiet D im Raum wird der Wert des Integrals

$$\iiint_D (1-x^2-y^2-z^2)\,\mathrm{d}V$$

maximal? Erläutern Sie Ihre Antwort.

Computerberechnungen Berechnen Sie die Dreifachintegrale der gegebenen Funktionen über den gegebenen Gebieten mithilfe der Integrationseinheit eines CAS.

33. $F(x,y,z)=x^2y^2z$ über dem Zylinder, der von $x^2+y^2=1$ und den Ebenen $z=0$ und $z=1$ begrenzt wird.

15.6 Momente und Massenmittelpunkte

In diesem Abschnitt befassen wir uns damit, wie man die Massen und Momente von zwei- und dreidimensionalen Objekten in kartesischen Koordinaten berechnet. Abschnitt 15.7 demonstriert dieselben Rechnungen in Zylinder- und Kugelkoordinaten. Die Definitionen und Konzepte gleichen denen für den Fall einer Variablen, mit dem wir uns in Abschnitt 6.6 befasst haben, aber nun sind wir in der Lage, realistischere Situationen zu betrachten.

Massen und erste Momente

Sei $\delta(x,y,z)$ die Dichte (Masse pro Volumeneinheit) eines Körpers, der ein Gebiet D im Raum einnimmt. Das Integral von δ über D ergibt die **Masse** des Körpers. Das lässt sich leicht einsehen, wenn man sich den Körper wie in ►Abbildung 15.34 in n Massenelemente zerlegt vorstellt. Die Masse des Körpers ist dann der Grenzwert

$$M = \lim_{n\to\infty} \sum_{k=1}^{n} \Delta m_k = \lim_{n\to\infty} \sum_{k=1}^{n} \delta(x_k, y_k, z_k)\Delta V_k = \iiint_D \delta(x,y,z)\,\mathrm{d}V\,.$$

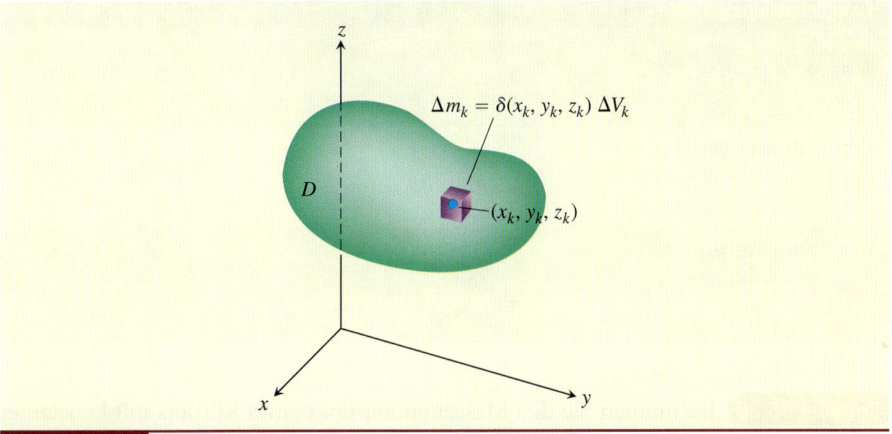

Abbildung 15.34 Zur Definition der Masse eines Körpers stellen wir uns ihn zunächst in eine endliche Anzahl von Massenelementen Δm_k zerlegt vor.

Das *erste Moment* eines massiven Gebiets D um eine Koordinatenebene ist definiert als das Dreifachintegral des Produkts aus dem Abstand des Punkts (x,y,z) in D zur Ebene und der Dichte des Gebiets in diesem Punkt über D. Zum Beispiel ist das erste Moment um die yz-Ebene das Integral

$$M_{yz} = \iiint\limits_D x\,\delta(x,y,z)\,\mathrm{d}V\,.$$

Der *Massenmittelpunkt* ergibt sich aus den ersten drei Momenten. Die x-Koordinate des Massenmittelpunkts ist beispielsweise $\bar{x} = M_{yz}/M$.

Bei zweidimensionalen Körpern, etwa einer dünnen flachen Platte, berechnen wir die ersten Momente um die Koordinatenachsen wie gehabt, nur dass wir die z-Koordinate nun einfach weglassen. Das erste Moment um die y-Achse ist dann das Doppelintegral des Produkts aus dem Abstand des Punkts (x,y) zur y-Achse und der Dichte über dem

Gebiet R der Platte bzw.

$$M_y = \iint\limits_R x\,\delta(x,y)\,\mathrm{d}A\,.$$

Tabelle 15.1 fasst die entsprechenden Formeln zusammen.

Tabelle 15.1: Formeln für die Masse und die ersten Momente

Dreidimensionaler Körper
Masse: $M = \iiint\limits_D \delta\,\mathrm{d}V$ — $\delta = \delta(x,y,z)$ ist die Dichte im Punkt (x,y,z).
Erste Momente um die Koordinatenebenen: $M_{yz} = \iiint\limits_D x\,\delta\,\mathrm{d}V,\quad M_{xz} = \iiint\limits_D y\,\delta\,\mathrm{d}V,\quad M_{xy} = \iiint\limits_D z\,\delta\,\mathrm{d}V$
Massenmittelpunkt: $\bar{x} = \frac{M_{yz}}{M},\quad \bar{y} = \frac{M_{xz}}{M},\quad \bar{z} = \frac{M_{xy}}{M}$
Zweidimensionale Platte
Masse: $M = \iint\limits_R \delta\,\mathrm{d}A$ — $\delta = \delta(x,y)$ ist die Dichte im Punkt (x,y).
Erste Momente: $M_y = \iint\limits_R x\,\delta\,\mathrm{d}A,\quad M_x = \iint\limits_R y\,\delta\,\mathrm{d}A$
Massenmittelpunkt: $\bar{x} = \frac{M_y}{M},\quad \bar{y} = \frac{M_x}{M}$

Massenmittelpunkt eines Körpers mit konstanter Dichte

Beispiel 15.20 Bestimmen Sie den Massenmittelpunkt eines Körpers mit konstanter Dichte δ, dessen unterer Rand die Kreisscheibe $R: x^2 + y^2 \leq 4$ in der Ebene $z = 0$ ist. Sein oberer Rand ist das Paraboloid $z = 4 - x^2 - y^2$ (►Abbildung 15.35).

Lösung Aufgrund der Symmetrie gilt $\bar{x} = \bar{y} = 0$. Um $\bar{z}$ zu bestimmen, berechnen wir zunächst

$$\begin{aligned} M_{xy} &= \iint\limits_R \int_{z=0}^{z=4-x^2-y^2} z\,\delta\,\mathrm{d}z\,\mathrm{d}A = \iint\limits_R \left[\frac{z^2}{2}\right]_{z=0}^{z=4-x^2-y^2} \delta\,\mathrm{d}A \\ &= \frac{\delta}{2}\iint\limits_R (4-x^2-y^2)^2\,\mathrm{d}A \\ &= \frac{\delta}{2}\int_0^{2\pi}\int_0^2 (4-r^2)^2\,r\,\mathrm{d}r\,\mathrm{d}\theta \qquad \text{Polarkoordinaten vereinfachen die Integration.} \\ &= \frac{\delta}{2}\int_0^{2\pi}\left[-\frac{1}{6}(4-r^2)^3\right]_{r=0}^{r=2}\mathrm{d}\theta = \frac{16\delta}{3}\int_0^{2\pi}\mathrm{d}\theta = \frac{32\pi\delta}{3}. \end{aligned}$$

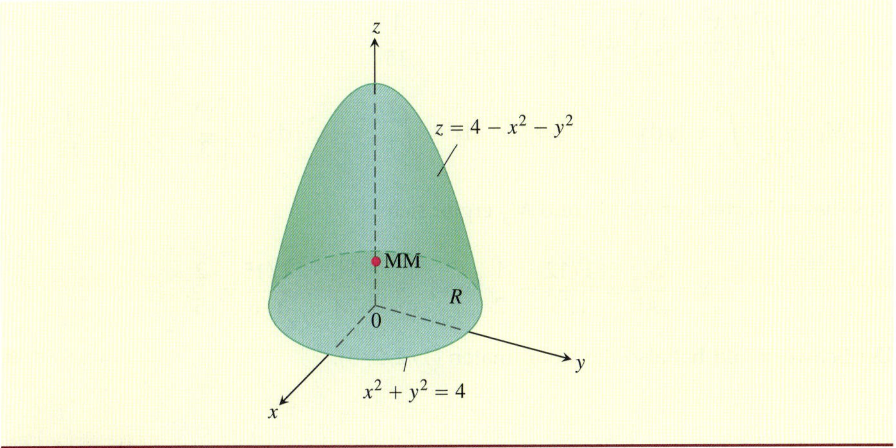

Abbildung 15.35 Wie man den Massenmittelpunkt eines Körpers bestimmt.

Eine ähnliche Rechnung ergibt für die Masse

$$M = \iint\limits_R \int_0^{4-x^2-y^2} \delta \, \mathrm{d}z \, \mathrm{d}A = 8\pi\delta \,.$$

Deshalb ist $\bar{z} = (M_{xy}/M) = 4/3$, und die Koordinaten des Massenmittelpunkts sind $(\bar{x}, \bar{y}, \bar{z}) = (0, 0, 4/3)$.

Ist die Dichte eines Körpers oder einer Platte konstant (wie in Beispiel 15.20), nennt man den Massenmittelpunkt auch **Schwerpunkt** des Körpers. Um den Schwerpunkt zu bestimmen, setzen wir δ gleich 1 und bestimmen $\bar{x}, \bar{y}$ und $\bar{z}$ wie gehabt, indem wir die ersten Momente durch die Masse dividieren. Diese Rechnungen stimmen auch bei zweidimensionalen Körpern.

Beispiel 15.21 Bestimmen Sie den Schwerpunkt des Gebiets im ersten Quadranten zwischen der Geraden $y = x$ und der Parabel $y = x^2$.

Schwerpunkt eines Gebiets

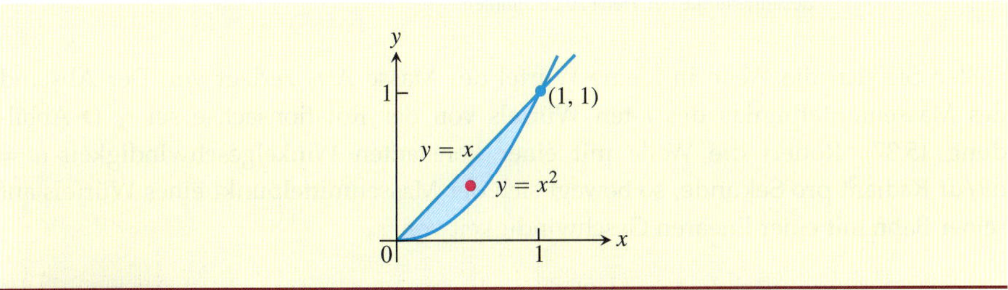

Abbildung 15.36 Der Schwerpunkt dieses Gebiets wird in Beispiel 15.21 bestimmt.

Lösung Wir skizzieren das Gebiet mit den Integrationsgrenzen (▶Abbildung 15.36). Wir setzen δ gleich 1 und berechnen mithilfe der entsprechenden Formeln aus Tabelle 15.1:

$$M = \int_0^1 \int_{x^2}^{x} 1 \, \mathrm{d}y \, \mathrm{d}x = \int_0^1 [y]_{y=x^2}^{y=x} \, \mathrm{d}x = \int_0^1 (x - x^2) \, \mathrm{d}x = \left[\frac{x^2}{2} - \frac{x^3}{3}\right]_0^1 = \frac{1}{6}$$

$$M_x = \int_0^1 \int_{x^2}^{x} y \, \mathrm{d}y \, \mathrm{d}x = \int_0^1 \left[\frac{y^2}{2}\right]_{y=x^2}^{y=x} \mathrm{d}x$$

$$= \int_0^1 \left(\frac{x^2}{2} - \frac{x^4}{2}\right) \mathrm{d}x = \left[\frac{x^3}{6} - \frac{x^5}{10}\right]_0^1 = \frac{1}{15}$$

$$M_y = \int_0^1 \int_{x^2}^{x} x \,\mathrm{d}y \,\mathrm{d}x = \int_0^1 [xy]_{y=x^2}^{y=x} \,\mathrm{d}x = \int_0^1 (x^2 - x^3) \,\mathrm{d}x = \left[\frac{x^3}{3} - \frac{x^4}{4}\right]_0^1 = \frac{1}{12}.$$

Aus diesen Werten für M, M_x und M_y ergibt sich

$$\overline{x} = \frac{M_y}{M} = \frac{1/12}{1/6} = \frac{1}{2} \quad \text{und} \quad \overline{y} = \frac{M_x}{M} = \frac{1/15}{1/6} = \frac{2}{5}.$$

Der Schwerpunkt hat also die Koordinaten $(1/2, 2/5)$.

Trägheitsmomente

Die ersten Momente (Tabelle 15.1) eines Körpers geben Auskunft über das Gleichgewicht und über das Drehmoment, das der Körper in einem Schwerefeld um verschiedene Achsen erfährt. Handelt es sich bei dem Körper um eine rotierende Welle, interessiert uns wahrscheinlich mehr, wie viel Energie in der Welle gespeichert wird oder wie viel Energie eine Welle erzeugt, die mit einer bestimmten Winkelgeschwindigkeit rotiert. An dieser Stelle kommt das Trägheitsmoment bzw. das zweite Moment ins Spiel. (Warum man vom zweiten Moment spricht, wird gleich klar werden.)

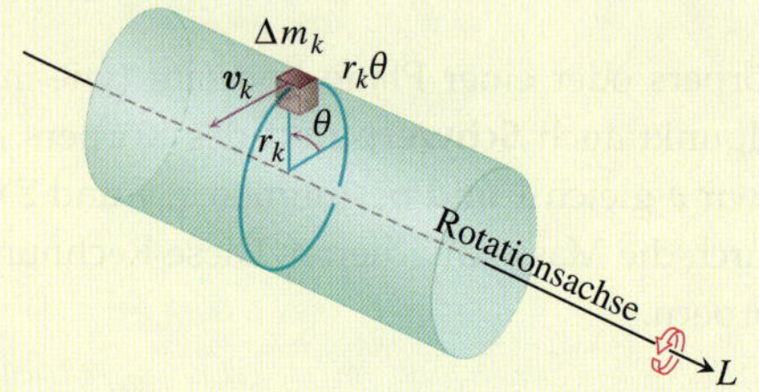

Abbildung 15.37 Um ein Integral für die Energie zu bestimmen, die in einer rotierenden Welle gespeichert ist, stellen wir uns die Welle zunächst in kleine Würfel zerlegt vor. Jeder Würfel hat seine eigene kinetische Energie. Wir addieren die Beiträge der einzelnen Würfel, um die kinetische Gesamtenergie der Welle zu bestimmen.

Stellen Sie sich die Welle in kleine Würfel der Masse Δm_k zerlegt vor. Der Abstand des Massenmittelpunkts des k-ten Würfels von der Rotationsachse sei r_k (►Abbildung 15.37). Rotiert die Welle mit einer konstanten Winkelgeschwindigkeit $\omega = \mathrm{d}\theta/\mathrm{d}t$ Radiant pro Sekunde, so bewegt sich der Massenmittelpunkt eines Würfels auf seiner Bahn mit einer linearen Geschwindigkeit von

$$v_k = \frac{\mathrm{d}}{\mathrm{d}t}(r_k\theta) = r_k\frac{\mathrm{d}\theta}{\mathrm{d}t} = r_k\omega .$$

Die kinetische Energie eines Würfels ist dann näherungsweise

$$\frac{1}{2}\Delta m_k v_k^2 = \frac{1}{2}\Delta m_k (r_k\omega)^2 = \frac{1}{2}\omega^2 r_k^2 \Delta m_k .$$

Die kinetische Energie der Welle ist damit näherungsweise

$$\sum \frac{1}{2}\omega^2 r_k^2 \Delta m_k .$$

Das Integral, das sich aus diesen Summen ergibt, wenn wir die Welle in immer kleinere Würfel zerlegen, liefert die kinetische Energie der gesamten Welle:

$$E_{\text{kin,Welle}} = \int \frac{1}{2}\omega^2 r^2 \mathrm{d}m = \frac{1}{2}\omega^2 \int r^2 \,\mathrm{d}m\,. \tag{15.12}$$

Der Faktor

$$I = \int r^2 \,\mathrm{d}m$$

ist das *Trägheitsmoment* der Welle um ihre Rotationsachse (und wird gleich genau definiert und untersucht). Aus Gleichung (15.12) ergibt sich so für die kinetische Energie

$$E_{\text{kin,Welle}} = \frac{1}{2} I\omega^2\,.$$

Das Trägheitsmoment ähnelt in gewisser Weise beispielsweise der trägen Masse einer Lokomotive. Damit sich eine Lokomotive der Masse m mit einer Geschwindigkeit v bewegt, müssen wir eine kinetische Energie von $E_{\text{kin}} = (1/2)mv^2$ aufbringen. Um die Lokomotive zu stoppen, müssen wir ihr diese Energiemenge entnehmen. Damit sich eine Welle mit dem Trägheitsmoment I mit einer Winkelgeschwindigkeit ω bewegt, müssen wir eine kinetische Energie von $E_{\text{kin}} = (1/2)I\omega^2$ aufbringen. Um die Welle zu stoppen, müssen wir ihr diese Energiemenge entnehmen. Das Trägheitsmoment der Welle spielt dabei dieselbe Rolle wie die Masse der Lokomotive. Um die Lokomotive in Fahrt zu bringen oder zu stoppen, müssen wir gegen ihre Masse ankämpfen. Um die Welle in Rotation zu versetzen oder zu stoppen, müssen wir gegen ihr Trägheitsmoment ankämpfen. Das Trägheitsmoment hängt dabei nicht nur von der Masse der Welle ab, sondern auch von der Verteilung dieser Masse in Bezug auf die Rotationsachse. Eine Masse, die weiter von der Rotationsachse entfernt ist, liefert einen höheren Beitrag zum Trägheitsmoment.

Wir leiten nun eine Formel für das Trägheitsmoment eines Körpers im Raum her. Sei $r(x,y,z)$ der Abstand des Punkts (x,y,z) in D zu einer Geraden L. Das Trägheitsmoment der Masse $\Delta m_k = \delta(x_k,y_k,z_k)\Delta V_k$ um die Gerade L ist dann näherungsweise $\Delta I_k = r^2(x_k,y_k,z_k)\Delta m_k$ (►Abbildung 15.37). **Das Trägheitsmoment um *L*** des gesamten Körpers ist dann

$$I_L = \lim_{n\to\infty} \sum_{k=1}^{n} \Delta I_k = \lim_{n\to\infty} \sum_{k=1}^{n} r^2(x_k,y_k,z_k)\,\delta(x_k,y_k,z_k)\,\Delta V_k = \iiint_D r^2\delta \,\mathrm{d}V\,.$$

Ist L die x-Achse, so gilt $r^2 = y^2 + z^2$ (►Abbildung 15.38), und das Trägheitsmoment ist

$$I_x = \iiint_D (y^2+z^2)\,\delta(x,y,z)\,\mathrm{d}V\,.$$

Wenn L die y-Achse oder die z-Achse ist, gilt analog

$$I_y = \iiint_D (x^2+z^2)\,\delta(x,y,z)\,\mathrm{d}V \quad \text{und} \quad I_z = \iiint_D (x^2+y^2)\delta(x,y,z)\,\mathrm{d}V\,.$$

Tabelle 15.2 fasst die Formeln für diese Trägheitsmomente zusammen (man sagt auch zweite Momente, weil die Abstands*quadrate* darin vorkommen). Die Tabelle führt auch die Definition des *polaren Trägheitsmoments* um den Ursprung auf.

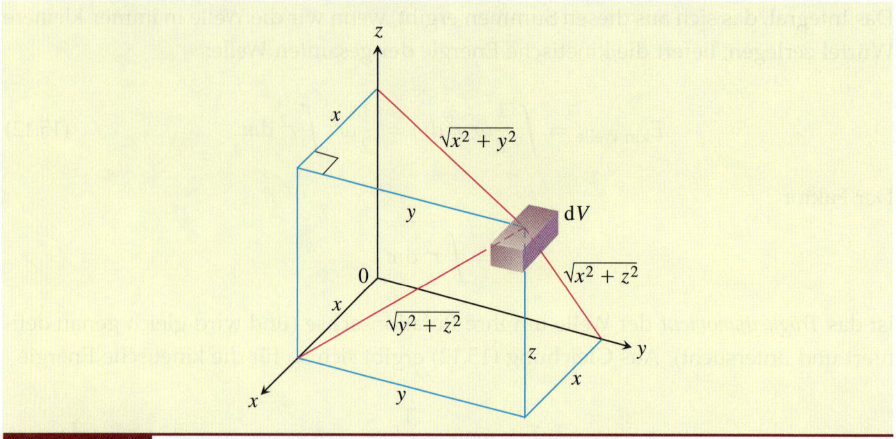

Abbildung 15.38 Abstände von dV zu den Koordinatenebenen und Koordinatenachsen.

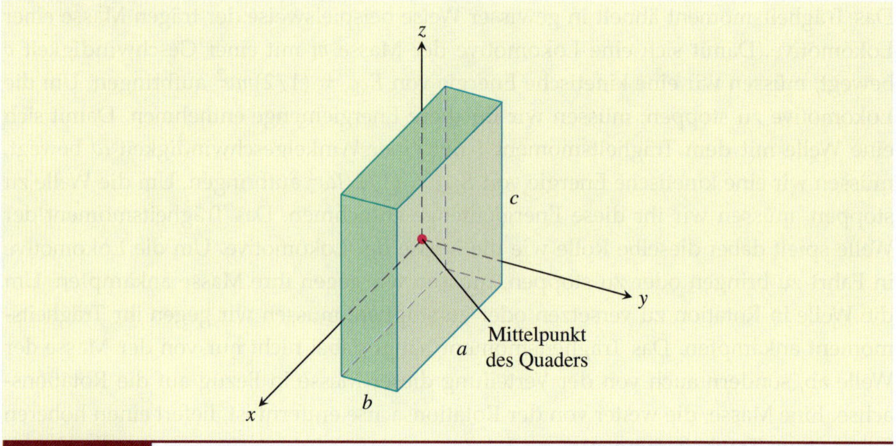

Abbildung 15.39 Wie man die Trägheitsmomente I_x, I_y, I_z für den dargestellten Quader bestimmt. Der Ursprung liegt im Mittelpunkt des Quaders.

Trägheitsmomente eines Quaders

Beispiel 15.22 Bestimmen Sie $I_x,\ I_y,\ I_z$ für den in ▶Abbildung 15.39 dargestellten Quader mit der konstanten Dichte ρ.

Lösung Die Formel für I_x liefert

$$I_x = \int_{-c/2}^{c/2}\int_{-b/2}^{b/2}\int_{-a/2}^{a/2}(y^2+z^2)\,\delta\,\mathrm{d}x\,\mathrm{d}y\,\mathrm{d}z\,.$$

Einen Teil der Rechenarbeit können wir uns ersparen, indem wir berücksichtigen, dass $(y^2+z^2)\delta$ eine gerade Funktion von x, y und z ist, weil δ konstant ist. Der Quader besteht aus acht symmetrischen Stücken, jeweils einem in jedem Oktanten. Um den Gesamtwert zu bestimmen, können wir daher das Integral für eines der Stücke berechnen und dann das Ergebnis mit acht multiplizieren:

$$\begin{aligned}I_x &= 8\int_0^{c/2}\int_0^{b/2}\int_0^{a/2}(y^2+z^2)\delta\,\mathrm{d}x\,\mathrm{d}y\,\mathrm{d}z = 4a\delta\int_0^{c/2}\int_0^{b/2}(y^2+z^2)\,\mathrm{d}y\,\mathrm{d}z\\ &= 4a\delta\int_0^{c/2}\left[\frac{y^3}{3}+z^2y\right]_{y=0}^{y=b/2}\mathrm{d}z\end{aligned}$$

Tabelle 15.2: Formeln für die Trägheitsmomente (zweite Momente)

Dreidimensionaler Körper		
Um die x-Achse:	$I_x = \iiint (y^2 + z^2)\,\delta\,\mathrm{d}V$	$\delta = \delta(x, y, z)$
Um die y-Achse:	$I_y = \iiint (x^2 + z^2)\,\delta\,\mathrm{d}V$	
Um die z-Achse:	$I_z = \iiint (x^2 + y^2)\,\delta\,\mathrm{d}V$	
Um eine Gerade L:	$I_L = \iiint r^2\,\delta\,\mathrm{d}V$	$r(x, y, z)$ = Abstand des Punkts (x, y, z) zur Geraden L
Zweidimensionale Platte		
Um die x-Achse:	$I_x = \iint y^2\,\delta\,\mathrm{d}A$	$\delta = \delta(x, y)$
Um die y-Achse:	$I_y = \iint x^2\,\delta\,\mathrm{d}A$	
Um eine Gerade L:	$I_L = \iint r^2(x, y)\,\delta\,\mathrm{d}A$	$r(x, y)$ = Abstand des Punkts (x, y) zur Geraden L
Um den Ursprung: (polares Moment)	$I_0 = \iint (x^2 + y^2)\,\delta\,\mathrm{d}A = I_x + I_y$	

$$= 4a\delta \int_0^{c/2} \left(\frac{b^3}{24} + \frac{z^2 b}{2} \right) \mathrm{d}z$$

$$= 4a\delta \left(\frac{b^3 c}{48} + \frac{c^3 b}{48} \right) = \frac{abc\delta}{12}(b^2 + c^2) = \frac{M}{12}(b^2 + c^2)\,. \qquad M = abc\delta$$

Auf ähnliche Weise ergibt sich

$$I_y = \frac{M}{12}\left(a^2 + c^2\right) \quad \text{und} \quad I_z = \frac{M}{12}\left(a^2 + b^2\right)\,.$$

Beispiel 15.23 Eine dünne Platte nimmt das Gebiet zwischen der x-Achse und den Geraden $x = 1$ und $y = 2x$ im ersten Quadranten ein. Die Dichte der Platte im Punkt (x, y) ist $\delta(x, y) = 6x + 6y + 6$. Bestimmen Sie die Trägheitsmomente der Platte um die Koordinatenachsen und den Ursprung.

Trägheitsmomente einer dünnen Platte mit variabler Dichte

Lösung Wir skizzieren die Platte mit den Integrationsgrenzen der zu berechnenden Integrale (▶Abbildung 15.40). Das Trägheitsmoment um die x-Achse ist

$$I_x = \int_0^1 \int_0^{2x} y^2 \delta(x, y)\,\mathrm{d}y\,\mathrm{d}x = \int_0^1 \int_0^{2x} \left(6xy^2 + 6y^3 + 6y^2\right) \mathrm{d}y\,\mathrm{d}x$$

$$= \int_0^1 \left[2xy^3 + \frac{3}{2}y^4 + 2y^3 \right]_{y=0}^{y=2x} \mathrm{d}x = \int_0^1 \left(40x^4 + 16x^3\right) \mathrm{d}x$$

$$= \left[8x^5 + 4x^4\right]_0^1 = 12\,.$$

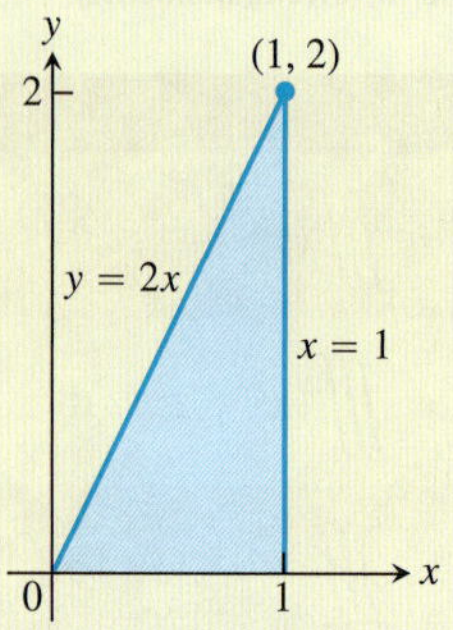

Abbildung 15.40 Das von der Platte aus Beispiel 15.23 überdeckte Gebiet.

Ganz entsprechend erhalten wir für das Trägheitsmoment um die y-Achse

$$I_y = \int_0^1 \int_0^{2x} x^2 \delta(x,y)\,\mathrm{d}y\,\mathrm{d}x = \frac{39}{5}.$$

Beachten Sie, dass wir für I_x über das Produkt aus y^2 und der Dichte integrieren und für I_y über das Produkt aus x^2 und der Dichte.

Da wir I_x und I_y kennen, brauchen wir für I_0 kein Integral zu berechnen; aus der Gleichung $I_0 = I_x + I_y$ in Tabelle 15.2 ergibt sich

$$I_0 = 12 + \frac{39}{5} = \frac{60+39}{5} = \frac{99}{5}.$$

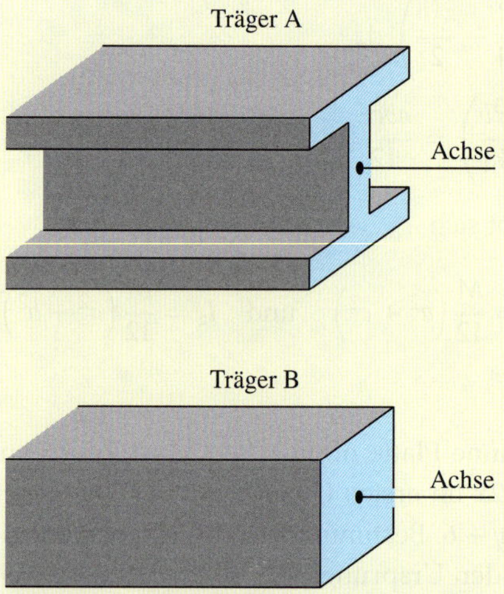

Abbildung 15.41 Je größer das polare Trägheitsmoment des Querschnitts eines Trägers um seine Längsachse ist, umso steifer ist der Träger. Der Flächeninhalt der Querschnitte der Träger *A* und *B* ist gleich, aber der Träger *A* ist steifer.

Das Trägheitsmoment spielt auch eine Rolle, wenn man bestimmen will, wie stark sich ein horizontaler Metallträger unter einer Last biegt. Die Steifigkeit des Trägers ist das Produkt aus einer Konstanten und I, dem Trägheitsmoment eines typischen Querschnitts des Trägers um die Längsachse des Trägers. Je größer der Wert von I, desto steifer ist der Träger und desto weniger wird er sich unter einer gegebenen Last biegen. Genau deshalb verwendet man Doppel-T-Träger anstelle von Trägern mit quadratischem Querschnitt. Die oberen und unteren Flansche des Trägers enthalten einen

Großteil der Masse des Trägers weit von der Längsachse des Trägers entfernt, sodass der Wert von I möglichst groß wird (►Abbildung 15.41).

Aufgaben zum Abschnitt 15.6

Platten mit konstanter Dichte

1. Massenmittelpunkt Bestimmen Sie den Massenmittelpunkt einer dünnen Platte mit der Dichte $\delta = 3$ zwischen den Geraden $x = 0$, $y = x$ und der Parabel $y = 2 - x^2$.

2. Schwerpunkt Bestimmen Sie den Schwerpunkt des Gebiets im ersten Quadranten zwischen der x-Achse, der Parabel $y^2 = 2x$ und der Geraden $x + y = 4$.

3. Schwerpunkt Bestimmen Sie den Schwerpunkt des Gebiets, das der Kreis $x^2 + y^2 = a^2$ aus dem ersten Quadranten schneidet.

4. Trägheitsmomente Bestimmen Sie das Trägheitsmoment um die x-Achse einer dünnen Platte mit dem Rand $x^2 + y^2 = 4$ und der Dichte $\delta = 1$.

5. Schwerpunkt eines unendlichen Gebiets Bestimmen Sie den Schwerpunkt des unendlichen Gebiets im zweiten Quadranten, das zwischen den Koordinatenachsen und der Kurve $y = e^x$ liegt. (Verwenden Sie in den Schwerpunktformeln uneigentliche Integrale.)

Platten mit variabler Dichte

6. Trägheitsmoment Bestimmen Sie das Trägheitsmoment um die x-Achse einer dünnen Platte zwischen der Parabel $x = y - y^2$ und der Geraden $x + y = 0$ für $\delta(x,y) = x + y$.

7. Massenmittelpunkt Bestimmen Sie den Massenmittelpunkt einer dünnen Platte zwischen der y-Achse und den Geraden $y = x$ und $y = 2 - x$ für $\delta(x,y) = 6x + 3y + 3$.

8. Massenmittelpunkt und Trägheitsmoment Bestimmen Sie den Massenmittelpunkt und das Trägheitsmoment um die y-Achse einer dünnen rechteckigen Platte, die von den Geraden $x = 6$ und $y = 1$ aus dem ersten Quadranten herausgeschnitten wird, für $\delta(x,y) = x + y + 1$.

9. Massenmittelpunkt und Trägheitsmoment Bestimmen Sie den Massenmittelpunkt und das Trägheitsmoment um die y-Achse einer dünnen Platte zwischen der x-Achse, den Geraden $x = \pm 1$ und der Parabel $y = x^2$ für $\delta(x,y) = 7y + 1$.

10. Massenmittelpunkt und Trägheitsmomente Bestimmen Sie den Massenmittelpunkt, die Trägheitsmomente um die Koordinatenachsen und das polare Trägheitsmoment einer dünnen dreieckigen Platte zwischen den Geraden $y = x$, $y = -x$ und $y = 1$ für $\delta(x,y) = y + 1$.

Körper mit konstanter Dichte

11. Trägheitsmomente Bestimmen Sie die Trägheitsmomente I_x, I_y und I_z des nachfolgend dargestellten Quaders um seine Kanten.

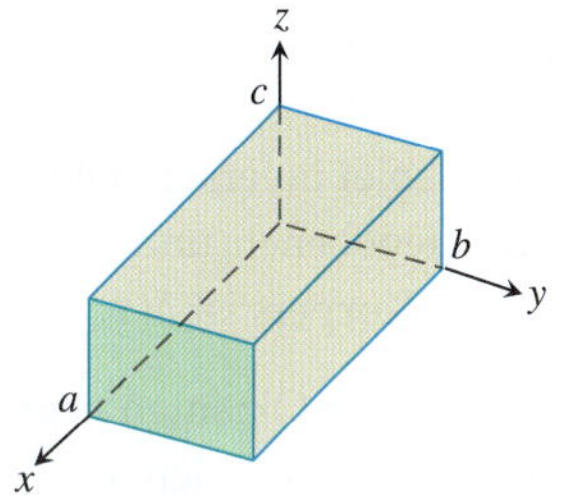

12. Trägheitsmomente Die Koordinatenachsen verlaufen parallel zu den gekennzeichneten Kanten durch den Massenmittelpunkt eines massiven Keils. Bestimmen Sie I_x, I_y und I_z für $a = b = 6$ und $c = 4$.

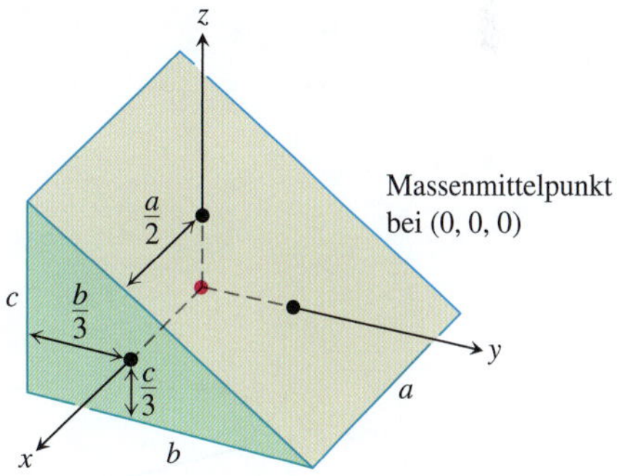

13. Massenmittelpunkt und Trägheitsmomente Eine feste „Wanne“ mit konstanter Dichte ist von unten durch die Fläche $z = 4y^2$, von oben durch die Ebene $z = 4$ sowie an den Enden durch die Ebenen $x = 1$ und $x = -1$ definiert. Bestimmen Sie den Massenmittelpunkt und die Trägheitsmomente um die drei Koordinatenachsen.

14. **a. Massenmittelpunkt** Bestimmen Sie den Massenmittelpunkt eines Körpers mit konstanter Dichte zwischen dem Paraboloid $z = x^2 + y^2$ und der Ebene $z = 4$.

b. Bestimmen Sie die Ebene $z = c$, die den Körper in zwei Teile mit gleichem Volumen zerlegt. Diese Ebene verläuft nicht durch den Massenmittelpunkt.

15. **Trägheitsmoment um eine Gerade** Für einen Keil wie in Aufgabe 12 sei $a = 4$, $b = 6$ und $c = 3$. Fertigen Sie eine Skizze an und überzeugen Sie sich davon, dass das Abstandsquadrat eines Punkts (x, y, z) des Keils zur Gerade $L: z = 0, y = 0$ gleich $r^2 = (y-6)^2 + z^2$ ist. Berechnen Sie dann das Trägheitsmoment des Keils um L.

Körper mit variabler Dichte

Bestimmen Sie in den Aufgaben 16 und 17

a. die Masse des Körpers.

b. den Massenmittelpunkt.

16. Ein massives Gebiet im ersten Oktanten liegt zwischen den Koordinatenebenen und der Ebene $x + y + z = 2$. Die Dichte des Körpers ist $\delta(x, y, z) = 2x$.

17. Ein Körper im ersten Oktanten liegt zwischen den Ebenen $y = 0$ und $z = 0$ und den Flächen $z = 4 - x^2$ und $x = y^2$ (vgl. die nachfolgende Abbildung). Seine Dichte ist $\delta(x, y, z) = kxy$ mit einer Konstanten k.

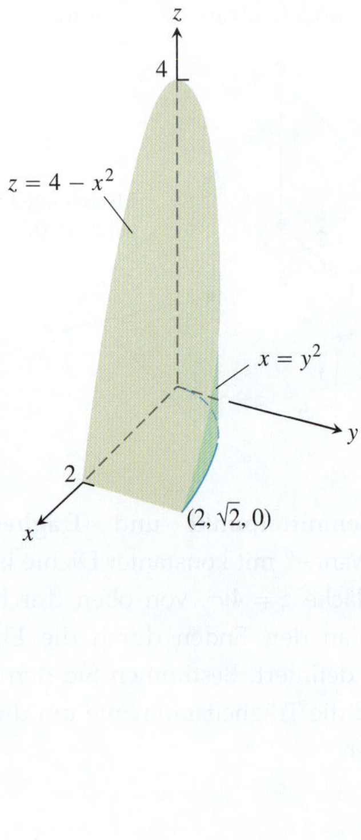

Bestimmen Sie in den Aufgaben 18 und 19

a. die Masse des massiven Körpers.

b. den Massenmittelpunkt.

c. die Trägheitsmomente um die Koordinatenachsen.

18. Ein massiver Würfel liegt im ersten Oktanten zwischen den Koordinatenebenen und den Ebenen $x = 1$, $y = 1$ und $z = 1$. Die Würfeldichte ist $\delta(x, y, z) = x + y + z + 1$.

19. Für einen Keil wie in Aufgabe 12 sei $a = 2$, $b = 6$ und $c = 3$. Die Dichte des Keils ist $\delta(x, y, z) = x + 1$. Bedenken Sie, dass der Massenmittelpunkt bei konstanter Dichte bei $(0, 0, 0)$ liegt.

20. **Masse** Bestimmen Sie die Masse des Körpers zwischen den Ebenen $x + z = 1$, $x - z = -1$, $y = 0$ und der Fläche $y = \sqrt{z}$. Die Dichte des Körpers ist $\delta(x, y, z) = 2y + 5$.

Theorie und Beispiele

Satz von Steiner Sei L_{MM} eine Gerade durch den Massenmittelpunkt eines Körpers der Masse M, und sei L eine parallele Gerade, die h Einheiten von L_{MM} entfernt ist. Nach dem *Satz von Steiner* erfüllen die Trägheitsmomente I_{MM} und I_L des Körpers um L_{MM} und L die Gleichung

$$I_L = I_{MM} + mh^2 . \tag{15.13}$$

Wie in zwei Dimensionen bietet dieser Satz einen schnellen Weg ein Trägheitsmoment zu berechnen, wenn ein anderes Moment und die Masse bekannt sind.

21. **Beweis des Satzes von Steiner**

a. Zeigen Sie, dass das erste Moment eines Körpers im Raum um jede Ebene durch den Massenmittelpunkt des Körpers gleich null ist. (*Hinweis*: Setzen Sie den Massenmittelpunkt des Körpers in den Ursprung und wählen Sie als Ebene die yz-Ebene. Was sagt Ihnen die Formel $\bar{x} = M_{yz}/M$ dann?)

b. Setzen Sie zum Beweis des Satzes von Steiner den Körper mit seinem Massenmittelpunkt so in den Ursprung, dass die Gerade L_{MM} mit der z-Achse zusammenfällt und die Gerade L im Punkt $(h, 0, 0)$ senkrecht auf der xy-Ebene steht. Sei D das vom Körper eingenommene Gebiet. Dann gilt in den Bezeichnungen der nachfolgenden Abbildung

$$I_L = \iiint_D |v - hi|^2 \, dm .$$

Entwickeln Sie den Integranden in diesem Integral und vervollständigen Sie den Beweis.

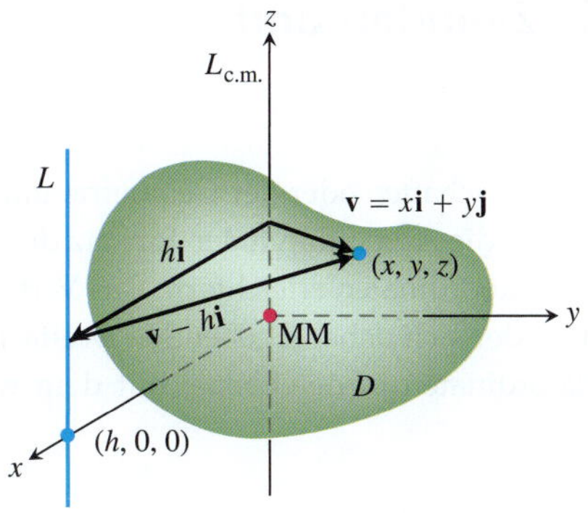

22. Das Trägheitsmoment um den Durchmesser einer massiven Kugel mit der Masse m, einer konstanten Dichte und dem Radius a ist $(2/5)ma^2$. Bestimmen Sie das Trägheitsmoment um eine Tangente der Kugel.

23. Das Trägheitsmoment des Körpers aus Aufgabe 11 um die z-Achse ist $I_z = abc(a^2 + b^2)/3$.

a. Bestimmen Sie mithilfe von Gleichung (15.13) das Trägheitsmoment des Körpers um eine Gerade, die parallel zur z-Achse durch den Massenmittelpunkt des Körpers verläuft.

b. Bestimmen Sie mithilfe von Gleichung (15.13) und dem Ergebnis aus Teil **a.** das Trägheitsmoment des Körpers um die Gerade $x = 0$, $y = 2b$.

24. Für $a = b = 6$ und $c = 4$ ist das Trägheitsmoment des massiven Keils aus Aufgabe 12 um die x-Achse gleich $I_x = 208$. Bestimmen Sie das Trägheitsmoment des Keils um die Gerade $y = 4$, $z = -4/3$ (die Kante am dünnen Ende des Keils).

15.7 Dreifachintegrale in Zylinder- und Kugelkoordinaten

Wenn es in der Physik, den Ingenieurwissenschaften oder der Geometrie um Zylinder, Kegel oder Kugeln geht, können wir uns oft die Arbeit durch den Einsatz der in diesem Kapitel eingeführten Zylinder- oder Kugelkoordinaten erleichtern. Das Verfahren zum Koordinatenwechsel und die Berechnung der sich dabei ergebenden Dreifachintegrale ähnelt dem beim Übergang zu Polarkoordinaten in der Ebene, mit dem wir uns in Abschnitt 15.4 befasst haben.

Integration in Zylinderkoordinaten

Die Zylinderkoordinaten im Raum erhalten wir aus der Kombination von Polarkoordinaten in der xy-Ebene mit der gewöhnlichen z-Achse. Damit weisen wir jedem Punkt im Raum ein oder mehrere Koordinatentripel der Form (r, θ, z) zu, wie in ►Abbildung 15.42 dargestellt.

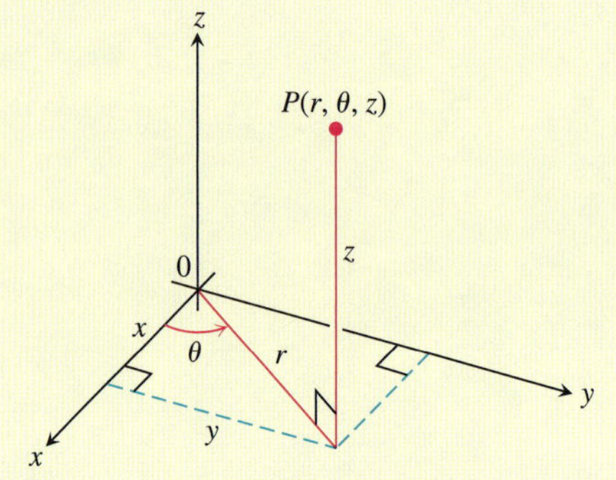

Abbildung 15.42 Die Zylinderkoordinaten eines Punkts im Raum sind r, θ und z.

Definition

Zylinderkoordinaten beschreiben einen Punkt P im Raum durch geordnete Tripel (r, θ, z), in denen

1. r und θ Polarkoordinaten der vertikalen Projektion von P auf die xy-Ebene sind
2. z die vertikale Koordinate ist.

Die Werte von x, y, r und θ in rechtwinkligen Koordinaten und in Zylinderkoordinaten sind durch die üblichen Gleichungen miteinander verknüpft.

Merke

Gleichungen für den Wechsel zwischen rechtwinkligen Koordinaten (x, y, z) und Zylinderkoordinaten (r, θ, z)

$$x = r\cos\theta\,, \quad y = r\sin\theta\,, \quad z = z\,, \quad r^2 = x^2 + y^2\,, \quad \tan\theta = y/x \text{ (bei } x \neq 0\text{)}.$$

In Zylinderkoordinaten beschreibt die Gleichung $r = a$ nicht nur einen Kreis in der xy-Ebene, sondern einen ganzen Zylinder um die z-Achse (►Abbildung 14.43). Die

z-Achse ist durch $r = 0$ gegeben. Die Gleichung $\theta = \theta_0$ beschreibt die Ebene, die die z-Achse enthält und mit der x-Achse den Winkel θ_0 bildet. Und wie in rechtwinkligen Koordinaten beschreibt die Gleichung $z = z_0$ eine Ebene senkrecht zur z-Achse.

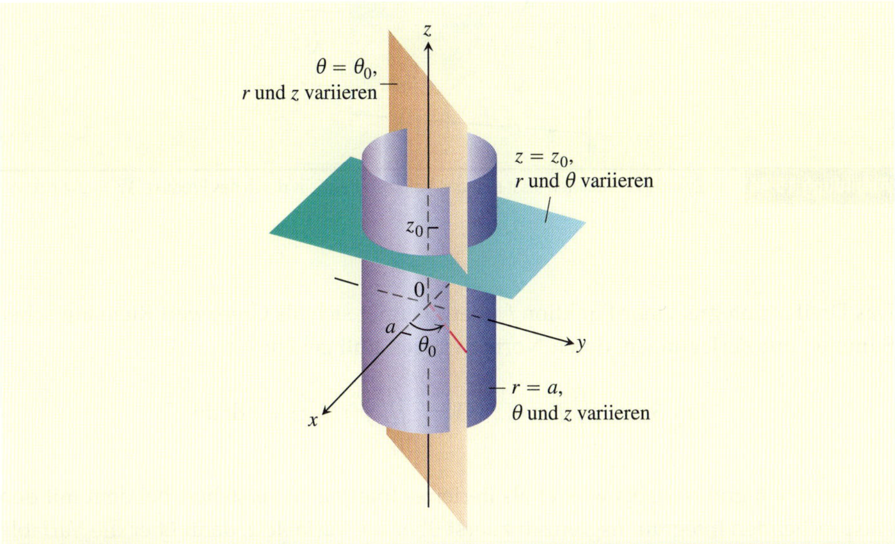

Abbildung 15.43 Koordinatengleichungen mit einer Konstanten beschreiben in Zylinderkoordinaten Zylinder und Ebenen.

Zylinderkoordinaten eignen sich zur Beschreibung von Zylindern, deren Achsen auf der z-Achse liegen, und von Ebenen, die entweder die z-Achse enthalten oder senkrecht auf der z-Achse stehen. Solche Flächen haben Gleichungen mit einem konstanten Koordinatenwert:

$r = 4$	Zylinder mit dem Radius 4 um die z-Achse
$\theta = \dfrac{\pi}{3}$	Ebene, die die z-Achse enthält
$z = 2\,.$	Ebene senkrecht zur z-Achse

Wenn wir Dreifachintegrale über ein Gebiet D in Zylinderkoordinaten berechnen, zerlegen wir das Gebiet nicht in kleine Würfel, sondern in n kleine zylindrische Keile. Im k-ten zylindrischen Keil ändern sich r, θ und z um Δr_k, $\Delta\theta_k$ und Δz_k, und die größte dieser Zahlen unter allen zylindrischen Keilen heißt die **Norm** der Zerlegung. Wir definieren das Dreifachintegral als einen Grenzwert Riemann'scher Summen zu diesen Keilen. Das Volumen eines solchen zylindrischen Keils erhalten wir, indem wir den Flächeninhalt ΔA_k seiner Grundfläche in der $r\theta$-Ebene berechnen und ihn mit der Höhe Δz multiplizieren (►Abbildung 15.44).

Für einen Punkt (r_k, θ_k, z_k) im Mittelpunkt des k-ten Keils hatten wir die Änderung des Flächeninhalts schon mithilfe von Polarkoordinaten berechnet: $\Delta A_k = r_k \Delta r_k \Delta\theta_k$. Also ist $\Delta V_k = \Delta z_k r_k \Delta r_k \Delta\theta_k$, und eine Riemann'sche Summe für f über D hat die Form

$$S_n = \sum_{k=1}^{n} f(r_k, \theta_k, z_k)\, \Delta z_k\, r_k\, \Delta r_k\, \Delta\theta_k\,.$$

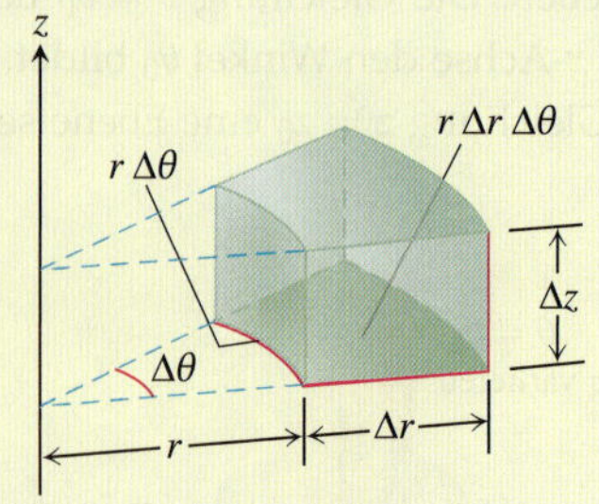

Abbildung 15.44 In Zylinderkoordinaten lässt sich das Volumen des Keils durch das Produkt $\Delta V = \Delta z\, r\, \Delta r\, \Delta\theta$ nähern.

Volumendifferential in Zylinderkoordinaten $dV = dz\, r\, dr\, d\theta$

Das Dreifachintegral einer Funktion f über D ergibt sich als Grenzwert Riemann'scher Summen mit Zerlegungen, deren Normen gegen null gehen:

$$\lim_{n\to\infty} S_n = \iiint_D f(r,\theta,z)\, dV = \iiint_D f(r,\theta,z)\, dz\, r\, dr\, d\theta\,.$$

Das letzte Integral ist dabei wieder als iteriertes Integral zu verstehen, bei dem mit den entsprechenden Integrationsgrenzen zuerst über die Variable z, dann über die Variable r und schließlich über die Variable θ integriert wird.

Integrationsgrenzen in Zylinderkoordinaten

Beispiel 15.24 Bestimmen Sie die Integrationsgrenzen in Zylinderkoordinaten für das Integral einer Funktion $f(r,\theta,z)$ über dem Gebiet D, das von unten durch die Ebene $z = 0$, seitlich durch den Kreiszylinder $x^2 + (y-1)^2 = 1$ und von oben durch das Paraboloid $z = x^2 + y^2$ begrenzt ist.

Lösung Die Grundfläche von D ist gleichzeitig die Projektion R des Gebiets D auf die xy-Ebene. Der Rand von R ist der Kreis $x^2 + (y-1)^2 = 1$. In Polarkoordinaten hat er die Gleichung

$$\begin{aligned} x^2 + (y-1)^2 &= 1 \\ x^2 + y^2 - 2y + 1 &= 1 \\ r^2 - 2r\sin\theta &= 0 \\ r &= 2\sin\theta\,. \end{aligned}$$

Das Gebiet ist in ►Abbildung 15.45 skizziert.

Nun bestimmen wir die Integrationsgrenzen. Wir beginnen mit der Integration über z. Eine Gerade M parallel zur z-Achse durch einen Punkt (r,θ) in R tritt bei $z = 0$ in das Gebiet D ein und verlässt es bei $z = x^2 + y^2 = r^2$ wieder.

Als Nächstes bestimmen wir die Integrationsgrenzen für r. Ein Strahl L vom Ursprung durch den Punkt (r,θ) tritt bei $r = 0$ in das Gebiet D ein und verlässt es bei $r = 2\sin\theta$ wieder.

Zum Schluss bestimmen wir die Integrationsgrenzen für θ. Der Strahl L überstreicht R, und dabei läuft der Winkel θ, den der Strahl mit der positiven x-Achse bildet, von $\theta = 0$ bis $\theta = \pi$. Das Integral lautet also

$$\iiint_D f(r,\theta,z)\, dV = \int_0^{\pi} \int_0^{2\sin\theta} \int_0^{r^2} f(r,\theta,z)\, dz\, r\, dr\, d\theta\,.$$ ■

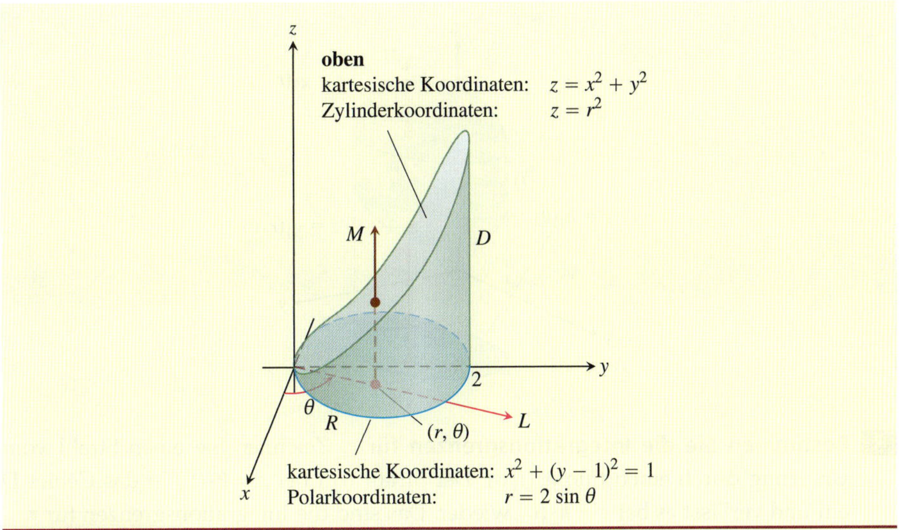

Abbildung 15.45 Wie man die Integrationsgrenzen für ein Integral in Zylinderkoordinaten bestimmt.

Beispiel 15.24 illustriert ein gutes Verfahren zum Auffinden der Integrationsgrenzen für Integrale in Zylinderkoordinaten. Dieses Verfahren lässt sich folgendermaßen zusammenfassen.

Wie man in Zylinderkoordinaten integriert

Um das Integral

$$\iiint_D f(r,\theta,z)\,\mathrm{d}V$$

über einem Gebiet D im Raum in Zylinderkoordinaten zu berechnen, integrieren wir zuerst über z, dann über r und schließlich über θ in den folgenden Schritten:

1 **Skizze.** Skizzieren Sie das Gebiet D mit seiner Projektion R auf die xy-Ebene. Beschriften Sie die Flächen und Kurven, die D und R begrenzen.

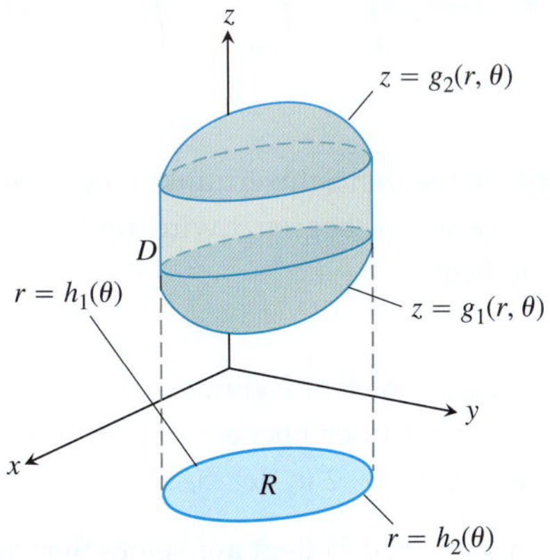

2 **Bestimmen Sie die Integrationsgrenzen für z.** Zeichnen Sie eine Gerade M parallel zur z-Achse durch einen Punkt (r,θ) von R. Mit wachsendem z tritt M bei $z = g_1(r,\theta)$ in das Gebiet D ein und verlässt es bei $z = g_2(r,\theta)$ wieder. Das sind die Integrationsgrenzen für z.

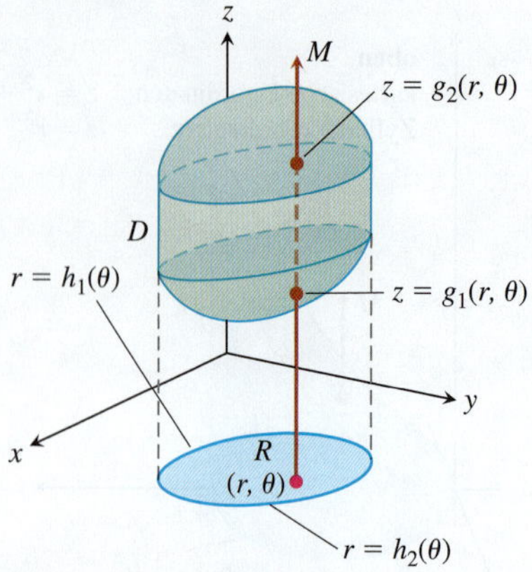

3 **Bestimmen Sie die Integrationsgrenzen für r.** Zeichnen Sie einen Strahl vom Ursprung durch einen Punkt (r, θ). Der Strahl tritt bei $r = h_1(\theta)$ in das Gebiet D ein und verlässt es bei $r = h_2(\theta)$ wieder. Das sind die Integrationsgrenzen für r.

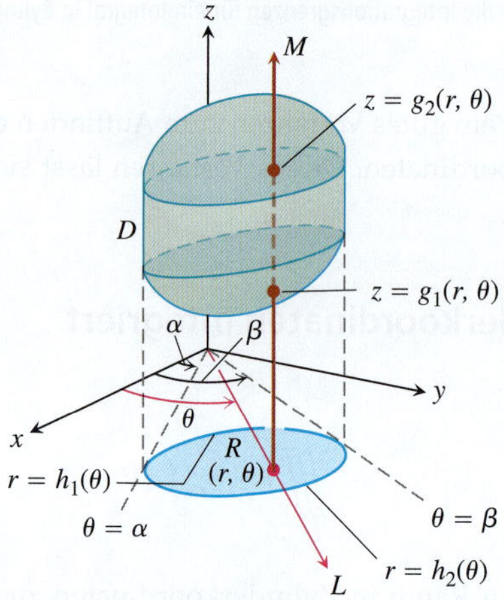

4 **Bestimmen Sie die Integrationsgrenzen für θ.** Der Strahl L überstreicht R, dabei läuft der Winkel θ, den der Strahl mit der positiven x-Achse bildet, von $\theta = a$ bis $\theta = \beta$. Das sind die Integrationsgrenzen von θ. Das Integral ist

$$\iiint\limits_D f(r,\theta,z)\,\mathrm{d}V = \int_{\theta=\alpha}^{\theta=\beta} \int_{r=h_1(\theta)}^{r=h_2(\theta)} \int_{z=g_1(r,\theta)}^{z=g_2(r,\theta)} f(r,\theta,z)\,\mathrm{d}z\,r\,\mathrm{d}r\,\mathrm{d}\theta\,.$$

Schwerpunkt eines Körpers

Beispiel 15.25 Bestimmen Sie den Schwerpunkt eines Körpers mit der Dichte $\delta = 1$, der von dem Zylinder $x^2 + y^2 = 4$ begrenzt wird und zwischen dem Paraboloid $z = x^2 + y^2$ und der xy-Ebene liegt.

Lösung Wir skizzieren den von dem Zylinder $x^2 + y^2 = 4$ begrenzten Körper zwischen dem Paraboloid $z = r^2$ und der Ebene $z = 0$ (▶Abbildung 15.46). Seine Grundfläche R ist die Kreisscheibe $0 \leq r \leq 2$ in der xy-Ebene.

Der Schwerpunkt des Körpers $(\bar{x}, \bar{y}, \bar{z})$ liegt auf seiner Symmetrieachse, das ist hier die z-Achse. Damit ist $\bar{x} = \bar{y} = 0$. Um $\bar{z}$ zu bestimmen, dividieren wir das erste Moment M_{xy} durch die Masse M.

Die Integrationsgrenzen in den Integralen für die Masse und das Moment bestimmen wir mit den vier Grundschritten. Die Skizze haben wir bereits angefertigt.

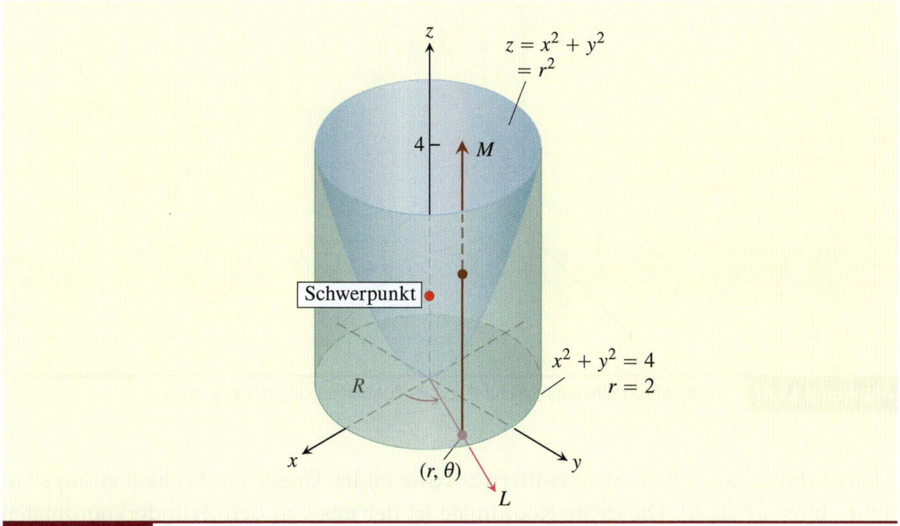

Abbildung 15.46 Beispiel 15.25 zeigt, wie man den Schwerpunkt dieses Körpers bestimmt.

Integrationsgrenzen für z. Eine Gerade M parallel zur z-Achse durch einen Punkt (r, θ) in der Grundfläche tritt bei $z = 0$ in den Körper ein und verlässt ihn bei $z = r^2$ wieder.

Integrationsgrenzen für r. Ein Strahl L vom Ursprung durch den Punkt (r, θ) tritt bei $r = 0$ in das Gebiet R ein und verlässt es bei $r = 2$ wieder.

Integrationsgrenzen für θ. Der Strahl L überstreicht R, dabei läuft der Winkel θ, den der Strahl mit der positiven x-Achse bildet, von $\theta = 0$ bis $\theta = 2\pi$. Für das Trägheitsmoment M_{xy} ergibt sich damit

$$M_{xy} = \int_0^{2\pi}\int_0^2\int_0^{r^2} z\,\mathrm{d}z\,r\,\mathrm{d}r\,\mathrm{d}\theta = \int_0^{2\pi}\int_0^2 \left[\frac{z^2}{2}\right]_0^{r^2} r\,\mathrm{d}r\,\mathrm{d}\theta$$
$$= \int_0^{2\pi}\int_0^2 \frac{r^5}{2}\,\mathrm{d}r\,\mathrm{d}\theta = \int_0^{2\pi}\left[\frac{r^6}{12}\right]_0^2 \mathrm{d}\theta = \int_0^{2\pi}\frac{16}{3}\,\mathrm{d}\theta = \frac{32\pi}{3}.$$

Der Wert von M ist

$$M = \int_0^{2\pi}\int_0^2\int_0^{r^2} \mathrm{d}z\,r\,\mathrm{d}r\,\mathrm{d}\theta = \int_0^{2\pi}\int_0^2 [z]_0^{r^2}\, r\,\mathrm{d}r\,\mathrm{d}\theta$$
$$= \int_0^{2\pi}\int_0^2 r^3\,\mathrm{d}r\,\mathrm{d}\theta = \int_0^{2\pi}\left[\frac{r^4}{4}\right]_0^2 \mathrm{d}\theta = \int_0^{2\pi} 4\,\mathrm{d}\theta = 8\pi.$$

Deshalb ist

$$\bar{z} = \frac{M_{xy}}{M} = \frac{32\pi}{3}\frac{1}{8\pi} = \frac{4}{3},$$

und der Schwerpunkt ist $(0, 0, 4/3)$. Man beachte, dass der Schwerpunkt außerhalb des Körpers liegt.

Kugelkoordinaten und Integration

Wie in ▶Abbildung 15.47 beschreiben Kugelkoordinaten Punkte im Raum durch zwei Winkel und einen Abstand. Die erste Koordinate $\rho = |\overrightarrow{OP}|$ ist der Abstand des Punktes vom Ursprung. Im Gegensatz zu r *ist die Variable* ρ *nie negativ*. Die zweite Koordinate φ

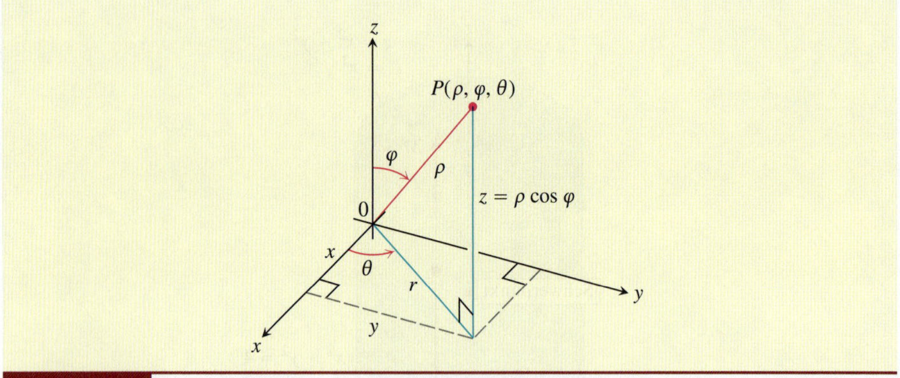

Abbildung 15.47 Die Kugelkoordinaten ρ, φ und θ und ihr Zusammenhang mit x, y, z und r.

ist der Winkel, den $\overrightarrow{OP}$ mit der positiven z-Achse bildet. Dieser Winkel liegt zwangsläufig im Intervall $[0, \pi]$. Die dritte Koordinate ist der uns von den Zylinderkoordinaten her vertraute Winkel θ.

Definition

Kugelkoordinaten beschreiben einen Punkt P im Raum durch geordnete Tripel (ρ, φ, θ):

1. ρ ist der Abstand von P zum Ursprung.
2. φ ist der Winkel, den $\overrightarrow{OP}$ mit der positiven z-Achse einschließt $(0 \leq \varphi \leq \pi)$.
3. θ ist derselbe Winkel wie bei den Zylinderkoordinaten $(0 \leq \theta \leq 2\pi)$.

Auf Weltkarten ist θ mit der geografischen Länge eines Ortes auf der Erde verknüpft[1] und φ mit seiner Breite; ρ ist seine Höhe über der Erdoberfläche.

Die Gleichung $\rho = a$ beschreibt eine Kugel vom Radius a mit dem Mittelpunkt im Ursprung (►Abbildung 15.48). Die Gleichung $\varphi = \varphi_0$ beschreibt einen Einzelkegel, dessen Spitze im Ursprung und dessen Symmetrieachse auf der z-Achse liegt. (Die xy-Ebene wollen wir als Kegel mit $\varphi = \pi/2$ betrachten.) Für $\varphi_0 > \pi/2$ öffnet sich der Kegel $\varphi = \varphi_0$ nach unten. Die Gleichung $\theta = \theta_0$ beschreibt die Halbebene, die die z-Achse enthält und mit der positiven x-Achse einen Winkel von θ_0 bildet.

Merke

Zusammenhang zwischen Kugelkoordinaten und kartesischen Koordinaten sowie Zylinderkoordinaten

$$\begin{aligned} r &= \rho \sin\varphi\,, \quad x = r\cos\theta = \rho\sin\varphi\cos\theta \\ z &= \rho\cos\varphi\,, \quad y = r\sin\theta = \rho\sin\varphi\sin\theta \\ \rho &= \sqrt{x^2+y^2+z^2} = \sqrt{r^2+z^2}\,. \end{aligned} \tag{15.14}$$

1 Anmerkung: Die geografische Breite wird vom Äquator aus nach oben gemessen, der Winkel φ aber vom Pol aus nach unten. In der klassischen Mechanik gibt es den Begriff der „Kolatitude".

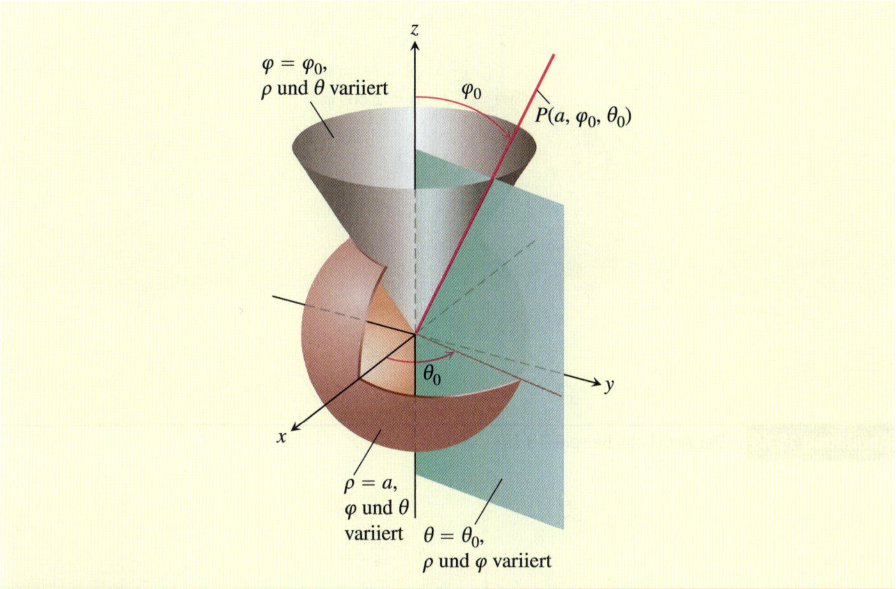

Abbildung 15.48 Konstante Koordinatengleichungen beschreiben in Kugelkoordinaten Kugeln, Einzelkegel und Halbebenen.

Kugelkoordinaten der Kugel $x^2 + y^2 + (z-1)^2 = 1$

Beispiel 15.26 Bestimmen Sie die Kugelkoordinaten der Kugel $x^2 + y^2 + (z-1)^2 = 1$.

Lösung Wir verwenden die Gleichungen (15.14) und ersetzen x, y und z:

$$\begin{aligned}
x^2 + y^2 + (z-1)^2 &= 1 \\
\rho^2 \sin^2\varphi \cos^2\theta + \rho^2 \sin^2\varphi \sin^2\theta + (\rho\cos\varphi - 1)^2 &= 1 && \text{Gleichungen (15.14)} \\
\rho^2 \sin^2\varphi \underbrace{(\cos^2\theta + \sin^2\theta)}_{1} + \rho^2\cos^2\varphi - 2\rho\cos\varphi + 1 &= 1 \\
\rho^2 \underbrace{(\sin^2\varphi + \cos^2\varphi)}_{1} &= 2\rho\cos\varphi \\
\rho^2 &= 2\rho\cos\varphi && \rho > 0 \\
\rho &= 2\cos\varphi\,.
\end{aligned}$$

Der Winkel φ läuft von 0 am Nordpol der Kugel bis $\pi/2$ am Südpol der Kugel; der Winkel θ kommt im Ausdruck für ρ nicht vor, was die Symmetrie um die z-Achse widerspiegelt (▶Abbildung 15.49). ■

Kugelkoordinaten des Kegels $z = \sqrt{x^2 + y^2}$

Beispiel 15.27 Bestimmen Sie die Kugelkoordinaten des Kegels $z = \sqrt{x^2 + y^2}$.

Lösung 1 (geometrisch) Der Kegel ist bezüglich der z-Achse symmetrisch. Er schneidet den ersten Quadranten der yz-Ebene in der Geraden $z = y$. Der Winkel zwischen dem Kegel und der positiven x-Achse ist daher $\pi/4$. Der Kegel besteht aus den Punkten, deren Kugelkoordinaten φ gleich $\pi/4$ sind, ihre Gleichung ist also $\varphi = \pi/4$ (▶Abbildung 15.50). ■

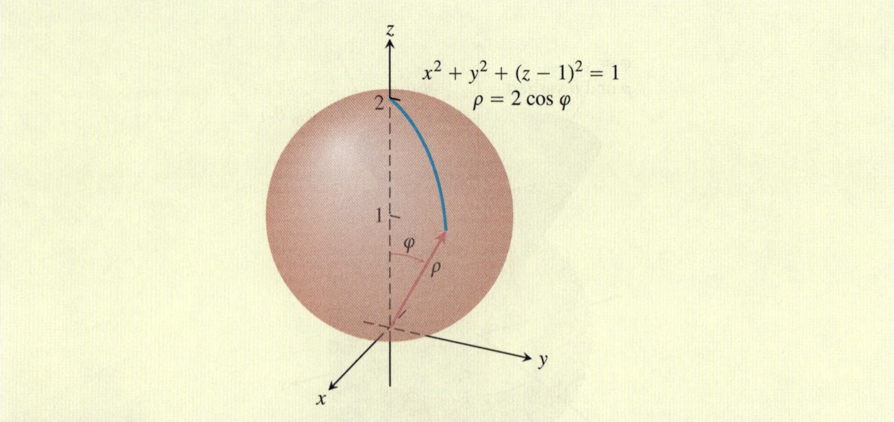

Abbildung 15.49 Der Kegel aus Beispiel 15.26

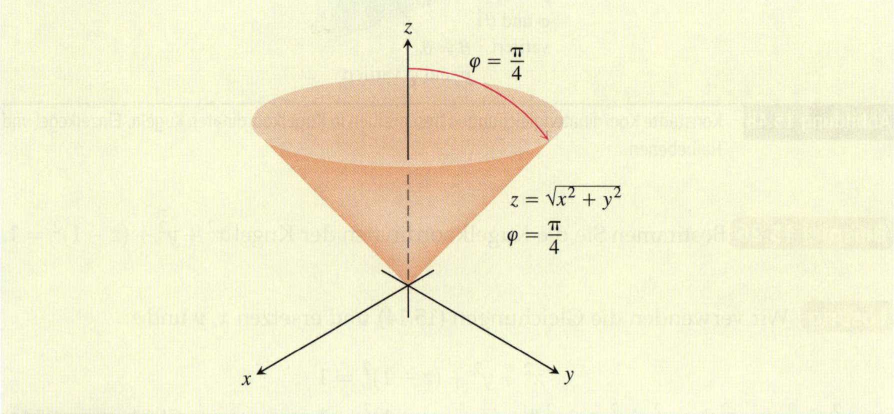

Abbildung 15.50 Die Kugel aus Beispiel 15.27

Lösung 2 (algebraisch) Wir verwenden die Gleichungen (15.14) und ersetzen x, y und z, was auf dasselbe Ergebnis führt wie in Lösung 1:

$$z = \sqrt{x^2 + y^2}$$

$$\rho\cos\varphi = \sqrt{\rho^2 \sin^2\varphi} \qquad \text{Beispiel 15.26}$$

$$\rho\cos\varphi = \rho\sin\varphi \qquad \rho > 0, \quad \sin\varphi \geq 0$$

$$\cos\varphi = \sin\varphi$$

$$\varphi = \frac{\pi}{4}. \qquad 0 \leq \varphi \leq \pi$$

■

Kugelkoordinaten eignen sich besonders zur Beschreibung von Kugeln mit dem Mittelpunkt im Ursprung, von Halbebenen um die z-Achse und von Kegeln mit der Spitze im Ursprung, deren Symmetrieachse auf der z-Achse liegt. Solche Flächen haben Gleichungen mit konstanten Koordinatenwerten:

$\rho = 4$	Kugel mit dem Radius 4 und dem Mittelpunkt im Ursprung
$\varphi = \frac{\pi}{3}$	Kegel, der sich vom Ursprung öffnet und mit der positiven z-Achse einen Winkel von $\pi/3$ bildet.
$\theta = \frac{\pi}{3}$	Halbebene, die die z-Achse enthält und mit der positiven x-Achse einen Winkel von $\pi/3$ bildet

Zur Berechnung von Dreifachintegralen über einem Gebiet D in Kugelkoordinaten zerlegen wir das Gebiet in n Kugelkeile. Die Größe des k-ten Kugelkeils um den Punkt $(\rho_k, \varphi_k, \theta_k)$ ist durch die Änderungen $\Delta\rho_k$, $\Delta\theta_k$ und $\Delta\varphi_k$ in ρ, θ und φ gegeben. Ein solcher Kugelkeil hat eine Kreisbogenkante der Länge $\rho_k\Delta\varphi_k$, eine Kreisbogenkante der Länge $\rho_k \sin\varphi_k\Delta\theta_k$ und eine Dicke von $\Delta\rho_k$. Der Kugelkeil wird für kleine $\Delta\rho_k$, $\Delta\theta_k$ und $\Delta\varphi_k$ durch einen Würfel mit diesen Seitenlängen gut genähert (►Abbildung 15.51). Man kann zeigen, dass das Volumen dieses Kugelkeils für einen Punkt $(\rho_k, \varphi_k, \theta_k)$ im Innern des Keils ungefähr $\Delta V_k = \rho_k^2 \sin\varphi_k\Delta\rho_k\Delta\varphi_k\Delta\theta_k$ ist.

Volumendifferential in Kugelkoordinaten

$dV = \rho^2 \sin\phi d\rho\, d\phi\, d\theta$

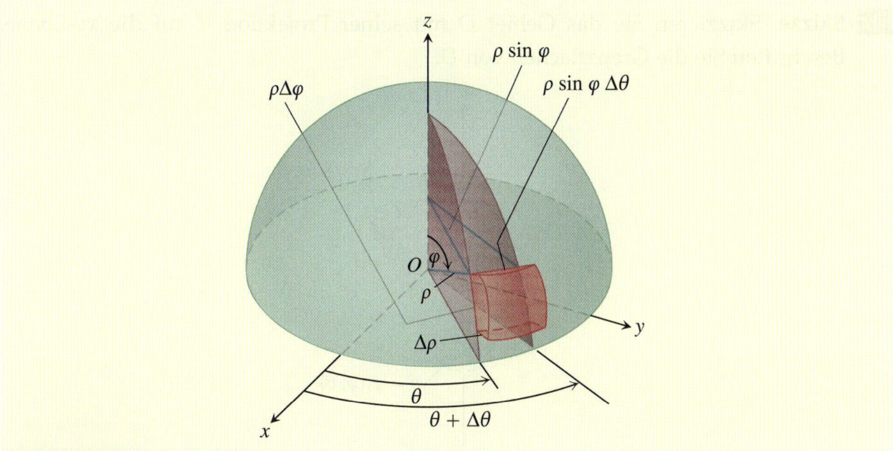

Abbildung 15.51 In Kugelkoordinaten ist $dV = d\rho \cdot \rho\, d\varphi \cdot \rho \sin\varphi\, d\theta = \rho^2 \sin\varphi\, d\rho\, d\varphi\, d\theta$.

Die entsprechende Riemann'sche Summe für eine Funktion $f(\rho, \varphi, \theta)$ ist

$$S_n = \sum_{k=1}^{n} f(\rho_k, \varphi_k, \theta_k)\rho_k^2 \sin\varphi_k\, \Delta\rho_k\, \Delta\varphi_k\, \Delta\theta_k\,.$$

Lassen wir die Norm der Zerlegung gegen null gehen, sodass die Keile immer schmaler werden, haben die Riemann'schen Summen für eine stetige Funktion f einen Grenzwert:

$$\lim_{n\to\infty} S_n = \iiint_D f(\rho, \varphi, \theta)\, dV = \iiint_D f(\rho, \varphi, \theta)\rho^2 \sin\varphi\, d\rho\, d\varphi\, d\theta\,.$$

Das letzte Integral kann wieder als iteriertes Integral aufgefasst und berechnet werden.

In Kugelkoordinaten ergibt sich

$$dV = \rho^2 \sin\varphi\, d\rho\, d\varphi\, d\theta\,.$$

Um Integrale in Kugelkoordinaten zu berechnen, integrieren wir üblicherweise zuerst über ρ. Die Integrationsgrenzen bestimmen wir mithilfe des folgenden Verfahrens. Wir betrachten dabei nur die Integration über Gebiete, die Rotationskörper um die z-Achse sind (oder ein Teil davon) und für die die Integrationsgrenzen für θ und φ konstant sind.

Wie man in Kugelkoordinaten integriert

Um das Integral

$$\iiint\limits_{D} f(\rho, \varphi, \theta)\,\mathrm{d}V$$

über einem Gebiet D im Raum in Kugelkoordinaten zu berechnen, integrieren wir zuerst über ρ, dann über φ und schließlich über θ in den folgenden Schritten:

1 Skizze. Skizzieren Sie das Gebiet D mit seiner Projektion R auf die xy-Ebene. Beschriften Sie die Grenzflächen von D.

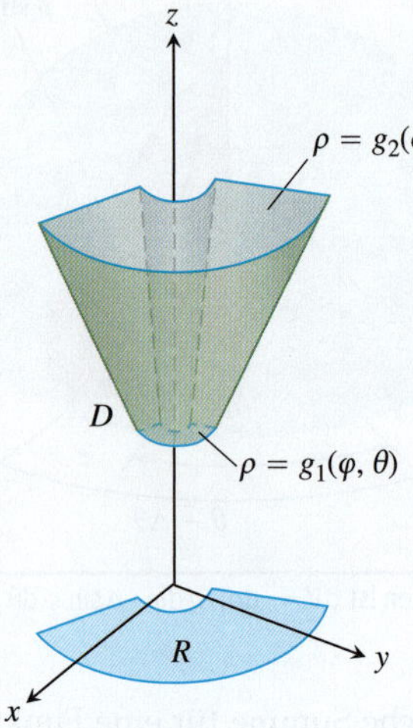

2 Bestimmen Sie die Integrationsgrenzen für ρ. Zeichnen Sie vom Ursprung aus einen Strahl M durch D, der mit der positiven z-Achse einen Winkel φ bildet. Zeichnen Sie auch die Projektion des Strahls M auf die xy-Ebene (nennen Sie diese Projektion L). Dieser Strahl L bildet mit der positiven x-Achse einen Winkel θ. Mit zunehmendem ρ tritt M bei $\rho = g_1(\varphi, \theta)$ in das Gebiet D ein und verlässt es bei $\rho = g_2(\varphi, \theta)$ wieder. Das sind die Integrationsgrenzen für ρ.

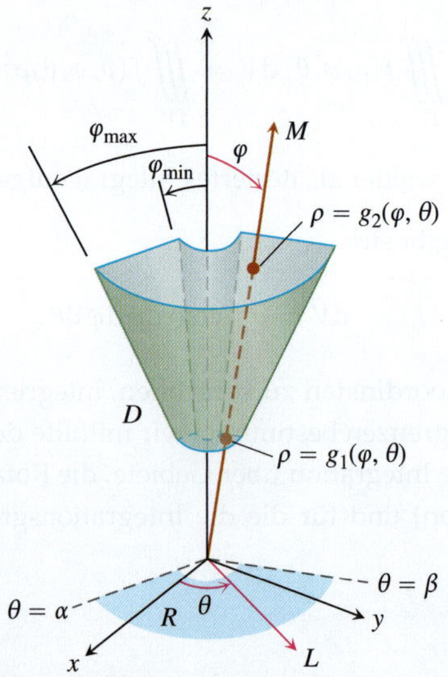

3 Bestimmen Sie die Integrationsgrenzen für φ. Zu jedem gegebenen θ läuft der Winkel φ, den der Strahl M mit der z-Achse bildet, von $\varphi = \varphi_{\min}$ bis $\varphi = \varphi_{\max}$. Das sind die Integrationsgrenzen für φ.

4 Bestimmen Sie die Integrationsgrenzen für θ. Der Strahl L überstreicht R, wenn θ von α bis β läuft. Das sind die Integrationsgrenzen für θ. Das Integral ist damit

$$\iiint\limits_D f(\rho,\varphi,\theta)\,\mathrm{d}V = \int_{\theta=\alpha}^{\theta=\beta}\int_{\varphi=\varphi_{\min}}^{\varphi=\varphi_{\max}}\int_{\rho=g_1(\varphi,\theta)}^{\rho=g_2(\varphi,\theta)} f(\rho,\varphi,\theta)\rho^2\sin\varphi\,\mathrm{d}\rho\,\mathrm{d}\varphi\,\mathrm{d}\theta\,.$$

Beispiel 15.28 Bestimmen Sie das Volumen der „Eistüte" D, die durch den Kegel $\varphi = \pi/3$ aus der massiven Kugel $\rho \le 1$ herausgeschnitten wird. **Volumen einer Eistüte**

Lösung Das Volumen der Eistüte ist $V = \iiint_D \rho^2 \sin\varphi\,\mathrm{d}\rho\,\mathrm{d}\varphi\,\mathrm{d}\theta$, also das Integral von $f(\rho,\varphi,\theta) = 1$ über D.

Um die Integrationsgrenzen zur Berechnung des Integrals zu bestimmen, skizzieren wir zunächst das Gebiet D und seine Projektion R auf die xy-Ebene (▶Abbildung 15.52).

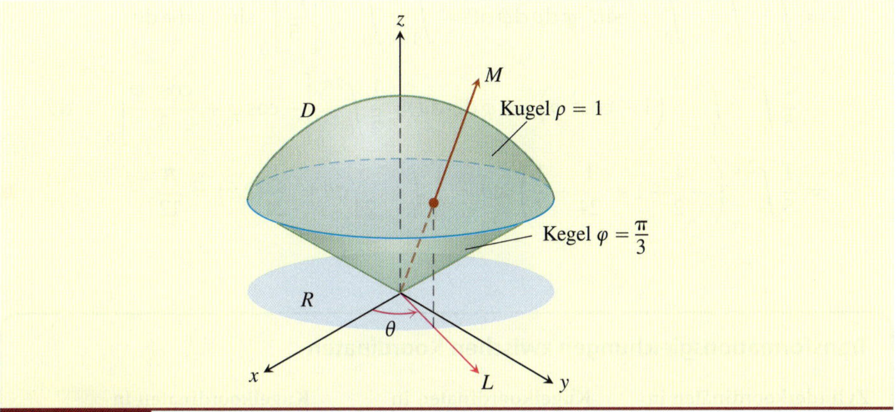

Abbildung 15.52 Die Eistüte aus Beispiel 15.28.

Integrationsgrenzen für ρ. Wir zeichnen vom Ursprung aus einen Strahl M durch D, der mit der positiven z-Achse einen Winkel φ bildet. Außerdem zeichnen wir L, die Projektion von M auf die xy-Ebene, zusammen mit dem Winkel θ, den L mit der positiven x-Achse bildet. Der Strahl L tritt bei $\rho = 0$ in das Gebiet D ein und verlässt es bei $\rho = 1$ wieder.

Integrationsgrenzen für φ. Der Kegel $\varphi = \pi/3$ bildet mit der positiven x-Achse einen Winkel $\pi/3$. Für jedes gegebene θ kann φ von $\varphi = 0$ bis $\varphi = \pi/3$ laufen.

Integrationsgrenzen für θ. Der Strahl L überstreicht R, wenn θ von 0 bis 2π läuft. Das Volumen ist also

$$\begin{aligned} V = \iiint\limits_D \mathrm{d}V &= \int_0^{2\pi}\int_0^{\pi/3}\int_0^1 \rho^2\sin\varphi\,\mathrm{d}\rho\,\mathrm{d}\varphi\,\mathrm{d}\theta \\ &= \int_0^{2\pi}\int_0^{\pi/3}\left[\frac{\rho^3}{3}\right]_0^1 \sin\varphi\,\mathrm{d}\varphi\,\mathrm{d}\theta = \int_0^{2\pi}\int_0^{\pi/3}\frac{1}{3}\sin\varphi\,\mathrm{d}\varphi\,\mathrm{d}\theta \\ &= \int_0^{2\pi}\left[-\frac{1}{3}\cos\varphi\right]_0^{\pi/3}\mathrm{d}\theta = \int_0^{2\pi}\left(-\frac{1}{6}+\frac{1}{3}\right)\mathrm{d}\theta = \frac{1}{6}(2\pi) = \frac{\pi}{3}. \end{aligned}$$

Trägheitsmoment einer Eistüte

Beispiel 15.29 Ein Körper mit der Dichte $\delta = 1$ nimmt das Gebiet D aus Beispiel 15.28 ein. Bestimmen Sie das Trägheitsmoment des Körpers um die z-Achse.

Lösung In kartesischen Koordinaten ist das Trägheitsmoment

$$I_z = \iiint\limits_D (x^2 + y^2)\, \mathrm{d}V\,.$$

In Kugelkoordinaten ergibt sich $x^2 + y^2 = (\rho \sin\varphi \cos\theta)^2 + (\rho \sin\varphi \sin\theta)^2 = \rho^2 \sin^2\varphi$. Folglich gilt für das Trägheitsmoment

$$I_z = \iiint\limits_D (\rho^2 \sin^2\varphi)\rho^2 \sin\varphi \,\mathrm{d}\rho\,\mathrm{d}\varphi\,\mathrm{d}\theta = \iiint\limits_D \rho^4 \sin^3\varphi \,\mathrm{d}\rho\,\mathrm{d}\varphi\,\mathrm{d}\theta\,.$$

Für das Gebiet aus Beispiel 15.28 wird daraus

$$\begin{aligned} I_z &= \int_0^{2\pi}\int_0^{\pi/3}\int_0^1 \rho^4 \sin^3\varphi \,\mathrm{d}\rho\,\mathrm{d}\varphi\,\mathrm{d}\theta = \int_0^{2\pi}\int_0^{\pi/3} \left[\frac{\rho^5}{5}\right]_0^1 \sin^3\varphi\,\mathrm{d}\varphi\,\mathrm{d}\theta \\ &= \frac{1}{5}\int_0^{2\pi}\int_0^{\pi/3} \left(1-\cos^2\varphi\right)\sin\varphi\,\mathrm{d}\varphi\,\mathrm{d}\theta = \frac{1}{5}\int_0^{2\pi}\left[-\cos\varphi + \frac{\cos^3\varphi}{3}\right]_0^{\pi/3}\mathrm{d}\theta \\ &= \frac{1}{5}\int_0^{2\pi}\left(-\frac{1}{2}+1+\frac{1}{24}-\frac{1}{3}\right)\mathrm{d}\theta = \frac{1}{5}\int_0^{2\pi}\frac{5}{24}\,\mathrm{d}\theta = \frac{1}{24}(2\pi) = \frac{\pi}{12}\,. \end{aligned}$$

Merke

Transformationsgleichungen zwischen Koordinaten

Zylinderkoordinaten in kartesische Koordinaten	Kugelkoordinaten in kartesische Koordinaten	Kugelkoordinaten in Zylinderkoordinaten
$x = r\cos\theta$	$x = \rho\sin\varphi\cos\theta$	$r = \rho\sin\varphi$
$y = r\sin\theta$	$y = \rho\sin\varphi\sin\theta$	$z = \rho\cos\varphi$
$z = z$	$z = \rho\cos\varphi$	$\theta = \theta$

Die Formel für $\mathrm{d}V$ in Dreifachintegralen ist:

$$\begin{aligned} \mathrm{d}V &= \mathrm{d}x\,\mathrm{d}y\,\mathrm{d}z \\ &= \mathrm{d}z\,r\,\mathrm{d}r\,\mathrm{d}\theta \\ &= \rho^2\sin\varphi\,\mathrm{d}\rho\,\mathrm{d}\varphi\,\mathrm{d}\theta\,. \end{aligned}$$

Im nächsten Abschnitt geben wir ein allgemeineres Verfahren an, $\mathrm{d}V$ in Zylinderkoordinaten und Kugelkoordinaten zu bestimmen. Die Ergebnisse sind natürlich identisch.

Aufgaben zum Abschnitt 15.7

Integrale in Zylinderkoordinaten berechnen Berechnen Sie in den Aufgaben 1–3 die Integrale in Zylinderkoordinaten.

1. $$\int_0^{2\pi}\int_0^1\int_r^{\sqrt{2-r^2}} \mathrm{d}z\, r\, \mathrm{d}r\, \mathrm{d}\theta$$

2. $$\int_0^{2\pi}\int_0^{\theta/2\pi}\int_0^{3+24r^2} \mathrm{d}z\, r\, \mathrm{d}r\, \mathrm{d}\theta$$

3. $$\int_0^{2\pi}\int_0^1\int_r^{1/\sqrt{2-r^2}} 3\, \mathrm{d}z\, r\, \mathrm{d}r\, \mathrm{d}\theta$$

Integrationsreihenfolge bei Integralen in Zylinderkoordinaten vertauschen Die bisherigen Integrale lassen vermuten, dass es bei Integralen in Zylinderkoordinaten eine bevorzugte Integrationsreihenfolge gibt. Mit einer anderen Reihenfolge lässt sich das Integral aber in der Regel genauso gut berechnen, manchmal sogar besser. Berechnen Sie in den Aufgaben 4–7 die Integrale.

4. $$\int_0^{2\pi}\int_0^3\int_0^{z/3} r^3 \mathrm{d}r\, \mathrm{d}z\, \mathrm{d}\theta$$

5. $$\int_{-1}^1\int_0^{2\pi}\int_0^{1+\cos\theta} 4r\, \mathrm{d}r\, \mathrm{d}\theta\, \mathrm{d}z$$

6. $$\int_0^1\int_0^{\sqrt{z}}\int_0^{2\pi} (r^2\cos^2\theta + z^2)\, r\, \mathrm{d}\theta\, \mathrm{d}r\, \mathrm{d}z$$

7. $$\int_0^2\int_{r-2}^{\sqrt{4-r^2}}\int_0^{2\pi} (r\,\sin\,\theta + 1)\, r\, \mathrm{d}\theta\, \mathrm{d}z\, \mathrm{d}r$$

8. Sei D das Gebiet oberhalb der Ebene $z = 0$ und unterhalb der Kugelfläche $x^2 + y^2 + z^2 = 4$, das an den Seiten von dem Zylinder $x^2 + y^2 = 1$ begrenzt wird. Schreiben Sie die Dreifachintegrale für das Volumen von D in Zylinderkoordinaten auf und verwenden Sie zur Berechnung die Integrationsreihenfolge:

a. $\mathrm{d}z\, \mathrm{d}r\, \mathrm{d}\theta$ **b.** $\mathrm{d}r\, \mathrm{d}z\, \mathrm{d}\theta$ **c.** $\mathrm{d}\theta\, \mathrm{d}z\, \mathrm{d}r$

Iterierte Integrale in Zylinderkoordinaten berechnen

9. Geben Sie die Integrationsgrenzen zur Berechnung des Integrals

$$\iiint f(r,\theta,z)\, \mathrm{d}z\, r\, \mathrm{d}r\, \mathrm{d}\theta$$

als iteriertes Integral über das Gebiet an, das oberhalb der Ebene $z = 0$ und unterhalb des Paraboloids $z = 3r^2$ liegt und seitlich von dem Zylinder $r = \cos\theta$ begrenzt wird.

Stellen Sie in den Aufgaben 10–12 das iterierte Integral zur Berechnung von $\iiint_D f(r,\theta,z)\, \mathrm{d}z\, r\, \mathrm{d}r\, \mathrm{d}\theta$ über dem gegebenen Gebiet D auf.

10. D ist der gerade Kreiszylinder mit dem Kreis $r = 2\sin\theta$ in der xy-Ebene als Grundfläche, dessen Deckfläche in der Ebene $z = 4 - y$ liegt.

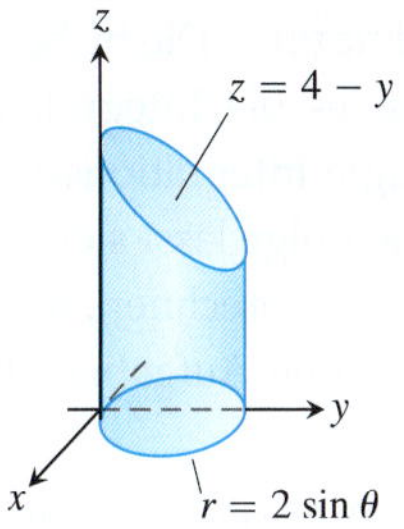

11. D ist der massive gerade Zylinder, dessen Grundfläche in der xy-Ebene das Gebiet ist, das im Innern der Kardioide $r = 1 + \cos\theta$ und außerhalb des Kreises $r = 1$ liegt. Die Deckfläche des Zylinders liegt in der Ebene $z = 4$.

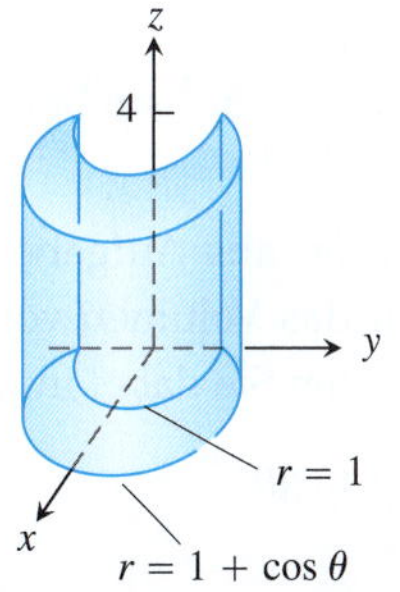

12. D ist das Prisma, dessen Grundfläche das Dreieck in der xy-Ebene zwischen der x-Achse und den Geraden $y = x$ und $x = 1$ ist und dessen Deckfläche in der Ebene $z = 2 - y$ liegt.

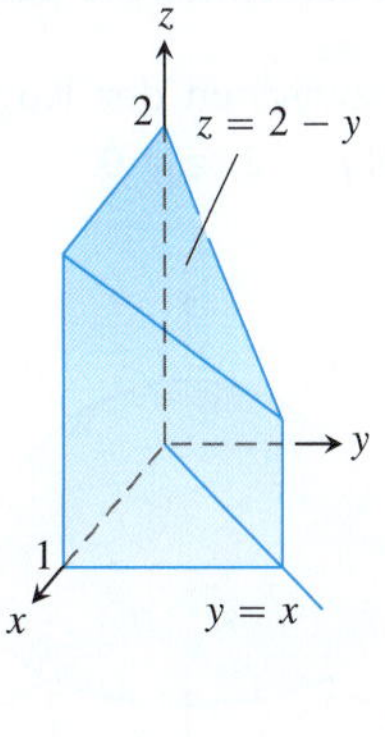

Integrale in Kugelkoordinaten berechnen Berechnen Sie in den Aufgaben 13–15 die Integrale in Kugelkoordinaten.

13. $\displaystyle\int_0^{\pi}\int_0^{\pi}\int_0^{2\sin\varphi} \rho^2 \sin\varphi \, d\rho \, d\varphi \, d\theta$

14. $\displaystyle\int_0^{2\pi}\int_0^{\pi}\int_0^{(1-\cos\varphi)/2} \rho^2 \sin\varphi \, d\rho \, d\varphi \, d\theta$

15. $\displaystyle\int_0^{2\pi}\int_0^{\pi/3}\int_{1/\cos\varphi}^{2} 3\rho^2 \sin\varphi \, d\rho \, d\varphi \, d\theta$

Vertauschen der Integrationsreihenfolge bei Integralen in Kugelkoordinaten Die bisherigen Integrale lassen vermuten, dass es bei Integralen in Kugelkoordinaten eine bevorzugte Integrationsreihenfolge gibt. Mit einer anderen Reihenfolge lässt sich das Integral aber in der Regel genauso gut berechnen, manchmal sogar besser. Berechnen Sie in den Aufgaben 16–19 die Integrale.

16. $\displaystyle\int_0^{2}\int_{-\pi}^{0}\int_{\pi/4}^{\pi/2} \rho^3 \sin 2\varphi \, d\varphi \, d\theta \, d\rho$

17. $\displaystyle\int_{\pi/6}^{\pi/3}\int_{1/\cos\varphi}^{2/\sin\varphi}\int_0^{2\pi} \rho^2 \sin\varphi \, d\theta \, d\rho \, d\varphi$

18. $\displaystyle\int_0^{1}\int_0^{\pi}\int_0^{\pi/4} 12\rho \sin^3\varphi \, d\varphi \, d\theta \, d\rho$

19. $\displaystyle\int_{\pi/6}^{\pi/2}\int_{-\pi/2}^{\pi/2}\int_{1/\sin\varphi}^{2} 5\rho^4 \sin^3\varphi \, d\rho \, d\theta \, d\varphi$

20. Sei D das Gebiet aus Aufgabe 8. Stellen Sie das Dreifachintegral für das Volumen von D in Kugelkoordinaten auf. Integrieren Sie dabei in der Reihenfolge

a. $d\rho \, d\varphi \, d\theta$ **b.** $d\varphi \, d\rho \, d\theta$

Iterierte Integrale in Kugelkoordinaten bestimmen
a. Bestimmen Sie in den Aufgaben 21–24 die Integrationsgrenzen für die Integrale in Kugelkoordinaten, mit denen Sie das Volumen des angegebenen Körpers bestimmen, und **b.** berechnen Sie dann das Integral.

21. Der Körper zwischen der Kugelfläche $\rho = \cos\varphi$ und der Halbkugel $\rho = 2$, $z \geq 0$.

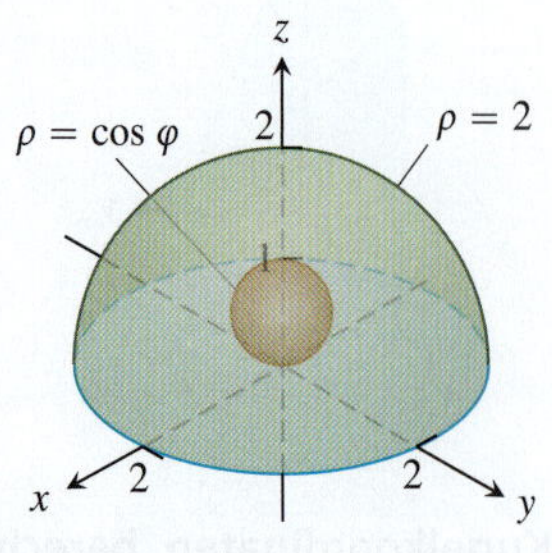

22. Der von der Rotationskardioide $\rho = 1 + \cos\varphi$ eingeschlossene Körper.

23. Der Körper zwischen der Kugelfläche $\rho = 2\cos\varphi$ und dem Kegel $z = \sqrt{x^2+y^2}$.

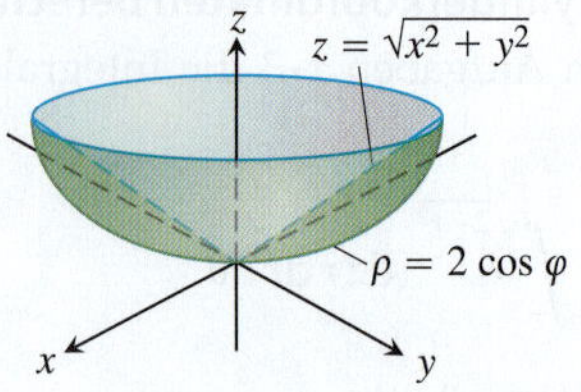

24. Der Körper über der xy-Ebene und unter dem Kegel $\varphi = \pi/3$, der seitlich von der Kugelfläche $\rho = 2$ begrenzt wird.

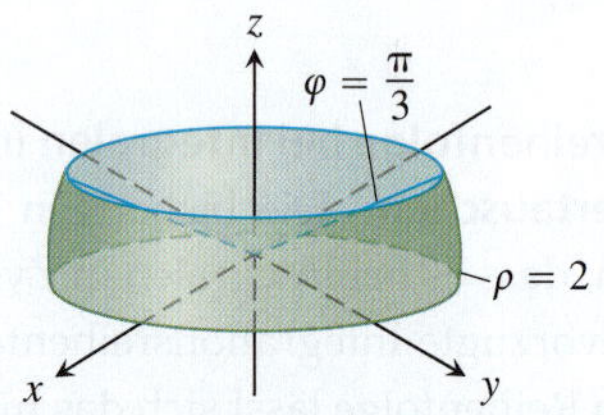

Dreifachintegrale bestimmen

25. Stellen Sie die Integrale für das Volumen der massiven Kugel $\rho \leq 2$ auf:

a. in Kugelkoordinaten

b. in Zylinderkoordinaten

c. in kartesischen Koordinaten.

26. Zerlegen Sie eine massive Kugel mit einem Radius von 2 Längeneinheiten mithilfe einer Ebene, die eine Längeneinheit vom Mittelpunkt der Kugel entfernt ist, in zwei Teile. Das Gebiet D sei der kleinere der beiden Teile. Drücken Sie das Volumen von D als ein iteriertes Dreifachintegral aus **a.** in Kugelkoordinaten, **b.** in Zylinderkoordinaten und **c.** in kartesischen Koordinaten. **d.** Berechnen Sie dann aus einem der drei Dreifachintegrale das Volumen des Gebiets D.

Volumina Bestimmen Sie in den Aufgaben 27–32 jeweils das Volumen des abgebildeten Körpers.

27.

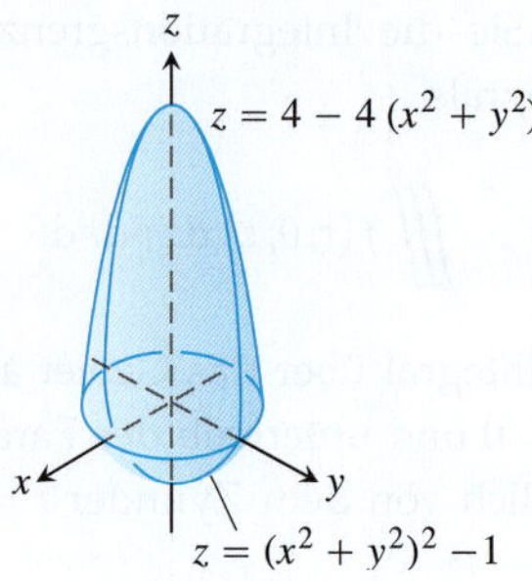

28.

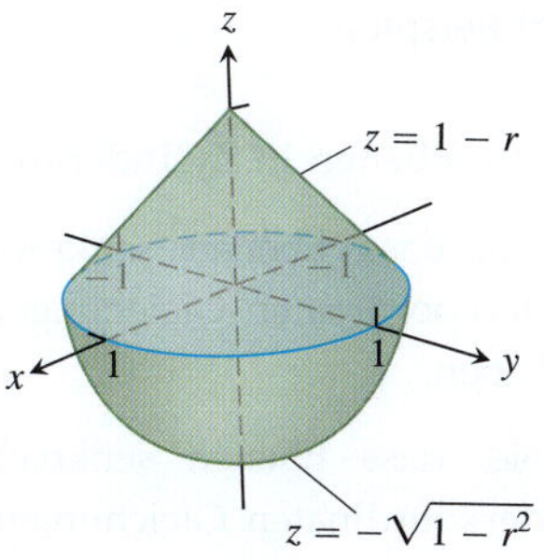

29.

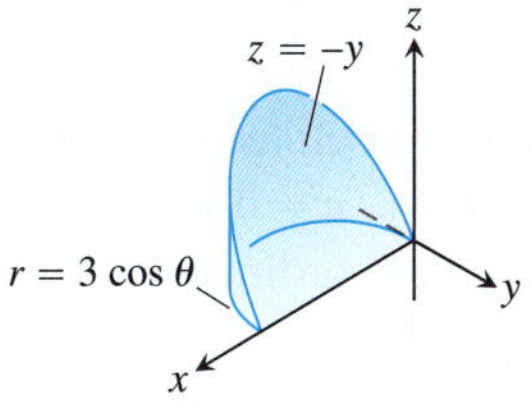

30.

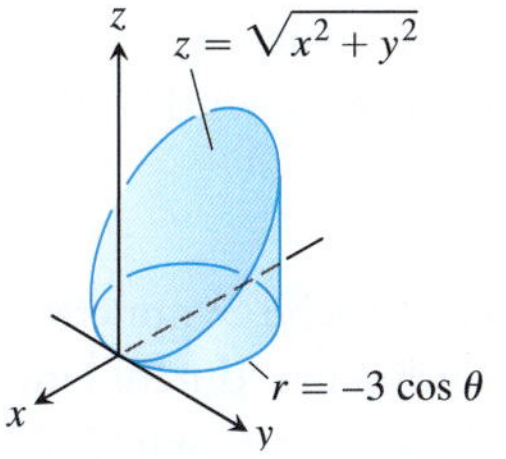

31.

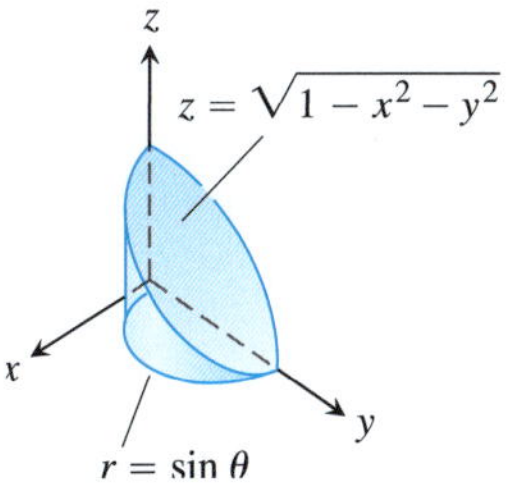

32.

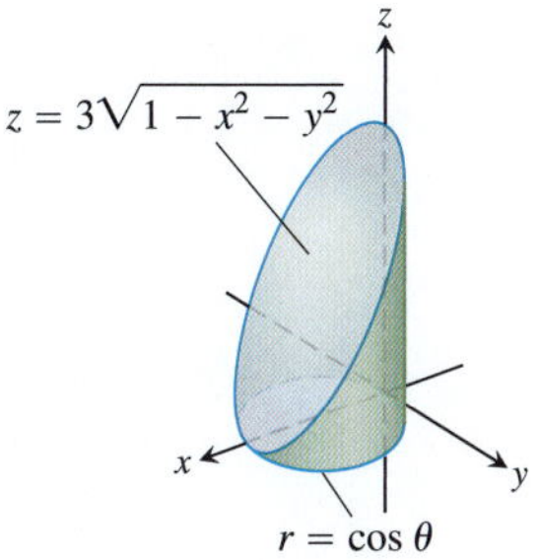

33. Kugel und Kegel Bestimmen Sie das Volumen des Teils einer massiven Kugel $\rho \leq a$, der zwischen den Kegeln $\varphi = \pi/3$ und $\varphi = 2\pi/3$ liegt.

34. Kugel und Ebene Zerlegen Sie die massive Kugel $\rho \leq 2$ mithilfe der Ebene $z = 1$ in zwei Teile. Bestimmen Sie das Volumen des kleineren Teils.

35. Zylinder und Paraboloid Bestimmen Sie das Volumen des Gebiets über der Ebene $z = 0$ und unter dem Paraboloid $z = x^2 + y^2$, das seitlich von dem Zylinder $x^2 + y^2 = 1$ begrenzt wird.

36. Zylinder und Kegel Bestimmen Sie das Volumen des Körpers, der durch die Kegel $z = \pm\sqrt{x^2+y^2}$ aus dem dickwandigen Zylinder $1 \leq x^2 + y^2 \leq 2$ herausgeschnitten wird.

37. Zylinder und Ebenen Bestimmen Sie das Volumen des von dem Zylinder $x^2 + y^2 = 4$ und den Ebenen $z = 0$ und $y + z = 4$ eingeschlossenen Gebiets.

38. Gebiet zwischen Paraboloiden Bestimmen Sie das Volumen des Gebiets zwischen den Paraboloiden $z = 5 - x^2 - y^2$ und $z = 4x^2 + 4y^2$.

39. Zylinder und Kugel Bestimmen Sie das Volumen des Gebiets, das die Kugel $x^2 + y^2 + z^2 = 4$ aus dem massiven Zylinder $x^2 + y^2 \leq 1$ herausschneidet.

Mittelwerte

40. Bestimmen Sie den Mittelwert der Funktion $f(r,\theta,z) = r$ über dem Gebiet, das von dem Zylinder $r = 1$ zwischen den Ebenen $z = -1$ und $z = 1$ umschlossen wird.

41. Bestimmen Sie den Mittelwert der Funktion $f(r,\theta,z) = r$ über der massiven Kugel mit dem Rand $r^2 + z^2 = 1$. (Das ist die Kugelfläche $x^2 + y^2 + z^2 = 1$.)

42. Bestimmen Sie den Mittelwert der Funktion $f(\rho,\varphi,\theta) = \rho$ über der massiven Kugel $\rho \leq 1$.

Massen, Momente und Schwerpunkte

43. Massenmittelpunkt Ein Körper mit konstanter Dichte liegt über der Ebene $z = 0$, unter dem Kegel $z = r$, $r \geq 0$ und wird seitlich durch den Zylinder $r = 1$ begrenzt. Bestimmen Sie seinen Massenmittelpunkt.

44. Schwerpunkt Bestimmen Sie den Schwerpunkt des Körpers aus Aufgabe 24.

45. Schwerpunkt Bestimmen Sie den Schwerpunkt des Gebiets über der xy-Ebene und unter der Fläche $z = \sqrt{r}$, das seitlich durch den Zylinder $r = 4$ begrenzt wird.

46. Trägheitsmoment eines massiven Kegels Bestimmen Sie das Trägheitsmoment eines geraden Kreiskegels mit einer Grundfläche vom Radius 1 und der Höhe 1 um eine Achse durch die Spitze, die parallel zur Grundfläche ist. (Es sei $\delta = 1$.)

47. Trägheitsmoment eines massiven Kegels Bestimmen Sie das Trägheitsmoment eines geraden Kreiskegels mit einer Grundfläche vom Radius a und der Höhe h um seine Symmetrieachse. (*Hinweis*: Legen Sie die Spitze des Kegels in den Ursprung und die Symmetrieachse auf die z-Achse.)

48. **Veränderliche Dichte** Ein Körper liegt zwischen dem Kegel $z = \sqrt{x^2 + y^2}$ und der Ebene $z = 1$. Bestimmen Sie seinen Massenmittelpunkt und sein Trägheitsmoment um die z-Achse, wenn seine Dichte gegeben ist durch:

a. $\delta(r, \theta, z) = z$ **b.** $\delta(r, \theta, z) = z^2$.

49. **Massenmittelpunkt eines massiven Halbellipsoids** Zeigen Sie, dass der Massenmittelpunkt eines massiven Rotationshalbellipsoids $(r^2/a^2) + (z^2/h^2) \leq 1$, $z \geq 0$ auf der z-Achse liegt, und zwar bei drei Achteln des Abstands zwischen der Grundfläche und der Oberkante. Im Spezialfall $h = a$ ergibt sich eine massive Halbkugel. Folglich liegt auch der Massenmittelpunkt einer massiven Halbkugel auf der Symmetrieachse bei drei Achteln des Abstands zwischen der Grundfläche und der Oberkante.

50. **Dichte im Mittelpunkt eines Planeten** Ein Planet habe die Form einer Kugel mit dem Radius R und die Gesamtmasse M. Seine kugelsymmetrische Dichteverteilung wächst zum Mittelpunkt hin linear. Wie groß ist die Dichte im Mittelpunkt des Planeten, wenn seine Dichte an seinem Rand (an der Planetenoberfläche) null sein soll?

Theorie und Beispiele

51. **Vertikale Ebenen in Zylinderkoordinaten**

a. Zeigen Sie, dass Ebenen senkrecht zur x-Achse in Zylinderkoordinaten Gleichungen der Form $r = a/\cos\theta$ haben.

b. Zeigen Sie, dass Ebenen senkrecht zur y-Achse in Zylinderkoordinaten Gleichungen der Form $r = 1/\sin\theta$ haben.

52. *Fortsetzung von Aufgabe 51* Bestimmen Sie für die Ebene $ax + by =, c \neq 0$ eine Gleichung der Form $r = f(\theta)$ in Zylinderkoordinaten.

53. **Symmetrie** Welche Symmetrie hat eine Fläche, die in Zylinderkoordinaten durch eine Gleichung der Form $r = f(z)$ beschrieben wird? Erläutern Sie Ihre Antwort.

54. **Symmetrie** Welche Symmetrie hat eine Fläche, die in Kugelkoordinaten durch eine Gleichung der Form $\rho = f(\varphi)$ beschrieben wird? Erläutern Sie Ihre Antwort.

15.8 Substitution in Mehrfachintegralen

In diesem Abschnitt wollen wir Sie in die Konzepte der Koordinatentransformation einführen. Sie werden lernen, wie man die Substitution bei Mehrfachintegralen einsetzt, um aus komplizierten Integralen Integrale zu machen, die sich leichter berechnen lassen. Dabei erreichen wir durch die Substitution entweder eine Vereinfachung des Integranden, eine Vereinfachung der Integrationsgrenzen oder beides. Eine grundlegende Diskussion der Transformationen und Substitutionen bei Funktionen von mehreren Variablen und der *Jacobi-Matrix* überlassen wir lieber einer fortgeschrittenen Vorlesung, nachdem Sie etwas mehr über lineare Algebra gelernt haben.

Substitution in Doppelintegralen

Die Substitution von Polarkoordinaten aus Abschnitt 15.4 ist ein Spezialfall einer allgemeineren Substitutionsmethode für Doppelintegrale, die Änderungen in Variablen als Transformationen von Gebieten darstellt.

Nehmen wir an, dass ein Gebiet G in der uv-Ebene durch Gleichungen der Form

$$x = g(u,v), \qquad y = h(u,v)$$

bijektiv in das Gebiet R in der xy-Ebene abgebildet (transformiert) wird (►Abbildung 15.53). Wir nennen R das **Bild** von G unter der Transformation und G das **Urbild** von R. Jede auf R definierte Funktion $f(x,y)$ können wir auch als eine Funktion $f(g(u,v),\ h(u,v))$ auf G betrachten. Welchen Zusammenhang gibt es zwischen dem Integral von $f(x,y)$ über R und dem Integral von $f(g(u,v),h(u,v))$ über G?

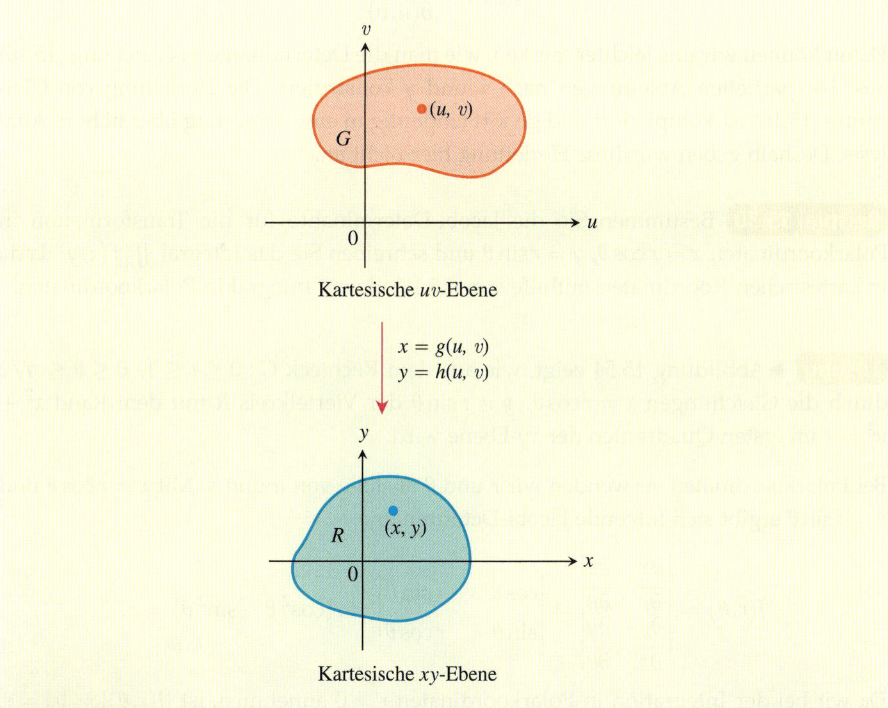

Abbildung 15.53 Mithilfe der Gleichungen $x = g(u,v)$, $y = h(u,v)$ können wir ein Integral über ein Gebiet R in der xy-Ebene wie in (15.15) in ein Integral über ein Gebiet G in der uv-Ebene umwandeln.

Die Antwort lautet: Haben g und h stetige partielle Ableitungen und ist $J(u,v)$ (diese Größe werden wir gleich einführen) – wenn überhaupt – nur an isolierten Punkten null, so gilt

$$\iint\limits_R f(x,y)\,\mathrm{d}x\,\mathrm{d}y = \iint\limits_G f(g(u,v),\ h(u,v))|J(u,v)|\,\mathrm{d}u\,\mathrm{d}v\,. \tag{15.15}$$

Beide Integrale in (15.15) können – wieder mit den entsprechenden Grenzen für x und y bzw. u und v – als iterierte Integrale aufgefasst und berechnet werden.

Der Faktor $J(u,v)$, dessen Betrag in Gleichung (15.15) vorkommt, ist die *Jacobi-Determinante* bzw. *Funktionaldeterminante* der Koordinatentransformation, die nach dem deutschen Mathematiker Carl Jacobi benannt ist. Sie ist ein Maß dafür, wie stark sich ein Gebiet um einen Punkt in G ausdehnt oder zusammenzieht, wenn G in R transformiert wird.

Definition Die **Jacobi-Determinante** der Koordinatentransformation $x = g(u,v), y = h(u,v)$ ist

$$J(u,v) = \begin{vmatrix} \frac{\partial x}{\partial u} & \frac{\partial x}{\partial v} \\ \frac{\partial y}{\partial u} & \frac{\partial y}{\partial v} \end{vmatrix} = \frac{\partial x}{\partial u}\frac{\partial y}{\partial v} - \frac{\partial y}{\partial u}\frac{\partial x}{\partial v}. \tag{15.16}$$

Unsere Bezeichnung für die Jacobi-Determinante ist

$$J(u,v) = \frac{\partial(x,y)}{\partial(u,v)}.$$

Damit können wir uns leichter merken, wie man die Determinante in Gleichung (15.16) aus den partiellen Ableitungen nach x und y konstruiert. Die Herleitung von Gleichung (15.16) ist kompliziert und gehört eindeutig in eine Vorlesung über höhere Analysis. Deshalb geben wir diese Herleitung hier nicht an.

Beispiel 15.30 Bestimmen Sie die Jacobi-Determinante für die Transformation in Polarkoordinaten $x = r\cos\theta$, $y = r\sin\theta$ und schreiben Sie das Integral $\iint_R f(x,y)\,\mathrm{d}x\,\mathrm{d}y$ in kartesischen Koordinaten mithilfe von (15.16) als ein Integral in Polarkoordinaten.

Lösung ►Abbildung 15.54 zeigt, wie aus dem Rechteck $G: 0 \le r \le 1,\ 0 \le \theta \le \pi/2$ durch die Gleichungen $x = r\cos\theta,\ y = r\sin\theta$ der Viertelkreis R mit dem Rand $x^2 + y^2 = 1$ im ersten Quadranten der xy-Ebene wird.

Bei Polarkoordinaten verwenden wir r und θ anstelle von u und v. Mit $x = r\cos\theta$ und $y = r\sin\theta$ ergibt sich folgende Jacobi-Determinante:

$$J(r,\theta) = \begin{vmatrix} \frac{\partial x}{\partial r} & \frac{\partial x}{\partial \theta} \\ \frac{\partial y}{\partial r} & \frac{\partial y}{\partial \theta} \end{vmatrix} = \begin{vmatrix} \cos\theta & -r\sin\theta \\ \sin\theta & r\cos\theta \end{vmatrix} = r(\cos^2\theta + \sin^2\theta) = r\,.$$

Da wir bei der Integration in Polarkoordinaten $r \ge 0$ annehmen, ist $|J(r,\theta)| = |r| = r$, sodass sich aus Gleichung (15.17) ergibt:

$$\iint\limits_R f(x,y)\,\mathrm{d}x\,\mathrm{d}y = \iint\limits_G f(r\cos\theta, r\sin\theta)\,r\,\mathrm{d}r\,\mathrm{d}\theta\,. \tag{15.17}$$

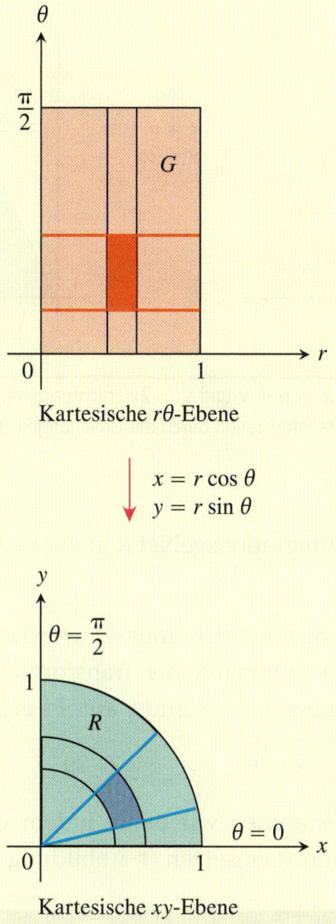

Abbildung 15.54 Die Gleichungen $x = r\cos\theta$, $y = r\sin\theta$ transformieren G in R.

Unabhängig davon haben wir diese Formel mithilfe eines geometrischen Arguments bereits im Abschnitt 15.4 über Polarkoordinaten hergeleitet.

Bedenken Sie, dass das Integral auf der rechten Seite von Gleichung (15.17) nicht das Integral von $f(r\cos\theta, r\sin\theta)$ über ein Gebiet in der Polarebene ist. Vielmehr ist es das Integral des Produkts von $f(r\cos\theta, r\sin\theta)$ und r über ein Gebiet G in der *kartesischen* $r\theta$-Ebene. ■

Nun folgt ein Beispiel für eine Substitution, bei der das Bild des Rechtecks unter der Koordinatentransformation ein Parallelogramm ist. Solche Transformationen nennt man auch **lineare Transformationen**.

Vereinfachung eines Integrals durch Koordinatentransformation

Beispiel 15.31 Berechnen Sie das Integral

$$\int_0^4 \int_{x=y/2}^{x=(y/2)+1} \frac{2x-y}{2}\,\mathrm{d}x\,\mathrm{d}y$$

durch Anwenden der Transformation

$$u = \frac{2x-y}{2}, \quad v = \frac{y}{2} \tag{15.18}$$

und Integration über das entsprechende Gebiet in der uv-Ebene.

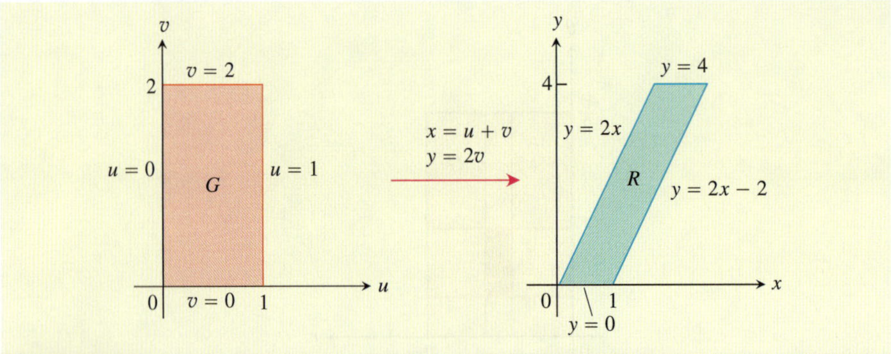

Abbildung 15.55 Die Gleichungen $x = u + v$ und $y = 2v$ transformieren das Gebiet G in das Gebiet R. Die Umkehrung der Transformation durch die Gleichungen $u = 2x - y)/2$ und $v = y/2$ transformiert R in G.

Lösung Wir skizzieren das Integrationsgebiet R in der xy-Ebene und beschriften seine Ränder (▶Abbildung 15.55).

Um Gleichung 15.15 anwenden zu können, müssen wir das entsprechende Gebiet G in der uv-Ebene und die Jacobi-Determinante der Transformation bestimmen. Dazu lösen wir die Gleichungen (15.18) zuerst nach x und y auf. Es ergibt sich

$$x = u + v, \qquad y = 2v. \tag{15.19}$$

Die Ränder des Gebiets G bestimmen wir dann, indem wir diese Ausdrücke in die Gleichungen für die Ränder von R einsetzen (▶Abbildung 15.55).

xy-Gleichungen für den Rand von R	Entsprechende uv-Gleichungen für den Rand von G	Vereinfachte uv-Gleichungen
$x = y/2$	$u + v = 2v/2 = v$	$u = 0$
$x = (y/2) + 1$	$u + v = (2v/2) + 1 = v + 1$	$u = 1$
$y = 0$	$2v = 0$	$v = 0$
$y = 4$	$2v = 4$	$v = 2$

Für die Jacobi-Determinante der Transformation erhalten wir (wieder aus den Gleichungen (15.19))

$$J(u,v) = \begin{vmatrix} \dfrac{\partial x}{\partial u} & \dfrac{\partial x}{\partial v} \\[2ex] \dfrac{\partial y}{\partial u} & \dfrac{\partial y}{\partial v} \end{vmatrix} = \begin{vmatrix} \dfrac{\partial}{\partial u}(u+v) & \dfrac{\partial}{\partial v}(u+v) \\[2ex] \dfrac{\partial}{\partial u}(2v) & \dfrac{\partial}{\partial v}(2v) \end{vmatrix} = \begin{vmatrix} 1 & 1 \\ 0 & 2 \end{vmatrix} = 2.$$

Nun sind wir gerüstet, um Gleichung (15.15) anzuwenden:

$$\begin{aligned} \int_0^4 \int_{x=y/2}^{x=(y/2)+1} \frac{2x-y}{2}\,\mathrm{d}x\,\mathrm{d}y &= \int_{v=0}^{v=2} \int_{u=0}^{u=1} u|J(u,\,v)|\,\mathrm{d}u\,\mathrm{d}v \\ &= \int_0^2 \int_0^1 (u)(2)\,\mathrm{d}u\,\mathrm{d}v = \int_0^2 \left[u^2\right]_0^1 \mathrm{d}v = \int_0^2 \mathrm{d}v = 2. \end{aligned}$$ ■

Vereinfachung eines Integrals durch Koordinatentransformation

Beispiel 15.32 Berechnen Sie das Integral

$$\int_0^1 \int_0^{1-x} \sqrt{x+y}\,(y-2x)^2\,\mathrm{d}y\,\mathrm{d}x.$$

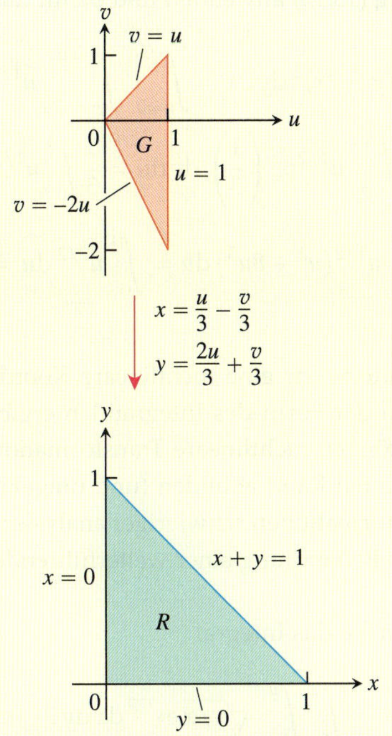

Abbildung 15.56 Die Gleichungen $x = (u/3) - (v/3)$ und $y = (2u/3) + (v/3)$ transformieren das Gebiet G in R. Die Umkehrung der Transformation durch die Gleichungen $u = x + y$ und $v = y - 2x$ transformiert R in G.

Lösung Wir skizzieren das Integrationsgebiet R in der xy-Ebene und beschriften seine Ränder (▶Abbildung 15.56). Wenn wir uns den Integranden ansehen, liegt die Transformation $u = x + y$ und $v = y - 2x$ nahe. Nach etwas Rechenarbeit erhalten wir x und y als Funktionen von u und v:

$$x = \frac{u}{3} - \frac{v}{3}, \quad y = \frac{2u}{3} + \frac{v}{3} \tag{15.20}$$

Mithilfe der Gleichungen (15.20) können wir die Ränder des Gebiets G in der uv-Ebene bestimmen (▶Abbildung 15.56).

xy-Gleichungen für den Rand von R	Entsprechende uv-Gleichungen für den Rand von G	Vereinfachte uv-Gleichungen
$x + y = 1$	$\left(\frac{u}{3} - \frac{v}{3}\right) + \left(\frac{2u}{3} + \frac{v}{3}\right) = 1$	$u = 1$
$x = 0$	$\frac{u}{3} - \frac{v}{3} = 0$	$v = u$
$y = 0$	$\frac{2u}{3} + \frac{v}{3} = 0$	$v = -2u$

Die Jacobi-Determinante der Transformation aus den Gleichungen (15.20) ist

$$J(u,v) = \begin{vmatrix} \frac{\partial x}{\partial u} & \frac{\partial x}{\partial v} \\ \frac{\partial y}{\partial u} & \frac{\partial y}{\partial v} \end{vmatrix} = \begin{vmatrix} \frac{1}{3} & -\frac{1}{3} \\ \frac{2}{3} & \frac{1}{3} \end{vmatrix} = \frac{1}{3}.$$

Nun können wir Gleichung (15.15) anwenden und damit das Integral berechnen:

$$\begin{aligned}\int_0^1 \int_0^{1-x} \sqrt{x+y}(y-2x)^2 \, dy\, dx &= \int_{u=0}^{u=1} \int_{v=-2u}^{v=u} u^{1/2} v^2 |J(u,v)| \, dv\, du \\ &= \int_0^1 \int_{-2u}^{u} u^{1/2} v^2 \left(\frac{1}{3}\right) dv\, du = \frac{1}{3} \int_0^1 u^{1/2} \left[\frac{1}{3} v^3\right]_{v=-2u}^{v=u} du \\ &= \frac{1}{9} \int_0^1 u^{1/2} (u^3 + 8u^3)\, du = \int_0^1 u^{7/2}\, du = \frac{2}{9} u^{9/2} \Big]_0^1 = \frac{2}{9}.\end{aligned}$$

Im nächsten Beispiel erläutern wir eine nichtlineare Koordinatentransformation, die sich aus dem Vereinfachen der Form des Integranden ergibt. Wie die Transformationen in Polarkoordinaten können nichtlineare Transformationen die Randgerade eines Gebiets auf einen gekrümmten Rand abbilden (und umgekehrt). Im Allgemeinen lassen sich nichtlineare Transformationen schwieriger analysieren als lineare. Daher überlassen wir die vollständige Behandlung einer weiterführenden Vorlesung.

Vereinfachung eines Integrals durch eine nichtlineare Transformation

Beispiel 15.33 Berechnen Sie das Integral

$$\int_1^2 \int_{1/y}^{y} \sqrt{y/x}\, e^{\sqrt{xy}}\, dx\, dy\,.$$

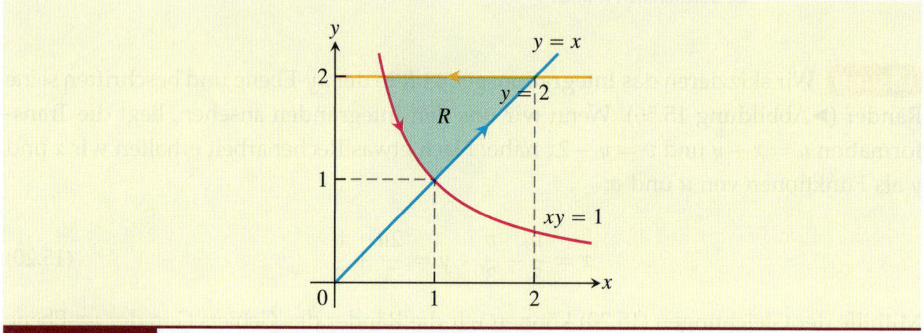

Abbildung 15.57 Das Integrationsgebiet R aus Beispiel 15.33.

Lösung Wenn wir uns die Terme mit der Quadratwurzel im Integranden ansehen, liegt die Vermutung nahe, dass wir die Integration vereinfachen können, indem wir $u = \sqrt{xy}$ und $v = \sqrt{y/x}$ substituieren. Quadrieren wir diese Gleichungen, so erhalten wir sofort $u^2 = xy$ und $v^2 = y/x$, woraus sich $u^2v^2 = y^2$ und $u^2/v^2 = x^2$ ergibt. So erhalten wir die Transformation

$$x = \frac{u}{v} \quad \text{und} \quad y = uv\,.$$

Sehen wir uns zunächst an, was bei der Transformation mit dem Integranden passiert. Die Jacobi-Determinante der Transformation ist

$$J(u,v) = \begin{vmatrix} \dfrac{\partial x}{\partial u} & \dfrac{\partial x}{\partial v} \\ \dfrac{\partial y}{\partial u} & \dfrac{\partial y}{\partial v} \end{vmatrix} = \begin{vmatrix} \dfrac{1}{v} & \dfrac{-u}{v^2} \\ v & u \end{vmatrix} = \frac{2u}{v}.$$

Für das Integrationsgebiet G in der uv-Ebene ist das mithilfe von Gleichung (15.15) transformierte Doppelintegral nach der Substitution:

$$\iint\limits_R \sqrt{y/x}\, e^{\sqrt{xy}}\, dx\, dy = \iint\limits_G v\, e^u \frac{2u}{v} du\, dv = \iint\limits_G 2ue^u\, du\, dv\,.$$

Die transformierte Funktion im Integranden lässt sich tatsächlich leichter integrieren als die ursprüngliche Funktion. Nun bestimmen wir die Integrationsgrenzen für das transformierte Integral.

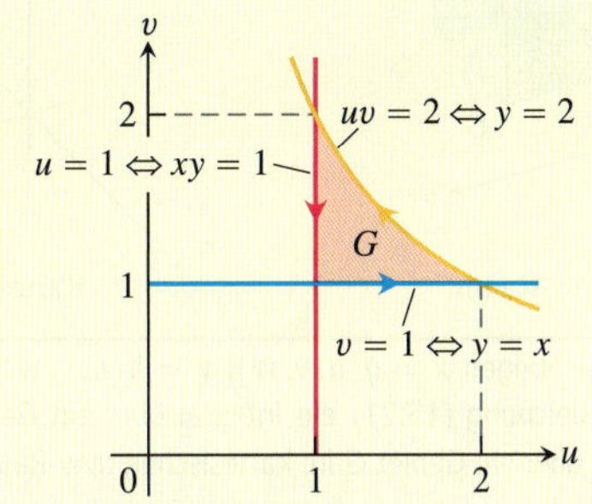

Abbildung 15.58 Die Ränder des Gebiets G entsprechen denen des Gebiets R aus ▶Abbildung 15.57. Bedenken Sie, dass wir uns entgegen dem Uhrzeigersinn um das Gebiet R bewegen. Deshalb bewegen wir uns auch um das Gebiet G entgegen dem Uhrzeigersinn. Aus dem Gebiet R erhalten wir mithilfe der inversen Transformationsgleichungen $u = \sqrt{xy}$, $v = \sqrt{y/x}$ das Gebiet G.

Das Integrationsgebiet R des ursprünglichen Integrals in der xy-Ebene ist in ▶Abbildung 15.57 dargestellt. Den Substitutionsgleichungen $u = \sqrt{xy}$ und $v = \sqrt{y/x}$ entnehmen wir, dass das Bild des linken Randes $xy = 1$ der vertikale Geradenabschnitt $u = 1$, $2 \geq v \geq 1$ in G ist (▶Abbildung 15.58). Genauso wird der rechte Rand $y = x$ von R auf den horizontalen Geradenabschnitt $v = 1$, $1 \leq u \leq 2$ in G abgebildet. Schließlich wird der horizontale obere Rand $y = 2$ von R auf $uv = 2$, $1 \leq v \leq 2$ in G abgebildet. Da wir uns entgegen dem Uhrzeigersinn um den Rand des Gebiets R bewegen, gilt das auch für den Rand von G, wie in ▶Abbildung 15.58 dargestellt. Aus der Kenntnis des Integrationsgebiets G in der uv-Ebene können wir nun äquivalente iterierte Integrale angeben:

$$\int_1^2 \int_{1/y}^{y} \sqrt{\frac{y}{x}} e^{\sqrt{xy}}\, dx\, dy = \int_1^2 \int_1^{2/u} 2u\, e^u\, dv\, du\,.$$

Integrationsreihenfolge beachten

Nun berechnen wir das transformierte Integral auf der rechten Seite

$$\begin{aligned}
\int_1^2 \int_1^{2/u} 2u\, e^u\, dv\, du &= 2\int_1^2 \left[vu\, e^u\right]_{v=1}^{v=2/u} du \\
&= 2\int_1^2 (2e^u - ue^u)\, du \\
&= 2\int_1^2 (2-u)\, e^u\, du \\
&= 2\Big[(2-u)e^u + e^u\Big]_{u=1}^{u=2} \\
&= 2(e^2 - (e + e)) = 2e(e-2)\,.
\end{aligned}$$

Substitution in Dreifachintegralen

Die Substitutionen von Zylinder- und Kugelkoordinaten aus Abschnitt 15.7 sind ein Spezialfall der Substitutionsmethode, die Variablentransformationen in Dreifachintegralen als Transformationen dreidimensionaler Gebiete darstellt. Die Methode ähnelt der Methode bei Doppelintegralen, nur dass wir nun in drei Dimensionen arbeiten.

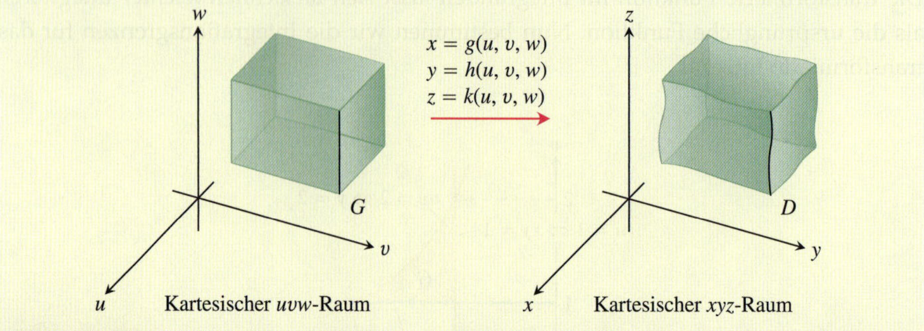

Abbildung 15.59 Durch die Gleichungen $x = g(u,v,w)$, $y = h(u,v,w)$ und $z = k(u,v,w)$ können wir mithilfe von Gleichung (15.21) ein Integral über ein Gebiet D im kartesischen xyz-Raum in ein Integral über ein Gebiet G im kartesischen uvw-Raum umwandeln.

Wir nehmen an, dass ein Gebiet G im uvw-Raum durch differenzierbare Gleichungen der Form

$$x = g(u,v,w), \quad y = h(u,v,w), \quad z = k(u,v,w)$$

eineindeutig auf das Gebiet D im xyz-Raum abgebildet wird (►Abbildung 15.59). Dann kann man jede auf D definierte Funktion $F(x,y,z)$ als eine auf G definierte Funktion

$$F(g(u,v,w),\, h(u,v,w),\, k(u,v,w)) = H(u,v,w)$$

betrachten. Unter bestimmten Voraussetzungen an g, h, k sowie die gleich eingeführte Größe $J(u,v,w)$, etwa dass g, h, und k stetige partielle Ableitungen haben und $J(u,v,w)$ höchstens an isolierten Punkten gleich 0 ist, besteht zwischen dem Integral von $F(x,y,z)$ über D und dem Integral von $H(u,v,w)$ über G der Zusammenhang

$$\iiint\limits_D F(x,y,z)\,\mathrm{d}x\,\mathrm{d}y\,\mathrm{d}z = \iiint\limits_G H(u,v,w)|J(u,\ v,\ w)|\,\mathrm{d}u\,\mathrm{d}v\,\mathrm{d}w\,. \qquad (15.21)$$

Beide Integrale in (15.21) können – wieder mit den entsprechenden Integrationsgrenzen für x, y und z, bzw. u, v und w versehen – als iterierte Integrale aufgefasst und berechnet werden. Der Faktor $J(u,v,w)$, dessen Betrag in dieser Gleichung auftaucht, ist die **Jacobi-Determinante**

$$\begin{aligned} J(u,v,w) = \begin{vmatrix} \frac{\partial x}{\partial u} & \frac{\partial x}{\partial v} & \frac{\partial x}{\partial w} \\ \frac{\partial y}{\partial u} & \frac{\partial y}{\partial v} & \frac{\partial y}{\partial w} \\ \frac{\partial z}{\partial u} & \frac{\partial z}{\partial v} & \frac{\partial z}{\partial w} \end{vmatrix} &= \frac{\partial x}{\partial u}\begin{vmatrix} \frac{\partial y}{\partial v} & \frac{\partial y}{\partial w} \\ \frac{\partial z}{\partial v} & \frac{\partial z}{\partial w} \end{vmatrix} - \frac{\partial x}{\partial v}\begin{vmatrix} \frac{\partial y}{\partial u} & \frac{\partial y}{\partial w} \\ \frac{\partial z}{\partial u} & \frac{\partial z}{\partial w} \end{vmatrix} + \frac{\partial x}{\partial w}\begin{vmatrix} \frac{\partial y}{\partial u} & \frac{\partial y}{\partial v} \\ \frac{\partial z}{\partial u} & \frac{\partial z}{\partial v} \end{vmatrix} \\ &= \frac{\partial x}{\partial u}\left(\frac{\partial y}{\partial v}\frac{\partial z}{\partial w} - \frac{\partial y}{\partial w}\frac{\partial z}{\partial v}\right) - \frac{\partial x}{\partial v}\left(\frac{\partial y}{\partial u}\frac{\partial z}{\partial w} - \frac{\partial y}{\partial w}\frac{\partial z}{\partial u}\right) - \frac{\partial x}{\partial w}\left(\frac{\partial y}{\partial u}\frac{\partial z}{\partial v} - \frac{\partial y}{\partial v}\frac{\partial z}{\partial u}\right) \\ &=: \frac{\partial(x,y,z)}{\partial(u,v,w)}\,. \end{aligned}$$

Diese Determinante ist ein Maß dafür, wie stark das Volumen in der Nähe eines Punkts G bei der Transformation von (u,v,z) nach (x,y,z) gedehnt oder gestaucht wird. Wie im zweidimensionalen Fall verzichten wir auf die Herleitung von Gleichung (15.21) zur Variablentransformation.

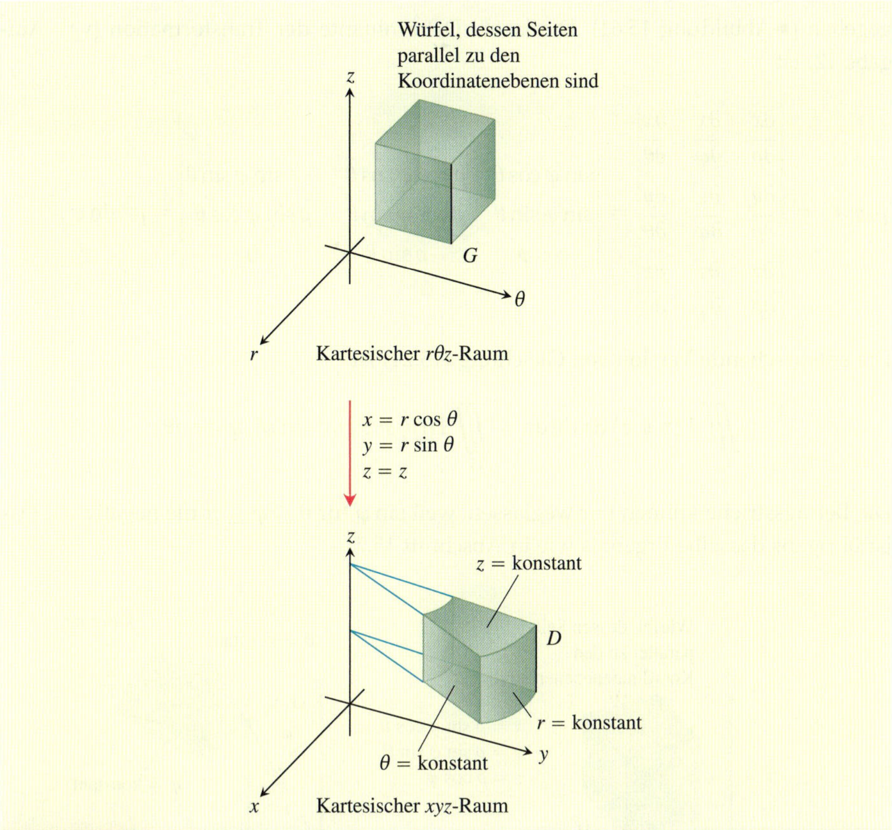

Abbildung 15.60 Durch die Gleichungen $x = r\cos\theta$, $y = r\sin\theta$ und $z = z$ wird der Würfel G in einen zylindrischen Keil D transformiert.

Bei Zylinderkoordinaten nehmen r, θ und z den Platz von u, v und w ein. Die Transformation vom kartesischen $r\theta z$-Raum in den kartesischen xyz-Raum ist durch die Gleichungen

$$x = r\cos\theta \quad y = r\sin\theta\,, \quad z = z$$

gegeben (▶Abbildung 15.60). Die Jacobi-Determinante der Transformation ist

$$J(r,\theta,z) = \begin{vmatrix} \frac{\partial x}{\partial r} & \frac{\partial x}{\partial \theta} & \frac{\partial x}{\partial z} \\ \frac{\partial y}{\partial r} & \frac{\partial y}{\partial \theta} & \frac{\partial y}{\partial z} \\ \frac{\partial z}{\partial r} & \frac{\partial z}{\partial \theta} & \frac{\partial z}{\partial z} \end{vmatrix} = \begin{vmatrix} \cos\theta & -r\sin\theta & 0 \\ \sin\theta & r\cos\theta & 0 \\ 0 & 0 & 1 \end{vmatrix}$$
$$= r\cos^2\theta + r\sin^2\theta = r\,.$$

Die entsprechende Version von Gleichung (15.21) ist

$$\iiint\limits_D F(x,y,z)\,\mathrm{d}x\,\mathrm{d}y\,\mathrm{d}z = \iiint\limits_G H(r,\theta,z)|r|\,\mathrm{d}r\,\mathrm{d}\theta\,\mathrm{d}z\,.$$

Für $r \geq 0$ können wir die Betragstriche auch weglassen.

Bei Kugelkoordinaten nehmen ρ, φ und θ den Platz von u, v und w ein. Die Transformation vom kartesischen $\rho\varphi\theta$-Raum in den kartesischen xyz-Raum ist durch die Gleichungen

$$x = \rho \sin\varphi \cos\theta, \quad y = \rho \sin\varphi \sin\theta, \quad z = \rho \cos\varphi$$

gegeben (►Abbildung 15.61). Die Jacobi-Determinante der Transformation (vgl. Aufgabe 12) ist

$$J(\rho,\varphi,\theta) = \begin{vmatrix} \dfrac{\partial x}{\partial \rho} & \dfrac{\partial x}{\partial \varphi} & \dfrac{\partial x}{\partial \theta} \\ \dfrac{\partial y}{\partial \rho} & \dfrac{\partial y}{\partial \varphi} & \dfrac{\partial y}{\partial \theta} \\ \dfrac{\partial z}{\partial \rho} & \dfrac{\partial z}{\partial \varphi} & \dfrac{\partial z}{\partial \theta} \end{vmatrix} = \begin{vmatrix} \sin\varphi\cos\theta & \rho\cos\varphi\cos\theta & -\rho\sin\varphi\sin\theta \\ \sin\varphi\sin\theta & \rho\cos\varphi\sin\theta & \rho\sin\varphi\cos\theta \\ \cos\varphi & -\rho\sin\theta & 0 \end{vmatrix} = \rho^2 \sin\varphi\,.$$

Die entsprechende Version von Gleichung (15.21) ist

$$\iiint\limits_D F(x,y,z)\,\mathrm{d}x\,\mathrm{d}y\,\mathrm{d}z = \iiint\limits_G H(\rho,\varphi,\theta)\,|\rho^2 \sin\varphi|\,\mathrm{d}\rho\,\mathrm{d}\varphi\,\mathrm{d}\theta\,.$$

Die Betragsstriche können wir weglassen, weil $\sin\varphi$ für $0 \leq \varphi \leq \pi$ nie negativ ist. Das ist übrigens dasselbe Ergebnis wie in Abschnitt 15.7.

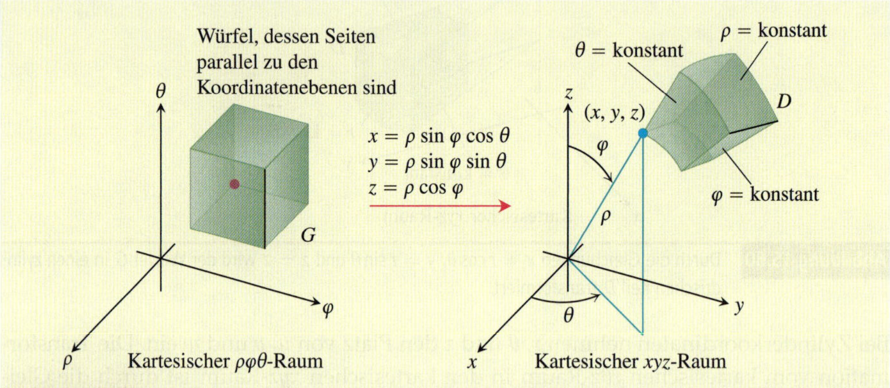

Abbildung 15.61 Die Gleichungen $x = \rho\sin\varphi\cos\theta$, $y = \rho\sin\varphi\sin\theta$ und $z = \rho\cos\varphi$ transformieren den Würfel G in den Kugelkeil D.

Nun folgt ein Beispiel für eine weitere Substitution. Obwohl wir das Integral aus diesem Beispiel auch direkt berechnen könnten, haben wir es als Anschauungsbeispiel gewählt, um die Substitutionsmethode in einem einfachen (und eingängigen) Fall zu illustrieren.

Vereinfachung eines Dreifachintegrals durch Substitution

Beispiel 15.34 Berechnen Sie das Integral

$$\int_0^3 \int_0^4 \int_{x=y/2}^{x=(y/2)+1} \left(\frac{2x-y}{2} + \frac{z}{3}\right) \mathrm{d}x\,\mathrm{d}y\,\mathrm{d}z\,,$$

indem Sie die Transformation

$$u = (2x-y)/2, \quad v = y/2, \quad w = z/3 \tag{15.22}$$

anwenden und über das entsprechende Gebiet im uvw-Raum integrieren.

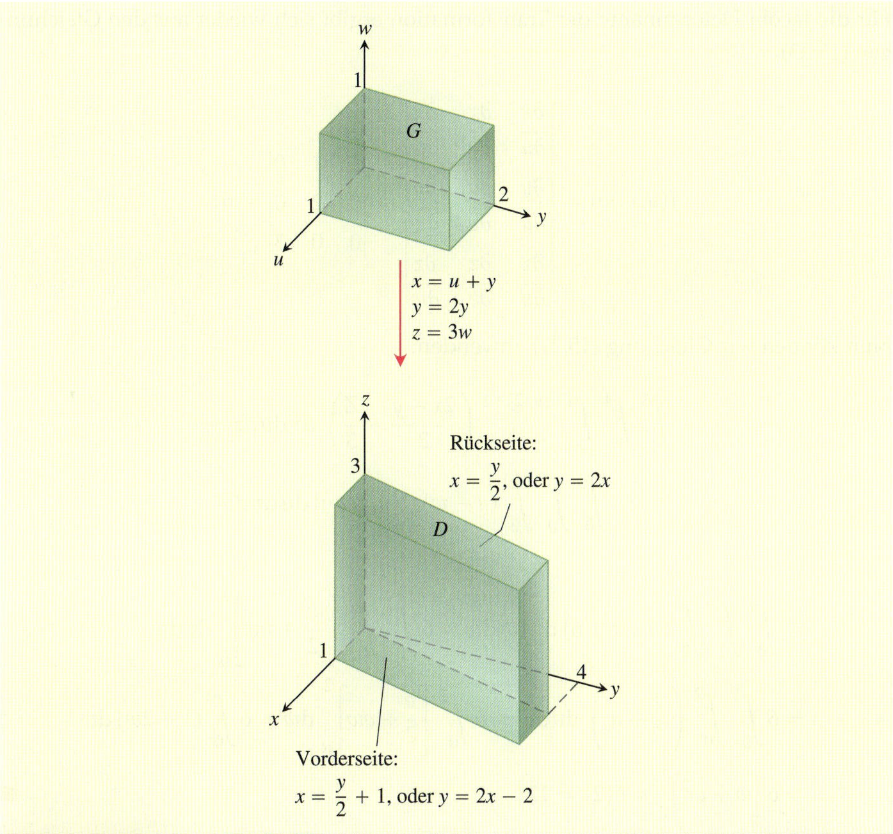

Abbildung 15.62 Die Gleichungen $x = u + v$, $y = 2v$ und $w = z/3$ transformieren das Gebiet G in das Gebiet D.

Lösung Wir skizzieren das Integrationsgebiet D im xyz-Raum und identifizieren seine Grenzflächen (►Abbildung 15.62). In diesem Fall sind die Grenzflächen Ebenen.

Um Gleichung (15.21) anwenden zu können, müssen wir das entsprechende uvw-Gebiet G und die Jacobi-Determinante der Transformation bestimmen. Dazu lösen wir zuerst die Gleichungen (15.22) nach x, y und z auf und erhalten Funktionen von u, v und w. Nach etwas Rechenarbeit ergibt sich

$$x = u + v, \quad y = 2v, \quad z = 3w\,. \tag{15.23}$$

Die Ränder von G bestimmen wir, indem wir diese Ausdrücke in die Gleichungen für die Ränder von D einsetzen:

xyz-Gleichungen für den Rand von D	Entsprechende uvw-Gleichungen für den Rand von G	Vereinfachte uvw-Gleichungen
$x = y/2$	$u + v = 2v/2 = v$	$u = 0$
$x = (y/2) + 1$	$u + v = (2v/2) + 1 = v + 1$	$u = 1$
$y = 0$	$2v = 0$	$v = 0$
$y = 4$	$2v = 4$	$v = 2$
$z = 0$	$3w = 0$	$w = 0$
$z = 3$	$3w = 3$	$w = 1$

Für die Jacobi-Determinante der Transformation ergibt sich wieder aus den Gleichungen (15.23)

$$J(u,v,w) = \begin{vmatrix} \frac{\partial x}{\partial u} & \frac{\partial x}{\partial v} & \frac{\partial x}{\partial w} \\ \frac{\partial y}{\partial u} & \frac{\partial y}{\partial v} & \frac{\partial y}{\partial w} \\ \frac{\partial z}{\partial u} & \frac{\partial z}{\partial v} & \frac{\partial z}{\partial w} \end{vmatrix} = \begin{vmatrix} 1 & 1 & 0 \\ 0 & 2 & 0 \\ 0 & 0 & 3 \end{vmatrix} = 6\,.$$

Nun können wir Gleichung (15.21) anwenden:

$$\int_0^3 \int_0^4 \int_{x=y/2}^{x=(y/2)+1} \left(\frac{2x-y}{2} + \frac{Z}{3} \right) \mathrm{d}x\,\mathrm{d}y\,\mathrm{d}z$$
$$= \int_0^1 \int_0^2 \int_0^1 (u+w)\,|J(u,v,w)|\,\mathrm{d}u\,\mathrm{d}v\,\mathrm{d}w$$

$$= \int_0^1 \int_0^2 \int_0^1 (u+w)(6)\,\mathrm{d}u\,\mathrm{d}v\,\mathrm{d}w = 6 \int_0^1 \int_0^2 \left[\frac{u^2}{2} + uw \right]_0^1 \mathrm{d}v\,\mathrm{d}w$$
$$= 6 \int_0^1 \int_0^2 \left(\frac{1}{2} + w \right) \mathrm{d}v\,\mathrm{d}w = 6 \int_0^1 \left[\frac{v}{2} + vw \right]_0^2 \mathrm{d}w = 6 \int_0^1 (1+2w)\,\mathrm{d}w$$
$$= 6 \left[w + w^2 \right]_0^1 = 6(2) = 12\,.$$

■

Aufgaben zum Abschnitt 15.8

Jacobi-Determinanten und Transformation von Gebieten in der Ebene

1. **a.** Lösen Sie das System

$$u = x - y, \quad v = 2x + y$$

nach x und y auf. Bestimmen Sie dann den Wert der Jacobi-Determinante $\partial(x,y)/\partial(u,v)$.

b. Bestimmen Sie das Bild des dreieckigen Gebiets mit den Ecken $(0,0)$, $(1,1)$ und $(1,-2)$ in der xy-Ebene unter der Transformation $u = x - y$, $v = 2x + y$. Skizzieren Sie das transformierte Gebiet in der uv-Ebene.

2. **a.** Lösen Sie das System

$$u = x + 2y, \quad v = x - y$$

nach x und y auf. Bestimmen Sie dann den Wert der Jacobi-Determinante $\partial(x,y)/\partial(u,v)$.

b. Bestimmen Sie das Bild des dreieckigen Gebietes in der xy-Ebene, welches durch die Geraden $y = 0$, $y = x$ und $x + 2y = 2$ begrenzt wird. Skizzieren Sie das transformierte Gebiet in der uv-Ebene.

3. **a.** Lösen Sie das System

$$u = 3x + 2y, \quad v = x + 4y$$

nach x und y auf. Bestimmen Sie dann den Wert der Jacobi-Determinante $\partial(x,y)/\partial(u,v)$.

b. Bestimmen Sie das Bild des dreieckigen Gebiets in der xy-Ebene, das zwischen der x-Achse, der y-Achse und der Geraden $x + y = 1$ liegt, unter der Transformation $u = 3x + 2y$, $v = x + 4y$. Skizzieren Sie das transformierte Gebiet in der uv-Ebene.

Substitution in Doppelintegralen

4. Berechnen Sie das Integral

$$\int_0^4 \int_{x=y/2}^{x=(y/2)+1} \frac{2x-y}{2}\,\mathrm{d}x\,\mathrm{d}y$$

aus Beispiel 15.30 auf Seite 430 durch direkte Integration über x und y und bestätigen Sie, dass sein Wert 2 ist.

5. Berechnen Sie mithilfe der Transformationen aus Aufgabe 3 das Integral

$$\iint_R (3x^2 + 14xy + 8y^2)\,\mathrm{d}x\,\mathrm{d}y$$

für das Gebiet R im ersten Quadranten zwischen den Geraden $y = -(3/2)x + 1$, $y = -(3/2)x + 3$, $y = -(1/4)x$ und $y = -(1/4)x + 1$.

6. Sei R das Gebiet im ersten Quadranten der xy-Ebene zwischen den Hyperbeln $xy = 1$, $xy = 9$ und den Geraden $y = x$, $y = 4x$. Schreiben Sie mithilfe der Transformation $x = u/v$, $y = uv$ mit $u > 0$ und $v > 0$ das Integral

$$\iint_R \left(\sqrt{y/x} + \sqrt{xy}\right)\mathrm{d}x\,\mathrm{d}y$$

als ein Integral über ein entsprechendes Gebiet G in der uv-Ebene. Berechnen Sie dann das uv-Integral über G.

7. **Polares Trägheitsmoment einer elliptischen Platte** Eine dünne Platte mit konstanter Dichte überdeckt das Gebiet der Ellipse $x^2/a^2 + y^2/b^2 = 1$, $a > 0$, $b > 0$ in der xy-Ebene. Bestimmen Sie das erste Moment der Platte um den Ursprung. (*Hinweis*: Verwenden Sie die Transformation $x = ar\cos\theta$, $y = br\sin\theta$.)

8. Berechnen Sie mithilfe der Transformation aus Aufgabe 2 das Integral

$$\int_0^{2/3}\int_y^{2-2y} (x + 2y)\,\mathrm{e}^{((y-x)}\,\mathrm{d}x\,\mathrm{d}y\,,$$

indem Sie es zunächst als ein Integral über ein Gebiet G in der uv-Ebene schreiben.

9. Berechnen Sie mithilfe der Transformation $x = u/v$, $y = uv$ die Integralsumme

$$\int_1^2\int_{1/y}^{y} (x^2 + y^2)\,\mathrm{d}x\,\mathrm{d}y + \int_2^4\int_{y/4}^{4/y} (x^2 + y^2)\,\mathrm{d}x\,\mathrm{d}y\,.$$

Jacobi-Determinanten bestimmen

10. Bestimmen Sie die Jacobi-Determinante $\partial(x, y)/\partial(u, v)$ der Transformation

a. $x = u\cos v, \quad y = u\sin v$

b. $x = u\sin v, \quad y = u\cos v$

11. Bestimmen Sie die Jacobi-Determinante $\partial(x, y, z)/\partial(u, v, w)$ der Transformation

a. $x = u\cos v$, $y = u\sin v$, $z = w$

b. $x = 2u - 1$, $y = 3v - 4$, $z = (1/2)(w - 4)$.

12. Berechnen Sie die entsprechende Determinante, um zu zeigen, dass die Jacobi-Determinante der Transformation aus dem kartesischen $\rho\varphi\theta$-Raum in den kartesischen xyz-Raum gleich $\rho^2\sin\varphi$ ist.

13. **Substitution in Einfachintegralen** Wie kann man sich die Substitution in Einfachintegralen als Transformation von Gebieten vorstellen? Was ist in diesem Fall die Jacobi-Determinante? Illustrieren Sie Ihre Antwort anhand eines Beispiels.

Substitution in Dreifachintegralen

14. Berechnen Sie das Integral aus Beispiel 15.34 auf Seite 438 durch Integration über x, y und z.

15. Berechnen Sie das Integral

$$\iiint |xyz|\,\mathrm{d}x\,\mathrm{d}y\,\mathrm{d}z$$

über dem massiven Ellipsoid

$$\frac{x^2}{a^2} + \frac{y^2}{b^2} + \frac{z^2}{c^2} \le 1\,.$$

(*Hinweis*: Setzen Sie $x = au$, $y = bv$ und $z = cw$. Integrieren Sie dann über ein entsprechendes Gebiet in der uvw-Ebene.)

16. **Schwerpunkt eines massiven Halbellipsoids** (vgl. Aufgabe 49 auf Seite 428) Gehen Sie von dem Ergebnis aus, dass der Schwerpunkt einer massiven Halbkugel auf der Symmetrieachse bei drei Achteln des Abstands zwischen der Grundfläche und der Oberkante der Halbkugel liegt. Zeigen Sie durch Transformation der entsprechenden Integrale, dass der Massenmittelpunkt eines massiven Halbellipsoids $(x^2/a^2) + (y^2/b^2) + (z^2/c^2) \le 1$, $z \ge 0$ auf der z-Achse bei drei Achteln des Abstands zwischen der Grundfläche und der Oberkante des Halbellipsoids liegt. (Sie können dies tun, ohne irgendein Integral zu berechnen.)

Kapitel 15 – Wiederholungsfragen

1. Definieren Sie das Doppelintegral einer Funktion von zwei Variablen über ein beschränktes Gebiet in der Koordinatenebene.

2. Wie berechnet man Doppelintegrale als iterierte Integrale? Ist die Integrationsreihenfolge von Belang? Wie bestimmt man die Integrationsgrenzen? Geben Sie Beispiele an.

3. Wie kann man mithilfe von Doppelintegralen Flächeninhalte und Mittelwerte berechnen? Geben Sie Beispiele an.

4. Wie wandelt man ein Doppelintegral in rechtwinkligen Koordinaten in ein Doppelintegral in Polarkoordinaten um? Warum kann das sinnvoll sein? Geben Sie Beispiele an.

5. Definieren Sie das Dreifachintegral einer Funktion $f(x, y, z)$ über ein beschränktes Gebiet im Raum.

6. Wie berechnet man Dreifachintegrale in rechtwinkligen Koordinaten? Wie bestimmt man die Integrationsgrenzen? Geben Sie Beispiele an.

7. Wie berechnet man mithilfe von Doppel- und Dreifachintegralen Volumina, Mittelwerte, Massen, Momente und Massenmittelpunkte? Geben Sie Beispiele an.

8. Wie definiert man Dreifachintegrale in Zylinder- und Kugelkoordinaten? Warum kann es vorteilhafter sein, in einem dieser beiden Koordinatensysteme zu arbeiten als in rechtwinkligen Koordinaten?

9. Wie berechnet man Dreifachintegrale in Zylinder- und Kugelkoordinaten? Wie bestimmt man die Integrationsgrenzen? Geben Sie ein Beispiel an.

10. Wie lassen sich Substitutionen in Doppelintegralen als Transformationen zweidimensionaler Gebiete darstellen? Geben Sie eine Beispielrechnung an?

11. Wie lassen sich Substitutionen in Dreifachintegralen als Transformationen dreidimensionaler Gebiete darstellen? Geben Sie eine Beispielrechnung an.

Kapitel 15 – Praktische Aufgaben

Iterierte Doppelintegrale berechnen Skizzieren Sie in den Aufgaben 1–4 das Integrationsgebiet und berechnen Sie das Doppelintegral.

1. $\displaystyle\int_1^{10}\int_0^{1/y} ye^{xy}\,dx\,dy$

2. $\displaystyle\int_0^1\int_0^{x^3} e^{y/x}\,dy\,dx$

3. $\displaystyle\int_0^{3/2}\int_{-\sqrt{9-4t^2}}^{\sqrt{9-4t^2}} t\,ds\,dt$

4. $\displaystyle\int_0^1\int_{\sqrt{y}}^{2-\sqrt{y}} xy\,dx\,dy$

Skizzieren Sie in den Aufgaben 5–8 das Integrationsgebiet und schreiben Sie ein äquivalentes Integral mit umgekehrter Integrationsreihenfolge auf. Berechnen Sie anschließend beide Integrale.

5. $\displaystyle\int_0^4\int_{-\sqrt{4-y}}^{(y-4)/2} dx\,dy$

6. $\displaystyle\int_0^1\int_{x^2}^{x} \sqrt{x}\,dy\,dx$

7. $\displaystyle\int_0^{3/2}\int_{-\sqrt{9-4t^2}}^{\sqrt{9-4y^2}} y\,dx\,dy$

8. $\displaystyle\int_0^2\int_0^{4-x^2} 2x\,dy\,dx$

Berechnen Sie in den Aufgaben 9–12 die Integrale.

9. $\displaystyle\int_0^1\int_{2y}^{2} 4\cos(x^2)\,dx\,dy$

10. $\displaystyle\int_0^2\int_{y/2}^{1} e^{x^2}\,dx\,dy$

11. $\displaystyle\int_0^8\int_{\sqrt[3]{x}}^{2} \frac{dy\,dx}{y^4+1}$

12. $\displaystyle\int_0^1\int_{\sqrt[3]{y}}^{1} \frac{2\pi\sin\pi x^2}{x^2}\,dx\,dy$

Flächeninhalte und Volumina mithilfe von Doppelintegralen berechnen

13. Flächeninhalt zwischen Gerade und Parabel Bestimmen Sie den Flächeninhalt des Gebiets zwischen der Gerade $y = 2x + 4$ und der Parabel $y = 4 - x^2$ in der xy-Ebene.

14. Volumen des Gebiets unter einem Paraboloid Bestimmen Sie das Volumen unter dem Paraboloid $z = x^2 + y^2$ und über dem Dreieck zwischen den Geraden $y = x$, $x = 0$ und $x + y = 2$ in der xy-Ebene.

Mittelwerte Bestimmen Sie den Mittelwert der Funktion $f(x, y) = xy$ über den in den Aufgaben 15 und 16 angegebenen Gebieten.

15. Das Quadrat zwischen den Geraden $x = 1$ und $y = 1$ im ersten Quadranten.

16. Der Viertelkreis $x^2 + y^2 \leq 1$ im ersten Quadranten.

Polarkoordinaten Berechnen Sie die Integrale in den Aufgaben 17 und 18, indem Sie zu Polarkoordinaten übergehen.

17. $$\int_{-1}^{1} \int_{-\sqrt{1-x^2}}^{\sqrt{1-x^2}} \frac{2\,dy\,dx}{(1 + x^2 + y^2)^2}$$

18. $$\int_{-1}^{1} \int_{-\sqrt{1-y^2}}^{\sqrt{1-y^2}} \ln(x^2 + y^2 + 1)\,dx\,dy$$

19. Integration über die Lemniskate Integrieren Sie die Funktion $f(x, y) = 1/(1 + x^2 + y^2)^2$ über das von einer Schleife der Lemniskate $(x^2 + y^2)^2 - (x^2 - y^2) = 0$ umschlossene Gebiet.

Iterierte Dreifachintegrale berechnen Berechnen Sie in den Aufgaben 20–23 die Integrale.

20. $$\int_0^{\pi} \int_0^{\pi} \int_0^{\pi} \cos(x + y + z)\,dx\,dy\,dz$$

21. $$\int_{\ln 6}^{\ln 7} \int_0^{\ln 2} \int_{\ln 4}^{\ln 5} e^{(x+y+z)}\,dz\,dy\,dx$$

22. $$\int_0^1 \int_0^{x^2} \int_0^{x+y} (2x - y - z)\,dz\,dy\,dx$$

23. $$\int_1^e \int_1^x \int_0^z \frac{2y}{z^3}\,dy\,dz\,dx$$

Volumina und Mittelwerte mithilfe von Dreifachintegralen berechnen

24. Volumen Bestimmen Sie das Volumen des keilförmigen Gebiets, das die Ebene $z = -2x$ und die xy-Ebene aus dem Zylinder $x = -\cos y$, $-\pi/2 \leq y \leq \pi/2$ herausschneiden.

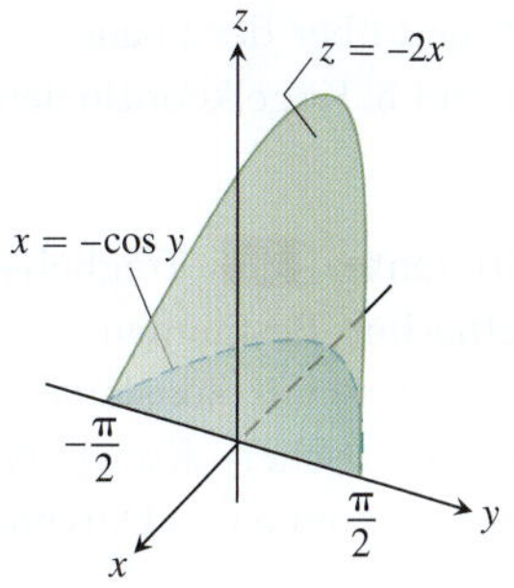

25. Mittelwert Bestimmen Sie den Mittelwert von $f(x, y, z) = 30xz\sqrt{x^2 + y}$ über dem Quader im ersten Oktanten zwischen den Koordinatenebenen und den Ebenen $x = 1$, $y = 3$ und $z = 1$.

Zylinder- und Kugelkoordinaten

26. Übergang von Zylinderkoordinaten zu rechtwinkligen Koordinaten Überführen Sie das Integral

$$\int_0^{2\pi} \int_0^{\sqrt{2}} \int_r^{\sqrt{4-r^2}} 3\,dz\,r\,dr\,d\theta, \quad r \geq 0$$

in ein Integral **a.** in rechtwinkligen Koordinaten mit der Integrationsreihenfolge $dz\,dx\,dy$, **b.** in Kugelkoordinaten. Berechnen Sie dann **c.** eines der Integrale.

27. Übergang von rechtwinkligen Koordinaten zu Zylinderkoordinaten Überführen Sie das Integral

$$\int_{-1}^{1} \int_{-\sqrt{1-x^2}}^{\sqrt{1-x^2}} \int_{\sqrt{x^2+y^2}}^{1} dz\,dy\,dx$$

a. in Kugelkoordinaten. **b.** Berechnen Sie dann das neue Integral.

28. Übergang von Zylinderkoordinaten zu rechtwinkligen Koordinaten Stellen Sie in rechtwinkligen Koordinaten ein Integral auf, das zu dem Integral

$$\int_0^{\pi/2} \int_1^{\sqrt{3}} \int_1^{\sqrt{4-r^2}} r^3(\sin\theta\cos\theta)z^2\,dz\,dr\,d\theta$$

äquivalent ist. Integrieren Sie zuerst über z, dann über y und schließlich über x.

29. **Kugelkoordinaten im Vergleich zu Zylinderkoordinaten** Nicht immer muss man für eine bequeme Berechnung von Dreifachintegralen über Kugelformen auch wirklich Kugelkoordinaten einführen. Manche Berechnungen lassen sich leichter in Zylinderkoordinaten ausführen. Bestimmen Sie als ein typisches Beispiel das Volumen des Gebiets unter der Kugelfläche $x^2 + y^2 + z^2 = 8$ und über der Ebene $z = 2$ in **a.** Zylinderkoordinaten und **b.** Kugelkoordinaten.

Massen und Momente

30. **Trägheitsmoment einer „dicken" Kugelfläche** Bestimmen Sie das Trägheitsmoment eines Körpers mit konstanter Dichte δ zwischen zwei konzentrischen Kugelschalen mit den Radien a und b ($a < b$) um einen Durchmesser.

31. **Schwerpunkt** Bestimmen Sie den Schwerpunkt des „dreieckigen" Gebiets zwischen den Geraden $x = 2$, $y = 2$ und der Hyperbel $xy = 2$ in der xy-Ebene.

32. **Polares Trägheitsmoment** Bestimmen Sie das polare Trägheitsmoment eines dünnen, rechteckigen Blattes konstanter Dichte $\delta = 3$ zwischen der y-Achse und den Geraden $y = 2x$ und $y = 4$ in der xy-Ebene.

33. **Trägheitsmoment** Bestimmen Sie das Trägheitsmoment um die x-Achse einer dünnen Platte konstanter Dichte δ, die das Dreieck mit den Ecken $(0, 0)$, $(3, 0)$ und $(3, 2)$ in der xy-Ebene überdeckt.

34. **Platte mit variabler Dichte** Bestimmen Sie die Masse und die ersten Momente um die Koordinatenachsen einer dünnen, quadratischen Platte zwischen den Geraden $x = \pm 1$, $y = \pm 1$ in der xy-Ebene, wenn die Dichte $\delta(x, y) = x^2 + y^2 + 1/3$ ist.

35. **Schwerpunkt** Bestimmen Sie den Schwerpunkt des Gebiets in der Polarkoordinatenebene, das durch die Ungleichungen $0 \le r \le 3, -\pi/3 \le \theta \le \pi/3$ definiert ist.

36.

a. **Schwerpunkt** Bestimmen Sie den Schwerpunkt des Gebiets in der Polarkoordinatenebene, das im Innern der Kardioide $r = 1 + \cos\theta$ und außerhalb des Kreises $r = 1$ liegt.

b. Skizzieren Sie das Gebiet und zeichnen Sie in Ihrer Skizze den Schwerpunkt ein.

Substitutionen

37. Zeigen Sie, dass für $u = x - y$ und $v = y$ gilt:

$$\int_0^\infty \int_0^x \mathrm{e}^{-sx} f(x - y, y)\, dy\, dx = \int_0^\infty \int_0^\infty \mathrm{e}^{-s(u+v)} f(u, v)\, du\, dv\,.$$

38. Welcher Zusammenhang muss zwischen den Konstanten a, b und c bestehen, damit gilt:

$$\int_{-\infty}^\infty \int_{-\infty}^\infty \mathrm{e}^{-(ax^2 + 2bxy + cy^2)}\, dx\, dy = 1\,?$$

(*Hinweis*: Setzen Sie $s = \alpha x + \beta y$ und $t = \gamma x + \delta y$ mit $(\alpha\delta - \beta\gamma)^2 = ac - b^2$.)

Kapitel 15 – Zusätzliche Aufgaben und Aufgaben für Fortgeschrittene

Volumina

1. **Sandhaufen: Doppel und Dreifachintegrale** Die Grundfläche eines Sandhaufens überdeckt in der xy-Ebene das Gebiet zwischen der Parabel $x^2 + y = 6$ und der Gerade $y = x$. Die Höhe des Sandhaufens über dem Punkt (x, y) ist x^2. Beschreiben Sie das Sandvolumen als **a.** ein Doppelintegral und **b.** als ein Dreifachintegral. **c.** Bestimmen Sie das Volumen.

2. **Zylindrischer Körper zwischen zwei Ebenen** Bestimmen Sie das Volumen des Teils des massiven Zylinders $x^2 + y^2 \le 1$, das zwischen den Ebenen $z = 0$ und $x + y + z = 2$ liegt.

3. **Zwei Paraboloide** Bestimmen Sie das Volumen des Gebiets zwischen dem Paraboloid $z = 3 - x^2 - y^2$ und dem Paraboloid $z = 2x^2 + 2y^2$.

4. **Loch in einer Kugel** Durch eine massive Kugel wurde ein kreiszylinderförmiges Loch gebohrt, dessen Symmetrieachse mit einem Durchmesser der Kugel zusammenfällt. Das Volumen des entstandenen Körpers ist

$$V = 2\int_0^{2\pi} \int_0^{\sqrt{3}} \int_1^{\sqrt{4-z^2}} r\, dr\, dz\, d\theta\,.$$

a. Bestimmen Sie den Radius des Lochs und den Radius der Kugel.

b. Berechnen Sie das Integral.

5. Zwei Paraboloide Bestimmen Sie das Volumen des Gebiets zwischen den Flächen $z = x^2 + y^2$ und $z = (x^2 + y^2 + 1)/2$.

Integrationsreihenfolge ändern

6. Berechnen Sie das Integral

$$\int_0^\infty \frac{e^{-ax} - e^{-bx}}{x}\, dx\,.$$

(*Hinweis*: Stellen Sie mithilfe der Beziehung

$$\frac{e^{-ax} - e^{-bx}}{x} = \int_a^b e^{-xy}\, dy$$

ein Doppelintegral auf und berechnen Sie das Integral, indem Sie die Integrationsreihenfolge ändern.)

7. Ein Doppelintegral in ein einfaches Integral überführen Zeigen Sie, dass Sie das folgende Doppelintegral durch Vertauschen der Integrationsreihenfolge auf ein einfaches Integral reduzieren können:

$$\int_0^x \int_0^u e^{m(x-t)} f(t)\, dt\, du = \int_0^x (x-t)\, e^{m(x-t)} f(t)\, dt\,.$$

Ähnlich kann man zeigen, dass gilt:

$$\int_0^x \int_0^v \int_0^u e^{m(x-t)} f(t)\, dt\, du\, dv = \int_0^x \frac{(x-t)^2}{2} e^{m(x-t)} f(t)\, dt\,.$$

Massen und Momente

8. Das polare Trägheitsmoment minimieren Eine dünne Platte mit konstanter Dichte soll das dreieckige Gebiet mit den Ecken $(0,0)$, $(a,0)$ und $(a,1/a)$ im ersten Quadranten der xy-Ebene überdecken. Welcher Wert von a minimiert das polare Trägheitsmoment des Platte um den Ursprung?

9. Masse und polares Trägheitsmoment eines Ausgleichgewichts Das Ausgleichsgewicht eines Schwungrads mit konstanter Dichte 1 hat die Form des kleineren Stücks, das eine Sehne im Abstand b vom Mittelpunkt eines Kreises aus dem Kreis vom Radius a herausschneidet ($b < a$). Bestimmen Sie die Masse des Ausgleichgewichts und sein polares Trägheitsmoment um den Mittelpunkt des Rads.

Theorie und Beispiele

10. Berechnen Sie das Integral

$$\int_0^a \int_0^b e^{\max(b^2x^2, a^2y^2)}\, dy\, dx$$

mit den positiven Konstanten a und b und

$$\max(b^2x^2,\, a^2y^2) = \begin{cases} b^2x^2 & \text{für } b^2x^2 \geq a^2y^2 \\ a^2y^2 & \text{für } b^2x^2 < a^2y^2\,. \end{cases}$$

11. Eine Funktion $f(x,y)$ kann als ein Produkt $f(x,y) = F(x)G(y)$ einer Funktion von x und einer Funktion von y geschrieben werden. Dann lässt sich das Integral von f über das Rechteck R: $a \leq x \leq b$, $c \leq y \leq d$ ebenfalls als Produkt berechnen:

$$\iint_R f(x,y)\, dA = \left[\int_a^b F(x)\, dx\right]\left[\int_c^d G(y)\, dy\right] \tag{1}$$

Die Argumentation lautet:

$$\iint_R f(x,y) dA = \int_c^d \left[\int_a^b F(x)G(y)\, dx\right] dy \tag{i}$$

$$= \int_c^d \left[G(y) \int_a^b F(x)\, dx\right] dy \tag{ii}$$

$$= \int_c^d \left[\int_a^b F(x)\, dx\right] G(y)\, dy \tag{iii}$$

$$= \left[\int_a^b F(x)\, dx\right] \int_c^d G(y)\, dy \tag{iv}$$

a. Begründen Sie die Schritte (i)–(iv).

Wenn die Voraussetzungen erfüllt sind, kann Gleichung (1) wirklich Zeit sparen. Berechnen Sie mithilfe von Gleichung (1) die folgenden Integrale.

b. $\displaystyle\int_0^{\ln 2} \int_0^{\pi/2} e^x \cos\, dy\, dx$

c. $\displaystyle\int_1^2 \int_{-1}^1 \frac{x}{y^2}\, dx\, dy$

Lernziele

1 Kurvenintegrale

- Definition, Berechnung und Eigenschaften von Kurvenintegralen

2 Vektorfelder und Kurvenintegrale: Arbeit, Zirkulation und Fluss

- Vektorfelder
- Gradientenfelder
- Kurvenintegrale von Vektorfeldern
- Arbeit als Integral
- Flussintegrale und Zirkulation für Vektorfelder

3 Wegunabhängigkeit, konservative Felder und Potentialfunktionen

- Wegunabhängigkeit von Kurvenintegralen
- Konservative Felder, Gradientenfelder und Potenzialfunktionen
- Hauptsatz für Kurvenintegrale
- Bestimmung von Potentialen zu konservativen Feldern

4 Der Satz von Green in der Ebene

- Divergenz
- Zirkulation und Rotation
- Der Satz von Green (Normalform und Tangentialform)
- Berechnung von Kurvenintegralen mit dem Satz von Green

5 Flächen und Flächeninhalt

- Parametrisierung von Flächen
- Flächeninhalt gekrümmter Flächen
- Implizit definierte Flächen

6 Oberflächenintegrale

- Oberflächenintegrale
- Orientierung von Flächen
- Fluss eines Vektorfelds durch eine orientierte Fläche

7 Der Satz von Stokes

- Vektorielle Rotation
- Nabla-Operator
- Der Satz von Stokes
- Zusammenhang der Sätze von Green und Stokes
- Konservative Felder und der Satz von Stokes

8 Der Divergenzsatz und eine einheitliche Theorie

- Die Divergenz in drei Dimensionen
- Der Divergenzsatz
- Die Kontinuitätsgleichung
- Der Satz von Green und seine Verallgemeinerung auf drei Dimensionen

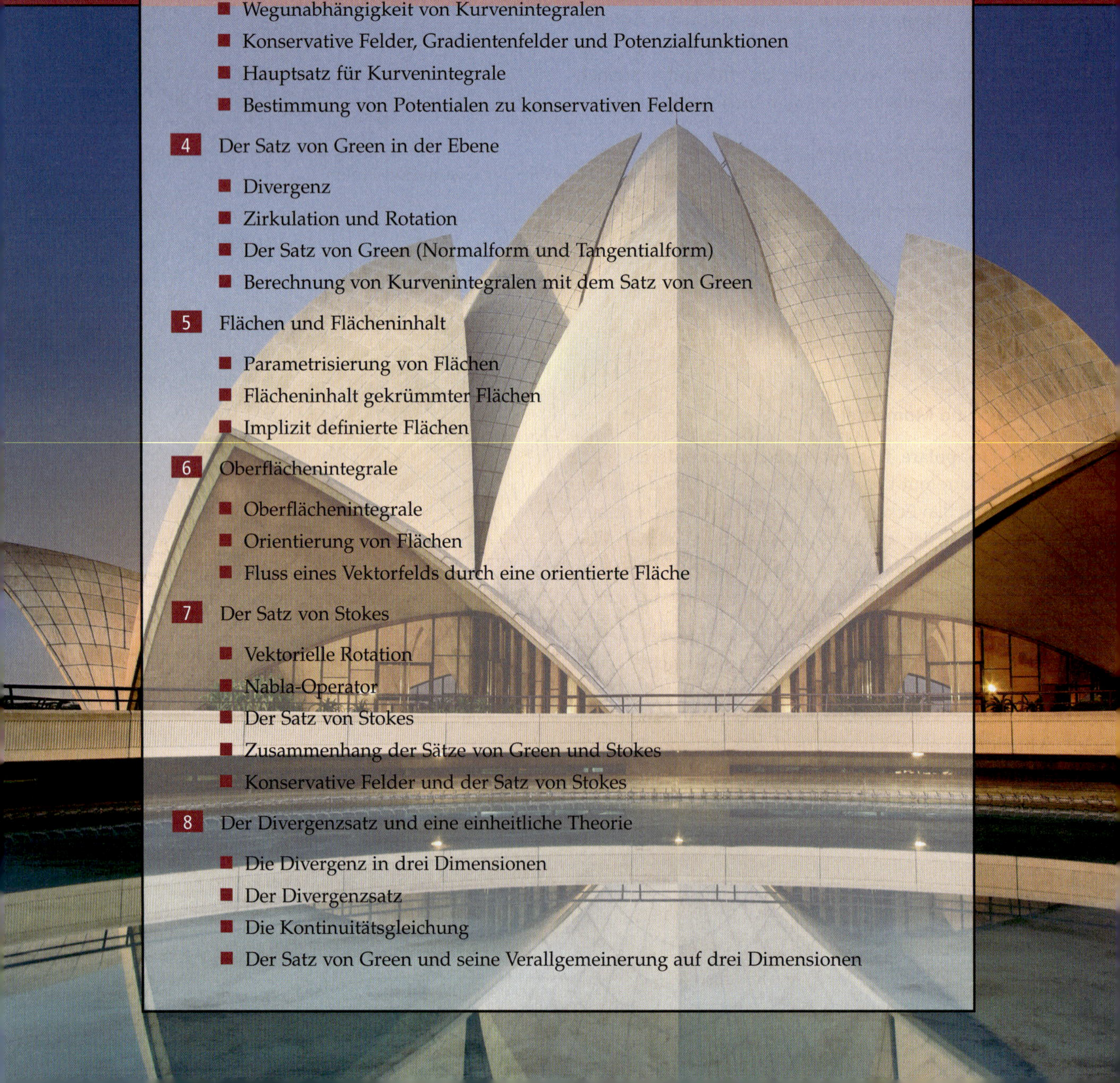

Integration in Vektorfeldern

16

ÜBERBLICK

Übersicht

Die Theorie der Integration übertragen wir in diesem Kapitel auf Kurven und Flächen im Raum. Die daraus resultierende Theorie der Kurven- und Oberflächenintegrale gibt den Natur- und Ingenieurwissenschaften mächtige mathematische Werkzeuge an die Hand. Mithilfe von Kurvenintegralen lässt sich die Arbeit bestimmen, die von einer Kraft bei der Bewegung eines Körpers entlang eines Weges verrichtet wird, oder die Masse eines gebogenen Drahts mit variabler Dichte. Mithilfe eines Oberflächenintegrals kann man beispielsweise die Flussrate einer Flüssigkeit durch eine Fläche berechnen. Wir stellen hier die grundlegenden Sätze der Vektorintegralrechnung vor und diskutieren ihre mathematischen Konsequenzen sowie ihre physikalischen Anwendungen. In der abschließenden Analyse werden die Hauptsätze als verallgemeinerte Interpretationen des Hauptsatzes der Differential- und Integralrechnung dargestellt.

16.1 Kurvenintegrale

Um die Gesamtmasse eines gebogenen Drahts oder die von einer Kraft entlang eines Weges verrichtete Arbeit zu bestimmen, brauchen wir ein allgemeineres Integralkonzept als in Kapitel 5 definiert. Wir müssen nicht nur über ein Intervall $[a, b]$ integrieren, sondern entlang einer Kurve C. Diese allgemeineren Integrale nennt man *Kurvenintegrale* (üblich sind auch die Bezeichnungen *Wegintegral* bzw. *Linienintegral*). Wir geben unsere Definition für räumliche Kurven an, sodass sich die Definition in der xy-Ebene als Spezialfall mit der z-Koordinate gleich null ergibt.

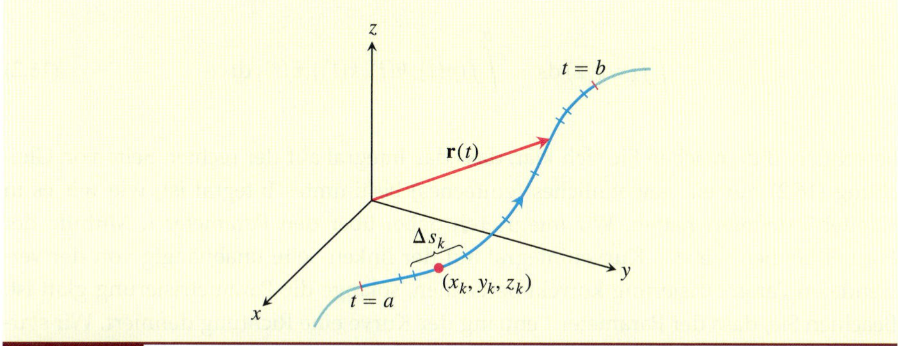

Abbildung 16.1 Die Kurve $\boldsymbol{r}(t)$ wird von $t = a$ bis $t = b$ in kleine Teilstücke zerlegt. Die Länge eines typischen Teilstücks ist Δs_k.

Sei $f(x, y, z)$ eine reellwertige Funktion, die wir entlang der Kurve C integrieren wollen. Diese Kurve liegt im Definitionsbereich von f und ist durch $\boldsymbol{r}(t) = g(t)\boldsymbol{i} + h(t)\boldsymbol{j} + k(t)\boldsymbol{k}$, $a \le t \le b$ parametrisiert. Die Werte von f sind entlang der Kurve durch die verkettete Funktion $f(g(t), h(t), k(t))$ gegeben. Diese verkettete Funktion werden wir über die Bogenlänge von $t = a$ bis $t = b$ integrieren. Zunächst zerlegen wir die Kurve C in eine endliche Anzahl von n Teilstücken (▶Abbildung 16.1). Die Länge eines typischen Teilstücks ist Δs_k. In jedem Teilstück wählen wir einen Punkt (x_k, y_k, z_k) und bilden die Summe

$$S_n = \sum_{k=1}^{n} f(x_k, y_k, z_k)\Delta s_k,$$

die einer Riemann'schen Summe ähnelt. Je nachdem, wie wir die Kurve C zerlegen und den Punkt (x_k, y_k, z_k) im k-ten Teilstück wählen, können wir verschiedene Werte für S_n erhalten. Ist f stetig und haben die Funktionen g, h und k stetige erste Ableitungen, so gehen diese Summen für $n \to \infty$ und $\Delta s_k \to 0$ gegen einen eindeutig bestimmten Grenzwert. Dieser Grenzwert führt auf die folgende Definition, die der Definition eines einfachen Integrals ähnelt. In der Definition nehmen wir an, dass im Fall $n \to \infty$ für die Zerlegung $\Delta s_k \to 0$ gilt.

Definition

Sei f auf einer Kurve C mit der Parametergleichung $\boldsymbol{r}(t) = g(t)\boldsymbol{i} + h(t)\boldsymbol{j} + k(t)\boldsymbol{k}$, $a \le t \le b$ definiert. Das **Kurvenintegral von f entlang der Kurve C** ist dann

$$\int_C f(x, y, z)\,\mathrm{d}s = \lim_{n\to\infty} \sum_{k=1}^{n} f(x_k, y_k, z_k)\Delta s_k, \qquad (16.1)$$

vorausgesetzt der Grenzwert existiert.

Ist die Kurve C für $a \le t \le b$ glatt (ist also $\boldsymbol{v} = \mathrm{d}\boldsymbol{r}/\mathrm{d}t$ stetig und nie $\boldsymbol{0}$) und ist die Funktion f auf C stetig, so können wir zeigen, dass der Grenzwert aus Gleichung (16.1) existiert. Wir können dann mithilfe des Hauptsatzes der Differential- und Integralrechnung die Gleichung für die Kurvenlänge

$$s(t) = \int_a^t |\boldsymbol{v}(\tau)|\,\mathrm{d}\tau \qquad \text{Gleichung (13.14) aus Abschnitt 13.3 mit } t_0 = a$$

ableiten, ds in Gleichung (16.1) als $\mathrm{d}s = |\boldsymbol{v}(t)|\,\mathrm{d}t$ ausdrücken und das Integral von f entlang der Kurve C als

$$\frac{\mathrm{d}s}{\mathrm{d}t} = |\boldsymbol{v}| = \sqrt{\left(\frac{\mathrm{d}x}{\mathrm{d}t}\right)^2 + \left(\frac{\mathrm{d}y}{\mathrm{d}t}\right)^2 + \left(\frac{\mathrm{d}z}{\mathrm{d}t}\right)^2}$$

$$\int_C f(x,y,z)\,\mathrm{d}s = \int_a^b f(g(t),h(t),k(t))|\boldsymbol{v}(t)|\,\mathrm{d}t \tag{16.2}$$

berechnen. Bitte machen Sie sich klar, dass das Integral auf der rechten Seite von Gleichung (16.2) nur ein gewöhnliches (einfaches) bestimmtes Integral ist, wie wir es in Kapitel 5 definiert hatten. Wir integrieren dabei über den Parameter t. Mithilfe der Formel können wir das Kurvenintegral auf der linken Seite unabhängig von der verwendeten Parametrisierung korrekt berechnen, solange die Parametrisierung glatt ist. Beachten Sie, dass der Parameter t entlang der Kurve eine Richtung definiert. Wir starten auf C bei $\boldsymbol{r}(a)$ und bewegen uns entlang der Kurve in Richtung des wachsenden Parameters t (vgl. Abbildung 16.1).

Merke

Wie man ein Kurvenintegral berechnet Integrieren Sie eine stetige Funktion $f(x,y,z)$ entlang einer Kurve C folgendermaßen:

1. Bestimmen Sie eine glatte Parametrisierung der Kurve C:

$$\boldsymbol{r}(t) = g(t)\boldsymbol{i} + h(t)\boldsymbol{j} + k(t)\boldsymbol{k}, \; a \le t \le b\,.$$

2. Berechnen Sie das Integral als

$$\int_C f(x,y,z)\,\mathrm{d}s = \int_a^b f(g(t),h(t),k(t))|\boldsymbol{v}(t)|\,\mathrm{d}t\,.$$

Hat die Funktion f den konstanten Wert 1, so liefert das Integral von f entlang der Kurve C die Länge von C von $t = a$ bis $t = b$ (vgl. Abbildung 16.1).

Integral von $f(x,y,z) = x - 3y^2 + z$ entlang eines Geradenabschnitts

Beispiel 16.1 Integrieren Sie die Funktion $f(x,y,z) = x - 3y^2 + z$ entlang des Geradenabschnitts C zwischen dem Ursprung und dem Punkt $(1,1,1)$ (►Abbildung 16.2).

Lösung Wir wählen die denkbar einfachste Parametrisierung:

$$\boldsymbol{r}(t) = t\boldsymbol{i} + t\boldsymbol{j} + t\boldsymbol{k}, \quad 0 \le t \le 1\,.$$

Die Komponenten haben stetige erste Ableitungen, und der Betrag des Geschwindigkeitsvektors $|\boldsymbol{v}(t)| = |\boldsymbol{i} + \boldsymbol{j} + \boldsymbol{k}| = \sqrt{1^2 + 1^2 + 1^2} = \sqrt{3}$ ist immer ungleich 0: Die Para-

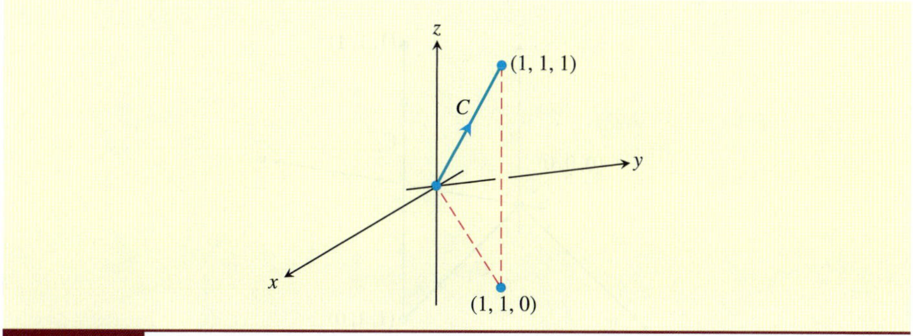

Abbildung 16.2 Der Integrationsweg aus Beispiel 16.1

metrisierung ist also glatt. Das Integral von f entlang der Kurve C ist

$$\begin{aligned}\int_C f(x,y,z)\,\mathrm{d}s &= \int_0^1 f(t,t,t)(\sqrt{3})\,\mathrm{d}t && \text{Gleichung (16.2)}\\ &= \int_0^1 (t-3t^2+t)\sqrt{3}\,\mathrm{d}t\\ &= \sqrt{3}\int_0^1 (2t-3t^2)\,\mathrm{d}t = \sqrt{3}\left[t^2-t^3\right]_0^1 = 0\,.\end{aligned}$$

■

Additivität

Kurvenintegrale haben eine nützliche Eigenschaften: Setzt sich eine stückweise glatte Kurve C aus einer endlichen Anzahl glatter Kurvenstücke $C_1, C_2, \ldots, C_n$ zusammen (Abschnitt 13.1), so ist das Integral einer Funktion entlang der Kurve C die Summe der Integrale entlang der einzelnen Kurvenstücke:

$$\int_C f\,\mathrm{d}s = \int_{C_1} f\,\mathrm{d}s + \int_{C_2} f\,\mathrm{d}s + \cdots + \int_{C_n} f\,\mathrm{d}s\,. \tag{16.3}$$

Beispiel 16.2 ►Abbildung 16.3 zeigt einen anderen Weg vom Ursprung zum Punkt $(1,1,1)$, nämlich die Vereinigung der Geradenabschnitte C_1 und C_2. Integrieren Sie die Funktion $f(x,y,z) = x - 3y^2 + z$ entlang der Kurve $C_1 \cup C_2$.

Integral von $f(x,y,z) = x - 3y^2 + z$ entlang einer stückweise glatten Kurve

Lösung Wir wählen für C_1 und C_2 wieder die einfachste Parametrisierung und bestimmen die Längen der Geschwindigkeitsvektoren entlang dieser Kurven:

$$\begin{aligned}C_1:&\quad \boldsymbol{r}(t) = t\boldsymbol{i} + t\boldsymbol{j}, \quad 0 \le t \le 1; \quad |\boldsymbol{v}| = \sqrt{1^2+1^2} = \sqrt{2}\\ C_2:&\quad \boldsymbol{r}(t) = \boldsymbol{i} + \boldsymbol{j} + t\boldsymbol{k}, \quad 0 \le t \le 1; \quad |\boldsymbol{v}| = \sqrt{0^2+0^2+1^2} = 1\,.\end{aligned}$$

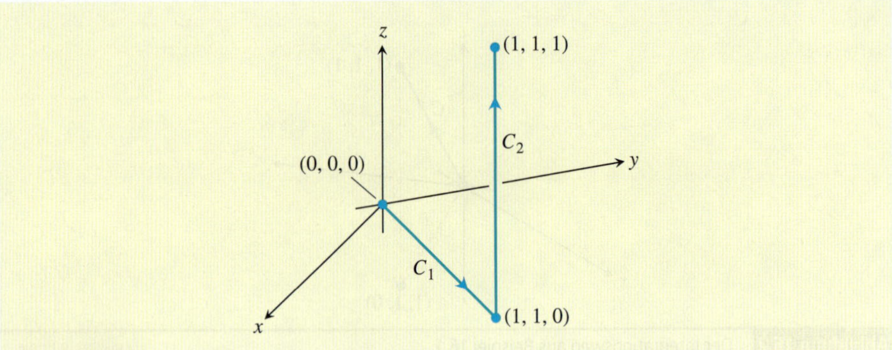

Abbildung 16.3 Der Integrationsweg aus Beispiel 16.2

Mit diesen Parametrisierungen ergibt sich

$$\begin{aligned}\int_{C_1 \cup C_2} f(x,y,z)\,\mathrm{d}s &= \int_{C_1} f(x,y,z)\,\mathrm{d}s + \int_{C_2} f(x,y,z)\,\mathrm{d}s && \text{Gleichung (16.3)}\\ &= \int_0^1 f(t,t,0)\sqrt{2}\,\mathrm{d}t + \int_0^1 f(1,1,t)(1)\,\mathrm{d}t && \text{Gleichung (16.2)}\\ &= \int_0^1 (t-3t^2+0)\sqrt{2}\,\mathrm{d}t + \int_0^1 (1-3+t)(1)\,\mathrm{d}t\\ &= \sqrt{2}\left[\frac{t^2}{2}-t^3\right]_0^1 + \left[\frac{t^2}{2}-2t\right]_0^1 = -\frac{\sqrt{2}}{2}-\frac{3}{2}.\end{aligned}$$

Hinsichtlich der Integrationen in den Beispielen 16.1 und 16.2 wollen wir drei Dinge hervorheben. Erstens: Durch Einsetzen der Komponenten der entsprechenden Kurve in den Ausdruck für f wird aus der Integration eine gewöhnliche Integration über t. Zweitens: Das Integral von f entlang des Weges $C_1 \cup C_2$ ergab sich aus der Integration von f entlang jedes Teilstücks und der anschließenden Addition der Ergebnisse. Drittens: Die Integrale von f entlang C und entlang $C_1 \cup C_2$ hatten verschiedene Werte.

Merke Der Wert des Kurvenintegrals entlang eines Weges zwischen zwei Punkten kann sich ändern, wenn sich der gewählte Weg ändert.

Die dritte Beobachtung werden wir in Abschnitt 16.3 genauer untersuchen.

Wie man Massen und Momente berechnet

Wir betrachten Spiralfedern und Drähte als Massenverteilungen entlang glatter Kurven im Raum. Die Verteilung wird durch eine stetige Dichtefunktion $\delta(x,y,z)$ in Masse pro Längeneinheit beschrieben. Ist eine Kurve C durch $\boldsymbol{r}(t) = x(t)\boldsymbol{i} + y(t)\boldsymbol{j} + z(t)\boldsymbol{k}$, $a \le t \le b$ parametrisiert, so sind x, y und z Funktionen des Parameters t. Die Dichte ist die Funktion $\delta(x(t),y(t),z(t))$, und das Differential ist

$$\mathrm{d}s = \sqrt{\left(\frac{\mathrm{d}x}{\mathrm{d}t}\right)^2 + \left(\frac{\mathrm{d}y}{\mathrm{d}t}\right)^2 + \left(\frac{\mathrm{d}z}{\mathrm{d}t}\right)^2}\,\mathrm{d}t$$

(vgl. Abschnitt 13.3). Die Masse, der Massenmittelpunkt und die Momente der Feder oder des Drahts können wir dann mithilfe der Formeln aus Tabelle 16.1 berechnen, wobei nach Transformation auf den Parameter t im Intervall $[a,b]$ integriert wird. Die Formel für die Masse beispielsweise wird zu

$$M = \int_a^b \delta(x(t),y(t),z(t))\sqrt{\left(\frac{dx}{dt}\right)^2 + \left(\frac{dy}{dt}\right)^2 + \left(\frac{dz}{dt}\right)^2}\, dt\,.$$

Diese Formeln gelten auch für dünne Stäbe, und ihre Herleitung ist wie in Abschnitt 6.6. Beachten Sie, wie stark die Formeln den Formeln in den Tabellen 15.1 und 15.2 für Doppel- und Dreifachintegrale ähneln. Aus den Doppelintegralen für ebene Gebiete und den Dreifachintegralen für Festkörper werden Kurvenintegrale für Spiralfedern, Drähte und dünne Stäbe.

Tabelle 16.1: Formeln für die Masse und die ersten Momente von Spiralfedern, Drähten und dünnen Stäben, die entlang einer glatten Kurve im Raum liegen.

Masse: $M = \int_C \delta\, ds$	$\delta = \delta(x,y,z)$ ist die Dichte im Punkt (x,y,z)
Erste Momente um die Koordinatenebenen:	
$M_{yz} = \int_C x\,\delta\, ds,\quad M_{xz} = \int_C y\,\delta\, ds,\quad M_{xy} = \int_C z\,\delta\, ds$	
Koordinaten des Massenmittelpunkts:	
$\bar{x} = M_{yz}/M,\quad \bar{y} = M_{xz}/M,\quad \bar{z} = M_{xy}/M$	
Trägheitsmomente um die Koordinatenachsen und andere Geraden:	
$I_x = \int_C (y^2+z^2)\,\delta\, ds,\quad I_y = \int_C (x^2+z^2)\,\delta\, ds,\quad I_z = \int_C (x^2+y^2)\,\delta\, ds$	
$I_L = \int_C r^2\delta\, ds$	$r(x,y,z) =$ Abstand des Punkts (x,y,z) zur Geraden L

Das Massenelement dm ist hier gleich $\delta\,ds$ und nicht $\delta\,dV$ wie in Tabelle 15.1. Außerdem werden die Integrale entlang der Kurve C gebildet.

Massenmittelpunkt eines Kreisbogens mit variabler Dichte

Beispiel 16.3 Ein schmaler, sich an den Enden verdickender Metallbogen liegt auf dem Halbkreis $y^2+z^2=1,\ z \geq 0$ in der yz-Ebene (▶Abbildung 16.4). Bestimmen Sie den Massenmittelpunkt MM des Bogens, wenn die Dichte im Punkt (x,y,z) des Bogens gleich $\delta(x,y,z) = 2-z$ ist.

Lösung Da der Bogen in der yz-Ebene liegt und die Masse symmetrisch um die z-Achse verteilt ist, wissen wir, dass $\bar{x}=0$ und $\bar{y}=0$ ist. Um $\bar{z}$ zu bestimmen, parametrisieren wir den Kreis mit

$$\boldsymbol{r}(t) = (\cos t)\boldsymbol{j} + (\sin t)\boldsymbol{k}, \quad 0 \leq t \leq \pi\,.$$

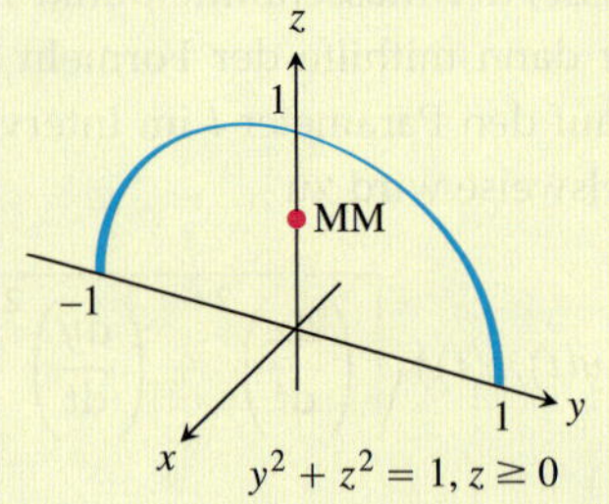

Abbildung 16.4 Beispiel 16.3 demonstriert, wie man den Massenmittelpunkt *MM* eines Kreisbogens mit variabler Dichte bestimmt.

Für diese Parametrisierung ist

$$|v(t)| = \sqrt{\left(\frac{dx}{dt}\right)^2 + \left(\frac{dy}{dt}\right)^2 + \left(\frac{dz}{dt}\right)^2} = \sqrt{(0)^2 + (-\sin t)^2 + (\cos t)^2} = 1\,,$$

also gilt $ds = |v|\,dt = dt$. Aus den Formeln in Tabelle 16.1 ergibt sich

$$M = \int_C \delta\,ds = \int_C (2-z)\,ds = \int_0^\pi (2-\sin t)\,dt = 2\pi - 2$$

$$M_{xy} = \int_C z\,\delta\,ds = \int_C z(2-z)\,ds = \int_0^\pi (\sin t)(2-\sin t)\,dt$$

$$= \int_0^\pi (2\sin t - \sin^2 t)\,dt = \frac{8-\pi}{2}$$

$$\bar{z} = \frac{M_{xy}}{M} = \frac{8-\pi}{2} \cdot \frac{1}{2\pi - 2} = \frac{8-\pi}{4\pi - 4} \approx 0{,}57\,.$$

Mit $\bar{z}$ auf Hundertstel gerundet liegt der Massenmittelpunkt bei $(0, 0, 0{,}57)$. ■

Kurvenintegrale in der Ebene

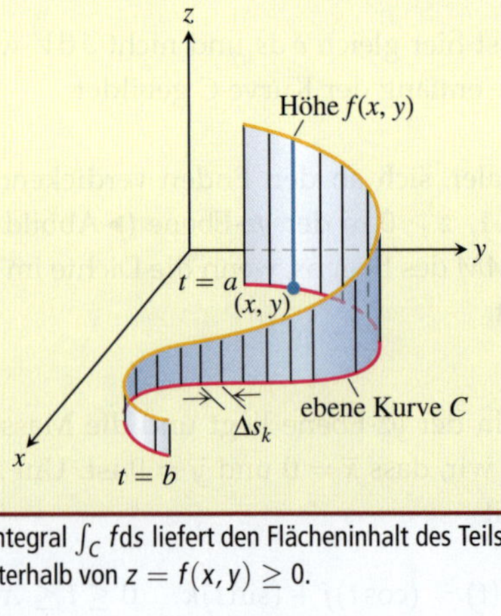

Abbildung 16.5 Das Kurvenintegral $\int_C f ds$ liefert den Flächeninhalt des Teils der zylindrischen Fläche oder der „Mauer" unterhalb von $z = f(x, y) \geq 0$.

Kurvenintegrale in der Ebene lassen sich auf interessante Weise geometrisch interpretieren. Dazu betrachten wir eine glatte Kurve C in der xy-Ebene mit der Parametrisierung $\boldsymbol{r}(t) = x(t)\boldsymbol{i} + y(t)\boldsymbol{j},\ a \leq t \leq b$. Wir erzeugen dann eine zylindrische Fläche, indem wir wie in Abschnitt 12.6 parallel zur z-Achse entlang der Kurve C eine Gerade schieben. Ist $z = f(x,y)$ eine nichtnegative stetige Funktion über einem Gebiet in der Ebene, das die Kurve C enthält, so ist der Graph der Funktion f eine Fläche über diesem Gebiet. Die zylindrische Fläche schneidet diese Fläche in einer Kurve, die genau über der Kurve C liegt und wie diese gekrümmt ist. Der Teil der zylindrischen Fläche zwischen der Kurve auf der Fläche und der xy-Ebene ist wie eine „gewundene Mauer" oder ein „Zaun", der auf der Kurve C steht und orthogonal zur Ebene ist. In jedem Punkt (x,y) entlang der Kurve ist die Höhe der Mauer gleich $f(x,y)$. Die Mauer ist in ▶Abbildung 16.5 dargestellt. Die „Oberkante" der Mauer ist die Kurve, die auf der Fläche $z = f(x,y)$ liegt. (Die durch den Graphen von f gebildete Fläche ist in der Abbildung nicht dargestellt, sondern nur die auf ihr liegende Schnittkurve mit der zylindrischen Fläche.) Aus der Definition

$$\int_C f \,\mathrm{d}s = \lim_{n\to\infty} \sum_{k=1}^{n} f(x_k, y_k)\Delta s_k$$

mit $\Delta s_k \to 0$ für $n \to \infty$ ergibt sich, dass das Kurvenintegral $\int_C f \,\mathrm{d}s$ der Flächeninhalt der in der Abbildung dargestellten Mauer ist.

Aufgaben zum Abschnitt 16.1

Graphische Darstellung von Kurven

Ordnen Sie in den Aufgaben 1–8 den Kurven die Graphen **a.–h.** zu.

a.

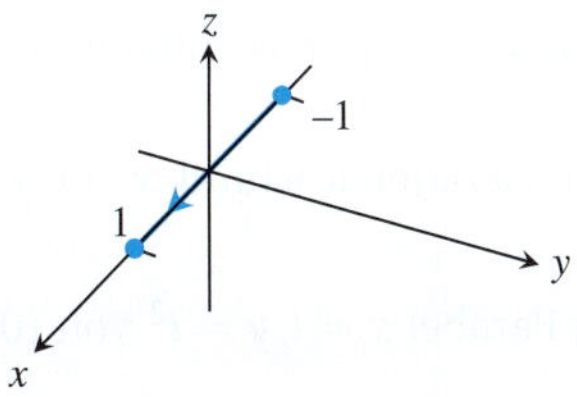

b.

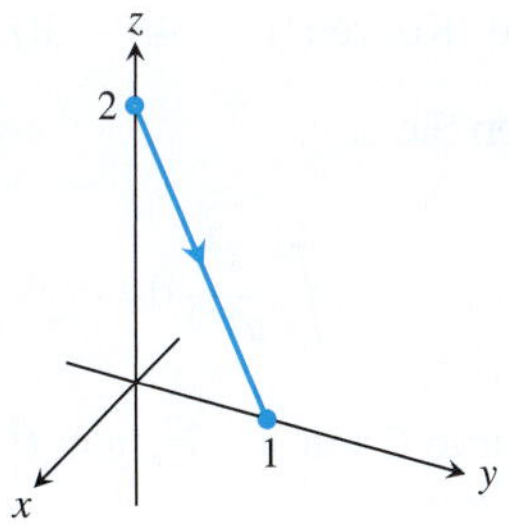

c.

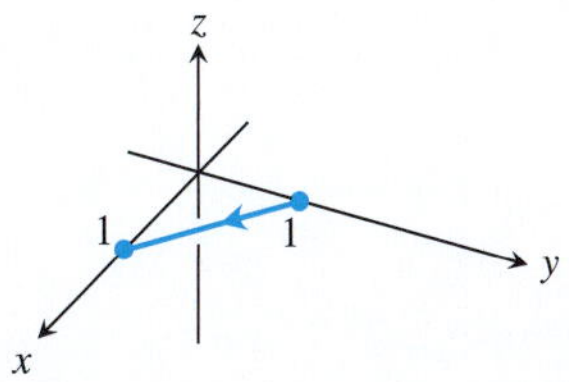

d.

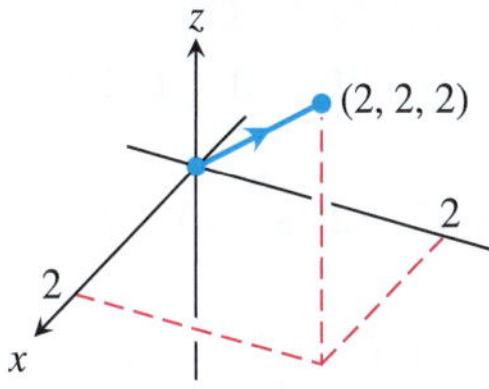

e.

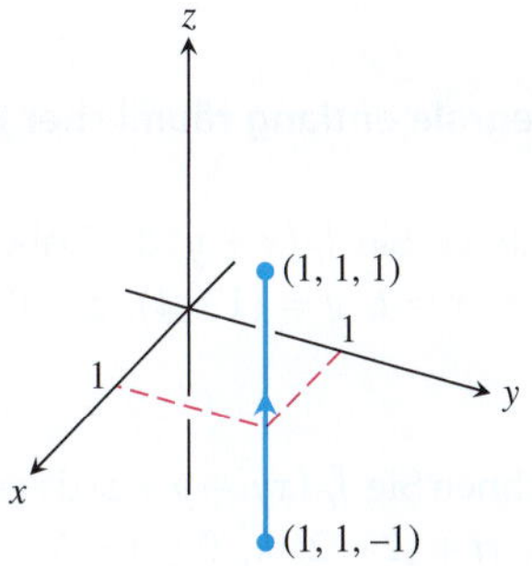

f.

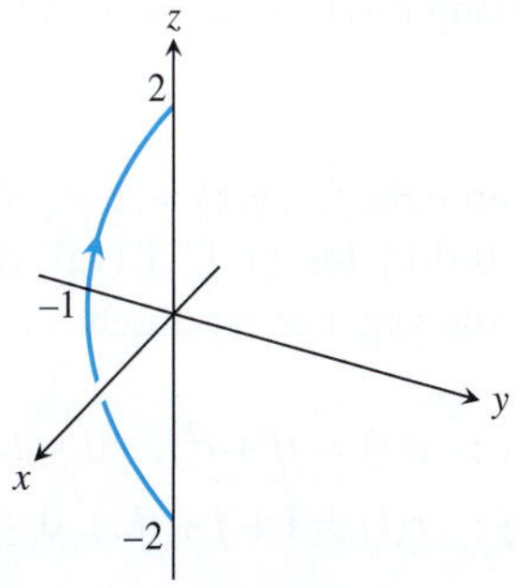

g.

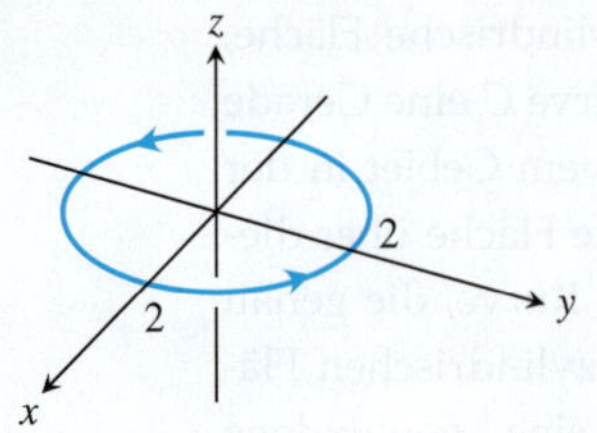

h.

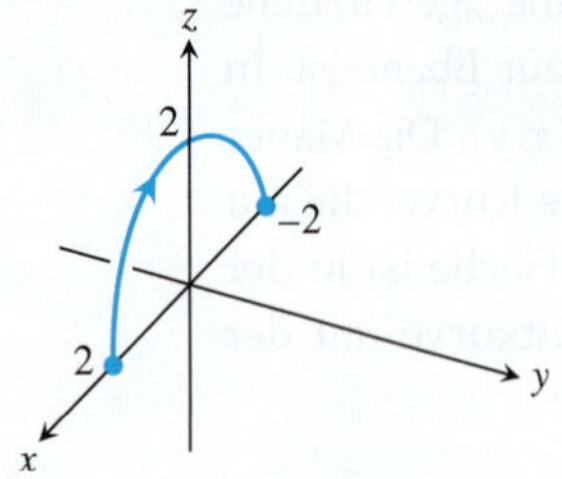

1. $\boldsymbol{r}(t) = t\boldsymbol{i} + (1-t)\boldsymbol{j}, \quad 0 \le t \le 1$

2. $\boldsymbol{r}(t) = \boldsymbol{i} + \boldsymbol{j} + t\boldsymbol{k}, \quad -1 \le t \le 1$

3. $\boldsymbol{r}(t) = (2\cos t)\boldsymbol{i} + (2\sin t)\boldsymbol{j}, \quad 0 \le t \le 2\pi$

4. $\boldsymbol{r}(t) = t\boldsymbol{i}, \quad -1 \le t \le 1$

5. $\boldsymbol{r}(t) = t\boldsymbol{i} + t\boldsymbol{j} + t\boldsymbol{k}, \quad 0 \le t \le 2$

6. $\boldsymbol{r}(t) = t\boldsymbol{j} + (2-2t)\boldsymbol{k}, \quad 0 \le t \le 1$

7. $\boldsymbol{r}(t) = (t^2-1)\boldsymbol{j} + 2t\boldsymbol{k}, \quad -1 \le t \le 1$

8. $\boldsymbol{r}(t) = (2\cos t)\boldsymbol{i} + (2\sin t)\boldsymbol{k}, \quad 0 \le t \le \pi$

Kurvenintegrale entlang räumlicher Kurven

9. Berechnen Sie $\int_C (x+y)\,\mathrm{d}s$. Dabei ist C der Geradenabschnitt $x = t$, $y = (1-t)$, $z = 0$ von $(0,1,0)$ bis $(1,0,0)$.

10. Berechnen Sie $\int_C (xy + y + z)\,\mathrm{d}s$ entlang der Kurve $\boldsymbol{r}(t) = 2t\boldsymbol{i} + t\boldsymbol{j} + (2-2t)\boldsymbol{k}$, $0 \le t \le 1$.

11. Bestimmen Sie das Kurvenintegral von $f(x,y,z) = x+y+z$ entlang des Geradenabschnitts von $(1,2,3)$ bis $(0,-1,1)$.

12. Integrieren Sie $f(x,y,z) = x + \sqrt{y} - z^2$ entlang der Kurve von $(0,0,0)$ bis $(1,1,1)$ (vgl. die nachfolgende Abbildung), die gegeben ist durch:

$$C_1: \quad \boldsymbol{r}(t) = t\boldsymbol{i} + t^2\boldsymbol{j}, \quad 0 \le t \le 1$$
$$C_2: \quad \boldsymbol{r}(t) = \boldsymbol{i} + \boldsymbol{j} + t\boldsymbol{k}, \quad 0 \le t \le 1$$

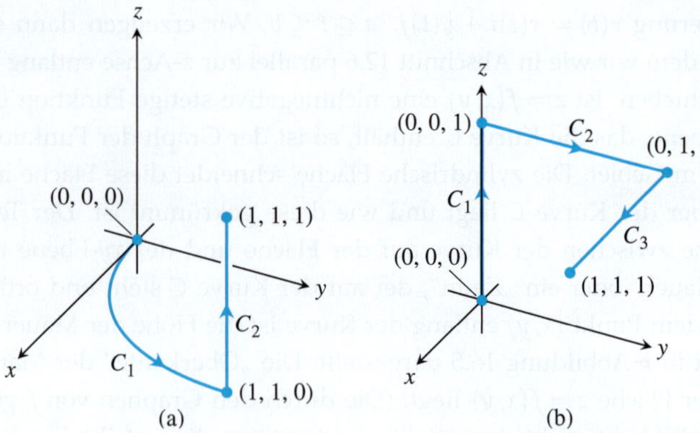

Die Integrationskurven in den Aufgaben 12 und 13.

13. Integrieren Sie $f(x,y,z) = x + \sqrt{y} - z^2$ entlang der Kurve von $(0,0,0)$ bis $(1,1,1)$ (vgl. die vorhergehende Abbildung), die gegeben ist durch:

$$C_1: \quad \boldsymbol{r}(t) = t\boldsymbol{k}, \; 0 \le t \le 1$$
$$C_2: \quad \boldsymbol{r}(t) = t\boldsymbol{j} + \boldsymbol{k}, \; 0 \le t \le 1$$
$$C_3: \quad \boldsymbol{r}(t) = t\boldsymbol{i} + \boldsymbol{j} + \boldsymbol{k}, \; 0 \le t \le 1$$

14. Integrieren Sie $f(x,y,z) = (x+y+z)/(x^2+y^2+z^2)$ entlang der Kurve $\boldsymbol{r}(t) = t\boldsymbol{i} + t\boldsymbol{j} + t\boldsymbol{k}$, $0 < a \le t \le b$.

Kurvenintegrale entlang ebener Kurven

15. Berechnen Sie $\int_C x\,\mathrm{d}s$ entlang der Kurve C:

a. C ist der Geradenabschnitt $x = t, y = t/2$ von $(0,0)$ bis $(4,2)$.

b. C ist die Parabel $x = t, y = t^2$ von $(0,0)$ bis $(2,4)$.

16. Bestimmen Sie das Kurvenintegral von $f(x,y) = ye^{x^2}$ entlang der Kurve $\boldsymbol{r}(t) = 4t\boldsymbol{i} - 3t\boldsymbol{j}, -1 \le t \le 2$.

17. Berechnen Sie

$$\int_C \frac{x^2}{y^{4/3}}\,\mathrm{d}s$$

entlang der Kurve C mit $x = t^2$, $y = t^3$ für $1 \le t \le 2$.

18. Berechnen Sie $\int_C (x + \sqrt{y})\, ds$ entlang der in der nachfolgenden Abbildung dargestellten Kurve.

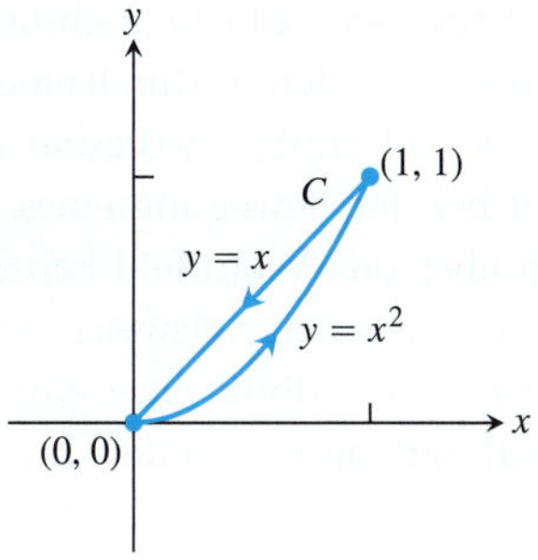

Integrieren Sie f in den Aufgaben 19 und 20 entlang der angegebenen Kurve.

19. $f(x,y) = x^3/y, \quad C\colon y = x^2/2, \quad 0 \leq x \leq 2$

20. $f(x,y) = x + y, \quad C\colon x^2 + y^2 = 4$ im ersten Quadranten von $(2,0)$ bis $(0,2)$

21. Bestimmen Sie den Flächeninhalt der „gewundenen Mauer", die orthogonal auf der Kurve $y = x^2$, $0 \leq x \leq 2$ und unterhalb der Fläche $f(x,y) = x + \sqrt{y}$ steht.

Massen und Momente **22.** **Masse eines Drahts** Bestimmen Sie die Masse eines Drahts, der entlang der Kurve $\boldsymbol{r}(t) = (t^2 - 1)\boldsymbol{j} + 2t\boldsymbol{k}, \quad 0 \leq t \leq 1$ liegt, wenn seine Dichte durch $\delta = (3/2)t$ gegeben ist.

23. **Masse eines Drahts mit variabler Dichte** Bestimmen Sie die Masse eines dünnen Drahts, der entlang der Kurve $\boldsymbol{r}(t) = \sqrt{2}t\boldsymbol{i} + \sqrt{2}t\boldsymbol{j} + (4 - t^2)\boldsymbol{k}$, $0 \leq t \leq 1$ liegt, wenn seine Dichte durch **a.** $\delta = 3t$ und **b.** $\delta = 1$ gegeben ist.

24. **Trägheitsmoment eines Drahtrings** Ein kreisförmiger Drahtring mit konstanter Dichte δ liegt auf dem Kreis $x^2 + y^2 = a^2$ in der xy-Ebene. Bestimmen Sie das Trägheitsmoment des Drahtrings um die z-Achse.

25. **Zwei Federn mit konstanter Dichte** Eine Spiralfeder mit konstanter Dichte δ liegt entlang der Helix

$$\boldsymbol{r}(t) = (\cos t)\boldsymbol{i} + (\sin t)\boldsymbol{j} + t\boldsymbol{k}, \quad 0 \leq t \leq 2\pi.$$

a. Bestimmen Sie I_z.

b. Nehmen Sie an, dass es eine zweite Feder mit der konstanten Dichte δ gibt, die doppelt so lang ist wie die Feder aus Teil **a.** und entlang der Helix für $0 \leq t \leq 4\pi$ liegt. Erwarten Sie, dass das Trägheitsmoment für I_z für die längere Feder genauso groß ist wie für die kürzere, oder sollten die beiden Trägheitsmomente verschieden sein? Überprüfen Sie Ihre Vermutung, indem Sie I_z für die längere Feder berechnen.

26. **Der Bogen aus Beispiel 16.3** Bestimmen Sie das Trägheitsmoment I_z für den Bogen aus Beispiel 16.3.

Computeralgebra Führen Sie in den Aufgaben 27–30 mithilfe eines CAS die folgenden Schritte aus, um die Kurvenintegrale zu berechnen:

a. Bestimmen Sie $ds = |\boldsymbol{v}(t)|dt$ für die Kurve $\boldsymbol{r}(t) = g(t)\boldsymbol{i} + h(t)\boldsymbol{j} + k(t)\boldsymbol{k}$.

b. Drücken Sie den Integranden $f(g(t), h(t), k(t))|\boldsymbol{v}(t)|$ als eine Funktion des Parameters t aus.

c. Berechnen Sie $\int_C f\, ds$ mithilfe von Gleichung (16.2).

27. $f(x,y,z) = \sqrt{1 + 30x^2 + 10y}$; $\boldsymbol{r}(t) = t\boldsymbol{i} + t^2\boldsymbol{j} + 3t^2\boldsymbol{k}$, $0 \leq t \leq 2$

28. $f(x,y,z) = \sqrt{1 + x^3 + 5y^3}$; $\boldsymbol{r}(t) = t\boldsymbol{i} + \frac{1}{3}t^2\boldsymbol{j} + \sqrt{t}\boldsymbol{k}$, $0 \leq t \leq 2$

29. $f(x,y,z) = x\sqrt{y} - 3z^2$; $\boldsymbol{r}(t) = (\cos 2t)\boldsymbol{i} + (\sin 2t)\boldsymbol{j} + 5t\boldsymbol{k}$, $0 \leq t \leq 2\pi$

30. $f(x,y,z) = \left(1 + \frac{9}{4}z^{1/3}\right)^{1/4}$; $\boldsymbol{r}(t) = (\cos 2t)\boldsymbol{i} + (\sin 2t)\boldsymbol{j} + t^{5/2}\boldsymbol{k}$, $0 \leq t \leq 2\pi$

16.2 Vektorfelder und Kurvenintegrale: Arbeit, Zirkulation und Fluss

Die Schwerkraft und die elektrische Kraft haben sowohl eine Richtung als auch einen Betrag. In jedem Punkt ihres Definitionsbereichs werden sie durch einen Vektor beschrieben, sodass sich insgesamt ein ganzes *Vektorfeld* ergibt. In diesem Abschnitt zeigen wir, wie man die von einem solchen Feld bei der Bewegung eines Körpers verrichtete Arbeit mithilfe eines Kurvenintegrals über das Vektorfeld berechnet. Außerdem befassen wir uns mit Geschwindigkeitsfeldern, wie beispielsweise mit dem Vektorfeld für die Geschwindigkeit eines strömenden Fluids. Mithilfe eines Kurvenintegrals lässt sich die Rate bestimmen, mit der das Fluid entlang einer oder durch eine Kurve im Definitionsbereich strömt.

Vektorfelder

Ein Gebiet in der Ebene oder im Raum sei mit einem sich bewegenden Fluid gefüllt, beispielsweise mit Luft oder mit Wasser. Das Fluid setzt sich aus einer großen Anzahl von Teilchen zusammen, von denen jedes zu jedem Zeitpunkt eine Geschwindigkeit v hat. Diese Geschwindigkeit kann sich zu einer gegebenen (gleichen) Zeit an verschiedenen Punkten des Gebiets unterscheiden. An jedem Punkt des Fluids können wir uns einen Geschwindigkeitsvektor angeheftet vorstellen, der für die Geschwindigkeit eines Teilchens in diesem Punkt steht. Diese sogenannte Strömung ist ein Beispiel für ein *Vektorfeld*. ►Abbildung 16.6 zeigt ein Geschwindigkeitsvektorfeld für den Luftstrom um eine Tragfläche in einem Windkanal. ►Abbildung 16.7 zeigt ein Vektorfeld von Geschwindigkeitsvektoren entlang der Stromlinien von Wasser, das durch einen sich verengenden Kanal fließt. Auch Kräften, beispielsweise der Schwerkraft (►Abbildung 16.8), sowie Magnetfeldern, elektrischen Feldern und rein mathematischen Feldern sind Vektorfelder zugeordnet.

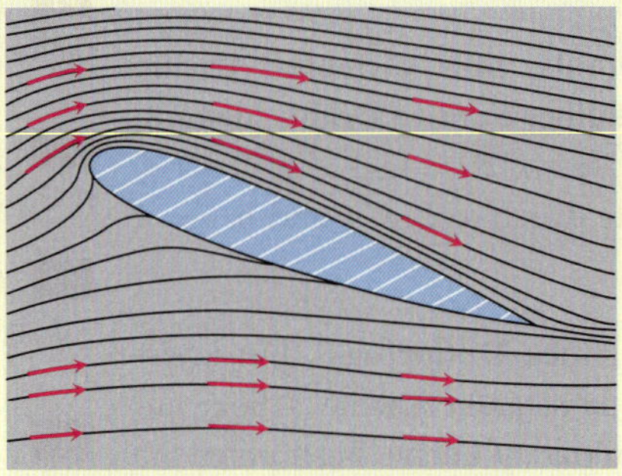

Abbildung 16.6 Geschwindigkeitsvektoren des Luftstroms um eine Tragfläche in einem Windkanal.

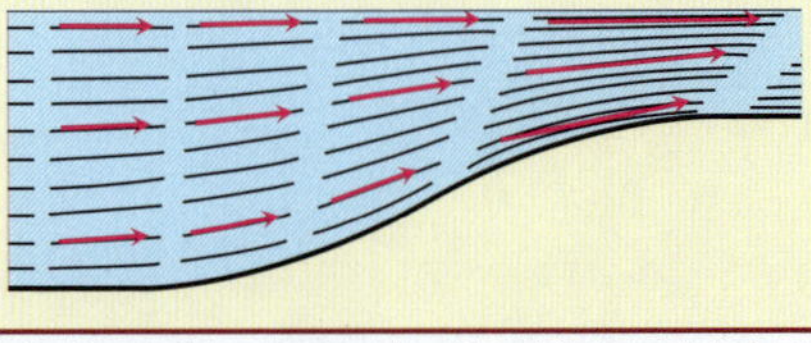

Abbildung 16.7 Stromlinien in einem sich verengenden Kanal. Wenn sich der Kanal verengt, wird das Wasser beschleunigt, und die Länge der Geschwindigkeitsvektoren wächst.

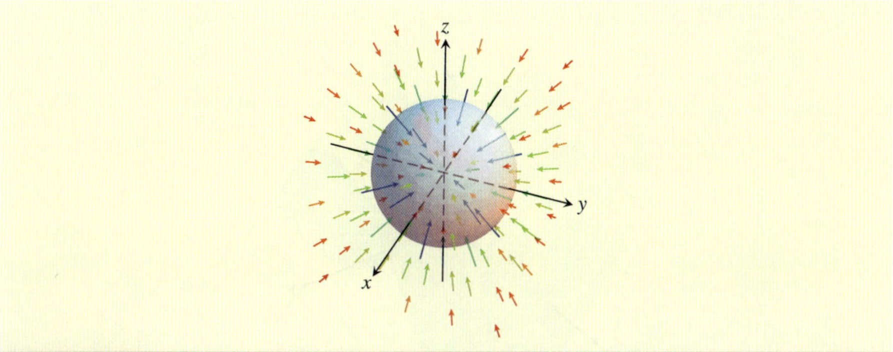

Abbildung 16.8 Die Vektoren in einem Schwerefeld zeigen in Richtung des Massenmittelpunkts, von dem das Schwerefeld ausgeht.

Im Allgemeinen ist ein **Vektorfeld** eine Funktion, die jedem Punkt ihres Definitionsbereichs einen Vektor zuordnet. Ein Vektorfeld über einem dreidimensionalen Gebiet im Raum kann beispielsweise folgende Gleichung haben:

$$\boldsymbol{F}(x,y,z) = M(x,y,z)\boldsymbol{i} + N(x,y,z)\boldsymbol{j} + P(x,y,z)\boldsymbol{k}\,.$$

Das Feld ist **stetig**, wenn die **Komponentenfunktionen** M, N und P stetig sind; das Feld ist **differenzierbar**, wenn jede der Komponentenfunktionen differenzierbar ist. Die Gleichung für ein Feld zweidimensionaler Vektoren hat folgende Form:

$$\boldsymbol{F}(x,y) = M(x,y)\boldsymbol{i} + N(x,y)\boldsymbol{j}\,.$$

In Kapitel 13 ist uns bereits eine weitere Art Vektorfeld begegnet. Entlang einer Kurve im Raum bilden sowohl die Tangentialvektoren $\boldsymbol{T}$ als auch die Normalenvektoren $\boldsymbol{N}$ Vektorfelder. Entlang einer Kurve $\boldsymbol{r}(t)$ können sie eine Komponentengleichung haben, die dem Ausdruck für ein Vektorfeld ähnelt:

$$\boldsymbol{v}(t) = f(t)\boldsymbol{i} + g(t)\boldsymbol{j} + h(t)\boldsymbol{k}\,.$$

Ordnen wir beispielsweise jedem Punkt einer Niveaufläche einer skalaren Funktion $f(x,y,z)$ den Gradientenvektor ∇f zu, so erhalten wir ein dreidimensionales Feld auf der Fläche. Ordnen wir jedem Punkt eines strömenden Fluids den entsprechenden Geschwindigkeitsvektor zu, so erhalten wir ein dreidimensionales Feld, das über einem Gebiet im Raum definiert ist. Diese und andere Vektorfelder sind in den ►Abbildungen 16.9–16.15 illustriert. Um die Felder zu skizzieren, sind repräsentative Punkte des Definitionsbereichs ausgewählt und die ihnen zugeordneten Vektoren eingezeichnet. Die Pfeile starten an den Berechnungspunkten der Vektorfunktionen.

Gradientenfelder

Der Gradientenvektor einer differenzierbaren skalarwertigen Funktion zeigt in einem Punkt in die Richtung der maximalen Steigung der Funktion. Alle Gradientenvektoren der Funktion zusammengenommen ergeben dann eine wichtige Art Vektorfeld (vgl. Abschnitt 14.5): Das **Gradientenfeld** einer differenzierbaren Funktion $f(x,y,z)$ definieren wir als das Feld der Gradientenvektoren

$$\nabla f = \frac{\partial f}{\partial x}\boldsymbol{i} + \frac{\partial f}{\partial y}\boldsymbol{j} + \frac{\partial f}{\partial z}\boldsymbol{k}\,.$$

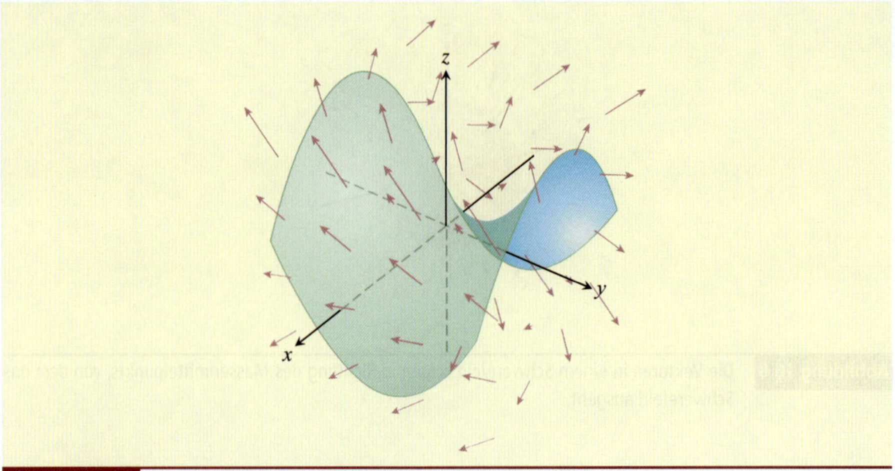

Abbildung 16.9 Eine Fläche, etwa ein Gewebenetz oder ein Fallschirm, in einem Vektorfeld aus Geschwindigkeitsvektoren einer Wasser- oder Windströmung.

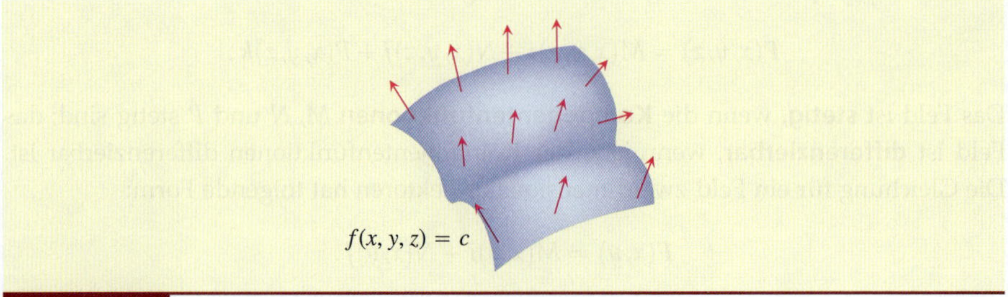

Abbildung 16.10 Das Feld von Gradientenvektoren ∇f auf einer Fläche $f(x, y, z) = c$.

In jedem Punkt (x, y, z) liefert das Gradientenfeld einen Vektor, der in Richtung der maximalen Steigung von f zeigt, wobei der Betrag der Wert der Richtungsableitung in dieser Richtung ist. Nicht immer ist das Gradientenfeld ein Kraftfeld oder ein Geschwindigkeitsfeld.

Gradientenfeld einer Temperaturverteilung

Beispiel 16.4 Die Temperatur T sei in jedem Punkt (x, y, z) in einem Gebiet im Raum durch die Gleichung

$$T = 100 - x^2 - y^2 - z^2$$

gegeben, und $\boldsymbol{F}(x, y, z)$ sei als der Gradient von T definiert. Bestimmen Sie das Vektorfeld $\boldsymbol{F}$.

Lösung Das Gradientenfeld $\boldsymbol{F}$ ist das Feld $\boldsymbol{F} = \nabla T = -2x\boldsymbol{i} - 2y\boldsymbol{j} - 2z\boldsymbol{k}$. In jedem Punkt im Raum liefert das Vektorfeld $\boldsymbol{F}$ die Richtung, in der die Temperatur am stärksten wächst. ■

Kurvenintegrale von Vektorfeldern

In Abschnitt 16.1 haben wir das Kurvenintegral einer skalaren Funktion $f(x, y, z)$ entlang eines Weges C definiert. Nun wenden wir unsere Aufmerksamkeit dem Konzept des Kurvenintegrals eines Vektorfeld $\boldsymbol{F}$ entlang der Kurve C zu.

Wir nehmen an, dass die Komponenten des Vektorfelds $\boldsymbol{F} = M(x, y, z)\boldsymbol{i} + N(x, y, z)\boldsymbol{j} + P(x, y, z)\boldsymbol{k}$ stetig sind und dass die Kurve C eine glatte Parametrisierung $\boldsymbol{r}(t) = g(t)\boldsymbol{i} +$

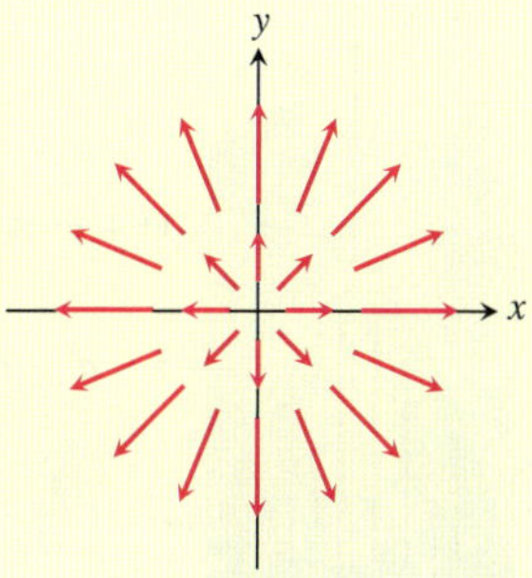

Abbildung 16.11 Das Radialfeld $\boldsymbol{F} = x\boldsymbol{i} + y\boldsymbol{j}$ von Ortsvektoren von Punkten in der Ebene. Es sei an die Konvention erinnert, dass Pfeile von dem Punkt aus gezeichnet werden, an dem $\boldsymbol{F}$ berechnet wird.

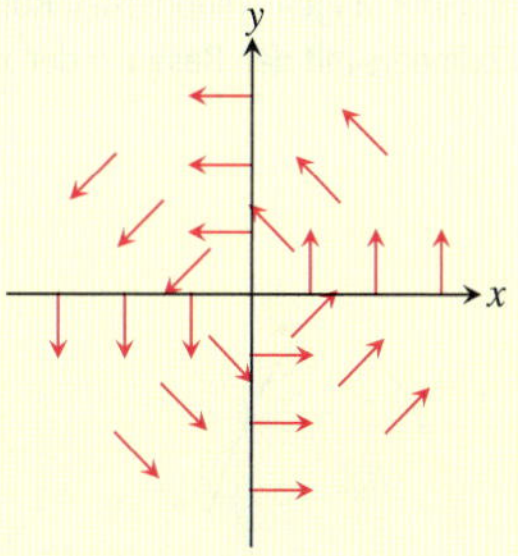

Abbildung 16.12 Ein „Wirbel"-Feld rotierender Einheitsvektoren $\boldsymbol{F} = (-y\boldsymbol{i} + x\boldsymbol{j})/(x^2 + y^2)^{1/2}$ in der Ebene. Im Ursprung ist das Feld nicht definiert.

$h(t)\boldsymbol{j} + k(t)\boldsymbol{k}$, $a \le t \le b$ besitzt. Wie in Abschnitt 16.1 diskutiert, definiert die Parametrisierung $\boldsymbol{r}(t)$ eine Richtung (oder eine Orientierung) entlang von C, die wir als **Vorwärtsrichtung** bezeichnen. In jedem Punkt entlang der Kurve C ist der Tangentialvektor $\boldsymbol{T} = \mathrm{d}\boldsymbol{r}/\mathrm{d}s = \boldsymbol{v}/|\boldsymbol{v}|$ ein Einheitsvektor, der an die Kurve tangential ist und in die Vorwärtsrichtung zeigt. (Wie in den Abschnitten 13.1 und 13.3 diskutiert, ist der Vektor $\boldsymbol{v} = \mathrm{d}\boldsymbol{r}/\mathrm{d}t$ der Geschwindigkeitsvektor, der in diesem Punkt tangential zu C ist.) Intuitiv betrachtet, ist das Kurvenintegral des Vektorfelds das Kurvenintegral der skalaren Tangentialkomponente von $\boldsymbol{F}$ entlang C. Diese Tangentialkomponente ist durch das Skalarprodukt

$$\boldsymbol{F} \cdot \boldsymbol{T} = \boldsymbol{F} \cdot \frac{\mathrm{d}\boldsymbol{r}}{\mathrm{d}s}$$

gegeben. Mit $f = \boldsymbol{F} \cdot \boldsymbol{T}$ in Gleichung (16.1) aus Abschnitt 16.1 ergibt sich also die folgende formale Definition:

Definition

Sei $\boldsymbol{F}$ ein Vektorfeld mit stetigen Komponenten, die entlang einer glatten Kurve C mit der Parametrisierung $\boldsymbol{r}(t)$, $a \le t \le b$ definiert sind. Dann ist das **Kurvenintegral von $\boldsymbol{F}$ entlang der Kurve C**

$$\int_C \boldsymbol{F} \cdot \boldsymbol{T}\,\mathrm{d}s = \int_C \left(\boldsymbol{F} \cdot \frac{\mathrm{d}\boldsymbol{r}}{\mathrm{d}s}\right)\mathrm{d}s = \int_C \boldsymbol{F} \cdot \mathrm{d}\boldsymbol{r}\,.$$

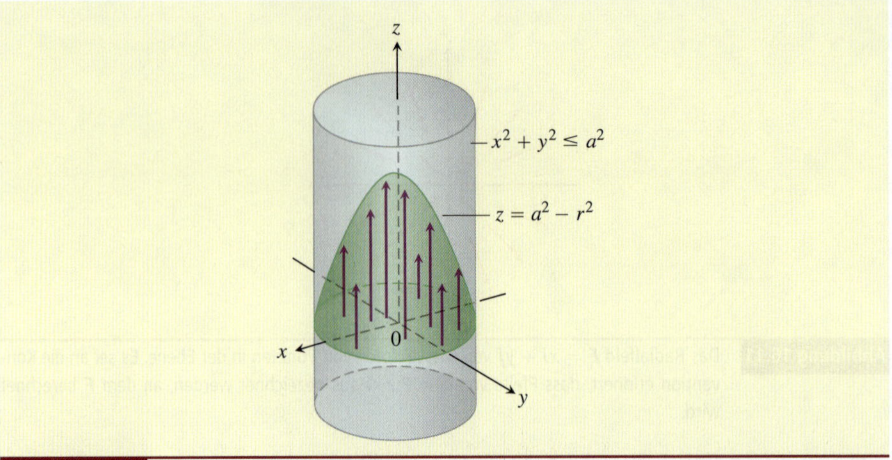

Abbildung 16.13 Eine Fluidströmung in einer langen zylindrischen Röhre. Die Spitzen der Vektoren $\boldsymbol{v} = (a^2 - r^2)\boldsymbol{k}$ im Innern des Zylinders mit den Basen in der xy-Ebene liegen auf dem Paraboloid $z = a^2 - r^2$.

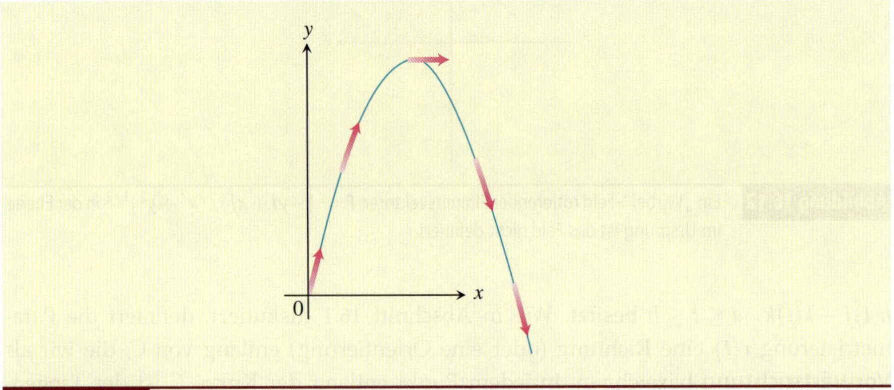

Abbildung 16.14 Die Geschwindigkeitsvektoren $\boldsymbol{v}(t)$ für die Bewegung eines Geschosses bilden entlang der Flugbahn ein Vektorfeld.

Die Kurvenintegrale von Vektorfeldern berechnen wir in ähnlicher Weise wie die Kurvenintegrale skalarer Funktionen (vgl. Abschnitt 16.1).

Merke

Wie man das Kurvenintegral von $\boldsymbol{F} = M\boldsymbol{i} + N\boldsymbol{j} + P\boldsymbol{k}$ entlang einer Kurve C: $g(t)\boldsymbol{i} + h(t)\boldsymbol{j} + k(t)\boldsymbol{k}$ berechnet

1. Drücken Sie das Vektorfeld $\boldsymbol{F}$ als Funktion $\boldsymbol{F}(\boldsymbol{r}(t))$ der parametrisierten Kurve C aus, indem Sie die Komponenten $x = g(t), y = h(t), z = k(t)$ von $\boldsymbol{r}$ in die skalaren Komponenten $M(x,y,z)$, $N(x,y,z)$, $P(x,y,z)$ von $\boldsymbol{F}$ einsetzen.
2. Bestimmen Sie den Ableitungsvektor (Geschwindigkeitsvektor) $\mathrm{d}\boldsymbol{r}/\mathrm{d}t$.
3. Berechnen Sie das Kurvenintegral bezüglich des Parameters t, $a \le t \le b$, um

$$\int_C \boldsymbol{F} \cdot \mathrm{d}\boldsymbol{r} = \int_a^b \boldsymbol{F}(\boldsymbol{r}(t)) \cdot \frac{\mathrm{d}\boldsymbol{r}}{\mathrm{d}t}\mathrm{d}t$$

zu erhalten.

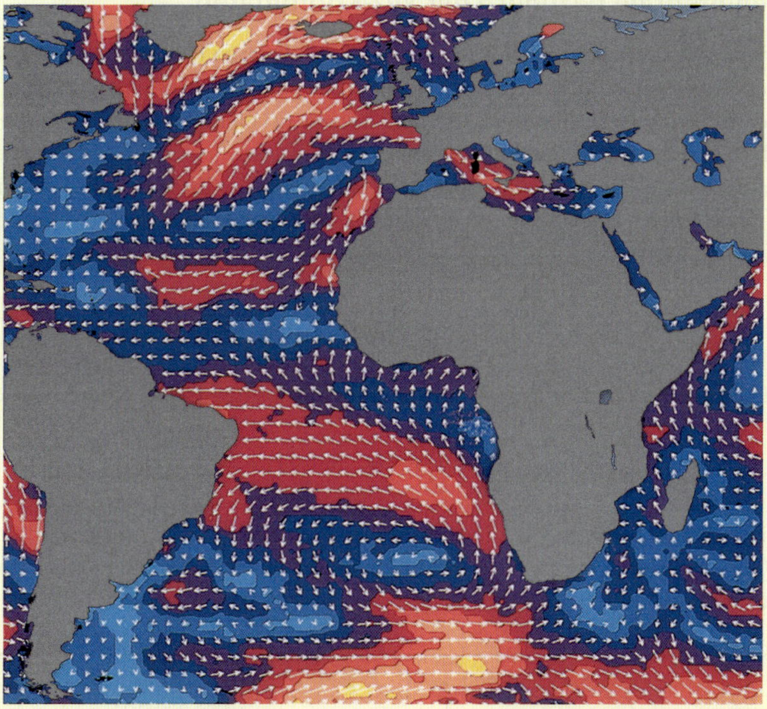

Abbildung 16.15 350 000 Windmessungen des *Seasat*-Satellits der NASA anhand von Radaraufnahmen über den Weltmeeren. Die Pfeile zeigen die Windrichtung an; ihre Länge und die Umgebungsfarbe kennzeichnen den Betrag der Geschwindigkeit. Beachten Sie den starken Sturm südlich von Grönland.

Beispiel 16.5 Berechnen Sie das Kurvenintegral $\int_C \boldsymbol{F} \cdot d\boldsymbol{r}$ für $\boldsymbol{F}(x,y,z) = z\boldsymbol{i} + xy\boldsymbol{j} - y^2\boldsymbol{k}$ entlang der durch $\boldsymbol{r}(t) = t^2\boldsymbol{i} + t\boldsymbol{j} + \sqrt{t}\boldsymbol{k}, 0 \leq t \leq 1$ gegebenen Kurve C.

$\int_C \boldsymbol{F} \cdot d\boldsymbol{r}$ entlang der Kurve $\boldsymbol{r}(t) = t^2\boldsymbol{i} + t\boldsymbol{j} + \sqrt{t}\boldsymbol{k}$, $0 \leq t \leq 1$ für $\boldsymbol{F}(x,y,z) = z\boldsymbol{i} + xy\boldsymbol{j} - y^2\boldsymbol{k}$

Lösung Es gilt

$$\boldsymbol{F}(\boldsymbol{r}(t)) = \sqrt{t}\,\boldsymbol{i} + t^3\boldsymbol{j} - t^2\boldsymbol{k}$$

und damit

$$\frac{d\boldsymbol{r}}{dt} = 2t\,\boldsymbol{i} + \boldsymbol{j} + \frac{1}{2\sqrt{t}}\boldsymbol{k}\,.$$

Folglich ist

$$\begin{aligned}\int_C \boldsymbol{F} \cdot d\boldsymbol{r} &= \int_0^1 \boldsymbol{F}(\boldsymbol{r}(t)) \cdot \frac{d\boldsymbol{r}}{dt}\,dt \\ &= \int_0^1 \left(2t^{3/2} + t^3 - \frac{1}{2}t^{3/2}\right) dt \\ &= \left[\left(\frac{3}{2}\right)\left(\frac{2}{5}t^{5/2}\right) + \frac{1}{4}t^4\right]_0^1 = \frac{17}{20}.\end{aligned}$$

■

Kurvenintegrale bezüglich der *xyz*-Koordinaten

Manchmal ist es nützlich, ein Kurvenintegral einer skalaren Funktion als Integral über eine der Koordinaten zu schreiben, beispielsweise $\int_C M\,\mathrm{d}x$. Dieses Integral ist nicht zu verwechseln mit dem in Abschnitt 16.1 definierten Kurvenintegral über die Bogenlänge $\int_C M\,\mathrm{d}s$. Um das neue Integral für die skalare Funktion $M(x,y,z)$ zu definieren, geben wir ein Vektorfeld $\boldsymbol{F} = M(x,y,z)\boldsymbol{i}$ über der Kurve C an, die durch $\boldsymbol{r}(t) = g(t)\boldsymbol{i} + h(t)\boldsymbol{j} + k(t)\boldsymbol{k}$, $a \le t \le b$ parametrisiert ist. In dieser Schreibweise erhalten wir $x = g(t)$ und $\mathrm{d}x = g'(t)\,\mathrm{d}t$. Dann gilt

$$\boldsymbol{F}\cdot \mathrm{d}\boldsymbol{r} = \boldsymbol{F}\cdot \frac{\mathrm{d}\boldsymbol{r}}{\mathrm{d}t}\mathrm{d}t = M(x,y,z)g'(t)\,\mathrm{d}t = M(x,y,z)\,\mathrm{d}x\,.$$

Also *definieren* wir das Kurvenintegral von M über C bezüglich der Koordinate x als

$$\int_C M(x,y,z)\,\mathrm{d}x = \int_C \boldsymbol{F}\cdot\mathrm{d}\boldsymbol{r} \quad \text{mit} \quad \boldsymbol{F} = M(x,y,z)\boldsymbol{i}\,.$$

In gleicher Weise können wir die Integrale $\int_C N\,\mathrm{d}y$ und $\int_C P\,\mathrm{d}z$ erhalten, indem wir $\boldsymbol{F} = N(x,y,z)\boldsymbol{j}$ oder $\boldsymbol{F} = P(x,y,z)\boldsymbol{k}$ setzen. Drücken wir alle Komponenten als Funktion des Parameters t aus, so erhalten wir für diese Integrale die folgenden Formeln:

Merke

$$\int_C M(x,y,z)\,\mathrm{d}x = \int_a^b M(g(t),h(t),k(t))g'(t)\,\mathrm{d}t\,, \tag{16.4}$$

$$\int_C N(x,y,z)\,\mathrm{d}y = \int_a^b N(g(t),h(t),k(t))h'(t)\,\mathrm{d}t\,, \tag{16.5}$$

$$\int_C P(x,y,z)\,\mathrm{d}z = \int_a^b P(g(t),h(t),k(t))k'(t)\,\mathrm{d}t\,. \tag{16.6}$$

Häufig treten diese Kurvenintegrale in Kombination auf. Abkürzend verwenden wir dann die folgende Schreibweise:

$$\int_C M(x,y,z)\,\mathrm{d}x + \int_C N(x,y,z)\,\mathrm{d}y + \int_C P(x,y,z)\,\mathrm{d}z = \int_C M\,\mathrm{d}x + N\,\mathrm{d}y + P\,\mathrm{d}z\,.$$

Kurvenintegral $\int_C -y\,\mathrm{d}x + z\,\mathrm{d}y + 2x\,\mathrm{d}z$ entlang der Helix C

Beispiel 16.6 Berechnen Sie das Kurvenintegral $\int_C -y\,\mathrm{d}x + z\,\mathrm{d}y + 2x\,\mathrm{d}z$ entlang der Helix C mit der Parametrisierung $\boldsymbol{r}(t) = (\cos t)\boldsymbol{i} + (\sin t)\boldsymbol{j} + t\boldsymbol{k}$, $0 \le t \le 2\pi$.

Lösung Wir drücken alle Terme als Funktion des Parameters t aus, sodass $x = \cos t$, $y = \sin t$, $z = t$ und $dx = -\sin t\,dt$, $dy = \cos t\,dt$, $dz = dt$ ist. Dann gilt

$$\begin{aligned}\int_C -y\,dx + z\,dy + 2x\,dz &= \int_0^{2\pi} [(-\sin t)(-\sin t) + t\cos t + 2\cos t]\,dt \\ &= \int_0^{2\pi} [2\cos t + t\cos t + \sin^2 t]\,dt \\ &= \left[2\sin t + (t\sin t + \cos t) + \left(\frac{t}{2} - \frac{\sin 2t}{4}\right)\right]_0^{2\pi} \\ &= [0 + (0+1) + (\pi - 0)] - [0 + (0+1) + (0-0)] \\ &= \pi\,.\end{aligned}$$

Die von einer Kraft entlang einer Kurve im Raum verrichtete Arbeit

Wir nehmen an, dass das Vektorfeld $\boldsymbol{F} = M(x,y,z)\boldsymbol{i} + N(x,y,z)\boldsymbol{j} + P(x,y,z)\boldsymbol{k}$ eine Kraft in einem Gebiet im Raum beschreibt (das könnte die Schwerkraft sein oder eine elektromagnetische Kraft) und dass

$$\boldsymbol{r}(t) = g(t)\boldsymbol{i} + h(t)\boldsymbol{j} + k(t)\boldsymbol{k}, \quad a \le t \le b$$

eine glatte Kurve in dem Gebiet ist. Die Formel für die von der Kraft bei der Bewegung eines Körpers entlang einer Kurve verrichtete Arbeit wird durch eine ähnliche Begründung motiviert, wie wir sie in Kapitel 6 bereits verwendet haben, um die Formel $W = \int_a^b F(x)\,dx$ für die von einer stetigen Kraft mit dem Betrag $F(x)$ in Richtung eines Intervalls der x-Achse verrichtete Arbeit herzuleiten. Für eine Kurve im Raum definieren wir die Arbeit, die von einem stetigem Kraftfeld $\boldsymbol{F}$ verrichtet wird, um einen Körper entlang einer Kurve C von A nach B zu bewegen, folgendermaßen.

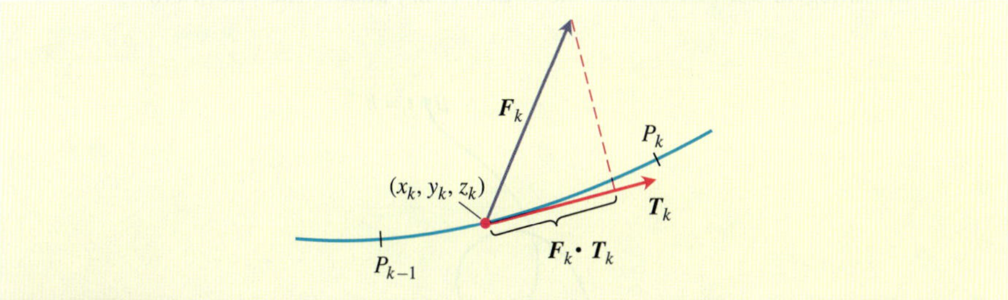

Abbildung 16.16 Die entlang des hier dargestellten Teilstücks verrichtete Arbeit ist ungefähr $\boldsymbol{F}_k \cdot \boldsymbol{T}_k \Delta s_k$ mit $\boldsymbol{F}_k = \boldsymbol{F}(x_k, y_k, z_k)$ und $\boldsymbol{T}_k = \boldsymbol{T}(x_k, y_k, z_k)$.

Wir zerlegen C in n Teilstücke $P_{k-1}P_k$ mit den Längen Δs_k. Wir beginnen bei A und enden bei B. Im Teilstück $P_{k-1}P_k$ wählen wir einen Punkt (x_k, y_k, z_k). Dazu sei $\boldsymbol{T}(x_k, y_k, z_k)$ der Tangentialeinheitsvektor im gewählten Punkt. Die Arbeit W_k, die verrichtet wird, um den Körper entlang des Teilstücks $P_{k-1}P_k$ zu bewegen, lässt sich nähern durch das Produkt aus der Tangentialkomponente der Kraft $\boldsymbol{F}(x_k, y_k, z_k)$ und der Länge des Teilstücks Δs_k, welche die von dem Objekt auf dem Teilstück zurückgelegte Entfernung nähert (►Abbildung 16.16). Die Gesamtarbeit, die bei der Bewegung des Körpers von A nach B verrichtet wird, lässt sich dann durch Summation über die entlang jedes Teilstücks verrichtete Arbeit nähern. Es ist also

$$W \approx \sum_{k=1}^{n} W_k \approx \sum_{k=1}^{n} \boldsymbol{F}(x_k, y_k, z_k) \cdot \boldsymbol{T}(x_k, y_k, z_k) \Delta s_k .$$

Für jede Zerlegung von C in n Teilstücke und jede Wahl der Punkte (x_k, y_k, z_k) in jedem Teilstück gehen diese Summen für $n \to \infty$ und $\Delta s_k \to \infty$ gegen das Kurvenintegral

$$\int_C \boldsymbol{F} \cdot \boldsymbol{T} \, \mathrm{d}s .$$

Genau das ist das Kurvenintegral von $\boldsymbol{F}$ entlang der Kurve C, das die verrichtete Gesamtarbeit definiert.

Definition Sei C eine glatte Kurve, die durch $\boldsymbol{r}(t)$, $a \leq t \leq b$ parametrisiert ist, und sei $\boldsymbol{F}$ ein stetiges Kraftfeld über einem Gebiet, das die Kurve C enthält. Dann ist die bei der Bewegung eines Körpers von $A = \boldsymbol{r}(a)$ nach $B = \boldsymbol{r}(b)$ entlang der Kurve C verrichtete **Arbeit**

$$W = \int_C \boldsymbol{F} \cdot \boldsymbol{T} \, \mathrm{d}s = \int_a^b \boldsymbol{F}(\boldsymbol{r}(t)) \cdot \frac{\mathrm{d}\boldsymbol{r}}{\mathrm{d}t} \mathrm{d}t . \qquad (16.7)$$

Das Vorzeichen der Arbeit W hängt von der Richtung ab, in der wir die Kurve durchlaufen. Bei umgekehrter Bewegungsrichtung kehrt sich auch die Richtung von $\boldsymbol{T}$ in ►Abbildung 16.17 um, und das Vorzeichen von $\boldsymbol{F} \cdot \boldsymbol{T}$ und damit auch das des Integrals ändert sich.

Mithilfe der vorgestellten Schreibweisen lässt sich das Integral der Arbeit in verschiedener Weise ausdrücken, je nachdem, was für eine bestimmte Aufgabenstellung am treffendsten oder am geeignetsten erscheint. Tabelle 16.2 führt fünf Möglichkeiten auf, wie wir das Integral der Arbeit aus Gleichung (16.7) ausdrücken können.

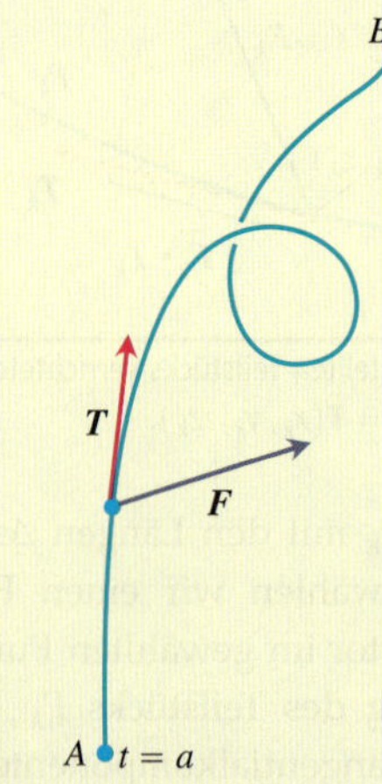

Abbildung 16.17 Die von einer Kraft $\boldsymbol{F}$ verrichtete Arbeit ist das Kurvenintegral der Skalarkomponente $\boldsymbol{F} \cdot \boldsymbol{T}$ entlang der glatten Kurve von A nach B.

Tabelle 16.2: Verschiedene Ausdrücke für das Integral der Arbeit für $\boldsymbol{F} = M\boldsymbol{i} + N\boldsymbol{j} + P\boldsymbol{k}$ entlang der Kurve C: $\boldsymbol{r}(t) = g(t)\boldsymbol{i} + h(t)\boldsymbol{j} + k(t)\boldsymbol{k}$, $a \le t \le b$.

$W = \int_C \boldsymbol{F} \cdot \boldsymbol{T}\, ds$	Definition
$= \int_C \boldsymbol{F} \cdot d\boldsymbol{r}$	Vektordifferentialform
$= \int_a^b \boldsymbol{F} \cdot \frac{d\boldsymbol{r}}{dt} dt$	Parametrische Vektorberechnung
$= \int_a^b \left(M\frac{dx}{dt} + N\frac{dy}{dt} + P\frac{dz}{dt} \right)$	Parametrische Skalarberechnung
$= \int_C M\, dx + N\, dy + P\, dz$	Skalardifferentialform

Beispiel 16.7 Bestimmen Sie die von einem Kraftfeld $\boldsymbol{F} = (y - x^2)\boldsymbol{i} + (z - y^2)\boldsymbol{j} + (x - z^2)\boldsymbol{k}$ entlang der Kurve $\boldsymbol{r}(t) = t\boldsymbol{i} + t^2\boldsymbol{j} + t^3\boldsymbol{k}$, $0 \le t \le 1$ von $(0,0,0)$ bis $(1,1,1)$ verrichtete Arbeit (▶Abbildung 16.18).

Entlang einer Kurve verrichtete Arbeit

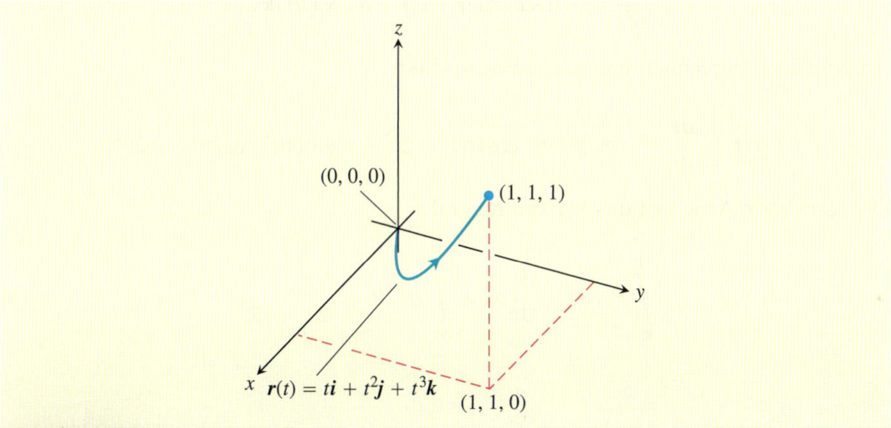

Abbildung 16.18 Die Kurve aus Beispiel 16.7.

Lösung Zuerst berechnen wir $\boldsymbol{F}$ auf der Kurve $\boldsymbol{r}(t)$:

$$\begin{aligned}\boldsymbol{F} &= (y - x^2)\boldsymbol{i} + (z - y^2)\boldsymbol{j} + (x - z^2)\boldsymbol{k} \\ &= \underbrace{(t^2 - t^2)}_{0}\boldsymbol{i} + (t^3 - t^4)\boldsymbol{j} + (t - t^6)\boldsymbol{k}. \qquad x = t,\, y = t^2,\, z = t^3 \text{ substituieren}\end{aligned}$$

Dann bestimmen wir $d\boldsymbol{r}/dt$:

$$\frac{d\boldsymbol{r}}{dt} = \frac{d}{dt}(t\boldsymbol{i} + t^2\boldsymbol{j} + t^3\boldsymbol{k}) = \boldsymbol{i} + 2t\boldsymbol{j} + 3t^2\boldsymbol{k}.$$

Schließlich bestimmen wir $\boldsymbol{F} \cdot d\boldsymbol{r}/dt$ und integrieren von $t = 0$ bis $t = 1$:

$$\begin{aligned}\boldsymbol{F} \cdot \frac{d\boldsymbol{r}}{dt} &= \left[(t^3 - t^4)\boldsymbol{j} + (t - t^6)\boldsymbol{k}\right] \cdot (\boldsymbol{i} + 2t\boldsymbol{j} + 3t^2\boldsymbol{k}) \\ &= (t^3 - t^4)(2t) + (t - t^6)(3t^2) = 2t^4 - 2t^5 + 3t^3 - 3t^8\end{aligned}$$

und damit

$$\text{Arbeit} = \int_0^1 (2t^4 - 2t^5 + 3t^3 - 3t^8)\,\mathrm{d}t$$

$$= \left[\frac{2}{5}t^5 - \frac{2}{6}t^6 + \frac{3}{4}t^4 - \frac{3}{9}t^9\right]_0^1 = \frac{29}{60}.$$

Bei der Bewegung eines Körpers entlang einer Kurve verrichtete Arbeit

Beispiel 16.8 Bestimmen Sie die Arbeit, die von einem Vektorfeld $\boldsymbol{F} = x\boldsymbol{i} + y\boldsymbol{j} + z\boldsymbol{k}$ bei der Bewegung eines Körpers entlang einer Kurve C mit der Parametrisierung $\boldsymbol{r}(t) = \cos(\pi t)\boldsymbol{i} + t^2\boldsymbol{i} + \sin(\pi t)\boldsymbol{k}, \quad 0 \leq t \leq 1$ verrichtet wird.

Lösung Wir schreiben die Kraft $\boldsymbol{F}$ entlang der Kurve C zunächst als eine Funktion von t:

$$\boldsymbol{F}(\boldsymbol{r}(t)) = \cos(\pi t)\boldsymbol{i} + t^2\boldsymbol{j} + \sin(\pi t)\boldsymbol{k}\,.$$

Danach berechnen wir $\mathrm{d}\boldsymbol{r}/\mathrm{d}t$:

$$\frac{\mathrm{d}\boldsymbol{r}}{\mathrm{d}t} = -\pi\sin(\pi t)\boldsymbol{i} + 2t\boldsymbol{j} + \pi\cos(\pi t)\boldsymbol{k}\,.$$

Anschließend berechnen wir das Skalarprodukt

$$\boldsymbol{F}(\boldsymbol{r}(t)) \cdot \frac{\mathrm{d}\boldsymbol{r}}{\mathrm{d}t} = -\pi\sin(\pi t)\cos(\pi t) + 2t^3 + \pi\sin(\pi t)\cos(\pi t) = 2t^3\,.$$

Die verrichtete Arbeit ist das Kurvenintegral

$$\int_a^b \boldsymbol{F}(\boldsymbol{r}(t)) \cdot \frac{\mathrm{d}\boldsymbol{r}}{\mathrm{d}t}\,\mathrm{d}t = \int_0^1 2t^3\,\mathrm{d}t = \left.\frac{t^4}{2}\right|_0^1 = \frac{1}{2}.$$

Flussintegrale und Zirkulation für Vektorfelder

Sei $\boldsymbol{F}$ das Geschwindigkeitsfeld eines Fluids in einem Gebiet in der Ebene oder im Raum (etwa in einem Flutbecken oder in der Turbinenkammer einer Wasserturbine mit Generator). Dann liefert das Integral über $\boldsymbol{F} \cdot \boldsymbol{T}$ entlang einer Kurve in diesem Gebiet die Strömung entlang der Kurve.

Definition

Sei $\boldsymbol{r}(t)$ die Parametrisierung einer glatten Kurve C im Definitionsbereich eines stetigen Vektorfelds $\boldsymbol{F}$. Der **Fluss** entlang der Kurve von $A = \boldsymbol{r}(a)$ bis $B = \boldsymbol{r}(b)$ ist dann

$$\text{Fluss entlang } C = \int_C \boldsymbol{F} \cdot \boldsymbol{T}\,\mathrm{d}s\,. \qquad (16.8)$$

Das Integral heißt hier **Flussintegral**. Beginnt und endet die Kurve in demselben Punkt, also im Fall $A = B$, heißt der Fluss die **Zirkulation** um die Kurve.

Es ist von Belang, in welcher Richtung wir uns entlang der Kurve C bewegen. Bei umgekehrter Bewegungsrichtung wird $\boldsymbol{T}$ durch $-\boldsymbol{T}$ ersetzt, und das Vorzeichen des Integrals kehrt sich um. Flussintegrale berechnen wir genauso wie die Arbeit.

Beispiel 16.9 Das Geschwindigkeitsfeld eines Fluids ist $\boldsymbol{F} = x\boldsymbol{i} + z\boldsymbol{j} + y\boldsymbol{k}$. Bestimmen Sie den Fluss entlang der Helix $\boldsymbol{r}(t) = (\cos t)\boldsymbol{i} + (\sin t)\boldsymbol{j} + t\boldsymbol{k}$, $0 \leq t \leq \pi/2$.

Fluss entlang einer Helix

Lösung Zunächst berechnen wir $\boldsymbol{F}$ auf der Kurve:

$$\boldsymbol{F} = x\boldsymbol{i} + z\boldsymbol{j} + y\boldsymbol{k} = (\cos t)\boldsymbol{i} + t\boldsymbol{j} + (\sin t)\boldsymbol{k}\,, \qquad \text{Substituiere } x = \cos t,\ z = t,\ y = \sin t$$

dann bestimmen wir $\mathrm{d}\boldsymbol{r}/\mathrm{d}t$:

$$\frac{\mathrm{d}\boldsymbol{r}}{\mathrm{d}t} = (-\sin t)\boldsymbol{i} + (\cos t)\boldsymbol{j} + \boldsymbol{k}\,.$$

Danach integrieren wir $\boldsymbol{F} \cdot (\mathrm{d}\boldsymbol{r}/\mathrm{d}t)$ von $t = 0$ bis $t = \dfrac{\pi}{2}$:

$$\begin{aligned} \boldsymbol{F} \cdot \frac{\mathrm{d}\boldsymbol{r}}{\mathrm{d}t} &= (\cos t)(-\sin t) + (t)(\cos t) + (\sin t)(1) \\ &= -\sin t \cos t + t\cos t + \sin t\,, \end{aligned}$$

also ergibt sich

$$\begin{aligned} \text{Fluss} &= \int_{t=a}^{t=b} \boldsymbol{F} \cdot \frac{\mathrm{d}\boldsymbol{r}}{\mathrm{d}t}\,\mathrm{d}t = \int_0^{\pi/2} (-\sin t\cos t + t\cos t + \sin t)\,\mathrm{d}t \\ &= \left[\frac{\cos^2 t}{2} + t\sin t\right]_0^{\pi/2} = \left(0 + \frac{\pi}{2}\right) - \left(\frac{1}{2} + 0\right) = \frac{\pi}{2} - \frac{1}{2}. \end{aligned}$$

■

Beispiel 16.10 Bestimmen Sie die Zirkulation des Feldes $\boldsymbol{F} = (x - y)\boldsymbol{i} + x\boldsymbol{j}$ um den Kreis $\boldsymbol{r}(t) = (\cos t)\boldsymbol{i} + (\sin t)\boldsymbol{j}$, $0 \leq t \leq 2\pi$ (▶Abbildung 16.19).

Fluss um einen Kreis

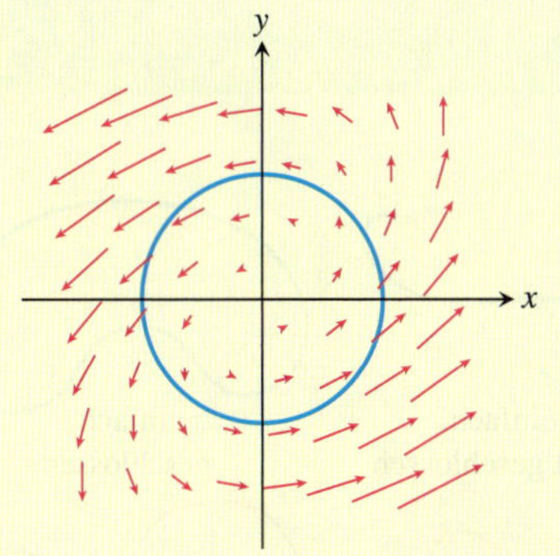

Abbildung 16.19 Das Vektorfeld $\boldsymbol{F}$ und die Kurve $\boldsymbol{r}(t)$ aus Beispiel 16.10.

Lösung Auf dem Kreis ist $\boldsymbol{F} = (x - y)\boldsymbol{i} + x\boldsymbol{j} = (\cos t - \sin t)\boldsymbol{i} + (\cos t)\boldsymbol{j}$ und

$$\frac{\mathrm{d}\boldsymbol{r}}{\mathrm{d}t} = (-\sin t)\boldsymbol{i} + (\cos t)\boldsymbol{j}\,.$$

Dann ergibt sich aus

$$F \cdot \frac{dr}{dt} = -\sin t \cos t + \underbrace{\sin^2 t + \cos^2 t}_{1}$$

das Integral

$$\text{Zirkulation} = \int_0^{2\pi} F \cdot \frac{dr}{dt} dt = \int_0^{2\pi} (1 - \sin t \cos t)\, dt$$

$$= t - \frac{\sin^2 t}{2} \bigg|_0^{2\pi} = 2\pi .$$

Wie Abbildung 16.19 andeutet, zirkuliert ein Fluid mit diesem Geschwindigkeitsfeld *entgegen dem Uhrzeigersinn.*

Fluss durch eine einfache ebene Kurve

Eine Kurve in der xy-Ebene ist **einfach**, wenn sie keine Selbstüberschneidungen hat (▶Abbildung 16.20). Beginnt und endet eine Kurve in demselben Punkt, so sprechen wir von einer **geschlossenen Kurve** bzw. von einer **Schleife**. Um die Rate zu bestimmen, mit der ein Fluid in ein Gebiet eintritt oder aus ihm austritt, das von einer glatten einfachen geschlossenen Kurve C in der xy-Ebene umschlossen ist, berechnen wir das Kurvenintegral entlang C von $F \cdot n$; das ist die Skalarkomponente des Geschwindigkeitsfelds des Fluids in Richtung des nach außen gerichteten Normalenvektors der Kurve. Der Wert dieses Integrals ist der *Fluss* durch C. Allerdings kommt bei vielen Flussberechnungen gar keine Bewegung vor. Auch wenn F beispielsweise ein elektrisches Feld oder ein Magnetfeld wäre, würde man das Integral von $F \cdot n$ als den Fluss des Feldes durch C bezeichnen.

Definition

Sei C eine glatte, einfach geschlossene Kurve im Definitionsbereich eines stetigen Vektorfelds $F = M(x,y)i + N(x,y)j$ in der xy-Ebene, und sei n der nach außen gerichtete Normalenvektor an C. Dann gilt für den **Fluss von F durch C**:

$$\text{Fluss von } F \text{ durch } C = \int_C F \cdot n \, ds . \qquad (16.9)$$

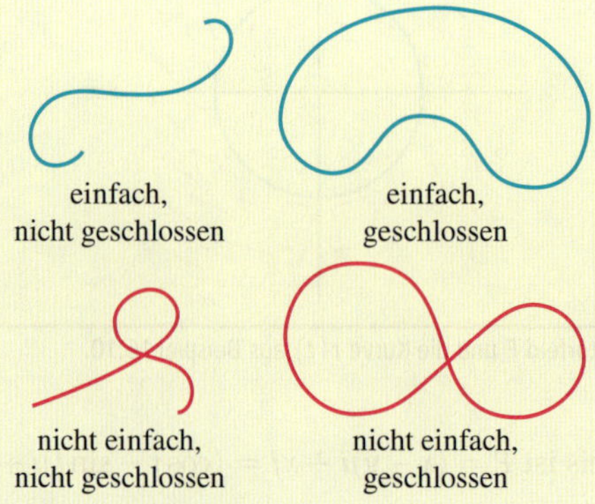

Abbildung 16.20 Der Unterschied zwischen offenen und geschlossenen Kurven sowie zwischen Kurven mit und ohne Selbstüberschneidungen.

Da der Normalenvektor $\boldsymbol{n}$ nach außen gerichtet ist, sprechen wir manchmal auch von einem „nach außen gerichtetem Fluss", „Abfluss" oder "Nettoabfluss" von $\boldsymbol{F}$ durch C. Machen Sie sich den Unterschied zwischen Fluss durch C und Zirkulation um C klar. Der Fluss von $\boldsymbol{F}$ durch C ist das Kurvenintegral bezüglich der Bogenlänge von $\boldsymbol{F} \cdot \boldsymbol{n}$, d. h. die Skalarkomponente von $\boldsymbol{F}$ in Richtung der äußeren Normalen. Die Zirkulation von $\boldsymbol{F}$ um C ist das Kurvenintegral bezüglich der Bogenlänge von $\boldsymbol{F} \cdot \boldsymbol{T}$, d. h. der Skalarkomponente von $\boldsymbol{F}$ in Richtung des Tangentialeinheitsvektors. Der Abfluss ist also das Integral der Normalkomponente von $\boldsymbol{F}$; die Zirkulation ist das Integral der Tangentialkomponente von $\boldsymbol{F}$.

Den Fluss in Gleichung (16.9) berechnen wir ausgehend von einer glatten Parametrisierung

$$x = g(t), \quad y = h(t), \quad a \leq t \leq b,$$

mit der wir die Kurve C für t von a bis b genau einmal durchlaufen. Den äußeren Normalenvektor $\boldsymbol{n}$ bestimmen wir aus dem Vektorprodukt der Vektoren $\boldsymbol{T}$ und $\boldsymbol{k}$. Wählen wir aber als Reihenfolge $\boldsymbol{T} \times \boldsymbol{k}$ oder $\boldsymbol{k} \times \boldsymbol{T}$? Welcher Vektor zeigt nach außen? Das hängt davon ab, wie wir C mit wachsendem t durchlaufen. Durchlaufen wir die Kurve im Uhrzeigersinn, zeigt $\boldsymbol{k} \times \boldsymbol{T}$ nach außen; durchlaufen wir sie entgegen dem Uhrzeigersinn, zeigt $\boldsymbol{T} \times \boldsymbol{k}$ nach außen (►Abbildung 16.21). Üblicherweise wählt man $\boldsymbol{n} = \boldsymbol{T} \times \boldsymbol{k}$ unter der Annahme für einen Durchlauf entgegen dem Uhrzeigersinn. Obwohl also der Wert des Integrals in Gleichung (16.9) nicht von der Richtung abhängt, in der wir C durchlaufen, gehen wir bei der Herleitung der Gleichungen zur Berechnung des Normalenvektors $\boldsymbol{n}$ und des Integrals von einem Durchlauf der Kurve C entgegen dem Uhrzeigersinn aus.

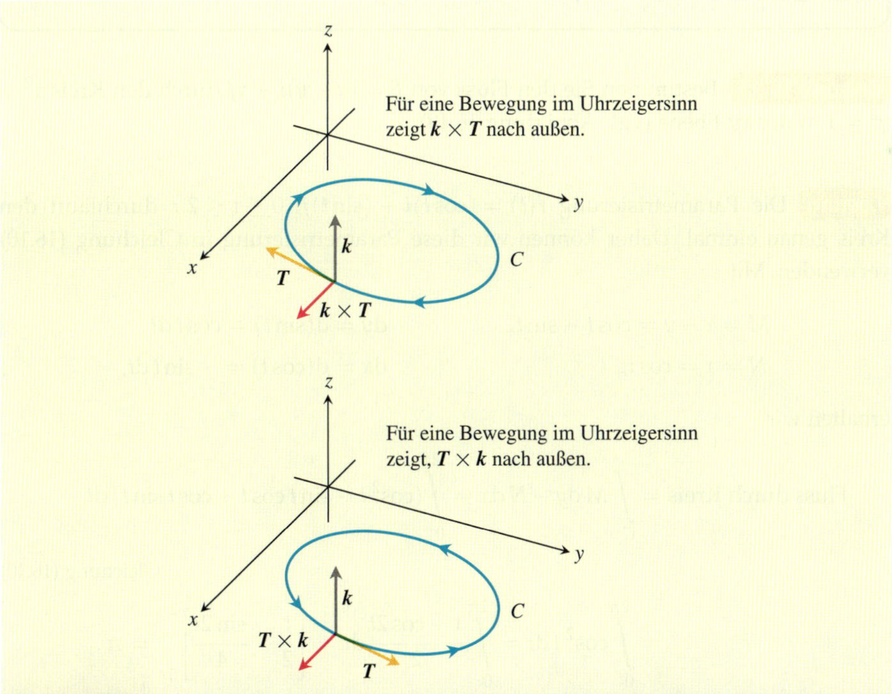

Abbildung 16.21 Um einen nach außen zeigenden Normalenvektor an eine einfache glatte Kurve in der xy-Ebene zu bestimmen, die mit wachsendem t entgegen dem Uhrzeigersinn durchlaufen wird, wählen wir $\boldsymbol{n} = \boldsymbol{T} \times \boldsymbol{k}$. Wird die Kurve im Uhrzeigersinn durchlaufen, wählen wir $\boldsymbol{n} = \boldsymbol{k} \times \boldsymbol{T}$.

Es gilt

$$\boldsymbol{n} = \boldsymbol{T} \times \boldsymbol{k} = \left(\frac{dx}{ds}\boldsymbol{i} + \frac{dy}{ds}\boldsymbol{j}\right) \times \boldsymbol{k} = \frac{dy}{ds}\boldsymbol{i} - \frac{dx}{ds}\boldsymbol{j}.$$

Für $\boldsymbol{F} = M(x,y)\boldsymbol{i} + N(x,y)\boldsymbol{j}$ erhalten wir

$$\boldsymbol{F} \cdot \boldsymbol{n} = M(x,y)\frac{dy}{ds} - N(x,y)\frac{dx}{ds}.$$

Folglich gilt

$$\int_C \boldsymbol{F} \cdot \boldsymbol{n}\, ds = \int_C \left(M\frac{dy}{ds} - N\frac{dx}{ds}\right) ds = \oint_C M\, dy - N\, dx.$$

Das letzte Integral versehen wir mit einem gerichteten Kreis ↺ als Gedächtnisstütze, dass wir beim Integral die geschlossene Kurve C entgegen dem Uhrzeigersinn durchlaufen. Zur Berechnung des Integrals drücken wir M, dy, N und dx als Funktionen des Parameters t aus und integrieren von $t = a$ bis $t = b$. Dazu müssen wir weder $\boldsymbol{n}$ noch ds explizit kennen.

Merke

Wie man den Fluss durch eine glatte geschlossene ebene Kurve berechnet

$$(\text{Fluss von } \boldsymbol{F} = M\boldsymbol{i} + N\boldsymbol{j} \text{ durch } C) = \oint_C M\, dy - N\, dx. \qquad (16.10)$$

Das Integral lässt sich mithilfe jeder glatten Parametrisierung $x = g(t)$, $y = h(t)$, $a \leq t \leq b$ berechnen, die C genau einmal entgegen dem Uhrzeigersinn durchläuft.

Fluss von $\boldsymbol{F} = (x-y)\boldsymbol{i} + x\boldsymbol{j}$ durch den Kreis $x^2 + y^2 = 1$

Beispiel 16.11 Bestimmen Sie den Fluss von $F = (x-y)\boldsymbol{i} + x\boldsymbol{j}$ durch den Kreis $x^2 + y^2 = 1$ in der xy-Ebene (vgl. Abbildung 16.19).

Lösung Die Parametrisierung $\boldsymbol{r}(t) = (\cos t)\boldsymbol{i} + (\sin t)\boldsymbol{j}$, $0 \leq t \leq 2\pi$ durchläuft den Kreis genau einmal. Daher können wir diese Parametrisierung in Gleichung (16.10) verwenden. Mit

$$\begin{aligned} M &= x - y = \cos t - \sin t, \qquad & dy &= d(\sin t) = \cos t\, dt \\ N &= x = \cos t, & dx &= d(\cos t) = -\sin t\, dt, \end{aligned}$$

erhalten wir

$$\text{Fluss durch Kreis} = \int_C M\, dy - N\, dx = \int_0^{2\pi} (\cos^2 t - \sin t \cos t + \cos t \sin t)\, dt$$

Gleichung (16.10)

$$= \int_0^{2\pi} \cos^2 t\, dt = \int_0^{2\pi} \frac{1 + \cos 2t}{2}\, dt = \left[\frac{t}{2} + \frac{\sin 2t}{4}\right]_0^{2\pi} = \pi.$$

Der Fluss von $\boldsymbol{F}$ durch den Kreis ist π. Aus diesem positiven Ergebnis schließen wir, dass der Gesamtfluss durch die Kurve nach außen gerichtet ist. Bei einem nach innen gerichteten Fluss hätten wir ein negatives Ergebnis erhalten. ■

Aufgaben zum Abschnitt 16.2

Vektorfelder Bestimmen Sie in den Aufgaben 1–4 die Gradientenfelder der Funktionen.

1. $f(x,y,z) = (x^2+y^2+z^2)^{-1/2}$

2. $f(x,y,z) = \ln\sqrt{x^2+y^2+z^2}$

3. $g(x,y,z) = e^z - \ln(x^2+y^2)$

4. $g(x,y,z) = xy + yz + xz$

5. Geben Sie eine Gleichung $\boldsymbol{F} = M(x,y)\boldsymbol{i} + N(x,y)\boldsymbol{j}$ für das Vektorfeld in der Ebene mit der Eigenschaft an, dass $\boldsymbol{F}$ mit einem Betrag in Richtung Ursprung zeigt, der umgekehrt proportional zum Quadrat des Abstands von (x,y) zum Ursprung ist. (Das Feld ist im Punkt $(0,0)$ nicht definiert.)

Kurvenintegrale von Vektorfeldern Bestimmen Sie in den Aufgaben 6–11 die Kurvenintegrale von $\boldsymbol{F}$ von $(0,0,0)$ bis $(1,1,1)$ für jeden der folgenden Wege in der nachfolgenden Abbildung:

a. Der gelbe Weg $C_1 : \boldsymbol{r}(t) = t\boldsymbol{i} + t\boldsymbol{j} + t\boldsymbol{k},\ 0 \le t \le 1$

b. Der blaue Weg $C_2 : \boldsymbol{r}(t) = t\boldsymbol{i} + t^2\boldsymbol{j} + t^4\boldsymbol{k},\ 0 \le t \le 1$

c. Der rote Weg $C_3 \cup C_4$ aus dem Geradenabschnitt von $(0,0,0)$ bis $(1,1,0)$ und dem Geradenabschnitt von $(1,1,0)$ bis $(1,1,1)$.

6. $\boldsymbol{F} = 3y\boldsymbol{i} + 2x\boldsymbol{j} + 4z\boldsymbol{k}$

7. $\boldsymbol{F} = [1/(x^2+1)]\boldsymbol{j}$

8. $\boldsymbol{F} = \sqrt{z}\boldsymbol{i} - 2x\boldsymbol{j} + \sqrt{y}\boldsymbol{k}$

9. $\boldsymbol{F} = xy\boldsymbol{i} + yz\boldsymbol{j} + xz\boldsymbol{k}$

10. $\boldsymbol{F} = (3x^2 - 3x)\boldsymbol{i} + 3z\boldsymbol{j} + \boldsymbol{k}$

11. $\boldsymbol{F} = (y+z)\boldsymbol{i} + (z+x)\boldsymbol{j} + (x+y)\boldsymbol{k}$

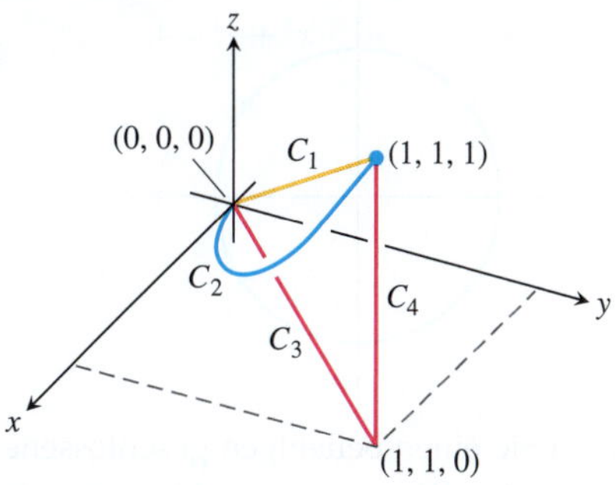

Kurvenintegrale bezüglich *x*, *y* und *z* Bestimmen Sie in den Aufgaben 12 und 13 die Kurvenintegrale entlang der gegebenen Kurven C.

12. $\int_C (x - y)\,dx,\ C: x = t,\ y = 2t + 1$ für $0 \le t \le 3$

13. $\int_C (x^2 + y^2)\,dy$. Die Kurve C entnehmen Sie der nachfolgenden Abbildung.

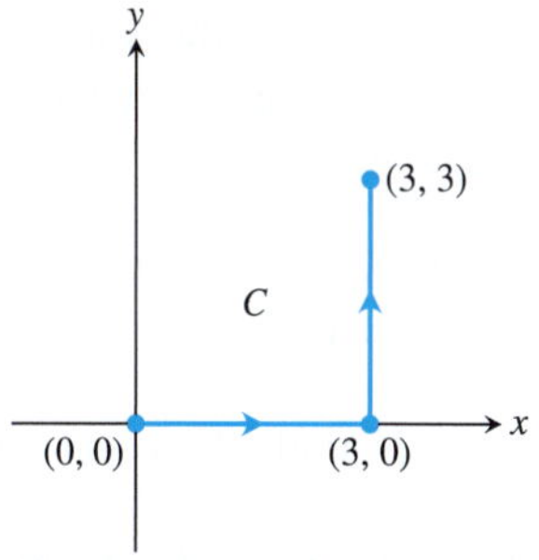

14. Berechnen Sie entlang der Kurve $\boldsymbol{r}(t) = t\boldsymbol{i} - \boldsymbol{j} + t^2\boldsymbol{k},\ 0 \le t \le 1$ die folgenden Integrale:

a. $\int_C (x + y - z)\,dx$

b. $\int_C (x + y - z)\,dy$

c. $\int_C (x + y - z)\,dz$

Arbeit Bestimmen Sie in den Aufgaben 15–17 die entlang der Kurve in Richtung mit wachsendem Parameter t von der Kraft $\boldsymbol{F}$ verrichtete Arbeit.

15. $\boldsymbol{F} = xy\boldsymbol{i} + y\boldsymbol{j} - yz\boldsymbol{k}$ $\boldsymbol{r}(t) = t\boldsymbol{i} + t^2\boldsymbol{j} + t\boldsymbol{k},\ 0 \le t \le 1$

16. $\boldsymbol{F} = 2y\boldsymbol{i} + 3x\boldsymbol{j} + (x+y)\boldsymbol{k}$ $\boldsymbol{r}(t) = (\cos t)\boldsymbol{i} + (\sin t)\boldsymbol{j} + (t/6)\boldsymbol{k},\ 0 \le t \le 2\pi$

17. $\boldsymbol{F} = z\boldsymbol{i} + x\boldsymbol{j} + y\boldsymbol{k}$ $\boldsymbol{r}(t) = (\sin t)\boldsymbol{i} + (\cos t)\boldsymbol{j} + t\boldsymbol{k},\ 0 \le t \le 2\pi$

18. $\boldsymbol{F} = 6z\boldsymbol{i} + y^2\boldsymbol{j} + 12x\boldsymbol{k}$ $\boldsymbol{r}(t) = (\sin t)\boldsymbol{i} + (\cos t)\boldsymbol{j} + (t/6)\boldsymbol{k},\ 0 \le t \le 2\pi$

Kurvenintegrale in der Ebene

19. Berechnen Sie $\int_C xy\,dx + (x + y)\,dy$ entlang der Kurve $y = x^2$ von $(-1,1)$ bis $(2,4)$.

20. Berechnen Sie $\int_C (x - y)\,dx + (x + y)\,dy$ entlang des Weges entgegen dem Uhrzeigersinn um das Dreieck mit den Ecken $(0,0)$, $(1,0)$ und $(0,1)$.

21. Berechnen Sie $\int_C \boldsymbol{F} \cdot \boldsymbol{T}\,ds$ für das Vektorfeld $\boldsymbol{F} = x^2\boldsymbol{i} - y\boldsymbol{j}$ entlang der Kurve $x = y^2$ von $(4,2)$ bis $(1,-1)$.

22. Berechnen Sie $\int_C \boldsymbol{F} \cdot d\boldsymbol{r}$ für das Vektorfeld $\boldsymbol{F} = y\boldsymbol{i} - x\boldsymbol{j}$ auf dem Weg entgegen dem Uhrzeigersinn auf dem Kreis $x^2 + y^2 = 1$ von $(1,0)$ bis $(0,1)$.

Arbeit, Zirkulation und Fluss in der Ebene

23. **Arbeit** Bestimmen Sie die von der Kraft $\boldsymbol{F} = xy\boldsymbol{i} + (y - x)\boldsymbol{j}$ entlang des geraden Weges von $(1,1)$ nach $(2,3)$ verrichtete Arbeit.

24. **Zirkulation und Fluss** Bestimmen Sie die Zirkulation und den Fluss der Felder

$$F_1 = x\boldsymbol{i} + y\boldsymbol{j} \quad \text{und} \quad F_2 = -y\boldsymbol{i} + x\boldsymbol{j}$$

um und durch die beiden folgenden Kurven.

a. Der Kreis $\boldsymbol{r}(t) = (\cos t)\boldsymbol{i} + (\sin t)\boldsymbol{j}$, $0 \le t \le 2\pi$

b. Die Ellipse $\boldsymbol{r}(t) = (\cos t)\boldsymbol{i} + (4 \sin t)\boldsymbol{j}$, $0 \le t \le 2\pi$

Bestimmen Sie in den Aufgaben 25–28 die Zirkulation und den Fluss des Vektorfelds $\boldsymbol{F}$ um und durch den geschlossenen, halbkreisförmigen Weg aus dem Halbkreis $\boldsymbol{r}_1(t) = (a \cos t)\boldsymbol{i} + (a \sin t)\boldsymbol{j}$, $0 \le t \le \pi$ und dem Geradenabschnitt $\boldsymbol{r}_2(t) = t\boldsymbol{i}$, $-a \le t \le a$.

25. $\boldsymbol{F} = x\boldsymbol{i} + y\boldsymbol{j}$

26. $\boldsymbol{F} = x^2\boldsymbol{i} + y^2\boldsymbol{j}$

27. $\boldsymbol{F} = -y\boldsymbol{i} + x\boldsymbol{j}$

28. $\boldsymbol{F} = -y^2\boldsymbol{i} + x^2\boldsymbol{j}$

29. **Flussintegrale** Bestimmen Sie den Fluss des Geschwindigkeitsfelds $\boldsymbol{F} = (x+y)\boldsymbol{i} - (x^2 + y^2)\boldsymbol{j}$ entlang der folgenden Wege von $(1,0)$ nach $(-1,0)$ in der xy-Ebene.

a. Die obere Hälfte des Kreises $x^2 + y^2 = 1$.

b. Der Geradenabschnitt von $(1,0)$ bis $(-1,0)$.

c. Der Geradenabschnitt von $(1,0)$ bis $(0,-1)$ und anschließend der Geradenabschnitt von $(0,-1)$ bis $(-1,0)$.

30. Bestimmen Sie den Fluss des Geschwindigkeitsfelds $\boldsymbol{F} = y^2\boldsymbol{i} + 2xy\boldsymbol{j}$ entlang der folgenden Wege von $(0,0)$ nach $(2,4)$.

a.

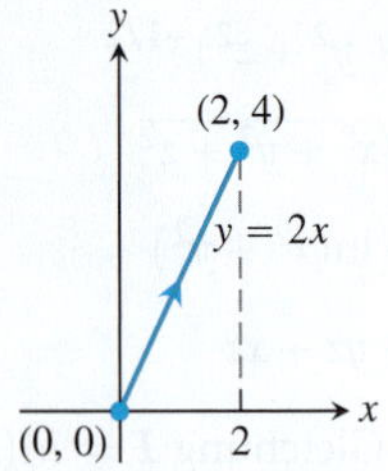

b.

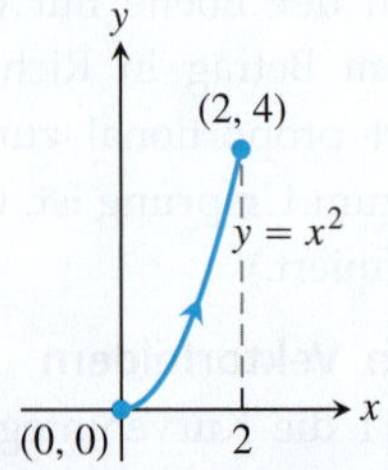

c. Verwenden Sie einen beliebigen Weg von $(0,0)$ nach $(2,4)$, der sich von den Wegen in **a.** und **b.** unterscheidet.

31. Bestimmen Sie die Zirkulation des Feldes $\boldsymbol{F} = y\boldsymbol{i} + (x + 2y)\boldsymbol{j}$ um die folgenden geschlossenen Wege.

a.

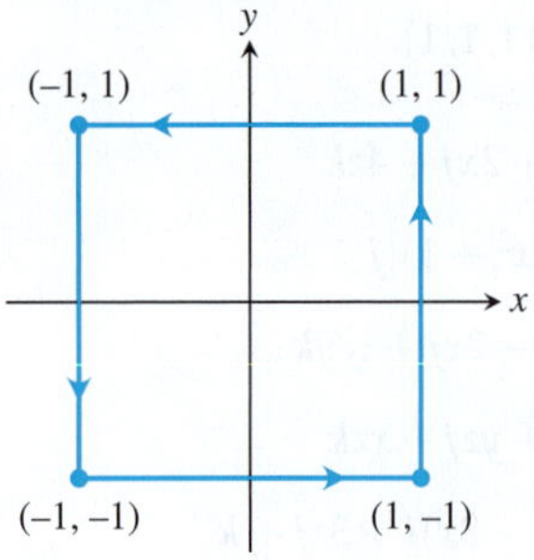

b.

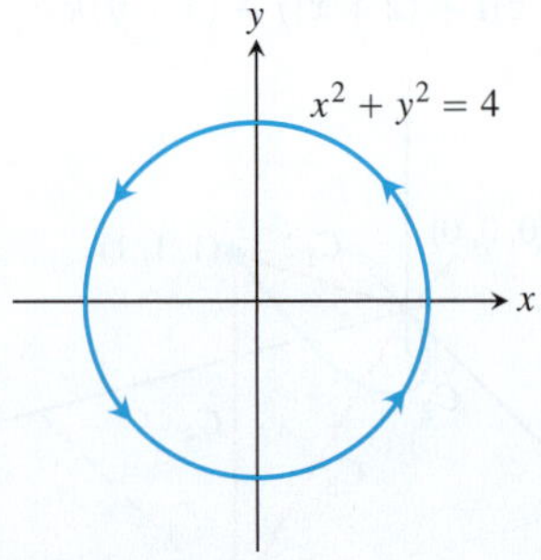

c. Verwenden Sie einen beliebigen geschlossenen Weg, der sich von den Wegen in **a.** und **b.** unterscheidet.

Vektorfelder in der Ebene

32. **Wirbelfeld** Zeichnen Sie das Wirbelfeld

$$F = -\frac{y}{\sqrt{x^2+y^2}}\boldsymbol{i} + \frac{x}{\sqrt{x^2+y^2}}\boldsymbol{j}$$

(vgl. Abbildung 16.12 auf Seite 461) mit seinen horizontalen und vertikalen Komponenten in einer repräsentativen Menge von Punkten auf dem Kreis $x^2 + y^2 = 4$.

33. **Radialfeld** Zeichnen Sie das Radialfeld

$$F = x\boldsymbol{i} + y\boldsymbol{j}$$

(vgl. Abbildung 16.11 auf Seite 461) mit seinen horizontalen und vertikalen Komponenten in einer repräsentativen Menge von Punkten auf dem Kreis $x^2 + y^2 = 1$.

34. **Ein Feld von Tangentialvektoren**

a. Bestimmen Sie ein Feld $\boldsymbol{G} = P(x,y)\boldsymbol{i} + Q(x,y)\boldsymbol{j}$ in der xy-Ebene mit der Eigenschaft, dass in jedem Punkt $(a,b) \neq (0,0)$ das Feld $\boldsymbol{G}$ einen Vektor vom Betrag $\sqrt{a^2+b^2}$ beschreibt, der tangential an den Kreis $x^2 + y^2 = a^2 + b^2$ ist und entgegen dem Uhrzeigersinn gerichtet ist. (Im Punkt $(0,0)$ ist das Feld nicht definiert.)

b. Welchen Zusammenhang gibt es zwischen $\boldsymbol{G}$ und dem Wirbelfeld $\boldsymbol{F}$ aus Abbildung 16.12 auf Seite 461?

35. **Einheitsvektoren in Richtung Ursprung** Bestimmen Sie ein Feld $\boldsymbol{F} = M(x,y)\boldsymbol{i} + N(x,y)\boldsymbol{j}$ in der xy-Ebene mit der Eigenschaft, dass in jedem Punkt $(x,y) \neq (0,0)$ das Feld $\boldsymbol{F}$ einen Einheitsvektor beschreibt, der in Richtung Ursprung zeigt. (Im Punkt $(0,0)$ ist das Feld undefiniert.)

36. **Arbeit und Flächeninhalt** Die Funktion $f(t)$ sei für $a \leq t \leq b$ differenzierbar und positiv. Die Kurve C sei der Weg $\boldsymbol{r}(t) = t\boldsymbol{i} + f(t)\boldsymbol{j}$, $a \leq t \leq b$ und das Feld sei $\boldsymbol{F} = y\boldsymbol{i}$. Gibt es einen Zusammenhang zwischen dem Wert des Integrals für die verrichtete Arbeit

$$\int_C \boldsymbol{F} \cdot \mathrm{d}\boldsymbol{r}$$

und dem Flächeninhalt des Gebiets zwischen der t-Achse, dem Graphen von f sowie den Geraden $t = a$ und $t = b$? Begründen Sie Ihre Antwort.

Flussintegrale im Raum In den Aufgaben 37–40 ist $\boldsymbol{F}$ das Geschwindigkeitsfeld eines Fluids, das durch ein Gebiet im Raum strömt. Bestimmen Sie den Fluss entlang der gegebenen Kurve in Richtung mit wachsendem Parameter t.

37. $\boldsymbol{F} = -4xy\boldsymbol{i} + 8y\boldsymbol{j} + 2\boldsymbol{k}$ $\boldsymbol{r}(t) = t\boldsymbol{i} + t^2\boldsymbol{j} + \boldsymbol{k}$, $0 \leq t \leq 2$

38. $\boldsymbol{F} = x^2\boldsymbol{i} + yz\boldsymbol{j} + y^2\boldsymbol{k}$ $\boldsymbol{r}(t) = 3t\boldsymbol{j} + 4t\boldsymbol{k}$, $0 \leq t \leq 1$

39. $\boldsymbol{F} = (x-z)\boldsymbol{i} + x\boldsymbol{k}$ $\boldsymbol{r}(t) = (\cos t)\boldsymbol{i} + (\sin t)\boldsymbol{k}$, $0 \leq t \leq \pi$

40. $\boldsymbol{F} = -y\boldsymbol{i} + x\boldsymbol{j} + 2\boldsymbol{k}$ $\boldsymbol{r}(t) = (-2\cos t)\boldsymbol{i} + (2\sin t)\boldsymbol{j} + 2t\boldsymbol{k}$, $0 \leq t \leq 2\pi$

41. **Zirkulation** Bestimmen Sie die Zirkulation des Feldes $\boldsymbol{F} = 2x\boldsymbol{i} + 2z\boldsymbol{j} + 2y\boldsymbol{k}$ um den geschlossenen Weg aus den folgenden drei Kurven in Richtung mit wachsendem Parameter t.

$C_1 : \boldsymbol{r}(t) = (\cos t)\boldsymbol{i} + (\sin t)\boldsymbol{j} + t\boldsymbol{k}$, $0 \leq t \leq \pi/2$

$C_2 : \boldsymbol{r}(t) = \boldsymbol{j} + (\pi/2)(1-t)\boldsymbol{k}$, $0 \leq t \leq 1$

$C_3 : \boldsymbol{r}(t) = t\boldsymbol{i} + (1-t)\boldsymbol{j}$, $0 \leq t \leq 1$

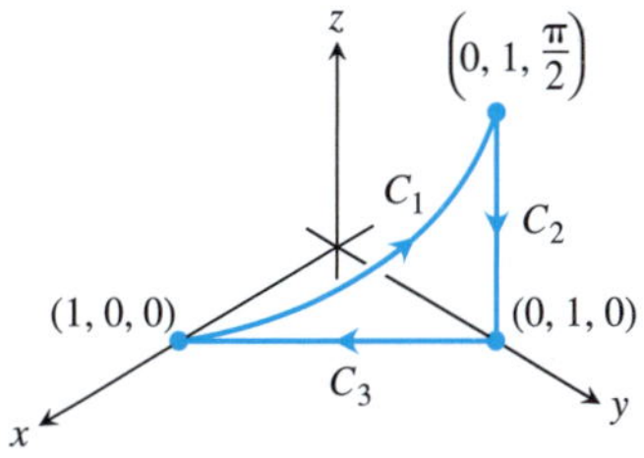

42. **Zirkulation null** Sei C die Ellipse, in der die Ebene $2x + 3y - z = 0$ den Zylinder $x^2 + y^2 = 12$ schneidet. Zeigen Sie, ohne irgendein Kurvenintegral direkt zu berechnen, dass die Zirkulation des Feldes $\boldsymbol{F} = x\boldsymbol{i} + y\boldsymbol{j} + z\boldsymbol{k}$ um C in beiden Richtungen null ist.

43. **Fluss entlang einer Kurve** Das Feld $\boldsymbol{F} = xy\boldsymbol{i} + y\boldsymbol{j} - yz\boldsymbol{k}$ ist das Geschwindigkeitsfeld eines Flusses im Raum. Bestimmen Sie den Fluss von $(0,0,0)$ bis $(1,1,1)$ entlang der Schnittkurve zwischen dem Zylinder $y = x^2$ und der Ebene $z = x$. (*Hinweis*: Verwenden Sie als Parameter $t = x$.)

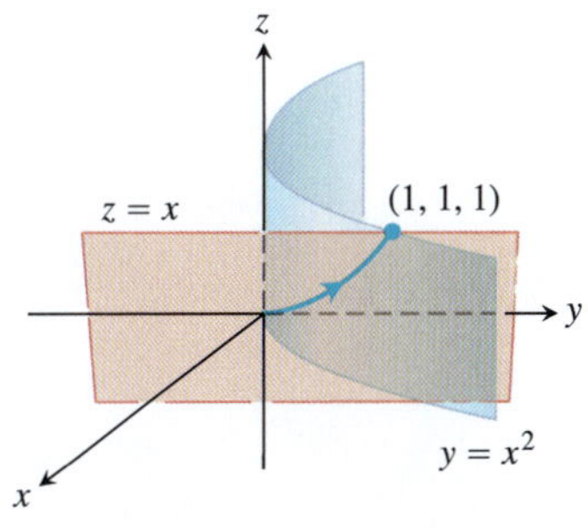

44. **Fluss eines Gradientenfelds** Bestimmen Sie den Fluss des Feldes $F = \nabla(xy^2z^3)$:

a. Einmal um die Kurve C aus Aufgabe 42 im Uhrzeigersinn (von oben betrachtet).

b. Entlang des Geradenabschnitts von $(1, 1, 1)$ nach $(2, 1, -1)$.

Computeralgebra Führen Sie in den Aufgaben 45–50 mithilfe eines CAS die folgenden Arbeitsschritte aus und bestimmen Sie die von einer Kraft F entlang des angegebenen Weges verrichtete Arbeit.

a. Bestimmen Sie $d\mathbf{r}$ für $\mathbf{r}(t) = g(t)\mathbf{i} + h(t)\mathbf{j} + k(t)\mathbf{k}$.

b. Berechnen Sie die Kraft F entlang dieses Weges.

c. Berechnen Sie $\int_C \mathbf{F} \cdot d\mathbf{r}$.

45. $\mathbf{F} = xy^6\mathbf{i} + 3x(xy^5 + 2)\mathbf{j}$; $\mathbf{r}(t) = (2\cos t)\mathbf{i} + (\sin t)\mathbf{j}$, $0 \le t \le 2\pi$

46. $\mathbf{F} = \dfrac{3}{1+x^2}\mathbf{i} + \dfrac{2}{1+y^2}\mathbf{j}$; $\mathbf{r}(t) = (\cos t)\mathbf{i} + (\sin t)\mathbf{j}$, $0 \le t \le \pi$

47. $\mathbf{F} = (y + yz\cos xyz)\mathbf{i} + (x^2 + xz\cos xyz)\mathbf{j} + (z + xy\cos xyz)\mathbf{k}$; $\mathbf{r}(t) = (2\cos t)\mathbf{i} + (3\sin t)\mathbf{j} + \mathbf{k}$, $0 \le t \le 2\pi$

48. $\mathbf{F} = 2xy\mathbf{i} - y^2\mathbf{j} + ze^x\mathbf{k}$; $\mathbf{r}(t) = -t\mathbf{i} + \sqrt{t}\mathbf{j} + 3t\mathbf{k}$, $1 \le t \le 4$

49. $\mathbf{F} = (2y + \sin x)\mathbf{i} + (z^2 + (1/3)\cos y)\mathbf{j} + x^4\mathbf{k}$; $\mathbf{r}(t) = (\sin t)\mathbf{i} + (\cos t)\mathbf{j} + (\sin 2t)\mathbf{k}$, $-\pi/2 \le t \le \pi/2$

50. $\mathbf{F} = (x^2y)\mathbf{i} + \frac{1}{3}x^3\mathbf{j} + xy\mathbf{k}$; $\mathbf{r}(t) = (\cos t)\mathbf{i} + (\sin t)\mathbf{j} + (2\sin^2 t - 1)\mathbf{k}$, $0 \le t \le 2\pi$

16.3 Wegunabhängigkeit, konservative Felder und Potentialfunktionen

Ein **Schwerefeld *G*** ist ein Vektorfeld, das die Wirkung der durch einen massiven Körper hervorgerufenen Schwerkraft in einem Punkt im Raum beschreibt. Die auf einen Körper des Masse m im Schwerefeld wirkende Kraft ist $\boldsymbol{F} = m\boldsymbol{G}$. (In der Physik schreibt man $\boldsymbol{F} = m\boldsymbol{g}$.) Analog ist ein **elektrisches Feld *E*** ein Vektorfeld im Raum, das die Wirkung der elektrischen Kraft auf ein geladenes Teilchen im elektrischen Feld beschreibt. Die auf einen Körper mit der Ladung q im elektrischen Feld wirkende Kraft ist $\boldsymbol{F} = q\boldsymbol{E}$. Will man eine Masse oder eine Ladung von einem Punkt zu einem anderen bewegen, so hängt bei Schwerefeldern und elektrischen Feldern die dabei zu verrichtende Arbeit zwar vom Ausgangs- und Endpunkt des Körpers ab – jedoch nicht von dem zwischen diesen beiden Punkten gewählten Weg. Vektorfelder mit dieser Eigenschaft wollen wir in diesem Abschnitt untersuchen. Außerdem befassen wir uns damit, wie man die zugehörigen Integrale für die Arbeit berechnet.

Wegunabhängigkeit

Seien A und B zwei Punkte in einem offenen Gebiet D im Raum. Das Kurvenintegral von $\boldsymbol{F}$ entlang des Weges C von A nach B hängt für ein auf D definiertes Feld $\boldsymbol{F}$ in der Regel von dem gewählten Weg C ab, wie wir in Abschnitt 16.1 gesehen haben. Für einige spezielle Felder ist der Wert des Integrals hingegen für alle Wege von A nach B gleich.

Definition

Sei $\boldsymbol{F}$ ein Vektorfeld, das auf einem offenen Gebiet D im Raum definiert ist. Für zwei beliebige Punkte A und B aus D sei der Wert des Kurvenintegrals $\int_C \boldsymbol{F} \cdot d\boldsymbol{r}$ entlang eines Weges C von A nach B für alle Wege gleich. Dann ist das Integral $\int_C \boldsymbol{F} \cdot d\boldsymbol{r}$ **wegunabhängig in *D***, und das Feld $\boldsymbol{F}$ heißt **konservativ auf *D***.

Der Begriff *konservativ* stammt aus der Physik. Dort bezieht er sich auf Felder, in denen Energieerhaltung gilt (lateinisch *conservare* = bewahren). Wenn ein Kurvenintegral vom Weg C zwischen den Punkten A und B unabhängig ist, schreiben wir dafür mitunter das Symbol $\int_A^B$ anstelle des üblichen Symbols $\int_C$ für ein Kurvenintegral. Diese Schreibweise erinnert uns an die Wegunabhängigkeit des Integrals.

Unter der in der Praxis üblicherweise erfüllten Bedingung der Differenzierbarkeit werden wir zeigen, dass ein Feld $\boldsymbol{F}$ genau dann konservativ ist, wenn es das Gradientenfeld einer skalaren Funktion f ist – also genau dann, wenn $\boldsymbol{F} = \nabla f$ für eine Funktion f gilt. Die Funktion f hat dann einen speziellen Namen.

Definition

Sei $\boldsymbol{F}$ ein auf D definiertes Vektorfeld. Gilt $\boldsymbol{F} = \nabla f$ für eine skalare Funktion f auf D, so heißt f die **Potentialfunktion zu *F***.

Ein Gravitationspotential ist eine skalare Funktion, deren Gradientenfeld ein Schwerefeld ist, ein elektrisches Potential ist eine skalare Funktion, deren Gradientenfeld ein elektrisches Feld ist usw. Haben wir erst einmal eine Potentialfunktion f zu einem Feld $\boldsymbol{F}$ bestimmt, so können wir – wie wir gleich sehen werden – alle Kurvenintegrale im

Definitionsbereich von $\mathbf{F}$ entlang jedes Weges zwischen A und B mithilfe der Formel

$$\int_A^B \mathbf{F} \cdot d\mathbf{r} = \int_A^B \nabla f \cdot d\mathbf{r} = f(B) - f(A) \tag{16.11}$$

berechnen.

Wenn Sie sich unter ∇f für Funktionen von mehreren Variablen so etwas wie die Ableitung f' für Funktionen von einer Variablen vorstellen, dann stellen Sie fest, dass Gleichung (16.11) die Version der Vektoranalysis für den Hauptsatz der Differential- und Integralrechnung ist:

$$\int_a^b f'(x)\,dx = f(b) - f(a)\,.$$

Konservative Felder haben noch andere bemerkenswerte Eigenschaften. Dass $\mathbf{F}$ auf D konservativ ist, bedeutet zum Beispiel auch, dass das Integral von $\mathbf{F}$ entlang jedes geschlossenen Weges in D gleich null ist. Damit Gleichung (16.11) gilt, müssen die Kurven, Felder und Definitionsbereiche bestimmte Bedingungen erfüllen. Mit diesen Bedingungen werden wir uns als Nächstes befassen.

Voraussetzungen für Kurven, Vektorfelder und Definitionsbereiche

Damit die folgenden Berechnungen und Herleitungen richtig sind, müssen die betrachteten Kurven, Flächen, Definitionsbereiche und Vektorfelder bestimmte Bedingungen erfüllen. Diese Bedingungen geben wir in den Sätzen als Voraussetzung an, und sie gelten auch für die Beispiele und Aufgaben, sofern nichts anderes angegeben ist.

Die hier betrachteten Kurven sind **stückweise glatt**. Solche Kurven setzen sich aus endlich vielen glatten Stücken zusammen, die wie in Abschnitt 13.1 aneinandergesetzt sind. Wir werden Vektorfelder $\mathbf{F}$ behandeln, deren Komponenten stetige erste partielle Ableitungen haben.

Die betrachteten Definitionsbereiche D sind offene Gebiete im Raum, sodass jeder Punkt in D der Mittelpunkt einer offenen Kugel ist, die vollständig in D liegt (vgl. Abschnitt 13.1). Wir nehmen auch an, dass D **zusammenhängend** ist. Für ein offenes Gebiet bedeute dies, dass sich zwei beliebige Punkte in D durch eine glatte Kurve verbinden lassen, die in diesem Gebiet liegt. Schließlich nehmen wir an, dass D **einfach zusammenhängend** ist: Jede Schleife in D lässt sich auf einen Punkt in D zusammenziehen, ohne das Gebiet D zu verlassen. Wenn wir aus der Ebene eine Kreisscheibe ausschneiden, verbleibt ein zweidimensionales Gebiet, das *nicht* einfach zusammenhängend ist; eine Schleife in der Ebene um dieses kreisförmige Loch lässt sich nicht auf einen Punkt zusammenziehen, ohne in das Loch zu geraten (►Abbildung 16.22c). Auch wenn wir aus dem dreidimensionalen Raum eine Gerade ausschneiden, ist das übrige Gebiet D *nicht* einfach zusammenhängend. Eine Kurve um die Gerade lässt sich in D nicht auf einen Punkt zusammenziehen.

Zusammenhang und einfacher Zusammenhang sind nicht dasselbe, und keine dieser Eigenschaften ergibt sich aus der anderen. Stellen Sie sich zusammenhängende Gebiete als Gebiete aus „einem Stück“ vor, und einfach zusammenhängende Gebiete als Gebiete ohne „Schleifen fangende Löcher“. Der ganze Raum an sich ist sowohl zusammenhängend als auch einfach zusammenhängend. Abbildung 16.22 illustriert diese Eigenschaften.

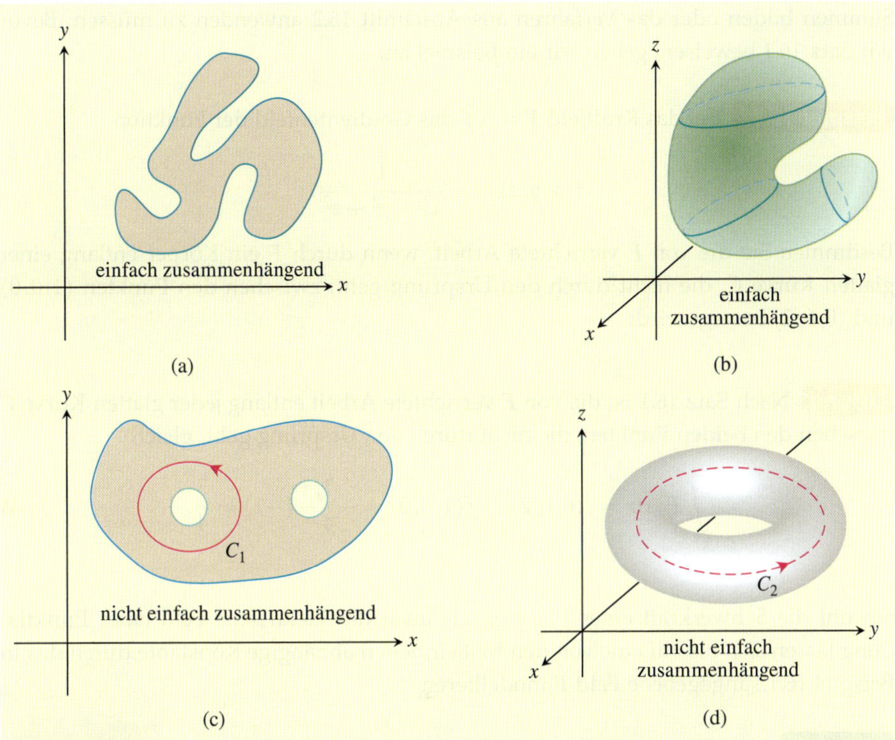

Abbildung 16.22 Vier zusammenhängende Gebiete. Die Gebiete aus (a) und (b) sind einfach zusammenhängend. Die Gebiete aus (c) und (d) sind nicht einfach zusammenhängend, weil sich die Kurven C_1 und C_2 innerhalb der Gebiete nicht auf einen Punkt zusammenziehen lassen.

Achtung Es kann sein, dass einige Ergebnisse aus diesem Kapitel nicht mehr gelten, wenn sie auf Fälle übertragen werden, in denen die hier gestellten Bedingungen nicht erfüllt sind. Insbesondere ist der in diesem Abschnitt vorgestellte Test für konservative Felder für Gebiete ungültig, die nicht einfach zusammenhängend sind (vgl. Beispiel 16.16 auf Seite 486).

Kurvenintegrale in konservativen Feldern

Gradientenfelder $\boldsymbol{F}$ ergeben sich aus der Differentiation einer skalaren Funktion f. Ein Satz, der dem Hauptsatz der Differential- und Integralrechnung entspricht, liefert eine Möglichkeit, Kurvenintegrale von Gradientenfeldern zu berechnen.

Satz 16.1 Hauptsatz für Kurvenintegrale Sei C eine glatte Kurve zwischen den Punkten A und B in der Ebene oder im Raum mit der Parametrisierung $\boldsymbol{r}(t)$. Sei f eine differenzierbare Funktion mit einem stetigen Gradientenvektor $\boldsymbol{F} = \nabla f$ auf dem offenen Definitionsbereich D, der die Kurve C enthält. Dann gilt:

$$\int_C \boldsymbol{F} \cdot \mathrm{d}\boldsymbol{r} = f(B) - f(A)\,.$$

Wie der Hauptsatz der Differential- und Integralrechnung liefert auch Satz 16.1 eine Möglichkeit zur Berechnung von Kurvenintegralen, ohne Grenzwerte Riemann'scher

Summen bilden oder das Verfahren aus Abschnitt 16.2 anwenden zu müssen. Bevor wir Satz 16.1 beweisen, geben wir ein Beispiel an.

Arbeit für ein Kraftfeld als Gradientenfeld

Beispiel 16.12 Sei das Kraftfeld $\boldsymbol{F} = \nabla f$ das Gradientenfeld der Funktion

$$f(x,y,z) = -\frac{1}{x^2+y^2+z^2}.$$

Bestimmen Sie die von $\boldsymbol{F}$ verrichtete Arbeit, wenn durch $\boldsymbol{F}$ ein Körper entlang einer glatten Kurve C, die nicht durch den Ursprung geht, zwischen den Punkten $(1,0,0)$ und $(0,0,2)$ bewegt wird.

Lösung Nach Satz 16.1 ist die von $\boldsymbol{F}$ verrichtete Arbeit entlang jeder glatten Kurve C zwischen den beiden Punkten, die nicht durch den Ursprung geht, gleich

$$\int_C \boldsymbol{F}\cdot \mathrm{d}\boldsymbol{r} = f(0,0,2) - f(1,0,0) = -\frac{1}{4} - (-1) = \frac{3}{4}.$$

Sowohl die Schwerkraft eines Planeten als auch das elektrische Feld einer Punktladung lassen sich bis auf eine von den Maßeinheiten abhängige Konstante durch das in Beispiel 16.12 angegebene Feld $\boldsymbol{F}$ modellieren.

Beweis von Satz 16.1 Seien A und B zwei Punkte im Gebiet D, und sei C: $\boldsymbol{r}(t) = g(t)\boldsymbol{i} + h(t)\boldsymbol{j} + k(t)\boldsymbol{k}$, $a \le t \le b$, eine glatte Kurve in D zwischen A und B. Für die Parametrisierung der Kurve schreiben wir kurz $\boldsymbol{r}(t) = x\boldsymbol{i} + y\boldsymbol{j} + z\boldsymbol{k}$. Entlang der Kurve ist f eine differenzierbare Funktion von t, und es gilt:

$$\frac{\mathrm{d}f}{\mathrm{d}t} = \frac{\partial f}{\partial x}\frac{\mathrm{d}x}{\mathrm{d}t} + \frac{\partial f}{\partial y}\frac{\mathrm{d}y}{\mathrm{d}t} + \frac{\partial f}{\partial z}\frac{\mathrm{d}z}{\mathrm{d}t}$$

Kettenregel aus Abschnitt 14.4 mit $x = g(t), y = h(t), z = k(t)$

$$= \nabla f \cdot \left(\frac{\mathrm{d}x}{\mathrm{d}t}\boldsymbol{i} + \frac{\mathrm{d}y}{\mathrm{d}t}\boldsymbol{j} + \frac{\mathrm{d}z}{\mathrm{d}t}\boldsymbol{k}\right) = \nabla f \cdot \frac{\mathrm{d}\boldsymbol{r}}{\mathrm{d}t} = \boldsymbol{F}\cdot\frac{\mathrm{d}\boldsymbol{r}}{\mathrm{d}t}.$$

Wegen $\boldsymbol{F} = \nabla f$

Deshalb gilt

$$\int_C \boldsymbol{F}\cdot \mathrm{d}\boldsymbol{r} = \int_{t=a}^{t=b} \boldsymbol{F}\cdot\frac{\mathrm{d}\boldsymbol{r}}{\mathrm{d}t}\mathrm{d}t = \int_a^b \frac{\mathrm{d}f}{\mathrm{d}t}\mathrm{d}t$$

$\boldsymbol{r}(a) = A, \boldsymbol{r}(b) = B$

$$= \Big[f(g(t),h(t),k(t))\Big]_a^b = f(B) - f(A).$$

Satz 16.1 entnehmen wir also, dass sich das Integral des Gradientenfelds $\boldsymbol{F} = \nabla f$ einfach berechnen lässt, wenn die Funktion f bekannt ist. Viele wichtige Vektorfelder aus Anwendungen sind tatsächlich Gradientenfelder. Das nächste Resultat, das sich aus Satz 16.1 ergibt, zeigt, dass jedes konservative Feld dieser Art ist.

Satz 16.2 Konservative Felder sind Gradientenfelder Sei $\boldsymbol{F} = M\boldsymbol{i} + N\boldsymbol{j} + P\boldsymbol{k}$ ein Vektorfeld, dessen Komponenten auf einem offenen, zusammenhängenden Gebiet D im Raum stetig sind. Dann ist $\boldsymbol{F}$ genau dann ein konservatives Feld, wenn $\boldsymbol{F}$ ein Gradientenfeld ∇f zu einer differenzierbaren Funktion f ist.

Nach Satz 16.2 gilt $\boldsymbol{F} = \nabla f$ genau dann, wenn für zwei beliebige Punkte A und B aus dem Gebiet D der Wert des Kurvenintegrals $\int_C \boldsymbol{F} \cdot \mathrm{d}\boldsymbol{r}$ unabhängig vom Weg C ist, der die Punkte A und B in D verbindet.

Beweis ■ von Satz 16.2 Wenn $\boldsymbol{F}$ ein Gradientenfeld ist, dann gilt $\boldsymbol{F} = \nabla f$ für eine differenzierbare Funktion f, und nach Satz 16.1 ist $\int_C \boldsymbol{F} \cdot \mathrm{d}\boldsymbol{r} = f(B) - f(A)$. Der Wert des Kurvenintegrals hängt tatsächlich nicht vom Weg C ab, sondern nur von seinen Endpunkten A und B. Also ist das Kurvenintegral wegunabhängig, und $\boldsymbol{F}$ erfüllt die Definition eines konservativen Feldes.

Nehmen wir nun umgekehrt an, dass $\boldsymbol{F}$ ein konservatives Vektorfeld ist. Wir wollen eine Funktion f auf D bestimmen, die die Gleichung $\nabla f = \boldsymbol{F}$ erfüllt. Zunächst wählen wir einen Punkt A in D und setzen $f(A) = 0$. Für jeden anderen Punkt B in D definieren wir $f(B)$ als $\int_C \boldsymbol{F} \cdot \mathrm{d}\boldsymbol{r}$. Dabei ist C ein *beliebiger* glatter Weg in D von A nach B. Der Wert von $f(B)$ hängt nicht von der Wahl von C ab, weil $\boldsymbol{F}$ konservativ ist. Um $\nabla f = F$ zu zeigen, müssen wir nachweisen, dass $\partial f/\partial x = M$, $\partial f/\partial y = N$ und $\partial f/\partial z = P$ gilt.

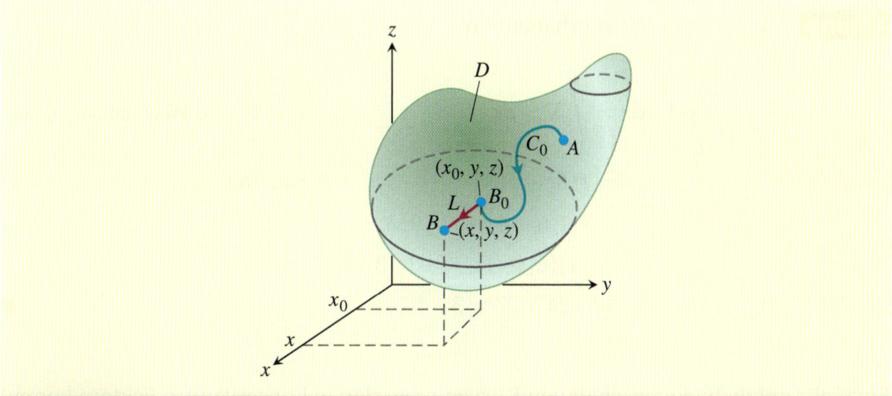

Abbildung 16.23 Die Funktion $f(x, y, z)$ aus dem Beweis von Satz 16.2 wird berechnet als Summe aus dem Kurvenintegral $\int_{C_0} \boldsymbol{F} \cdot \mathrm{d}\boldsymbol{r} = f(B_0)$ von A bis B_0 und dem Kurvenintegral $\int_L \boldsymbol{F} \cdot \mathrm{d}\boldsymbol{r}$ entlang eines Geradenabschnitts L, der parallel zur x-Achse verläuft und den Punkt B_0 mit dem Punkt B bei (x, y, z) verbindet. Der Wert von f im Punkt A ist $f(A) = 0$.

Der Punkt B habe die Koordinaten (x, y, z). Nach der Definition ist der Wert der Funktion f in einem benachbarten Punkt B_0 bei (x_0, y, z) gleich $\int_{C_0} \boldsymbol{F} \cdot \mathrm{d}\boldsymbol{r}$. Dabei ist C_0 ein beliebiger Weg von A nach B_0. Wir wählen nun einen Weg $C = C_0 \cup L$ von A nach B, der aus dem Weg C_0 von A bis B_0 und dem Geradenabschnitt L von B_0 bis B besteht (►Abbildung 16.23). Für B_0 nahe B liegt auch der Abschnitt L in D, und weil der Wert $f(B)$ nicht vom Weg von A nach B abhängt, gilt:

$$f(x, y, z) = \int_{C_0} \boldsymbol{F} \cdot \mathrm{d}\boldsymbol{r} + \int_L \boldsymbol{F} \cdot \mathrm{d}\boldsymbol{r}\,.$$

Nach Differentiation erhalten wir

$$\frac{\partial}{\partial x} f(x, y, z) = \frac{\partial}{\partial x} \left(\int_{C_0} \boldsymbol{F} \cdot \mathrm{d}\boldsymbol{r} + \int_L \boldsymbol{F} \cdot \mathrm{d}\boldsymbol{r} \right).$$

Nur der letzte Term auf der rechten Seite hängt von x ab, also gilt

$$\frac{\partial}{\partial x} f(x, y, z) = \frac{\partial}{\partial x} \int_L \boldsymbol{F} \cdot \mathrm{d}\boldsymbol{r}\,.$$

Nun parametrisieren wir L mit $\boldsymbol{r}(t) = t\boldsymbol{i} + y\boldsymbol{j} + z\boldsymbol{k}$, $x_0 \le t \le x$. Dann ist $d\boldsymbol{r}/dt = \boldsymbol{i}$, $\boldsymbol{F} \cdot d\boldsymbol{r}/dt = M$ und $\int_L \boldsymbol{F} \cdot d\boldsymbol{r} = \int_{x_0}^{x} M(t, y, z)\, dt$. Einsetzen in die letzte Gleichung ergibt

$$\frac{\partial}{\partial x} f(x, y, z) = \frac{\partial}{\partial x} \int_{x_0}^{x} M(t, y, z)\, dt = M(x, y, z)$$

nach dem Hauptsatz der Differential- und Integralrechnung. Die partiellen Ableitungen $\partial f/\partial y = N$ und $\partial f/\partial z = P$ ergeben sich ähnlich, sodass insgesamt $\boldsymbol{F} = \nabla f$ gilt. ■

Verrichtete Arbeit bei einem konservativen Feld

Beispiel 16.13 Bestimmen Sie die von dem konservativen Feld

$$\boldsymbol{F} = yz\boldsymbol{i} + xz\boldsymbol{j} + xy\boldsymbol{k} = \nabla f \quad \text{mit} \quad f(x, y, z) = xyz$$

entlang einer glatten Kurve C zwischen den Punkten $A(-1, 3, 9)$ und $B(1, 6, -4)$ verrichtete Arbeit.

Lösung Mit $f(x, y, z) = xyz$ erhalten wir

$$\begin{aligned} \int_C \boldsymbol{F} \cdot d\boldsymbol{r} &= \int_A^B \nabla f \cdot d\boldsymbol{r} && \boldsymbol{F} = \nabla f \text{ und Wegunabhängigkeit} \\ &= f(B) - f(A) && \text{Satz 16.1} \\ &= f(1, 6, -4) - f(-1, 3, 9) \\ &= (1)(6)(-4) - (-1)(3)(9) \\ &= -24 + 27 = 3\,. \end{aligned}$$

■

Eine sehr nützliche Eigenschaft von Kurvenintegralen in konservativen Feldern kommt ins Spiel, wenn der Integrationsweg eine geschlossene Kurve bzw. Schleife ist. Für die Integration um einen geschlossenen Weg verwenden wir häufig das Symbol $\oint_C$ (das wir im nächsten Abschnitt detaillierter diskutieren).

Satz 16.3 Schleifeneigenschaft von konservativen Feldern
Die folgenden Aussagen sind äquivalent.

1. $\oint_C \boldsymbol{F} \cdot d\boldsymbol{r} = 0$ um jede Schleife (d. h. geschlossene Kurve) in D.
2. Das Feld $\boldsymbol{F}$ ist auf D konservativ.

Beweis 1 ⇒ 2 Wir wollen zeigen, dass für zwei Punkte A und B in D das Integral $\boldsymbol{F} \cdot d\boldsymbol{r}$ entlang zweier Kurven C_1 und C_2 von A nach B denselben Wert hat. Wir kehren die Richtung von C_2 um, sodass sich ein Weg $-C_2$ von B nach A ergibt (▶Abbildung 16.24). Aus C_1 und $-C_2$ entsteht eine Schleife C, und laut unserer Annahme gilt

$$\int_{C_1} \boldsymbol{F} \cdot d\boldsymbol{r} - \int_{C_2} \boldsymbol{F} \cdot d\boldsymbol{r} = \int_{C_1} \boldsymbol{F} \cdot d\boldsymbol{r} + \int_{-C_2} \boldsymbol{F} \cdot d\boldsymbol{r} = \int_C \boldsymbol{F} \cdot d\boldsymbol{r} = 0\,.$$

Folglich haben die Integrale entlang C_1 und C_2 denselben Wert. Dass sich nach dem Umkehren der Durchlaufrichtung einer Kurve das Vorzeichen des entsprechenden Kurvenintegrals umkehrt, ergibt sich aus der Definition von $\boldsymbol{F} \cdot d\boldsymbol{r}$. ■

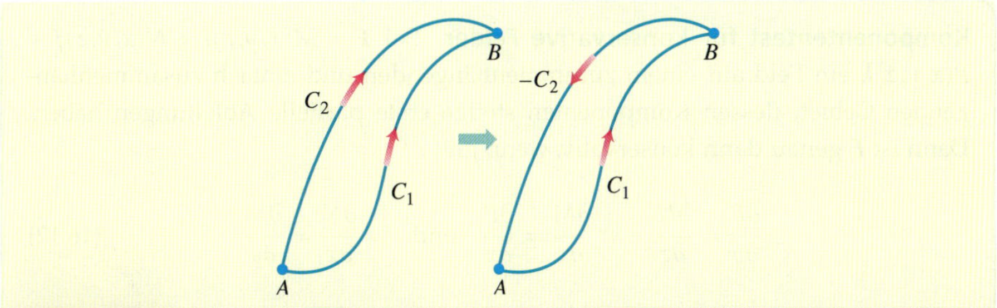

Abbildung 16.24 Aus zwei Wegen von A nach B können eine Schleife machen, indem wir die Richtung von einem der beiden Wege umkehren.

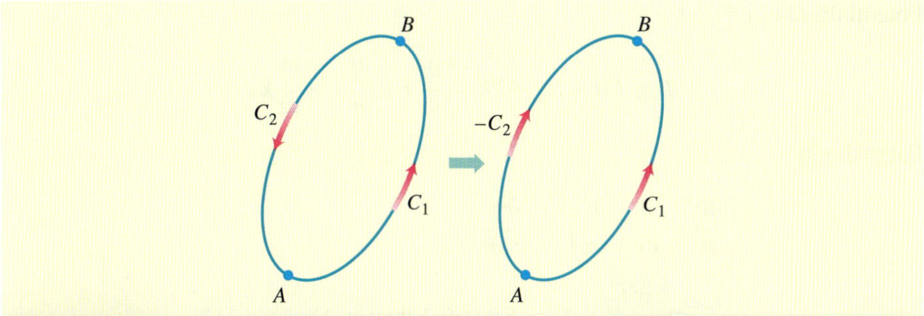

Abbildung 16.25 Liegen A und B auf einer Schleife, so können wir die Durchlaufrichtung für einen Teil der Schleife umkehren, sodass zwei Wege von A nach B entstehen.

Beweis **2** ⇒ **1** Wir wollen zeigen, dass das Integral von $\mathbf{F} \cdot \mathrm{d}\mathbf{r}$ entlang einer geschlossenen Kurve C gleich null ist. Dazu wählen wir auf C zwei Punkte A und B und zerlegen damit die Schleife C in zwei Teile: C_1 von A nach B und C_2 von B zurück nach A (►Abbildung 16.25). Dann gilt

$$\oint_C \mathbf{F} \cdot \mathrm{d}\mathbf{r} = \int_{C_1} \mathbf{F} \cdot \mathrm{d}\mathbf{r} + \int_{C_2} \mathbf{F} \cdot \mathrm{d}\mathbf{r} = \int_A^B \mathbf{F} \cdot \mathrm{d}\mathbf{r} - \int_A^B \mathbf{F} \cdot \mathrm{d}\mathbf{r} = 0\,.$$

■

Das folgende Diagramm fasst die Ergebnisse der Sätze 16.2 und 16.3 zusammen.

$$\mathbf{F} = \nabla f \text{ auf } D \quad \overset{\text{Satz 16.2}}{\Longleftrightarrow} \quad \mathbf{F} \text{ auf } D \text{ konservativ} \quad \overset{\text{Satz 16.3}}{\Longleftrightarrow} \quad \oint_C \mathbf{F} \cdot \mathrm{d}\mathbf{r} = 0$$

über jede Schleife in D

Nun ergeben sich zwei Fragen:

1. Wie können wir feststellen, ob ein gegebenes Vektorfeld $\mathbf{F}$ konservativ ist?
2. Wie bestimmen wir eine Potentialfunktion f, wenn $\mathbf{F}$ tatsächlich konservativ ist (sodass $\mathbf{F} = \nabla f$ gilt)?

Wie man Potentiale zu konservativen Feldern bestimmt

Ob ein gegebenes Vektorfeld konservativ ist, können wir prüfen, indem wir feststellen, ob bestimmte partielle Ableitungen der Feldkomponenten übereinstimmen.

Merke

Komponententest für konservative Felder Sei $\boldsymbol{F} = M(x,y,z)\boldsymbol{i} + N(x,y,z)\boldsymbol{j} + P(x,y,z)\boldsymbol{k}$ ein Feld auf einem zusammenhängenden und einfach zusammenhängenden Gebiet, dessen Komponenten stetige erste partielle Ableitungen haben. Dann ist $\boldsymbol{F}$ genau dann konservativ, wenn gilt:

$$\frac{\partial P}{\partial y} = \frac{\partial N}{\partial z}, \quad \frac{\partial M}{\partial z} = \frac{\partial P}{\partial x} \quad \text{und} \quad \frac{\partial N}{\partial x} = \frac{\partial M}{\partial y}. \tag{16.12}$$

Beweis **Gleichung (16.12) gilt genau dann, wenn $\boldsymbol{F}$ konservativ ist** Es gibt eine Potentialfunktion f mit

$$\boldsymbol{F} = M\boldsymbol{i} + N\boldsymbol{j} + P\boldsymbol{k} = \frac{\partial f}{\partial x}\boldsymbol{i} + \frac{\partial f}{\partial y}\boldsymbol{j} + \frac{\partial f}{\partial z}\boldsymbol{k}.$$

Folglich gilt

$$\begin{aligned} \frac{\partial P}{\partial y} &= \frac{\partial}{\partial y}\left(\frac{\partial f}{\partial z}\right) = \frac{\partial^2 f}{\partial y \partial z} \\ &= \frac{\partial^2 f}{\partial z \partial y} && \text{Satz von Schwarz, Abschnitt 14.3} \\ &= \frac{\partial}{\partial z}\left(\frac{\partial f}{\partial y}\right) = \frac{\partial N}{\partial z}. \end{aligned}$$

Die beiden anderen Gleichungen (16.12) werden analog bewiesen. ■

Der zweite Teil des Beweises, nämlich dass aus der Gültigkeit der Gleichungen (16.12) folgt, dass $\boldsymbol{F}$ konservativ ist, ergibt sich aus dem Satz von Stokes, den wir in Abschnitt 16.7 behandeln. Außerdem brauchen wir unsere Annahme, dass der Definitionsbereich von $\boldsymbol{F}$ einfach zusammenhängend ist.

Sobald wir wissen, dass $\boldsymbol{F}$ konservativ ist, wollen wir in der Regel eine Potentialfunktion für $\boldsymbol{F}$ bestimmen. Dazu müssen wir die Gleichung $\nabla f = \boldsymbol{F}$ bzw. die Gleichung

$$\frac{\partial f}{\partial x}\boldsymbol{i} + \frac{\partial f}{\partial y}\boldsymbol{j} + \frac{\partial f}{\partial z}\boldsymbol{k} = M\boldsymbol{i} + N\boldsymbol{j} + P\boldsymbol{k}$$

nach f auflösen. Das bewerkstelligen wir, indem wir die drei Geleichungen

$$\frac{\partial f}{\partial x} = M, \quad \frac{\partial f}{\partial y} = N, \quad \frac{\partial f}{\partial z} = P$$

integrieren, wie im nächsten Beispiel illustriert.

Potentialfunktion zum Kraftfeld $\boldsymbol{F} = (e^x \cos y + yz)\boldsymbol{i} + (xz - e^x \sin y)\boldsymbol{j} + (xy + z)\boldsymbol{k}$

Beispiel 16.14 Zeigen Sie, dass das Kraftfeld $\boldsymbol{F} = (e^x \cos y + yz)\boldsymbol{i} + (xz - e^x \sin y)\boldsymbol{j} + (xy + z)\boldsymbol{k}$ über seinem natürlichen Definitionsbereich konservativ ist, und bestimmen Sie anschließend die zugehörige Potentialfunktion.

Lösung Der natürliche Definitionsbereich von $\boldsymbol{F}$ ist der gesamte Raum, der zusammenhängend und einfach zusammenhängend ist. Wir wenden den Komponententest mit den Gleichungen (16.12) auf die Komponenten

$$M = e^x \cos y + yz, \quad N = xz - e^x \sin y, \quad P = xy + z$$

an und berechnen so

$$\frac{\partial P}{\partial y} = x = \frac{\partial N}{\partial z}, \quad \frac{\partial M}{\partial z} = y = \frac{\partial P}{\partial x}, \quad \frac{\partial N}{\partial x} = -\mathrm{e}^x \sin y + z = \frac{\partial M}{\partial y}.$$

Die partiellen Ableitungen sind stetig, sodass zufolge dieser Gleichungen $\boldsymbol{F}$ konservativ ist. Es gibt also eine Funktion f mit $\nabla f = \boldsymbol{F}$ (Satz 16.2).

Die Funktion f bestimmen wir durch Integration der Gleichungen

$$\frac{\partial f}{\partial x} = \mathrm{e}^x \cos y + yz, \quad \frac{\partial f}{\partial y} = xz - \mathrm{e}^x \sin y, \quad \frac{\partial f}{\partial z} = xy + z. \tag{16.13}$$

Wir integrieren die erste Gleichung nach x, wobei wir y und z festhalten. Das ergibt

$$f(x,y,z) = \mathrm{e}^x \cos y + xyz + g(y,z).$$

Die Integrationskonstante schreiben wir als eine Funktion von y und z, weil ihr Wert von y und z abhängen kann. Dann berechnen wir aus dieser Gleichung $\partial f/\partial y$ und vergleichen das Ergebnis mit dem Ausdruck für $\partial f/\partial y$ in den Gleichungen (16.13). Das ergibt

$$-\mathrm{e}^x \sin y + xz + \frac{\partial g}{\partial y} = xz - \mathrm{e}^x \sin y,$$

also $\partial g/\partial y = 0$. Deshalb ist g nur eine Funktion von z, und es gilt

$$f(x,y,z) = \mathrm{e}^x \cos y + xyz + h(z).$$

Nun berechnen wir aus dieser Gleichung $\partial f/\partial z$ und vergleichen das Ergebnis mit dem Ausdruck für $\partial f/\partial z$ in den Gleichungen (16.13). Das ergibt

$$xy + \frac{\mathrm{d}h}{\mathrm{d}z} = xy + z \quad \text{bzw.} \quad \frac{\mathrm{d}h}{\mathrm{d}z} = z,$$

also ist

$$h(z) = \frac{z^2}{2} + C.$$

Folglich ist

$$f(x,y,z) = \mathrm{e}^x \cos y + xyz + \frac{z^2}{2} + C.$$

Es gibt demnach unendlich viele Potentialfunktionen zu $\boldsymbol{F}$, jeweils eine für jeden Wert von C. ■

Beispiel 16.15 Zeigen Sie, dass das Kraftfeld $\boldsymbol{F} = (2x-3)\boldsymbol{i} - z\boldsymbol{j} + (\cos z)\boldsymbol{k}$ nicht konservativ ist.

Ist das Kraftfeld $\boldsymbol{F} = (2x-3)\boldsymbol{i} - z\boldsymbol{j} + (\cos z)\boldsymbol{k}$ konservativ?

Lösung Wieder wenden wir den Komponententest mit den Gleichungen (16.12) an und erhalten unmittelbar

$$\frac{\partial P}{\partial y} = \frac{\partial}{\partial y}(\cos z) = 0, \quad \frac{\partial N}{\partial z} = \frac{\partial}{\partial z}(-z) = -1.$$

Die beiden Ergebnisse stimmen nicht überein, also ist $\boldsymbol{F}$ nicht konservativ. Damit sind wir fertig. ■

Ein Vektorfeld besteht den Komponententest, ist auf seinem Definitionsbereich aber trotzdem nicht konservativ

Beispiel 16.16 Zeigen Sie, dass das Vektorfeld

$$\boldsymbol{F} = \frac{-y}{x^2+y^2}\boldsymbol{i} + \frac{x}{x^2+y^2}\boldsymbol{j} + 0\boldsymbol{k}$$

zwar die Gleichungen aus dem Komponententest erfüllt, über seinem natürlichen Definitionsbereich aber nicht konservativ ist. Begründen Sie, warum das möglich ist.

Lösung Die Komponenten des Feldes sind $M = -y/(x^2+y^2)$, $N = x/(x^2+y^2)$ und $P = 0$. Aus dem Komponententest ergibt sich

$$\frac{\partial P}{\partial y} = 0 = \frac{\partial N}{\partial z}, \quad \frac{\partial P}{\partial x} = 0 = \frac{\partial M}{\partial z} \quad \text{und} \quad \frac{\partial M}{\partial y} = \frac{y^2-x^2}{(x^2+y^2)^2} = \frac{\partial N}{\partial x}.$$

Das Kraftfeld $\boldsymbol{F}$ scheint also den Komponententest zu erfüllen. Allerdings geht der Test von der Annahme aus, dass der Definitionsbereich von $\boldsymbol{F}$ einfach zusammenhängend ist, was hier aber nicht zutrifft. Da x^2+y^2 nicht gleich null sein darf, ist der natürliche Definitionsbereich das Komplement der z-Achse. Damit gibt es in diesem Definitionsbereich Schleifen, die sich nicht auf einen Punkt zusammenziehen lassen. Ein Beispiel dafür ist der Einheitskreis C in der xy-Ebene. Die Parametrisierung des Kreises ist $\boldsymbol{r}(t) = (\cos t)\boldsymbol{i} + (\sin t)\boldsymbol{j}$, $0 \le t \le 2\pi$. Diese Schleife verläuft um die z-Achse. Sie lässt sich daher nicht auf einen Punkt zusammenziehen, ohne das Komplement der z-Achse zu verlassen.

Um zu zeigen, dass $\boldsymbol{F}$ nicht konservativ ist, berechnen wir das Kurvenintegral $\oint \boldsymbol{F}\cdot \mathrm{d}\boldsymbol{r}$ um die Schleife C. Zunächst schreiben wir dazu das Feld als Funktion des Parameters t:

$$\boldsymbol{F} = \frac{-y}{x^2+y^2}\boldsymbol{i} + \frac{x}{x^2+y^2}\boldsymbol{j} = \frac{-\sin t}{\sin^2 t + \cos^2 t}\boldsymbol{i} + \frac{\cos t}{\sin^2 t + \cos^2 t}\boldsymbol{j}$$
$$= (-\sin t)\boldsymbol{i} + (\cos t)\boldsymbol{j}\,.$$

Dann bestimmen wir $\mathrm{d}\boldsymbol{r}/\mathrm{d}t = (-\sin t)\boldsymbol{i} + (\cos t)\boldsymbol{j}$, und schließlich berechnen wir das Kurvenintegral:

$$\oint_C \boldsymbol{F}\cdot \mathrm{d}\boldsymbol{r} = \oint_C \boldsymbol{F}\cdot \frac{\mathrm{d}\boldsymbol{r}}{\mathrm{d}t}\mathrm{d}t = \int_0^{2\pi} (\sin^2 t + \cos^2 t)\,\mathrm{d}t = 2\pi\,.$$

Das Kurvenintegral von $\boldsymbol{F}$ um die Schleife C ist also nicht null. Nach Satz 16.3 ist das Feld $\boldsymbol{F}$ daher nicht konservativ. ■

Beispiel 16.16 zeigt, dass man den Komponententest nicht anwenden kann, wenn der Definitionsbereich des Feldes nicht einfach zusammenhängend ist. Wenn wir in dem Beispiel jedoch den Definitionsbereich auf die Kugel mit dem Radius 1 um den Punkt $(2,2,2)$ oder ein anderes kugelförmiges Gebiet beschränken, das keinen Teil der z-Achse enthält, dann ist dieser neue Definitionsbereich D einfach zusammenhängend. Nun sind sowohl die partiellen Differentialgleichungen (16.12) als auch die Annahmen des Komponententests erfüllt. In dieser neuen Situation ist das Feld aus Beispiel 16.16 auf D konservativ.

Genau wie wir sorgfältig vorgehen müssen, wenn wir bestimmen wollen, ob eine Funktion auf ihrem Definitionsbereich eine bestimmte Eigenschaft besitzt (wie etwa Stetigkeit oder die Zwischenwerteigenschaft), so müssen wir auch sorgfältig vorgehen, wenn wir bestimmen wollen, welche Eigenschaften ein Vektorfeld auf seinem zugewiesenen Definitionsbereich besitzt.

Exakte Differentialformen

Häufig ist es sinnvoll, Integrale für die Arbeit oder die Zirkulation in der in Abschnitt 16.2 diskutieren Differentialform

$$\int_C M\,\mathrm{d}x + N\,\mathrm{d}y + P\,\mathrm{d}z$$

aufzuschreiben. Solche Kurvenintegrale lassen sich relativ leicht berechnen, wenn $M\,\mathrm{d}x + N\,\mathrm{d}y + P\,\mathrm{d}z$ das totale Differential einer Funktion f und C eine beliebige Kurve zwischen den Punkten A und B ist. Dann ist nämlich

$$\begin{aligned}\int_C M\,\mathrm{d}x + N\,\mathrm{d}y + P\,\mathrm{d}z &= \int_C \frac{\partial f}{\partial x}\mathrm{d}x + \frac{\partial f}{\partial y}\mathrm{d}y + \frac{\partial f}{\partial z}\mathrm{d}z \\ &= \int_A^B \nabla f \cdot \mathrm{d}\boldsymbol{r} && \nabla f \text{ ist konservativ} \\ &= f(B) - f(A)\,. && \text{Satz 16.1}\end{aligned}$$

Folglich gilt

$$\int_A^B \mathrm{d}f = f(B) - f(A)$$

wie bei Funktionen von einer Variablen.

Definition

Jeder Ausdruck der Form $M(x,y,z)\,\mathrm{d}x + N(x,y,z)\,\mathrm{d}y + P(x,y,z)\,\mathrm{d}z$ ist eine **Differentialform**. Eine Differentialform ist **exakt** auf einem Definitionsbereich D im Raum, wenn für eine skalare Funktion f über D gilt:

$$M\,\mathrm{d}x + N\,\mathrm{d}y + P\,\mathrm{d}z = \frac{\partial f}{\partial x}\mathrm{d}x + \frac{\partial f}{\partial y}\mathrm{d}y + \frac{\partial f}{\partial z}\mathrm{d}z = \mathrm{d}f\,.$$

Wenn $M\,\mathrm{d}x + N\,\mathrm{d}y + P\,\mathrm{d}z = \mathrm{d}f$ auf D gilt, dann ist $\boldsymbol{F} = M\boldsymbol{i} + N\boldsymbol{j} + P\boldsymbol{k}$ das Gradientenfeld von f auf D. Gilt umgekehrt $\boldsymbol{F} = \nabla f$, so ist die Form $M\,\mathrm{d}x + N\,\mathrm{d}y + P\,\mathrm{d}z$ exakt. Ob eine Form exakt ist, lässt sich deshalb genauso prüfen wie die Tatsache, ob das Vektorfeld $\boldsymbol{F}$ konservativ ist.

Merke

Test auf Exaktheit der Form $M\,\mathrm{d}x + N\,\mathrm{d}y + P\,\mathrm{d}z = \mathrm{d}f$

Die Differentialform $M\,\mathrm{d}x + N\,\mathrm{d}y + P\,\mathrm{d}z = \mathrm{d}f$ ist auf einem zusammenhängenden und einfach zusammenhängenden Gebiet genau dann exakt, wenn gilt:

$$\frac{\partial P}{\partial y} = \frac{\partial N}{\partial z}, \quad \frac{\partial M}{\partial z} = \frac{\partial P}{\partial x} \quad \text{und} \quad \frac{\partial N}{\partial x} = \frac{\partial M}{\partial y}.$$

Das ist äquivalent zu der Aussage, dass das Feld $\boldsymbol{F} = M\boldsymbol{i} + N\boldsymbol{j} + P\boldsymbol{k}$ konservativ ist.

Exaktheit der Form $y\,dx + x\,dy + 4\,dz$

Beispiel 16.17 Zeigen Sie, dass die Form $y\,\mathrm{d}x + x\,\mathrm{d}y + 4\,\mathrm{d}z$ exakt ist, und berechnen Sie das Integral

$$\int_{(1,1,1)}^{(2,3,-1)} y\,\mathrm{d}x + x\,\mathrm{d}y + 4\mathrm{d}z$$

entlang eines beliebigen Weges von $(1,1,1)$ nach $(2,3,-1)$.

Lösung Wir setzen $M = y,\ N = x,\ P = 4$ und wenden den Test für die Exaktheit an:

$$\frac{\partial P}{\partial y} = 0 = \frac{\partial N}{\partial z}, \quad \frac{\partial M}{\partial z} = 0 = \frac{\partial P}{\partial x}, \quad \frac{\partial N}{\partial x} = 1 = \frac{\partial M}{\partial y}.$$

Diesen Gleichungen entnehmen wir, dass $y\,\mathrm{d}x + x\,\mathrm{d}y + 4\,\mathrm{d}z$ exakt ist, also gilt

$$y\,\mathrm{d}x + x\,\mathrm{d}y + 4\,\mathrm{d}z = \mathrm{d}f$$

für eine Funktion f, und der Wert des Integrals ist $f(2,3,-1) - f(1,1,1)$.

Wir können f bis auf eine Konstante bestimmen, indem wir die Gleichungen

$$\frac{\partial f}{\partial x} = y, \quad \frac{\partial f}{\partial y} = x, \quad \frac{\partial f}{\partial z} = 4 \tag{16.14}$$

integrieren. Aus der ersten Gleichung erhalten wir

$$f(x,y,z) = xy + g(y,z)\,.$$

Aus der zweiten Gleichung ergibt sich

$$\frac{\partial f}{\partial y} = x + \frac{\partial g}{\partial y} = x \quad \text{bzw.} \quad \frac{\partial g}{\partial y} = 0\,.$$

Folglich ist g nur eine Funktion von z, und es gilt

$$f(x,y,z) = xy + h(z)\,.$$

Aus der dritten Gleichung (16.14) ergibt sich

$$\frac{\partial f}{\partial z} = 0 + \frac{\mathrm{d}h}{\mathrm{d}z} = 4 \quad \text{bzw.} \quad h(z) = 4z + C\,.$$

Deshalb ist

$$f(x,y,z) = xy + 4z + C.$$

Unabhängig von dem zwischen $(1,1,1)$ und $(2,3,-1)$ zurückgelegten Weg ist der Wert des Integrals

$$f(2,3,-1) - f(1,1,1) = 2 + C - (5 + C) = -3\,.$$

■

Aufgaben zum Abschnitt 16.3

Test für konservative Felder Welche der Felder aus den Aufgaben 1–6 sind konservativ und welche nicht?

1. $F = yz\boldsymbol{i} + xz\boldsymbol{j} + xy\boldsymbol{k}$

2. $F = (y \sin z)\boldsymbol{i} + (x \sin z)\boldsymbol{j} + (xy \cos z)\boldsymbol{k}$

3. $F = y\boldsymbol{i} + (x + z)\boldsymbol{j} - y\boldsymbol{k}$

4. $F = -y\boldsymbol{i} + x\boldsymbol{j}$

5. $F = (z + y)\boldsymbol{i} + z\boldsymbol{j} + (y + x)\boldsymbol{k}$

6. $F = (\mathrm{e}^x \cos y)\boldsymbol{i} - (\mathrm{e}^x \sin y)\boldsymbol{j} + z\boldsymbol{k}$

Potentialfunktionen bestimmen Bestimmen Sie in den Aufgaben 7–12 eine Potentialfunktion f für das Feld $\boldsymbol{F}$.

7. $F = 2x\boldsymbol{i} + 3y\boldsymbol{j} + 4z\boldsymbol{k}$

8. $F = (y + z)\boldsymbol{i} + (x + z)\boldsymbol{j} + (x + y)\boldsymbol{k}$

9. $F = \mathrm{e}^{y+2z}(\boldsymbol{i} + x\boldsymbol{j} + 2x\boldsymbol{k})$

10. $F = (y \sin z)\boldsymbol{i} + (x \sin z)\boldsymbol{j} + (xy \cos z)\boldsymbol{k}$

11. $F = (\ln x + \sec^2(x + y))\boldsymbol{i} + \left(\sec^2(x + y) + \frac{y}{y^2 + z^2}\right)\boldsymbol{j} + \frac{z}{y^2 + z^2}\boldsymbol{k}$

12. $F = \frac{y}{1 + x^2y^2}\boldsymbol{i} + \left(\frac{x}{1 + x^2y^2} + \frac{z}{\sqrt{1 - y^2z^2}}\right)\boldsymbol{j} + \left(\frac{y}{\sqrt{1 - y^2z^2}} + \frac{1}{z}\right)\boldsymbol{k}$

Exakte Differentialformen Zeigen Sie in den Aufgaben 13–15, dass die Differentialformen in den Integralen exakt sind. Berechnen Sie die Integrale anschließend.

13. $\int_{(0,0,0)}^{(2,3,-6)} 2x\,\mathrm{d}x + 2y\,\mathrm{d}y + 2z\,\mathrm{d}z$

14. $\int_{(0,0,0)}^{(1,2,3)} 2xy\,\mathrm{d}x + (x^2 - z^2)\,\mathrm{d}y - 2yz\,\mathrm{d}z$

15. $\int_{(1,0,0)}^{(0,1,1)} \sin y \cos x\,\mathrm{d}x + \cos y \sin x\,\mathrm{d}y + \mathrm{d}z$

Potentialfunktionen bestimmen, um Kurvenintegrale zu berechnen Obwohl nicht auf dem gesamten Raum R^3 definiert, sind die zu den Feldern in den Aufgaben 16 und 17 gehörenden Definitionsbereiche einfach zusammenhängend, und Sie können mithilfe des Komponententests zeigen, dass die Felder konservativ sind. Bestimmen Sie zu jedem Feld eine Potentialfunktion und berechnen Sie die Integrale wie in Beispiel 16.17.

16. $\int_{(1,1,1)}^{(1,2,3)} 3x^2\,\mathrm{d}x + \frac{z^2}{y}\mathrm{d}y + 2z \ln y\,\mathrm{d}z$

17. $\int_{(1,1,1)}^{(2,2,2)} \frac{1}{y}\mathrm{d}x + \left(\frac{1}{z} - \frac{x}{y^2}\right)\mathrm{d}y - \frac{y}{z^2}\mathrm{d}z$

18. $\int_{(-1,-1,-1)}^{(2,2,2)} \frac{2x\,\mathrm{d}x + 2y\,\mathrm{d}y + 2z\,\mathrm{d}z}{x^2 + y^2 + z^2}$

Anwendungen und Beispiele

19. **Beispiel 16.17 nochmal betrachtet** Berechnen Sie das Integral

$$\int_{(1,1,1)}^{(2,3,-1)} y\,\mathrm{d}x + x\,\mathrm{d}y + 4\,\mathrm{d}z$$

aus Beispiel 16.17, indem Sie eine Parametergleichung für den Geradenabschnitt von $(1,1,1)$ bis $(2,3,-1)$ bestimmen und das Kurvenintegral von $\boldsymbol{F} = y\boldsymbol{i} + x\boldsymbol{j} + 4\boldsymbol{k}$ entlang dieses Abschnitts bestimmen. Das Feld $\boldsymbol{F}$ ist konservativ. Daher hängt der Wert des Integrals nicht vom Weg ab.

Wegunabhängigkeit Zeigen Sie in den Aufgaben 20 und 21, dass die Integrale nicht von dem Weg zwischen A und B abhängen.

20. $\int_A^B z^2\,\mathrm{d}x + 2y\,\mathrm{d}y + 2xz\,\mathrm{d}z$

21. $\int_A^B \frac{x\,dx + y\,dy + z\,dz}{\sqrt{x^2+y^2+z^2}}$

Bestimmen Sie in den Aufgaben 22 und 23 eine Potentialfunktion zu $\boldsymbol{F}$.

22. $\boldsymbol{F} = \frac{2x}{y}\boldsymbol{i} + \left(\frac{1-x^2}{y^2}\right)\boldsymbol{j}, \quad \{(x,y) : y > 0\}$

23. $\boldsymbol{F} = (e^x \ln y)\boldsymbol{i} + \left(\frac{e^x}{y} + \sin z\right)\boldsymbol{j} + (y\cos z)\boldsymbol{k}$

24. **Arbeit entlang verschiedener Wege** Bestimmen Sie die von dem Kraftfeld

$$\boldsymbol{F} = (x^2+y)\boldsymbol{i} + (y^2+x)\boldsymbol{j} + ze^z\boldsymbol{k}$$

entlang der folgenden Wege von $(1,0,0)$ nach $(1,0,1)$ verrichtete Arbeit.

a. Der Geradenabschnitt $x = 1$, $y = 0, 0 \le z \le 1$

b. Die Helix $\boldsymbol{r}(t) = (\cos t)\boldsymbol{i} + (\sin t)\boldsymbol{j} + (t/2\pi)\boldsymbol{k}, 0 \le t \le 2\pi$

c. Die x-Achse von $(1,0,0)$ bis $(0,0,0)$ gefolgt von der Parabel $z = x^2$, $y = 0$ von $(0,0,0)$ bis $(1,0,1)$

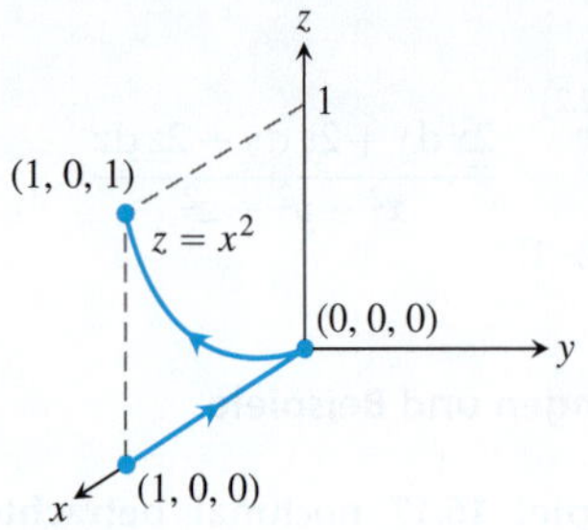

25. **Zwei Möglichkeiten, ein Arbeitsintegral zu berechnen** Gegeben sei das Kraftfeld $\boldsymbol{F} = \nabla(x^3y^2)$. Sei C der Weg in der xy-Ebene von $(-1,1)$ nach $(1,1)$. Er besteht aus dem Geradenabschnitt von $(-1,1)$ nach $(0,0)$ und dem Geradenabschnitt von $(0,0)$ bis $(1,1)$. Berechnen Sie $\int_C \boldsymbol{F}\cdot d\boldsymbol{r}$ folgendermaßen.

a. Bestimmen Sie Parametrisierungen für die Geradenabschnitte, aus denen die Kurve C besteht, und berechnen Sie das Integral.

b. Verwenden Sie $f(x,y) = x^3y^2$ als Potentialfunktion für $\boldsymbol{F}$.

26. **a. Exakte Differentialform** Welche Beziehung muss zwischen den Konstanten a, b und c bestehen, wenn die folgende Differentialform exakt sein soll?

$$(ay^2 + 2czx)\,dx + y(bx+cz)\,dy + (ay^2 + cx^2)\,dz$$

b. Gradientenfeld Für welche Werte von b und c ist

$$\boldsymbol{F} = (y^2 + 2czx)\boldsymbol{i} + y(bx+cz)\boldsymbol{j} + (y^2+cx^2)\boldsymbol{k}$$

ein Gradientenfeld?

27. **Weg der geringsten Arbeit** Sie sollen den Weg bestimmen, auf dem ein Kraftfeld $\boldsymbol{F}$ bei der Bewegung eines Teilchens zwischen zwei Orten die geringste Arbeit verrichten muss. Anhand einer kurzen Rechnung stellen Sie fest, dass $\boldsymbol{F}$ konservativ ist. Wie lautet dann Ihre Antwort? Begründen Sie Ihre Antwort.

28. **Die von einer konstanten Kraft verrichtete Arbeit** Zeigen Sie, dass die von einem konstanten Vektorfeld $\boldsymbol{F} = a\boldsymbol{i} + b\boldsymbol{j} + c\boldsymbol{k}$ bei der Bewegung eines Teilchens entlang eines Weges von A nach B verrichtete Arbeit gleich $W = \boldsymbol{F}\cdot\overrightarrow{AB}$ ist.

29. **Schwerefeld**

a. Bestimmen Sie die Potentialfunktion des Schwerefelds

$$\boldsymbol{F} = -GmM\frac{x\boldsymbol{i} + y\boldsymbol{j} + z\boldsymbol{k}}{(x^2+y^2+z^2)^{3/2}}$$

(G, m und M sind Konstanten).

b. Seien P_1 und P_2 zwei Punkte im Abstand s_1 und s_2 vom Ursprung. Zeigen Sie, dass die vom Schwerefeld aus Teil **a.** verrichtete Arbeit für die Bewegung eines Teilchen von P_1 nach P_2 gleich

$$GmM\left(\frac{1}{s_2} - \frac{1}{s_1}\right) \quad \text{ist.}$$

16.4 Der Satz von Green in der Ebene

Ist $\boldsymbol{F}$ ein konservatives Feld, so gilt bekanntlich $\boldsymbol{F} = \nabla f$ für eine differenzierbare Funktion f, und wir können das Kurvenintegral von $\boldsymbol{F}$ entlang eines Weges C zwischen den Punkten A und B als $\int_C \boldsymbol{F} \cdot \mathrm{d}\boldsymbol{r} = f(B) - f(A)$ berechnen. In diesem Abschnitt leiten wir eine Methode her, mit der wir die Arbeit oder den Fluss entlang einer *geschlossenen* Kurve C oder durch C in der Ebene berechnen können, wenn das Feld $\boldsymbol{F}$ *nicht* konservativ ist. Mithilfe dieser Methode, dem sogenannten Satz von Green, können wir das Kurvenintegral in ein Doppelintegral über das von C eingeschlossene Gebiet umwandeln.

Die Diskussion führen wir in Bezug auf Geschwindigkeitsfelder von Fluidströmungen (ein Fluid ist eine Flüssigkeit oder ein Gas), weil sich unsere Überlegungen damit gut veranschaulichen lassen. Selbstverständlich gilt der Satz von Green aber für jedes Vektorfeld, unabhängig von einer speziellen Interpretation des Feldes, solange die Voraussetzungen des Satzes erfüllt sind. Für den Satz von Green führen wir zwei neue Begriffe ein: *Divergenz* und *Zirkulationsdichte* um eine senkrecht auf der Ebene stehende Achse.

Divergenz

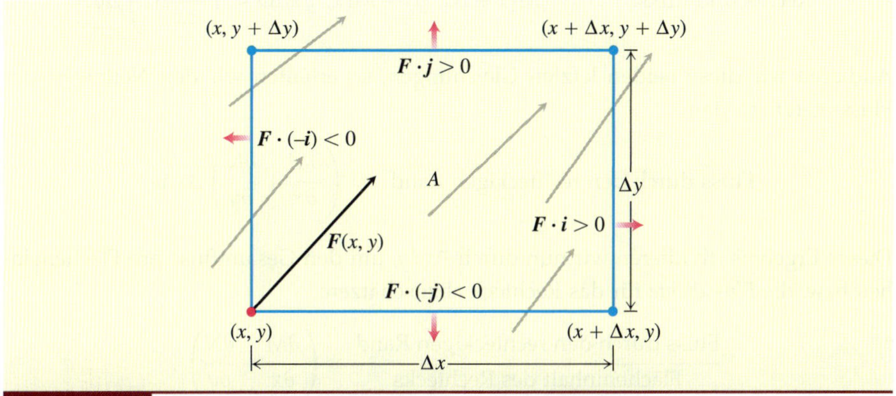

Abbildung 16.26 Die Rate, mit der das Fluid an der Unterkante in Richtung der äußeren Normalen $-\boldsymbol{j}$ aus dem rechteckigen Gebiet A austritt, ist näherungsweise $\boldsymbol{F}(x,y) \cdot (-\boldsymbol{j})\Delta x$. Dieser Ausdruck ist für das hier dargestellte Vektorfeld $\boldsymbol{F}$ negativ. Um die Flussrate im Punkt (x,y) zu nähern, berechnen wir die (näherungsweisen) Flussraten durch jede Kante in den Richtungen der roten Pfeile. Anschließend summieren wir diese Raten und dividieren die Summe durch den Flächeninhalt von A. Für $\Delta x \to 0$ und $\Delta y \to 0$ ergibt sich daraus die Flussrate pro Flächeneinheit.

Sei $\boldsymbol{F}(x,y) = M(x,y)\boldsymbol{i} + N(x,y)\boldsymbol{j}$ das Geschwindigkeitsfeld eines Fluids, das sich in der Ebene bewegt. Wir nehmen an, dass die ersten partiellen Ableitungen von M und N in jedem Punkt eines Gebiets R stetig sind. Sei (x,y) ein Punkt in R, und sei A ein kleines Rechteck mit einer Ecke (x,y); dieses Rechteck soll einschließlich seines Randes in R liegen. Die Seiten des Rechtecks liegen parallel zu den Koordinatenachsen und haben die Längen Δx und Δy. Wir nehmen an, dass die Komponenten von M und N in einem kleinen Gebiet mit dem Rechteck A keine Vorzeichenwechsel haben. Die Rate, mit der das Fluid das Rechteck an der unteren Kante verlässt, ist näherungsweise (▶Abbildung 16.26)

$$\boldsymbol{F}(x, y) \cdot (-\boldsymbol{j})\Delta x = -N(x,y)\Delta x\,.$$

Das ist die Skalarkomponente der Geschwindigkeit im Punkt (x,y) in Richtung der äußeren Normalen mal die Länge des Geradenabschnitts. Geben wir die Geschwindigkeit beispielsweise in Metern pro Sekunde an, hat die Flussrate die Einheit Meter pro Sekunde mal Meter bzw. Quadratmeter pro Sekunde. Die Raten, mit denen das Fluid auf den drei anderen Seiten in den Richtungen ihrer äußeren Normalen austritt, lassen sich ähnlich abschätzen. Die Flussraten können negativ oder positiv sein. Das hängt von den Vorzeichen der Komponenten von $\boldsymbol{F}$ ab. Die Nettoflussrate durch den Rand von A nähern wir, indem wir die Flussraten durch die vier Kanten summieren, die folgendermaßen definiert sind.

Flussraten:

$$\begin{aligned}
\text{Oben:}\quad & \boldsymbol{F}(x,y+\Delta y)\cdot \boldsymbol{j}\Delta x = N(x,y+\Delta y)\Delta x \\
\text{Unten:}\quad & \boldsymbol{F}(x,y)\cdot(-\boldsymbol{j})\Delta x = -N(x,y)\Delta x \\
\text{Rechts:}\quad & \boldsymbol{F}(x+\Delta x,y)\cdot \boldsymbol{i}\Delta y = M(x+\Delta x,y)\Delta y \\
\text{Links:}\quad & \boldsymbol{F}(x,y)\cdot(-\boldsymbol{i})\Delta y = -M(x,y)\Delta y
\end{aligned}$$

Aus der Addition der Ergebnisse für gegenüberliegende Seiten ergibt sich

$$\text{Oben und unten:}\quad (N(x,\ y+\Delta y)-N(x,\ y))\Delta x \approx \left(\frac{\partial N}{\partial y}\Delta y\right)\Delta x$$

$$\text{Rechts und links:}\quad (M(x+\Delta x,\ y)-M(x,\ y))\Delta y \approx \left(\frac{\partial M}{\partial x}\Delta x\right)\Delta y\,.$$

Addieren wir diese beiden letzten Gleichungen, so erhalten wir den Nettowert der Flussraten bzw. den

$$\text{Fluss durch den rechteckigen Rand:}\ \approx \left(\frac{\partial M}{\partial x}+\frac{\partial N}{\partial y}\right)\Delta x\Delta y\,.$$

Dieses Ergebnis dividieren wir nun durch $\Delta x\Delta y$, um den Gesamtfluss pro Flächeneinheit bzw. die *Flussdichte* für das Rechteck abzuschätzen:

$$\frac{\text{Fluss durch den rechteckigen Rand}}{\text{Flächeninhalt des Rechtecks}} \approx \left(\frac{\partial M}{\partial x}+\frac{\partial N}{\partial y}\right).$$

Schließlich lassen wir Δx und Δy gegen null gehen, um die Flussdichte von $\boldsymbol{F}$ im Punkt (x,y) zu definieren. In der Mathematik nennen wir die Flussdichte *Divergenz* von $\boldsymbol{F}$. Ihr Symbol ist div $\boldsymbol{F}$. Wir sagen „Divergenz von $\boldsymbol{F}$" bzw. „div $\boldsymbol{F}$".

Definition

Die **Divergenz (Flussdichte)** eines Vektorfelds $\boldsymbol{F} = M\boldsymbol{i} + N\boldsymbol{j}$ im Punkt (x,y) ist

$$\operatorname{div}\boldsymbol{F} = \frac{\partial M}{\partial x}+\frac{\partial N}{\partial y}.$$

Im Gegensatz zu einer Flüssigkeit ist ein Gas kompressibel, und die Divergenz seines Geschwindigkeitsfelds ist ein Maß dafür, wie stark sich das Gas in jedem Punkt ausdehnt oder wie stark es komprimiert wird. Das lässt sich folgendermaßen veranschaulichen: Dehnt sich ein Gas im Punkt (x_0,y_0) aus, divergieren dort die Flusslinien (daher der Name) und die Divergenz von $\boldsymbol{F}$ ist im Punkt (x_0,y_0) positiv, denn das Gas strömt aus einem gedachten kleinen rechtwinkligen Quader um den Punkt (x_0,y_0) heraus. Dehnt sich das Gas nicht aus, sondern wird komprimiert, ist die Divergenz negativ (►Abbildung 16.27).

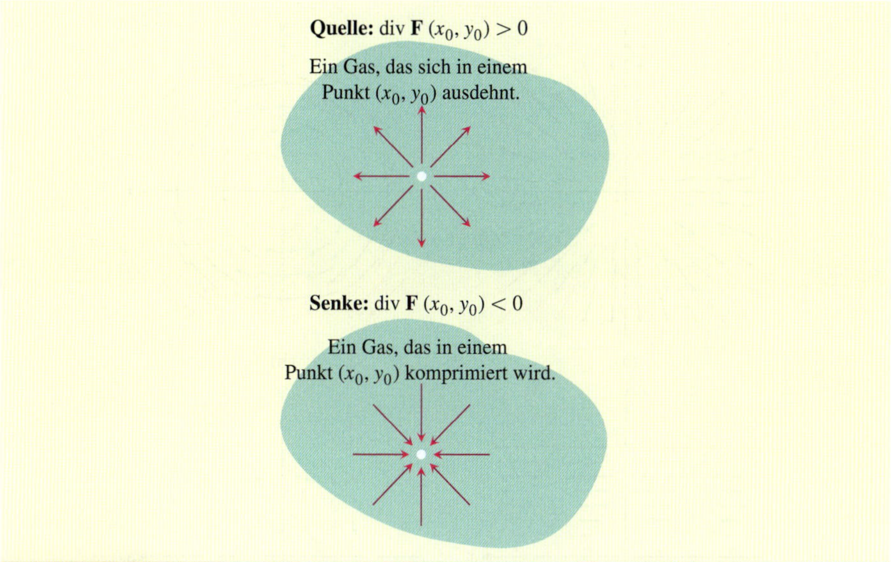

Abbildung 16.27 Dehnt sich ein Gas in einem Punkt (x_0, y_0) aus, ist die Divergenz positiv; wird das Gas komprimiert, ist die Divergenz negativ.

Divergenz verschiedener Vektorfelder

Beispiel 16.18 Die folgenden Vektorfelder veranschaulichen die Geschwindigkeit eines Gases, das in der xy-Ebene strömt. Bestimmen Sie die Divergenz jedes Vektorfelds und interpretieren Sie seine physikalische Bedeutung. ►Abbildung 16.28 veranschaulicht die Vektorfelder.

a *Gleichmäßige Expansion oder Kompression*: $\boldsymbol{F}(x,y) = cx\boldsymbol{i} + cy\boldsymbol{j}$

b *Gleichmäßige Rotation*: $\boldsymbol{F}(x,y) = -cy\boldsymbol{i} + cx\boldsymbol{j}$

c *Scherströmung*: $\boldsymbol{F}(x,y) = y\boldsymbol{i}$

d *Wirbelströmung*: $\boldsymbol{F}(x,y) = \dfrac{-y}{x^2+y^2}\boldsymbol{i} + \dfrac{x}{x^2+y^2}\boldsymbol{j}$

Lösung

a $\operatorname{div} \boldsymbol{F} = \dfrac{\partial}{\partial x}(cx) + \dfrac{\partial}{\partial y}(cy) = 2c$: Für $c > 0$ dehnt sich das Gas gleichmäßig aus; für $c < 0$ wird es gleichmäßig komprimiert.

b $\operatorname{div} \boldsymbol{F} = \dfrac{\partial}{\partial x}(-cy) + \dfrac{\partial}{\partial y}(cx) = 0$: Das Gas dehnt sich weder aus noch wird es komprimiert.

c $\operatorname{div} \boldsymbol{F} = \dfrac{\partial}{\partial x}(y) = 0$: Das Gas dehnt sich weder aus noch wird es komprimiert.

d $\operatorname{div} \boldsymbol{F} = \dfrac{\partial}{\partial x}\left(\dfrac{-y}{x^2+y^2}\right) + \dfrac{\partial}{\partial y}\left(\dfrac{x}{x^2+y^2}\right) = \dfrac{2xy}{(x^2+y^2)^2} - \dfrac{2xy}{(x^2+y^2)^2} = 0$: Auch hier ist in allen Punkten des Definitionsbereichs für das Geschwindigkeitsfeld die Divergenz null. ■

Die Felder (b), (c) und (d) aus Abbildung 16.28 sind plausible Modelle für die zweidimensionale Strömung einer Flüssigkeit. Wenn die Divergenz des Geschwindigkeitsfelds einer strömenden Flüssigkeit immer null ist, heißt die Flüssigkeit in der Strömungslehre **inkompressibel**.

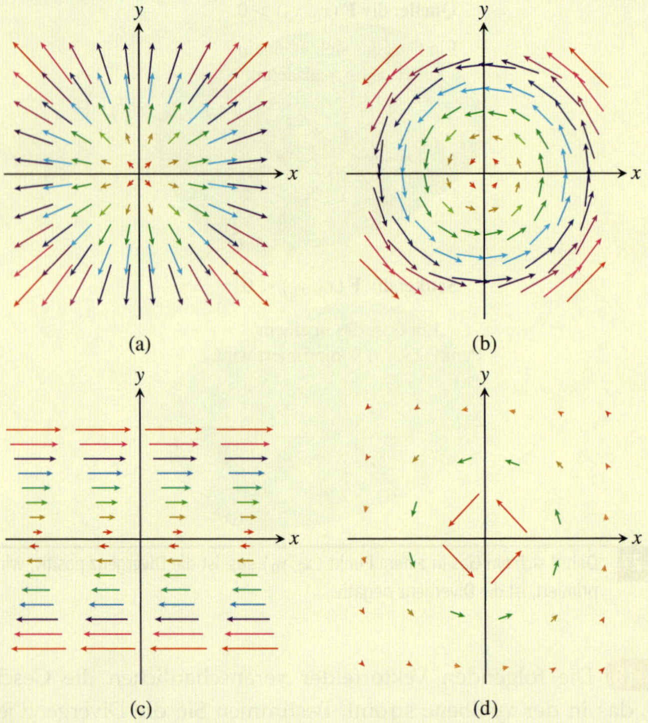

Abbildung 16.28 Geschwindigkeitsfelder eines in der *xy*-Ebene strömenden Gases.

Drehung um eine Achse: Die *k*-Komponente der Rotation

Den zweiten Begriff, den wir für den Satz von Green brauchen, können wir uns folgendermaßen veranschaulichen: Stellen Sie sich ein Schaufelrad vor, das in einer Ebene mit senkrecht auf der Ebene stehender Drehachse schwimmt. Wir wollen messen, wie sich das Schaufelrad in einem bestimmten Punkt dreht. Diese Vorstellung gibt uns ein Gefühl dafür, wie sich das Fluid um senkrecht auf dem Gebiet stehende Achsen in verschiedenen Punkten dreht. Physiker bezeichnen das als die *Zirkulationsdichte* oder *Wirbeldichte* eines Vektorfelds $\boldsymbol{F}$ in einem Punkt. Um diese Dichte zu bestimmen, kommen wir auf das Vektorfeld

$$\boldsymbol{F}(x,y) = M(x,y)\boldsymbol{i} + N(x,y)\boldsymbol{j}$$

zurück und betrachten das Rechteck A aus ►Abbildung 16.29 (beide Komponenten von $\boldsymbol{F}$ sind dort positiv).

Die Zirkulationsrate von $\boldsymbol{F}$ um den Rand von A ist die Summe der Flussraten entlang der Seiten in den Tangentialrichtungen. Für die Unterkante ist die Flussrate näherungsweise

$$\boldsymbol{F}(x,y) \cdot \boldsymbol{i}\Delta x = M(x,y)\Delta x\,.$$

Das ist die Skalarkomponente der Geschwindigkeit $\boldsymbol{F}(x,y)$ in der Tangentialrichtung $\boldsymbol{i}$ mal die Länge des Abschnitts. Abhängig von den Komponenten von $\boldsymbol{F}$ können die Raten positiv oder negativ sein. Wir nähern die Gesamtzirkulationsrate um den Rand von A, indem wir die Flussraten entlang der vier Kanten summieren, die durch die

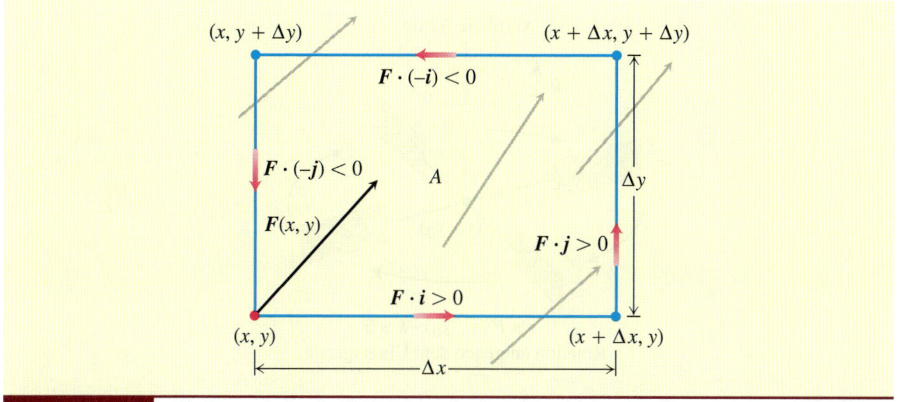

Abbildung 16.29 Die Rate, mit der ein Fluid entlang der Unterkante des rechteckigen Gebiets A in $\boldsymbol{i}$-Richtung strömt, ist ungefähr $\boldsymbol{F}(x,y)\cdot \boldsymbol{i}\Delta x$. Diese Rate ist für das hier dargestellte Vektorfeld $\boldsymbol{F}$ positiv. Um die Zirkulationsrate im Punkt (x,y) zu nähern, berechnen wir die (näherungsweisen) Flussraten entlang der Kante in den von den roten Pfeilen angegebenen Richtungen. Anschließend summieren wir über diese Raten und dividieren die Summe durch den Flächeninhalt von A. Für $\Delta x \to 0$ und $\Delta y \to 0$ erhalten wir die Rotationsrate pro Flächeneinheit.

folgenden Skalarprodukte definiert sind:

$$\begin{aligned}
&\text{Oben:} && \boldsymbol{F}(x,y+\Delta y)\cdot(-\boldsymbol{i})\Delta x = -M(x,y+\Delta y)\Delta x\\
&\text{Unten:} && \boldsymbol{F}(x,y)\cdot \boldsymbol{i}\Delta x = M(x,y)\Delta x\\
&\text{Rechts:} && \boldsymbol{F}(x+\Delta x,y)\cdot \boldsymbol{j}\Delta y = N(x+\Delta x,\ y)\Delta y\\
&\text{Links:} && \boldsymbol{F}(x,y)\cdot(-\boldsymbol{j})\Delta y = -N(x,y)\Delta y\,.
\end{aligned}$$

Wir addieren zunächst die Ergebnisse für gegenüberliegende Paare und erhalten

$$\begin{aligned}
&\text{Oben und unten:} && -\left(M(x,y+\Delta y)-M(x,y)\right)\Delta x \approx -\left(\frac{\partial M}{\partial y}\Delta y\right)\Delta x\\
&\text{Rechts und links:} && \left(N(x+\Delta x,y)-N(x,\ y)\right)\Delta y \approx \left(\frac{\partial N}{\partial x}\Delta x\right)\Delta y\,.
\end{aligned}$$

Wenn wir die letzten beiden Gleichungen addieren, erhalten wir die Gesamtzirkulation relativ zur Orientierung entgegen dem Uhrzeigersinn. Nach Division durch $\Delta x\Delta y$ erhalten wir eine Abschätzung der Zirkulationsdichte für das Rechteck:

$$\frac{\text{Zirkulation um das Rechteck}}{\text{Flächeninhalt des Rechtecks}} \approx \frac{\partial N}{\partial x}-\frac{\partial M}{\partial y}\,.$$

Wir lassen Δx und Δ gegen null gehen, um die *Zirkulationsdichte* von $\boldsymbol{F}$ im Punkt (x,y) zu definieren.

Wenn wir von der Spitze des Einheitsvektors $\boldsymbol{k}$ aus auf die xy-Ebene blicken und dabei eine Drehung entgegen dem Uhrzeigersinn beobachten, so ist die Zirkulationsdichte positiv (►Abbildung 16.30 auf der nächsten Seite). Der Wert der Zirkulationsdichte ist die $\boldsymbol{k}$-Komponente eines allgemeinen Zirkulationsvektorfelds, das wir in Abschnitt 16.7 definieren, nämlich der *Rotation* des Vektorfelds $\boldsymbol{F}$. Im Satz von Green brauchen wir aber nur diese $\boldsymbol{k}$-Komponente.

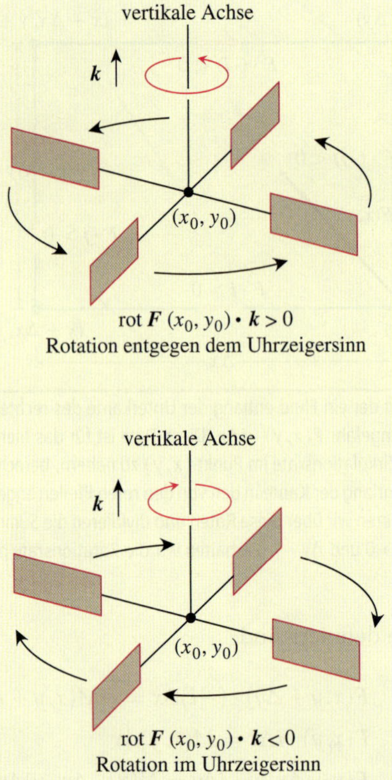

Abbildung 16.30 Wir betrachten den Fluss eines inkompressiblen Fluids über einem ebenen Gebiet. Die $\boldsymbol{k}$-Komponente der Rotation misst die Rate der Rotation des Fluids in einem Punkt. In den Punkten mit Rotation entgegen dem Uhrzeigersinn ist die $\boldsymbol{k}$-Komponente der Rotation positiv, in denen mit Rotation entgegen dem Uhrzeigersinn ist sie negativ.

Definition

Die **Zirkulationsdichte** eines Vektorfelds $\boldsymbol{F} = M\boldsymbol{i} + N\boldsymbol{j}$ in einem Punkt (x, y) ist der skalare Ausdruck

$$\frac{\partial N}{\partial x} - \frac{\partial M}{\partial y}.$$

Diesen Ausdruck nennt man auch die **$\boldsymbol{k}$-Komponente der Rotation** mit der Bezeichnung $(\text{rot}\,\boldsymbol{F}) \cdot \boldsymbol{k}$.

Bewegt sich Wasser um ein Gebiet in der xy-Ebene in einer dünnen Schicht, so bietet die $\boldsymbol{k}$-Komponente der Rotation in einem Punkt (x_0, y_0) eine Möglichkeit festzustellen, wie schnell und in welche Richtung sich ein kleines Schaufelrad dreht, wenn man es mit seiner Drehachse senkrecht zur Ebene (also parallel zu $\boldsymbol{k}$) bei (x_0, y_0) ins Wasser setzt (vgl. Abbildung 16.30).

Beispiel 16.19 Bestimmen Sie für jedes Vektorfeld aus Beispiel 16.18 die Zirkulationsdichte und interpretieren Sie das Ergebnis.

Lösung

a *Gleichmäßige Expansion*: $(\operatorname{rot}\boldsymbol{F})\cdot\boldsymbol{k} = \boldsymbol{k} = \frac{\partial}{\partial x}(cy) - \frac{\partial}{\partial y}(cx) = 0$. Das Gas zirkuliert auch auf sehr kleinen Skalen nicht.

b *Rotation*: $(\operatorname{rot}\boldsymbol{F})\cdot\boldsymbol{k} = \frac{\partial}{\partial x}(cx) - \frac{\partial}{\partial y}(-cy) = 2c$. Die konstante Zirkulationsdichte kennzeichnet Rotation in jedem Punkt. $c > 0$ bedeutet Rotation entgegen dem Uhrzeigersinn; $c < 0$ bedeutet Rotation im Uhrzeigersinn.

c *Scherströmung*: $(\operatorname{rot}\boldsymbol{F})\cdot\boldsymbol{k} = -\frac{\partial}{\partial y}(y) = -1$. Die Zirkulationsdichte ist konstant und negativ. Ein im Wasser schwimmendes Schaufelrad dreht sich unter einer solchen Scherströmung im Uhrzeigersinn. Die Rotationsrate ist in jedem Punkt gleich. Im Mittel wirkt die Strömung so, dass das Fluid um jedem der kleinen Kreise aus ►Abbildung 16.31 im Uhrzeigersinn bewegt wird.

d *Wirbelströmung*:

$$(\operatorname{rot}\boldsymbol{F})\cdot\boldsymbol{k} = \frac{\partial}{\partial x}\left(\frac{x}{x^2+y^2}\right) - \frac{\partial}{\partial y}\left(\frac{-y}{x^2+y^2}\right) = \frac{y^2-x^2}{(x^2+y^2)^2} - \frac{y^2-x^2}{(x^2+y^2)^2} = 0\,.$$

Die Zirkulationsdichte ist in jedem Punkt außer dem Ursprung (wo das Vektorfeld undefiniert ist und der Wirbel auftritt) gleich 0. Das Gas zirkuliert in keinem Punkt, in dem das Vektorfeld definiert ist. ■

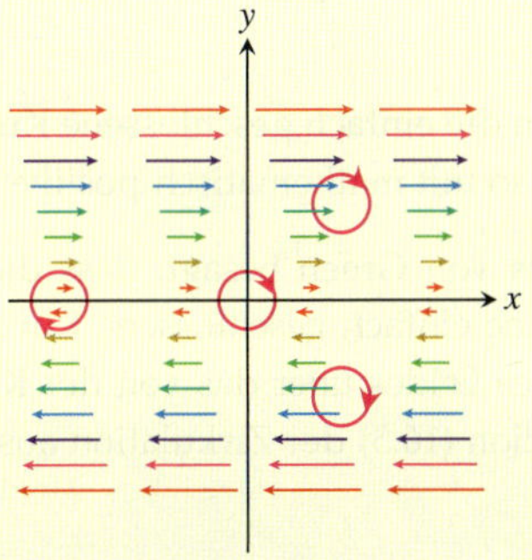

Abbildung 16.31 Eine Scherströmung drückt das Fluid im Uhrzeigersinn um jeden Punkt.

Zwei Formen des Satzes von Green

In einer Form besagt der Satz von Green, dass der nach außen gerichtete Fluss (wir nennen ihn auch „Abfluss“) durch eine einfach geschlossene Kurve in der Ebene unter geeigneten Bedingungen gleich dem Doppelintegral der Divergenz des Feldes über das von der Kurve eingeschlossene Gebiet ist. Rufen Sie sich dazu die Formeln für den Fluss in den Gleichungen (16.6) und (16.7) aus Abschnitt 16.2 ins Gedächtnis. Eine einfach geschlossene Kurve ist eine Kurve ohne Selbstüberschneidungen.

Satz 16.4 Satz von Green (Fluss-Divergenz bzw. Normalform)
Sei C eine stückweise glatte, einfach geschlossene Kurve, die das Gebiet R in der Ebene umschließt. Sei $\boldsymbol{F} = M\boldsymbol{i} + N\boldsymbol{j}$ ein Vektorfeld, dessen Komponenten M und N stetige erste partielle Ableitungen auf einem offenen Gebiet besitzen, das R enthält. Dann ist der Abfluss von $\boldsymbol{F}$ durch C das Doppelintegral von div $\boldsymbol{F}$ über das von der Kurve C eingeschlossene Gebiet R.

$$\underbrace{\oint_C \boldsymbol{F}\cdot\boldsymbol{n}\,\mathrm{d}s}_{\text{Abfluss}} = \oint_C M\,\mathrm{d}y - N\,\mathrm{d}x = \underbrace{\iint_R \left(\frac{\partial M}{\partial x} + \frac{\partial N}{\partial y}\right)\mathrm{d}x\,\mathrm{d}y}_{\text{Divergenzintegral}} \tag{16.15}$$

Das Symbol $\oint_C$ hatten wir in Abschnitt 16.3 für das Integral um eine geschlossene Kurve eingeführt. Nun werden wir ausführlicher auf das Symbol eingehen. Es gibt zwei Möglichkeiten, eine einfach geschlossene Kurve C zu durchlaufen. Die Kurve wird entgegen dem Uhrzeigersinn durchlaufen und als *positiv orientiert* bezeichnet, wenn das von ihr eingeschlossene Gebiet immer links eines Punkts liegt, der sich entlang der Kurve bewegt. Anderenfalls wird die Kurve im Uhrzeigersinn durchlaufen und als *negativ orientiert* bezeichnet. Das Vorzeichen des Kurvenintegrals eines Vektorfelds $\boldsymbol{F}$ entlang einer Kurve C kehrt sich um, wenn wir die Orientierung der Kurve ändern. Wir schreiben

$$\oint_C \boldsymbol{F}\cdot\mathrm{d}\boldsymbol{r}$$

für das Kurvenintegral, wenn die einfach geschlossene Kurve C entgegen dem Uhrzeigersinn durchlaufen wird, also mit mathematisch positiver Orientierung.

Eine zweite Form des Satzes von Green besagt, dass die Zirkulation im Uhrzeigersinn eines Vektorfelds um eine einfach geschlossene Kurve das Doppelintegral der $\boldsymbol{k}$-Komponente der Rotation des Feldes über das von der Kurve eingeschlossene Gebiet ist. Rufen Sie sich die Definition (16.5) der Zirkulation aus Abschnitt 16.2 auf Seite 464 ins Gedächtnis.

Satz 16.5 Satz von Green (Zirkulation-Rotation bzw. Tangentialform) Sei C eine stückweise glatte, einfach geschlossene Kurve, die das Gebiet R in der Ebene umschließt. Sei $\boldsymbol{F} = M\boldsymbol{i} + N\boldsymbol{j}$ ein Vektorfeld, dessen Komponenten stetige partielle Ableitungen auf einem offenen Gebiet haben, das R enthält. Dann ist die Zirkulation von $\boldsymbol{F}$ entgegen dem Uhrzeigersinn um C gleich dem Doppelintegral von $(\operatorname{rot}\boldsymbol{F})\cdot\boldsymbol{k}$ über R.

$$\underbrace{\oint_C \boldsymbol{F}\cdot\boldsymbol{T}\,\mathrm{d}s}_{\text{Zirkulation entgegen dem Uhrzeigersinn}} = \oint_C M\,\mathrm{d}x + N\,\mathrm{d}y = \underbrace{\iint_R \left(\frac{\partial N}{\partial x} - \frac{\partial M}{\partial y}\right)\mathrm{d}x\,\mathrm{d}y}_{\text{Rotationsintegral}} \tag{16.16}$$

Die beiden Formen des Satzes von Green sind äquivalent. Wenden wir Gleichung (16.15) auf das Feld $\boldsymbol{G}_1 = N\boldsymbol{i} - M\boldsymbol{j}$ an, so ergibt sich Gleichung (16.16), und wenden wir Gleichung (16.16) auf $\boldsymbol{G}_2 = -N\boldsymbol{i} + M\boldsymbol{j}$ an, so ergibt sich Gleichung (16.15).

Beide Formen des Satzes von Green lassen sich als zweidimensionale Verallgemeinerungen des Änderungssatzes 5.5 aus Abschnitt 5.4 auffassen. Der durch das Kurvenintegral auf der linken Seite von Gleichung (16.15) definierte Abfluss von $\boldsymbol{F}$ durch C ist das Integral seiner Änderungsrate (Flussdichte) über das von C eingeschlossene Gebiet R, und das wiederum ist das Doppelintegral auf der rechten Seite von Gleichung (16.15). Genauso ist die durch das Kurvenintegral auf der linken Seite von Gleichung (16.16) definierte Zirkulation von $\boldsymbol{F}$ um C entgegen dem Uhrzeigersinn gleich dem Integral seiner Änderungsrate (Zirkulationsdichte) über das von C eingeschlossene Gebiet R, und das wiederum ist das Doppelintegral auf der rechten Seite von Gleichung (16.16).

Satz von Green für das Vektorfeld $\boldsymbol{F}(x,y) = (x-y)\boldsymbol{i} + x\boldsymbol{j}$

Beispiel 16.20 Prüfen Sie beide Formen das Satzes von Green anhand des Vektorfelds

$$\boldsymbol{F}(x,y) = (x-y)\boldsymbol{i} + x\boldsymbol{j}$$

auf dem Gebiet R, dessen Rand der Einheitskreis

$$C: \ \boldsymbol{r}(t) = (\cos t)\boldsymbol{i} + (\sin t)\boldsymbol{j}, \quad 0 \le t \le 2\pi$$

ist.

Lösung Wir berechnen $\boldsymbol{F}(\boldsymbol{r}(t))$ und differenzieren die Komponenten. Das ergibt

$$\begin{aligned} M &= \cos t - \sin t\,, & \mathrm{d}x &= \mathrm{d}(\cos t) = -\sin t\,\mathrm{d}t \\ N &= \cos t\,, & \mathrm{d}y &= \mathrm{d}(\sin t) = \cos t\,\mathrm{d}t \end{aligned}$$

$$\frac{\partial M}{\partial x} = 1, \quad \frac{\partial M}{\partial y} = -1, \quad \frac{\partial N}{\partial x} = 1, \quad \frac{\partial N}{\partial y} = 0\,.$$

Die beiden Seiten von Gleichung (16.15) sind

$$\begin{aligned} \oint_C M\,\mathrm{d}y - N\,\mathrm{d}x &= \int_{t=0}^{t=2\pi} (\cos t - \sin t)(\cos t\,\mathrm{d}t) - (\cos t)(-\sin t\,\mathrm{d}t) \\ &= \int_0^{2\pi} \cos^2 t\,\mathrm{d}t = \pi \end{aligned}$$

$$\begin{aligned} \iint_R \left(\frac{\partial M}{\partial x} + \frac{\partial N}{\partial y}\right) \mathrm{d}x\,\mathrm{d}y &= \iint_R (1+0)\,\mathrm{d}x\,\mathrm{d}y \\ &= \iint_R \mathrm{d}x\,\mathrm{d}y = \text{Flächeninhalt des Einheitskreises} = \pi\,. \end{aligned}$$

Die beiden Seiten von Gleichung (16.16) sind

$$\begin{aligned} \oint_C M\,\mathrm{d}x + N\,\mathrm{d}y &= \int_{t=0}^{t=2\pi} (\cos t - \sin t)(-\sin t\,\mathrm{d}t) + (\cos t)(\cos t\,\mathrm{d}t) \\ &= \int_0^{2\pi} (-\sin t \cos t + 1)\,\mathrm{d}t = 2\pi \end{aligned}$$

$$\iint_R \left(\frac{\partial N}{\partial x} - \frac{\partial M}{\mathrm{d}y}\right) \mathrm{d}x\,\mathrm{d}y = \iint_R (1-(-1))\,\mathrm{d}x\,\mathrm{d}y = 2\iint_R \mathrm{d}x\,\mathrm{d}y = 2\pi\,.$$

►Abbildung 16.32 zeigt das Verktorfeld und die Zirkulation um C. ■

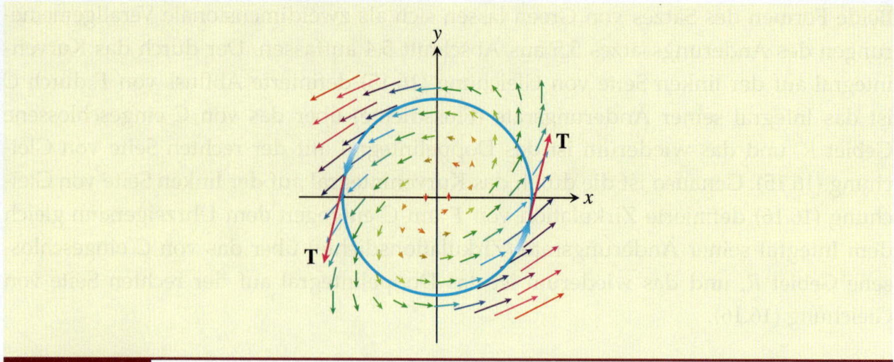

Abbildung 16.32 Das Vektorfeld aus Beispiel 16.20 hat eine Zirkulation entgegen dem Uhrzeigersinn von 2π um den Einheitskreis.

Kurvenintegrale mithilfe des Satzes von Green berechnen

Konstruieren wir eine geschlossene Kurve C, indem wir eine Reihe von verschiedenen Kurven aneinander kleben, kann die Berechnung eines Kurvenintegrals entlang C länglich werden, weil auf diese Weise viele Einzelintegrale berechnet werden müssen. Umschließt C jedoch ein Gebiet R, auf das sich der Satz von Green anwenden lässt, so können wir mithilfe des Satzes von Green aus dem Kurvenintegral entlang C ein Doppelintegral über R machen.

Anwendung des Satzes von Green zur Berechnung eines Kurvenintegrals

Beispiel 16.21 Berechnen Sie das Kurvenintegral

$$\oint_C xy\,\mathrm{d}y - y^2\,\mathrm{d}x\,.$$

Die Kurve C soll darin das Quadrat sein, das die Geraden $x = 1$ und $y = 1$ aus dem ersten Quadranten schneiden.

Lösung Wir können das Kurvenintegral mit beiden Formen des Satzes von Green in ein Doppelintegral über das Quadrat verwandeln:

1 *Mit der Normalform* Gleichung (16.15): C ist der Rand des Quadrats und R sein Inneres. Mit $M = xy$ und $N = y^2$ ergibt sich

$$\oint_C xy\,\mathrm{d}y - y^2\,\mathrm{d}x = \iint_R (y + 2y)\,\mathrm{d}x\,\mathrm{d}y = \int_0^1 \int_0^1 3y\,\mathrm{d}x\,\mathrm{d}y$$

$$= \int_0^1 \left[3xy\right]_{x=0}^{x=1} \mathrm{d}y = \int_0^1 \left[3y\,\mathrm{d}y = \frac{3}{2}y^2\right]_0^1 = \frac{3}{2}.$$

2 *Mit der Tangentialform* Gleichung (16.16): Mit $M = -y^2$ und $N = xy$ erhalten wir dasselbe Ergebnis:

$$\oint_C -y^2\,\mathrm{d}x + xy\,\mathrm{d}y = \iint_R (y - (-2y))\,\mathrm{d}x\,\mathrm{d}y = \frac{3}{2}.$$

■

Beispiel 16.22 Berechnen Sie den Abfluss des Vektorfelds $\boldsymbol{F}(x,y) = x\boldsymbol{i} + y^2\boldsymbol{j}$ durch das Quadrat zwischen den Geraden $x = \pm 1$ und $y = \pm 1$.

Lösung Wenn wir den Fluss mithilfe eines Kurvenintegrals berechnen wollen, müssen wir vier Integrale berechnen, jeweils eines für jede Seite. Mithilfe des Satzes von Green können wir aus dem Kurvenintegral ein Doppelintegral machen. Die Kurve C ist das Quadrat und R das Innere des Quadrats. Mit $M = x$ und $N = y^2$ erhalten wir

$$\begin{aligned}
\text{Abfluss} &= \oint_C \boldsymbol{F} \cdot \boldsymbol{n}\, \mathrm{d}s = \oint_c M\, \mathrm{d}y - N\, \mathrm{d}x \\
&= \iint_R \left(\frac{\partial M}{\partial x} + \frac{\partial N}{\partial y} \right) \mathrm{d}x\, \mathrm{d}y && \text{Satz von Green} \\
&= \int_{-1}^{1} \int_{-1}^{1} (1 + 2y)\, \mathrm{d}x\, \mathrm{d}y = \int_{-1}^{1} \Big[x + 2xy \Big]_{x=-1}^{x=1} \mathrm{d}y \\
&= \int_{-1}^{1} (2 + 4y)\, \mathrm{d}y = \Big[2y + 2y^2 \Big]_{-1}^{1} = 4\,.
\end{aligned}$$

Der Beweis des Satzes von Green für spezielle Gebiete

Sei C eine glatte, einfach geschlossene Kurve in der xy-Ebene mit der Eigenschaft, dass Geraden, die parallel zu den Koordinatenachsen verlaufen, die Kurve nicht mehr als zweimal schneiden. Sei R das von der Kurve C umschlossene Gebiet. Außerdem nehmen wir an, dass M, N und die zugehörigen ersten partiellen Ableitungen in jedem Punkt eines offenen Gebiets stetig sind, das C und R enthält. Wir wollen den Satz von Green in der Tangentialform beweisen.

$$\oint_C M\, \mathrm{d}x + N\, \mathrm{d}y = \iint_R \left(\frac{\partial N}{\partial x} - \frac{\partial M}{\partial y} \right) \mathrm{d}x\, \mathrm{d}y\,. \tag{16.17}$$

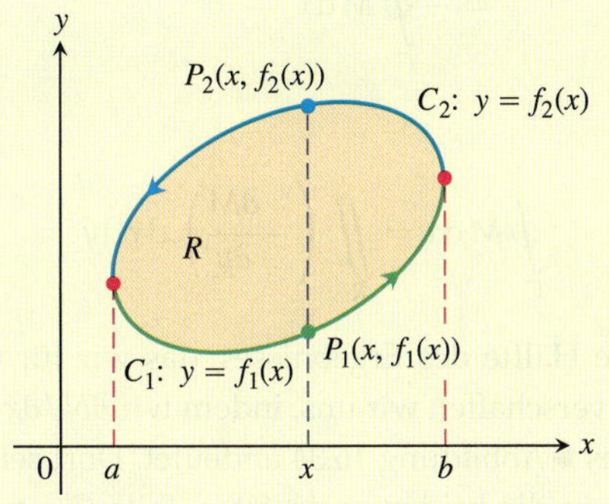

Abbildung 16.33 Die Randkurve C besteht aus der Kurve C_1, dem Graphen der Funktion $y = f_1(x)$, und der Kurve C_2, dem Graphen der Funktion $y = f_2(x)$.

►Abbildung 16.33 zeigt die Kurve C, die aus den beiden gerichteten Teilkurven C_1 und C_2 besteht:

$$C_1: \ y = f_1(x),\ a \le x \le b, \quad C_2: \ y = f_2(x),\ b \ge x \ge a\,.$$

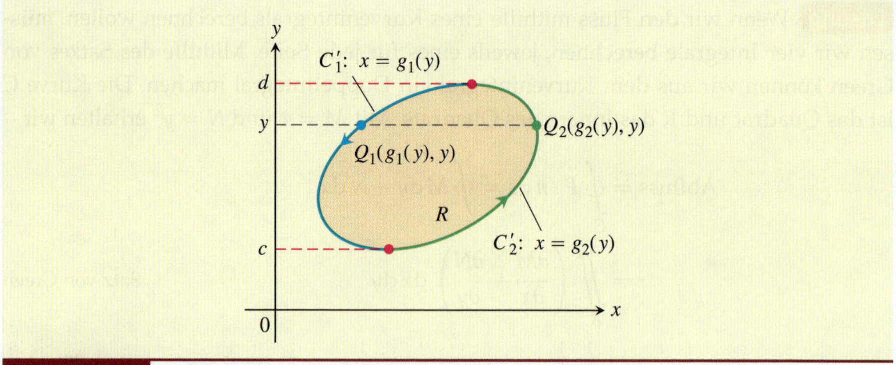

Abbildung 16.34 Die Randkurve C besteht aus der Kurve C_1', dem Graphen von $x = g_1(y)$, und der Kurve C_2', dem Graphen von $x = g_2(y)$.

Für jedes x zwischen a und b integrieren wir $\partial M/\partial y$ bezüglich y von $y = f_1(x)$ bis $y = f_2(x)$ und erhalten

$$\int_{f_1(x)}^{f_2(x)} \frac{\partial M}{\partial y} \, \mathrm{d}y = \Big[M(x,y)\Big]_{y=f_1(x)}^{y=f_2(x)} = M(x,f_2(x)) - M(x,f_1(x)) .$$

Das Ergebnis können wir dann von a bis b bezüglich x integrieren:

$$\begin{aligned}
\int_a^b \int_{f_1(x)}^{f_2(x)} \frac{\partial M}{\partial y} \, \mathrm{d}y \, \mathrm{d}x &= \int_a^b [M(x,f_2(x)) - M(x,f_1(x))] \, \mathrm{d}x \\
&= -\int_b^a M(x,f_2(x)) \, \mathrm{d}x - \int_a^b M(x,f_1(x)) \, \mathrm{d}x \\
&= -\int_{C_2} M \, \mathrm{d}x - \int_{C_1} M \, \mathrm{d}x \\
&= -\oint_C M \, \mathrm{d}x .
\end{aligned}$$

Deshalb ist

$$\oint_C M \, \mathrm{d}x = \iint_R \left(-\frac{\partial M}{\partial y} \right) \mathrm{d}x \, \mathrm{d}y . \qquad (16.18)$$

Gleichung (16.18) ist die Hälfte des Ergebnisses, das wir für Gleichung (16.17) brauchen. Die andere Hälfte verschaffen wir uns, indem wir $\partial N/\partial x$ zuerst nach x und dann nach y integrieren, wie es ▶Abbildung 16.34 andeutet. Dort sehen wir die Kurve C aus Abbildung 16.33. Sie ist in die beiden gerichteten Teile $C_1' : x = g_1(y)$, $d \geq y \geq c$ und C_2': $x = g_2(y)$, $c \leq y \leq d$ zerlegt. Das Ergebnis dieser Doppelintegration ist

$$\oint_C N \, \mathrm{d}y = \iint_R \frac{\partial N}{\partial x} \, \mathrm{d}x \, \mathrm{d}y . \qquad (16.19)$$

Addieren wir Gleichung (16.18) und Gleichung (16.19), so ergibt sich (16.17). Damit ist der Beweis vollständig. ■

Der Satz von Green gilt auch für allgemeinere Gebiete, wie sie in ▶Abbildung 16.35 und in ▶Abbildung 16.36 gezeigt sind. Das werden wir hier aber nicht beweisen. Es

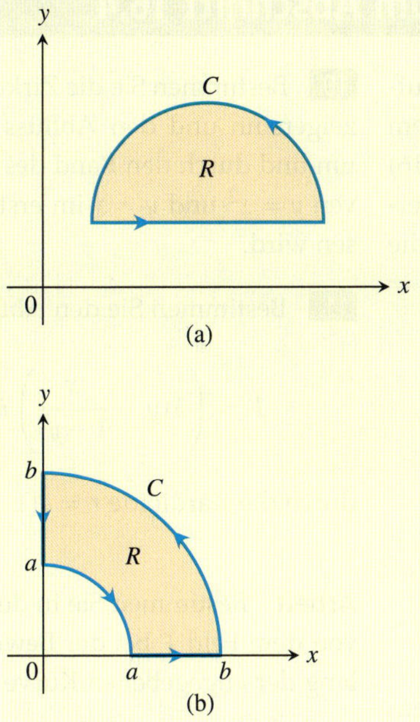

Abbildung 16.35 Andere Gebiete, für die der Satz von Green gilt.

sei darauf hingewiesen, dass das Gebiet aus Abbildung 16.36 nicht einfach zusammenhängend ist. Die Randkurven C_1 und C_h sind so orientiert, dass das Gebiet R immer linker Hand liegt, wenn man die Kurven in der angegebenen Richtung durchläuft. Mit dieser Vereinbarung gilt der Satz von Green auch für Gebiete, die nicht einfach zusammenhängend sind.

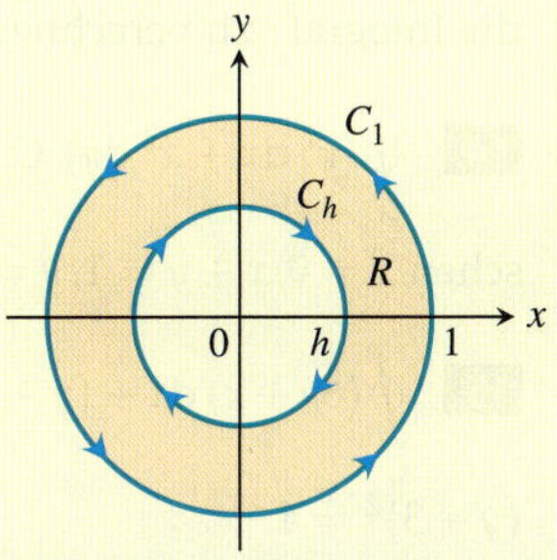

Abbildung 16.36 Der Satz von Green lässt sich auch auf den Kreisring R anwenden, wenn man die Kurvenintegrale entlang der Randkurven C_1 und C_h in den angegebenen Richtungen durchläuft.

Wir haben den Satz von Green hier in der xy-Ebene formuliert. Der Satz von Green gilt aber für jedes Gebiet R in einer Ebene, das von einer Kurve C im Raum umschlossen wird. Wie man das Doppelintegral über R für diese allgemeinere Form des Satzes von Green ausdrückt, werden wir in Abschnitt 16.7 sehen.

Aufgaben zum Abschnitt 16.4

Den Satz von Green prüfen Prüfen Sie in den Aufgaben 1–4 die Aussage des Satzes von Green, indem Sie beide Seiten der Gleichungen (16.15) und (16.16) für das Feld $\boldsymbol{F} = M\boldsymbol{i} + N\boldsymbol{j}$ berechnen. Als Gebiet verwenden Sie für die Integration in jedem Fall die Kreisscheibe $R : x^2 + y^2 \leq a^2$ mit dem Rand $C : \boldsymbol{r} = (a\cos t)\boldsymbol{i} + (a\sin t)\boldsymbol{j},\ 0 \leq t \leq 2\pi$.

1. $\boldsymbol{F} = -y\boldsymbol{i} + x\boldsymbol{j}$

2. $\boldsymbol{F} = y\boldsymbol{i}$

3. $\boldsymbol{F} = 2x\boldsymbol{i} - 3y\boldsymbol{j}$

4. $\boldsymbol{F} = -x^2y\boldsymbol{i} + xy^2\boldsymbol{j}$

Zirkulation und Fluss Bestimmen Sie in den Aufgaben 5–9 mithilfe des Satzes von Green die Zirkulation entgegen dem Uhrzeigersinn und den Abfluss für das Feld $\boldsymbol{F}$ und die Kurve C.

5. $\boldsymbol{F} = (x - y)\boldsymbol{i} + (y - x)\boldsymbol{j}$ C: Das Quadrat zwischen $x = 0,\ x = 1,\ y = 0,\ y = 1$

6. $\boldsymbol{F} = (y^2 - x^2)\boldsymbol{i} + (x^2 + y^2)\boldsymbol{j}$ C: Das Dreieck zwischen $y = 0,\ x = 3$ und $y = x$

7. $\boldsymbol{F} = (xy + y^2)\boldsymbol{i} + (x - y)\boldsymbol{j}$

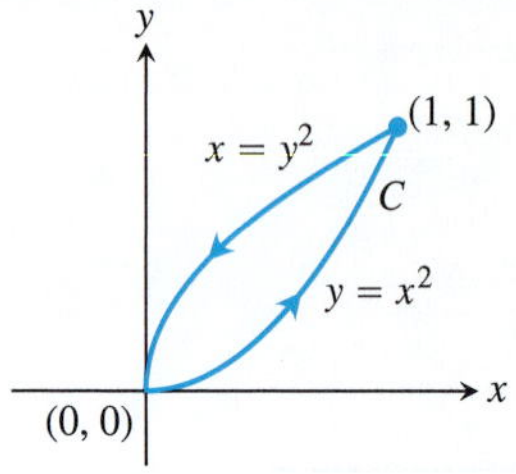

8. $\boldsymbol{F} = x^3y^2\boldsymbol{i} + \frac{1}{2}x^4y\boldsymbol{j}$

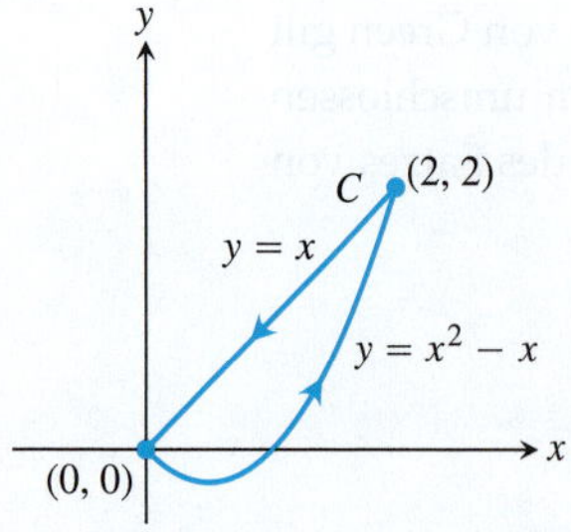

9. $\boldsymbol{F} = (x + e^x \sin y)\boldsymbol{i} + (x + e^x \cos y)\boldsymbol{j}$ C: Die rechte Schleife der Lemniskate $r^2 = \cos 2\theta$

10. Bestimmen Sie die Zirkulation entgegen dem Uhrzeigersinn und den Abfluss des Feldes $\boldsymbol{F} = xy\boldsymbol{i} + y^2\boldsymbol{j}$ um und durch den Rand des Gebiets, das von den Kurven $y = x^2$ und $y = x$ im ersten Quadranten umschlossen wird.

11. Bestimmen Sie den Abfluss des Feldes

$$\boldsymbol{F} = \left(3xy - \frac{x}{1 + y^2}\right)\boldsymbol{i} + \left(e^x + \tan^{-1} y\right)\boldsymbol{j}$$

durch die Kardioide $r = a(1 + \cos\theta),\ a > 0$.

Arbeit Bestimmen Sie in den Aufgaben 12 und 13 die von dem Feld $\boldsymbol{F}$ bei der Bewegung eines Teilchens entlang der angegebenen Kurve verrichtete Arbeit.

12. $\boldsymbol{F} = 2xy^3\boldsymbol{i} + 4x^2y^2\boldsymbol{j}$ C: Der Rand des „dreieckigen Gebiets" zwischen der x-Achse, der Gerade $x = 1$ und der Kurve $y = x^3$ im ersten Quadranten

13. $\boldsymbol{F} = (4x - 2y)\boldsymbol{i} + (2x - 4y)\boldsymbol{j}$ C: Der Kreis $(x - 2)^2 + (y - 2)^2 = 4$

Anwendung des Satzes von Green Wenden Sie in den Aufgaben 14 und 15 den Satz von Green an, um die Integrale zu berechnen.

14. $\oint\limits_C (y^2\,dx + x^2\,dy)$ C: Der Rand des Dreiecks zwischen $x = 0, x + y = 1, y = 0$

15. $\oint\limits_C (6y + x)\,dx + (y + 2x)\,dy$ C: Der Kreis $(x - 2)^2 + (y - 3)^2 = 4$

Berechnung des Flächeninhalts mithilfe des Satzes von Green Erfüllen eine einfach geschlossene Kurve C in der Ebene und das von ihr eingeschlossene Gebiet R die Voraussetzungen des Satzes von Green, so ist der Flächeninhalt von R durch folgende Formel gegeben:

Merke

Berechnung des Flächeninhalts nach dem Satz von Green

$$\text{Flächeninhalt von } R = \frac{1}{2}\oint\limits_C x\,dy - y\,dx\,.$$

Die Begründung dafür ist Gleichung (16.15), rückwärts gelesen:

$$\text{Flächeninhalt von } R = \iint_R \mathrm{d}y\,\mathrm{d}x = \iint_R \left(\frac{1}{2}+\frac{1}{2}\right)\mathrm{d}y\,\mathrm{d}x$$
$$= \oint \frac{1}{2}x\,\mathrm{d}y - \frac{1}{2}y\,\mathrm{d}x\,.$$

Bestimmen Sie in den Aufgaben 16–19 mithilfe der hier angegebenen Formel nach dem Satz von Green die Flächeninhalte der von den angegebenen Kurven eingeschlossenen Gebiete.

16. Kreis $\boldsymbol{r}(t) = (a\cos t)\boldsymbol{i} + (a\sin t)\boldsymbol{j},\ 0 \le t \le 2\pi$

17. Ellipse $\boldsymbol{r}(t) = (a\cos t)\boldsymbol{i} + (b\sin t)\boldsymbol{j},\ 0 \le t \le 2\pi$

18. Sternkurve $\boldsymbol{r}(t) = (\cos^3 t)\boldsymbol{i} + (\sin^3 t)\boldsymbol{j},\ 0 \le t \le 2\pi$

19. Bogen der Zykloide $x = t - \sin t,\ y = 1 - \cos t$

20. Sei C der Rand eines Gebiets, für das der Satz von Green gilt. Berechnen Sie mithilfe des Satzes von Green:

a. $\oint_C f(x)\,\mathrm{d}x + g(y)\,\mathrm{d}y$

b. $\oint_C ky\,\mathrm{d}x + hx\,\mathrm{d}y$ (k und h sind konstant)

21. Wodurch zeichnet sich das Integral

$$\oint_C 4x^3y\,\mathrm{d}x + x^4\,\mathrm{d}y$$

aus? Begründen Sie Ihre Antwort.

22. **Flächeninhalt als Kurvenintegral** Ein Gebiet R in der Ebene sei von einer stückweise glatten, einfach geschlossenen Kurve C begrenzt. Zeigen Sie, dass dann gilt:

$$\text{Flächeninhalt von } R = \oint_C x\,\mathrm{d}y = -\oint_C y\,\mathrm{d}x\,.$$

23. **Flächeninhalt und der Schwerpunkt** Sei A der Flächeninhalt und $\bar{x}$ die x-Koordinate des Schwerpunkts des Gebiets R, das von einer stückweise glatten, einfach geschlossenen Kurve C in der xy-Ebene umschlossen ist. Zeigen Sie, dass gilt:

$$\frac{1}{2}\oint_C x^2\,\mathrm{d}y = -\oint_C xy\,\mathrm{d}x = \frac{1}{3}\oint_C x^2\,\mathrm{d}y - xy\,\mathrm{d}x = A\bar{x}\,.$$

24. **Der Satz von Green und die Laplace-Gleichung** Nehmen Sie an, dass alle notwendigen Ableitungen existieren und stetig sind. Zeigen Sie: Erfüllt $f(x,y)$ die Laplace-Gleichung

$$\frac{\partial^2 f}{\partial x^2} + \frac{\partial^2 f}{\partial y^2} = 0\,,$$

so gilt

$$\oint_C \frac{\partial f}{\partial y}\,\mathrm{d}x - \frac{\partial f}{\partial x}\,\mathrm{d}y = 0$$

für alle Kurven C, für die der Satz von Green gilt. (Auch die Umkehrung gilt: Ist das Kurvenintegral stets null, so erfüllt f die Laplace-Gleichung.)

25. **Gebiete mit vielen Löchern** Der Satz von Green gilt für ein Gebiet R mit einer beliebigen endlichen Anzahl von Löchern, solange die Randkurven glatt, einfach und geschlossen sind und wir über jede Randkomponente so in einer Richtung integrieren, dass R unmittelbar links von uns liegt, wenn wir die Randkurve durchlaufen (siehe die nachfolgende Abbildung).

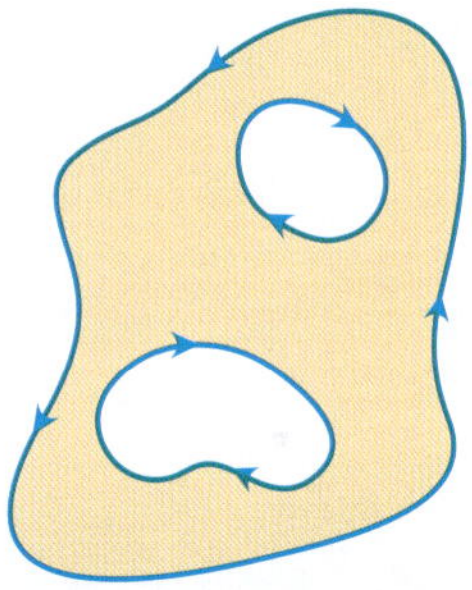

a. Sei $f(x,y) = \ln(x^2 + y^2)$, und sei C der Kreis $x^2 + y^2 = a^2$. Berechnen Sie das Flussintegral

$$\oint_C \nabla f \cdot \boldsymbol{n}\,\mathrm{d}s\,.$$

b. Sei K eine beliebig glatte, einfach geschlossene Kurve in der Ebene, die nicht durch den Punkt $(0,0)$ verläuft. Zeigen Sie mithilfe des Satzes von Green, dass

$$\oint_K \nabla f \cdot \boldsymbol{n}\,\mathrm{d}s$$

zwei verschiedene Werte haben kann, je nachdem, ob der Punkt $(0,0)$ innerhalb oder außerhalb von K liegt.

26. Leiten Sie Gleichung (16.19) her, um den Beweis für den Spezialfall des Satzes von Green zu beenden.

Computeralgebra Führen Sie in den Aufgaben 27–30 mithilfe eines CAS die folgenden Schritte aus, um mithilfe des Satzes von Green die Zirkulation des Feldes $\boldsymbol{F}$ entgegen dem Uhrzeigersinn um die einfach geschlossene Kurve C zu bestimmen.

a. Stellen Sie C in der xy-Ebene grafisch dar.

b. Bestimmen Sie den Integranden $(\partial N/\partial x) - (\partial M/\partial y)$ für die Tangentialform des Satzes von Green.

c. Bestimmen Sie die Integrationsgrenzen (für das Doppelintegral) aus der grafischen Darstellung in Teil **a.** und berechnen Sie das Rotationsintegral für die Zirkulation.

27. $\boldsymbol{F} = (2x - y)\boldsymbol{i} + (x + 3y)\boldsymbol{j}$,
C: Ellipse $x^2 + 4y^2 = 4$

28. $\boldsymbol{F} = (2x^3 - y^3)\boldsymbol{i} + (x^3 + y^3)\boldsymbol{j}$,
C: Ellipse $\dfrac{x^2}{4} + \dfrac{y^2}{9} = 1$

29. $\boldsymbol{F} = x^{-1}e^y\boldsymbol{i} + (e^y \ln x + 2x)\boldsymbol{j}$,
C: Rand des Gebiets zwischen $y = 1 + x^4$ (unten) und $y = 2$ (oben)

30. $\boldsymbol{F} = xe^y\boldsymbol{i} + (4x^2 \ln y)\boldsymbol{j}$,
C: Dreieck mit den Ecken $(0,0)$, $(2,0)$ und $(0,4)$

16.5 Flächen und Flächeninhalt

Kurven in der Ebene haben wir bisher auf drei verschiedene Weisen definiert:

Explizite Form:	$y = f(x)$
Implizite Form:	$F(x, y) = 0$
Parametrische Vektorform:	$\boldsymbol{r}(t) = f(t)\boldsymbol{i} + g(t)\boldsymbol{j},\ a \leq t \leq b.$

Für Flächen im Raum gibt es entsprechende Definitionen:

Explizite Form:	$z = f(x, y)$
Implizite Form:	$F(x, y, z) = 0.$

Auch für Flächen gibt es eine parametrische Form: Sie gibt die Lage eines Punkts auf der Fläche als eine Vektorfunktion zweier Variablen an. Diese neue Form wollen wir in diesem Abschnitt diskutieren und anwenden, um den Flächeninhalt einer Fläche als Doppelintegral zu bestimmen. Als Spezialfälle leiten wir anschließend Doppelintegralformeln für Flächen her, die in impliziter oder expliziter Form gegeben sind.

Parametrisierungen von Flächen

Sei

$$\boldsymbol{r}(u, v) = f(u, v)\boldsymbol{i} + g(u, v)\boldsymbol{j} + h(u, v)\boldsymbol{k} \tag{16.20}$$

eine stetige Vektorfunktion, die auf einem Definitionsbereich R in der uv-Ebene definiert ist und das Innere von R injektiv (eineindeutig) abbildet (►Abbildung 16.37). Den Wertebereich von $\boldsymbol{r}$ nennen wir die durch $\boldsymbol{r}$ definierte **Fläche** S. Gleichung 16.20 bildet mit dem Definitionsbereich R eine **Parametrisierung** der Fläche. Dabei sind die Variablen u und v die **Parameter**, und R ist der **Parameterbereich**. Der Einfachheit halber sei R ein Rechteck, das durch Ungleichungen der Form $a \leq u \leq b$, $c \leq v \leq d$ definiert ist. Die Forderung, dass $\boldsymbol{r}$ dass Innere von R injektiv abbildet, also $\boldsymbol{r}(u_1, v_1) \neq \boldsymbol{r}(u_2, v_2)$ für $(u_1, v_1) \neq (u_2, v_2)$ gilt, stellt sicher, dass sich S nicht selbst schneidet. Es sei erwähnt, dass Gleichung (16.20) die Vektordarstellung *dreier* parametrischer Gleichungen ist:

$$x = f(u, v), \quad y = g(u, v), \quad z = h(u, v)\,.$$

Beispiel 16.23 Bestimmen Sie die Parametrisierung des Kegels

Parametrisierung des Kegels $z = \sqrt{x^2 + y^2}, 0 \leq z \leq 1$

$$z = \sqrt{x^2 + y^2}, \quad 0 \leq z \leq 1\,.$$

Lösung Wir bestimmen die Parametrisierung in Zylinderkoordinaten. Ein Punkt (x, y, z) auf dem Kegel (►Abbildung 16.38) hat die Koordinaten $x = r\cos\theta$, $y = r\sin\theta$ und $z = \sqrt{x^2 + y^2} = r$ mit $0 \leq r \leq 1$ und $0 \leq \theta \leq 2\pi$. Setzen wir $u = r$ und $v = \theta$ in Gleichung (16.20) ein, so ergibt sich die Parametrisierung

$$\boldsymbol{r}(r, \theta) = (r\cos\theta)\boldsymbol{i} + (r\sin\theta)\boldsymbol{j} + r\boldsymbol{k}, \quad 0 \leq r \leq 1,\ 0 \leq \theta \leq 2\pi\,.$$

Diese Parametrisierung bildet das Innere des Definitionsbereichs R injektiv ab, die Spitze des Kegels mit $r = 0$ (auf dem Rand von R) ausgenommen. ■

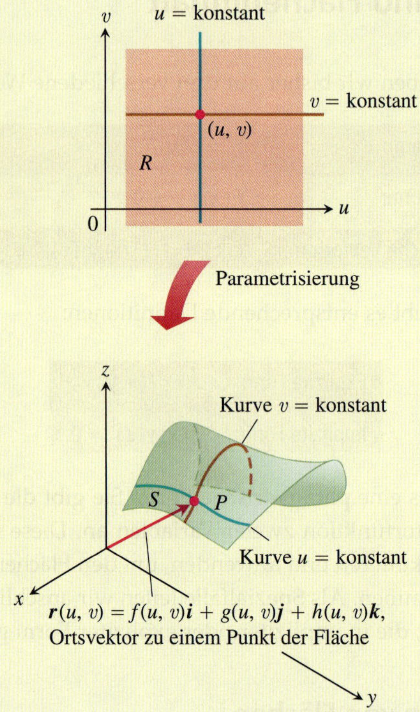

Abbildung 16.37 Eine parametrisierte Fläche S als Vektorfunktion zweier Variablen, die auf R definiert sind.

Parametrisierung der Kugel $x^2+y^2+z^2=a^2$

Beispiel 16.24 Bestimmen Sie eine Parametrisierung der Kugel $x^2+y^2+z^2=a^2$.

Lösung Hier kommen wir mit Kugelkoordinaten weiter. Ein Punkt (x, y, z) auf der Kugelschale (▶Abbildung 16.39) hat die Koordinaten $x = a\sin\varphi\cos\theta$, $y = a\sin\varphi\sin\theta$ und $z = a\cos\varphi$ mit $0 \le \varphi \le \pi$, $0 \le \theta \le 2\pi$. Setzen wir $u=\varphi$ und $v=\theta$ in Gleichung (16.20) ein, so ergibt sich die Parametrisierung

$$\boldsymbol{r}(\varphi,\theta) = (a\sin\varphi\cos\theta)\boldsymbol{i} + (a\sin\varphi\sin\theta)\boldsymbol{j} + (a\cos\varphi)\boldsymbol{k}, \quad 0\le\varphi\le\pi,\ 0\le\theta\le 2\pi\,.$$

Wieder bildet die Parametrisierung das Innere des Definitionsbereichs R injektiv ab, die „Pole" mit $\varphi=0$ bzw. $\varphi=\pi$ (auf dem Rand von R) ausgenommen. ■

Parametrisierung des Zylinders $x^2+(y-3)^2=9$

Beispiel 16.25 Bestimmen Sie eine Parametrisierung des Zylinders

$$x^2+(y-3)^2=9,\ 0\le z\le 5\,.$$

Lösung In Zylinderkoordinaten hat ein Punkt (x, y, z) die Koordinaten $x=r\cos\theta$, $y=r\sin\theta$ und $z=z$. Für Punkte auf dem Zylinder $x^2+(y-3)^2=9$ (▶Abbildung 16.40) ist die Gleichung dieselbe wie die Polargleichung für die Grundfläche des Zylinders in der xy-Ebene:

$$x^2+(y^2-6y+9)=9$$

$$r^2-6r\sin\theta=0 \qquad x^2+y^2=r^2,\ y=r\sin\theta$$

bzw.

$$r=6\sin\theta,\quad 0\le\theta\le\pi\,.$$

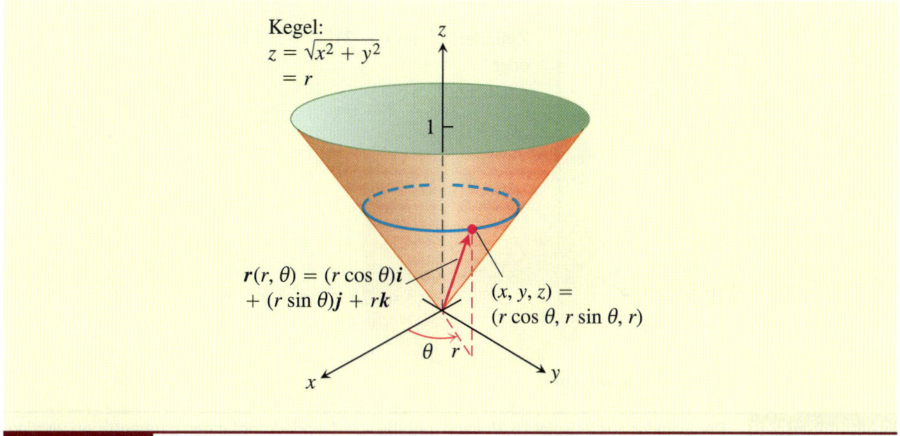

Abbildung 16.38 Der Kegel aus Beispiel 16.23 kann mithilfe von Zylinderkoordinaten parametrisiert werden.

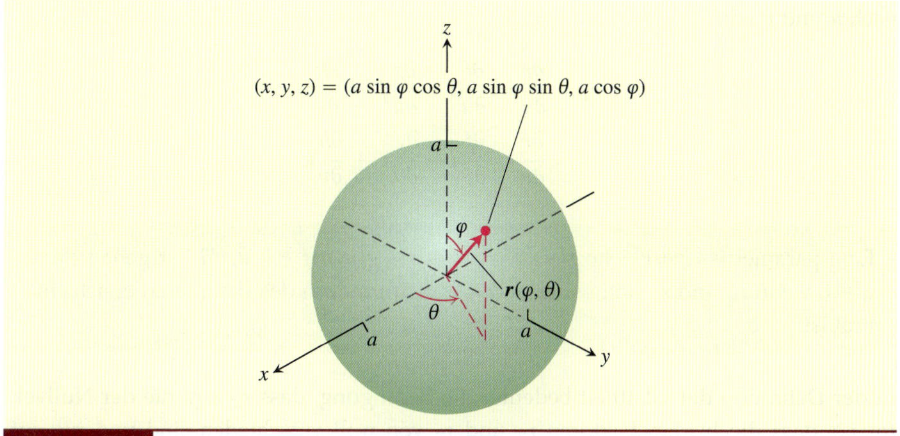

Abbildung 16.39 Die Kugel aus Beispiel 16.24 kann mithilfe von Kugelkoordinaten parametrisiert werden.

Ein Punkt auf dem Zylinder hat deshalb die Koordinaten

$$
\begin{aligned}
x &= r\cos\theta = 6\sin\theta\cos\theta = 3\sin 2\theta \\
y &= r\sin\theta = 6\sin^2\theta \\
z &= z\,.
\end{aligned}
$$

Setzen wir $u = \theta$ und $v = z$ in Gleichung (16.20) ein, so ergibt sich die eineindeutige Parametrisierung

$$\boldsymbol{r}(\theta, z) = (3\sin 2\theta)\boldsymbol{i} + (6\sin^2\theta)\boldsymbol{j} + z\boldsymbol{k}, 0 \leq \theta \leq \pi, \quad 0 \leq z \leq 5\,.$$

Flächeninhalt

Unser Ziel besteht darin, mithilfe der Parametrisierung

$$\boldsymbol{r}(u, v) = f(u, v)\boldsymbol{i} + g(u, v)\boldsymbol{j} + h(u, v)\boldsymbol{k}, \quad a \leq u \leq b,\ c \leq v \leq d$$

ein Doppelintegral zur Berechnung des Flächeninhalts einer gekrümmten Fläche S zu bestimmen. Für die Konstruktion, die wir dazu ausführen wollen, muss die Fläche S glatt sein. In der Definition für die Glattheit kommen die partiellen Ableitungen von $\boldsymbol{r}$

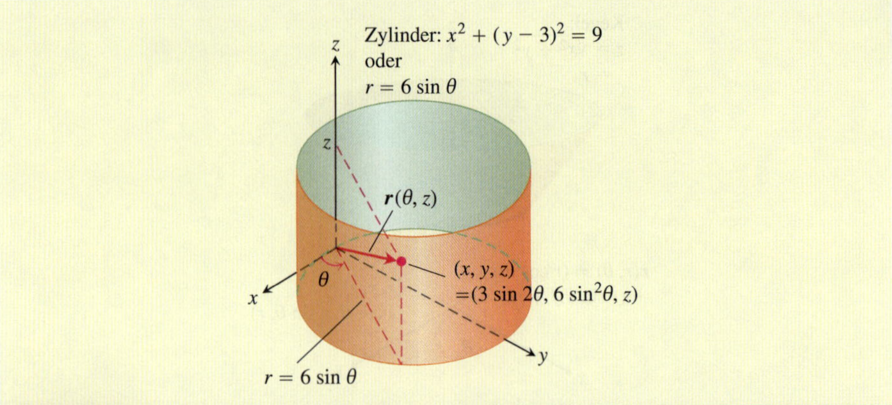

Abbildung 16.40 Der Zylinder aus Beispiel 16.25 kann mithilfe von Zylinderkoordinaten parametrisiert werden.

nach u und v vor:

$$\boldsymbol{r}_u = \frac{\partial \boldsymbol{r}}{\partial u} = \frac{\partial f}{\partial u}\boldsymbol{i} + \frac{\partial g}{\partial u}\boldsymbol{j} + \frac{\partial h}{\partial u}\boldsymbol{k}$$

$$\boldsymbol{r}_v = \frac{\partial \boldsymbol{r}}{\partial v} = \frac{\partial f}{\partial v}\boldsymbol{i} + \frac{\partial g}{\partial v}\boldsymbol{j} + \frac{\partial h}{\partial v}\boldsymbol{k}$$

Definition

Eine parametrisierte Fläche $\boldsymbol{r}(u,v) = f(u,v)\boldsymbol{i} + g(u,v)\boldsymbol{j} + h(u,v)\boldsymbol{k}$ ist genau dann **glatt**, wenn $\boldsymbol{r}_u$ und $\boldsymbol{r}_v$ stetig sind und $\boldsymbol{r}_u \times \boldsymbol{r}_v$ im Innern des Parameterbereichs nie null ist.

In der Definition der Glattheit bedeutet die Bedingung, dass $\boldsymbol{r}_u \times \boldsymbol{r}_v$ nie der Nullvektor ist, dass die beiden Vektoren $\boldsymbol{r}_u$ und $\boldsymbol{r}_v$ von null verschieden sind und nie entlang derselben Geraden liegen. Die beiden Vektoren $\boldsymbol{r}_u$ und $\boldsymbol{r}_v$ bestimmen also immer eine Tangentialebene an die Fläche. Am Rand des Parameterbereichs lockern wir diese Bedingung, doch das berührt die Berechnung des Flächeninhalts nicht.

Nun betrachten wir ein kleines Rechteck ΔA_{uv} in R, dessen Seiten auf den Geraden $u = u_0$, $u = u_0 + \Delta u$, $v = v_0$ und $v = v_0 + \Delta v$ liegen (►Abbildung 16.41). Jede Seite von ΔA_{uv} wird in eine Kurve auf der Fläche S abgebildet, und insgesamt begrenzen diese vier Kurven ein „gekrümmtes Flächenelement" $\Delta\sigma_{uv}$. In der Abbildung 16.41 wird die Seite $v = v_0$ auf die Kurve C_1 abgebildet, die Seite $u = u_0$ wird auf C_2 abgebildet, und der Schnittpunkt der Seiten (u_0, v_0) wird auf P_0 abgebildet.

►Abbildung 16.42 zeigt einen vergrößerten Ausschnitt von $\Delta\sigma_{uv}$. Der Vektor $\boldsymbol{r}_u(u_0, v_0)$ der partiellen Ableitung ist im Punkt P_0 tangential zu C_1. Genauso ist $\boldsymbol{r}_v(u_0, v_0)$ im Punkt P_0 zu C_2 tangential. Das Kreuzprodukt $\boldsymbol{r}_u \times \boldsymbol{r}_v$ steht im Punkt P_0 senkrecht auf der Fläche. (An dieser Stelle kommt die Annahme ins Spiel, dass S glatt ist. Wir wollen sicherstellen, dass $\boldsymbol{r}_u \times \boldsymbol{r}_v \neq \boldsymbol{0}$ gilt.)

Als Nächstes nähern wir das Flächenelement $\Delta\sigma_{uv}$ durch das Parallelogramm auf der Tangentialebene, dessen Seiten durch die Vektoren $\Delta u \boldsymbol{r}_u$ und $\Delta v \boldsymbol{r}_v$ bestimmt sind (►Abbildung 16.43). Der Flächeninhalt dieses Paralellogramms ist

$$|\Delta u \boldsymbol{r}_u \times \Delta v \boldsymbol{r}_v| = |\boldsymbol{r}_u \times \boldsymbol{r}_v| \Delta u \Delta v\,. \tag{16.21}$$

Eine Zerlegung des Gebiets R in der uv-Ebene in Rechtecke ΔA_{uv} erzeugt eine Zerlegung der Fläche S in Flächenelemente $\Delta\sigma_{uv}$. Wir *definieren* den Flächeninhalt eines

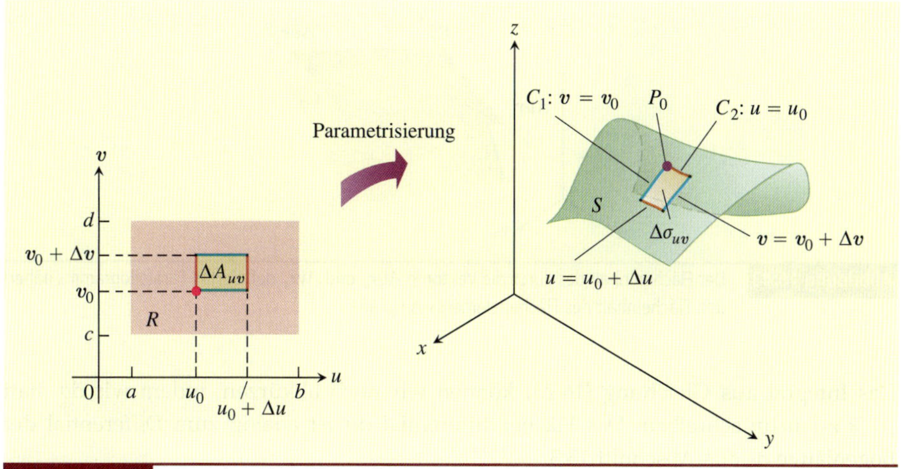

Abbildung 16.41 Ein rechteckiges Flächenelement ΔA_{uv} in der uv-Ebene wird auf ein gekrümmtes Flächenelement $\Delta\sigma_{uv}$ auf S abgebildet.

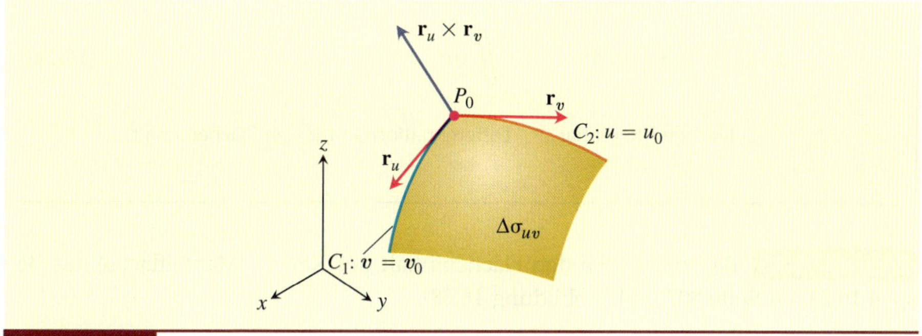

Abbildung 16.42 Eine vergrößerte Ansicht des Flächenelements $\Delta\sigma_{uv}$.

solchen Flächenelements $\Delta\sigma_{uv}$ als den Flächeninhalt des Parallelogramms aus Gleichung (16.21). Anschließend bilden wir die Summe über diese Flächeninhalte und erhalten eine Näherung für den Flächeninhalt der Fläche S:

$$\sum_n |\boldsymbol{r}_u \times \boldsymbol{r}_v| \Delta u \Delta v . \qquad (16.22)$$

Wenn Δu und Δv unabhängig voneinander gegen unendlich gehen, geht die Anzahl der Flächenelemente n gegen ∞. Aufgrund der Stetigkeit von $\boldsymbol{r}_u$ und $\boldsymbol{r}_v$ geht die Summe aus Gleichung (16.22) auch tatsächlich gegen das Doppelintegral $\int_c^d \int_a^b |\boldsymbol{r}_u \times \boldsymbol{r}_v| \, du \, dv$. Dieses Doppelintegral über das Gebiet R definiert den Flächeninhalt der Fläche S.

Definition

Der **Flächeninhalt** der glatten Fläche

$$\boldsymbol{r}(u,v) = f(u,v)\boldsymbol{i} + g(u,v)\boldsymbol{j} + h(u,v)\boldsymbol{k}, \quad a \le u \le b, \; c \le v \le d$$

ist

$$A = \iint_R |\boldsymbol{r}_u \times \boldsymbol{r}_v| \, dA = \int_c^d \int_a^b |\boldsymbol{r}_u \times \boldsymbol{r}_v| \, du \, dv . \qquad (16.23)$$

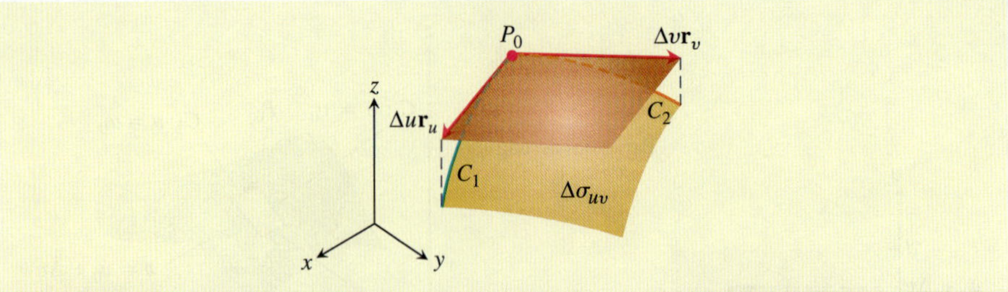

Abbildung 16.43 Der Flächeninhalt des durch die Vektoren $\Delta u \boldsymbol{r}_u$ und $\Delta v \boldsymbol{r}_v$ definierten Paralellogramms nähert den Flächeinhalt des Flächenelements $\Delta\sigma_{uv}$ an.

Das Integral aus Gleichung (16.23) können wir noch abkürzen, indem wir $\mathrm{d}\sigma$ statt $|\boldsymbol{r}_u \times \boldsymbol{r}_v|\,\mathrm{d}u\,\mathrm{d}v$ schreiben. Das Flächendifferential $\mathrm{d}\sigma$ ist analog zum Differential der Bogenlänge $\mathrm{d}s$ aus Abschnitt 13.3.

Merke

Flächendifferential einer parametrisierten Fläche

$$\mathrm{d}\sigma = |\boldsymbol{r}_u \times \boldsymbol{r}_v|\,\mathrm{d}u\,\mathrm{d}v \qquad \iint_S \mathrm{d}\sigma \tag{16.24}$$

Flächendifferential — Differentialformel für den Flächeninhalt

Flächeninhalt eines Kegels

Beispiel 16.26 Bestimmen Sie den Flächeninhalt des Kegels (Mantelfläche) aus Beispiel 16.23 auf Seite 507 (vgl. Abbildung 16.38).

Lösung In Beispiel 16.23 haben wir die Parametrisierung

$$\boldsymbol{r}(r,\theta) = (r\cos\theta)\boldsymbol{i} + (r\sin\theta)\boldsymbol{j} + r\boldsymbol{k},\ 0 \le r \le 1,\ 0 \le \theta \le 2\pi$$

bestimmt. Um Gleichung (16.23) anwenden zu können, berechnen wir zunächst $\boldsymbol{r}_r \times \boldsymbol{r}_\theta$:

$$\begin{aligned}\boldsymbol{r}_r \times \boldsymbol{r}_\theta &= \begin{vmatrix} \boldsymbol{i} & \boldsymbol{i} & \boldsymbol{k} \\ \cos\theta & \sin\theta & 1 \\ -r\sin\theta & r\cos\theta & 0 \end{vmatrix} \\ &= -(r\cos\theta)\boldsymbol{i} - (r\sin\theta)\boldsymbol{j} + \underbrace{(r\cos^2\theta + r\sin^2\theta)}_{r}\boldsymbol{k}.\end{aligned}$$

Damit ergibt sich $|\boldsymbol{r}_r \times \boldsymbol{r}_\theta| = \sqrt{r^2\cos^2\theta + r^2\sin^2\theta + r^2} = \sqrt{2r^2} = \sqrt{2}r$. Der Flächeninhalt des Kegels ist

$$\begin{aligned}A &= \int_0^{2\pi}\int_0^1 |\boldsymbol{r}_r \times \boldsymbol{r}_\theta|\,\mathrm{d}r\,\mathrm{d}\theta && \text{Gleichung (16.23) mit } u = r,\ v = \theta \\ &= \int_0^{2\pi}\int_0^1 \sqrt{2}r\,\mathrm{d}r\,\mathrm{d}\theta = \int_0^{2\pi} \frac{\sqrt{2}}{2}\mathrm{d}\theta = \frac{\sqrt{2}}{2}(2\pi) = \pi\sqrt{2}\ \text{Flächeneinheiten.}\end{aligned}$$

■

Flächeninhalt einer Kugel

Beispiel 16.27 Bestimmen Sie den Flächeninhalt einer Kugel (Kugeloberfläche) mit dem Radius a.

Lösung Wir verwenden die Parametrisierung aus Beispiel 16.24:

$$\boldsymbol{r}(\varphi,\,\theta) = (a\sin\varphi\cos\theta)\boldsymbol{i} + (a\sin\varphi\sin\theta)\boldsymbol{j} + (a\cos\varphi)\boldsymbol{k}\,, \quad 0 \le \varphi \le \pi,\, 0 \le \theta \le 2\pi\,.$$

Für $\boldsymbol{r}_\varphi \times \boldsymbol{r}_\theta$ erhalten wir

$$\begin{aligned}\boldsymbol{r}_\varphi \times \boldsymbol{r}_\theta &= \begin{vmatrix} \boldsymbol{i} & \boldsymbol{i} & \boldsymbol{k} \\ a\cos\varphi\cos\theta & a\cos\varphi\sin\theta & -a\sin\varphi \\ -a\sin\varphi\sin\theta & a\sin\varphi\cos\theta & 0 \end{vmatrix} \\ &= (a^2\sin^2\varphi\cos\theta)\boldsymbol{i} + (a^2\sin^2\varphi\sin\theta)\boldsymbol{j} + (a^2\sin\varphi\cos\varphi)\boldsymbol{k}\,.\end{aligned}$$

Folglich ist

$$\begin{aligned}|\boldsymbol{r}_\varphi \times \boldsymbol{r}_\theta| &= \sqrt{a^4\sin^4\varphi\cos^2\theta + a^4\sin^4\varphi\sin^2\theta + a^4\sin^2\varphi\cos^2\varphi} \\ &= \sqrt{a^4\sin^4\varphi + a^4\sin^2\varphi\cos^2\varphi} = \sqrt{a^4\sin^2\varphi(\sin^2\varphi + \cos^2\varphi)} \\ &= a^2\sqrt{\sin^2\varphi} = a\ \sin\varphi,\end{aligned}$$

weil $\sin\varphi$ für $0 \le \varphi \le \pi$ größer oder gleich null ist. Deshalb ist der Flächeninhalt der Kugel

$$\begin{aligned}A &= \int_0^{2\pi}\int_0^{\pi} a^2\sin\varphi\,\mathrm{d}\varphi\,\mathrm{d}\theta \\ &= \int_0^{2\pi} -a^2\cos\varphi\Big|_0^{\pi}\,d\theta = \int_0^{2\pi} 2a^2\,\mathrm{d}\theta = 4\pi a^2 \text{ Flächeneinheiten.}\end{aligned}$$

Dieses Ergebnis stimmt mit der bekannten Formel für den Flächeninhalt der Oberfläche einer Kugel überein. ■

Flächeninhalt eines Footballs

Beispiel 16.28 Sei S die Oberfläche eines Footballs, die sich aus der Rotation der Kurve $x = \cos z$, $y = 0, -\pi/2 \le z \le \pi/2$ um die z-Achse ergibt (▶Abbildung 16.44). Bestimmen Sie eine Parametrisierung für S und berechnen Sie den Flächeninhalt von S.

Lösung Beispiel 16.24 legt nahe, eine Parametrisierung der Fläche S anhand ihrer Rotation um die z-Achse zu bestimmen. Aus der Drehung eines Punkts $(x, 0, z)$ auf der Kurve $x = \cos z$, $y = 0$ um die z-Achse ergibt sich ein Kreis mit dem Radius $r = \cos z$ in der Höhe z über der xy-Ebene, dessen Mittelpunkt auf der z-Achse liegt (vgl. Abbildung 16.44). Der Punkt überstreicht den Kreis mit einem Rotationswinkel θ, $0 \le \theta \le 2\pi$. Sei nun (x, y, z) ein beliebiger Punkt auf diesem Kreis. Wir definieren die Parameter $u = z$ und $v = \theta$. Damit erhalten wir $x = r\cos\theta = \cos u\cos v$, $y = r\sin\theta = \cos u\sin v$ und $z = u$. Dies führt auf eine Parametrisierung für S:

$$\boldsymbol{r}(u,v) = \cos u\cos v\boldsymbol{i} + \cos u\sin v\boldsymbol{j}\ + u\boldsymbol{k}, \quad -\frac{\pi}{2} \le u \le \frac{\pi}{2},\ 0 \le v \le 2\pi\,.$$

Als Nächstes verwenden wir Gleichung (16.24), um den Flächeninhalt von S zu bestimmen. Aus der Differentiation der Parametrisierung ergibt sich

$$\boldsymbol{r}_u = -\sin u\cos v\boldsymbol{i} - \sin u\sin v\boldsymbol{j}\ + \boldsymbol{k}$$

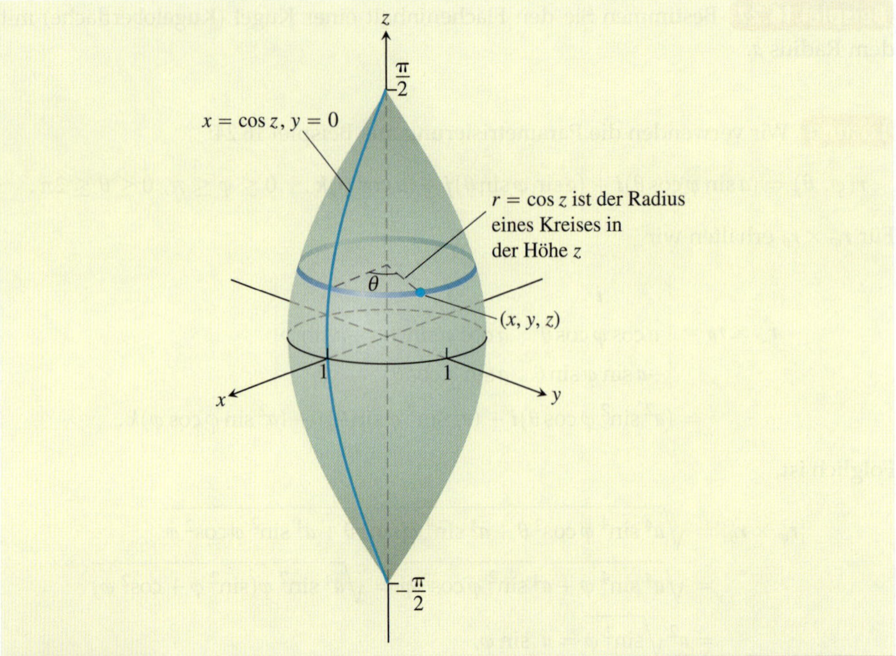

Abbildung 16.44 Die Oberfläche des Footballs aus Beispiel 16.28 ergibt sich aus der Rotation der Kurve $x = \cos z$ um die z-Achse.

und

$$\boldsymbol{r}_v = -\cos u \sin v\boldsymbol{i} + \cos u \cos v\boldsymbol{j}\,.$$

Für das Kreuzprodukt ergibt sich damit

$$\boldsymbol{r}_u \times \boldsymbol{r}_v = \begin{vmatrix} \boldsymbol{i} & \boldsymbol{i} & \boldsymbol{k} \\ -\sin u \cos v & -\sin u \sin v & 1 \\ -\cos u \sin v & \cos u \cos v & 0 \end{vmatrix}$$

$$= -\cos u \cos v\boldsymbol{i} - \cos u \sin v\boldsymbol{j} - (\sin u \cos u \cos^2 v + \cos u \sin u \sin^2 v)\boldsymbol{k}\,.$$

Und für den Betrag des Kreuzprodukts ergibt sich

$$\begin{aligned} |\boldsymbol{r}_u \times \boldsymbol{r}_v| &= \sqrt{\cos^2 u(\cos^2 v + \sin^2 v) + \sin^2 u \cos^2 u} \\ &= \sqrt{\cos^2 u(1 + \sin^2 u)} \\ &= \cos u\sqrt{1 + \sin^2 u}\,. \end{aligned}$$

$\cos u \geq 0$ für $-\frac{\pi}{2} \leq u \leq \frac{\pi}{2}$

Gemäß Gleichung (16.23) ist der Flächeninhalt durch das Integral

$$A = \int_0^{2\pi}\int_{-\pi/2}^{\pi/2} \cos u\sqrt{1 + \sin^2 u}\,\mathrm{d}u\,\mathrm{d}v$$

gegeben. Zur Berechnung des Integrals substituieren wir $w = \sin u$ und $\mathrm{d}w = \cos u\,\mathrm{d}u$, $-1 \leq w \leq 1$. Da die Fläche S bezüglich der xy-Ebene symmetrisch ist, brauchen wir bezüglich w nur von 0 bis 1 zu integrieren und das Ergebnis mit 2 zu multiplizieren.

Insgesamt erhalten wir

$$\begin{aligned} A &= 2\int_0^{2\pi}\int_0^1 \sqrt{1+w^2}\,\mathrm{d}w\,\mathrm{d}v \\ &= 2\int_0^{2\pi}\left[\frac{w}{2}\sqrt{1+w^2}+\frac{1}{2}\ln(w+\sqrt{1+w^2})\right]_0^1 \mathrm{d}v \qquad \text{Formel 35 der Integraltabelle} \\ &= \int_0^{2\pi} 2\left[\frac{1}{2}\sqrt{2}+\frac{1}{2}\ln(1+\sqrt{2})\right]\mathrm{d}v\,. \\ &= 2\pi[\sqrt{2}+\ln(1+\sqrt{2})]. \end{aligned}$$

Implizit definierte Flächen

Flächen werden häufig als Niveaumengen einer Funktion dargestellt, die durch eine Gleichung der Form

$$F(x,y,z) = c$$

beschrieben werden. Dabei ist c eine beliebige Konstante. Ein solche Niveaufläche ist nicht mit einer expliziten Parametrisierung versehen, und wir sprechen deshalb von einer *implizit definierten Fläche*. Implizite Flächen kommen beispielsweise als Äquipotentialflächen von elektrischen Feldern oder Schwerefeldern vor. ►Abbildung 16.45 zeigt ein Stück einer solchen Fläche. Es kann schwierig sein, explizite Gleichungen für die Funktionen f, g und h zu bestimmen, die die Fläche in der Form $\boldsymbol{r}(u,v) = f(u,v)\boldsymbol{i} + g(u,v)\boldsymbol{j} + h(u,v)\boldsymbol{k}$ beschreiben. Wir zeigen nun, wie man das Flächendifferential $\mathrm{d}\sigma$ für implizit definierte Flächen bestimmt.

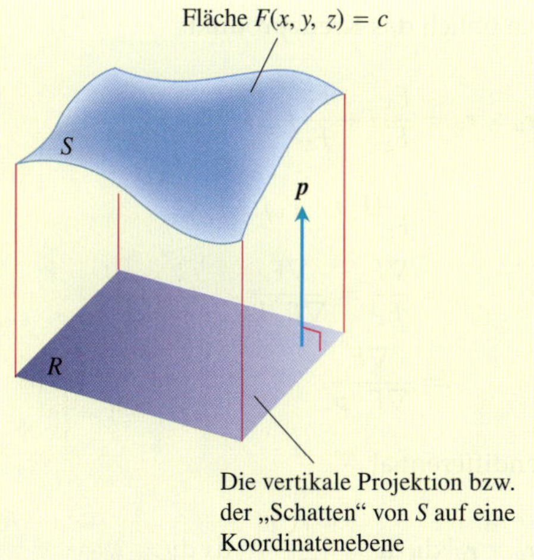

Abbildung 16.45 Wie wir bald sehen werden, kann man den Flächeninhalt einer Fläche S im Raum berechnen, indem man das zugehörige Doppelintegral über die vertikale Projektion bzw. den „Schatten“ von S auf der Koordinatenebene bestimmt. Der Einheitsvektor $\boldsymbol{p}$ steht senkrecht auf der Ebene.

Abbildung 16.45 zeigt ein Stück einer implizit definierten Fläche S, die sich über ihrem „Schattengebiet“ R in der darunterliegenden Ebene befindet. Die Fläche ist durch die

Gleichung $F(x,y,z) = c$ definiert, und $\boldsymbol{p}$ ist ein Normaleneinheitsvektor, der senkrecht auf dem ebenen Gebiet R steht. Wir nehmen an, dass die Fläche **glatt** ist (F ist differenzierbar, und ∇F ist auf S stetig und von null verschieden) und dass $\nabla F \cdot \boldsymbol{p} \neq 0$ gilt, sodass die Fläche keine Falten wirft.

Wir nehmen an, dass der Normalenvektor $\boldsymbol{p}$ der Einheitsvektor $\boldsymbol{k}$ ist, sodass das Gebiet aus Abbildung 16.45 in der xy-Ebene liegt. Nach Voraussetzung gilt dann $\nabla F \cdot \boldsymbol{p} = \nabla F \cdot \boldsymbol{k} = F_z \neq 0$ auf S. Ein Satz aus der weiterführenden Analysis, der sogenannte Satz über implizite Funktionen, besagt, dass S dann der Graph einer differenzierbaren Funktion $z = h(x,y)$ ist, auch wenn die Funktion $h(x,y)$ nicht explizit bekannt ist. Wir definieren die Parameter u und v durch $u = x$ und $v = y$. Dann ist $z = h(u,v)$, und

$$\boldsymbol{r}(u,v) = u\boldsymbol{i} + v\boldsymbol{j} + h(u,v)\boldsymbol{k} \qquad (16.25)$$

parametrisiert die Fläche S. Mithilfe von Gleichung (16.23) bestimmen wir den Flächeninhalt von S.

Für die partiellen Ableitungen von $\boldsymbol{r}$ erhalten wir

$$\boldsymbol{r}_u = \boldsymbol{i} + \frac{\partial h}{\partial u}\boldsymbol{k} \quad \text{und} \quad \boldsymbol{r}_v = \boldsymbol{j} + \frac{\partial h}{\partial v}\boldsymbol{k}\,.$$

Wenden wir die Kettenregel für die implizite Differentiation (vgl. Gleichung (14.2)) aus Abschnitt 14.4) auf $F(x,y,z) = c$ mit $x = u$, $y = v$ und $z = h(u,v)$ an, so erhalten wir die partiellen Ableitungen

$$\frac{\partial h}{\partial u} = -\frac{F_x}{F_z} \quad \text{und} \quad \frac{\partial h}{\partial v} = -\frac{F_y}{F_z}\,.$$

Diese Ableitungen setzen wir in die Ableitungen von $\boldsymbol{r}$ ein. Das ergibt

$$\boldsymbol{r}_u = \boldsymbol{i} - \frac{F_x}{F_z}\boldsymbol{k} \quad \text{und} \quad \boldsymbol{r}_v = \boldsymbol{j} - \frac{F_y}{F_z}\boldsymbol{k}\,.$$

Nun berechnen wir wie üblich das Kreuzprodukt:

$$\begin{aligned}
\boldsymbol{r}_u \times \boldsymbol{r}_v &= \frac{F_x}{F_z}\boldsymbol{i} + \frac{F_y}{F_z}\boldsymbol{j} + \boldsymbol{k} && F_z \neq 0 \\
&= \frac{1}{F_z}(F_x\boldsymbol{i} + F_y\boldsymbol{j} + F_z\boldsymbol{k}) \\
&= \frac{\nabla F}{F_z} = \frac{\nabla F}{\nabla F \cdot \boldsymbol{k}} \\
&= \frac{\nabla F}{\nabla F \cdot \boldsymbol{p}}\,. && \boldsymbol{p} = \boldsymbol{k}
\end{aligned}$$

Deshalb ist das Flächendifferential

$$\mathrm{d}\sigma = |\boldsymbol{r}_u \times \boldsymbol{r}_v|\,\mathrm{d}u\,\mathrm{d}v = \frac{|\nabla F|}{|\nabla F \cdot \boldsymbol{p}|}\,\mathrm{d}x\,\mathrm{d}y\,. \qquad u = x \text{ und } v = y$$

Ähnliche Ergebnisse erhalten wir, wenn stattdessen der Vektor $\boldsymbol{p} = \boldsymbol{j}$ senkrecht auf der xz-Ebene steht und $F_y \neq 0$ auf S ist oder wenn der Vektor $\boldsymbol{p} = \boldsymbol{i}$ senkrecht auf der yz-Ebene steht und $F_x \neq 0$ auf S ist. Kombinieren wir diese Ergebnisse mit Gleichung (16.23), so erhalten wir die folgende allgemeine Formel.

Merke

Formel für den Flächeninhalt einer implizit definierten Fläche Der Flächeninhalt der Fläche $F(x,y,z) = c$ über einem abgeschlossenen und beschränkten ebenen Gebiet R in einer Koordinatenebene ist

$$\text{Flächeninhalt} = \iint_R \frac{|\nabla F|}{|\nabla F \cdot \boldsymbol{p}|} \, dA \,. \tag{16.26}$$

Dabei stehen $\boldsymbol{p} = \boldsymbol{i}$, $\boldsymbol{j}$ bzw. $\boldsymbol{k}$ senkrecht auf R, und es sei $\nabla F \cdot \boldsymbol{p} \neq 0$.

Der Flächeninhalt ist also das Doppelintegral über R des Betrags von ∇F, dividiert durch die Skalarkomponente von ∇F normal zu R.

Gleichung (16.26) haben wir unter der Annahme hergeleitet, dass über dem ebenen Gebiet $\nabla F \cdot \boldsymbol{p} \neq 0$ gilt und ∇F stetig ist. Aber jedes Mal, wenn das Integral existiert, definieren wir seinen Wert als den Flächeninhalt des Teils der Fläche $F(x,y,z) = c$, der oberhalb von R liegt. (Wir hatten angenommen, dass die Projektion injektiv ist.)

Beispiel 16.29 Bestimmen Sie den Flächeninhalt der Fläche des Paraboloids $x^2 + y^2 - z = 0$ zwischen der Ebene $z = 4$ und der xy-Ebene.

Flächeninhalt einer parabolischen Fläche

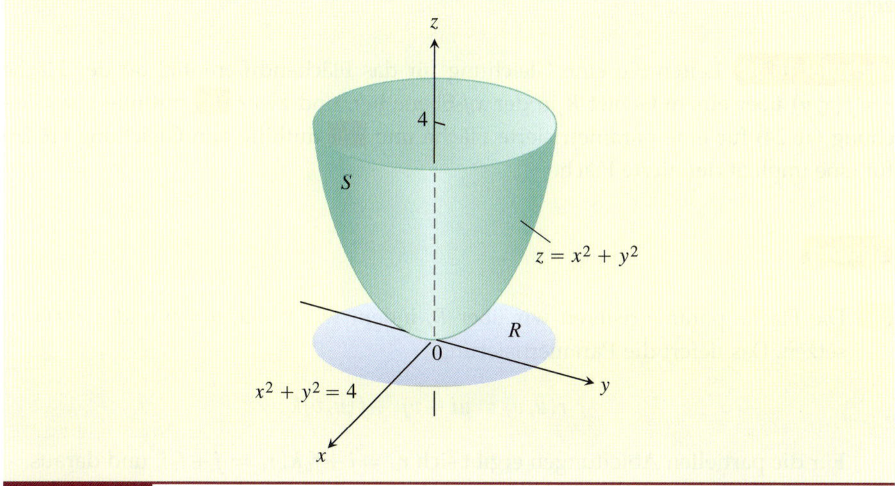

Abbildung 16.46 Der Flächeninhalt dieser parabolischen Fläche wird in Beispiel 16.29 berechnet.

Lösung Wir skizzieren die Fläche S und das unter ihr liegende Gebiet R in der xy-Ebene (▶Abbildung 16.46). Die Fläche S ist ein Teil der Niveaufläche $F(x,y,z) = x^2 + y^2 - z = 0$, und R ist die Kreisscheibe $x^2 + y^2 \leq 4$ in der xy-Ebene. Als Einheitsvektor, der senkrecht auf der Ebene von R steht, können wir $\boldsymbol{p} = \boldsymbol{k}$ verwenden.

In jedem Punkt (x,y,z) der Fläche gilt:

$$\begin{aligned}
F(x,y,z) &= x^2 + y^2 - z \\
\nabla F &= 2x\boldsymbol{i} + 2y\boldsymbol{j} - \boldsymbol{k} \\
|\nabla F| &= \sqrt{(2x)^2 + (2y)^2 + (-1)^2} \\
&= \sqrt{4x^2 + 4y^2 + 1} \\
|\nabla F \cdot \boldsymbol{p}| &= |\nabla F \cdot \boldsymbol{k}| = |-1| = 1\,.
\end{aligned}$$

Für das Gebiet R ist $dA = dx\,dy$. Deshalb gilt:

$$\text{Flächeninhalt} = \iint_R \frac{|\nabla F|}{|\nabla F \cdot \boldsymbol{p}|}\,dA \qquad \text{Gleichung (16.26)}$$

$$= \iint_{x^2+y^2 \le 4} \sqrt{4x^2 + 4y^2 + 1}\,dx\,dy$$

$$= \int_0^{2\pi}\int_0^2 \sqrt{4r^2 + 1}\,r\,dr\,d\theta \qquad \text{Polarkoordinaten}$$

$$= \int_0^{2\pi} \left[\frac{1}{12}(4r^2+1)^{3/2}\right]_0^2 d\theta$$

$$= \int_0^{2\pi} \frac{1}{12}\left(17^{3/2} - 1\right) d\theta = \frac{\pi}{6}\left(17\sqrt{17} - 1\right). \qquad \blacksquare$$

Beispiel 16.29 illustriert, wie man den Flächeninhalt des Graphen einer Funktion $z = f(x,y)$ über einem Gebiet R in der xy-Ebene bestimmt. Das Flächendifferential kann man sich sogar auf zwei verschiedenen Wegen verschaffen, wie das nächste Beispiel zeigt.

Flächendifferential dσ einer Fläche $z = f(x,y)$

Beispiel 16.30 Leiten Sie eine Gleichung für das Flächendifferential dσ der Fläche $z = f(x,y)$ über einem Gebiet R in der xy-Ebene her, und zwar **a** mithilfe von Gleichung (16.24) für eine parametrisierte Fläche und **b** mithilfe von Gleichung (16.26) für eine implizit definierte Fläche.

Lösung

a Die Fläche parametrisieren wir über R, indem wir $x = u$, $y = v$ und $z = f(x,y)$ setzen. Das liefert die Parametrisierung

$$\boldsymbol{r}(u,v) = u\boldsymbol{i} + v\boldsymbol{j} + f(u,v)\boldsymbol{k}.$$

Für die partiellen Ableitungen ergibt sich $\boldsymbol{r}_u = \boldsymbol{i} + f_u\boldsymbol{k}$, $\boldsymbol{r}_v = \boldsymbol{j} + f_v\boldsymbol{k}$ und daraus

$$\boldsymbol{r}_u \times \boldsymbol{r}_v = -f_u\boldsymbol{i} - f_v\boldsymbol{j} + \boldsymbol{k}. \qquad \begin{vmatrix} \boldsymbol{i} & \boldsymbol{j} & \boldsymbol{k} \\ 1 & 0 & f_u \\ 0 & 1 & f_v \end{vmatrix}$$

Dann ist $|\boldsymbol{r}_u \times \boldsymbol{r}_v|\,du\,dv = \sqrt{f_u^2 + f_v^2 + 1}\,du\,dv$. Nach dem Einsetzen von u und v ergibt sich dann das Flächendifferential

$$d\sigma = \sqrt{f_x^2 + f_y^2 + 1}\,dx\,dy.$$

b Wir definieren die implizite Funktion $F(x,y,z) = f(x,y) - z$. Da der Punkt (x,y) zum Gebiet R gehört, ist der Normaleneinheitsvektor an die Ebene von R der Vektor $\boldsymbol{p} = \boldsymbol{k}$. Dann ist $\nabla F = f_x\boldsymbol{i} + f_y\boldsymbol{j} - \boldsymbol{k}$, sodass $|\nabla F \cdot \boldsymbol{p}| = |-1| = 1$, $|\nabla F| = \sqrt{f_x^2 + f_y^2 + 1}$ und $|\nabla F|/|\nabla F \cdot \boldsymbol{p}| = |\nabla F|$ gilt. Für das Flächendifferential ergibt sich wieder

$$d\sigma = \sqrt{f_x^2 + f_y^2 + 1}\,dx\,dy. \qquad \blacksquare$$

Aus dem in Beispiel 16.30 hergeleiteten Flächendifferential ergibt sich die folgende Formel zur Berechnung des Flächeninhalts des Graphen einer Funktion, die durch $z = f(x,y)$ explizit definiert ist.

Formel für den Flächeninhalt eines Graphen $z = f(x,y)$ Für einen Graphen $z = f(x,y)$ über einem Gebiet R in der xy-Ebene ist die Formel für den Flächeninhalt

$$A = \iint_R \sqrt{f_x^2 + f_y^2 + 1}\, dx\, dy. \qquad (16.27)$$

Merke

Aufgaben zum Abschnitt 16.5

Parametrisierungen bestimmen Bestimmen Sie in den Aufgaben 1–8 eine Parametrisierung der Fläche. (Dafür gibt es viele richtige Möglichkeiten, sodass Ihre Lösung vielleicht nicht mit der im Lösungsteil angegebenen Lösung übereinstimmt.)

1. Das Paraboloid $z = x^2 + y^2$, $z \le 4$

2. **Kegelstumpf** Der Teil des Kegels $z = \sqrt{x^2+y^2}/2$ zwischen den Ebenen $z = 0$ und $z = 3$ im ersten Oktanten

3. **Kugelkappe** Die von der Kugel $x^2 + y^2 + z^2 = 9$ durch den Kegel $z = \sqrt{x^2+y^2}$ abgeschnittene Kappe

4. **Kugelband** Der Teil der Kugel $x^2 + y^2 + z^2 = 3$ zwischen den Ebenen $z = \sqrt{3}/2$ und $z = -\sqrt{3}/2$

5. **Parabolischer Zylinder zwischen Ebenen** Die Fläche, die die Ebenen $x = 0$, $x = 2$ und $z = 0$ aus dem parabolischen Zylinder $z = 4 - y^2$ schneiden

6. **Kreiszylinderband** Der Teil des Zylinders $y^2 + z^2 = 9$ zwischen den Ebenen $x = 0$ und $x = 3$

7. **Geneigte Ebene im Innern eines Zylinders** Der Teil der Ebene $x + y + z = 1$
   a. im Innern des Zylinders $x^2 + y^2 = 9$
   b. im Innern des Zylinders $y^2 + z^2 = 9$

8. **Kreiszylinderband** Der Teil des Zylinders $(x-2)^2 + z^2 = 4$ zwischen den Ebenen $y = 0$ und $y = 3$

Flächeninhalt parametrisierter Flächen Drücken Sie in den Aufgaben 9–13 den Flächeninhalt der Fläche mithilfe einer Parametrisierung als ein Doppelintegral aus. Berechnen Sie anschließend das Integral. (Es gibt viele richtige Möglichkeiten, das Integral aufzustellen, sodass Ihre Integrale nicht mit den Integralen im Lösungsteil dieses Buches übereinstimmen müssen. Jedoch sollte sich für den Flächeninhalt derselbe Wert ergeben.)

9. **Geneigte Ebene im Innern eines Zylinders** Der Teil der Ebene $y + 2z = 2$ im Innern des Zylinders $x^2 + y^2 = 1$

10. **Kegelstumpf** Der Teil des Kegels $z = 2\sqrt{x^2+y^2}$ zwischen den Ebenen $z = 2$ und $z = 6$

11. **Kreiszylinderband** Der Teil des Zylinders $x^2 + y^2 = 1$ zwischen den Ebenen $z = 1$ und $z = 4$

12. **Parabolische Kappe** Die von dem Kegel $z = \sqrt{x^2+y^2}$ aus dem Paraboloid $z = 2 - x^2 - y^2$ ausgeschnittene Kappe

13. **Abgesägte Kugel** Der untere Teil der von dem Kegel $z = \sqrt{x^2+y^2}$ aus der Kugel $x^2 + y^2 + z^2 = 2$ geschnittenen Fläche

Tangentialebenen an parametrisierte Flächen Die Tangentialebene in einem Punkt $P_0(f(u_0,v_0), g(u_0,v_0), h(u_0,v_0))$ auf einer parametrisierten Fläche $\mathbf{r}(u,v) = f(u,v)\mathbf{i} + g(u,v)\mathbf{j} + h(u,v)\mathbf{k}$ ist die Ebene durch den Punkt P_0, die senkrecht auf dem Vektor $\mathbf{r}_u(u_0,v_0) \times \mathbf{r}_v(u_0,v_0)$, dem Kreuzprodukt der Tangentialvektoren $\mathbf{r}_u(u_0,v_0)$ und $\mathbf{r}_v(u_0,v_0)$ im Punkt P_0, steht. Bestimmen Sie in den Aufgaben 14–17 eine Gleichung für die Tangentialebene an die Fläche im Punkt P_0. Bestimmen Sie dann eine kartesische Gleichung für die Fläche und skizzieren Sie die Fläche zusammen mit der Tangentialebene.

14. **Kegel** Gesucht ist die Tangentialebene an den Kegel $\mathbf{r}(r,\theta) = (r\cos\theta)\mathbf{i} + (r\sin\theta)\mathbf{j} + r\mathbf{k}$, $r \ge 0$ im Punkt $P_0(\sqrt{2}, \sqrt{2}, 2)$, was $(r,\theta) = (2, \pi/4)$ entspricht.

15. Halbkugel
Gesucht ist die Tangentialebene an die Halbkugelfläche $\boldsymbol{r}(\varphi,\theta) = (4\sin\varphi \quad \cos\theta)\boldsymbol{i} + (4 \quad \sin\varphi \quad \sin\theta)\boldsymbol{j} + (4\cos\varphi)\boldsymbol{k}$, $0 \le \varphi \le \pi/2, 0 \le \theta \le 2\pi$, im Punkt $P_0(\sqrt{2},\sqrt{2},2)$, was $(\varphi,\ \theta) = (\pi/6,\ \pi/4)$ entspricht.

16. Kreiszylinder
Gesucht ist die Tangentialebene an den Kreiszylinder $\boldsymbol{r}(\theta,\ z) = (3\sin 2\theta)\boldsymbol{i} + (6\sin^2\theta)\boldsymbol{j} + z\boldsymbol{k}$, $0 \le \theta \le \pi$, im Punkt $P_0(3\sqrt{3}/2, 9/2, 0)$, was $(\theta,\ z) = (\pi/3, 0)$ entspricht (vgl. Beispiel 16.25).

17. Parabolischer Zylinder
Gesucht ist die Tangentialebene an die parabolische Zylinderfläche $\boldsymbol{r}(x,y) = x\boldsymbol{i} + y\boldsymbol{j} - x^2\boldsymbol{k}, -\infty < x < \infty, -\infty < y < \infty$, im Punkt $(P_0(1,2,-1)$, was $(x,y) = (1,2)$ entspricht.

Noch mehr Parametrisierungen von Flächen

18. **a.** Einen *Rotationstorus* (Donut) erhält man, indem man einen Kreis C in der *xy*-Ebene um die *z*-Achse dreht (vgl. die nachfolgende Abbildung). Sei C ein Kreis mit dem Radius $r > 0$ und dem Mittelpunkt $(R, 0, 0)$. Zeigen Sie, dass

$$\boldsymbol{r}(u,v) = ((R + r\cos u)\cos v)\boldsymbol{i} + ((R + r\cos u)\sin v)\boldsymbol{j} + (r\sin u)\boldsymbol{k}$$

eine Parametrisierung des Torus ist. Dabei sind $0 \le u \le 2\pi$ und $0 \le v \le 2\pi$ die in der Abbildung eingezeichneten Winkel.

b. Zeigen Sie, dass der Flächeninhalt der Torusoberfläche $A = 4\pi^2 Rr$ ist.

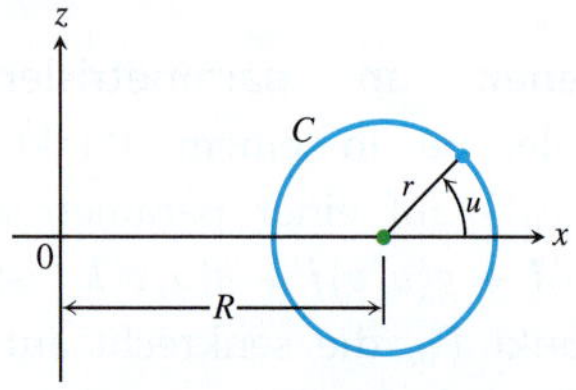

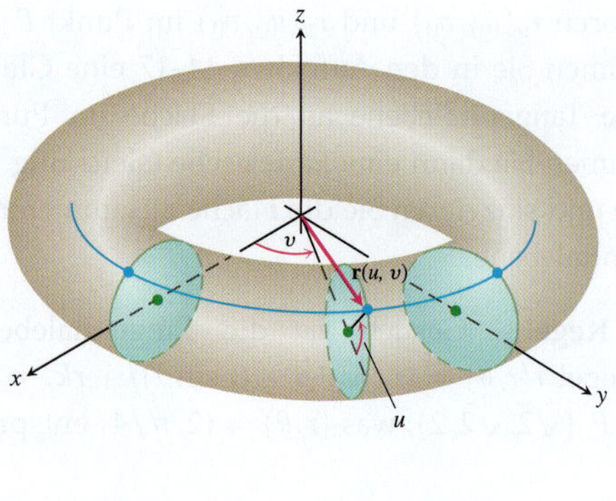

19. Parametrisierung einer Rotationsfläche Nehmen Sie an, dass die parametrisierte Kurve C: $f(u), g(u))$ um die *x*-Achse gedreht wird. Dabei sei $g(u) > 0$ für $a \le u \le b$.

a. Zeigen Sie, dass

$$\boldsymbol{r}(u,v) = f(u)\boldsymbol{i} + (g(u)\cos v)\boldsymbol{j} + (g(u)\sin v)\boldsymbol{k}$$

eine Parametrisierung der dabei entstehenden Rotationsfläche ist. Der Winkel v mit $0 \le v \le 2\pi$ ist der Winkel zwischen der *xy*-Ebene und dem Punkt $\boldsymbol{r}(u,v)$ auf der Fläche. (Vgl. die nachfolgende Abbildung.) Bedenken Sie, dass $f(u)$ den Abstand *entlang* der Rotationsachse und $g(u)$ den Abstand *von* der Rotationsachse misst.

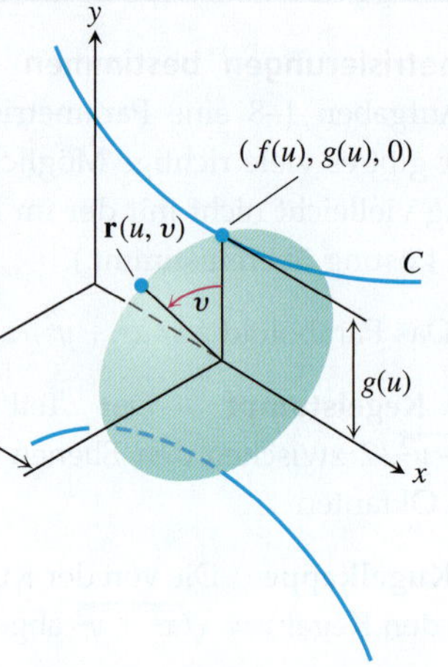

b. Bestimmen Sie die Parametrisierung der Fläche, die sich aus der Rotation der Kurve $x = y^2, y \ge 0$ um die *x*-Achse ergibt.

20. **a. Parametrisierung eines Ellipsoids** Die Parametrisierung $x = a\cos\theta,\ y = b\sin\theta,\ 0 \le \theta \le 2\pi$ liefert die Ellipse $(x^2/a^2) + (y^2/b^2) = 1$. Zeigen Sie, dass mit den Winkeln θ und φ in Kugelkoordinaten

$$\boldsymbol{r}(\theta,\varphi) = (a\cos\theta\cos\varphi)\boldsymbol{i} + (b\sin\theta\cos\varphi)\boldsymbol{j} + (c\sin\varphi)\boldsymbol{k}$$

eine Parametrisierung des Ellipsoids $(x^2/a^2) + (y^2/b^2) + (z^2/c^2) = 1$ ist.

b. Stellen Sie ein Integral für den Flächeninhalt der Ellipsoidoberfläche auf, aber berechnen Sie das Integral nicht.

21. Einschaliges Hyperboloid

a. Bestimmen Sie eine Parametrisierung des einschaligen Hyperboloids $x^2 + y^2 - z^2 = 1$ mithilfe des zu dem Kreis $x^2 + y^2 = r^2$ gehörigen Winkels θ und dem zur hyperbolischen Funktion $r^2 - z^2 = 1$ gehörigen hyperbolischen Parameter u. (*Hinweis*: $\cosh^2 u - \sinh^2 u = 1$.)

b. Verallgemeinern Sie das Ergebnis aus Teil **a.** auf das Hyperboloid $(x^2/a^2) + (y^2/b^2) - (z^2/c^2) = 1$.

22. *(Fortsetzung von Aufgabe 21.)* Bestimmen Sie eine kartesische Gleichung für die Tangentialebene an das Hyperboloid $x^2 + y^2 - z^2 = 25$ im Punkt $(x_0, y_0, 0)$ mit $x_0^2 + y_0^2 = 25$.

Flächeninhalt für implizite und explizite Formen

23. Bestimmen Sie den Flächeninhalt der Fläche, die durch die Ebene $z = 2$ von dem Paraboloid $x^2 + y^2 - z = 0$ abgeschnitten wird.

24. Bestimmen Sie den Flächeninhalt des Gebiets, das durch den Zylinder mit den Wänden $x = y^2$ und $x = 2 - y^2$ aus der Ebene $x + 2y + 2z = 5$ herausgeschnitten wird.

25. Bestimmen Sie den Flächeninhalt der Fläche $x^2 - 2y - 2z = 0$, die oberhalb des Dreiecks mit den Rändern $x = 2$, $y = 0$ und $y = 3x$ in der xy-Ebene liegt.

26. Bestimmen Sie den Flächeninhalt der Ellipse, die durch den Zylinder $x^2 + y^2 = 1$ aus der Ebene $z = cx$ (c ist konstant) herausgeschnitten wird.

27. Bestimmen Sie den Flächeninhalt des Teils des Paraboloids $x = 4 - y^2 - z^2$, der oberhalb des Rings $1 \leq y^2 + z^2 \leq 4$ in der yz-Ebene liegt.

28. Bestimmen Sie den Flächeninhalt der Fläche $x^2 - 2\ln x + \sqrt{15}y - z = 0$ oberhalb des Quadrats $R: 1 \leq x \leq 2, 0 \leq y \leq 1$ in der xy-Ebene.

Bestimmen Sie in den Aufgaben 29–31 den Flächeninhalt der angegebenen Fläche.

29. Die Fläche, die durch die Ebene $z = 3$ von dem Unterteil des Paraboloids $z = x^2 + y^2$ abgeschnitten wird.

30. Der Teil des Kegels $z = \sqrt{x^2 + y^2}$, der oberhalb des Gebiets zwischen dem Kreis $x^2 + y^2 = 1$ und der Ellipse $9x^2 + 4y^2 = 36$ in der xy-Ebene liegt. (*Hinweis*: Bestimmen Sie den Flächeninhalt des Gebiets mithilfe von Formeln aus der Geometrie.)

31. Die Fläche im ersten Oktanten, die durch die Ebene $x = 1$ und $y = 16/3$ aus dem Zylinder $y = (2/3)z^{3/2}$ geschnitten wird.

32. Leiten Sie mithilfe der Parametrisierung

$$\boldsymbol{r}(x,z) = x\boldsymbol{i} + f(x,z)\boldsymbol{j} + z\boldsymbol{k}$$

und Gleichung (16.24) eine Formel für das Flächendifferential $d\sigma$ her, das zu der expliziten Form $y = f(x,z)$ gehört.

16.6 Oberflächenintegrale

Um solche Größen wie den Fluss einer Flüssigkeit durch eine gekrümmte Membran oder die auf einen Fallschirm nach oben wirkende Kraft zu bestimmen, müssen wir eine Funktion über eine gekrümmte Fläche im Raum integrieren. Dieses Konzept eines *Oberflächenintegrals* ist eine Erweiterung des Begriffs eines Kurvenintegrals zur Integration entlang einer Kurve.

Oberflächenintegrale

Nehmen wir an, dass eine elektrische Ladung über eine Fläche S verteilt ist und dass die Funktion $G(x,y,z)$ die *Ladungsdichte* (Ladung pro Flächeneinheit) in jedem Punkt auf S angibt. Dann können wir die Gesamtladung auf S folgendermaßen als ein Integral berechnen.

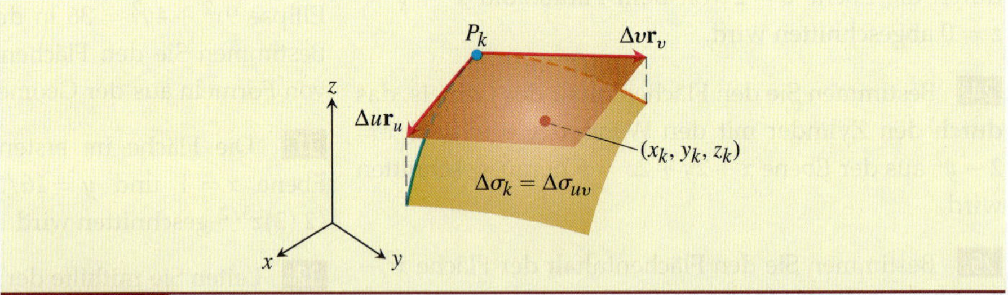

Abbildung 16.47 Der Flächeninhalt des Flächenelements $\Delta\sigma_k$ ist in etwa der Flächeninhalt des Tangentialparallelogramms, das durch die Vektoren $\delta u\mathbf{r}_u$ und $\delta v\mathbf{r}_v$ bestimmt ist. Der Punkt (x_k, y_k, z_k) liegt auf dem Flächenelement unter dem hier dargestellten Parallelogramm.

Wie in Abschnitt 16.5 nehmen wir an, dass die Fläche S über einem Gebiet R in der uv-Ebene durch die Parametrisierung

$$\mathbf{r}(u,v) = f(u,v)\mathbf{i} + g(u,v)\mathbf{j} + h(u,v)\mathbf{k}, \quad (u,v) \in R,$$

definiert ist. In ►Abbildung 16.47 sehen wir, wie eine Zerlegung von R (der Einfachheit halber hier als ein Rechteck angenommen) die Fläche S in zugehörige gekrümmte Flächenelemente mit dem Flächeninhalt

$$\Delta\sigma_{uv} \approx |\mathbf{r}_u \times \mathbf{r}_v| \, du \, dv$$

unterteilt.

Wie bei den Zerlegungen zur Definition von Doppelintegralen in Abschnitt 15.2 nummerieren wir die Flächenelemente in einer gewissen Reihenfolge, und ihre Flächeninhalte sind dann $\Delta\sigma_1, \Delta\sigma_2, \ldots, \Delta\sigma_n$. Um eine Riemann'sche Summe über S zu bilden, wählen wir einen Punkt (x_k, y_k, z_k) im k-ten Flächenelement und multiplizieren den Wert der Funktion G in diesem Punkt mit dem Flächeninhalt $\Delta\sigma_k$. Anschließend addieren wir die Produkte:

$$\sum_{k=1}^{n} G(x_k, \; y_k z_k)\Delta\sigma_k \, .$$

Je nachdem, wie wir den Punkt (x_k, y_k, z_k) im k-ten Flächenelement wählen, können wir verschiedene Werte für diese Riemann'sche Summe erhalten. Dann bilden wir den Grenzwert $n \to \infty$. Mit zunehmender Anzahl der Flächenelemente geht der Flächeninhalt eines einzelnen Flächenelements gegen null, und sowohl Δu als auch Δv gehen gegen null. Sofern dieser Grenzwert unabhängig von der speziellen Wahl existiert, definiert er das **Oberflächenintegral von G über der Fläche S** als

$$\iint\limits_S G(x,y,z)\,\mathrm{d}\sigma = \lim_{n\to\infty} \sum_{k=1}^{n} G(x_k,y_k,z_k)\Delta\sigma_k\,. \tag{16.28}$$

Vergegenwärtigen Sie sich die Ähnlichkeit mit der Definition des Doppelintegrals (vgl. Abschnitt 15.2) und des Kurvenintegrals (vgl. Abschnitt 16.1). Ist S eine stückweise glatte Fläche und ist G auf S stetig, so kann man zeigen, dass das durch Gleichung (16.28) definierte Oberflächenintegral existiert.

Die Formel zur Berechnung des Oberflächenintegrals hängt von der Art der Beschreibung von S ab. Wie in Abschnitt 16.5 diskutiert, kann die Fläche parametrisch, implizit oder explizit definiert sein.

Merke

Formeln zur Berechnung eines Oberflächenintegrals

1. Sei S durch $\boldsymbol{r}(u,v) = f(u,v)\boldsymbol{i} + g(u,v)\boldsymbol{j} + h(u,v)\boldsymbol{k}$, $(u,v) \in R$, **parametrisch** definiert. Für eine auf S definierte, stetige Funktion $G(x,y,z)$ ist dann das Oberflächenintegral von G über S durch das folgende Doppelintegral über R gegeben:
$$\iint\limits_S G(x,y,z)\,\mathrm{d}\sigma = \iint\limits_R G(f(u,v),g(u,v),\ h(u,v))|\boldsymbol{r}_u \times \boldsymbol{r}_v|\,\mathrm{d}u\,\mathrm{d}v\,. \tag{16.29}$$

2. Sei S durch eine stetig differenzierbare Funktion $F(x,y,z) = c$ **implizit** gegeben, wobei die Fläche S über ihrem abgeschlossenen und beschränkten Schattengebiet R in der darunterliegenden Koordinatenebene liegt. Dann ist das Oberflächenintegral der stetigen Funktion G über S durch das folgende Doppelintegral über R gegeben:
$$\iint\limits_S G(x,y,z)\,\mathrm{d}\sigma = \iint\limits_R G(x,y,z)\frac{|\nabla F|}{|\nabla F \cdot \boldsymbol{p}|}\,\mathrm{d}A\,. \tag{16.30}$$
Der Vektor $\boldsymbol{p}$ ist der Normaleneinheitsvektor von R, und es sei $\nabla F \cdot \boldsymbol{p} \neq 0$.

3. Sei S **explizit** als der Graph einer stetig differenzierbaren Funktion $z = f(x,y)$ über einem Gebiet R in der xy-Ebene gegeben. Dann ist das Oberflächenintegral der stetigen Funktion G über S durch das folgende Doppelintegral über R gegeben:
$$\iint\limits_S G(x,y,z)\,\mathrm{d}\sigma = \iint\limits_R G(x,y,f(x,y))\sqrt{f_x^2 + f_y^2 + 1}\,\mathrm{d}x\,\mathrm{d}y\,. \tag{16.31}$$

Das Oberflächenintegral aus Gleichung (16.28) hat je nach Anwendung verschiedene Bedeutungen. Hat G den konstanten Wert 1, liefert das Integral einfach den Flächeninhalt von S. Ist G beispielsweise die Massendichte eines von S beschriebenen dünnen Stoffmantels, liefert das Integral die Gesamtmasse. Ist G die Ladungsdichte einer dünnen Schale, liefert das Integral die Gesamtladung.

Oberflächenintegral über einen Kegel

Beispiel 16.31 Integrieren Sie die Funktion $G(x,y,z) = x^2$ über den Kegel $z = \sqrt{x^2+y^2}, 0 \le z \le 1$.

Lösung Mithilfe von Gleichung (16.29) und den Berechnungen aus Beispiel 16.26 auf Seite 512 in Abschnitt 16.5 erhalten wir $|\mathbf{r}_r \times \mathbf{r}_\theta| = \sqrt{2}r$ und

$$\begin{aligned}\iint_S x^2\,\mathrm{d}\sigma &= \int_0^{2\pi}\int_0^1 (r^2\cos^2\theta)(\sqrt{2}r)\,\mathrm{d}r\,\mathrm{d}\theta \qquad x = r\cos\theta\\ &= \sqrt{2}\int_0^{2\pi}\int_0^1 r^3\cos^2\theta\,\mathrm{d}r\,\mathrm{d}\theta\\ &= \frac{\sqrt{2}}{4}\int_0^{2\pi}\cos^2\theta\,\mathrm{d}\theta = \frac{\sqrt{2}}{4}\left[\frac{\theta}{2}+\frac{1}{4}\sin 2\theta\right]_0^{2\pi} = \frac{\pi\sqrt{2}}{4}.\end{aligned}$$

Oberflächenintegrale verhalten sich wie andere Doppelintegrale: Das Integral der Summe zweier Funktionen ist die Summe ihrer Integrale usw. Allgemein gilt also:

$$\iint_S G\,\mathrm{d}\sigma = \iint_{S_1} G\,\mathrm{d}\sigma + \iint_{S_2} G\,\mathrm{d}\sigma + \cdots + \iint_{S_n} G\,\mathrm{d}\sigma\,.$$

Wird S durch glatte Kurven in eine endliche Anzahl glatter Flächenelemente zerlegt, deren Innengebiete sich nicht überschneiden (wenn also S stückweise glatt ist), so ist das Integral über S die Summe der Integrale über die Flächenelemente. Somit ist das Integral einer Funktion über die Oberfläche eines Würfels die Summe der Integrale über die Flächen des Würfels. Über einen Schildkrötenpanzer aus aneinander gewachsenen Knochenplatten integrieren wir, indem wir über jede Platte einzeln integrieren und die Ergebnisse addieren.

Oberflächenintegral über einen Würfel

Beispiel 16.32 Integrieren Sie die Funktion $G(x, y, z) = xyz$ über die Fläche des Würfels, der durch die Ebenen $x = 1$, $y = 1$ und $z = 1$ aus dem ersten Oktanten geschnitten wird (►Abbildung 16.48).

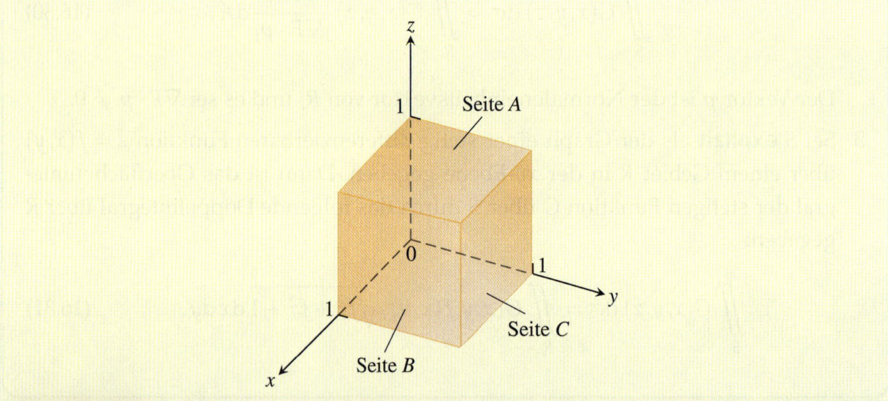

Abbildung 16.48 Der Würfel aus Beispiel 16.32.

Lösung Wir integrieren xyz über jede der sechs Seiten und addieren die Ergebnisse. Für die Seiten, die auf den Koordinatenebenen liegen, gilt $xyz = 0$, daher reduziert sich das Integral über die Fläche des Würfels auf

$$\iint_{\text{Würfelfläche}} xyz\,\mathrm{d}\sigma = \iint_{\text{Seite }A} xyz\,\mathrm{d}\sigma + \iint_{\text{Seite }B} xyz\,\mathrm{d}\sigma + \iint_{\text{Seite }C} xyz\,\mathrm{d}\sigma\,.$$

Die Seite A ist die Fläche $f(x,y,z) = z = 1$ über dem quadratischen Gebiet $R_{xy} : 0 \leq x \leq 1, 0 \leq y \leq 1$ in der xy-Ebene. Für diese Fläche und dieses Gebiet erhalten wir

$$\boldsymbol{p} = \boldsymbol{k}, \quad \nabla f = \boldsymbol{k}, \quad |\nabla f| = 1, \quad |\nabla f \cdot \boldsymbol{p}| = |\boldsymbol{k} \cdot \boldsymbol{k}| = 1$$

$$\mathrm{d}\sigma = \frac{|\nabla f|}{|\nabla f \cdot \boldsymbol{p}|} \mathrm{d}A = \frac{1}{1} \mathrm{d}x\,\mathrm{d}y = \mathrm{d}x\,\mathrm{d}y$$

$$xyz = xy(1) = xy$$

und damit

$$\iint\limits_{\text{Seite } A} xyz\,\mathrm{d}\sigma = \int\limits_{R_{xy}}\!\!\int xy\,\mathrm{d}x\,\mathrm{d}y = \int_0^1\!\!\int_0^1 xy\,\mathrm{d}x\,\mathrm{d}y = \int_0^1 \frac{y}{2}\mathrm{d}y = \frac{1}{4}.$$

Aufgrund der Symmetrie sind die Integrale über xyz über die Seiten B und C auch $1/4$. Folglich gilt

$$\iint\limits_{\text{Würfelfläche}} xyz\,\mathrm{d}\sigma = \frac{1}{4} + \frac{1}{4} + \frac{1}{4} = \frac{3}{4}.$$

Beispiel 16.33 Integrieren Sie die Funktion $G(x,y,z) = \sqrt{1 - x^2 - y^2}$ über die Fläche S des Footballs, der durch Rotation der Kurve $x = \cos z$, $y = 0$, $-\pi/2 \leq z \leq \pi/2$ um die z-Achse entsteht.

Integration der Funktion $G(x,y,z) = \sqrt{1 - x^2 - y^2}$ über die Footballoberfläche

Lösung Die Fläche ist in Abbildung 16.44 auf Seite 514 dargestellt, und im Abschnitt 16.5 haben wir in Beispiel 16.28 die Parametrisierung

$$x = \cos u \cos v, \quad y = \cos u \sin v, \quad z = u, \quad -\frac{\pi}{2} \leq u \leq \frac{\pi}{2} \quad \text{und} \quad 0 \leq v \leq 2\pi$$

für diese Fläche bestimmt. Dabei ist v der Rotationswinkel von der xz-Ebene aus gesehen um die z-Achse. Einsetzen dieser Parametrisierung in den Ausdruck für G ergibt

$$\sqrt{1 - x^2 - y^2} = \sqrt{1 - (\cos^2 u)(\cos^2 v + \sin^2 v)} = \sqrt{1 - \cos^2 u} = |\sin u|.$$

Für das Flächendifferential der Parametrisierung haben wir in Beispiel 16.28

$$\mathrm{d}\sigma = \cos u \sqrt{1 + \sin^2 u}\,\mathrm{d}u\,\mathrm{d}v$$

bestimmt. Aus diesen Berechnungen ergibt sich das folgende Oberflächenintegral:

$$\iint\limits_S \sqrt{1 - x^2 - y^2}\,\mathrm{d}\sigma = \int_0^{2\pi}\!\!\int_{-\pi/2}^{\pi/2} |\sin u| \cos u \sqrt{1 + \sin^2 u}\,\mathrm{d}u\,\mathrm{d}v$$

$$= 2\int_0^{2\pi}\!\!\int_0^{\pi/2} \sin u \cos u \sqrt{1 + \sin^2 u}\,\mathrm{d}u\,\mathrm{d}v$$

$$= \int_0^{2\pi}\!\!\int_1^2 \sqrt{w}\,\mathrm{d}w\,\mathrm{d}v$$

$w = 1 + \sin^2 u$, $\mathrm{d}w = 2 \sin u \cos u \mathrm{d}u$. Für $u = 0$ ist $w = 1$. Für $u = \pi/2$ ist $w = 2$.

$$= 2\pi \cdot \left[\frac{2}{3} w^{3/2}\right]_1^2 = \frac{4\pi}{3}\left(2\sqrt{2} - 1\right).$$

Orientierung

Eine glatte Fläche S nennen wir **orientierbar** bzw. **zweiseitig**, wenn wir auf S ein Feld $\boldsymbol{n}$ von Normaleneinheitsvektoren definieren können, das stetig vom Ort abhängt. Jedes Flächenelement bzw. jedes Teilstück einer orientierbaren Fläche ist orientierbar. Kugeln und andere glatte, geschlossene Flächen im Raum (glatte Flächen, die Festkörper einschließen) sind orientierbar. Wir vereinbaren, dass $\boldsymbol{n}$ auf einer geschlossenen Fläche nach außen zeigt.

Sobald wir $\boldsymbol{n}$ festgelegt haben, bezeichnen wir die Fläche als **orientiert**. Zusammen mit ihrem Normalenfeld bezeichnen wir die Fläche als eine **orientierte Fläche**. In jedem Punkt nennt man den Vektor $\boldsymbol{n}$ die **positive Orientierung** in diesem Punkt (▶Abbildung 16.49).

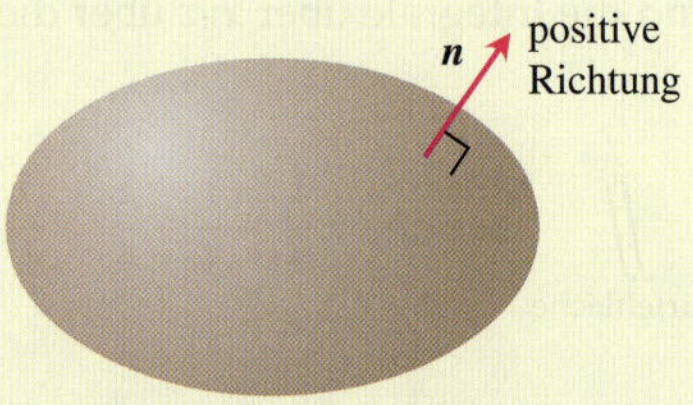

Abbildung 16.49 Glatte, geschlossene Flächen im Raum sind orientierbar. Der äußere Normaleneinheitsvektor definiert in jedem Punkt die positive Richtung.

Das Möbius-Band aus ▶Abbildung 16.50 ist nicht orientierbar. Ganz egal, wo Sie mit der Konstruktion eines stetigen Feldes aus Normaleneinheitsvektoren (in der Abbildung jeweils als der Schaft einer Reißzwecke dargestellt) beginnen: Wenn Sie den Vektor wie dargestellt einmal stetig um die Fläche schieben, wird er bei der Rückkehr zum Ausgangspunkt genau entgegengesetzt orientiert sein. Der Vektor kann aber in diesem Punkt nicht in beide Richtungen zeigen, was er aber tun müsste, wenn das Feld stetig sein soll. Also schlussfolgern wir, dass ein solches Feld nicht existiert.

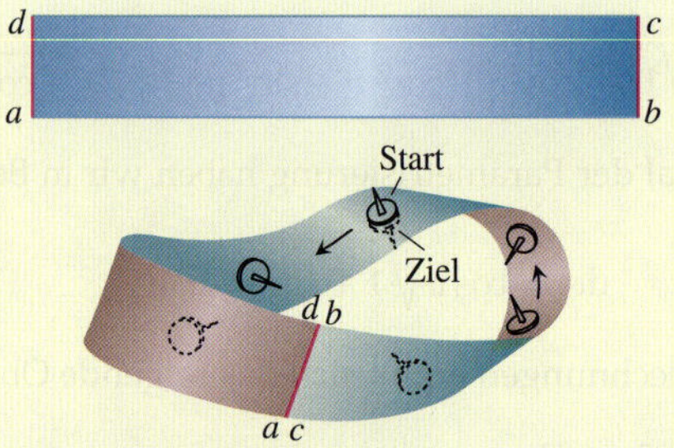

Abbildung 16.50 Ein Möbius-Band können Sie folgendermaßen herstellen: Nehmen Sie einen rechteckigen Papierstreifen mit den Ecken *abcd*. Drehen Sie das Ende *bc* einmal. Anschließend verkleben Sie die Enden des Streifens so, dass *a* auf *c* und *b* auf *d* liegt. Das Möbius-Band ist eine nicht-orientierbare bzw. einseitige Fläche.

Oberflächenintegrale für den Fluss

Sei $\boldsymbol{F}$ ein stetiges Vektorfeld, das über einer orientierten Fläche S definiert ist, und sei $\boldsymbol{n}$ das auf der Fläche gewählte Einheitsnormalenfeld. Das Integral von $\boldsymbol{F} \cdot \boldsymbol{n}$ über S nennen wir den Fluss von $\boldsymbol{F}$ durch S in die positive Richtung. Also ist der Fluss das über S ausgeführte Integral der Skalarkomponente von $\boldsymbol{F}$ in Richtung $\boldsymbol{n}$.

Definition

Der **Fluss** (Abfluss) eines dreidimensionalen Vektorfelds $\boldsymbol{F}$ durch eine orientierte Fläche S in Richtung von $\boldsymbol{n}$ ist

$$\text{Fluss} = \iint_S \boldsymbol{F} \cdot \boldsymbol{n}\, \mathrm{d}\sigma. \tag{16.32}$$

Die Definition entspricht der Definition des Flusses eines zweidimensionalen Vektorfelds $\boldsymbol{F}$ durch eine ebene Kurve C. In der Ebene (vgl. Abschnitt 16.2) ist der Fluss

$$\int_C \boldsymbol{F} \cdot \boldsymbol{n}\, \mathrm{d}s$$

das Integral der Skalarkomponente von $\boldsymbol{F}$ senkrecht zur Kurve.

Für das Geschwindigkeitsfeld $\boldsymbol{F}$ einer dreidimensionalen Fluidströmung gibt der Fluss von $\boldsymbol{F}$ durch S die Nettorate an, mit der das Fluid die Fläche S in der gewählten positiven Richtung durchströmt. Solche Flüsse werden wir in Abschnitt 16.7 genauer untersuchen.

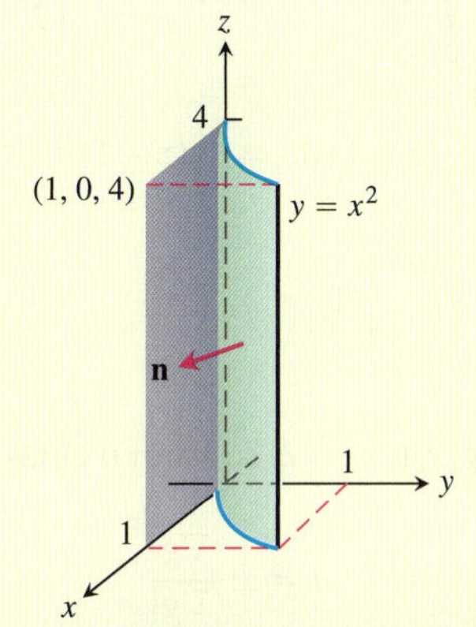

Abbildung 16.51 Bestimmung des Flusses durch die Oberfläche eines parabolischen Zylinders.

Beispiel 16.34 Bestimmen Sie den Fluss von $\boldsymbol{F} = yz\boldsymbol{i} + x\boldsymbol{j} - z^2\boldsymbol{k}$ durch den parabolischen Zylinder $y = x^2, 0 \le x \le 1,\ 0 \le z \le 4$ in der in ►Abbildung 16.51 gekennzeichneten Richtung $\boldsymbol{n}$.

Fluss des Vektorfeldes $\boldsymbol{F} = yz\boldsymbol{i} + x\boldsymbol{j} - z^2\boldsymbol{k}$ durch einen parabolischen Zylinder

Lösung Auf der Fläche gilt $x = x$, $y = x^2$ und $z = z$, sodass sich unmittelbar die Parametrisierung $\boldsymbol{r}(x,z) = x\boldsymbol{i} + x^2\boldsymbol{j} + z\boldsymbol{k}$, $0 \le x \le 1$, $0 \le z \le 4$ ergibt. Das Kreuzprodukt der Tangentialvektoren ist

$$\boldsymbol{r}_x \times \boldsymbol{r}_z = \begin{vmatrix} \boldsymbol{i} & \boldsymbol{j} & \boldsymbol{k} \\ 1 & 2x & 0 \\ 0 & 0 & 1 \end{vmatrix} = 2x\boldsymbol{i} - \boldsymbol{j}.$$

Die in Abbildung 16.51 gekennzeichneten Normaleneinheitsvektoren, die auf der Fläche nach außen zeigen, sind

$$\boldsymbol{n} = \frac{\boldsymbol{r}_x \times \boldsymbol{r}_z}{|\boldsymbol{r}_x \times \boldsymbol{r}_z|} = \frac{2x\boldsymbol{i} - \boldsymbol{j}}{\sqrt{4x^2 + 1}}.$$

Auf der Fläche gilt $y = x^2$, sodass das Vektorfeld dort

$$\boldsymbol{F} = yz\boldsymbol{i} + x\boldsymbol{j} - z^2\boldsymbol{k} = x^2z\boldsymbol{i} + x\boldsymbol{j} - z^2\boldsymbol{k}$$

ist. Daraus ergibt sich

$$\begin{aligned}\boldsymbol{F} \cdot \boldsymbol{n} &= \frac{1}{\sqrt{4x^2+1}}((x^2z)(2x) + (x)(-1) + (-z^2)(0)) \\ &= \frac{2x^3z - x}{\sqrt{4x^2+1}}.\end{aligned}$$

Der Abfluss von $\boldsymbol{F}$ durch die Fläche ist

$$\begin{aligned}\iint_S \boldsymbol{F} \cdot \boldsymbol{n} \, \mathrm{d}\sigma &= \int_0^4 \int_0^1 \frac{2x^3z - x}{\sqrt{4x^2+1}} |\boldsymbol{r}_x \times \boldsymbol{r}_z| \, \mathrm{d}x \, \mathrm{d}z \\ &= \int_0^4 \int_0^1 \frac{2x^3z - x}{\sqrt{4x^2+1}} \sqrt{4x^2+1} \, \mathrm{d}x \, \mathrm{d}z \\ &= \int_0^4 \int_0^1 (2x^3z - x) \, \mathrm{d}x \, \mathrm{d}z = \int_0^4 \left[\frac{1}{2}x^4z - \frac{1}{2}x^2\right]_{x=0}^{x=1} \mathrm{d}z \\ &= \int_0^4 \frac{1}{2}(z-1) \, \mathrm{d}z = \left[\frac{1}{4}(z-1)^2\right]_0^4 \\ &= \frac{1}{4}(9) - \frac{1}{4}(1) = 2.\end{aligned}$$

■

Ist S Teil einer Niveaufläche $g(x, y, z) = c$, so kann $\boldsymbol{n}$ eines der beiden Felder

$$\boldsymbol{n} = \pm \frac{\nabla g}{|\nabla g|} \tag{16.33}$$

sein, abhängig davon, welches Feld die bevorzugte Richtung liefert. Der entsprechende Fluss ist dann

$$\begin{aligned}\text{Fluss} &= \iint_S \boldsymbol{F} \cdot \boldsymbol{n} \, \mathrm{d}\sigma \\ &= \iint_R \left(\boldsymbol{F} \cdot \frac{\pm \nabla g}{|\nabla g|}\right) \frac{|\nabla \cdot g|}{|\nabla g \boldsymbol{p}|} \mathrm{d}A \qquad \text{Wegen Gleichungen (16.33) und (16.30)} \\ &= \iint_R \boldsymbol{F} \cdot \frac{\pm \nabla g}{|\nabla g \cdot \boldsymbol{p}|} \mathrm{d}A. \qquad (16.34)\end{aligned}$$

Beispiel 16.35 Bestimmen Sie den Abfluss von $\boldsymbol{F} = yz\boldsymbol{j} + z^2\boldsymbol{k}$ durch die Fläche S, die durch die Ebenen $x = 0$ und $x = 1$ aus dem Zylinder $y^2 + z^2 = 1,\ z \geq 0$ geschnitten wird.

Fluss des Vektorfelds $\boldsymbol{F} = yz\boldsymbol{j} + z^2\boldsymbol{k}$ durch eine zylindrische Fläche

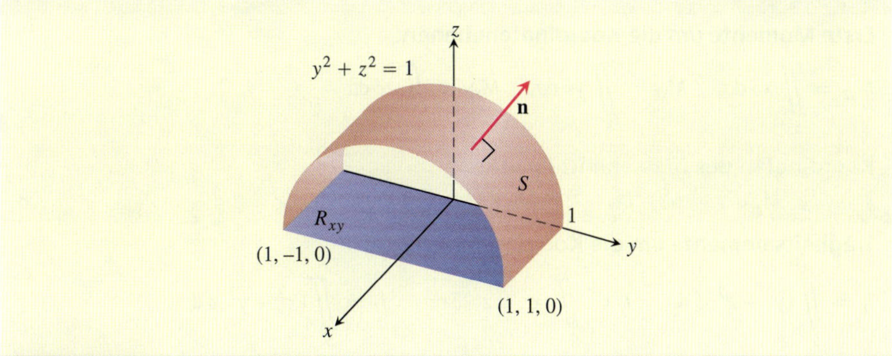

Abbildung 16.52 Bestimmung des Flusses eines Vektorfelds durch die Fläche S. Der Flächeninhalt des schattierten Gebiets R_{xy} ist 2.

Lösung Das nach außen gerichtete Normalenfeld an S (▶Abbildung 16.52) können wir aus dem Gradienten von $g(x, y, z) = y^2 + z^2$ berechnen:

$$\boldsymbol{n} = +\frac{\nabla g}{|\nabla g|} = \frac{2y\boldsymbol{j} + 2z\boldsymbol{k}}{\sqrt{4y^2 + 4z^2}} = \frac{2y\boldsymbol{j} + 2z\boldsymbol{k}}{2\sqrt{1}} = y\boldsymbol{j} + z\boldsymbol{k}\,.$$

Mit $\boldsymbol{p} = \boldsymbol{k}$ erhalten wir auch

$$\mathrm{d}\sigma = \frac{|\nabla g|}{|\nabla g \cdot \boldsymbol{k}|}\mathrm{d}A = \frac{2}{|2z|}\mathrm{d}A = \frac{1}{z}\mathrm{d}A\,.$$

Wegen $z \geq 0$ auf S können wir die Betragsstriche weglassen.

Der Wert von $\boldsymbol{F} \cdot \boldsymbol{n}$ auf der Fläche ist

$$\begin{aligned} \boldsymbol{F} \cdot \boldsymbol{n} &= (yz\boldsymbol{j} + z^2\boldsymbol{k}) \cdot (y\boldsymbol{j} + z\boldsymbol{k}) \\ &= y^{2z} + z^3 = z(y^2 + z^2) \\ &= z\,. \qquad\qquad y^2 + z^2 = 1 \text{ auf } S \end{aligned}$$

Die Projektion der Fläche ist das rechteckige schattierte Gebiet R_{xy} in der xy-Ebene (vgl. Abbildung 16.52). Deshalb ist der Abfluss von $\boldsymbol{F}$ durch S gleich

$$\iint\limits_S \boldsymbol{F} \cdot \boldsymbol{n}\,\mathrm{d}\sigma = \iint\limits_S (z)\left(\frac{1}{z}\mathrm{d}A\right) = \iint\limits_{R_{xy}} \mathrm{d}A = \text{Flächeninhalt}(R_{xy}) = 2\,.$$

Momente und Massen dünner Schalen

Dünne Schalen wie Schüsseln, Blechdosen und Hauben werden durch Flächen modelliert. Ihre Momente und Massen lassen sich mithilfe der Formeln aus Tabelle 16.3 berechnen. Die Herleitungen laufen ähnlich wie in Abschnitt 6.6. Die Formeln ähneln denen für Kurvenintegrale aus Tabelle 16.1 in Abschnitt 16.1.

Tabelle 16.3: Formeln für die Masse und die Momente sehr dünner Schalen

Masse: $M = \iint\limits_S \delta\, d\sigma$ $\quad \delta = \delta(x,y,z) =$ Dichte bei (x,y,z) als Masse pro Flächeneinheit
Erste Momente um die Koordinatenebenen: $M_{yz} = \iint\limits_S x\delta\, d\sigma, \quad M_{xz} = \iint\limits_S y\delta\, d\sigma, \quad M_{xy} = \iint\limits_S z\delta\, d\sigma$
Koordinaten des Massenmittelpunkts: $\bar{x} = M_{yz}/M, \quad \bar{y} = M_{xz}/M, \quad \bar{z} = M_{xy}/M$
Trägheitsmomente um die Koordinatenachsen: $I_x = \iint\limits_S (y^2+z^2)\delta\, d\sigma, \quad I_y = \iint\limits_S (x^2+z^2)\delta\, d\sigma, \quad I_z = \iint\limits_S (x^2+y^2)\delta\, d\sigma,$ $I_L = \int\limits_S\int r^2\delta\, d\sigma \quad r(x,y,z) =$ Abstand des Punktes (x,y,z) von der Geraden L

Massenmittelpunkt einer dünnen Halbkugelschale

Beispiel 16.36 Bestimmen Sie den Massenmittelpunkt einer dünnen Halbkugelschale mit dem Radius a und der konstanten Dichte δ.

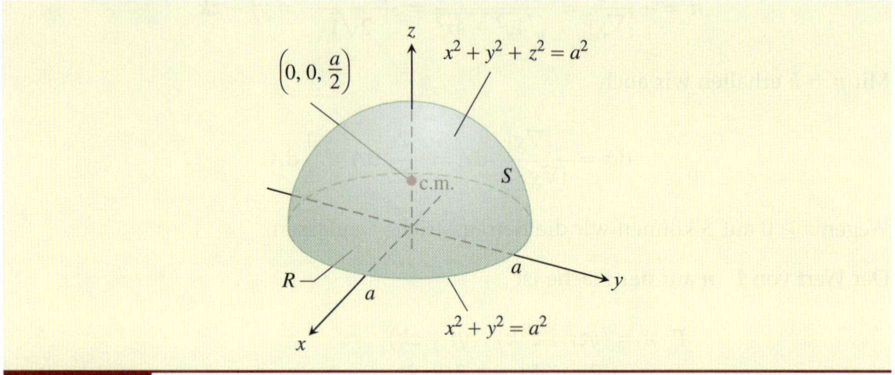

Abbildung 16.53 Der Massenmittelpunkt *MM* einer dünnen Halbkugelschale mit konstanter Dichte liegt auf der Symmetrieachse auf halber Strecke zwischen der Grundfläche und der Oberkante.

Lösung Wir modellieren die Schale durch die Gleichung

$$f(x,y,z) = x^2 + y^2 + z^2 = a^2, \quad z \geq 0$$

(▶Abbildung 16.53). Aufgrund der Symmetrie der Fläche um die z-Achse gilt $\bar{x} = \bar{y} = 0$. Wir müssen also nur $\bar{z}$ mithilfe der Formel $\bar{z} = M_{xy}/M$ bestimmen.

Die Masse der Schale ist

$$M = \iint\limits_S \delta\, d\sigma = \delta \iint\limits_S d\sigma = (\delta)(\text{Flächeninhalt von } S) = 2\pi a^2 \delta. \qquad \delta = \text{konstant}$$

Für das Integral M_{xy} wählen wir $\boldsymbol{p} = \boldsymbol{k}$ und berechnen

$$|\nabla f| = |2x\boldsymbol{i} + 2y\boldsymbol{j} + 2z\boldsymbol{k}| = 2\sqrt{x^2 + y^2 + z^2} = 2a$$
$$|\nabla f \cdot \boldsymbol{p}| = |\nabla f \cdot \boldsymbol{k}| = |2z| = 2z$$
$$\mathrm{d}\sigma = \frac{|\nabla f|}{|\nabla f \cdot \boldsymbol{p}|}\mathrm{d}A = \frac{a}{z}\mathrm{d}A\,.$$

Dann erhalten wir

$$M_{xy} = \iint\limits_S z\delta\,\mathrm{d}\sigma = \delta\iint\limits_R z\frac{a}{z}\mathrm{d}A = \delta a\iint\limits_R \mathrm{d}A = \delta a(\pi a^2) = \delta\pi a^3$$
$$\bar{z} = \frac{M_{xy}}{M} = \frac{\pi a^3\delta}{2\pi a^2\delta} = \frac{a}{2}.$$

Der Massenmittelpunkt der Schale ist also der Punkt $(0, 0, a/2)$. ■

Beispiel 16.37 **Massenmittelpunkt eines Ausschnitts einer Kegelschale** Bestimmen Sie den Massenmittelpunkt einer dünnen Schale mit der Dichte $\delta = 1/z^2$, die von den Ebenen $z = 1$ und $z = 2$ aus dem Kegel $z = \sqrt{x^2 + y^2}$ geschnitten wird (►Abbildung 16.54).

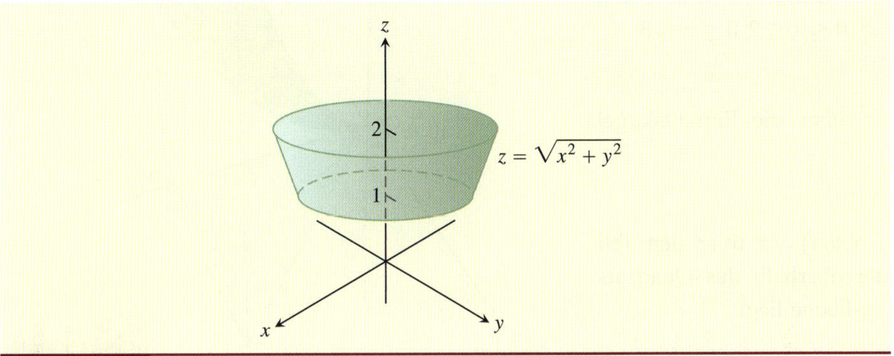

Abbildung 16.54 Der Kegelstumpf aus dem Kegel $z = \sqrt{x^2 + y^2}$ zwischen den Ebenen $z = 1$ und $z = 2$.

Lösung Aufgrund der Symmetrie der Fläche bezüglich der z-Achse ist $\bar{x} = \bar{y} = 0$. Wir bestimmen $\bar{z} = M_{xy}/M$. Wir gehen wie in Beispiel 16.26 aus Abschnitt 16.5 vor und erhalten

$$\boldsymbol{r}(r, \theta) = (r\cos\theta)\boldsymbol{i} + (r\sin\theta)\boldsymbol{j} + r\boldsymbol{k}, \quad 1 \le r \le 2,\ 0 \le \theta \le 2\pi$$

und

$$|\boldsymbol{r}_r \times \boldsymbol{r}_\theta| = \sqrt{2}r\,.$$

Damit ergibt sich

$$M = \iint_S \delta\,\mathrm{d}\sigma = \int_0^{2\pi}\int_1^2 \frac{1}{r^2}\sqrt{2}r\,\mathrm{d}r\,\mathrm{d}\theta$$
$$= \sqrt{2}\int_0^{2\pi}\Big[\ln r\Big]_1^2\,\mathrm{d}\theta = \sqrt{2}\int_0^{2\pi}\ln 2\,\mathrm{d}\theta$$
$$= 2\pi\sqrt{2}\ln 2\,,$$
$$M_{xy} = \iint\limits_S \delta z\,\mathrm{d}\sigma = \int_0^{2\pi}\int_1^2 \frac{1}{r^2}r\sqrt{2}r\,\mathrm{d}r\,\mathrm{d}\theta$$

$$= \sqrt{2}\int_0^{2\pi}\int_1^2 \mathrm{d}r\,\mathrm{d}\theta$$

$$= \sqrt{2}\int_0^{2\pi} \mathrm{d}\theta = 2\pi\sqrt{2},$$

$$\overline{z} = \frac{M_{xy}}{M} = \frac{2\pi\sqrt{2}}{2\pi\sqrt{2}\ln 2} = \frac{1}{\ln 2}.$$

Der Massenmittelpunkt der Schale ist der Punkt $(0, 0, 1/\ln 2)$.

Aufgaben zum Abschnitt 16.6

Oberflächenintegrale Integrieren Sie in den Aufgaben 1–4 die angegebene Funktion über die angegebene Fläche.

1. Parabolischer Zylinder $G(x, y, z) = x$ über den parabolischen Zylinder $y = x^2, 0 \leq x \leq 2, 0 \leq z \leq 3$

2. Kugel $G(x, y, z) = x^2$ über die Einheitskugel $x^2 + y^2 + z^2 = 1$

3. Teil einer Ebene $F(x, y, z) = z$ über den Teil der Ebene $x + y + z = 4$, der oberhalb des Quadrats $0 \leq x \leq 1$ $0 \leq y \leq 1$, in der xy-Ebene liegt

4. Parabolische Kuppel $H(x, y, z) = x^2\sqrt{5 - 4z}$ über die parabolische Kuppel $z = 1 - x^2 - y^2$, $z \geq 0$

5. Integrieren Sie $G(x, y, z) = x + y + z$ über die Oberfläche des Würfels, den die Ebenen $x = a$, $y = a$ und $z = a$ aus dem ersten Oktanten schneiden.

6. Integrieren Sie $G(x, y, z) = xyz$ über die Oberfläche des Quaders, den die Ebenen $x = a$, $y = b$ und $z = c$ aus dem ersten Oktanten schneiden.

7. Integrieren Sie $G(x, y, z) = x + y + z$ über den Teil der Ebene $2x + 2y + z = 2$, der im ersten Oktanten liegt.

8. Integrieren Sie $G(x, y, z) = z - x$ über den Teil des Graphen von $z = x + y^2$ oberhalb des Dreiecks in der xy-Ebene mit den Ecken $(0, 0, 0)$, $(1, 1, 0)$ und $(0, 1, 0)$ (vgl. nachfolgende Abbildung).

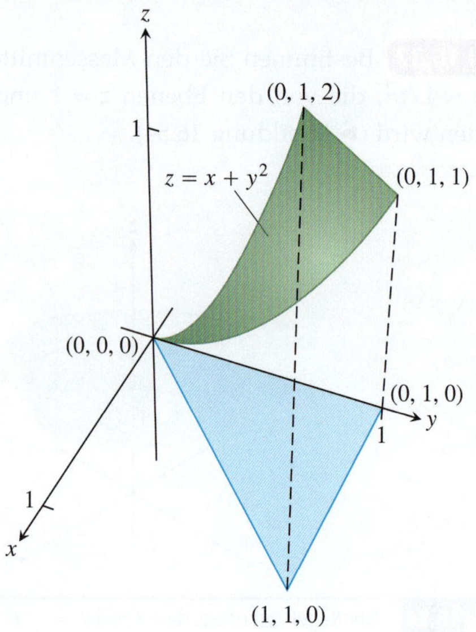

9. Integrieren Sie $G(x, y, z) = xyz$ über die Dreiecksfläche mit den Ecken $(1, 0, 0)$, $(0, 2, 0)$ und $(0, 1, 1)$ (vgl. nachfolgende Abbildung).

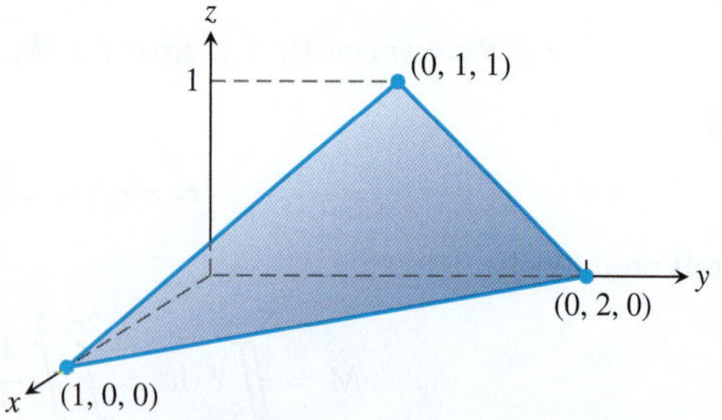

Fluss durch eine Fläche Bestimmen Sie in den Aufgaben 10–14 mithilfe einer Parametrisierung den Fluss $\iint_S \boldsymbol{F} \cdot \boldsymbol{n}\,\mathrm{d}\sigma$ durch die Fläche in der angegebenen Richtung.

10. Parabolischer Zylinder Der Abfluss (Normale von der x-Achse weg weisend) von $\boldsymbol{F} = z^2\boldsymbol{i} + x\boldsymbol{j} - 3z\boldsymbol{k}$

durch die Fläche, die die Ebenen $x = 0$, $x = 1$ und $z = 0$ aus dem parabolischen Zylinder $z = 4 - y^2$ schneiden

11. **Kugel** Der Abfluss von $\boldsymbol{F} = z\boldsymbol{k}$ durch den Teil der Kugel $x^2 + y^2 + z^2 = a^2$ im ersten Oktanten in der Richtung vom Ursprung weg.

12. **Ebene** Der Fluss von $\boldsymbol{F} = 2xy\boldsymbol{i} + 2yz\boldsymbol{j} + 2xz\boldsymbol{k}$ nach oben durch den Teil der Ebene $x + y + z = 2a$, der über dem Quadrat $0 \leq x \leq a$, $0 \leq y \leq a$ in der xy-Ebene liegt.

13. **Kegel** Der Abfluss (Normale von der z-Achse weg weisend) von $\boldsymbol{F} = xy\boldsymbol{i} - z\boldsymbol{k}$ durch den Kegel $z = \sqrt{x^2 + y^2}, 0 \leq z \leq 1$

14. **Kegelstumpf** Der Abfluss (Normale von der z-Achse weg weisend) von $\boldsymbol{F} = -x\boldsymbol{i} - y\boldsymbol{j} + z^2\boldsymbol{k}$ durch den Teil des Kegels $z = \sqrt{x^2 + y^2}$ zwischen den Ebenen $z = 1$ und $z = 2$.

Bestimmen Sie in den Aufgaben 15 und 16 den Fluss des Feldes $\boldsymbol{F}$ durch den Teil der angegebenen Fläche in der vorgegebenen Richtung.

15. $\boldsymbol{F}(x, y, z) = -\boldsymbol{i} + 2\boldsymbol{j} + 3\boldsymbol{k}$
S: Rechteckfläche $z = 0$, $0 \leq x \leq 2$, $0 \leq y \leq 3$,
Richtung: $\boldsymbol{k}$

16. $\boldsymbol{F}(x, y, z) = yx^2\boldsymbol{i} - 2\boldsymbol{j} + xz\boldsymbol{k}$
S: Rechteckfläche $y = 0$, $-1 \leq x \leq 2$, $2 \leq z \leq 7$,
Richtung: $-\boldsymbol{j}$

Bestimmen Sie in den Aufgaben 17–22 den Fluss des Feldes $\boldsymbol{F}$ durch den Teil der Kugel $x^2 + y^2 + z^2 = a^2$ im ersten Oktanten in der Richtung vom Ursprung weg.

17. $\boldsymbol{F}(x, y, z) = z\boldsymbol{k}$

18. $\boldsymbol{F}(x, y, z) = -y\boldsymbol{i} + x\boldsymbol{j}$

19. $\boldsymbol{F}(x, y, z) = y\boldsymbol{i} - x\boldsymbol{j} + \boldsymbol{k}$

20. $\boldsymbol{F}(x, y, z) = zx\boldsymbol{i} + zy\boldsymbol{j} + z^2\boldsymbol{k}$

21. $\boldsymbol{F}(x, y, z) = x\boldsymbol{i} + y\boldsymbol{j} + z\boldsymbol{k}$

22. $\boldsymbol{F}(x, y, z) = \dfrac{x\boldsymbol{i} + y\boldsymbol{j} + z\boldsymbol{k}}{\sqrt{x^2 + y^2 + z^2}}$

23. Bestimmen Sie den Abfluss des Feldes $\boldsymbol{F}(x, y, z) = z^2\boldsymbol{i} + x\boldsymbol{j} - 3z\boldsymbol{k}$ durch die Fläche, die die Ebenen $x = 0$, $x = 1$ und $z = 0$ aus dem parabolischen Zylinder $z = 4 - y^2$ schneiden.

24. Sei S der Teil des Zylinders $y = e^x$ im ersten Oktanten, dessen Projektion parallel zur x-Achse auf die yz-Ebene das Rechteck $R_{yz} : 1 \leq y \leq 2, 0 \leq z \leq 1$ ist (vgl. nachfolgende Abbildung). Sei $\boldsymbol{n}$ der Normaleneinheitsvektor an S, der von der yz-Ebene wegweist. Bestimmen Sie den Fluss des Feldes $\boldsymbol{F}(x, y, z) = -2\boldsymbol{i} + 2y\boldsymbol{j} + z\boldsymbol{k}$ durch S in Richtung von $\boldsymbol{n}$.

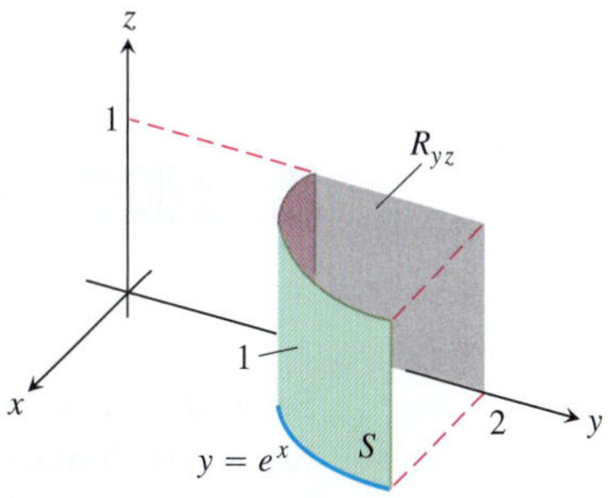

25. Bestimmen Sie den Abfluss des Feldes $\boldsymbol{F} = 2xy\boldsymbol{i} + 2yz\boldsymbol{j} + 2xz\boldsymbol{k}$ durch die Fläche des Würfels, der von den Ebenen $x = a$, $y = a$ und $z = a$ aus dem ersten Oktanten geschnitten wird.

Momente und Massen

26. **Schwerpunkt** Bestimmen Sie den Schwerpunkt des Teils der Kugel $x^2 + y^2 + z^2 = a^2$, der im ersten Oktanten liegt.

27. **Dünne Schale konstanter Dichte** Gegeben sei die dünne Schale konstanter Dichte δ, die von den Ebenen $z = 1$ und $z = 2$ aus dem Kegel $x^2 + y^2 - z^2 = 0$ geschnitten wird. Bestimmen Sie den Massenmittelpunkt und das Trägheitsmoment der Schale um die z-Achse.

28. **Kugelschalen**

a. Bestimmen Sie das Trägheitsmoment bezüglich des Durchmessers einer dünnen Kugelschale mit dem Radius a und der konstanten Dichte δ. (Rechnen Sie mit einer Halbkugelschale und verdoppeln Sie das Ergebnis.)

b. Bestimmen Sie mithilfe des Satzes von Steiner (Aufgaben zu Abschnitt 15.6) und dem Ergebnis aus Teil **a.** das Trägheitsmoment bezüglich einer Tangente an die Schale.

16.7 Der Satz von Stokes

Wie wir in Abschnitt 16.4 gesehen haben, wird die Zirkulationsdichte bzw. die Rotationskomponente eines zweidimensionalen Feldes $\boldsymbol{F} = M\boldsymbol{i} + N\boldsymbol{j}$ im Punkt (x, y) durch die skalare Größe $(\partial N/\partial x - \partial M/\partial y)$ beschrieben. In drei Dimensionen wird die Zirkulation durch einen Vektor beschrieben.

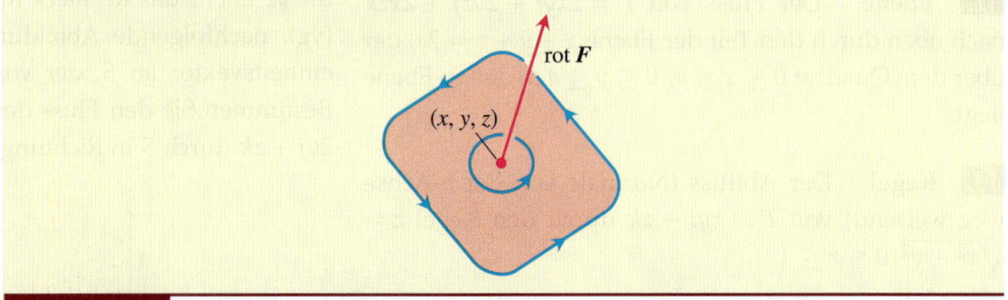

Abbildung 16.55 Der Zirkulationsvektor in einem Punkt (x, y, z) einer Ebene in einer dreidimensionalen Fluidströmung. Vergegenwärtigen Sie sich die „Rechte-Hand-Beziehung" zu den rotierenden Teilchen im Fluid.

Sei $\boldsymbol{F}$ das Geschwindigkeitsfeld eines im Raum strömenden Fluids. Teilchen in der Nähe des Punktes (x, y, z) im Fluid drehen sich vorzugsweise um eine Achse durch (x, y, z), die parallel zu einem bestimmten Vektor ist, den wir nun definieren wollen. Dieser Vektor zeigt in die Richtung, für die die Rotation entgegen dem Uhrzeigersinn erfolgt, wenn wir von der Spitze des Vektors aus auf die Zirkulationsebene nach unten schauen. Das ist die Richtung, in die der Daumen Ihrer rechten Hand zeigt, wenn sich Ihre Finger so um die Rotationsache legen, wie es der Rotationsbewegung der Teilchen im Fluid entspricht (▶Abbildung 16.55). Die Länge des Vektors ist ein Maß für die Rotationsrate (Rotationsgeschwindigkeit). Der Vektor heißt **Rotation**, und für das Vektorfeld $\boldsymbol{F} = M\boldsymbol{i} + N\boldsymbol{i} + P\boldsymbol{k}$ ist er folgendermaßen definiert:

$$\operatorname{rot} \boldsymbol{F} = \left(\frac{\partial P}{\partial y} - \frac{\partial N}{\partial z}\right)\boldsymbol{i} + \left(\frac{\partial M}{\partial z} - \frac{\partial P}{\partial x}\right)\boldsymbol{j} + \left(\frac{\partial N}{\partial x} - \frac{\partial M}{\partial y}\right)\boldsymbol{k}\,. \qquad (16.35)$$

Diese Aussage ergibt sich aus dem Satz von Stokes, nämlich der Verallgemeinerung des Satzes von Green in Tangentialform auf den Raum. Den Satz von Stokes werden wir in diesem Abschnitt eingehend behandeln.

Es sei erwähnt, dass $(\operatorname{rot} \boldsymbol{F}) \cdot \boldsymbol{k} = (\partial N/\partial x - \partial M/\partial y)$ mit unserer Definition aus Abschnitt 16.4 im Fall $\boldsymbol{F}(x, y) = M(x, y)\boldsymbol{i} + N(x, y)\boldsymbol{j}$ übereinstimmt. Die Formel für $\operatorname{rot} \boldsymbol{F}$ in Gleichung (16.35) wird oft auch mithilfe des symbolischen Nabla-Operators

$$\nabla = \boldsymbol{i}\frac{\partial}{\partial x} + \boldsymbol{j}\frac{\partial}{\partial y} + \boldsymbol{k}\frac{\partial}{\partial z} \qquad (16.36)$$

geschrieben. Die Rotation von $\boldsymbol{F}$ ist $\nabla \times \boldsymbol{F}$:

$$\begin{aligned}\nabla \times \boldsymbol{F} &= \begin{vmatrix} \boldsymbol{i} & \boldsymbol{j} & \boldsymbol{k} \\ \dfrac{\partial}{\partial x} & \dfrac{\partial}{\partial y} & \dfrac{\partial}{\partial z} \\ M & N & P \end{vmatrix} \\ &= \left(\frac{\partial P}{\partial y} - \frac{\partial N}{\partial z}\right)\boldsymbol{i} + \left(\frac{\partial M}{\partial z} - \frac{\partial P}{\partial x}\right)\boldsymbol{j} + \left(\frac{\partial N}{\partial x} - \frac{\partial M}{\partial y}\right)\boldsymbol{k} \\ &= \operatorname{rot} \boldsymbol{F}\,.\end{aligned}$$

$$\operatorname{rot} \boldsymbol{F} = \nabla \times \boldsymbol{F} \qquad (16.37)$$

Merke

Beispiel 16.38 Bestimmen Sie die Rotation von $\boldsymbol{F} = (x^2 - z)\boldsymbol{i} + xe^z\boldsymbol{j} + xy\boldsymbol{k}$.

Rotation des Feldes $\boldsymbol{F} = (x^2 - z)\boldsymbol{i} + xe^z\boldsymbol{j} + xy\boldsymbol{k}$

Lösung Mithilfe von Gleichung (16.37) und der Determinantenform des Kreuzprodukts erhalten wir

$$\begin{aligned}
\operatorname{rot} \boldsymbol{F} &= \nabla \times \boldsymbol{F} \\
&= \begin{vmatrix} \boldsymbol{i} & \boldsymbol{j} & \boldsymbol{k} \\ \dfrac{\partial}{\partial x} & \dfrac{\partial}{\partial y} & \dfrac{\partial}{\partial z} \\ x^2 - z & xe^z & xy \end{vmatrix} \\
&= \left(\frac{\partial}{\partial y}(xy) - \frac{\partial}{\partial z}(xe^z)\right)\boldsymbol{i} - \left(\frac{\partial}{\partial x}(xy) - \frac{\partial}{\partial z}(x^2 - z)\right)\boldsymbol{j} \\
&\quad + \left(\frac{\partial}{\partial x}(xe^z) - \frac{\partial}{\partial y}(x^2 - z)\right)\boldsymbol{k} \\
&= (x - xe^z)\boldsymbol{i} - (y + 1)\boldsymbol{j} + (e^z - 0)\boldsymbol{k} \\
&= x(1 - e^z)\boldsymbol{i} - (y + 1)\boldsymbol{j} + e^z\boldsymbol{k}
\end{aligned}$$

■

Wie wir sehen werden, hat der Nabla-Operator ∇ eine Reihe von weiteren Anwendungen. Wenden wir ihn beispielsweise auf eine skalare Funktion $f(x, y, z)$ an, so ergibt sich der Gradient von f:

$$\nabla f = \frac{\partial f}{\partial x}\boldsymbol{i} + \frac{\partial f}{\partial y}\boldsymbol{j} + \frac{\partial f}{\partial z}\boldsymbol{k}\,.$$

Man kann diesen Ausdruck als „Nabla f“ oder auch als „grad f“ lesen.

Der Satz von Stokes

Der Satz von Stokes verallgemeinert den Satz von Green auf drei Dimensionen. Die Tangentialform des Satzes von Green stellt einen Zusammenhang her zwischen der Zirkulation entgegen dem Uhrzeigersinn eines Vektorfelds um eine einfach geschlossene Kurve C in der xy-Ebene und einem Doppelintegral über das von der Kurve C umschlossene ebene Gebiet R. Der Satz von Stokes stellt einen Zusammenhang her zwischen der Zirkulation eines Vektorfelds um den Rand C einer orientierten Fläche S im Raum (►Abbildung 16.56) und einem Oberflächenintegral über die Fläche S. Wir

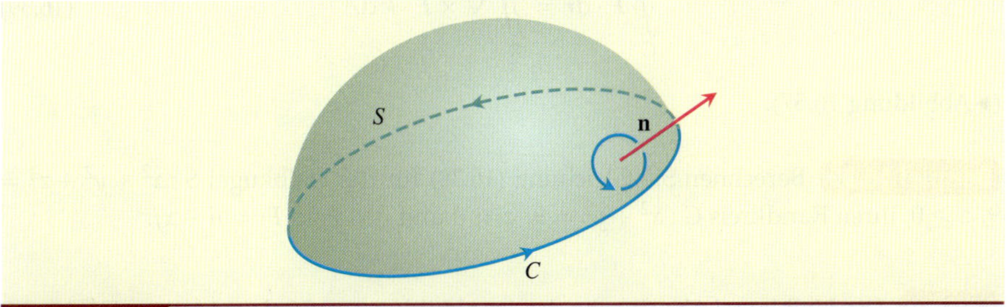

Abbildung 16.56 Die Orientierung der Randkurve C liefert eine rechtshändige Verknüpfung mit dem Normalenfeld $\boldsymbol{n}$. Zeigt der Daumen der rechten Hand in Richtung $\boldsymbol{n}$, so krümmen sich die Finger in Richtung von C.

fordern, dass die Fläche **stückweise glatt** ist, d. h., dass sie eine endliche Vereinigung glatter Flächen ist, die entlang glatter Kurven miteinander verbunden sind.

Satz 16.6 Satz von Stokes Sei S eine stückweise glatte orientierte Fläche mit einer stückweise glatten Randkurve C. Sei $\boldsymbol{F} = M\boldsymbol{i} + N\boldsymbol{j} + P\boldsymbol{k}$ ein Vektorfeld, dessen Komponenten auf einem offenen Gebiet um S stetige erste partielle Ableitungen haben. Dann ist die Zirkulation von $\boldsymbol{F}$ entgegen dem Uhrzeigersinn um C bezüglich des Normaleneinheitsvektors $\boldsymbol{n}$ der Fläche gleich dem Integral von $\nabla \times \boldsymbol{F} \cdot \boldsymbol{n}$ über S.

$$\underbrace{\oint_C \boldsymbol{F} \cdot \mathrm{d}\boldsymbol{r}}_{\substack{\text{Zirkulation entgegen}\\ \text{dem Uhrzeigersinn}}} = \underbrace{\iint_S \nabla \times \boldsymbol{F} \cdot \boldsymbol{n}\, \mathrm{d}\sigma}_{\text{Rotationsintegral}} \tag{16.38}$$

Aus Gleichung (16.38) ergibt sich übrigens eine interessante Aussage: Haben zwei orientierte Flächen S_1 und S_2 dieselbe Randkurve C, so stimmen ihre Rotationsintegrale überein:

$$\iint_{S_1} \nabla \times \boldsymbol{F} \cdot \boldsymbol{n}_1\, \mathrm{d}\sigma = \iint_{S_2} \nabla \times \boldsymbol{F} \cdot \boldsymbol{n}_2\, \mathrm{d}\sigma\,.$$

Beide Rotationsintegrale sind gleich dem Zirkulationsintegral entgegen dem Uhrzeigersinn auf der linken Seite von Gleichung (16.38), solange die Normaleneinheitsvektoren $\boldsymbol{n}_1$ und $\boldsymbol{n}_2$ die Fläche korrekt orientieren.

Ist C eine entgegen dem Uhrzeigersinn orientierte Kurve in der xy-Ebene, und ist R das von C in der xy-Ebene umschlossene Gebiet, so gilt $\mathrm{d}\sigma = \mathrm{d}x\,\mathrm{d}y$ und

$$(\nabla \times \boldsymbol{F}) \cdot \boldsymbol{n} = (\nabla \times \boldsymbol{F}) \cdot \boldsymbol{k} = \left(\frac{\partial N}{\partial x} - \frac{\partial M}{\partial y}\right).$$

Unter diesen Umständen wird die Aussage des Satzes von Stokes zu

$$\oint_C \boldsymbol{F} \cdot \mathrm{d}\boldsymbol{r} = \iint_R \left(\frac{\partial N}{\partial x} - \frac{\partial M}{\partial y}\right) \mathrm{d}x\,\mathrm{d}y\,.$$

Das ist die Tangentialform der Gleichung aus dem Satz von Green. Umgekehrt können wir genauso die Tangentialform des Satzes von Green für zweidimensionale Felder in ∇-Schreibweise umformulieren:

$$\oint_C \boldsymbol{F} \cdot \mathrm{d}\boldsymbol{r} = \iint_R \nabla \times \boldsymbol{F} \cdot \boldsymbol{k}\, \mathrm{d}A \tag{16.39}$$

(►Abbildung 16.57).

Satz von Stokes für ein Feld auf einer Halbkugel

Beispiel 16.39 Berechnen Sie Gleichung (16.38) für die Halbkugel $S: x^2 + y^2 + z^2 = 9,\ z \geq 0$, ihren Randkreis $C: x^2 + y^2 = 9,\ z = 0$ und das Feld $\boldsymbol{F} = y\boldsymbol{i} - x\boldsymbol{j}$.

Lösung Die Halbkugel ähnelt sehr der in Abbildung 16.56 dargestellten Fläche mit dem Randkreis C in der xy-Ebene (►Abbildung 16.58). Wir berechnen die Zirkulation entgegen dem Uhrzeigersinn um C (von oben betrachtet) unter Verwendung der

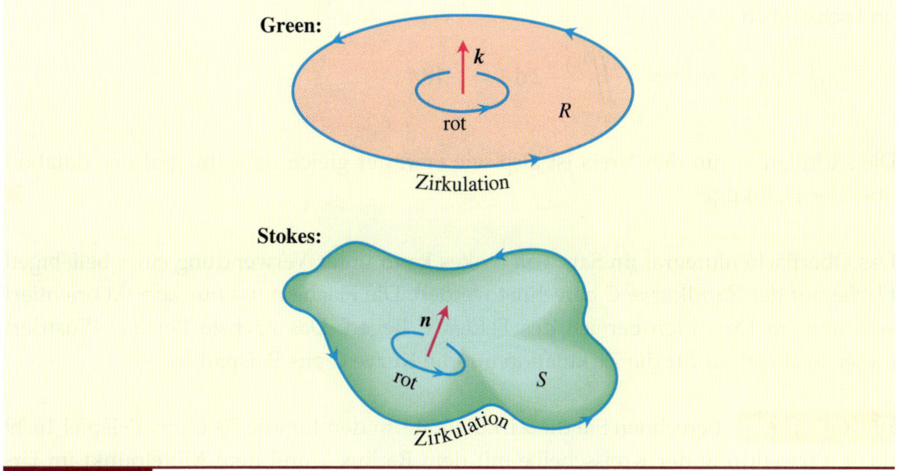

Abbildung 16.57 Vergleich zwischen dem Satz von Green und dem Satz von Stokes

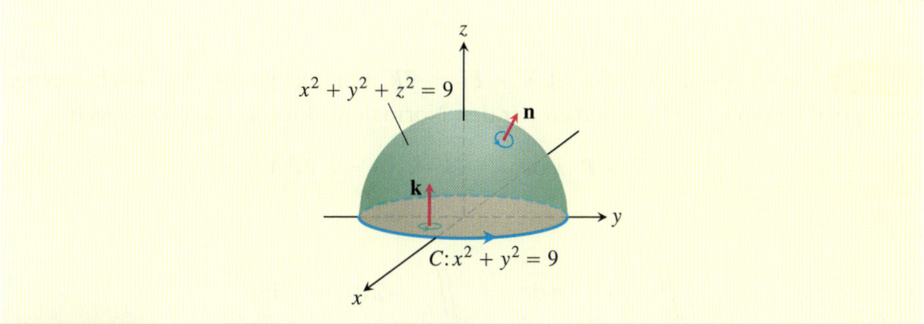

Abbildung 16.58 Eine Halbkugel und eine Kreisscheibe, jeweils mit dem Rand C (Beispiele 16.39 und 16.40).

Parametrisierung $\boldsymbol{r}(\theta) = (3\cos\theta)\boldsymbol{i} + (3\sin\theta)\boldsymbol{j},\ 0 \le \theta \le 2\pi$:

$$\begin{aligned}
\mathrm{d}\boldsymbol{r} &= (-3\sin\theta\,\mathrm{d}\theta)\boldsymbol{i} + (3\cos\theta\,\mathrm{d}\theta)\boldsymbol{j}\\
\boldsymbol{F} &= y\boldsymbol{i} - x\boldsymbol{j} = (3\sin\theta)\boldsymbol{i} - (3\cos\theta)\boldsymbol{j}\\
\boldsymbol{F}\cdot\mathrm{d}\boldsymbol{r} &= -9\sin^2\theta\,\mathrm{d}\theta - 9\cos^2\theta\,\mathrm{d}\theta = -9\,\mathrm{d}\theta\\
\oint_C \boldsymbol{F}\cdot\mathrm{d}\boldsymbol{r} &= \int_0^{2\pi} -9\,\mathrm{d}\theta = -18\pi\,.
\end{aligned}$$

Für das Rotationsintegral von $\boldsymbol{F}$ erhalten wir

$$\begin{aligned}
\nabla\times\boldsymbol{F} &= \left(\frac{\partial P}{\partial y} - \frac{\partial N}{\partial z}\right)\boldsymbol{i} + \left(\frac{\partial M}{\partial z} - \frac{\partial P}{\partial x}\right)\boldsymbol{j} + \left(\frac{\partial N}{\partial x} - \frac{\partial M}{\partial y}\right)\boldsymbol{k}\\
&= (0-0)\boldsymbol{i} + (0-0)\boldsymbol{j} + (-1-1)\boldsymbol{k} = -2\boldsymbol{k}\\
\boldsymbol{n} &= \frac{x\boldsymbol{i} + y\boldsymbol{j} + z\boldsymbol{k}}{\sqrt{x^2+y^2+z^2}} = \frac{x\boldsymbol{i} + y\boldsymbol{j} + z\boldsymbol{k}}{3} && \text{äußere Einheitsnormale}\\
\mathrm{d}\sigma &= \frac{3}{z}\mathrm{d}A && \text{Beispiel 16.36 auf Seite 530 mit } a = 3\\
\nabla\times\boldsymbol{F}\cdot\boldsymbol{n}\,\mathrm{d}\sigma &= -\frac{2z}{3}\frac{3}{z}\mathrm{d}A = -2\,\mathrm{d}A
\end{aligned}$$

und schließlich

$$\iint_S \nabla \times \boldsymbol{F} \cdot \boldsymbol{n}\, d\sigma = \iint_{x^2+y^2 \le 9} -2\, dA = -18\pi .$$

Die Zirkulation um den Kreis ist also wie erwartet gleich dem Integral der Rotation über der Halbkugel. ■

Das Oberflächenintegral im Satz von Stokes kann unter Verwendung einer beliebigen Fläche mit der Randkurve C berechnet werden. Die Fläche muss nur korrekt orientiert sein und im Definitionsbereich des Feldes $\boldsymbol{F}$ liegen. Das nächste Beispiel illustriert diesen Sachverhalt für die Zirkulation um die Kurve C aus Beispiel 16.39.

Satz von Stokes für ein Feld über einer Kreisscheibe

Beispiel 16.40 Berechnen Sie die Zirkulation um den Randkreis C aus Beispiel 16.39 unter Verwendung der Kreisscheibe mit dem Radius 3 und dem Mittelpunkt im Ursprung der xy-Ebene als Fläche S (anstelle der Halbkugel). Betrachten Sie dazu Abbildung 16.58.

Lösung Wie in Beispiel 16.39 ist $\nabla \times \boldsymbol{F} = -2\boldsymbol{k}$. Für die Fläche der beschriebenen Kreisscheibe in der xy-Ebene haben wir den Normalenvektor $\boldsymbol{n} = \boldsymbol{k}$, sodass sich

$$\nabla \times \boldsymbol{F} \cdot \boldsymbol{n}\, d\sigma = -2\boldsymbol{k} \cdot \boldsymbol{k}\, dA = -2\, dA$$

und

$$\iint_S \nabla \times \boldsymbol{F} \cdot \boldsymbol{n}\, d\sigma = \iint_{x^2+y^2 \le 9} -2\, dA = -18\pi$$

ergibt. Diese Rechnung ist viel einfacher als im letzten Beispiel. ■

Beispiel 16.41 Bestimmen Sie die Zirkulation des Feldes $\boldsymbol{F} = (x^2 - y)\boldsymbol{i} + 4z\boldsymbol{j} + x^2\boldsymbol{k}$ um die Kurve C, in der die Ebene $z = 2$ den Kegel $z = \sqrt{x^2 + y^2}$ schneidet. Von oben betrachtet, soll die Kurve C entgegen dem Uhrzeigersinn orientiert sein (►Abbildung 16.59).

Lösung Mithilfe des Satzes von Stokes können wir die Zirkulation bestimmen, indem wir über die Fläche des Kegels integrieren. Wenn wir C von oben betrachtet entgegen dem Uhrzeigersinn durchlaufen, dann entspricht das der Wahl der *inneren* Normalen $\boldsymbol{n}$ an den Kegel. Das ist die Normale mit einer positiven $\boldsymbol{k}$-Komponente.

Wir parametrisieren den Kegel mit

$$\boldsymbol{r}(r,\theta) = (r\cos\theta)\boldsymbol{i} + (r\sin\theta)\boldsymbol{j} + r\boldsymbol{k}, \quad 0 \le r \le 2, \quad 0 \le \theta \le 2\pi.$$

Dann erhalten wir

$$\boldsymbol{n} = \frac{\boldsymbol{r}_r \times \boldsymbol{r}_\theta}{|\boldsymbol{r}_r \times \boldsymbol{r}_\theta|} = \frac{-(r\cos\theta)\boldsymbol{i} - (r\sin\theta)\boldsymbol{j} + r\boldsymbol{k}}{r\sqrt{2}}$$ Beispiel 16.26 auf Seite 512

$$= \frac{1}{\sqrt{2}}(-(\cos\theta)\boldsymbol{i} - (\sin\theta)\boldsymbol{j} + \boldsymbol{k})$$

$$d\sigma = r\sqrt{2}\, dr\, d\theta$$ Beispiel 16.26 auf Seite 512

$$\nabla \times \boldsymbol{F} = -4\boldsymbol{i} - 2x\boldsymbol{j} + \boldsymbol{k}$$ Beispiel 16.38 auf Seite 535

$$= -4\boldsymbol{i} - 2r\cos\theta\boldsymbol{j} + \boldsymbol{k}.$$ $x = r\cos\theta$

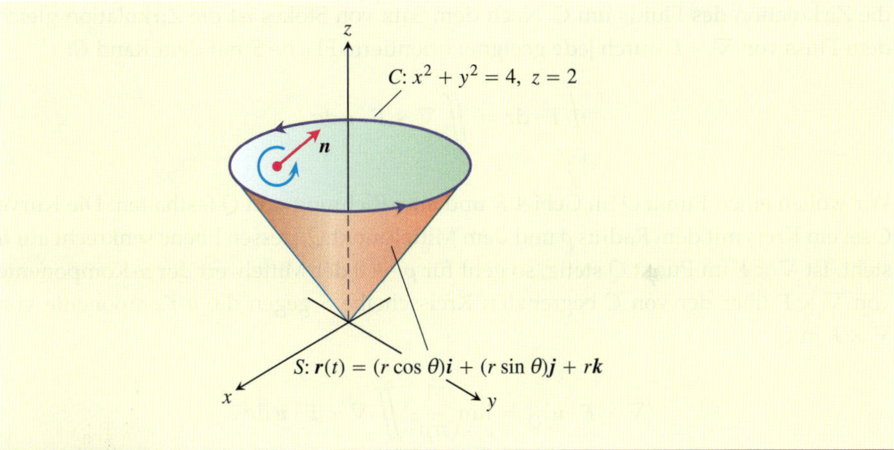

Abbildung 16.59 Die Kurve C und der Kegel S aus Beispiel 16.41.

Dementsprechend ergibt sich

$$\begin{aligned}\nabla \times \boldsymbol{F} \cdot \boldsymbol{n} &= \frac{1}{\sqrt{2}}(4\cos\theta + 2r\cos\theta\sin\theta + 1) \\ &= \frac{1}{\sqrt{2}}(4\cos\theta + r\sin 2\theta + 1)\,,\end{aligned}$$

und die Zirkulation ist

$$\begin{aligned}\oint \boldsymbol{F}\cdot \mathrm{d}\boldsymbol{r} &= \iint_S \nabla \times \boldsymbol{F}\cdot \boldsymbol{n}\,\mathrm{d}\sigma && \text{Satz von Stokes, Gleichung (16.38)} \\ &= \int_0^{2\pi}\int_0^2 \frac{1}{\sqrt{2}}(4\cos\theta + r\sin 2\theta + 1)(r\sqrt{2}\,\mathrm{d}r\,\mathrm{d}\theta) = 4\pi\,.\end{aligned}$$

■

Beispiel 16.42 Der in Beispiel 16.41 verwendete Kegel ist nicht die einfachste Fläche, die man zur Berechnung der Zirkulation um den Randkreis C verwenden kann, der in der Ebene $z = 2$ liegt. Verwenden wir stattdessen die flache Kreisscheibe mit dem Radius 2 um die z-Achse in der Ebene $z = 2$, so ist der Normalenvektor an die Fläche S einfach $\boldsymbol{n} = \boldsymbol{k}$. Wie in der Rechnung zu Beispiel 16.41 gilt $\nabla \times \boldsymbol{F} = -4\boldsymbol{i} - 2x\boldsymbol{j} + \boldsymbol{k}$. Allerdings ergibt sich nun $\nabla \times \boldsymbol{F}\cdot\boldsymbol{n} = 1$, und für die Zirkulation erhalten wir

Vereinfachung von Beispiel 16.41

$$\iint_S \nabla \times \boldsymbol{F}\cdot\boldsymbol{n}\,\mathrm{d}\sigma = \iint_{x^2+y^2\le 4} 1\,\mathrm{d}A = 4\pi\,. \qquad \text{Der Schatten ist die Kreisscheibe mit dem Radius 2 in der } xy\text{-Ebene.}$$

Dieses Ergebnis stimmt mit dem in Beispiel 16.41 bestimmten Wert der Zirkulation überein.

Die Schaufelrad-Interpretation von $\nabla \times \boldsymbol{F}$

Sei $\boldsymbol{F}$ das Geschwindigkeitsfeld eines Fluids, das sich in einem Gebiet R im Raum bewegt. Dieses Gebiet soll die geschlossene Kurve C enthalten. Dann ist

$$\oint_C \boldsymbol{F}\cdot \mathrm{d}\boldsymbol{r}$$

die Zirkulation des Fluids um C. Nach dem Satz von Stokes ist die Zirkulation gleich dem Fluss von $\nabla \times \boldsymbol{F}$ durch jede geeignet orientierte Fläche S mit dem Rand C:

$$\oint_C \boldsymbol{F} \cdot \mathrm{d}\boldsymbol{r} = \iint_S \nabla \times \boldsymbol{F} \cdot \boldsymbol{n}\, \mathrm{d}\sigma \,.$$

Wir wollen einen Punkt Q im Gebiet R und eine Richtung $\boldsymbol{u}$ in Q festhalten. Die Kurve C sei ein Kreis mit dem Radius ρ und dem Mittelpunkt Q, dessen Ebene senkrecht auf $\boldsymbol{u}$ steht. Ist $\nabla \times \boldsymbol{F}$ im Punkt Q stetig, so geht für $\rho \to 0$ der Mittelwert der $\boldsymbol{u}$-Komponente von $\nabla \times \boldsymbol{F}$ über der von C begrenzten Kreisscheibe S gegen die $\boldsymbol{u}$-Komponente von $\nabla \times \boldsymbol{F}$ in Q:

$$(\nabla \times \boldsymbol{F} \cdot \boldsymbol{u})_Q = \lim_{\rho \to 0} \frac{1}{\pi \rho^2} \iint_S \nabla \times \boldsymbol{F} \cdot \boldsymbol{u}\, \mathrm{d}\sigma \,.$$

Wenden wir den Satz von Stokes an und ersetzen das Oberflächenintegral durch das Kurvenintegral entlang der Kurve C, so erhalten wir

$$(\nabla \times \boldsymbol{F} \cdot \boldsymbol{u})_Q = \lim_{\rho \to 0} \frac{1}{\pi \rho^2} \oint_C \boldsymbol{F} \cdot \mathrm{d}\boldsymbol{r} \,. \tag{16.40}$$

Ihren Maximalwert nimmt die linke Seite von Gleichung 16.40 an, wenn $\boldsymbol{u}$ die Richtung von $\nabla \times \boldsymbol{F}$ ist. Für kleine Werte ρ ist der Grenzwert auf der rechten Seite von Gleichung (16.40) näherungsweise

$$\frac{1}{\pi \rho^2} \oint_C \boldsymbol{F} \cdot \mathrm{d}\boldsymbol{r} \,.$$

Das ist die Zirkulation um C, dividiert durch den Flächeninhalt der Kreisscheibe (die Zirkulationsdichte). Stellen wir uns nun ein kleines Schaufelrad mit dem Radius ρ im Punkt Q in dem Fluid vor. Die Achse des Schaufelrads soll dabei wie $\boldsymbol{u}$ gerichtet sein (▶Abbildung 16.60). Die Zirkulation des Fluids um C beeinflusst die Rotationsgeschwindigkeit des Schaufelrads. Am schnellsten dreht sich das Rad, wenn das Zirkulationsintegral maximal ist; deshalb dreht sich das Rad am schnellsten, wenn die Achse des Schaufelrads in Richtung von $\nabla \times \boldsymbol{F}$ zeigt.

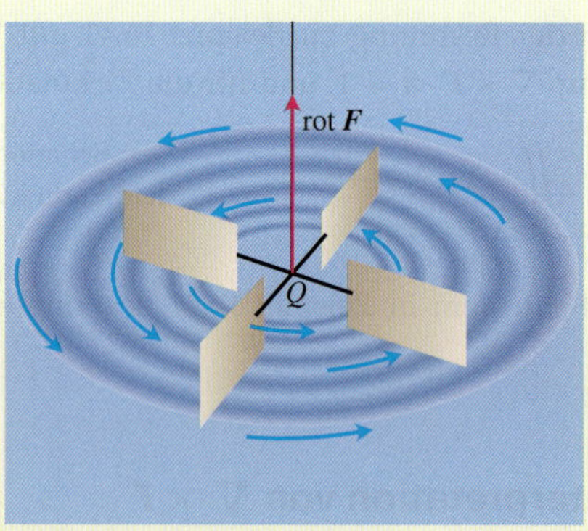

Abbildung 16.60 Die Schaufelrad-Interpretation von rot $\boldsymbol{F}$.

Beispiel 16.43 Ein Fluid mit konstanter Dichte rotiert um die x-Achse mit der Geschwindigkeit $\boldsymbol{F} = \omega(-y\boldsymbol{i} + x\boldsymbol{j})$. Dabei ist ω eine positive Konstante, die sogenannte *Winkelgeschwindigkeit* der Rotation (►Abbildung 16.61). Bestimmen Sie $\nabla \times \boldsymbol{F}$ und stellen Sie einen Zusammenhang zur Zirkulationsdichte her.

$\nabla \times \boldsymbol{F}$ für das Feld $\boldsymbol{F} = \omega(-y\boldsymbol{j} + x\boldsymbol{i})$

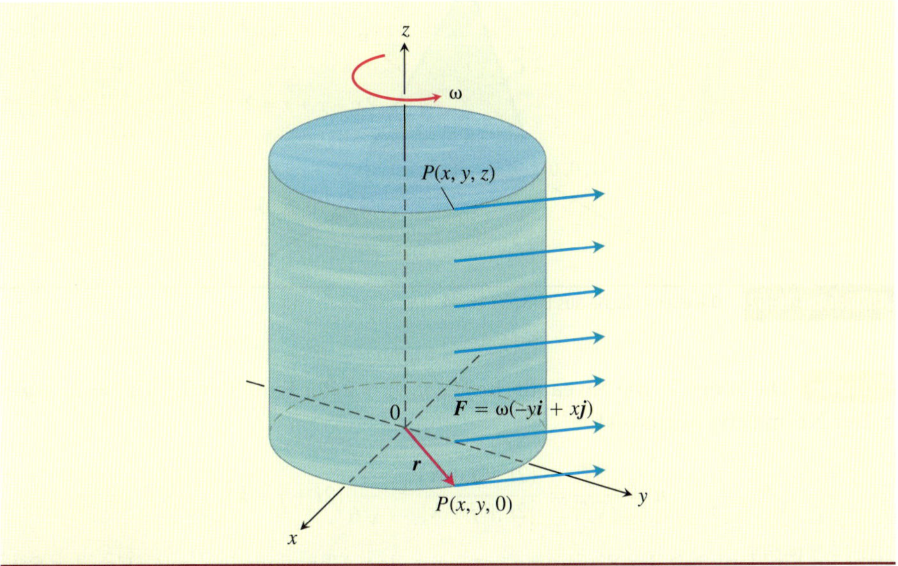

Abbildung 16.61 Ein stationärer rotierender Fluss parallel zur xy-Ebene mit konstanter Winkelgeschwindigkeit ω in positiver Richtung (entgegen dem Uhrzeigersinn).

Lösung Die Rotation von $\boldsymbol{F} = -\omega y\boldsymbol{i} + \omega x\boldsymbol{j}$ ist

$$\begin{aligned}\nabla \times \boldsymbol{F} &= \left(\frac{\partial P}{\partial y} - \frac{\partial N}{\partial z}\right)\boldsymbol{i} + \left(\frac{\partial M}{\partial z} - \frac{\partial P}{\partial x}\right)\boldsymbol{j} + \left(\frac{\partial N}{\partial x} - \frac{\partial M}{\partial y}\right)\boldsymbol{k} \\ &= (0-0)\boldsymbol{i} + (0-0)\boldsymbol{j} + (\omega - (-\omega))\boldsymbol{k} = 2\omega\boldsymbol{k}\,.\end{aligned}$$

Nach dem Satz von Stokes ist die Zirkulation von $\boldsymbol{F}$ um einen Kreis C vom Radius ρ, der eine Kreisscheibe S in einer Ebene (zum Beispiel die xy-Ebene) begrenzt, die senkrecht auf $\nabla \times \boldsymbol{F}$ steht,

$$\oint_C \boldsymbol{F} \cdot \mathrm{d}\boldsymbol{r} = \iint_S \nabla \times \boldsymbol{F} \cdot \boldsymbol{n}\,\mathrm{d}\sigma = \iint_S 2\omega\boldsymbol{k} \cdot \boldsymbol{k}\,\mathrm{d}x\,\mathrm{d}y = (2\omega)(\pi\rho^2)\,.$$

Lösen wir nun diese letzte Gleichung nach 2ω auf, so ergibt sich

$$(\nabla \times \boldsymbol{F}) \cdot \boldsymbol{k} = 2\omega = \frac{1}{\pi\rho^2}\oint \boldsymbol{F} \cdot \mathrm{d}\boldsymbol{r}\,,$$

was für $\boldsymbol{u} = \boldsymbol{k}$ mit Gleichung (16.40) übereinstimmt. ■

Beispiel 16.44 Berechnen Sie $\int_C \boldsymbol{F} \cdot \mathrm{d}\boldsymbol{r}$ mithilfe des Satzes von Stokes für $\boldsymbol{F} = xz\boldsymbol{i} + xy\boldsymbol{j} + 3xz\boldsymbol{k}$. Die Kurve C sei dabei der Rand des Teils der Ebene $2x + y + z = 2$ im ersten Oktanten, die wir von oben betrachtet entgegen dem Uhrzeigersinn umlaufen (►Abbildung 16.62 auf der nächsten Seite).

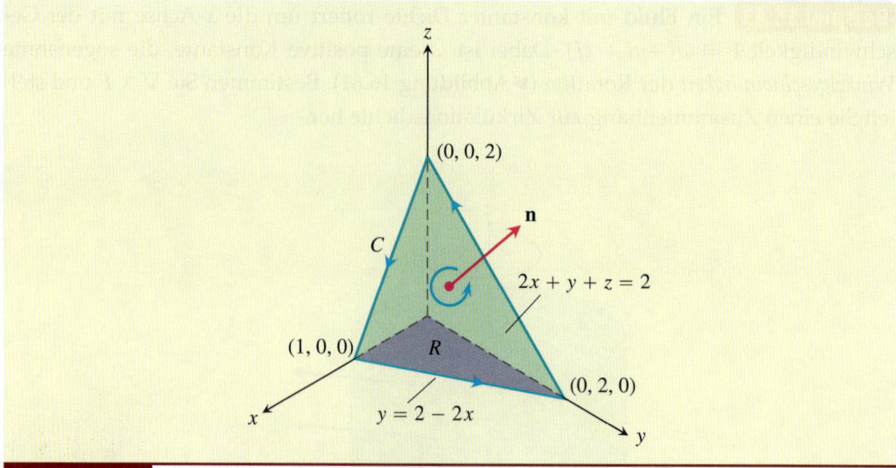

Abbildung 16.62 Die ebene Fläche aus Beispiel 16.44.

Lösung Die Ebene ist die Niveaufläche $f(x,y,z)=2$ der Funktion $f(x,y,z)=2x+y+z$. Der Normaleneinheitsvektor

$$\boldsymbol{n}=\frac{\nabla f}{|\nabla f|}=\frac{(2\boldsymbol{i}+\boldsymbol{j}+\boldsymbol{k})}{|2\boldsymbol{i}+\boldsymbol{j}+\boldsymbol{k}|}=\frac{1}{\sqrt{6}}(2\boldsymbol{i}+\boldsymbol{j}+\boldsymbol{k})$$

steht im Einklang mit der Bewegung entgegen dem Uhrzeigersinn im C. Um den Satz von Stokes anwenden zu können, bestimmen wir

$$\operatorname{rot}\boldsymbol{F}=\nabla\times\boldsymbol{F}=\begin{vmatrix}\boldsymbol{i} & \boldsymbol{j} & \boldsymbol{k}\\ \dfrac{\partial}{\partial x} & \dfrac{\partial}{\partial y} & \dfrac{\partial}{\partial z}\\ xz & xy & 3xz\end{vmatrix}=(x-3z)\boldsymbol{j}+y\boldsymbol{k}\,.$$

Auf der Ebene ist z gleich $2-2x-y$. Damit ergibt sich

$$\nabla\times\boldsymbol{F}=(x-3(2-2x-y))\,\boldsymbol{j}+y\boldsymbol{k}=(7x+3y-6)\boldsymbol{j}+y\boldsymbol{k}$$

und

$$\nabla\times\boldsymbol{F}\cdot\boldsymbol{n}=\frac{1}{\sqrt{6}}(7x+3y-6+y)=\frac{1}{\sqrt{6}}(7x+4y-6)\,.$$

Das Flächendifferential ist

$$\mathrm{d}\sigma=\frac{|\nabla f|}{|\nabla f\cdot\boldsymbol{k}|}\,\mathrm{d}A=\frac{\sqrt{6}}{1}\,\mathrm{d}x\,\mathrm{d}y\,.$$

Die Zirkulation ist

$$\oint_C \boldsymbol{F}\cdot\mathrm{d}\boldsymbol{r}=\iint_S \nabla\times\boldsymbol{F}\cdot\boldsymbol{n}\,\mathrm{d}\sigma \qquad \text{Satz von Stokes, Gleichung (16.38)}$$

$$=\int_0^1\int_0^{2-2x}\frac{1}{\sqrt{6}}(7x+4y-6)\,\sqrt{6}\,\mathrm{d}y\,\mathrm{d}x$$

$$=\int_0^1\int_0^{2-2x}(7x+4y-6)\;\mathrm{d}y\,\mathrm{d}x=-1\,.$$

■

Beispiel 16.45 Sei die Fläche S der Teil des elliptischen Paraboloids $z = x^2 + 4y^2$, der unterhalb der Ebene $z = 1$ liegt (▶Abbildung 16.63). Wir definieren die Orientierung von S mithilfe des *inneren* Normalenvektors $\boldsymbol{n}$ an die Fläche, das ist die Normale mit einer positiven $\boldsymbol{k}$-Komponente. Bestimmen Sie den Fluss von $\operatorname{rot} \boldsymbol{F} = \nabla \times \boldsymbol{F}$ durch S in Richtung $\boldsymbol{n}$ für das Vektorfeld $\boldsymbol{F} = y\boldsymbol{i} - xz\boldsymbol{j} + xz^2\boldsymbol{k}$.

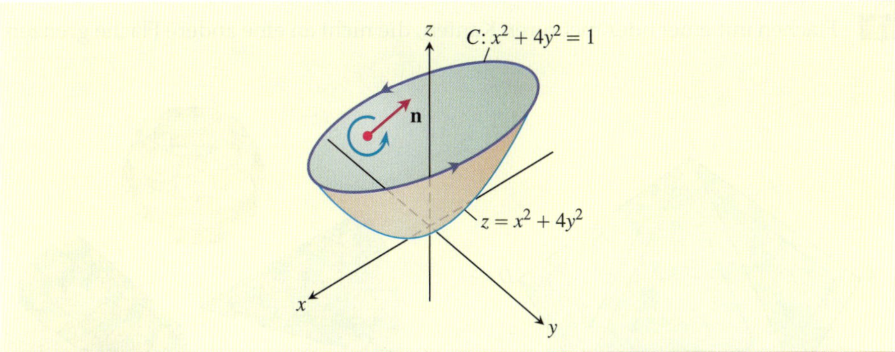

Abbildung 16.63 Der Teil des elliptischen Paraboloids aus Beispiel 16.45. Eingezeichnet sind die Schnittkurve C des Paraboloids mit der Ebene $z = 1$ und die innere Normalenorientierung durch $\boldsymbol{n}$.

Lösung Um das Rotationsintegral zu berechnen, verwenden wir den Satz von Stokes, indem wir die zugehörige Zirkulation von $\boldsymbol{F}$ um die Schnittkurve C des Paraboloids $z = x^2 + 4y^2$ mit der Ebene $z = 1$ entgegen dem Uhrzeigersinn bestimmen (vgl. Abbildung 16.63). Machen Sie sich klar, dass die Orientierung von S mit dem Durchlaufen von C entgegen dem Uhrzeigersinn um die z-Achse in Einklang steht. Die Kurve C ist die Ellipse $x^2 + 4y^2 = 1$ in der Ebene $z = 1$. Die Ellipse können wir durch $x = \cos t$, $y = \frac{1}{2}\sin t$, $z = 1$ für $0 \leq t \leq 2\pi$ parametrisieren, sodass C durch

$$\boldsymbol{r}(t) = (\cos t)\boldsymbol{i} + \frac{1}{2}(\sin t)\boldsymbol{j} + \boldsymbol{k}, \quad 0 \leq t \leq 2\pi$$

gegeben ist. Um das Zirkulationsintegral $\oint_C \boldsymbol{F} \cdot \mathrm{d}\boldsymbol{r}$ zu bestimmen, berechnen wir $\boldsymbol{F}$ entlang C und bestimmen den Geschwindigkeitsvektor $\mathrm{d}\boldsymbol{r}/\mathrm{d}t$:

$$\begin{aligned} \boldsymbol{F}(\boldsymbol{r}(t)) &= \frac{1}{2}(\sin t)\boldsymbol{i} - (\cos t)\boldsymbol{j} + (\cos t)\boldsymbol{k} \\ \frac{\mathrm{d}\boldsymbol{r}}{\mathrm{d}t} &= -(\sin t)\boldsymbol{i} + \frac{1}{2}(\cos t)\boldsymbol{j}. \end{aligned}$$

Daraus ergibt sich

$$\begin{aligned} \oint_C \boldsymbol{F} \cdot \mathrm{d}\boldsymbol{r} &= \int_0^{2\pi} \boldsymbol{F}(\boldsymbol{r}(t)) \cdot \frac{\mathrm{d}\boldsymbol{r}}{\mathrm{d}t}\mathrm{d}t \\ &= \int_0^{2\pi} \left(-\frac{1}{2}\sin^2 t - \frac{1}{2}\cos^2 t \right) \mathrm{d}t \\ &= -\frac{1}{2}\int_0^{2\pi} \mathrm{d}t = -\pi. \end{aligned}$$

Deshalb ist der Fluss der Rotation durch S in Richtung $\boldsymbol{n}$ für das Feld $\boldsymbol{F}$ gleich

$$\iint_S \nabla \times \boldsymbol{F} \cdot \boldsymbol{n}\,\mathrm{d}\sigma = -\pi.$$

■

Der Beweis des Satzes von Stokes für Polyederflächen

Sei S eine Polyederfläche, die aus einer endlichen Anzahl von ebenen Gebieten oder Seiten besteht (▶Abbildung 16.64 für einige Beispiele). Wir wenden den Satz von Green auf jede einzelne Fläche von S an. Dabei unterscheiden wir zwei Arten von Flächen:

1. Flächen, die an allen Kanten an andere Flächen grenzen.
2. Flächen mit einer oder mehreren Kanten, die nicht an eine andere Fläche grenzen.

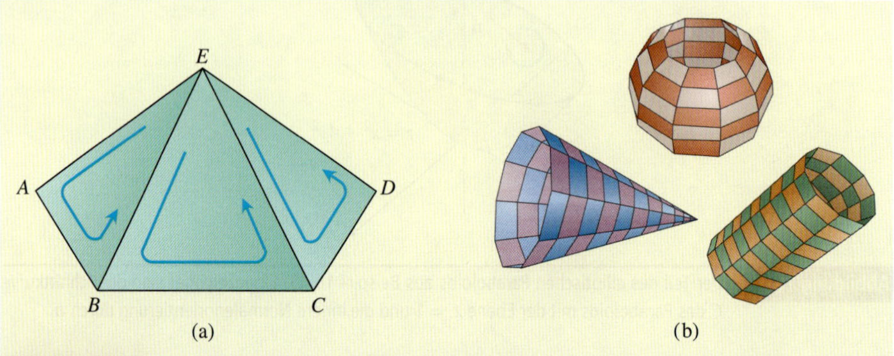

Abbildung 16.64 (a) Teil einer Polyederfläche. (b) Andere Polyederflächen.

Der Rand Δ von S besteht aus den Kanten der Flächen vom Typ 2, die nicht an andere Flächen grenzen. In Abbildung 16.64a sind die Dreiecke EAB, BCE und CDE ein Teil von S, wobei der Kantenzug $ABCD$ ein Teil des Randes Δ ist. Wir wenden eine verallgemeinerte Tangentialform des Satzes von Green auf die drei Dreiecke aus Abbildung 16.64a nacheinander an und addieren die Ergebnisse. Das ergibt

$$\left(\oint_{EAB} + \oint_{BCE} + \oint_{CDE}\right) \boldsymbol{F} \cdot \mathrm{d}\boldsymbol{r} = \left(\iint_{EAB} + \iint_{BCE} + \iint_{CDE}\right) \nabla \times \boldsymbol{F} \cdot \boldsymbol{n} \, \mathrm{d}\sigma . \tag{16.41}$$

In der verallgemeinerten Form ist das Kurvenintegral von $\boldsymbol{F}$ entlang der Kurve, die das ebene Gebiet R normal zu $\boldsymbol{n}$ umschließt, gleich dem Doppelintegral von $(\operatorname{rot} \boldsymbol{F}) \cdot \boldsymbol{n}$ über R.

Die drei Kurvenintegrale auf der linken Seite von Gleichung (16.41) lassen sich zu einem einzigen Kurvenintegral entlang des Randes $ABCDE$ kombinieren, weil sich die Integrale entlang innerer Kanten paarweise aufheben. Zum Beispiel hat das Integral entlang der Kante BE im Dreieck ABE das entgegengesetzte Vorzeichen wie das Integral entlang derselben Kante im Dreieck EBC. Dasselbe gilt für die Kante CE. Folglich reduziert sich Gleichung (16.41) auf

$$\oint_{ABCDE} \boldsymbol{F} \cdot \mathrm{d}\boldsymbol{r} = \iint_{ABCDE} \nabla \times \boldsymbol{F} \cdot \boldsymbol{n} \, \mathrm{d}\sigma .$$

Dann wenden wir die verallgemeinerte Form des Satzes von Green auf alle Einzelflächen an und addieren die Ergebnisse. Daraus erhalten wir

$$\oint_{\Delta} \boldsymbol{F} \cdot \mathrm{d}\boldsymbol{r} = \iint_{S} \nabla \times \boldsymbol{F} \cdot \boldsymbol{n} \, \mathrm{d}\sigma .$$

Das ist der Satz von Stokes für die Polyederfläche S aus Abbildung 16.64a. Allgemeinere Polyederflächen zeigt Abbildung 16.64b. Der Beweis lässt sich auch auf diese Flächen übertragen. Allgemeine glatte Flächen ergeben sich als Grenzwerte von Polyederflächen.

Der Satz von Stokes für Flächen mit Löchern

Der Satz von Stokes gilt auch für eine orientierte Fläche S mit einem oder mehreren Löchern (▶Abbildung 16.65). Das Oberflächenintegral über S der Normalkomponente von $\nabla \times \boldsymbol{F}$ ist gleich der Summe der Kurvenintegrale entlang aller Randkurven der Tangentialkomponente von $\boldsymbol{F}$. Die Kurven müssen dabei in der durch die Orientierung von S vorgegebenen Richtung durchlaufen werden. Für solche Flächen gilt der Satz unverändert, nur dass C als eine Vereinigung einfach geschlossener Kurven betrachtet wird.

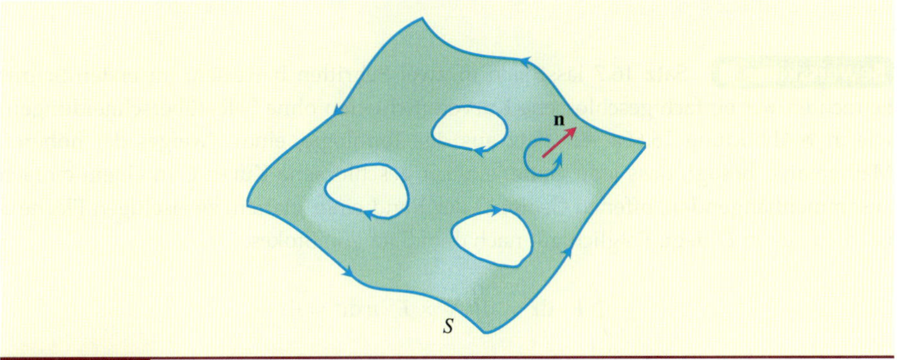

Abbildung 16.65 Der Satz von Stokes gilt auch für orientierte Flächen mit Löchern.

Eine wichtige Identität

Häufig wird in der Mathematik und in der Physik die folgende Identität verwendet:

$$\operatorname{rot}\operatorname{grad} f = \mathbf{0} \qquad \text{bzw.} \qquad \nabla \times \nabla f = \mathbf{0}\,. \tag{16.42}$$

Merke

Diese Identität gilt für jede Funktion $f(x, y, z)$, deren zweite partielle Ableitungen stetig sind. Der Beweis läuft folgendermaßen:

$$\nabla \times \nabla f = \begin{vmatrix} \boldsymbol{i} & \boldsymbol{i} & \boldsymbol{k} \\ \dfrac{\partial}{\partial x} & \dfrac{\partial}{\partial y} & \dfrac{\partial}{\partial z} \\ \dfrac{\partial f}{\partial x} & \dfrac{\partial f}{\partial y} & \dfrac{\partial f}{\partial z} \end{vmatrix} = (f_{zy} - f_{yz})\boldsymbol{i} - (f_{zx} - f_{xz})\boldsymbol{j} + (f_{yx} - f_{xy})\boldsymbol{k}\,.$$

Sind die zweiten partiellen Ableitungen stetig, so stimmen die gemischten zweiten Ableitungen in Klammern überein (Satz 14.2 auf Seite 263), und der Vektor ist null.

Konservative Felder und der Satz von Stokes

Dass ein Feld $\boldsymbol{F}$ auf einem offenen Gebiet D im Raum konservativ ist, bedeutet gleichzeitig, dass das Integral von $\boldsymbol{F}$ entlang jedes geschlossenen Weges gleich null ist. Das haben wir in Abschnitt 16.3 festgestellt. Für *einfach zusammenhängende* offene Gebiete ist dies wiederum äquivalent zu der Aussage, dass $\nabla \times \boldsymbol{F} = \mathbf{0}$ ist. (Für solche Gebiete haben wir damit wieder einen Test, ob $\boldsymbol{F}$ konservativ ist.)

Satz 16.7 Zusammenhang zwischen rot $F = 0$ und dem Integral entlang eines geschlossenen Weges Gilt für jeden Punkt eines einfach zusammenhängenden, offenen Gebiets D im Raum $\nabla \times F = 0$, so gilt für jeden stückweise glatten, geschlossenen Weg C in D

$$\oint_C F \cdot \mathrm{d}r = 0 .$$

Beweisskizze Satz 16.7 lässt sich in zwei Schritten beweisen. Im ersten Schritt betrachten wir einfach geschlossene Kurven (Schleifen ohne Selbstüberschneidungen) wie in ►Abbildung 16.66a. Ein Satz aus der Topologie, eines Zweiges der höheren Mathematik, besagt, dass jede glatte, einfach geschlossene Kurve C in einem einfach zusammenhängenden, offenen Gebiet D der Rand einer glatten, zweiseitigen Fläche S ist, die auch in D liegt. Folglich gilt nach dem Satz von Stokes:

$$\oint_C F \cdot \mathrm{d}r = \iint_S \nabla \times F \cdot n \,\mathrm{d}\sigma = 0 .$$

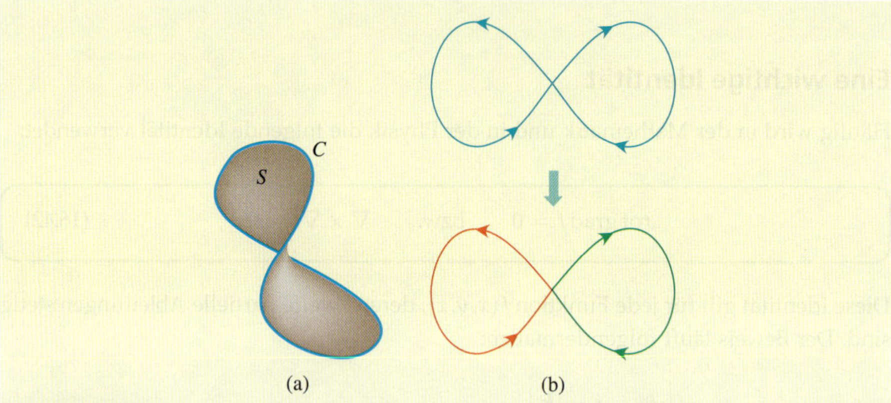

Abbildung 16.66 (a) In einem einfach zusammenhängenden Gebiet im Raum ist eine einfach geschlossene Kurve C der Rand einer glatten Fläche S. (b) Glatte Kurven mit Selbstüberschneidungen lassen sich in geschlossene Wege zerlegen, für die der Satz von Stokes gilt.

Im zweiten Schritt betrachten wir Kurven mit Selbstüberschneidungen wie in Abbildung 16.66b. Die Idee ist, diese Kurven in einfach geschlossene Wege zu unterteilen, die von orientierbaren Flächen aufgespannt werden, den Satz von Stokes auf jeden geschlossenen Weg einzeln anzuwenden und die Ergebnisse zu addieren. ■

Die folgende Übersicht fasst die Ergebnisse für konservative Felder zusammen, die auf zusammenhängenden, einfach zusammenhängenden offenen Gebieten definiert sind.

Merke

$\boldsymbol{F}$ konservativ auf D $\iff$ (Satz 16.2, Abschnitt 16.3) $\boldsymbol{F} = \nabla f$ auf D

$\Updownarrow$ Satz 16.3, Abschnitt 16.3

$\Downarrow$ Vektoridentität (16.42) (stetige partielle zweite Ableitungen)

$\oint_C \boldsymbol{F} \bullet \mathrm{d}\boldsymbol{r} = 0$ entlang einer beliebigen geschlossenen Kurve in D $\Longleftarrow$ (Satz 16.7 einfache Geschlossenheit des Gebiets und Satz von Stokes) $\nabla \times \boldsymbol{F} = \boldsymbol{0}$ auf D

Aufgaben zum Abschnitt 16.7

Kurvenintegrale mithilfe des Satzes von Stokes bestimmen Berechnen Sie in den Aufgaben 1–3 mithilfe des Oberflächenintegrals aus dem Satz von Stokes die Zirkulation des Feldes $\boldsymbol{F}$ entlang einer Kurve C in der angegebenen Richtung.

1. $\boldsymbol{F} = x^2\boldsymbol{i} + 2x\boldsymbol{j} + z^2\boldsymbol{k}$

C: Die Ellipse $4x^2 + y^2 = 4$ in der xy-Ebene, von oben betrachtet entgegen dem Uhrzeigersinn

2. $\boldsymbol{F} = y\boldsymbol{i} + xz\boldsymbol{j} + x^2\boldsymbol{k}$

C: Der Rand des Dreiecks, das die Ebene $x + y + z = 1$ aus dem ersten Oktanten schneidet, von oben betrachtet entgegen dem Uhrzeigersinn

3. $\boldsymbol{F} = (y^2 + z^2)\boldsymbol{i} + (x^2 + y^2)\boldsymbol{j} + (x^2 + y^2)\boldsymbol{k}$

C: Das durch die Geraden $x = \pm 1$ und $y = \pm 1$ begrenzte Quadrat in der xy-Ebene, von oben betrachtet entgegen dem Uhrzeigersinn

Fluss der Rotation eines Vektorfeldes

4. Sei $\boldsymbol{n}$ der äußere Normaleneinheitsvektor der elliptischen Schale

$$S: \; 4x^2 + 9y^2 + 36z^2 = 36, \; z \geq 0,$$

und sei

$$\boldsymbol{F} = y\boldsymbol{i} + x^2\boldsymbol{j} + (x^2 + y^4)^{3/2} \sin \mathrm{e}^{\sqrt{xyz}}\boldsymbol{k}.$$

Bestimmen Sie den Wert von

$$\iint_S \nabla \times \boldsymbol{F} \cdot \boldsymbol{n} \, \mathrm{d}\sigma .$$

(*Hinweis*: Eine Parametrisierung der Ellipse an der Grundfläche der Schale ist $x = 3\cos t$, $y = 2\sin t$, $0 \leq t \leq 2\pi$).)

5. Sei S der Zylinder $x^2 + y^2 = a^2$, $0 \leq z \leq h$ einschließlich seiner Deckfläche $x^2 + y^2 \leq a^2$, $z = h$. Sei $\boldsymbol{F} = -y\boldsymbol{i} + x\boldsymbol{j} + x^2\boldsymbol{k}$. Bestimmen Sie mithilfe des Satzes von Stokes den Abfluss von $\nabla \times \boldsymbol{F}$ durch S.

6. **Fluss von rot $\boldsymbol{F}$** Zeigen Sie, dass

$$\iint_S \nabla \times \boldsymbol{F} \cdot \boldsymbol{n} \, \mathrm{d}\sigma$$

für alle orientierten Flächen S, die die Randkurve C besitzen und auf C dieselbe positive Richtung induzieren, denselben Wert hat.

Der Satz von Stokes für parametrisierte Flächen Berechnen Sie in den Aufgaben 7–12 mithilfe des Oberflächenintegrals im Satz von Stokes den Fluss der Rotation des Feldes $\boldsymbol{F}$ durch die Fläche S in der Richtung der äußeren Einheitsnormale $\boldsymbol{n}$.

7. $\boldsymbol{F} = 2z\boldsymbol{i} + 3x\boldsymbol{j} + 5y\boldsymbol{k}$

S: $\boldsymbol{r}(r, \theta) = (r\cos\theta)\boldsymbol{i} + (r\sin\theta)\boldsymbol{j} + (4 - r^2)\boldsymbol{k}$,

$0 \leq r \leq 2$, $0 \leq \theta \leq 2\pi$

8. $\boldsymbol{F} = (y - z)\boldsymbol{i} + (z - x)\boldsymbol{j} + (x + z)\boldsymbol{k}$

S: $\boldsymbol{r}(r, \theta) = (r\cos\theta)\boldsymbol{i} + (r\sin\theta)\boldsymbol{j} + (9 - r^2)\boldsymbol{k}$,

$0 \leq r \leq 3$, $0 \leq \theta \leq 2\pi$

9. $F = x^2yi + 2y^3zj + 3zk$

S: $r(r, \theta) = (r\cos\theta)i + (r\sin\theta)j + rk$,

$0 \leq r \leq 1,\ 0 \leq \theta \leq 2\pi$

10. $F = (x - y)i + (y - z)j + (z - x)k$

S: $r(r, \theta) = (r\cos\theta)i + (r\sin\theta)j + (5 - r)k$,

$0 \leq r \leq 5,\ 0 \leq \theta \leq 2\pi$

11. $F = 3yi + (5 - 2x)j + (z^2 - 2)k$

S: $r(\varphi, \theta) = (\sqrt{3}\sin\varphi\cos\theta)i + (\sqrt{3}\sin\varphi\sin\theta)j + (\sqrt{3}\cos\varphi)k$,

$0 \leq \varphi \leq \pi/2,\ 0 \leq \theta \leq 2\pi$

12. $F = y^2i + z^2j + xk$

S: $r(\varphi, \theta) = (2\sin\varphi\cos\theta)i + (2\sin\varphi\sin\theta)j + (2\cos\varphi)k$,

$0 \leq \varphi \leq \pi/2,\ 0 \leq \theta \leq 2\pi$

Theorie und Beispiele

13. **Zirkulation null** Zeigen Sie unter Verwendung der Identität $\nabla \times \nabla f = \mathbf{0}$ (Gleichung (16.42)) und des Satzes von Stokes, dass die Zirkulationen der folgenden Felder um den Rand einer beliebigen glatten orientierbaren Fläche im Raum null sind.

a. $F = 2xi + 2yj + 2zk$

b. $F = \nabla(xy^2z^3)$

c. $F = \nabla \times (xi + yj + zk)$

d. $F = \nabla f$

14. Sei C eine einfach geschlossene glatte Kurve in der Ebene $2x + 2y + z = 2$, die wie in der nachfolgenden Abbildung orientiert ist. Zeigen Sie, dass

$$\oint_C 2y\,dx + 3z\,dy - x\,dz$$

nur von dem Flächeninhalt des von C eingeschlossenen Gebiets abhängt und nicht von der Lage oder der Form von C.

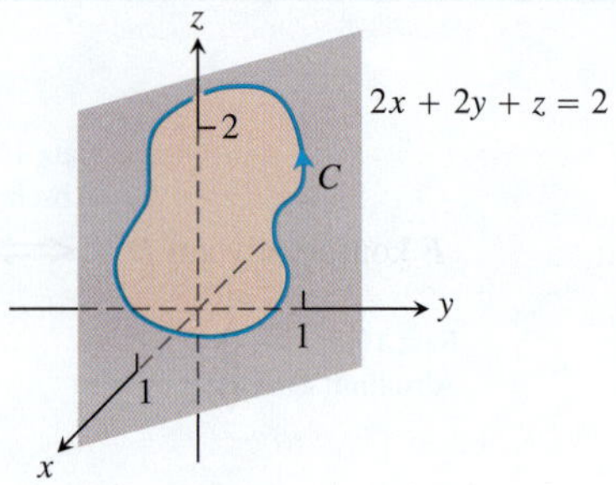

15. Zeigen Sie, dass für das Feld $F = xi + yj + zk$ gilt: $\nabla \times F = 0$.

16. Bestimmen Sie ein Vektorfeld mit zweimal differenzierbaren Komponenten, dessen Rotation $xi + yj + zk$ ist, oder beweisen Sie, dass ein solches Feld nicht existiert.

17. Sei R ein Gebiet in der xy-Ebene, das durch eine stückweise glatte, einfach geschlossene Kurve C begrenzt ist. Die Trägheitsmomente von R um die x- und die y-Achse I_x und I_y seien bekannt. Bestimmen Sie das Integral

$$\oint_C \nabla(r^4) \cdot n\,ds$$

mit $r = \sqrt{x^2 + y^2}$ als Funktion von I_x und I_y.

18. **Trotz Rotation gleich null ist das Feld nicht konservativ** Zeigen Sie, dass die Rotation von

$$F = \frac{-y}{x^2 + y^2}i + \frac{x}{x^2 + y^2}j + zk$$

null ist, aber nicht das Integral

$$\oint_C F \cdot dr,$$

wenn C der Kreis $x^2 + y^2 = 1$ in der xy-Ebene ist. (Satz 16.7 auf Seite 546 ist hier nicht anwendbar, weil der Definitionsbereich von F nicht einfach zusammenhängend ist: Das Feld F ist entlang der z-Achse nicht definiert, sodass es unmöglich ist, die Kurve C auf einen Punkt zusammenzuziehen, ohne den Definitionsbereich von F zu verlassen.)

16.8 Der Divergenzsatz und eine einheitliche Theorie

Die Divergenzform des Satzes von Green in der Ebene besagt, dass sich der Nettoabfluss eines Vektorfelds durch eine einfach geschlossene Kurve berechnen lässt, indem man über die Divergenz des Feldes über das von der Kurve eingeschlossene Gebiet integriert. Der entsprechende Satz in drei Dimensionen, der sogenannte *Divergenzsatz*, besagt, dass sich der Nettoabfluss eines Vektorfelds durch eine geschlossene Fläche im Raum berechnen lässt, indem man die Divergenz des Feldes über das von der Fläche eingeschlossene Gebiet integriert. In diesem Abschnitt beweisen wir den Divergenzsatz und zeigen, wie er die Berechnung des Flusses vereinfacht. Außerdem leiten wir den Satz von Gauß für den Fluss in einem elektrischen Feld her sowie die Kontinuitätsgleichung der Hydrodynamik. Abschließend vereinheitlichen wir die Integralsätze für Vektorfelder aus diesem Kapitel zu einem einzigen Hauptsatz.

Divergenz in drei Dimensionen

Die **Divergenz** eines Vektorfelds $\boldsymbol{F} = M(x,y,z)\boldsymbol{i} + N(x,y,z)\boldsymbol{j} + P(x,y,z)\boldsymbol{k}$ ist die skalare Funktion

$$\operatorname{div} \boldsymbol{F} = \nabla \cdot \boldsymbol{F} = \frac{\partial M}{\partial x} + \frac{\partial N}{\partial y} + \frac{\partial P}{\partial z}. \tag{16.43}$$

Das Symbol „div $\boldsymbol{F}$“ liest man „Divergenz von $\boldsymbol{F}$“ bzw. „Div $\boldsymbol{F}$“. Den Ausdruck $\nabla \cdot \boldsymbol{F}$ liest man „Nabla mal $\boldsymbol{F}$“.

Div $\boldsymbol{F}$ hat in drei Dimensionen dieselbe physikalische Interpretation wie in zwei Dimensionen. Ist $\boldsymbol{F}$ das Geschwindigkeitsfeld eines strömenden Gases, dann ist der Wert von div $\boldsymbol{F}$ im Punkt (x,y,z) die Rate, mit der das Gas im Punkt (x,y,z) komprimiert wird bzw. sich ausdehnt. Die Divergenz ist der Fluss pro Volumeneinheit bzw. die Flussdichte in diesem Punkt.

Beispiel 16.46 Die folgenden Vektorfelder geben die Geschwindigkeit eines im Raum strömenden Gases an. Bestimmen Sie die Divergenz jedes Vektorfelds und weisen Sie ihm eine physikalische Bedeutung zu. ►Abbildung 16.67 zeigt die Vektorfelder.

Divergenz verschiedener Vektorfelder und ihre physikalische Interpretation

a Expansion: $\boldsymbol{F}(x,y,z) = x\boldsymbol{i} + y\boldsymbol{j} + z\boldsymbol{k}$

b Kompression: $\boldsymbol{F}(x,y,z) = -x\boldsymbol{i} - y\boldsymbol{j} - z\boldsymbol{k}$

c Rotation um die z-Achse: $\boldsymbol{F}(x,y,z) = -y\boldsymbol{i} + x\boldsymbol{j}$

d Scherströmung entlang horizontaler Ebenen: $\boldsymbol{F}(x,y,z) = z\boldsymbol{j}$

Lösung

a $\operatorname{div} \boldsymbol{F} = \frac{\partial}{\partial x}(x) + \frac{\partial}{\partial y}(y) + \frac{\partial}{\partial z}(z) = 3$: Das Gas dehnt sich in allen Punkten gleichmäßig aus.

b $\operatorname{div} \boldsymbol{F} = \frac{\partial}{\partial x}(-x) + \frac{\partial}{\partial y}(-y) + \frac{\partial}{\partial z}(-z) = -3$: Das Gas wird in allen Punkten gleichmäßig komprimiert.

c $\operatorname{div} \boldsymbol{F} = \frac{\partial}{\partial x}(-y) + \frac{\partial}{\partial y}(x) = 0$: Für alle Punkte dehnt sich das Gas weder aus noch wird es komprimiert.

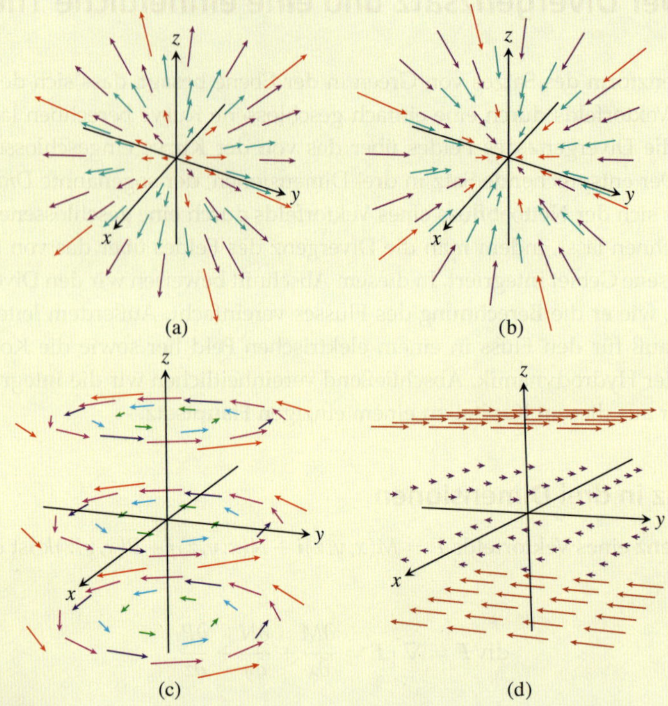

Abbildung 16.67 Geschwindigkeitsfelder eines im Raum strömenden Gases.

d $\operatorname{div} \boldsymbol{F} = \dfrac{\partial}{\partial y}(z) = 0$: Wiederum ist die Divergenz in allen Punkten des Definitionsbereichs des Vektorfelds gleich null. Für alle Punkte dehnt sich das Gas weder aus noch wird es komprimiert. ■

Divergenzsatz

Der Divergenzsatz besagt, dass der Abfluss eines Vektorfelds durch eine geschlossene Fläche unter geeigneten Bedingungen gleich dem Dreifachintegral der Divergenz des Feldes über das von der Fläche eingeschlossene Gebiet ist.

Satz 16.8 Divergenzsatz Sei $\boldsymbol{F}$ ein Vektorfeld, dessen Komponenten stetige erste partielle Ableitungen haben, und sei S eine stückweise glatte orientierte geschlossen Fläche. Der Fluss von $\boldsymbol{F}$ durch S in Richtung des äußeren Einheitsnormalenfelds $\boldsymbol{n}$ ist das Integral von $\nabla \cdot \boldsymbol{F}$ über das von der Fläche eingeschlossene Gebiet:

$$\underbrace{\iint_S \boldsymbol{F} \cdot \boldsymbol{n} \, \mathrm{d}\sigma}_{\text{Abfluss}} = \underbrace{\iiint_D \nabla \cdot \boldsymbol{F} \, \mathrm{d}V}_{\text{Divergenzintegral}} . \tag{16.44}$$

Divergenzsatz für das Vektorfeld $\boldsymbol{F} = x\boldsymbol{i} + y\boldsymbol{j} + z\boldsymbol{k}$ über der Kugel $x^2 + y^2 + z^2 = a^2$

Beispiel 16.47 Berechnen Sie beide Seiten von Gleichung (16.44) für das expandierende Vektorfeld $\boldsymbol{F} = x\boldsymbol{i} + y\boldsymbol{j} + z\boldsymbol{k}$ über der Kugel $x^2 + y^2 + z^2 = a^2$ (►Abbildung 16.68).

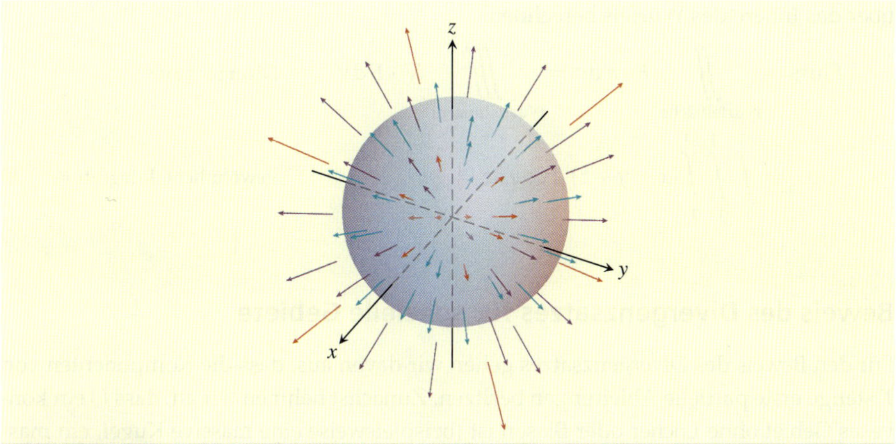

Abbildung 16.68 Ein gleichmäßig expandierendes Vektorfeld und eine Kugel.

Lösung Aus dem Gradienten von $f(x,y,z) = x^2 + y^2 + z^2 - a^2$ ergibt sich für die äußere Normale an S

$$\boldsymbol{n} = \frac{2(x\boldsymbol{i} + y\boldsymbol{j} + z\boldsymbol{k})}{\sqrt{4(x^2 + y^2 + z^2)}} = \frac{x\boldsymbol{i} + y\boldsymbol{j} + z\boldsymbol{k}}{a}. \qquad x^2 + y^2 + z^2 = a^2 \text{ auf } S$$

Folglich ist

$$\boldsymbol{F} \cdot \boldsymbol{n}\,\mathrm{d}\sigma = \frac{x^2 + y^2 + z^2}{a}\mathrm{d}\sigma = \frac{a^2}{a}\mathrm{d}\sigma = a\,\mathrm{d}\sigma.$$

Daraus ergibt sich

$$\iint_S \boldsymbol{F} \cdot \boldsymbol{n}\,\mathrm{d}\sigma = \iint_S a\,\mathrm{d}\sigma = a \iint_S \mathrm{d}\sigma = a(4\pi a^2) = 4\pi a^3. \qquad \text{Der Flächeninhalt von } S \text{ ist } 4\pi a^2.$$

Die Divergenz von $\boldsymbol{F}$ ist

$$\nabla \cdot \boldsymbol{F} = \frac{\partial}{\partial x}(x) + \frac{\partial}{\partial y}(y) + \frac{\partial}{\partial z}(z) = 3,$$

also ergibt sich für das Integral

$$\iiint_D \nabla \cdot \boldsymbol{F}\,\mathrm{d}V = \iiint_D 3\,\mathrm{d}V = 3\left(\frac{4}{3}\pi a^3\right) = 4\pi a^3.$$ ■

Beispiel 16.48 Bestimmen Sie den Abfluss von $\boldsymbol{F} = xy\boldsymbol{i} + yz\boldsymbol{j} + xz\boldsymbol{k}$ durch die Fläche des Würfels, den die Ebenen $x = 1$, $y = 1$ und $z = 1$ aus dem ersten Oktanten schneiden.

Lösung Anstatt den Fluss als Summe von sechs einzelnen Integralen zu berechnen (jeweils ein Integral für jede Fläche), können wir den Fluss durch Integration der Divergenz

$$\nabla \cdot \boldsymbol{F} = \frac{\partial}{\partial x}(xy) + \frac{\partial}{\partial y}(yz) + \frac{\partial}{\partial z}(xz) = y + z + x$$

über das Innere des Würfels berechnen:

$$\text{Fluss} = \iint\limits_{\text{Würfelfläche}} \boldsymbol{F}\cdot\boldsymbol{n}\,\mathrm{d}\sigma = \iiint\limits_{\text{Würfelinneres}} \nabla\cdot\boldsymbol{F}\,\mathrm{d}V \qquad \text{Divergenzsatz}$$

$$= \int_0^1\int_0^1\int_0^1 (x+y+z)\,\mathrm{d}x\,\mathrm{d}y\,\mathrm{d}z = \frac{3}{2}. \qquad \text{gewöhnliche Integration}$$

Beweis des Divergenzsatzes für spezielle Gebiete

Für den Beweis des Divergenzsatzes gehen wir davon aus, dass die Komponenten von $\boldsymbol{F}$ stetige erste partielle Ableitungen besitzen. Zunächst nehmen wir an, dass D ein konvexes Gebiet ohne Löcher oder Blasen ist (beispielsweise eine massive Kugel, ein massiver Würfel oder ein Ellipsoid) und dass S eine stückweise glatte Fläche ist. Zusätzlich nehmen wir an, dass in jedem inneren Punkt des Gebiets R_{xy}, das die Projektion von D auf die xy-Ebene ist, jede senkrecht auf der xy-Ebene stehende Gerade die Fläche S in genau zwei Punkten schneidet, sodass sich aus der Menge dieser Schnittpunkte zwei Flächen ergeben:

$$S_1: \quad z = f_1(x,y), \quad (x,y) \text{ in } R_{xy}$$
$$S_2: \quad z = f_2(x,y), \quad (x,y) \text{ in } R_{xy}$$

mit $f_1 \le f_2$. Ähnliche Annahmen treffen wir bezüglich der Projektion von D auf die anderen Koordinatenebenen (►Abbildung 16.69).

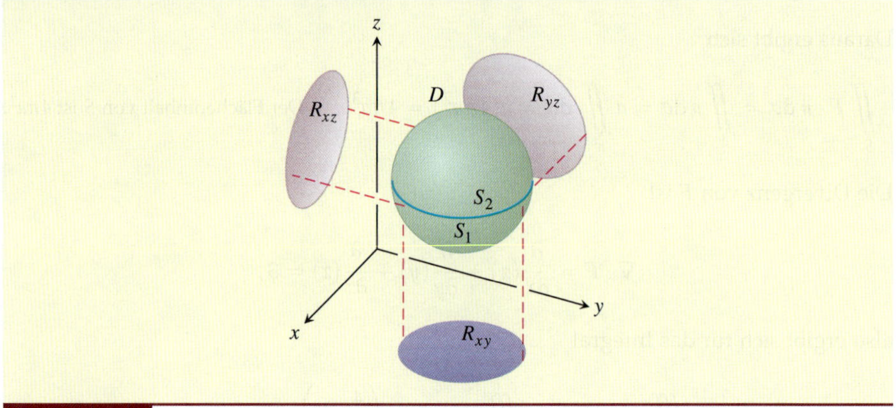

Abbildung 16.69 Wir beweisen den Divergenzsatz für die hier dargestellt Art eines dreidimensionalen Gebiets.

Die Komponenten des Normaleneinheitsvektors $\boldsymbol{n} = n_1\boldsymbol{i} + n_2\boldsymbol{j} + n_3\boldsymbol{k}$ sind die Kosinusse der Winkel α, β und γ, die $\boldsymbol{n}$ mit $\boldsymbol{i}, \boldsymbol{j}$ und $\boldsymbol{k}$ bildet (►Abbildung 16.70). Dies gilt, weil alle beteiligten Vektoren Einheitsvektoren sind. Wir erhalten

$$n_1 = \boldsymbol{n}\cdot\boldsymbol{i} = |\boldsymbol{n}||\boldsymbol{i}|\cos\alpha = \cos\alpha$$
$$n_2 = \boldsymbol{n}\cdot\boldsymbol{j} = |\boldsymbol{n}||\boldsymbol{j}|\cos\beta = \cos\beta$$
$$n_3 = \boldsymbol{n}\cdot\boldsymbol{k} = |\boldsymbol{n}||\boldsymbol{k}|\cos\gamma = \cos\gamma\,.$$

Folglich ist

$$\boldsymbol{n} = (\cos\alpha)\boldsymbol{i} + (\cos\beta)\boldsymbol{j} + (\cos\gamma)\boldsymbol{k}$$

und

$$\boldsymbol{F}\cdot\boldsymbol{n} = M\cos\alpha + N\cos\beta + P\cos\gamma\,.$$

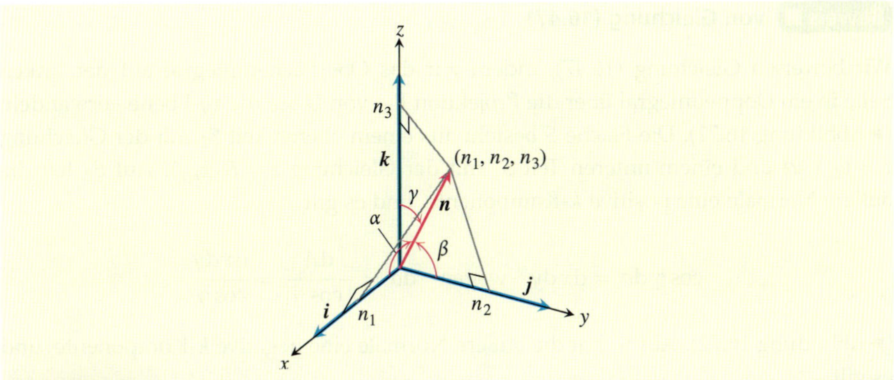

Abbildung 16.70 Die Komponenten von $\boldsymbol{n}$ sind die Kosinusfunktionen der Winkel α, β und γ, die $\boldsymbol{n}$ mit den Einheitsvektoren $\boldsymbol{i}, \boldsymbol{j}$ und $\boldsymbol{k}$ bildet.

In Komponentenform besagt der Divergenzsatz:

$$\iint\limits_S \underbrace{(M\cos\alpha + N\cos\beta + P\cos\gamma)}_{\boldsymbol{F}\cdot\boldsymbol{n}}\, \mathrm{d}\sigma = \iiint\limits_D \underbrace{\left(\frac{\partial M}{\partial x} + \frac{\partial N}{\partial y} + \frac{\partial P}{\partial z}\right)}_{\operatorname{div}\boldsymbol{F}} \mathrm{d}x\,\mathrm{d}y\,\mathrm{d}z\,.$$

Wir beweisen den Satz, indem wir die drei folgenden Gleichungen beweisen:

$$\iint\limits_S M\cos\alpha\,\mathrm{d}\sigma = \iiint\limits_D \frac{\partial M}{\partial x}\mathrm{d}x\,\mathrm{d}y\,\mathrm{d}z \qquad (16.45)$$

$$\iint\limits_S N\cos\beta\,\mathrm{d}\sigma = \iiint\limits_D \frac{\partial N}{\partial y}\mathrm{d}x\,\mathrm{d}y\,\mathrm{d}z \qquad (16.46)$$

$$\iint\limits_S P\cos\gamma\,\mathrm{d}\sigma = \iiint\limits_D \frac{\partial P}{\partial z}\mathrm{d}x\,\mathrm{d}y\,\mathrm{d}z \qquad (16.47)$$

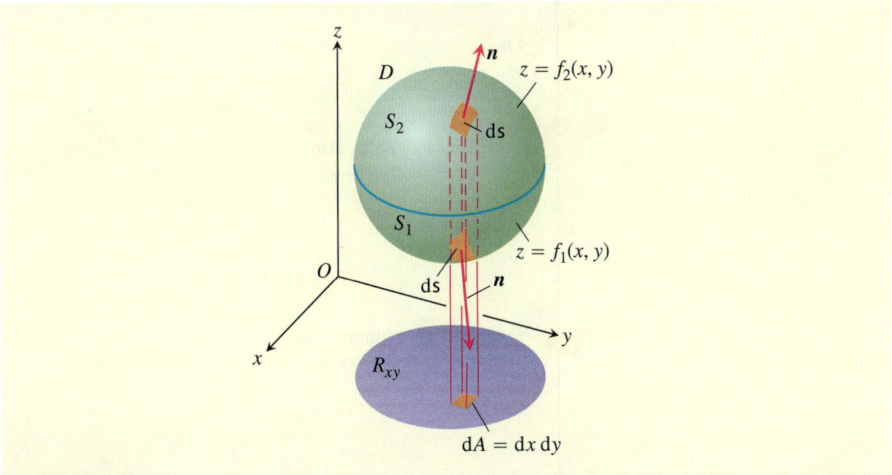

Abbildung 16.71 Das von den Flächen S_1 und S_2 eingeschlossene Gebiet D wird vertikal auf das Gebiet R_{xy} projiziert.

Beweis von Gleichung (16.47)

Wir beweisen Gleichung (16.47), indem wir das Oberflächenintegral auf der linken Seite in ein Doppelintegral über die Projektion R_{xy} von D auf die xy-Ebene verwandeln (►Abbildung 16.71). Die Fläche S besteht aus einem oberen Teil S_2 mit der Gleichung $z = f_2(x,y)$ und einem unteren Teil S_1 mit der Gleichung $z = f_1(x,y)$. Auf S_2 hat die äußere Normale eine positive $\mathbf{k}$-Komponente, und es gilt

$$\cos\gamma \, \mathrm{d}\sigma = \mathrm{d}x\,\mathrm{d}y \quad \text{wegen} \quad \mathrm{d}\sigma = \frac{\mathrm{d}A}{|\cos\gamma|} = \frac{\mathrm{d}x\,\mathrm{d}y}{\cos\gamma}$$

(►Abbildung 16.72). Auf S_1 hat die äußere Normale eine negative $\mathbf{k}$-Komponente, und es gilt

$$\cos\gamma \, \mathrm{d}\sigma = -\mathrm{d}x\,\mathrm{d}y\,.$$

Damit erhalten wir

$$\begin{aligned}
\iint_S P\cos\gamma\,\mathrm{d}\sigma &= \iint_{S_2} P\cos\gamma\,\mathrm{d}\sigma + \iint_{S_2} P\cos\gamma\,\mathrm{d}\sigma \\
&= \iint_{R_{xy}} P(x,y,f_2(x,y))\,\mathrm{d}x\,\mathrm{d}y - \iint_{R_{xy}} P(x,y,f_1(x,y))\,\mathrm{d}x\,\mathrm{d}y \\
&= \iint_{R_{xy}} [P(x,y,f_2(x,y)) - P(x,y,f_1(x,y))]\,\mathrm{d}x\,\mathrm{d}y \\
&= \iint_{R_{xy}} \left[\int_{f_1(x,y)}^{f_2(x,y)} \frac{\partial P}{\partial z}\mathrm{d}z\right]\mathrm{d}x\,\mathrm{d}y = \iiint_D \frac{\partial P}{\partial z}\mathrm{d}z\,\mathrm{d}x\,\mathrm{d}y\,.
\end{aligned}$$

Damit ist Gleichung (16.47) bewiesen. Die Beweise für die Gleichungen (16.45) und (16.46) laufen analog; oder Sie vertauschen jeweils x, y, z; M, N, P; α, β, γ (zyklisch, d. h. ohne deren Reihenfolge zu ändern) und erhalten die Ergebnisse aus Gleichung (16.47). Damit ist der Divergenzsatz für diese speziellen Gebiete bewiesen. ■

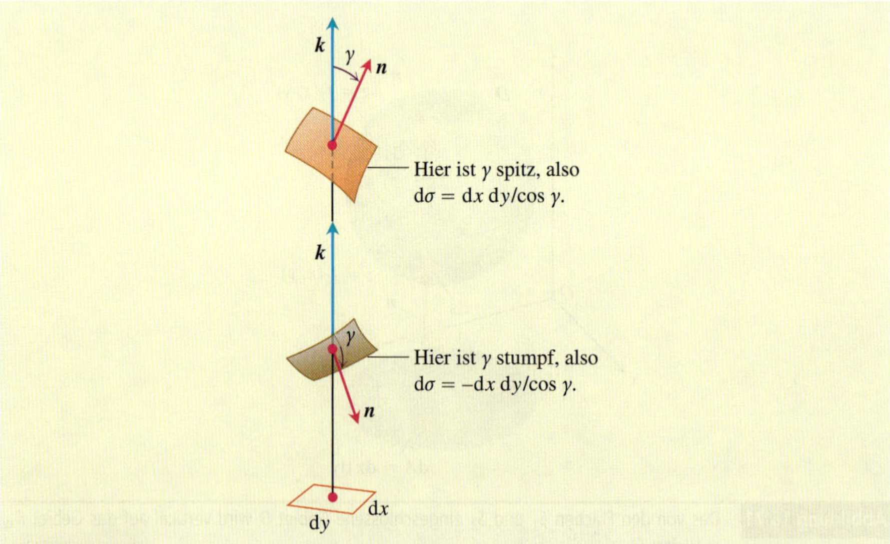

Abbildung 16.72 Ein Ausschnitt der Flächenelemente aus Abbildung 16.71. Die Beziehungen $\mathrm{d}\sigma = \pm\mathrm{d}x\,\mathrm{d}y\ \cos\gamma$ ergeben sich aus Gleichung (16.26) in Abschnitt 16.2.

Divergenzsatz für andere Gebiete

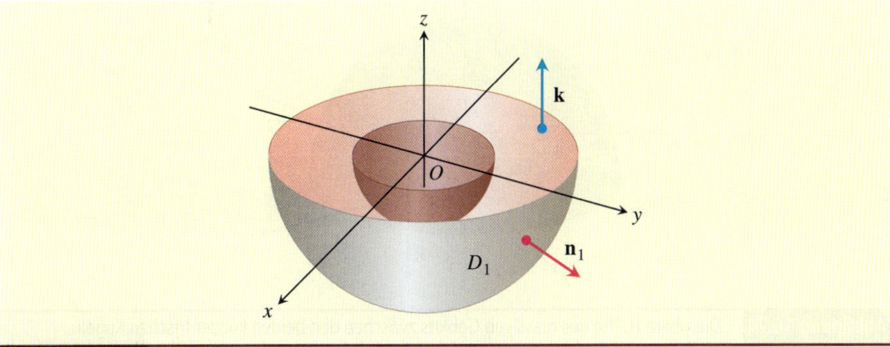

Abbildung 16.73 Die untere Hälfte des massiven Gebiets zwischen den beiden konzentrischen Kugeln.

Erweitern können wir den Divergenzsatz auf Gebiete, die sich in eine endliche Anzahl einfacher Gebiete der eben diskutieren Art zerlegen lassen, und auf Gebiete, die sich in bestimmter Weise als Grenzwerte einfacherer Gebiete definieren lassen. Als Beispiel für einen Schritt eines solchen Zerlegungsprozesses nehmen wir an, dass D das Gebiet zwischen zwei konzentrischen Kugeln ist und dass $\boldsymbol{F}$ in D und auf den Randflächen stetig differenzierbare Komponenten besitzt. Wir zerlegen D durch eine Äquatorialebene in zwei Hälften und wenden den Divergenzsatz auf jede Hälfte einzeln an. Die untere Hälfte ist in ▶Abbildung 16.73 dargestellt. Die Fläche S_1, die das Gebiet D_1 begrenzt, besteht aus einer äußeren Halbkugel, einer unterlegscheibenförmigen Fläche und einer inneren Halbkugel. Nach dem Divergenzsatz gilt

$$\int_{S_1} \boldsymbol{F} \cdot \boldsymbol{n}_1 \, \mathrm{d}\sigma_1 = \iiint_{D_1} \nabla \cdot \boldsymbol{F} \, \mathrm{d}V_1 \,. \tag{16.48}$$

Die von D_1 nach außen weisende Einheitsnormale $\boldsymbol{n}_1$ zeigt entlang der äußeren Fläche vom Ursprung weg, entlang der flachen Grundfläche ist $\boldsymbol{n}_1$ gleich $\boldsymbol{k}$ und entlang der inneren Fläche zeigt die Einheitsnormale $\boldsymbol{n}_1$ zum Ursprung hin. Nun wenden wir den Divergenzsatz auf das Gebiet D_2 und seine Oberfläche S_2 an (▶Abbildung 16.74):

$$\int_{S_2} \boldsymbol{F} \cdot \boldsymbol{n}_2 \, \mathrm{d}\sigma_1 = \iiint_{D_1} \nabla \cdot \boldsymbol{F} \, \mathrm{d}V_1 \,. \tag{16.49}$$

Wenn wir die von D_2 nach außen weisende Normale $\boldsymbol{n}_2$ über S_2 verfolgen, so stellen wir fest, dass $\boldsymbol{n}_2$ entlang der flachen Grundfläche in der xy-Ebene $-\boldsymbol{k}$ ist, entlang der äußeren Fläche vom Ursprung weg und entlang der inneren Fläche zum Ursprung hin zeigt. Anschließend addieren wir Gleichung (16.48) und (16.49). Die Integrale über die unterlegscheibenförmige Fläche heben sich aufgrund der entgegengesetzten Vorzeichen von $\boldsymbol{n}_1$ und $\boldsymbol{n}_2$ gegenseitig auf. Daher erhalten wir das Ergebnis

$$\iint_{S} \boldsymbol{F} \cdot \boldsymbol{n} \, \mathrm{d}\sigma = \iiint_{D} \nabla \cdot \boldsymbol{F} \, \mathrm{d}V \,.$$

Dabei ist D das Gebiet zwischen den Kugeln, S ist der Rand von D, der aus den beiden Kugeln besteht, und $\boldsymbol{n}$ ist die von D wegweisende Einheitsnormale an S.

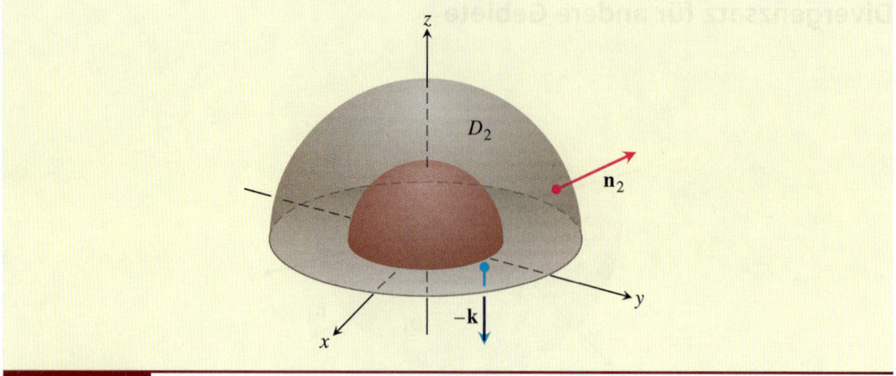

Abbildung 16.74 Die obere Hälfte des massiven Gebiets zwischen den beiden konzentrischen Kugeln.

Nettoabfluss eines Vektorfelds durch eine dicke Kugelschale

Beispiel 16.49 Bestimmen Sie den Nettoabfluss des Feldes

$$\boldsymbol{F} = \frac{x\boldsymbol{i} + y\boldsymbol{j} + z\boldsymbol{k}}{\rho^3}, \quad \rho = \sqrt{x^2 + y^2 + z^2}$$

durch den Rand des Gebiets $D : 0 < a^2 \leq x^2 + y^2 + z^2 \leq b^2$ (▶Abbildung 16.75), d. h. durch eine dicke Kugelschale.

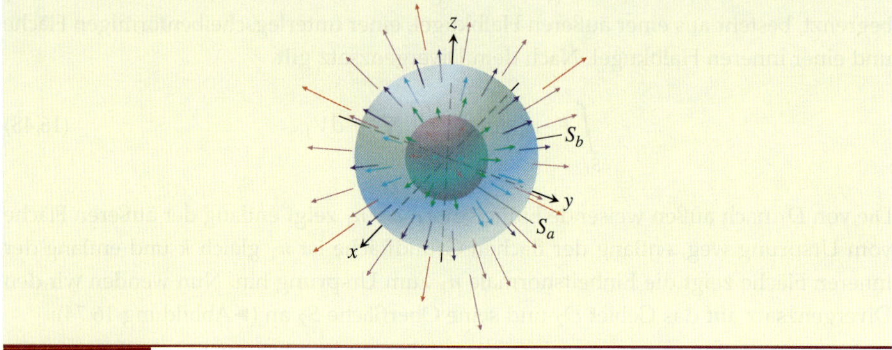

Abbildung 16.75 Zwei konzentrische Kugeln in einem expandierenden Vektorfeld.

Lösung Den Fluss können wir durch Integration von $\nabla \cdot \boldsymbol{F}$ über D berechnen. Es gilt

$$\frac{\partial \rho}{\partial x} = \frac{1}{2}\left(x^2 + y^2 + z^2\right)^{-1/2}(2x) = \frac{x}{\rho}$$

und

$$\frac{\partial M}{\partial x} = \frac{\partial}{\partial x}(x\rho^{-3}) = \rho^{-3} - 3x\rho^{-4}\frac{\partial \rho}{\partial x} = \frac{1}{\rho^3} - \frac{3x^2}{\rho^5}.$$

Genauso gilt

$$\frac{\partial N}{\partial y} = \frac{1}{\rho^3} - \frac{3y^2}{\rho^5} \quad \text{und} \quad \frac{\partial P}{\partial z} = \frac{1}{\rho^3} - \frac{3z^2}{\rho^5}.$$

Folglich ist

$$\operatorname{div} \boldsymbol{F} = \frac{3}{\rho^3} - \frac{3}{\rho^5}\left(x^2 + y^2 + z^2\right) = \frac{3}{\rho^3} - \frac{3\rho^2}{\rho^5} = 0$$

und

$$\iiint_D \nabla \cdot \boldsymbol{F} \, \mathrm{d}V = 0 \, .$$

$\nabla \cdot \boldsymbol{F} = \operatorname{div} \boldsymbol{F}$

Also ist das Integral von $\nabla \cdot \boldsymbol{F}$ über D gleich null, und der Nettoabfluss durch den Rand von D ist ebenfalls null. Dennoch können wir mehr aus diesem Beispiel lernen. Der Fluss, der D durch die innere Kugel S_a verlässt, ist das Negative des Flusses, der D durch die äußere Kugel S_b verlässt (denn die Summe dieser beiden Flüsse ist null). Folglich ist der Fluss von $\boldsymbol{F}$ durch S_a vom Ursprung weg gleich dem Fluss von $\boldsymbol{F}$ durch S_b vom Ursprung weg. Demnach hängt der Fluss von $\boldsymbol{F}$ durch eine Kugel mit dem Mittelpunkt im Ursprung nicht von dem Radius der Kugel ab. Welchen Wert hat dieser Fluss?

Um diesen Fluss zu bestimmen, berechnen wir das Flussintegral direkt. Die nach außen gerichtete Einheitsnormale an die Kugel mit dem Radius a ist

$$\boldsymbol{n} = \frac{x\boldsymbol{i} + y\boldsymbol{j} + z\boldsymbol{k}}{\sqrt{x^2 + y^2 + z^2}} = \frac{x\boldsymbol{i} + y\boldsymbol{i} + z\boldsymbol{k}}{a} \, .$$

Daher gilt auf der Kugel

$$\boldsymbol{F} \cdot \boldsymbol{n} = \frac{x\boldsymbol{i} + y\boldsymbol{j} + z\boldsymbol{k}}{a^3} \cdot \frac{x\boldsymbol{i} + y\boldsymbol{j} + z\boldsymbol{k}}{a} = \frac{x^2 + y^2 + z^2}{a^4} = \frac{a^2}{a^4} = \frac{1}{a^2}$$

und

$$\iint_S \boldsymbol{F} \cdot \boldsymbol{n} \, \mathrm{d}\sigma = \frac{1}{a^2} \iint_{S_a} \mathrm{d}\sigma = \frac{1}{a^2}(4\pi a^2) = 4\pi \, .$$

Der Abfluss von $\boldsymbol{F}$ durch jede um den Ursprung zentrierte Kugel ist 4π.

Das Gauß'sche Gesetz: Eine der vier Maxwell'schen Gleichungen

Aus Beispiel 16.49 können wir noch mehr lernen. Das von einer Punktladung q im Ursprung erzeugte elektrische Feld ist nach der Theorie des Elektromagnetismus

$$\boldsymbol{E}(x, y, z) = \frac{1}{4\pi\varepsilon_0} \frac{q}{|\boldsymbol{r}|^2} \left(\frac{\boldsymbol{r}}{|\boldsymbol{r}|} \right) = \frac{q}{4\pi\varepsilon_0} \frac{\boldsymbol{r}}{|\boldsymbol{r}|^3} = \frac{q}{4\pi\varepsilon_0} \frac{x\boldsymbol{i} + y\boldsymbol{j} + z\boldsymbol{k}}{\rho^3} \, .$$

Dabei ist ε_0 die Dielektrizitätskonstante, $\boldsymbol{r}$ ist der Ortsvektor des Punktes (x, y, z) mit $\rho = |\boldsymbol{r}| = \sqrt{x^2 + y^2 + z^2}$. In der Schreibweise von Beispiel 16.49 heißt das

$$\boldsymbol{E} = \frac{q}{4\pi\varepsilon_0} \boldsymbol{F} \, .$$

Die Berechnungen aus Beispiel 16.49 haben gezeigt, dass der Abfluss von $\boldsymbol{E}$ durch jede um den Ursprung zentrierte Kugel gleich q/ε_0 ist. Aber dieses Ergebnis ist nicht auf Kugeln beschränkt. Der Fluss von $\boldsymbol{E}$ durch *jede* geschlossene Fläche, die den Ursprung einschließt (und für die der Divergenzsatz gilt), ist ebenfalls q/ε_0. Um uns davon zu überzeugen, müssen wir uns nur eine große, um den Ursprung zentrierte Kugel S_a vorstellen, die die Fläche S umgibt (►Abbildung 16.76). Weil für $\rho > 0$

$$\nabla \cdot \boldsymbol{E} = \nabla \cdot \frac{q}{4\pi\varepsilon_0} \boldsymbol{F} = \frac{q}{4\pi\varepsilon_0} \nabla \cdot \boldsymbol{F} = 0$$

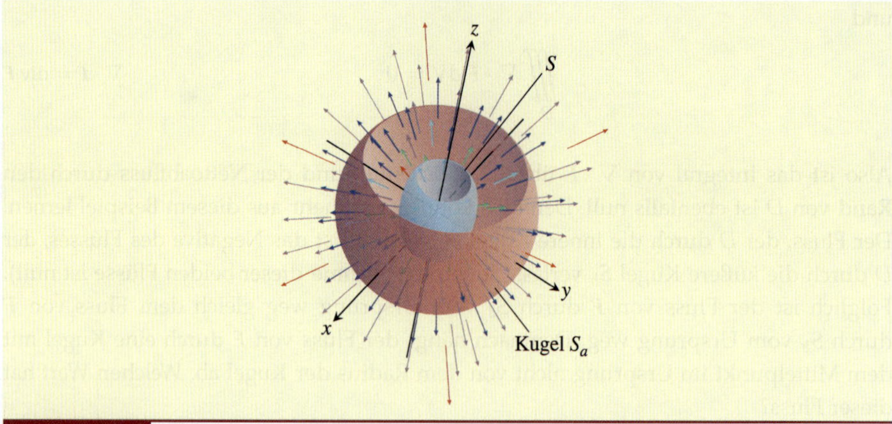

Abbildung 16.76 Eine Kugel S_a, die eine andere Fläche S umgibt. Zur Veranschaulichung wurden die Flächen angeschnitten.

gilt, ist das Integral von $\nabla \cdot \boldsymbol{E}$ über das Gebiet D zwischen S und S_a null. Nach dem Divergenzsatz müssen folglich

$$\iint_{\text{Rand von D}} \boldsymbol{E} \cdot \boldsymbol{n} \, d\sigma = 0$$

und der Fluss von $\boldsymbol{E}$ durch S in Richtung vom Ursprung weg genauso groß sein wie der Fluss von $\boldsymbol{E}$ durch S_a in Richtung vom Ursprung weg, also q/ε_0. Diese Aussage, das sogenannte **Gauß'sche Gesetz**, gilt auch für viel allgemeinere Ladungsverteilungen als die hier angenommenen, wie Sie in fast jedem Physiklehrbuch sehen können.

$$\text{Gauß'sches Gesetz}: \iint_S \boldsymbol{E} \cdot \boldsymbol{n} \, d\sigma = \frac{q}{\varepsilon_0}.$$

Die Kontinuitätsgleichung der Hydrodynamik

Sei D ein Gebiet im Raum, das von einer geschlossenen orientierten Fläche S begrenzt wird. Ist $\boldsymbol{v}(x,y,z)$ das Geschwindigkeitsfeld eines Fluids, das gleichmäßig durch D strömt, und $\delta = \delta(t,x,y,z)$ die Dichte des Fluids im Punkt (x,y,z) zur Zeit t und $\boldsymbol{F} = \delta\boldsymbol{v}$, so besagt die **Kontinuitätsgleichung der Hydrodynamik**, dass

$$\nabla \cdot \boldsymbol{F} + \frac{\partial \delta}{\partial t} = 0$$

gilt. Sind die ersten partiellen Ableitungen der beteiligten Funktionen stetig, so ergibt sich die Gleichung unmittelbar aus dem Divergenzsatz, wie wir nun sehen werden.

Zunächst ist das Integral

$$\iint_S \boldsymbol{F} \cdot \boldsymbol{n} \, d\sigma$$

die Rate, mit der Masse das Gebiet D durch die Fläche S verlässt (wir sagen verlässt, weil $\boldsymbol{n}$ die äußere Normale ist). Um uns davon zu überzeugen, betrachten wir ein Flächenstück mit dem Flächeninhalt $\Delta\sigma$ auf der Fläche (▶Abbildung 16.77). In einer kurzen Zeitspanne Δt ist das Volumen ΔV des Fluids, das durch das Flächenstück strömt, ungefähr so groß wie das Volumen eines Zylinders mit dem Grundflächeninhalt $\Delta\sigma$

und der Höhe $(\boldsymbol{v}\,\Delta t)\cdot\boldsymbol{n}$. Dabei ist $\boldsymbol{v}$ ein Geschwindigkeitsvektor, der von einem Punkt des Flächenstücks ausgeht:

$$\Delta V \approx \boldsymbol{v}\cdot\boldsymbol{n}\Delta\sigma\Delta t\,.$$

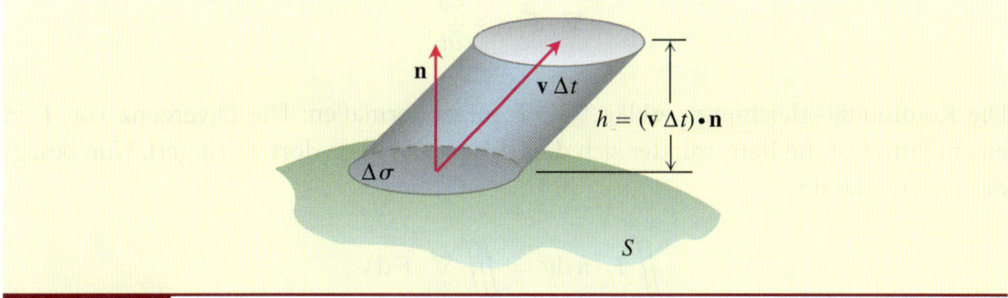

Abbildung 16.77 Das Fluid, das durch das Flächenstück $\Delta\sigma$ innerhalb einer kurzen Zeit Δt nach oben strömt, füllt einen „Zylinder" dessen Volumen ungefähr Grundfläche mal Höhe $= \boldsymbol{v}\cdot\boldsymbol{n}\,\Delta\sigma\,\Delta t$ ist.

Die Masse dieses Fluidvolumens ist näherungsweise

$$\Delta m \approx \delta\boldsymbol{v}\cdot\boldsymbol{n}\Delta\sigma\Delta t\,,$$

sodass die Rate, mit der die Masse durch das Flächenstück aus D strömt, näherungsweise

$$\frac{\Delta m}{\Delta t} \approx \delta\boldsymbol{v}\cdot\boldsymbol{n}\Delta\sigma$$

ist. Dies führt auf die Näherung

$$\frac{\sum\Delta m}{\Delta t} \approx \sum\delta\boldsymbol{v}\cdot\boldsymbol{n}\Delta\sigma$$

als eine Schätzung der mittleren Rate, mit der die Masse durch S strömt. Schließlich bilden wir die Grenzwerte $\Delta\sigma \to 0$ und $\Delta t \to 0$, woraus sich die momentane (lokale) Rate ergibt, mit der die Masse das Gebiet D durch die Fläche S verlässt:

$$\frac{\mathrm{d}m}{\mathrm{d}t} = \iint\limits_S \delta\boldsymbol{v}\cdot\boldsymbol{n}\,\mathrm{d}\sigma\,.$$

Für unsere spezielle Wahl des Flusses ist das

$$\frac{\mathrm{d}m}{\mathrm{d}t} = \iint\limits_S \boldsymbol{F}\cdot\boldsymbol{n}\,\mathrm{d}\sigma\,.$$

Nun sei B eine massive Kugel mit dem Mittelpunkt Q in dem Fluss. Der Mittelwert von $\nabla\cdot\boldsymbol{F}$ über B ist

$$\frac{1}{\text{Volumen von } B}\iiint\limits_B \nabla\cdot\boldsymbol{F}\,\mathrm{d}V\,.$$

Aufgrund der Stetigkeit der Divergenz nimmt $\nabla\cdot\boldsymbol{F}$ diesen Wert in einem Punkt P in B tatsächlich an. Deshalb gilt

$$\begin{aligned}(\nabla\cdot\boldsymbol{F})_P &= \frac{1}{\text{Volumen von } B}\iiint\limits_B \nabla\cdot\boldsymbol{F}\,\mathrm{d}V = \frac{\iint\limits_S \boldsymbol{F}\cdot\boldsymbol{n}\,\mathrm{d}\sigma}{\text{Volumen von } B}\\ &= \frac{\text{Rate, mit der Masse die Kugel } B \text{ durch ihre Fläche } S \text{ verlässt}}{\text{Volumen von } B}\,.\end{aligned} \tag{16.50}$$

Der letzte Term der Gleichung beschreibt eine Massenabnahme pro Volumeneinheit.

Nun lassen wir den Radius der Kugel B gegen null gehen, während ihr Mittelpunkt Q fest bleibt. Dann konvergiert die linke Seite von Gleichung (16.50) gegen $(\nabla \cdot \boldsymbol{F})_Q$, und die rechte Seite der Gleichung konvergiert gegen $(-\partial\delta/\partial t)_Q$. Gleichsetzen dieser beiden Grenzwerte liefert die Kontinuitätsgleichung

$$\nabla \cdot \boldsymbol{F} = -\frac{\partial \delta}{\partial t}.$$

Die Kontinuitätsgleichung „erklärt" $\nabla \cdot \boldsymbol{F}$ folgendermaßen: Die Divergenz von $\boldsymbol{F}$ in einem Punkt ist die Rate, mit der sich die Dichte des Fluids dort verringert. Nun besagt der Divergenzsatz

$$\iint_S \boldsymbol{F} \cdot \boldsymbol{n}\, d\sigma = \iiint_D \nabla \cdot \boldsymbol{F}\, dV,$$

dass für die Gesamtabnahme der Dichte des Fluids im Gebiet D der Massentransport durch die Fläche S verantwortlich ist. Also ist der Satz eine Aussage über die Erhaltung der Masse (Aufgabe 21 auf Seite 563).

Vereinheitlichung der Integralsätze

Wenn wir ein zweidimensionales Feld $\boldsymbol{F}(x,y) = M(x,y)\boldsymbol{i} + N(x,y)\boldsymbol{j}$ als ein dreidimensionales Feld betrachten, dessen $\boldsymbol{k}$-Komponente gleich null ist, so gilt $\nabla \cdot \boldsymbol{F} = (\partial M/\partial x) + (\partial N/\partial y)$, und die Normalform des Satzes von Green lautet

$$\oint_C \boldsymbol{F} \cdot \boldsymbol{n}\, ds = \iint_R \left(\frac{\partial M}{\partial x} + \frac{\partial N}{\partial y}\right) dx\, dy = \iint_R \nabla \cdot \boldsymbol{F}\, dA.$$

Ebenso gilt $\nabla \times \boldsymbol{F} \cdot \boldsymbol{k} = (\partial N/\partial x) - (\partial M/\partial y)$, sodass die Tangentialform des Satzes von Green

$$\oint_C \boldsymbol{F} \cdot d\boldsymbol{r} = \iint_R \left(\frac{\partial N}{\partial x} - \frac{\partial M}{\partial y}\right) dx\, dy = \iint_R \nabla \times \boldsymbol{F} \cdot \boldsymbol{k}\, dA$$

lautet. Nachdem wir die Gleichungen des Satzes von Green nun in Nabla-Schreibweise aufgeschrieben haben, können wir ihre Zusammenhänge mit den Gleichungen im Satz von Stokes und im Divergenzsatz erkennen.

Merke

Der Satz von Green und seine Verallgemeinerung auf drei Dimensionen

Normalform des Satzes von Green: $$\oint_C \boldsymbol{F} \cdot \boldsymbol{n}\, ds = \iint_R \nabla \cdot \boldsymbol{F}\, dA$$

Divergenzsatz: $$\iint_S \boldsymbol{F} \cdot \boldsymbol{n}\, d\sigma = \iiint_D \nabla \cdot \boldsymbol{F}\, dV$$

Tangentialform des Satzes von Green: $$\oint_C \boldsymbol{F} \cdot d\boldsymbol{r} = \iint_R \nabla \times \boldsymbol{F} \cdot \boldsymbol{k}\, dA$$

Satz von Stokes: $$\oint_C \boldsymbol{F} \cdot d\boldsymbol{r} = \iint_S \nabla \times \boldsymbol{F} \cdot \boldsymbol{n}\, d\sigma$$

Vergegenwärtigen Sie sich, dass der Satz von Stokes die Tangentialform des Satzes von Green von einer flachen Fläche in der Ebene auf eine Fläche im dreidimensionalen

Raum verallgemeinert. In jedem Fall ist das Integral der Normalkomponente von rot $\boldsymbol{F}$ über das Innere der Fläche gleich der Zirkulation von $\boldsymbol{F}$ um den Rand.

Entsprechend verallgemeinert der Divergenzsatz die Normalform des Satzes von Green von einem zweidimensionalen Gebiet in der Ebene auf ein dreidimensionales Gebiet im Raum. In jedem Fall ist das Integral von $\nabla \cdot \boldsymbol{F}$ über das Innere des Gebiets gleich dem Gesamtfluss des Feldes durch den Rand.

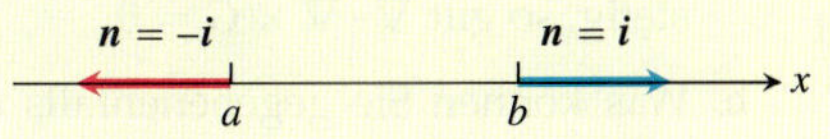

Abbildung 16.78 Die äußeren Einheitsnormalen am Rand von $[a,b]$ im eindimensionalen Raum.

Und es gibt hier noch mehr zu lernen: Alle Sätze lassen sich als Formen eines einzigen *Hauptsatzes* auffassen. Rufen Sie sich den Hauptsatz der Differential- und Integralrechnung aus Abschnitt 5.4 ins Gedächtnis: Ist $f(x)$ auf (a,b) differenzierbar und stetig auf $[a,b]$, so gilt:

$$\int_a^b \frac{\mathrm{d}f}{\mathrm{d}x}\,\mathrm{d}x = f(b) - f(a)\,.$$

Setzen wir $\boldsymbol{F} = f(x)\boldsymbol{i}$ auf $[a,b]$, so ist $(\mathrm{d}f/\mathrm{d}x) = \nabla \cdot \boldsymbol{F}$. Definieren wir das Einheitsvektorfeld $\boldsymbol{n}$, das auf dem Rand von $[a,b]$ senkrecht steht, als $\boldsymbol{i}$ an der Stelle b und als $-\boldsymbol{i}$ an der Stelle a (▶Abbildung 16.78), so ergibt sich

$$\begin{aligned} f(b) - f(a) &= f(b)\boldsymbol{i} \cdot (\boldsymbol{i}) + f(a)\boldsymbol{i}(-\boldsymbol{i}) \\ &= \boldsymbol{F}(b) \cdot \boldsymbol{n} + \boldsymbol{F}(a) \cdot \boldsymbol{n} \\ &= \text{Nettoabfluss von } \boldsymbol{F} \text{ durch den Rand von } [a,b]. \end{aligned}$$

Der Hauptsatz besagt nun:

$$\boldsymbol{F}(b) \cdot \boldsymbol{n} + \boldsymbol{F}(a) \cdot \boldsymbol{n} = \int_{[a,b]} \nabla \cdot \boldsymbol{F}\,\mathrm{d}x.$$

Der Hauptsatz der Differential- und Integralrechnung, die Normalform des Satzes von Green und der Divergenzsatz besagen alle, dass das Integral des Differentialoperators $\nabla\cdot$, der auf ein Feld $\boldsymbol{F}$ über einem Gebiet wirkt, gleich der Summe der Normalfeldkomponenten über den Rand des Gebiets ist. (Hier interpretieren wir das Kurvenintegral im Satz von Green und das Oberflächenintegral im Divergenzsatz als „Summen" über den Rand.)

Der Satz von Stokes und die Tangentialform des Satzes von Green besagen, dass bei korrekter Orientierung das Integral der Normalkomponente der Rotation, die auf ein Feld wirkt, gleich der Summe der Tangentialfeldkomponenten auf dem Rand der Fläche ist.

Die Schönheit dieser Interpretationen besteht darin, dass sich ein einziges vereinheitlichendes Prinzip erkennen lässt, das wir folgendermaßen formulieren können.

Ein vereinheitlichender Hauptsatz Das Integral eines Differentialoperators, der auf ein Feld über einem Gebiet wirkt, ist gleich der Summe der entsprechenden Feldkomponenten des Operators über den Rand des Gebiets.

Merke

Aufgaben zum Abschnitt 16.8

Divergenzen berechnen Bestimmen Sie in den Aufgaben 1–4 die Divergenz des Feldes.

1. Das Wirbelfeld aus Abbildung 16.12 auf Seite 461

2. Das Radialfeld aus Abbildung 16.11 auf Seite 461

3. Das Schwerefeld aus Abbildung 16.8 auf Seite 459 und Aufgabe 29a aus Abschnitt 16.3 auf Seite 490

4. Das Geschwindigkeitsfeld aus Abbildung 16.13 auf Seite 462

Den Fluss mithilfe des Divergenzsatzes berechnen Bestimmen Sie in den Aufgaben 5–10 mithilfe des Divergenzsatzes den Abfluss von $\boldsymbol{F}$ durch den Rand des Gebiets D.

5. **Würfel** $\boldsymbol{F} = (y-x)\boldsymbol{i} + (z-y)\boldsymbol{j} + (y-x)\boldsymbol{k}$

D: Der Würfel zwischen den Ebenen $x = \pm 1$, $y = \pm 1$ und $z = \pm 1$

6. **Zylinder und Paraboloid** $\boldsymbol{F} = y\boldsymbol{i} + xy\boldsymbol{j}z\boldsymbol{k}$

D: Das Gebiet im Innern des massiven Zylinders $x^2 + y^2 \leq 4$ zwischen der Ebene $z = 0$ und dem Paraboloid $z = x^2 + y^2$

7. **Teil der Kugel** $\boldsymbol{F} = x^2\boldsymbol{i} - 2xy\boldsymbol{j} + 3xz\boldsymbol{k}$

D: Das Gebiet, das die Kugel $x^2 + y^2 + z^2 = 4$ aus dem ersten Oktanten schneidet

8. **Keil** $\boldsymbol{F} = 2xz\boldsymbol{i} - xy\boldsymbol{j} - z^2\boldsymbol{k}$

D: Der Keil, den die Ebene $y + z = 4$ und der elliptische Zylinder $4x^2 + y^2 = 16$ aus dem ersten Oktanten schneiden

9. **Dicke Kugelschale**

$\boldsymbol{F} = \sqrt{x^2 + y^2 + z^2}(x\boldsymbol{i} + y\boldsymbol{j} + z\boldsymbol{k})$

D: Das Gebiet $1 \leq x^2 + y^2 + z^2 \leq 2$

10. **Dicke Kugelschale**

$\boldsymbol{F} = (5x^3 + 12xy^2)\boldsymbol{i} + (y^3 + e^y \sin z)\boldsymbol{j} + (5z^3 + e^y \cos z)\boldsymbol{k}$

D: Das massive Gebiet zwischen den Kugeln $x^2 + y^2 + z^2 = 1$ und $x^2 + y^2 + z^2 = 2$

Eigenschaften der Rotation und der Divergenz

11. **div(rot G) ist null**

a. Zeigen Sie: Sind die benötigten partiellen Ableitungen der Komponenten des Feldes $\boldsymbol{G} = M\boldsymbol{i} + N\boldsymbol{j} + P\boldsymbol{k}$ stetig, so gilt $\nabla \cdot \nabla \times \boldsymbol{G} = 0$.

b. Was können Sie gegebenenfalls aus dem Fluss des Feldes $\nabla \times \boldsymbol{G}$ durch eine geschlossene Fläche schließen? Begründen Sie Ihre Antwort.

12. Seien $\boldsymbol{F}_1$ und $\boldsymbol{F}_2$ differenzierbare Vektorfelder, und seien a und b beliebige reelle Konstanten. Beweisen Sie die folgenden Identitäten.

a. $\nabla \cdot (a\boldsymbol{F}_1 + b\boldsymbol{F}_2) = a\nabla \cdot \boldsymbol{F}_1 + b\nabla \cdot \boldsymbol{F}_2$

b. $\nabla \times (a\boldsymbol{F}_1 + b\boldsymbol{F}_2) = a\nabla \times \boldsymbol{F}_1 + b\nabla \times \boldsymbol{F}_2$

c. $\nabla \cdot (\boldsymbol{F}_1 \times \boldsymbol{F}_2) = \boldsymbol{F}_2 \cdot \nabla \times \boldsymbol{F}_1 - \boldsymbol{F}_1 \cdot \nabla \times \boldsymbol{F}_2$

13. Sei $\boldsymbol{F}$ ein differenzierbares Vektorfeld, und sei $g(x, y, z)$ eine differenzierbare skalare Funktion. Beweisen Sie die folgenden Identitäten.

a. $\nabla \cdot (g\boldsymbol{F}) = g\nabla \cdot \boldsymbol{F} + \nabla g \cdot \boldsymbol{F}$

b. $\nabla \times (g\boldsymbol{F}) = g\nabla \times \boldsymbol{F} + \nabla g \times \boldsymbol{F}$

14. Für ein differenzierbares Vektorfeld $\boldsymbol{F} = M\boldsymbol{i} + N\boldsymbol{j} + P\boldsymbol{k}$ weisen wir dem Ausdruck $\boldsymbol{F} \cdot \nabla$ die Bedeutung

$$M\frac{\partial}{\partial x} + N\frac{\partial}{\partial y} + P\frac{\partial}{\partial z}$$

zu. Beweisen Sie für die differenzierbaren Vektorfelder $\boldsymbol{F}_1$ und $\boldsymbol{F}_2$ die folgenden Identitäten.

a. $\nabla \times (\boldsymbol{F}_1 \times \boldsymbol{F}_2) = (\boldsymbol{F}_2 \cdot \nabla)\boldsymbol{F}_1 - (\boldsymbol{F}_1 \cdot \nabla)\boldsymbol{F}_2 + (\nabla \cdot \boldsymbol{F}_2)\boldsymbol{F}_1 - (\nabla \cdot \boldsymbol{F}_1)\boldsymbol{F}_2$

b. $\nabla(\boldsymbol{F}_1 \cdot \boldsymbol{F}_2) = (\boldsymbol{F}_1 \cdot \nabla)\boldsymbol{F}_2 + (\boldsymbol{F}_2 \cdot \nabla)\boldsymbol{F}_1 + \boldsymbol{F}_1 \times (\nabla \times \boldsymbol{F}_2) + \boldsymbol{F}_2 \times (\nabla \times \boldsymbol{F}_1)$

Theorie und Beispiele

15. Sei $\boldsymbol{F}$ ein Feld, dessen Komponenten über einem Teil des Raumes, der ein von einer glatten geschlossenen Fläche S begrenztes Gebiet D enthält, stetige Ableitungen hat. Lässt sich im Fall $|\boldsymbol{F}| \leq 1$ für die Größe von

$$\iiint\limits_D \nabla \cdot \boldsymbol{F}\, dV$$

eine Schranke angeben? Begründen Sie Ihre Antwort.

16. **a.** Zeigen Sie, dass der Abfluss des Ortsvektorfelds $\boldsymbol{F} = x\boldsymbol{i} + y\boldsymbol{j} + z\boldsymbol{k}$ durch eine glatte geschlossene Fläche S dreimal so groß ist wie das Volumen des von der Fläche eingeschlossenen Gebiets.

b. Sei $\boldsymbol{n}$ das äußere Einheitsnormalenvektorfeld an S. Zeigen Sie, dass $\boldsymbol{F}$ unmöglich in jedem Punkt von S orthogonal zu $\boldsymbol{n}$ sein kann.

17. **Volumen eines massiven Gebiets** Sei $\boldsymbol{F} = x\boldsymbol{i} + y\boldsymbol{j} + z\boldsymbol{k}$. Nehmen Sie an, dass die Fläche S und das Gebiet D die Voraussetzungen des Divergenzsatzes erfüllen. Zeigen Sie, dass das Volumen von D gegeben ist durch die Formel:

$$\text{Volumen von } D = \frac{1}{3}\iint\limits_S \boldsymbol{F}\cdot\boldsymbol{n}\,\mathrm{d}\sigma\,.$$

18. **Harmonische Funktionen** Eine Funktion $f(x, y, z)$ heißt *harmonisch* in einem Gebiet D, wenn sie über D die Laplace-Gleichung

$$\nabla^2 f = \nabla\cdot\nabla f = \frac{\partial^2 f}{\partial x^2} + \frac{\partial^2 f}{\partial y^2} + \frac{\partial^2 f}{\partial z^2} = 0$$

erfüllt.

a. Nehmen Sie an, dass f über einem beschränkten, von einer glatten Fläche S umschlossenen Gebiet D harmonisch ist und dass $\boldsymbol{n}$ der gewählte Normaleneinheitsvektor an S ist. Zeigen Sie, dass das Integral über S von $\nabla f\cdot\boldsymbol{n}$, also die Ableitung von f in Richtung $\boldsymbol{n}$, gleich null ist.

b. Zeigen Sie, dass für eine harmonische Funktion auf D gilt:

$$\iint\limits_S f\nabla f\cdot\boldsymbol{n}\,\mathrm{d}\sigma = \iiint_D |\nabla f|^2\,\mathrm{d}V\,.$$

19. **Erste Green'sche Formel** Nehmen Sie an, dass f und G skalare Funktionen mit stetigen ersten und zweiten partiellen Ableitungen über einem Gebiet D sind, das durch eine stückweise glatte Fläche begrenzt ist. Zeigen Sie, dass gilt:

$$\iint\limits_S f\nabla g\cdot\boldsymbol{n}\,\mathrm{d}\sigma = \iint\limits_D (f\nabla^2 g + \nabla f\cdot\nabla g)\,\mathrm{d}V\,. \qquad (16.51)$$

Gleichung (16.51) ist die **erste Green'sche Formel**. (*Hinweis*: Wenden Sie den Divergenzsatz auf das Feld $\boldsymbol{F} = f\nabla g$ an.)

20. **Zweite Green'sche Formel** (*Fortsetzung von Aufgabe 19*) Vertauschen Sie in Gleichung (16.51) f und g, um eine ähnliche Gleichung zu erhalten. Subtrahieren Sie dann diese Gleichung von Gleichung (16.51) und zeigen Sie, dass

$$\iint\limits_S (f\nabla g - g\nabla f)\cdot\boldsymbol{n}\,\mathrm{d}\sigma = \iiint\limits_D (f\nabla^2 g - g\nabla^2 f)\,\mathrm{d}V \qquad (16.52)$$

gilt. Diese Gleichung ist die **zweite Green'sche Formel**.

21. **Erhaltung der Masse** Sei $\boldsymbol{v}(t, x, y, z)$ ein stetig differenzierbares Vektorfeld über dem Gebiet D im Raum, und sei $p(t, x, y, z)$ eine stetig differenzierbare skalare Funktion. Die Variable t steht für die Zeit. Nach dem Gesetz der Massenerhaltung gilt

$$\frac{\mathrm{d}}{\mathrm{d}t}\iiint\limits_D p(t, x, y, z)\,\mathrm{d}V = -\iint\limits_S p\boldsymbol{v}\cdot\boldsymbol{n}\,\mathrm{d}\sigma\,.$$

Dabei ist S die das Gebiet D umschließende Fläche.

a. Geben Sie eine physikalische Interpretation des Gesetzes über die Massenerhaltung an, wenn $\boldsymbol{v}$ ein Strömungsgeschwindigkeitsfeld ist und p die Dichte des Fluids im Punkt (x, y, z) zur Zeit t angibt.

b. Zeigen Sie mithilfe des Divergenzsatzes und der Leibniz-Regel

$$\frac{\mathrm{d}}{\mathrm{d}t}\iiint_D p(t, x, y, z)dV = \iiint_D \frac{\partial p}{\partial t}\,\mathrm{d}V\,,$$

dass das Gesetz der Massenerhaltung äquivalent ist zur Kontinuitätsgleichung

$$\nabla\cdot p\boldsymbol{v} + \frac{\partial p}{\partial t} = 0\,.$$

(Im ersten Term $\nabla\cdot p\boldsymbol{v}$ bleibt die Variable t fest, und im zweiten Term $\partial p/\partial t$ nehmen wir an, dass der Punkt (x, y, z) in D fest ist.)

22. **Wärmeleitungsgleichung** Sei $T(t, x, y, z)$ eine Funktion mit stetigen zweiten Ableitungen, die die Temperatur zur Zeit t im Punkt (x, y, z) eines Festkörpers angibt, der das Gebiet D im Raum einnimmt. Die Wärmekapazität und die Massendichte des Festkörpers seien c bzw. ρ. Die Größe $c\rho T$ bezeichnet man dann als **Wärmeenergie pro Volumeneinheit**.

a. Begründen Sie, weshalb $-\nabla T$ in Richtung des Wärmeflusses zeigt.

b. Sei $-k\nabla T$ der **Energieflussvektor**. (Hier heißt die Konstante k **Leitfähigkeit**.) Nehmen Sie an, dass die Massenerhaltung aus Aufgabe 21 mit $-k\nabla T = \boldsymbol{v}$ und $c\rho T = p$ gilt. Leiten Sie daraus die Wärmeleitungsgleichung (Diffusionsgleichung)

$$\frac{\partial T}{\partial t} = K\nabla^2 T$$

her. Dabei ist $K = k/(c\rho) > 0$ die *Diffusionskonstante*. (Ist $T(t,x)$ die Temperatur zur Zeit t an der Stelle x eines gleichmäßig leitenden Stabs mit perfekt isolierten Seiten, so gilt $\nabla^2 T = \partial^2 T/\partial x^2$, und die Diffusionsgleichung reduziert sich auf die eindimensionale Wärmeleitungsgleichung, mit der wir uns in den zusätzlichen Aufgaben zu Kapitel 14 beschäftigt haben.)

Kapitel 16 – Wiederholungsfragen

1. Was sind Kurvenintegrale? Wie berechnet man sie? Geben Sie Beispiele an.

2. Wie können Sie mithilfe eines Kurvenintegrals den Massenmittelpunkt einer Spiralfeder bestimmen? Erläutern Sie Ihre Antwort.

3. Was ist ein Vektorfeld? Was ist ein Gradientenfeld? Geben Sie Beispiele an.

4. Wie berechnet man die Arbeit, die von einer Kraft bei der Bewegung eines Teilchens entlang einer Kurve verrichtet wird? Geben Sie Beispiele an.

5. Was sind Strömung, Zirkulation und Fluss?

6. Wodurch zeichnen sich wegunabhängig integrierbare Felder aus?

7. Wie können Sie feststellen, ob ein Feld konservativ ist?

8. Was ist eine Potentialfunktion? Zeigen Sie anhand eines Beispiels, wie man die Potentialfunktion eines konservativen Feldes bestimmt.

9. Was ist eine Differentialform? Was bedeutet es, wenn eine Differentialform exakt ist? Wie prüfen Sie eine Differentialform auf Exaktheit? Geben Sie Beispiele an.

10. Was ist die Divergenz eines Vektorfelds? Wie lässt sie sich interpretieren?

11. Was ist die Rotation eines Vektorfelds? Wie lässt sie sich interpretieren?

12. Was ist der Satz von Green? Wie lässt er sich interpretieren?

13. Wie berechnet man den Flächeninhalt einer parametrisierten Fläche im Raum, einer implizit definierten Fläche $F(x,y,z) = 0$ oder einer Fläche, die der Graph der Funktion $z = f(x,y)$ ist? Geben Sie Beispiele an.

14. Wie integriert man eine Funktion über eine parametrisierte Fläche im Raum? Wie integriert man eine Funktion über Flächen, die implizit oder explizit definiert sind? Was können Sie mithilfe von Oberflächenintegralen berechnen? Geben Sie Beispiele an.

15. Was ist eine orientierte Fläche? Wie berechnet man den Fluss eines dreidimensionalen Vektorfelds durch eine orientierte Fläche? Geben Sie ein Beispiel an.

16. Was ist der Satz von Stokes? Wie lässt er sich interpretieren?

17. Fassen Sie die Ergebnisse über konservative Felder aus diesem Kapitel zusammen.

18. Was ist der Divergenzsatz? Wie lässt er sich interpretieren?

19. Inwiefern verallgemeinert der Divergenzsatz den Satz von Green?

20. Inwiefern verallgemeinert der Satz von Stokes den Satz von Green?

21. Wie lassen sich der Satz von Green, der Satz von Stokes und der Divergenzsatz als Formen eines einzigen Hauptsatzes auffassen?

Kapitel 16 – Praktische Aufgaben

Kurvenintegrale berechnen **1.** In der nachfolgenden Abbildung sind zwei Polygonzüge im Raum dargestellt, die den Ursprung mit dem Punkt $(1, 1, 1)$ verbinden. Integrieren Sie $f(x, y, z) = 2x - 3y^2 - 2z+$ entlang der beiden Polygonzüge.

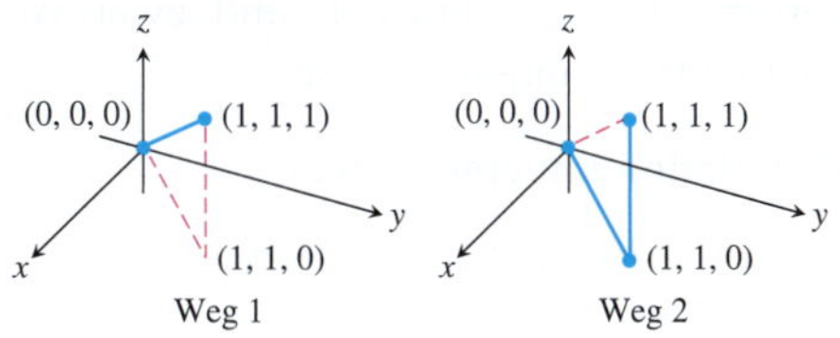

2. Integrieren Sie $f(x, y, z) = \sqrt{x^2 + z^2}$ über den Kreis

$$\boldsymbol{r}(t) = (a\cos t)\boldsymbol{j} + (a\sin t)\boldsymbol{k}, \quad 0 \le t \le 2\pi\,.$$

Berechnen Sie in den Aufgaben 3 und 4 die Integrale.

3. $$\int_{(-1,1,1)}^{(4,-3,0)} \frac{\mathrm{d}x + \mathrm{d}y + \mathrm{d}z}{\sqrt{x+y+z}}$$

4. $$\int_{(1,1,1)}^{(10,3,3)} \mathrm{d}x - \sqrt{\frac{z}{y}}\mathrm{d}y - \sqrt{\frac{y}{z}}\mathrm{d}z$$

5. Integrieren Sie $\boldsymbol{F} = -(y\sin z)\boldsymbol{i} + (x\sin z)\boldsymbol{j} + (xy\cos z)\boldsymbol{k}$ entlang des Kreises, den die Ebene $z = -1$ aus der Kugel $x^2 + y^2 + z^2 = 5$ schneidet, und zwar von oben betrachtet im Uhrzeigersinn.

Berechnen Sie in den Aufgaben 6 und 7 die Integrale.

6. $$\int_C 8x\sin y\,\mathrm{d}x - 8y\cos x\,\mathrm{d}y$$

C ist das Quadrat, das die Geraden $x = \pi/2$ und $y = \pi/2$ aus dem ersten Quadranten schneiden.

7. $$\int_C y^2\,\mathrm{d}x + x^2\,\mathrm{d}y$$

C ist der Kreis $x^2 + y^2 = 4$.

Oberflächenintegrale aufstellen und berechnen

8. **Flächeninhalt eines elliptischen Gebiets** Bestimmen Sie den Flächeninhalt des elliptischen Gebiets, das durch den Zylinder $x^2 + y^2 = 1$ aus der Ebene $x + y + z = 1$ geschnitten wird.

9. **Flächeninhalt einer Kugelkappe** Bestimmen Sie den Flächeninhalt der Kappe, die durch die Ebene $z = \sqrt{2}/2$ von der Kugel $x^2 + y^2 + z^2 = 1$ abgeschnitten wird.

10. **Flächeninhalt eines Dreiecks** Bestimmen Sie den Flächeninhalt des Dreieck, in dem die Ebene $(x/a) + (y/b) + (z/c) = 1$ $(a, b, c > 0)$ den ersten Oktanten schneidet. Prüfen Sie Ihre Lösung anhand einer geeigneten Vektorberechnung.

11. **Von Ebenen abgeschnittener Kreiszylinder** Integrieren Sie $g(x, y, z) = x^4 y(y^2 + z^2)$ über den Teil des Zylinders $y^2 + z^2 = 25$, der im ersten Oktanten zwischen den Ebenen $x = 0$ und $x = 1$ und oberhalb der Ebene $z = 3$ liegt.

Parametrisierte Flächen Bestimmen Sie in den Aufgaben 13–16 Parametrisierungen der Flächen. (Dafür gibt es viele Möglichkeiten, sodass sich Ihre Lösungen von den im Buch angegebenen Lösungen unterscheiden können.)

12. **Kugelband** Der Teil der Kugel $x^2 + y^2 + z^2 = 36$ zwischen den Ebenen $z = -3$ und $z = 3\sqrt{3}$

13. **Kegel** Der Kegel $z = 1 + \sqrt{x^2 + y^2}$, $z \le 3$

14. **Teil eines Paraboloids** Der Teil des Paraboloids $y = 2(x^2 + z^2)$, $y \le 2$, der oberhalb der xy-Ebene liegt.

15. **Flächeninhalt** Bestimmen Sie den Flächeninhalt der Fläche

$$\boldsymbol{r}(u, v) = (u + v)\boldsymbol{i} + (u - v)\boldsymbol{j} + v\boldsymbol{k}\,,$$
$$0 \le u \le 1, 0 \le v \le 1\,.$$

16. Integrieren Sie $f(x, y, z) = xy - z^2$ über die Fläche aus Aufgabe 15.

17. **Flächeninhalt einer Wendelfläche** Bestimmen Sie den Flächeninhalt der Wendelfläche

$$\boldsymbol{r}(r, \theta) = (r\cos\theta)\boldsymbol{i} + (r\sin\theta)\boldsymbol{j} + \theta\boldsymbol{k},$$
$$0 \le \theta \le 2\pi,\ 0 \le r \le 1$$

in der nachfolgenden Abbildung.

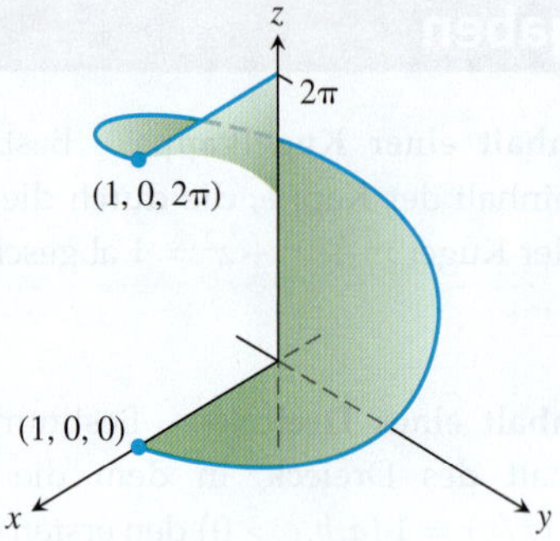

18. **Oberflächenintegral** Berechnen Sie das Integral $\iint_S \sqrt{x^2+y^2+1}\, d\sigma$, wobei S die Wendelfläche aus Aufgabe 17 ist.

Konservative Felder Welche der Felder in den Aufgaben 19–22 sind konservativ und welche nicht?

19. $F = x\boldsymbol{i} + y\boldsymbol{j} + z\boldsymbol{k}$

20. $F = (x\boldsymbol{i} + y\boldsymbol{j} + z\boldsymbol{k})/(x^2+y^2+z^2)^{3/2}$

21. $F = xe^y\boldsymbol{i} + ye^z\boldsymbol{j} + ze^x\boldsymbol{k}$

22. $F = (\boldsymbol{i} + z\boldsymbol{j} + y\boldsymbol{k})/(x+yz)$

Bestimmen Sie in den Aufgaben 23 und 24 die Potentialfunktionen der angegebenen Felder.

23. $F = 2\boldsymbol{i} + (2y+z)\boldsymbol{j} + (y+1)\boldsymbol{k}$

24. $F = (z\cos xz)\boldsymbol{i} + e^y\boldsymbol{j} + (x\cos xz)\boldsymbol{k}$

Arbeit und Zirkulation Bestimmen Sie in den Aufgaben 25 und 26 die von den Feldern entlang der Kurven von $(0,0,0)$ bis $(1,1,1)$ aus Aufgabe 1 verrichtete Arbeit,

25. $F = 2xy\boldsymbol{i} + \boldsymbol{j} + x^2\boldsymbol{k}$

26. $F = 2xy\boldsymbol{i} + x^2\boldsymbol{j} + \boldsymbol{k}$

27. **Zwei Möglichkeiten, die Arbeit zu bestimmen** Bestimmen Sie die Arbeit, die das Feld

$$F = \frac{x\boldsymbol{i} + y\boldsymbol{j}}{(x^2+y^2)^{3/2}}$$

entlang der ebenen Kurve $\boldsymbol{r}(t) = (e^t\cos t)\boldsymbol{i} + (e^t\sin t)\boldsymbol{j}$ vom Punkt $(1,0)$ bis zum Punkt $(e^{2\pi},0)$ verrichtet:

a. indem Sie die Parametrisierung der Kurve verwenden, um das Arbeitsintegral auszuwerten.

b. indem Sie die Potentialfunktion von F berechnen.

Bestimmen Sie in den Aufgaben 28 und 29 mithilfe des Oberflächenintegrals aus dem Satz von Stokes die Zirkulation des Feldes F um die Kurve C in der angegebenen Richtung.

28. **Zirkulation um eine Ellipse** $F = y^2\boldsymbol{i} - y\boldsymbol{j} + 3z^2\boldsymbol{k}$

C: Die Ellipse, in der die Ebene $2x+6y-3z=6$ den Zylinder $x^2+y^2=1$ schneidet, und zwar von oben betrachtet im Gegenuhrzeigersinn

29. **Zirkulation um einen Kreis**

$F = (x^2+y)\boldsymbol{i} + (x+y)\boldsymbol{j} + (4y^2-z)\boldsymbol{k}$

C: Der Kreis, in der die Ebene $z=-y$ die Kugel $x^2+y^2+z^2=4$ schneidet, und zwar von oben betrachtet im Gegenuhrzeigersinn

Massen und Momente

30. **Draht mit verschiedenen Dichten** Bestimmen Sie die Masse eines dünnen Drahts, der entlang der Kurve $\boldsymbol{r}(t) = \sqrt{2}t\boldsymbol{i} + \sqrt{2}t\boldsymbol{j} + (4-t^2)\boldsymbol{k}$, $0 \le t \le 1$ liegt, wenn seine Dichte **a.** $\delta = 3t$ und **b.** $\delta = 1$ ist.

31. **Draht mit variabler Dichte** Bestimmen Sie den Massenmittelpunkt eines dünnen Drahts, der entlang der Kurve

$$\boldsymbol{r}(t) = t\boldsymbol{i} + \frac{2\sqrt{2}}{3}t^{3/2}\boldsymbol{j} + \frac{t^2}{2}\boldsymbol{k},\ 0 \le t \le 2$$

liegt, sowie seine Trägheitsmomente um die Koordinatenachsen. Die Dichte des Drahts an der Stelle t sei $\delta = 1/(t+1)$.

32. **Draht mit konstanter Dichte** Ein Draht mit der konstanten Dichte $\delta = 1$ liegt entlang der Kurve $\boldsymbol{r}(t) = (e^t\cos t)\boldsymbol{i} + (e^t\sin t)\boldsymbol{j} + e^t\boldsymbol{k}$, $0 \le t \le \ln 2$. Bestimmen Sie $\bar{z}$ und I_z.

33. **Trägheitsmoment und Massenmittelpunkt einer Schale** Bestimmen Sie I_z und den Massenmittelpunkt einer dünnen Schale der Dichte $\delta(x,y,z) = z$, die durch die Ebene $z=3$ vom oberen Teil der Kugel $x^2+y^2+z^2=25$ abgeschnitten wird.

Fluss durch eine ebene Kurve oder Fläche Bestimmen Sie in den Aufgaben 34 und 35 mithilfe des Satzes von Green die Zirkulation entgegen dem Uhrzeigersinn und den Abfluss für die angegebenen Felder und Kurven.

34. **Quadrat** $F = (2xy+x)\boldsymbol{i} + (xy-y)\boldsymbol{j}$

C: Das Quadrat zwischen $x=0$, $x=1$, $y=0$, $y=1$

35. **Dreieck** $\quad F = (y - 6x^2)\boldsymbol{i} + (x + y^2)\boldsymbol{j}$

C: Das Dreieck, das die Geraden $y = 0$, $y = x$ und $x = 1$ bilden.

36. **Kurvenintegral null** Zeigen Sie, dass für jede geschlossene Kurve, die die Voraussetzungen des Satzes von Green erfüllt, gilt:

$$\oint_C \ln x \sin y \, dy - \frac{\cos y}{x} dx = 0 .$$

Bestimmen Sie in den Aufgaben 37 und 38 den Abfluss von $\boldsymbol{F}$ durch den Rand von D.

37. **Würfel** $\quad F = 2xy\boldsymbol{i} + 2yz\boldsymbol{j} + 2xz\boldsymbol{k}$

D: Der Würfel, den die Ebenen $x = 1$, $y = 1$ und $z = 1$ aus dem ersten Oktanten schneiden.

38. **Kugelkappe** $\quad F = -2x\boldsymbol{i} - 3y\boldsymbol{j} + z\boldsymbol{k}$

D: Der obere Teil, den das Paraboloid $z = x^2 + y^2$ aus der massiven Kugel $x^2 + y^2 + z^2 \le 2$ schneidet.

39. **Halbkugel, Zylinder und Ebene** Sei S die Fläche, die links von der Halbkugel $x^2 + y^2 + z^2 = a^2$, $y \le 0$, in der Mitte von dem Zylinder $x^2 + z^2 = a^2$, $0 \le y \le a$ und rechts von der Ebene $y = a$ begrenzt wird. Bestimmen Sie den Abfluss von $\boldsymbol{F} = y\boldsymbol{i} + z\boldsymbol{j} + x\boldsymbol{k}$ durch S.

40. **Zylindrische Dose** Bestimmen Sie mithilfe des Divergenzsatzes den Abfluss von $\boldsymbol{F} = xy^2\boldsymbol{i} + x^2y\boldsymbol{j} + y\boldsymbol{k}$ durch die Oberfläche des von dem Zylinder $x^2 + y^2 = 1$ und den Ebenen $z = 1$ und $z = -1$ eingeschlossenen Gebiets.

Kapitel 16 – Zusätzliche Aufgaben und Aufgaben für Fortgeschrittene

Flächeninhalte mithilfe des Satzes von Green bestimmen Bestimmen Sie in den Aufgaben 1–4 mithilfe der Flächeninhaltsformel aus dem Satz von Green, die wir in den Aufgaben zu Abschnitt 16.4 behandelt haben, die Flächeninhalte der von den angegebenen Kurven eingeschlossenen Gebiete.

1. Die Pascal'sche Schnecke $x = 2\cos t - \cos 2t$, $y = 2\sin t - \sin 2t$, $0 \le t \le 2\pi$

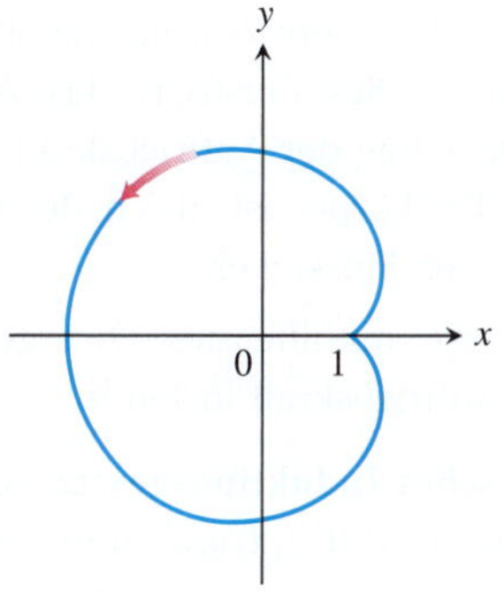

2. Die Steiner'sche Kurve $x = 2\cos t + \cos 2t$, $y = 2\sin t - \sin 2t$, $0 \le t \le 2\pi$

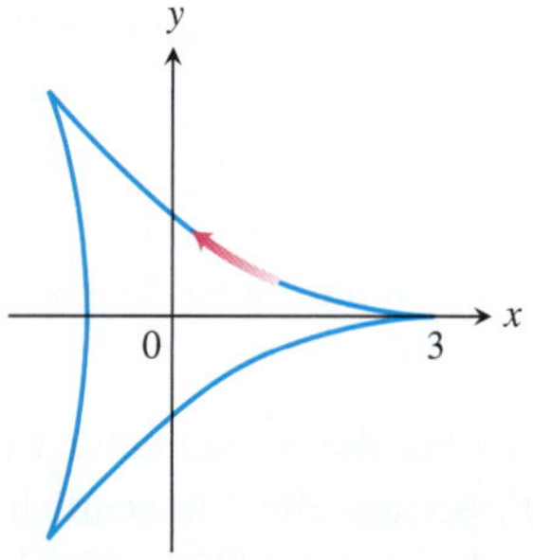

3. Die Achtkurve $x = (1/2)\sin 2t$, $y = \sin t$, $0 \le t \le \pi$ (eine Schleife)

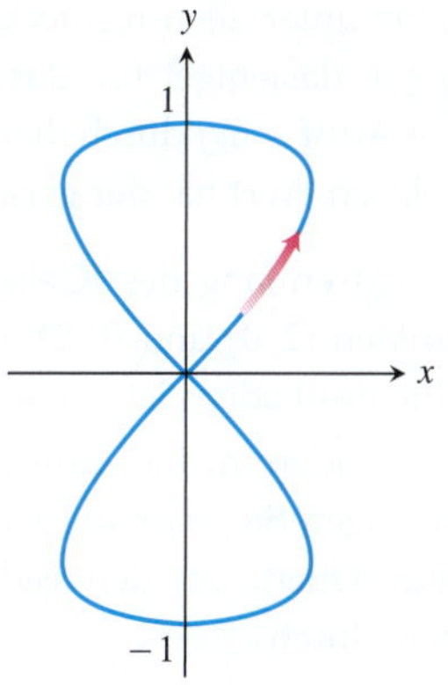

4. Die Träne $x = 2a\cos t - a\sin 2t,\ y = b\sin t,\ 0 \leq t \leq 2\pi$

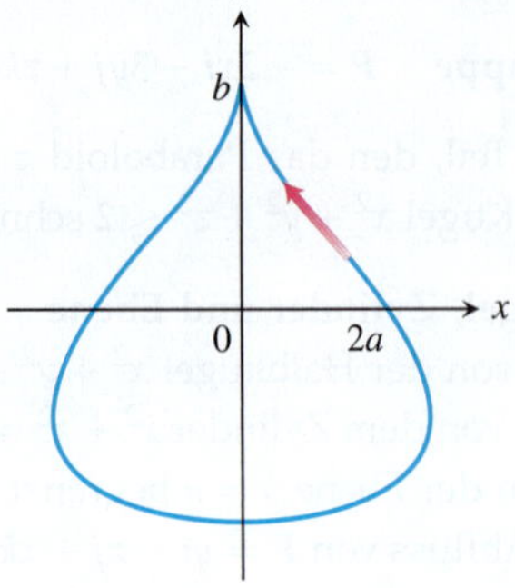

Theorie und Beispiele

5. **a.** Geben Sie ein Beispiel für ein Vektorfeld $\boldsymbol{F}(x,y,z)$ an, das nur in einem Punkt den Wert $\boldsymbol{0}$ annimmt, mit der Eigenschaft, dass $\operatorname{rot}\boldsymbol{F}$ überall von null verschieden ist. Bestimmen Sie zuerst den Punkt und berechnen Sie dann die Rotation.

b. Geben Sie ein Beispiel für ein Vektorfeld $\boldsymbol{F}(x,y,z)$ an, das nur auf genau einer Geraden den Wert $\boldsymbol{0}$ annimmt, mit der Eigenschaft, dass $\operatorname{rot}\boldsymbol{F}$ überall von null verschieden ist. Bestimmen Sie zuerst die Gerade und berechnen Sie dann die Rotation.

c. Geben Sie ein Beispiel für ein Vektorfeld $\boldsymbol{F}(x,y,z)$ an, das nur auf einer Fläche den Wert $\boldsymbol{0}$ annimmt, mit der Eigenschaft, dass $\operatorname{rot}\boldsymbol{F}$ überall von null verschieden ist. Bestimmen Sie zuerst die Fläche und berechnen Sie dann die Rotation.

6. Bestimmen Sie die Masse einer Kugelschale mit dem Radius R, sodass die Massendichte $\delta(x,y,z)$ in jedem Punkt (x,y,z) auf der Fläche gleich dem Abstand des Punkts (x,y,z) von einem festen Punkt (a,b,c) auf der Fläche ist.

7. Bestimmen Sie unter allen rechteckigen Gebieten $0 \leq x \leq a,\ 0 \leq y \leq b$ dasjenige, für das der Nettoabfluss von $\boldsymbol{F} = (x^2 + 4xy)\boldsymbol{i} - 6y\boldsymbol{j}$ durch die vier Seiten am geringsten ist. Welchen Wert hat der geringste Fluss?

8. Ein Faden liegt entlang des Kreises $x^2 + y^2 = 4$ zwischen den Punkten $(2,0)$ und $(0,2)$ im ersten Quadranten. Die Dichte des Fadens ist $\rho(x,y) = xy$.

a. Zerlegen Sie den Faden in eine endliche Anzahl von Teilbögen und zeigen Sie, dass die von der Schwerkraft verrichtete Arbeit, um den Faden auf die x-Achse zu ziehen, durch

$$\text{Arbeit} = \lim_{n\to\infty} \sum_{k=1}^{n} g x_k y_k^2 \Delta s_k = \int_C g x y^2 \,\mathrm{d}s$$

mit der Gravitationskonstante g gegeben ist.

b. Bestimmen Sie die verrichtete Gesamtarbeit, indem Sie das Kurvenintegral aus Teil **a.** berechnen.

c. Zeigen Sie, dass die verrichtete Gesamtarbeit dabei genauso groß ist wie die Arbeit, die verrichtet werden muss, um den Massenmittelpunkt des Fadens $(\bar{x},\bar{y})$ auf die x-Achse zu ziehen.

9. **Archimedisches Prinzip** Wenn Sie einen Körper, zum Beispiel einen Ball, in eine Flüssigkeit legen, wird er entweder auf den Boden sinken, schwimmen oder bis zu einer gewissen Tiefe in die Flüssigkeit einsinken und in der Flüssigkeit schweben. Nehmen Sie an, dass die Dichte der Flüssigkeit konstant ist und die Oberfläche der Flüssigkeit mit der Ebene $z = 4$ zusammenfällt. Ein kugelförmiger Ball schwebt in der Flüssigkeit und nimmt das Gebiet $x^2 + y^2 + (z-2)^2 \leq 1$ ein.

a. Zeigen Sie: Das Oberflächenintegral, das den Betrag der von dem Flüssigkeitsdruck auf den Ball ausgeübten Gesamtkraft angibt, ist gleich

$$\text{Kraft} = \lim_{n\to\infty} \sum_{k=1}^{n} w(4 - z_k)\Delta\sigma_k = \iint_S w(4-z)\,\mathrm{d}\sigma\,.$$

b. Der Ball bewegt sich nicht, er wird also von der Auftriebkraft der Flüssigkeit gehalten. Zeigen Sie: Der Betrag der auf den Ball wirkenden Auftriebskraft ist gleich

$$\text{Auftriebskraft} = \iint_S w(z-4)\boldsymbol{k}\cdot\boldsymbol{n}\,\mathrm{d}\sigma\,.$$

Dabei ist $\boldsymbol{n}$ der äußere Normaleneinheitsvektor im Punkt (x,y,z). Dies illustriert das Archimedische Prinzip: Der Betrag der Auftriebskraft auf einen eingetauchten Festkörper ist gleich der Gewichtskraft der verdrängten Flüssigkeit.

c. Bestimmen Sie mithilfe des Divergenzsatzes den Betrag der Auftriebskraft in Teil **b.**

10. **Faraday'sches Induktionsgesetz** Gegeben seien ein elektrisches Feld $\boldsymbol{E}(t,x,y,z)$ und ein Magnetfeld $\boldsymbol{B}(t,x,y,z)$ im Punkt (x,y,z) zur Zeit t. Nach einem Grundgesetz der Elektrodynamik gilt $\nabla \times \boldsymbol{E} = -\partial\boldsymbol{B}/\partial t$. In diesem Ausdruck wird $\nabla \times \boldsymbol{E}$ bei festgehaltener Zeit t berechnet, und zur Berechnung von $\partial\boldsymbol{B}/\partial t$ hält man den Punkt (x,y,z) fest. Leiten Sie mithilfe des Satzes von Stokes das Faraday'sche Induktionsgesetz

$$\oint_C \boldsymbol{E}\cdot\mathrm{d}\boldsymbol{r} = -\frac{\partial}{\partial t}\iint_S \boldsymbol{B}\cdot\boldsymbol{n}\,\mathrm{d}\sigma$$

her. Dabei ist C eine Drahtschleife, durch die der Strom bezogen auf die Einheitsnormale $\boldsymbol{n}$ entgegen dem Uhrzeigersinn fließt. Dies führt um C zu der Spannung

$$\oint_C \boldsymbol{E} \cdot \mathrm{d}\boldsymbol{r}\,.$$

Das Oberflächenintegral auf der rechten Seite der Gleichung heißt *magnetischer Fluss*, und S ist eine beliebige orientierte Fläche mit dem Rand C.

11. Seien $f(x,y,z)$ und $g(x,y,z)$ stetig differenzierbare skalare Funktionen, die über der orientierten Fläche S mit dem Rand C definiert sind. Beweisen Sie

$$\iint_S (\nabla f \times \nabla g) \cdot \boldsymbol{n}\,\mathrm{d}\sigma = \oint_C f \nabla g \cdot \mathrm{d}\boldsymbol{r}\,.$$

12. Beweisen oder widerlegen Sie folgende Aussage: Ist $\nabla \cdot \boldsymbol{F} = 0$ und $\nabla \times \boldsymbol{F} = \boldsymbol{0}$, so gilt $\boldsymbol{F} = \boldsymbol{0}$.

13. Zeigen Sie, dass das Volumen V eines von der orientierten Fläche S eingeschlossenen Gebiets D mit der äußeren Normalen $\boldsymbol{n}$ die Identität

$$V = \frac{1}{3} \iint_S \boldsymbol{r} \cdot \boldsymbol{n}\,\mathrm{d}\sigma$$

erfüllt. Dabei ist $\boldsymbol{r}$ der Ortsvektor des Punkts (x,y,z) in D.

Lernziele

1 Lineare Differentialgleichungen zweiter Ordnung

- Differentialgleichungen zweiter Ordnung
- Superpositionsprinzip
- Spezielle und allgemeine Lösungen
- Homogene Differentialgleichungen mit konstanten Koeffizienten
- Die charakteristische Gleichung
- Anfangs- und Randwertprobleme

2 Inhomogene lineare Gleichungen

- Inhomogene lineare Differentialgleichungen und Wege zu ihrer Lösung
- Die Methode der unbestimmten Koeffizienten
- Die Methode der Variation der Konstanten

3 Anwendungen

- Anwendungen von Differentialgleichungen zweiter Ordnung
- Harmonische und gedämpfte Schwingungen

4 Euler'sche Differentialgleichungen

5 Potenzreihenmethode

- Potenzreihenmethode zur Lösung homogener Differentialgleichungen

Differentialgleichungen zweiter Ordnung

17

ÜBERBLICK

Übersicht

In diesem Kapitel erweitern wir unsere Untersuchung von Differentialgleichungen auf *Differentialgleichungen zweiter Ordnung*. Differentialgleichungen zweiter Ordnung kommen bei vielen Anwendungen aus den Naturwissenschaften und den Ingenieurwissenschaften vor. Sie lassen sich beispielsweise bei der Beschreibung schwingender Federn oder elektrischer Schaltkreise einsetzen. In diesem Kapitel werden Sie lernen, wie man solche Differentialgleichungen mithilfe verschiedener Methoden löst.

17.1 Lineare Differentialgleichungen zweiter Ordnung

Eine Gleichung der Form

$$P(x)y''(x) + Q(x)y'(x) + R(x)y(x) = G(x)\,, \tag{17.1}$$

die in y und ihren Ableitungen linear ist, nennt man eine **lineare Differentialgleichung zweiter Ordnung**.[1] Wir nehmen an, dass die Funktionen P, Q, R und G auf einem offenen Intervall I stetig sind. Ist G auf dem gesamten Intervall I gleich null, so nennt man die Differentialgleichung **homogen**; anderenfalls nennt man sie **inhomogen**. Deshalb hat eine homogene lineare Differentialgleichung zweiter Ordnung die Form

$$P(x)y'' + Q(x)y' + R(x)y = 0\,. \tag{17.2}$$

Außerdem nehmen wir an, dass $P(x)$ für jedes $x \in I$ ungleich null ist.

Zwei Hauptresultate sind zur Lösung von Gleichung (17.2) wesentlich. Erstes Resultat: Wenn wir zwei Lösungen y_1 und y_2 der linearen homogenen Gleichung kennen, so ist jede **Linearkombination** $y = c_1y_1 + c_2y_2$ mit beliebigen Konstanten c_1 und c_2 ebenfalls eine Lösung.

Satz 17.1 Superpositionsprinzip Sind y_1 und y_2 zwei Lösungen der linearen homogenen Gleichung (17.2), so ist die Funktion

$$y = c_1y_1 + c_2y_2$$

mit beliebigen Konstanten c_1 und c_2 ebenfalls eine Lösung von Gleichung (17.2).

Beweis Wir setzen y in Gleichung (17.2) ein und erhalten

$$\begin{aligned}
&P(x)y'' + Q(x)y' + R(x)y \\
&\quad = P(x)(c_1y_1 + c_2y_2)'' + Q(x)(c_1y_1 + c_2y_2)' + R(x)(c_1y_1 + c_2y_2) \\
&\quad = P(x)(c_1y_1'' + c_2y_2'') + Q(x)(c_1y_1' + c_2y_2') + R(x)(c_1y_1 + c_2y_2) \\
&\quad = c_1\underbrace{(P(x)y_1'' + Q(x)y_1' + R(x)y_1)}_{=\,0,\ y_1 \text{ ist eine Lösung}} + c_2\underbrace{(P(x)y_2'' + Q(x)y_2' + R(x)y_2)}_{=\,0,\ y_2 \text{ ist eine Lösung}} \\
&\quad = c_1(0) + c_2(0) = 0\,.
\end{aligned}$$

Deshalb ist $y = c_1y_1 + c_2y_2$ eine Lösung von Gleichung (17.2). ■

Aus Satz 17.1 ergeben sich unmittelbar die folgenden Aussagen über die Lösungen homogener Gleichungen.

1. Eine Summe zweier Lösungen $y_1 + y_2$ von Gleichung (17.2) ist ebenfalls eine Lösung. (Wählen Sie $c_1 = c_2 = 1$.)
2. Ein konstantes Vielfaches ky_1 einer Lösung y_1 von Gleichung (17.2) ist ebenfalls eine Lösung. (Wählen Sie $c_1 = k$ und $c_2 = 0$.)
3. Die **triviale Lösung** $y(x) \equiv 0$ ist immer eine Lösung einer linearen homogenen Gleichung. (Wählen Sie $c_1 = c_2 = 0$.)

1 Der Strich steht jeweils für eine Ableitung nach x.

Bei dem zweiten Hauptresultat über Lösungen von linearen homogenen Differentialgleichungen geht es um ihre **allgemeine Lösung** bzw. die Lösung, die *alle* Lösungen enthält. Demnach gibt es zwei Lösungen y_1 und y_2, sodass jede Lösung eine Linearkombination dieser Lösungen mit geeigneten Werten für die Konstanten c_1 und c_2 ist. Jedoch eignet sich dafür nicht jedes Lösungspaar. Die Lösungen müssen **linear unabhängig** sein, d.h. weder y_1 noch y_2 darf ein konstantes Vielfaches der anderen Lösung sein. Die Funktionen $f(x) = \mathrm{e}^x$ und $g(x) = x\mathrm{e}^x$ sind zum Beispiel linear unabhängig, während es die Funktionen $f(x) = x^2$ und $g(x) = 7x^2$ nicht sind (sie sind also linear abhängig). Diese Resultate über die lineare Unabhängigkeit und der folgende Satz werden in weiterführenden Vorlesungen bewiesen.

Satz 17.2 Die Funktionen P, Q und R seien stetig auf dem offenen Intervall I, und $P(x)$ sei auf I von null verschieden. Dann hat die lineare homogene Gleichung (17.2) zwei linear unabhängige Lösungen y_1 und y_2 auf I. Sind darüber hinaus y_1 und y_2 zwei *beliebige* linear unabhängige Lösungen von Gleichung (17.2), so hat die allgemeine Lösung die Form

$$y(x) = c_1 y_1(x) + c_2 y_2(x)$$

mit geeigneten Konstanten c_1 und c_2.

Nun wenden wir unsere Aufmerksamkeit der Aufgabe zu, zwei linear unabhängige Lösungen von Gleichung (17.2) für den speziellen Fall zu bestimmen, dass P, Q und R konstante Funktionen sind.

Homogene Differentialgleichungen mit konstanten Koeffizienten

Angenommen, wir wollen die homogene Differentialgleichung zweiter Ordnung

$$ay'' + by' + cy = 0 \qquad (17.3)$$

mit den Konstanten a, b und c lösen. Dazu suchen wir eine Funktion, sodass die Summe aus einem Vielfachen dieser Funktion, einem Vielfachen ihrer ersten Ableitung und einem Vielfachen ihrer zweiten Ableitung null ergibt. Eine Funktion, die sich so verhält, ist die Exponentialfunktion $y = \mathrm{e}^{rx}$ mit einer Konstanten r. Nach zweimaliger Differentiation dieser Exponentialfunktion erhalten wir $y' = r\mathrm{e}^{rx}$ und $y'' = r^2\mathrm{e}^{rx}$. Das sind konstante Vielfache der ursprünglichen Exponentialfunktion. Einsetzen von $y = \mathrm{e}^{rx}$ in Gleichung (17.3) ergibt

$$ar^2\mathrm{e}^{xr} + br\mathrm{e}^{xr} + c\mathrm{e}^{xr} = 0\,.$$

Die Exponentialfunktion wird nie null, sodass wir die letzte Gleichung durch e^{rx} dividieren können. Somit ist $y = \mathrm{e}^{rx}$ genau dann eine Lösung zu Gleichung (17.3), wenn r eine Lösung der algebraischen Gleichung

Merke

$$ar^2 + br + c = 0 \qquad (17.4)$$

ist. Gleichung (17.4) heißt **charakteristische Gleichung**, und $ar^2 + br + c$ *charakteristisches Polynom* (in r) der Differentialgleichung $ay'' + by' + cy = 0$. Für solche Differentialgleichungen zweiter Ordnung ist die charakteristische Gleichung eine quadratische

Gleichung mit den Nullstellen

$$r_1 = \frac{-b + \sqrt{b^2 - 4ac}}{2a} \quad \text{und} \quad r_2 = \frac{-b - \sqrt{b^2 - 4ac}}{2a}.$$

Je nach dem Wert der Diskriminante $b^2 - 4\text{ac}$ müssen wir drei Fälle unterscheiden.

Fall 1: $b^2 - 4ac > 0$. In diesem Fall hat die charakteristische Gleichung zwei reelle Nullstellen r_1 und r_2, die von null verschieden sind. Dann sind $y_1 = e^{r_1x}$ und $y_2 = e^{r_2x}$ zwei linear unabhängige Lösungen von Gleichung (17.3), weil $y_2 = e^{r_2x}$ kein konstantes Vielfaches von $y_1 = e^{r_1x}$ ist (vgl. Aufgabe 31 auf Seite 579). Aus Satz 17.2 ergibt sich dann das folgende Resultat.

Satz 17.3 Sind r_1 und r_2 zwei reelle voneinander verschiedene Nullstellen der charakteristischen Gleichung $ar^2 + br + c = 0$, so ist

$$y = c_1 e^{r_1x} + c_2 e^{r_2x}$$

die allgemeine Lösung der Differentialgleichung $ay'' + by' + cy = 0$.

Beispiel 17.1 Bestimmen Sie die allgemeine Lösung der Differentialgleichung

Allgemeine Lösung von $y'' - y' - 6y = 0$

$$y'' - y' - 6y = 0\,.$$

Lösung Wir setzen $y = e^{rx}$ in die Differentialgleichung ein und erhalten die charakteristische Gleichung

$$r^2 - r - 6 = 0\,,$$

die wir in

$$(r-3)(r+2) = 0$$

faktorisieren können. Die Nullstellen sind also $r_1 = 3$ und $r_2 = -2$. Die allgemeine Lösung lautet damit

$$y = c_1 e^{3x} + c_2 e^{-2x}\,.$$

Fall 2: $b^2 - 4ac = 0$. In diesem Fall ist $r_1 = r_2 = -b/2a$. Der Einfachheit halber schreiben wir $r = -b/2a$. Dann haben wir eine Lösung $y_1 = e^{rx}$ mit $2ar + b = 0$. Da sich aus der Multiplikation von e^{rx} mit einer Konstanten keine zweite lineare unabhängige Lösung ergibt, multiplizieren wir die Lösung probehalber mit einer *Funktion*. Die einfachste Funktion ist $u(x) = x$. Wir wollen sehen, ob $y_2 = xe^{rx}$ ebenfalls eine Lösung ist. Einsetzen von y_2 in die Differentialgleichung ergibt

$$\begin{aligned} ay_2'' + by_2' + cy_2 &= a(2re^{rx} + r^2xe^{rx}) + b(e^{rx} + rxe^{rx}) + cxe^{rx} \\ &= (2ar + b)e^{rx} + (ar^2 + br + c)xe^{rx} \\ &= 0(e^{rx}) + (0)xe^{rx} = 0\,. \end{aligned}$$

Der erste Term ist null, weil $r = -b/2a$ ist; der zweite Term ist null, weil r die charakteristische Gleichung löst. Die Funktionen $y_1 = e^{rx}$ und $y_2 = xe^{rx}$ sind linear unabhängig (vgl. Aufgabe 32 auf Seite 579). Aus Satz 17.2 ergibt sich dann das folgende Resultat.

Satz 17.4 Ist r eine doppelte (reelle) Nullstelle der charakteristischen Gleichung $ar^2 + br + c = 0$, so ist

$$y = c_1 e^{rx} + c_2 x e^{rx}$$

die allgemeine Lösung der Differentialgleichung $ay'' + by' + cy = 0$.

Allgemeine Lösung von $y'' + 4y' + 4y = 0$

Beispiel 17.2 Bestimmen Sie die allgemeine Lösung der Differentialgleichung

$$y'' + 4y' + 4y = 0.$$

Lösung Die charakteristische Gleichung lautet

$$r^2 + 4r + 4 = 0\,.$$

Sie lässt sich in

$$(r+2)^2 = 0$$

faktorisieren. Also ist $r = -2$ eine doppelte Nullstelle. Daher ist die allgemeine Lösung

$$y = c_1 e^{-2x} + c_2 x e^{-2x}\,.$$

Fall 3: $b^2 - 4ac < 0$. In diesem Fall hat die charakteristische Gleichung zwei komplexe Nullstellen $r_1 = \alpha + \mathrm{i}\beta$ und $r_2 = \alpha - \mathrm{i}\beta$ mit den reellen Zahlen α und β sowie $\mathrm{i}^2 = -1$. (Diese reellen Zahlen sind $\alpha = -b/2a$ and $\beta = \sqrt{4ac - b^2}/2a$.) Die beiden komplexen Nullstellen führen dann auf zwei linear unabhängige Lösungen

$$y_1 = e^{(\alpha+\mathrm{i}\beta)x} = e^{\alpha x}(\cos\beta x + \mathrm{i}\sin\beta x) \quad \text{und}$$
$$y_2 = e^{(\alpha-\mathrm{i}\beta)x} = e^{\alpha x}(\cos\beta x - \mathrm{i}\sin\beta x)\,.$$

(Der Ausdruck mit den Sinus- und Kosinusfunktionen ergibt sich aus der Euler'schen Identität in Abschnitt 10.10.) Die Lösungen y_1 und y_2 sind jedoch nicht reellwertig, sondern *komplexwertig*. Trotzdem können wir nach dem Superpositionsprinzip (Satz 17.1) daraus zwei reellwertige Lösungen erhalten:

$$y_3 = \frac{1}{2}y_1 + \frac{1}{2}y_2 = e^{\alpha x}\cos\beta x \quad \text{und} \quad y_4 = \frac{1}{2\mathrm{i}}y_1 - \frac{1}{2\mathrm{i}}y_2 = e^{\alpha x}\sin\beta x\,.$$

Die Funktionen y_3 und y_4 sind linear unabhängig (vgl. Aufgabe 33 auf Seite 579). Aus Satz 16.2 ergibt sich in diesem Fall das folgende Resultat.

Satz 17.5 Sind $r_1 = \alpha + \mathrm{i}\beta$ und $r_2 = \alpha - \mathrm{i}\beta$ zwei komplexe Nullstellen der charakteristischen Gleichung $ar^2 + br + c = 0$, so ist

$$y = e^{\alpha x}(c_1 \cos\beta x + c_2 \sin\beta x)$$

die allgemeine Lösung der Differentialgleichung $ay'' + by' + cy = 0$.

Beispiel 17.3 Bestimmen Sie die allgemeine Lösung der Differentialgleichung

Allgemeine Lösung von $y'' - 4y' + 5y = 0$

$$y'' - 4y' + 5y = 0\,.$$

Lösung Die charakteristische Gleichung lautet

$$r^2 - 4r + 5 = 0\,.$$

Die Nullstellen sind das komplexe Paar $r = (4 \pm \sqrt{16-20})/2$ bzw. $r_1 = 2 + \mathrm{i}$ und $r_2 = 2 - \mathrm{i}$. Somit liefert $\alpha = 2$ und $\beta = 1$ die allgemeine Lösung

$$y = \mathrm{e}^{2x}(c_1 \cos x + c_2 \sin x)\,.$$

Anfangs- und Randwertprobleme

Um eine eindeutige Lösung einer Differentialgleichung erster Ordnung zu erhalten, mussten wir nur den Wert der Lösung an einer einzelnen Stelle vorgeben. Da die allgemeine Lösung einer Differentialgleichung zweiter Ordnung zwei beliebige Konstanten enthält, müssen wir zwei Bedingungen angeben. Eine Möglichkeit dafür ist, den Wert der Lösungsfunktion und den Wert der ersten Ableitung an einer einzelnen Stelle vorzugeben: $y(x_0) = y_0$ und $y'(x_0) = y_1$. Solche Bedingungen nennt man **Anfangsbedingungen**. Zusammen mit der Differentialgleichung haben wir dann ein sogenanntes **Anfangswertproblem**. Der folgende Satz wird in weiterführenden Lehrbüchern bewiesen. Er garantiert sowohl für homogene als auch für inhomogene lineare Differentialgleichungen zweiter Ordnung unter Anfangsbedingungen die Existenz und die Eindeutigkeit der Lösung.

Satz 17.6 Sind P, Q, R und G auf einem offenen Intervall I stetig, so existiert genau eine Funktion $y(x)$, die sowohl die Differentialgleichung

$$P(x)y''(x) + Q(x)y'(x) + R(x)y(x) = G(x)$$

auf dem Intervall I als auch die Anfangsbedingungen

$$y(x_0) = y_0 \quad \text{und} \quad y'(x_0) = y_1$$

an der angegebenen Stelle $x_0 \in I$ erfüllt.

Sie sollten sich unbedingt vergegenwärtigen, dass Sie y_0 und y_1 jeden reellen Wert zuweisen können und Satz 17.6 gilt. Es folgt ein Beispiel für ein Anfangswertproblem für eine homogene Differentialgleichung.

Beispiel 17.4 Bestimmen Sie eine spezielle Lösung des Anfangswertproblems

Spezielle Lösung eines Anfangswertproblems

$$y'' - 2y' + y = 0, \quad y(0) = 1, \quad y'(0) = -1\,.$$

Lösung Die charakteristische Gleichung lautet

$$r^2 - 2r + 1 = (r-1)^2 = 0\,.$$

Die doppelte reelle Nullstelle ist $r = 1$, was die allgemeine Lösung

$$y = c_1 e^x + c_2 x e^x$$

liefert. Dann gilt

$$y' = c_1 e^x + c_2(x+1)e^x .$$

Aus der Anfangsbedingung erhalten wir

$$1 = c_1 + c_2 \cdot 0 \quad \text{und} \quad -1 = c_1 + c_2 \cdot 1 .$$

Somit ist $c_1 = 1$ und $c_2 = -2$. Die eindeutige Lösung, die die Anfangsbedingungen erfüllt, lautet

$$y = e^x - 2xe^x .$$

Den Graphen der Lösungsfunktion zeigt ►Abbildung 17.1. ■

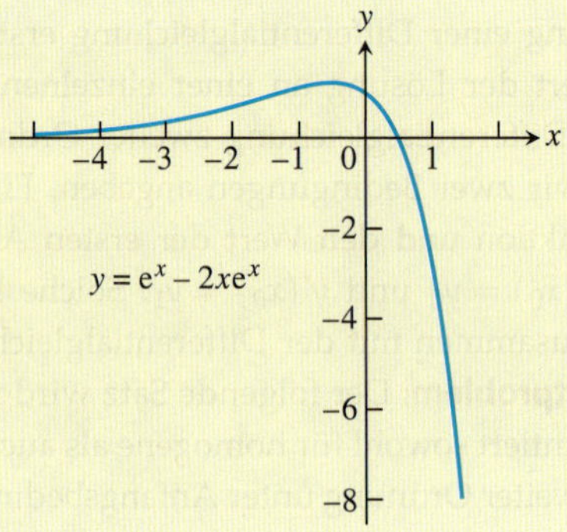

Abbildung 17.1 Die spezielle Lösung aus Beispiel 17.4.

Eine andere Möglichkeit, die Werte der beiden beliebigen Konstanten in der allgemeinen Lösung einer Differentialgleichung zweiter Ordnung zu bestimmen, ist, die Werte der Lösungsfunktion an *zwei verschiedenen Stellen* des Intervalls I festzulegen. Wir lösen also die Differentialgleichung bezogen auf die **Randwerte**

$$y(x_1) = y_1 \quad \text{und} \quad y(x_2) = y_2 .$$

Dabei gehören x_1 und x_2 zu I. Auch hier können y_1 und y_2 beliebige reelle Werte sein. Die Differentialgleichung mit den angegebenen Randwerten nennt man **Randwertproblem**. Anders als Anfangswertprobleme (Satz 16.5) haben Randwertprobleme nicht immer eine Lösung, oder es kann mehr als eine Lösung geben. Solche Fälle werden in weiterführenden Lehrbüchern diskutiert, hier geben wir aber ein Beispiel, bei dem es eine eindeutige Lösung gibt.

Spezielle Lösung eines Randwertproblems

Beispiel 17.5 Lösen Sie das Randwertproblem

$$y'' + 4y = 0, \quad y(0) = 0, \quad y\left(\frac{\pi}{12}\right) = 1 .$$

Lösung Die charakteristische Gleichung lautet $r^2 + 4 = 0$. Sie hat die komplexen Nullstellen $r = \pm 2i$. Die allgemeine Lösung der Differentialgleichung ist deshalb

$$y = c_1 \cos 2x + c_2 \sin 2x .$$

Die Randbedingungen sind erfüllt, wenn

$$y(0) = c_1 \cdot 1 + c_2 \cdot 0 = 0$$
$$y\left(\frac{\pi}{12}\right) = c_1 \cos\left(\frac{\pi}{6}\right) + c_2 \sin\left(\frac{\pi}{6}\right) = 1$$

gilt. Daraus ergibt sich $c_1 = 0$ und $c_2 = 2$. Die Lösung des Randwertproblems ist also

$$y = 2 \sin 2x\,.$$

Aufgaben zum Abschnitt 17.1

Bestimmen Sie in den Aufgaben 1–15 die allgemeine Lösung der angegebenen Differentialgleichung.

1. $y'' - y' - 12y = 0$

2. $y'' + 3y' - 4y = 0$

3. $y'' - 4y = 0$

4. $2y'' - y' - 3y = 0$

5. $8y'' - 10y' - 3y = 0$

6. $y'' + 9y = 0$

7. $y'' + 25y = 0$

8. $y'' - 2y' + 5y = 0$

9. $y'' + 2y' + 4y = 0$

10. $y'' + 4y' + 9y = 0$

11. $y'' = 0$

12. $\frac{d^2y}{dx^2} + 4\frac{dy}{dx} + 4y = 0$

13. $\frac{d^2y}{dx^2} + 6\frac{dy}{dx} + 9y = 0$

14. $4\frac{d^2y}{dx^2} + 4\frac{dy}{dx} + y = 0$

15. $9\frac{d^2y}{dx^2} + 6\frac{dy}{dx} + y = 0$

Bestimmen Sie in den Aufgaben 16–20 die eindeutige Lösung für das Anfangswertproblem zweiter Ordnung.

16. $y'' + 6y' + 5y = 0,\ y(0) = 0,\ y'(0) = 3$

17. $y'' + 12y = 0,\ y(0) = 0,\ y'(0) = 1$

18. $y'' + 8y = 0,\ y(0) = -1,\ y'(0) = 2$

19. $y'' - 4y' + 4y = 0,\ y(0) = 1,\ y'(0) = 0$

20. $4\frac{d^2y}{dx^2} + 12\frac{dy}{dx} + 9y = 0,\ y(0) = 2,\ \frac{dy}{dx}(0) = 1$

Bestimmen Sie in den Aufgaben 21–28 die allgemeine Lösung der Differentialgleichung.

21. $y'' - 2y' - 3y = 0$

22. $4y'' + 4y' + y = 0$

23. $4y'' + 20y = 0$

24. $25y'' + 10y' + y = 0$

25. $4y'' + 4y' + 5y = 0$

26. $16y'' - 24y' + 9y = 0$

27. $9y'' + 24y' + 16y = 0$

28. $6y'' - 5y' - 4y = 0$

Lösen Sie in den Aufgaben 29 und 30 das Anfangswertproblem.

29. $y'' + 2y' + y = 0,\ y(0) = 1,\ y'(0) = 1$

30. $3y'' + y' - 14y = 0,\ y(0) = 2,\ y'(0) = -1$

31. Beweisen Sie, dass die beiden Lösungsfunktionen aus Satz 17.3 linear unabhängig sind.

32. Beweisen Sie, dass die beiden Lösungsfunktionen aus Satz 17.4 linear unabhängig sind.

33. Beweisen Sie, dass die beiden Lösungsfunktionen aus Satz 17.5 linear unabhängig sind.

34. Beweisen Sie: Sind y_1 und y_2 linear unabhängige Lösungen der homogenen Gleichung (17.2), so sind die Funktionen $y_3 = y_1 + y_2$ und $y_4 = y_1 - y_2$ ebenfalls linear unabhängige Lösungen.

17.2 Inhomogene lineare Gleichungen

In diesem Abschnitt untersuchen wir zwei Lösungsmethoden für inhomogene lineare Differentialgleichungen zweiter Ordnung mit konstanten Koeffizienten. Dies sind: die Methode der *unbestimmten Koeffizienten* und die *Variation der Konstanten*. Wir beginnen mit einer Betrachtung der Form der allgemeinen Lösung.

Form der allgemeinen Lösung

Angenommen, wir wollen die inhomogene Differentialgleichung

$$ay'' + by' + cy = G(x) \tag{17.5}$$

mit den Konstanten a, b und c und der stetigen Funktion G über einem offenen Intervall I bestimmen. Sei $y_{\text{hom}} = c_1y_1 + c_2y_2$ die allgemeine Lösung der zugehörigen homogenen Gleichung

$$ay'' + by' + cy = 0\,. \tag{17.6}$$

(Wie man y_{hom} bestimmt, haben wir in Abschnitt 17.1 besprochen.) Nun nehmen wir an, dass wir von irgendwoher eine spezielle Funktion y_{spez} kennen, die die inhomogene Gleichung (17.5) löst. Dann löst die Summe

$$y = y_{\text{hom}} + y_{\text{spez}} \tag{17.7}$$

auch die inhomogene Gleichung (17.5), weil

$$\begin{aligned} a(y_{\text{hom}} + y_{\text{spez}})'' &+ b(y_{\text{hom}} + y_{\text{spez}})' + c(y_{\text{hom}} + y_{\text{spez}}) \\ &= (ay''_{\text{hom}} + by'_{\text{hom}} + cy_{\text{hom}}) + (ay''_{\text{spez}} + by'_{\text{spez}} + cy_{\text{spez}}) \\ &= 0 + G(x) \qquad\qquad y_{\text{hom}} \text{ löst (17.6) und } y_{\text{spez}} \text{ löst (17.5)} \\ &= G(x) \end{aligned}$$

gilt. Ist darüber hinaus $y = y(x)$ die allgemeine Lösung der inhomogenen Gleichung (17.5), so muss sie die Form (17.7) haben. Die letzte Behauptung ergibt sich aus der Beobachtung, dass für jede Funktion y_{spez}, die Gleichung 17.5 erfüllt, gilt

$$\begin{aligned} a(y - y_{\text{spez}})'' &+ b(y - y_{\text{spez}})' + c(y - y_{\text{spez}}) \\ &= (ay'' + by' + cy) - (ay''_{\text{spez}} + by'_{\text{spez}} + cy_{\text{spez}}) \\ &= G(x) - G(x) = 0. \end{aligned}$$

Somit ist $y_{\text{hom}} = y - y_{\text{spez}}$ die allgemeine Lösung der homogenen Gleichung (17.6). Damit haben wir das folgende Resultat hergeleitet.

Satz 17.7 Die allgemeine Lösung $y = y(x)$ der inhomogenen Differentialgleichung (17.5) hat die Form

$$y = y_{\text{hom}} + y_{\text{spez}}\,.$$

Dabei ist y_{hom} die allgemeine Lösung der zugehörigen homogenen Gleichung (17.6), und y_{spez} ist eine spezielle Lösung der inhomogenen Gleichung (17.5).

Die Methode der unbestimmten Koeffizienten

Diese Methode zum Bestimmen einer speziellen Lösung y_{spez} der inhomogenen Gleichung (17.5) mithilfe eines geeigneten Ansatzes lässt sich in den Spezialfällen anwenden, in denen $G(x)$ eine Summe verschiedener Polynome $p(x)$ ist, die mit einer Exponentialfunktion und eventuell Sinus- und Kosinusfunktionen multipliziert wurden. Die Methode lässt sich also in den Fällen anwenden, in denen $G(x)$ eine Summe der folgenden Terme ist:

$$p_1(x)\mathrm{e}^{rx}, \; p_2(x)\mathrm{e}^{\alpha x}\cos\beta x, \; p_3(x)\mathrm{e}^{\alpha x}\sin\beta x .$$

Darunter fallen beispielsweise die Funktionen $1-x$, e^{2x}, $x\mathrm{e}^x$, $\cos x$ und $5\mathrm{e}^x - \sin 2x$. (Im Wesentlichen sind das Funktionen, die homogene lineare Differentialgleichungen mit konstanten Koeffizienten lösen, deren Ordnung aber größer als zwei sein kann.) Zur Illustration der Methode stellen wir nun einige Beispiele vor.

Lösung der inhomogenen Gleichung $y'' - 2y' - 3y = 1 - x^2$

Beispiel 17.6 Lösen Sie die inhomogene Differentialgleichung $y'' - 2y' - 3y = 1 - x^2$.

Lösung Die charakteristische Gleichung der zugehörigen homogenen Differentialgleichung $y'' - 2y' - 3y = 0$ ist

$$r^2 - 2r - 3 = (r+1)(r-3) = 0 .$$

Sie hat die Nullstellen $r = -1$ und $r = 3$, die auf die folgende Lösung der homogenen Gleichung führen:

$$y_{\text{hom}} = c_1\mathrm{e}^{-x} + c_2\mathrm{e}^{3x} .$$

Nun ist $G(x) = 1 - x^2$ ein Polynom zweiten Grades. Sinnvollerweise würde man annehmen, dass eine spezielle Lösung der gegebenen inhomogenen Gleichung ebenfalls ein Polynom zweiten Grades ist. Wenn nämlich y ein Polynom zweiten Grades ist, so ist auch $y'' - 2y' - 3y$ ein Polynom zweiten Grades. Wir suchen also nach einer speziellen Lösung der Form

$$y_{\text{spez}} = Ax^2 + Bx + C .$$

Wir müssen nun die unbekannten Koeffizienten A, B und C bestimmen. Setzen wir das Polynom y_{spez} und seine Ableitungen in die gegebene inhomogene Gleichung ein, so erhalten wir

$$2A - 2(2Ax + B) - 3(Ax^2 + Bx + C) = 1 - x^2$$

bzw.

$$-3Ax^2 + (-4A - 3B)x + (2A - 2B - 3C) = 1 - x^2 ,$$

wenn wir Potenzen gleicher Ordnung zusammenfassen. Diese letzte Gleichung gilt für alle Werte von x, wenn auf beiden Seiten dasselbe Polynom zweiten Grades steht. Daher setzen wir die entsprechenden Potenzen von x gleich und erhalten

$$-3A = -1, \quad -4A - 3B = 0 \quad \text{und} \quad 2A - 2B - 3C = 1 .$$

Aus diesen Gleichungen ergibt sich wiederum $A = 1/3$, $B = -4/9$ und $C = 5/27$. Einsetzen dieser Werte in den quadratischen Ausdruck für unsere spezielle Lösung liefert

$$y_{\text{spez}} = \frac{1}{3}x^2 - \frac{4}{9}x + \frac{5}{27} .$$

Nach Satz 17.7 ist die allgemeine Lösung der inhomogenen Gleichung

$$y = y_{\text{hom}} + y_{\text{spez}} = c_1 e^{-x} + c_2 e^{3x} + \frac{1}{3}x^2 - \frac{4}{9}x + \frac{5}{27}.$$ ■

Spezielle Lösung von $y'' - y' = 2\sin x$

Beispiel 17.7 Bestimmen Sie eine spezielle Lösung der Differentialgleichung $y'' - y' = 2\sin x$.

Lösung Versuchen wir zunächst, eine spezielle Lösung der Form

$$y_{\text{spez}} = A\sin x$$

zu bestimmen und setzen wir die Ableitungen von y_{spez} in die gegebene Gleichung ein. Wir stellen dann fest, dass A die Gleichung

$$-A\sin x + A\cos x = 2\sin x$$

für alle x erfüllen muss. Dazu müsste A gleichzeitig -2 und 0 sein. Daraus schließen wir, dass die inhomogene Differentialgleichung keine Lösung der Form $A\sin x$ besitzt.

Versuchen wir es nun mit einer Lösung der Form

$$y_{\text{spez}} = A\sin x + B\cos x\,.$$

Einsetzen der Ableitungen dieser neuen Testlösung in die Differentialgleichung ergibt

$$-A\sin x - B\cos x - (A\cos x - B\sin x) = 2\sin x$$

bzw.

$$(B - A)\sin x - (A + B)\cos x = 2\sin x\,.$$

Diese letzte Gleichung muss für alle x erfüllt sein. Gleichsetzen der Koeffizienten der entsprechenden Terme auf beiden Seiten ergibt dann

$$B - A = 2 \quad \text{und} \quad A + B = 0\,.$$

Aus diesen beiden Gleichungen erhalten wir $A = -1$ and $B = 1$. Unsere spezielle Lösung ist also

$$y_{\text{spez}} = \cos x - \sin x\,.$$ ■

Spezielle Lösung von $y'' - 3y' + 2y = 5e^x$

Beispiel 17.8 Bestimmen Sie eine spezielle Lösung der Differentialgleichung $y'' - 3y' + 2y = 5e^x$.

Lösung Setzen wir die Testlösung

$$y_{\text{spez}} = Ae^x$$

und ihre Ableitungen in die Differentialgleichung ein, so erhalten wir

$$Ae^x - 3Ae^x + 2Ae^x = 5e^x$$

bzw.

$$0 = 5e^x .$$

Die Exponentialfunktion ist aber immer ungleich null. Diese Schwierigkeit lässt sich auf die Tatsache zurückführen, dass $y = e^x$ bereits eine Lösung der zugehörigen homogenen Gleichung

$$y'' - 3y' + 2y = 0$$

ist. Die charakteristische Gleichung ist nämlich

$$r^2 - 3r + 2 = (r-1)(r-2) = 0 ,$$

und sie hat die Nullstelle $r = 1$. Wir erwarten also, dass sich null ergibt, wenn wir Ae^x in die linke Seite der Gleichung einsetzen.

In diesem Fall ist es angebracht, die Testlösung Ae^x mit x zu multiplizieren. Unsere neue Testlösung ist somit

$$y_{\text{spez}} = Axe^x .$$

Setzen wir die Ableitungen dieser neuen Testlösung in die Differentialgleichung ein, so erhalten wir das Ergebnis

$$(Axe^x + 2Ae^x) - 3(Axe^x + Ae^x) + 2Axe^x = 5e^x$$

bzw.

$$-Ae^x = 5e^x .$$

Somit liefert $A = -5$ unsere gesuchte spezielle Lösung

$$y_{\text{spez}} = -5xe^x .$$

■

Beispiel 17.9 Bestimmen Sie eine spezielle Lösung der Differentialgleichung $y'' - 6y' + 9y = e^{3x}$.

Spezielle Lösung von $y'' - 6y' + 9y = e^{3x}$

Lösung Die charakteristische Gleichung der zugehörigen homogenen Gleichung

$$r^2 - 6r + 9 = (r-3)^2 = 0$$

hat die doppelte Nullstelle $r = 3$. Die passende Wahl für y_{spez} ist in diesem Fall weder Ae^{3x} noch Axe^{3x}, da die Lösung der homogenen Gleichung bereits beide Terme enthält. Daher wählen wir als Testlösung einen Term, der die nächsthöhere Potenz von x als Faktor enthält. Setzen wir

$$y_{\text{spez}} = Ax^2e^{3x}$$

und die entsprechenden Ableitungen in die gegebene Differentialgleichung ein, so erhalten wir

$$(9Ax^2e^{3x} + 12Axe^{3x} + 2Ae^{3x}) - 6(3Ax^2e^{3x} + 2Axe^{3x}) + 9Ax^2e^{3x} = e^{3x}$$

bzw.

$$2Ae^{3x} = e^{3x}.$$

Folglich gilt $A = 1/2$, und die spezielle Lösung ist

$$y_{\text{spez}} = \frac{1}{2}x^2 e^{3x}. \quad \blacksquare$$

Wenn wir eine spezielle Lösung der Differentialgleichung (17.5) bestimmen wollen, bei der die Funktion $G(x)$ die Summe zweier oder mehrerer Terme ist, wählen wir für jeden Term in $G(x)$ eine Testfunktion und addieren die einzelnen Testfunktionen.

Allgemeine Lösung von $y'' - y' = 5e^x - \sin 2x$

Beispiel 17.10 Bestimmen Sie die allgemeine Lösung der Differentialgleichung $y'' - y' = 5e^x - \sin 2x$.

Lösung Zunächst sehen wir uns die charakteristische Gleichung

$$r^2 - r = 0$$

an. Ihre Nullstellen sind $r = 1$ und $r = 0$. Die Lösung der zugehörigen homogenen Gleichung ist daher

$$y_{\text{hom}} = c_1 e^x + c_2\,.$$

Nun suchen wir nach einer speziellen Lösung y_{spez}. Wir suchen also eine Funktion, die $5e^x - \sin 2x$ ergibt, wenn wir sie in die linke Seite der gegebenen Differentialgleichung einsetzen. Aus einem Teil von y_{spez} muss sich $5e^x$ und aus dem anderen $-\sin 2x$ ergeben.

Da jede Funktion der Form $c_1 e^x$ eine Lösung der zugehörigen homogenen Gleichung ist, wählen wir als unsere Testlösung y_{spez} die Summe

$$y_{\text{spez}} = Axe^x + B\cos 2x + C\sin 2x\,.$$

Sie enthält einen Term xe^x, während wir sonst vielleicht eher e^x verwendet hätten. Wenn wir die Ableitungen von y_{spez} in die Differentialgleichung einsetzen, ergibt sich die Gleichung

$$(Axe^x + 2Ae^x - 4B\cos 2x - 4C\sin 2x) = \\ -(Axe^x + Ae^x - 2B\sin 2x + 2C\cos 2x) = 5e^x - \sin 2x$$

bzw.

$$Ae^x - (4B + 2C)\cos 2x + (2B - 4C)\sin 2x = 5e^x - \sin 2x\,.$$

Diese Gleichung gilt für

$$A = 5, \quad 4B + 2C = 0, \quad 2B - 4C = -1$$

bzw. $A = 5$, $B = -1/10$ und $C = 1/5$. Unsere spezielle Lösung ist damit

$$y_{\text{spez}} = 5xe^x - \frac{1}{10}\cos 2x + \frac{1}{5}\sin 2x\,.$$

Die allgemeine Lösung der Differentialgleichung lautet

$$y = y_{\text{hom}} + y_{\text{spez}} = c_1 e^x + c_2 + 5xe^x - \frac{1}{10}\cos 2x + \frac{1}{5}\sin 2x\,. \quad \blacksquare$$

Die nachfolgende Tabelle könnte bei der Lösung der Aufgaben am Ende dieses Abschnitts hilfreich sein.

Tabelle 17.1: Die Methode der unbestimmten Koeffizienten für ausgewählte Gleichungen der Form

$$ay'' + by' + cy = G(x).$$

Enthält $G(x)$ einen Term, der ein konstantes Vielfaches ist von	und ist...,	so fügen Sie diesen Ausdruck in die Testfunktion für y_{spez} ein.
e^{rx}	r keine Nullstelle der charakteristischen Gleichung	Ae^{rx}
	r eine einfache Nullstelle der charakteristischen Gleichung	Axe^{rx}
	r eine doppelte Nullstelle der charakteristischen Gleichung	Ax^2e^{rx}
$\sin kx$, $\cos kx$	ki keine Nullstelle der charakteristischen Gleichung	$B\cos kx + C\sin kx$
$px^2 + qx + m$	0 keine Nullstelle der charakteristischen Gleichung	$Dx^2 + Ex + F$
	0 eine einfache Nullstelle der charakteristischen Gleichung	$Dx^3 + Ex^2 + Fx$
	0 eine doppelte Nullstelle der charakteristischen Gleichung	$Dx^4 + Ex^3 + Fx^2$

Die Methode der Variation der Konstanten

Hierbei handelt es sich um eine allgemeine Methode, eine spezielle Lösung der inhomogenen Gleichung (17.5) zu bestimmen, wenn die allgemeine Lösung der zugehörigen homogenen Gleichung bekannt ist. Die Methode besteht darin, die Konstanten c_1 und c_2 in der Lösung der homogenen Gleichung durch Funktionen $v_1 = v_1(x)$ und $v_2 = v_2(x)$ zu ersetzen und (wie wir noch näher erläutern werden) zu fordern, dass der daraus resultierende Ausdruck die inhomogene Gleichung (17.5) erfüllt. Wir müssen zwei Funktionen bestimmen, aber die Forderung, dass Gleichung (17.5) erfüllt ist, ergibt nur eine Bedingung. Als zweite Bedingung fordern wir daher auch, dass die Gleichung

$$v_1'y_1 + v_2'y_2 = 0 \tag{17.8}$$

erfüllt ist. Wir erhalten dann

$$\begin{aligned} y &= v_1y_1 + v_2y_2 , \\ y' &= v_1y_1' + v_2y_2' , \\ y'' &= v_1y_1'' + v_2y_2'' + v_1'y_1' + v_2'y_2' . \end{aligned}$$

Setzen wir diese Ausdrücke in die linke Seite von Gleichung (17.5) ein, so erhalten wir

$$v_1\left(ay_1'' + by_1' + cy_1\right) + v_2\left(ay_2'' + by_2' + cy_2\right) + a\left(v_1'y_1' + v_2'y_2'\right) = G(x) .$$

Die beiden ersten Terme in Klammern ergeben null, weil y_1 und y_2 Lösungen der zugehörigen homogenen Gleichung (17.6) sind. Somit ist die inhomogene Gleichung (17.5) dann erfüllt, wenn wir zusätzlich zu (17.8)

$$a\left(v_1'y_1' + v_2'y_2'\right) = G(x) \tag{17.9}$$

fordern. Die Gleichungen (17.8) und (17.9)

$$v_1'y_1 + v_2'y_2 = 0\,, \tag{17.10}$$

$$v_1'y_1' + v_2'y_2' = \frac{G(x)}{a} \tag{17.11}$$

können wir dann nach den unbekannten Funktionen v_1' and v_2' auflösen. Üblicherweise löst man dieses einfache System mithilfe der *Determinantenmethode* (auch als *Cramer'sche Regel* bezeichnet), was wir in den folgenden Beispielen demonstrieren werden. Sind die abgeleiteten Funktionen v_1' und v_2' bekannt, können wir die beiden Funktionen $v_1 = v_1(x)$ und $v_2 = v_2(x)$ durch Integration bestimmen. Die Lösungsmethode fassen wir nun zusammen.

Merke

Methode der Variation der Konstanten Wenn Sie die Methode der Variation der Konstanten anwenden wollen, um eine spezielle Lösung der inhomogenen Differentialgleichung

$$ay'' + by' + cy = G(x)$$

zu bestimmen, können Sie direkt mit den Gleichungen (17.8) und (17.9) arbeiten. Sie müssen sie nicht erneut herleiten. Die einzelnen Schritte sind folgendermaßen.

1. Lösen Sie die zugehörige homogene Differentialgleichung

$$ay'' + by' + cy = 0\,,$$

um die Funktionen y_1 und y_2 zu bestimmen.

2. Lösen Sie das Gleichungssystem

$$v_1'y_1 + v_2'y_2 = 0,$$

$$v_1'y_1' + v_2'y_2' = \frac{G(x)}{a}$$

nach den abgeleiteten Funktionen v_1' und v_2' auf.

3. Integrieren Sie v_1' und v_2', um die Funktionen $v_1 = v_1(x)$ und $v_2 = v_2(x)$ zu bestimmen.

4. Schreiben Sie die spezielle Lösung der inhomogenen Differentialgleichung (17.5) als

$$y_{\text{spez}} = v_1y_1 + v_2y_2\,.$$

Allgemeine Lösung von $y'' + y = \tan x$

Beispiel 17.11 Bestimmen Sie die allgemeine Lösung der Differentialgleichung

$$y'' + y = \tan x\,.$$

Lösung Die Lösung der homogenen Gleichung

$$y'' + y = 0$$

ist

$$y_{\text{hom}} = c_1 \cos x + c_2 \sin x\,.$$

Wir haben $y_1(x) = \cos x$ und $y_2(x) = \sin x$. Daher lauten die Bedingungen, die in den Gleichungen (17.8) und (17.9) erfüllt sein müssen

$$\begin{aligned} v_1' \cos x + v_2' \sin x &= 0, \\ -v_1' \sin x + v_2' \cos x &= \tan x\,. \end{aligned} \qquad a = 1$$

Die Lösungen dieses Systems sind

$$v_1' = \frac{\begin{vmatrix} 0 & \sin x \\ \tan x & \cos x \end{vmatrix}}{\begin{vmatrix} \cos x & \sin x \\ -\sin x & \cos x \end{vmatrix}} = \frac{-\tan x \sin x}{\cos^2 x + \sin^2 x} = \frac{-\sin^2 x}{\cos x}$$

und

$$v_2' = \frac{\begin{vmatrix} \cos x & 0 \\ -\sin x & \tan x \end{vmatrix}}{\begin{vmatrix} \cos x & \sin x \\ -\sin x & \cos x \end{vmatrix}} = \sin x\,.$$

Nach Integration von v_1' und v_2' erhalten wir

$$\begin{aligned} v_1(x) &= \int \frac{-\sin^2 x}{\cos x} \mathrm{d}x \\ &= -\int (\sec x - \cos x)\, \mathrm{d}x \\ &= -\ln|\sec x + \tan x| + \sin x \end{aligned}$$

und

$$v_2(x) = \int \sin x \,\mathrm{d}x = -\cos x\,.$$

Es sei erwähnt, dass wir die Integrationskonstanten weggelassen haben. Sie gehen einfach in die beliebigen Konstanten in der Lösung der homogenen Gleichung ein.

Einsetzen von v_1 und v_2 in den Ausdruck für y_{spez} liefert im vierten Schritt

$$\begin{aligned} y_{\text{spez}} &= [-\ln|\sec x + \tan x| + \sin x] \cos x + (-\cos x) \sin x \\ &= (-\cos x) \ln|\sec x + \tan x|\,. \end{aligned}$$

Die allgemeine Lösung lautet also

$$y = c_1 \cos x + c_2 \sin x - (\cos x) \ln|\sec x + \tan x|\,.$$

■

Allgemeine Lösung von $y'' + y' - 2y = xe^x$

Beispiel 17.12 Lösen Sie die inhomogene Differentialgleichung

$$y'' + y' - 2y = xe^x\,.$$

Die charakteristische Gleichung ist

$$r^2 + r - 2 = (r+2)(r-1) = 0\,,$$

woraus sich als Lösung der homogenen Gleichung

$$y_{\text{hom}} = c_1 e^{-2x} + c_2 e^x$$

ergibt. Die zu erfüllenden Bedingungen in den Gleichungen (17.8) und (17.9) sind

$$\begin{aligned} v_1' e^{-2x} + v_2' e^x &= 0 \\ -2v_1' e^{-2x} + v_2' e^x &= xe^x. \qquad a = 1 \end{aligned}$$

Auflösen des obigen Gleichungssystems nach v_1' und v_2' ergibt

$$v_1' = \frac{\begin{vmatrix} 0 & e^x \\ xe^x & e^x \end{vmatrix}}{\begin{vmatrix} e^{-2x} & e^x \\ -2e^{-2x} & e^x \end{vmatrix}} = \frac{-\,xe^{2x}}{3e^{-x}} = -\frac{1}{3}xe^{3x}$$

und

$$v_2' = \frac{\begin{vmatrix} e^{-2x} & 0 \\ -2e^{-2x} & xe^x \end{vmatrix}}{3e^{-x}} = \frac{xe^{-x}}{3e^{-x}} = \frac{x}{3}.$$

Nun integrieren wir, um die Konstantenfunktionen zu erhalten. Es ergibt sich

$$\begin{aligned} v_1(x) &= \int -\frac{1}{3}xe^{3x}\,dx \\ &= -\frac{1}{3}\left(\frac{xe^{3x}}{3} - \int \frac{e^{3x}}{3}\,dx\right) \\ &= \frac{1}{27}(1-3x)e^{3x} \end{aligned}$$

und

$$v_2(x) = \int \frac{x}{3}\,dx = \frac{x^2}{6}.$$

Deshalb ist

$$\begin{aligned} y_{\text{spez}} &= \left[\frac{(1-3x)e^{3x}}{27}\right] e^{-2x} + \left(\frac{x^2}{6}\right) e^x \\ &= \frac{1}{27}e^x - \frac{1}{9}xe^x + \frac{1}{6}x^2 e^x. \end{aligned}$$

Die allgemeine Lösung der Differentialgleichung lautet

$$y = c_1 e^{-2x} + c_2 e^x - \frac{1}{9}xe^x + \frac{1}{6}x^2 e^x.$$

Der Term $(1/27)e^x$ der speziellen Lösung y_{spez} ist dabei in den Term $c_2 e^x$ der homogenen Lösung eingegangen.

Aufgaben zum Abschnitt 17.2

Lösen Sie die Differentialgleichungen in den Aufgaben 1–8 mit der Methode der unbestimmten Koeffizienten.

1. $y'' - 3y' - 10y = -3$

2. $y'' - y' = \sin x$

3. $y'' + y = \cos 3x$

4. $y'' - y' - 2y = 20\cos x$

5. $y'' - y = e^x + x^2$

6. $y'' - y' - 6y = e^{-x} - 7\cos x$

7. $\dfrac{d^2y}{dx^2} + 5\dfrac{dy}{dx} = 15x^2$

8. $\dfrac{d^2y}{dx^2} - 3\dfrac{dy}{dx} = e^{3x} - 12x$

Lösen Sie die Differentialgleichungen in den Aufgaben 9–14 mit der Methode der Variation der Konstanten.

9. $y'' + y' = x$

10. $y'' + y = \sin x$

11. $y'' + 2y' + y = e^{-x}$

12. $y'' - y = e^x$

13. $y'' + 4y' + 5y = 10$

14. $\dfrac{d^2y}{dx^2} + y = \sec x, \quad -\dfrac{\pi}{2} < x < \dfrac{\pi}{2}$

In den Aufgaben 15–18 hat die angegebene Differentialgleichung eine spezielle Lösung y_{spez} der angegebenen Form. Bestimmen Sie die Koeffizienten in y_{spez}. Lösen Sie anschließend die Differentialgleichung.

15. $y'' - 5y' = xe^{5x}$, $y_{spez} = Ax^2e^{5x} + Bxe^{5x}$

16. $y'' - y' = \cos x + \sin x$, $y_{spez} = A\cos x + B\sin x$

17. $y'' + y = 2\cos x + \sin x$, $y_{spez} = Ax\cos x + Bx\sin x$

18. $y'' + y' - 2y = xe^x$, $y_{spez} = Ax^2e^x + Bxe^x$

Lösen Sie in den Aufgaben 19–22 die angegebene Differentialgleichung **a.** mit der Methode der Variation der Konstanten und **b.** mit der Methode der unbestimmten Koeffizienten.

19. $\dfrac{d^2y}{dx^2} - \dfrac{dy}{dx} = e^x + e^{-x}$

20. $\dfrac{d^2y}{dx^2} - 4\dfrac{dy}{dx} + 4y = 2e^{2x}$

21. $\dfrac{d^2y}{dx^2} - 4\dfrac{dy}{dx} - 5y = e^x + 4$

22. $\dfrac{d^2y}{dx^2} - 9\dfrac{dy}{dx} = 9e^{9x}$

Lösen Sie die Differentialgleichungen in den Aufgaben 23–27. Einige Gleichungen lassen sich mit der Methode der unbestimmten Koeffizienten lösen, andere nicht.

23. $y'' + y = \cot x, \ 0 < x < \pi$

24. $y'' - 8y' = e^{8x}$

25. $y'' - y' = x^3$

26. $y'' + 2y' = x^2 - e^x$

27. $y'' + y = \dfrac{1}{\cos x}\tan x, \ -\dfrac{\pi}{2} < x < \dfrac{\pi}{2}$

Manchmal kann man mit der Methode der unbestimmten Koeffizienten auch Differentialgleichungen erster Ordnung lösen. Lösen Sie mit der Methode die Differentialgleichungen in den Aufgaben 28–31.

28. $y' - 3y = e^x$

29. $y' + 4y = x$

30. $y' - 3y = 5e^{3x}$

31. $y' + y = \sin x$

Lösen Sie die Differentialgleichungen in den Aufgaben 32 und 33 mit den angegebenen Anfangsbedingungen.

32. $\dfrac{d^2y}{dx^2} + y = \dfrac{1}{\cos^2 x}, \ -\dfrac{\pi}{2} < x < \dfrac{\pi}{2}; \ y(0) = y'(0) = 1$

33. $\dfrac{d^2y}{dx^2} + y = e^{2x}; \ y(0) = 0, \ y'(0) = \dfrac{2}{5}$

Zeigen Sie in der Aufgabe 34, dass die angegebene Funktion eine spezielle Lösung der angegebenen inhomogenen Differentialgleichung ist. Bestimmen Sie die allgemeine Lösung und berechnen Sie die beliebigen Konstanten, um die eindeutige Lösung zu bestimmen, die die Differentialgleichung und die angegebene Anfangsbedingung erfüllt.

34. $y'' + y' = x$, $y_{spez} = \dfrac{x^2}{2} - x$, $y(0) = 0$, $y'(0) = 0$

17.3 Anwendungen

In diesem Abschnitt wenden wir Differentialgleichungen zweiter Ordnung bei der Untersuchung schwingender Federn und elektrischer Schaltkreise an.

Schwingungen

Das obere Ende einer Spiralfeder ist an einer starren Halterung befestigt, wie in ►Abbildung 17.2 dargestellt. Ein Körper der Masse m hängt an der Feder und dehnt sie um eine Länge s, bis die Feder in der Gleichgewichtslage zur Ruhe kommt. Nach dem Hooke'sche Federgesetz (vgl. Abschnitt 6.5) ist die Zugkraft in der Feder gleich ks mit der Federkonstante k. Die an der Feder angreifende Schwerkraft ist mg, und in der Gleichgewichtslage gilt

$$ks = mg\,. \tag{17.12}$$

Nehmen wir an, dass der Körper ein weiteres Stück y_0 nach unten aus der Gleichgewichtslage ausgelenkt und dann losgelassen wird. Wir wollen die Bewegung des Körpers untersuchen, d. h. die vertikale Lage seines Schwerpunkts zu einem späteren Zeitpunkt.

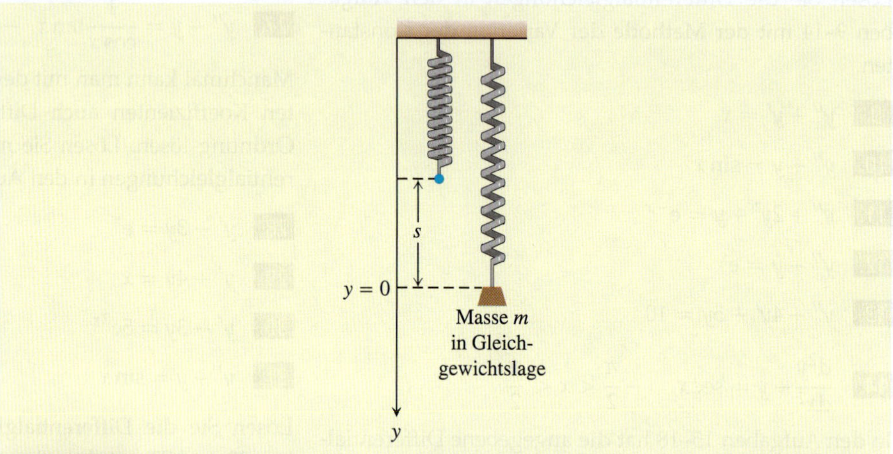

Abbildung 17.2 Die Schwerkraft der Masse m dehnt eine Feder um die Länge s bis zur Gleichgewichtslage $y = 0$.

Mit y wollen wir die nach unten positive Auslenkung des Körpers gegenüber seiner Gleichgewichtslage nach einer Zeit t bezeichnen, nachdem der Körper losgelassen wurde. Dann wirken auf den Körper die folgenden Kräfte (►Abbildung 17.3 auf der nächsten Seite):

$F_G = mg$	die Antriebskraft aufgrund der Schwerkraft
$F_R = k(s + y)$	die Rückstellkraft aufgrund der Federspannung
$F_W = \delta \dfrac{dy}{dt}$	eine Reibungskraft, die proportional zur Geschwindigkeit sein soll.

Die Reibungskraft bremst die Bewegung des Körpers. Aus den drei Kräften ergibt sich die Kraft $F = F_G - F_R - F_W$, und nach dem zweiten Newton'schen Gesetz $F = ma$ gilt dann

$$m\frac{d^2y}{dt^2} = mg - ks - ky - \delta\frac{dy}{dt}\,.$$

Nach Gleichung (17.12) ist $mg - ks = 0$, sodass aus dieser letzten Gleichung

$$m\frac{\mathrm{d}^2y}{\mathrm{d}t^2} + \delta\frac{\mathrm{d}y}{\mathrm{d}t} + ky = 0 \tag{17.13}$$

wird. Die Anfangsbedingungen lauten $y(0) = y_0$ und $y'(0) = 0$. (Hier verwenden wir die Strich-Schreibweise für die Ableitung.)

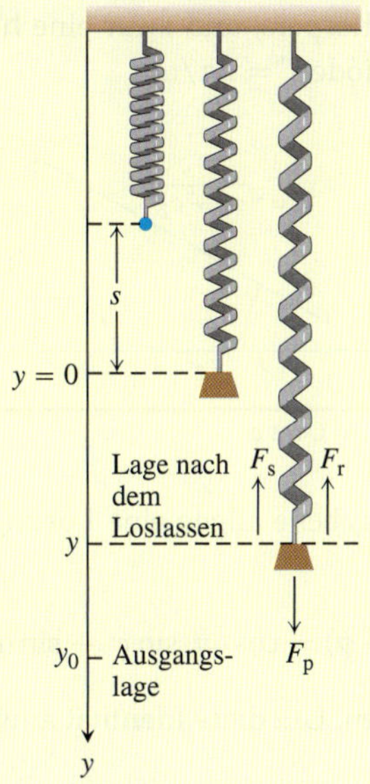

Abbildung 17.3 Die Antriebskraft (Gewichtskraft) F_G zieht die Masse nach unten, aber die Rückstellkraft der Feder F_R und die Reibungskraft F_W ziehen die Masse nach oben. Die Bewegung beginnt bei $y = y_0$, wobei die Masse auf und ab schwingt.

Wahrscheinlich vermuten Sie bereits, dass die von Gleichung (17.13) beschriebene Bewegung eine Schwingung um die Gleichgewichtslage $y = 0$ ist, und die Schwingung aufgrund der bremsenden Reibungskraft allmählich zum Stillstand kommt. Genau das ist tatsächlich auch der Fall. Wir werden uns nun ansehen, wie sich die Werte der Konstanten m, δ und k auf die Art der Schwingung auswirken. Sie werden auch sehen, dass der Körper ohne Reibung (also für $\delta = 0$) einfach unendlich lange weiterschwingt.

Harmonische Schwingung

Nehmen wir zuerst an, dass es keine bremsende Reibungskraft gibt. Dann ist $\delta = 0$, und es gibt keine Dämpfung. Wenn wir der Einfachheit halber $\omega = \sqrt{k/m}$ setzen, wird aus der Differentialgleichung (17.13)

$$y'' + \omega^2 y = 0 \quad \text{mit} \quad y(0) = y_0 \quad \text{und} \quad y'(0) = 0\,.$$

Die charakteristische Gleichung dieser Differentialgleichung ist

$$r^2 + \omega^2 = 0\,.$$

Sie hat die imaginären Nullstellen $r = \pm\omega\mathrm{i}$. Die allgemeine Lösung der Differentialgleichung (17.13) ist

$$y = c_1 \cos\omega t + c_2 \sin\omega t\,. \tag{17.14}$$

Um die Anfangsbedingungen zu berücksichtigen, berechnen wir

$$y' = -c_1\omega \sin \omega t + c_2\omega \cos \omega t$$

und setzen dann die Bedingungen ein. Dies führt auf $c_1 = y_0$ und $c_2 = 0$. Die spezielle Lösung

$$y = y_0 \cos \omega t \tag{17.15}$$

beschreibt die Bewegung des Körpers, und zwar eine **harmonische Schwingung** mit der Amplitude y_0 und der Periode $T = 2\pi/\omega$.

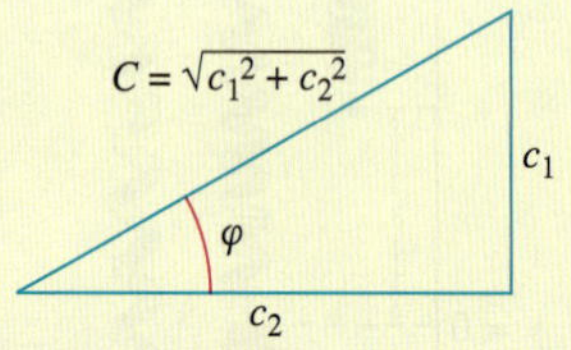

Abbildung 17.4 $c_1 = C \sin \varphi$ und $c_2 = C \cos \varphi$.

Die durch Gleichung 17.14 gegebene allgemeine Lösung lässt sich mithilfe der trigonometrischen Identität

$$\sin(\omega t + \varphi) = \cos \omega t \ \sin \varphi \ + \sin \omega t \ \cos \varphi$$

zu einem Term zusammenfassen. Um diese Identität anwenden zu können, wählen wir (▶Abbildung 17.4)

$$c_1 = C \sin \varphi \quad \text{und} \quad c_2 = C \cos \varphi$$

mit

$$C = \sqrt{c_1^2 + c_2^2} \quad \text{und} \quad \varphi = \tan^{-1} \frac{c_1}{c_2}.$$

Dann lässt sich die allgemeine Lösung (17.14) in der alternativen Form

$$y = C \sin(\omega t + \varphi) \tag{17.16}$$

schreiben. Dabei sind C und φ zwei neue beliebige Konstanten, die die beiden Konstanten c_1 und c_2 ersetzen. Gleichung (17.16) beschreibt eine harmonische Schwingung mit der Amplitude C und der Periode $T = 2\pi/\omega$. Den Winkel $\omega t + \varphi$ nennt man **Phasenwinkel**, und φ lässt sich als sein Anfangswert interpretieren. Ein Graph der von Gleichung (17.16) beschriebenen harmonischen Schwingung ist in ▶Abbildung 17.5 dargestellt.

Gedämpfte Schwingung

Wir nehmen nun an, dass es in der Federanordnung Reibung gibt, sodass $\delta \neq 0$ ist. Setzen wir in die Differentialgleichung (17.13) $\omega = \sqrt{k/m}$ und $2b = \delta/m$ ein, so ergibt sich

$$y'' + 2by' + \omega^2 y = 0\,. \tag{17.17}$$

Die charakteristische Gleichung dieser Differentialgleichung ist

$$r^2 + 2br + \omega^2 = 0$$

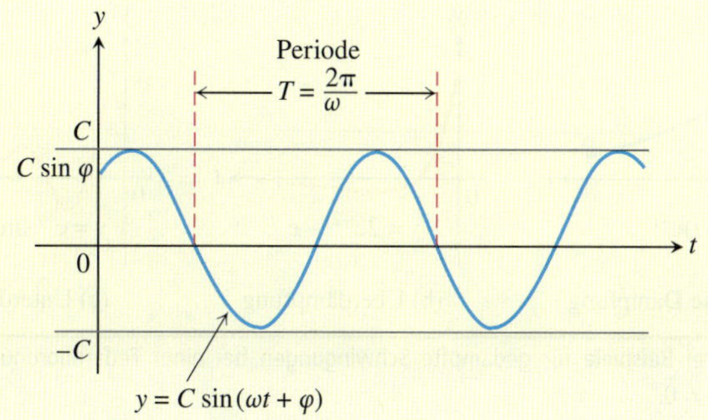

Abbildung 17.5 Eine harmonische Schwingung mit der Amplitude C und der Periode T mit dem Anfangsphasenwinkel φ (Gleichung (17.16)).

mit den Nullstellen $r = -b \pm \sqrt{b^2 - \omega^2}$. Je nach dem Verhältnis zwischen b und ω lassen sich nun drei Fälle unterscheiden.

Fall 1: $b = \omega$ Die doppelte Nullstelle der charakteristischen Gleichung ist reell. Sie hat den Wert $r = -\omega$. Die allgemeine Lösung von Gleichung (17.17) ist damit

$$y = (c_1 + c_2 t)\mathrm{e}^{-\omega t}.$$

Diese Bewegung nennt man **kritisch gedämpft**, und es gibt keine Schwingung. ►Abbildung 17.6a zeigt ein Beispiel für diese Art von kritischer Dämpfung.

Fall 2: $b > \omega$ Die Nullstellen der charakteristischen Gleichung sind reell und voneinander verschieden: $r_1 = -b + \sqrt{b^2 - \omega^2}$, $r_2 = -b - \sqrt{b^2 - \omega^2}$. Die allgemeine Lösung der Gleichung (17.17) ist damit

$$y = c_1 \mathrm{e}^{(-b+\sqrt{b^2-\omega^2})t} + c_2 \mathrm{e}^{(-b-\sqrt{b^2-\omega^2})t}.$$

Auch hier findet keine Schwingung statt, und sowohl r_1 als auch r_2 sind negativ. Deshalb geht y für $t \to \infty$ gegen null. Diese Bewegung bezeichnet man als **überdämpft** (►Abbildung 17.6b).

Fall 3: $b < \omega$ Die Nullstellen der charakteristischen Gleichung sind komplex und durch $r = -b \pm \mathrm{i}\sqrt{\omega^2 - b^2}$ gegeben. Die allgemeine Lösung von Gleichung (17.17) ist damit

$$y = \mathrm{e}^{-bt}(c_1 \cos\sqrt{\omega^2 - b^2}t + c_2 \sin\sqrt{\omega^2 - b^2}t).$$

Diese Bewegung bezeichnet man als **unterdämpft**. Die Lösungsfunktion beschreibt eine gedämpfte Schwingung. Diese gedämpfte Schwingung ähnelt der harmonischen Schwingung, nur dass die Amplitude nicht konstant, sondern mit dem Faktor e^{-bt} gedämpft ist. Die Schwingungen werden mit zunehmender Zeit immer schwächer, sodass auch hier y für $t \to \infty$ gegen null geht. Es sei erwähnt, dass die Periode $T = 2\pi/\sqrt{\omega^2 - b^2}$ größer ist als die Periode $T_0 = 2\pi/\omega$ im reibungsfreien System. Und je größer der Wert von $b = \delta/2m$ im exponentiellen Dämpfungsfaktor ist, umso schneller werden die Schwingungen unmerklich. Ein Graph der Lösungsfunktion für die Bewegung in einem unterdämpften System ist in Abbildung 17.6c dargestellt.

Die durch Gleichung (17.13) beschriebene Federanordnung können wir auch unter Einwirkung einer äußeren Kraft $F(t)$ untersuchen. Die Kraft können wir als eine äußere Störung des Systems ansehen. Modelliert die Gleichung beispielsweise eine Federung bei einem Auto, könnte die Kraft auf periodische Dellen oder Schlaglöcher auf der

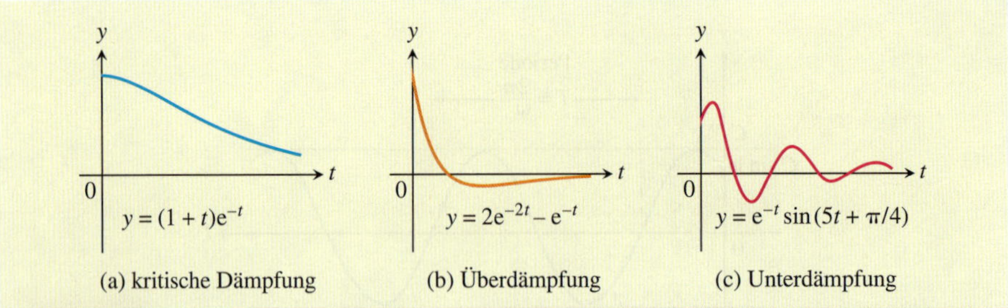

Abbildung 17.6 Drei Beispiele für gedämpfte Schwingungen bei einer Federanordnung mit Reibung, also $\delta \neq 0$.

Straße zurückzuführen sein, die das Verhalten des Federsystems beeinflussen. Bei der Modellierung der Bewegung einer Hängebrücke könnte die Kraft der Einfluss des Windes sein. Die Berücksichtigung einer äußeren Kraft führt auf eine inhomogene Differentialgleichung zweiter Ordnung

$$m\frac{d^2y}{dt^2} + \delta\frac{dy}{dt} + ky = F(t)\,. \tag{17.18}$$

Die Untersuchung einer solchen Federanordnung überlassen wir einer weiterführenden Vorlesung.

Elektrische Schwingkreise

Die Grundgröße der Elektrizitätslehre ist die **Ladung** q (ähnlich der Masse in der Mechanik). In einem elektrischen Feld betrachten wir den Ladungsfluss bzw. den **Strom** $I = dq/dt$, wie wir in einem Schwerefeld die Geschwindigkeit betrachten. Zwischen der Bewegung eines Körpers in einem Schwerefeld und dem Fluss der Elektronen (den Ladungsträgern) in einem elektrischen Feld gibt es viele Gemeinsamkeiten.

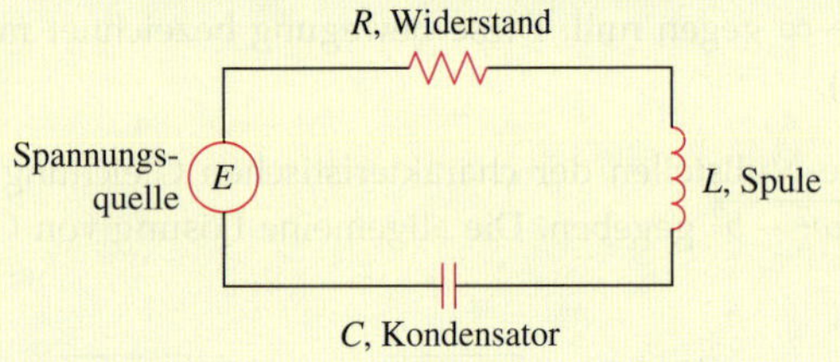

Abbildung 17.7 Ein elektrischer Schwingkreis.

Betrachten wir den in ▶Abbildung 17.7 dargestellten Schwingkreis. Er besteht aus vier Elementen: einer Spannungsquelle, einem Widerstand, einer Spule und einem Kondensator. Stellen wir uns den elektrischen Fluss als eine Art Flüssigkeitsströmung vor, bei der die Spannungsquelle die Pumpe ist und der Widerstand, die Spule und der Kondensator den Fluss behindern. Eine Batterie oder ein Generator sind Beispiele für eine Quelle, die eine Spannung erzeugt; aufgrund dieser Spannung fließt der Strom durch den Schwingkreis, wenn der Schalter geschlossen ist. Eine Glühlampe oder ein angeschlossenes Gerät bilden einen Widerstand. Der induktive Widerstand ergibt sich aus dem Magnetfeld, das jeder Änderung des Stroms in einer stromdurchflossenen Drahtschleife entgegenwirkt. Der kapazitive Widerstand wird in der Regel von zwei Metallplatten erzeugt, die Ladungen tauschen und so den Stromfluss umkehren. Die für einen Schwingkreis relevanten Größen haben folgende Symbole:

q:	Ladung auf einem Querschnitt eines Kondensators in **Coulomb** (C abgekürzt)
I:	Strom oder Änderungsrate der Ladung dq/dt (Elektronenfluss) auf einem Querschnitt eines Kondensators in **Ampere** (A abgekürzt)
E:	elektrische (Potential-) Quelle in **Volt** (V abgekürzt)
U:	Potentialdifferenz zwischen zwei gegenüberliegenden Punkten des Kondensators in **Volt** (V abgekürzt)

Der deutsche Physiker Georg S. Ohm (1789–1854) beobachtete, dass der Strom I durch einen Widerstand, der durch eine Potentialdifferenz über dem Widerstand hervorgerufen wird, (näherungsweise) proportional zur Potentialdifferenz (zum Spannungsabfall) ist. Seine Proportionalitätskonstante nannte er $1/R$ und bezeichnete R als **Widerstand**. Das *Ohm'sche Gesetz* lautet also

$$I = \frac{1}{R}U\,.$$

Außerdem ist aus der Physik bekannt, dass die Spannungsabfälle über einer Spule und einem Kondensator

$$L\frac{\mathrm{d}I}{\mathrm{d}t} \quad \text{und} \quad \frac{q}{C}$$

sind. Dabei ist L die **Induktivität**, und C ist die **Kapazität** (mit der Ladung q auf dem Kondensator).

Der deutsche Physiker Gustav R. Kirchhoff (1824–1887) formulierte das Gesetz, dass die Summe der Spannungsabfälle in einem geschlossenen Schwingkreis gleich der zugeführten Spannung $E(t)$ ist. Symbolisch ausgedrückt, heißt das

$$RI + L\frac{\mathrm{d}I}{\mathrm{d}t} + \frac{q}{C} = E(t)\,.$$

Da $I = \mathrm{d}q/\mathrm{d}t$ ist, wird das Kirchhoff'sche Gesetz zu

$$L\frac{\mathrm{d}^2q}{\mathrm{d}t^2} + R\frac{\mathrm{d}q}{\mathrm{d}t} + \frac{1}{C}q = E(t)\,. \tag{17.19}$$

Diese Differentialgleichung zweiter Ordnung für einen elektrischen Schwingkreis hat genau dieselbe Form wie die Differentialgleichung (17.18) für die Schwingung. Beide Gleichungen lassen sich mit den in Abschnitt 17.2 behandelten Methoden lösen.

Zusammenfassung

Die folgende Übersicht fasst die Analogien zwischen der physikalischen Bewegung eines Körpers in einer Federanordnung und dem Fluss geladener Teilchen in einem elektrischen Schwingkreis zusammen.

Merke

Modelle aus linearen Differentialgleichungen mit konstanten Koeffizienten

Mechanisches System		**Elektrisches System**	
$my'' + \delta y' + ky = F(t)$		$Lq'' + Rq' + \frac{1}{C}q = E(t)$	
y :	Auslenkung	q :	Ladung
y' :	Geschwindigkeit	q' :	Strom
y'' :	Beschleunigung	q'' :	Änderung des Stroms
m :	Masse	L :	Induktivität
δ :	Dämpfungskonstante	R :	Widerstand
k :	Federkonstante	$1/C$:	C ist die Kapazität
$F(t)$:	äußere Kraft	$E(t)$:	Spannungsquelle

Aufgaben zum Abschnitt 17.3

1. Ein 1 kg schweres Gewicht hängt am unteren Ende einer Feder mit der Federkonstante 1 N/m, die an der Decke angebracht ist. Die Reibung der Federanordnung ist numerisch gleich der Momentangeschwindigkeit. Zur Zeit $t = 0$ wird das Gewicht um 0,6 m aus seiner Gleichgewichtslage ausgelenkt und mit einer Anfangsgeschwindigkeit in Abwärtsrichtung von 0,6 m/s losgelassen. Stellen Sie eine Differentialgleichung für dieses Anfangswertproblem auf.

2. Ein 1 kg schweres Gewicht hängt an einer 0,45 m langen Feder, die es um 0,19 m dehnt. Nun wird das Gewicht um 0,2 kg erhöht. Dann wird es um 0,12 m ausgelenkt und mit einer Abwärtsgeschwindigkeit von v_0 m/s losgelassen. Stellen Sie zu diesem Anfangswertproblem eine Differentialgleichung für die vertikale Auslenkung auf.

3. Ein (offener) elektrischer Schaltkreis besteht aus einer Spule, einem Widerstand und einem Kondensator. Auf den Kondensatorplatten befindet sich eine Anfangsladung von 2 Coulomb. Wenn der Schaltkreis geschlossen wird, fließt ein Strom von 2 Ampere, und es wird eine Spannung von $E(t) = 20 \cos t$ Volt angelegt. In diesem Schaltkreis ist der Spannungsabfall über dem Widerstand 4-mal so groß wie die momentane Änderung der Ladung, der Spannungsabfall über dem Kondensator ist 10-mal die Ladung und der Spannungsabfall über der Spule ist 2-mal die momentane Änderung des Stroms. Geben Sie eine Differentialgleichung mit Anfangsbedingungen an, die diesen Schaltkreis modelliert.

4. Ein 1 kg schweres Gewicht ist an dem unteren Ende einer Spiralfeder mit der Federkonstante 1 N/m befestigt, die von der Decke herabhängt. Die Reibung ist bei dieser Federanordnung numerisch gleich der Momentangeschwindigkeit. Das Gewicht wird zur Zeit $t = 0$ mit einer Abwärtsgeschwindigkeit von 0,6 m/s aus einer Position losgelassen, die 0,6 m unter seiner Gleichgewichtslage liegt. Bestimmen Sie, ob sich die Masse nach π s oberhalb oder unterhalb ihrer Gleichgewichtslage befindet, und welchen Abstand sie von der Gleichgewichtslage hat.

5. An einer 45 cm langen Feder hängt ein 1 kg schweres Gewicht, das die Feder um 19 cm dehnt. Nun wird das Gewicht um 0,2 kg erhöht. Dann wird es um 0,12 m ausgelenkt und mit einer Abwärtsgeschwindigkeit von v_0 m/s losgelassen. Bestimmen Sie die Lage des Gewichts relativ zu seiner Ruhelage als Funktion von v_0 und für alle $t \geq 0$.

6. Ein 0,5 kg schweres Gewicht ist an einer Feder befestigt, die durch das Gewicht um 5 cm gedehnt wird. Nehmen Sie an, dass die Reibung so groß ist wie $2/\sqrt{g}$-mal Momentangeschwindigkeit in m/s. Das Gewicht wird um 8 cm nach unten gezogen und dann losgelassen. Bestimmen Sie, wie lange es dauert, bis das Gewicht zum ersten mal die Gleichgewichtslage passiert.

7. Ein Gewicht von 0,5 kg dehnt eine Feder um 25 cm. Das Gewicht wird 5 cm nach unten gezogen und mit einer Anfangsgeschwindigkeit von 10 cm/s losgelassen. An einer identischen Feder hängt ein zweites Gewicht. Dieses zweite Gewicht wird um einen Betrag aus seiner Ruhelage ausgelenkt, der gleich der Amplitude der Schwingung des ersten Gewichts ist. Das zweite Gewicht wird mit einer Anfangsgeschwindigkeit von 60 cm/s losgelassen. Die Amplitude der Schwingung des zweiten Gewichts ist dann doppelt so groß wie die des ersten Gewichts. Welches Gewicht hängt an der zweiten Feder?

8. Ein Gewicht von 0,8 kg dehnt eine Feder um 1,2 m. Das Gewicht wird 1,5 m aus seiner Ruhelage ausgelenkt und dann losgelassen. Welche Anfangsgeschwindigkeit v_0 müsste man dem Gewicht geben, um die Amplitude der Schwingung zu verdoppeln?

9. Ein an einer Feder hängendes Gewicht führt gedämpfte Schwingungen mit einer Periode von 2 Sekunden aus. Der Dämpfungsfaktor verringert sich in 10 s um 90%. Wie groß die Beschleunigung des Gewichts, wenn es sich 0,9 m unter seiner Gleichgewichtslage befindet und sich mit einer Aufwärtsgeschwindigkeit von 0,6 m/s bewegt?

10. Ein *LRC*-Schwingkreis besteht aus einer Induktivität von 1/5 H, einem Widerstand von 1 Ohm und einer Kapazität von 5/6 F. Nehmen Sie an, dass die Anfangsladung 2 C und der Anfangsstrom 4 A beträgt. Bestimmen Sie die Lösungsfunktion, die für jede Zeit die Ladung auf dem Kondensator beschreibt. Welche Ladung befindet sich nach einer sehr langen Zeit auf dem Kondensator?

11. Ein 1 kg schweres Gewicht dehnt eine Feder um 9,81/7 m. Diese Federanordnung befindet sich in einem Medium mit einer Dämpfungskonstante von 9 N · s/m. Auf das Gewicht wirkt eine äußere Kraft von $f(t) = (7/3 + \mathrm{e}^{-2t})$ (in Newton). Das Gewicht wird um 2/3 m aus seiner Ruhelage ausgelenkt und dann mit einer Abwärtsgeschwindigkeit von 4/3 m/s losgelassen. Geben Sie die Lösungsfunktion an, die den Ort des Gewichts zu jeder Zeit beschreibt.

12. Ein Gewicht mit einer Masse von 2 kg ist an einer Feder angebracht, die von der Decke hängt. Die Masse hat ihre Ruhelage erreicht, wenn die Feder 1,96 m gedehnt ist. Die Masse befindet sich in einem viskosen Medium, dessen Reibungswiderstand in Newton numerisch gleich dem 4-fachen der Momentangeschwindigkeit in m/s ist. Die Masse wird um 2 m aus ihrer Ruhelage ausgelenkt und dann mit einer Abwärtsgeschwindigkeit von 3 m/s losgelassen. Gleichzeitig wirkt auf die Masse eine äußere Kraft von $f(t) = 20\cos t$ (in Newton). Bestimmen Sie, ob sich die Masse nach π s oberhalb oder unterhalb ihrer Gleichgewichtslage befindet, und welchen Abstand sie von der Gleichgewichtslage hat.

13. Gegeben seien die Induktivität $L = 10$ H, der Widerstand $R = 10\ \Omega$, die Kapazität $C = 1/500$ F, die Spannung $E = 100$ V, $q(0) = 10$ C und $q'(0) = I(0) = 0$. Stellen Sie eine Differentialgleichung für diesen *LRC*-Schwingkreis auf und lösen Sie sie. Interpretieren Sie Ihre Ergebnisse.

17.4 Euler'sche Differentialgleichungen

In Abschnitt 17.1 haben wir die lineare homogene Differentialgleichung zweiter Ordnung

$$P(x)y''(x) + Q(x)y'(x) + R(x)y(x) = 0$$

eingeführt und gezeigt, wie man diese Gleichung löst, wenn die Koeffizienten P, Q und R Konstanten sind. Sind die Koeffizienten nicht konstant, so können wir diese Differentialgleichung im Allgemeinen nicht mithilfe elementarer Funktionen lösen. In diesem Abschnitt werden Sie lernen, wie man diese Differentialgleichung löst, wenn die Koeffizienten die spezielle Form

$$P(x) = ax^2, \quad Q(x) = bx \quad \text{und} \quad R(x) = c$$

mit den Konstanten a, b und c haben. Diese spezielle Art von Differentialgleichungen nennt man **Euler'sche Differentialgleichungen** zu Ehren von Leonhard Euler, der diese Differentialgleichungen untersuchte und ein Lösungsverfahren aufzeigte. Solche Differentialgleichungen treten bei der Untersuchung mechanischer Schwingungen auf.

Die allgemeine Lösung Euler'scher Differentialgleichungen

Wir betrachten die Euler'sche Differentialgleichung

$$ax^2y'' + bxy' + cy = 0, \; x > 0 \,. \tag{17.20}$$

Um Gleichung (17.20) zu lösen, führen wir zuerst eine Variablentransformation durch:

$$z = \ln x \quad \text{und} \quad y(x) = Y(z)\,.$$

Danach bestimmen wir die Ableitungen $y'(x)$ und $y''(x)$ mithilfe der Kettenregel:

$$y'(x) = \frac{\mathrm{d}}{\mathrm{d}x}Y(z) = \frac{\mathrm{d}}{\mathrm{d}z}Y(z)\frac{\mathrm{d}z}{\mathrm{d}x} = Y'(z)\frac{1}{x}$$

und

$$y''(x) = \frac{\mathrm{d}}{\mathrm{d}x}y'(x) = \frac{\mathrm{d}}{\mathrm{d}x}Y'(z)\frac{1}{x} = -\frac{1}{x^2}Y'(z) + \frac{1}{x}Y''(z)\frac{\mathrm{d}z}{\mathrm{d}x} = -\frac{1}{x^2}Y'(z) + \frac{1}{x^2}Y''(z)\,.$$

Setzen wir diese beiden Ableitungen in die linke Seite von Gleichung (17.20) ein, so ergibt sich

$$\begin{aligned} ax^2y'' + bxy' + cy &= ax^2\left(-\frac{1}{x^2}Y'(z) + \frac{1}{x^2}Y''(z)\right) + bx\left(\frac{1}{x}Y'(z)\right) + cY(z) \\ &= aY''(z) + (b-a)Y'(z) + cY(z)\,. \end{aligned}$$

Durch diese Substitutionen ergibt sich also eine Differentialgleichung zweiter Ordnung mit konstanten Koeffizienten

$$aY(z) + (b-a)Y'(z) + cY(z) = 0\,. \tag{17.21}$$

Gleichung (17.21) können wir mit der Methode aus Abschnitt 17.1 lösen. Wir bestimmen also die Nullstellen der zugehörigen charakteristischen Gleichung

$$ar^2 + (b-a)r + c = 0\,, \tag{17.22}$$

um die allgemeine Lösung für $Y(z)$ zu bestimmen. Nachdem wir $Y(z)$ bestimmt haben, können wir $y(x)$ aus der Gleichung $z = \ln x$ bestimmen.

Beispiel 17.13 Bestimmen Sie die allgemeine Lösung der Differentialgleichung $x^2y'' + 2xy' - 2y = 0$.

Allgemeine Lösung von $x^2y'' + 2xy' - 2y = 0$

Lösung Dies ist eine Euler'sche Differentialgleichung mit $a = 1$, $b = 2$ und $c = -2$. Die charakteristische Gleichung (17.22) für $Y(z)$ ist

$$r^2 + (2-1)r - 2 = (r-1)(r+2) = 0\,.$$

Ihre Nullstellen sind $r = -2$ und $r = 1$. Die Lösung für $Y(z)$ ist damit

$$Y(z) = c_1 \mathrm{e}^{-2z} + c_2 \mathrm{e}^{z}\,.$$

Setzen wir $z = \ln x$ ein, so erhalten wir die allgemeine Lösung für $y(x)$:

$$y(x) = c_1 \mathrm{e}^{-2\ln x} + c_2 \mathrm{e}^{\ln x} = c_1 x^{-2} + c_2 x\,.$$ ■

Beispiel 17.14 Lösen Sie die Euler'sche Differentialgleichung $x^2y'' - 5xy' + 9y = 0$.

Allgemeine Lösung von $x^2y'' - 5xy' + 9y = 0$

Lösung Da $a = 1$, $b = -5$ und $c = 9$ ist, lautet die charakteristische Gleichung (17.22) für $Y(z)$

$$r^2 + (-5-1)r + 9 = (r-3)^2 = 0\,.$$

Die charakteristische Gleichung hat die doppelte Nullstelle $r = 3$, was auf

$$Y(z) = c_1 \mathrm{e}^{3z} + c_2 z \mathrm{e}^{3z}$$

führt. Setzen wir $z = \ln x$ in diesen Ausdruck ein, so erhalten wir die allgemeine Lösung

$$y(x) = c_1 \mathrm{e}^{3\ln x} + c_2 \ln x\, \mathrm{e}^{3\ln x} = c_1 x^3 + c_2 x^3 \ln x\,.$$ ■

Beispiel 17.15 Bestimmen Sie die spezielle Lösung der Differentialgleichung $x^2y'' - 3xy' + 68y = 0$ zu den Anfangsbedingungen $y(1) = 0$ und $y'(1) = 1$.

Spezielle Lösung von $x^2y'' - 3xy' + 68y = 0$ mit Anfangsbedingungen

Lösung Hier müssen wir $a = 1$, $b = -3$ und $c = 68$ in die charakteristische Gleichung (17.22) einsetzen und erhalten

$$r^2 - 4r + 68 = 0\,.$$

Die Nullstellen dieser Gleichung sind $r = 2 + 8\mathrm{i}$ und $r = 2 - 8\mathrm{i}$, was auf die Lösung

$$Y(z) = \mathrm{e}^{2z}(c_1 \cos 8z + c_2 \sin 8z)$$

führt. Setzen wir in diesen Ausdruck $z = \ln x$ ein, so erhalten wir

$$y(x) = \mathrm{e}^{2\ln x}(c_1 \cos(8\ln x) + c_2 \sin(8\ln x))\,.$$

Aus der Anfangsbedingung $y(1) = 0$ ergibt sich $c_1 = 0$ und damit

$$y(x) = c_2 x^2 \sin(8 \ln x) .$$

Um die zweite Anfangsbedingung zu berücksichtigen, benötigen wir die Ableitung

$$y'(x) = c_2 \left(8x \cos(8 \ln x) + 2x \sin(8 \ln x)\right) .$$

Aus $y'(1) = 1$ ergibt sich sofort $c_2 = 1/8$. Daher ist die spezielle Lösung, die die beiden Anfangsbedingungen erfüllt,

$$y(x) = \frac{1}{8} x^2 \sin(8 \ln x) .$$

Da $-1 \leq \sin(8 \ln x) \leq 1$ gilt, erfüllt die Lösung die Ungleichung

$$-\frac{x^2}{8} \leq y(x) \leq \frac{x^2}{8} .$$

Ein Graph der Lösung ist in ►Abbildung 17.8 dargestellt. ■

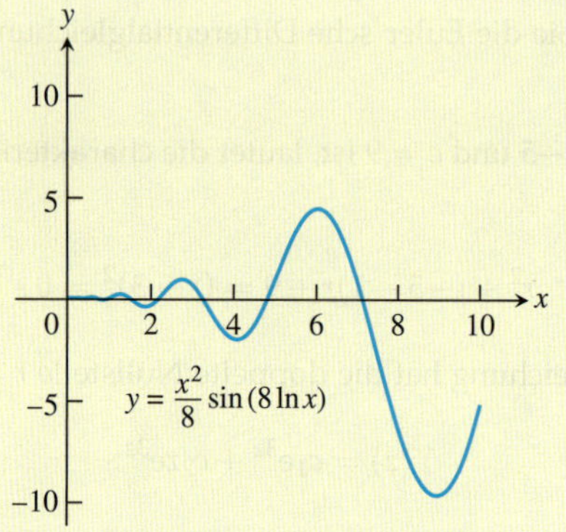

Abbildung 17.8 Der Graph der speziellen Lösung aus Beispiel 17.15.

Aufgaben zum Abschnitt 17.4

Bestimmen Sie in den Aufgaben 1–12 die allgemeine Lösung der angegebenen Euler'schen Differentialgleichung. Nehmen Sie stets $x > 0$ an.

1. $x^2y'' + 2xy' - 2y = 0$

2. $x^2y'' - 6y = 0$

3. $x^2y'' - 5xy' + 8y = 0$

4. $3x^2y'' + 4xy' = 0$

5. $x^2y'' - xy' + y = 0$

6. $x^2y'' - xy' + 5y = 0$

7. $x^2y'' + 3xy' + 10y = 0$

8. $4x^2y'' + 8xy' + 5y = 0$

9. $x^2y'' + 3xy' + y = 0$

10. $x^2y'' + xy' = 0$

11. $9x^2y'' + 15xy' + y = 0$

12. $16x^2y'' + 56xy' + 25y = 0$

Lösen Sie in den Aufgaben 13–15 das angegebene Anfangswertproblem.

13. $x^2y'' + 3xy' - 3y = 0,\ y(1) = 1,\ y'(1) = -1$

14. $x^2y'' - xy' + y = 0,\ y(1) = 1,\ y'(1) = 1$

15. $x^2y'' - xy' + 2y = 0,\ y(1) = -1,\ y'(1) = 1$

17.5 Potenzreihenmethode

In diesem Abschnitt setzen wir unsere Untersuchung von Differentialgleichungen zweiter Ordnung mit nicht konstanten Koeffizienten fort. Bei den Euler'schen Differentialgleichungen aus Abschnitt 17.4 musste die Potenz der Variable x in dem nichtkonstanten Koeffizienten mit dem Grad der zugehörigen Ableitung übereinstimmen: x^2 mit y'', x^1 mit y' und $x^0(=1)$ mit y. Hier lassen wir diese Forderung fallen, so dass wir allgemeinere Differentialgleichungen lösen können.

Lösungsmethode

Die **Potenzreihenmethode** zur Lösung einer homogenen Differentialgleichung zweiter Ordnung besteht darin, die Koeffizienten einer Potenzreihe

$$y(x) = \sum_{n=0}^{\infty} c_n x^n = c_0 + c_1 x + c_2 x^2 + \cdots \qquad (17.23)$$

zu bestimmen, die die Differentialgleichung löst. Bei dieser Methode setzen wir die Reihe und ihre Ableitungen in die Differentialgleichung ein, um die Koeffizienten $c_0, c_1, c_2, \ldots$ zu bestimmen. Die Technik, mit der man die Koeffizienten bestimmt, ähnelt der Methode der unbestimmten Koeffizienten aus Abschnitte 17.2.

In unserem ersten Beispiel demonstrieren wir die Methode anhand einer einfachen Differentialgleichung, deren allgemeine Lösung wir bereits kennen. Dies soll Ihnen helfen, mit Lösungen in Form einer Potenzreihe vertrauter zu werden.

Beispiel 17.16 Lösen Sie die Differentialgleichung $y'' + y = 0$ mit der Potenzreihenmethode.

Lösung von $y'' + y = 0$ mit der Potenzreihenmethode

Lösung Wir nehmen an, dass die Lösung sich als Potenzreihe der Form

$$y = \sum_{n=0}^{\infty} c_n x^n$$

schreiben lässt (wir machen also einen Potenzreihenansatz) und berechnen die Ableitungen

$$y' = \sum_{n=1}^{\infty} n c_n x^{n-1} \quad \text{und} \quad y'' = \sum_{n=2}^{\infty} n(n-1) c_n x^{n-2} \,.$$

Setzen wir diese Ausdrücke in die Differentialgleichung zweiter Ordnung ein, so ergibt sich

$$\sum_{n=2}^{\infty} n(n-1) c_n x^{n-2} + \sum_{n=0}^{\infty} c_n x^n = 0 \,.$$

Anschließend machen wir einen Koeffizientenvergleich, d. h. wir setzen die Koeffizienten der einzelnen Potenzen von x gleich, wie in der nachfolgenden Tabelle zusammengefasst:

Potenz von x	Koeffizientengleichung		
x^0	$2(1)c_2 + c_0 = 0$	bzw.	$c_2 = -\frac{1}{2}c_0$
x^1	$3(2)c_3 + c_1 = 0$	bzw.	$c_3 = -\frac{1}{3 \cdot 2}c_1$
x^2	$4(3)c_4 + c_2 = 0$	bzw.	$c_4 = -\frac{1}{4 \cdot 3}c_2$
x^3	$5(4)c_5 + c_3 = 0$	bzw.	$c_5 = -\frac{1}{5 \cdot 4}c_3$
x^4	$6(5)c_6 + c_4 = 0$	bzw.	$c_6 = -\frac{1}{6 \cdot 5}c_4$
$\vdots$	$\vdots$	$\vdots$	
x^{n-2}	$n(n-1)c_n + c_{n-2} = 0$	bzw.	$c_n = -\frac{1}{n(n-1)}c_{n-2}$

Aus der Tabelle lesen wir ab, dass die Koeffizienten mit geraden Indizes ($n = 2k$, $k = 0, 1, 2, 3, \ldots$) miteinander in Beziehung stehen und die Koeffizienten mit ungeraden Indizes ($n = 2k + 1$) ebenso. Wir behandeln jede Gruppe einzeln.

Gerade Indizes: Sei $n = 2k$, $k = 1, 2, 3, \ldots$, also ist die Potenz $x^{n-2} = x^{2k-2}$. Aus der letzten Zeile der Tabelle lesen wir ab:

$$2k(2k-1)c_{2k} + c_{2k-2} = 0$$

bzw.

$$c_{2k} = -\frac{1}{2k(2k-1)}c_{2k-2}\,.$$

Aus dieser Rekursionsgleichung ergibt sich

$$\begin{aligned} c_{2k} &= \left[-\frac{1}{2k(2k-1)}\right]\left[-\frac{1}{(2k-2)(2k-3)}\right]\cdots\left[-\frac{1}{4(3)}\right]\left[-\frac{1}{2}\right]c_0 \\ &= \frac{(-1)^k}{(2k)!}c_0\,. \end{aligned}$$

Ungerade Indizes: Sei $n = 2k + 1$, $k = 1, 2, 3, \ldots$, also ist die Potenz $x^{n-2} = x^{2k-1}$. Setzen wir dies in die letzte Zeile der Tabelle ein, so ergibt sich

$$(2k+1)(2k)c_{2k+1} + c_{2k-1} = 0$$

bzw.

$$c_{2k+1} = -\frac{1}{(2k+1)(2k)}c_{2k-1}\,.$$

Somit gilt

$$\begin{aligned} c_{2k+1} &= -\left[-\frac{1}{(2k+1)(2k)}\right]\left[-\frac{1}{(2k-1)(2k-2)}\right]\cdots\left[-\frac{1}{5(4)}\right]\left[-\frac{1}{3(2)}\right]c_1 \\ &= \frac{(-1)^k}{(2k+1)!}c_1\,. \end{aligned}$$

Wir schreiben nun die Potenzreihe nach geraden und ungeraden Potenzen getrennt auf und setzen die Ergebnisse für die Koeffizienten ein. Dabei ergibt sich

$$\begin{aligned} y &= \sum_{n=0}^{\infty} c_n x^n \\ &= \sum_{k=0}^{\infty} c_{2k} x^{2k} + \sum_{k=0}^{\infty} c_{2k+1} x^{2k+1} \\ &= c_0 \sum_{k=0}^{\infty} \frac{(-1)^k}{(2k)!} x^{2k} + c_1 \sum_{k=0}^{\infty} \frac{(-1)^k}{(2k+1)!} x^{2k+1}. \end{aligned}$$

Aus Tabelle 10.1 in Abschnitt 10.10 lesen wir ab, dass die erste Reihe auf der rechten Seite der letzten Gleichung die Kosinusfunktion und die zweite Reihe die Sinusfunktion ist. Daher ist die allgemeine Lösung der Differentialgleichung $y'' + y = 0$

$$y = c_0 \cos x + c_1 \sin x.$$

Beispiel 17.17 Bestimmen Sie die allgemeine Lösung der Differentialgleichung $y'' + xy' + y = 0$.

Allgemeine Lösung von $y'' + xy' + y = 0$

Lösung Wir machen den Potenzreihenansatz

$$y = \sum_{n=0}^{\infty} c_n x^n$$

und berechnen die Ableitungen

$$y' = \sum_{n=1}^{\infty} n c_n x^{n-1} \quad \text{und} \quad y'' = \sum_{n=2}^{\infty} n(n-1) c_n x^{n-2}.$$

Setzen wir diese Ausdrücke in die Differentialgleichung zweiter Ordnung ein, so ergibt sich

$$\sum_{n=2}^{\infty} n(n-1) c_n x^{n-2} + \sum_{n=1}^{\infty} n c_n x^n + \sum_{n=0}^{\infty} c_n x^n = 0.$$

Wir führen nun wieder einen Koeffizientenvergleich durch, dessen Ergebnisse wir in der folgenden Tabelle zusammenfassen.

Potenz von x	Koeffizientengleichung		
x^0	$2(1)c_2 + c_0 = 0$	bzw.	$c_2 = -\frac{1}{2}c_0$
x^1	$3(2)c_3 + c_1 + c_1 = 0$	bzw.	$c_3 = -\frac{1}{3}c_1$
x^2	$4(3)c_4 + 2c_2 + c_2 = 0$	bzw.	$c_4 = -\frac{1}{4}c_2$
x^3	$5(4)c_5 + 3c_3 + c_3 = 0$	bzw.	$c_5 = -\frac{1}{5}c_3$
x^4	$6(5)c_6 + 4c_4 + c_4 = 0$	bzw.	$c_6 = -\frac{1}{6}c_4$
$\vdots$	$\vdots$	$\vdots$	
x^n	$(n+2)(n+1)c_{n+2} + (n+1)c_n = 0$	bzw.	$c_{n+2} = -\frac{1}{n+2}c_n$

Aus der Tabelle lesen wir ab, dass die Koeffizienten mit geraden Indizes miteinander in Beziehung stehen und die Koeffizienten mit ungeraden Indizes ebenso.

Gerade Indizes: Sei $n = 2k-2$, $k = 1, 2, 3, \ldots$, die Potenz x^n ist also x^{2k-2}. Aus der letzten Zeile der Tabelle lesen wir ab:

$$c_{2k} = -\frac{1}{2k} c_{2k-2}\,.$$

Aus dieser Rekursionsgleichung erhalten wir

$$\begin{aligned} c_{2k} &= \left(-\frac{1}{2k}\right)\left(-\frac{1}{2k-2}\right)\cdots\left(-\frac{1}{6}\right)\left(-\frac{1}{4}\right)\left(-\frac{1}{2}\right)c_0 \\ &= \frac{(-1)^k}{(2)(4)(6)\cdots(2k)}c_0. \end{aligned}$$

Ungerade Indizes: Sei $n = 2k-1$, $k = 1, 2, 3, \ldots$, die Potenz x^n ist also x^{2k-1}. Aus der letzten Zeile der Tabelle lesen wir ab:

$$c_{2k+1} = -\frac{1}{2k+1} c_{2k-1}\,.$$

Aus dieser Rekursionsgleichung erhalten wir

$$\begin{aligned} c_{2k+1} &= \left(-\frac{1}{2k+1}\right)\left(-\frac{1}{2k-1}\right)\cdots\left(-\frac{1}{5}\right)\left(-\frac{1}{3}\right)c_1 \\ &= \frac{(-1)^k}{(3)(5)\cdots(2k+1)}c_1\,. \end{aligned}$$

Wir schreiben nun die Potenzreihe nach geraden und ungeraden Potenzen getrennt auf und setzen die Ergebnisse für die Koeffizienten ein. Dabei ergibt sich

$$\begin{aligned} y &= \sum_{k=0}^{\infty} c_{2k}x^{2k} + \sum_{k=0}^{\infty} c_{2k+1}x^{2k+1} \\ &= c_0 \sum_{k=0}^{\infty} \frac{(-1)^k}{(2)(4)\cdots(2k)}x^{2k} + c_1 \sum_{k=0}^{\infty} \frac{(-1)^k}{(3)(5)\cdots(2k+1)}x^{2k+1}\,. \end{aligned}$$ ■

Allgemeine Lösung von $(1-x^2)y'' - 6xy' - 4y = 0$, $|x| < 1$

Beispiel 17.18 Bestimmen Sie die allgemeine Lösung der Differentialgleichung

$$(1-x^2)y'' - 6xy' - 4y = 0,\ |x| < 1.$$

Lösung Vergegenwärtigen Sie sich, dass der führende Koeffizient für $x = \pm 1$ gleich null ist. Daher geben wir als Lösungsintervall I: $-1 < x < 1$ vor. Wir machen den Potenzreihenansatz

$$y = \sum_{n=0}^{\infty} c_n x^n\,,$$

und mit den Ableitungen ergibt sich aus der Differentialgleichung

$$(1-x^2)\sum_{n=2}^{\infty} n(n-1)c_n x^{n-2} - 6\sum_{n=1}^{\infty} nc_n x^n - 4\sum_{n=0}^{\infty} c_n x^n = 0$$

$$\sum_{n=2}^{\infty} n(n-1)c_n x^{n-2} - \sum_{n=2}^{\infty} n(n-1)c_n x^n - 6\sum_{n=1}^{\infty} nc_n x^n - 4\sum_{n=0}^{\infty} c_n x^n = 0.$$

Wir führen nun wieder einen Koeffizientenvergleich durch, dessen Ergebnisse wir in der folgenden Tabelle zusammenfassen.

Potenz von x	Koeffizientengleichung		
x^0	$2(1)c_2 \quad - 4c_0 = 0$	bzw.	$c_2 = \frac{4}{2}c_0$
x^1	$3(2)c_3 \quad - 6(1)c_1 - 4c_1 = 0$	bzw.	$c_3 = \frac{5}{3}c_1$
x^2	$4(3)c_4 - 2(1)c_2 - 6(2)c_2 - 4c_2 = 0$	bzw.	$c_4 = \frac{6}{4}c_2$
x^3	$5(4)c_5 - 3(2)c_3 - 6(3)c_3 - 4c_3 = 0$	bzw.	$c_5 = \frac{7}{5}c_3$
$\vdots$	$\vdots$		$\vdots$
x^n	$(n+2)(n+1)c_{n+2} - [n(n-1) + 6n + 4]c_n = 0$		
	$(n+2)(n+1)c_{n+2} - (n+4)(n+1)c_n = 0$	bzw.	$c_{n+2} = \frac{n+4}{n+2}c_n$

Aus der Tabelle lesen wir wieder ab, dass die Koeffizienten mit geraden Indizes miteinander in Beziehung stehen und die Koeffizienten mit ungeraden Indizes ebenso.

Gerade Indizes: Sei $n = 2k - 2$, $k = 1, 2, 3, \ldots$ die Potenz x^n ist also x^{2k-2}. Aus der rechten Spalte und der letzten Zeile der Tabelle ergibt sich:

$$\begin{aligned} c_{2k} &= \frac{2k+2}{2k} c_{2k-2} \\ &= \left(\frac{2k+2}{2k}\right)\left(\frac{2k}{2k-2}\right)\left(\frac{2k-2}{2k-4}\right)\cdots\frac{6}{4}\left(\frac{4}{2}\right)c_0 \\ &= (k+1)c_0 \,. \end{aligned}$$

Ungerade Indizes: Sei $n = 2k - 1$, $k = 1, 2, 3, \ldots$, die Potenz x^n ist also x^{2k-1}. Aus der rechten Spalte und der letzten Zeile der Tabelle ergibt sich

$$\begin{aligned} c_{2k+1} &= \frac{2k+3}{2k+1} c_{2k-1} \\ &= \left(\frac{2k+3}{2k+1}\right)\left(\frac{2k+1}{2k-1}\right)\left(\frac{2k-1}{2k-3}\right)\cdots\frac{7}{5}\left(\frac{5}{3}\right)c_1 \\ &= \frac{2k+3}{3} c_1 \,. \end{aligned}$$

Die allgemeine Lösung ist damit

$$\begin{aligned} y &= \sum_{n=0}^{\infty} c_n x^n \\ &= \sum_{k=0}^{\infty} c_{2k} x^{2k} + \sum_{k=0}^{\infty} c_{2k+1} x^{2k+1} \\ &= c_0 \sum_{k=0}^{\infty} (k+1) x^{2k} + c_1 \sum_{k=0}^{\infty} \frac{2k+3}{3} x^{2k+1} \,. \end{aligned}$$

■

Beispiel 17.19 Bestimmen Sie die allgemeine Lösung der Differentialgleichung $y'' - 2xy' + y = 0$.

Allgemeine Lösung von $y'' - 2xy' + y = 0$

Lösung Wir machen den Potenzreihenansatz

$$y = \sum_{n=0}^{\infty} c_n x^n .$$

Setzen wir dies in die Differentialgleichung ein, so ergibt sich

$$\sum_{n=2}^{\infty} n(n-1)c_n x^{n-2} - 2\sum_{n=1}^{\infty} nc_n x^n + \sum_{n=0}^{\infty} c_n x^n = 0 .$$

Wir führen nun wieder einen Koeffizientenvergleich durch, dessen Ergebnisse wir in der folgenden Tabelle zusammenfassen.

Potenz von x	Koeffizientengleichung		
x^0	$2(1)c_2 + c_0 = 0$	bzw.	$c_2 = -\frac{1}{2}c_0$
x^1	$3(2)c_3 - 2c_1 + c_1 = 0$	bzw.	$c_3 = \frac{1}{3\cdot 2}c_1$
x^2	$4(3)c_4 - 4c_2 + c_2 = 0$	bzw.	$c_4 = \frac{3}{4\cdot 3}c_2$
x^3	$5(4)c_5 - 6c_3 + c_3 = 0$	bzw.	$c_5 = \frac{5}{5\cdot 4}c_3$
x^4	$6(5)c_6 - 8c_4 + c_4 = 0$	bzw.	$c_6 = \frac{7}{6\cdot 5}c_4$
$\vdots$	$\vdots$		$\vdots$
x^n	$(n+2)(n+1)c_{n+2} - (2n-1)c_n = 0$	bzw.	$c_{n+2} = \frac{2n-1}{(n+2)(n+1)}c_n$

Mithilfe der Rekursionsgleichung

$$c_{n+2} = \frac{2n-1}{(n+2)(n+1)}c_n$$

schreiben wir die ersten Terme der beiden Reihen zur allgemeinen Lösung auf:

$$y = c_0\left(1 - \frac{1}{2}x^2 - \frac{3}{4!}x^4 - \frac{21}{6!}x^6 - \ldots\right) + c_1\left(x + \frac{1}{3!}x^3 + \frac{5}{5!}x^5 + \frac{45}{7!}x^7 + \cdots\right) .$$

Aufgaben zum Abschnitt 17.5

Bestimmen Sie in den Aufgaben 1–9 die allgemeine Lösung der Differentialgleichung mithilfe eines Potenzreihenansatzes.

1. $y'' + 2y' = 0$

2. $y'' + 4y = 0$

3. $x^2y'' - 2xy' + 2y = 0$

4. $(1 + x)y'' - y = 0$

5. $(x^2 - 1)y'' + 2xy' - 2y = 0$

6. $(x^2 - 1)y'' - 6y = 0$

7. $(x^2 - 1)y'' + 4xy' + 2y = 0$

8. $y'' - 2xy' + 3y = 0$

9. $y'' - xy' + 3y = 0$

Anhang

A

ÜBERBLICK

A.8 Das Distributivgesetz für vektorielle Kreuzprodukte

In diesem Anhang beweisen wir das Distributivgesetz

$$\boldsymbol{u} \times (\boldsymbol{v} + \boldsymbol{w}) = \boldsymbol{u} \times \boldsymbol{v} + \boldsymbol{u} \times \boldsymbol{w}.$$

Dieses Gesetz wurde in Abschnitt 12.4 als zweite Eigenschaft des Kreuzprodukts eingeführt.

Beweis Um das Distributivgesetz herzuleiten, konstruieren wir den Vektor $\boldsymbol{u} \times \boldsymbol{v}$ und verwenden dazu eine neue Methode. Wir zeichnen die Vektoren $\boldsymbol{u}$ und $\boldsymbol{v}$ von einem gemeinsamen Anfangspunkt O aus und konstruieren eine Ebene M, die durch O geht und senkrecht zu $\boldsymbol{u}$ ist (▶Abbildung A.30). Wir projezieren $\boldsymbol{v}$ dann senkrecht auf M und erhalten damit den Vektor $\boldsymbol{v}'$ mit der Länge $|\boldsymbol{v}| \sin\theta$. Wir drehen $\boldsymbol{v}'$ nun in mathematisch positiver Richtung 90° um $\boldsymbol{u}$, das Ergebnis ist der Vektor $\boldsymbol{v}''$. Zuletzt multiplizieren wir $\boldsymbol{v}''$ mit der Länge von $\boldsymbol{u}$. Dieser Vektor $|\boldsymbol{u}|\boldsymbol{v}''$ ist nun gleich $\boldsymbol{u} \times \boldsymbol{v}$, denn $\boldsymbol{v}''$ hat aufgrund der Konstruktion die gleiche Richtung wie $\boldsymbol{u} \times \boldsymbol{v}$ (vgl. Abbildung A.30) und es gilt

$$|\boldsymbol{u}||\boldsymbol{v}''| = |\boldsymbol{u}||\boldsymbol{v}'| = |\boldsymbol{u}||\boldsymbol{v}| \sin\theta = |\boldsymbol{u} \times \boldsymbol{v}|.$$

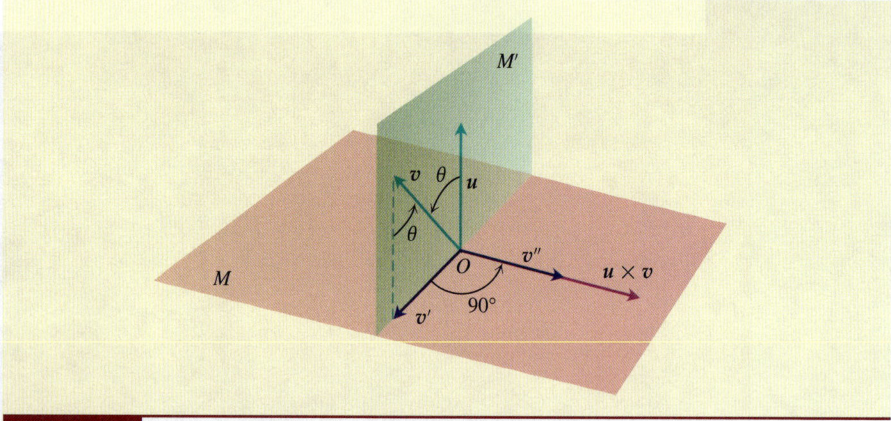

Abbildung A.30 Wie im Text erklärt, gilt $\boldsymbol{u} \times \boldsymbol{v} = |\boldsymbol{u}|\boldsymbol{v}''$.

Wir haben also drei Schritte durchgeführt, nämlich

1. die Projektion auf M,
2. die Drehung um 90° mit der Drehachse $\boldsymbol{u}$ und
3. die Multiplikation mit dem Skalar $|\boldsymbol{u}|$.

Werden diese drei Operationen auf ein Dreieck angewendet, dessen Ebene nicht parallel zu $\boldsymbol{u}$ liegt, so erhält man ein weiteres Dreieck. Wir betrachten nun das Dreieck mit den Seiten $\boldsymbol{v}$, $\boldsymbol{w}$ und $\boldsymbol{v} + \boldsymbol{w}$ und führen diese drei Schritte aus (▶Abbildung A.31). Damit erhalten wir nacheinander die folgenden Ergebnisse:

1. Ein Dreieck mit den Seiten $\boldsymbol{v}'$, $\boldsymbol{w}'$ und $(\boldsymbol{v} + \boldsymbol{w})'$, für das die Vektorgleichung

$$\boldsymbol{v}' + \boldsymbol{w}' = (\boldsymbol{v} + \boldsymbol{w})'.$$

gilt.

2 Ein Dreieck mit den Seiten v'', w'' und $(v+w)''$, für das die Vektorgleichung

$$v'' + w'' = (v+w)'',$$

gilt. (der Doppelstrich hinter den Vektoren hat die gleiche Bedeutung wie in Abbildung A.30).

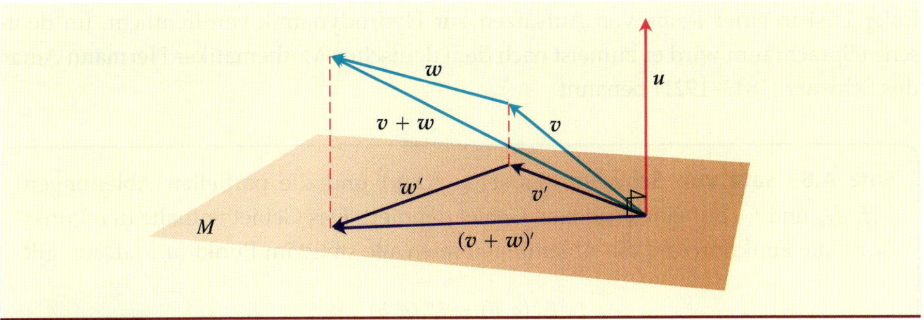

Abbildung A.31 Die Vektoren $\boldsymbol{v}$, $\boldsymbol{w}$ und $\boldsymbol{v}+\boldsymbol{w}$ sowie ihre Projektionen auf eine Ebene senkrecht zu $\boldsymbol{u}$.

3 Ein Dreieck mit den Seiten $|u|v''$, $|u|w''$ und $|u|(v+w)''$, für das die Vektorgleichung

$$|u|v'' + |u|w'' = |u|(v+w)''.$$

gilt.

Aus unserer obigen Diskussion ergaben sich die Gleichungen $|u|v'' = u \times v$, $|u|w'' = u \times w$ und $|u|(v+w)'' = u \times (v+w)$. Setzen wir dies nun in die letzte Gleichung ein, erhalten wir

$$u \times v + u \times w = u \times (v+w),$$

also das Gesetz, das wir zeigen wollten. ■

A.9 Der Satz von Schwarz und der Satz über Zuwächse für Funktionen von zwei Variablen

In diesem Anhang leiten wir den Satz über gemischte Ableitungen (Satz 14.2 in Abschnitt 14.3) und den Satz über Zuwächse für Funktionen von zwei Variablen (Satz 14.3 in Abschnitt 14.3) her. Der Satz über gemischte Ableitungen wurde erstmals von Euler 1734 in einer Reihe von Aufsätzen zur Hydrodynamik veröffentlicht. Im deutschen Sprachraum wird er zumeist nach dem deutschen Mathematiker Hermann Amandus Schwarz (1843–1921) benannt.

Satz A.6 Satz von Schwarz Es seien $f(x,y)$ und die partiellen Ableitungen f_x, f_y, f_{xy} und f_{xy} auf einem offenen Gebiet definiert. Das Gebiet enthalte den Punkt (a,b), die Funktion und die Ableitungen seien alle stetig im Punkt (a,b). Dann gilt

$$f_{xy}(a,b) = f_{yx}(a,b).$$

Beweis Um zu zeigen, dass $f_{xy}(a,b)$ und $f_{yx}(a,b)$ gleich sind, wenden wir viermal den Mittelwertsatz an (im ersten Band, Satz 4.4 in Abschnitt 4.2). Nach Voraussetzung liegt der Punkt $(a.b)$ in einem Rechteck R in der xy-Ebene, auf dem f, f_x, f_y, f_{xy} und f_{yx} alle definiert sind. Wir wählen h und k so, dass der Punkt $(a+h, b+k)$ ebenfalls in R liegt, und berechnen die Differenz

$$\Delta = F(a+h) - F(a); \tag{A.27}$$

dabei ist

$$F(x) = f(x, b+k) - f(x,b). \tag{A.28}$$

Wir wenden nun den Mittelwertsatz auf die Funktion F an. F ist differenzierbar und damit auch stetig. Gleichung (A.27) wird dann zu

$$\Delta = hF'(c_1), \tag{A.29}$$

dabei liegt c_1 zwischen a und $a+h$. Aus Gleichung (A.28) folgt

$$F'(x) = f_x(x, b+k) - f_x(x,b),$$

und damit wird Gleichung (A.29) zu

$$\Delta = h[f_x(c_1, b+k) - f_x(c_1, b)]. \tag{A.30}$$

Wir wenden jetzt den Mittelwertsatz auf die Funktion $g(y) = f_x(c_1, y)$ an und erhalten

$$g(b+k) - g(b) = kg'(d_1)$$

bzw.

$$f_x(c_1, b+k) - f_x(c_1, b) = kf_{xy}(c_1, d_1)$$

für ein d_1 zwischen b und $b+k$. Wir setzen dies in Gleichung (A.30) ein und erhalten

$$\Delta = hkf_{xy}(c_1, d_1) \tag{A.31}$$

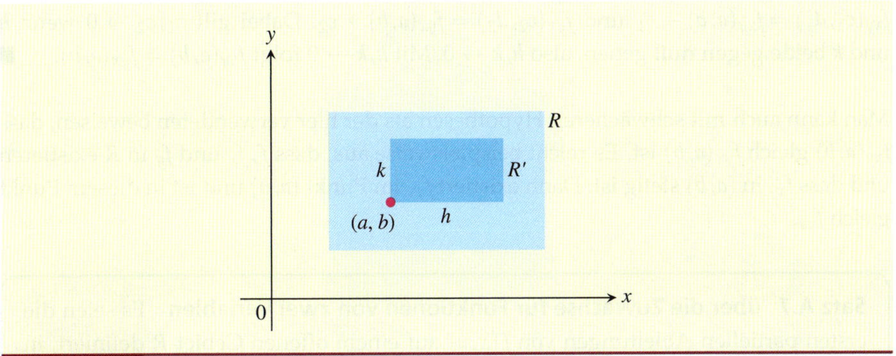

Abbildung A.32 Um die Aussage $f_{xy}(a,b) = f_{yx}(a,b)$ zu beweisen, zeigen wir, dass auch für beliebig kleine R' die beiden Funktionen f_{xy} und f_{yx} an einem Punkt innerhalb von R' den gleichen Wert annehmen (wenn auch nicht notwendigerweise an dem gleichen Punkt).

für einen Punkt (c_1, d_1) in dem Rechteck R', dessen Ecken die vier Punkte (a,b), $(a+h,b)$, $(a+h,b+h)$ und $(a,b+k)$ sind (►Abbildung A.32).

Setzen wir Gleichung (A.28) in (A.27) ein, so können wir auch schreiben

$$\begin{aligned} \Delta &= f(a+h,b+k) - f(a+h,b) - f(a,b+k) + f(a,b) \\ &= [f(a+h,b+k) - f(a,b+k)] - [f(a+h,b) - f(a,b)] \\ &= \Phi(b+k) - \Phi(b), \end{aligned} \tag{A.32}$$

dabei ist

$$\Phi(y) = f(a+h,y) - f(a,y). \tag{A.33}$$

Wenden wir den Mittelwertsatz auf Gleichung (A.32) an, erhalten wir

$$\Delta = k\Phi'(d_2) \tag{A.34}$$

für ein d_2 zwischen b und $b+k$. Aus Gleichung (A.33) folgt

$$\Phi'(y) = f_y(a+h,y) - f_y(a,y). \tag{A.35}$$

Setzen wir Gleichung (A.35) in Gleichung (A.34) ein, erhalten wir

$$\Delta = k\left[f_y(a+h,d_2) - f_y(a,d_2)\right].$$

Zum Schluss wenden wir den Mittelwertsatz noch einmal an, und zwar auf den Ausdruck in Klammern. Wir erhalten

$$\Delta = khf_{yx}(c_2,d_2) \tag{A.36}$$

für ein c_2 zwischen a und $a+h$.

Vergleicht man die Gleichungen (A.31) und (A.36), so folgt daraus

$$f_{xy}(c_1,d_1) = f_{yx}(c_2,d_2), \tag{A.37}$$

dabei liegen (c_1,d_1) und (c_2,d_2) beide in dem Rechteck R' (vgl. Abbildung A.32). Gleichung (A.37) ist noch nicht das Ergebnis, das wir erreichen wollten, denn sie besagt lediglich, dass f_{xy} bei (c_1,d_1) den gleichen Wert hat wie f_{yx} bei (c_2,d_2). Allerdings kann man die Zahlen h und k in unserer Argumentation beliebig klein wählen. Wenn wir von der Hypothese ausgehen, dass f_{xy} und f_{yx} beide bei (a,b) stetig sind, dann gilt

$f_{xy}(c_1,d_1) = f_{xy}(a,b) + \varepsilon_1$ und $f_{yx}(c_2,d_2) = f_{yx}(a,b) + \varepsilon_2$. Dabei gilt $\varepsilon_1, \varepsilon_2 \to 0$ wenn h und k beide gegen null gehen, also $h,k \to 0$. Mit $h,k \to 0$ folgt $f_{xy}(a,b) = f_{yx}(a,b)$. ■

Man kann auch mit schwächeren Hypothesen als der hier verwendeten beweisen, dass $f_{xy}(a,b)$ gleich $f_{yx}(a,b)$ ist. Es reicht beispielsweise aus, dass f, f_x und f_y in R existieren und dass f_{xy} in (a,b) stetig ist. Dann existiert f_{yx} im Punkt (a,b) und ist in diesem Punkt gleich f_{xy}.

Satz A.7 über die Zuwächse für Funktionen von zwei Variablen Es seien die ersten partiellen Ableitungen von $f(x,y)$ auf einem offenen Gebiet R definiert, in dem der Punkt (x_0,y_0) liegt, und es seien f_x und f_y stetig in (x_0,y_0). Bewegt man sich nun von (x_0,y_0) zu einem anderen Punkt $(x_0+\Delta x, y_0+\Delta y)$ in R, so ändert sich der Wert von f um

$$\Delta z = f(x_0+\Delta x, y_0+\Delta y) - f(x_0,y_0).$$

Für diese Änderung Δz gilt eine Gleichung der Form

$$\Delta z = f_x(x_0,y_0)\Delta x + f_y(x_0,y_0)\Delta y + \varepsilon_1\Delta x + \varepsilon_2\Delta y,$$

in der $\varepsilon_1, \varepsilon_2 \to 0$ gilt, wenn beide $\Delta x, \Delta y \to 0$.

Beweis Wir betrachten für diesen Beweis das Rechteck T, dessen Mittelpunkt $A(x_0,y_0)$ ist und das innerhalb von R liegt. Δx und Δy seien bereits so klein, dass die Strecken von A nach $B(x_0+\Delta x, y_0)$ und von B nach $C(x_0+\Delta x, y_0+\Delta y)$ beide innerhalb von T liegen (►Abbildung A.33).

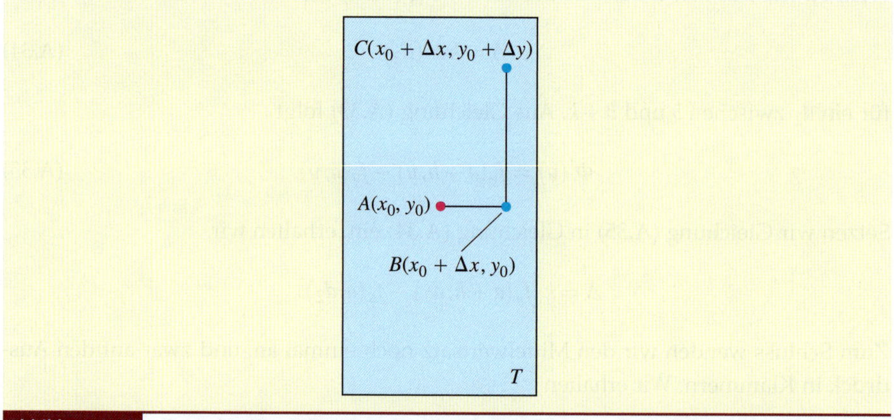

Abbildung A.33 Das rechteckige Gebiet T aus dem Beweis des Satzes über die Zuwächse. In der Abbildung hier sind Δx und Δy positiv, beide Zuwächse können aber genauso auch negativ sein.

Wir schreiben Δz als die Summe von zwei Zuwächsen, $\Delta z = \Delta z_1 + \Delta z_2$, dabei ist

$$\Delta z_1 = f(x_0+\Delta x, y_0) - f(x_0,y_0)$$

die Änderung des Werts von f zwischen A und B und

$$\Delta z_2 = f(x_0+\Delta x, y_0+\Delta y) - f(x_0+\Delta x, y_0)$$

die Änderung des Werts von f zwischen B und C (►Abbildung A.34).

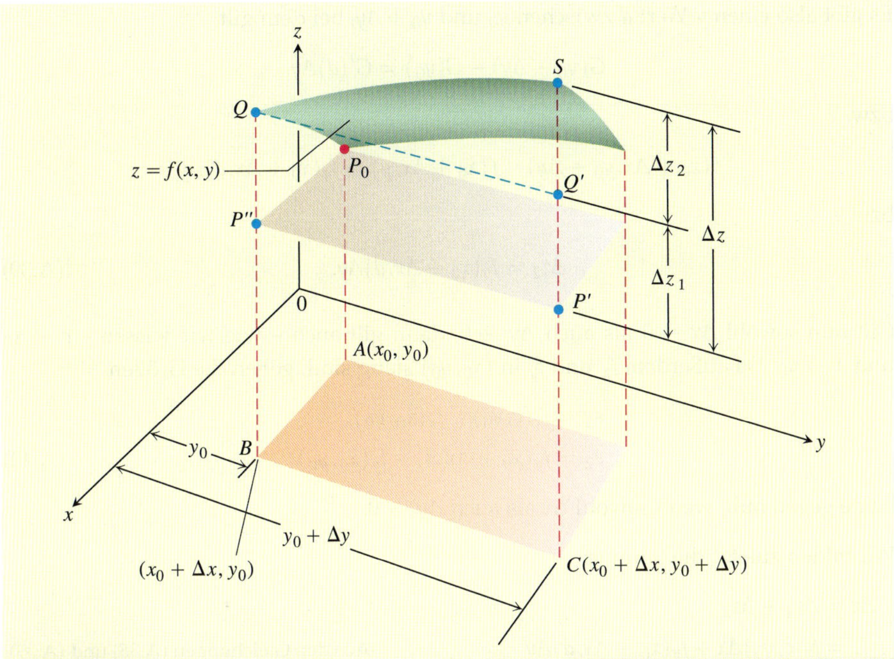

Abbildung A.34 Ein Teil der Oberfläche $z = f(x, y)$ in der Nähe von $P_0(x_0, y_0, f(x_0, y_0))$. Die Punkte P_0, P' und P'' haben die gleiche Höhe $z_0 = f(x_0, y_0)$ über der xy-Ebene. z ändert sich um $\Delta z = P'S$. Die Änderung
$\Delta z_1 = f(x_0 + \Delta x, y_0) - f(x_0 + \Delta x, y_0)$
in der Abbildung $P''Q = P'Q'$, sie ergibt sich, wenn der x-Wert sich von x_0 zu $x_0 + \Delta x$ ändert und der y-Wert dabei bei y_0 bleibt. Hält man danach den x-Wert fest bei $x_0 + \Delta x$, und ändert sich der y-Wert von y_0 nach $y_0 + \Delta y$, ergibt sich für die Änderung des z-Werts
$\Delta z_2 = f(x_0 + \Delta x, y_0 + \Delta y_0) - f(x_0 + \Delta x, y_0)$
dies wird in der Abbildung als $Q'S$ dargestellt. Die gesamte Änderung des z-Werts entspricht der Summe von Δz_1 und Δz_2.

Auf dem abgeschlossenen Intervall der x-Werte zwischen x_0 und $x_0 + \Delta x$ ist die Funktion $F(x) = f(x, y_0)$ eine differenzierbare (und damit stetige) Funktion von x mit der Ableitung

$$F'(x) = f_x(x, y_0).$$

Gemäß dem Mittelwertsatz (Satz 4.4 in Abschnitt 4.2) gibt es einen x-Wert c zwischen x_0 und $x_0 + \Delta x$, bei dem gilt

$$F(x_0 + \Delta x) - F(x_0) = F'(c)\Delta x$$

bzw.

$$f(x_0 + \Delta x, y_0) - f(x_0, y_0) = f_x(c, y_0)\Delta x$$

bzw.

$$\Delta z_1 = f_x(c, y_0)\Delta x. \tag{A.38}$$

Mit der gleichen Argumentation ist $G(y) = f(x_0 + \Delta x, y)$ eine differenzierbare (und damit stetige) Funktion von y über dem abgeschlossenen y-Intervall zwischen y_0 und $y_0 + \Delta y$. Ihre Ableitung ist

$$G'(y) = f_y(x_0 + \Delta x, y).$$

Es gibt also einen y-Wert d zwischen y_0 und $y_0 + \Delta y$, bei dem gilt

$$G(y_0 + \Delta y) - G(y_0) = G'(d)\Delta y$$

bzw.

$$f(x_0 + \Delta x, y_0 + \Delta y) - f(x_0 + \Delta x, y) = f_y(x_0 + \Delta x, d)\Delta y$$

bzw.

$$\Delta z_2 = f_y(x_0 + \Delta x, d)\Delta y. \tag{A.39}$$

Gilt nun sowohl $\Delta x \to 0$ als auch $\Delta y \to 0$, dann gilt auch – wie wir wissen – $c \to x_0$ und $d \to y_0$. Da außerdem f_x und f_y in (x_0, y_0) stetig sind, gehen die Größen

$$\begin{aligned} \varepsilon_1 &= f_x(c, y_0) - f_x(x_0, y_0), \\ \varepsilon_2 &= f_y(x_0 + \Delta x, d) - f_y(x_0, y_0) \end{aligned} \tag{A.40}$$

beide gegen null, wenn sowohl Δx als auch $\Delta y \to 0$.

Wir bilden zuletzt die Summe

$$\begin{aligned} \Delta z &= \Delta z_1 + \Delta z_2 \\ &= f_x(c, y_0)\Delta x + f_y(x_0 + \Delta x, d)\Delta y && \text{Aus den Gleichungen (A.38) und (A.39).} \\ &= [f_x(x_0, y_0) + \varepsilon_1]\,\Delta x + [f_y(x_0, y_0) + \varepsilon_2]\,\Delta y && \text{Aus Gleichung (A.40).} \\ &= f_x(x_0, y_0)\Delta x + f_y(x_0, y_0)\Delta y + \varepsilon_1 \Delta x + \varepsilon_2 \Delta y. \end{aligned}$$

Hier gilt sowohl $\varepsilon_1 \to 0$ als auch $\varepsilon_2 \to 0$, wenn beide Δx und $\Delta y \to 0$. Und dies wollten wir beweisen. ■

Entsprechende Aussagen gelten für Funktionen mit einer beliebigen (endlichen) Anzahl von Variablen. Wir betrachten beispielsweise eine Funktion $w = f(x, y, z)$, deren ersten partiellen Ableitungen auf einem offenen Gebiet definiert sind, das den Punkt (x_0, y_0, z_0) enthält; f_x, f_y und f_z seien stetig im Punkt (x_0, y_0, z_0). Dann ist

$$\begin{aligned} \Delta w &= f(x_0 + \Delta x, y_0 + \Delta y, z_0 + \Delta z) - f(x_0, y_0, z_0) \\ &= f_x \Delta x + f_y \Delta y + f_z \Delta z + \varepsilon_1 \Delta x + \varepsilon_2 \Delta y + \varepsilon_3 \Delta z, \end{aligned} \tag{A.41}$$

dabei gilt $\varepsilon_1,\ \varepsilon_2,\ \varepsilon_3 \to 0$ wenn $\Delta x,\ \Delta y$ und $\Delta z \to 0$.

Die partiellen Ableitungen f_x, f_y, f_z in Gleichung (A.41) werden in dem Punkt (x_0, y_0, z_0) berechnet.

Gleichung (A.41) lässt sich beweisen, indem man Δw als Summe aus drei Zuwächsen beschreibt:

$$\Delta w_1 = f(x_0 + \Delta x, y_0, z_0) - f(x_0, y_0, z_0) \tag{A.42}$$

$$\Delta w_2 = f(x_0 + \Delta x, y_0 + \Delta y, z_0) - f(x_0 + \Delta x, y_0, z_0) \tag{A.43}$$

$$\Delta w_3 = f(x_0 + \Delta x, y_0 + \Delta y, z_0 + \Delta z) - f(x_0 + \Delta x, y_0 + \Delta y, z_0), \tag{A.44}$$

und den Mittelwertsatz auf jeden der Summanden einzeln anwendet. Bei jedem dieser partiellen Zuwächse $\Delta w_1,\ \Delta w_2,\ \Delta w_3$ bleiben zwei Koordinaten konstant, es variiert jeweils nur eine. So verändert sich beispielsweise in Gleichung (A.43) nur y, denn x beträgt konstant $x_0 + \Delta x$ und z konstant z_0. Da $f(x_0 + \Delta x, y, z_0)$ eine stetige Funktion von y mit der Ableitung f_y ist, gilt der Mittelwertsatz und wir erhalten

$$\Delta w_2 = f_y(x_0 + \Delta x, y_1, z_0)\Delta y$$

für ein y_1 zwischen y_0 und $y_0 + \Delta y$.

Index

E

F

G

H

I

J

K

Q

R

S

T

U

V

W

Z